T0223435

Springer Collected Works in Mathematics

For further volumes:
http://www.springer.com/series/11104

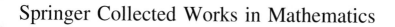

Foto: Dr. M. Grauert

Hans Grauert 1993

Hans Grauert

Selected Papers II

Reprint of the 1994 Edition

Springer

Hans Grauert (1930 Haren, Germany -
2011 Göttingen, Germany)
University of Göttingen
Germany

ISSN 2194-9875
ISBN 978-3-662-44938-7 (Softcover)
978-3-662-44938-7 (Hardcover)
DOI 10.1007/978-3-662-44939-4
Springer Heidelberg New York Dordrecht London

Library of Congress Control Number: 2012954381

Mathematics Subject Classification (1991): 01A75, 32-03, 14G05, 32Axx, 32Bxx, 32Cxx, 32Dxx, 32Exx, 32Fxx, 32Gxx, 32Hxx, 32Jxx, 32Lxx, 32Mxx, 32Nxx, 32P05, 32Sxx, 52Cxx, 53C55

© 1994 Springer-Verlag Berlin Heidelberg. Reprint 2014
This work is subject to copyright. All rights are reserved by the Publisher, whether the whole or part of the material is concerned, specifically the rights of translation, reprinting, reuse of illustrations, recitation, broadcasting, reproduction on microfilms or in any other physical way, and transmission or information storage and retrieval, electronic adaptation, computer software, or by similar or dissimilar methodology now known or hereafter developed. Exempted from this legal reservation are brief excerpts in connection with reviews or scholarly analysis or material supplied specifically for the purpose of being entered and executed on a computer system, for exclusive use by the purchaser of the work. Duplication of this publication or parts thereof is permitted only under the provisions of the Copyright Law of the Publisher's location, in its current version, and permission for use must always be obtained from Springer. Permissions for use may be obtained through RightsLink at the Copyright Clearance Center. Violations are liable to prosecution under the respective Copyright Law.
The use of general descriptive names, registered names, trademarks, service marks, etc. in this publication does not imply, even in the absence of a specific statement, that such names are exempt from the relevant protective laws and regulations and therefore free for general use.
While the advice and information in this book are believed to be true and accurate at the date of publication, neither the authors nor the editors nor the publisher can accept any legal responsibility for any errors or omissions that may be made. The publisher makes no warranty, express or implied, with respect to the material contained herein.

Printed on acid-free paper

Springer is part of Springer Science+Business Media (www.springer.com)

HANS GRAUERT

SELECTED PAPERS

VOLUME II

Springer-Verlag
Berlin Heidelberg New York
London Paris Tokyo
Hong Kong Barcelona
Budapest

Professor Dr. Hans Grauert
Universität Göttingen
Mathematisches Institut
Bunsenstrasse 3-5
D-37073 Göttingen, Germany

Mathematics Subject Classification (1991): 01A75, 32-03, 14G05, 32Axx, 32Bxx, 32Cxx, 32Dxx, 32Exx, 32Fxx, 32Gxx, 32Hxx, 32Jxx, 32Lxx, 32Mxx, 32Nxx, 32P05, 32Sxx, 52Cxx, 53C55

ISBN 978-3-642-08176-7
Springer-Verlag Berlin Heidelberg New York

Springer-Verlag New York Berlin Heidelberg

Library of Congress Cataloging-in-Publication Data.
Grauert, Hans, 1930- [Selections. 1994]
Selected papers / Hans Grauert. p. cm. English and German.
Includes bibliographical references and index.
(New York: set: acid-free)
1. Functions of several complex variables. I. Title. QA331.7.G7425 1994 515'.94–dc20 94-29204

This work is subject to copyright. All rights are reserved, whether the whole or part of the material is concerned, specifically the rights of translation, reprinting, reuse of illustrations, recitation, broadcasting, reproduction on microfilm or in any other way, and storage in data banks. Duplication of this publication or parts thereof is permitted only under the provisions of the German Copyright Law of September 9, 1965, in its current version, and permission for use must always be obtained from Springer-Verlag. Violations are liable for prosecution under the German Copyright Law.

© Springer-Verlag Berlin Heidelberg 1994
Softcover reprint of the hardcover 1st edition 1994

The use of general descriptive names, registered names, trademarks, etc. in this publication does not imply, even in the absence of a specific statement, that such names are exempt from the relevant protective laws and regulations and therefore free for general use.

Camera ready copy by the author using a Springer TEX macro package

Foreword

As I wanted to keep the size of this collective reprinting within reasonable limits only a representative selection of the mathematical papers appears here. Monographs, survey articles and essays of a more philosophical nature (see *epistem* in the bibliography) have been omitted completely. The same applies to the field of non-Archimedean function theory (*nonarch*), since I feel that other methods are better than those analogous to complex analysis. Also most of the results on hyperbolic complex spaces have not been included as they are incomplete.

It may be that discrete geometry as proposed by B. Riemann is the only possible way in quantum physics to force wave theory and particle theory into a single consistent logical system (see: *quant*): experiments in the so-called quantum philosophy, which were carried out particularly in the last two decades, show, for instance, that the (Lorentz)distance in the interior of a system of particles can be (practically) zero (this is called "locality"), but of course is positive in the ambient space. This happens automatically in discrete geometry. But nothing was really proved and so all of this has been omitted.

All this means that we have restricted the choice to the area of *Several Complex Variables* (with one exception: the Mordell conjecture over fields of any characteristic). This edition appears in two volumes comprising 8 parts. Both volumes and, indeed, the individual parts may be read independently of one another. However, a historical introduction to complex spaces is to be found in Part I.

More about complex spaces was already collected together in a Russian edition, translated by I. R. Shafarevich and published in 1965 of papers of R. Narasimhan, H. Cartan, A. Andreotti, R. Remmert and myself.

Many of the commentaries have been written by Y.T. Siu, to whom I am much indebted. I have also to thank my colleague S.J. Patterson for improving on my English.

Göttingen, October 1994 *Hans Grauert*

Curriculum vitae

(Calendar written in the European style, SS = summer term, WS = winter term)

born:	8.2.1930 in Haren-Ems (Niedersachsen)
parents:	Clemens and Maria Grauert
visited:	Volksschule Haren from 1.4.1936–31.3.1941 Mittelschule Haren from 1.4.1941–31.3.1945 Gymnasium Meppen from 1.1.1946–21.2.1949
Reifezeugnis:	Gymnasium Meppen on 21.2.1949
studied:	University of Mainz SS 1949
mathematics	University of Münster WS 1949–WS 1952
and physics:	Eidgenössische Technische Hochschule Zürich in spring 1953–SS 1953
doctorate:	Münster in mathematics on 30.7.1954
grants:	Land Nordrhein-Westfalen WS 1954 Deutsche Forschungsgemeinschaft SS 1955
wissensch. Assistent	Münster September 1955–30.9.1959
in between	Institute for Advanced Study, Princeton, N.J., WS 1957–WS 1958, thereafter: Institut des Hautes Études Scientifiques (IHES) in Paris SS 1959
Habilitation:	in mathematics in Münster on 8.2.1957
ordentlicher Professor:	at the University of Göttingen from 1.10.1959
honours:	invited lectures ICM (International Congress of Mathematiciens): 1958 Edinburgh $\frac{1}{2}$ hour, 1962 Stockholm 1 hour, 1966 Moskau $\frac{1}{2}$ hour jointly with R. Remmert from 1959: permanently invited Professor at the IHES, member of Academies of Sciences: Göttingen, Mainz, Leopoldina Halle, Catania, Europaea London, München Dr.rer.nat.h.c. at the universities Bayreuth, Bochum, Bonn von-Staudt-price of the university of Erlangen 1991
visiting professor:	Berkeley, University of Chicago, Stanford, Tokyo, Kyoto, Notre Dame, Yale, Acad. Sin. Peking

Contents Volume II

Part IV. Direct Images

Part V. q-Convexity and Cohomology

Part VI. Deformation of Complex Objects

Part VII. Decomposition of Complex Spaces

Part VIII. Special Results

Part IX. Commentary on the Non-Archimedean Function Theory

Part X. Commentary on Discrete Geometry

The following abbreviations in italics concern the kind of contents (Inhalt) of the paper concerned: *compl:* complex spaces, sheaf theory; *lev:* Levi problem, convexity, Stein spaces, projective algebraic spaces; *deform:* deformation of complex structures, formal principle, vector bundles; *decomp:* analytic and meromorphic decompositions.

Contents Volume I

Part I. General Theory of Complex Spaces

Part II. Levi Problem and Pseudoconvexity

Part III. Fibre Bundles

The number in parentheses following the contribution title indicates the corresponding number in the bibliography.

The following abbreviations in italics concern the kind of contents (Inhalt) of the paper concerned: *compl:* complex spaces, sheaf theory; *lev:* Levi problem, convexity, Stein spaces, projective algebraic spaces; *deform:* deformation of complex structures, formal principle, vector bundles; *decomp:* analytic and meromorphic decompositions.

Part IV

Direct Images

Commentary

1

The *proper image theorem* (R. Remmert: Holomorphe und meromorphe Abbildungen komplexer Räume. Math. Annalen 133, 328–370 (1957)), which states that every proper holomorphic direct image of an analytic set is an analytic set again can be considered as a set theoretic version of the direct image theorem for coherent analytic sheaves. However, it is much simpler and its proof is much easier. So let us first consider this theorem. The essential tool (R. Remmert and K. Stein: Über die wesentlichen Singularitäten analytischer Mengen. Math. Annalen 126, 263–306 (1953)) of its proof is the fact that analytic sets A can be analytically extended beyond lower dimensional analytic sets B. This tool has proved to be important in many other cases. (For instance in Part VII: Decomposition of complex spaces).

The case where $\dim A = \dim B$ is more difficult. It contains the famous theorem of Radó in a generalized version:

Assume that $D \subset \mathbb{C}^n$ is a domain and that f is a continuous function $D \to \mathbb{C}^m$ which is holomorphic where it is different from $O \in \mathbb{C}^m$. Then f is holomorphic in D.

Now f has to be k-valued and may have branching points. If the value of f in these is different from $O \in \mathbb{C}^m$ the graph of f locally there is an analytic set. Over any point of D the function f may have k different values, at most.

2

There are some important consequences of the singularity theorem in the case $\dim B < \dim A$ and the proper image theorem for analytic sets. Assume at first that X is a compact algebraic space. That means that X is a topological space which is equipped with a structure sheaf such that some further conditions are satisfied. Similar to analytic sets A in domains $D \subset \mathbb{C}^n$ one can also define affine algebraic sets $A \subset \mathbb{C}^n$. This is done by replacing the local holomorphic functions by the $\mathbb{C}$-algebra of polynomials in $\mathbb{C}^n$. These algebraic sets carry the Zariski topology and are $\mathbb{C}$-ringed spaces. Any algebraic space X has to be locally isomorphic to an affine algebraic set. But it never is a Hausdorff space. However, it has a property which replaces the Hausdorff property. First, the notion of cartesian product has to be modified: There is a well defined modified notion for affine algebraic sets just by forming the tensor product of the algebras of regular functions. Finally we get the "cartesian product" for algebraic spaces simply by pasting the local products together. Now the modified version of Hausdorff means that the diagonal in $X \times X$ is a closed subset of $X \times X$. It can be seen very easily that this property in the ordinary product topology is valid if and only if X is a Hausdorff space in the common sense.

Any affine algebraic set is also an analytic set. By passing over to the holomorphic functions every algebraic space X becomes a complex space in the sense of Cartan. The rational functions of X become meromorphic functions and algebraic subsets of X are turned into analytic subsets. By using the singularity theorem and the proper image theorem the following theorem can be obtained:

Assume that X is a compact algebraic space and that $A \subset X$ is an analytic set. Then A always is an algebraic set.

This is a generalized version of the theorem of Chow which states that in the complex projective space every analytic set is algebraic. – Of course, compact means that the underlying complex space is compact in the ordinary sense.

3

On a normal compact algebraic space X every meromorphic function is a rational function. A meromorphic function f in X is called *analytically* dependent on meromorphic functions $f_1, \dots, f_m$ if the following property is satisfied:

The joint polar set of $f, f_1, \dots, f_m$ is a nowhere dense analytic set $A \subset X$. In $X^0 = X - A$ the joint level set B of $f_1, \dots, f_m$ always is an analytic set. The holomorphic function $f|X^0$ is always locally constant on such a B.

From the Remmert proper mapping theorem follows: *f is analytically dependent on $f_1, \dots, f_m$ if and only if f is algebraically dependent on $f_1, \dots, f_m$* i.e. satisfies a non trivial polynomial equation whose coefficients are polynomials in $f_1, \dots, f_m$. Moreover, *the field of meromorphic functions which are analytically dependent on $f_1, \dots, f_m$ is an algebraic function field and its degree of transcendency is $\leq m$.*

The proof of this result was obtained in the paper of R. Remmert: Meromorphe Funktionen in kompakten komplexen Räumen, Math. Annalen 132, 277–288 (1956). If n is the dimension of X there are at most n analytically independent meromorphic functions on X. Their maximal number d is called the *degree of transcendency of X*. The field of meromorphic functions on X is an algebraic function field with d as degree of transcendency, then. If X is algebraic its degree of transcendency always is n. However, there even are connected compact complex manifolds X with highest degree of transcendency which are not algebraic in our sense (But they are algebraic in the sense of M. Artin then: Algebraization of formal moduli II. Existence of modifications. Ann. of Math. 91, 88–135 (1970))

There are some important generalizations of the theorem on algebaic function fields for the case where X is not compact. It is only necessary that X has a weak property of pseudoconcavity. See for instance A. Andreotti: Théorèmes de dépendance algébriques sur les espaces complexes pseudoconcaves. Bull. Soc. Math. France 91, 1–38 (1963). From this we get that for degree > 1 the field of Siegel modular functions is algebraic. For easy proof see: [27].

4

Let us consider a simple definition of coherence of an analytic sheaf, i.e. a sheaf of modules over the structure sheaf $\mathcal{O}$. Assume that X is a complex space (not necessarily reduced) and $\mathcal{S}$ is such an analytic sheaf on X. Then $\mathcal{S}$ is called *locally finite* if for every point $x_0 \in X$ exists a neighrborhood $U(x_0)$ and finitely many cross-sections $s_1, \ldots, s_\ell$ in $\mathcal{S}$ over U such that for all $x \in U$ the sheaf elements $s_1(x), \ldots, s_\ell(x)$ generate the stalk $\mathcal{S}_x$ over the ring $\mathcal{O}_x$. We say that $s_1, \ldots, s_\ell$ generate $\mathcal{S}$ over U.

If $s_1, \ldots, s_\ell$ are cross-sections in $\mathcal{S}$, we have the relation sheaf $\mathcal{R}(s_1, \ldots, s_\ell)$ as an analytic subsheaf of the ℓ-fold direct sum $\mathcal{O}^\ell$ of the structure sheaf. This consists of the ℓ-tupels $(f_{1x}, \ldots, f_{\ell x})$ of germs of holomorphic functions, which satisfy the equation $f_{1x} \cdot s_1(x) + \ldots + f_{\ell x} \cdot s_\ell(x) = 0$. Now $\mathcal{S}$ is coherent if over a neighborhood $U(x_0)$ of every point of X the sheaf $\mathcal{S}$ is generated by finitely many cross-sections such that the relation sheaf is locally finite.

If $\mathcal{S}$ is a coherent sheaf over X then each stalk $\mathcal{S}_x$ is a finite $\mathcal{O}_x$-module. This implies finiteness if we reduce by the maximal ideal $m_x \subset \mathcal{O}_x$. So $\mathcal{S}_x/m_x$ is a finitedimensional complex vector space.

Assume now that $\psi : X \to Y$ is a proper holomorphic map of complex spaces. We use the fibres X_y with the canonical structure sheaf. So they are (compact) complex spaces with a nilpotent structure, in general. We also employ the cohomology groups with coefficients in a coherent sheaf (for definition see Part V: q-convexity and cohomology.

In [24] the first proof of the direct image theorem for coherent analytic sheaves was given. If $\mathcal{S}$ is a coherent sheaf on X then we attach to each open set $V \subset Y$ for $\mu = 0, 1, \ldots$ the cohomology group $H^\mu(\psi^{-1}(V), \mathcal{S})$, which is a module over the ring of holomorphic functions in V. This gives an analytic presheaf in Y and its sheaf of germs is denoted by $\mathcal{R}^\mu\psi_*(\mathcal{S})$ and called the $\mu - th$ direct image of $\mathcal{S}$. If μ is 0 then $H^\mu(\psi^{-1}(V), \mathcal{S})$ is the module of cross-sections over $\psi^{-1}(V)$ and therefore the quotient $\mathcal{C}/m_y \cdot \mathcal{C}$ with $\mathcal{C} = \mathcal{R}^\mu\psi_*(\mathcal{S})_y$ is a vector subspace of the space of holomorphic functions on X_y. For general μ it gives a vector subspace of the cohomology group $H^\mu(X_y, \mathcal{S}/m_y \cdot \mathcal{S})$. The cohomology gives obstructions against an extension of the cross-sections over a fibre into a neighborhood.

5

The direct image theorem states that *all direct images $\mathcal{R}^m\psi_*(S)$ are coherent again.* Its first proof used the known theorem of finiteness of the cohomology on the compact fiber X_0 over a point $O \in Y$ (see H. Cartan and J.P. Serre: Un théorème de finitude concernant les variétés analytiques compactes. Acad. Sci. Paris 237, 128–130 (1953)). Then, generalized formal power series transversal to X_0 are employed.

Roughly speaking, the proof of the direct image theorem uses power series expansion whose coefficients are cohomology classes on one fixed fiber. The coefficients are obtained recurrently and with estimates. Cohomology groups carry natural Fréchet space structures. However, to get a convergent power series by recurrent formula with estimates, one needs a fixed norm for the interation process instead of the infinite sequence of semi-norms. One key point of the proof of the direct image is to replace a cocycle with estimate for a weak norm by another cocycle with estimate for a stronger norm modulo a coboundary with estimate for an even weaker norm. This "smoothing" technique resembles the smoothing process used in the Nash-Moser implicit function theorem (J. Nash: The imbedding problem for Riemannian manifolds. Ann. of Math. 63 (1956), 20–63. J. Moser: A rapidly converging iteration method and nonlinear partial differential equations. Ann. Scuola Norm. Sup. di Pisa 20 (1966), I. 265–315, II. 499–533.) In the case of the proof of the direct image theorem the sequence of semi-norms are defined by supremum norm for holomorphic functions on a sequence compact subsets of a complex space. In the case of the Nash-Moser implicit function theorem the sequence of norms are C^k norms for smooth functions The number k in the C^k norm indicates the order of smoothness of an element with finite C^k norm. In the process of iteration with estimates to get a convergent series, for each step the estimate may be obtained only for a weaker norm and the order of smoothness is thereby lowered. In the Nash-Moser process, a smoothing operator, usually defined by convolution, is applied to recover the loss of smoothness in each step of the iteration, at the expense of slowing down somewhat the rate of convergence of the series. The smoothing process used in the proof of the direct image theorem and that used in the Nash-Moser implicit function theorem are similar, but were done completely independently, each without the awareness of the other.

The original proof of the direct image theorem is rather difficult. About 10 years later methods were found which used the cohomology on all fibres simultanously instead of on one fixed fiber. Now I think the most simple idea stands in the book [76]. It follows the ideas of a paper written by D. Forster and K. Knorr: (Ein Beweis des Grauertschen Bildgarbensatzes nach Ideen von B. Malgrange. Manuscripta math. 5, 19–44 (1971)). A similar proof by R. Kiehl and J.L. Verdier (Ein einfacher Beweis des Kohärenzsatzes von Grauert. Math. Annalen 195, 24–50 (1971)) used more general techniques. There were moreover generalizations to the case where Y is an differentiable manifold and ψ is a differentiable map. See: D. Forster and K. Knorr (Relativ-analytische Räume und die Kohärenz von Bildgarben. Invent. math. 16, 113–160 (1972)) and the paper by R. Kiehl (Relativ-analytische Räume. Invent. math. 16, 40–112 (1972)). However, even in the simple proofs some analogue of the key smoothing process is used.

Since the support of any coherent analytic sheaf is an analytic set the proper image theorem follows directly from the direct image theorem. The direct image theorem, however, is much more powerful and much more difficult to prove.

6

We shall list some results which were obtained by the direct image theorem:

1) *Assume that X is a holomorphically convex complex space, eventually with a non reduced structure sheaf. Then the joint level sets of all holomorphic functions on X lead to an analytic fibration of X. The quotient space X is a (non reduced) Stein space Y and we have a proper holomorphic map $\psi : X \to Y$ such that every holomorphic function f on X can be written as $f = g \circ \psi$ where g is a holomorphic function on Y. The function g is uniquely determined.*

We call $\psi : X \to Y$ the *Remmert reduction* of X (see: R. Remmert: Sur les espaces analytiques holomorphiquement séparables et holomorphiquemnt convexes. C.R. Acad. des Sci. Paris, Séance du 2.7.1956, 118–121).

2) *Assume $\psi : X \to Y$ is a surjective holomorphic map of complex spaces and that $\mathcal{S}$ is an analytic sheaf over X. Then the stalks of $\mathcal{S}$ are also modules over the local rings in Y. If $y \in Y$ denotes a point, $\mathcal{O}$ the structure sheaf of Y and m the ideal sheaf of the analytic set $\{y\}$ we have the exact sequence $0 \to m \to \mathcal{O} \to \mathbb{C} \to 0$. If we tensorize with $\mathcal{S}$ we get the exact sequence $\mathcal{S} \otimes m \to \mathcal{S} \to \mathcal{S}[y] \to 0$ where $\mathcal{S}[y]$ is the analytic restriction of $\mathcal{S}$ to the fiber X_y over y.*

We call $\mathcal{S}$ *flat over* y if also $0 \to \mathcal{S} \otimes m \to \mathcal{S} \to \mathcal{S}[y] \to 0$ is exact and call $\mathcal{S}$ *flat over* Y if this is true for all $y \in Y$. A necessary but not sufficient condition is that the map $\operatorname{supp}(\mathcal{S}) \to Y$ is surjective and that all its fibres have the same dimension. We say that X *itself is flat over* Y if the structure sheaf of X is flat over Y. In this case if $\mathcal{S}$ is locally free then $\mathcal{S}$ also is flat over Y. If X and Y are complex manifolds and the map ψ is regular (i.e. its jacobian has the highest rank everywhere) then X is flat over Y.

From now on we always do assume that $\mathcal{S}$ is flat over Y and that ψ is proper and that X and Y are reduced. First there is the following result:

The function $d_k(y) = d_k(\mathcal{S}, y) := \dim_{\mathbb{C}} H^k(X_y, \mathcal{S}[y])$ with $k = 0, 1, 2, \ldots$, $y \in Y$ is upper semicontinuous in the analytic Zariski topology.

This means: if d is an integer then the set $A_d = \{y \in Y : d_k(y) \geq d\}$ is always analytic.

Denote by n the (constant) dimension of the fibres of X. We define the Euler-Poincaré characteristic $\chi(y) = \sum_{k=0}^{n} (-1)^k d_k(y)$ and get: *$\chi(y)$ is locally constant.*

7

From now on we furthermore assume that for a fixed k the function $d_k(y)$ is independent on $y \in Y$. We get:

For any point $y \in Y$ and $\ell = 0, 1, \ldots$ the direct images $\mathcal{R}^{k+1}\psi_*(S \cdot m^\ell)$ are torsion free coherent sheaves on Y.

Furthermore there is a restriction map λ_y of the quotient of the stalks in y from $(\mathcal{R}^k\psi_*(\mathcal{S}))_y/(\mathcal{R}^k\psi_*(\mathcal{S}) \cdot m)_y$ to $H^k(X_y, \mathcal{S}_y)$. We have:

The map λ_k *is bijective and the image sheave $\mathcal{R}^k\psi_*(\mathcal{S})$ is locally free.*

Assume that X and Y are complex manifolds and that $\psi : X \to Y$ is a regular proper holomorphic map, that Y is connected and that $\mathcal{S} = \Omega^p_X$ is the sheaf of local holomorphic p-forms on X. This is locally free. We moreover assume that all the compact complex manifolds X_y are Kähler manifolds. By Kähler theory we get

$$\sum_{p+q=k} d_q(\Omega^p, y) \text{ is the } k^{th} \text{ Betti number of } X_y .$$

Since all X_y are homeomorphic this is constant and since $d_q(\Omega^p, y)$ is upper semi continuous we have that all the $d_q(\Omega^p, y)$ are constant and the direct images of Ω^p in Y are locally free. The λ_y are differentiable isomorphisms. The Kähler monomorphism $H^q(X_y, \Omega^p) \to V_y = H^k(X_y, \mathbb{C})$ is independent of the Kähler metric as well known and has for image a vector subspace $V^{p,q}_y \subset V_y$. So the locally constant vectorbundle $V = \{V_y\}$ is the direct sum of the holomorphic vector bundles $V^{p,q} = \{V^{p,q}_y\}$. Because of the Kähler isomorphism of the direct sum to V is real analytic, the periods of harmonic forms on the fibres of X depend analytically on y.

In certain cases these periods parametrisize the moduli of the fibres. Results of this type were obtained using very different methods by Ph. Griffiths (see his papers: Periods of integrals on algebraic manifolds. Bull. Amer. Math. Soc. 76(2), 228–296 (1970). – Deformations of complex structures. In: Global analysis. Amer. Math. Soc. (1970), 251–273). All the results stated here are important for the deformation theory of compact complex manifolds. See for instance K. Kodaira and D.C. Spencer: On deformations of complex analytic structures. Part I and II in Ann. of Math. 67, 328–466 (1958), Part III in Ann. of Math. 71, 43–78 (1960).

8

The first proof of a direct image theorem was given in [18]. In this X can be considered as an analytically complete space, i.e. X is a subspace of a cartesian product $\mathbb{P}_n \times Y$ and ψ is the restriction of the projection $\mathbb{P}_n \times Y \to Y$ to X. The old methods of Cartan and Serre on compact complex spaces can then be transfered to $\psi : X \to Y$.

9

For the direct image theorem it is not always necessary to require that the map $\psi : X \to Y$ is proper. We may assume for instance that ψ is q-convex only. This property means somewhat briefly speaking that all fibres X_y are q-convex (for this notion see the next Part V). In this case the direct images are coherent in dimensions $\mu \geq q$. If $q = 0$ then ψ is proper (Y.T. Siu: The 1-convex generalization of Grauert's direct image theorem. Math. Ann. 190, 203–214 (1971). And: P. Siegfried: Un théorème de finitude pour les morphismes q-convex. Geneva 1972).

Another generalization is that (on the fibers) ψ is q-convex from the outside and p-concave from the inside (Y.T. Siu: A pseudoconvex-pseudoconcave generalization of Grauert's direct image theorem. Ann. Scuola Norm. Sup. Pisa 25, 649–664 (1972)). Here the homological codimension of our sheaf $\mathcal{S}$ enters. Briefly speaking there is the following result: *Assume that* $\dim Y \geq n$, *codh* $\mathcal{S} \geq r$, *and* $q < r - p - 2n$. *Then for* $q \leq \mu < r - p - 2n$ *the direct images* $\mathcal{R}^\mu\psi_*(\mathcal{S})$ *are coherent on* Y. (Y.T. Siu: The mixed case of the direct image theorem and its applications. Complex Analysis. Edizione Cremonese, Roma 1974). The sharpest range for μ should be $q \leq \mu < r - p - n$ instead of $q \leq \mu < r - p - 2n$. Ramis-Ruget obtained coherence of the direct image for the sharp range when there is only a p-concave and there is no q-convex boundary (J.-P. Ramis and G. Ruget: Résidue et dualité. Invent. Math. 26 (1974), 89–131).

A form of the direct image theorem for the 1-concave case was used in the theory of coherent sheaf extension across positive-dimension subvariety and from Hartogs figures (J. Frisch and G. Guenot: Prolongement de faisceaux analytiques cohérent. Invent. Math. 7 (1969), 321–343. Y.-T. Siu: Extending coherent analytic sheaves. Ann. of Math. 90 (1969), 108–143. Y.-T. Siu: A Hartogs type extension theorem for coherent analytic sheaves. Ann. of Math. 93 (1971), 166–188). It was also used for the parametrized version of Rossi's result of filling in concave holes for complex spaces (H.-S. Ling: Extending families of pseudoconcave spaces. Math. Ann. 204 (1973), 13–48).

The convex case of the direct image theorem was used to blow down families of subvarieties (K. Knorr and M. Schneider: Relativ-exzeptionelle analytische Mengen. Math. Ann. 193 (1971), 238–254. M. Schneider: Familien negativer Vektorbündel und 1-convexe Abbildungen. Abh. Math. Sem. Univ. Hamburg 47 (1978), 150–170).

Papers Reprinted in this Part

Expressions in italics concern the contents of the paper.

Abbreviations: *compl* = complex spaces, sheaf theory; *lev* = Levi problem, convexity, Stein spaces, projective algebraic spaces

[27] (mit A. Andreotti) Algebraische Körper von automorphen Funktionen. Nachr. Akad. Wiss. Göttingen, II. Math.-Phys. Kl., **3**, 39–48 (1961). *compl*

[18] (mit R. Remmert) Bilder und Urbilder analytischer Garben. Annals of Math., II. Ser. **68**, 393–443 (1958). *lev*

[24] Ein Theorem der analytischen Garbentheorie und die Modulräume komplexer Strukturen. Publ. Math. IHES 5, 233–292 (1960). Berichtigung: Publ. Math. IHES 16, 131–132 (1963). *compl*

27.

(mit A. Andreotti)

Algebraische Körper von automorphen Funktionen

Nachr. Akad. Wiss. Göttingen, II. Math.-Phys. Kl. 3, 39–48 (1961)

In dem von Siegel vorgeschlagenen Aufbau der Theorie der Modulgruppe Γ n-ten Grades wurden die Modulfunktionen als Quotient von Modulformen definiert. Leider blieb hierbei unklar, welche in der Siegelschen Halbebene H meromorphen, gegenüber Γ invarianten Funktionen sich als ein solcher Quotient darstellen lassen. Später wurden Verfahren zur Kompaktifizierung des Quotientenraumes H/Γ entwickelt (vgl. die Arbeiten von Siegel [7], Christian [2], Satake [5], Baily [1]). Dabei stellte sich heraus, daß man im Falle $n > 1$ jede in H/Γ meromorphe Funktion f in die Abschließung $\overline{H/\Gamma}$ von H/Γ fortsetzen kann und daß deshalb folgt: $f = \frac{h}{g}$, wenn h und g geeignet gewählte Modulformen sind. Das Siegelsche Postulat ist also überflüssig geworden.

Die Untersuchungen von Satake und Baily, die schließlich zu diesem Ergebnis führten, benutzen tiefliegende Sätze der allgemeinen komplexen Analysis und dringen ebenso tief in die Theorie der Modulgruppe ein. Erst kürzlich gelang es Siegel [9], einen einfachen Beweis zu finden (vgl. auch [3]).

Die Aussage, daß man jede in H/Γ meromorphe Funktion f meromorph nach $\overline{H/\Gamma}$ fortsetzen kann, beruht auf einem Kontinuitätssatz, der in naher Beziehung zu der zuerst von E. E. Levi definierten Pseudokonvexität steht. Es lag deshalb nahe, zu vermuten, daß der Quotientenraum H/Γ eine solche Konvexitätseigenschaft besitzt und daß man aus dieser Eigenschaft leicht das Resultat von Satake und Baily ableiten kann.

In der vorliegenden Note wird gezeigt, daß dieses möglich ist. Dabei wird ein Satz gewonnen, der auch in der Theorie der automorphen Funktionen bzgl. allgemeineren (eigentlich) diskontinuierlichen Gruppen zum Ziele führen dürfte (z.B. im Falle der Hilbert-Siegelschen Modulgruppen).

§ 1. Pseudokonkave Ränder

Es bezeichnen $\mathbb{C}^m$ den m-dimensionalen komplexen Zahlenraum, $U \subset \mathbb{C}^m$ und $G \subset \mathbb{C}^m$ offene Mengen, $D \subset U$ eine Teilmenge.

Definition 1. *Unter der holomorph-konvexen Hülle $\hat{D}_U$ von D bzgl. U verstehen wir die in U abgeschlossene Menge $\{z \in U : |f(z)| \leq \sup |f(D)|$ für alle in U holomorphen Funktionen $f\}$.*

Definition 2. *Der Bereich G heißt pseudokonkav in einem Punkt z des Randes ∂G (und z heißt pseudokonkaver Randpunkt), wenn es zu z beliebig kleine Umgebungen*[1] $U = U(z) \subset \mathbb{C}^n$ *gibt, so daß z innerer Punkt der Menge* $(U \hat{\cap} G)_U$ *ist.*

Es gibt ein einfaches Kriterium für pseudokonkave Randpunkte:

Satz 1. *Ein Gebiet* $G \subset \mathbb{C}^m(z_1, \ldots, z_m)$ *ist sicher dann in einem Punkte* $z_0 = (z_1^{(0)}, \ldots, z_m^{(0)}) \in \partial G$ *pseudokonkav, wenn es eine zweidimensionale analytische Ebene* $E: z_\nu = z_\nu^{(0)} + \sum_{\mu=1}^{2} a_{\nu\mu} t_\mu$ *durch* z_0, *eine Umgebung* $V = V(z_0) \subset E$ *und eine in V reellwertige, zweimal stetig differenzierbare Funktion* $p = p(t_1, t_2, \bar{t}_1, \bar{t}_2)$ *gibt, so daß gilt:*

1) *die Hermitesche Form* $L(p) = \sum_{\nu,\mu=1}^{2} \frac{\partial^2 p}{\partial t_\nu \partial \bar{t}_\mu} dt_\nu d\bar{t}_\mu$ *ist in V positiv definit,*

2) $V \cap G = \{t = (t_1, t_2) \in V : p(t_1, t_2) > 0\}$,
$V \cap \partial G \subset \{t \in V : p(t_1, t_2) = 0\}$.

Beweis. Es gilt sicher $p(0,0) = 0$. Wir schreiben:

$$p(t_1, t_2) = \sum a_\nu t_\nu + \sum \bar{a}_\nu \bar{t}_\nu + \sum b_{\nu\mu} t_\nu t_\mu + \sum \bar{b}_{\nu\mu} \bar{t}_\nu \bar{t}_\mu + \sum c_{\nu\mu} t_\nu \bar{t}_\mu + q(t_1, t_2, \bar{t}_1, \bar{t}_2)$$

wobei a_ν, $b_{\nu\mu}$, $c_{\nu\mu}$ konstant sind und im Nullpunkt 0_t die Ableitungen von $q(t_1, t_2)$ bis zur zweiten Ordnung verschwinden. Da die Form $\sum c_{\nu\mu} t_\nu \bar{t}_\mu$ wegen $c_{\nu\mu} = \left[\frac{\partial^2 p}{\partial t_\nu \partial \bar{t}_\mu}\right]_{0_t}$ positiv definit ist, folgt:

(*) Es gibt eine Umgebung $V' = V'(0_t) \subset\subset V$, so daß p auf der Fläche $F = \{(t_1, t_2) \in V' : g(t) = \sum a_\nu t_\nu + \sum b_{\nu\mu} t_\nu t_\mu = 0\}$ mit Ausnahme des Punktes 0_t selbst positiv ist.

Gilt $(a_1, a_2) \neq (0,0)$, so ist, falls V' hinreichend klein gewählt wurde, F sicher eine singularitätenfreie Riemannsche Fläche in V. Im Falle $a_1 = a_2 = 0$ besteht F aus dem Durchschnitt von komplex-analytischen Geraden F_1, F_2 mit V' (die im Spezialfall zusammenfallen können) oder aus V' selbst. Daraus folgt in Verbindung mit (*):

(**) Es gibt eine Umgebung $W = W(z_0) \subset \mathbb{C}^m$ und eine singularitätenfreie Riemannsche Fläche $R \subset W$, so daß gilt:

a) $z_0 \in R$

b) $R - z_0 \subset G$.

Ist $M \subset \mathbb{C}^m$ eine Menge, so bezeichne M_ε, $\varepsilon > 0$, die Menge der Punkte $z \in \mathbb{C}^m$, die von M einen kleineren Abstand als ε haben. Mit Hilfe dieser Bezeichnung folgt Satz 1 nun sehr leicht. Es sei $U = U(z_0)$ eine beliebige Umgebung. Wir wählen eine Umgebung $U' = U'(z_0) \subset\subset U \cap W$. Es gilt dann:

[1] Umgebungen werden stets als offen vorausgesetzt.

$\partial R' =_{\text{Def.}} \partial U' \cap R \subset\subset U \cap G$. Mithin gibt es ein $\varepsilon > 0$, so daß $(\partial R')_\varepsilon$ noch in $U \cap G$ enthalten ist. Nach dem Maximumprinzip hat man für jede in U holomorphe Funktion f:

$$|f(z_0)| \leq \sup |f(\partial R')|$$

und deshalb auch:

$$\sup |f(\{z_0\}_\varepsilon)| \leq \sup |f((\partial R')_\varepsilon)| \leq \sup |f(U \cap G)|.$$

Somit folgt: $\{z_0\}_\varepsilon \subset (U \hat{\cap} G)_U$, q. e. d.

Anmerkung. Gibt es eine k-dimensionale analytische Ebene E_k, $k \geq 2$, durch z_0, für die zu 1) und 2) analoge Eigenschaften gelten, so sind diese Eigenschaften erst recht für jede zweidimensionale Ebene $E_2 \subset E_k$ mit $z_0 \in E_2$ richtig, d.h. G ist auch in diesem Falle in z_0 pseudokonkav.

Es sei Γ eine Gruppe von (biholomorphen) Automorphismen von G.

Definition 3. *Γ heißt pseudokonkav, wenn es eine relativ kompakte offene Menge $G' \subset\subset G$ gibt, derart, daß jeder Randpunkt $z \in \partial G'$ entweder bzgl. Γ zu einem inneren Punkt oder zu einem pseudokonkaven Randpunkt von G' äquivalent ist.*

Es folgt sofort:

Besitzt Γ einen kompakten Fundamentalbereich in G, so ist Γ sicher pseudokonkav.

Definition 4. *Zwei Gruppen Γ_1 und Γ_2 von Automorphismen von G heißen vergleichbar, wenn $\Gamma_1 \cap \Gamma_2$ endlichen Index in Γ_1 und Γ_2 hat.*

Es ergibt sich sofort:

Satz 2: *Es sei Γ_1 pseudokonkav und mit Γ_2 vergleichbar. Dann ist auch Γ_2 pseudokonkav.*

Beweis. Ist $\Gamma_{12} = \Gamma_1 \cap \Gamma_2$ pseudokonkav, so gibt es ein Gebiet $G' \subset\subset G$ mit den in Definition 3 verlangten Eigenschaften. G' hat erst recht in bezug auf Γ_2 diese Eigenschaften. Also ist dann Γ_2 pseudokonkav. Wir setzen $\Gamma_1 = a_1\Gamma_{12} \cup a_2\Gamma_{12} \cup \cdots \cup a_k\Gamma_{12}$, wobei a_ν Transformationen aus Γ_1 sind. Es sei $\tilde{G}' = \bigcup_\nu a_\nu^{-1}(G')$. Man hat $\tilde{G}' \subset\subset G$ und $\partial\tilde{G}' \subset \bigcup a_\nu^{-1}(\partial G')$. Daraus folgt, daß $\tilde{G}'$ den in Definition 3 gestellten Forderungen genügt. Γ_{12} ist also pseudokonkav.

§ 2. Automorphe Funktionen

Es werde fortan G stets als zusammenhängend vorausgesetzt. Γ sei wieder eine Gruppe von Automorphismen von G. Unter einer *automorphen Funktion* in G verstehen wir — wie üblich — eine in G meromorphe Funktion f, die gegenüber den Transformationen aus Γ invariant ist. Die Gesamtheit der automorphen Funktionen über G bildet einen Körper, den wir mit $K(\Gamma)$ bezeichnen wollen. Wir setzen fortan voraus, daß es wenigstens m algebraisch unabhängige Funktionen aus $K(\Gamma)$ gibt[2].

Satz 3. *Ist Γ pseudokonkav und sind $f_1, \ldots, f_m \in K(\Gamma)$ algebraisch unabhängige Funktionen, so ist $K(\Gamma)$ eine endliche algebraische Erweiterung des rationalen Funktionenkörpers $\mathrm{C}(f_1, \ldots, f_m) \subset K(\Gamma)$.*

Bevor wir Satz 3 beweisen, ist es notwendig, einige Vorbereitungen zu treffen[3]. Es seien $z_0 \in \mathrm{C}^m$ ein beliebiger Punkt, $\mathfrak{o}$ der Ring der Keime der holomorphen Funktionen in z_0, $\mathfrak{m} \subset \mathfrak{o}$ das maximale Ideal. Der komplexe Vektorraum $\mathfrak{o}_l = \mathfrak{o}/\mathfrak{m}^{l+1}$ hat die Dimension $\binom{m+l}{m}$. Der Wert $\dim_{\mathrm{C}} \mathfrak{o}_l$ ist also ein Polynom vom Grade m in l. Laut Definition verschwindet eine in einer Umgebung $K = K(z_0)$ holomorphe Funktion h in z_0 (wenigstens) l-ter Ordnung, wenn der durch h in z_0 erzeugte Funktionenkeim Element des Ideals $\mathfrak{m}^l$ ist. Es folgt als Verallgemeinerung des Schwarzschen Lemmas:

(1) *Ist K eine Hyperkugel vom Radius r um z_0 und verschwindet h in z_0 von l-ter Ordnung, so gilt $|f(z)| \leq \frac{|z - z_0|^l}{r^l} \sup |f(K)|$, wenn $z = (z_1, \ldots, z_m)$, $z_0 = (z_1^{(0)}, \ldots, z_m^{(0)})$ und $|z - z_0|^2 = \sum_{\nu=1}^{m} |z_\nu - z_\nu^{(0)}|^2$ gesetzt werden.*

Der Beweis von (1) ist trivial. Er ergibt sich aus dem Schwarzschen Lemma der Funktionentheorie einer Veränderlichen, da man die Aussage nur für die Beschränkung von f auf jede beliebige eindimensionale komplexe Gerade durch den Mittelpunkt $z_0 \in K$ herzuleiten braucht.

Es sei $G' \subset\subset G$ eine relativ kompakte offene Teilmenge, für die die Eigenschaften aus Definition 3 gelten. Ferner seien $g, f_\nu \in K(\Gamma)$ endlich viele meromorphe Funktionen, $\mathfrak{U} = \{U_\iota\}$, und $\mathfrak{V} = \{V_\iota\}$, $\mathfrak{V}^* = \{V_\iota^*\}$ endliche, jedoch sehr feine offene Überdeckungen von G' (mit $\iota = 1, \ldots, \iota_*$). Wir können folgende Eigenschaften erfüllen:

1) Die offenen Mengen V_ι, V_ι^* sind konzentrische Hyperkugeln um Punkte $z_\iota \in \bar{G}'$. Es gilt stets $V_\iota^* \subset V_\iota \subset U_\iota$. Das Verhältnis der Radien von V_ι^* zu V_ι ist kleiner-gleich eine feste Zahl $q < 1$.

2) Zu jedem Index $\iota \in I = \{1, \ldots, \iota_*\}$ ist eine Transformation $\gamma_\iota \in \Gamma$ gegeben, so daß $\bar{V}_\iota \subset (U_\iota \mathbin{\hat{\cap}} \gamma_\iota^{-1}(G'))_{U_\iota}$.

[2] Wenn Γ (eigentlich) diskontinuierlich und G beschränkt sind, gibt es diese m Funktionen stets.

[3] Der Beweis folgt einem Ansatz von Poincaré, der später von Hervé [4] und Serre [6] weiter ausgearbeitet wurde, und benutzt die von Siegel gegebene Vereinfachung [8]. Er ist eine fast exakte Kopie von [8], wenn man von der Ausnutzung der Gruppe Γ und der Pseudokonkavität absieht.

3) —a— Über $\overline{U}_\iota$ bestehen Quotientendarstellungen: $g = g'_\iota/g''_\iota$, $f_\nu = f'_{\iota\nu}/f''_{\iota\nu}$, wobei $g'_\iota, g''_\iota, f'_{\iota\nu}, f''_{\iota\nu}$ in $\overline{U}_\iota$ holomorphe[4] Funktionen sind. —b— Die Funktionen $g_{\iota_1\iota_2} = g''_{\iota_1}/(g''_{\iota_2} \circ \gamma_{\iota_1})$, $f_{\iota_1\iota_2} = \prod_\nu f''_{\iota_1\nu}/(f''_{\iota_2\nu} \circ \gamma_{\iota_1})$ sind in $\overline{U}_{\iota_1\iota_2} = \overline{U}_{\iota_1} \cap \gamma_{\iota_1}^{-1}(\overline{U}_{\iota_2})$ holomorph.

Man konstruiert die Überdeckungen $\mathfrak{U}$, $\mathfrak{V}$, $\mathfrak{V}^*$ leicht unter Ausnutzung der Voraussetzung, daß $\overline{G}'$ kompakt ist. Man kann ja um jeden Punkt $z \in \overline{G}'$ konzentrische Hyperkugeln $V^* \subset V \subset U$ legen, derart, daß für ein $\gamma \in \Gamma$ die Inklusion $\gamma(V) \subset G'$ oder die Beziehung $V \subset (U \mathbin{\hat{\cap}} \gamma^{-1}(G'))_U$ gilt. Wählt man U hinreichend klein, so sind auch die unter 3a) verlangten Quotientendarstellungen möglich. Man kann dann Zähler und Nenner sogar als lokal teilerfremd wählen. Es folgt, daß endliche Überdeckungen $\mathfrak{U}$, $\mathfrak{V}$, $\mathfrak{V}^*$ existieren, für die die Eigenschaften 1)—3a) gelten und außerdem jeder Bruch g'_ι/g''_ι, $f'_{\iota\nu}/f''_{\iota\nu}$ in jedem Punkte von $\overline{U}_\iota$ reduziert ist. Deshalb müssen auch die Funktionen $g_{\iota_1\iota_2}$, $f_{\iota_1\iota_2}$ in $\overline{U}_{\iota_1\iota_2}$ holomorph sein.

Wir wählen positive Zahlen M' und M, so daß $\sup |g_{\iota_1\iota_2}(\overline{U}_{\iota_1\iota_2})| < M'$ und $\sup |f_{\iota_1\iota_2}(\overline{U}_{\iota_1\iota_2})| < M$ gilt. $F^l_{\nu\mu}$ sei der komplexe Vektorraum derjenigen meromorphen Funktionen $h \in K(\Gamma)$, die sich über $\overline{U}_\iota$ als ein Quotient $h_\iota/(g''_\iota)^\nu \cdot (f''_\iota)^\mu$ darstellen lassen, bei dem der Zähler h_ι eine über $\overline{U}_\iota$ holomorphe Funktion ist, die in z_ι von l-ter Ordnung verschwindet (mit $\nu, \mu, l = 0, 1, 2, 3, \ldots$), und $f''_\iota = \prod_\nu f''_{\iota\nu}$ gesetzt ist. Wir erklären die Normen:

$$\|h\| \;= \max_\iota \sup |h_\iota(\overline{V}_\iota)|,$$

$$\|h\|^* = \max_\iota \sup |h_\iota(\overline{V}^*_\iota)|.$$

Es folgt nach dem Schwarzschen Lemma:

(2) $\|h\|^* \leq q^l \, \|h\|$

und ferner läßt sich zeigen:

(3) $\|h\| \leq (M')^\nu M^\mu \|h\|^*$.

Beweis von (3). In $\overline{U}_{\iota_1\iota_2}$ gilt: $h_{\iota_1} = g^\nu_{\iota_1\iota_2} \cdot f^\mu_{\iota_1\iota_2} \cdot (h_{\iota_2} \circ \gamma_{\iota_1})$. Insbesondere ist das in $U_{\iota_1} \cap \gamma_{\iota_1}^{-1}(G' \cap V^*_{\iota_2})$ richtig. Es folgt deshalb: $\max \sup |h_\iota(U_\iota \cap \gamma_\iota^{-1}(G'))| \leq (M')^\nu \cdot M^\mu \|h\|^*$. Da $(U_\iota \mathbin{\hat{\cap}} \gamma_\iota^{-1}(G'))_{U_\iota} \supset \overline{V}_\iota$, gilt die gleiche Abschätzung für $\max \sup |h_\iota(\overline{V}_\iota)|$, q. e. d.

Aus (2) und (3) ergibt sich:

(4) Gilt $q^l \cdot (M')^\nu \cdot M^\mu < 1$, so ist $\dim F^l_{\nu\mu} = 0$.

Wir setzen: $a = [-\lg M'/\lg q] + 1$, $b = [-\lg M/\lg q] + 1$ und $l(\nu,\mu) = \nu a + \mu b$. Man hat $F^l_{\nu\mu} = 0$ für $l \geq l(\nu,\mu)$ (wenn $\nu^2 + \mu^2 \neq 0$). Daraus folgt, wenn $F_{\nu\mu}$ den Vektorraum $F^0_{\nu\mu}$ bezeichnet:

[4] Das bedeutet, daß die Funktionen in einer offenen Umgebung von $\overline{U}_\iota$ erklärt und holomorph sind.

(5) $\dim F_{\nu\mu} \leq \iota^* \cdot \binom{m + l(\nu,\mu) - 1}{m} = P(\mu).$

$P(\mu) = (b^m \cdot \iota_*/m!)\,\mu^m + A_1(\nu)\mu^{m-1} + \cdots + A_0(\nu)$ ist ein Polynom vom Grade m in μ.

Es seien jetzt $g, f_1, \ldots, f_m \in K(\Gamma)$ beliebig gewählt, die Funktionen $f_1, \ldots, f_m$ seien algebraisch unabhängig. Wir setzen $h_{\nu,\mu_1,\ldots,\mu_m} = g^\nu \cdot f_1^{\mu_1} \cdots f_m^{\mu_m}$. Die Anzahl der Ausdrücke $h_{\nu,\mu_1,\ldots,\mu_m}$ mit $\nu \leq \nu_0$, $\mu \leq \mu_0$, $\mu = \mu_1 + \cdots + \mu_m$ beträgt $(\nu_0 + 1)\binom{m + \mu_0}{m} = ((\nu_0 + 1)/m!)\mu_0^m + B_1\mu_0^{m-1} + \cdots + B_0 = Q(\mu_0)$. Andererseits gilt jedoch: $h_{\nu,\mu_1,\ldots,\mu_m} \in F_{\nu_0\mu_0}$. Wählen wir ν_0 so groß, daß $(\nu_0 + 1)/m! > b^m \cdot \iota_*/m!$ ist, so muß für großes μ_0 die Ungleichung $Q(\mu_0) > P(\mu_0)$ richtig sein, d.h. es besteht eine nicht-triviale algebraische Gleichung:

$$\sum_{\substack{\nu = 0,\ldots,\nu_0 \\ \mu = 0,\ldots,\mu_0}} a_{\nu,\mu_1,\ldots,\mu_m} g^\nu \cdot f_1^{\mu_1} \cdots f_m^{\mu_m} = 0.$$

Dabei sind sicher Koeffizienten $a_{\nu,\mu_1,\ldots,\mu_m}$ mit $\nu > 0$ von null verschieden, da sonst $f_1, \ldots, f_m$ algebraisch abhängig wären. Jede Funktion $g \in K(\Gamma)$ ist also algebraisch über $\mathbb{C}(f_1, \ldots, f_m)$ von einem Grad $d(g) \leq \nu_0$. Die Zahl ν_0 hängt dabei von b, ι_* und damit M und den Überdeckungen $\mathfrak{U}$, $\mathfrak{B}$, $\mathfrak{B}^*$ ab.

Wir wählen nun $\mathfrak{U}$, $\mathfrak{B}$, $\mathfrak{B}^*$ so, daß die Eigenschaften 1) — 3) in bezug auf die Funktionen $f_1, \ldots, f_m$ gelten, die wir als ein für alle mal fest gewählt annehmen. Wir setzen $F_\mu = F_{0\,\mu}$. Die direkte Summe $F = \sum_{\mu=0}^{\infty} F_\mu$ bildet einen graduierten Ring. Man wird deshalb zu folgender rein algebraischer Betrachtung geführt:

Es seien $\hat{R} = \sum_{\nu=0}^{\infty} \hat{R}_\nu$ irgendein graduierter kommutativer nullteilerfreier Ring, $R = \sum R_\nu \subset \hat{R}$ ein graduierter Unterring, $K(\hat{R})$ [bzw. $K(R)$] der Körper $\left\{\frac{r'}{r''} : r' \in \hat{R}_\nu,\ r'' \in R_\nu,\ r'' \neq 0\right\}$ $\left(\text{bzw. } \left\{\frac{r'}{r''} : r',\ r'' \in R_\nu,\ r'' \neq 0\right\}\right)$, wobei in der Menge $\left\{\frac{r'}{r''}\right\}$ die üblichen Identifizierungen vorzunehmen sind und die Addition und Multiplikation auf natürliche Weise erklärt werden. Jedes Element aus $K(\hat{R}) \supset K(R)$ sei algebraisch über $K(R)$. Es werde ferner vorausgesetzt, daß jede Gruppe R_ν ganz abgeschlossen in $\hat{R}_\nu$ ist, d.h. genügt ein Element $r \in \hat{R}_\nu$ einer ganz-algebraischen Gleichung: $r^l + A_1 r^{l-1} + \cdots + A_l = 0$ mit $A_\mu \in R_{\nu\cdot\mu}$, so gelte stets $r \in R_\nu$. Es folgt unter diesen Annahmen:

Satz 4. *$K(\hat{R})$ stimmt mit $K(R)$ überein.*

Der Beweis wird später erbracht werden. Wir setzen in unserem Falle $R = F$ und $\hat{R} = R \cdot K(\Gamma)$. Es gilt dann $K(\hat{R}) = K(\Gamma)$, der Körper $K(R)$ enthält wenigstens die Funktionen $f_1, \ldots, f_m$. Jedes Element von $K(\hat{R})$ ist also algebraisch über $K(R)$. Weil der Ring der holomorphen Funktionen in seinem Quotientenkörper ganz abgeschlossen ist, muß auch jede Gruppe R_ν in $\hat{R}_\nu$ ganz abgeschlossen sein. Also folgt $K(R) = K(\hat{R}) = K(\Gamma)$.

Ist aber $g \in K(R)$ ein beliebiges Element, so gilt nach Definition von $K(R)$ in jedem $\overline{U}_\iota$ die Beziehung: $g = (g'_\iota/(f''_\iota)^\nu)/(g''_\iota/(f''_\iota)^\nu)$, wobei g'_ι, g''_ι in $\overline{U}_\iota$ holomorph sind. Somit ist $g = g'_\iota/g''_\iota$; die Funktionen $g_{\iota_1\iota_2}$ sind holomorph. Das bedeutet: für die Funktionen $g, f_1, \ldots, f_m$ sind die Eigenschaften 1)—3) erfüllt. Wir können die Überdeckungen $\mathfrak{U}$, $\mathfrak{V}$, $\mathfrak{V}^*$ und damit die Zahl ν_0 unabhängig von g wählen. $K(\Gamma)$ ist eine endliche algebraische Erweiterung von $\mathrm{C}(f_1, \ldots, f_m)$, q. e. d.

Es werde der Beweis von Satz 4 nachgeholt. Es sei $g \in K(\hat{R})$ ein beliebiges Element. Nach Voraussetzung besteht eine algebraische Gleichung: $g^l + a_1 g^{l-1} + \cdots + a_l = 0$ mit $a_\nu \in K(R)$. Wählt man s geeignet, so gilt $a_\nu = a'_\nu/a''$ mit $a'_\nu, a'' \in R_s$ und $g = g'/g''$ mit $g' \in \hat{R}_s$, $g'' \in R_s$. Man erhält:

$$(g' \cdot a'')^l + a'_1 \cdot g'' \cdot (g' \cdot a'')^{l-1} + a'_2 \cdot (a'') \cdot (g'')^2 (g' \cdot a'')^{l-2} + \cdots + a'_l \cdot (a'')^{l-1} \cdot (g'')^l = 0 .$$

Also ist $g' \cdot a''$ ein Element von R_{2s} und daraus folgt: $g = (g' \cdot a'')/(g'' \cdot a'') \in K(R)$, q. e. d.

§ 3. Die Siegelsche Modulgruppe

Es bezeichne jetzt $H = H_n$ die Siegelsche obere Halbebene, $\Gamma = \Gamma_n$ sei die Siegelsche Modulgruppe. H ist ein Teilgebiet des $\mathrm{C}^{\frac{n(n+1)}{2}}$ und besteht aus allen symmetrischen quadratischen Matrizen $Z = X + iY$ vom Grade n, bei denen die Form $\bar{\mathfrak{a}}^t \circ Y \circ \mathfrak{a}$ positiv definit ist (in Zeichen $Y > 0$). Zur Definition von Γ betrachtet man alle reellen Matrizen $\begin{pmatrix} A & B \\ C & D \end{pmatrix}$, die den Gleichungen:

$$\begin{pmatrix} A & B \\ C & D \end{pmatrix}^t \begin{pmatrix} 0 & E \\ -E & 0 \end{pmatrix} \begin{pmatrix} A & B \\ C & D \end{pmatrix} = \begin{pmatrix} 0 & E \\ -E & 0 \end{pmatrix}, \quad \begin{vmatrix} A & B \\ C & D \end{vmatrix} = 1$$

genügen, wobei A, B, C, D quadratische Matrizen vom Grade n und E die Einheitsmatrix gleichen Grades sind. Durch die Zuordnung

$$Z \to (AZ + B)\,(CZ + D)^{-1}$$

erhält man biholomorphe Abbildungen $\gamma: H_n \to H_n$. Die symplektische Gruppe $\hat{\Gamma}$ besteht aus allen diesen Transformationen, die Modulgruppe Γ ist eine Untergruppe von $\hat{\Gamma}$. Ihre Elemente entsprechen Matrizen $\begin{pmatrix} A & B \\ C & D \end{pmatrix}$ mit ganzzahligen Komponenten.

Jede reelle positiv definite symmetrische Matrix Y läßt sich auf die sogenannte Jacobische Normalform bringen, d.h. sie läßt sich schreiben $Y =$

$W^t \cdot D \cdot W$, wobei D Diagonalgestalt hat und W eine Dreiecksmatrix ist, genauer:

$$D = \begin{pmatrix} d_1 & & 0 \\ & \ddots & \\ 0 & & d_n \end{pmatrix} = \operatorname{diag}(d_1, \ldots, d_n), \quad W = \begin{pmatrix} 1 & & W_{ij} \\ & \ddots & \\ 0 & & 1 \end{pmatrix}.$$

Die Matrizen D und W sind übrigens eindeutig bestimmt.

Es sei $\Omega_u \subset H$ die offene Menge derjenigen Punkte $Z = X + iY = (X_{\nu\mu}) + i W^t D W$, für die folgendes gilt:

1) $|X_{\nu\mu}| < u, \quad \nu, \mu = 1, \ldots, n.$
2) $|W_{\nu\mu}| < u, \quad \nu < \mu.$
3) $1 < u d_1 < \cdots < u^n d_n.$

Nach einem bekannten Satz ist Ω_u für $u \geq u_0$ eine fundamentale offene Menge bzgl. Γ, d.h. es sind die beiden folgenden Postulate erfüllt:

a) $\Gamma \Omega_u = H_n$,
b) die Menge $\{\gamma \in \Gamma : \gamma \Omega_u \cap \Omega_u \neq 0\}$ ist endlich[5].

Es werde fortan $u \geq u_0$ festgewählt, $\gamma \in \hat{\Gamma}$ sei eine Transformation, die folgende Eigenschaft besitzt: für jede noch so große kompakte Teilmenge $K \subset H$ sei $\gamma(\Omega_u - K) \cap (\Omega_u - K) \neq 0$. Wir nennen γ eine Transformation im unendlichen.

Es seien F bzw. $\check{F}$ die Mengen $\gamma^{-1}(\Omega_u) \cap \Omega_u$ bzw. $\gamma(\Omega_u) \cap \Omega_u$ und $d_\nu(Z)$ die ν-te Komponente der Diagonalen von D. Wegen der Eigenschaften 1)—3) ist sicher $\sup_{Z \in F} d_n(Z) = \sup_{Z \in \check{F}} d_n(Z) = \infty$. Es folgt, wenn man mit $\mathfrak{x}_r^t$ den Vektor $(0, \ldots, 0, r)$ bezeichnet:

(1) *Ist* $F^* \subset \Omega_u$ *eine Teilmenge und gilt:*

$$\sup_{Z \in F^*} d_n(Z) = \infty, \quad \Phi(Z) = r, \text{ wobei } \mathfrak{x}_r = Y \cdot \mathfrak{x} \text{ mit } \|\mathfrak{x}\| = 1$$

und $\mathfrak{x} = (x_\nu)$, $\|\mathfrak{x}\|^2 = \sum_{\nu=1}^{n} x_\nu^2$ *gesetzt wird, so ist* $\Phi(Z)$ *nach oben unbeschränkt.*

Beweis. Wir setzen $\mathfrak{x}^* = Y^{-1} \cdot \mathfrak{x}_1$, $\mathfrak{x} = \mathfrak{x}^* / \|\mathfrak{x}^*\|$, $r = \|\mathfrak{x}^*\|^{-1}$. Es gilt $\mathfrak{x}_r = Y \cdot \mathfrak{x}$. Da $Y^{-1} = W^{-1} D^{-1} \cdot (W^t)^{-1}$ ist, wird $\|\mathfrak{x}^*\|$ in F^* beliebig klein.

(2) *Für jeden (reellen) Vektor* $\mathfrak{x}$ *gilt:* $\|Y \cdot \mathfrak{x}\| \geq M \cdot \|\mathfrak{x}\|$, *wobei* M *eine von* $\mathfrak{x}$ *und* $Y \in \Omega_u$ *unabhängige Konstante ist.*

Der Beweis ist trivial. Aus (1) und (2) läßt sich ableiten:

(3) *Ist* $\gamma = \begin{pmatrix} A & B \\ C & D \end{pmatrix}$ *eine Transformation im unendlichen, so verschwindet in der Matrix* C *die letzte Zeile und Spalte.*

[5] Unsere Definition weicht also etwas von der üblichen Definition ab. Es wird nicht gefordert, daß die Eigenschaft b) auch für jede mit Γ vergleichbare Gruppe gilt.

Beweis. Es gibt zu jedem Punkt $Z \in F$ einen Punkt $\tilde{Z} \subset \Omega_u$, so daß die Gleichung: $\tilde{Z} \cdot C \cdot Z + \tilde{Z} D = AZ + B$ besteht. Setzt man $Z = X + iY$, $\tilde{Z} = \tilde{X} + i\tilde{Y}$, $\mathfrak{x}_r = Y \cdot \mathfrak{x}$ mit $\|\mathfrak{x}\| = 1$, so erhält man nach Multiplikation mit $\mathfrak{x}$ von rechts als Beziehung zwischen den Realteilen:

$$\tilde{Y} \cdot C \cdot \mathfrak{x}_r = [\tilde{X} D - AX - B + \tilde{X} C X] \cdot \mathfrak{x}, \quad r = \Phi(Z).$$

Da die rechte Seite beschränkt bleibt, folgt aus (1) und (2), daß die letzte Spalte von C verschwindet. — Durch Multiplikation mit $\mathfrak{x}^t$ von links (wobei $\mathfrak{x}_r = \tilde{Y} \cdot \mathfrak{x}$) zeigt man dementsprechend, daß auch die letzte Zeile von C null ist.

(4) *Ist γ eine Transformation im unendlichen, so hängt die Determinante $|CZ + D|$ nicht von der letzten Zeile und Spalte aus Z ab.*

Da die letzte Spalte von C verschwindet, ist (4) ein Spezialfall von Hilfssatz 5 aus [9]. Der Beweis von (4) sei deshalb hier ausgelassen (obgleich er nahezu trivial ist).

Man zeigt jetzt sehr einfach:

Satz 5. *Die Siegelsche Modulgruppe ist pseudokonkav.*

Beweis. Wir definieren die Funktion $k(Z) = -lg|Y|$. Ist γ irgendeine symplektische Transformation, so gilt bekanntlich: $k(\gamma(Z)) = k(Z) - 2\,lg \|CZ + D\|$. Wesentlich ist nun, daß $k(Z)$ auf jeder Äquivalenzklasse aus H/Γ ihr Minimum in einem Punkt $Z' \in \Omega_0 = \Omega_{u_0}$ annimmt. Die Funktion

$$p(Z) = \min_{\gamma \in \Gamma} k(\gamma(Z))$$

ist in Ω_0 stetig. Wir wählen eine positive Zahl r so groß, daß jede Transformation $\gamma \in \Gamma$ mit $T \cap \gamma(T) \neq 0$ eine Transformation im unendlichen (bzgl. Ω_0) ist, wenn $T = \{Z \in \Omega_0 : k(Z) < -r\}$ gesetzt wird. Sind $\gamma_1, \ldots, \gamma_s$ all diese Transformationen, so gilt für $Z \in T$:

$$p(Z) = \min_{\nu = 1 \cdots s} k(\gamma_\nu(Z)).$$

Wie man durch Rechnung zeigt, ist die Form:

$$\sum_{\substack{\nu \geq \mu \\ \varkappa \geq \lambda}} \frac{\partial^2 k}{\partial Z_{\nu\mu} \partial \bar{Z}_{\varkappa\lambda}} dZ_{\nu\mu} d\bar{Z}_{\varkappa\lambda} = -\frac{1}{4} \sum \frac{\partial^2 lg|Y|}{\partial y_{\nu\mu} \partial y_{\varkappa\lambda}} (dy_{\nu\mu} dy_{\varkappa\lambda} + dx_{\nu\mu} dx_{\varkappa\lambda})$$

und damit erst recht die Form:

$$L(k) = \sum_{\nu, \varkappa} \frac{\partial^2 k}{\partial Z_{\nu n} \partial \bar{Z}_{\varkappa n}} dZ_{\nu n} d\bar{Z}_{\varkappa n}$$

in jedem Punkte von H positiv definit. Wegen (4) gilt das auch für

$$L(p) = \sum_{\nu, \varkappa} \frac{\partial^2 p}{\partial Z_{\nu n} \partial \bar{Z}_{\varkappa n}} dZ_{\nu n} d\bar{Z}_{\varkappa n}$$

in T und mithin im ganzen Bereich $\{Z \in H : p(Z) < -r\}$. Also ist $G' = \Omega_0 \cap \{Z \in H : p(Z) > -r-1\}$ in jedem Punkte von $\partial G' \cap \Omega_0$ pseudokonkav. Ferner ist G' relativkompakt in H enthalten und es sind alle in Definition 3 geforderten Eigenschaften erfüllt. Damit haben wir für Γ das Verlangte bewiesen.

Aus Satz 3 ergibt sich nun, daß der Körper $K(\Gamma)$ der Siegelschen Modulfunktionen ein algebraischer Funktionenkörper vom Transzendenzgrad $\frac{n(n+1)}{2}$ ist. Da der Quotientenkörper $Q \subset K(\Gamma)$ der Modulformen den gleichen Transzendenzgrad wie $K(\Gamma)$ hat, muß $K(\Gamma)$ eine endliche algebraische Erweiterung von Q sein. Der Satz 4 besagt deshalb, daß sogar $Q = K(\Gamma)$ gilt, d.h. jede Modulfunktion läßt sich als Quotient zweier holomorpher Modulformen darstellen.

Die gleichen Aussagen lassen sich nach einer mündlichen Mitteilung von Gundlach für die Siegel-Hilbertschen Modulgruppen herleiten, wenn man die Resultate von Pyateckii-Šapiro und die Reduktionstheorie von P. Humbert heranzieht.

Literatur

[1] Baily, W. L., Satake's compactification of V_n^*. Amer. J. Math. 80. 1958, 348—364.

[2] Christian, U., Zur Theorie der Modulfunktionen n-ten Grades. Math. Ann. 133. 1957, 281—297.

[3] Gundlach, K. B., Quotientenraum und meromorphe Funktionen zur Hilbertschen Modulgruppe. Nachr. Akad. Wiss. Göttingen 1960, 77—85.

[4] Hervé, M., Sur les fonctions fuchsiennes de deux variables complexes. Annales de l'Ecole Normale Superieure. Ser. 3, 59. 1952, 277—302.

[5] Satake, J., On the compactification of the Siegel space. J. Indian Math. Soc. 20. 1956, 259—281.

[6] Serre, J. P., Fonctions automorphes. Séminaire H. Cartan E. N. S. 1953/54, Exposé II.

[7] Siegel, C. L., Zur Theorie der Modulfunktionen n-ten Grades. Comm. Pure Appl. Math. 8. 1955, 677—681.

[8] Siegel, C. L., Meromorphe Funktionen auf kompakten analytischen Mannigfaltigkeiten. Nachr. Akad. Wiss. Göttingen 1955, 71—77.

[9] Siegel, C. L., Über die algebraische Abhängigkeit von Modulfunktionen n-ten Grades. Nachr. Akad. Wiss. Göttingen 1960, 257—272.

18.

(mit R. Remmert*)

Bilder und Urbilder analytischer Garben

(Received December 10, 1957)
Annals of Math., II. Ser. **68**, 393–443 (1958)

1. Die Garbentheorie ist in den letzten Jahren zu einem entscheidenden Hilfsmittel in der algebraischen Geometrie und komplexen Analysis geworden.[1] Die erste Definition von Garben wurde 1950 von J. LERAY [14] gegeben. Der Begriff der Garbe entsteht durch Abstraktion und gleichzeitige Verallgemeinerung aus den Räumen von Funktionskeimen über topologischen Räumen X; die Funktionen werden dabei zu sog. Schnittflächen in der Garbe. Jede Garbe ist durch eine lokaltopologische Projektion auf den Raum X abgebildet, die Projektionspunkte entsprechen den Entwicklungspunkten der Funktionskeime. Die Gesamtheit aller Punkte einer Garbe, die über einem festen Punkt des Grundraumes X liegen, heißt Halm; im Falle, daß die Garbe aus allen Keimen von komplex-wertigen (stetigen) Funktionen besteht, trägt jeder Halm die Struktur eines Ringes (Garbe von Ringen). J. LERAY hat gezeigt, daß eine Cohomologietheorie, in der als Koeffizienten der Cohomologiegruppen beliebige Garben von abelschen Gruppen zugelassen sind, in sinnvoller Weise aufgebaut werden kann. Die klassische Cohomlogietheorie ist als Spezialfall in dieser LERAYschen Theorie enthalten.

H. CARTAN und J. P. SERRE haben 1950 den Begriff der Garbe in die komplexe Analysis übertragen.[2] Sie definierten analytische Garben, indem sie auf Garben $\mathfrak{S}$ von abelschen Gruppen die Garbe $\mathfrak{O}$ der Keime von holomorphen Funktionen als Operatorgarbe stetig wirken ließen (Garbe von Moduln). Sie führten den wichtigen Begriff der Kohärenz ein, der in verschiedenen Arbeiten von H. Cartan bereits in Spezialfällen aufgetreten war. Es gelang Ihnen sodann unter Heranziehung fundamentaler Sätze von K. OKA, die Hauptsätze der Theorie der STEINschen Mannigfaltigkeiten zu zwei Theoremen über kohärente analytische Garben zusammenzufassen (vgl. [5]):

THEOREM A. *Ist $\mathfrak{S}$ eine kohärente analytische Garbe über einer Steinschen Mannigfaltigkeit X, so erzeugen die Schnittflächen in $\mathfrak{S}$ über X über*

* Die Resultate der vorliegenden Arbeit wurden z. T. in einer Comptes-Rendus-Note der Verfasser (vgl. [10]) angekündigt.

[1] Vgl. etwa [4] sowie [5], [12], [17].

[2] Vgl. hierzu [4], Exp. XV–XX.

der Operatorgarbe $\mathfrak{O}(X)$ der Keime der holomorphen Funktionen in X alle Halme von $\mathfrak{S}$.

THEOREM B. *Ist $\mathfrak{S}$ eine kohärente analytische Garbe über einer Steinschen Mannigfaltigkeit X, so verschwinden alle Cohomologiegruppen $H^q(X, \mathfrak{S})$ für $q > 0$.*

2. Es ist seit langem bekannt, daß Aussagen, wie sie in den Theoremen A und B gemacht werden, nicht für kohärente analytische Garben über beliebigen komplexen Mannigfaltigkeiten richtig sind. Selbst für algebraische Mannigfaltigkeiten sind die Theoreme A und B i. a. falsch. Es gelang jedoch J.P. SERRE 1954 (vgl. [6], Exp. XVIII und XIX, sowie [19]), unter Verwendung der Tensorproduktbildung von analytischen Garben zu beweisen, daß die Theoreme A und B in einer modifizierten Fassung für kohärente analytische Garben über allen komplexen projektiven Räumen richtig bleiben:

THEOREM VON SERRE. *Es gibt eine ausgezeichnete freie analytische Garbe $\mathfrak{F}$ über dem n-dimensionalen komplexen projektiven Raum P^n, $n \geqq 1$, mit folgender Eigenschaft: Ist $\mathfrak{S}$ irgendeine kohärente analytische Garbe über dem P^n, so gelten für fast alle Garben $\mathfrak{S} \otimes \mathfrak{F}^{\underline{k}}$, $k \geqq 0$, die Aussagen der Theoreme* A *und* B.[3]

Da man eine beliebige algebraische Mannigfaltigkeit X laut Definition stets singularitätenfrei in einem projektiven Raum P^n einbetten kann und jede kohärente analytische Garbe über X einfach dadurch zu einer kohärenten analytischen Garbe über dem P^n fortgesetzt wird, wenn man sie außerhalb $X \subset P^n$ null setzt, so sind durch das SERREsche Theorem die Theoreme A and B in der modifizierten Fassung für beliebige algebraische Mannigfaltigkeiten bewiesen.

3. Die soeben gewonnene Einsicht führt uns zu einem grundlegenden Prinzip der Theorie der kohärenten analytischen Garben:

Um einen Satz über kohärente analytische Garben für eine Klasse von komplexen Mannigfaltigkeiten zu beweisen, bette man diese Mannigfaltigkeiten in strukturell einfachere komplexe Mannigfaltigkeiten ein und beweise den entsprechenden Satz für diese einfacheren Mannigfaltigkeiten.

Unter dieses Prinzip ist auch weitgehend die vorliegende Arbeit gestellt. Es werden zwei Hauptsätze I. und II. für kohärente analytische Garben über kartesischen Produkträumen $Y \times P^n$ bewiesen. Dabei kann Y eine beliebige komplexe Mannigfaltigkeit sein; wir lassen jedoch auch

[3] Das k-fache Tensorprodukt einer Garbe $\mathfrak{F}$ mit sich selbst: $\mathfrak{F} \otimes \mathfrak{F} \otimes \ldots \otimes \mathfrak{F}$ wird in dieser Arbeit stets mit $\mathfrak{F}^{\underline{k}}$ bezeichnet. Mit $\mathfrak{F}^k$ bezeichnen wir die k-fache direkte Summe von $\mathfrak{F}$ mit sich selbst: $\mathfrak{F} \oplus \mathfrak{F} \oplus \cdots \oplus \mathfrak{F}$.

von vornherein zu, daß Y irgendein komplexer Raum im Sinne von H. CARTAN und J. P. SERRE ist.[4] In einer späteren Arbeit wird gezeigt, daß aus den Sätzen I. und II. sehr weitreichende Sätze über kohärente analytische Garben für allgemeinere komplexe Räume, als es die Produkträume sind, hergeleitet werden können.

Grundlegend für unsere Überlegungen sind die Begriffe des *analytischen Bildes* und des *analytischen Urbildes* einer Garbe, die *J. Leray* einführte und *A. Grothendieck* benutzte, um den Satz von RIEMANN-ROCH-HIRZEBRUCH auf kohärente analytische Garben zu verallgemeinern.[5] Diese neuen Begriffe gestatten die Definition der Einfachheit einer analytischen Garbe bzgl. einer holomorphen Abbildung. Es seien X, Y komplexe Räume, es sei $\tau : X \rightarrow Y$ eine holomorphe Abbildung von X in Y. Eine analytische Garbe $\mathfrak{S}$ über X heißt *A-einfach* bzgl. τ, wenn das analytische Urbild des 0-ten Bildes von $\mathfrak{S}$ bzgl. τ die Garbe $\mathfrak{S}$ "erzeugt" (zur genaueren Definition vgl. § 2.7). Die analytische Garbe $\mathfrak{S}$ heißt *B-einfach* bzgl. τ, wenn alle ν-ten Bildgarben von $\mathfrak{S}$ bzgl. τ Nullgarben sind, $\nu = 1, 2, \ldots$ (vgl. § 2. 6.). Die analytische Garbe $\mathfrak{S}$ heißt *einfach* bzgl. τ, wenn sie A-einfach und B-einfach bzgl. τ ist.

Der Begriff "A-einfach" besagt im wesentlichen, daß jeder Punkt $y_0 \in Y$ eine Umgebung $U(y_0)$ besitzt, so daß für $\mathfrak{S}$ über $\tau^{-1}(U(y_0))$ das Theorem A gilt; analog besagt "B-einfach" im wesentlichen, daß es zu jedem Punkt $y_0 \in Y$ beliebig kleine Umgebungen $U(y_0)$ gibt, so daß für $\mathfrak{S}$ über $\tau^{-1}(U(y_0))$ stets das Theorem B gilt.

In der vorliegenden Arbeit wird nun der Fall betrachtet, daß X ein Produktraum $Y \times P^n$ und τ die Projektion auf Y ist. Es werden die folgenden beiden Hauptsätze bewiesen (vgl. § 3.5).

I. *Es gibt eine ausgezeichnete freie analytische Garbe $\mathfrak{F}$ über $Y \times P^n$ mit folgender Eigenschaft: Ist $\mathfrak{S}$ irgendeine kohärente analytische Garbe über $Y \times P^n$ und Q ein relativ-kompakter Teilbereich von Y, so sind fast alle Garben $\mathfrak{S} \otimes \mathfrak{F}^k$, $k \geqq 0$, über $Q \times P^n$ einfach bzgl. der Projektion $\tau : Q \times P^n \rightarrow Q$.*

II. *Ist $\mathfrak{S}$ irgendeine kohärente analytische Garbe über $Y \times P^n$, so sind alle ihre analytischen Bildgarben bzgl. $\tau : Y \times P^n \rightarrow Y$ kohärent über Y.*[5a]

Aus I. und II. ergibt sich dann:

III. *Ist $\mathfrak{S}$ irgendeine kohärente analytische Garbe über $Y \times P^n$ und Q*

[4] Es gibt verschiedene Möglichkeiten, den Begriff des komplexen Raumes einzuführen. Wir schließen uns in dieser Arbeit der von H. CARTAN in seinen Seminarberichten gegebenen Definition an (vgl. [6, Exp. VI - IX]), lassen jedoch nach einem Vorschlag von J. P. SERRE auch nicht normale komplexe Räume zu (vgl. [6, Exp. XX] sowie [19]).

[5] Wir stützen uns auf mündliche Mitteilungen von Herrn GROTHENDIECK.

[5a] A. GROTHENDIECK hat analoge Sätze in der algebraischen Geometrie bewiesen. Vgl. H. CARTAN Séminaire 1956/57.

ein relativ-kompakter, holomorph-vollständiger Teilbereich von Y, so gelten für fast alle Garben $\mathfrak{S} \otimes \mathfrak{F}^k$, $k \geqq 0$, über $Q \times P^n$ die Aussagen der Theoreme A *und* B.

Ist Y ein einziger Punkt, so beinhaltet III. genau das Theorem von SERRE. Unser Beweis schließt sich jedoch nicht an den Beweis von SERRE an; er wird unter wesentlicher Verwendung des HOPFschen σ-Prozesses und ohne Benutzung der CARTAN-SERREschen Endlichkeitssätze für Cohomologiegruppen über kompakten komplexen Räumen geführt (§§ 4, 5).

4. Die grundlegenden Begriffe und Sätze aus der allgemeinen Garbentheorie sind der Vollständigkeit halber in § 1 zusammengestellt. Der Begriff der Cohomologiegruppe mit Koeffizienten in einer Garbe wird in einer neueren Fassung benutzt, wodurch die sonst gelegentlich notwendige Beschränkung auf parakompakte topologische Räume überflüssig wird. In § 2 werden zunächst *geringte Räume* als Verallgemeinerung von komplexen Räumen eingeführt; alsdann wird die Theorie der Urbilder und Bilder von Garben für *morphe Abbildungen* zwischen beliebigen geringten Räumen entwickelt. Bild- und Urbildbildung erweisen sich als *kovariante additive Funktoren*; der Urbildfunktor ist sogar *rechtsexakt* und *tensoriell multiplikativ* und führt kohärente Garben in kohärente Garben über, der 0-te Bildfunktor ist *linksexakt*. Urbildbildung und Bildung der 0-ten Bilder sind *transitiv* gegenüber zusammengesetzten morphen Abbildungen; demzufolge erweisen sich auch die Einfachheitsbegriffe als transitiv.

Für die Anwendungen ist es wichtig, Beziehungen zwischen den Cohomologiegruppen mit Koeffizienten in einer Garbe und den Cohomologiegruppen mit Koeffizienten in der 0-ten Bildgarbe zu kennen. Im allgemeinen Falle können solche Beziehungen mit Hilfe von Spektralsequenzen hergeleitet werden. Ist indessen die vorgegebene Garbe B-einfach, so läßt sich zeigen, daß die in Rede stehenden Cohomologiegruppen kanonisch isomorph sind. Dieser Satz wird nach einer Idee von H. CARTAN mit Hilfe von *welken Garbenauflösungen* bewiesen.[6]

1. Grundlegende Begriffe und Sätze der Garbentheorie

1. Es sei X ein topologischer Raum. Die Begriffe der Garbe, des (kanonischen) Garbendatums, der Untergarbe und Quotientengarbe, des

[6] Auf die Möglichkeit, diesen Satz unter Benutzung welker Garbenauflösungen zu beweisen, wurden wir von Herrn Professor H. CARTAN in einem Briefe aufmerksam gemacht. Wir möchten Herrn Professor H. CARTAN an dieser Stelle für die freundliche Mitteilung seiner Beweisidee unseren Dank aussprechen.

Garbenhomomorphismus etc. sind über beliebigen topologischen Räumen wohldefiniert und seien als bekannt vorausgesetzt.[7] Mit $\mathfrak{A} = \mathfrak{A}(X)$ wird im folgenden stets eine Garbe von Ringen über X bezeichnet; alle Halme $\mathfrak{A}_x$, $x \in X$, von $\mathfrak{A}$ seien kommutativ und mögen ein Einselement 1_x besitzen, die Abbildung $x \to 1_x$ sei stetig.

Eine Garbe $\mathfrak{S}$ von abelschen Gruppen über X heißt eine *Garbe von $\mathfrak{A}$-Moduln*, wenn jeder Halm $\mathfrak{S}_x$ von $\mathfrak{S}$ ein unitärer $\mathfrak{A}_x$-Modul ist, derart, daß die natürliche Abbildung $(a_x, s_x) \to a_x \cdot s_x$ der Menge

$$\{(a_x, s_x) : a_x \in \mathfrak{A}_x,\ s_x \in \mathfrak{S}_x,\ x \in X\} \subset \mathfrak{A} \times \mathfrak{S}$$

in $\mathfrak{S}$ stetig ist. Statt Garbe von $\mathfrak{A}$-Moduln sagen wir auch kurz *$\mathfrak{A}$-Garbe*.

Ein Garbenhomomorphismus $\varphi : \mathfrak{S} \to \mathfrak{S}^1$ zwischen zwei $\mathfrak{A}$-Garben $\mathfrak{S}, \mathfrak{S}^1$ über X heißt ein *$\mathfrak{A}$-Homomorphismus*, wenn $\varphi \,|\, \mathfrak{S}_x = \varphi_x : \mathfrak{S}_x \to \mathfrak{S}^1_x$ für jedes $x \in X$ ein $\mathfrak{A}_x$-Homomorphismus ist.

Ist U irgendeine offene Menge in X und $\mathfrak{S}$ irgendeine $\mathfrak{A}$-Garbe über X, so sei die Gesamtheit aller Schnitte in $\mathfrak{S}$ über U wie üblich mit $H^0(U, \mathfrak{S})$ bezeichnet. $H^0(U, \mathfrak{S})$ kann in natürlicher Weise als ein unitärer $H^0(U, \mathfrak{A})$-Modul aufgefaßt werden (man beachte, daß $H^0(U, \mathfrak{A})$ ein kommutativer Ring mit Einselement ist). Man hat natürliche, mit der Moduloperation verträgliche Beschränkungshomomorphismen

$$r^U_V : H^0(U, \mathfrak{S}) \longrightarrow H^0(V, \mathfrak{S})\,,$$

wenn V irgendeine in U enthaltene offene Menge von X ist. Die Gesamtheit aller Paare $\{H^0(U, \mathfrak{S}), r^U_V\}$ bildet das kanonische $\mathfrak{A}$-Garbendatum der $\mathfrak{A}$-Garbe $\mathfrak{S}$.

Es sei nun $\{S(U), r^U_V\}$ irgendein $\mathfrak{A}$-Garbendatum[8] einer $\mathfrak{A}$-Garbe $\mathfrak{S}$ über X. Es gibt einen natürlichen Homomorphismus von $\{S(U), r^U_V\}$ in das kanonische $\mathfrak{A}$-Garbendatum $\{H^0(U, \mathfrak{S}), r^U_V\}$ von $\mathfrak{S}$: jedes Element $f \in S(U)$ bestimmt nämlich *den* Schnitt in $\mathfrak{S}$ über U, der jedem $x \in U$ den Keim von f in x zuordnet. Man erhält so einen natürlichen $H^0(U, \mathfrak{A})$-Homomorphismus $h_U : S(U) \to H^0(U, \mathfrak{S})$, der jedoch i.a. weder injektiv noch surjektiv ist[9]. Es gilt indessen [18, p. 200].

(a) *Der Homomorphismus $h_U : S(U) \to H^0(U, \mathfrak{S})$ ist genau dann injektiv, wenn die folgende Bedingung erfüllt ist:*

Ist $f \in S(U)$ beliebig und gibt es eine Überdeckung[10] $\{U_\iota\}$ von U, so daß

[7] Vgl. hierzu etwa [18] sowie [12].

[8] Ein Garbendatum einer Garbe heißt ein $\mathfrak{A}$-Garbendatum, wenn es eine $\mathfrak{A}$-Garbe definiert.

[9] Eine Abbildung heißt *injektiv*, wenn sie eineindeutig ist; sie heißt *surjektiv*, wenn sie eine Abbildung auf den Bildraum ist. Eine injektive und surjektive Abbildung heißt *bijektiv*.

[10] Unter einer Überdeckung wird stets eine *offene* Überdeckung verstanden.

für jedes i gilt : $r^{U}_{V_\iota}(f) = 0$, *so gilt* : $f = 0$.

(a′) *Es sei U eine offene Menge in X, es sei* $h_V : S(V) \to H^0(V, \mathfrak{S})$ *injektiv für jede offene Teilmenge V von U. Dann ist* $h_U : S(U) \to H^0(U, \mathfrak{S})$ *genau dann surjektiv (und mithin bijektiv), wenn folgendes gilt* :

Ist $\{U_\iota\}$ *irgendeine Überdeckung von U und* $\{f_\iota\}$, $f_\iota \in S(U_\iota)$ *eine Verteilung, so daß* $r^{U_\iota}_{U_\iota \cap U_j}(f_\iota) = r^{U_j}_{U_\iota \cap U_j}(f_j)$ *für alle Paare (i, j) gilt, so gibt es ein* $f \in S(U)$ *mit* $r^{U}_{U_\iota}(f) = f_\iota$ *für jedes i.*

2. Sind $\mathfrak{S}_1$, $\mathfrak{S}_2$ zwei $\mathfrak{A}$-Garben über X, so ist die direkte Summe $\mathfrak{S}_1 \oplus \mathfrak{S}_2$ wohldefiniert und wieder eine $\mathfrak{A}$-Garbe. Mit $\mathfrak{S}^p$ bezeichnen wir die direkte Summe von p Exemplaren derselben Garbe $\mathfrak{S}$.

Für zwei $\mathfrak{A}$-Garben $\mathfrak{S}_1$, $\mathfrak{S}_2$ über X ist ein Tensorprodukt $\mathfrak{S}_1 \otimes_{\mathfrak{A}} \mathfrak{S}_2$ bgl. $\mathfrak{A}$ erklärt und wieder eine $\mathfrak{A}$-Garbe (vgl. [18, p. 205]). Mit $\mathfrak{S}^{\underline{p}}$ bezeichnen wir das Tensorprodukt von p Exemplaren derselben $\mathfrak{A}$-Garbe $\mathfrak{S}$ bgl. $\mathfrak{A}$. Aus der Tensoralgebra gewinnt man die folgenden Aussagen (zu (*b*′) vgl. speziell [8, p. 27, Proposition 5.1]) :

(b) *Sind* $\mathfrak{S}_1$, $\mathfrak{S}_2$, $\mathfrak{S}$ *Garben von* $\mathfrak{A}$-*Moduln über X, so gibt es natürliche* $\mathfrak{A}$-*Isomorphien* :

$$\mathfrak{S} \otimes_{\mathfrak{A}} (\mathfrak{S}_1 \oplus \mathfrak{S}_2) \approx (\mathfrak{S} \otimes_{\mathfrak{A}} \mathfrak{S}_1) \oplus (\mathfrak{S} \otimes_{\mathfrak{A}} \mathfrak{S}_2) ;$$

$$\mathfrak{S} \otimes_{\mathfrak{A}} \mathfrak{A}^p \approx \mathfrak{S}^p, \ p \geqq 1 ; \quad \mathfrak{S}_1 \otimes_{\mathfrak{A}} \mathfrak{S}_2 \approx \mathfrak{S}_2 \otimes_{\mathfrak{A}} \mathfrak{S}_1 .$$

(b′) *Es sei* $\mathfrak{S}_1$ *eine* $\mathfrak{A}_1$-*Garbe,* $\mathfrak{S}_3$ *eine* $\mathfrak{A}_2$-*Garbe und* $\mathfrak{S}_2$ *sowohl eine* $\mathfrak{A}_1$-*Garbe als auch eine* $\mathfrak{A}_2$-*Garbe über X. Dann gibt es einen natürlichen Garbenisomorphismus* ;

$$\rho : (\mathfrak{S}_1 \otimes_{\mathfrak{A}_1} \mathfrak{S}_2) \otimes_{\mathfrak{A}_2} \mathfrak{S}_3 \longrightarrow \mathfrak{S}_1 \otimes_{\mathfrak{A}_1} (\mathfrak{S}_2 \otimes_{\mathfrak{A}_2} \mathfrak{S}_3) .$$

Ist $\mathfrak{S}_3$ *eine Garbe* $\mathfrak{A}_3$ *von Ringen und sind* $\mathfrak{S}_1$, $\mathfrak{S}_2$ *beide* $\mathfrak{A}_3$-*Garben, so ist* ρ *ein* $\mathfrak{A}_3$-*Isomorphismus.*

(b″) *Ist* $\mathfrak{S}_1 \to \mathfrak{S}_2 \to \mathfrak{S}_3 \to 0$ *eine exakte* $\mathfrak{A}$-*Sequenz von* $\mathfrak{A}$-*Garben*[11] *über X, und ist* $\mathfrak{S}$ *irgendeine* $\mathfrak{A}$-*Garbe über X, so ist auch die* $\mathfrak{A}$-*Garbensequenz*

$$\mathfrak{S}_1 \otimes_{\mathfrak{A}} \mathfrak{S} \longrightarrow \mathfrak{S}_2 \otimes_{\mathfrak{A}} \mathfrak{S} \longrightarrow \mathfrak{S}_3 \otimes_{\mathfrak{A}} \mathfrak{S} \longrightarrow 0$$

exakt.

Ist $\mathfrak{S}$ eine Garbe über X und M eine Teilmenge von X, so sei mit $\mathfrak{S}(M)$ die *Beschränkung* von $\mathfrak{S}$ auf M bezeichnet. Ist $\mathfrak{S}$ eine $\mathfrak{A}$-Garbe, so ist $\mathfrak{S}(M)$ eine Garbe von $\mathfrak{A}(M)$-Moduln über M.

Eine $\mathfrak{A}$-Garbe $\mathfrak{S}$ über X heißt *frei*, wenn es eine Überbeckung $\mathfrak{U} = \{U_\iota\}$ von X gibt, so daß $\mathfrak{S}(U_\iota)$ stets zu einer Garbe $\mathfrak{A}^{p_\iota}(U_\iota)$, $p_\iota \geqq 1$, isomorph

[11] Wir sprechen von $\mathfrak{A}$-Sequenzen, um auszudrücken, daß alle vorkommenden Garbenhomomorphismen $\mathfrak{A}$-Homomorphismen sind.

ist. Die Zahl p_ι heißt der *Rang* von $\mathfrak{S}$ über U_ι. Ist X zusammenhängend, so ist p_ι für alle U_ι gleich; alsdann heißt $p = p_\iota$ der Rang von $\mathfrak{S}$ über X schlechthin.

Es gilt:

b‴) *Ist* $0 \to \mathfrak{S}_1 \to \mathfrak{S}_2 \to \mathfrak{S}_3 \to 0$ *eine exakte* $\mathfrak{A}$*-Sequenz von* $\mathfrak{A}$*-Garben über* X *und ist* $\mathfrak{S}$ *eine freie* $\mathfrak{A}$*-Garbe über* X*, so ist auch die* $\mathfrak{A}$*-Sequenz*

$$0 \longrightarrow \mathfrak{S}_1 \otimes_{\mathfrak{A}} \mathfrak{S} \longrightarrow \mathfrak{S}_2 \otimes_{\mathfrak{A}} \mathfrak{S} \longrightarrow \mathfrak{S}_3 \otimes_{\mathfrak{A}} \mathfrak{S} \longrightarrow 0$$

exakt.

Für zwei $\mathfrak{A}$-Garben $\mathfrak{S}_1$, $\mathfrak{S}_2$ über X ist die Garbe $\mathrm{Hom}_{\mathfrak{A}}(\mathfrak{S}_1, \mathfrak{S}_2)$ der Keime der $\mathfrak{A}$-Homomorphismen von $\mathfrak{S}_1$ in $\mathfrak{S}_2$ wohldefiniert und wieder eine $\mathfrak{A}$-Garbe. Es gilt:

(c) *Ist* $0 \to \mathfrak{S}_1 \to \mathfrak{S}_2 \to \mathfrak{S}_3$ *eine exakte* $\mathfrak{A}$*-Sequenz von* $\mathfrak{A}$*-Garben über* X *und ist* $\mathfrak{S}$ *irgendeine* $\mathfrak{A}$*-Garbe über* X*, so ist auch die natürliche* $\mathfrak{A}$*-Sequenz*

$$0 \longrightarrow \mathrm{Hom}_{\mathfrak{A}}(\mathfrak{S}, \mathfrak{S}_1) \longrightarrow \mathrm{Hom}_{\mathfrak{A}}(\mathfrak{S}, \mathfrak{S}_2) \longrightarrow \mathrm{Hom}_{\mathfrak{A}}(\mathfrak{S}, \mathfrak{S}_3)$$

exakt.

Es sei $\mathfrak{S}$ eine $\mathfrak{A}$-Garbe über X und $\mathfrak{M}$ eine $\mathfrak{A}$-Untergarbe von $\mathfrak{A}^p$, $p \geqq 1$. Unter dem *Annulator* $\mathfrak{S}^{\mathfrak{M}}$ von $\mathfrak{S}$ bzgl. $\mathfrak{M}$ versteht man die Menge aller $s_x \in \mathfrak{S}$, für die gilt: $s_x \mathfrak{M}_x = 0_x \in \mathfrak{S}_x^p$. Entsprechend ist der Annulator $\mathfrak{M}^{\mathfrak{S}}$ von $\mathfrak{M}$ bzgl. $\mathfrak{S}$ die Menge aller $m_x \in \mathfrak{M}$ mit $m_x \mathfrak{S}_x = 0_x \in \mathfrak{S}_x^p$ (mit 0_x ist hier jeweils das Nullelement bezeichnet.)

3. Ist $\mathfrak{S}$ eine $\mathfrak{A}$-Garbe über einem topologischen Raum X und sind $s^{(1)}, \ldots, s^{(p)}$ Schnitte in $\mathfrak{S}$ über einer offenen Menge U von X, so wird durch die Zuordnung $(a_x^{(1)}, \ldots, a_x^{(p)}) \to \sum_{\iota=1}^{p} a_x^{(\iota)} . s_x^{(\iota)}$, $x \in U$, ein $\mathfrak{A}$-Homomorphismus φ von $\mathfrak{A}^p(U)$ in $\mathfrak{S}(U)$ definiert. Der Kern von φ ist eine $\mathfrak{A}$-Untergarbe $\mathfrak{R}(s^{(1)}, \ldots, s^{(p)})$ von $\mathfrak{A}^p(U)$, die man die *Relationengarbe zwischen den Schnitten* $s^{(1)}, \ldots, s^{(p)}$ *über* U nennt. Das Bild $\varphi(\mathfrak{A}^p(U))$ ist eine $\mathfrak{A}$-Untergarbe von $\mathfrak{S}(U)$ und wird die *von den Schnitten* $s^{(1)}, \ldots, s^{(p)}$ *über* U *erzeugte Garbe* genannt. Wir definieren nun nach Serre (vgl. [18, p. 207]):

Definition 1. (*Kohärente* $\mathfrak{A}$*-Garbe*): *Eine* $\mathfrak{A}$*-Garbe* $\mathfrak{S}$ *über einem topologischen Raum* X *heißt kohärent, wenn folgendes gilt:*

(1) $\mathfrak{S}$ *ist von endlichem Typ über* X*, d.h. es gibt eine Überdeckung* $\mathfrak{U} = \{U_\iota\}$ *von* X *und zu jedem* U_ι *endlich viele Schnitte* $s^{(1)}, \ldots, s^{(p_\iota)}$ *in* $\mathfrak{S}$ *über* U_ι*, die* $\mathfrak{S}(U_\iota)$ *erzeugen.*

(2) *Sind* $s^{(1)}, \ldots, s^{(q)}$ *irgendwelche Schnitte in* $\mathfrak{S}$ *über einer offenen Menge* U *von* X*, so ist die Relationengarbe* $\mathfrak{R}(s^{(1)}, \ldots, s^{(p)})$ *von endlichem Typ über* U*.*

Aus dieser Definition ergibt sich sofort:

Ist $\mathfrak{S}$ eine kohärente $\mathfrak{A}$-Garbe über X, so besitzt jeder Punkt $x \in X$ eine Umgebung U, so daß über U eine exakte $\mathfrak{A}$-Sequenz $\mathfrak{A}^p(U) \to \mathfrak{A}^q(U) \to \mathfrak{S}(U) \to 0$ besteht.

Zum Nachweis der Kohärenz einer $\mathfrak{A}$-Garbe bedient man sich häufig des folgenden Kriteriums [18, p. 208]:

(d) *In einer exakten $\mathfrak{A}$-Sequenz $0 \to \mathfrak{S}_1 \to \mathfrak{S}_2 \to \mathfrak{S}_3 \to 0$ von $\mathfrak{A}$-Garben über einem topologischen Raum X sind alle drei Garben $\mathfrak{S}_1$, $\mathfrak{S}_2$, $\mathfrak{S}_3$ kohärent, wenn wenigstens zwei von ihnen kohärent sind.*

Hieraus ergibt sich sofort:

(d′) *Ist $\varphi : \mathfrak{S}_1 \to \mathfrak{S}_2$ ein $\mathfrak{A}$-Homomorphismus zwischen zwei kohärenten $\mathfrak{A}$-Garben $\mathfrak{S}_1$, $\mathfrak{S}_2$ über einem topologischen Raum X, so sind der Kern, der Cokern und das Bild von φ kohärente $\mathfrak{A}$-Garben über X*[12].

Wir beweisen nun:

(d″) *Es sei $0 \to \mathfrak{S}_0 \xrightarrow{\varphi_0} \mathfrak{S}_1 \xrightarrow{\varphi_1} \mathfrak{S}_2 \to \cdots \to \mathfrak{S}_k \xrightarrow{\varphi_k} \mathfrak{S}_{k+1} \to \cdots$ eine unendliche exakte $\mathfrak{A}$-Sequenz von $\mathfrak{A}$-Garben über einem topologischen Raum X; die Garben $\mathfrak{S}_{3\nu+1}$, $\mathfrak{S}_{3\nu+2}$, $\nu = 0, 1, 2, \ldots$, seien kohärent. Dann sind auch die Garben $\mathfrak{S}_{3\nu}$, $\nu = 0, 1, 2, \ldots$, kohärent.*

Beweis. Aus $\mathfrak{S}_0 \approx \text{Bild}(\varphi_0) = \text{Kern}(\varphi_1)$ folgt die Kohärenz von $\mathfrak{S}_0$, denn $\text{Kern}(\varphi_1)$ ist wegen der Kohärenz von $\mathfrak{S}_1$ und $\mathfrak{S}_2$ nach (d′) kohärent. Um die Kohärenz von $\mathfrak{S}_3$ zu zeigen (für die weiteren Garben $\mathfrak{S}_6$, $\mathfrak{S}_9$, ... verläuft der Beweis analog!), gehen wir aus von der exakten $\mathfrak{A}$-Sequenz:

$$(*) \qquad 0 \longrightarrow \text{Kern}(\varphi_3) \longrightarrow \mathfrak{S}_3 \longrightarrow \text{Bild}(\varphi_3) \longrightarrow 0\,.$$

Nach (d′) ist $\text{Bild}(\varphi_3) = \text{Kern}(\varphi_4)$ kohärent, da $\mathfrak{S}_4$ und $\mathfrak{S}_5$ nach Voraussetzung kohärent sind. Weiter ist auch $\text{Kern}(\varphi_3)$ kohärent; denn es gilt $\text{Kern}(\varphi_3) = \text{Bild}(\varphi_2)$, und aus der exakten $\mathfrak{A}$-Sequenz $0 \to \text{Kern}(\varphi_2) \to \mathfrak{S}_2 \to \text{Bild}(\varphi_2) \to 0$ folgt nach (d) die Kohärenz von $\text{Bild}(\varphi_2)$, da die Kohärenz von $\text{Kern}(\varphi_2) = \text{Bild}(\varphi_1)$ wegen der Kohärenz von $\mathfrak{S}_1$ und $\mathfrak{S}_2$ nach (d′) sichergestellt ist. Aus (*) folgt nun nach (d) die Kohärenz von $\mathfrak{S}_3$, q.e.d.

Aus (d″) folgt sofort:

(d‴) *Es sei $0 \to \mathfrak{S}_0 \to \mathfrak{S}_1 \to \mathfrak{S}_2 \to \cdots \to \mathfrak{S}_k \to \mathfrak{S}_{k+1} \to \cdots$ eine unendliche exakte $\mathfrak{A}$-Sequenz von $\mathfrak{A}$-Garben über einem topologischen Raum X; die Garben $\mathfrak{S}_{3\nu}$, $\mathfrak{S}_{3\nu+2}$, $\nu = 0, 1, 2, \ldots$, seien kohärent. Dann sind auch die Garben $\mathfrak{S}_{3\nu+1}$, $\nu = 0, 1, 2, \ldots$, kohärent.*

Aus (d) folgt weiter:

(d⁗) *Die direkte Summe $\mathfrak{S}_1 \oplus \mathfrak{S}_2 \oplus \ldots \oplus \mathfrak{S}_p$ von endlich vielen kohärenten $\mathfrak{A}$-Garben ist kohärent.*

[12] Der Cokern von $\varphi : \mathfrak{S}_1 \to \mathfrak{S}_2$ ist die Quotientengarbe $\mathfrak{S}_2/\varphi(\mathfrak{S}_1)$.

Wir merken noch an (vgl. [18 p. 209, 210]):

(e) *Sind* $\mathfrak{S}_1$ *und* $\mathfrak{S}_2$ *kohärente* $\mathfrak{A}$*-Garben über einem topologischen Raum* X, *so sind auch die Garben* $\mathfrak{S}_1 \otimes_{\mathfrak{A}} \mathfrak{S}_2$ *und* $\mathrm{Hom}_{\mathfrak{A}}(\mathfrak{S}_1, \mathfrak{S}_2)$ *kohärent.*

Hieraus folgt:

(f) *Es sei* $\mathfrak{S}$ *eine kohärente* $\mathfrak{A}$*-Garbe über einem topologischen Raum* X; *es sei* $\mathfrak{M}$ *eine kohärente* $\mathfrak{A}$*-Untergarbe von* $\mathfrak{A}^p$, $p \geqq 1$. *Dann sind die Annulatoren* $\mathfrak{S}^{\mathfrak{M}}$ *und* $\mathfrak{M}^{\mathfrak{S}}$ *kohärente* $\mathfrak{A}$*-Garben.*

Beweis. Jedes Element $s_x \in \mathfrak{S}$ definiert den natürlichen $\mathfrak{A}_x$-Homomorphismus $m_x \to m_x s_x$ von $\mathfrak{M}_x$ in $\mathfrak{S}_x^p$. Daher gibt es einen kanonischen $\mathfrak{A}$-Homomorphismus $\varphi : \mathfrak{S} \to \mathrm{Hom}_{\mathfrak{A}}(\mathfrak{M}, \mathfrak{S}^p)$, dessen Kern $\mathfrak{S}^{\mathfrak{M}}$ ist. Da $\mathfrak{S}$ und $\mathrm{Hom}_{\mathfrak{A}}(\mathfrak{M}, \mathfrak{S}^p)$ kohärent sind, folgt aus (d') die Kohärenz von $\mathfrak{S}^{\mathfrak{M}}$. Analog beweist man die Kohärenz von $\mathfrak{M}^{\mathfrak{S}}$.

4. Ein besonderer Fall liegt vor, wenn die Garbe $\mathfrak{A}$ über X, die sich ebenfalls als $\mathfrak{A}$-Garbe auffassen läßt, kohärent ist. Dann gibt es ein einfaches Kriterium für die Kohärenz einer $\mathfrak{A}$-Garbe $\mathfrak{S}$, nämlich:

(g) *Ist* $\mathfrak{A}$ *eine kohärente Garbe über* X, *so ist eine* $\mathfrak{A}$*-Garbe über* X *genau dann kohärent, wenn es eine offene Überdeckung* $\mathfrak{U} = \{U_\iota\}$ *von* X *gibt, so daß für jedes* $U_\iota \in \mathfrak{U}$ *eine exakte* $\mathfrak{A}$*-Sequenz* $\mathfrak{A}^p(U_\iota) \to \mathfrak{A}^q(U_\iota) \to \mathfrak{S}(U_\iota) \to 0$ *besteht.*

Der Beweis ist trivial. Weiter ergibt sich sofort:

(g') *Ist* $\mathfrak{A}$ *kohärent über* X, *so ist jede freie* $\mathfrak{A}$*-Garbe* $\mathfrak{S}$ *über* X *kohärent. Eine* $\mathfrak{A}$*-Untergarbe* $\mathfrak{M}$ *von* $\mathfrak{A}^q$ *ist bereits dann kohärent, wenn sie von endlichem Typus ist.*

5. Ist $\mathfrak{S}$ irgendeine Garbe von abelschen Gruppen über einem topologischen Raum X, so ist für jede natürliche Zahl $q \geqq 0$ die q-dimensionale Cohomologiegruppe $H^q(X, \mathfrak{S})$ von X mit Koeffizienten in der Garbe $\mathfrak{S}$ wohldefiniert (vgl. [12], sowie [18]); man benutzt Überdeckungen, die sukzessive verfeinert werden. Wir geben im folgenden – einem Vorschlag von H. Cartan folgend – eine etwas andere Definition, die jedoch in den wichtigen Fällen mit der herkömmlichen Definition übereinstimmt.[13] Ausgangspunkt ist der Begriff der welken Garbe, den wir in diesem Abschnitt besprechen.

Definition 2. (Welke Garbe). *Eine* $\mathfrak{A}$*-Garbe* $\mathfrak{S}$ *über einem topologischen Raum* X *heißt welk, wenn jede Schnittfläche in* $\mathfrak{S}$ *über einer beliebigen offenen Menge* U *von* X *zu einer Schnittfläche in* $\mathfrak{S}$ *über ganz* X

[13] Wir stützen uns in den Abschnitten 5.–7. weitgehend auf briefliche Mitteilungen von Herrn Prof. H. Cartan.

fortsetzbar ist.

Wir wollen nun jeder $\mathfrak{A}$-Garbe $\mathfrak{S}$ über X eine welke $\mathfrak{A}$-Garbe $W(\mathfrak{S})$ zuordnen.

Für jede offene Menge U von X werde gesetzt:

$$T(U) = \prod_{x \in U} \mathfrak{S}_x .$$

$T(U)$ kann in natürlicher Weise als ein unitärer $H^0(U, \mathfrak{A})$-Modul aufgefaßt werden, wenn mit $H^0(U, \mathfrak{A})$ die Gruppe der Schnittflächen in $\mathfrak{A}$ über U bezeichnet wird. Es gibt natürliche operatorverträgliche Beschränkungshomomorphismen $r_V^U : T(U) \to T(V)$, wenn V irgendeine in U enthaltene offene Menge bezeichnet. Da r_U^U stets die Identität ist und für drei offene Mengen $W \subset V \subset U$ stets gilt: $r_W^U = r_W^V \circ r_V^U$, so bildet die Gesamtheit aller Paare $\{T(U), r_V^U\}$ ein $\mathfrak{A}$-Garbendatum über X, das zu einer $\mathfrak{A}$-Garbe über X Anlaß gibt. Diese $\mathfrak{A}$-Garbe werde mit $W(\mathfrak{S})$ bezeichnet. Wir bemerken zunächst:

(h) *Zu jeder offenen Menge U in X gibt es einen natürlichen $H^0(U, \mathfrak{A})$-Isomorphismus $\psi_U : T(U) \to H^0(U, W(\mathfrak{S}))$. Das $\mathfrak{A}$-Garbendatum $\{T(U), r_V^U\}$ ist daher in natürlicher Weise dem kanonischen Garbendatum von $W(\mathfrak{S})$ isomorph.*

Der Beweis ist trivial, denn man bestätigt unmittelbar, daß für jede offene Menge U von X die Bedingungen von (a) und (a′) erfüllt sind.

Wegen (h) ist evident, daß $W(\mathfrak{S})$ eine welke Garbe ist.

Man kann beweisen:

(i) *Die Zuordnung $W : \mathfrak{S} \to W(\mathfrak{S})$ ist ein kovarianter, additiver, exakter Funktor.*[14]

Es gibt zu jeder $\mathfrak{A}$-Garbe $\mathfrak{S}$ einen natürlichen $\mathfrak{A}$-Homomorphismus $j_{\mathfrak{S}} : \mathfrak{S} \to W(\mathfrak{S})$, der dadurch definiert ist, daß man jeder Schnittfläche s in $\mathfrak{S}$ über einer offenen Menge U von X das Element $\{s_x, x \in U\} \in T(U) = \prod_{x \in U} \mathfrak{S}_x$ zuordnet. Man überlegt sich sofort, daß $j_{\mathfrak{S}}$ mit dem Funktor W vertauschbar ist, d.h. ist $\varphi : \mathfrak{S} \to \mathfrak{S}^1$ ein $\mathfrak{A}$-Homomorphismus zwischen $\mathfrak{A}$-Garben, so gilt: $j_{\mathfrak{S}^1} \circ \varphi = W(\varphi) \circ j_{\mathfrak{S}}$.

Weiter ist ersichtlich, daß $j_{\mathfrak{S}}$ stets injektiv ist. Damit hat sich ergeben:

Satz 1. *Jede $\mathfrak{A}$-Garbe $\mathfrak{S}$ über X ist in natürlicher Weise in eine welke $\mathfrak{A}$-Garbe $W(\mathfrak{S})$ einbettbar.*

6. Eine $\mathfrak{A}$-Sequenz

$$\mathfrak{H}_0 \xrightarrow{h_0} \mathfrak{H}_1 \xrightarrow{h_1} \mathfrak{H}_2 \xrightarrow{h_2} \mathfrak{H}_3 \longrightarrow \cdots$$

von $\mathfrak{A}$-Garben $\mathfrak{H}_\nu$, $\nu = 0, 1, 2, \ldots$ über einem topologischen Raum X heißt ein Komplex von $\mathfrak{A}$-Garben, wenn für alle ν gilt: $h_{\nu+1} \circ h_\nu = 0$.

[14] Zum Begriff des Funktors vgl. [8].

Wir bezeichnen solche Komplexe kurz mit $K(\mathfrak{H})$.

Wie allgemein üblich, setzen wir:

$$H_0(K(\mathfrak{H})) = \text{Kern } h_0\,; \quad H_q(K(\mathfrak{H})) = (\text{Kern } h_q)/(\text{Bild } h_{q-1})\,, \qquad q \geqq 1.$$

Wir nennen diese $\mathfrak{A}$-Garben die *Homologiegarben* des gegebenen Komplexes.

Es sei nun $\mathfrak{S}$ irgendeine $\mathfrak{A}$-Garbe über X und

$$(*) \qquad 0 \longrightarrow \mathfrak{S} \xrightarrow{h} \mathfrak{H}_0 \xrightarrow{h_0} \mathfrak{H}_1 \xrightarrow{h_1} \mathfrak{H}_2 \longrightarrow \cdots$$

eine $\mathfrak{A}$-Sequenz von $\mathfrak{A}$-Garben über X. Wir setzen stets voraus, daß h injektiv ist und daß gilt: Bild $h =$ Kern h_0; weiter sei stets $\mathfrak{H}_0 \xrightarrow{h_0} \mathfrak{H}_1 \xrightarrow{h_1} \mathfrak{H}_2 \longrightarrow \cdots$ ein Komplex $K(\mathfrak{H})$ von $\mathfrak{A}$-Garben über X. Dann ist trivial:

(k) *Die Sequenz* $(*)$ *ist genau dann exakt, wenn alle Homologiegarben* $H_q(K(\mathfrak{H}))$ *des Komplexes* $K(\mathfrak{H})$ *für* $q \geqq 1$ *verschwinden.*

Die $\mathfrak{A}$-Sequenz $(*)$ gibt Anlaß zu einer $H^0(X, \mathfrak{A})$-Sequenz

$$(**) \qquad 0 \longrightarrow H^0(X, \mathfrak{S}) \xrightarrow{h^*} H^0(X, \mathfrak{H}_0) \xrightarrow{h_0^*} H^0(X, \mathfrak{H}_1) \xrightarrow{h_1^*} \cdots$$

der Moduln der Schnittflächen; dabei ist h^* injektiv und es gilt: Bild h^* = Kern h_0^*. Weiter ist die Sequenz

$$H^0(X, \mathfrak{H}_0) \xrightarrow{h_0^*} H^0(X, \mathfrak{H}_1) \xrightarrow{h_1^*} H^0(X, \mathfrak{H}_2) \longrightarrow \cdots$$

ein Komplex $K(H^0(\mathfrak{H}))$ von $H^0(X, \mathfrak{A})$-Moduln, den wir den zu $K(\mathfrak{H})$ *assoziierten Modulkomplex* nennen; die Homologiemoduln des Komplexes $K(H^0(\mathfrak{H}))$ seien wieder mit $H_q(K(H^0(\mathfrak{H})))$ bezeichnet.

Die Sequenz $(*)$ *heißt eine zu* $\mathfrak{S}$ *gehörende welke* $\mathfrak{A}$*-Sequenz wenn alle Garben* $\mathfrak{H}_\nu$, $\nu \geqq 0$, *welk sind. Ist* $(*)$ *überdies noch exakt, so sprechen wir von einer welken* $\mathfrak{A}$*-Auflösung von* $\mathfrak{S}$.

Es gilt der wichtige

SATZ 2. *Jede* $\mathfrak{A}$*-Garbe* $\mathfrak{S}$ *über einem topologischen Raum* X *gestattet eine natürliche welke Auflösung*:

$$0 \to \mathfrak{S} \xrightarrow{j_{\mathfrak{S}}} W^0(\mathfrak{S}) \xrightarrow{d_0} W^1(\mathfrak{S}) \to \cdots \to W^n(\mathfrak{S}) \xrightarrow{d_n} W^{n+1}(\mathfrak{S}) \to \cdots$$

BEWEIS. Man setze: $W^0(\mathfrak{S}) = W(\mathfrak{S})$, vgl. Satz 1. Die höheren $\mathfrak{A}$-Garben $W^\nu(\mathfrak{S})$, $\nu \geqq 1$ und $\mathfrak{A}$-Homomorphismen $d_{\nu-1}$ werden durch vollständige Induktion wie folgt definiert ($j_{\mathfrak{S}} = d_{-1}$):

$$W^{n+1}(\mathfrak{S}) = W(\text{Cokern } d_{n-1}), \qquad n = 0, 1, \ldots,$$

$d_n : W^n(\mathfrak{S}) \to W^{n+1}(\mathfrak{S})$ sei das Produkt der natürlichen Abbildungen

$$W^n(\mathfrak{S}) \longrightarrow (\text{Cokern } d_{n-1}) \xrightarrow{j_{(\text{Cokern } d_{n-1})}} W^{n+1}(\mathfrak{S}).$$

Man zeigt jetzt leicht durch vollständige Induktion, daß die $\mathfrak{A}$-Sequenz

$$0 \to \mathfrak{S} \xrightarrow{j_{\mathfrak{S}}} W^0(\mathfrak{S}) \xrightarrow{d_0} W^1(\mathfrak{S}) \xrightarrow{d_1} W^2(\mathfrak{S}) \to \cdots \to W^n(\mathfrak{S}) \xrightarrow{d_n} \cdots$$

eine exakte welke $\mathfrak{A}$-Auflösung von $\mathfrak{S}$ ist.

7. Wir bezeichnen im folgenden den Komplex $W^0(\mathfrak{S}) \xrightarrow{d_0} W^1(\mathfrak{S}) \xrightarrow{d_1} \cdots$, der durch die $\mathfrak{A}$-Garbe $\mathfrak{S}$ in natürlicher Weise definiert ist, mit $W^*(\mathfrak{S})$. *Man beweist, daß W^* ein exakter Funktor ist.* Es sei $W^*(H^0(\mathfrak{S}))$ der zu $W^*(\mathfrak{S})$ assoziierte Komplex von $H^0(X, \mathfrak{A})$-Moduln. Dann wird definiert:

DEFINITION 3. (Cohomologiemoduln). *Der q-te Homologiemodul $H_q(W^*(H^0(\mathfrak{S})))$ des Komplexes $W^*(H^0(\mathfrak{S}))$ von $H^0(X, \mathfrak{A})$-Moduln heißt der q-te Cohomologiemodul $H^q(X, \mathfrak{S})$ von X mit Koeffizienten in der Garbe $\mathfrak{S}$:*

$$H^q(X, \mathfrak{S}) = H_q(W^*(H^0(\mathfrak{S}))), \qquad q = 0, 1, \ldots,$$

Es ist evident, daß der hier definierte nullte Cohomologiemodul $H^0(X, \mathfrak{S})$ in natürlicher Weise zum Modul der Schnitte in $\mathfrak{S}$ über X isomorph ist; offensichtlich ist jedes $H^q(X, \mathfrak{S})$ ein $H^0(X, \mathfrak{A})$-Modul.

Man kann nun zeigen:

(l) *Sind $\mathfrak{S}$, $\mathfrak{S}'$ zwei $\mathfrak{A}$-Garben über X, so erzeugt jeder $\mathfrak{A}$-Homomorphismus $\varphi : \mathfrak{S} \to \mathfrak{S}'$ natürliche $H^0(X, \mathfrak{A})$-Homomorphismen $\varphi_q : H^q(X, \mathfrak{S}) \to H^q(X, \mathfrak{S}')$, $q = 0, 1, \ldots.$*

Zum Beweis beachte man, dass gilt: $j_{\mathfrak{S}'} \circ \varphi = W(\varphi) \circ j_{\mathfrak{S}}$.

Weiter ist leicht einzusehen, daß der Funktor W additiv ist:

(l′) *Ist $\bigoplus_{\nu=1}^n$ eine direkte Summe von endlich vielen $\mathfrak{A}$-Garben $\mathfrak{S}_\nu$, so gibt es natürliche $H^0(X, \mathfrak{A})$-Isomorphien:*

$$H^q(X, \bigoplus_{\nu=1}^n \mathfrak{S}_\nu) \approx \bigoplus_{\nu=1}^n H^q(X, \mathfrak{S}_\nu), \qquad q = 0, 1, \ldots.$$

Die folgende Aussage ist von grundlegender Bedeutung für die Anwendungen der Garbentheorie.

(m) *Ist über einem topologischen Raum X eine exakte $\mathfrak{A}$-Sequenz*

$$0 \longrightarrow \mathfrak{S}' \longrightarrow \mathfrak{S} \longrightarrow \mathfrak{S}'' \longrightarrow 0$$

von $\mathfrak{A}$-Garben gegeben, so gibt es eine natürliche exakte Cohomologiesequenz

$$0 \to H^0(X, \mathfrak{S}') \to H^0(X, \mathfrak{S}) \to H^0(X, \mathfrak{S}'') \to H^1(X, \mathfrak{S}') \to \cdots$$
$$\cdots \to H^n(X, \mathfrak{S}') \to H^n(X, \mathfrak{S}) \to H^n(X, \mathfrak{S}'') \to H^{n+1}(X, \mathfrak{S}) \to \cdots$$

der $H^0(X, \mathfrak{A})$-Moduln, in der alle Homomorphismen in natürlicher Weise definiert sind.

Der Beweis sei angedeutet. Zunächst ist die $\mathfrak{A}$-Sequenz

$$0 \longrightarrow W^n(\mathfrak{S}') \longrightarrow W^n(\mathfrak{S}) \longrightarrow W^n(\mathfrak{S}'') \longrightarrow 0$$

exakt für jedes $n \geqq 0$. Da alle diese Garben welk sind, kann man zeigen, daß diese Sequenzen zu einer exakten Sequenz

$$0 \longrightarrow W^*(H^0(\mathfrak{S}')) \longrightarrow W^*(H^0(\mathfrak{S})) \longrightarrow W^*(H^0(\mathfrak{S}'')) \longrightarrow 0$$

der zugehörigen Modulkomplexe Anlaß geben. Diese letzte exakte Sequenz definiert aber in bekannter Weise eine exakte Homologiesequenz

$$0 \longrightarrow H_0(W^*(H^0(\mathfrak{S}'))) \longrightarrow H_0(W^*(H^0(\mathfrak{S}))) \longrightarrow H_0(W^*(H^0(\mathfrak{S}'')))$$
$$\longrightarrow H_1(W^*(H^0(\mathfrak{S}'))) \longrightarrow \cdots$$
$$\cdots \longrightarrow H_n(W^*(H^0(\mathfrak{S}))) \longrightarrow H_n(W^*(H^0(\mathfrak{S}'')))$$
$$\longrightarrow H_{n+1}(W^*(H^0(\mathfrak{S}'))) \longrightarrow \cdots .$$

8. Zur Berechnung der Cohomologiemoduln $H^q(X, \mathfrak{S})$ eines topologischen Raumes X mit Koeffizienten in einer $\mathfrak{A}$-Garbe $\mathfrak{S}$ benötigt man nicht notwendig die natürliche welke $\mathfrak{A}$-Auflösung von $\mathfrak{S}$. Es gilt vielmehr:

(n) *Ist*

$$(*) \qquad 0 \longrightarrow \mathfrak{S} \xrightarrow{h} \mathfrak{H}_0 \xrightarrow{h_0} \mathfrak{H}_1 \xrightarrow{h_1} \mathfrak{H}_2 \longrightarrow \cdots$$

irgendeine zu $\mathfrak{S}$ gehörende welke $\mathfrak{A}$-Sequenz und

$$K(H^0(\mathfrak{H})) : H^0(X, \mathfrak{H}_0) \xrightarrow{h_0^*} H^0(X, \mathfrak{H}_1) \xrightarrow{h_1^*} H^0(X, \mathfrak{H}_2) \longrightarrow \cdots$$

der assoziierte Komplex von $H^0(X, \mathfrak{A})$-Moduln, so gibt es natürliche $H^0(X, \mathfrak{A})$-Homomorphismen

$$\lambda_q : H^q(X, \mathfrak{S}) \longrightarrow H_q(K(H^0(\mathfrak{H}))) , \qquad q = 0, 1, 2, \ldots ;$$

dabei ist λ_0 stets bijektiv. Ist $(*)$ eine welke $\mathfrak{A}$-Auflösung von $\mathfrak{S}$, so sind alle λ_q bijektiv.

Den Beweis von (n) stützt man zweckmässig auf das folgende, einfach herzuleitende

LEMMA. *Es seien*

$$K_\mu : \{G_{\mu 0} \xrightarrow{d_0^\mu} G_{\mu 1} \xrightarrow{d_1^\mu} G_{\mu 2} \longrightarrow \cdots\}$$
$$L_\nu : \{G_{0\nu} \xrightarrow{\partial_0^\nu} G_{1\nu} \xrightarrow{\partial_1^\nu} G_{2\nu} \longrightarrow \cdots\} \qquad \mu, \nu = 0, 1, 2, \ldots$$

Komplexe von R-Moduln über einem Ring R; es gelte: $\partial_\mu^{\nu+1} \cdot d_\nu^\mu = d_\nu^{\mu+1} \cdot \partial_\mu^\nu$ *für alle* $\mu \geqq 0, \nu \geqq 0$. *Mit K bzw. L seien die in natürlicher Weise definierten Unterkomplexe*

$$\{\text{Kern } \partial_0^0 \to \text{Kern } \partial_0^1 \to \text{Kern } \partial_0^2 \to \cdots\} \text{ bzw.}$$
$$\{\text{Kern } d_0^0 \to \text{Kern } d_0^1 \to \text{Kern } d_0^2 \to \cdots\}$$

von K_0 *bzw.* L_0 *bezeichnet. Sind dann alle Homologiemoduln* $H_q(L_\nu)$, $q > 0$, $\nu \geqq 0$, *null, so gibt es zu jedem* $q \geqq 0$ *einen natürlichen R-Homomorphismus*

$$\lambda_q : H_q(L) \longrightarrow H_q(K) .$$

Verschwinden auch alle Homologiemoduln $H_q(K_\mu)$, $q > 0$, $\mu \geqq 0$, *so sind alle* λ_q *bijektiv.*

Hieraus folgt (n) sofort, wenn man setzt: $G_{\mu\nu} = H_0(W^\mu(\mathfrak{H}_\nu))$ und für ∂_μ^ν, d_ν^μ die natürlichen Abbildungen zwischen diesen Moduln wählt.

Wir führen nun drei für diese Arbeit wichtige Begriffe ein:

DEFINITION 4. (*A-Garbe, B-Garbe, C-Garbe*). *Eine* $\mathfrak{A}$*-Garbe* $\mathfrak{S}$ *über einem topologischen Raum X heißt eine A-Garbe, wenn* $H^0(X, \mathfrak{S})$ *in jedem Punkt* $x \in X$ *über dem Ring* $\mathfrak{A}_x$ *den Halm* $\mathfrak{S}_x$ *erzeugt.*

Die $\mathfrak{A}$*-Garbe* $\mathfrak{S}$ *heißt eine B-Garbe, wenn die Cohomologiemoduln* $H^q(X,\mathfrak{S})$ *für* $q > 0$ *sämtlich verschwinden.*

Die $\mathfrak{A}$*-Garbe* $\mathfrak{S}$ *heißt eine C-Garbe, wenn* $\mathfrak{S}$ *eine A-Garbe und eine B-Garbe ist.*

Es gilt:

(o) *Jede welke* $\mathfrak{A}$*-Garbe* $\mathfrak{S}$ *über X ist eine C-Garbe.*

BEWEIS. Aus Definition 2 folgt unmittelbar, daß $\mathfrak{S}$ eine A-Garbe ist. Da $0 \to \mathfrak{S} \to \mathfrak{S} \to 0 \to 0 \to \cdots$ eine welke $\mathfrak{A}$-Auflösung von $\mathfrak{S}$ ist, ergibt sich weiter aus (n), daß alle Cohomologiemoduln $H^q(X, \mathfrak{S})$, $q > 0$, verschwinden, q.e.d.

9. Die in Abschnitt 6 definierten Cohomologiemoduln $H^q(X, \mathfrak{S})$ stimmen nicht stets mit den Cohomologiemoduln überein, die man mit Hilfe von Überdeckungen des Raumes X gewinnt (vgl. [18, p. 212 ff], sowie [12, p. 29 ff]). Die Beziehungen zwischen diesen auf verschiedene Weisen gewonnenen Cohomologiemoduln lassen sich durch eine Spektralsequenz beschreiben.

In wichtigen Fällen sind jedoch diese Cohomologiemoduln isomorph.

So gilt etwa:

(p) *Ist X ein parakompakter topologischer Raum*[15], *so sind die hier definierten Cohomologiemoduln $H^q(X, \mathfrak{S})$ mit den Cohomologiemoduln, die man durch Überdeckungen gewinnt, kanonisch isomorph.*

Im folgenden sei X stets parakompakt. Ist $\mathfrak{U} = \{U_\iota\}$ eine Überdeckung von X und $\mathfrak{S}$ eine $\mathfrak{A}$-Garbe über X, so hat man natürliche $H^0(X, \mathfrak{A})$-Homomorphismen

$$\varphi^q_{\mathfrak{U}} : H^q(\mathfrak{U}, \mathfrak{S}) \longrightarrow H^q(X, \mathfrak{S}), \qquad q \geqq 0,$$

dabei ist $\varphi^0_{\mathfrak{U}}$ stets bijektiv. Von besonderem Interesse für die Berechnung der Cohomologiemoduln $H^q(X, \mathfrak{S})$ sind solche Überdeckungen $\mathfrak{U}$ von X, bei denen $\varphi^q_{\mathfrak{U}}$ für jedes $q \geqq 0$ bijektiv ist. J. LERAY hat solche Überdeckungen angegeben.

DEFINITION 5. (*Leraysche Überdeckung*). *Eine lokal-endliche Überdeckung $\mathfrak{U} = \{U_\iota\}_{\iota \in I}$ eines parakompakten topologischen Raumes X heißt eine* LERAY*sche Überdeckung von X bzgl. einer $\mathfrak{A}$-Garbe $\mathfrak{S}$ über X, wenn alle Garben $\mathfrak{S}(U_{\iota_1} \cap U_{\iota_2} \cap \ldots \cap U_{\iota_s})$, $\iota_1, \ldots, \iota_s \in I$, $s = 1, 2, \ldots$, B-Garben sind.*

Es gilt der

SATZ VON LERAY. *Ist $\mathfrak{S}$ eine $\mathfrak{A}$-Garbe über dem parakompakten Raum X und $\mathfrak{U}$ eine* LEYAY*sche Überdeckung von X bzgl. $\mathfrak{S}$, so sind alle $H^0(X, \mathfrak{A})$-Homomorphismen $\varphi^q_{\mathfrak{U}} : H^q(\mathfrak{U}, \mathfrak{S}) \to H^q(X, \mathfrak{S})$, $q \geqq 0$, bijektiv.*[16]

Hieraus folgt sofort:

(q) *Gestattet ein parakompakter Raum X bzgl. einer $\mathfrak{A}$-Garbe $\mathfrak{S}$ eine* LERAY*sche Überdeckung durch k offene Mengen, so verschwinden alle Cohomologiemoduln $H^q(X, \mathfrak{S})$ für $q \geqq k$.*

2. Geringte Räume und morphe Abbildungen Urbilder und Bilder von Garben

1. Ein topologischer Raum X heißt ein *geringter Raum*[17], wenn X mit einer *geringten Struktur* versehen ist, d.h. wenn über X eine Untergarbe $\mathfrak{A}$ von Ringen der Garbe der Keime der komplex-wertigen stetigen Funktionen ausgezeichnet ist. $\mathfrak{A}$ enthalte die Garbe Γ der konstanten

[15] Ein topologischer Raum X heißt bekanntlich *parakompakt*, wenn er HAUSDORFFsch ist und wenn jede Überdeckung von X eine lokal-endliche Verfeinerung gestattet.

[16] Vgl. [14, p. 88] sowie [6, Exp. XVII].

[17] Geringte Räume wurden bereits von H. CARTAN [7] betrachtet.

komplex-wertigen Funktionskeime. Wir nennen $\mathfrak{A}$ die *Strukturgarbe* von X. Ist U irgendeine offene Menge in X, so heißen die Schnittflächen $h \in H^0(U, \mathfrak{A})$ *morphe Funktionen* in U.

In diesem Paragraphen seien X, Y, Z stets geringte Räume; die Strukturgarben werden mit $\mathfrak{A}, \mathfrak{B}, \mathfrak{C}$ bezeichnet.

DEFINITION 6. (*Morphe Abbildung*). *Eine stetige Abbildung* $\tau : X \to Y$ *von* X *in* Y *heißt eine morphe Abbildung, wenn für jeden Punkt* $x \in X$ *durch die Zuordnung*

$$\mathfrak{b}_{\tau(x)} \longrightarrow \mathfrak{b}_{\tau(x)} \circ \tau \,, \; \mathfrak{b}_{\tau(x)} \in \mathfrak{B}_{\tau(x)}$$

ein Homomorphismus $\tau_x^* : \mathfrak{B}_{\tau(x)} \to \mathfrak{A}_x$ *von* $\mathfrak{B}_{\tau(x)}$ *in* $\mathfrak{A}_x$ *indüziert wird.*

Man bemerkt sofort:

(a) *Eine stetige Abbildung* $\tau : X \to Y$ *ist genau dann morph, wenn für jede offene Menge* U *in* Y *durch die Zuordnung* $b_U \to b_U \circ \tau$, $b_U \in H^0(U, \mathfrak{B})$ *ein Homomorphismus* τ_U^* *von* $H^0(U, \mathfrak{B})$ *in* $H^0(\tau^{-1}(U), \mathfrak{A})$ *induziert wird.*

(a′) *Sind* $\tau : X \to Y$ *und* $\sigma : Y \to Z$ *morphe Abbildungen, so ist auch die Abbildung* $\sigma \circ \tau : X \to Z$ *morph.*

Ist $\mathfrak{B}(Y)$ die konstante Garbe Γ der komplexen Zahlen, so ist offensichtlich jede stetige Abbildung $\tau : X \to Y$ morph.

Eine morphe Abbildung $\tau : X \to Y$ heißt *bimorph*, wenn τ eine topologische Abbildung auf Y und $\tau^{-1} : Y \to X$ ebenfalls eine morphe Abbildung ist.

Sind X, Y *geringte Räume, so gibt es eine natürliche geringte Struktur auf dem topologischen Produkt* $X \times Y$, *so daß die Projektionen* $p : X \times Y \to X$ *und* $q : X \times Y \to Y$ *morphe Abbildungen sind.*

Man definiert die Strukturgarbe $\mathfrak{C}(X \times Y)$ durch ein Garbendatum $C(W)$, wo W alle offenen Mengen von $X \times Y$ durchläuft. Wir definieren nur die Ringe $C(U \times V)$. Eine komplex-wertige stetige Funktion $f(x, y)$ in $U \times V$ gehört genau dann zu $C(U \times V)$, wenn gilt: $f(x, y_0) \in H^0(U, \mathfrak{A})$ für alle $y_0 \in V$, $f(x_0, y) \in H^0(V, \mathfrak{B})$ für alle $x_0 \in U$.

Man überlegt sofort, daß die $C(U \times V)$ zu einer Garbe $\mathfrak{C}(X \times Y)$ von Ringen über $X \times Y$ Anlaß geben. Zeichnet man $\mathfrak{C}(X \times Y)$ als Strukturgarbe über $X \times Y$ aus, so ist evident, daß die Projektionen $p: X \times Y \to X$ und $q : X \times Y \to Y$ morphe Abbildungen sind. Die Strukturgarbe des kartesischen Produktes ist jedoch in vielen Fällen nicht durch $\mathfrak{C}(X \times Y)$ sondern als Untergarbe von $\mathfrak{C}(X \times Y)$ definiert.

2. Wir führen den Begriff der $\mathfrak{A}$-Menge in einem geringten Raum ein.

DEFINITION 7. ($\mathfrak{A}$-*Menge*). *Eine abgeschlossene Teilmenge* $\tilde{X}$ *von* X

heißt eine $\mathfrak{A}$*-Menge, wenn jeder Punkt* $x_0 \in \tilde{X}$ *eine Umgebung* $U(x_0)$ *besitzt, so daß* $\tilde{X} \cap U(x_0)$ *die genaue simultane Nullstellenmenge eines Systems von Funktionen* $\{f_\iota\}$, $f_\iota \in H^0(U, \mathfrak{A})$ *ist.*

Offensichtlich gibt es zu jeder $\mathfrak{A}$-Menge $\tilde{X}$ in X eine maximale $\mathfrak{A}$-Idealgarbe $\mathfrak{J}$, d.h. eine maximale $\mathfrak{A}$-Untergarbe von $\mathfrak{A}$, so daß $\tilde{X}$ die genaue Nullstellenmenge von $\mathfrak{J}$ ist.[18]

Wir fassen im folgenden die $\mathfrak{A}$-Mengen von X stets als topologische Unterräume von X, versehen mit der Relativtopologie, auf. Dann gilt:

(b) *Auf jeder* $\mathfrak{A}$*-Menge* $\tilde{X}$ *in* X *gibt es eine natürliche geringte Struktur, so daß die Injektion* $i: \tilde{X} \to X$ *eine morphe Abbildung ist.*

Wir definieren die Strukturgarbe $\tilde{\mathfrak{A}}$ über $\tilde{X}$ durch ein Garbendatum $\{\tilde{A}(\tilde{U}), r^{\tilde{U}}_{\tilde{V}}\}$. Für jede offene Menge $\tilde{U}$ von $\tilde{X}$ sei $\tilde{A}(\tilde{U})$ die Menge aller stetigen Funktionen in $\tilde{U}$, die als Spur einer Funktion $f \in H^0(U, \mathfrak{A})$ auftreten, wobei U irgendeine offene Menge in X mit $U \cap \tilde{X} = \tilde{U}$ ist. Man hat natürliche Beschränkungen $r^{\tilde{U}}_{\tilde{V}}$, $\tilde{V} \subset \tilde{U}$. Daher ist die Gesamtheit $\{\tilde{A}(\tilde{U}), r^{\tilde{U}}_{\tilde{V}}\}$ das Datum einer Garbe $\tilde{\mathfrak{A}}$ über $\tilde{X}$. Zeichnet man $\tilde{\mathfrak{A}}$ als Strukturgarbe über $\tilde{X}$ aus, so ist offensichtlich $i: \tilde{X} \to X$ eine morphe Abbildung.

Auf Grund von (b) nennt man die $\mathfrak{A}$-Mengen $\tilde{X}$ von X auch *geringte Unterräume* von X.

Sei nun $\tilde{\mathfrak{S}}$ irgendeine $\tilde{\mathfrak{A}}$-Garbe über $\tilde{X}$. Die *triviale Fortsetzung* von $\tilde{\mathfrak{S}}$ auf X sei mit $'\tilde{\mathfrak{S}}$ bezeichnet,[19] offensichtlich ist $'\tilde{\mathfrak{S}}$ eine $\mathfrak{A}$-Garbe über X. Man sieht unmittelbar, daß gilt: $'\tilde{\mathfrak{A}} = \mathfrak{A}/\mathfrak{J}$, wenn $\mathfrak{J}$ die zu $\tilde{X}$ gehörende Idealgarbe ist. Da jede exakte $\tilde{\mathfrak{A}}$-Sequenz $\tilde{\mathfrak{A}}^p \to \tilde{\mathfrak{A}}^q \to \tilde{\mathfrak{S}} \to 0$ über einer offenen Menge $\tilde{U}$ von $\tilde{X}$ zu einer exakten $\mathfrak{A}$-Sequenz $'\tilde{\mathfrak{A}}^p \to {}'\tilde{\mathfrak{A}}^q \to {}'\tilde{\mathfrak{S}} \to 0$ über einer offenen Menge U von X mit $U \cap \tilde{X} = \tilde{U}$ Anlaß gibt und umgekehrt, so folgt aus (§ 1, (g)):

(c) *Es sei* X *ein geringter Raum mit kohärenter Strukturgarbe* $\mathfrak{A}$, *es sei* $\tilde{X}$ *ein geringter Unterraum von* X, *zu dem eine kohärente Idealgarbe* $\mathfrak{J}$ *gehört. Dann ist die triviale Fortsetzung* $'\tilde{\mathfrak{S}}$ *einer jeden* $\tilde{\mathfrak{A}}$*-Garbe* $\tilde{\mathfrak{S}}$

---

[18] Ein Punkt $x_0 \in X$ heißt eine *Nullstelle einer Idealgarbe* $\mathfrak{J} \subset \mathfrak{A}$, wenn jedes Element $f \in \mathfrak{J}_{x_0}$ in x_0 verschwindet (man beachte, daß die Elemente $f \in \mathfrak{J}_{x_0}$ durch komplex-wertige stetige Funktionen in der Umgebung von x_0 repräsentiert werden). Die Gesamtheit aller Nullstellen von $\mathfrak{J}$ heißt die *Nullstellenmenge* von $\mathfrak{J}$.

[19] Es gilt also: $'\tilde{\mathfrak{S}} = 0$, wenn $x \notin \tilde{X}$; $'\tilde{\mathfrak{S}}_x = \tilde{\mathfrak{S}}_x$ sonst.

über $\tilde{X}$ genau dann kohärent, wenn $\tilde{\mathfrak{S}}$ kohärent ist.

3. Ist $\tau : X \to Y$ eine gegebene morphe Abbildung, so kann man jeder $\mathfrak{B}$-Garbe $\mathfrak{T}$ über Y bzgl. τ eine Urbildgarbe $\tau^*(\mathfrak{T})$ von $\mathfrak{A}$-Moduln über X zuordnen. Zunächst werde für beliebige Garben $\mathfrak{T}$ die sog. *topologische Urbildgarbe* $\mathfrak{T}^t$ über X definiert:

Man setzt $\mathfrak{T}^t_x = \mathfrak{T}_{\tau(x)}$ und $\mathfrak{T}^t = \{\mathfrak{T}'_x,\ x \in X\}$. Es gibt natürliche Abbildungen:

$$\pi : \mathfrak{T}^t \longrightarrow X, \quad \tau' : \mathfrak{T}^t \longrightarrow \mathfrak{T}$$

von $\mathfrak{T}^t$ auf X bzw. in $\mathfrak{T}$. Führt man in $\mathfrak{T}^t$ die gröbste Topologie ein, so daß π und τ' stetige Abbildungen werden, so ist π lokaltopologisch. Die so definierte Garbe $\mathfrak{T}^t$ über X heißt die topologische Urbildgarbe von $\mathfrak{T}$ bzgl. τ. (Die Topologie in $\mathfrak{T}^t$ kann auch dadurch charakterisiert werden, daß die Produktabbildung $\pi \times \tau' : \mathfrak{T}^t \to X \times \mathfrak{T}$ eine topologische Abbildung in $X \times \mathfrak{T}$ sein soll).

Ist $\mathfrak{T}$ eine $\mathfrak{B}$-Garbe, so kann die Garbe $\mathfrak{T}^t$ in natürlicher Weise als eine $\mathfrak{B}^t$-Garbe aufgefaßt werden, wenn mit $\mathfrak{B}^t$ das topologische Urbild der Strukturgarbe $\mathfrak{B}$ über Y bezeichnet wird. Es gibt einen natürlichen Homomorphismus:

$$\tilde{\tau}^t : \mathfrak{B}^t \longrightarrow \mathfrak{A}$$

von $\mathfrak{B}^t$ in $\mathfrak{A}$, der durch die Gleichung: $\tilde{\tau}^t(\mathfrak{b}^t_x) = \tau(\mathfrak{b}_{\tau(x)})$, $\mathfrak{b}^t_x \in \mathfrak{B}^t_x$, $\mathfrak{b}_{\tau(x)} = \tau'(\mathfrak{b}^t_x)$ definiert wird. Vermöge $\tilde{\tau}^t$ wird $\mathfrak{A}$ zu einer $\mathfrak{B}^t$-Garbe. Es wird nun definiert:

Definition 8. ($\mathfrak{A}$-*Urbildgarbe*). *Die Garbe*

$$\tau^*(\mathfrak{T}) = \mathfrak{T}^t \otimes_{\mathfrak{B}^t} \mathfrak{A}$$

heißt die $\mathfrak{A}$-Urbildgarbe von $\mathfrak{T}$ bzgl. der morphen Abbildung τ.[20]

Die Garbe $\tau^*(\mathfrak{T})$ geht aus $\mathfrak{T}^t$ durch Änderung der Operatorengarbe $\mathfrak{B}^t$ in $\mathfrak{A}$ hervor (*kovariante $\tilde{\tau}^t$-Ausdehnung* von $\mathfrak{T}^t$ in der Terminologie von [8, p. 29]). Man hat einen natürlichen Homomorphismus $s^t_x \to s^t_x \otimes 1$ von $\mathfrak{T}^t$ in $\tau^*(\mathfrak{T})$, der jedoch i.a. nicht injektiv ist.

Wir werden später benutzen:

(d) *Es gibt einen natürlichen operatorverträglichen*[21] *Homomorphismus* $\mathring{\tau}: H^q(Y, \mathfrak{T}) \to H^q(X, \tau^*(\mathfrak{T}))$.

[20] Es ist evident, daß $\tau^*(\mathfrak{T})$ als eine Garbe von $\mathfrak{A}$-Moduln aufgefaßt werden kann. Wird tensoriell multipliziert bzgl. einer Garbe von Ringen, die von der Strukturgarbe verschieden sind, so wird diese Garbe rechts unten neben das Produktsymbol $\otimes$ geschrieben. Bei tensorieller Multiplikation bzgl. der Strukturgarbe wird nur das Symbol $\otimes$ geschrieben.

Beweis. Wir definieren zunächst einen operatorverträglichen Homomorphismus $\tau^t : H^0(Y, \mathfrak{T}) \to H^0(X, \mathfrak{T}^t)$. Ist s eine Schnittfläche in $\mathfrak{T}$ über Y, so gibt es genau eine Schnittfläche s^t in $\mathfrak{T}^t$ über X, so daß $\tau'(s^t) = s$. Die Zuordnung $s \to s^t$ liefert den Homomorphismus τ^t. Bezeichnet man nun mit ι den durch die Gleichung $\iota(s^t) = s^t \otimes 1$, wo $1 \in H^0(X, \mathfrak{A})$ die Einsschnittfläche ist, definierten Homomorphismus $H^0(X, \mathfrak{T}^t) \to H^0(X, \tau^*(\mathfrak{T}))$, so ist $\mathring{\tau} = \iota \circ \tau^t$ der gesuchte Homomorphismus.

4. Wir stellen im folgenden einige Eigenschaften der $\mathfrak{A}$-Urbildgarben zusammen.

Zunächst gilt:

(e) *Die $\mathfrak{A}$-Urbildbildung ist transitiv: Sind $\tau : X \to Y$, $\sigma : Y \to Z$ morphe Abbildungen und ist $\mathfrak{F}$ eine $\mathfrak{C}$-Garbe über Z, so sind die $\mathfrak{A}$-Garben $(\sigma \circ \tau)^*(\mathfrak{F})$ und $\tau^*(\sigma^*(\mathfrak{F}))$ über X in kanonischer Weise isomorph.*

Man überzeugt sich zunächst, daß die Bildung der topologischen Urbildgarbe transitiv ist: es seien mit $\mathfrak{F}^t_\sigma$ bzw. $\mathfrak{F}^t_{\sigma\circ\tau}$ die Urbilder von $\mathfrak{F}$ bzgl. σ bzw. $\sigma \circ \tau$ bezeichnet; weiter sei $(\mathfrak{F}^t_\sigma)^t_\tau$ das Urbild von $\mathfrak{F}^t_\sigma$ bzgl. τ. Dann sind $\mathfrak{F}^t_{\sigma\circ\tau}$ und $(\mathfrak{F}^t_\sigma)^t_\tau$ sicher dieselben Mengen. Aus der Definition der Topologie in den topologischen Urbildern folgt aber, daß diese Mengen auch die gleiche Topologie tragen.

Es gibt nun natürliche $\mathfrak{A}$-Isomorphien (vgl. § 1, (b′)):

$$\begin{aligned}\tau^*(\sigma^*(\mathfrak{F})) &= (\mathfrak{F}^t_\sigma \otimes_{\mathfrak{C}^t_\sigma} \mathfrak{B})^t_\tau \otimes_{\mathfrak{B}^t_\tau} \mathfrak{A} \approx ((\mathfrak{F}^t_\sigma)^t_\tau \otimes_{(\mathfrak{C}^t_\sigma)^t_\tau} \mathfrak{B}^t_\tau) \otimes_{\mathfrak{B}^t_\tau} \mathfrak{A} \\ &\approx (\mathfrak{F}^t_{\sigma\circ\tau} \otimes_{\mathfrak{C}^t_{\sigma\circ\tau}} \mathfrak{B}^t_\tau) \otimes_{\mathfrak{B}^t_\tau} \mathfrak{A} \approx \mathfrak{F}^t_{\sigma\circ\tau} \otimes_{\mathfrak{B}^t_{\sigma\circ\tau}} (\mathfrak{B}^t_\tau \otimes_{\mathfrak{B}^t_\tau} \mathfrak{A}) \\ &\approx \mathfrak{F}^t_{\sigma\circ\tau} \otimes_{\mathfrak{C}^t_{\sigma\circ\tau}} \mathfrak{A} = (\sigma \circ \tau)^*(\mathfrak{F}), \qquad \text{q.e.d.}\end{aligned}$$

Weiter bemerken wir:

(f_1) *Ist $\varphi : \mathfrak{T}_1 \to \mathfrak{T}_2$ ein $\mathfrak{B}$-Homomorphismus, so gibt es einen natürlichen $\mathfrak{A}$-Homomorphismus $\tau^*(\varphi) : \tau^*(\mathfrak{T}_1) \to \tau^*(\mathfrak{T}_2)$; φ ist surjektiv genau dann, wenn $\tau^*(\varphi)$ surjektiv ist; es gilt $\tau^*(1) = 1$, wenn $1 : \mathfrak{T}_1 \to \mathfrak{T}_1$ die Identität ist. Ist $\psi : \mathfrak{T}_2 \to \mathfrak{T}_3$ ein weiterer $\mathfrak{B}$-Homomorphismus, so gilt: $\tau^*(\psi \circ \varphi) = \tau^*(\psi) \circ \tau^*(\varphi)$.*

Sind $\tau : X \to Y$, $\sigma : Y \to Z$ morphe Abbildungen und ist $\varphi : \mathfrak{F}_1 \to \mathfrak{F}_2$ ein $\mathfrak{C}$-Homomorphismus von $\mathfrak{C}$-Garben über Z, so gilt:

$$(\sigma \circ \tau)^*(\varphi) = \tau^*(\sigma^*(\varphi)) .$$

Beweis. Man hat unmittelbar einen $\mathfrak{B}^t$-Homomorphismus $\varphi^t : \mathfrak{T}^t_1 \to \mathfrak{T}^t_2$ der topologischen Urbilder. Setzt man $\tau^*(\varphi) = \varphi^t \otimes 1$, wo $1 : \mathfrak{A} \to \mathfrak{A}$ die

[21] Es seien R_1, R_2 zwei Ringe und φ: $R_1 \to R_2$ ein Ringhomomorphismus; es sei K_ν ein R_ν-Modul, $\nu = 1, 2$. Eine eindeutige Abbildung ψ: $K_1 \to K_2$ heißt ein *operatorverträglicher* (genauer *φ-verträglicher*) *Homomorphismus*, wenn ψ ein Gruppenhomomorphismus ist, und wenn gilt: $\psi(r_1 k_1) = \varphi(r_1)\psi(k_1)$, $r_1 \in R_1$, $k_1 \in K_1$. In dieser Arbeit wird vorwiegend $R_1 = H^0(Y, \mathfrak{B})$, $R_2 = H^0(X, \mathfrak{A})$ und φ der natürliche induzierte Homomorphismus sein.

Identität ist, so sieht man unmittelbar, daß $\tau^*(\varphi)$ alle behaupteten Eigenschaften besitzt.

(f$_2$) *Es gibt natürliche* $\mathfrak{A}$*-Isomorphien:*

$$\tau^*(\mathfrak{T}_1 \oplus \mathfrak{T}_2) \approx \tau^*(\mathfrak{T}_1) \oplus \tau^*(\mathfrak{T}_2)\,; \quad \tau^*(\mathfrak{T}_1 \otimes \mathfrak{T}_2) \approx \tau^*(\mathfrak{T}_1) \otimes \tau^*(\mathfrak{T}_2)\,.$$

In der Tat! Es gilt nach § 1, (b):

$$\begin{aligned}\tau^*(\mathfrak{T}_1 \oplus \mathfrak{T}_2) &= (\mathfrak{T}_1 \oplus \mathfrak{T}_2)^\iota \otimes_{\mathfrak{B}^\iota} \mathfrak{A} \approx (\mathfrak{T}_1^\iota \oplus \mathfrak{T}_2^\iota) \otimes_{\mathfrak{B}^\iota} \mathfrak{A} \\ &\approx (\mathfrak{T}_1^\iota \otimes_{\mathfrak{B}^\iota} \mathfrak{A}) \oplus (\mathfrak{T}_2^\iota \otimes_{\mathfrak{B}^\iota} \mathfrak{A}) \approx \tau^*(\mathfrak{T}_1) \oplus \tau^*(\mathfrak{T}_2)\,.\end{aligned}$$

Weiter gilt nach § 1, (b′):

$$\begin{aligned}\tau^*(\mathfrak{T}_1 \otimes_{\mathfrak{B}} \mathfrak{T}_2) &= (\mathfrak{T}_1 \otimes_{\mathfrak{B}} \mathfrak{T}_2)^\iota \otimes_{\mathfrak{B}^\iota} \mathfrak{A} \approx (\mathfrak{T}_1^\iota \otimes_{\mathfrak{B}^\iota} \mathfrak{T}_2^\iota) \otimes_{\mathfrak{B}^\iota} \mathfrak{A} = \mathfrak{T}_1^\iota \otimes_{\mathfrak{B}^\iota} \mathfrak{T}_2^\iota \otimes_{\mathfrak{B}^\iota} \mathfrak{A}, \\ \tau^*(\mathfrak{T}_1) \otimes_{\mathfrak{A}} \tau^*(\mathfrak{T}_2) &= (\mathfrak{T}_1^\iota \otimes_{\mathfrak{B}^\iota} \mathfrak{A}) \otimes_{\mathfrak{A}} (\mathfrak{T}_2^\iota \otimes_{\mathfrak{B}^\iota} \mathfrak{A}) \approx \mathfrak{T}_1^\iota \otimes_{\mathfrak{B}^\iota} (\mathfrak{A} \otimes_{\mathfrak{A}} (\mathfrak{T}_2^\iota \otimes_{\mathfrak{B}^\iota} \mathfrak{A})) \\ &\approx \mathfrak{T}_1^\iota \otimes_{\mathfrak{B}^\iota} \mathfrak{T}_2^\iota \otimes_{\mathfrak{B}^\iota} \mathfrak{A}\,.\end{aligned}$$

(f$_3$) *Ist* $\mathfrak{T}_1 \xrightarrow{\varphi_1} \mathfrak{T}_2 \xrightarrow{\varphi_2} \mathfrak{T}_3 \longrightarrow 0$ *eine exakte* $\mathfrak{B}$*-Sequenz von* $\mathfrak{B}$*-Garben, so ist* $\tau^*(\mathfrak{T}_1) \xrightarrow{\tau^*(\varphi_1)} \tau^*(\mathfrak{T}_2) \xrightarrow{\tau^*(\varphi_2)} \tau^*(\mathfrak{T}_3) \longrightarrow 0$ *eine exakte* $\mathfrak{A}$*-Sequenz der* $\mathfrak{A}$*-Urbilder.*

Der Beweis ergibt sich unmittelbar aus § 1, (b″).

(f$_1$)–(f$_3$) Hergeben insbesondere: τ^* *ist eine kovarianter, additiver, tensoriell-multiplikativer, rechtsexakter Funktor.*

Es folgt nun leicht:

(g) *Das* $\mathfrak{A}$*-Urbild* $\tau^*(\mathfrak{T})$ *einer jeden freien* $\mathfrak{B}$*-Garbe* $\mathfrak{T}$ *ist eine freie* $\mathfrak{A}$*-Garbe. Für jedes* $p \geqq 1$ *ist* $\tau^*(\mathfrak{B}^p)$ *in natürlicher Weise zu* $\mathfrak{A}^p$ *isomorph. Ist* $\mathfrak{A}$ *kohärent, so ist das* $\mathfrak{A}$*-Urbild* $\tau^*(\mathfrak{T})$ *einer jeden kohärenten* $\mathfrak{B}$*-Garbe* $\mathfrak{T}$ *kohärent.*

Beweis. Zeigen wir, daß $\tau^*(\mathfrak{B}^p)$ und $\mathfrak{A}^p$ isomorph sind, so folgt auch die Freiheit der $\mathfrak{A}$-Urbilder. Es gilt (vgl. § 1, (b)):

$$\tau^*(\mathfrak{B}^p) = (\mathfrak{B}^p)^\iota \otimes_{\mathfrak{B}^\iota} \mathfrak{A} \approx (\mathfrak{B}^\iota)^p \otimes_{\mathfrak{B}^\iota} \mathfrak{A} \approx \mathfrak{A}^p\,.$$

Sei nun $\mathfrak{A}$ kohärent. Ist dann $\mathfrak{T}$ kohärent über Y, so besitzt jeder Punkt $y_0 \in Y$ eine Umgebung V, so daß über V eine exakte $\mathfrak{B}$-Sequenz

$$\mathfrak{B}^p(V) \longrightarrow \mathfrak{B}^q(V) \longrightarrow \mathfrak{T}(V) \longrightarrow 0$$

besteht. Aus (f$_3$) und dem bereits bewiesenen folgt hieraus die Existenz einer natürlichen exakten $\mathfrak{A}$-Sequenz:

$$\mathfrak{A}^p(\tau^{-1}(V)) \longrightarrow \mathfrak{A}^q(\tau^{-1}(V)) \longrightarrow \tau^*(\mathfrak{T})(\tau^{-1}(V)) \longrightarrow 0$$

über $\tau^{-1}(V)$. Da $\mathfrak{A}$ kohärent ist, folgt hieraus nach § 1, (g) die Kohärenz von $\tau^*(\mathfrak{T})$ über X.

5. Ist $\tau: X \to Y$ eine morphe Abbildung, so kann man jeder Garbe $\mathfrak{S}$

von $\mathfrak{A}$-Moduln über X eine Folge $\tau_q(\mathfrak{S})$, $q = 0, 1, 2, \ldots$, von Bildgarben von $\mathfrak{B}$-Moduln über Y zuordnen. Wir definieren die Garbe $\tau_q(\mathfrak{S})$ durch ein $\mathfrak{B}$-Garbendatum. Für eine nichtleere offene Menge U in Y werde gesetzt:

$$T_q(U) = H^q(\tau^{-1}(U), \mathfrak{S}),$$

ist $U \cap \tau(X)$ leer, so sei $T_q(U) = 0$. Da $H^q(\tau^{-1}(U), \mathfrak{S})$ ein $H^0(\tau^{-1}(U), \mathfrak{A})$-Modul ist, kann $T_q(U)$ in natürlicher Weise als ein $H^0(U, \mathfrak{B})$-Modul aufgefaßt werden. Es gibt natürliche, operatorverträgliche Beschränkungshomomorphismen $r_V^U: T_q(U) \to T_q(V)$, wenn $V \subset U$ eine offene Menge ist; dieselben sind durch die Beschränkungshomomorphismen der definierenden Cohomologiegruppen gegeben. Da r_U^U stets die Identität ist und für drei offene Mengen $W \subset V \subset U$ stets gilt: $r_W^U = r_W^V \circ r_V^U$, so bildet die Gesamtheit aller Paare $\{T_q(U), r_V^U\}$ für jedes $q = 0, 1, 2, \ldots$ ein $\mathfrak{B}$-Garbendatum über Y, das zu einer $\mathfrak{B}$-Garbe über Y Anlaß gibt.

Definition 9. (*q-te Bildgarbe*). *Die durch das $\mathfrak{B}$-Garbendatum $\{T_q(U), r_V^U\}$ definierte $\mathfrak{B}$-Garbe heißt die q-te Bildgarbe $\tau_q(\mathfrak{S})$ von $\mathfrak{S}$ bzgl. der morphen Abbildung τ.*[22]

Es ist evident, daß die Halme von $\tau_q(\mathfrak{S})$ in allen Punkten $y \notin \overline{\tau(X)}$ null sind.

Wir bemerken sofort:

(h) *Die Elemente $t_{\tau(x)} \in \tau_0(\mathfrak{S})$ entsprechen umkehrbar eindeutig den Keimen von Schnittflächen s in $\mathfrak{S}$ über $\tau^{-1}(\tau(x))$.*

Wir beweisen nun:

Satz 3. *Zu jeder offenen Menge U in Y gibt es einen natürlichen operatorverträglichen Isomorphismus $\psi_U: H^0(\tau^{-1}(U), \mathfrak{S}) \to H^0(U, \tau_0(\mathfrak{S}))$. Das $\mathfrak{B}$-Garbendatum $\{T_0(U), r_V^U\}$ der $\mathfrak{B}$-Garbe $\tau_0(\mathfrak{S})$ ist daher in natürlicher Weise dem kanonischen Garbendatum von $\tau_0(\mathfrak{S})$ isomorph.*

Beweis. Für jede offene Menge U in Y gibt es nach § 1. 1 einen natürlichen Homomorphismus $h_U: T_0(U) \to H^0(U, \tau_0(\mathfrak{S}))$. Man verifiziert leicht auf Grund von § 1, (a) und (a'), daß h_U stets bijektiv ist. Faßt man h_U als Abbildung ψ_U von $H^0(\tau^{-1}(U), \mathfrak{S})$ in $H^0(U, \tau_0(\mathfrak{S}))$ auf, so ist klar, daß ψ_U operatorverträglich abbildet.

Aus Satz 3 folgt unmittelbar:

(i) *Ist $\mathfrak{S}$ eine welke $\mathfrak{A}$-Garbe über X, so ist $\tau_0(\mathfrak{S})$ eine welke $\mathfrak{B}$-Garbe über Y.*

Weiter ergibt sich direkt die Transitivität der Bildung von 0-ten Bildgarben:

[22] Bilder von Garben wurden erstmals von J. Leray betrachtet.

(k) *Sind* $\tau : X \to Y$ *und* $\sigma : Y \to Z$ *morphe Abbildungen, so gibt es für jede* $\mathfrak{A}$*-Garbe* $\mathfrak{S}$ *über* X *eine natürliche* $\mathfrak{C}$*-Isomorphie zwischen den* $\mathfrak{C}$*-Garben* $(\sigma \circ \tau)_0(\mathfrak{S})$ *und* $\sigma_0(\tau_0(\mathfrak{S}))$.

Wir behaupten nun:

(l) *Ist* $\varphi : \mathfrak{S}_1 \to \mathfrak{S}_2$ *ein* $\mathfrak{A}$*-Homomorphismus zwischen* $\mathfrak{A}$*-Garben, so gibt es zu jedem* $q \geqq 0$ *einen natürlichen* $\mathfrak{B}$*-Homomorphismus* $\tau_q(\varphi) : \tau_q(\mathfrak{S}_1) \to \tau_q(\mathfrak{S}_2)$. *Es gilt stets* $\tau_q(1) = 1$, *wenn* $1 : \mathfrak{S}_1 \to \mathfrak{S}_1$ *die Identität ist. Ist* $\psi : \mathfrak{S}_2 \to \mathfrak{S}_3$ *ein weiterer* $\mathfrak{A}$*-Homomorphismus, so gilt stets:* $\tau_q(\psi \circ \varphi) = \tau_q(\psi) \circ \tau_q(\varphi)$.

(l′) *Es gibt natürliche* $\mathfrak{B}$*-Isomorphien:* $\tau_q(\mathfrak{S}_1 \oplus \mathfrak{S}_2) \approx \tau_q(\mathfrak{S}_1) \oplus \tau_q(\mathfrak{S}_2)$, $q = 0, 1, 2, \ldots$.

Der Beweis von (l) ist trivial; (l′) ergibt sich unmittelbar aus § 1, (l′) und der Definition von τ_q.

(l) und (l′) ergeben: *Für jedes* $q \geqq 0$ *ist* τ_q *ein kovarianter additiver Funktor*. Man beachte, daß τ_q i.a. weder rechts- noch linksexakt ist, $q > 0$.

Wir ergeben ferner an:

(m) *Ist* $0 \to \mathfrak{S}' \to \mathfrak{S} \to \mathfrak{S}'' \to 0$ *eine exakte* $\mathfrak{A}$*-Sequenz von* $\mathfrak{A}$*-Garben über einem geringten Raum* X *und ist* $\tau : X \to Y$ *eine morphe Abbildung, so gibt es eine natürliche exakte* $\mathfrak{B}$*-Sequenz:*

$$0 \to \tau_0(\mathfrak{S}') \to \tau_0(\mathfrak{S}) \to \tau_0(\mathfrak{S}'') \to \tau_1(\mathfrak{S}') \to \tau_1(\mathfrak{S}) \to \tau_1(\mathfrak{S}'') \to \tau_2(\mathfrak{S}') \to \cdots$$

der Bildgarben.

Beweis. Über jeder offenen Menge U von X hat man nach § 1, (m) eine natürliche exakte $H^0(U, \mathfrak{A})$-Cohomologiesequenz:

$$0 \to H^0(U, \mathfrak{S}') \to H^0(U, \mathfrak{S}) \to H^0(U, \mathfrak{S}'') \to H^1(U, \mathfrak{S}') \to \cdots.$$

Setzt man $U = \tau^{-1}(V)$ und läßt man V alle offenen Mengen von Y durchlaufen, so können die Sequenzen stets in natürlicher Weise als $H^0(V, \mathfrak{B})$-Sequenzen aufgefaßt werden. Bei Übergang zum direkten Limes ergibt sich dann eine exakte $\mathfrak{B}$-Sequenz:

$$0 \longrightarrow \tau_0(\mathfrak{S}') \longrightarrow \tau_0(\mathfrak{S}) \longrightarrow \tau_0(\mathfrak{S}'') \longrightarrow \tau_1(\mathfrak{S}') \longrightarrow \cdots, \qquad \text{q.e.d.}$$

Aus (m) folgt insbesondere, daß der Funktor τ_0 *linksexakt* ist.

Ist $\mathfrak{S}$ eine kohärente $\mathfrak{A}$-Garbe über X, so sind die Bildgarben $\tau_q(\mathfrak{S})$ i.a. nicht kohärent. Es gilt z.B.

Satz 4. *Ist* $\tau : X \to y_0$ *eine morphe Abbildung auf einen Punkt (die Strukturgarbe* $\mathfrak{B}$ *über* y_0 *ist dann der Körper* C *der komplexen Zahlen), so ist die Garbe* $\tau_q(\mathfrak{S})$ *genau dann kohärent, wenn* $H^q(X, \mathfrak{S})$ *ein endlichdimensionaler Vektorraum über* C *ist.*

BEWEIS. Es gilt: $\tau_q(\mathfrak{S}) \approx H^q(X, \mathfrak{S})$. Nach § 1, (f) ist $\tau_q(\mathfrak{S})$ daher genau dann kohärent, wenn es eine exakte Sequenz

$$C^{m_q} \xrightarrow{\varphi} C^{n_q} \longrightarrow H^q(X, \mathfrak{S}) \longrightarrow 0$$

gibt. Das ist aber genau dann der Fall, wenn $H^q(X, \mathfrak{S}) = C^{n_q}/\varphi(C^{m_q})$ endlich-dimensional über C ist.

6. Es sei $\mathfrak{S}$ eine $\mathfrak{A}$-Garbe über dem geringten Raum X und

$$(*) \qquad 0 \longrightarrow \mathfrak{S} \xrightarrow{h} \mathfrak{H}_0 \xrightarrow{h_0} \mathfrak{H}_1 \xrightarrow{h_1} \mathfrak{H}_2 \longrightarrow \cdots$$

eine zu $\mathfrak{S}$ gehörende welke $\mathfrak{A}$-Sequenz über X. Dieselbe gibt Anlaß zu einer $\mathfrak{B}$-Sequenz

$$(\ast\ast) \qquad 0 \longrightarrow \tau_0(\mathfrak{S}) \xrightarrow{h'} \tau_0(\mathfrak{H}_0) \xrightarrow{h'_0} \tau_0(\mathfrak{H}_1) \xrightarrow{h'_1} \tau_0(\mathfrak{H}_2) \longrightarrow \cdots$$

der 0-ten Bilder; man sieht sofort, daß (⁑) eine zu $\tau_0(\mathfrak{S})$ gehörende welke $\mathfrak{B}$-Sequenz ist. Es sei

$$K(\tau_0(\mathfrak{H})) = \{\tau_0(\mathfrak{H}_0) \xrightarrow{h'_0} \tau_0(\mathfrak{H}_1) \xrightarrow{h'_1} \tau_0(\mathfrak{H}_2) \longrightarrow \cdots\}$$

der zu (⁑) gehörende Komplex von $\mathfrak{B}$-Garben mit den Homologiegarben $H_q(K(\tau_0(\mathfrak{H})))$.[23]

Wir behaupten:

(n) *Es gibt zu jedem* $q \geqq 0$ *einen natürlichen* $\mathfrak{B}$-*Homomorphismus*

$$\mu_q : \tau_q(\mathfrak{S}) \longrightarrow H_q(K(\tau_0(\mathfrak{H}))),$$

μ_0 *ist bijektiv. Ist* $(*)$ *eine welke* $\mathfrak{A}$-*Auflösung von* $\mathfrak{S}$, *so sind alle* μ_q *bijektiv: die q-te Bildgarbe* $\tau_q(\mathfrak{S})$ *ist* $\mathfrak{B}$-*isomorph der q-ten Homologiegarbe des Komplexes* $K(\tau_0(\mathfrak{H}))$.

BEWEIS. Für $q = 0$ ist die Behauptung trivial. Sei also $q \geqq 1$, die $\mathfrak{B}$-Garbe $\tau_q(\mathfrak{S})$ ist durch die $H^0(U, \mathfrak{B})$-Moduln $T_q(U)$ definiert, wo U alle offenen Mengen von Y durchläuft; $T_q(U)$ ist dabei operatorverträglich isomorph zum $H^0(\tau^{-1}(U), \mathfrak{A})$-Modul $H^q(\tau^{-1}(U), \mathfrak{S})$. Die q-te $\mathfrak{B}$-Homologiegarbe $H_q(K(\tau_0(\mathfrak{H})))$ wird durch die q-ten $H^0(U, \mathfrak{B})$-Homologiemoduln $H_q(K(H^0(U, \tau_0(\mathfrak{H}))))$ gegeben; dabei ist $K(H^0(U, \tau_0(\mathfrak{H})))$ über U durch die Sequenz

$$H^0(U, \tau_0(\mathfrak{H}_0)) \xrightarrow{h'_0} H^0(U, \tau_0(\mathfrak{H}_1)) \xrightarrow{h'_1} H^0(U, \tau_0(\mathfrak{H}_2)) \longrightarrow \cdots$$

definiert, die sich in natürlicher Weise aus (⁑) ergibt.

[23] Nan beachte, daß $K(\tau_0(\mathfrak{H}))$ ein Komplex von Garben über Y ist.

Nun sind die Komplexe $K(H^0(U, \tau_0(\mathfrak{H})))$ und $K(H^0(\tau^{-1}(U), \mathfrak{H}))$ von $H^0(U, \mathfrak{B})$ -bzw. $H^0(\tau^{-1}(U), \mathfrak{A})$-Moduln operatorverträglich isomorph, da nach Satz 3 die Moduln $H^0(U, \tau_0(\mathfrak{H}_\nu))$ und $H^0(\tau^{-1}(U), \mathfrak{H}_\nu)$ für alle $\nu \geqq 0$ operatorverträglich isomorph sind. Daher sind auch die Homologiemoduln $H_q(K(H^0(U, \tau_0(\mathfrak{H}))))$ und $H_q(K(H^0(\tau^{-1}(U), \mathfrak{H})))$ operatorverträglich isomorph; nach § 1, (n) folgt somit für jedes U die Existenz eines $H(U,\mathfrak{B})$-Homomorphismus:

$$\mu_q^U : T_q(U) \longrightarrow H^q(\tau^{-1}(U), \mathfrak{S}) \xrightarrow{\lambda_q^U} H_q(K(H^0(\tau^{-1}(U), \mathfrak{H}))) \longrightarrow H_q(K(H^0(U, \tau_0(\mathfrak{H})))) .$$

Derselbe gibt Anlaß zu einem $\mathfrak{B}$-Homomorphismus

$$\mu_q : \tau_q(\mathfrak{S}) \longrightarrow H_q(K(\tau_0(\mathfrak{H}))) .$$

Ist (*) eine welke $\mathfrak{A}$-Auflösung von $\mathfrak{S}$, so ist nach § 1, (n) jeder Homomorphismus λ_q^U bijektiv. Da in der Definition von μ_q^U alle übrigen Homomorphismen von vornherein bijektiv sind, ist also in diesem Falle μ_q^U für jedes U bijektiv und somit auch μ_q selbst, w.z.b.w.

Wir führen nun den Begriff der B-einfachen Garbe ein.

Definition 10. (*B-Einfach*). *Eine $\mathfrak{A}$-Garbe $\mathfrak{S}$ über X heißt B-einfach bzgl. der morphen Abbildung $\tau : X \to Y$, wenn $\tau_q(\mathfrak{S}) = 0$ für alle $q > 0$.*

Wir bemerken sofort:

Die $\mathfrak{A}$-Garbe $\mathfrak{S}$ ist sicher dann B-einfach bzgl. τ, wenn jeder Punkt $y_0 \in Y$ eine Umgebungsbasis $\{U_\iota\}$ besitzt, so daß alle Garben $\mathfrak{S}(\tau^{-1}(U_\iota))$ B-Garben sind. Ist speziell $\tau : X \to y_0$ eine morphe Abbildung auf einen Punkt y_0, so ist $\mathfrak{S}$ genau dann B-einfach bzgl. τ, wenn $\mathfrak{S}$ eine B-Garbe ist.

Von nun an sei (*) stets eine welke $\mathfrak{A}$-Auflösung von $\mathfrak{S}$. Aus (n) und § 1, (k) folgt sofort;

(o) *Die $\mathfrak{A}$-Garbe $\mathfrak{S}$ ist genau dann B-einfach bzgl. τ, wenn $(\ast\ast)$ eine welke $\mathfrak{A}$-Auflösnug von $\tau_0(\mathfrak{S})$ ist.*

Wir verallgemeinern nun die Aussage (k):

Satz 5. *Sind $\tau : X \to Y$ und $\sigma : Y \to Z$ morphe Abbildungen und ist $\mathfrak{S}$ eine $\mathfrak{A}$-Garbe über X, so gibt es zu jeder Zahl $q \geqq 0$ einen natürlichen $\mathfrak{C}$-Homomorphismus*

$$\iota_q : \sigma_q(\tau_0(\mathfrak{S})) \longrightarrow (\sigma \circ \tau)_q(\mathfrak{S}) ,$$

ι_0 ist stets bijektiv. Ist $\mathfrak{S}$ B-einfach bzgl. τ, so sind alle ι_q bijektiv.

Beweis. Die Behauptung ist nur für $q \geqq 1$ zu beweisen. Die Sequenzen (*) und $(\ast\ast)$ geben wegen $(\sigma \circ \tau)_0 = \sigma_0 \circ \tau_0$ beide Anlaß zur gleichen $\mathfrak{C}$-Sequenz:

$$({}^{*}_{**})\qquad O \longrightarrow \sigma_0\tau_0(\mathfrak{S}) \xrightarrow{h''} \sigma_0\tau_0(\mathfrak{H}_0) \xrightarrow{h_0''} \sigma_0\tau_0(\mathfrak{H}_1) \xrightarrow{h_1''} \sigma_0\tau_0(\mathfrak{H}_2) \longrightarrow \cdots$$

Nach (n), angewendet auf $(*)$ und $({}^{*}_{**})$, gibt es also zu jedem $q \geqq 1$ eine natürliche $\mathfrak{C}$-Bijektion $\delta_q : (\sigma \circ \tau)_q(\mathfrak{S}) \to H_q(K((\sigma \circ \tau)_0(\mathfrak{H})))$. Wendet man (n) auf $({}^{*}_{*})$ und $({}^{*}_{**})$ an, so folgt die Existenz von natürlichen $\mathfrak{C}$-Homomorphismen $\varepsilon_q : \sigma_q(\tau_0(\mathfrak{S})) \to H_q(K(\sigma_0(\tau_0(\mathfrak{H}))))$. Da die jeweils linksstehenden Homologiegarben als identisch angesehen werden dürfen, wird durch

$$\iota_q = \delta_q^{-1} \circ \varepsilon_q : \sigma_q(\tau_0(\mathfrak{S})) \longrightarrow (\sigma \circ \tau)_q(\mathfrak{S})$$

der gesuchte $\mathfrak{C}$-Homomorphismus definiert. Ist $\mathfrak{S}$ B-einfach bzgl. τ so ist nach (o) die Sequenz $({}^{*}_{*})$ eine welke $\mathfrak{A}$-Auflösung von $\tau_0(\mathfrak{S})$, nach (n) ist dann auch jedes ε_q bijektiv. Daher ergibt sich in diesem Falle, daß alle ι_q bijektiv sind.

Wir merken an:

Zusatz zu Satz 5. *Die $\mathfrak{A}$-Garbe $\mathfrak{S}$ sei B-einfach bzgl. τ. Dann ist $\mathfrak{S}$ genau dann B-einfach bzgl. $\sigma \circ \tau$, wenn $\tau_0(\mathfrak{S})$ B-einfach bzgl. σ ist.*

Insbesondere ist also, falls $\mathfrak{S}$ B-einfach bzgl. τ ist, die Garbe $\mathfrak{S}$ genau dann eine B-Garbe, wenn $\tau_0(\mathfrak{S})$ eine B-Garbe ist. Diese Aussage kann noch wie folgt verallgemeinert werden:

Satz 6. *Ist $\tau : X \to Y$ eine morphe Abbildung und $\mathfrak{S}$ eine $\mathfrak{A}$-Garbe über X, so gibt es zu jedem $q \geqq 0$ einen natürlichen operatorverträglichen Homomorphismus:*

$$\varphi_q : H^q(Y, \tau_0(\mathfrak{S})) \longrightarrow H^q(X, \mathfrak{S})\,,$$

φ_0 ist bijektiv. Ist $\mathfrak{S}$ B-einfach bzgl. τ, so sind alle φ_q bijektiv.

Beweis: Nach § 1,(n) gibt es natürliche $\mathfrak{A}$- bzw. $\mathfrak{B}$-Homomorphismen

$$\lambda_q : H^q(X, \mathfrak{S}) \longrightarrow H_q(K(H^0(\mathfrak{H})))\,,$$
$$\lambda_q' : H^q(Y, \tau_0(\mathfrak{S})) \longrightarrow H_q(K(H^0(\tau_0(\mathfrak{H}))))\,,$$

dabei ist λ_q stets bijektiv. Nach Satz 3 gibt es operatortreue Bijektionen

$$\pi_q : H_q(K(H^0(\tau_0(\mathfrak{H})))) \longrightarrow H_q(K(H^0(\mathfrak{H})))\,.$$

Dann ist $\varphi_q = \lambda_q \circ \pi_q \circ \lambda_q'$ der gesuchte Homomorphismus. Ist $\mathfrak{S}$ B-einfach bzgl. τ, so sind alle φ_q bijektiv, da dann nach § 1,(n) alle λ_q' bijektiv sind.

7. Wir betrachten in diesem Abschnitt die $\mathfrak{A}$-Urbilder von Bildgarben und umgekehrt und beweisen einfache Sätze über den Zusammenhang dieser beiden Prozesse. Zunächst gilt:

Satz 7. *Es sei $\tau : X \to Y$ eine morphe Abbildung.*

(a) *Zu jeder $\mathfrak{A}$-Garbe $\mathfrak{S}$ über X gibt es einen natürlichen $\mathfrak{A}$-Homomorphismus $\alpha : \tau^*(\tau_0(\mathfrak{S})) \to \mathfrak{S}$.*

(b) *Zu jeder $\mathfrak{B}$-Garbe $\mathfrak{T}$ über Y gibt es einen natürlichen $\mathfrak{B}$-Homomorphismus* $\beta : \mathfrak{T} \to \tau_0(\tau^*(\mathfrak{T}))$.

BEWEIS. Ad (a). Zunächst werde ein Homomorphismus $\alpha^\iota : (\tau_0(\mathfrak{S}))^\iota \to \mathfrak{S}$ definiert. Jedes Element $s_x^\iota \in (\tau_0(\mathfrak{S}))_x^\iota$ ist ein Element $s_{\tau(x)} \in \tau_0(\mathfrak{S})_{\tau(x)}$. Nach (h) gibt es zu $s_{\tau(x)}$ einen eindeutig bestimmten Schnittflächenkeim s in $\mathfrak{S}$ über $\tau^{-1}(\tau(x))$. Bezeichnen wir mit s_x das von s in x erzeugte Element, so wird durch $s_x^\iota \to s_x$ der Homomorphismus α^ι definiert. Der gesuchte Homomorphismus $\alpha : \tau^*(\tau_0(\mathfrak{S})) \to \mathfrak{S}$ wird dann durch die Gleichung

$$\alpha(s_x^\iota \otimes a_x) = a_x \cdot \alpha^\iota(s_x^\iota), \; x \in X ,$$

beschrieben.

Ad (b). Nach (d) gibt es zu jeder offenen Menge U in Y einen operatorverträglichen Homomorphismus $\mathring{\tau}_U : H^0(U, \mathfrak{T}) \to H^0(\tau^{-1}(U), \tau^*(\mathfrak{T}))$. Ist $\psi_U : H^0(\tau^{-1}(U), \tau^*(\mathfrak{T})) \to H^0(U, \tau_0(\tau^*(\mathfrak{T})))$ der natürliche operatortreue Isomorphismus (Satz 3), so wird durch die Abbildungen $\psi_U \circ \mathring{\tau}_U$, $U \subset Y$, ein $\mathfrak{B}$-Homomorphismus der kanonischen Garbendatums von $\mathfrak{T}$ in das kanonische Garbendatum von $\tau_0(\tau^*(\mathfrak{T}))$ gegeben. Derselbe gibt Anlaß zu einem $\mathfrak{B}$-Homomorphismus $\beta : \mathfrak{T} \to \tau_0(\tau^*(\mathfrak{T}))$, w.z.b.w.

Wir behaupten nun:

(p) *Es seien $\tau : X \to Y$, $\sigma : Y \to Z$ morphe Abbildungen, $\mathfrak{S}$ sei eine $\mathfrak{A}$-Garbe über X. Die natürlichen Homomorphismen*

$$\tau^*(\tau_0(\mathfrak{S})) \longrightarrow \mathfrak{S}, \; \sigma^*(\sigma_0(\tau_0(\mathfrak{S}))) \longrightarrow \tau_0(\mathfrak{S}), \; (\sigma \circ \tau)^*(\sigma \circ \tau)_0(\mathfrak{S}) \longrightarrow \mathfrak{S}$$

seien mit α_0, α_1, α_2 bezeichnet. Dann gilt (vgl. f_1):

$$\alpha_2 = \alpha_0 \circ \tau^*(\alpha_1) .$$

Der Beweis sei dem Leser überlassen (τ^* = Liftung von α_1 nach X).

Wir führen nun den Begriff der A-einfachen Garbe ein.

DEFINITION 11. (*A-einfach*). *Es sei $\tau : X \to Y$ eine morphe Abbildung. Eine $\mathfrak{A}$-Garbe $\mathfrak{S}$ über X heißt A-einfach bzgl. τ, wenn der natürliche $\mathfrak{A}$-Homomorphismus $\alpha : \tau^*(\tau_0(\mathfrak{S})) \to \mathfrak{S}$ surjektiv ist.*

Wir bemerken sofort:

Die $\mathfrak{A}$-Garbe $\mathfrak{S}$ ist sicher dann A-einfach bzgl. τ, wenn jeder Punkt $y_0 \in Y$ eine Umgebung U besitzt, so daß die Garbe $\mathfrak{S}(\tau^{-1}(U))$ stets eine A-Garbe ist.

Ist speziell $\tau : X \to y_0$ eine morphe Abbildung auf einen Punkt y_0, so ist $\mathfrak{S}$ genau dann A-einfach bzgl. τ, wenn $\mathfrak{S}$ eine A-Garbe ist.

Aus (p) folgt sofort (α_2, α_0 haben dieselbe Bedeutung wie in (p)):

SATZ 8. *Es seien* $\tau : X \to Y$, $\sigma : Y \to Z$ *morphe Abbildungen,* $\mathfrak{S}$ *sei eine* $\mathfrak{A}$*-Garbe über* X, *derart, daß* $\tau_0(\mathfrak{S})$ *A-einfach bzgl.* σ *ist. Dann gilt:* Bild α_2 = Bild α_0. *Insbesondere ist* $\mathfrak{S}$ *A-einfach bzgl.* $\sigma \circ \tau$ *genau dann, wenn* $\mathfrak{S}$ *A-einfach bzgl.* τ *ist.*

ZUSATZ. *Die bzgl.* τ *A-einfache* $\mathfrak{A}$*-Garbe* $\mathfrak{S}$ *ist eine A-Garbe, wenn* $\tau_0(\mathfrak{S})$ *eine A-Garbe ist.*

Es ist zweckmässig, eine $\mathfrak{A}$-Garbe $\mathfrak{S}$, die sowohl A-einfach als auch B-einfach bzgl. einer morphen Abbildung τ ist, kurz *einfach* bzgl. τ zu nennen. Ist $\tau : X \to y_0$ eine morphe Abbildung auf einen Punkt y_0, so sind die bzgl. τ einfachen $\mathfrak{A}$-Garben genau die C-Garben. Aus Satz 8 und dem Zusatz zu Satz 5 folgt:

(q) *Der Begriff der Einfachheit ist transitiv.*

3. Analytische Garben über komplexen Räumen Divisoren und Geradenbündel Formulierung der Hauptsätze

1. Wir legen unseren Betrachtungen den Begriff des komplexen Raumes zugrunde, wie er von J. P. SERRE [19] angegeben wurde. Es sei kurz an die SERREsche Definition erinnert.

Die Bereiche B des n-dimensionalen komplexen Zahlenraumes C^n bilden geringte Räume, wenn man sie mit der Strukturgarbe $\mathfrak{O}(B)$ der Keime von holomorphen Funktionen versieht. Analytische Mengen M in B—das sind $\mathfrak{O}(B)$-Mengen im Sinne von § 2.2—bilden geringte Unterräume von B, wenn man auf ihnen gemäß § 2.2 die Strukturgarbe $\tilde{\mathfrak{O}}(M)$ auszeichnet. Man definiert nun:

DEFINITION 12. (Komplexer Raum) *Ein geringter Hausdorffscher Raum* X *mit der Strukturgarbe* $\mathfrak{O}(X)$ *heißt ein komplexer Raum, wenn es zu jedem* $x_0 \in X$ *eine Umgebung* $U(x_0)$ *und eine analytische Menge* M *in einem Bereiche* B *eines Zahlenraumes gibt, so daß eine bimorphe Abbildung* τ *von* $U(x_0)$ *auf* M *möglich ist.*

Wir notieren sofort:

SATZ 9. *Sind* X_1, X_2 *komplexe Räume, so bildet der Produktraum* $X_1 \times X_2$*—versehen mit einer natürlichen geringten Struktur (vgl.* § 2.1.) *—einen komplexen Raum*[24].

Im folgenden werde der Einfachheit halber stets vorausgesetzt, daß

[24] Man beachte, daß die Aussage von Satz 9 nicht völlig trivial ist. Man vgl. [19, p. 4] und [11].

die auftretenden komplexen Räume parakompakt sind; das ist sicher dann der Fall, wenn der Raum eine abzählbare Topologie hat.

Morphe Abbildungen zwischen komplexen Räumen werden *holomorphe Abbildungen* genannt; $\mathfrak{O}(X)$-Mengen in einem komplexen Raum X heißen *analytische Mengen*.

Eine Garbe γ von $\mathfrak{O}(X)$-Moduln über einem komplexen Raum X heißt eine *analytische Garbe* über X; ein $\mathfrak{O}(X)$-Homomorphismus zwischen analytischen Garben heißt ein *analytischer Homomorphismus*. K. OKA hat den folgenden fundamentalen Satz bewiesen (vgl. [15] sowie [3]):

SATZ 10. *Die Strukturgarbe $\mathfrak{O}(X)$ eines jeden komplexen Raumes X ist kohärent.*

Die Begriffe und Resultate der §§ 1,2 gelten sämtlich für analytische Garben und werden im folgenden durchweg benutzt. H. CARTAN (vgl. [3]) hat gezeigt:

SATZ 11. *Die Idealgarbe einer analytischen Menge ist stets kohärent.*

Weiter gilt der folgende Satz von H. CARTAN [3, p. 36, Proposition 2], (vgl. auch § 1, (g')):

SATZ 12. *Es sei X ein komplexer Raum; es sei $\mathfrak{M}$ eine analytische Untergarbe von $\mathfrak{O}^q(X)$. Dann ist $\mathfrak{M}$ bereits dann kohärent, wenn jeder Punkt $x_0 \in X$ eine Umgebung U besitzt, so daß $\mathfrak{M}(U)$ eine A-Garbe ist.*

2. Die von H. CARTAN und J. P. SERRE bewiesenen Hauptsätze der Theorie der holomorph-vollständigen komplexen Räume machen Aussagen darüber, wann analytische Garben C-Garben sind. Es gilt der

FUNDAMEMTALSATZ VON H. CARTAN und J. P. SERRE. *Jede kohärente analytische Garbe $\mathfrak{S}$ über einem holomorph-vollständigen komplexen Raum X ist eine C-Garbe.*

Die Aussage, daß über holomorph-vollständigen Räumen alle kohärenten analytischen Garben A-Garben sind, wurde von H. CARTAN und J. P. SERRE als Theorem A, die Aussage, daß diese Garben auch B-Garben sind, als Theorem B ausgesprochen.

Ein komplexer Raum X heißt bekanntlich holomorph-vollständig[25], *wenn es*

(1) *zu jedem Punkt $x_0 \in X$ endlich viele in X holomorphe Funktionen gibt, die x_0 simultan als isolierte Nullstelle haben.*

(2) *zu jeder unendlichen, in X diskreten Menge M eine in X holomorphe Funktion gibt, die auf M unbeschränkt ist.*

DEFINITION 13. (STEIN*sche Überdeckung*). *Eine lokal-endliche Überdeck-*

[25] Zu diesem Begriff vgl. [9] sowie [7].

ung $\mathfrak{U} = \{U_\iota\}$ *eines komplexen Raumes* X *heißt eine* STEINsche *Überdeckung von* X, *wenn jede Menge* $U_\iota \in \mathfrak{U}$ *ein holomorph-vollständiger komplexer Raum ist.*

Offensichtlich gestattet jeder komplexe Raum beliebig feine STEINsche Überdeckungen. Die Bedeutung des Begriffes der STEINschen Überdeckung erhellt aus

SATZ 13. *Eine* STEINsche *Überdeckung* $\mathfrak{U}$ *eines komplexen Raumes* X *ist für jede kohärente analytische Garbe* $\mathfrak{S}$ *über* X *eine* LERAYsche *Überdeckung. Es gilt also* $H^q(X, \mathfrak{S}) \approx H^q(\mathfrak{U}, \mathfrak{S})$ *für alle* $q \geqq 0$.

Der Beweis ergibt sich aus dem Satz von Leray und dem Theorem B, denn der Durchschnitt von endlich vielen holomorph-vollständigen komplexen Räumen ist stets wieder holomorph-vollständig.

Aus Satz 13 folgt nach § 1,(q) sofort:

ZUSATZ ZU SATZ 13. *Gestattet ein komplexer Raum* X *ein* STEINsche *Überdeckung durch* k *offene Mengen, so verschwinden für jede kohärente analytische Garbe* $\mathfrak{S}$ *über* X *alle Cohomologiegruppen* $H^q(X, \mathfrak{S})$ *für* $q \geqq k$.

Aus § 2, Satz 6 ergibt sich sofort:

SATZ 14. *Ist* $\tau: X \to Y$ *eine holomorphe Abbildung und* $\mathfrak{S}$ *eine analytische Garbe über* X, *die B-einfach bzgl.* τ *ist, so sind die analytischen Cohomologiemoduln* $H^q(X, \mathfrak{S})$ *und* $H^q(Y, \tau_0(\mathfrak{S}))$ *analytisch isomorph*, $q = 0, 1, 2, \ldots$[26].

3. Der Begriff des komplex-anayltischen Faserraumes über einem komplexen Raum X ist wohldefiniert[27]. Ein komplex-analytischer Faserraum über X heißt ein *q-dimensionales komplex-analytisches Vektorraumbündel über* X, wenn die Faser der q-dimensionale komplexe Zahlenraum C^q und die Strukturgruppe die allgemeine komplex-lineare Gruppe $GL(q, C)$ ist. Eindimensionale komplex-analytische Vektorraumbündel heißen auch *komplex-analytische Geradenbündel*, ihre Strukturgruppe ist die multiplikative Gruppe C^* der von null verschiedenen komplexen Zahlen.

Ist W ein komplex-analytisches Vektorraumbümdel über X, so bildet die Gesamtheit der Keime von holomorphen Schnittflächen in W eine analytische Garbe $\mathfrak{W}$ über X; $\mathfrak{W}$ heißt die *zum Vektorraumbündel* W *gehörende Garbe*. Es gilt, wie unmittelbar ersichtlich:

(a) *Zu jedem q-dimensionalen komplex-analytischen Vektorraumbündel* W *über* X *gehört eine freie analytische Garbe* $\mathfrak{W}$ *über* X *vom Range* q *und umgekehrt. Zum trivialen q-dimensionalen Vektorraumbündel über* X *ge-*

[26] Dieser Satz war ursprünglich von den Verfassern nur für kohärente analytische Garben bewiesen worden. Vgl. [10, Proposition 2.6].

[27] Die Definitionen aus [12] lassen sich sämtlich m. m. übertragen.

hört die Garbe $\mathfrak{O}^q(X)$.

Für zwei komplex-analytische Vektorraumbündel W, W' der Dimension q, q' ist die WHITNEY*sche Summe* $W \oplus W'$ sowie das *Tensorprodukt* $W \otimes W'$ wohldefiniert; $W \oplus W'$ ist $(q + q')$-dimensional, $W \otimes W'$ ist von der Dimension qq'. Man beweist sogleich:

(b) *Sind* $\mathfrak{W}$, $\mathfrak{W}'$ *die zu den Vektorraumbündeln* W, W' *gehörenden Garben, so gehören die Garben* $\mathfrak{W} \oplus \mathfrak{W}'$, $\mathfrak{W} \otimes \mathfrak{W}'$ *zu den Vektorraumbündeln* $W \oplus W'$, $W \otimes W'$.

Es sei $\tau: X \to Y$ eine holomorphe Abbildung und W ein komplex-analytisches Vektorraumbündel über Y. Dann kann W vermöge τ in bekannter Weise zu einem Vektorraumbündel $\tau^*(W)$ über X geliftet werden. Es gilt:

(c) *Gehört zum Vektorraumbündel* W *über* Y *die analytische Garbe* $\mathfrak{W}$ *über* Y, *so gehört zum gelifteten Vektorraumbündel* $\tau^*(W)$ *die analytische Urbildgarbe* $\tau^*(\mathfrak{W})$ *von* $\mathfrak{W}$ *bzgl.* τ *und umgekehrt.*

4. Im folgenden sind die komplex-analytischen Geradenbündel von besonderer Bedeutung. Die Gesamtheit der analytischen Isomorphieklassen der komplex-analytischen Geradenbündel über einem komplexen Raum X bildet eine abelsche Gruppe in bezug auf das Tensorprodukt. Diese Gruppe ist in natürlicher Weise isomorph zur ersten Cohomologiegruppe $H^1(X, \mathfrak{C}_a)$ von X mit Koeffizienten in der Garbe $\mathfrak{C}_a$ der Keime der lokalen nirgends verschwindenden holomorphen Funktionen.[28]

Die Garbe $\mathfrak{C}_a$ kann als Untergarbe der Garbe $\mathfrak{M}_a$ der Keime der lokalen meromorphen Funktionen, die nicht Nullteiler sind, aufgefaßt werden. Die Quotientengarbe $\mathfrak{D} = \mathfrak{M}_a/\mathfrak{C}_a$ heiße die *Garbe der Divisorenkeime* über X. Unter einem Divisor D in X versteht man eine Schnittfläche in $\mathfrak{D}$ über X, die Divisoren in X sind also die Elemente der 0-ten Cohomologiegruppe $H^0(X, \mathfrak{D})$ und bilden somit eine abelsche Gruppe.

Divisoren werden gewöhnlich durch eine Verteilung von meromorphen Ortsfunktionen gegeben. Man geht von einer offenen Überdeckung $\{U_\iota\}$ des Raumes X aus und gibt in jedem U_ι eine meromorphe Funktion f_ι vor, die nicht Nullteiler ist, derart, daß $f_\iota^{-1} f_j$ in $U_\iota \cap U_j$ holomorph ist und dort keine Nullstellen hat. Dann repräsentiert die Verteilung $\{U_\iota, f_\iota\}$ in natürlicher Weise einen Divisor D. Ein Divisor D heißt *holomorph* wenn er durch eine Verteilung $\{U_\iota, f_\iota\}$ repräsentiert werden kann, in der alle Funktionen f_ι holomorph sind.

Der natürlichen exakten Sequenz (ι = Injektion, h = Restklassenprojektion)

[28] Vgl. hierzu und zum folgenden [12, p. 110-112.]

$$0 \longrightarrow \mathfrak{C}_a \xrightarrow{\iota} \mathfrak{M}_a \xrightarrow{h} \mathfrak{D} \longrightarrow 0$$

entspricht nach § 1, (m) eine exakte Cohomologiesequenz:

$$0 \longrightarrow H^0(X, \mathfrak{C}_a) \xrightarrow{\iota_*} H^0(X, \mathfrak{M}_a) \xrightarrow{h_*} H^0(X, \mathfrak{D}) \xrightarrow{\delta^0_*} H^1(X, \mathfrak{C}_a) \longrightarrow \cdots$$

Jede in X meromorphe Funktion $f \in H^0(X, \mathfrak{M}_a)$ erzeugt daher einen Divisor $(f) = h_*(f)$. Man nennt (f) den *Divisor von* f; ist f eine holomorphe Funktion, so ist (f) ein holomorpher Divisor. Die Faktorgruppe $H^0(X, \mathfrak{D})/h_*H^0(X, \mathfrak{M}_a)$ heißt die *Gruppe der Divisorenklassen von X.*

Vermöge δ^0_* wird jedem Divisor D in X eine erste Cohomologieklasse $\delta^0_* D \in H^1(X, \mathfrak{C}_a)$ und somit eine analytische Isomorphieklasse von komplex-analytischen Geradenbündeln über X zugeordnet. Aus der Exaktheit der obigen Cohomologiesequenz folgt unmittelbar:

(d) *Die Gruppe der Divisorenklassen von X ist in natürlicher Weise zu einer Untergruppe von* $H^1(X, \mathfrak{C}_a)$ *isomorph.*

Ist F ein komplex-analytisches Geradenbündel über X, so kann man jeder meromorphen Schnittfläche m in F über X in natürlicher Weise einen Divisor (m) zuordnen: man repräsentiert F in bezug auf eine geeignete Überdeckung $\{U_\iota\}$ von X durch einen Cozyklus $g_{\iota_0\iota_1}: U_{\iota_0} \cap U_{\iota_1} \to C^*$. Eine meromorphe Schnittfläche m in F wird dann durch in U_ι meromorphe Funktionen m_ι gegeben, für die in $U_{\iota_0} \cap U_{\iota_1}$ gilt: $m_{\iota_0}/m_{\iota_1} = g_{\iota_0\iota_1}$. Die Verteilung $\{U_\iota, m_\iota\}$ definiert den gesuchten Divisor (m).

Ist D ein Divisor in X, so sei mit $\{D\}$ das bis auf analytische Isomorphie wohlbestimmte zu $(\delta^0_* D)^{-1}$ assoziierte komplex-analytische Geradenbündel bezeichnet. Wird D bzgl. einer Überdeckung $\{U_\iota\}$ von X durch die meromorphen Ortsfunktionen f_ι gegeben, so wird $\{D\}$ durch den Cozyklus $g_{\iota_0\iota_1} = f_{\iota_0} \cdot f^{-1}_{\iota_1}: U_{\iota_0} \cap U_{\iota_1} \to C^*$ repräsentiert.

(e) *Ist D ein Divisor in X, so gibt es eine meromorphe Schnittfläche m in* $\{D\}$ *über X mit* $(m) = D$. *Ist D ein holomorpher Divisor, so gibt es eine holomorphe Schnittfläche mit dieser Eigenschaft.*

Ist F ein komplex-analytisches Geradenbündel über X und m eine meromorphe Schnittfläche in F über X, so sind die Geradenbündel F und $\{(m)\}$ *zueinander analytisch-äquivalent.*

Wir merken noch an:

(f) *Sind* D_1 *und* D_2 *zwei Divisoren über X, so gilt:*

$$\{D_1 + D_2\} = \{D_1\} \otimes \{D_2\}\,.$$ [29]

[29] Die Gruppe $H^0(X, \mathfrak{D})$ der Divisoren wird herkömmlicherweise additiv geschrieben. Die Addition zweier Divisoren, die bzgl. derselben Überdeckung $\{U_\iota\}$ von X durch meromorphe Ortsfunktionnen gegeben sind, erfolgt durch Multiplikation als Ortsfunktionen.

5. Wir betrachten im folgenden durchweg den Fall, daß X ein kartesisches Produkt $Y \times P^n$ eines komplexen Raumes Y mit dem n-dimensionalen komplexen projektiven Raum P^n ist. τ sei stets die Projektionsabbildung $Y \times P^n \to Y$. Statt "einfach bzgl. τ" sagen wir auch "einfach über Y".

Im P^n definiert jede $(n-1)$-dimensionale analytische Ebene E einen holomorphen Divisor (E). Ist $\{U_\iota\}$ eine hinreichend feine Überdeckung des P^n, so wird (E) durch jede Verteilung $\{U_\iota, f_\iota\}$ gegeben, in der f_ι eine in U_ι holomorphe Funktion ist, die genau auf $U_\iota \cap E$ in erster Ordnung verschwindet. Es ist klar, daß alle Divisoren (E), wo E irgendeine $(n-1)$-dimensionale analytische Ebene im P^n ist, derselben Divisorenklasse angehören.

Es sei $F = \{(E)\}$ das dem Divisor (E) assoziierte komplex-analytische Geradenbündel über dem P^n. Wir nennen F das *ausgezeichnete Geradenbündel über dem* P^n; es ist nach (e) durch die folgende Eigenschaft charakterisiert:

Es gibt zu jeder $(n-1)$-*dimensionalen analytischen Ebene E im P^n eine holomorphe Schnittfläche h_E in F über dem P^n, die genau auf E von* 1. *Ordnung verschwindet.*

Das ausgezeichnete Geradenbündel F über dem P^n läßt sich konstant zu einem Geradenbündel über $Y \times P^n$ fortsetzen (Liftung von F bzgl. der Abbildung $Y \times P^n \to P^n$). Das entstehende Geradenbündel werde wieder mit F bezeichnet und das *ausgezeichnete Geradenbündel über* $Y \times P^n$ genannt. Es sei $\mathfrak{F}$ die Garbe der Keime der holomorphen Schnitte in F über $Y \times P^n$. $\mathfrak{F}$ ist eine freie Garbe. Nach (b) gehören dann zu den Geradenbündeln $\otimes_1^k F = F^{\underline{k}}$ die Garben $\mathfrak{F}^{\underline{k}}$, $k = 1, 2, \ldots$[3].

Wir können nun die Hauptsätze der vorliegenden Arbeit formulieren. Zunächst gilt $(n = 1, 2, 3, \ldots)$:

SATZ I_n. *Ist $\mathfrak{S}$ irgendeine kohärente analytische Garbe über $Y \times P^n$ und Q ein beliebiger relativ-kompakter Teilbereich von Y, so gibt es eine natürliche Zahl $k_0 = k_0(Q, \mathfrak{S})$, so daß die kohärenten analytischen Garben $\mathfrak{S} \otimes \mathfrak{F}^{\underline{k}}(Q \times P^n)$ bzgl. $\tau: Q \times P^n \to Q$ stets einfach sind, wenn $k \geqq k_0$.*

Weiter behaupten wir $(n = 1, 2, 3, \ldots; m = 0, 1, 2, \ldots)$:

SATZ II_n^m. *Ist $\mathfrak{S}$ irgendeine kohärente analytische Garbe über $Y \times P^n$, so ist die m-te analytische Bildgarbe $\tau_m(\mathfrak{S})$ bzgl. der Projektion $\tau: Y \times P^n \to Y$ kohärent über Y.*

Aus beweistechnischen Gründen notieren wir auch noch den folgenden Spezialfall von Satz II_n^0:

SATZ II_n^*. *Ist $\mathfrak{S}$ irgendeine kohärente analytische Garbe über $Y \times P^n$*

und Q ein beliebiger relativ-kompakter Teilbereich von Y, so gibt es eine natürliche Zahl $k_0 = k_0(Q, \mathfrak{S})$, *so daß die 0-ten analytischen Bildgarben* $\tau_0(\mathfrak{S} \otimes \mathfrak{F}^k_-(Q \times P^n))$ *von* $\mathfrak{S} \otimes \mathfrak{F}^k_-(Q \times P^n)$ *bzgl.* $\tau : Q \times P^n \to Q$ *kohärent sind, wenn* $k \geqq k_0$.

Die Beweise dieser Sätze werden in den restlichen beiden Paragraphen dieser Arbeit gegeben. Wir notieren hier noch eine unmittelbare Folgerung:

SATZ III_n. *Ist* $\mathfrak{S}$ *irgendeine kohärente analytische Garbe über* $Y \times P^n$ *und Q ein relativ-kompakter, holomorph-vollständiger Teilbereich von Y, so gibt es eine natürliche Zahl* $k_0 = k_0(Q, \mathfrak{S})$, *so daß alle Garben* $\mathfrak{S} \otimes \mathfrak{F}^k_-(Q \times P^n)$ *für* $k \geqq k_0$ *C-Garben sind.*

Der Beweis ist trivial! Man wähle k_0 gemäß Satz I_n. Dann gilt nach Satz 14 für alle $k \geqq k_0$: $H^q(Q \times P^n, \mathfrak{S} \otimes \mathfrak{F}^k_-) \approx H^q(Q, \tau_0(\mathfrak{S} \otimes \mathfrak{F}^k_-))$. Nach Satz II^0_n ist $\tau_0(\mathfrak{S} \otimes \mathfrak{F}^k_-(Q \times P^n))$ kohärent über Q, aus dem Theorem B folgt daher: $H^q(Q \times P^n, \mathfrak{S} \otimes \mathfrak{F}^k_-) = 0$ für alle $q \geqq 1$, $k \geqq k_0$. Mithin sind die Garben $\mathfrak{S} \otimes \mathfrak{F}^k_-(Q \times P^n)$ für $k \geqq k_0$ sicher B-Garben. Aus Satz I_n, II^0_n, Zusatz zu Satz 8, und Theorem A ergibt sich analog, daß auch alle Garben $\mathfrak{S} \otimes \mathfrak{F}^k_-(Q \times P^n)$, $k \geqq k_0$, A-Garben sind.

Satz III_n ist eine Verallgemeinerung der von J. P. SERRE (vgl. [6, Exp. XVIII, XIX]; auch [19]) für den P^n bewiesenen Theoreme A und B. Unser Beweis benutzt nicht die SERREschen Resultate, die damit insbesondere aufs neue bewiesen werden.

4. Beweis der Sätze I_n und II^m_n: Induktionsbeginn

1. In diesem Paragraphen beweisen wir die Sätze I_1 und II^*_1. Wir zeigen zunächst die Gültigkeit von Satz I_1. Offensichtlich ist Satz I_1 in folgendem Hilfssatz enthalten (die Bezeichnungen sind wie in Satz I_1 gewählt):

HILFSSATZ 1. *Zu jedem Punkt* $y_0 \in Y$ *gibt es eine Umgebung* $V \subset Y$ *und eine natürliche Zahl* $k_0 \geqq 0$, *so daß folgendes gilt:*

(a) *Zu jedem* $k \geqq k_0$ *gibt es endlich viele Schnittflächen in* $\mathfrak{S} \otimes \mathfrak{F}^k_-$ *über* $V \times P^1$, *die alle Halme von* $\mathfrak{S} \otimes \mathfrak{F}^k_-$ *über* $V \times P^1$ *erzeugen.*

(b) *Ist W irgendein holomorph-vollständiger Teilbereich in V, so ist* $\mathfrak{S} \otimes \mathfrak{F}^k_-(W \times P^1)$ *eine B-Garbe.*

Es möge nun dieser Hilfssatz bewiesen werden. Es sei U' mit $y_0 \in U'$ irgendein holomorph-vollständiger Teilbereich von Y und V eine holomorphvollständige Umgebung von y_0, derart, daß $\bar{V}$ kompakt in U' liegt. Es sei z eine inhomogene Koordinate in P^1; wir wählen reelle Zahlen $\varepsilon, \varepsilon'$

mit $0 < \varepsilon < \varepsilon' < 1$ und setzen:

$$K_1' : \{|z| < 1+\varepsilon'\} ; \quad K_2' : \{|z| > 1-\varepsilon'\} ; \quad U_\mu' = U' \times K_\mu', \qquad \mu = 1,2 ;$$
$$U_{12}' = U_1' \cap U_2' ;$$
$$K_1 : \{|z| < 1+\varepsilon\} ; \quad K_2 : \{|z| > 1-\varepsilon\} ; \quad U_\mu = V \times K_\mu, \qquad \mu = 1,2 ;$$
$$U_{12} = U_1 \cap U_2 .$$

Offensichtlich ist $\{U_1', U_2'\}$ eine STEINsche Überdeckung von $U' \times P^1$. Nach dem Fundamentalsatz von CARTAN und SERRE spannen daher die Gruppen $H^0(U_1', \mathfrak{S})$ bzw. $H^0(U_2', \mathfrak{S})$ alle Halme von $\mathfrak{S}$ über U_1' bzw. U_2' auf. Da $\overline{U}_\mu \subset\subset U_\mu'$, $\mu = 1, 2$, gibt es also Schnittflächen ${}^*s_1^{(1)}, \ldots, {}^*s_t^{(1)}$ bzw. $s_1^{(2)}, \ldots, s_t^{(2)}$ in $\mathfrak{S}$ über $\overline{U}_1$ bzw. $\overline{U}_2$, die über $\overline{U}_1$ bzw. $\overline{U}_2$ sämtliche Halme von $\mathfrak{S}$ erzeugen. In $\overline{U}_{12}$ bestehen dann nach [5, Thèoreme 5], Gleichungen:

$${}^*s_\tau^{(1)} = \sum_{\sigma=1}^t a_{\sigma\tau} s_\sigma^{(2)} , \qquad s_\tau^{(2)} = \sum_{\sigma=1}^t b_{\sigma\tau} {}^*s_\sigma^{(1)}$$

mit in $\overline{U}_{12}$ holomorphen Funktionen $a_{\sigma\tau}, b_{\sigma\tau}, \sigma, \tau = 1, \ldots, t$. Die reelle Zahl $M > 0$ sei so gewählt, daß in $\overline{U}_{12}$ stets gilt $|a_{\sigma\tau}| \leqq M$, $\sigma, \tau = 1, \ldots, t$.

Sämtliche Funktionen $a_{\sigma\tau}, b_{\sigma\tau}$ können bzgl. der Veränderlichen $z \in P^1$ im Kreisring $\overline{K}_1 \cap \overline{K}_2$ in LAURENTreihen entwickelt werden. Daher gibt es zu jedem $\delta > 0$ meromorphe Funktionen $a_{\sigma\tau}^*$ in $\overline{U}_2$ und meromorphe Funktionen $b_{\sigma\tau}^*$ in $\overline{U}_1$, so daß in $\overline{U}_{12}$ gilt: $|a_{\sigma\tau} - a_{\sigma\tau}^*| < \delta$, $|b_{\sigma\tau} - b_{\sigma\tau}^*| < \delta$ für alle $\sigma, \tau = 1, \ldots, t$; dabei haben die $a_{\sigma\tau}^*$ nur Pole in $z = \infty$ und die $b_{\sigma\tau}^*$ nur Pole in $z = 0$. Die Ordnung der Pole sämtlicher Funktionen sei kleiner oder gleich k_1; k_1 hängt von δ ab. Wir setzen nun über $\overline{U}_2$ bzw. $\overline{U}_1$

$${}^*s_\tau^{(2)} = \sum_{\sigma=1}^t a_{\sigma\tau}^* s_\sigma^{(2)} , \qquad s_\tau^{(1)} = \sum_{\sigma=1}^t b_{\sigma\tau}^* {}^*s_\sigma^{(1)} , \quad \tau = 1, \ldots, t ;$$

offensichtlich sind die ${}^*s_\tau^{(2)}$ bzw. $s_\tau^{(1)}$ Schnittflächen in $\mathfrak{S}$ über $\overline{V} \times \{\overline{K}_2 - \infty\}$, bzw. $\overline{V} \times \{\overline{K}_1 - 0\}$.

Jedes Geradenbündel F^k, $k \geqq 2k_1$, über $\overline{V} \times P^1$ besitzt eine holomorphe Schnittfläche $h^{(k)}$, die nur in $z = 0$ und $z = \infty$ verschwindet und zwar in beiden Punkten von mindestens k_1-ter Ordnung. Durch die Zuordnung $s_x \to s_x \otimes h_x^{(k)}$ wird ein Homomorphismus $\varphi_k : \mathfrak{S} \to \mathfrak{S} \otimes \mathfrak{F}^k$, $k \geqq 2k_1$, definiert. φ_k gibt auch zu einer Abbildung der holomorphen Schnittflächen Anlaß, offensichtlich werden vermöge φ_k die Elemente ${}^*s_\tau^{(2)}$ bzw. $s_\tau^{(1)}$, $\tau = 1, \ldots, t$, auf über ganz $\overline{U}_2$ bzw. ganz $\overline{U}_1$ fortsetzbare Schnittflächen in $\mathfrak{S} \otimes \mathfrak{F}^k$ abgebildet. Wir bezeichnen die fortgesetzten Schnittflächen wieder mit ${}^*s_\tau^{(2)}$ und $s_\tau^{(1)}$. Die φ_k-Bilder der Schnittflächen ${}^*s_\tau^{(1)}$ bzw. $s_\tau^{(2)}$

seien ebenfalls wieder mit $*s_\tau^{(1)}$ bzw. $s_\tau^{(2)}$ bezeichnet. Da φ_k außerhalb $z = \infty$ und $z = 0$ bijektiv ist, spannen die Schnittflächen $*s_\tau^{(1)}$, $\tau = 1, \ldots, t$, alle Halme von $\mathfrak{S} \otimes \mathfrak{F}^k$ über $\overline{U}_1$ außerhalb $z = 0$ und die Schnittflächen $s_\tau^{(2)}$, $\tau = 1, \cdots, t$, alle Halme von $\mathfrak{S} \otimes \mathfrak{F}^k$ über $\overline{U}_2$ außerhalb $z = \infty$ auf.

Es gelten nun für diese Schnittflächen in $\mathfrak{S} \otimes \mathfrak{F}^k$ über $\overline{U}_{12}$ die Gleichungen :

$$s_\tau^{(1)} - s_\tau^{(2)} = \sum_{\sigma=1}^{t} (b_{\sigma\tau}^* - b_{\sigma\tau})\, *s_\sigma^{(1)} = \sum_{\sigma=1}^{t} \beta_{\sigma\tau}\, s_\sigma^{(2)} ,$$

$$*s_\tau^{(1)} - *s_\tau^{(2)} = \sum_{\sigma=1}^{t} (a_{\sigma\tau} - a_{\sigma\tau}^*)\, s_\sigma^{(2)} = \sum_{\sigma=1}^{t} \alpha_{\sigma\tau}\, s_\sigma^{(2)} ,$$

wobei

$$\beta_{\sigma\tau} = \sum_{j=1}^{t} a_{\sigma j}(b_{j\tau}^* - b_{j\tau})$$

und $\alpha_{\sigma\tau} = a_{\sigma\tau} - a_{\sigma\tau}^*$ in $\overline{U}_{12}$ holomorphe Funktionen sind ; offensichtlich gilt in $\overline{U}_{12}$:

$$| \alpha_{\sigma\tau} | < \delta,\ | \beta_{\sigma\tau} | < Mt \cdot \delta .$$

Wir bilden nun die Schnittvektoren :

$$\mathfrak{s}_\mu = (s_1^{(\mu)}, \ldots, s_t^{(\mu)}, *s_1^{(\mu)}, \ldots, *s_t^{(\mu)}) , \qquad \mu = 1, 2.$$

Dann können die vorstehnden Gleichungen zusammengefaßt werden zu :

$$\mathfrak{s}_1 = \mathfrak{A}\, \mathfrak{s}_2 ,$$

wobei

$$\mathfrak{A} = \begin{pmatrix} \delta_{\sigma\tau} + \beta_{\sigma\tau} , & 0 \\ \alpha_{\sigma\tau} , & \delta_{\sigma\tau} \end{pmatrix} \qquad \sigma, \tau = 1, \ldots, t.$$

Wir ziehen an dieser Stelle das folgende, weiter unten bewiesene Heftungslemma heran :

HEFTUNGSLEMMA. *Zu jeder natürlichen Zahl* $c > 0$ *gibt es eine reelle Zahl* $\varepsilon > 0$ *mit folgender Eigenschaft*[30] :

Zu jeder c-reihigen, in $\overline{U}_{12}$ *holomorphen Matrix* $\mathfrak{A}$ *mit* $[(\mathfrak{E} - \mathfrak{A})] < \varepsilon$ *auf* $\overline{U}_{12}$ *gibt es c-reihige, invertierbare Matrizen* $\mathfrak{A}_1$ *und* $\mathfrak{A}_2$, *die in* U_1 *bzw.* U_2 *holomorph sind, sodaß in* U_{12} *gilt* : $\mathfrak{A} = \mathfrak{A}_1^{-1} \cdot \mathfrak{A}_2$.

Im vorstehenden gilt auf $\overline{U}_{12}$:

[30] Mit $\mathfrak{E}$ wird die c-reihige Einheitsmatrix bezeichnet: $\mathfrak{E} = (\delta_{ik})$, $i, k = 1, \ldots, c$. Für jede komplex-wertige c-reihige Matrix $\vartheta = (d_{ik})$ sei $[\vartheta] = \max_{1 \le i,k \le c} |d_{ik}|$. Offensichtlich gilt: $[\mathfrak{E}\vartheta] \le c[\mathfrak{E}][\vartheta]$. Züsatz zur Korrektur: Das Heftungslemma wurde bereits von H. Röhrl bewiesen. Vgl. H. Röhrl, *Das Riemann-Hilbertsche Problem*, Math. Ann. 133 (1957), 1-25; Hilfssatz 2.

$$[(\mathfrak{E} - \mathfrak{A})] = \left[\begin{pmatrix} -\beta_{\sigma\tau}, & 0 \\ -\alpha_{\sigma\tau}, & 0 \end{pmatrix}\right] \leqq \mathrm{Max}\,(\delta, Mt\delta)\,.$$

Wir wählen zur Zahl $c = 2t$ die Zahl δ so klein, daß Max $(\delta, Mt\delta)$ kleiner als das ε des Heftungslemmas ausfällt; das ist offensichtlich möglich. Dann bestimmen wir gemäß des Heftungslemmas die Matrizen $\mathfrak{A}_1$ und $\mathfrak{A}_2$ und setzen:

$$\hat{\mathfrak{s}}_1 = \mathfrak{A}_1\,\mathfrak{s}_1 \text{ in } U_1\,, \quad \hat{\mathfrak{s}}_2 = \mathfrak{A}_2\,\mathfrak{s}_2 \text{ in } U_2\,.$$

Es gilt in U_{12}:

$$\hat{\mathfrak{s}}_1 = \hat{\mathfrak{s}}_2 = \hat{\mathfrak{s}}\,.$$

Die Elemente $\hat{s}_1, \ldots, \hat{s}_{2t}$ des Schnittvektors $\hat{\mathfrak{s}}$ sind somit Schnitte in $\mathfrak{S} \otimes \mathfrak{F}^{\underline{k}}$ über ganz $V \times P^1$. Da $\mathfrak{A}_1$ und $\mathfrak{A}_2$ invertierbare Matrizen sind, erzeugen diese Schnitte alle Halme von $\mathfrak{S} \otimes \mathfrak{F}^{\underline{k}}$ über $V \times P^1$ außerhalb $z = 0$ und $z = \infty$, $k \geqq 2k_1$. Nun können aber Nullpunkt und unendlich ferner Punkt des P^1 beliebig gewählt werden. Daher kann man den soeben durchgeführten Schluß mit zwei anderen Punkten $z=0$ und $z = \infty$ noch einmal wiederholen. Nimmt man die neuen Schnittflächen zu den oben konstruierten hinzu und setzt man $k_0 = 2 \cdot \max(k_1, k_2)$ — dabei sei k_2 die im zweiten Schluß auftretende Zahl für die Ordnung der Polstellen der $a^*_{\sigma\tau}$, $b^*_{\sigma\tau}$ —, so folgt, daß es zu jedem $k \geqq k_0$ endlich viele Schnittflächen in $\mathfrak{S} \otimes \mathfrak{F}^{\underline{k}}$ über $V \times P^1$ gibt, die alle Halme von $\mathfrak{S} \otimes \mathfrak{F}^{\underline{k}}$ über $V \times P^1$ erzeugen. Damit ist die erste Aussage des Hilfssatzes bewiesen.

Es bleibt noch die zweite Aussage zu beweisen. Es sei W irgendein holomorph-vollständiger Teilbereich von V. Da die 2 Mengen $W_\mu = W \times K_\mu$, $\mu = 1, 2$, eine STEINsche Überdeckung von $W \times P^1$ bilden, folgt aus dem Zusatz zu Satz 13, daß alle Cohomologiemoduln $H^q(W \times P^1, \mathfrak{S} \otimes \mathfrak{F}^{\underline{k}})$ mit $k \geqq 0$, $q \geqq 2$ verschwinden. Es bleibt also lediglich zu zeigen, daß gilt: $H^1(W \times P^1, \mathfrak{S} \otimes \mathfrak{F}^{\underline{k}}) = 0$, falls $k \geqq k_0$. Dazu genügt es aber zu beweisen, daß jede Schnittfläche s_{12} in $\mathfrak{S} \otimes \mathfrak{F}^{\underline{k}}$, $k \geqq k_0$, über $W_{12} = W_1 \cap W_2$ eine Darstellung gestattet: $s_{12} = s'' - s'$, wobei s'' bzw. s' eine Schnittfläche in $\mathfrak{S} \otimes \mathfrak{F}^{\underline{k}}$ über W_2 bzw. W_1 ist.

Es seien $s_1, \ldots, s_q$ die auf Grund des bereits bewiesenen existierenden Schnittflächen in $\mathfrak{S} \otimes \mathfrak{F}^{\underline{k}}$ über $V \times P^1$, die alle Halme von $\mathfrak{S} \otimes \mathfrak{F}^{\underline{k}}$ über $V \times P^1$ erzeugen ($k \geqq k_0$, fest). Nach [5, Théorème 5], gibt es dann q in W_{12} holomorphe Funktionen $f_1, \ldots, f_q$, so daß in W_{12} gilt: $s_{12} = \sum_{\nu=1}^{q} f_\nu s_\nu$. Entwickelt man die f_ν in LAURENTreihen nach $z \in P^1$, so gewinnt man Darstellungen: $f_\nu = f''_\nu - f'_\nu$, $\nu = 1, \ldots, q$; dabei sind die f''_ν in W_2 und die f'_ν in W_1 holomorph. Setzt man nun:

$$s' = \sum_{\nu=1}^{q} f'_\nu s_\nu, \quad s'' = \sum_{\nu=1}^{q} f''_\nu s_\nu ,$$

so hat man Schnittflächen in $\mathfrak{S} \otimes \mathfrak{F}^k$ über W_1 und W_2, für die gilt: $s_{12} = s'' - s'$. – Damit ist der Hilfssatz vollständig bewiesen. Es bleibt noch der Beweis des Heftungslemmas nachzuholen. Wir bemerken zunächst:

Es gibt eine reelle Zahl $K \geqq 1$ mit folgender Eigenschaft: ist $\mathfrak{C}$ irgendeine holomorphe Matrix in $\overline{U}_{12}$, so gibt es in $\overline{U}_\mu$ je eine holomorphe Matrix $\mathfrak{C}_\mu$ mit $[\mathfrak{C}_\mu] \leqq K\,[\mathfrak{C}]$ in ganz $\overline{U}_\mu$, $\mu = 1, 2$, so daß in $\overline{U}_{12}$ gilt: $\mathfrak{C} = \mathfrak{C}_2 - \mathfrak{C}_1$.

Die Aussage folgt sofort, wenn man die Elemente von $\mathfrak{C}$ in LAURENT-reihen nach $z \in P^1$ entwickelt.

Die reelle Zahl $\varepsilon > 0$ wird nun so bestimmt, daß (1) $\varepsilon < (4c^2K)^{-1}$ und (2) jede in $\overline{U}_\mu$ holomorphe c-reihige Matrix $\mathfrak{A}_\mu$ mit $[(\mathfrak{E} - \mathfrak{A}_\mu)] < K_\varepsilon$ in $\overline{U}_\mu$ eine inverse Matrix $\mathfrak{A}_\mu^{-1}$ besitzt, für die in $\overline{U}_{12}$ gilt: $[\mathfrak{A}_\mu^{-1}] < 2$, $\mu = 1, 2$.

Wir zeigen, daß für jedes so gewählte $\varepsilon > 0$ die Aussage des Heftungslemmas richtig ist. Die gesuchten Matrizen $\mathfrak{A}_1, \mathfrak{A}_2$ werden als Limiten zweier Folgen $\mathfrak{A}_1^{(n)}, \mathfrak{A}_2^{(n)}$ von in $\overline{U}_1$ bzw. $\overline{U}_2$ holomorphen Matrizen konstruiert. Um die $\mathfrak{A}_1^{(n)}, \mathfrak{A}_2^{(n)}$ definieren zu können, werden zunächst drei Hilfsfolgen $\mathfrak{B}^{(n)}, \mathfrak{B}_1^{(n)}, \mathfrak{B}_2^{(n)}$ von in $\overline{U}_{12}$ bzw. $\overline{U}_1$ bzw. $\overline{U}_2$ holomorphen Matrizen erklärt. Zu $\mathfrak{B}^{(n)}$ seien $\mathfrak{B}_1^{(n)}$ und $\mathfrak{B}_2^{(n)}$ stets gemäß der eingangs gemachten Bemerkung gewählt; es ist also $\mathfrak{B}_\mu^{(n)}$ eine in $\overline{U}_\mu$ holomorphe Matrix mit $[\mathfrak{B}_\mu^{(n)}] \leqq K[\mathfrak{B}^{(n)}]$, $\mu = 1, 2$, und in $\overline{U}_{12}$ gilt: $\mathfrak{B}^{(n)} = \mathfrak{B}_2^{(n)} - \mathfrak{B}_1^{(n)}$.

Wir setzen $\mathfrak{B}^{(0)} = \mathfrak{A} - \mathfrak{E}$. Dann gilt: $[\mathfrak{B}^{(0)}] < \varepsilon$. Es seien nun die Matrizen $\mathfrak{B}^{(\nu)}$ mit $\nu \leqq n$ bereits definiert, stets gelte: $[\mathfrak{B}^{(\nu)}] < \varepsilon/2^\nu$. Dann setzen wir:

$$\mathfrak{B}^{(n+1)} = \mathfrak{B}_1^{(n)} \cdot \mathfrak{B}^{(n)} \cdot (\mathfrak{E} + \mathfrak{B}_2^{(n)})^{-1} \qquad \text{in } \overline{U}_{12}\,.$$

Diese Definition ist sinnvoll, denn $\mathfrak{E} + \mathfrak{B}_2^{(n)}$ ist in $\overline{U}_2$ invertierbar, da $[(\mathfrak{E} - (\mathfrak{E} + \mathfrak{B}_2^{(n)}))] = [\mathfrak{B}_2^{(n)}] \leqq K[\mathfrak{B}^{(n)}] < K\varepsilon/2^n \leqq K\varepsilon$ in $\overline{U}_2$. Es gilt überdies: $[(\mathfrak{E} + \mathfrak{B}_2^{(n)})^{-1}] < 2$, so daß folgt:

$$[\mathfrak{B}^{(n+1)}] \leqq 2c^2K[\mathfrak{B}^{(n)}]^2 < \frac{\varepsilon}{2^{2n+1}} \leqq \frac{\varepsilon}{2^{n+1}}\,.$$

Da die Matrixfolgen $\mathfrak{B}^{(n)}$ bzw. $\mathfrak{B}_1^{(n)}$ bzw. $\mathfrak{B}_2^{(n)}$ im Innern von U_{12} bzw. U_1 bzw. U_2 sehr stark gegen null konvergieren, konvergieren die Folgen

$$\mathfrak{A}_\mu^{(n)} = (\mathfrak{E} + \mathfrak{B}_\mu^{(n)}) \cdot (\mathfrak{E} + \mathfrak{B}_\mu^{(n-1)}) \dots (\mathfrak{E} + \mathfrak{B}_\mu^{(0)}), \qquad \mu = 1, 2\,,$$

im Innern von U_μ gleichmäßig gegen holomorphe Matrizen $\mathfrak{A}_\mu$. Da jede Matrix $\mathfrak{A}_\mu^{(n)}$ invertierbar ist, sind auch die $\mathfrak{A}_\mu$ invertierbar, da $|\mathfrak{A}_\mu| \not\equiv 0$. Es gilt nun:

$$\mathfrak{A}_1^{(n)} \cdot \mathfrak{A} \cdot (\mathfrak{A}_2^{(n)})^{-1} = \mathfrak{E} + \mathfrak{B}^{(n+1)} ,$$

was sich sofort aus der Identität

$$(\mathfrak{E} + \mathfrak{B}_1^{(n)}) \cdot (\mathfrak{E} + \mathfrak{B}^{(n)}) \cdot (\mathfrak{E} + \mathfrak{B}_2^{(n)})^{-1} = \mathfrak{E} + \mathfrak{B}^{(n+1)} ,$$

die mit der Definition von $\mathfrak{B}^{(n+1)}$ äquivalent ist, ergibt. Dann gilt aber:

$$\mathfrak{A}_1 \cdot \mathfrak{A} \cdot \mathfrak{A}_2^{-1} = \mathfrak{E} \qquad \text{q.e.d.}$$

2. Es ist noch Satz II_1^* zu beweisen. In diesem Abschnitt soll gezeigt werden, daß es genügt, Satz II_1^* in einer reduzierten Fassung zu beweisen. Die Bezeichnungen seien wie in § 3 gewählt. Dann ist also zu beweisen: *Alle Garben $\tau_0(\mathfrak{S} \otimes \mathfrak{F}^{\underline{k}})$, $\tau: Y \times P^1 \to Y$, sind kohärent über Q, wenn k hinreichend groß ist.*

Wir behaupten nun:

Hilfssatz 2: *Es genügt, die vorstehende Aussage für den Fall zu beweisen, daß Y ein Polyzylinder Z^m in einem Zahlenraum C^m und $\mathfrak{S}$ eine kohärente analytische Untergarbe von $\mathfrak{O}^q(Z^m \times P^1)$, $q \geqq 1$ beliebig, ist.*

In der Tat! Zunächst braucht man nur zu zeigen, daß jeder Punkt $y_0 \in Y$ eine Umgebung $\mathrm{U}(y_0)$ besitzt, so daß fast alle Garben $\tau_0(\mathfrak{S} \otimes \mathfrak{F}^{\underline{k}})$, $\tau_0: U(y_0) \times P^1 \to U(y_0)$, kohärent sind. Man kann nun eine Umgebung $\mathrm{U} = \mathrm{U}(y_0)$ so bestimmen, daß U mit einer analytischen Menge in einem Polyzylinder Z^m: $\{|z_1| < 1, \ldots, |z_m| < 1\}$ isomorph ist; die Strukturgarbe $\mathfrak{O}(U)$ ist also mit der Quotientengarbe $\mathfrak{O}(Z^m)/\mathfrak{J}$, wo $\mathfrak{J}$ die zur analytischen Menge U in Z^m gehörende kohärente Idealgarbe ist, identisch. Dann ist $U \times P^1$ eine analytische Menge in $Z^m \times P^1$, und ihre Strukturgarbe $\mathfrak{O}(U \times P^1)$ ist die Quotientengarbe $\mathfrak{O}(Z^m \times P^1)/\mathfrak{J}$, wobei $\mathfrak{J}$ jetzt als die zur analytischen Menge $U \times P^1$ in $Z^m \times P^1$ gehörende Idealgarbe aufzufassen ist.[31]

Wir setzen nun alle Garben $\mathfrak{S} \otimes \mathfrak{F}^{\underline{k}}(U \times P^1)$ trivial zu analytischen Garben $'(\mathfrak{S} \otimes \mathfrak{F}^{\underline{k}})(Z^m \times P^1)$ über $Z^m \times P^1$ fort. Nach § 2,(c) sind alle Garben $'(\mathfrak{S} \otimes \mathfrak{F}^{\underline{k}})(Z^m \times P^1)$ kohärent. Offensichtlich gilt:

$$'(\mathfrak{S} \otimes \mathfrak{F}^{\underline{k}})(Z^m \times P^1) \approx {'\mathfrak{S}}(Z^m \times P^1) \otimes \mathfrak{F}^{\underline{k}}(Z^m \times P^1) ,$$

wenn mit $'\mathfrak{S}$ die triviale Fortsetzung von $\mathfrak{S}$ bezeichnet wird. Wir betrachten die 0-ten Bildgarben $\tau_0('\mathfrak{S}(Z^m \times P^1) \otimes \mathfrak{F}^{\underline{k}}(Z^m \times P^1))$ und $\tau_0(\mathfrak{S} \otimes \mathfrak{F}^{\underline{k}}(U \times P^1))$, wobei im ersten Falle das Bild bzgl. der Projektion τ: $Z^m \times P^1 \to Z^m$ und im zweiten Falle bzgl. $\tau: U \times P^1 \to U$ zu nehmen ist. Es ist un

[31] Dies folgt aus Satz 9.

mittelbar ersichtlich, daß $\tau_0('\mathfrak{S}(Z^m \times P^1) \otimes \mathfrak{F}^{\underline{k}}(Z^m \times P^1))$ die triviale Fortsetzung von $\tau_0(\mathfrak{S} \otimes \mathfrak{F}^{\underline{k}}(U \times P^1))$ von U auf Z^m ist. Zeigen wir daher, daß $\tau_0('\mathfrak{S}(Z^m \times P^1) \otimes \mathfrak{F}^{\underline{k}}(Z^m \times P^1))$ für alle hinreichend grossen k kohärent ist, so folgt aus § 2, (c), daß auch $\tau_0(\mathfrak{S} \otimes \mathfrak{F}^{\underline{k}}(U \times P^1))$ für alle diese k kohärent ist. Es genügt somit, die Betrachtungen auf Polyzylinder Z^m zu beschränken.

Wählt man Z^m hinreichend klein, so folgt aus Hilfssatz 1, (a), daß es ein $k_0 \leqq 0$ gibt, derart, daß in $\mathfrak{S} \otimes \mathfrak{F}^{\underline{k_0}}$ über $Z^m \times P^1$ endlich viele Schnittflächen $s_1, \ldots, s_{0_1}$ existieren, die in jedem Punkt von $Z^m \times P^1$ den Halm von $\mathfrak{S} \otimes \mathfrak{F}^{\underline{k_0}}$ erzeugen. Ist dann $\varphi\colon \mathfrak{O}^q \to \mathfrak{S} \otimes \mathfrak{F}^{\underline{k_0}}$ der von diesen Schnittflächen erzeugte analytische Homomorphismus, so ist φ surjektiv. Setzt man $\mathfrak{M} = \text{Kern } \varphi$, so hat man über $Z^m \times P^1$ eine natürliche exakte Sequenz:

$$0 \to \mathfrak{M} \to \mathfrak{O}^q \to \mathfrak{S} \otimes \mathfrak{F}^{\underline{k_0}} \to 0$$

Da $\mathfrak{F}^{\underline{k}}$ für alle k frei ist, so gibt es nach § 1, (b''') eine natürliche exakte Sequenz

$$0 \to \mathfrak{M} \otimes \mathfrak{F}^{\underline{k}} \to \mathfrak{O}^q \otimes \mathfrak{F}^{\underline{k}} \to \mathfrak{S} \otimes \mathfrak{F}^{\underline{k_0+k}} \to 0 \,.$$

Da $\mathfrak{W}$ kohärent ist, so folgt aus Satz I_1, falls k geeignet groß gewählt ist, $\tau_1(\mathfrak{M} \otimes \mathfrak{F}^{\underline{k}}(Z^m \times P^1)) = 0$. Daher gibt die vorstehende exakte Sequenz nach § 2, (m) Anlaß zu einer exakten Sequenz der 0-ten Bilder

$$0 \to \tau_0(\mathfrak{M} \otimes \mathfrak{F}^{\underline{k}}) \to \tau_0(\mathfrak{O}^q \otimes \mathfrak{F}^{\underline{k}}) \to \tau_0(\mathfrak{S} \otimes \mathfrak{F}^{\underline{k_0+k}}) \to 0 \,.$$

Wir werden nun sogleich zeigen, daß alle Garben $\tau_0(\mathfrak{O}^q \otimes \mathfrak{F}^{\underline{k}})$ frei und somit kohärent sind. Wenn man daher beweisen kann, daß fast alle Garben $\tau_0(\mathfrak{M} \otimes \mathfrak{F}^{\underline{k}})$ kohärent sind, so folgt aus § 1, (d) die Kohärenz fast aller Garben $\tau_0(\mathfrak{S} \otimes \mathfrak{F}^{\underline{k}})$. Damit ist Hilfssatz 2 bewiesen.

Wir zeigen noch, daß $\tau_0(\mathfrak{O}^q \otimes \mathfrak{F}^{\underline{k}})$ stets frei ist. Das ergibt sich unmittelbar aus folgender Aussage:

Es gibt einen natürlichen analytischen Isomorphismus von $\tau_0(\mathfrak{O}^q \otimes \mathfrak{F}^{\underline{k}}(Z^m \times P^1))$ *auf* $\mathfrak{O}^{q(k+1)}(Z^m)$.

Zum Beweis bemerken wir zunächst, daß $\mathfrak{O}^q \otimes \mathfrak{F}^{\underline{k}}$ in natürlicher Weise zur Garbe $\bigoplus_1^q \mathfrak{F}^{\underline{k}}$ analytisch isomorph ist. Da nach § 2, (1') gilt: $\tau_0(\bigoplus_1^q \mathfrak{F}^{\underline{k}}) \approx \bigoplus_1^q \tau_0(\mathfrak{F}^{\underline{k}})$, genügt es somit zu zeigen, daß $\tau_0(\mathfrak{F}^{\underline{k}})$ zu $\mathfrak{O}^{k+1}(Z^m)$ in natürlicher Weise analytisch isomorph ist. Die Garbe $\tau_0(\mathfrak{F}^{\underline{k}})$ wird durch das Garbendatum $H^0(V \times P^1, \mathfrak{F}^{\underline{k}})$, wo V alle offenen Mengen von Z^m durchläuft, gegeben. Nun kann aber jede Schnittfläche $s_r \in H^0(V \times P^1, \mathfrak{F}^{\underline{k}})$ als ein Pseudopolynom $\sum_{\kappa=0}^{k} a_\kappa \cdot w^\kappa$ aufgefaßt werden und umgekehrt; dabei sind $a_0, \ldots, a_k$ holomorphe Funktionen in V, w ist eine inhomogene Koordinate des P^1. Durch die Zuordnung $s_r \to (a_0, \ldots, a_k)$ wird alsdann $H^0(V \times P^1, \mathfrak{F}^{\underline{k}})$ analytisch isomorph auf $H^0(V, \mathfrak{O}^{k+1})$ abgebildet. Dadurch wird aber ein natürlicher Isomorphismus von $\tau_0(\mathfrak{F}^{\underline{k}})$ auf $\mathfrak{O}^{k+1}(Z^m)$ definiert.

3. Es soll nun Satz II_1^* in der durch Hilfssatz 2 reduzierten Fassung bewiesen werden. Wir behaupten, daß es genügt, folgendes zu zeigen:

SATZ 15. *Es sei G ein Gebiet im C^m und $\mathfrak{N}$ eine analytische Untergarbe von $\mathfrak{O}^q(G)$. Für jeden holomorph-vollständigen Teilbereich B von G gelte: $H^1(B, \mathfrak{N}) = 0$. Dann ist $\mathfrak{N}$ kohärent.*

Hieraus ergibt sich nämlich die zu beweisende Teilaussage von Satz II_1^* wie folgt:

Es sei $\mathfrak{M}$ die vorgegebene kohärente analytische Untergarbe von $\mathfrak{O}^q(Z^m \times P^1)$. Ist Z^m hinreichend klein gewählt, so gibt es nach Hilfssatz 1, (b) ein $k_0 \geqq 0$, so daß für jeden holomorph-vollständigen Teilbereich W von Z^m gilt: $H^q(W \times P^1, \mathfrak{M} \otimes \mathfrak{F}^{\underline{k}}) = 0$, falls $k \geqq k_0$, $q > 0$. Es folgt dann in Verbindung mit Satz 14, daß auch gilt:

$$H^1(W, \tau_0(\mathfrak{M} \otimes \mathfrak{F}^{\underline{k}})) = 0 \text{ für alle diese } W, \text{ falls } k \geqq k_0 .$$

Nun ist $\mathfrak{N} = \tau_0(\mathfrak{M} \otimes \mathfrak{F}^{\underline{k}})$, da $\tau_0(\mathfrak{O}^q \otimes \mathfrak{F}^k(Z^m \times P^1)) \approx \mathfrak{O}^{q(k+1)}(Z^m)$, eine analytische Untergarbe von $\mathfrak{O}^{q(k+1)}(Z^m)$. Da dieselbe die Voraussetzungen von Satz 15 erfüllt, ist sie kohärent, w.z.b.w.

Wir müssen also nur noch Satz 15 beweisen. Zu dem Zwecke beweisen wir folgendes:

HILFSSATZ 3_p. *Es sei Z^p: $\{|z_1| \leqq r_1, \ldots, |z_p| \leqq r_p,\ z_{p+1} = \ldots = z_m = 0\}$, $r_1 > 0, \ldots, r_p > 0$, eine abgeschlossene p-dimensionale Polyzylindermenge im C^m, $0 \leqq p \leqq m$. Über einer offenen Umgebung $V(Z^p)$ sei eine analytische Untergarbe $\mathfrak{N}$ von $\mathfrak{O}^q(V(Z^p))$ gegeben, $q \geqq 1$; für jeden holomorph-konvexen Teilbereich B von V gelte: $H^1(B, \mathfrak{N}) = 0$. Dann erzeugen die Schnittflächen in $\mathfrak{N}$ über Z^p im Nullpunkt $\mathcal{O} \in Z^p$ den Halm $\mathfrak{N}_{\mathcal{O}}$.*

BEWEIS. Wir führen vollständige Induktion nach p. Die Aussage des Hilfssatzes 3_0 ist trivial. Es sei Hilfssatz 3_{p-1} bereits bewiesen, wir beweisen dann die Gültigkeit von Hilfssatz 3_p. Es seien ε, δ, a positive reelle Zahlen, es gelte $a + \delta < r_p$, $a - 2\delta > 0$. Wir setzen dann:

$$Z_\varepsilon: \{|z_1| < r_1 + \varepsilon, \ldots, |z_p| < r_p + \varepsilon, |z_{p+1}| < \varepsilon, \ldots, |z_m| < \varepsilon\} ,$$

$$Z'_{\varepsilon\delta} = Z_\varepsilon \cap \{|z_p| < a + \delta\},\ Z''_{\varepsilon\delta} = Z_\varepsilon \cap \{|z_p| > a - \delta\} ,$$

$$Z_{\varepsilon\delta} = Z'_{\varepsilon\delta} \cap Z''_{\varepsilon\delta} ,$$

$$Z_0 = Z_{\varepsilon/2} \cap \{|z_p| < a - 2\delta\} ;$$

ε sei so klein gewählt, daß $Z_\varepsilon \subset V(Z^p)$.

Es sei nun $s_{\mathcal{O}} \in \mathfrak{N}$ ein beliebiges Element über $\mathcal{O}$. Nach Induktionsvoraussetzung gibt es endlich viele Schnittflächen $s^{(1)}, \ldots, s^{(r)}$ in $\mathfrak{N}$ über $Z^{p-1} = Z^p \cap \{z_p = 0\}$ und endlich viele in $\mathcal{O}$ holomorphe Funktionskeime $f^{(1)}_{\mathcal{O}}, \ldots, f^{(r)}_{\mathcal{O}}$, so daß gilt: $s_{\mathcal{O}} = \sum_{\rho=1}^{r} f^{(\rho)}_{\mathcal{O}} \cdot s^{(\rho)}(\mathcal{O})$; dabei bezeichnet $s^{(\rho)}(\mathcal{O})$ den Punkt von $s^{(\rho)}$ über $\mathcal{O}$.

Die Schnittflächen $s^{(1)}, \ldots, s^{(r)}$ lassen sich zu beschränkten Schnittflächen $\hat{s}^{(1)}, \ldots, \hat{s}^{(r)}$ in $\mathfrak{N}$ über $Z'_{\varepsilon\delta}$ fortsetzen[32], wenn ε, δ, a hinreichend klein gewählt werden. Ferner kann man eine Umgebung $U(\mathcal{O}) \subset\subset Z_0$ finden und (beschränkte) Schnittflächen $\hat{f}^{(1)}, \ldots, \hat{f}^{(r)} \in H^0(U, \mathfrak{O})$ mit $\hat{f}^{(\rho)}(\mathcal{O}) = f^{(\rho)}_{\mathcal{O}}$, so daß die Schnittfläche $\hat{s} = \sum_{\rho=1}^{r} \hat{f}^{(\rho)} \cdot \hat{s}^{(\rho)} \in H^0(U, \mathfrak{N})$ in $\mathcal{O}$ das Element $s_{\mathcal{O}}$ erzeugt: $\hat{s}(\mathcal{O}) = s_{\mathcal{O}}$.

Alle Gruppen $H^0(Z_\varepsilon, \mathfrak{N})$, $H^0(Z_\varepsilon, \mathfrak{O}^p)$ etc. sind Vektorräume über dem komplexen Zahlenkörper C; $H^0(Z_\varepsilon, \mathfrak{N})$ kann in natürlicher Weise als ein Unterraum von $H^0(Z_\varepsilon, \mathfrak{O}^q)$ aufgefaßt werden. Versieht man $H^0(Z_\varepsilon, \mathfrak{O}^q)$ mit der Topologie der kompakten Konvergenz, (man beachte, daß jede Schnittfläche $s \in H^0(Z_\varepsilon, \mathfrak{O}^q)$ ein q-tupel von in Z_ε holomorphen Funktionen ist), so kann man zeigen, daß $H^0(Z_\varepsilon, \mathfrak{O}^q)$ ein FRECHETraum ist (d.h. ein lokalkonvexer vollständiger metrischer Vektorraum). Dann trägt auch $H^0(Z_\varepsilon, \mathfrak{N})$ eine natürliche Topologie; wir behaupten:

(I) *Es gibt zu jedem* $\rho = 1, \ldots, r$ *eine Folge* $\hat{s}^{(\rho)}_\kappa \in H^0(Z_\varepsilon, \mathfrak{N})$, $\kappa = 1, 2, \ldots$, *die über* Z_0 *gleichmässig gegen* $\hat{s}^{(\rho)}$ *konvergiert.*

(II) *Ist* $h_\kappa \in H^0(U, \mathfrak{O}^q)$ *irgendeine Folge von Schnittflächen, die über* U *gleichmäßig gegen eine Schnittfläche* $h \in H^0(U, \mathfrak{O}^q)$ *konvergiert, so ist* h *eine Schnittfläche in der von den Schnittflächen* $\{h_1, h_2, h_3, \ldots\}$ *über* U *aufgespannten analytischen Untergarbe von* $\mathfrak{O}^q$.

Stellen wir die Beweise von (I) und (II) vorerst zurück, so folgt aus (I), daß die Folge der Schnittflächen $\hat{s}_\kappa = \sum_{\rho=1}^{r} \hat{f}^{(\rho)} \cdot \hat{s}^{(\rho)}_\kappa \in H^0(U, \mathfrak{N})$ über U gleichmäßig gegen $\hat{s} \in H^0(U, \mathfrak{N})$ konvergiert. Nach (II) liegt dann aber $\hat{s}$ in der von den Schnittflächen $\{\hat{s}_1, \hat{s}_2, \hat{s}_3, \ldots\}$ über U aufgespannten analytischen Garbe und somit erst recht in der von den Schnittflächen $\{\hat{s}^{(1)}_1, \ldots, \hat{s}^{(r)}_1, \hat{s}^{(1)}_2, \ldots, \hat{s}^{(r)}_2, \ldots\}$ über Z_ε aufgespannten analytischen Garbe, und es folgt die Behauptung des Hilfssatzes 3_p.

Es sind noch die Beweise von (I) und (II) nachzuholen. (II) ist eine unmittelbare Folgerung aus einem Satz von H. CARTAN, der aussagt, daß die Untermoduln von $\mathfrak{O}^q_x$, $x \in U$, stets abgeschlossen sind bzgl. der Topo-

[32] Eine Schnittfläche $\hat{s} = (a_1, \ldots, a_q) \in H^0(Z'_{\varepsilon\delta}, \mathfrak{N})$ heißt *beschränkt* über $Z'_{\varepsilon\delta}$, wenn jede Funktion a_i $i, = 1, \ldots, q$, beschränkt in $Z'_{\varepsilon\delta}$ ist.

logie der kompakten Konvergenz (vgl. [2, Appendice I]).

Um (I) zu beweisen, sei zunächst bemerkt, daß die Vektorräume $H^0(Z'_{\varepsilon\delta}, \mathfrak{N})$, $H^0(Z''_{\varepsilon\delta}, \mathfrak{N})$ etc. abgeschlossene Unterräume von $H^0(Z'_{\varepsilon\delta}, \mathfrak{O}^q)$, $H^0(Z''_{\varepsilon\delta}, \mathfrak{O}^q)$ etc. und somit selbst FRECHETräume sind. Durch die Zuordnung $('h, ''h) \to ''h - 'h$, $'h \in H^0(Z'_{\varepsilon\delta}, \mathfrak{N})$, $''h \in H^0(Z''_{\varepsilon\delta}, \mathfrak{N})$ wird eine stetige lineare Abbildung $\rho : H^0(Z'_{\varepsilon\delta}, \mathfrak{N}) \times H^0(Z''_{\varepsilon\delta}, \mathfrak{N}) \to H^0(Z_{\varepsilon\delta}, \mathfrak{N})$ definiert. Da nach Voraussetzung gilt: $H^1(Z_\varepsilon, \mathfrak{N}) = 0$, so ist sogar jedes Element $h \in H^0(Z_{\varepsilon\delta}, \mathfrak{N})$ als eine solche Differenz $''h^* - 'h^*$ darstellbar, ρ bildet also auf $H^0(Z_{\varepsilon\delta}, \mathfrak{N})$ ab. Nach einem Satz von BANACH ist ρ dann eine offene Abbildung[33]. Es gibt somit eine reelle Zahl $K > 1$, so daß jede Schnittfläche $h \in H^0(Z_{\varepsilon\delta}, \mathfrak{N})$ mit $|h| < M$ über $Z_{\varepsilon\delta}$ darstellbar ist als eine Differenz $''h - h'$, $''h \in H^0(Z''_{\varepsilon\delta}, \mathfrak{N})$, $'h \in H^0(Z'_{\varepsilon\delta}, \mathfrak{N})$, wobei über $Z''_{\varepsilon/2,\delta/2}$ bzw. $Z'_{\varepsilon/2,\delta/2}$ gilt: $|''h| < KM$, $|'h| < KM$.

Wir fassen nun jede Schnittfläche $\hat{\mathfrak{s}}^{(\rho)} \in H^0(Z'_{\varepsilon\delta}, \mathfrak{N})$ als eine Schnittfläche in $\mathfrak{N}$ über $Z_{\varepsilon\delta}$ auf; es sei etwa über $Z_{\varepsilon\delta}$: $|\hat{\mathfrak{s}}^{(\rho)}| < M$ für alle $\rho = 1, \ldots, r$. Wir setzen:

$$h_\kappa^{(\rho)} = \frac{\hat{\mathfrak{s}}^{(\rho)}}{z_p^\kappa}, \qquad \kappa = 1, 2, \ldots,$$

dann gilt: $h_\kappa^{(\rho)} \in H^0(Z_{\varepsilon\delta}, \mathfrak{N})$, $|h_\kappa^{(\rho)}| < \frac{M}{(a-\delta)^\kappa}$. Wir bestimmen zu jedem κ Schnittflächen $''h_\kappa^{(\rho)} \in H^0(Z''_{\varepsilon\delta}, \mathfrak{N})$, $'h_\kappa^{(\rho)} \in H^0(Z'_{\varepsilon\delta}, \mathfrak{N})$ mit $''h_\kappa^{(\rho)} - 'h_\kappa^{(\rho)} = h_\kappa^{(\rho)}$, so daß über $Z''_{\varepsilon/2,\delta/2}$ bzw. $Z'_{\varepsilon/2,\delta/2}$ gilt: $|''h_\kappa^{(\rho)}| < \frac{KM}{(a-\delta)^\kappa}$ bzw. $|'h_\kappa^{(\rho)}| < \frac{KM}{(a-\delta)^\kappa}$. Setzen wir:

$$''g_\kappa^{(\rho)} = z_p^\kappa \cdot {''h_\kappa^{(\rho)}}, \quad 'g_\kappa^{(\rho)} = z_p^\kappa \cdot {'h_\kappa^{(\rho)}},$$

so gilt zunächst: $'g_\kappa^{(\rho)} \in H^0(Z'_{\varepsilon\delta}, \mathfrak{N})$. Aus der Gleichnng

$$\hat{\mathfrak{s}}_\kappa^{(\rho)} = {'g_\kappa^{(\rho)}} + \hat{\mathfrak{s}}^{(\rho)} = {''g_\kappa^{(\rho)}}$$

folgt aber, daß $\hat{\mathfrak{s}}_\kappa^{(\rho)}$ sogar eine Schnittfläche in $\mathfrak{N}$ über Z_ε ist. Offenbar konvergiert diese Folge über Z_0 gleichmäßig gegen $\hat{\mathfrak{s}}^{(\rho)}$, denn man hat über $Z_0 \subset Z'_{\varepsilon/2,\delta/2}$:

$$|'g_\kappa^{(\rho)}| \leq KM\left(\frac{a-2\delta}{a-\delta}\right)^\kappa, \qquad \kappa = 1, 2, \ldots, \rho = 1, \ldots, r.$$

Damit ist Hilfssatz 3_p vollständig bewiesen.

Wir beweisen nun abschließend Satz 15. Da $\mathfrak{N}$ eine analytische Unter-

[33] Vgl. [1, p. 34].

garbe von $\mathfrak{O}^q(G)$ ist, genügt es nach Satz 12 zu zeigen, daß jeder Punkt $\mathfrak{z}_0 \in G$ eine Umgebung U besitzt, so daß $\mathfrak{N}$ über U von den Schnittflächen aus $H^0(U, \mathfrak{N})$ erzeugt wird. Wir wählen für U eine offene Polyzylinderumgebung Z^m von $\mathfrak{z}_0$, so daß $\overline{Z}^m$ noch in G liegt. Aus Hilfssatz 3_m folgt dann, daß die Schnittflächen in $\mathfrak{N}$ über Z^m den Halm von $\mathfrak{N}$ über dem Polyzylindermittelpunkt $\mathfrak{z}_0$ erzeugen. Der Beweis von Hilfssatz 3_p, $0 \leqq p \leqq m$, läßt sich aber fast wörtlich (mit etwas komplizierteren Bezeichnungen) für jeden Punkt des Polyzylinders durchführen. Damit ist Satz 15 bewiesen.

5. Beweis der Sätze I_n und II_n^m: Induktionsschluß

1. Der Zweck dieses Paragraphen besteht darin, zu zeigen, daß die Sätze I_n und II_n^m sich aus den Sätzen I_1 und II_1^* ergeben. Wir leiten zunächst den Satz I_n aus I_1, I_{n-1}, II_1^0, II_{n-1}^0 her. Der Beweis erfolgt in mehreren Abschnitten $(\alpha, \beta, \gamma, \delta, \varepsilon)$:

(α). Es sei $p_0 \in P^n$ ein beliebiger, aber fester Punkt. Wir wenden in p_0 den σ-Prozess an[34] und bezeichnen die entstehende komplexe Mannigfaltigkeit mit P_σ^n. Es sei $\pi^1: P_\sigma^n \to P^n$ die Modifikationsabbildung; wir setzen $\sigma = (\pi^1)^{-1}(p_0)$. σ ist ein singularitäten frei in P_σ^n liegender $(n-1)$-dimensionaler komplexer projektiver Raum. Es gibt eine natürliche holomorphe Projektion $\rho^1: P_\sigma^n \to \sigma$; die Fasern von ρ^1 sind die eindimensionalen analytischen Ebenen durch p_0, d.h. RIEMANNsche Zahlenkugeln. Wir setzen noch: $\pi = i \times \pi^1: Y \times P_\sigma^n \to Y \times P^n$; $\rho = i \times \rho^1: Y \times P_\sigma^n \to Y \times \sigma$.

Um Satz I_n zu beweisen, haben wir nur folgendes zu zeigen: *es gibt zu jedem Punkt $y_0 \in Y$ eine Umgebung $U = U(y_0) \subset Y$ und ein k_0, so daß für $k \geqq k_0$ jede Garbe $\mathfrak{S} \otimes \mathfrak{F}^k(U \times P^n)$ einfach über $U \times P^n$ ist.* Satz I_n ist also in bezug auf Y von lokaler Natur. Wir dürfen deshalb beim Beweis voraussetzen, daß es eine holomorph-vollständige Umgebung $K(p_0) \subset P^n$ gibt, so daß über $Y \times K(p_0)$ eine exakte analytische Sequenz:

(*) $$\mathfrak{O}^p \to \mathfrak{O}^q \to \mathfrak{S} \to 0$$

besteht. Es sei nun $\hat{\mathfrak{S}} = \pi^*(\mathfrak{S})$ das π-Urbild von $\mathfrak{S}$ und $K_\sigma = \pi^{-1}(K)$. Die exakte Sequenz (*) wird nach § 2,(f_3) nach $Y \times K_\sigma$ übertragen; man hat über $Y \times K_\sigma$:

(**) $$\mathfrak{O}^p \to \mathfrak{O}^q \to \hat{\mathfrak{S}} \to 0\,.$$

Wir bezeichnen in (*) mit $\mathfrak{M}$ das Bild von $\mathfrak{O}^p$ in $\mathfrak{O}^q$. $\hat{\mathfrak{M}}$ sei in (**) das Bild von $\mathfrak{O}^p$ in $\mathfrak{O}^q$. Sind nun $f_1, \cdots, f_p$ irgendwelche q-tupel von in $Y \times K$

[34] Zum σ-Prozess vgl. [13] sowie [16].

holomorphen Funktionen, die über $Y \times K$ die Garbe $\mathfrak{M}$ erzeugen, so wird $\hat{\mathfrak{M}}$ über $Y \times K_\sigma$ von den q-tupeln $\hat{f}_\nu = f_\nu \circ \pi$, $\nu = 1, \ldots, p$, erzeugt.

(β) Wir wollen in diesem Abschnitt zeigen, daß man ohne Einschränkung der Allgemeinheit folgendes voraussetzen darf:

(a) *Die Garbe* $\hat{\mathfrak{S}}$ *ist einfach über* $Y \times \sigma$.

(b) $\rho_0(\hat{\mathfrak{S}})$ *ist kohärent über* $Y \times \sigma$.

BEWEIS. Wir liften das ausgezeichnete Geradenbündel F über $Y \times P^n$ nach $Y \times P^n_\sigma$ und erhalten über $Y \times P^n_\sigma$ das Geradenbündel $\hat{F} = \pi^*(F)$. Die Schnittflächen $Y \times h_E$ (vgl. § 3.5) werden dabei zu Schnittflächen $Y \times \hat{h}_{\hat{E}}$, die auf der Menge $\tilde{E} = \pi^{-1}(E)$ von genau erster Ordnung verschwinden. Es sei $\hat{\mathfrak{F}}$ die Garbe der lokalen holomorphen Schnitte in $\hat{F}$; nach § 3, (c) gilt $\pi^*(\mathfrak{F}) = \hat{\mathfrak{F}}$. Da $Y \times P^n_\sigma$ bzgl. der Abbildung ρ ein komplexer Faserraum über $Y \times \sigma$ mit der Zahlenkugel P^1 als typischer Faser ist, gibt es zu jedem Punkt $\tilde{y} \in Y \times \sigma$ eine Umgebung $\tilde{U}$, so daß $\rho^{-1}(\tilde{U})$ ein kartesisches Produkt $\tilde{U} \times P^1$ ist. Wird $\tilde{U}$ hinreichend klein gewählt, so stimmt die Beschränkung $\hat{F}(\tilde{U} \times P^1)$ von $\hat{F}$ auf $\rho^{-1}(\tilde{U})$ mit dem ausgezeichneten Geradenbündel über $\tilde{U} \times P^1$ überein: Durch Beschränkung der Schnittflächen $Y \times \hat{h}_{\hat{E}}$ lassen sich nämlich über $\tilde{U} \times P^1$ holomorphe Schnittflächen h finden, die auf einer Menge $\tilde{U} \times p_1$, $p_1 \in P^1$, von genau 1. Ordnung verschwinden. Man kann also nach Satz I_1 zu jedem relativkompakten Teilbereich $\tilde{V}$ von $Y \times \sigma$ eine natürliche Zahl $k_0 \geqq 0$ so bestimmen, daß für $k \geqq k_0$ die Garben $\hat{\mathfrak{S}} \otimes \hat{\mathfrak{F}}^{\underline{k}}(\rho^{-1}(\tilde{V}))$ sämtlich einfach über $\tilde{V}$ sind. Ferner sind die Bildgarben $\rho_0(\hat{\mathfrak{S}} \otimes \hat{\mathfrak{F}}^{\underline{k}})$ nach Sate II_1^0 kohärent über V. Da Satz I_n nur lokal zu beweisen ist, dürfen wir annehmen, daß gilt: $\tilde{V} = Y \times \sigma$.

Nun besteht die Identität: $\hat{\mathfrak{S}} \otimes \hat{\mathfrak{F}}^{\underline{k}} = \pi^*(\mathfrak{S} \otimes \mathfrak{F}^{\underline{k}})$, da π außerhalb $Y \times \sigma$ umkehrbar und $\hat{F}^{\underline{k}}$ in der Nähe von $Y \times \sigma$ trivial ist und mithin dort gilt: $\hat{\mathfrak{S}} \otimes \hat{\mathfrak{F}}^{\underline{k}} \approx \hat{\mathfrak{S}}$, $\mathfrak{S} \otimes \mathfrak{F}^{\underline{k}} \approx \mathfrak{S}$. Da man zum Beweise von Satz I_n statt von der Garbe $\mathfrak{S}$ auch von jeder Garbe $\mathfrak{S} \otimes \mathfrak{F}^{\underline{k}}$ ausgehen darf, ist somit gezeigt, daß man $\mathfrak{S}$ als eine Garbe annehmen darf, für die die Eigenschaften (a) und (b) erfüllt sind.

(γ) Es sei E_0 eine feste $(n-1)$-dimensionale Ebene in P^n durch p_0. Die Menge $Y \times \hat{E}_0 = \pi^{-1}(Y \times E_0)$ zerfällt in $Y \times P^n_\sigma$ in die beiden irreduziblen Komponenten $Y \times \sigma$ und $Y \times \tilde{E}$; dabei ist $\tilde{E}$ die $(n-1)$-dimensionale irreduzible analytische Menge in P^n_σ mit $\pi^1(\tilde{E}) = E_0$. Es sei $\hat{F}_1$

das Geradenbündel über $Y \times P^n_\sigma$, welches eine holomorphe Schnittfläche $s^{(1)}$ besitzt, die genau auf $Y \times \tilde{E}$ in 1. Ordnung verschwindet. Offensichtlich entsteht $\hat{F}_1$ durch Liften des ausgezeichneten Geradenbündels F_1 über $Y \times \sigma = Y \times P^{n-1}$ vermöge ρ; denn F_1 besitzt eine holomorphe Schnittfläche, die genau auf $Y \times (\sigma \cap \tilde{E})$ in 1. Ordnung verschwindet; $\rho^*(F_1)$ hat deshalb eine Schnittfläche, die genau auf $Y \times \tilde{E}$ in 1. Ordnung verschwindet, und muß deshalb nach § 3, (e) mit $\hat{F}_1$ übereinstimmen. Es sei weiter $\hat{F}_2$ dasjenige Geradenbündel über $Y \times P^n_\sigma$, welches eine Schnittfläche $s^{(2)}$ besitzt, die genau auf $Y \times \sigma$ in 1. Ordnung verschwindet. Nach § 3, (f) gilt: $\hat{F} = \hat{F}_1 \otimes \hat{F}_2$ und also $\hat{\mathfrak{F}} = \hat{\mathfrak{F}}_1 \otimes \hat{\mathfrak{F}}_2$, wenn $\hat{\mathfrak{F}}_1$, $\hat{\mathfrak{F}}_2$ die Garben der lokalen holomorphen Schnitte in $\hat{F}_1$, $\hat{F}_2$ bezeichnen.

Da es nun zu jedem Punkt $\tilde{y} \in Y \times \sigma$ eine Umgebung $V(\tilde{y})$ gibt, so daß $\hat{F}_1(\rho^{-1}(\tilde{V}))$ trivial ist, folgt $\rho_0(\hat{\mathfrak{S}} \otimes \hat{\mathfrak{F}}_1^k) \approx \rho_0(\hat{\mathfrak{S}}) \otimes \mathfrak{F}_1^k$; dabei bezeichnet $\mathfrak{F}_1 = \rho_0(\hat{\mathfrak{F}}_1)$ die Garbe der lokalen holomorphen Schnitte in F_1.

Nach (β) ist $\rho_0(\hat{\mathfrak{S}})$ eine kohärente analytische Garbe über $Y \times \sigma$. Aus Satz I_{n-1} folgt deshalb, daß es zu jeder relativ-kompakten offenen Menge $Q \subset\subset Y$ eine natürliche Zahl $k_0 = k_0(Q, \mathfrak{S})$ gibt, so daß die Garben $\rho_0(\hat{\mathfrak{S}}) \otimes \mathfrak{F}_1^k = \rho_0(\hat{\mathfrak{S}} \otimes \hat{\mathfrak{F}}_1^k)$ einfach über Q sind, wenn $k \geqq k_0$. Da $\hat{\mathfrak{S}} \otimes \hat{\mathfrak{F}}_1^k$ einfach über $Q \times \sigma$ und nach § 2, (q) die Einfachheit einer Garbe transitiv ist, folgt, daß $\hat{\mathfrak{S}} \otimes \hat{\mathfrak{F}}_1^k(Q \times P^n_\sigma)$ einfach über Q ist.

(δ) Wir greifen auf die Bezeichnungsweise in (α) zurück und machen folgende einschränkende zusätzliche Voraussetzung:

(V) *Die Garbe $\hat{\mathfrak{M}}$ über $Q \times K_\sigma$ ist eine B-Garbe.*

Es wird sich in (ε) herausstellen, daß man Satz I_n nur für Garben $\mathfrak{S}$, für die (V) richtig ist, zu beweisen braucht.

Es sei nun die exakte Sequenz $0 \to \hat{\mathfrak{M}} \to \hat{\mathfrak{O}}^q \to \mathfrak{S} \to 0$ über $Q \times K_\sigma$ betrachtet. Da wegen (V) zu ihr die exakte Cohomologiesequenz $0 \to H^0(Q \times K_\sigma, \hat{\mathfrak{M}}) \to H^0(Q \times K_\sigma, \mathfrak{O}^q) \to H^0(Q \times K_\sigma, \hat{\mathfrak{S}}) \to 0$ gehört, ist jede Schnittfläche in $\hat{\mathfrak{S}}$ Bild einer Schnittfläche in $\mathfrak{O}^q$. Da das gleiche auch für $\mathfrak{S}$ gilt, folgt sofort, daß der Homomorphismus $\overset{\circ}{\pi}$: $H^0(Q \times K, \mathfrak{S}) \to H^0(Q \times K_\sigma, \hat{\mathfrak{S}})$ surjektiv ist[35].

Über $Q \times K_\sigma$ gilt: $\hat{\mathfrak{S}} = \hat{\mathfrak{S}} \otimes \hat{\mathfrak{F}}^k$ und über $Q \times K$: $\mathfrak{S} = \mathfrak{S} \otimes \mathfrak{F}^k$; da ferner π außerhalb $Y \times p_0$ unkehrbar ist, hat man folgendes Resultat bewiesen:

[35] $\overset{\circ}{\pi}$ ist der gemäß § 2, (d) zur Abbildung π gehörende Homomorphismus.

Ist $W \subset P^n$ *irgendeine offene Teilmenge,* $W_\sigma = \pi^{-1}(W)$, *so ist* $\mathring{\pi}$: $H^0(Q \times W, \mathfrak{S} \otimes \mathfrak{F}^k) \to H^0(Q \times W_\sigma, \hat{\mathfrak{S}} \otimes \hat{\mathfrak{F}}^k)$ *surjektiv.*

Es sei nun $\{U_\iota : \iota = 0, 1, \ldots, t\}$ eine STEINsche Überdeckung des P^n. Es gelte $U_0 = K$, $p_0 \notin U_\iota$ für $\iota \neq 0$. Wir setzen $\hat{U}_\iota = \pi^{-1}(U_\iota)$, $V_\iota = Q \times U_\iota$, $\hat{V}_\iota = Q \times \hat{U}_\iota$ und nehmen ohne Einschränkung der Allgemeinheit an, daß $Q \subset\subset Y$ holomorph-vollständig ist. Offenbar sind alle $\hat{V}_\iota$ bis auf $\hat{V}_0 = Q \times K_\sigma$ holomorph-vollständig. Aus dem später in § 5, (2) bewiesenen Hilfssatz 4 folgt aber: ist k hinreichend groß ($k \geqq k_0$), so ist auch $\hat{\mathfrak{S}} \otimes \hat{\mathfrak{F}}_1^k$ eine B-Garbe über $\hat{V}_0$. Da ferner alle Durchschnitte der Mengen $\hat{V}_\iota$ holomorph-vollständig sind, ist dann $\hat{\mathfrak{B}} = \{\hat{V}_\iota,\ \iota = 0, 1, \ldots, t\}$ für $\hat{\mathfrak{S}} \otimes \hat{\mathfrak{F}}_1^k$ eine LERAYsche Überdeckung von $Q \times P_\sigma^n$. Man hat:

$$H^q(\hat{\mathfrak{B}}, \hat{\mathfrak{S}} \otimes \hat{\mathfrak{F}}_1^k) \approx H^q(Q \times P_\sigma^n, \hat{\mathfrak{S}} \otimes \hat{\mathfrak{F}}_1^k) \approx H^q(Q, \hat{\tau}_0(\hat{\mathfrak{S}} \otimes \hat{\mathfrak{F}}_2^k)) = 0$$

für $q > 0$, da $\hat{\tau}_0(\hat{\mathfrak{S}} \otimes \hat{\mathfrak{F}}_1^k)$ als 0-tes Bild der kohärenten Garbe $\rho_0(\hat{\mathfrak{S}} \otimes \hat{\mathfrak{F}}_1^k)$ nach Satz II_{n-1}^{0} kohärent und Q holomorph-vollständig ist.[36]

Es werde über $Y \times P_\sigma^n$ mit $\tilde{\varphi}$ der Homomorphismus $s_x \to s_x s_x^{(2)}$ der Garbe $\mathfrak{O}$ in die Garbe $\hat{\mathfrak{F}}_2$ bezeichnet. Durch tensorielle Multiplikation mit $\hat{\mathfrak{F}}_2^{k-1}$ auf beiden Seiten erhält man einen Homomorphismus $\tilde{\varphi}_k : \hat{\mathfrak{F}}_2^{k-1} \to \hat{\mathfrak{F}}_2^k$. Wir setzen:

$$\varphi_k = \tilde{\varphi}_k \circ \tilde{\varphi}_{k-1} \circ \ \ldots \ \circ \tilde{\varphi}_1 : \mathfrak{O} \to \hat{\mathfrak{F}}_2^k ,$$

multiplizieren tensoriell mit $\hat{\mathfrak{S}} \otimes \hat{\mathfrak{F}}_1^k$ und erhalten einen Homomorphismus $\lambda_k : \hat{\mathfrak{S}} \otimes \hat{\mathfrak{F}}_1^k \to \hat{\mathfrak{S}} \otimes \hat{\mathfrak{F}}_1^k \otimes \hat{\mathfrak{F}}_2^k = \hat{\mathfrak{S}} \otimes \hat{\mathfrak{F}}^k$; λ_k ist außerhalb $Y \times \sigma$ stets bijektiv.

Es sei nun ξ ein Cozyklus aus $Z^q(\mathfrak{B}, \mathfrak{S} \otimes \mathfrak{F}^k)$ mit $q > 0$ (und $\mathfrak{B} = \{V_\iota;\ \iota = 0, 1, \ldots, t\}$)[37]. ξ wird durch $\mathring{\pi}$ auf einen Cozyklus $\hat{\xi} \in Z^q(\hat{\mathfrak{B}}, \hat{\mathfrak{S}} \otimes \hat{\mathfrak{F}}^k)$ und weiter durch λ_k^{-1} auf ein $\xi' \in Z^q(\hat{\mathfrak{B}}, \hat{\mathfrak{S}} \otimes \hat{\mathfrak{F}}_1^k)$ abgebildet. ξ' ist nach dem bereits bewiesenen Corand einer Cokette $\eta' \in C^{q-1}(\hat{\mathfrak{B}}, \hat{\mathfrak{S}} \otimes \hat{\mathfrak{F}}_1^k)$ (in Zeichen $\xi' = d\eta'$), wenn $k \geqq k_0$. Setzen wir $\hat{\eta} = \lambda_k(\eta')$, so gilt $d\hat{\eta} = \hat{\xi}$. Nun gibt es eine Cokette $\eta \in C^{q-1}(\mathfrak{B}, \mathfrak{S} \otimes \mathfrak{F}_1^k)$, die durch $\mathring{\pi}$ auf $\hat{\eta}$ abgebildet wird. Offenbar gilt $d\eta = \xi$, womit bewiesen ist, daß $H^q(\mathfrak{B}, \mathfrak{S} \otimes \mathfrak{F}_1^k) \approx H^q(Q \times P^n, \mathfrak{S} \otimes \mathfrak{F}^k)$ für alle $k \geqq k_0$ verschwindet. Da diese Überlegung

[36] Wir setzen hier $\hat{\tau}$: $Y \times P_\sigma^n \to Y$.

[37] Wir bezeichnen mit $Z^q(\mathfrak{B}, \mathfrak{S})$ bzw. $C^q(\mathfrak{B}, \mathfrak{S})$ die Gruppe der q-dimensionalen Cozyklen bzw. Coketten in $\mathfrak{S}$ bzgl. der Überdeckung $\mathfrak{B}$.

auch für jeden holomorph-vollständigen Teilbereich $Q' \subset Q$ (mit dem gleichen k_0 !) richtig ist, hat sich ergeben, daß $\mathfrak{S} \otimes \mathfrak{F}^{\underline{k}}$ über Q eine B-einfache Garbe ist, wenn $k \geqq k_0$.

$\mathfrak{S}_1 \otimes \mathfrak{F}_1^k$ ist für $k \geqq k_0$ A-einfach über Q. Da Q holomorph-vollständig ist und deshalb $\tau_0(\hat{\mathfrak{S}} \otimes \hat{\mathfrak{F}}_1^k)$ als kohärente Garbe eine A-Garbe ist, folgt aus dem Zusatz zu Satz 8, daß auch $\hat{\mathfrak{S}} \otimes \hat{\mathfrak{F}}_1^k(Q \times P_\sigma^n)$ eine A-Garbe ist. Da ferner λ_k außerhalb $Y \times \sigma$ bijektiv ist, ergibt sich daraus sofort, daß auch die Schnittflächen in $\hat{\mathfrak{S}} \otimes \hat{\mathfrak{F}}^{\underline{k}}(Q \times P_\sigma^n)$ außerhalb $Q \times \sigma$ jeden Halm erzeugen. Schließlich gewinnt man, wenn man beachtet, daß $\overset{\circ}{\pi}$ surjektiv ist:

Die Schnittflächen über $Q \times P^n$ in $\mathfrak{S} \otimes \mathfrak{F}^{\underline{k}}$ erzeugen außerhalb $Q \times p_0$ jeden Halm, wenn $k \geqq k_0$.

(ε) Wir zeigen nun, daß man die Voraussetzung (V) fallen lassen kann. Es sei $\mathfrak{S}$ eine Garbe über $Y \times P^n$; wie in (δ) sei $Q \subset\subset Y$ holomorph-vollständig. Nach Hilfssatz 4 gilt dann für hinreichend großes k, daß $\hat{\mathfrak{M}} \otimes \hat{\mathfrak{F}}_1^k$ über $Q \times K_\sigma$ eine B-Garbe ist. Da $\hat{F}$ über $Y \times K_\sigma$ trivial ist, folgt:

$$\hat{\mathfrak{M}} \otimes \hat{\mathfrak{F}}_1^k \approx \hat{\mathfrak{M}} \otimes \hat{\mathfrak{F}}_2^{-\underline{k}} \otimes \hat{\mathfrak{F}}^{\underline{k}} \approx \hat{\mathfrak{M}} \otimes \hat{\mathfrak{F}}_2^{-\underline{k}} =_{\text{Def.}} \hat{\mathfrak{M}}_1 .$$

$\hat{\mathfrak{M}}_1$ ist mithin eine B-Garbe über $Q \times K_\sigma$. Nun läßt sich $\hat{\mathfrak{M}}_1$ als Untergarbe von $\hat{\mathfrak{M}}$ deuten: durch die natürliche Abbildung $\lambda_k : (\hat{\mathfrak{M}} \otimes \hat{\mathfrak{F}}^{-\underline{k}}) \otimes \hat{\mathfrak{F}}_1^k \to (\hat{\mathfrak{M}} \otimes \hat{\mathfrak{F}}^{-k}) \otimes \hat{\mathfrak{F}}^k$ (mit $\hat{\mathfrak{M}} \otimes \hat{\mathfrak{F}}^{-k}$ für $\hat{\mathfrak{S}}$) wird $\hat{\mathfrak{M}}_1$ isomorph in $\hat{\mathfrak{M}}$ abgebildet. Außerhalb $Y \times \sigma$ gilt: $\hat{\mathfrak{M}}_1 = \hat{\mathfrak{M}}$.

Wir bezeichnen mit z_ν, $\nu = 1, \ldots, n$, inhomogene Koordinaten des P^n, die p_0 zum Nullpunkt haben, und setzen $\hat{z}_\nu = z_\nu \circ \pi$. Sind $f_1, \ldots, f_p$ q-tupel in $Y \times K$ holomorpher Funktionen, die $\mathfrak{M}$ über $Y \times K$ erzeugen, so erzeugen nach (α) die q-tupel $\hat{f}_\nu = f_\nu \circ \pi$, $\nu = 1, \ldots, p$, die Garbe $\hat{\mathfrak{M}}$ über $Y \times K_\sigma$. Offenbar wird deshalb $\hat{\mathfrak{M}}_1$ über $Y \times K_\sigma$ von den q-tupeln $\hat{g}_{\nu\mu} = \hat{z}_\nu^k \cdot \hat{f}_\mu$ erzeugt, $\nu = 1, \ldots, n$, $\mu = 1, \ldots, p$. Die von den $g_{\nu\mu} = \hat{g}_{\nu\mu} \circ \pi^{-1}$ über $Y \times K$ erzeugte Untergarbe $\mathfrak{M}_1$ von $\mathfrak{M}$ stimmt über $Y \times (K - p_0)$ mit $\mathfrak{M}$ überein. Es gibt über $Y \times K$ einen natürlichen Epimorphismus $\gamma^* : \mathfrak{O}^q/\mathfrak{M}_1 \to \mathfrak{S} = \mathfrak{O}^q/\mathfrak{M}$. γ^* ist über $Y \times (K - p_0)$ ein Isomorphismus. Setzen wir noch

$$\mathfrak{S}_1 = \begin{cases} \mathfrak{O}^q/\mathfrak{M}_1 & \text{über } Y \times K \\ \mathfrak{S} & \text{über } Y \times (P^n - p_0) \end{cases}$$

und

$$\gamma = \begin{cases} \gamma^* & \text{über } Y \times K \\ \text{Identität} & \text{über } Y \times (P^n - p_0) \end{cases},$$

so ist γ ein Epimorphismus von $\mathfrak{S}_1$ auf $\mathfrak{S}$, der über $Y \times (P^n - p_0)$ ein Isomorphismus ist. $\mathfrak{S}_1$ erfüllt offenbar die Bedingung (V).

Der Kern $\mathfrak{S}_1'$ von γ ist nur auf $Y \times p_0$ von Null verschieden. Da $Q \times K$ holomorph-vollständig ist und $\mathfrak{S}_1'$ kohärent ist, so folgt aus Theorem B, daß $\mathfrak{S}_1'$ über $Q \times P^n$ eine B-Garbe ist. Man hat die exakte analytische Sequenz $0 \to \mathfrak{S}_1' \otimes \mathfrak{F}^{\underline{k}} \to \mathfrak{S}_1 \otimes \mathfrak{F}^{\underline{k}} \to \mathfrak{S} \otimes \mathfrak{F}^{\underline{k}} \to 0$ und $\mathfrak{S}_1' \otimes \mathfrak{F}^{\underline{k}} = \mathfrak{S}_1'$. Aus der dazu gehörigen Cohomologiesequenz folgt die exakte Sequenz $0 \to H^0(Q \times P^n, \mathfrak{S}_1') \to H^0(Q \times P^n, \mathfrak{S}_1 \otimes \mathfrak{F}^{\underline{k}}) \to H^0(Q \times P^n, \mathfrak{S} \otimes \mathfrak{F}^{\underline{k}}) \to 0$ und $H^q(Q \times P^n, \mathfrak{S} \otimes \mathfrak{F}^{\underline{k}}) \approx H^q(Q \times P^n, \mathfrak{S}_1 \otimes \mathfrak{F}^{\underline{k}}) = 0$ für $q > 0$, wenn k hinreichend groß ist. Also ist dann $\mathfrak{S} \otimes \mathfrak{F}^{\underline{k}}$ eine B-Garbe. Da γ außerhalb $Y \times p_0$ umkehrbar ist, folgt ferner, daß die Schnittflächen aus $H^0(Q \times P^n, \mathfrak{S} \otimes \mathfrak{F}^{\underline{k}})$ über $Q \times (p^n - p_0)$ jeden Halm von $\mathfrak{S} \otimes \mathfrak{F}^{\underline{k}}$ erzeugen. Da aber p_0 ganz beliebig gewählt werden kann, haben wir gezeigt, daß diese Aussage, wenn k hinreichend groß ist, für ganz $Q \times P^n$ richtig ist.

Die vorstehenden Überlegungen gelten auch für jeden holomorph-vollständigen Teilbereich $Q' \subset Q$. Das bedeutet, daß $\mathfrak{S} \otimes \mathfrak{F}^{\underline{k}}$ über Q einfach st. Damit ist Satz I_n bewiesen.

2. Wir zeigen jetzt noch, daß aus Satz I_{n-1} und Satz II_{n-1}^0 der schon benutzte Hilfssatz folgt:

Hilfssatz 4. *Es sei $Q \subset\subset Y$ ein relativ-kompakter Teilbereich und $\hat{\mathfrak{S}}$ eine kohärente analytische Garbe über $Y \times K_\sigma$. Dann gibt es ein k_0, so daß für $k \geq k_0$ die Garben $\hat{\mathfrak{S}} \otimes \hat{\mathfrak{F}}_1^{\underline{k}}$ B-Garben über $Q' \times K_\sigma$ sind ($Q' \subset Q$ sei ein beliebiger holomorph-vollständiger Teilbereich von Y). $\pi_0(\hat{\mathfrak{S}} \otimes \hat{\mathfrak{F}}_1^{\underline{k}})$ ist über $Y \times K$ kohärent, $k \geq k_0$.*

Beweis. Wir betten $Y \times K_\sigma$ durch die Abbildung $\hat{\rho} : (y, p) \to (y, \pi^1(p), \rho^1(p))$ in $Y \times K \times P^{n-1}$ ein. $\tilde{\mathfrak{S}}$ sei die triviale Fortsetzung von $\hat{\mathfrak{S}}$ in $Y \times K \times P^{n-1}$, $\tilde{\pi}$ die Projektion $Y \times K \times P^{n-1} \to Y \times K$. Ist $\tilde{F}$ das ausgezeichnete Geradenbündel über $(Y \times K) \times P^{n-1}$, so stimmt die Beschränkung $\tilde{F}(\hat{\rho}(Y \times K_\sigma))$ von $\tilde{F}$ auf $\hat{\rho}(Y \times K_\sigma)$ mit $\hat{F}_1$ überein. Mithin ist $\pi_q(\hat{\mathfrak{S}} \otimes \hat{\mathfrak{F}}_1^{\underline{k}}) = \tilde{\pi}_q(\tilde{\mathfrak{S}} \otimes \tilde{\mathfrak{F}}^{\underline{k}})$, wenn $\tilde{\mathfrak{F}}$ die Garbe der lokalen Schnitte in $\tilde{F}$ bezeichnet. Nun folgt aus Satz I_{n-1} und Satz II_{n-1}^0, daß für $k \geq k_0$ und $q > 0$ über $Q \times K$ gilt: $\tilde{\pi}_q(\tilde{\mathfrak{S}} \otimes \tilde{\mathfrak{F}}^{\underline{k}}) = 0$ und daß $\pi_0(\hat{\mathfrak{S}} \otimes \hat{\mathfrak{F}}_1^{\underline{k}}) = \tilde{\pi}_0(\tilde{\mathfrak{S}} \otimes \tilde{\mathfrak{F}}^{\underline{k}})$ für beliebige k über $Y \times K$ kohärent ist. Es ist also dann $\hat{\mathfrak{S}} \otimes \tilde{\mathfrak{F}}^{\underline{k}}$ stets B-einfach über $Q \times K$ und man hat nach dem Theorem B von Cartan-Serre: $H^q(Q' \times K_\sigma, \hat{\mathfrak{S}} \otimes \hat{\mathfrak{F}}_1^{\underline{k}}) = H^q(Q' \times K, \pi_0(\hat{\mathfrak{S}} \otimes \hat{\mathfrak{F}}_1^{\underline{k}})) = 0$ für $q > 0$, q.e.d.

3. Wir wenden uns nun dem Beweis der Sätze II_n^m zu. Aus Satz II_1^* folgt:

SATZ 16. *Es sei Y ein komplexer Raum, $G \subset\subset C^n$ ein relativ-kompaktes Teilgebiet, $A \subset Y \times G$ eine in $Y \times C^n$ analytische Menge. Ist dann $\mathfrak{S}$ eine kohärente analytische Garbe über $Y \times C^n$, die über $Y \times C^n - A$ die Nullgarbe ist, so ist $\tau_0(\mathfrak{S})$ über Y kohärent, und es gilt: $\tau_q(\mathfrak{S}) = 0$ für $q > 0$. (Hierbei ist gesetzt $\tau: Y \times C^n \to Y$).*

BEWEIS. Wir betrachten den C^n als Teilraum des OSGOODschen Raumes $O^n = \underbrace{P^1 \times \ldots \times P^1}_{n\text{-mal}}$ und setzen $\mathfrak{S}$ trivial zu einer kohärenten analytischen Garbe $\hat{\mathfrak{S}}$ über dem O^n fort. Es sei $\lambda^{(n)}$ die Produktprojektion $Y \times O^n = (Y \times O^{n-1}) \times P^1 \to Y \times O^{n-1}$. Wir setzen $\lambda = \lambda^{(1)} \circ \lambda^{(2)} \circ \ldots \circ \lambda^{(n-1)} \circ \lambda^{(n)}$: $Y \times O^n \to Y$. Offensichtlich gilt:

$$\lambda_0(\mathfrak{S}) = \lambda_0(\hat{\mathfrak{S}}) = \lambda_0^{(1)}(\lambda_0^{(2)}(\ldots(\lambda_0^{(n)}(\hat{\mathfrak{S}}))\ldots)) .$$

Mithin folgt durch n-malige Anwendung von II_1^*, daß $\lambda_0(\mathfrak{S})$ kohärent ist. (Man beachte, daß $\hat{\mathfrak{S}}$ bei tensorieller Multiplikation mit dem ausgezeichneten Geradenbündel nicht geändert wird!). Ist Q ein holomorph-vollständiger Teilbereich von Y, so gilt nach Theorem B: $H^q(Q \times C^n, \mathfrak{S}) = 0$, $q > 0$. Das bedeutet aber, daß $\mathfrak{S}$ B-einfach ist. Satz 16 ist damit bewiesen.

4. Wir zeigen jetzt, daß aus den Sätzen II_1^0 und II_{n-1}^0 die Aussage II_n^* folgt.

Es sei wieder $\mathfrak{S}$ eine kohärente analytische Garbe über $Y \times P^n$; P_σ^n, σ, $\pi: Y \times P_\sigma^n \to Y \times P^n$, $\rho: Y \times P_\sigma^n \to Y \times \sigma$, $\tau: Y \times P^n \to Y$ mögen die gleiche Bedeutung wie in § 5,(1) haben. Da $\pi^*(\mathfrak{S}) = \hat{\mathfrak{S}}$ und mithin $\hat{\mathfrak{S}} \otimes \hat{\mathfrak{F}}^{\underline{k}}$ über $Y \times P_\sigma^n$ kohärent sind, besagt Satz II_1^0, daß $\rho_0(\hat{\mathfrak{S}} \otimes \hat{\mathfrak{F}}^{\underline{k}})$ über $Y \times \sigma$ kohärent ist. Bezeichnet man mit $\hat{\tau}$ die Produktabbildung $Y \times P_\sigma^n \to Y$ und mit τ' die Abbildung $Y \times \sigma \to Y$, so folgt aus Satz II_{n-1}^0, weil $\sigma = P^{n-1}$ ist, daß $\hat{\tau}_0(\hat{\mathfrak{S}} \otimes \hat{\mathfrak{F}}^{\underline{k}}) = \tau_0'(\rho_0(\hat{\mathfrak{S}} \otimes \hat{\mathfrak{F}}^{\underline{k}}))$ über Y kohärent ist. Offenbar gilt aber, da $H^0(V \times P_\sigma^n, \hat{\mathfrak{S}} \otimes \hat{\mathfrak{F}}^{\underline{k}})$ und $H^0(V \times P^n, \pi_0(\hat{\mathfrak{S}} \otimes \hat{\mathfrak{F}}^{\underline{k}}))$ für jede offene Menge $V \subset Y$ isomorph sind, daß $\hat{\tau}_0(\hat{\mathfrak{S}} \otimes \hat{\mathfrak{F}}^{\underline{k}}) = \tau_0(\pi_0(\hat{\mathfrak{S}} \otimes \hat{\mathfrak{F}}^{\underline{k}})) = \tau_0(\pi_0(\hat{\mathfrak{S}}) \otimes \mathfrak{F}^{\underline{k}})$ ist. Nach § 2, Satz 7 (b) gibt es einen kanonischen Homomorphismus β: $\mathfrak{S} \to \pi_0(\hat{\mathfrak{S}})$; weil π außerhalb $Y \times p_0$ umkehrbar ist, folgt, daß β außerhalb dieser Fläche bijektiv ist. $\mathfrak{S}' = $ Kern β und $\mathfrak{S}^* = $ Cokern $\beta = \pi_0(\hat{\mathfrak{S}})/\beta(\mathfrak{S})$ sind also Garben, die über $Y \times (P^n - p_0)$ identisch verschwinden. Nach Hilfssatz 4 ist $\pi_0(\hat{\mathfrak{S}})$ kohärent und mithin auch $\mathfrak{S}'$, $\mathfrak{S}^*$, $\beta(\mathfrak{S})$. Durch tensorielle Multiplikation mit $\mathfrak{F}^{\underline{k}}$ erhält man exakte Sequenzen:

(a) $0 \to \mathfrak{S}' \otimes \mathfrak{F}^{\underline{k}} \to \mathfrak{S} \otimes \mathfrak{F}^{\underline{k}} \to \beta(\mathfrak{S}) \otimes \mathfrak{F}^{\underline{k}} \to 0$,

(b) $0 \to \beta(\mathfrak{S}) \otimes \mathfrak{F}^{\underline{k}} \to \pi_0(\hat{\mathfrak{S}}) \otimes \mathfrak{F}^{\underline{k}} \to \mathfrak{S}^* \otimes \mathfrak{F}^{\underline{k}} \to 0$.

Ist k hinreichend groß, so gehören zu (a), (b) nach Satz I_n auf grund von § 2, (m) die folgenden exakten Sequenzen über $Q \subset\subset Y$:

($\overline{\text{a}}$) $0 \to \tau_0(\mathfrak{S}' \otimes \mathfrak{F}^{\underline{k}}) \to \tau_0(\mathfrak{S} \otimes \mathfrak{F}^{\underline{k}}) \to \tau_0(\beta(\mathfrak{S}) \otimes \mathfrak{F}^{\underline{k}}) \to 0$,

($\overline{\text{b}}$) $0 \to \tau_0(\beta(\mathfrak{S}) \otimes \mathfrak{F}^{\underline{k}}) \to \tau_0(\pi_0(\hat{\mathfrak{S}}) \otimes \mathfrak{F}^{\underline{k}}) \to \tau_0(\mathfrak{S}^* \otimes \mathfrak{F}^{\underline{k}}) \to 0$.

Nach Satz 16 sind $\tau_0(\mathfrak{S}' \otimes \mathfrak{F}^{\underline{k}})$ und $\tau_0(\mathfrak{S}^* \otimes \mathfrak{F}^{\underline{k}})$ kohärent. Also folgt, daß über Q auch $\tau_0(\mathfrak{S} \otimes \mathfrak{F}^{\underline{k}})$ kohärent ist, q.e.d.

5. Es kann jetzt gezeigt werden, daß die Sätze II_n^m, $m \geqq 0$, sich leicht aus den Sätzen I_n, II_1^* und II_n^*, II_{n-1}^m ergeben; insbesondere folgt Satz II_1^m, $m \geqq 0$, aus den Sätzen I_1 und II_1^*.

Es sei E eine feste $(n-1)$-dimensionale Ebene des P^n. Die Schnittfläche $Y \times h_E$ in F sei wie in § 5.1 (β) definiert. Wir bezeichnen mit φ den Homomorphismus: $s_x \to s_x \otimes (Y \times h_E)_x$ der Garbe $\mathfrak{S}$ in $\mathfrak{S} \otimes \mathfrak{F}$. Es sei $\varphi_k = \underbrace{\varphi \circ \ldots \circ \varphi}_{k\text{-mal}} : \mathfrak{S} \to \mathfrak{S} \otimes \mathfrak{F}^{\underline{k}}$. φ_k ist außerhalb der Menge $Y \times E$ bijektiv; die Garben $\mathfrak{S}_k^* = \text{Cokern}\ \varphi_k$ und $\mathfrak{S}_k' = \text{Kern}\ \varphi_k$ sind also nur über $Y \times E$ von Null verschieden. Man hat die exakten Sequenzen:

(a) $0 \to \mathfrak{S}_k' \to \mathfrak{S} \to \varphi_k(\mathfrak{S}) \to 0$,

(b) $0 \to \varphi_k(\mathfrak{S}) \to \mathfrak{S} \otimes \mathfrak{F}^{\underline{k}} \to \mathfrak{S}_k^* \to 0$.

Es sei nun $\mathfrak{S}$ kohärent. Offenbar sind dann auch alle Garben in (a) und (b) kohärent und nach den Sätzen 16 und II_{n-1}^q auch die Garben $\tau_q(\mathfrak{S}_k')$, $\tau_q(\mathfrak{S}_k^*)$ in den zu (a) und (b) gehörigen Bildsequenzen:

($\overline{\text{a}}$) $0 \to \tau_0(\mathfrak{S}_k') \to \tau_0(\mathfrak{S}) \to \tau_0(\varphi_k(\mathfrak{S})) \to \tau_1(\mathfrak{S}_k') \to \tau_1(\mathfrak{S}) \to \ldots$

($\overline{\text{b}}$) $0 \to \tau_0(\varphi_k(\mathfrak{S})) \to \tau_0(\mathfrak{S} \otimes \mathfrak{F}^{\underline{k}}) \to \tau_0(\mathfrak{S}_k^*) \to \tau_1(\varphi_k(\mathfrak{S})) \to \tau_1(\mathfrak{S} \otimes \mathfrak{F}^{\underline{k}}) \to \ldots$

Da II_n^* vorausgesetzt ist, sind über $Q \times Y$ für $k \geqq k_0$ die Garben $\tau_0(\mathfrak{S} \otimes \mathfrak{F}^{\underline{k}})$ kohärent und die Garben $\tau_q(\mathfrak{S} \otimes \mathfrak{F}^{\underline{k}}) = 0$ für $q > 0$ und mithin ebenfalls kohärent. Aus ($\overline{\text{b}}$) folgt dann nach § 1, (d″), daß alle Garben $\tau_q(\varphi_k(\mathfrak{S}))$ kohärent sind, aus ($\overline{\text{a}}$) folgt schließlich nach § 1; (d‴), daß alle Garben $\tau_q(\mathfrak{S})$, $q \geqq 0$ kohärent sind. Damit sind die Sätze II_n^m bewiesen.

THE INSTITUTE FOR ADVANCED STUDY
UNIVERSITÄT MÜNSTER (WESTF.)

LITERATUR

1. N. BOURBAKI, Espaces vectoriels topologiques, Paris, 1953, Ch. I, II.
2. H. CARTAN, *Idéaux des fonctions analytiques des variables complexes*, Ann. Ecole Normale Sup. **61** (1944), 149–197.
3. ——, *Idéaux et modules des fonctions analytiques des variables complexes*, Bull. Soc. Math. France, **78** (1950), 28-64.
4. ——, Séminaire E.N.S. 1951–51 (hektographiert).
5. ——, Variétés analytiques complexes et cohomologie; Colloque de Bruxelles, (1953) 41–55.
6. ——, Seminaire E.N.S. 1953-54 (hektographiert).
7. ——, Zur Theorie der analytisch vollständigen Räume (Ref. über [9] im Séminaire Bourbaki), Mai 1955.
8. —— und S. EILENBERG, Homological Algebra; Princeton Math. Ser. **19**, 1956.
9. H. GRAUERT, *Charakterisierung der holomorph-vollständigen komplexen Räume*, Math. Ann. **129**, (1955) 223-259.
10. —— und R. REMMERT, *Faiseaux analytiques cohérents sur le produit d'un espace analytique et d'un espace projectif*, C. R. Acad. Sci. Paris, **245**, (1957), 819–822.
11. ——, Komplexe Räume; erscheint in den Math. Ann. 1958.
12. F. HIRZEBRUCH, Neue topologische Methoden in der algebraischen Geometrie, Erg. der Math., Springer Verlag, Berlin 1956.
13. H. HOPF, *Schlichte Abbildungen und lokale Modifikationen 2-dimensionaler komplexer Mannigfaltigkeiten*, Comm. Math. Helvet. **29** (1955), 132–155.
14. J. LERAY, *L'anneau spectral et l'anneau filtré d'homologie d'un espace localement compact et d'une application continue*, Jour. Math. Pures Appl. **29** (1950), 1–139.
15. K. OKA, *Sur les fonctions analytiques des plusieurs variables*. VII. *Sur quelques notions arithmétiques*, Bull. Soc. Math. France **78** (1950), 1–27.
16. R. REMMERT, Über stetige und eigentliche Modifikationen komplexer Räume. Colloque de Topologie, Strasbourg, 1954.
17. J. P. SERRE, Quelques problèmes globaux relatifs aux variétés de Stein; Colloque de Bruxelles, (1953), 57–68.
18. ——, Faisceaux algébriques cohérents; Ann. of Math. **61** (1955), 197–278.
19. ——, Géométrie algébrique et géométrie analytique, Ann. L'Inst. Fourier. **6** (1955/56) 1–42.

24.

Ein Theorem der analytischen Garbentheorie und die Modulräume komplexer Strukturen

Publ. Math. Paris IHES 5, 233–292 (1960)

Einleitung

1. Seit den grundlegenden Publikationen B. RIEMANNS über abelsche Funktionen hat man versucht, in der Menge M der kompakten Riemannschen Flächen vom Geschlecht p in natürlicher Weise eine Topologie und eine komplexe Struktur einzuführen, so daß M zu einem komplexen Raum M_p wird, den schon RIEMANN als den *Modulraum* der Riemannschen Flächen vom Geschlecht p bezeichnete. Darüber hinaus hat man versucht, die Menge $R_p = \bigcup_{R \in M_p} R$ zu einem komplexen Raum zu machen. Die natürliche Projektion $\pi : R_p \to M_p$ sollte dabei zu einer holomorphen Abbildung werden. Außerdem möchte man M_p und R_p kompaktifizieren.

Bis heute ist die Lösung dieser Aufgabe nur teilweise gelungen. Die Ideen O. TEICHMÜLLERS haben zur Konstruktion einer $(3p-3)$-dimensionalen komplexen Mannigfaltigkeit M_p^* und einer komplexen Mannigfaltigkeit R_p^* geführt, die durch eine eigentliche holomorphe Abbildung π^* auf M_p^* bezogen ist [1]. Als Urbild der Punkte aus M_p^* erhält man alle Riemannschen Flächen vom Geschlecht p. Allerdings ist die Zuordnung zu den Punkten von M_p^* nicht eineindeutig. Sie wird es erst dann, wenn man den Begriff « Riemannsche Fläche » durch « Riemannsche Fläche mit ausgezeichneter Basis der 1. Fundamentalgruppe » ersetzt.

2. Im Falle höherer Dimensionen sind bislang nur wenige Untersuchungen bekannt geworden. K. KODAIRA und D. C. SPENCER veröffentlichten im vergangenen Jahre eine Arbeit [9], in der sie (außer differenzierbaren) *komplex-analytische Scharen* kompakter komplexer Mannigfaltigkeiten betrachten. Sie verstehen darunter eine komplexe Mannigfaltigkeit X, die durch eine eigentliche surjektive holomorphe Abbildung $\pi : X \to M$ auf eine komplexe Mannigfaltigkeit M bezogen ist. Der Rang der Funktionalmatrix von π ist überall gleich $\dim_0 M$. Die kompakten komplexen Mannigfaltigkeiten $X_y = \pi^{-1}(y)$, $y \in M$, werden als die Scharelemente angesehen. Wie man unmittelbar sieht, sind alle Räume X_y differenzierbar äquivalent, die komplexe Struktur kann dagegen von $y \in M$ abhängen.

Bei der Untersuchung dieser komplex-analytischen Scharen erwies es sich nun, daß die komplex-analytische Garbentheorie besonders geeignet ist. Nach K. KODAIRA und D. C. SPENCER wird auf X mit Θ die Garbe der Keime von lokalen holomorphen Feldern von solchen Vektoren bezeichnet, die in Richtung der Fasern X_y zeigen. Die beiden Autoren ordnen der Schar X nach einer angegebenen Vorschrift eine Kohomologieklasse $\xi \in H^1(X, \Theta)$ zu und zeigen durch Integration :

X ist genau dann ein komplex-analytisches Faserbündel, wenn das Leraysche Bild von ξ *in* $H^0(M, \pi_1(\Theta))$ *die Nullschnittfläche in* $\pi_1(\Theta)$, *der* 1. *Lerayschen Bildgarbe von* Θ, *ist.*

Da jedes Faserbündel nach Definition « lokal trivial » ist, bedeutet das inbesondere, daß dann die komplexe Struktur von X_y nicht von y abhängt.

Natürlich möchte man einfachere Bedingungen kennen, unter denen $X \to M$ ein komplex-analytisches Faserbündel ist. Zu dem Zwecke wurden unter Benutzung der Theorie der harmonischen Integrale in [9] folgende Sätze hergeleitet :

(1) *Die Funktion* $r_\nu(y) = \dim_C H^\nu(X_y, \Theta_y)$ *ist halbstetig nach oben (d.h.* $\overline{\lim\limits_{y \to y_0}}\, r_\nu(y) \leq r_\nu(y_0)$*).*

Dabei bezeichnet Θ_y die Garbe der Keime von lokalen holomorphen Vektorfeldern auf X.

(2) *Ist* $r_\mu(y)$ *unabhängig von y für* $\mu \leq \nu$, *so ist* $\pi_\nu(\Theta)$ *eine freie Garbe. Bezeichnet* F_ν *ein Vektorraumbündel über M, so daß* $\pi_\nu(\Theta)$ *isomorph zu der Garbe* $\underline{F}_\nu$ *der Keime von lokalen holomorphen Schnitten in* F_ν *ist, so kann man die Punkte von* F_ν *über* $y \in M$ *(in natürlicher Weise) mit den Kohomologieklassen aus* $H^\nu(X_y, \Theta_y)$ *identifizieren* (1).

Aus (1) und (2) folgt ein schon von A. Fröhlicher und A. Nijenhuis [5] bewiesenes Resultat :

(3) *Ist* $\dim_C H^1(X_y, \Theta_y) = 0$, *so ist* $X \to M$ *in einer Umgebung von y ein komplex-analytisches Faserbündel.*

3. Der Verf. der vorl. Arbeit bemerkte, daß diese und ähnliche Sätze aus [9] sehr eng mit der Frage verknüpft sind, ob die analytischen Bildgarben kohärenter Garben über X kohärente Garben über M sind. Die Sätze ergeben sich zum Teil unmittelbar durch eine einfache, rein algebraische Ableitung, wenn die Kohärenz gesichert ist. Darüber hinaus folgen aus den Kohärenzaussagen weitere interessante Eigenschaften analytischer Scharen komplexer Strukturen, die nicht mit Hilfe der Theorie harmonischer Integrale hergeleitet werden konnten.

In [6] wurde gezeigt :

(A) Es seien Y ein komplexer Raum, P^n *der komplex n-dimensionale projektive Raum,* τ *die eigentliche holomorphe Produktabbildung* $Y \times P^n \to Y$, *S eine kohärente analytische Garbe über* $Y \times P^n$. *Dann sind die Bildgarben* $\tau_\nu(S)$, $\nu = 0, 1, 2, \ldots$, *kohärente analytische Garben über Y.*

---

(1) Die beiden Autoren leiten die Aussagen (1) und (2) m.m. sogar her, wenn M nur eine differenzierbare Mannigfaltigkeit und $\pi : X \to M$ eine differenzierbare Schar von komplexen Mannigfaltigkeiten X_y und Θ eine beliebige freie Garbe über X ist. — Der in § 7 angedeutete Beweis der Aussagen (1) und (2) ist, da er auf die Hauptsätze I und II aufbaut, bedeutend schwieriger als der von Kodaira und Spencer angegebene. Jedoch gelingt es hier, (1) und (2) wesentlich allgemeiner zu beweisen (vgl. die Sätze 3 und 5 in § 7). Unter der Voraussetzung, daß $X \to Y$ eine komplexe Schar ist und die auf X gegebene Garbe S frei ist, würde sich der Beweis der Sätze 3 und 5 allerdings wesentlich vereinfachen. Ebenso lassen sich die Hauptsätze I, II unter diesen Voraussetzungen mit rein garbentheoretischen Methoden ziemlich einfach herleiten.

Machen wir für unsere komplex-analytische Schar X→M die Voraussetzung :

(∗) *Zu jedem Punkt* $y \in M$ *gibt es eine Umgebung* $U(y)$ *und eine biholomorphe Abbildung*

$$\varphi : \pi^{-1}(U) \overset{in}{\rightarrow} U \times P^n,$$

so kann man leicht zeigen, daß die Aussage (A) auch für X→M gilt [1].

Allerdings impliziert (∗), daß jede Fasermenge X_y eine projektiv algebraische Mannigfaltigkeit ist. Das ist natürlich sehr einschränkend, besonders auch deswegen, weil die Untersuchungen von Kodaira und Spencer zu zeigen scheinen, daß einfache Gesetzmäßigkeiten in der Berechnung der Dimension von Modulräumen nur dann bestehen, wenn man auf die Algebraizität der komplexen Strukturen verzichtet. Andererseits genügt es keineswegs, nur komplexe Mannigfaltigkeiten zu untersuchen. Man muß Mannigfaltigkeiten mit singulären Punkten (d.h. in unserem Falle : komplexe Räume) in die Betrachtung einbeziehen, um auch nur zu einigermaßen befriedigenden Ergebnissen zu gelangen. In der vorl. Arbeit wird deshalb gezeigt :

(I) Es seien X, Y komplexe Räume, $\pi : X \rightarrow Y$ *eine eigentliche holomorphe Abbildung, S eine kohärente analytische Garbe über X. Dann sind alle Bildgarben von S kohärente analytische Garben über Y.*

Der Beweis von (I) ist bedeutend schwieriger als der in [6] gegebene semialgebraische Beweis für (A). Da X, Y komplexe Räume mit nicht-uniformisierbaren Punkten sind, ist es auch nicht möglich, die potentialtheoretischen Methoden von Kodaira und Spencer zu verwenden. Es muß ein besonderer Weg beschritten werden. Es handelt sich dabei vor allem um eine verfeinerte Anwendung von Potenzreihen. Zweckmäßig, jedoch nicht unbedingt notwendig ist auch die Verwendung eines neuen *allgemeineren* Begriffes des *komplexen Raumes.* Wir werden diese neuen Räume einfach « komplexe Räume » nennen. Die von H. Cartan und J. P. Serre definierten komplexen Räume werden in der vorl. Arbeit « reduzierte komplexe Räume » heißen. Allgemeine komplexe Räume können in ihren lokalen Ringen nilpotente Elemente enthalten. Ihre Analoga in der algebraischen Geometrie sind seit einiger Zeit bekannt. Sie wurden m.W. zum ersten Male von A. Grothendieck angegeben.

4. Es sei noch eine kurze Übersicht über den Inhalt der vorl. Arbeit gegeben. Im § 1 werden die neuen komplexen Räume eingeführt. Der § 2 beschäftigt sich mit der analytischen Garbentheorie auf diesen Räumen. Der § 3 bringt Untersuchungen über kartesische Produkte $\mathfrak{G} = G \times K(\rho)$, wobei $G \subset C^d$ ein Gebiet und $K(\rho)$ einen *m*-dimensionalen Polyzylinder bezeichnet. Ist S eine kohärente analytische Garbe über $\mathfrak{G}$, so werden in dem Vektorraum der Koketten über $\mathfrak{G}$ mit Koeffizienten in S Pseudonormen definiert. Es werden Beschränktheitsaussagen für diese Pseudonormen hergeleitet. Im § 4 werden die Pseudonormen und die Beschränktheitsaussagen auf

(1) Man braucht dabei nicht vorauszusetzen, daß $\pi : X \rightarrow M$ eine komplex-analytische Schar ist. Es genügt, daß X, M komplexe Räume sind, daß π eine eigentliche holomorphe Abbildung ist und daß (∗) erfüllt ist.

komplexe Räume X ausgedehnt, die durch eine eigentliche holomorphe Abbildung π in einen Polyzylinder $K(\rho)$ abgebildet sind. Es werden in X Meßatlanten, Meßüberdeckungen etc. definiert, aus denen sich dann die Pseudonormen ableiten. Im § 5 wird schließlich ein wichtiges Lemma für einen Fall ν_0 hergeleitet. Dazu müssen Induktionsannahmen gemacht werden, die u.a. die Kohärenz der Bildgarben $\pi_\nu(S)$, $\nu>\nu_0$ enthalten, wenn S eine gewisse kohärente analytische Garbe über X bezeichnet. Im § 6 wird sodann gezeigt, daß aus dem Lemma für ν_0 die Kohärenz von $\pi_{\nu_0}(S)$ folgt. Da $\pi_\nu(S)$ für sehr großes ν gleich null und somit kohärent ist, wird dadurch eine vollständige Induktion gegeben, die den vorne angegebenen Satz (I) beweist (vgl. Hauptsatz I in § 6). Neben dem Hauptsatz I werden im § 6 noch weitere Aussagen hergeleitet, die einen Zusammenhang zwischen der Kohomologie der Fasern $\pi^{-1}(y), y \in Y$ und den Bildgarben $\pi_\nu(S)$ liefern (Vgl. Hauptsätze II, IIa). Der § 7 zeigt noch, wie sich die Resultate (1), (2) von Kodaira und Spencer in verallgemeinerter Form aus der in der vorl. Arbeit durchgeführten Theorie ergeben. Ferner wird dort aus dem Hauptsatz I der bekannte Remmertsche Satz über eigentliche holomorphe Projektionen analytischer Mengen abgeleitet ([1]). Dieser Satz ist damit aufs Neue bewiesen und in eine größere Theorie eingeordnet (Hauptsatz I kann als ein Ergebnis über analytische Projektion mit « Vielfachheit » gedeutet werden).

§ 1. Ein neuer Begriff des komplexen Raumes.

1. Die grundlegenden Begriffe der Garbentheorie seien als bekannt vorausgesetzt. Wir bezeichnen mit X einen beliebigen topologischen Raum. $A = A(X)$ sei eine Garbe von komplexen Algebren über X, alle Halme A_x, $x \in X$ von A seien kommutativ, assoziativ und mögen ein Einselement 1_x besitzen, die Abbildung $x \to 1_x$ sei stetig.

Wir nennen im folgenden einen topologischen Raum X, über dem eine Garbe A definiert ist, einen (komplex) beringten Raum. $A = A(X)$ heißt die *Strukturgarbe* von X. Ein beringter Raum muß also als ein Paar (X, A) angesehen werden. Wir schreiben jedoch einfach X, wenn das nicht zu Mißverständnissen führt. Beringte Räume wurden in [11], [6] eingehend untersucht. Wir werden deshalb hier die Terminologie aus [6] übernehmen, jedoch werde folgende in [6] nicht enthaltene Definition getroffen :

Definition 1. *Es seien $(X, A(X))$, $(Y, A(Y))$ beringte Räume. Eine morphe Abbildung Ψ von X in Y ist ein Paar (ψ_0, ψ_1) einer stetigen Abbildung $\psi_0 : X \to Y$ und einer stetigen Abbildung $\psi_1 : X \oplus_{\psi_0} A(Y) = \{(x, \sigma) : x \in X, \sigma \in A_y(Y), y = \psi_0(x)\} \to A(X)$, die jede Algebra $(x, A_y(Y))$ homomorph in die Algebra $A_x(X), y = \psi_0(x)$ abbildet* ([2]). *Ψ heißt eine bimorphe (surjektive) Abbildung, wenn ψ_0, ψ_1 topologische Abbildungen sind und ψ_1 stets die Algebren $(x, A_y(Y))$ isomorph auf die Algebren $A_x(X), y = \psi_0(x)$ projiziert.*

([1]) Vgl. Remmert [10].

([2]) Wir setzen dabei voraus, daß dieser Homomorphismus nicht entartet ist, also nicht ganz $(x, A_y(Y))$ auf das Nullelement von $A_x(X)$ abbildet.

Man kann ein einfaches Beispiel eines beringten Raumes betrachten. Es sei G ein Teilgebiet des n-dimensionalen komplexen Zahlenraumes C^n, $O = O(G)$ bezeichne über G die Garbe der Keime von lokalen holomorphen Funktionen. Offenbar ist O eine Garbe von komplexen Algebren, G mit der Strukturgarbe O also ein komplex beringter Raum.

Wir bezeichnen mit $A \subset G$ eine analytische Teilmenge, mit $I^* \subset O$ eine kohärente Untergarbe von Idealen, deren Nullstellenmenge mit A übereinstimmt. Die Quotientengarbe $'H = O/I^*$ besitzt über $G - A$ nur Halme, die aus Nullmoduln bestehen. Betrachtet man nur die Halme von 'H, die über A liegen, so erhält man über A eine Garbe $H = H(A)$ von lokalen Ringen. Wird A mit dieser Strukturgarbe versehen, so ist A ein beringter Raum. Wie man leicht sieht, werden i.a. die Halme H_x, $x \in A$ nilpotente Elemente enthalten.

Durch die Quotientenabbildung $O \to {'H}$ wird jedem Element $\sigma \in O_x$, $x \in A$ ein Element $\hat{\sigma} \in H_x$ zugeordnet. Wir nennen $\hat{\sigma}$ die Beschränkung von σ auf (A, H) (in Zeichen $\hat{\sigma} = \sigma \mid (A, H)$). Ebenso wird jeder Schnittfläche $s \in \Gamma(G, O(G))$ durch $O \to {'H}$ eine Schnittfläche $\hat{s} \in \Gamma(A, H)$ zugeordnet. Auch $\hat{s}$ werde mit « Beschränkung von s auf (A, H) » bezeichnet ($\hat{s} = s \mid (A, H)$).

Ein besonderer Fall tritt ein, wenn I^* die Garbe der Keime aller lokalen holomorphen Funktionen ist, die auf A verschwinden. Wir bezeichnen im folgenden diese Garbe stets mit $I = I(A)$. Nach einem bekannten Satz von H. CARTAN ist I kohärent. Offenbar gilt stets $I^* \subset I$, wenn I^* eine allgemeine kohärente Idealgarbe ist, deren Nullstellenmenge mit A übereinstimmt. Es werde mit $O(A)$ die Beschränkung der Garbe $O(G)/I$ auf A bezeichnet. $O(A)$ kann in natürlicher Weise als eine Untergarbe der Garbe $C(A)$ der Keime stetiger Funktionen auf A angesehen werden. Die Schnittflächen in $O(A)$ sind also spezielle stetige Funktionen über A. Da $I^* \subset I$ gilt, gibt es den durch Quotientenbildung kanonisch definierten Homomorphismus red : $H(A) \to O(A)$.

Definition 2. *Ein beringter Raum $(X, A(X))$ heißt ein komplexer Raum, wenn folgendes gilt :*

1) *X ist ein Hausdorffscher Raum.*

2) *Zu jedem Punkt $x \in X$ gibt es eine Umgebung $U(x)$, einen beringten Raum $(A, H(A))$, der auf die vorhin beschriebene Weise definiert ist, und eine bimorphe surjektive Abbildung Ψ : $U(x) \to A$.*

(X, A(X)) heißt ein reduzierter komplexer Raum, wenn X hausdorffsch und $U(x)$ stets zu einem beringten Raum (A, O(A)) bimorph äquivalent ist. Offenbar ist ein komplexer Raum genau dann ein reduzierter komplexer Raum, wenn die Halme $A_x(X)$ seiner Strukturgarbe keine nilpotenten Elemente enthalten.

2. Es seien $A_\nu \subset G_\nu \subset C^{n_\nu}$ analytische Mengen, H_ν, O_ν Strukturgarben über A_ν, die wie vorhin definiert sind, red_ν seien die Projektionen $H_\nu \to O_\nu$, $\nu = 1,2$; ferner sei

$\Psi = (\psi_0, \psi_1)$ eine morphe Abbildung des beringten Raumes (A_1, H_1) in den beringten Raum (A_2, H_2). Wir zeichnen Untergarben von H_ν, $\nu = 1,2$ aus:

$H_\nu^{(1)}$ sei die Menge der Elemente σ von H_ν, für die folgendes gilt:

Es gibt zu σ eine offene Menge $U \subset A_\nu$ und eine Schnittfläche $s = s(x) \in \Gamma(U, H_\nu)$, so daß

1) $\sigma \in s$,

2) $s(x)$ für alle $x \in U$ im maximalen Ideal von $(H_\nu)_x$ enthalten ist.

Offenbar ist $H_\nu^{(1)}$ nichts anderes als die Kerngarbe des Homomorphismus red_ν. Da aber $H_\nu^{(1)}$ durch eine innere Eigenschaft der Garbe H_ν definiert ist, bildet ψ_1 den Raum $A_1 \oplus_{\psi_0} H_2^{(1)}$ in $H_1^{(1)}$ homomorph ab. Daraus folgt insbesondere, daß ψ_1 eine Abbildung $\psi_1^* : O_2 \oplus_{\psi_0} A_1 \to O_1$ definiert. $\Psi^* = (\psi_0, \psi_1^*)$ ist eine morphe Abbildung des komplexen Raumes (A_1, O_1) in den komplexen Raum (A_2, O_2).

Nun kann O_ν als Untergarbe von $C(A_\nu)$ gedeutet werden, $\nu = 1,2$. Ordnet man einem beliebigen Funktionskeim $f \in C(A_2)$ den Funktionskeim $f \circ \psi_0 \in C(A_1)$ zu, so erhält man eine stetige Abbildung $\lambda : A_1 \oplus_{\psi_0} C(A_2) \to C(A_1)$. Das Diagramm:

$$\begin{array}{ccc} C(A_1) & \leftarrow & A_1 \oplus_{\psi_0} C(A_2) \\ \downarrow & & \downarrow \\ A_1 & \rightarrow & A_2 \end{array}$$

ist kommutativ. Wir zeigen:

Satz 1. *λ bildet $A_1 \oplus_{\psi_0} O_2$ in O_1 ab. Es gilt $\lambda = \psi_1^*$.*

Beweis. Da ψ_1^* ein Ringhomomorphismus ist, bildet ψ_1^* stets das Einselement $1_y \in (O_2)_y$, $y = \psi_0(x)$, $x \in A_1$ ab auf das Einselement $1_x \in (O_1)_x$. Da ferner ψ_1^* ein Homomorphismus von komplexen Algebren ist, folgt, daß ψ_1^* eine Abbildung der konstanten Funktionen aus $\Gamma(V, O_2)$ in die konstanten Funktionen aus $\Gamma(U, O_1)$ erzeugt [1] (mit $U = \psi_0^{-1}(V)$, $V \subset A_2$ eine offene Menge). Die Funktion $f \equiv c$ geht in die Funktion $g \equiv c$ über.

Es seien nun $x_0 \in A_1$ ein beliebiger Punkt, $y_0 = \psi_0(x_0) \in A_2$ und $\sigma \in (O_2)_{y_0}$ ein Garbenelement. Man kann eine Umgebung $V(y_0) \subset A_2$ und eine komplexe Funktion $f \in \Gamma(V, O_2)$ finden, die in y_0 den Keim σ erzeugt. Das ψ_1^*-Bild von f sei mit g bezeichnet $(g \in \Gamma(U, O_1), U = \psi_0^{-1}(V))$. Durch ψ_1^* wird $f - f(y)$ auf die Funktion $g - f(y)$ abgebildet (mit $y \in V$ festgewählt). Der Keim von $f - f(y)$ gehört zum maximalen Ideal von $(O_2)_y$. Also muß der Keim von $g - f(y)$ in jedem Punkt $x \in \psi_0^{-1}(y)$ zum maximalen Ideal von $(O_1)_x$ gehören. Das heißt $f(y) = g(x)$. Also gilt: $g = f \circ \psi_0$. Daraus folgt aber unmittelbar die Behauptung von Satz 1.

3. Es sei $\hat{\psi}^*$ eine holomorphe Abbildung eines Gebietes $G_1^* \subset C^{n_1^*}$ in ein Gebiet $G_2^* \subset C^{n^*}$, die eine analytische Menge $A_1^* \subset G_1^*$ in eine analytische Menge $A_2^* \subset G_2^*$ abbildet.

---

[1] Wir werden im folgenden stets eine Abbildung, die durch eine Abbildung α erzeugt ist, auch mit α bezeichnen. In unserem Falle steht also auch für die erzeugte Abbildung ψ_1^*.

Es sei H_ν^* eine Strukturgarbe über A_ν^*, die durch Beschränkung einer Quotientengarbe $'H_\nu^* = O(G_\nu^*)/I_\nu^*$ definiert ist, $\nu = 1,2$. $\hat{\psi}^*$ erzeugt dann eine Abbildung

$$\varphi : G_1^* \oplus_{\hat{\psi}^*} I_2^* \rightarrow O(G_1^*).$$

Bildet φ die Garbe $G_1^* \oplus_{\hat{\psi}^*} I_2^*$ in I_1^* ab, so erhalten wir außerdem einen Homomorphismus $\psi_1^* : A_1^* \oplus_{\hat{\psi}^*} H_2^* \rightarrow H_1^*$. $(\hat{\psi}^* | A_1^*, \psi_1^*)$ ist eine morphe Abbildung. Wir sagen, daß sie von $\hat{\psi}^*$ erzeugt ist. — Wir verwenden die gleiche Bezeichnungsweise wie im vorigen Abschnitt und zeigen :

Satz 2. *Es gibt zu jedem Punkt $x \in A_1$ eine in G_1 offene Umgebung $U(x) \subset G_1$ und eine holomorphe Abbildung $\hat{\psi} : U \rightarrow G_2$, die die morphe Abbildung $\Psi | U \cap A_1$ erzeugt.*

Beweis. Wir bezeichnen mit $z_1, \ldots, z_{n_2}$ komplexe Koordinaten in G_2, f_ν sei die durch die Quotientenprojektion $O(G_2) \rightarrow 'H_2$ definierte Bildschnittfläche von z_ν aus $\Gamma(A_2, H_2)$, ferner sei g_ν das ψ_1-Bild von f_ν in $\Gamma(A_1, H_1)$, $\nu = 1, \ldots, n_2$. Ist die Umgebung $U(x)$, $x \in A_1$, hinreichend klein gewählt, so kann man holomorphe Funktionen $\hat{g}_\nu$ über U bestimmen, die vermöge der Quotientenprojektion $O(G_1) \rightarrow 'H_1$ die Schnittflächen g_ν definieren. Es sei dann $\hat{\psi}$ die durch $(g_1, \ldots, g_{n_2})$ bestimmte holomorphe Abbildung. Aus Satz 1 folgt : $\hat{\psi} | U \cap A_1 = \psi_0 | U \cap A_1$.

Es seien $y_0 \in \hat{\psi}(U \cap A_1)$ ein beliebiger Punkt, $f_{y_0} \in (H_2)_{y_0}$ ein beliebiges Garbenelement. Ist $V(y_0)$ eine hinreichend kleine, in G_2 offene Umgebung von y_0, so gibt es eine holomorphe Funktion $\hat{f}$ aus $\Gamma(V, O(V))$, die f_{y_0} definiert. Wir setzen $W = \hat{\psi}^{-1}(V)$, $\hat{g} = \hat{f} \circ \hat{\psi}$. $\hat{g}$ ist eine in W holomorphe Funktion. Wir haben zu zeigen, daß $\hat{g}$ das Element $g_{x_0} = \psi_1(f_{y_0}) \in (H_1)_{x_0}$, $x_0 \in \hat{\psi}^{-1}(y_0)$ bestimmt. Dazu ist es notwendig, einen Hilfssatz heranzuziehen, der ein Spezialfall des in § 3 bewiesenen Satzes 2 ist.

Hilfssatz 1. *Es sei $O_\mathfrak{D}$ der Ring der Keime holomorpher Funktionen in einem Punkte $\mathfrak{D} \in C^n$, $I_\mathfrak{D}$ sei ein Ideal in $O_\mathfrak{D}$. Ist dann $f \in O_\mathfrak{D}$ ein Keim einer holomorphen Funktion und gibt es zu jeder natürlichen Zahl k ein Element $h \in I_\mathfrak{D}$, so daß der holomorphe Funktionskeim $f - h$ in $\mathfrak{D}$ eine Nullstelle k-ter Ordnung hat, so gilt $f \in I_\mathfrak{D}$.*

Wir verzichten hier darauf, Hilfssatz 1 zu beweisen und führen den Beweis von Satz 2 fort.

Es sei k eine vorgegebene natürliche Zahl. Man kann dann ein Polynom $Q = Q(z_1, \ldots, z_{n_2})$ finden, so daß die Funktion $\hat{f}' = \hat{f} - Q$ im Punkte y_0 mindestens von der Ordnung k verschwindet. Wir setzen $P = Q \circ \hat{\psi}$ und bezeichnen mit $\hat{g}_{x_0}$ bzw. P_{x_0} den von $\hat{g}$ bzw. P in x_0 erzeugten holomorphen Funktionskeim. f'_{y_0} sei das von $\hat{f}'$ definierte Element aus $(H_2)_{y_0}$, g'_{x_0} sei sein ψ_1-Bild in $(H_1)_{x_0}$. Ferner seien $\tilde{g}_{x_0}$ bzw. $\tilde{g}'_{x_0}$ holomorphe Funktionskeime in x_0, die g_{x_0} bzw. g'_{x_0} definieren. Offenbar kann man $\tilde{g}'_{x_0}$ so wählen, daß der Funktionskeim in x_0 eine Nullstelle k-ter Ordnung hat. Ebenso hat $\hat{g}_{x_0} - P_{x_0}$ in x_0 eine Nullstelle der Ordnung k. Offenbar ist $(\hat{g}_{x_0} - \tilde{g}_{x_0}) - (\hat{g}_{x_0} - P_{x_0}) + \tilde{g}'_{x_0}$ in der zur Definition von $'H_1$ verwendeten Idealgarbe I_1^* enthalten, weil

$$P_{x_0} | (A_1, H_1) = \psi_1(Q_{y_0}) | (A_2, H_2)$$

ist. Da k beliebig sein kann, folgt aus Hilfssatz 1 : $\hat{g}_{x_0} - \widetilde{g}_{x_0} \in (I_1^*)_{x_0}$, $\hat{g}$ definiert also das Element g_{x_0}, q.e.d.

4. Wir behalten die Terminologie des Abschnittes 2 bei. Es seien $f_1, \ldots, f_q \in \Gamma(A_2, H_2)$ endlich viele Schnittflächen. Durch die Projektion $H_2 \to O_2(A_2)$ erhalten wir in Zuordnung zu den Schnittflächen f_ν q komplex-wertige Funktionen aus $\Gamma(A_2, O_2(A_2))$, die eine stetige Abbildung $\varphi_0 : A_2 \to C^q$ definieren. Man kann φ_0 in kanonischer Weise zu einer morphen Abbildung ergänzen.

Wir bezeichnen die Punkte des C^q mit $z = (z_1, \ldots, z_q)$, $y_0 \in A_2$ sei ein beliebiger Punkt. Wir setzen $z_0 = \varphi_0(y_0) = (z_1^{(0)}, \ldots, z_q^{(0)})$. Nach Definition der Garbe H_2 kann man eine Umgebung $U(y_0) \subset G_2$ und in U holomorphe Funktionen $\hat{f}_\nu$ finden, deren Beschränkung auf $(A_2 \cap U, H_2)$ mit $f_\nu | A_2 \cap U$ übereinstimmt. Die Funktionen $\hat{f}_\nu$ definieren eine holomorphe Abbildung $\hat{\varphi}_0 : U \to C^q$, deren Beschränkung auf $A_2 \cap U$ die Abbildung $\varphi_0 | A_2 \cap U$ ist. $\hat{\varphi}_0$ definiert in natürlicher Weise einen Homomorphismus der Algebra $O_{z_0}(C^q)$ in die Algebra $O_{y_0}(G_2)$. Nach Anwendung der Quotientenabbildung $O(G_2) \to H_2$ erhält man sodann einen Homomorphismus $\varphi_{1y_0} : O_{z_0}(C^q) \to (H_2)_{y_0}$. Offenbar ist φ_{1y_0} von der Wahl der Funktionen $\hat{f}_1, \ldots, \hat{f}_q$ unabhängig. Die Menge $\varphi_1 = \{\varphi_{1y}\}$ kann man schließlich als eine Abbildung $A_2 \oplus_{\varphi_0} O(C^q) \to H_2$ auffassen und $\Phi = (\varphi_0, \varphi_1)$ ist die gesuchte morphe Abbildung.

Es sei $g_\nu \in \Gamma(A_1, H_1)$ das ψ_1-Bild der Schnittflächen f_ν, $\nu = 1, \ldots, q$. Die Schnittflächen $(g_1, \ldots, g_q)$ definieren wieder eine morphe Abbildung $A_1 \to C^q$, die wir mit $\widetilde{\Phi} = (\widetilde{\varphi}_0, \widetilde{\varphi}_1)$ bezeichnen wollen. Aus Satz 2 folgt unmittelbar :

Satz 3. *Das Diagramm :*

$$\begin{array}{ccc} A_1 & \xrightarrow{\Psi} & A_2 \\ & {\scriptstyle\tilde{\Phi}}\searrow \quad \swarrow{\scriptstyle\Phi} & \\ & C^q & \end{array}$$

ist kommutativ.

5. Die Sätze 1-3 führen zu einfachen Folgerungen für komplexe Räume :

(1) *Es sei (X, H) ein komplexer Raum. Dann gibt es eine eindeutig bestimmte Untergarbe $O = O(X) \subset C(X)$ von komplexen Algebren, so daß (X, O) ein reduzierter komplexer Raum ist. Es ist kanonisch eine Abbildung red : $H \to O$ definiert, so daß das Diagramm :*

$$\begin{array}{ccc} H & \xrightarrow{\text{red}} & O \\ & \searrow \quad \swarrow & \\ & X & \end{array}$$

kommutativ ist. Bezeichnet i die Identität, so ist (i, red) eine morphe Abbildung von (X, O) auf (X, H).

Wir werden im folgenden (X, O) die *Reduktion* von (X, H) nennen.

(2) *Es seien* (X, H) *ein komplexer Raum,* $f_1, \ldots, f_q$ *endlich viele Schnittflächen aus* $\Gamma(X, H)$. *Dann definieren* $f_1, \ldots, f_q$ *eine morphe Abbildung* $\Phi = (\varphi_0, \varphi_1)$ *von* X *in den* q*-dimensionalen komplexen Zahlenraum* C^q.

(3) *Es seien* (X_ν, H_ν), $\nu = 1,2,3$ *komplexe Räume,* $\Phi_1 = (\varphi_0^{(1)}, \varphi_1^{(1)})$ *bzw.* $\Phi_2 = (\varphi_0^{(2)}, \varphi_1^{(2)})$ *sei eine morphe Abbildung von* (X_1, H_1) *in* (X_2, H_2) *bzw. von* (X_2, H_2) *in* (X_3, H_3). *Es werde* $\varphi_1 : X_1 \oplus_{\varphi_0^{(2)} \circ \varphi_0^{(1)}} H_3 \to H_1$ *so definiert, daß gilt :*

$$\varphi_1 \mid (x_1, (H_3)_{x_3}) = (\varphi_1^{(1)} \mid (x_1, (H_2)_{x_2})) \circ (\varphi_1^{(2)} \mid (x_2, (H_3)_{x_3})),$$

wenn $x_\nu \in X_\nu$, $\nu = 1,2,3$ *Punkte sind, die in der Beziehung :* $x_3 = \varphi_0^{(2)}(x_2)$, $x_2 = \varphi_0^{(1)}(x_1)$ *stehen. Dann ist* $\Phi_3 = (\varphi_0, \varphi_1)$ *mit* $\varphi_0 = \varphi_0^{(2)} \circ \varphi_0^{(1)}$ *eine morphe Abbildung von* (X_1, H_1) *in* (X_3, H_3), *die auch mit* $\Phi_2 \circ \Phi_1$ *bezeichnet werde. Den morphen Abbildungen* Φ_ν *entsprechen morphe Abbildungen* Φ_ν^* *der zugeordneten reduzierten Räume* (X_ν, O_ν). *Man hat* $\Phi_3^* = \Phi_2^* \circ \Phi_1^*$. *Das Diagramm :*

$$\begin{array}{ccccc} (H_1)_{x_1} & \leftarrow & (H_2)_{x_2} & \leftarrow & (H_3)_{x_3} \\ \downarrow & & \downarrow & & \downarrow \\ (O_1)_{x_1} & \leftarrow & (O_2)_{x_2} & \leftarrow & (O_3)_{x_3} \end{array}$$

ist kommutativ.

Wir geben noch einige weitere elementare Eigenschaften komplexer Räume an :

(4) *Es sei* (X, H) *ein komplexer Raum,* $U \subset X$ *eine offene Teilmenge. Dann ist* $(U, H \mid U)$ *ebenfalls ein komplexer Raum.*

(5) *Sind* (X_1, H_1), (X_2, H_2) *komplexe Räume, so ist auf dem kartesischen Produkt* $X_1 \times X_2$ *in kanonischer Weise eine Strukturgarbe definiert, die* $X_1 \times X_2$ *zu einem komplexen Raum macht.*

Man erhält die Strukturgarbe von $X_1 \times X_2$ auf folgender Weise. Es sei $U_\nu \subset X_\nu$, $\nu = 1,2$ je eine offene Menge, die durch eine bimorphe Abbildung Ψ_ν auf eine analytische Menge $A_\nu \subset G_\nu$ abgebildet ist, die mit einer Strukturgarbe $H_\nu^* = O(G_\nu)/I_\nu^*$ versehen sei. Mit $I_z \subset O_z$, $z = (z_1, z_2) \in G = G_1 \times G_2$ werde sodann das Ideal bezeichnet, das durch die Funktionskeime $f \in O_{z_1}(G_1)$ oder $\in O_{z_2}(G_2)$ erzeugt wird. Man sieht sofort ([1]), daß $I^* = \{I_z\}$ eine kohärente Garbe ist, die genau $A_1 \times A_2$ zur Nullstellenmenge hat. $H^* = O(G)/I^*$ ist dann eine Strukturgarbe über $A_1 \times A_2$, die durch $\psi_0^{(1)} \times \psi_0^{(2)}$ nach $U_1 \times U_2$ zu einer Strukturgarbe H übertragen werden kann. Wählt man andere analytische Mengen und andere bimorphe Abbildungen, so erhält man zwar eine andere Strukturgarbe H' über $U_1 \times U_2$, jedoch auch einen natürlichen Isomorphismus $H \approx H'$. Das bedeutet, daß eine Strukturgarbe über $X_1 \times X_2$ eindeutig bestimmt ist, q.e.d.

Man zeigt leicht unter Verwendung von Orthogonalreihen, daß die so definierte komplexe Struktur von $X_1 \times X_2$ mit der von J. P. Serre eingeführten Struktur übereinstimmt, wenn X_1, X_2 reduzierte komplexe Räume sind.

([1]) Es werden im folgenden die Grundtatsachen der analytischen Garbentheorie über reduzierten komplexen Räumen als bekannt vorausgesetzt. Man vgl. die Publikationen von H. Cartan und K. Oka über diesen Gegenstand.

(6) *Jeder komplexe Raum ist lokal zusammenhängend, er zerfällt in offene zusammenhängende Komponenten. Zu jedem seiner Punkte gibt es beliebig kleine Umgebungen, die in sich auf den Punkt zusammenziehbar sind.*

Da zu jedem komplexen Raum (X, H) ein reduzierter komplexer Raum (X, O) gehört, gelten für den topologischen Raum X alle Eigenschaften, die von den komplexen Räumen des alten Sprachgebrauchs her bekannt sind. Man kann den Begriff der komplexen Dimension erklären. Wir werden im folgenden X reindimensional nennen, wenn diese Dimension in allen Punkten von X die gleiche ist. Ferner kann man die irreduziblen Komponenten von X definieren (sofern man diese nur als topologische Unterräume auffaßt). Wir werden von diesen und ähnlichen Begriffen ausgiebig Gebrauch machen.

Es seien noch einige weitere Definitionen getroffen :

Definition 3. *Ein komplexer Raum (X, H) heißt normal, wenn jeder lokale Ring H_x, $x \in X$ normal, d.h. ganz abgeschlossen in seinem Quotientenring ist.*

Definition 4. *Ein komplexer Raum (X, H) heißt regulär, wenn jeder lokale Ring H_x isomorph zu einem lokalen Ring eines kartesischen Produktes $P \times G$ ist. Dabei bezeichnet $G \subset C^n$ ein Gebiet, $P \in C^m$ einen Punkt, der mit einer Strukturgarbe $O_P(C^m)/I_P$ versehen ist, wobei I_P ein Ideal bezeichnet, das P zur genauen Nullstellenmenge hat* ([1]).

Offenbar ist ein reduzierter komplexer Raum genau dann regulär, wenn er eine komplexe Mannigfaltigkeit ist.

Definition 5. *Ein komplexer Raum (X, H) heißt ein holomorph-vollständiger (holomorph-konvexer, K-vollständiger) Raum, wenn seine Reduktion (X, O) holomorph-vollständig (holomorph-konvex, K-vollständig) ist.*

Für holomorph-vollständige Räume werden wir im nächsten Paragraphen interessante garbentheoretische Resultate herleiten.

Definition 6. *Es sei (X, H) ein komplexer Raum. Eine Teilmenge $A \subset X$ heißt eine analytische (Teil-)Menge von (X, H), wenn A eine analytische Menge in der Reduktion (X, O) ist.*

Wir nennen fortan morphe Abbildungen zwischen komplexen Räumen holomorph, Schnittflächen aus $\Gamma(X, H)$ seien mit « holomorphe Funktionen » bezeichnet.

6. Es sei (X, H) ein allgemeiner komplexer Raum. Wir verstehen wie in Abschnitt 2 unter $H^{(1)}$ die Kerngarbe der Abbildung red : $H \to O(X)$. $H^{(1)}$ ist eine Untergarbe von Idealen über X. $H^{(\nu)}$, $\nu = 1,2,3, \dots$ sei diejenige Untergarbe von Idealen von H, die von den Elementen $\sigma_1 \cdot \ldots \cdot \sigma_\nu$ mit $\sigma_1, \dots, \sigma_\nu \in H^{(1)}$ erzeugt wird. Offenbar gilt $H^{(0)} =_{\text{Def.}} H \supset H^{(1)} \supset H^{(2)} \supset \dots \supset H^{(\nu)} \supset H^{(\nu+1)} \supset \dots$.

(1) Der Begriff « regulär » weicht hier von der üblichen Definition ab. Im folgenden wird sich öfter zeigen, daß aus der Algebra bekannte Begriffe in unserer Theorie nicht sinnvoll sind (vgl. auch die Definition des Torsionselementes in § 7).

Es folgt sofort :

Satz 4. *Zu jedem relativkompakten Teilbereich* $B \subset\subset X$ *gibt es eine natürliche Zahl* $k = k(B)$, *so daß* $H^{(k)} = 0$ *ist.*

Beweis. Offenbar braucht man diesen Satz nur lokal und für den Fall zu beweisen, daß $X = A \subset G \subset C^n$ eine analytische Menge und $H(X) = H(A) = O(G)/I^*$ der Quotient der Garbe $O(G)$ und einer in G kohärenten Idealgarbe I^* ist, die A zur genauen Nullstellenmenge hat. Die Garbe $I = I(A)$ der Keime holomorpher Funktionen, die auf A verschwinden, ist ebenfalls kohärent (nach einem Satz von H. Cartan). Wegen der lokalen Natur unseres Satzes dürfen wir sodann annehmen, daß über G endlich viele Schnittflächen $s_1, \ldots, s_q \in \Gamma(G, I)$ existieren, die in jedem Punkte $x \in G$ den Halm I_x erzeugen.

Die Halme $H_x^{(\nu)}$, $\nu = 1, 2, 3, \ldots$ werden nun von Elementen erzeugt, die in den Schnittflächen $s_{\mu_1} \cdot \ldots \cdot s_{\mu_\nu} | (A, H)$, $1 \leq \mu_1 \leq \mu_2 \leq \ldots \leq \mu_\nu \leq q$, enthalten sind. Da jede Schnittfläche s_μ, $\mu = 1, \ldots, q$ die Nullstellenmenge der Idealgarbe I^* umfaßt, folgt aus dem Hilbertschen Nullstellensatz, daß es zu jedem Punkt $x \in A$ eine natürliche Zahl $k = k(x)$ gibt, so daß jeder Keim, der in x von einem Produkt $\pi = s_{\mu_1} \cdot \ldots \cdot s_{\mu_k}$ definiert wird, in I_x^* enthalten ist. Nach dem Cartan-Rückertschen Basissatz ist dann π eine Schnittfläche in I^* über einer ganzen Umgebung von x. Ist $B \subset\subset A$ eine relativkompakte Teilmenge und k hinreichend groß gewählt, so ist jedes Produkt $s_{\mu_1} \cdot \ldots \cdot s_{\mu_k}$ eine Schnittfläche in I^* über einer offenen Umgebung von B. Das heißt aber $H^{(k)} | B = 0$, q.e.d.

§ 2. Garbentheorie.

1. Wir werden im diesem Paragraphen die Theorie analytischer Garben über komplexen Räumen entwickeln.

Definition 1. *Es sei* (X, H) *ein komplexer Raum. Eine Garbe* S *von abelschen Gruppen über* X *heißt eine analytische Garbe, wenn jeder Ring* H_x, $x \in X$ *auf dem Halm* S_x *operiert, so daß die dadurch definierte Abbildung* $\bigcup_x H_x \oplus S_x \to S$ *eine stetige Abbildung ist.*

Zwischen analytischen Garben kann man wie üblich *analytische Garbenhomomorphismen* definieren. Wir nennen einen analytischen Homomorphismus einfach einen Homomorphismus, wenn das nicht zu Mißverständnissen führt. Es werde definiert :

Definition 2. *Es seien* (X_1, H_1), (X_2, H_2) *komplexe Räume,* $\Phi = (\varphi_0, \varphi_1) : X_1 \to X_2$ *eine holomorphe Abbildung,* S_1 *bzw.* S_2 *eine analytische Garbe über* X_1 *bzw.* X_2. *Dann heißt eine stetige Abbildung* $\lambda : X_1 \oplus_{\varphi_0} S_2 \to S_1$ *ein Garbenhomomorphismus* $S_2 \to S_1$ *(über* Φ*), wenn folgendes gilt :*

1) λ *bildet jeden Halm* (x, S_{2y}) *homomorph in* S_{1x} *ab,*
2) *man hat :* $\lambda(x, s_y \cdot f_y) = \lambda(x, s_y) \cdot \varphi_1(f_y)$, $s_y \in S_{2y}, f_y \in H_{2y}, y = \varphi_0(x)$.

Wie im Falle reduzierter komplexer Räume kann man *direkte Summen* und *Tensorprodukte* von analytischen Garben erklären. Wir bezeichnen mit S^p, H^p usw. die p-fache direkte Summe der Garben S, H usw. mit sich selbst. $S^{\underline{p}}$, $H^{\underline{p}}$ usw. sei die p-fache Tensorpotenz. Man kann ferner den Begriff der Kohärenz analytischer Garben definieren :

Definition 3. *Eine analytische Garbe S über einem komplexen Raum* (X, H) *heißt kohärent, wenn es zu jedem Punkt* $x \in X$ *eine Umgebung* $U(x)$ *und über* U *eine exakte Garbensequenz :* $H^p \to H^q \to S \to 0$ *gibt.*

In [6], § 1 wurde eine etwas andere Definition der Kohärenz gegeben. Aus einem Satz von K. Oka über die Relationengarbe eines Systems $f_1, \ldots, f_k$ von q-tupeln holomorpher Funktionen folgt jedoch, daß H im Sinne von [6] kohärent ist. Daraus ergibt sich dann die Äquivalenz der Definition 3 mit der Definition 1 in [6].

Wie in [6] gewinnt man folgende Aussagen :

(a) In einer exakten analytischen Sequenz $0 \to S' \to S \to S'' \to 0$ *von analytischen Garben über einem komplexen Raum* (X, H) *sind alle drei Garben kohärent, wenn wenigstens zwei von ihnen kohärent sind.*

(b) Es sei $\varphi : S_1 \to S_2$ *ein analytischer Homomorphismus zwischen zwei kohärenten Garben über X. Dann sind der Kern, der Kokern, das Bild von* φ *kohärente analytische Garben.*

(c) Die direkte Summe $S_1 \oplus S_2$, *das Tensorprodukt (über H)* $S_1 \otimes S_2$, *die Garbe* $Hom(S_1, S_2)$ *sind kohärente analytische Garben, wenn* S_1, S_2 *kohärent sind.*

(d) Es seien S eine kohärente analytische Garbe über (X, H), $M \subset S$ *eine analytische Untergarbe von S. Dann ist M bereits dann kohärent, wenn es zu jedem Punkt* $x \in X$ *eine Umgebung* $U(x)$ *gibt, so daß die Schnittflächen aus* $\Gamma(U, M)$ *jeden Halm* M_x, $x \in U$ *erzeugen.*

2. Es sei $I \subset H$ eine analytische Untergarbe. Offenbar ist dann jeder Halm I_x ein Ideal im Ring H_x. Wir nennen die Menge der Punkte $x \in X$, in denen $I_x \neq H_x$ gilt, die *Nullstellenmenge der Idealgarbe I* (in Zeichen $N(I)$).

Es werde nun $X^* = N(I)$ gesetzt. Als Teilmenge von X ist X^* ein Hausdorffscher Raum. Wir versehen X^* mit der Strukturgarbe $H^* = (H/I) | X^*$. Es folgt :

Satz 1. (X^*, H^*) *ist ein komplexer Raum,* $X^* \subset X$ *eine analytische Menge.*

Bevor wir Satz 1 beweisen können, muß eine allgemeine Betrachtung durchgeführt werden. Wir machen dazu die Annahme, daß (X^*, H^*) ein komplexer Raum, $X^* \subset X$ eine analytische Menge ist. Es sei S^* eine analytische Garbe über X^*. Man kann S^* trivial zu einer Garbe $'S^* = S$ über X fortsetzen : Die Halme von S stimmen über X^* mit den Halmen von S^* überein, über $X - X^*$ hat S nur Nullhalme. Man zeigt leicht :

Satz 2. *S ist genau dann kohärent, wenn* S^* *kohärent ist.*

Der Beweis von Satz 2 kann wie in [6] geführt werden (vgl. § 2 *(c)*). Es sei deshalb hier auf ihn verzichtet. — Wir werden im folgenden S^* und die triviale Fortsetzung von S^* als gleiche Garben behandeln, wenn das nicht zu Mißverständnissen führt.

Beweis von Satz 1. Man braucht Satz 1 nur für den Fall zu beweisen, daß $X = A \subset G \subset C^n$ eine analytische Menge und $H = O(G)/I^*$ die im vorigen Paragraphen beschriebene Quotientengarbe ist. Wir bezeichnen mit $\tilde{I} \subset O(G)$ die kohärente Kerngarbe des Homomorphismus $O(G) \to H/I$. Offenbar stimmt die Nullstellenmenge von $\tilde{I}$ mit $X^* \subset X = A$ überein, und es gilt : $H^* = H/I = O(G)/\tilde{I}$, $X^* \subset X$ ist eine analytische Teilmenge, q.e.d.

Wir nennen fortan einen Raum (X^*, H^*) einen *komplexen Unterraum* von (X, H).

Es sei S eine kohärente analytische Garbe über X. Durch die Festsetzung $S^* = S/S \cdot I|X$ erhält man eine kohärente analytische Garbe über X^*. S^* heiße die analytische Beschränkung von S auf X^* (in Zeichen $S^* = S|_a X$ oder einfach $S^* = S|X$). Durch die Quotientenabbildung $S \to S^*$ wird jedem Garbenelement $\sigma \in S_x$, $x \in X^*$ ein Garbenelement $\sigma^* \in S^*_x$ zugeordnet, in analoger Weise erhält man zu jeder Schnittfläche $s \in \Gamma(U, S)$, $U \cap X^* \neq 0$ eine Schnittfläche $s^* \in \Gamma(U \cap X^*, S^*)$. Wir nennen σ^* bzw. s^* die analytische Beschränkung von σ bzw. s auf X^*. In den folgenden Paragraphen werden wir das Wort « analytisch » i.a. fortlassen.

3. In [6] wurde die Godementsche Kohomologietheorie mit Koeffizienten in Garben von abelschen Gruppen entwickelt. Wir werden in dieser Arbeit im wesentlichen nur parakompakte Räume untersuchen und können uns deshalb auf die Chechsche Definition der Kohomologiegruppen beschränken. Wir betrachten nur Koketten, Kozyklen etc., die antikommutativ in ihren Indices sind (d.h. $f_{\iota_0 \dots \iota_a \dots \iota_b \dots \iota_r} = -f_{\iota_0 \dots \iota_b \dots \iota_a \dots \iota_r}$). Dadurch ergeben sich wesentliche Vereinfachungen in der Rechnung. Die Struktur der Kohomologiegruppen ändert sich jedoch nicht.

Für holomorph-vollständige Räume ergeben sich interessante Aussagen :

Satz 3. *(Analogon zum Theorem B von H. Cartan). Es seien (X, H) ein holomorph-vollständiger komplexer Raum, S eine kohärente analytische Garbe über X. Dann gilt $H^\nu(X, S) = 0$ für $\nu > 0$.*

Beweis. Wir definieren $H^{(\nu)}$, $\nu = 0,1,2, \dots$ wie in § 1, Abschnitt 6 und setzen $S^{(\nu)} = S \cdot H^{(\nu)}$. Es ist $S^{(0)} = S$. Die Garben $S^{(\nu-1)}/S^{(\nu)}$ kann man als analytische Garben über der Reduktion (X, O) auffassen. Wie man leicht sieht, ist $S^{(\nu-1)}/S^{(\nu)}$ kohärent.

Man hat exakte Sequenzen : $0 \to S^{(\nu)} \to S^{(\nu-1)} \to S^{(\nu-1)}/S^{(\nu)} \to 0$, zu denen Kohomologiesequenzen : $H^\mu(X, S^{(\nu)}) \to H^\mu(X, S^{(\nu-1)}) \to H^\mu(X, S^{(\nu-1)}/S^{(\nu)})$ gehören. Da aber (X, O) ein holomorphvollständiger Raum ist, folgt aus [3], théorème B, daß

$$(*)\ H^\mu(X, S^{(\nu)}) \to H^\mu(X, S^{(\nu-1)}) \to 0, \quad \mu = 1,2,3, \dots$$

exakt ist.

Wir schöpfen X durch eine aufsteigende Folge $X_\varkappa$, $\varkappa = 1,2,3, \dots$ relativkompakter Teilbereiche aus. Nach § 1, Satz 4 gibt es zu jedem $\varkappa$ eine natürliche (kleinste Zahl) $k(\varkappa)$, so daß $S^{(k(\varkappa))}|X_\varkappa = 0$ ist. Es sei $U = \{U_\iota\}$ eine beliebige offene Überdeckung von X, $\xi \in Z^\mu(U, S)$ sei ein Kozyklus, $\mu > 0$. Ist V eine Verfeinerung von U, τ die Abbildung der zugehörigen Indexmengen, so bezeichne $\tau\xi$ das induzierte Bild von ξ in $Z^\mu(V, S)$[1]. Wegen der exakten Sequenz $(*)$ gibt es nun eine Verfeinerung V_1 und eine Kokette $\eta_1 \in C^{\mu-1}(V_1, S)$, so daß $\xi_1 = \tau\xi - \delta\eta_1 \in Z^\mu(V_1, S^{(k(1))})$ gilt. Durch nochmalige Anwendung von $(*)$ kann man sodann eine Verfeinerung V_2 von V_1 und eine Kokette $\eta_2 \in C^{\mu-1}(V_2, S^{(k(1))})$ finden, so daß $\xi_2 = \tau\xi_1 - \delta\eta_2 \in Z^\mu(V_2, S^{(k(2))})$ gilt. Man hat $\eta_2 | X_1 = 0$. So kann man beliebig fortfahren. Man erhält eine Verfeinerungsfolge $V_\varkappa$, $\varkappa = 1, 2, 3, \ldots$, für die man annehmen darf, daß $V_\varkappa | X_{\varkappa-2} = V_{\varkappa-1} | X_{\varkappa-2}$ ist. Es gibt daher eine Überdeckung V von X, die feiner als alle Überdeckungen $V_\varkappa$ ist. V ist auch eine Verfeinerung von U. Man kann das Bild $\tau\eta_\varkappa \in C^{\mu-1}(V, S)$ der zu den Überdeckungen konstruierten Koketten betrachten. Da $\tau\eta_\varkappa | X_{\varkappa-1} = 0$ ist, läßt sich die Summe $\eta = \sum_{\varkappa=1}^{\infty} \tau\eta_\varkappa$ definieren. Es folgt $\tau\xi = \delta\eta$, d.h. jeder Kozyklus aus $Z^\mu(U, S)$ repräsentiert die Nullkohomologieklasse. Somit gilt $H^\mu(X, S) = 0$, q.e.d.

Es gilt auch ein Analogon zu [3], théorème A :

Satz 4. *Es seien (X, H) ein holomorph-vollständiger komplexer Raum, S eine kohärente analytische Garbe über X. Dann erzeugen die Schnittflächen aus $\Gamma(X, S)$ über der Operatorgarbe H jeden Halm von S.*

Beweis. Wir betrachten wie vorhin die Folge $S = S^{(0)} \supset S^{(1)} \supset S^{(2)} \supset \ldots$ kohärenter Garben über (X, H). Wegen Satz 3 bestehen die exakten Sequenzen :

$$(\overset{*}{*}) \quad H^0(X, S^{(\nu-1)}) \xrightarrow{\alpha} H^0(X, S^{(\nu-1)}/S^{(\nu)}) \to 0$$

Es sei $\sigma \in S_x$, $x \in X$ ein Garbenelement. Da (X, O) ein holomorphvollständiger reduzierter komplexer Raum ist, folgt aus [3], théorème A, daß es endlich viele Schnittflächen $s_\mu^{(1)}$, $\mu = 1, \ldots, q_1$ aus $\Gamma(X, S/S^{(1)})$ gibt, so daß $\sigma | (X, O) = \Sigma (s_\mu^{(1)})_x \cdot f_\mu^{(1)}$ mit $f_\mu^{(1)} \in O_x$ ist. Es sei red die Projektion $H \to O$. Man kann Garbenelemente $\hat{f}_\mu^{(1)} \in H_x$ finden, deren red-Bild $f_\mu^{(1)}$ ist. Wegen $(\overset{*}{*})$ gibt es Schnittflächen $\hat{s}_\mu^{(1)} \in \Gamma(X, S)$ mit $\alpha(\hat{s}_\mu^{(1)}) = s_\mu^{(1)}$. Offenbar ist $\sigma_1 = \sigma - \sum_\mu (\hat{s}_\mu^{(1)})_x \hat{f}_\mu^{(1)}$ in $S^{(1)}$ enthalten. Man kann nun das gleiche Verfahren auf σ_1 und das Bild von σ_1 in $S^{(1)}/S^{(2)}$ anwenden und so fortfahren. Man erhält Folgen $\sigma_\varkappa \in S^{(\varkappa)}$ und Darstellungen $\sigma_\varkappa = \sigma_{\varkappa-1} - \sum_\mu (\hat{s}_\mu^{(\varkappa)})_x \hat{f}_\mu^{(\varkappa)}$ mit $\hat{f}_\mu^{(\varkappa)} \in H_x$ und $\hat{s}_\mu^{(\varkappa)} \in \Gamma(X, S^{(\varkappa-1)})$. Ist k hinreichend groß gewählt, so gilt $S^{(k)} = 0$ in einer Umgebung von x und mithin $\sigma_k = 0$. Also folgt : $\sigma = \sum_\varkappa \sum_\mu (\hat{s}_\mu^{(\varkappa)})_x \hat{f}_\mu^{(\varkappa)}$, q.e.d.

4. Es sei $\Phi = (\varphi_0, \varphi_1) : X \to Y$ eine holomorphe Abbildung einen komplexen Raumes (X, H(X)) in einem komplexen Raum (Y, H(Y)). S sei eine analytische Garbe über X. Nach J. Leray ist S eine Folge $\Phi_\nu(S)$, $\nu = 1, 2, 3, \ldots$ von analytischen Bildgarben über Y zugeordnet. Man kann jede Garbe $\Phi_\nu(S)$ leicht durch ein analytisches Garbendatum definieren.

[1] Wir bezeichnen mit τ stets die Verfeinerungsabbildung. Wir werden jedoch im folgenden das τ fast immer fortlassen und anstelle von $\tau\xi$ einfach ξ setzen.

Definition 4. Ein analytisches Garbendatum über einem komplexen Raum $(Y, H(Y))$ ist ein System $\{(M(U), r_V^U) : V \subset U, U, V \in T(Y)\}$, in dem $T(Y)$ die Menge der offenen Mengen von Y, $M(U)$ einen der offenen Menge U zugeordneten Modul über $I(U)$, dem Ring der in U holomorphen Funktionen, bezeichnen und r_V^U Homomorphismen $M(U) \to M(V)$ sind, die den Relationen $r_U^U = \text{Identität}$, $r_{U_3}^{U_2} r_{U_2}^{U_1} = r_{U_3}^{U_1}$ genügen.

Ein analytisches Garbendatum definiert in der wohlbekannten Weise stets eine analytische Garbe über Y. Zur Definition der Bildgarben $\Phi_\nu(S)$ wählen wir das Garbendatum : $M_\nu = \{(H^\nu(\varphi_0^{-1}(U), S), r_V^U) : V \subset U \in T(Y)\}$. Dabei bezeichnet r_V^U den natürlichen Beschränkungshomomorphismus $H^\nu(\varphi_0^{-1}(U), S) \to H^\nu(\varphi_0^{-1}(V), S)$. Wie im Falle reduzierter komplexer Räume sind alle Kohomologiegruppen $H^\nu(\varphi_0^{-1}(U), S)$ Moduln über dem Ring der in $\varphi_0^{-1}(U)$ holomorphen Funktionen. Da durch die Abbildung φ_1 der Ring $I(U)$ in $I(\varphi_0^{-1}(U))$ homomorph abgebildet wird, ist $H^\nu(\varphi_0^{-1}(U), S)$ erst recht ein Modul über $I(U)$ und somit M_ν ein Garbendatum. In analoger Weise zu [6], § 2 ergeben sich folgende Aussagen :

(a) Es sei $U = \{U_\iota\}$ *eine offene Überdeckung von* X, $\xi \in Z^\nu(U, S)$ *sei ein Kozyklus. Dann definiert* ξ *eine Schnittfläche* $\Phi_\nu(\xi) \in \Gamma(Y, \Phi_\nu(S))$. $\Phi_\nu(\xi)$ *hängt dabei nur von der Kohomologieklasse von* ξ *ab.*

Es ist also auch jeder Kohomologieklasse $\eta \in H^\nu(X, S)$ eine Schnittfläche aus $\Gamma(Y, \Phi_\nu(S))$ zugeordnet. Wir werden im folgenden diese Schnittfläche auch mit $\Phi_\nu(\eta)$ bezeichnen.

(b) Die $I(Y)$*-Moduln* $\Gamma(X, S)$ *und* $\Gamma(Y, \Phi_0(S))$ *sind unter der Abbildung* $\Phi_0 : \Gamma(X, S) \to \Gamma(Y, \Phi_0(S))$ *isomorph. Man kann jede Schnittfläche aus* $\Gamma(Y, \Phi_0(S))$ *als Schnittfläche aus* $\Gamma(X, S)$ *auffassen.*

(c) Sind alle Garben $\Phi_\nu(S) = 0$ *für* $\nu = 1,2,3, \ldots$, *so besteht sogar ein kanonischer Isomorphismus :* $H^\nu(X, S) \approx H^\nu(Y, \Phi_0(S))$.

(d) Ist $0 \to S' \to S \to S'' \to 0$ *eine exakte Sequenz analytischer Garben über* X, *so besteht eine kanonisch zugeordnete Bildsequenz :* $0 \to \Phi_0(S') \to \Phi_0(S) \to \Phi_0(S'') \to \Phi_1(S') \to \ldots$.

(e) Ist $X \xrightarrow{\Phi'} Y \xrightarrow{\Phi''} Z$ *eine Folge holomorpher Abbildungen zwischen komplexen Räumen* $(X, H(X))$, $(Y, H(Y))$, $(Z, H(Z))$, *und ist* S *eine analytische Garbe über* X, *so gilt* $(\Phi'' \circ \Phi')_0(S) = \Phi_0''(\Phi_0'(S))$. *Verschwinden die Garben* $\Phi_\nu'(S)$, $\nu > 0$, *so hat man außerdem :* $(\Phi'' \circ \Phi')_\mu(S) = \Phi_\mu''(\Phi_0'(S))$, $\mu = 1,2,3, \ldots$.

Besonders einfach werden die analytischen Bildgarben, wenn $\Phi = (\varphi_0, \varphi_1) : X \to Y$ eine holomorphe Abbildung eines komplexen Raumes $(X, H(X))$ in einen komplexen Raum $(Y, H(Y))$ ist, bei der das φ_0-Urbild einer jeden diskreten Menge in Y eine diskrete Menge in X ist. Wir nennen solche Abbildungen nirgends entartet. Es folgt sofort (vgl. [7]) :

(f) Ist $\Phi : X \to Y$ *eine nirgends entartete holomorphe Abbildung und* S *eine analytische Garbe über* X, *so gilt* $\Phi_\nu(S) = 0$, $\nu > 0$.

Es sei nun $\Phi : X \to Y$ eine biholomorphe Abbildung von X auf Y. Ist dann S eine analytische Garbe über X, so wird jeder Halm S_x durch Φ zu einem Halm über $y = \varphi_0(x)$ verpflanzt. Man erhält eine analytische Garbe S^* über Y. Wie man sofort sieht, gilt $S^* = \Phi_0(S)$.

Man kann holomorphe Abbildungen $\Phi^* = (\varphi_0, \varphi_1^*) : X \to Y^*$ eines komplexen Raumes $(X, H(X))$ in einen komplexen Unterraum $(Y^*, H(Y^*))$ eines komplexen Raumes $(Y, H(Y))$ betrachten. Ist S eine analytische Garbe über X, so lassen sich die Bildgarben $\Phi_\nu^*(S)$ in Y trivial fortsetzen. Ferner definiert die Abbildung Φ^* eine morphe Abbildung $\Phi : X \to Y$. Es gilt $'\Phi_\nu^*(S) = \Phi_\nu(S)$, $\nu = 0, 1, 2, \ldots$. Wir werden je nach Bedarf mit $\Phi_\nu^*(S)$ die Garbe über Y^* oder die triviale Fortsetzung in Y verstehen.

Im folgenden wird besonders der Fall interessieren, daß $\Phi : X \to Y^*$ eine surjektive biholomorphe Abbildung ist. Wir nennen eine solche Abbildung eine biholomorphe Abbildung von X in Y. Man hat die Aussage :

(g) Es sei S eine analytische Garbe über X, $\Phi : X \to Y$ eine biholomorphe Abbildung. Dann ist $\Phi_0(S)$ genau dann kohärent, wenn S kohärent ist.

5. Wir werden im § 6 einen Satz benötigen, der in enger Beziehung zu der Aussage *(c)* des vorigen Abschnittes steht.

Satz 5. *Es seien X, Y komplexe Raume, $\Phi : X \to Y$ eine holomorphe Abbildung und S eine analytische Garbe über X. Ferner werde vorausgesetzt, daß alle Bildgarben $\Phi_\nu(S)$, $\nu = 0, 1, 2, \ldots$ kohärente analytische Garben über Y sind und daß Y ein holomorph-vollständiger Raum ist. Dann ist $\Phi_\nu : H^\nu(X, S) \to \Gamma(Y, \Phi_\nu(S))$ ein (surjektiver) Isomorphismus.*

Beweis. Wir wählen eine exakte Auflösung :

$$0 \to S \xrightarrow{\varepsilon} W_0 \xrightarrow{\alpha_0} W_1 \xrightarrow{\alpha_1} W_2 \xrightarrow{\alpha_2} \ldots$$

von S mit welken Garben $W_\varkappa$, $\varkappa = 0, 1, 2, \ldots$ (vgl. [6], § 1 und § 2). Es gilt $H^\nu(X, S) = \operatorname{Ker} \alpha_\nu / \alpha_{\nu-1}(\Gamma(X, W_{\nu-1}))$. Die Bildsequenz :

$$0 \to \Phi_0(S) \to \Phi_0(W_0) \xrightarrow{a_0} \Phi_0(W_1) \xrightarrow{a_1} \Phi_0(W_2) \xrightarrow{a_2} \ldots$$

ist zwar noch eine welke Auflösung von $\Phi_0(S)$, jedoch i.a. nicht mehr an den Stellen $\Phi_0(W_\varkappa)$, $\varkappa = 1, 2, 3, \ldots$ exakt. Wir setzen : $B_\varkappa = \operatorname{Im} a_{\varkappa-1}$, $K_\varkappa = \operatorname{Ker} a_\varkappa$, $\varkappa = 1, 2, 3, \ldots$. Man hat natürliche Isomorphien :

$$\Gamma(Y, \Phi_0(W_\varkappa)) \approx \Gamma(X, W_\varkappa),$$
$$\Gamma(Y, K_\varkappa) \approx \operatorname{Ker} \Gamma(X, W_\varkappa),$$
$$\Gamma(Y, \operatorname{Ker} a_0) \approx \Gamma(Y, \Phi_0(S)) \approx \Gamma(X, S)$$

und exakte Sequenzen :

$$0 \to B_\varkappa \to K_\varkappa \to \Phi_\varkappa(S) \to 0, \quad \varkappa = 1, 2, 3, \ldots,$$
$$0 \to K_{\varkappa-1} \to \Phi_0(W_{\varkappa-1}) \to B_\varkappa \to 0, \quad \varkappa = 2, 3, 4, \ldots,$$
$$0 \to \Phi_0(S) \to \Phi_0(W_0) \to B_1 \to 0.$$

Unter Benutzung von Satz 3 folgt sodann durch Induktion, daß alle Garben $B_\varkappa$, $K_\varkappa$, azyklysch sind (B-Garben). Durch Übergang zu den Kohomologiesequenzen erhält man :

$$\Gamma(Y, \Phi_\nu(S)) \approx \Gamma(Y, K_\nu)/\Gamma(Y, B_\nu) \approx \Gamma(Y, K_\nu)/\alpha_{\nu-1}\Gamma(Y, \Phi_0(W_{\nu-1})) \approx$$
$$\operatorname{Ker}\Gamma(X, W_\nu)/\alpha_{\nu-1}\Gamma(X, W_{\nu-1}) \approx H^\nu(X, S).$$

Man sieht leicht, daß die Isomorphie $H^\nu(X, S) \approx \Gamma(Y, \Phi_\nu(S))$ mit dem Homomorphismus Φ_ν übereinstimmt. Gleiches gilt für $\Gamma(X, S) \approx \Gamma(Y, \Phi_0(S))$. Damit ist Satz 5 beweisen.

6. Es sei (X, H) ein komplexer Raum. Unter einer Karte in X verstehen wir ein Tripel (W, Φ, G), in dem $W \subset X$ eine offene Menge, $G \subset C^n$ ein Gebiet und $\Phi : W \to G$ eine biholomorphe Abbildung von W in G bezeichnet. Ein Quintupel $\mathfrak{W} = (W, \Phi, G, G', \Gamma : O^q \xrightarrow{\alpha} \Phi_0(S) \to 0)$ heißt eine Meßkarte (1. Art) bzgl. einer kohärenten Garbe S über X, wenn (W, Φ, G) eine Karte, G ein Holomorphiegebiet, $G' \subset G$ ein Teilgebiet und Γ eine exakte Garbensequenz über G ist. Durch jede Messkarte W wird in $\Gamma(X, S)$ eine Pseudonorm definiert : Ist $s \in \Gamma(X, S)$ eine Schnittfläche, so gibt es, da G ein Holomorphiegebiet ist, ein q-tupel holomorpher Funktionen $f \in \Gamma(G, O^q)$, so daß $\alpha(f) = \Phi_0(s|W)$ ist. Wir setzen dann : $||s||_{\mathfrak{W}} = \min_f \sup|f(G')|$. Dabei ist $f = (f_1, \ldots, f_q)$ und $|f(z)| = \max|f_\nu(z)|$. Gilt $G' \subset\subset G$, so ist $||s||_{\mathfrak{W}}$ stets endlich, $||s||_{\mathfrak{W}}$ also eine Norm [1].

Natürlich ist der komplexe Vektorraum $\Gamma(X, S)$ nicht vollständig, wenn er mit der durch unsere Pseudonorm induzierten Topologie versehen wird. Ist aber X ein holomorph-vollständiger Raum, so läßt sich in $\Gamma(X, S)$ eine Metrik einführen, die $\Gamma(X, S)$ sogar zu einem Fréchetschen Raum macht. Wir gehen folgendermaßen vor :

1) Wir schöpfen X durch eine Folge (offener) analytischer Polyeder $\hat{P}_\nu \subset\subset X$ aus mit $\hat{P}_\nu \subset\subset \hat{P}_{\nu+1}$, $\nu = 0, 1, 2, \ldots$.

2) Wir definieren biholomorphe Abbildungen $\Phi_\nu : \hat{P}_\nu \to \hat{Z}_\nu$ der Polyeder $\hat{P}_\nu$ in Polyzylinder $\hat{Z}_\nu \subset C^{n_\nu}$.

3) Wir wählen einen Polyzylinder Z'_ν, so daß $\Phi_\nu(\hat{P}_{\nu-1}) \subset Z'_\nu$, konstruieren über einem Polyzylinder Z_ν mit $Z'_\nu \subset\subset Z_\nu \subset\subset \hat{Z}_\nu$ eine exakte Sequenz $\Gamma_\nu : O^{q_\nu} \xrightarrow{\alpha_\nu} \Phi_{\nu 0}(S) \to 0$ (Anwendung des Theorem A von Cartan) für $\nu = 1, 2, 3, \ldots$.

4) Wir setzen $P_\nu = \Phi_\nu^{-1}(Z_\nu)$, $\mathfrak{W}_\nu = (P_\nu, \Phi_\nu, Z_\nu, Z'_\nu, \Gamma_\nu)$.

5) Wir definieren die Metrik : $\operatorname{dist}(s_1, s_2) = 1/\pi \sum_{\nu=1}^{\infty} 2^{-\nu} \operatorname{arctg} ||s_1 - s_2||_{\mathfrak{W}_\nu}$, die, wie man leicht sieht, $\Gamma(X, S)$ zu einem Fréchetschen Raum macht.

7. Wir zeigen folgenden Satz :

Satz 6. *Es seien (X, H) ein kompakter komplexer Raum, S eine kohärente analytische Garbe über X. Dann gilt $\dim_c H^\nu(X, S) < \infty$ für* $\nu = 0, 1, 2, 3, \ldots$ *und $\dim_c H^\nu(X, S) = 0$ für* $\nu \geq \nu_0$.

---

[1] Wir verwenden im folgenden für den Begriff « Pseudonorm » auch häufig das Wort « Norm ».

Beweis. Wir definieren die Garbenfolge $H = H^{(0)} \supset H^{(1)} \supset H^{(2)} \supset \dots$ wie in § 1, Abschnitt 6. Da X kompakt ist, folgt : $H^{(\nu)} = 0$ für $\nu \geq \nu_0$. Wir setzen : $S^{(\nu)} = S \cdot H^{(\nu)}$. Über X hat man dann die exakten Sequenzen :

$$(*) \quad 0 \to S^{(\nu)} \to S^{(\nu-1)} \to S^{(\nu-1)}/S^{(\nu)} \to 0.$$

Die Reduktion (X, O) ist ein komplexer Unterraum von (X, H). Man kann deshalb $S^{(\nu-1)}/S^{(\nu)}$ auf (X, O) beschränken. Die Beschränkung sei mit A_ν bezeichnet. Offenbar ist die triviale Fortsetzung von A_ν zu $S^{(\nu-1)}/S^{(\nu)}$ kanonisch isomorph. Aus $(*)$ ergeben sich also die exakten Kohomologiesequenzen :

$$(\overset{*}{*}) \quad 0 \to H^0(X, S^{(\nu)}) \to H^0(X, S^{(\nu-1)}) \to H^0(X, A_\nu) \to H^{(1)}(X, S^{(\nu)}) \to \dots .$$

Nun ist Satz 6 nach [4] für reduzierte komplexe Räume gültig. Aus $(\overset{*}{*})$ folgt : Der Satz 6 ist für $S^{(\nu-1)}$ richtig, wenn er für $S^{(\nu)}$ gilt. Da $S^{(\nu_0)} = 0$ ist, ergibt sich unser Satz durch vollständige Induktion.

8. Für die Untersuchungen in den folgenden Paragraphen ist es bequem, eine vereinfachende Redeweise einzuführen. Wir bezeichnen mit F_1, F_2 zwei komplexe Vektorräume, die mit Pseudonormen $||x||_1$ bzw. $||y||_2$ ausgerüstet seien. $R(x, y)$, $x \in F_1, y \in F_2$ sei eine Relation zwischen den Vektoren von F_1 und F_2 (im logischen Sinne). Wir nennen $R(x, y)$ linear beschränkt (in der Richtung $F_2 \to F_1$), wenn es eine von y unabhängige Konstante c gibt und zu jedem Vektor y, $||y||_2 < a < \infty$ ein $x \in F_1$ gehört mit $R(x, y) =$ « wahr » und $||x||_1 < c \cdot a$. Hängen die Räume F_1, F_2 und die Relation $R(x, y)$ noch von einem Parameter ρ ab und kann c unabhängig von ρ gewählt werden, so sagen wir, daß $R(x, y)$ unabhängig von ρ linear beschränkt ist.

Es seien (X, H) ein kompakter komplexer Raum, $U = \{U_\iota : \iota = 1, \dots, \iota_*\}$ eine endliche Steinsche Überdeckung von X. Wir setzen $i = (\iota_0, \dots, \iota_\nu)$. Nach Satz 3 gilt $H^\mu(U_i, S) = 0$, $\mu > 0$, wenn S eine kohärente analytische Garbe über X bezeichnet. Aus einem Satz von Leray (vgl. § 4, Abschnitt 6) folgt daher :

Es existiert ein kanonischer Isomorphismus :

$$H^\mu(U, S) \approx H^\mu(X, S).$$

Man kann deshalb Kozyklen $\xi_1, \dots, \xi_s \in Z^\mu(U, S)$ finden, deren Bilder bzgl. der Abbildung $\lambda : Z^\mu(U, S) \xrightarrow{q} H^\mu(U, S) \to H^\mu(X, S)$ den komplexen Vektorraum $H^\mu(X, S)$ aufspannen.

Nun ist jedes U_i, $i = (\iota_0, \dots, \iota_\mu)$ ein holomorph-vollständiger Raum. Wir führen nach Abschnitt 6 in $\Gamma(U_i, S)$ eine Metrik $\text{dist}_i(s_1, s_2)$ ein und setzen für zwei Koketten $\eta_\varkappa = \{\eta_i^{(\varkappa)}\} \in C^\mu(U, S)$: $\text{dist}(\eta_1, \eta_2) = \max_i \text{dist}_i(\eta_i^{(1)}, \eta_i^{(2)})$. Offenbar wird $C^\mu(U, S)$ durch diese Metrik zu einem Fréchetschen Raum. Durch die Relativ- bzw. Produkttopologie (und -metrik) werden ebenfalls $Z^\mu(U, S)$ und $C^s \times C^{\mu-1}(U, S)$ zu Fréchetschen Räumen. Die Abbildung $\beta : ((a_1, \dots, a_s), \eta) \to \delta\eta + \sum_{\nu=1}^{s} a_\nu \xi_\nu : C^s \times C^{\mu-1}(U, S) \to Z^\mu(U, S)$

ist surjektiv und stetig. Aus einem Satz von Banach ([2], chap. 1, § 3) folgt deshalb :

(*) β ist eine offene Abbildung.

Wir werden aus (*) eine einfache Aussage herleiten. Wir nehmen dazu an, daß jedes U_i in einer offenen Teilmenge $\hat{U}_i \subset X$ enthalten ist, die Träger einer Meßkarte $\mathfrak{W}_{1i} = (\hat{U}_i, \Phi_i, G_i, G_i, \Gamma_i)$ ist. Ferner seien $U' = \{U'_i\}$ eine Steinsche Überdeckung von X, die eine Verfeinerung von U ist, $\mathfrak{W}_{2i} = (\hat{U}'_i, \Phi_{\tau i}, G'_i, G'_i, \Gamma_{\tau i})$ eine weitere Kollektion von Meßkarten mit $G'_i \subset\subset G_{\tau i}$, $\hat{U}'_i = \Phi_{\tau i}^{-1}(G'_i)$, $U'_i \subset \hat{U}'_i$. Es gelte $\hat{U}'_i \subset\subset U_{\tau i}$. Wir definieren in $C^\mu(U, S)$ bzw. $C^\mu(U', S)$ die Pseudonormen : $||\eta||_1 = \min_{\hat{\eta}_i} \max_i ||\hat{\eta}_i||_{\mathfrak{W}_{1i}}$, $||\eta'||_2 = \min_{\hat{\eta}'_i} \max_i ||\hat{\eta}'_i||_{\mathfrak{W}_{2i}}$. Dabei sind $\eta = \{\eta_i\}$, $\eta' = \{\eta'_i\}$, $\hat{\eta}_i \in \Gamma(\hat{U}_i, S)$ mit $\hat{\eta}_i | U_i = \eta_i$, $\hat{\eta}'_i \in \Gamma(U'_i, S)$ mit $\hat{\eta}'_i | U'_i = \eta'_i$. Aus (*) folgt unmittelbar :

Satz 7. *Es seien* $\xi_1, \ldots, \xi_s \in Z^\mu(U, S)$ *Kozyklen, so daß die Kohomologieklassen* $\lambda(\xi_\varkappa)$ *eine Basis von* $H^\mu(X, S)$ *bilden. Dann gibt es zu jedem Kozyklus* $\xi \in Z^\mu(U, S)$ *eine Kokette* $\eta \in C^{\mu-1}(U, S)$ *und komplexe Zahlen* $a_1, \ldots, a_s$ *so daß* $\xi = \sum_{\varkappa=1}^{s} a_\varkappa \xi_\varkappa + \delta\eta$ *gilt. Die Zuordnung* $\xi \to a_1, \ldots, a_s$, *ist in bezug auf die Normen* $||\xi||_1$, $||\eta||_2$, $|a_\varkappa|$ *linear beschränkt.*

In der Tat ! Die Kozyklen $\xi \in Z^\mu(U, S)$ mit $||\xi||_1 < \varepsilon$ sind für $\varepsilon \to 0$ in beliebig kleinen Umgebungen von $0 \in Z^\mu(U, S)$ (in bezug auf dist) enthalten. Die Koketten $\eta \in C^{\mu-1}(U, S)$ mit $||\eta||_2 < 1$ bilden jedoch eine Umgebung von $0 \in C^{\mu-1}(U, S)$. Nach (*) ist daher $\xi \in Z^\mu(U, S)$, $||\xi||_1 < \varepsilon$ im β-Bild des Raumes

$$\{(a_1, \ldots, a_s, \eta) \ : \ |a_\nu| < 1, \ ||\eta||_2 < 1\}$$

enthalten, wenn $\varepsilon > 0$ hinreichend klein ist. Daraus ergibt sich die Behauptung von Satz 7.

9. Wir werden im nächsten Paragraphen Folgen von Untergarben von kohärenten analytischen Garben betrachten müssen. Es werde deshalb gezeigt :

Satz 8. *Es seien* (X, H) *ein komplexer Raum,* S *eine kohärente Garbe über* X *und* S_ν, $\nu = 1, 2, 3, \ldots$, *eine Folge von kohärenten Untergarben von* S, *für die* $S_\nu \subset S_{\nu+1}$ *gilt. Dann kann man zu jedem relativ-kompakten Teilbereich* $B \subset\subset X$ *eine natürliche Zahl* ν_0 *finden, so daß* $S_\nu = S_{\nu_0}$ *für* $\nu \geq \nu_0$ *ist.*

Beweis. Offenbar ist der Satz lokaler Natur. Man darf deshalb annehmen, daß X ein komplexer Unterraum eines Holomorphiegebietes $G \subset C^n$ ist. Da man die Garben S, S_ν trivial zu kohärenten Garben nach G fortsetzen kann, ist es sogar möglich, ohne Einschränkung der Allgemeinheit vorauszusetzen, daß $X = G$ ist und daß über G eine exakte Garbensequenz $O^p \to O^q \to S \to 0$ erklärt ist. Wir setzen $O_\nu = \mathrm{Ker}(O^q \to S/S_\nu)$ und brauchen nur noch zu zeigen, daß zu jedem relativ-kompakten Teilbereich $B \subset\subset G$ eine natürliche Zahl ν_0 existiert, so daß $O_\nu = O_{\nu_0}$ für $\nu \geq \nu_0$ gilt.

Nun sind alle Garben $O_\nu \subset O^q$ kohärent, ferner hat man $O_\nu \subset O_{\nu+1}$. Da nach bekannten Sätzen jeder Ring O_x, $x \in G$ ein noetherscher Ring ist, folgt aus dem Teilerkettensatz, daß für $\nu \geq \nu(x)$ gilt : $(O_\nu)_x = (O_{\nu(x)})_x$.

Wir setzen $O^* = \bigcup_\nu O_\nu$. Da G ein Holomorphiegebiet ist, wird O_ν von den Schnittflächen aus $\Gamma(G, O_\nu)$ erzeugt. Mithin wird auch O^* von $\Gamma(G, O^*)$ erzeugt und ist deshalb kohärent. Da O^* lokal schon von endlich vielen Schnittflächen $s \in \Gamma(G, O^*)$ erzeugt wird und mit Hilfe des Cartan-Rückertschen Basissatzes aus $s(x) \in (O_{\nu(x)})_x$ für eine volle Umgebung $V'(x)$ folgt : $s|V' \in \Gamma(V', O_{\nu(x)})$, hat sich ergeben, daß eine Umgebung $V(x)$ existiert, für die gilt : $O_\nu|V = O_{\nu(x)}|V$, $\nu \geq \nu(x)$. Damit ist Satz 8 bewiesen.

§ 3. Garben in Gebieten des komplexen Zahlenraumes.

1. Es bezeichne $\rho = (\rho_1, \ldots, \rho_m)$ ein m-tupel positiver reeller Zahlen, $\mathfrak{t} = (t_1, \ldots, t_m)$ ein m-tupel komplexer Zahlen, $\mathfrak{d} = (d_1, \ldots, d_m)$ ein m-tupel natürlicher Zahlen, die auch $+\infty$ sein dürfen. Wir setzen $t_\nu^\infty = 0$ und verstehen unter $I(\mathfrak{d}) \subset O(C^m)$ diejenige kohärente Idealgarbe, die von den holomorphen Funktionen $t_\nu^{d_\nu} \in \Gamma(C^m, O(C^m))$, $\nu = 1, \ldots, m$ erzeugt wird. $K(\rho, \mathfrak{d})$ sei sodann der komplexe Raum, der den Polyzylinder $K_1 = \{\mathfrak{t} : |t_\nu| < \rho_\nu, \nu = 1, \ldots, m\} \cap \{I(\mathfrak{d}) = 0\}$ als Trägerraum und $H(\mathfrak{d}) = O(C^m)/I(\mathfrak{d})$ als Strukturgarbe besitzt. Ferner sei $\rho_0 = (\rho_1^{(0)}, \ldots, \rho_m^{(0)})$ ein festgewähltes m-tupel positiver Zahlen. Es seien folgende abkürzende Bezeichnungen eingeführt : $\mathfrak{d}_\infty = (\infty, \ldots, \infty)$, $K(\mathfrak{d}) = K(\rho_0, \mathfrak{d})$, $K(\rho) = K(\rho, \mathfrak{d}_\infty)$, $K = K(\rho_0)$. Wir nennen $\rho \underset{(-)}{<} \rho_0$, wenn für alle ν : $\rho_\nu \underset{(-)}{<} \rho_\nu^{(0)}$ gilt und betrachten Polyzylinder $K(\rho, \mathfrak{d})$ mit $\rho \leq \rho_0$.

Ist $G \subset C^n$ ein Gebiet, so trägt das kartesische Produkt $G \times K(\mathfrak{d})$ eine natürliche Strukturgarbe $\hat{H}(\mathfrak{d})$. $G \times K(\rho, \mathfrak{d})$ ist also ein komplexer Raum. Es werde in $\Gamma = \Gamma(G \times K(\rho, \mathfrak{d}), \hat{H}^p(\mathfrak{d}))$ eine Pseudonorm eingeführt, $p = 1, 2, 3, \ldots$: Jede Schnittfläche $f \in \Gamma$ kann durch Beschränkung eines p-tupels $\tilde{f}$ in $G \times K(\rho)$ holomorpher Funktionen erhalten werden. f läßt sich daher in eine Potenzreihe $f = \sum_{\varkappa=0}^{\mathfrak{d}-1} f_\varkappa \left(\frac{\mathfrak{t}}{\rho}\right)^\varkappa$ entwickeln, bei der $\mathfrak{d} - 1 = (d_1 - 1, \ldots, d_m - 1)$, $\varkappa = (\varkappa_1, \ldots, \varkappa_m)$ und

$$\left(\frac{\mathfrak{t}}{\rho}\right)^\varkappa = \left(\frac{t_1}{\rho_1}\right)^{\varkappa_1} \cdot \ldots \cdot \left(\frac{t_m}{\rho_m}\right)^{\varkappa_m}$$

ist. Die $f_\varkappa$ sind p-tupel in G holomorpher Funktionen. Wir setzen $||f_\varkappa||_a = \sum_\nu \sup |f_\nu^{(\varkappa)}(G)|$, $f_\varkappa = (f_1^{(\varkappa)}, \ldots, f_p^{(\varkappa)})$ und $||f||_{a\rho}^{\mathfrak{d}} = \sup_\varkappa ||f_\varkappa||_a$. $||f_\varkappa||_{a\rho}^{\mathfrak{d}}$ ist auf einem Untervektorraum von Γ endlich und macht diesen zu einem vollständigen Banach'schen Raum (1).

Wie man leicht sieht, kann man jeden über $K(\mathfrak{d})$ definierten analytischen Garbenhomomorphismus h : $H^p(\mathfrak{d}) \to H^q(\mathfrak{d})$ durch Beschränkung eines analytischen Homomorphismus $\tilde{h}$: $O^p(K) \to O^q(K)$ erhalten. Wir brauchen also nur Homomorphismen $\tilde{h}$ zu untersuchen. Es werde zunächst die Annahme gemacht, daß $G = O$ ein

(1) Wir werden das $\mathfrak{d}$ in der Bezeichnung dieser und der später zu definierenden Normen häufig fortlassen.

Punkt, also $G \times K(\rho, \mathfrak{d}) = K(\rho, \mathfrak{d})$ ist. Wir setzen in diesem Falle $||f||^{\mathfrak{d}}_{0\rho} = ||f||^{\mathfrak{d}}_{\rho}$.

Es werde beachtet : Gilt $\mathfrak{d}_1 \leq \mathfrak{d}$ (d.h. $d^{(1)}_\nu \leq d_\nu$), so ist $K(\rho, \mathfrak{d}_1)$ ein komplexer Unterraum von $K(\rho, \mathfrak{d})$. Jede Schnittfläche $f \in \Gamma(K(\rho, \mathfrak{d}_1), H^p(\mathfrak{d}_1))$ läßt sich in eine Potenzreihe $P : f = \sum_{\kappa=0}^{\mathfrak{d}_1 - 1} f_\kappa \left(\frac{\mathfrak{t}}{\rho}\right)^\kappa$ entwickeln, in der f_κ p-tupel komplexer Zahlen sind. Man kann P aber auch als Potenzreihenentwicklung einer Schnittfläche

$$ {}^*f \in \Gamma(K(\rho, \mathfrak{d}), H^p(\mathfrak{d})) $$

auffassen. Wir bezeichnen ${}^*f$ als die Polynomfortsetzung von f. Es gilt stets ${}^*f | K(\rho, \mathfrak{d}_1) = f$ (aber nicht umgekehrt ${}^*(g | K(\rho, \mathfrak{d}_1)) = g$, $g \in \Gamma(K(\rho, \mathfrak{d}), H^p(\mathfrak{d}))$. Wir werden im folgenden f und ${}^*f$ mit gleichen Symbolen bezeichnen, wenn das nicht zu Mißverständnissen führt.

Es werde mit $\mathfrak{e} = (e_1, \ldots, e_m)$, $e_\nu < \infty$, stets ein m-tupel natürlicher Zahlen bezeichnet.

Satz 1. *Es seien $h : O^p(K) \to O^q(K)$ ein analytischer Garbenhomomorphismus, $\mathfrak{d}$ ein m-tupel natürlicher Zahlen (einschl. ∞), $h(\mathfrak{d})$ die Beschränkung von h auf $K(\mathfrak{d})$. Ist dann ρ hinreichend klein ($\rho < \rho_1(d_2, \ldots, d_m, h) \leq \rho_0$)* (¹), *so gibt es zu jeder endlichen Schnittfläche $f \in \Gamma(K(\rho, \mathfrak{d}), H^q(\mathfrak{d}))$, mit $f | K(\mathfrak{e}) \in h(\mathfrak{e}) \circ H^p(\mathfrak{e})$ für alle $\mathfrak{e} \leq \mathfrak{d}$, eine endliche Schnittfläche $g \in \Gamma(K(\rho, \mathfrak{d}), H^p(\mathfrak{d}))$ mit $f = h(\mathfrak{d}) \circ g$, so daß die Zuordnung $f \to g$ unabhängig von d_1 linear beschränkt ist.*

Beweis. Wir schwächen Satz 1 zunächst ab : Wir machen eine zusätzliche Voraussetzung : « Die Zahlen $d_{s+1}, \ldots, d_m$ seien endlich », so dann eine Abschwächung des Resultates : « Die Zuordnung $f \to g$ ist von d_1 unabhängig linear beschränkt, wenn $s \neq 0$ ist. » Die so erhaltene Aussage sei mit Satz 1_s bezeichnet.

Für $s = 0$ sind die Räume $\Gamma(K(\rho, \mathfrak{d}), H^p(\mathfrak{d}))$, $\Gamma(K(\rho, \mathfrak{d}), H^q(\mathfrak{d}))$ endlich dimensionale komplexe Vektorräume. Satz 1_0 ist also trivial. Ferner stimmt Satz 1_m mit Satz 1 überein. Zeigen wir, daß (bei festem Homomorphismus h) aus der Gültigkeit von Satz 1_s für $s < s_0$ seine Gültigkeit für $s = s_0$ folgt, so ist Satz 1 bewiesen. Es sei deshalb fortan die Induktionsannahme gemacht, daß Satz 1_s, $s < s_0$ bewiesen ist.

Es müssen einige Bezeichnungen eingeführt werden. Wir setzen :

(a) $\mathfrak{d}_* = (\infty, d_2, \ldots, d_m)$,

(b) $M = h(O^p)$, $M(\mathfrak{d}) = h(\mathfrak{d}) \circ H^p(\mathfrak{d}) = M | K(\mathfrak{d})$,

(c) λ = denjenigen Homomorphismus $H^q(\mathfrak{d}_*)/M(\mathfrak{d}_*) \to H^q(\mathfrak{d}_*)/M(\mathfrak{d}_*)$, der durch die Zuordnung $\sigma \to t_1 \cdot \sigma$ erzeugt wird,

(d) d_1^+ = kleinste natürliche Zahl, so daß der Homomorphismus λ den Halm $t_1^{d_1^+ - 1} \cdot (H^q(\mathfrak{d}_*)/M(\mathfrak{d}_*))_0$, mit $O \in K$ Nullpunkt, injektiv abbildet (²),

(e) $\mathfrak{d}^+ = (d_1^+, d_2, \ldots, d_m)$.

(¹) ρ hinreichend klein bedeutet stets, daß ein $\rho_1 \leq \rho_0$ existiert, so daß für $\rho < \rho_1$ die btrf. Aussage gilt.

(²) Die Existenz der natürlichen Zahlt d_1^+ ergibt sich auf folgende Weise : Wir setzen $Q = H^q(\mathfrak{d}_*)/M(\mathfrak{d}_*)$. Die Garben $Q_\nu = \{\sigma \in Q : t_1^\nu . \sigma = 0\}$ bilden eine aufsteigende Folge von kohärenten Untergarben von Q. Nach Satz 8, § 2 gilt : $(Q_\nu)_0 = (Q_{\nu_0})_0$ für $\nu \geq \nu_0$. Mithin wird $t_1^{\nu_0} \cdot Q_0$ durch λ injektiv abgebildet.

Es sei nun $\rho<\rho_1$, $\rho_1<\rho_0$ sehr klein, $f\in\Gamma(K(\rho,\mathfrak{d}),H^q(\mathfrak{d}))$, eine endliche Schnittfläche mit $\|f\|_\rho^{\mathfrak{d}}<\mathfrak{M}$ und $f\,|\,K(\mathfrak{e})\in M(\mathfrak{e})$ für alle $\mathfrak{e}\leq\mathfrak{d}$. Gilt $d_1\leq d_1^+$, so ergibt eine Anwendung von Satz $1_{s,-1}$ das gewünschte Resultat. Da es nur endlich viele natürliche Zahlen $d_1\leq d_1^+$ gibt, ist die Relation $f\rightarrow g$ unabhängig von $d_1\leq d_1^+$ linear beschränkt.

Es sei daher fortan $d_1>d_1^+$. Es folgt :

(*) Es sei $f=\sum_{\varkappa=l}^{d_1-1}f_\varkappa\left(\frac{t_1}{\rho_1}\right)^\varkappa\in\Gamma(K(\rho,\mathfrak{d}),H^q(\mathfrak{d}))$, $l\geq d_1^+$. Es gelte $f\,|\,K(\mathfrak{e})\in M(\mathfrak{e})$ für alle $\mathfrak{e}\leq\mathfrak{d}$ und $\|f_\varkappa\|_\rho^{\mathfrak{d}'}<\mathfrak{M}_\varkappa$ mit $f_\varkappa\in\Gamma(K(\rho,\mathfrak{d}'),H^q(\mathfrak{d}'))$, $\mathfrak{d}'=(1,d_2,\ldots,d_m)$. Dann gibt es eine Schnittfläche $g^*\in\Gamma(K(\rho,\mathfrak{d}_*),H^p(\mathfrak{d}_*))$, derart, daß

$$f-\left(\frac{t_1}{\rho_1}\right)^{l-d_1^++1}\cdot h(\mathfrak{d})\circ g^*=\sum_{\varkappa=l+1}^{d_1-1}f_\varkappa^*\left(\frac{t_1}{\rho_1}\right)^\varkappa$$

und $\|g^*\|_\rho^{\mathfrak{d}_*}<c_1\mathfrak{M}_l$, $\|f_\varkappa^*\|_\rho^{\mathfrak{d}'}<c_2\mathfrak{M}_l\varepsilon^{\varkappa-l}+\mathfrak{M}_\varkappa$ gilt. Die Konstanten c_1, $c_2\geq1$ sind von d_1 und c_2 sogar von (d_1,ρ_1) unabhängig. $\varepsilon=\varepsilon(\rho_1)$ wird mit ρ_1 beliebig klein. Ist $d_1^+=1$, so ist auch c_1 von (d_1,ρ_1) unabhängig.

Beweis von (*). Wir definieren $f^0=f_l\cdot\left(\frac{t_1}{\rho_1}\right)^{d_1^+-1}$ und setzen $\rho^0=(\rho_1^0,\rho_2,\ldots,\rho_m)$. ρ^0 sei hinreichend klein im Sinne von Satz $1_{s,-1}$. Es gilt $\|f^0\|_{\rho^0}^{\mathfrak{d}^+}<\left(\frac{\rho_1^0}{\rho_1}\right)^{d_1^+-1}\mathfrak{M}_l$. Da Satz $1_{s,-1}$ vorausgesetzt und $f^0\,|\,K(\mathfrak{e})\in M(\mathfrak{e})$ ist (¹), kann man eine Schnittfläche $g^*\in\Gamma(K(\rho,\mathfrak{d}_*),H^p(\mathfrak{d}_*))$ finden mit $\|g^*\|_\rho^{\mathfrak{d}_*}<c_0\mathfrak{M}_l\left(\frac{\rho_1^0}{\rho_1}\right)^{d_1^+-1}$ und $h(\mathfrak{d}^+)\circ g^*=f^0$. Dabei ist $c_0>1$ von f, d_1, ρ_1, l unabhängig. Wie man leicht sieht, gibt es eine weitere von g^*, $\mathfrak{d}_*$, $\mathfrak{d}\leq\mathfrak{d}_*$, unabhängige Konstante $c'>1$, so daß $\|h(\mathfrak{d})\circ g^*\|_\rho^{\mathfrak{d}_*}<c'\|g^*\|_\rho^{\mathfrak{d}_*}$ gilt. Daraus folgt sofort, daß $f-\left(\frac{t_1}{\rho_1}\right)^{l-d_1^++1}h(\mathfrak{d})\circ g^*=\sum_{\varkappa=l+1}^{d_1-1}f_\varkappa^*\left(\frac{t_1}{\rho_1}\right)^\varkappa$ mit

$$\|f_\varkappa^*\|_\rho^{\mathfrak{d}}<\mathfrak{M}_\varkappa+c_0\mathfrak{M}_lc'\left(\frac{\rho_1}{\rho_1^0}\right)^{\varkappa-l}$$

ist, q.e.d.

Es sei fortan $\rho_1^{(1)}$ so klein gewählt, daß für $\rho<\rho_1$ die Zahl $c_2\varepsilon<1/4$ ist. Wir wählen eine beliebige Schnittfläche $f=\sum_{\varkappa=d_1^+}^{d_1-1}f_\varkappa\left(\frac{t_1}{\rho_1}\right)^\varkappa\in\Gamma(K(\rho,\mathfrak{d}),H^q(\mathfrak{d}))$ mit $f\,|\,K(\mathfrak{e})\in M(\mathfrak{e})$ für alle $\mathfrak{e}\leq\mathfrak{d}$ und $\|f_\varkappa\|_\rho^{\mathfrak{d}'}<\mathfrak{M}$. Nach (*) gibt es eine Schnittfläche $g_1\in\Gamma(K(\rho,\mathfrak{d}_*),H^p(\mathfrak{d}_*))$, derart, daß

$$\|g_1\|_\rho^{\mathfrak{d}_*}<c_1\mathfrak{M},\quad f^{(1)}=f-\left(\frac{t_1}{\rho_1}\right)^1\cdot h(\mathfrak{d})\circ g_1=\sum_{\varkappa=d_1^++1}^{d_1-1}f_\varkappa^{(1)}\left(\frac{t_1}{\rho_1}\right)^\varkappa,$$
$$\|f_\varkappa^{(1)}\|_\rho^{\mathfrak{d}'}<\mathfrak{M}\cdot(1+4^{-\varkappa+d_1^+}).$$

(¹) Es gilt $f^0|K(\mathfrak{e})\in M(\mathfrak{e})$ für $\mathfrak{e}\leq\mathfrak{d}^+$ aus folgenden Gründen : Zunächst folgt aus Satz 1_{s-1} : $f\,|\,K(\rho,\bar{\mathfrak{d}})=h(\bar{\mathfrak{d}})\circ g$ mit $\bar{\mathfrak{d}}=(l+1,d_2,\ldots,d_m)$, $\bar{g}\in\Gamma(K(\rho,\bar{\mathfrak{d}}),H^p(\bar{\mathfrak{d}}))$, wenn ρ hinreichen klein ist. Also ist

$$\bar{f}=h(\mathfrak{d}_*)\circ\bar{g}\in\Gamma(K(\rho,\mathfrak{d}_*),M(\mathfrak{d}_*))$$

und mithin liegt der Keim von $\bar{f}^0=\bar{f}/t_1^{l-d_1^++1}$ über O in $M(\mathfrak{d}_*)$. Es ist aber $f\,|\,K(\rho,\bar{\mathfrak{d}})=\bar{f}\,|\,K(\rho,\bar{\mathfrak{d}})$ und daher $f^0=\bar{f}^0\,|\,K(\rho,\mathfrak{d}^+)$, woraus $f_0^0\in M(\mathfrak{d}^+)$ folgt, q.e.d.

Durch Anwendung von (*) auf $f^{(1)}$ gewinnt man sodann eine Schnittfläche $g_2 \in \Gamma(\mathrm{K}(\rho, \mathfrak{d}_*), \mathrm{H}^p(\mathfrak{d}_*))$ mit

$$\|g_2\|_\rho^{\mathfrak{d}_*} < c_1 \mathfrak{M}(1+4^{-1}),\ f^{(2)} = f^{(1)} - \left(\frac{t_1}{\rho_1}\right)^2 h(\mathfrak{d}) \circ g_2 = \sum_{\varkappa = d_1^+ + 2}^{d_1 - 1} f_\varkappa^{(2)} \left(\frac{t_1}{\rho_1}\right)^\varkappa,$$

$$\|f_\varkappa^{(2)}\|_\rho^{\mathfrak{d}} < \mathfrak{M}(1+4^{d_1^+ - \varkappa} + 4^{d_1^+ + 1 - \varkappa} \cdot (1+4^{-1})) = \mathfrak{M}(1 + 4^{d_1^+ + 1 - \varkappa} + 2 \cdot 4^{d_1^+ - \varkappa}).$$

Durch Fortsetzung des Verfahrens gelingt es, Schnittflächen

$$g_\nu \in \Gamma(\mathrm{K}(\rho, \mathfrak{d}_*), \mathrm{H}^p(\mathfrak{d}_*)),\ f^{(\nu)} = f^{(\nu-1)} - \left(\frac{t_1}{\rho_1}\right)^\nu \cdot h(\mathfrak{d}) \circ g_\nu \in \Gamma(\mathrm{K}(\rho, \mathfrak{d}), \mathrm{H}^q(\mathfrak{d}))$$

zu konstruieren. Immer bleibt $\|f^{(\nu)}\| < 2\mathfrak{M}$ und mithin $\|g_\nu\|_\rho^{\mathfrak{d}_*} < 2 c_1 \mathfrak{M}$. Für $g = \sum_{\nu=1}^{\infty} \left(\frac{t_1}{\rho_1}\right)^\nu g_\nu$ gilt : $h(\mathfrak{d}) \circ g = f$.

Ist $f \in \Gamma(\mathrm{K}(\rho, \mathfrak{d}), \mathrm{H}^q(\mathfrak{d}))$ mit $f \mid \mathrm{K}(\mathfrak{e}) \in \mathrm{M}(\mathfrak{e})$ und $\|f\|_\rho^{\mathfrak{d}} < \mathfrak{M}$ eine beliebige Schnittfläche, so kann man $f^+ = f \mid \mathrm{K}(\rho, \mathfrak{d}^+)$ bilden. Nach den Überlegungen zu Anfang des Beweises gibt es dann eine Schnittfläche $g^+ \in \Gamma(\mathrm{K}(\rho, \mathfrak{d}_*), \mathrm{H}^p(\mathfrak{d}_*))$ mit $\|g^+\|_\rho^{\mathfrak{d}_*} < c\mathfrak{M}$ und $h(\mathfrak{d}^+) \circ g^+ = f^+$. Wir setzen $f^* = f - h(\mathfrak{d}) \circ g^+$, es gilt wieder $f^* \mid \mathrm{K}(\mathfrak{e}) \in \mathrm{M}(\mathfrak{e})$ für alle $\mathfrak{e} \leq \mathfrak{d}$, aber darüber hinaus : $f^* = \sum_{\varkappa = d_1^+}^{d_1 - 1} f_\varkappa^* \left(\frac{t_1}{\rho_1}\right)^\varkappa$. Also läßt sich das letzte Resultat anwenden. Satz 1 ist damit bewiesen.

Im Falle, daß $d_1^+ = 1$ ist, vereinfacht sich der Beweis von Satz 1 etwas. Es folgt dann :

Zusatz I. *Die Zuordnung $f \to g$ ist sogar von (ρ_1, d_1) unabhängig linear beschränkt.*

Offenbar ist d_1^+ genau dann gleich 1, wenn der Homomorphismus λ die Garbe $\mathrm{S} = \mathrm{H}^q(\mathfrak{d}_*)/\mathrm{M}(\mathfrak{d}_*)$ über $\mathrm{K}(\rho_1, \mathfrak{d}_*)$, $\rho_1 \ll \rho_0$ injektiv abbildet ([1]). Wir werden später solche Garben torsionsrecht nennen. Wie man leicht sieht, ist i.a. $f \to g$ nicht von $\rho_1 < \rho_1^{(1)}$ unabhängig linear beschränkt.

Wir definieren noch :

a) Eine Folge $\mathfrak{e}_\nu = (e_1^{(\nu)}, \ldots, e_m^{(\nu)})$ von m-tupeln natürlicher Zahlen konvergiert gegen ∞, wenn jede Komponentenfolge $e_\mu^{(\nu)}$ gegen ∞ konvergiert.

b) $\min(\mathfrak{e}, \mathfrak{d}) = (\min(e_1, d_1), \ldots, \min(e_m, d_m))$.

Zusatz II. *Es gibt eine von f und $\rho < \rho_1$ unabhängige Funktion $f(\mathfrak{e}) \leq \mathfrak{e}$, deren Werte und Argumente m-tupel natürlicher Zahlen sind, so daß folgendes gilt :*

1) $\lim_{\mathfrak{e} \to \infty} f(\mathfrak{e}) = \infty$,

2) *Ist $f \mid K(\min(\mathfrak{e}, \mathfrak{d})) = 0$, so kann man g so wählen, daß $g \mid K(\min(f(\mathfrak{e}), \mathfrak{d})) = 0$ und die Zuordnung $f \to g$ unabhängig von d_1 linear beschränkt ist.*

---

(1) Der Träger T der Garbe Ker λ ist eine analytische Menge, da Ker λ kohärent ist (vgl. § 7). Es gilt $O \notin T$. Daraus folgt die Aussage.

Der Beweis von Zusatz II ergibt sich unmittelbar, wenn man dem Gang des Beweises von Satz I folgt.

Man erhält nun unmittelbar eine Aussage, in der § I, Hilfssatz I enthalten ist:

Satz 2. *Es seien $M'_\mathfrak{D}$, $M_\mathfrak{D} \subset O_\mathfrak{z}$, $\mathfrak{D} \in K =$ Nullpunkt, Untermoduln. Zu jedem m-tupel $\mathfrak{e}$ natürlicher Zahlen und zu jedem Element $f \in M_\mathfrak{D}$ gebe es ein Element $f' \in M'_\mathfrak{D}$ mit $f - f' \in O_\mathfrak{z} \cdot I(\mathfrak{e})$. Dann gilt $M_\mathfrak{D} \subset M'_\mathfrak{D}$.*

Beweis. Nach dem Rückertschen Basissatz gibt es Basen $f'_1, \ldots, f'_p, f_1, \ldots, f_\nu$ von $M'_\mathfrak{D}$ bzw. $M_\mathfrak{D}$. Ist ρ_0 hinreichend klein, so sind alle diese Funktionen in K holomorph, durch die Zuordnung $(a_1, \ldots, a_p) \to \Sigma a_\nu f'_\nu$ erhält man dann einen Homomorphismus $h : O^p \to O^q$. Nach Satz I gilt $f_\nu | K(\rho) \in \Gamma(K(\rho), h(O^p))$, wenn $\rho \ll \rho_0$ und mithin $M_\mathfrak{D} \subset M'_\mathfrak{D}$.

2. Es seien $G \subset C^n$ ein Holomorphiegebiet, π die Produktprojektion $G \times K \to G$, F ein q-rangiges komplex-analytisches Vektorraumbündel über $G \times K$. Es ergibt sich:

Satz 3. *F ist analytisch äquivalent zu der Liftung $\pi^{-1}(\mathring{F})$ eines q-rangigen komplex-analytischen Vektorraumbündels $\mathring{F}$ über G.*

Beweis. Wir setzen $\mathring{F} = F | G \times o$ (mit $o =$ Nullpunkt aus K) und erhalten ein Vektorraumbündel über G, da $G \times o \approx G$ ist. Weil $G \times K$ auf $G \times o$ zusammenziehbar ist, sind F und $\pi^{-1}(\mathring{F})$ topologisch äquivalent, weil ferner $G \times K$ ein holomorph-vollständiger Raum ist, folgt nach [8], Satz I die analytische Äquivalenz $\pi^{-1}(\mathring{F}) \approx F$.

Man braucht zwischen analytisch äquivalenten Bündeln nicht zu unterscheiden und darf deshalb voraussetzen, daß $F = \pi^{-1}(\mathring{F})$ ist.

Es sei $T = \{T_\iota, \iota \in I\}$ eine hinreichend feine Steinsche Überdeckung von G. $\mathring{F}$ kann dann durch einen Kozyklus $\Phi = \{\Phi_{\iota_1\iota_2}(z) : \iota_1, \iota_2 \in I\} \in Z^1(T, GL(q, C))$ gegeben werden. Die Ausdrücke $\Phi_{\iota_1\iota_2}(z)$ sind holomorphe Abbildungen $T_{\iota_1\iota_2} = T_{\iota_1} \cap T_{\iota_2} \to GL(q, C)$ und werden wie üblich « transition functions » genannt. Das Bündel F entsteht durch Verheftung der kartesischen Produkte $T_\iota \times C^q = \{(\iota, z, w) : z \in T_\iota, w \in C^q\}$ vermöge der biholomorphen Abbildungen: $T_{\iota_1\iota_2} \times C^q \to T_{\iota_1\iota_2} \times C^q : (\iota_2, z, w) \to (\iota_1, z, \Phi_{\iota_1\iota_2}(z) \circ w)$.

Wir setzen $\hat{T} = \{\hat{T}_\iota = T_\iota \times K : \iota \in I\}$, $\hat{\Phi} = \{\hat{\Phi}_{\iota_1\iota_2} = \Phi_{\iota_1\iota_2} \circ \pi\} \in Z^1(\hat{T}, GL(q, C))$. Es folgt sofort, daß F durch den Kozyklus $\hat{\Phi}$ gegeben wird. Da F durch Verheftung entstanden ist, gibt es kanonische holomorphe Abbildungen $\hat{\psi}_\iota : \hat{\varphi}^{-1}(\hat{T}_\iota) \to \hat{T}_\iota \times C^q$, die durch Liftung der kanonischen Abbildungen $\psi_\iota : \varphi^{-1}(T_\iota) \to T_\iota \times C^q$ erhalten sind. Dabei bezeichnen φ, $\hat{\varphi}$ die Bündelprojektionen $\mathring{F} \to G$, $F \to G \times K$.

Ist $s \in \Gamma(B, \underline{F})$, $B \subset \hat{T}_\iota$ eine Schnittfläche, so wird s durch $\hat{\psi}_\iota$ auf eine Schnittfläche in dem trivialen Bündel $\hat{T}_\iota \times C^q$ abgebildet, die man als ein q-tupel holomorpher Funktionen deuten kann. Wir bezeichnen dieses q-tupel mit $\hat{\psi}_\iota(s)$.

Es sei nun $U = \{U_i : i \in J\}$ eine offene Überdeckung von G. Wir nehmen an, daß U eine « eigentliche Verfeinerung » von T ist (in Zeichen $U \subset\subset T$). Das bedeutet folgendes : Zu jedem Element $i \in J$ ist ein Element $\tau(i) \in I$ definiert, so daß aus $\iota = \tau(i)$ folgt : $U_i \subset\subset T_\iota$.

Wir greifen auf die Bezeichnungen des vorigen Abschnittes zurück und setzen $\hat{U}(\rho) = \{U_i \times K(\rho)\}$ und führen in $C^\nu(\hat{U}(\rho), \underline{F})$ eine Pseudonorm ein. Ist $\xi = \{\xi_{i_0 \dots i_\nu}\} \in C^\nu(\hat{U}(\rho), \underline{F})$ eine Kokette, so setzen wir:

$$||\xi||_{U\rho} = \sup_{i_0, \dots, i_\nu, \mu, \iota = \tau(i_\mu)} || \hat{\psi} (\xi_{i_0 \dots i_\nu}) ||^{\mathfrak{d}\infty}_{U_{i_0 \dots i_\nu}\rho} \quad \mathfrak{d}\infty = (\infty, \dots, \infty).$$

Wir untersuchen zunächst den Fall, wo $K = 0$ ein Punkt ist, und setzen in diesem Falle anstelle von $||\xi||_{U\rho}$ einfach $||\xi||_U$. Es gilt $F = \overset{0}{F}$. Wir setzen fortan voraus, daß U eine Steinsche Überdeckung von G ist. Ein Satz von Leray besagt dann, daß $H^\nu(U, \underline{F}) = H^\nu(G, \underline{F})$ ist, $\nu = 0, 1, 2, \dots$. Aus dem Theorem B von H. Cartan folgt deshalb : $H^\nu(U, \underline{F}) = 0$, $\nu = 1, 2, 3, \dots$. Wir zeigen darüber hinaus :

Hilfssatz 1. *Es seien $G' \subset\subset G$ ein Teilgebiet, $V = \{V_i\}$ eine offene endliche Überdeckung von G', die eine eigentliche Verfeinerung der Überdeckung U ist. Dann gibt es zu jedem Kozyklus $\xi \in Z^\nu(U, \underline{F})$, $\nu \geq 1$ eine Kokette $\eta \in C^{\nu-1}(V, \underline{F})$, so daß $\xi | G' = \delta\eta$ ist. Die Zuordnung $\xi \to \eta$ ist in bezug auf die Normen $||\xi||_U$, $||\eta||_V$ linear beschränkt.*

Beweis. Die Gruppen $C^\nu(U, \underline{F})$, $Z^\nu(U, \underline{F})$ lassen sich als komplexe Vektorräume auffassen. Versehen mit der Topologie der kompakten Konvergenz sind sie Fréchetsche Räume. Da $\delta : C^{\nu-1}(U, \underline{F}) \to Z^\nu(U, \underline{F})$ stetig, linear, surjektiv ist, folgt aus einem Satz von Banach ([2]), daß δ eine offene Abbildung ist. Daraus ergibt sich aber unmittelbar die Behauptung des Hilfssatzes (vgl. § 2, Abschnitt 8, wo ein ähnlicher Schluss durchgeführt ist).

Die Aussage von Hilfssatz 1 überträgt sich unmittelbar auf unsere Produktgebiete $G \times K(\rho)$:

Satz 4. *Es seien $G' \subset\subset G$ ein Teilgebiet, $V = \{V_i\}$ eine offene endliche Überdeckung von G', die eine eigentliche Verfeinerung der Überdeckung U ist. Dann gibt es zu jedem Kozyklus $\xi \in Z^\nu(\hat{U}(\rho), \underline{F})$, $\nu \geq 1$ eine Kokette $\eta \in C^{\nu-1}(\hat{V}(\rho), \underline{F})$, so daß $\xi | G' \times K(\rho) = \delta\eta$ ist. Die Relation $\xi \to \eta$ ist in bezug auf die Normen $||\xi||_{U\rho}$, $||\eta||_{V\rho}$ unabhängig von ρ linear beschränkt.*

Der Beweis ergibt sich durch Potenzreihenentwicklung von ξ nach den Variablen t von $K(\rho)$.

3. Wir zeigen jetzt, indem wir die Bezeichnungsweise des vorigen Abschnittes beibehalten :

Satz 5. *Es seien F_1, F_0 zwei komplex-analytische Vektorraumbündel über $G \times K$, h ein analytischer Homomorphismus der Garbe $\underline{F_1}$ in die Garbe $\underline{F_0}$. Ferner seien $V \subset\subset U \subset\subset T$, $\hat{V}$, $\hat{U}$ die im vorigen Abschnitt definierten Überdeckungen. Ist dann $\rho < \rho_0$ hinreichend klein, so gibt es zu jedem Kozyklus $\xi = \{\xi_{i_0 \dots i_\nu}\} \in Z^\nu(\hat{U}(\rho), \underline{F_0})$ mit $\xi_{i_0 \dots i_\nu} \in \Gamma(\hat{U}_{i_0 \dots i_\nu}(\rho), M)$, $M = h(\underline{F_1})$ einen Kozyklus $\eta \in Z^\nu(\hat{V}(\rho), \underline{F_1})$, so daß $\xi | G' \times K(\rho) = h(\eta)$ ist. Die Zuordnung $\xi \to \eta$ ist linear beschränkt.*

Zum Beweis von Satz 5 zeigen wir zunächst :

(*) Es gibt zu F_0, F_1 ein Holomorphiegebiet P mit $G' \subset\subset P \subset\subset G$ und zu jedem $\rho < \rho_0$ ein ρ_1 mit $\rho < \rho_1 < \rho_0$, so daß über $P \times K(\rho_1)$ eine exakte Garbensequenz $0 \to \underline{F}_l \overset{h_{l-1}}{\to} \underline{F}_{l-1} \overset{h_{l-2}}{\to} \ldots \overset{h_1}{\to} \underline{F}_1 \overset{h_0}{\to} \underline{F}_0$ existiert, in der F_ν, $\nu = 0, 1, \ldots$, komplex-analytische Vektorraumbündel vom Range p_ν bezeichnen und $h_0 = h$ ist.

Beweis von (*). Wir wählen ein (offenes) analytisches Polyeder P mit $G' \subset\subset P \subset\subset G$ und ein m-tupel ρ_1, $\rho < \rho_1 < \rho_0$. Ist M_1 der Kern der Abbildung h_0, so wird jeder Halm von M_1 über einer Umgebung $U(\overline{P} \times \overline{K}(\rho_1))$ durch festgewählte Schnittflächen $s_1, \ldots, s_{p_2} \in \Gamma(G \times K, M_1)$ erzeugt. $h_1 : (a_x^{(1)}, \ldots, a_x^{(p_2)}) \to \Sigma a_x^{(\nu)} s_\nu$ ist dann ein analytischer Homomorphismus von $\underline{F}_2 = O^{p_2}(U)$ auf $M_1 | U \subset \underline{F}_1 | U$, die Sequenz (1) : $\underline{F}_2 \overset{h_1}{\to} \underline{F}_1 \overset{h_0}{\to} \underline{F}_0$ somit über U exakt. Da es beliebig kleine Holomorphiegebiete P' mit $P \subset\subset P'$ gibt, kann man das geiche Verfahren auf $M_2 = \operatorname{Ker} h_1$ anwenden und so beliebig fortfahren. Nach dem Hilbertschen Syzygiensatz gibt es eine Zahl $l \leq n + m$, so daß M_{l-1} eine freie Garbe ist. Wir definieren dann : $\underline{F}_l = M_{l-1}$ und erhalten damit die exakte Sequenz (*).

Satz 5 läßt sich nun durch Induktion über l beweisen. Wegen (*) kann man fortan ohne Einschränkung der Allgemeinheit voraussetzen, daß über $G \times K$ eine exakte Sequenz :

$$0 \to \underline{F}_l \to \underline{F}_{l-1} \to \ldots \overset{h_1}{\to} \underline{F}_1 \overset{h_0}{\to} \underline{F}_0$$

gegeben ist. Wir betrachten zunächst den Fall der Kozyklen vom Grade $\nu = 0$ und führen folgende Bezeichnungen ein :

1) Es sei $G_\varkappa$, $\varkappa = 0, 1, 2, 3$ eine Folge von Holomorphiegebieten mit $G_0 = G$, $G' \subset G_3$, $G_{\varkappa+1} \subset\subset G_\varkappa$.

2) Es seien $U_\varkappa = \{U_\iota^{(\varkappa)}\}$, $\varkappa = 0, 1, 2, 3$ Steinsche für $\varkappa \neq 0$ endliche Überdeckungen von $G_\varkappa$ bzw. von $\overline{G}_1$ im Falle $\varkappa = 1$. Es gelte $U_0 = U$; $V \subset U_3$, $U_{\varkappa+1}$ sei eigentliche Verfeinerung von $U_\varkappa$. Alle Elemente $U_\iota^{(1)} \in U_1$ seien Polyzylinder und so klein gewählt, daß für sehr kleines ρ für den Polyzylinder $\hat{U}_\iota^{(1)} = U_\iota^{(1)} \times K(\rho)$ die Aussage von Satz 1 gilt.

Wir dürfen voraussetzen, daß ρ unabhängig von ι « hinreichend » klein gewählt ist. Wir setzen $\hat{U}_\iota^{(\varkappa)} = U_\iota^{(\varkappa)} \times K(\rho)$, $\hat{U}_\varkappa = \{\hat{U}_\iota^{(\varkappa)}\}$.

Es sei nun $\xi \in \Gamma(G, \underline{F}_0)$, $\|\xi\|_{\mathfrak{v}\rho} < \mathfrak{M}$ vorgegeben. Nach Satz 1 gibt es Schnittflächen $\xi_\iota \in \Gamma(\hat{U}_\iota^{(1)}, \underline{F}_1)$ mit $\|\xi_\iota\|_{U_\iota^{(1)}\rho} < c_1 \mathfrak{M}$ und $h(\xi_\iota) = \xi$. Für den Kozyklus $\eta = \delta\{\xi_\iota\} \in Z^1(\hat{U}_1, \underline{F}_1)$ gilt $\|\eta\|_{U_1\rho} < 2\, c_1 \mathfrak{M}$. Nach Induktionsvoraussetzung läßt sich ein Kozyklus $\eta^* \in Z^1(\hat{U}_2, \underline{F}_2)$ mit $h_1(\eta^*) = \eta$, $\|\eta^*\|_{U_2\rho} < c_2 \mathfrak{M}$ finden. Satz 4 ergibt :

$$\eta^* = -\delta\gamma,\ \gamma \in C^0(\hat{U}_3, \underline{F}_2),\ \|\gamma\|_{U_3\rho} < c_3 \mathfrak{M}.$$

Es ist $\xi^* = h_1(\gamma) + \{\xi_\iota\} \in \Gamma(G_3, \underline{F}_1)$ unabhängig von ι definiert, es gilt

$$h(\xi^*) = \xi,\ \|\xi^*\|_{\mathfrak{v}\rho} < c_4 \mathfrak{M},\ \text{q.e.d.}$$

In ähnlicher Weise folgt aus der Induktionsvoraussetzung die allgemeine Aussage des Satzes. Zunächst seien wieder einige Bezeichnungen eingeführt :

1) Es sei $G_\varkappa$, $\varkappa = 0, 1, 2, 3$ eine Folge von Holomorphiegebieten mit $G_0 = G$, $G' \subset G_3$, $G_{\varkappa+1} \subset\subset G_\varkappa$.

2) Es seien $U_\varkappa = \{U_\iota^{(\varkappa)}\}$ Steinsche Überdeckungen von $G_\varkappa$, $\varkappa = 0, 1, \ldots, 3$. Es gelte $U_0 = U$, $U_\iota^{(\varkappa+1)} \subset\subset U_\iota^{(\varkappa)}$, $V \subset U_3$. Die Überdeckungen $U_\varkappa$, $\varkappa \neq 0$ seien endlich.

Es sei wieder ρ hinreichend klein gewählt und $\xi = \{\xi_{\iota_0 \ldots \iota_\nu}\} \in Z^\nu(\hat{U}_0, \underline{F}_0)$, $||\xi||_{U_0 \rho} < \mathfrak{M}$ vorgegeben. Wie vorhin gezeigt, lassen sich Schnittflächen $\xi^*_{\iota_0 \ldots \iota_\nu} \in \Gamma(\hat{U}^{(1)}_{\iota_0 \ldots \iota_\nu}, \underline{F}_1)$, $||\xi^*_{\iota_0 \ldots \iota_\nu}||_{U^{(1)}_{\iota_0 \ldots \iota_\nu} \rho} < c_1 \mathfrak{M}$ bestimmen. Wir setzen $\eta = \delta\{\xi^*_{\iota_0 \ldots \iota_\nu}\} \in Z^{\nu+1}(\hat{U}_1, \underline{F}_1)$ und wählen ein $\eta^* \in Z^{\nu+1}(\hat{U}_2, \underline{F}_2)$ mit $h_1(\eta^*) = \eta$ und ein $\gamma \in C^\nu(\hat{U}_3, \underline{F}_2)$ mit $\delta\gamma = \eta^*$. Es gilt $||\gamma||_{U_3 \rho} < c_3 \mathfrak{M}$. $\xi' = \{\xi^*_{\iota_0 \ldots \iota_\nu}\} - h_1(\gamma) \in Z^\nu(U_3, \underline{F}_1)$ ist ein Kozyklus, für den $h(\xi') = \xi$, $||\xi'||_{V\rho} < c_4 \mathfrak{M}$ gilt, q.e.d.

Damit ist der Induktionsschluß durchgeführt. Um die Induktionsbasis zu gewinnen, müssen wir exakte Sequenzen (2) $0 \to F_1 \to F_0$ betrachten. Da man aber (2) durch $0 \to 0 \to F_1 \to F_0$ ersetzen darf, genügt es die Sequenzen $0 \to 0 \to F_0$ zu untersuchen. Für diesen Fall ist jedoch die Aussage von Satz 5 trivial.

Aus dem Beweis zu Satz 5 und dem Zusatz 1 zu Satz 1 folgt:

Zusatz zu Satz 5. *Es sei $S = \underline{F}_0 / h(\underline{F}_1)$ torsionsrecht. Dann ist die Zuordnung $\xi \to \eta$ von $\rho_1 < \rho_1^{(1)}$ unabhängig linear beschränkt, wenn ρ_1 sehr klein ist.*

Dabei nennen wir eine Garbe S über einem Gebiet $G \times K$ torsionsrecht, wenn der Homomorphismus $\lambda : S_{\hat{0}} \to S_{\hat{0}} : \sigma \to t_1 \cdot \sigma$ injektiv ist. $S_{\hat{0}}$ bezeichnet die Menge der Halme von S über $G \times O$, $O \in K$.

Korollar zu Satz 5. Es sei $M \subset O^q(G \times K)$ eine kohärente Untergarbe. Ist dann $\rho < \rho_0$ hinreichend klein gewählt, so gibt es zu jedem Kozyklus $\xi \in Z^\nu(\hat{U}(\rho), M)$ eine Kokette $\eta \in C^{\nu-1}(\hat{V}(\rho), M)$ mit $\xi | G' \times K(\rho) = \delta\eta$. Die Zuordnung $\xi \to \eta$ ist linear beschränkt. Ist O^q/M torsionsrecht, so ist $\xi \to \eta$ sogar von ρ_1 unabhängig linear beschränkt.

Beweis. Es seien P_1 ein analytisches Polyeder mit $G' \subset\subset P_1 \subset\subset G$ und $\rho_1 < \rho_0$ ein m-tupel positiver Zahlen. Man kann über $P_1 \times K(\rho_1)$ eine exakte Sequenz $O^p \to M \to 0$ definieren. Das Korollar ergibt sich sofort durch Anwendung von Satz 4 und Satz 5.

4. Wir werden im folgenden Satz 5 nur für den Fall benutzen, daß $\underline{F}_1 = O^p$, $\underline{F}_0 = O^q$ ist. Es sei fortan T stets die triviale Überdeckung $T = \{G\}$ von G. Wir fahren mit der Verallgemeinerung von Satz 1 fort:

Satz 6. *Es seien $h : O^p(G \times K) \to O^q(G \times K)$ ein analytischer Homomorphismus, $\hat{U}$, $\hat{V}$ die in Abschnitt 2 definierten Steinschen Überdeckungen von $G \times K$, bzw. $G' \times K$, $\mathfrak{d}$ ein m-tupel von Zahlen 1, 2, 3, ..., ∞. Ist dann $\rho < \rho_0$ hinreichend klein gewählt, so gibt es zu jedem Kozyklus $\xi = \{\xi_{\iota_0 \ldots \iota_\nu}\} \in Z^\nu(\hat{U}(\rho), M(\mathfrak{d}))$ mit $M(\mathfrak{d}) = h(\mathfrak{d}) \circ O^p$ einen Kozyklus $\eta \in Z^\nu(\hat{V}(\rho), H^p(\mathfrak{d}))$, so daß $\xi = h(\mathfrak{d}) \circ \eta$ ist. Die Zuordnung $\xi \to \eta$ ist in bezug auf die Normen $||\xi||_{U\rho}$, $||\eta||_{V\rho}$ linear beschränkt.*

Beweis. Wir definieren über $G\times K$ eine kohärente Untergarbe $M_{\mathfrak{d}}$ von $\mathcal{O}^q(G\times K)$, indem wir:

1) $M_{\mathfrak{d}}\,|\,G\times(K-K(\mathfrak{d})) = \mathcal{O}^q(G\times K)\,|\,G\times(K-K(\mathfrak{d}))$,

2) $f_x\in(M_{\mathfrak{d}})_x \Leftrightarrow f_x\,|\,G\times K(\mathfrak{d})\in(M(\mathfrak{d}))_x$, $x\in G\times K(\mathfrak{d})$

fordern. Es seien

$k_1=(1,0,\dots,0)$, $k_2=(0,1,0,\dots,0)$, $\dots$, $k_q=(0,\dots,0,1)\in\Gamma(G\times K,\mathcal{O}^q(G\times K))$ q-tupel holomorpher Funktionen. Es werde $k_{\nu\mu}=t_\nu^{d_\nu}\cdot k_\mu$ gesetzt. Ferner sei l_ν, $\nu=1,\dots,p$ das h-Bild der Schnittfläche $\underbrace{(0,\dots,0,1,0,\dots,0)}_{1=\nu-\text{te Stelle}}\in\Gamma(\mathcal{O}^p(G\times K))$. Bezeichnet dann $h_{\mathfrak{d}}$: $\mathcal{O}^{p+qm}(G\times K)\to\mathcal{O}^q(G\times K)$ denjenigen Homomorphismus, der durch die Zuordnung $\sigma=(\sigma_\nu,\sigma_{\nu\mu})\to\Sigma\sigma_{\nu\mu}k_{\nu\mu}+\Sigma\sigma_\nu l_\nu$ erzeugt wird, so bildet $h_{\mathfrak{d}}$: $\mathcal{O}^{p+qm}(G\times K)$ auf $M_{\mathfrak{d}}$ ab. Schreiben wir $\mathcal{O}^{p+qm}(G\times K)=\mathcal{O}^p\oplus\mathcal{O}^{qm}$, so wird $\mathcal{O}^p$ durch $h_{\mathfrak{d}}$ auf M und $\mathcal{O}^{qm}$ auf $\mathcal{O}^q\cdot I(\mathfrak{d})$ abgebildet, wobei $I(\mathfrak{d})$ die von den Funktionen $t_\nu^{d_\nu}$, $\nu=1,\dots,m$ erzeugte Idealgarbe bezeichnet.

Ist nun $\xi\in Z^\nu(\hat{U}(\rho),M(\mathfrak{d}))$ ein Kozyklus, so wenden wir auf jeden Koeffizienten $\xi_{\iota_0\dots\iota_\nu}$ die im Abschnitt 1 beschriebene Polynomfortsetzung an und erhalten einen Kozyklus $\xi^*=\{\xi^*_{\iota_0\dots\iota_\nu}\}\in Z^\nu(\hat{U}(\rho),M_{\mathfrak{d}})$. Nach Satz 5 gibt es einen Kozyklus

$$\eta^*\in C^{\nu-1}(\hat{V}(\rho),\mathcal{O}^{p+qm})$$

mit $\xi^*=h_{\mathfrak{d}}(\eta^*)$. Wir bezeichnen mit η das Bild von η^* in $C^{\nu-1}(\hat{V}(\rho),H^p(\mathfrak{d}))$, das dort durch die natürliche Abbildung $\mathcal{O}^p\oplus\mathcal{O}^{qm}\to\mathcal{O}^p\to H^p(\mathfrak{d})$ definiert wird. Offenbar gilt $h(\mathfrak{d})\circ\eta=\xi$, die Zuordnung $\xi\to\eta$ ist linear beschränkt, q.e.d.

In den folgenden Paragraphen wird benutzt werden, daß die Zuordnung $\xi\to\eta$ sogar von d_1 unabhängig linear beschränkt ist. Wir zeigen zunächst:

Satz 7'. *Es seien h: $\mathcal{O}^p(G\times K)\to\mathcal{O}^q(G\times K)$ ein analytischer Homomorphismus, $G'\subset\subset G$ ein relativ-kompaktes Teilgebiet, $\mathfrak{d}=(d_1,\dots,d_m)$ ein m-tupel von Zahlen $1,2,3,\dots,\infty$. Ist dann $\rho<\rho_0$ hinreichend klein, so gibt es zu jeder Schnittfläche $s\in\Gamma(G\times K(\rho,\mathfrak{d}),M(\mathfrak{d}))$ eine Schnittfläche $\tilde{s}\in\Gamma(G'\times K(\rho,\mathfrak{d}),H^p(\mathfrak{d}))$ mit $s\,|\,G'\times K(\rho,\mathfrak{d})=h(\mathfrak{d})\circ\tilde{s}$. Die Zuordnung $s\to\tilde{s}$ ist unabhängig von d_1 linear beschränkt.*

Beweis. Da man mit Hilfe der Methoden des Beweises von Satz 6 zu $M_{\mathfrak{d}_*}$, $\mathfrak{d}_*=(\infty,d_2,\dots,d_m)$ übergehen kann, darf man ohne Beschränkung der Allgemeinheit voraussetzen, daß $d_\nu=\infty$, $\nu=2,\dots,m$ ist.

Wir überdecken einen abgeschlossenen Polyzylinder $\overline{P}$, $G'\subset\subset P\subset\subset G$ mit kleinen Polyzylindern $Z_\iota\subset G$ und wählen ρ so klein, daß für die Polyzylinder $Z_\iota\times K(\rho)$ der Satz 1 gilt. Über $Z_\iota\times K(\rho)$ lassen sich sodann Schnittflächen $\tilde{s}_\iota$ in $\mathcal{O}^p$ bestimmen, so daß $h(\mathfrak{d})\circ\tilde{s}_\iota=s\,|\,Z_\iota\times K(\rho,\mathfrak{d})$ ist. Die Zuordnung $s\to\tilde{s}_\iota$ ist unabhängig von d_1 in bezug auf die Normen $\|s\|^{\mathfrak{d}}_{G\rho}$, $\|\tilde{s}_\iota\|^{\mathfrak{d}_*}_{Z_\iota\rho}$ linear beschränkt. Wir setzen $\tilde{s}_{\iota_1\iota_2}=h(\tilde{s}_{\iota_2}-\tilde{s}_{\iota_1})$. Es folgt: $\tilde{s}_{\iota_1\iota_2}\,|\,Z_{\iota_1\iota_2}\times K(\rho,\mathfrak{d})=0$. Wir dürfen wegen Satz 6 voraussetzen, daß $d_1\geq d_1^+$ und $t_1^{d_1^+-1}\cdot\mathcal{O}^q/M$ torsionsrecht ist. Bezeichnet $\tilde{M}\supset M$ die kohärente Untergarbe der

Keime $s_x \in O^q$ mit $t_1^{d_1^*-1} \cdot s_x \in M$, so gilt $s^*_{\iota_1\iota_2} = \widetilde{s}_{\iota_1\iota_2}/t_1^{d_1} \in \Gamma(Z_{\iota_1\iota_2} \times K(\rho), \widetilde{M})$. Durch Anwendung des Korollars zu Satz 5 folgt : Es gibt eine Kokette $\{s^*_\iota\}$, $s^*_\iota \in \Gamma(Z'_\iota \times K(\rho), \widetilde{M})$ mit $\delta\{s^*_\iota\} = \{s^*_{\iota_1\iota_2}\}$. Dabei bezeichnet $Z' = \{Z'_\iota\}$ eine Polyzylinderüberdeckung von $\overline{P}$, die eine eigentliche Verfeinerung der Überdeckung $Z = \{Z_\iota\}$ ist. Die Zuordnung $\{s^*_{\iota_1\iota_2}\} \to \{s^*_\iota\}$ ist linear beschränkt.

Man kann nun nach Satz 1 Schnittflächen $s_\iota \in \Gamma(Z'_\iota \times K(\rho), O^p)$ bestimmen, so daß $h(s_\iota) = t_1^{d_1} . s^*_\iota$ ist. $s_{\iota_1\iota_2} = \widetilde{s}_{\iota_2} - \widetilde{s}_{\iota_1} + s_{\iota_1} - s_{\iota_2}$ ist ein Kozyklus aus $Z^1(Z'_\iota \times K(\rho), \text{Ker } h)$. Es gilt nach dem Korrollar zu Satz 5 : $\{s_{\iota_1\iota_2}\} = \delta\{\eta_\iota\}$, $\eta_\iota \in \Gamma(Z''_\iota \times K(\rho), \text{ Ker } h)$. Dabei ist $Z'' = \{Z''_\iota\}$ eine endliche offene Überdeckung von $\overline{P}$, die eine eigentliche Verfeinerung von Z' ist. Setzen wir $\widetilde{s} = \widetilde{s}_\iota - \eta_\iota - s_\iota$, so erhalten wir die gewünschte Schnittfläche. Man sieht sofort, daß die Zuordnung $s \to \widetilde{s}$ unabhängig von d_1 linear beschränkt ist

Es folgt sofort :

Zusatz zu Satz 7'. *Ist $H^q(\mathfrak{d}_*)/h(\mathfrak{d}_*) \circ H^p(\mathfrak{d}_*)$ torsionsrecht, so ist $s \to \widetilde{s}$ sogar von (ρ_1, d_1) unabhängig linear beschränkt.*

Unter Benutzung von Satz 7' und der Methoden des Beweises von Satz 7' ergibt sich sofort :

Satz 7. *In Satz 6 ist die Zuordnung $\xi \to \eta$ sogar von d_1 unabhängig linear beschränkt.*

Zusatz. *Ist $H^q(\mathfrak{d}_*)/h(\mathfrak{d}_*) \circ H^p(\mathfrak{d}_*)$ torsionsrecht, so ist $\xi \to \eta$ sogar von (ρ_1, d_1) unabhängig linear beschränkt.*

Die Durchführung des Beweises sei dem Leser überlassen.

5. Es sei S eine kohärente analytische Garbe über $G \times K$. Da $G \times K$ ein Holomorphiegebiet ist, kann man über jeder kompakten Teilmenge von $G \times K$ eine exakte Sequenz $\Gamma : O^q \to S \to o$ definieren. Wir nehmen im folgenden an, daß Γ über ganz $G \times K$ erklärt ist.

Man kann die analytische Garbe und ebenso die Auflösung Γ auf jeden Unterraum $G \times K(\mathfrak{d})$ beschränken. Die Beschränkungen seien mit $S(\mathfrak{d})$ bzw. $\Gamma(\mathfrak{d}) : H^q(\mathfrak{d}) \xrightarrow{\alpha} S(\mathfrak{d}) \to o$ bezeichnet. $\Gamma(\mathfrak{d})$ ist wieder exakt.

Ist $B \subset G$ eine offene Teilmenge, so können wir in $\Gamma(B \times K(\rho, \mathfrak{d}), S(\mathfrak{d}))$ eine Pseudonorm einführen. Wir setzen für $s \in \Gamma(B \times K(\rho, \mathfrak{d}), S(\mathfrak{d}))$: $||s||_{B\rho} = \inf\limits_{\alpha(\mathfrak{d}) \circ f = s} ||f||_{B\rho}$. Dabei durchläuft f die Schnittflächen aus $\Gamma(B \times K(\rho, \mathfrak{d}), H^q(\mathfrak{d}))$ mit $\alpha(\mathfrak{d}) \circ f = s$. Gibt es keine Schnittfläche f mit $\alpha(\mathfrak{d}) \circ f = s$, so sei $||s||_{B\rho} = \infty$.

Eine ähnliche Norm läßt sich für die Koketten definieren. Es sei wieder $U = \{U_\iota\}$ eine offene Überdeckung von G, $\hat{U}(\rho)$ die in Abschnitt 2 definierte Überdeckung von $G \times K(\rho)$, die wir auch als Überdeckung von $G \times K(\rho, \mathfrak{d})$ auffassen. Ist dann $\xi = \{\xi_{\iota_0 \ldots \iota_\nu}\} \in C^\nu(\hat{U}(\rho), S(\mathfrak{d}))$ eine Kokette, so setzen wir : $||\xi||_{U\rho} = \max\limits_{\iota_0 \ldots \iota_\nu} ||\xi_{\iota_0 \ldots \iota_\nu}||_{U_{\iota_0 \ldots \iota_\nu}\rho}$.

Es seien nun wieder U eine Steinsche Überdeckung von G, $V = \{V_\iota\}$ eine endliche offene Überdeckung von $G' \subset\subset G$, die eine eigentliche Verfeinerung von U ist. Wir zeigen :

Satz 8. *Ist $\rho \ll \rho_0$ hinreichend klein gewählt, so gibt es zu jedem Kozyklus $\xi \in Z^\nu(\hat{U}(\rho), S(\mathfrak{d}))$ eine Kokette $\eta \in C^{\nu-1}(\hat{V}(\rho), S(\mathfrak{d}))$ mit $\delta\eta = \xi | G'$. Die Zuordnung $\xi \to \eta$ ist in bezug auf die Normen $\|\xi\|_{U\rho}$, $\|\eta\|_{V\rho}$ unabhängig von (ρ_1, d_1), $\rho < \rho_1 \ll \rho_0$ linear beschränkt.*

Es ist zweckmässig zum Beweise von Satz 8 zunächst drei Hilfsaussagen herzuleiten : Analog zu Satz 4 folgt aus Hilfsatz 1 :

Satz 4 a. *Es sei $\xi \in Z^\nu(\hat{U}(\rho), H^q(\mathfrak{d}))$ ein Kozyklus. Dann gibt es eine Kokette $\eta \in C^{\nu-1}(\hat{V}(\rho), H^q(\mathfrak{d}))$ mit $\delta\eta = \xi | G'$. Die Zuordnung $\xi \to \eta$ ist unabhängig von $(\rho, \mathfrak{d})$ linear beschränkt.*

Wir zeigen ferner :

Hilfssatz 2. *Es sei $M(\mathfrak{d}) \subset H^q(\mathfrak{d})$ eine kohärente Untergarbe. Ist dann $\rho \ll \rho_0$ hinreichend klein, so gibt es zu jedem Kozyklus $\xi \in Z^\nu(\hat{U}(\rho), M(\mathfrak{d}))$ eine Kokette $\eta \in C^{\nu-1}(\hat{V}(\rho), M(\mathfrak{d}))$ mit $\delta\eta = \xi | G'$. Die Zuordnung $\xi \to \eta$ ist linear beschränkt.*

Beweis. Wir gehen wie im Beweis von Satz 6 zu $M_{\mathfrak{d}} \subset O^q$ über. Unser Hilfsatz ergibt sich sodann unmittelbar aus dem Korollar zu Satz 5.

Es folgt weiter :

Hilfssatz 3. *Es sei $M(\mathfrak{d}_*)$ eine kohärente Untergarbe von $H^q(\mathfrak{d}_*)$ über $G \times K(\mathfrak{d}_*)$, $\mathfrak{d}_* = (\infty, d_2, \ldots, d_m)$. $M(\mathfrak{d})$ bezeichne die Beschränkung von $M(\mathfrak{d}_*)$ auf $G \times K(\mathfrak{d})$. Ist dann $\rho \ll \rho_0$ hinreichend klein gewählt, so gibt es zu jedem Kozyklus $\xi \in Z^\nu(\hat{U}(\rho), M(\mathfrak{d}))$ eine Kokette $\eta \in C^{\nu-1}(\hat{V}(\rho), M(\mathfrak{d}))$ mit $\delta\eta = \xi | G'$. Die Zuordnung $\xi \to \eta$ ist in bezug auf die Normen $\|\xi\|_{U\rho}$, $\|\eta\|_{V\rho}$ unabhängig von (ρ_1, d_1), $\rho < \rho_1 \ll \rho_0$ linear beschränkt.*

Beweis. Wir bezeichnen mit M_μ die Garbe $M(\mathfrak{d}_*) \cap t_1^\mu \cdot H^q(\mathfrak{d}_*)$. Man zeigt leicht :

(1) *Alle Garben M_μ sind kohärent.*

Es werde $\widetilde{M}_\mu = t_1^{-\mu} M_\mu$ gesetzt. Alle Garben $\widetilde{M}_\mu$, $\mu = 0, 1, 2, \ldots$ sind ebenfalls kohärente Untergarben von $H^q(\mathfrak{d}_*)$. Es gilt $M(\mathfrak{d}_*) = \widetilde{M}_0 \subset \widetilde{M}_1 \subset \ldots$. Wegen § 2, Satz 8 dürfen wir annehmen, daß eine natürliche Zahl μ_0 existiert, so daß $\widetilde{M}_\mu = \widetilde{M}_{\mu_0}$ für $\mu \geq \mu_0$ gilt. d_1^+ sei die kleinste der Zahlen μ_0. Wir zeigen :

(2) *Die Zuordnung $\xi \to \eta$ ist für $d_1 < \infty$ unabhängig von ρ_1 linear beschränkt.*

Für $d_1 = 1$ ist das trivial. Es ist also nur zu zeigen, daß aus der Gültigkeit der Aussage für den Fall $d_1 < d_1^{(0)}$ ihre Gültigkeit für den Fall $d_1 = d_1^{(0)}$ folgt.

Es seien $G_\varkappa$, $\varkappa = 1, 2$ Holomorphiegebiete mit $G' \subset\subset G_2 \subset\subset G_1 \subset\subset G$, $V_\varkappa$ mit $V \subset\subset V_2 \subset\subset V_1 \subset\subset U$ endliche Steinsche Überdeckungen von $G_\varkappa$. Wir beschränken den Kozyklus $\xi \in Z^\nu(\hat{U}(\rho), M(\mathfrak{d}_0))$, $\mathfrak{d}_0 = (d_1^{(0)}, d_2, \ldots, d_m)$ auf

$$G \times K(\rho, \mathfrak{d}_0'), \ \mathfrak{d}_0' = (d_1^{(0)} - 1, d_2, \ldots, d_m)$$

und bestimmen eine Kokette $\eta_1 \in C^{\nu-1}(\hat{V}_1(\rho), M(\mathfrak{d}_0'))$ mit $\delta\eta_1 = \xi | G_1 \times K(\rho, \mathfrak{d}_0')$. Nach Satz 7 kann man eine Kokette $\eta_1^* \in C^{\nu-1}(\hat{V}_2(\rho), H^p(\mathfrak{d}_0'))$ finden, so daß, $h(\mathfrak{d}_0') \circ \eta_1^* = \eta_1$ gilt. Dabei ist $h : O^p \to O^q$ ein Garbenhomomorphismus, so daß $h(\mathfrak{d}_*) \circ H^p(\mathfrak{d}_*) = M(\mathfrak{d}_*)$ ist. Es gibt eine von $(\rho_1, d_1^{(0)})$ unabhängige Konstante c, derart, daß $||\eta_1^*||_{\nu, \rho^*} < c ||\eta_1||_{\nu, \rho^*} < c \left(\frac{\rho_1^*}{\rho_1}\right)^{d_1^{(0)}-1} \cdot ||\eta_1||_{\nu, \rho}$ gilt (mit $\rho^* = (\rho_1^*, \rho_2, \ldots, \rho_m)$). Wir setzen $\eta_2 = h(\mathfrak{d}_0) \circ \eta_1^*$. Es folgt $||\eta_2||_{\nu, \rho} < c' ||\eta_1||_{\nu, \rho}$, wenn ρ sehr klein ist.

Es ist $\xi_1 = (\xi - \delta\eta_2) \Big/ \left(\frac{t_1}{\rho_1}\right)^{d_1^{(0)}-1} \in Z^\nu(\hat{V}_2(\rho), \widetilde{M}_{d_1^{(0)}-1}(1, d_2, \ldots, d_m))$ ein Kozyklus. Man kann nach Hilfssatz 2 eine Kokette $\eta_3 \in C^{\nu-1}(\hat{V}(\rho), \widetilde{M}_{d_1^{(0)}-1}(1, d_2, \ldots, d_m))$ finden, so daß $\delta\eta_3 = \xi_1$ ist. Es folgt für $\eta = \eta_2 + \left(\frac{t_1}{\rho_1}\right)^{d_1^{(0)}-1} \eta_3$ die Gleichheit $\xi | G' = \delta\eta$. Man sieht sofort, daß $\eta \to \xi$ unabhängig von ρ_1 linear beschränkt ist, q.e.d.

Nach dem vorstehenden ist klar, daß Hilfssatz 3 gilt, wenn $H^q(\mathfrak{d}_*)/M(\mathfrak{d}_*)$ torsionsrecht ist. Um ihn zu beweisen dürfen wir jetzt annehmen, daß $d_1 > d_1^+$ gilt. Wir beschränken den Kozyklus ξ auf $G \times K(\rho, \mathfrak{d}^+)$. Wie wir gezeigt haben, kann man eine Kokette $\eta^+ \in C^{\nu-1}(\hat{V}_1(\rho), M(\mathfrak{d}^+))$ finden, so daß $\delta\eta^+ = \xi | G_1 \times K(\rho, \mathfrak{d}^+)$ gilt. Wie vorhin kann man η^+ zu einer Kokette $\eta^* \in C^{\nu-1}(\hat{V}_2(\rho), M(\mathfrak{d}))$ fortsetzen. Die Zuordnung $\eta^+ \to \eta^*$ ist unabhängig von (ρ_1, d_1) linear beschränkt. Es folgt

$$\xi^+ = (\xi - \delta\eta^*) \Big/ \left(\frac{t_1}{\rho_1}\right)^{s} \in Z^\nu(\hat{V}_2(\rho), \widetilde{M}_{d_1^+}(\mathfrak{d}))$$

und mithin $\xi^+ = \delta\gamma$, wobei $\xi^+ \to \gamma$ unabhängig von (ρ_1, d_1) linear beschränkt ist, da $M_{d_1^+}$ torsionsrecht ist. Für $\eta = \eta^* + \gamma \cdot \left(\frac{t_1}{\rho_1}\right)^{d_1^+}$ gilt : $\delta\eta = \xi | G'$, was den Beweis des Hilfssatzes abschließt.

Der Beweis von Satz 8 ist nun nicht mehr schwer. Wir bezeichnen mit $M(\mathfrak{d}_*)$ die Kerngarbe der Abbildung $\alpha(\mathfrak{d}_*) : H^q(\mathfrak{d}^*) \to S(\mathfrak{d}^*)$, G_1 sei wieder ein Holomorphiegebiet mit $G' \subset\subset G_1 \subset\subset G$ und V_1 eine Steinsche Überdeckung, wie im letzten Beweis. Ist $\xi \in Z^\nu(\hat{U}(\rho), S(\mathfrak{d}))$ endlich, so gibt es eine endliche Kokette $\eta_1 \in C^\nu(\hat{U}(\rho), H^q(\mathfrak{d}))$ mit $\alpha(\mathfrak{d}) \circ \eta_1 = \xi$. Der Kozyklus $\delta\eta_1$ liegt in $Z^{\nu+1}(\hat{U}(\rho), M(\mathfrak{d}))$. Es gibt also eine Kokette $\eta_2 \in C^\nu(\hat{V}_1(\rho), M(\mathfrak{d}))$ mit $\delta\eta_2 = \delta\eta_1$. $\xi_1 = \eta_1 - \eta_2 \in Z^\nu(\hat{V}_1(\rho), H^q(\mathfrak{d}))$ ist also ein Kozyklus. Nach Satz 4a gilt : $\xi_1 = \delta\gamma$, $\gamma \in C^{\nu-1}(\hat{V}(\rho), H^q(\mathfrak{d}))$. Also hat sich ergeben : $\xi = \delta\eta$ für $\eta = \alpha(\mathfrak{d}) \circ \gamma$ und es ist klar, daß die Zuordnung $\xi \to \eta$ unabhängig von (ρ_1, d_1) linear beschränkt ist.

In analoger Weise folgt aus Hilfssatz 3 leicht der folgende Satz :

Satz 9. Ist $\rho \ll \rho_0$ hinreichend klein, so ist die Zuordnung

$$s \to s' = s | G' \times K(\rho, \mathfrak{d}), s \in \Gamma(G \times K(\rho, \mathfrak{d}), S(\mathfrak{d}))$$

in bezug auf die Normen $||s||_{U\rho}$, $||s'||_{U'\rho}$ unabhängig von (d_1, ρ_1) linear beschränkt.

Der Beweis sei dem Leser überlassen.

6. Unsere Norm für die Schnittflächen in $S(\mathfrak{d})$ wird im wesenlichen durch die Auflösung $\Gamma(\mathfrak{d})$: $H^q(\mathfrak{d}) \to S(\mathfrak{d}) \to 0$ bestimmt. Im nächsten Paragraphen wird besonders das Verhalten dieser Norm bei Änderung der Auflösung interessieren. Es werde deshalb folgende Betrachtung durchgeführt :

Es seien $G_\varkappa \times K$, $\varkappa = 1,2$ zwei Holomorphiegebiete über denen kohärente analytische Garben $S_\varkappa$ und Auflösungen $\Gamma_\varkappa$: $O^{q_\varkappa} \to S_\varkappa \to 0$ gegeben sind. ψ_0 sei eine holomorphe Abbildung von $G_2 \times K$ in $G_1 \times K$, die die Punkte $(z_2, \mathfrak{t}) \in G_2 \times K$ auf Punkte $(z_1, \mathfrak{t}) \in G_1 \times K$ abbildet, also in $\mathfrak{t}$ die Identität ist. Über dieser Abbildung möge eine stetige Abbildung ψ_1 : $S_1 \oplus_{\psi_0} G_2 \times K \to S_2$ gegeben sein, die die Moduln $(S_1)_x$ operatorverträglich in $(S_2)_y$, $x = \psi_0(y)$ abbildet, also ein Garbenhomomorphismus ist (¹). Das Diagramm :

$$\begin{array}{ccc} S_2 & \xleftarrow{\psi_1} & S_1 \oplus_{\psi_0} G_2 \times K \\ \downarrow & & \downarrow \\ G_2 \times K & \xrightarrow[\psi_0]{} & G_1 \times K \end{array}$$

ist kommutativ.

Weil $G_2 \times K$ ein Holomorphiegebiet ist, kann man über $G_2 \times K$ eine stetige Abbildung ψ_2 : $O^{q_1}(G_1 \times K) \oplus_{\psi_0} G_2 \times K \to O^{q_2}(G_2 \times K)$ bestimmen, so daß (ψ_0, ψ_2) ein Garbenhomomorphismus und das Diagramm :

$$\begin{array}{ccc} O^{q_2} & \xleftarrow{\psi_2} & O^{q_1} \oplus_{\psi_0} G_2 \times K \\ {\scriptstyle\alpha_2}\downarrow & & {\scriptstyle\alpha_1}\downarrow \\ S_2 & \xleftarrow[\psi_1]{} & S_1 \oplus_{\psi_0} G_2 \times K \end{array}$$

kommutativ ist.

Es seien nun $B_\nu \subset\subset G_\nu$, $\nu = 1,2$ offene Teilmengen, ψ_0 bilde $\hat{B}_2 = B_2 \times K$ in $\hat{B}_1 = B_1 \times K$ ab. Wir zeigen :

Hilfssatz 4. *Es sei* $f \in \Gamma(B_1 \times K(\rho, \mathfrak{d}), H^{q_1}(\mathfrak{d}))$, $\rho < \rho_1 < \rho_0$ *eine Schnittfläche. Dann ist die Zuordnung* $f \to g = f \circ \psi_0 | B_2 \times K(\rho, \mathfrak{d})$ *unabhängig von* $(\rho, \mathfrak{d})$ *linear beschränkt.*

Beweis. Wir setzen zunächst voraus, daß f von $\mathfrak{t}$ unabhängig ist. Es ist dann f noch in $B_1 \times K(\mathfrak{d})$ holomorph und es gilt $\|f\|_{B_1\rho} = \|f\|_{B_1\rho_0} = \mathfrak{M}$. Für die Potenzreihenentwicklung $g = \sum_{\varkappa=0}^{\mathfrak{d}} g_\varkappa \left(\frac{\mathfrak{t}}{\rho}\right)^\varkappa$ hat man deshalb

$$|g_\varkappa| < q_1 \mathfrak{M} \left(\frac{\rho_1}{\rho_1^{(0)}}\right)^{\varkappa_1} \cdot \ldots \cdot \left(\frac{\rho_m}{\rho_m^{(0)}}\right)^{\varkappa_m} < q_1 \mathfrak{M} a^{|\varkappa|}, \quad |\varkappa| = \varkappa_1 + \ldots + \varkappa_m, \quad a = \max_\nu \rho_\nu^{(1)}/\rho_\nu^{(0)} < 1.$$

Ist f beliebig, so folgen für $f \circ \psi_0 | B_2 \times K(\rho) = g = \sum_{\varkappa=0}^{\mathfrak{d}} g_\varkappa \left(\frac{\mathfrak{t}}{\rho}\right)^\varkappa$ die Ungleichungen $|g_\varkappa| < q_1 \mathfrak{M} \sum_{\varkappa=0}^{\infty} a^{|\varkappa|} = \mathfrak{M}\left(\frac{1}{1-a}\right)^m$, wenn $\mathfrak{M} = \|f\|_{B_1\rho}$ ist, q.e.d.

(¹) ψ_1 müßte, genau genommen, als Paar (ψ_0, ψ_1) definiert werden. Vgl. die Definition in § 1.

Durch ψ_2 werden die Schnittflächen $f_1=(1, 0, \ldots, 0)$, $f_2=(0, 1, 0, \ldots, 0), \ldots$, $f_{q_1}=(0, \ldots, 0, 1)\in\Gamma(G_1\times K, O^{q_1})$ auf Schnittflächen $f'_\nu\in\Gamma(G_2\times K, O^{q_2})$ abgebildet, $\nu=1, \ldots, q_1$. Über $B_2\times K(\rho)\subset\subset G_2\times K$ gilt : $f'_\nu=\sum_{\varkappa=0}^{\infty}{}'f_\varkappa^{(\nu)}\left(\frac{\mathfrak{t}}{\rho}\right)^\varkappa$ mit

$$|'f_\varkappa^{(\nu)}|<c\, a^{|\varkappa|},\ a<1,\ c>1.$$

Ist $f=\sum_{\nu=1}^{q_1}k_\nu f_\nu\in\Gamma(B_1\times K(\rho, \mathfrak{d}), H^{q_1}(\mathfrak{d}))$ eine Schnittfläche mit $||f||_{B_1\rho}=\sum_\nu ||k_\nu||_{B_1\rho}=\mathfrak{M}$, so hat man für $g=\sum_{\nu=1}^{q_1}(k_\nu\circ\psi_0)f'_\nu$ die Beziehung

$$g=\sum_{\nu=1}^{q_1}\sum_{\varkappa=0}^{\mathfrak{d}}\sum_\mu k_\varkappa^{(\nu)}\left(\frac{\mathfrak{t}}{\rho}\right)^\varkappa{}'f_\mu^{(\nu)}\left(\frac{\mathfrak{t}}{\rho}\right)^\mu=\sum_{\varkappa=0}^{\mathfrak{d}}\left(\frac{\mathfrak{t}}{\rho}\right)^\varkappa\sum_{\mu\leq\varkappa}\sum_\nu k_{\varkappa-\mu}^{(\nu)}\,{}'f_\mu^{(\nu)},$$

wobei $k_\nu\circ\psi_0=\sum_{\varkappa=0}^{\mathfrak{d}}k_\varkappa^{(\nu)}\left(\frac{\mathfrak{t}}{\rho}\right)^\varkappa$ gesetzt ist. Nach dem Hilfssatz gilt : $|k_\varkappa^{(\nu)}|<c_0\mathfrak{M}$. Somit folgt : $||g||_{B_2\rho}<q_1\cdot c_0 c\cdot\left(\frac{1}{1-a}\right)^m\mathfrak{M}$, wobei sämtliche Konstanten von $(\mathfrak{d}, \rho)$ unabhängig sind. — Damit ist gezeigt :

Satz 10. Es sei $\rho<\rho_1<\rho_0$. Die Schnittflächen aus $\Gamma(B_1\times K(\rho, \mathfrak{d}), S(\mathfrak{d}))$ seien mit s bezeichnet. Dann ist die Zuordnung $s\to s'=\psi_1(s)\,|\,B_2\times K(\rho, \mathfrak{d})$ in bezug auf die Normen $||s||_{B_1\rho}$, $||s'||_{B_2\rho}$ unabhängig von $(\rho, \mathfrak{d})$ linear beschränkt.

Unsere Pseudonormen sind also von der Wahl der Auflösung Γ und der Lage der Ebenen $\mathfrak{t}=$ const. im wesentlichen unabhängig.

In den folgenden Paragraphen werden wir nur die Sätze 8, 9, 10 anwenden.

§ 4. Messatlanten.

1. Es seien X ein komplexer Raum, K, K(ρ) Polyzylinder im Sinne des vorigen Paragraphen. Ferner sei $\pi: X\to K$ eine eigentliche holomorphe Abbildung. Wir setzen :

1) $X(\rho)=\pi^{-1}(K(\rho))$, $\rho\leq\rho_0$.

2) $U(\rho)=U\cap X(\rho)=\{U_\iota\cap X(\rho)\}$, wenn $U=\{U_\iota\}$ eine offene Überdeckung von X ist.

3) S für eine kohärente analytische Garbe über X.

Definition 1. *Eine Meßkarte in $X(\rho)$ (in bezug auf S) ist ein Quintupel*

$$\mathfrak{W}=(W,\ W',\ \Phi,\ \mathfrak{G}=G\times K(\rho),\ \Gamma:\ O^q\xrightarrow{\alpha}\Phi_0(S)\to 0)$$

für das folgendes gilt :

1) *W, W' sind offene Teilmengen von $X(\rho)$, die abgeschlossene Hülle $\overline{W'}\cap X(\rho)$ ist in W enthalten.*

2) *G ist ein Gebiet eines komplexen Zahlenraumes C^n.*

3) *$\Phi : W \to \mathfrak{G}$ ist eine biholomorphe Abbildung von W auf einen komplexen Unterraum $A \subset \mathfrak{G}$, derart, daß das Diagramm :*

$$\begin{array}{ccc} W & \xrightarrow{\Phi} & \mathfrak{G} \\ & {\scriptstyle\pi}\searrow \quad \swarrow{\scriptstyle p} & \\ & K(\rho) & \end{array}$$

kommutativ ist, wenn p die Produktprojektion $\mathfrak{G} \to K(\rho)$ bezeichnet.

4) *$\Gamma : O^q \xrightarrow{\alpha} \Phi_0(S) \to 0$ ist eine über $\mathfrak{G}$ definierte exakte Garbensequenz.*

Man kann $\Phi_0(S)$ trivial zu einer analytischen Garbe über $G \times K(\rho)$ fortsetzen. $\Phi_0(S)$ werde deshalb auch als analytische Garbe über $G \times K(\rho)$ aufgefaßt.

Wir wollen Meßkarten zu Meßatlanten vereinigen. Zu dem Zwecke werde zunächst eine einfache Operation definiert.

Es sei $M \subset G \times K$ eine beliebige Teilmenge. Wir projizieren M durch $\mathfrak{G} \to G$ auf G und erhalten eine Menge $M^* \subset G$. Es bezeichne $H_r(M)$, $r > 0$, den offenen Kern des Durchschnittes aller Holomorphiegebiete $\widetilde{G} \subset C^n$, die M^* enthalten und deren Rand $\delta\widetilde{G}$ von M^* mindestens den Abstand r hat. Wir setzen dann :

$$\mathrm{sat}_{r\rho}(M) = H_r(M) \times K(\rho).$$

$\mathrm{sat}_{r\rho}(M)$ ist eine offene, holomorph-vollständige Teilmenge von $C^n \times K(\rho)$, die M enthält. Ist M relativ-kompakt in $\mathfrak{G}$ enthalten und $\mathfrak{G}$ ein Holomorphiegebiet, so gilt für kleines $r > 0$: $\mathrm{sat}_{r\rho}(M) \subset \mathfrak{G}$.

Man kann nun die Verträglichkeit zweier Meßkarten in $X(\rho)$ definieren :

Definition 2. *Zwei Meßkarten*

$$\mathfrak{W}_\nu = (W_\nu,\ W'_\nu,\ \Phi_\nu,\ \mathfrak{G}_\nu = G_\nu \times K(\rho),\ \Gamma_\nu : O_\nu^{q_\nu} \to \Phi_{\nu 0}(S) \to 0)$$

in $X(\rho)$ heißen miteinander verträglich, wenn folgende Bedingungen erfüllt sind :

1) *Ist $W'_{12} = W'_1 \cap W'_2 \neq 0$, so ist für eine hinreichend kleine positive Zahl r die Menge $\mathrm{sat}_{r\rho}\Phi_2(W'_{12})$ in $G_2 \times K(\rho)$ enthalten und es ist über $\mathrm{sat}_{r\rho}\Phi_2(W'_{12})$ ein Homomorphismus $\Psi = (\psi, \psi')$ der analytischen Garbe $\Phi_1(S)$ in die analytische Garbe $\Phi_2(S)$ definiert.*

2) *Es gilt : $\psi \circ \Phi_2 = \Phi_1$, $\psi' \circ \Phi_{10} = \Phi_{20}$, $p_1 \circ \psi = p_2$ (mit $p_\nu : \mathfrak{G}_\nu \to K(\rho)$).*

Es wird also nicht verlangt, daß $\dim_0 G_1 = \dim_0 G_2$ ist, auch braucht die Abbildung $\psi : \mathrm{sat}_{r\rho}\Phi_2(W'_{12}) \to G_1 \times K(\rho)$ keine biholomorphe Abbildung zu sein. Unsere Verträglichkeitsrelation ist nicht kommutativ, Meßkarten brauchen nicht notwendig mit sich selbst verträglich sein.

Definition 3. *Eine endliche Menge*

$$\mathfrak{W} = \{\mathfrak{W}_\iota = (W_\iota,\ W'_\iota,\ \mathfrak{G}_\iota = G_\iota \times K(\rho),\ \Gamma_\iota),\ \iota = 1, \ldots, \iota_*\}$$

von Meßkarten in $X(\rho)$ heißt ein Meßatlas in $X(\rho)$, wenn :

1) *$\mathfrak{W}_{\iota_1}$ stets mit $\mathfrak{W}_{\iota_2}$ verträglich ist, $\iota_1, \iota_2 \in I = \{1, \ldots, \iota_*\}$.*

2) *$\bigcup_I W'_\iota = X(\rho)$ gilt.*

Ist ein Meßatlas in $X(\rho)$ gegeben, so kann man natürlich r unabhängig von (ι_1, ι_2) wählen. Ein solches r sei fest gegeben und mit $r_* = r_*(\mathfrak{W})$ bezeichnet. Ferner seien immer feste Homomorphismen $\Psi_{\iota_1\iota_2} = (\psi_{\iota_1\iota_2}, \psi'_{\iota_1\iota_2})$ definiert. Wir setzen stets voraus, daß alle Abbildungen $\Psi_{\iota\iota}$ die identischen Homomorphismen sind.

2. Wir müssen noch die Existenz von Meßkarten und Meßatlanten nachweisen. Zunächst zeigen wir:

Satz 1. *Es gibt zu jedem Punkt* $x \in X_0 = \pi^{-1}(O)$, *mit* $O \in K =$ *Nullpunkt, eine Meßkarte* $\mathfrak{W} = (W, W', \Phi, \mathfrak{G} = G \times K(\rho), \Gamma : O^q \to \Phi_0(S) \to 0)$ *in* $X(\rho)$, *für die* $x \in W'$ *gilt (wenn* $\rho \ll \rho_0$*).*

Beweis. Nach Definition des komplexen Raumes kann man eine Umgebung $W^*(x)$ durch eine biholomorphe Abbildung Φ^* auf einen komplexen Unterraum A^* eines Gebietes $G^* \subset C^n$ abbilden. Das kartesische Produkt $\Phi = \Phi^* \times \pi$ bildet W^* biholomorph auf einen komplexen Unterraum $A' \subset G^* \times K$ ab: Wird die zu A^* gehörende Idealgarbe in einem Punkte $z_0 \in G^*$ von den holomorphen Funktionskeimen h_ν, $\nu = 1, \ldots, k$, aufgespannt, so wird die Idealgarbe von A' in jedem Punkte (z_0, t_0), $t_0 \in K$ von den Funktionskeimen $h_\nu, g_\mu - (t_\mu)_{(z_0,t_0)}$, $\nu = 1, \ldots, k$, $\mu = 1, \ldots, m$ erzeugt. Dabei sind die g_μ holomorphe Funktionskeime in $z_0 \in G^*$, deren Beschränkung auf A^* gleich $(t_\mu \circ \pi \circ (\Phi^*)^{-1})_{z_0}$ ist. — Die Garbe S wird durch Φ nach A' übertragen. Die triviale Fortsetzung der übertragenen Garbe stimmt mit $\Phi_0(S)$ überein. Also ist $\Phi_0(S)$ kohärent. Man kann eine holomorph-vollständige Umgebung $G \times K(\rho)$ von $\Phi(x)$ finden $(\rho \ll \rho_0)$, über der sich eine exakte Sequenz: $\Gamma : O^q \to \Phi_0(S) \to 0$ definieren läßt. Wir setzen noch $W = \Phi^{-1}(G \times K(\rho)) \subset W^*$, $A = A' \cap (G \times K(\rho))$ und wählen für W' eine in W relativ-kompakt enthaltene offene Menge und haben damit Satz 1 bewiesen.

Für die Existenz von Meßatlanten gilt folgende Aussage:

Satz 2. *Es sei* $\rho \ll \rho_0$ *hinreichend klein gewählt. Dann gibt es einen Meßatlas in* $X(\rho)$.

Beweis. Wir wählen zunächst eine endliche Menge von Meßkarten

$$\mathfrak{W}_\iota = (W_\iota, W'_\iota, \Phi_\iota, \mathfrak{G}_\iota = G_\iota \times K(\rho_\iota), \Gamma_\iota : O^{q_\iota} \to \Phi_{\iota 0}(S) \to 0), \quad \iota = 1, \ldots, \iota_*,$$

derart, daß $X_0 \subset \bigcup_\iota W_\iota$. Da X_0 regulär ist, gibt es sodann relativkompakte Teilgebiete $G'''_\iota \subset\subset G''_\iota \subset\subset G_\iota$, so daß die offenen Mengen $W'''_\iota = \Phi_\iota^{-1}(G'''_\iota \times K(\rho_\iota))$ noch X_0 überdecken. Offenbar kann man nun eine Überdeckung $\{G_{\iota\nu}, \nu = 1, \ldots, \nu_\iota\}$ der abgeschlossenen Hülle von G'''_ι mit Gebieten $G_{\iota\nu} \subset\subset G''_\iota$, ein ρ, $0 < \rho < \rho_\iota$ und ein $r > 0$ mit folgender Eigenschaft finden: Gilt $(G_{\iota\nu} \times K(\rho)) \cap \Phi_\iota(W''_{\iota\iota}) \neq 0$, so folgt $\mathfrak{G}_{\iota\nu} \subset G_\iota \times K(\rho)$, $\mathfrak{G}_{\iota\nu} \cap A_\iota = \mathfrak{G}_{\iota\nu} \cap \Phi_\iota(W_{\iota\iota})$, wenn $\mathfrak{G}_{\iota\nu} = \mathrm{sat}_{r\rho}(G_{\iota\nu} \times K(\rho))$ und

$$A_\iota = \Phi_\iota(W_\iota), \; W''_\iota = \Phi_\iota^{-1}(G''_\iota \times K(\rho))$$

gesetzt wird $(\iota = 1, \ldots, \iota_*)$. Wir definieren:

$$M_{\iota\iota} = \{\nu : \nu = 1, \ldots, \nu_\iota, \; (G_{\iota\nu} \times K(\rho)) \cap \Phi_\iota(W''_{\iota\iota}) \neq 0\},$$

$A_{i\iota\nu} = \mathfrak{G}_{\iota\nu} \cap A_\iota$, $\nu \in M_{\iota i}$ und betrachten die biholomorphe Abbildung $\lambda_{i\iota\nu} = \Phi_i \circ \Phi_\iota^{-1}$: $A_{i\iota\nu} \to A_i$. Sind r, ρ und alle Gebiete $G_{\iota\nu}$ sehr klein, so wird auch $\mathfrak{G}_{\iota\nu}$ sehr klein und $\lambda_{i\iota\nu}$ durch Beschränkung einer holomorphen Abbildung $\tilde{\lambda}_{i\iota\nu} : \mathfrak{G}_{\iota\nu} \to C^{n_i} \times K(\rho)$ erhalten, die mit den Produktprojektionen $\mathfrak{G}_{\iota\nu} \to K(\rho)$, $C^{n_i} \times K(\rho) \to K(\rho)$ kommutiert. Gilt $i = \iota$, so sei $\tilde{\lambda}_{i\iota\nu}$ die Identität. Da die Garben $\Phi_{\iota 0}(S)$ außerhalb der Mengen A_ι Nullgarben sind, erhält man eine Abbildung $\tilde{\lambda}'_{i\iota\nu} : \Phi_{i0}(S) \oplus_{\tilde{\lambda}_{i\iota\nu}} \mathfrak{G}_{\iota\nu} \to \Phi_{\iota 0}(S)$, so daß $(\tilde{\lambda}_{i\iota\nu}, \tilde{\lambda}'_{i\iota\nu})$ ein analytischer Garbenhomomorphismus ist $(\nu \in M_{\iota i})$.

Es werde weiterhin vorausgesetzt, daß r, ρ und die Gebiete $G_{\iota\nu}$ äußerst klein sind. Dann bildet $\tilde{\lambda}_{i\iota\nu}$ sicher $\mathfrak{G}_{\iota\nu}$ in $G_i \times K(\rho)$ ab, $\nu \in M_{\iota i}$. Ferner ist $\{W'_{\iota\nu}\}$, $W'_{\iota\nu} = \Phi_\iota^{-1}(G_{\iota\nu} \times K(\rho))$ eine offene Überdeckung von $X(\rho)$. Wir setzen $\varkappa = (\iota, \nu)$, $\iota = 1, \ldots, \iota_*$, $\nu = 1, \ldots, \nu_\iota$ und definieren $W_\varkappa = W_\iota \cap X(\rho)$, $\Phi_\varkappa = \Phi_\iota$, $\mathfrak{G}_\varkappa(\rho) = G_\iota \times K(\rho)$, $\Gamma_\varkappa = \Gamma_\iota$, $\Psi_{\varkappa_1\varkappa_2} = (\tilde{\lambda}_{\iota_1\iota_2\nu_2}, \tilde{\lambda}'_{\iota_1\iota_2\nu_2})$. Gilt $W'_{\varkappa_1\varkappa_2} \neq 0$, so folgt $\nu_2 \in M_{\iota_2\iota_1}$, mithin ist $\Psi_{\varkappa_1\varkappa_2}$ definiert. Außerdem liegt dann $\mathrm{sat}_{r\rho}\Phi_{\varkappa_1}(W'_{\varkappa_1\varkappa_2}) \subset \mathfrak{G}_{\iota_2\nu_2}$ in $G_{\varkappa_1}(\rho)$. Also ist

$$\{\mathfrak{W}_\varkappa = (W_\varkappa, W'_\varkappa, \Phi_\varkappa, \mathfrak{G}_\varkappa(\rho), \Gamma_\varkappa)\}$$

ein Meßatlas in $X(\rho)$, q.e.d.

Wir setzen im folgenden stets voraus, daß schon ρ_0 hinreichen klein gewählt ist und daß über $X = X(\rho_0)$ ein fester Meßatlas $\mathfrak{W} = \{\mathfrak{W}_\varkappa, \varkappa = 1, \ldots, \varkappa_*\}$ gegeben ist. Die Allgemeinheit unserer Resultate wird dadurch nicht eingeschränkt werden.

3. Es sei $M \subset X$ eine beliebige Teilmenge. Wir definieren :

$$\hat{\mathrm{sat}}_{r\rho\varkappa} M = \Phi_\varkappa^{-1}(\mathrm{sat}_{r\rho}\Phi_\varkappa(M \cap W'_\varkappa)) \subset W_\varkappa \cap X(\rho)$$

für $\rho \leq \rho_0$, $r \leq r_*(\mathfrak{W})$, $\varkappa = 1, \ldots, \varkappa_*$. $\hat{\mathrm{sat}}_{r\rho\varkappa}(M)$ ist stets eine offene holomorph-vollständige Teilmenge von X. Ist $\{U_\iota\}$ eine Umgebungsbasis eines Punktes $x_0 \in X_0 \cap W'_\varkappa$, so ist auch $\{\hat{\mathrm{sat}}_{r\rho\varkappa} U_\iota : \rho < \rho_0, r < r_*\}$ eine Umgebungsbasis von x_0.

Definition 4. *Ein Paar $\mathfrak{U} = (U, r)$, $r = r(\mathfrak{U}) < r_*$ heißt eine Meßüberdeckung von $X(\rho)$, wenn folgendes gilt :*

1) *$U = \{U_\iota : \iota = 1, \ldots, \iota_* = \iota_*(U)\}$ ist eine endliche Steinsche Überdeckung von $X(\rho)$, r ist eine positive Zahl.*

2) *U ist auf $\mathfrak{W}$ bezogen, d.h. : jedem $\iota \in I = \{1, \ldots, \iota_*\}$ sind nicht leere Teilmengen $\mathcal{N}'_\mathfrak{U}(\iota) \subset \mathcal{N}_\mathfrak{U}(\iota) \subset K = \{1, \ldots, \varkappa_*\}$ zugeordnet.*

3) *Es ist $\mathcal{N}'_\mathfrak{U}(\iota_0, \ldots, \iota_l) = \mathcal{N}'_\mathfrak{U}(\iota_0) \cap \ldots \cap \mathcal{N}'_\mathfrak{U}(\iota_l) \neq 0$, wenn $U_{\iota_0 \ldots \iota_l} \neq 0$ ist.*

4) *Es gilt : $U_\iota \subset W'_\varkappa$, $\hat{\mathrm{sat}}_{r\rho\varkappa}(U_\iota) \subset W'_\varkappa$, wenn $\varkappa \in \mathcal{N}_\mathfrak{U}(\iota)$.*

5) *Ist $\varkappa \in \mathcal{N}'_\mathfrak{U}(\iota_0)$, so überdecken die Umgebungen U_ι, $\varkappa \in \mathcal{N}_\mathfrak{U}(\iota)$ die Menge $\hat{\mathrm{sat}}_{r\rho\varkappa}(U_{\iota_0})$, die Mengen U_ι mit $\varkappa \notin \mathcal{N}_\mathfrak{U}(\iota)$ haben mit $\hat{\mathrm{sat}}_{r\rho\varkappa}(U_{\iota_0})$ einen leeren Durchschnitt.*

6) *Jeder Punkt $x \in X(\rho)$ ist in höchstens $A(\mathfrak{W}) = \varkappa_* \cdot \max_\varkappa 2^{2 \cdot \dim_C G_\varkappa}$ Elementen der Überdeckung U enthalten.*

Es sei $\mathfrak{V} = (V, r(\mathfrak{V}))$ eine beliebige weitere Meßüberdeckung von $X(\rho)$. Wir definieren :

Definition 5. *$\mathfrak{V}$ heißt eine zulässige Verfeinerung von $\mathfrak{U}$ (in Zeichen $\mathfrak{V} \subset \mathfrak{U}$), wenn folgende Eigenschaften vorhanden sind :*

1) *V ist eine Verfeinerung von U.*
2) $\mathcal{N}_{\mathfrak{V}}(\iota) = \mathcal{N}_{\mathfrak{U}}(\tau(\iota))$, $\mathcal{N}'_{\mathfrak{V}}(\iota) = \mathcal{N}'_{\mathfrak{U}}(\tau(\iota))$.
3) $\widehat{sat}_{r(\mathfrak{V})\rho\varkappa}(V_\iota) \subset U_{\tau(\iota)}$, $\varkappa \in \mathcal{N}_{\mathfrak{V}}(\iota)$, $\iota = 1, \ldots, \iota_*(V)$.
4) $\psi_{\varkappa_1\varkappa_2}$ *bildet stets* $\overline{sat_{r(\mathfrak{V})\rho}\Phi_{\varkappa_2}(V_{\iota_0\ldots\iota_l})}$ *in* $sat_{r(\mathfrak{U})\rho}\Phi_{\varkappa_1}(U_{\tau(\iota_0)\ldots\tau(\iota_l)})$ *ab, wenn*
$$\varkappa_1, \varkappa_2 \in \mathcal{N}_{\mathfrak{V}}(\iota_0, \ldots, \iota_l) = \mathcal{N}_{\mathfrak{V}}(\iota_0) \cap \ldots \cap \mathcal{N}_{\mathfrak{V}}(\iota_l).$$

Bei einer zulässigen Verfeinerung wird $\widehat{sat}_{r(\mathfrak{U})\rho\varkappa}(U_{\iota_0})$, $\varkappa \in N'_{\mathfrak{U}}(\iota_0)$ sogar von den Mengen V_ι, $\varkappa \in N_{\mathfrak{V}}(\iota)$ überdeckt. — Wir werden im folgenden statt $N'_{\mathfrak{U}}$, $N_{\mathfrak{U}}$, etc., auch N, N', etc., schreiben, wenn das nicht zu Mißverständnissen führt.

Wir zeigen :

Satz 3. *Es sei ν_* eine natürliche Zahl. Ist dann $\rho < \rho_0$ hinreichend klein gewählt, so gibt es Meßüberdeckungen $\mathfrak{U}_\nu = (U_\nu, r_\nu)$, $\nu = 1, \ldots, \nu_*$ von $X(\rho)$, derart, daß $\mathfrak{U}_\nu$ zulässige Verfeinerung von $\mathfrak{U}_{\nu-1}$ ist, $\nu = 2, \ldots, \nu_*$.*

Beweis. Wir konstruieren zunächst eine auf $\mathfrak{W}$ bezogene Überdeckung
$$\widetilde{U} = \{\widetilde{U}_\iota : \iota = 1, \ldots, \iota_*\}.$$

Die Träger $W'_\varkappa$ der Meßkarten $\mathfrak{W}_\varkappa$ bilden eine offene Überdeckung von X. Nach dem Schrumpfungssatz kann man offene Mengen $W'''_\varkappa \subset\subset W''_\varkappa \subset\subset W'_\varkappa$ finden, so daß noch $X_0 \subset \bigcup_\varkappa W'''_\varkappa$ gilt. Es sei $\widetilde{U}$ eine endliche Steinsche Überdeckung einer Umgebung von X_0, die so fein ist, daß aus $\overline{W'''_\varkappa} \cap \widetilde{U}_\iota \neq 0$ bzw. $\widetilde{U}_\iota \cap \overline{W''_\varkappa} \neq 0$ folgt : $\widehat{sat}_{r\tilde{\rho}\varkappa}(\widetilde{U}_\iota) \subset W''_\varkappa$ bzw. $\widehat{sat}_{r\tilde{\rho}\varkappa}(\widetilde{U}_\iota) \subset W'_\varkappa$ und $\widetilde{U}_\iota \subset W'_\varkappa$ (mit r, $\tilde{\rho}$ hinreichend klein unabhängig von ι, $\varkappa$ gewählt). Wir setzen $N'(\iota) = \{\varkappa : \overline{W'''_\varkappa} \cap \widetilde{U}_\iota \neq 0\}$, $N(\iota) = \{\varkappa : \overline{W''_\varkappa} \cap \widetilde{U}_\iota \neq 0\}$. Offenbar wird für kleines $\tilde{\rho}$ die Menge $\widehat{sat}_{r\tilde{\rho}\varkappa}(\widetilde{U}_{\iota_0})$, $\varkappa \in N'(\iota_0)$ von den Umgebungen $\widetilde{U}_\iota$, $\varkappa \in N(\iota)$ überdeckt, die Durchschnitte $\widehat{sat}_{r\tilde{\rho}\varkappa}(\widetilde{U}_{\iota_0}) \cap \widetilde{U}_\iota$, $\varkappa \notin N(\iota)$ sind leer.

Es gibt nun Steinsche Überdeckungen $\widetilde{U}_\nu = \{\widetilde{U}^{(\nu)}_\iota : \iota = 1, \ldots, \iota_\nu\}$, $\nu = 0, \ldots, \nu_*$ einer Umgebung von X_0 und stark absteigende Folgen reeller Zahlen
$$r_* > r_0 = r > r_1 > \ldots > r_{\nu_*} > 0, \quad \rho_0 > \tilde{\rho} > \rho_1 > \ldots > \rho_{\nu_*} > 0,$$
derart, daß folgendes gilt :

1) $\widetilde{U}_0 = \widetilde{U}$.
2) $\widetilde{U}_\nu$ ist eine Verfeinerung von $\widetilde{U}_{\nu-1}$ (Verfeinerungsabbildung $\tau = \tau^\nu_{\nu-1}$).
3) $\widehat{sat}_{r_\nu\rho_\nu\varkappa}(\widetilde{U}^{(\nu)}_\iota) \subset \widetilde{U}^{(\nu-1)}_{\tau(\iota)}$ für $\varkappa \in N_\nu(\iota) = N_{\nu-1}(\tau(\iota))$, $N_0(\iota) = N(\iota)$.
4) $\psi_{\varkappa_1\varkappa_2}\ (\overline{sat_{r_\nu\rho_\nu}\Phi_{\varkappa_2}(\widetilde{U}^{(\nu)}_{\iota_0\ldots\iota_l})}) \subset\subset sat_{r_{\nu-1}\rho_{\nu-1}}\Phi_{\varkappa_1}(X_0 \cap \widetilde{U}^{(\nu-1)}_{\tau(\iota_0)\ldots\tau(\iota_l)})$, $\varkappa_1, \varkappa_2 \in N_\nu(\iota_0, \ldots, \iota_l)$.
5) Jeder Punkt von X ist in höchstens $A(\mathfrak{W})$ Elementen der Überdeckung $\widetilde{U}_\nu$ enthalten, wenn $\nu \neq 0$ ist.

Die Konstruktion der Steinschen Überdeckungen $\widetilde{U}_\nu$ ist einfach. Um z.B. $\widetilde{U}_1$ zu erhalten, wählt man zunächst Gebiete $G'_\varkappa \subset\subset G_\varkappa$, so daß die Mengen $\Phi_\varkappa^{-1}(G'_\varkappa \times K)$ noch eine Umgebung von X_0 überdecken. Durch eine Unterteilung des $C^{n_\varkappa}$ in rechtwinklige Kästen, deren Seiten zu den reellen Achsen des $C^{n_\varkappa} \approx R^{2n_\varkappa}$ parallel sind, gelingt es sodann eine (beliebig feine) endliche Überdeckung $\{G_{\varkappa\mu}\}$ von $\overline{G}'_\varkappa$ zu konstruieren, die folgende Eigenschaft hat :

1) Alle Elemente $G_{\varkappa\mu}$ sind offene holomorph-vollständige Teilmengen von $G_\varkappa$.

2) Jeder Punkt von $G_\varkappa$ ist in höchstens $2^{2n_\varkappa}$ Elementen $G_{\varkappa\mu}$ enthalten.

Nach dem Schrumpfungssatz gibt es eine offene Überdeckung $U' = \{U'_\iota\}$ einer Umgebung von X_0 mit $U'_\iota \subset\subset U_\iota$. Sind die Mengen $G_{\varkappa\mu}$ und das m-tupel ρ_1 sehr klein gewählt, so gibt es zu jedem $(\varkappa, \mu)$ ein ι, so daß $U^{(1)}_{\varkappa\mu} = \Phi_\varkappa^{-1}(G_{\varkappa\mu} \times K(\rho_1))$ in U'_ι enthalten ist. Wir können deshalb eine Verfeinerungsabbildung $\tau(\varkappa, \mu)$ definieren, so daß stets $U^{(1)}_{\varkappa\mu} \subset U'_{\tau(\varkappa,\mu)}$ gilt. Sind r_1, ρ_1, $G_{\varkappa\mu}$ sehr klein, so sind offenbar für die Überdeckung $\widetilde{U}_1 = \{U^{(1)}_{\varkappa\mu}\}$ alle verlangten Eigenschaften vorhanden.

Die Konstruktion der Überdeckung $\widetilde{U}_2$ geschieht in analoger Weise. Man muß nur $\widetilde{U}_0$ mit $\widetilde{U}_1$ vertauschen. Man kann also $\widetilde{U}_{\nu+1}$ aus $\widetilde{U}_\nu$ konstruieren und erhält dadurch die Kette $\widetilde{U}_\nu$, $\nu = 0, \ldots, \nu_*$.

Wir wählen nun $\rho < \rho_\nu$, $\nu = 1, 2, \ldots, \nu_*$ so klein, daß alle Überdeckungen $\widetilde{U}_\nu$ die Tube $X(\rho)$ überdecken und setzen $U_\nu = \{U^{(\nu)}_\iota = \widetilde{U}^{(\nu)}_\iota \cap X(\rho) : \iota = 1, \ldots, \iota_\nu\}$. Wie man leicht sieht, sind alle Paare $(U_\nu, r_\nu) = \mathfrak{U}_\nu$ Meßüberdeckungen, $\mathfrak{U}_\nu$ ist eine zulässige Verfeinerung von $\mathfrak{U}_{\nu-1}$, q.e.d.

Wir setzen fortan immer voraus, daß schon ρ_0 so klein gewählt ist, daß über $X = X(\rho_0)$ eine Folge von Meßüberdeckungen $\mathfrak{U}_\nu$, $\nu = 0, \ldots, \nu_*$ im Sinne von Satz 3 existiert. Wir werden uns im folgenden stets auf eine solche festgewählte Folge beziehen. Die Zahl ν_* wird später bestimmt werden.

4. Es sei $\mathfrak{U} = (U = \{U_\iota : \iota = 1, \ldots, \iota_*\}, r)$ eine Meßüberdeckung von X. Wir setzen $U(\rho) = \{U_\iota(\rho) : \iota = 1, \ldots, \iota_*\} = U \cap X(\rho) = \{U_\iota \cap X(\rho) : \iota = 1, \ldots, \iota_*\}$ und ordnen den Koketten $\xi \in C^l(U(\rho), S)$, eine Norm $\|\xi\|_{\mathfrak{U}\rho}$ zu. Wir setzen zunächst für die Schnittflächen $\xi^* \in \Gamma(^*U, S)$ mit $^*U = U_{\iota_0 \ldots \iota_l}(\rho)$:

$$\|\xi^*\|_{\mathfrak{U}^* U\rho} = \max_{\varkappa \in N(\iota_0 \ldots \iota_l)} \inf_{\eta^*} \|\eta^*\|_{B_\varkappa \rho}.$$

Dabei ist $B_\varkappa = \mathrm{sat}_{r\rho} \Phi_\varkappa(U_{\iota_0 \ldots \iota_l})$ und $\eta^* \in \Gamma(B_\varkappa, \Phi_{\varkappa 0}(S))$ durchläuft die Schnittflächen mit $\eta^* | \Phi_\varkappa(^*U) = \Phi_{\varkappa 0}(\xi^*)$. Gibt es keine solche Schnittfläche, so sei $\|\xi^*\|_{\mathfrak{U}^* U\rho} = \infty$. $\|\eta^*\|_{B_\varkappa \rho}$ ist die in § 3 definierte Norm für die Schnittflächen in einer Garbe über $\mathfrak{G}_\varkappa$.

Die Norm für die Koketten $\xi = \{\xi_{\iota_0 \ldots \iota_l}\} \in C^l(U(\rho), S)$ ergibt sich nun sofort. Wir setzen einfach $\|\xi\|_{\mathfrak{U}\rho} = \max_{\iota_0 \ldots \iota_l} \|\xi_{\iota_0 \ldots \iota_l}\|_{\mathfrak{U} U_{\iota_0 \ldots \iota_l}(\rho) \rho}$.

Es gilt :

Satz 4. *Es sei $\mathfrak{V}$ eine Meßüberdeckung von X, die eine zulässige Verfeinerung einer Meßüberdeckung $\mathfrak{U}$ ist. Ist dann $\xi \in C^l(U(\rho), S)$ eine Kokette, so folgt :* $\|\xi\|_{\mathfrak{V}\rho} \leq \|\xi\|_{\mathfrak{U}\rho}$.

Der Beweis ist einfach. Er folgt unmittelbar aus vorstehender Definition der Norm. Die Brauchbarkeit unserer Norm ergibt sich durch folgende Aussage :

Satz 5. *Es sei* $\mathfrak{U}_\nu = (U_\nu = \{U_\iota^{(\nu)}\}, r_\nu)$, $\nu = -2, -1, 0$ *eine Kette zulässiger Verfeinerungen von Meßüberdeckungen von X. Ist dann* $\rho < \rho_0$, *so wird die Beschränkung* $\xi | X(\rho)$ *jeder Kohomologieklasse* $\xi \in H^l(X(\rho+\varepsilon), S)$ *durch einen Kozyklus* $\eta \in Z^l(U_0(\rho), S)$ *mit endlicher Norm* $||\eta||_{\mathfrak{U}_0\rho}$ *repräsentiert.* $\varepsilon = (\varepsilon_1, \ldots, \varepsilon_m)$ *ist dabei ein m-tupel beliebig kleiner positiver Zahlen.*

Beweis. Da $U_{-2}(\rho+\varepsilon)$ eine Steinsche Überdeckung ist, wird ξ durch einen Kozyklus $\eta^* \in Z^l(U_{-2}(\rho+\varepsilon), S)$ repräsentiert. Wir betrachten die Schnittflächen

$$\Phi_{\varkappa 0}(\eta^*_{\iota_0 \ldots \iota_l}) \in \Gamma(\Phi_\varkappa(U^{(-2)}_{\iota_0 \ldots \iota_l}(\rho+\varepsilon)), \Phi_{\varkappa 0}(S)), \varkappa \in N(\iota_0, \ldots, \iota_l).$$

Ihre Beschränkung auf $\circledast = \mathrm{sat}_{r_{-1}\rho+\varepsilon}\Phi_\varkappa(U^{(-1)}_{i_0 \ldots i_l})$ sei mit $\gamma^*_{i_0 \ldots i_l}$ bezeichnet $(\tau(i_\nu) = \iota_\nu)$. Da $\circledast$ ein holomorph-vollständiger Raum ist, ist $\gamma^*_{i_0 \ldots i_l}$ unter dem Homomorphismus $\alpha_\varkappa : O_\varkappa^{q_\varkappa} \to \Phi_{\varkappa 0}(S)$ Bild einer Schnittfläche $\tilde{\gamma}^*_{i_0 \ldots i_l} \in \Gamma(\circledast, O_\varkappa^{q_\varkappa})$. Die Beschränkung $\gamma_{k_0 \ldots k_l}$ von $\tilde{\gamma}^*_{i_0 \ldots i_l}$ auf $\mathrm{sat}_{r_0\rho}\Phi_\varkappa(U^{(0)}_{k_0 \ldots k_l})$ hat dann endliche Norm (wenn $\tau(k_\nu) = i_\nu$).

Setzen wir noch : $\eta = \tau\eta^* | X(\rho)$, so gilt $\Phi_{\varkappa 0}(\eta_{k_0 \ldots k_l}) = \alpha_\varkappa(\gamma_{k_0 \ldots k_l})$. Also hat η in bezug auf die Meßüberdeckung $\mathfrak{U}_0 = (U_0, r_0)$ endliche Norm. Offenbar erzeugt η die Kohomologieklasse $\xi | X(\rho)$. Damit ist Satz 5 bewiesen.

5. Es sei $\mathfrak{U}$ eine Meßüberdeckung von X. Eine Meßüberdeckung $\mathfrak{V}$ von X heißt eine hinreichend starke zulässige Verfeinerung von $\mathfrak{U}$ (in Zeichen $\mathfrak{V} \subset\subset \mathfrak{U}$), wenn es zwischen $\mathfrak{V}$ und $\mathfrak{U}$ eine für die in Betracht gezogenen Untersuchungen genügend große endliche Anzahl von Meßüberdeckungen $\mathfrak{U}_\nu$, $\nu = 0, \ldots, \nu^*$ gibt, so daß $\mathfrak{U}_0 = \mathfrak{U}$, $\mathfrak{U}_{\nu_*} = \mathfrak{V}$ und $\mathfrak{U}_\nu$ eine zulässige Verfeinerung von $\mathfrak{U}_{\nu-1}$ ist, $\nu = 1, \ldots, \nu_*$.

Wir treffen folgende Festsetzungen.

1) Sind $\mathfrak{U}$, $\mathfrak{V}$, etc. Meßüberdeckungen von X, so werde stets

$$\mathfrak{U} = (U = \{U_\iota : \iota = 1, \ldots, \iota_*(U)\}, r(\mathfrak{U})), \mathfrak{V} = (V = \{V_\iota\}, r(\mathfrak{V})), \text{etc.}$$

gesetzt.

2) $*U$ sei stets ein Durchschnitt $U_{i_0 \ldots i_l}(\rho)$.

3) $*V$ sei (bei beliebigen Verfeinerungen V von U) ein Durchschnitt $V_{\iota_0 \ldots \iota_l}(\rho)$ mit $\tau(\iota_\nu) = i_\nu$.

4) $*\hat{U} = \Phi_\varkappa(*U)$ für ein festgewähltes $\varkappa \in N'(i_0, \ldots, i_l)$.

5) $*\tilde{U} = \mathrm{sat}_{r(\mathfrak{U})\rho}\Phi_\varkappa(U_{i_0 \ldots i_l})$.

6) $\hat{V} = \{\hat{V}_\iota = \Phi_\varkappa(V_\iota(\rho)) : \varkappa \in N(\iota)\}$ für das feste $\varkappa$.

7) $\tilde{V} = \{\tilde{V}_\iota = \mathrm{sat}_{r(\mathfrak{V})\rho}\Phi_\varkappa(V_\iota) : \varkappa \in N(\iota)\}$.

Es sei ferner d eine natürliche Zahl, die auch $+\infty$ sein darf. Wir bezeichen mit $\hat{I}_d$, die von der holomorphen Funktion $t_1^d \circ \pi$ in X erzeugte Untergarbe von H(X) und setzen $S_d = S/S \cdot \hat{I}_d$. Die Quotientenabbildung $q(d) : S \to S_d$ ist ein analytischer

Garbenhomomorphismus, der sich auf die Gruppen der Koketten, Kohomologieklassen überträgt. Wir bezeichnen die so gewonnenen Homomorphismen ebenfalls mit $q(d)$. Ferner generiert $q(d)$ Abbildungen $q_\varkappa(d): \Phi_{\varkappa 0}(S) \to \Phi_{\varkappa 0}(S_d)$. Wir setzen $\alpha_\varkappa(d) = q_\varkappa(d) \circ \alpha_\varkappa$ und $\Gamma_{d\varkappa}: O_\varkappa^{q_\varkappa} \xrightarrow{\alpha_\varkappa(d)} \Phi_{\varkappa 0}(S_d) \to 0$ und erhalten dadurch aus $\mathfrak{W}$ einen Meßatlas $\mathfrak{W}^{(d)}$ für die Garbe S_d. Die in bezug auf $\mathfrak{W}^{(d)}$ gebildeten Normen bezeichnen wir durch Zufügen eines d zu den bei $\mathfrak{W}$ benutzten Symbolen, z.B. $||\xi||_{\mathfrak{U}_\rho}^d$, $||\xi^*||_{\mathfrak{U}^*\mathrm{U}\rho}^d$ usw. Trivialer Weise ist die Abbildung $\xi \to \xi' = q(d) \circ \xi \in C^l(U(\rho), S_d)$, $\xi \in C^l(U(\rho), S)$ in bezug auf die Normen $||\xi||_{\mathrm{U}\rho}$, $||\xi'||_{\mathfrak{U}\rho}^d$ unabhängig von (ρ, d) linear beschränkt.

Es seien $\mathfrak{V} \subset \mathfrak{U}$ Meßüberdeckungen von X. Wir führen in den Vektorraum $C^\lambda(^*U \cap V, S)$ eine weitere Pseudonorm ein. Ist $\eta \in C^\lambda(^*U \cap V, S)$ eine Kokette, so werde $\hat{\eta} = \Phi_{\varkappa 0}(\eta) \in C^\lambda(^*\hat{U} \cap \hat{V}, \Phi_{\varkappa 0}(S))$ gesetzt (mit $\varkappa \in N'(_{i_0}, \ldots, _{i_l})$). Man beachte, daß wegen Axiom 5 in Definition 4 $\hat{V}$ eine Überdeckung von $^*\hat{U}$ ist. — Wird nun $\hat{\eta}$ durch Beschränkung einer Kokette $\tilde{\eta} \in C^\lambda(^*\tilde{U} \cap \tilde{V}, \Phi_{\varkappa 0}(S))$ erhalten, so sei $||\hat{\eta}|| = \inf_{\tilde{\eta}} ||\tilde{\eta}||_{^*\tilde{U} \cap \tilde{V}\rho}$. Gibt es keine Kokette $\tilde{\eta}$, so setzen wir wieder $||\hat{\eta}|| = \infty$. Damit haben wir für η die Norm $||\eta||'_{\mathfrak{V}^*\mathrm{U}\rho} = \max_{\varkappa \in N'(i_0 \ldots i_l)} ||\Phi_{\varkappa 0}(\eta)||$ erhalten.

In gleicher Weise erhält man für die Koketten $\eta \in C^\lambda(^*U \cap V, S_d)$ eine Norm $||\eta||'^d_{\mathfrak{V}^*\mathrm{U}\rho}$. Die durch $q(d)$ erzeugte Abbildung $C^\lambda(^*U \cap V, S) \to C^\lambda(^*U \cap V, S_d)$ ist unabhängig von (ρ, d) linear beschränkt.

Wir zeigen :

Satz 6. *Es seien* $\mathfrak{V}' \subset\subset \mathfrak{V} \subset \mathfrak{U}' \subset\subset \mathfrak{U}$ *eine Kette von Meßüberdeckungen von X und* $\xi \in Z^\lambda(^*U \cap V(\rho), S_d)$ *ein (endlicher) Kozyklus,* $\rho \ll \rho_0$ *sei hinreichend klein. Dann gibt es eine Kokette* $\eta \in C^{\lambda-1}(^*U' \cap V'(\rho), S_d)$ *mit* $\delta\eta = \xi | ^*U'$. *Die Zuordnung* $\xi \to \eta$ *ist in bezug auf die Normen* $||\xi||'^d_{\mathfrak{V}^*\mathrm{U}\rho}$, $||\eta||'^d_{\mathfrak{V}'^*\mathrm{U}'\rho}$ *unabhängig von* (ρ_1, d) *linear beschränkt.*

Beweis. Wir wählen $\varkappa \in N'(i_0, \ldots, i_l)$. Da $||\xi||'^d_{\mathfrak{V}^*\mathrm{U}\rho}$ endlich ist, wird $\hat{\xi} = \Phi_{\varkappa 0}(\xi)$ durch Beschränkung einer Kokette $\tilde{\xi} \in C^\lambda(^*\tilde{U} \cap \tilde{V}, \Phi_{\varkappa 0}(S_d))$ erhalten. Wir wählen Meßüberdeckungen $\mathfrak{V}_\nu$, $\mathfrak{U}_\nu$, $\nu = 1, 2$ mit $\mathfrak{V}' \subset \mathfrak{V}_2 \subset \mathfrak{V}_1 \subset \mathfrak{V}$, $\mathfrak{U}' \subset \mathfrak{U}_2 \subset \mathfrak{U}_1 \subset \mathfrak{U}$. Da $\mathfrak{V}_1$, $\mathfrak{U}_1$ zulässige Verfeinerungen von $\mathfrak{V}$, $\mathfrak{U}$ sind, ist $\tilde{\xi} | ^*\tilde{U}_1 \cap \tilde{V}_1$ sicher ein Kozyklus (Axiom 3, Definition 5). Natürlich wird im allgemeinen $\tilde{V}_1$ nicht $^*\tilde{U}_1$ überdecken. Sicher wird jedoch wegen Axiom 5, Definition 4 die Menge $\Phi_\varkappa(W_\varkappa) \cap {}^*\tilde{U}_1$ überdeckt. Da die betrachtete Garbe nur hier von null verschieden ist, können wir $^*\tilde{U}_1 \cap \tilde{V}_1$ zu einer Steinschen Überdeckung von $^*\tilde{U}_1$ ergänzen und $\tilde{\xi} | ^*\tilde{U}_1$ als Kozyklus über $^*\tilde{U}_1$ ansehen. Nach § 3, Satz 8 gibt es eine Kokette $\tilde{\eta} \in C^{\lambda-1}(^*\tilde{U}_2 \cap \tilde{V}_2, \Phi_{\varkappa 0}(S_d))$ mit $\delta\tilde{\eta} = \tilde{\xi} | ^*\tilde{U}_2$, so daß die Zuordnung $\tilde{\xi} \to \tilde{\eta}$ unabhängig von (d, ρ_1) linear beschränkt ist. Diese Kokette definiert eine Kokette $\eta^* \in C^{\lambda-1}(^*U_2 \cap V_2, S_d)$. Aus § 3, Satz 10 folgt sodann, daß

$$\eta = \tau\eta^* \in C^{\lambda-1}(^*U' \cap V'(\rho), S_d)$$

die verlangten Eigenschaften hat.

Wir zeigen eine weitere wichtige Aussage :

Satz 7. *Es seien* $\mathfrak{B}' \subset\subset \mathfrak{B} \subset \mathfrak{U}' \subset\subset \mathfrak{U}$ *Meßüberdeckungen von* X, $\xi \in \mathcal{Z}^0(*U \cap V(\rho), S_d)$ *ein endlicher Kozyklus. Dann kann man* ξ *als Schnittfläche aus* $\Gamma(*U, S_d)$ *auffassen. Die Zuordnung* $\xi \to \xi | *U'$ *ist in bezug auf die Normen* $\|\xi\|'^d_{\mathfrak{B}*\mathfrak{U}\rho}$, $\|\xi | *U'\|^d_{\mathfrak{U}'*\mathfrak{U}'\rho}$ *unabhängig von* (ρ_1, d) *linear beschränkt (wenn* $\rho \ll \rho_0$*).*

Beweis. Wir gehen wieder zu $*\widetilde{U}$, $\widetilde{V}$ über (in bezug auf ein $\varkappa \in N'(i_0, \ldots, i_l)$) und dürfen voraussetzen, daß $\hat{\xi} | *\widetilde{U}_1$ durch Beschränkung eines Kozyklus $\widetilde{\xi} \in Z^0(*\widetilde{U}_1 \cap \widetilde{V}_1, \Phi_{\varkappa 0}(S_d))$ erhalten wird (wenn $\mathfrak{B}' \subset \mathfrak{B}_2 \subset \mathfrak{B}_1 \subset \mathfrak{B}$, $\mathfrak{U}' \subset \mathfrak{U}_2 \subset \mathfrak{U}_1 \subset \mathfrak{U}$). Wir setzen wieder die Überdeckung $*\widetilde{U}_1 \cap \widetilde{V}_1$ zu einer Steinschen Überdeckung von $*\widetilde{U}_1$ fort. Nach § 3, Satz 9 folgt deshalb, daß die Zuordnung $\widetilde{\xi} \to \xi^* = \widetilde{\xi} | *\widetilde{U}_2$ in bezug auf die Normen $\|\widetilde{\xi}\|_{\widetilde{V}_1\rho}$, $\|\xi^*\|_{*\widetilde{U}_2\rho}$ unabhängig von (d, ρ_1) linear beschränkt ist. Aus § 3, Satz 10 folgt sodann die Behauptung unseres Satzes.

6. J. Leray hat folgenden Satz hergeleitet :

Es seien T *ein topologischer Raum,* A *eine Garbe von abelschen Gruppen über* T, $U = \{U_\iota\}$ *sei eine offene Überdeckung von* T, *die bzgl.* A *azyklisch ist, d.h. die Kohomologiegruppen* $H^\nu(U_{\iota_0 \ldots \iota_l}, A)$ *verschwinden für* $\nu > 0$, $l = 0, 1, 2, \ldots$ *. Dann gilt*

$$H^\nu(U, A) \approx H^\nu(T, A), \quad \nu = 0, 1, 2, \ldots .$$

Da nach dem Theorem B von H. Cartan jede Steinsche Überdeckung V bzgl. einer kohärenten analytischen Garbe S azyklisch ist, kann man den Lerayschen Satz in der komplexen Analysis verwenden. Es sagt dann insbesondere aus, daß die Kohomologiegruppen $H^\nu(V, S)$ unabhängig von V sind.

Wir werden hier den Lerayschen Satz für unsere Zwecke in einer verschärften Form beweisen müssen :

Satz 8. *Es seien* $\mathfrak{B}' \subset\subset \mathfrak{B} \subset \mathfrak{U} \subset\subset \mathfrak{U}'$ *Meßüberdeckungen von* X. *Ist dann* ρ *hinreichend klein* $(\rho < \rho_1 \ll \rho_0)$, *so gibt es zu jedem endlichen Kozyklus* $\xi \in \mathcal{Z}^l(V(\rho), S_d)$ *eine Kokette* $\eta \in C^{l-1}(V'(\rho), S_d)$ *und einen Kozyklus* $\xi^* \in \mathcal{Z}^l(U(\rho), S_d)$, *so daß bzgl. der Überdeckung* $V'(\rho)$ *die Beziehung* $\xi^* = \xi + \delta\eta$ *gilt. Die Zuordnung* $\xi \to \xi^*$, η *ist unabhängig von* (ρ_1, d) *in bezug auf die Normen* $\|\xi\|^d_{\mathfrak{B}\rho}$, $\|\xi^*\|^d_{\mathfrak{U}\rho}$, $\|\eta\|^d_{\mathfrak{B}'\rho}$ *linear beschränkt.*

Beweis. Wir wählen eine Kette zulässiger Verfeinerungen von Meßüberdeckungen von X :

$$\mathfrak{B}' \subset\subset \mathfrak{B}_{2l} \subset\subset \mathfrak{B}_{2l-1} \subset\subset \ldots \subset\subset \mathfrak{B}_0 = \mathfrak{B} \subset \mathfrak{U} \subset\subset \mathfrak{U}_{2l} \subset\subset \mathfrak{U}_{2l-1} \subset\subset \ldots \subset\subset \mathfrak{U}_0 = \mathfrak{U}'$$

und setzen $U^{(\nu)}_{i_0 \ldots i_k, \iota_0 \ldots \iota_\lambda} = U^{(\nu)}_{i_0 \ldots i_k}(\rho) \cap V^{(\nu)}_{\iota_0 \ldots \iota_\lambda}(\rho)$. Eine Kollektion von in den Indizes $i_0, \ldots, i_k$ und $\iota_0, \ldots, \iota_\lambda$ antikommutativen Schnittflächen $\xi_{i_0 \ldots i_k, \iota_0 \ldots \iota_\lambda}$ in S_d über $U^{(\nu)}_{i_0 \ldots i_k, \iota_0 \ldots \iota_\lambda}$ werde eine Kokette aus $C^{k,\lambda}_\nu = C^{k,\lambda}(U_\nu(\rho), V_\nu(\rho))$ genannt. Wir bezeichnen mit δ die Korandoperation in bezug auf die Indizes i_μ, mit ∂ die Korandoperarion in bezug auf die Indizes ι_μ. Offenbar gilt $\delta\delta = \partial\partial = 0$, $\delta\partial = \partial\delta$. $C^{k,\lambda}_\nu$ ist also für festes ν

ein Doppelkomplex, da alle Durchschnitte $U_{i_0 \ldots i_k}$, $V_{\iota_0 \ldots \iota_\lambda}$ holomorph-vollständige Räume sind, folgt aus dem Theorem B von H. CARTAN, daß δ und ∂ sogar exakt sind.

Wir definieren für $C_\nu^{k,\lambda}$ eine Pseudonorm. Jede Kokette $\xi=\{\xi_{i_0 \ldots i_k, \iota_0 \ldots \iota_\lambda}\} \in C_\nu^{k,\lambda}$ ist, wenn $i_0, \ldots, i_k$ festgesetzt werden, eine Kokette $\xi_{i_0 \ldots i_k} \in C^\lambda({}^*U \cap V_\nu(\rho), S^d)$, ${}^*U = U^{(\nu)}_{i_0 \ldots i_k}(\rho)$. Wir setzen $||\xi||'^d_{\nu\rho} = \max\limits_{i_0 \ldots i_k} ||\xi_{i_0 \ldots i_k}||'^d_{\mathfrak{B}_\nu {}^*U\rho}$. Aus Satz 6 folgt sofort :

(1) *Es sei* $\lambda \neq 0$. *Dann gibt es zu jeder endlichen Kokette* $\xi \in C_\nu^{k,\lambda}$ *mit* $\partial\xi = 0$ *eine Kokette* $\eta \in C_{\nu+1}^{k,\lambda-1}$, *für die* $\partial\eta = \xi$ *gilt. Die Zuordnung* $\xi \to \eta$ *ist in bezug auf die Normen* $||\xi||'^d_{\nu\rho}$, $||\eta||'^d_{\nu+1,\rho}$ *unabhängig von* (ρ_1, d) *linear beschränkt.*

Satz 7 ergibt :

(2) *Die Zuordnung* $\xi \to \xi' \in C^k(U(\rho), S_d)$ *mit* $\xi \in C_\nu^{k,0}$ *und* $\partial\xi = 0$ *ist in bezug auf die Normen* $||\xi||'_{\nu\rho}$, $||\xi'||_{\mathfrak{U}\rho}$ *unabhängig von* (ρ_1, d) *linear beschränkt.*

Wir definieren :

$$\begin{aligned}
Z_\nu^{k,\lambda} &= \{\xi \in C_\nu^{k,\lambda} \ : \ \delta\xi = \partial\xi = 0\}, \ k \geq 0, \ \lambda \geq 0, \\
B_\nu^{k,\lambda} &= \delta\partial C_\nu^{k-1,\lambda-1}, \ k>0, \ \lambda>0, \\
B_\nu^{0,\lambda} &= \partial\{\xi \in C_\nu^{0,\lambda-1} \ : \ \delta\xi = 0\}, \ \lambda>0, \\
B_\nu^{k,0} &= \delta\{\xi \in C_\nu^{k-1,0} \ : \ \partial\xi = 0\}, \ k>0, \\
B_\nu^{0,0} &= \{\xi \in C_\nu^{0,0}, \ \delta\xi = \partial\xi = 0\}
\end{aligned}$$

und setzen [1]

$$H_\nu^{k,\lambda} = Z_\nu^{k,\lambda}/B_\nu^{k,\lambda}.$$

Es sei $\xi = \{\xi_{\iota_0 \ldots \iota_l}\} \in Z^l(V(\rho), S_d)$ ein Kozyklus mit $||\xi||^d_{\mathfrak{B}\rho} < M$. Wir definieren einige Folgen von Koketten :

$$\begin{aligned}
\xi_\nu &= \{\xi_{i_0 \ldots i_\nu, \iota_0 \ldots \iota_{l-\nu}}\} && \in Z_{2\nu}^{\nu, l-\nu}, \ \nu = 0, \ldots, l. \\
\tilde{\xi}_\nu &= \{\tilde{\xi}_{i_0 \ldots i_\nu, \iota_0 \ldots \iota_{l-\nu}}\} && \in Z_{2\nu}^{\nu, l-\nu}(V_{2\nu}(\rho), V_{2\nu}(\rho)), \ \nu = 1, \ldots, l. \\
\eta_\nu &= \{\eta_{i_0 \ldots i_{\nu-1}, \iota_0 \ldots \iota_{l-\nu}}\} && \in C_{2\nu-1}^{\nu-1, l-\nu}, \ \nu = 1, \ldots, l. \\
\tilde{\eta}_\nu &= \{\tilde{\eta}_{i_0 \ldots i_{\nu-1}, \iota_0 \ldots \iota_{l-\nu}}\} && \in C^{\nu-1, l-\nu}(V_{2\nu-1}(\rho), V_{2\nu-1}(\rho)), \ \nu = 1, \ldots, l. \\
\gamma_\nu &= \{\gamma_{i_0 \ldots i_{\nu-1}, \iota_0 \ldots \iota_{l-\nu-1}}\} && \in C^{\nu-1, l-\nu-1}(V_{2\nu}(\rho), V_{2\nu}(\rho)), \ \nu = 1, \ldots, l-1. \\
\gamma_l &= \{\gamma_{i_0 \ldots i_l}\} && \in C^l(V_{2l}(\rho)).
\end{aligned}$$

Wir setzen zunächst $\xi_{i_0, \iota_0 \ldots \iota_l} = \xi_{\iota_0 \ldots \iota_l}$ und erhalten ξ_0. Es werde dann η_ν so bestimmt, daß $\partial\eta_\nu = \xi_{\nu-1}$ ist. ξ_ν sei $\delta\eta_\nu$. Die Definition von $\tilde{\eta}_\nu$ ist besonders einfach : $\tilde{\eta}_\nu = (-1)^{\frac{\nu(\nu-1)}{2}} \{\xi_{i_0 \ldots i_{\nu-1}, \iota_0 \ldots \iota_{l-\nu}}\}$ mit $\xi_{i_0 \ldots i_{\nu-1}, \iota_0 \ldots \iota_{l-\nu}} = \xi_{\tau i_0 \ldots \tau i_{\nu-1} \, \tau\iota_0 \ldots \tau\iota_{l-\nu}}$. Setzen wir $\tilde{\xi}_\nu = \delta\tilde{\eta}_\nu$, so gilt offenbar : $\partial\tilde{\eta}_\nu = \tilde{\xi}_{\nu-1}$, $\partial\tilde{\eta}_1 = \xi_0$ (Man beachte, daß alle Koketten antikommutativ in ihren Indizees sind). γ_ν wird so gewählt, daß

$$\partial\gamma_1 = \tilde{\eta}_1 - \eta_1, \ \partial\gamma_\nu = \tilde{\eta}_\nu - \eta_\nu - \delta\gamma_{\nu-1}$$

---

[1] Die Beweisidee ist, daß wir zeigen :

$$H^k(V(\rho), S_d) \approx H_0^{k,0} \approx H_1^{k-1,1} \approx \ldots \approx H_k^{0,k} \approx H^k(U(\rho), S_d).$$

ist. Es folgt $\delta\partial\gamma_\nu=\widetilde{\xi}_\nu-\xi_\nu$, $\delta\xi_\nu=\delta\widetilde{\xi}_\nu=\partial\xi_\nu=\partial\widetilde{\xi}_\nu=0$. Dabei ist $\partial\gamma_l=\{A_{i_0\ldots i_l,\,\iota_0}=\gamma_{i_0\ldots i_l}\}$ zu setzen.

(1) ergibt sofort : man kann die Kokettenfolgen so bestimmen, daß die Norm der Koketten stets kleiner als $c_1 M$ ist ($c_1>1$ eine von ξ und ρ_1, d unabhängige Konstante). Betrachtet man sodann ξ_l als einen Kozyklus ξ^* aus $Z^l(U(\rho), S_d)$, so folgt aus (2) die Beziehung $||\xi^*||_{\mathfrak{U}_\rho}<c_0 M$ (mit $c_0>1$ wieder eine von ξ, ρ_1, d unabhängige Konstante). Es ist $\widetilde{\xi}^*=\{\widetilde{\xi}^*_{i_0\ldots i_l}=\xi_{i_0\ldots i_l,\,\iota_0}\}=\tau\xi$ und $\tau\xi^*-\tau\xi=\delta\tau\gamma_l$. Nach (2) hat man ebenfalls $||\tau\gamma_l||_{\mathfrak{B}'_\rho}<\text{const.}\cdot M$. Damit ist Satz 8 bewiesen.

§ 5. Ein Lemma.

1. Es sei wieder X ein komplexer Raum, $K=K(\rho_0)\subset C^m$ ein Polizylinder, $\pi: X\to K$ eine eigentliche holomorphe Abbildung. Ferner sei

$$\mathfrak{W}=\{\mathfrak{W}_\varkappa=(W_\varkappa, W'_\varkappa, \Phi_\varkappa, \mathfrak{G}_\varkappa=G_\varkappa\times K, \Gamma_\varkappa : O_\varkappa^{q_\varkappa}\to\Phi_{\varkappa 0}(S)\to 0) : \varkappa=1,\ldots,\varkappa_*\}$$

ein Meßatlas in X. Im übrigen sei die gleiche Terminologie wie in § 4 gewählt.

Wir bezeichnen mit $\mathfrak{e}=(e_1,\ldots,e_m)$ ein m-tupel natürlicher Zahlen und mit $I(\mathfrak{e})$ bzw. $\hat{I}(\mathfrak{e})$ diejenige kohärente analytische Untergarbe von $O(K)$ bzw. $H(X)$, die von den holomorphen Funktionen $t_\nu^{e_\nu}$ bzw. $t_\nu^{e_\nu}\circ\pi$, $\nu=1,\ldots,m$ erzeugt wird. Wir setzen $S_\mathfrak{e}=S/S^\mathfrak{e}$, $S^\mathfrak{e}=S\cdot\hat{I}(\mathfrak{e})$. Es gilt über $X-X_0$ mit $X_0=\pi^{-1}(O)$, $O\in K=$ Nullpunkt, die Gleichheit $S_\mathfrak{e}=0$.

Durch die Quotientenabbildung $S\overset{q(\mathfrak{e})}{\to}S_\mathfrak{e}$ erhält man einen Homomorphismus $H^l(X(\rho), S)\to H^l(X, S_\mathfrak{e})$, $C^l(U(\rho), S)\to C^l(U, S_\mathfrak{e})$, etc., der auch mit $q(\mathfrak{e})$ bezeichnet sei.

Wir werden im nächsten Paragraphen zeigen, daß die analytischen Bildgarben $\pi_l(S)$, $l=0, 1, 2, \ldots$ kohärent sind. Der Beweis dieser Aussage benutzt ein an sich interessantes Lemma, dessen Formulierung noch einige weitere Definitionen von Bezeichnungen erfordert.

1) $\lambda : \pi_l(S)\to Q$ sei ein Homomorphismus der Garbe $\pi_l(S)$ in eine kohärente analytische Garbe Q über K.

2) $H^l_\lambda(X(\rho), S)$ sei die Untergruppe derjenigen Kohomologieklassen von $H^l(X(\rho), S)$, deren π_l-Bild eine Schnittfläche in der Garbe $\operatorname{Ker}\lambda|K(\rho)$ ist.

3) $Z^l_\lambda(U(\rho), S)$ sei die Gruppe der Kozyklen aus $Z^l(U(\rho), S)$ die Kohomologieklassen aus $H^l_\lambda(X(\rho), S)$ repräsentieren. Dabei ist U eine offene Überdeckung von X.

Hauptlemma. *Es seien $\mathfrak{V}\subset\subset\mathfrak{U}\subset\subset\mathfrak{U}_0$ Meßüberdeckungen von X. Es gibt dann ein $\rho_1\leq\rho_0$ und endliche Kozyklen $\xi_1,\ldots,\xi_s\in Z^l_\lambda(U(\rho_1), S)$ und zu jedem endlichen Kozyklus $\xi\in Z^l_\lambda(U(\rho), S)$, $\rho\leq\rho_1$ eine Kokette $\eta\in C^{l-1}(V(\rho), S)$ und in $K(\rho)$ holomorphe Funktionen $a_\nu(t)$, $\nu=1,\ldots,s$, so daß $\xi=\sum_{\nu=1}^{s}a_\nu(t)\cdot\xi_\nu+\delta\eta$ gilt. Die Zuordnung $\xi\to a_\nu(t)$, η ist linear beschränkt in bezug auf die Normen : $||\xi||_{\mathfrak{U}_\rho}$, $||a_\nu(t)||_\rho$, $||\eta||_{\mathfrak{V}_\rho}$.*

Zusatz. *Es gibt eine Funktion $f(\mathfrak{e})$, deren Werte m-tupel natürlicher Zahlen sind, mit* $\lim_{\mathfrak{e}\to\infty} f(\mathfrak{e}) = \infty$, *so daß folgendes gilt* [1] : *Ist* $q(\mathfrak{e})\circ\xi$ *kohomolog null, so kann man die Funktionen* $a_\nu(\mathfrak{t})$ *so wählen, daß sie in* $O \in K$ *Schnittflächen in der Idealgarbe* $I(f(\mathfrak{e}))$ *sind.*

Wir bezeichnen mit $n = \mathrm{ach}(S)$ die kleinste ganze Zahl, zu der sich natürliche Zahlen $d_{n+1}, \ldots, d_m < \infty$ finden lassen, so daß die Garbe $S \cdot (t_\nu \circ \pi)^{d_\nu} = 0$ ist, $\nu = n+1, \ldots, m$. n heiße der Achsenrang von S bzgl. π.

In den folgenden Abschnitten dieses Paragraphen werden wir das Hauptlemma für den Fall (l, n) der Kohomologie vom Grade l und $\mathrm{ach}(S) = n$ aus einigen Induktionsannahmen herleiten :

1) $\pi_{l^*}(S)$ ist kohärent, wenn $l^* > l$; $\mathrm{ach}(S) \leqslant n$.
2) Das Hauptlemma und der Zusatz gelten für den Fall (l^*, n^*), $l^* > l$; $n^* \leqslant n$.
3) $\pi_{l^*}(S)$ ist kohärent, wenn $\mathrm{ach}(S) < n$, $l^* = 0, 1, 2, \ldots$.
4) Das Hauptlemma und der Zusatz gelten für (l^*, n^*), $n^* < n$.

Wir setzen bei der Induktion, die erst im nächsten Paragraphen vollständig zu Ende geführt werden wird, voraus, daß X, π, K festgegeben sind. Ebenfalls sei $\mathfrak{W}$ fest vorgegeben, jedoch nicht die Auflösungen Γ_x. S sei nicht fest und eine ganz beliebige kohärente analytische Garbe über X.

2. Es müssen zunächst einige Vorbereitungen gemacht werden, u.a. ist es notwendig mehrere Hilfssätze zu beweisen :

Hilfssatz 1. *Gelten Lemma und Zusatz für den Fall (l, n), $Q = 0$, so folgt ihre Gültigkeit für den Fall (l, n), Q beliebig.*

Beweis. Wir wählen zunächst für $Q = 0$ Kozyklen $\tilde{\xi}_1, \ldots, \tilde{\xi}_{\bar{s}} \in Z^l(U(\rho_1), S)$ im Sinne des Hauptlemmas. Durch die Zuordnung $(a_1, \ldots, a_{\bar{s}}) \to \sum_{\nu=1}^{\bar{s}} a_\nu \pi_l(\tilde{\xi}_\nu)$ erhalten wir einen Homomorphismus $\tilde{\gamma} : O^{\bar{s}} \to \pi_l(S)$. Wir setzen $\gamma = \lambda \circ \tilde{\gamma}$ und bezeichnen mit M die Kerngarbe von γ. Da $O^{\bar{s}}$ und Q kohärente Garben sind, ist auch M kohärent. Wir können ein $\rho_2 < \rho_1$, eine natürliche Zahl s und über $K(\rho_2)$ eine exakte Sequenz $O^s \xrightarrow{\beta} M \to 0$ definieren.

Wir setzen :

$$(b_1^{(i)}, \ldots, b_{\bar{s}}^{(i)}) = \beta(0, \underbrace{\ldots, 0, 1, 0, \ldots}_{i\text{—te Stelle}}, 0),$$

$$\xi_i = \sum b_\nu^{(i)} \tilde{\xi}_\nu, \quad i = 1, \ldots, s.$$

Es sei nun $\xi \in Z^l_\lambda(U(\rho), S)$, $\rho < \rho_2$ ein endlicher Kozyklus, dessen $q(\mathfrak{e})$-Bild kohomolog null ist. ξ läßt sich dann in der Form $\xi = \sum_{\nu=1}^{\bar{s}} \tilde{a}(\mathfrak{t})\tilde{\xi}_\nu + \delta\eta$ darstellen, in der

(1) Wir verlangen nur, daß $f(\mathfrak{e})$ von ξ und $\rho \leq \rho_1$, nicht aber, daß diese Funktion von ρ_1, ξ_ν, etc., unabhängig ist.

die Funktionen $\tilde{a}_\nu(t)$ Schnittflächen in der Garbe $I(\tilde{\mathfrak{f}}(\mathfrak{e}))$ sind. Andererseits ist das $\tilde{s}$-tupel $\tilde{a}=(\tilde{a}_1(t), \ldots, \tilde{a}_{\tilde{s}}(t))$ eine Schnittfläche in M. Nach Satz 1, § 3 gibt es, wenn ρ sehr klein ist, ein s-tupel $a=(a_1(t), \ldots, a_s(t))$ in $K(\rho)$ holomorpher Funktionen, die Schnittflächen in einer Garbe $I(\tilde{\tilde{\mathfrak{f}}}(\tilde{\mathfrak{f}}(\mathfrak{e})))$ sind, so daß $\beta(a)=\tilde{a}$ gilt. Man hat $\xi=\sum_{\nu=1}^{s} a_\nu(t)\xi_\nu+\delta\eta$. Offenbar ist die Zuordnung $\xi\rightarrow a_\nu(t)$, η linear beschränkt, q.e.d.

Aus dem Hauptlemma ergibt sich ein einfaches Korollar :

Korollar I. *Es sei $l^*>l$, $ach(S)\leqslant n$ oder $ach(S)<n$, $\xi\in Z^{l^*}(U(\rho), S)$ ein endlicher Kozyklus mit $\pi_{l^*}(\xi)=0$, $\rho<\rho_1$ hinreichend klein. Dann gilt $\xi=\delta\eta$, $\eta\in C^{l^*-1}(V(\rho), S)$. Die Zuordnung $\xi\rightarrow\eta$ ist linear beschränkt.*

Beweis. Nach dem Hauptlemma gibt es endliche Kozyklen $\xi_1, \ldots, \xi_s\in Z^{l^*}(U(\rho_1), S)$, so daß $\xi=\sum_\nu a_\nu(t)\xi_\nu+\delta\eta$ und $\pi_{l^*}(\xi_\nu)=0$ gilt (man setze $Q=\pi_{l_*}(\xi)$, $\lambda=$ Identität). Für hinreichend kleines ρ_2 hat man : $\xi_\nu|X(\rho_2)=\delta\eta_\nu$, $\eta_\nu\in C^{l^*-1}(V(\rho_2), S)$, $||\eta_\nu||_{\mathfrak{B}\rho_2}<\mathfrak{M}$ Also ist $\xi=\delta\gamma$, $\gamma=\sum a_\nu\eta_\nu+\eta$, q.e.d.

Um ein weiteres Korollar zu gewinnen, bezeichnen wir mit $d<\infty$ eine natürliche Zahl und mit S_d, die in § 4 definierte kohärente analytische Garbe über X. $q(d)$ sei der natürliche Homomorphismus $S\rightarrow S_d$, $C^{l^*}(X, S)\rightarrow C^{l^*}(X, S_d)$, etc.

Korollar II. *Das Hauptlemma ist in bezug auf S_d, $Z^l_{\lambda d}(U(\rho), S_d)$ richtig, wenn $ach(S)\leq n$ und $Z^l_{\lambda d}(U(\rho), S_d)$ — abweichend von der Definition in Abschnitt 1 — die Gruppe der Kozyklen $\xi\in Z^l(U(\rho), S_d)$ bezeichnet, für die folgendes gilt :*

Ist $t\in K(\rho)\cap\{t_1=0\}$ ein beliebiger Punkt, so gibt es stets eine Umgebung $B(\pi^{-1}(t))$ und einen Kozyklus $\hat{\xi}\in Z^l(B\cap U(\rho), S)$, so daß $\xi|B=q(d)\circ\hat{\xi}$ ist.

Beweis. Da die Induktionsvoraussetzungen von Abschnitt 1 bestehen (¹), brauchen wir nur zu zeigen, daß man $Z^l_{\lambda d}(U(\rho), S_d)$ auch wie in Abschnitt 1 definieren kann. Zu dem Zwecke ist eine kohärente analytische Garbe Q_d und ein Homomorphismus $\lambda_d : \pi_l(S_d)\rightarrow Q_d$ zu definieren.

Wir setzen $S^d=(t_1^d\circ\pi)\cdot S\subset S$. Offenbar ist S^d eine kohärente analytische Garbe über X. Nach Induktionsvoraussetzung ist das $(l+1)$-Bild kohärenter Garben mit ach $\leqslant n$ kohärent. Also folgt die Kohärenz von $\pi_{l+1}(S^d)$. Nun besteht über X die exakte Sequenz : $0\rightarrow S^d\rightarrow S\rightarrow S_d\rightarrow 0$, zu der die exakte Bildsequenz $\pi_l(S)\rightarrow\pi_l(S_d)\overset{c}{\rightarrow}\pi_{l+1}(S^d)\rightarrow\ldots$ gehört. Wir setzen $\lambda_d=c$, $Q_d=\pi_{l+1}(S^d)$. Unter Verwendung des (üblichen) Lerayschen Satzes folgt sofort, daß Q_d, λ_d nach der in Abschnitt 1 angegebenen Vorschrift gerade unsere Gruppe $Z^l_{\lambda d}(U(\rho), S_d)$ definieren.

(¹) Da wir eine Vertauschung $t_1\leftrightarrow t_n$ durchführen können, können wir S_d so behandeln, als ob $ach(S^d)<n$ gilt.

3. Es werde ein weiterer Hilfssatz hergeleitet :

Hilfssatz 2. *Es seien* $\mathfrak{B} \subset\subset \mathfrak{U}$ *Messüberdeckungen von* X, d *eine natürliche Zahl. Dann gibt es zu jeder Kokette* $\eta \in C^l(U(\rho), S^d)$, $\rho \ll \rho_0$, *eine Kokette* $\tilde{\eta} \in C^l(V(\rho), S)$ *mit* $\left(\left(\frac{t_1}{\rho_1}\right)^d \circ \pi\right) \cdot \tilde{\eta} = \eta$. *Die Zuordnung* $\eta \to \tilde{\eta}$ *ist in bezug auf die Normen* $\|\eta\|_{\mathfrak{U}_\rho}$, $\|\tilde{\eta}\|_{\mathfrak{B}_\rho}$ *unabhängig von* d *linear beschränkt.*

Beweis. Wir wählen Meßüberdeckungen $\mathfrak{B}_\mu$, $\mu = 0, 1, 2$ mit $\mathfrak{B} = \mathfrak{B}_2 \subset\subset \mathfrak{B}_1 \subset\subset \mathfrak{B}_0 = \mathfrak{U}$ und eine feste Funktion $\varkappa = \varkappa(\iota_0, \ldots, \iota_l) \in N'(\iota_0, \ldots, \iota_l)$ und setzen ${}^*V_\mu = V^{(\mu)}_{\iota_0 \ldots \iota_l}$, $B_\mu = \mathrm{sat}_{r(\mathfrak{B}_\mu)\rho} \Phi_\varkappa({}^*V_\mu)$, $\eta^* = \eta_{\iota_0 \ldots \iota_l}$. Wie in § 3, Abschnitt 6 kann man über einer Umgebung von $\overline{B}_1$ die exakte Sequenz $O^{q\varkappa} \xrightarrow{\alpha_\varkappa} \Phi_{\varkappa 0}(S) \to 0$ zu einer exakten Sequenz :

$$(*) \qquad O^p \xrightarrow{h} O^{q\varkappa} \xrightarrow{\alpha_\varkappa} \Phi_{\varkappa 0}(S) \to 0$$

ergänzen. Wir beschränken $(*)$ auf $B_1 \cap G_\varkappa \times K(\rho, (d, \infty, \ldots, \infty))$ und erhalten das kommutative Diagramm :

$$(**) \qquad \begin{array}{ccccccc} H^p(d) & \xrightarrow{h(d)} & H^{q\varkappa}(d) & \xrightarrow{\alpha_\varkappa(d)} & \Phi_{\varkappa 0}(S^d) & \to & 0 \\ \uparrow{\scriptstyle \mathrm{res}_1} & & \uparrow{\scriptstyle \mathrm{res}_1} & & \uparrow{\scriptstyle \mathrm{res}_0} & & \\ O^p & \xrightarrow{h} & O^{q\varkappa} & \xrightarrow{\alpha_\varkappa} & \Phi_{\varkappa 0}(S) & \to & 0 \end{array}$$

in dem die Zeilen exakt sind.

Da η endlich ist, gibt es eine Schnittfläche $\hat{\eta}^* \in \Gamma(B_1, O^{q\varkappa})$ mit $\alpha_\varkappa(\hat{\eta}^*) = \Phi_{\varkappa 0}(\eta^*)$. Es gilt wegen $\eta \in C^l(V_1(\rho), S^d)$ die Beziehung $\alpha_\varkappa(d) \circ \mathrm{res}_1 \hat{\eta}^* = 0$. Es läßt sich also eine Schnittfläche $\tilde{\tilde{\eta}}^* \in \Gamma(B_2, O^p)$ finden mit $h(d) \circ \mathrm{res}_2 \tilde{\tilde{\eta}}^* = \mathrm{res}_1 \hat{\eta}^*$, derart, daß die Zuordnung $\eta \to \tilde{\tilde{\eta}}^*$ unabhängig von d linear beschränkt ist.

Wir setzen $\hat{\gamma}^* = t_1^{-d}(\hat{\eta}^* - h \circ \tilde{\tilde{\eta}}^*)$ und $\gamma^* = \alpha_\varkappa(\hat{\gamma}^*)$. Man hat $\Phi_{\varkappa 0}(\eta^*) | B_2 = t_1^d \cdot \gamma^*$. Wird noch $\tilde{\eta}_{\iota_0 \ldots \iota_l} = \Phi_{\varkappa 0}^{-1}(\gamma^*)$ und $\tilde{\eta} = \{\tilde{\eta}_{\iota_0 \ldots \iota_l}\}$ definiert, so ist $\|\tilde{\eta}\|_{\mathfrak{B}_\rho}$ endlich, die Zuordnung $\eta \to \tilde{\eta}$ ist unabhängig von d in bezug auf die Normen $\|\eta\|_{\mathfrak{U}_\rho}$, $\|\tilde{\eta}\|_{\mathfrak{B}_\rho}$ linear beschränkt. Ferner gilt $t_1^d \cdot \tilde{\eta} = \eta$.

Wir zeigen, daß aus dem Lemma und den Induktionsannahmen der Zusatz folgt :

Hilfssatz 3. *Gilt das Hauptlemma für* (l, n), *so ist auch sein Zusatz für* (l, n) *richtig.*

Beweis. Wegen Hilfssatz 1 können wir uns auf den Fall $Q = 0$ beschränken. Wir wählen eine Kette von Meßüberdeckungen $\mathfrak{B} \subset\subset \mathfrak{U}_3 \subset\subset \mathfrak{U}_2 \subset \mathfrak{U}_1 \subset\subset \mathfrak{U} \subset\subset \mathfrak{U}_0$. Es sei $\xi \in Z^l(U(\rho), S)$ ein beliebiger endlicher Kozyklus. $q(\mathfrak{e}) \circ \xi$ sei kohomolog null, d eine beliebige natürliche Zahl. Wir nehmen an, daß $\mathfrak{e}$ sehr groß ist, u.a. daß $e_1 > d$ gilt.

Nach Induktionsvoraussetzung ist der Zusatz des Hauptlemmas für S_d richtig. Man kann also endliche Kozyklen $\tilde{\xi}_1, \ldots, \tilde{\xi}_{\bar{s}} \in Z^l_{\lambda d}(U(\rho_1), S_d)$ bestimmen, so daß $q(d) \circ \xi = \Sigma a_\nu(t) \tilde{\xi} + \delta \tilde{\eta}$ ist. Dabei ist $\tilde{\eta} \in C^{l-1}(U_1(\rho), S_d)$ eine Kokette, die $a_\nu(t)$ sind holomorphe Funktionen in $K(\rho)$, die Schnittflächen in einer Idealgarbe $I(f_d(\mathfrak{e}))$ sind.

Ist $\rho_2 < \rho_1$ hinreichend klein, so gibt es (genauer : nach Verfeinerung von $\mathfrak{U}$)

endliche Kozyklen $\xi_1, \ldots, \xi_{\tilde{s}} \in Z^l(U(\rho_2), S)$ so daß $q(d) \circ \xi_\nu = \tilde{\xi}_\nu | X(\rho_2)$ gilt, $\nu = 1, \ldots, \tilde{s}$. Ferner kann man zu $\tilde{\eta}$ durch die in § 3 beschriebene Polynomfortsetzung eine endliche Kokette $\eta \in C^{l-1}(U_2(\rho), S)$ finden, für die $q(d) \circ \eta = \tilde{\eta}$ ist.

Wir setzen $\xi^* = \xi - \sum_{\nu=1}^{\tilde{s}} a_\nu(t)\xi_\nu - \delta\eta$ und erhalten einen Kozyklus mit $q(d) \circ \xi^* = 0$, $\rho < \rho_2$. Es sei $d^+ < d$ eine natürliche Zahl, derart, daß S^{d^+} torsionsrecht [1] ist. $\hat{\xi} = \tau\xi^* \Big/ \left(\frac{t_1}{\rho_1}\right)^{d-d^+}$ ist dann (bei sehr kleinem ρ) ein Kozyklus aus $Z^l(U_3(\rho), S)$ mit $\|\hat{\xi}\|_{\mathfrak{U},\rho} = c \cdot \|\xi^*\|_{\mathfrak{U},\rho}$. Aus dem Hauptlemma folgt : Es gibt endliche Kozyklen $\xi_1^*, \ldots, \xi_s^* \in Z^l(U(\rho_2), S)$, so daß $\hat{\xi} = \Sigma b_\nu(t)\xi_\nu^* + \delta\eta^*$ gilt (mit $\eta^* \in C^{l-1}(V(\rho), S)$). Man hat also : $\xi = \Sigma a_\nu \xi_\nu + \left(\frac{t_1}{\rho_1}\right)^{d-d^+} \Sigma b_\nu \xi_\nu^* + \delta\left(\eta + \left(\frac{t_1}{\rho_1}\right)^{d-d^+} \eta^*\right)$. Offenbar ist die Zuordnung $\xi \to a_\nu, b_\nu$, etc., linear beschränkt. Es folgt, da nun der Zusatz für das Kozyklensystem (ξ_ν, ξ_ν^*) gilt, daß der Zusatz auch für ein beliebiges Kozyklensystem

$$(\xi_1, \ldots, \xi_s) \in Z^l(U(\rho_2), S)$$

richtig ist, das eine Basis von $Z^l(U(\rho), S)$ im Sinne des Hauptlemmas ist, q.e.d.

4. Offenbar kann man ohne Einschränkung der Allgemeinheit die Voraussetzung machen, daß $\rho_1^{(1)} < 1 < \rho_1^{(0)}$ gilt. Wir bezeichnen mit ρ^* das m-tupel $(1, \rho_2, \ldots, \rho_m)$ und mit $\mathfrak{V} \subset \mathfrak{U}$ Meßüberdeckungen von X. Man kann nun jeder endlichen Kokette $\eta \in C^l(U(\rho), S)$ eine Zerlegung $\eta = \sum_{\nu=0}^{\infty} \left(\frac{t_1}{\rho_1}\right)^\nu \eta_\nu$ zuordnen, in der $\eta_\nu \in C^l(V(\rho^*), S)$ Koketten sind :

Es sei wieder $\varkappa = \varkappa(\iota_0, \ldots, \iota_l) \in N'(\iota_0, \ldots, \iota_l)$ eine beliebige, aber feste Funktion. Wir betrachten die Auflösung $O^{q_\varkappa} \xrightarrow{\alpha_\varkappa} \Phi_{\varkappa 0}(S) \to 0$. $\Phi_{\varkappa 0}(\eta_{\iota_0 \ldots \iota_l})$ wird durch Beschränkung einer Schnittfläche $\eta^* = \eta^*_{\iota_0 \ldots \iota_l} \in \Gamma(B, \Phi_{\varkappa 0}(S))$ erhalten (mit $B = \mathrm{sat}_{r(\mathfrak{U})\rho} \Phi_\varkappa(U_{\iota_0 \ldots \iota_l})$). η^* ist das $\alpha_\varkappa$-Bild einer Schnittfläche $\xi = \xi_{\iota_0 \ldots \iota_l} \in \Gamma(B, O^{q_\varkappa})$. Wir entwickeln ξ in eine Potenzreihe : $\xi = \Sigma \left(\frac{t_1}{\rho_1}\right)^\nu \xi_\nu$. ξ_ν kann als eine (nicht von t_1 abhängende) Schnittfläche aus $\Gamma(B', O^{q_\varkappa})$ angesehen werden $(B' = \mathrm{sat}_{r(\mathfrak{U})\rho^*} \Phi_\varkappa(U_{\iota_0 \ldots \iota_l}))$. Wir setzen nun

$$\eta^{(\nu)}_{\iota_0 \ldots \iota_l} = \Phi_{\varkappa 0}^{-1} \alpha_\varkappa(\xi_\nu) \,|\, V_{\iota_0 \ldots \iota_l}$$

und $\eta_\nu = \{\eta^{(\nu)}_{\iota_0 \ldots \iota_l}\}$. Man sieht sofort, daß die Zuordnung $\eta \to \eta_\nu$ unabhängig von ν, ρ_1 in bezug auf die Normen $\|\eta\|_{\mathfrak{U}\rho}$, $\|\eta_\nu\|_{\mathfrak{V}\rho^*}$ linear beschränkt ist.

Wir zeigen :

Hilfssatz 4. *Es seien $\mathfrak{V} \subset\subset \mathfrak{U} \subset\subset \mathfrak{U}_0$ Messüberdeckungen von X. Ist $\rho_1 \ll \rho_0$ hinreichend klein, so gibt es endliche Kozyklen $\xi_\nu \in Z^l(U(\rho_1), S)$, so daß folgendes gilt : Ist $\xi \in Z^l(U(\rho), S)$,*

---

[1] Das bedeutet hier, daß der durch $\sigma \to (t_1 \circ \pi) \cdot \sigma$ erzeugte Homomorphismus $S^{d^+} \to S^{d^+}$ über X_0 injektiv ist. Zur Existenz vgl. Fussnote (2) auf p. 25.

$\rho \le \rho_1$ *ein endlicher Kozyklus, so lassen sich eine Kokette* $\eta \in C^{l-1}(V(\rho), S)$ *und in* $K(\rho)$ *holomorphe Funktionen* $a_\nu(t)$ *finden, derart, daß die Zuordnung* $\xi \to \eta$, $a_\nu(t)$, $1/\rho_1 \cdot (\xi - \sum_{\nu=1}^{s} a_\nu(t)\xi_\nu - \delta\eta)$ *in bezug auf die Normen*

$$||\xi||_{\mathfrak{U}_\rho}, \ ||a_\nu(t)||_\rho, \ ||\eta||_{\mathfrak{B}_\rho}, \ ||1/\rho_1 \cdot (\xi - \Sigma a_\nu(t)\xi_\nu - \delta\eta)||_{\mathfrak{B}_\rho}$$

und in bezug auf die letztere sogar unabhängig von ρ_1 *linear beschränkt ist.*

Beweis. Wir entwickeln zunächst ξ nach der vorhin angegebenen Vorschrift in eine Potenzreihe $\xi = \sum_{\nu=0}^{\infty} \left(\frac{t_1}{\rho_1}\right)^\nu \xi'_\nu$, setzen $\eta_{\nu_0} = \sum_{\nu=0}^{\infty} \left(\frac{t_1}{\rho_1}\right)^\nu \xi'_{\nu+\nu_0}$ und definieren

$$\gamma_\nu = \{\gamma^{(\nu)}_{\iota_0 \ldots \iota_{l+1}}\} = t_1^\nu \delta\eta_\nu \cdot \rho_1^{-1} = \delta\left(-\sum_{\mu=0}^{\nu-1} \rho_1^{\nu-1}\left(\frac{t_1}{\rho_1}\right)^\mu \xi'_\mu\right).$$

Wir wählen Meßüberdeckungen $\mathfrak{B}_1, \ldots, \mathfrak{B}_6$ mit $\mathfrak{B} \subset\subset \mathfrak{B}_6 \subset\subset \ldots \subset\subset \mathfrak{B}_1 \subset\subset \mathfrak{U}$. Die Zuordnung $\xi \to \gamma_\nu$ ist dann in bezug auf die Normen $||\xi||_{\mathfrak{U}_\rho}$, $||\gamma_\nu||_{\mathfrak{B}_1 \rho^*}$ unabhängig von ν, ρ_1 linear beschränkt. Es gilt $\gamma_\nu \in Z^{l+1}(V_1(\rho^*), S^\nu)$.

Wir bestimmen nach Hilfssatz 2 eine Kokette $\tilde{\gamma}_\nu \in C^{l+1}(V_2(\rho^*), S)$ mit $t_1^\nu \cdot \tilde{\gamma}_\nu = \gamma_\nu$. Es sei d eine natürliche Zahl, so daß S^d torsionsrecht ist. $t_1^d \cdot \tilde{\gamma}_\nu = t_1^d \cdot \rho_1^{-1}\delta\eta_\nu$ ist dann ein Kozyklus aus $Z^{l+1}(\mathfrak{B}_2(\rho^*), S^d)$. Es gilt $\pi_{l+1}(t_1^d \cdot \tilde{\gamma}_\nu) = 0$. Also folgt aus dem Korollar I : $t_1^d \cdot \tilde{\gamma}_\nu = \delta\sigma_\nu^*$ mit $\sigma_\nu^* \in C^l(V_3(\rho^*), S^d)$.

Wir setzen $\hat{\eta}_\nu = q(d+1) \circ (t_1^d \eta_\nu - \rho_1 \sigma_\nu) \in Z^l(V_3(\rho^*), S_{d+1})$ für $\nu > d$, $\hat{\eta}_0 = q(d+1) \circ \xi$. Nach Induktionsvoraussetzung gilt : $\hat{\eta}_\nu = \sum_\mu a_{\nu\mu}(t)\hat{\xi}_\mu + \delta\hat{\omega}_\nu$, wobei

$$\hat{\xi}_\mu \in Z^l_{\lambda_{d+1}}(U(\rho_1^*), S_{d+1}), \ \hat{\omega}_\nu \in C^{l-1}(V_4(\rho^*), S_{d+1})$$

und die Funktionen $a_{\nu\mu}(t)$ in $K(\rho^*)$ holomorph sind. Ist $\rho_1^* \ll \rho_0$ noch hinreichend klein, so sind $\hat{\xi}_\mu$ $q(d+1)$-Bilder endlicher Kozyklen $\xi_\mu \in Z^l(U(\rho_1^*), S)$ (genauer : nach einer Verfeinerung von $\mathfrak{U}$), ferner ist $\hat{\omega}_\nu$ $q(d+1)$-Bild einer Kokette $\omega_\nu \in C^{l-1}(V_5(\rho^*), S)$. Alle Zuordnungen $\xi \to \omega_\nu$, $a_{\nu\mu}(t)$ sind in bezug auf die Normen

$$||\xi||_{\mathfrak{U}_\rho}, \ ||\omega_\nu||_{\mathfrak{B}_5 \rho^*}, \ ||a_{\nu\mu}(t)||_{\rho^*}, \ \nu > d \ \text{bzw.} \ \rho_1^{-d}||\omega_0||_{\mathfrak{B}_5 \rho^*}, \ \rho_1^{-d}||a_{0\mu}(t)||_{\rho^*}$$

unabhängig von (ν, ρ_1) linear beschränkt.

Nun ist das $q(d+1)$-Bild der Kokette

$$\mathfrak{o}_\nu^* = t_1^d \cdot \xi'_\nu - \rho_1 \sigma_\nu^* - \sum_\mu a_{\nu\mu}(t)\xi_\mu - \delta\omega_\nu, \ \nu > d, \ \mathfrak{o}_0^* = \sum_{\nu=0}^{d} \left(\frac{t_1}{\rho_1}\right)^\nu \xi'_\nu - \Sigma a_{0\mu}\xi_\mu - \delta\omega_0$$

gleich null. Nach Hilfssatz 2 läßt sich eine Kokette

$$\mathfrak{o}_\nu \in C^l(V_6(\rho^*), S), \ \mathfrak{o}_0 \in C^l(V_6(\rho^*), S), \ \sigma_\nu \in C^l(V_6(\rho^*), S)$$

konstruieren, so daß $\mathfrak{o}_0^* = t_1^{d+1}\mathfrak{o}_0$, $\mathfrak{o}_\nu^* = t_1^{d+1}\mathfrak{o}_\nu$, $\sigma_\nu^* = t_1^d \sigma_\nu$, $\nu = d+1, d+2, \ldots$. Wir setzen

$$\sigma = \sum_{\nu=d+1}^{\infty} \frac{t_1^\nu}{\rho_1^\nu}\sigma_\nu \,|\, X(\rho), \quad a_\mu(t) = \sum_{\nu=d+1}^{\infty} \frac{t_1^{\nu-d}}{\rho_1^\nu} a_{\nu\mu}(t) + a_{0\mu}(t) \,|\, K(\rho),$$

$$\omega = \omega_0 + \sum_{\nu=d+1}^{\infty} \frac{t_1^{\nu-d}}{\rho_1^\nu}\omega_\nu \,|\, X(\rho), \quad \mathfrak{o} = t_1^d \mathfrak{o}_0 + \sum_{\nu=d+1}^{\infty} \frac{t_1^\nu}{\rho_1^\nu}\mathfrak{o}_\nu \,|\, X(\rho).$$

Man hat dann :

$$\xi - \Sigma a_\mu(t)\xi_\mu - \delta\omega = t_1 \cdot \mathfrak{o} + \rho_1 \sigma.$$

Offenbar ist die Zuordnung $\xi \to a_\mu(t)$, ω, $\mathfrak{o}$, σ in bezug auf die Normen

$$\|\xi\|_{\mathfrak{U}_\rho}, \ \|\eta\|_{\mathfrak{B}_\rho}, \ \|a_\mu\|_\rho$$

und in bezug auf $\|\mathfrak{o}\|_{\mathfrak{B}_\rho}$, $\|\sigma\|_{\mathfrak{B}_\rho}$ unabhängig von ρ_1 linear beschränkt. Daraus folgt sofort der Hilfssatz 4.

5. Der Beweis des Hauptlemmas kann nunmehr in wenigen Schritten erbracht werden. Wir wenden den Hilfssatz 4 und den Satz 8 aus § 4 an und wählen eine Meßüberdeckung $\mathfrak{B}_1$ mit $\mathfrak{B} \subset\subset \mathfrak{B}_1 \subset\subset \mathfrak{U}$. Es seien $\tilde{\xi}_1, \ldots, \tilde{\xi}_s \in Z^l(U(\rho_1), S)$ endliche Kozyklen von der Art, wie sie in Hilfssatz 4 auftreten. Ist $\xi \in Z^l(U(\rho), S)$, $\|\xi\|_{\mathfrak{U}_\rho} < \mathfrak{M}$ ein Kozyklus, so können wir Funktionen $a_\nu^{(0)}(t)$ und eine Kokette $\eta_0 \in C^{l-1}(V_1(\rho), S)$ bestimmen, so daß $\|a_\nu^{(0)}(t)\|_\rho < c \cdot \mathfrak{M}$, $\|\eta_0\|_{\mathfrak{B}_{1\rho}} < c \cdot \mathfrak{M}$ und $\|\xi_1'\|_{\mathfrak{B}_{1\rho}} < \rho_1 c' \cdot \mathfrak{M}$ ist, wenn $\xi_1' \in Z^l(V_1(\rho), S)$ den Kozyklus $\xi_1' = \xi - \sum_{\nu=1}^{s} a_\nu^{(0)}(t)\tilde{\xi}_\nu - \delta\eta_0$ bezeichnet. Dabei ist $c > 1$ eine von ξ, c' eine auch von ρ_1 unabhängige Konstante. Nach dem Lerayschen Satz 8 kann man jedoch einen Kozyklus $\xi_1 \in Z^l(U(\rho), S)$, $\|\xi_1\|_{\mathfrak{U}_\rho} < c_1 c' \rho_1 \mathfrak{M}$ und eine Kokette

$$\eta_0' \in C^{l-1}(V(\rho), S), \ \|\eta_0'\|_{\mathfrak{B}_\rho} < c_1 c' \rho_1 \mathfrak{M}$$

bestimmen, so daß $\xi_1 - \xi_1' = \delta\eta_0'$ ist. $c_1 > 1$ ist wieder eine von ρ_1 und ξ unabhängige Konstante.

Wir wenden nun das gleiche Verfahren auf ξ_1 an, konstruieren ξ_2', $a_\nu^{(1)}(t)$, η_1, η_1', ξ_2, wenden dann das Verfahren auf ξ_2 an und fahren so fort. Offenbar konvergieren die Reihen $a_\nu(t) = \sum_{\mu=0}^{\infty} a_\nu^{(\mu)}(t)$, $\eta = \sum_{\mu=0}^{\infty} (\eta_\mu + \eta_\mu')$, wenn $c_1 c' \rho_1 < 1/2$ ist. Es gilt dann $\|a_\nu(t)\|_\rho < \mathrm{const}\, \mathfrak{M}$, $\|\eta\|_{\mathfrak{B}_\rho} < \mathrm{const}\, \mathfrak{M}$ und $\xi = \Sigma a_\nu \tilde{\xi}_\nu + \delta\eta$. Damit ist das Hauptlemma aus den Voraussetzungen in Abschnitt 1 hergeleitet.

6. Im Falle $\mathrm{ach}(S) = 0$ gibt es natürliche Zahlen $d_1, \ldots, d_m$, so daß über X_0 die Halme der Garben $t_\nu^{d_\nu} \cdot S = 0$ sind, $\nu = 1, \ldots, m$. Man kann S als kohärente analytische Garbe über dem kompakten komplexen Raum $Y = (X_0, H(X)/\hat{I}(d_1, \ldots, d_m))$ auffassen, wobei $\hat{I}(d_1, \ldots, d_m)$ die von den holomorphen Funktionen $t_\nu^{d_\nu} \circ \pi$, $\nu = 1, \ldots, m$ über X definierte Idealgarbe bezeichnet. Das Hauptlemma (und der für diesen Sonderfall triviale Zusatz) folgen also für $(l, 0)$ aus folgenden Satz :

Satz 1. *Es sei X ein kompakter komplexer Raum, der durch eine holomorphe Abbildung $\pi : X \to K$ auf den Nullpunkt eines Polyzylinders $K \subset C^m$ abgebildet ist. $\mathfrak{B} \subset\subset \mathfrak{U} \subset\subset \mathfrak{U}_0$ sei eine*

Folge von Messüberdeckungen von X. Sind dann $\xi_1, \ldots, \xi_s \in Z^l(U, S)$ *endliche Kozyklen, die eine Basis der Kohomologiegruppe* $H^l(X, S)$ *bilden, so gibt es zu jeden endlichen Kozyklus* $\xi \in Z^l(U, S)$ *komplexe Zahlen* a_ν, $\nu = 1, \ldots, s$ *und eine Kokette* $\eta \in C^{l-1}(V, S)$, *so daß* $\xi = \Sigma a_\nu \xi_\nu + \delta\eta$ *gilt. Die Zuordnung* $\xi \to a_\nu, \eta$ *ist in bezug auf die Normen* $\|\xi\|_{\mathfrak{U}_\rho}$, $\|\eta\|_{\mathfrak{V}_\rho}$, $|a_\nu|$ *linear beschränkt.*

Beweis. Wir wählen zunächst eine feste Funktion $\varkappa = \varkappa(\iota_0, \ldots, \iota_l) \in N(\iota_0, \ldots, \iota_l)$ und setzen $i = (\iota_0, \ldots, \iota_l)$. Wir wählen sodann eine Meßüberdeckung $\mathfrak{U}'$ mit $\mathfrak{V} \subset\subset \mathfrak{U}' \subset\subset \mathfrak{U}$ und natürliche Zahlen $d_1, \ldots, d_m$, so daß $t_\nu^{d_\nu} \cdot S = 0$ gilt, $\nu = 1, \ldots, m$. Man hat in X die Meßkarten (1. Art) :

$$\mathfrak{W}_{1i} = (\widehat{\text{sat}}_{r(\mathfrak{U})\rho\varkappa(i)} U_i, \ \Phi_{\varkappa(i)}, \ \text{sat}_{r(\mathfrak{U})\rho} \Phi_{\varkappa(i)}(U_i), \ldots), \quad \mathfrak{W}_{2i} = (\widehat{\text{sat}}_{r(\mathfrak{U}')\rho\varkappa(\tau i)} U'_i, \ \Phi_{\varkappa(\tau i)}, \ldots).$$

Da auch $t_\nu^{d_\nu} \cdot \Phi_\varkappa(S) = 0$ gilt und wir deshalb bei der Definition der Normen $\| \ \|_{\mathfrak{U}_\rho}$, $\| \ \|_{\mathfrak{U}'_\rho}$, $\| \ \|_1$, $\| \ \|_2$ mit Schnittflächen f in $O^{q\varkappa}$ auskommen, die Polynome vom t_ν-Grade $< d_\nu$ sind, folgt, daß die Abbildung $\xi \to \xi$ für $\xi \in Z^l(U, S)$ bzw. $\eta \to \eta$ für $\eta \in C^{l-1}(U', S)$ in bezug auf die Normen $\|\xi\|_{\mathfrak{U}_\rho} \to \|\xi\|_1$ bzw. $\|\eta\|_2 \to \|\eta\|_{\mathfrak{V}_\rho}$ linear beschränkt ist. Also ergibt sich Satz unmittelbar aus Satz 7, § 2.

Ferner ist das Hauptlemma für den Fall (l, n), $l \geq A(\mathfrak{W})$, richtig. Da wir nur alternierende Koketten betrachten, gilt für $l \geq A(\mathfrak{W})$: $C^l(U(\rho), S) = 0$. Darüber hinaus folgt, daß $\pi_l(S)$, $l \geq A(\mathfrak{W})$ gleich null und damit kohärent ist.

§ 6. Die Kohärenz.

1. Es ist zweckmäßig, zunächst das Lemma des vorigen Paragraphen abzuändern. Wir bezeichnen mit $\mathfrak{e} = (e_1, \ldots, e_m)$ ein m-tupel natürlicher Zahlen und mit $H^l_\mathfrak{e}(X, S_\mathfrak{e})$ den komplexen Vektorraum $q(\mathfrak{e}) \circ H^l(X(\rho), S) \subset H^l(X, S_\mathfrak{e})$. ρ sei dabei so klein gewählt, daß $H^l_\mathfrak{e}(X, S_\mathfrak{e})$ maximal ist. Dieses ist stets möglich, da $H^l(X, S_\mathfrak{e})$ als Kohomologiegruppe eines kompakten komplexen Raumes aufgefaßt werden kann und deshalb endliche Dimension hat.

Lemma (*). *Aus den Induktionsvoraussetzungen* § 5, *Abschnitt* 1 *folgt : Es gibt ein m-tupel natürlicher Zahlen* $\mathfrak{e}_0$, *so daß folgendes gilt : Sind* $\xi_1, \ldots, \xi_s \in H^l(X(\rho_1), S)$, $\rho_1 \ll \rho_0$ *Kohomologieklassen, derart, daß* $q(\mathfrak{e}_0) \circ \xi_\nu$, $\nu = 1, \ldots, s$ *den komplexen Vektorraum* $H^l_{\mathfrak{e}_0}(X, S_{\mathfrak{e}_0})$ *aufspannen, so gibt es zu jeder Klasse* $\xi \in H^l(X(\rho_1), S)$ *in* $K(\rho)$, $\rho < \rho_1$ *holomorphe Funktionen* $a_\nu(\mathfrak{t})$, $\nu = 1, \ldots, s$, *so daß* $\xi | X(\rho) = \sum_{\nu=1}^{s} a_\nu(\mathfrak{t}) \xi_\nu | X(\rho)$ *ist. Es gibt eine Funktion* $f(\mathfrak{e}) \leq \mathfrak{e}$ *mit* $\lim_{\mathfrak{e} \to \infty} f(\mathfrak{e}) = \infty$ *und folgender Eigenschaft : Ist* $q(\mathfrak{e}) \circ \xi = 0$, *so kann man die Funktionen* $a_\nu(\mathfrak{t})$ *so wählen, daß sie Schnittflächen in der Idealgarbe* $I(f(\mathfrak{e}))$ *sind* (1).

Beweis. Wir wählen eine Folge $\mathfrak{V} \subset\subset \mathfrak{U} \subset\subset \mathfrak{U}_0$ von Meßüberdeckungen von X. Nach § 4, Satz 5 gibt es endliche Kozyklen ξ^*, ξ^*_ν aus $Z^l(U(\rho), S)$, die die Kohomologie-

(1) Wir fordern fortan nur, daß $f(\mathfrak{e})$ von ξ, ρ_1, ρ unabhängig ist.

klassen $\xi|X(\rho)$, $\xi_\nu|X(\rho)$ repräsentieren. Ist $\rho_2 > \rho_1$ noch hinreichend klein, so existieren endliche Kozyklen $\gamma_1^*, \ldots, \gamma_p^* \in Z^l(U(\rho_2), S)$, so daß in bezug auf $\gamma_1^*, \ldots, \gamma_p^*$ und jeden endlichen Kozyklus $\xi^* \in Z^l(U(\rho), S)$, $\rho < \rho_1$ die Aussage des Hauptlemmas gilt.

Man kann komplexe Zahlen $c_{\nu\mu}$ finden, so daß $q(\mathfrak{e}_0)\circ(\gamma_\nu - \sum_\mu c_{\nu\mu}\xi_\mu) = 0$ ist. γ_ν bezeichnet dabei die von γ_ν^* repräsentierte Kohomologieklasse. Ist $\mathfrak{e}_0$ hinreichend groß, so hat man in $X(\rho)$ die Darstellungen $\gamma_\nu - \sum c_{\nu\mu}\xi_\mu = \sum_{\mu=1}^{p} a_{\nu\mu}(\mathfrak{t})\gamma_\mu$, in der $a_{\nu\mu}(\mathfrak{t})$ in $K(\rho)$ holomorphe Funktionen sind, die in $0 \in K(\rho)$ verschwinden. Das Gleichungssystem läßt sich deshalb nach γ_ν auflösen : $\gamma_\nu|X(\rho) = \sum_{\mu=1}^{s} b_{\nu\mu}\xi_\mu$.

Nun gilt nach dem Hauptlemma : $\xi|X(\rho) = \sum_{\nu=1}^{p} a_\nu(\mathfrak{t})\gamma_\nu$ und mithin folgt

$$\xi|X(\rho) = \sum_{\nu,\mu} a_\nu(t)\cdot b_{\nu\mu}(t)\xi_\mu|X(\rho),$$

q.e.d.

Die Existenz der Funktion $f(\mathfrak{e})$ ergibt sich unmittelbar aus dem Zusatz des Hauptlemmas.

2. Es seien $\mathfrak{t}_0 = (t_1^0, \ldots, t_m^0) \in K$ ein beliebiger Punkt, $\mathfrak{e} = (e_1, \ldots, e_m)$ ein m-tupel natürlicher Zahlen, $I(\mathfrak{e}, \mathfrak{t}_0)$ bzw. $\hat{I}(\mathfrak{e}, \mathfrak{t}_0)$, die von den Funktionen $(t_\nu - t_\nu^0)^{e_\nu}$ bzw. $(t_\nu - t_\nu^0)^{e_\nu}\circ\pi$, $\nu = 1, \ldots, m$ erzeugte kohärente Idealgarbe über K bzw. X, $S_{\mathfrak{e}\mathfrak{t}_0} = S/S\cdot\hat{I}(\mathfrak{e}, \mathfrak{t}_0)$, $q(\mathfrak{e}, \mathfrak{t}_0)$ die Projektion $S \to S_{\mathfrak{e}\mathfrak{t}_0}$. Ferner sei $H_*^l(X, S_{\mathfrak{e}\mathfrak{t}_0})$ die Untergruppe derjenigen Kohomologieklassen $\xi \in H^l(X, S_{\mathfrak{e}\mathfrak{t}_0})$, zu denen es eine Umgebung $U(\pi^{-1}(\mathfrak{t}_0))$ und eine Kohomologieklasse $\hat{\xi} \in H^l(U, S)$ mit $q(\mathfrak{e}, \mathfrak{t}_0)\circ\hat{\xi} = \xi$ gibt.

Es seien in den folgenden Abschnitten 2-4 die Induktionsvoraussetzungen aus § 5, Abschnitt 1 gemacht. Wir leiten daraus einige Sätze her.

Satz 1. *Es sei $\rho \leq \rho_0$ hinreichend klein gewählt. Dann gibt es zu jedem $\mathfrak{e}$ und zu jedem Punkt $\mathfrak{t}_0 \in K(\rho)$ Kohomologieklassen $\xi_\nu(\mathfrak{e}, \mathfrak{t}_0) \in H^l(X(\rho), S)$, $\nu = 1, \ldots, s = s(\mathfrak{e}, \mathfrak{t}_0)$, so daß $q(\mathfrak{e}, \mathfrak{t}_0)\circ\xi_\nu(\mathfrak{e}, \mathfrak{t}_0)$ den komplexen Vektorraum $H_*^l(X, S_{\mathfrak{e}\mathfrak{t}_0})$ aufspannen.*

Beweis. Wir zeigen zunächst folgende Aussage :

(*) Satz 1 gilt für Garben S^* mit $\mathrm{ach}(S^*) < n$. In diesem Falle kann man sogar $\rho = \rho_0$ setzen.

In der Tat! Wir setzen $S^{\mathfrak{e}\mathfrak{t}_0} = S\cdot\hat{I}(\mathfrak{e}, \mathfrak{t}_0)$ und erhalten die exakte Sequenz :

$$0 \to S^{\mathfrak{e}\mathfrak{t}_0} \to S \to S_{\mathfrak{e}\mathfrak{t}_0} \to 0.$$

Unter Verwendung von Satz 5, § 2 ergibt sich daraus ein kommutatives Diagramm, dessen Zeilen exakt sind :

$$\begin{array}{ccccccc} \to H^l(X, S) & \xrightarrow{\hat{a}} & H^l(X, S_{\mathfrak{e}\mathfrak{t}_0}) & \xrightarrow{\hat{b}} & H^{l+1}(X, S^{\mathfrak{e}\mathfrak{t}_0}) & \to \ldots \\ \wr\!\wr\, \pi_l & & \wr\!\wr\, \pi_l & & \wr\!\wr\, \pi_{l+1} & \\ \to \Gamma(K, \pi_l(S)) & \xrightarrow{a} & \Gamma(K, \pi_l(S_{\mathfrak{e}\mathfrak{t}_0})) & \xrightarrow{b} & \Gamma(K, \pi_{l+1}(S^{\mathfrak{e}\mathfrak{t}_0})) & \to \ldots . \end{array}$$

Für jede Klassen $\xi \in H^l_*(X, S_{et_*})$ gilt : $\pi_{l+1}\hat{b}\xi = 0$ und mithin : $\pi_l \xi = a\eta$, $\eta \in \Gamma(K, \pi_l(S))$. Also ist $\xi = \hat{a}\pi_l^{-1}\eta$. Da $H^l(X, S_{et_*})$ endlich dimensional ist, folgt (*).

Der Beweis von Satz 1 ergibt sich nunmehr leicht aus (*). Wir wählen ein $\rho_1 < \rho_0$, so daß folgende Aussage gilt :

(**) Ist $\xi \in H^{l+1}(X(\rho), S)$, $\rho < \rho_1$ eine Kohomologieklasse mit $\pi_{l+1}(\xi) = 0$, so gilt $\xi = 0$.

Nach dem Korollar I aus § 5, Abschnitt 2 existiert ein solches ρ_1. — Es sei nun $t_0 \in K(\rho)$, $\rho < \rho_1$ ein beliebiger Punkt und e ein beliebiges m-tupel natürlicher Zahlen. Wir wählen eine natürliche Zahl d so, daß — nach allen biholomorphen Transformationen σ : $K(\rho) \to K(\rho)$, $t' \to O$ mit $t' = (t_1^0, t_2', \ldots, t_m') \in K(\rho)$ — die Garben $(t_1 - t_1^0)^d \cdot S, (t_1 - t_1^0)^d \cdot \pi_{l+1}(S)$ torsionsrecht sind, und setzen $S^* = S \cdot (t - t_1^0)^{2d + e_1}$, $S_* = S/S^*$. Es gilt dann $ach(S_*) < n$ (genauer : nach allen Transformationen σ). Nach (*) gibt es also Klassen $\hat{\xi}_1, \ldots, \hat{\xi}_s \in H^l(X(\rho), S_*)$, so daß die Klassen $q(e) \circ \hat{\xi}_\nu \in H^l(X, S_{et_*})$ den komplexen Vektorraum $H^l_*(X, S_{et_*})$ erzeugen. Aus der exakten Sequenz :

$$0 \to S^* \to S \to S_* \to 0$$

folgt die Kohomologiesequenz :

$$\to H^l(X(\rho), S) \to H^l(X(\rho), S_*) \xrightarrow{a} H^{l+1}(X(\rho), S^*) \to \ldots.$$

Für jede Klasse $\hat{\xi} \in H^l(X(\rho), S_*)$ ist sicher $a\hat{\xi}/(t_1 - t_1^0)^{e_1 + d}$ eine eindeutig bestimmte Kohomologieklasse aus $H^{l+1}(X(\rho), S)$, es ist

$$(t_1 - t_1^0)^d \pi_{l+1}(a\hat{\xi}/(t_1 - t_1^0)^{e_1 + d}) = \pi_{l+1}(a\hat{\xi}/(t_1 - t_1^0)^{e_1}) = 0.$$

Also folgt $a\hat{\xi}/(t_1 - t_1^0)^{e_1} = 0$, wenn diese Klasse als Kohomologieklasse aus $H^{l+1}(X(\rho), S)$ betrachtet wird.

Bezeichnet S^+ die Garbe $S \cdot (t_1 - t_1^0)^{e_1}$ und S_+ die Garbe S/S^+, so erhält man die exakte Sequenz

$$0 \to S^+ \to S \to S_+ \to 0.$$

Ferner hat man Abbildungen : $S^* \to S^+$, $S_* \to S_+$ und mithin ein kommutatives Diagramm :

$$\begin{array}{ccccccc}
\to H^l(X(\rho), S) & \xrightarrow{c} & H^l(X(\rho), S_*) & \xrightarrow{a} & H^{l+1}(X(\rho), S^*) & \to \ldots \\
\updownarrow & & \downarrow b & & \downarrow b & \\
\to H^l(X(\rho), S) & \xrightarrow{c} & H^l(X(\rho), S_+) & \xrightarrow{d} & H^{l+1}(X(\rho), S^+) & \to \ldots,
\end{array}$$

in dem die Zeilen exakt sind. Es gilt $ba\hat{\xi} = 0$ und also $b\hat{\xi} = c\xi$, $\xi \in H^l(X(\rho), S)$. Ferner ist $q(e, t_0) \circ \hat{\xi} = q(e, t_0) \circ \xi$. Man kann also Klassen $\xi_\nu \in H^l(X(\rho), S)$ mit

$$q(e, t_0) \circ \xi_\nu = q(e, t_0) \circ \hat{\xi}_\nu$$

bestimmen, womit Satz 1 bewiesen ist.

3. Wir werden jetzt in mehreren Schritten aus unseren Induktionsvoraussetzungen die Kohärenz der analytischen Bildgarbe $\pi_l(S)$ zeigen $(ach(S) = n)$. Es sei wieder ρ_1 hinreichend klein gewählt.

Hilfssatz 1. *Es gibt endlich viele Schnittflächen* $s_1, \ldots, s_q \in \Gamma(K(\rho), \pi_l(S))$, *die über* $K(\rho)$ *jeden Halm von* $\pi_l(S)$ *erzeugen*, $\rho < \rho_1$.

Wir wählen ρ_1 so klein, daß das Lemma (*) und der Satz 1 gelten. Es sei $t_0 \in K(\rho)$, $\rho < \rho_1$ ein beliebiger Punkt, $\hat{K}' \subset\subset \hat{K} \subset K(\rho)$ sehr kleine Polyzylinder um t_0. Ist e_0 ein m-tupel natürlicher Zahlen, so gibt es Klassen $\xi_\nu(e_0, t_0) \in H^l(X(\rho_1), S)$, derart, daß die Kohomologieklassen $q(e, t_0) \circ \xi_\nu(e_0, t_0)$ eine Basis des komplexen Vektorraumes $H^l_\bullet(X, S_{e_0 t_0})$ bilden. Nach Lemma (*) gibt es ferner feste, nicht von e_0, t_0 abhängende Kohomologieklassen $\xi_1, \ldots, \xi_s \in H^l(X(\rho), S)$, $\rho < \rho_1$, so daß $\xi_\nu(e_0, t_0) = \Sigma a_{\nu\mu}(e_0, t_0) \cdot \xi_\mu$ gilt.

Wir wählen nun e_0 sehr groß. Ist dann $\hat{K}$ sehr klein, so kann man zu jeder Kohomologieklasse $\hat{\xi} \in H^l(\pi^{-1}(\hat{K}), S)$ in $\hat{K}'$ holomorphe Funktionen $b_\nu(t)$ finden, so daß $\hat{\xi} \,|\, \pi^{-1}(\hat{K}') = \Sigma b_\nu(t) \xi_\nu$ gilt. Da man zu jedem Element $\gamma \in (\pi_l(S))_{t_0}$ ein $\hat{K}$ und ein $\hat{\xi}$ finden kann, so daß $\pi_l(\hat{\xi})_{t_0} = \gamma$ ist, folgt, daß die Schnittflächen $s_\nu = \pi_l(\xi_\nu)$ jeden Halm der Garbe $\pi_l(S) \,|\, K(\rho)$ erzeugen, q.e.d.

Wie man sogleich sieht, ist auch folgender Zusatz richtig :

Zusatz. *Es gibt eine Funktion* $f(e, t_0) = f(e) = (f_1(e), \ldots, f_m(e))$ *mit* $\lim_{e \to \infty} f(e) = \infty$, *so daß man die* $b_\nu(t)$ *so wählen kann, daß sie Schnittflächen in der Idealgarbe* $I(f(e), t_0)$ *sind.*

Wir benötigen noch einen weiteren Satz :

Satz 2. *Es sei* $\rho_1 \leq \rho_0$ *hinreichend klein gewählt*, $t_0 \in K(\rho)$, $\rho < \rho_1$ *ein beliebiger Punkt*, $\xi \in H^l(X(\rho_1), S)$ *eine Kohomologieklasse mit* $q(e, t_0) \circ \xi = 0$. *Dann gilt eine Darstellunn* $\xi \,|\, X(\rho) = \sum_{\nu=1}^{s} a^\nu(t) \xi_\nu \,|\, X(\rho)$, *in der* ξ_ν *feste, nicht von* e, t_0, ξ *abhängige Kohomologieklasseg aus* $H^l(X(\rho_1), S)$ *sind und* $a_\nu(t)$ *über* $K(\rho)$ *Schnittflächen in der Idealgarbe* $I(f(e), t_0)$ *sind. Dabei ist* $f(e) = f(e, t_0) = (f_1(e), \ldots, f_m(e))$ *eine Funktion von* e *mit* $\lim_{e \to \infty} f(e) = \infty$.

Beweis. Wir zeigen zunächst :

(*) Ist S^* eine kohärente Garbe über X mit $\mathrm{ach}(S^*) < n$, so gilt Satz 2. Man kann in diesem Falle sogar $\rho_1 = \rho_0 - \varepsilon$ setzen, $\varepsilon > 0$ beliebig klein.

In der Tat! Nach dem Lemma (*) gibt es eine Funktion $f(e) = f(e, t_0)$, so daß $\pi_l(\xi) \in \Gamma(K(\rho_1), \pi_l(S^*) \cdot I(f(e), t_0))$ gilt. Da $\pi_l(S^*)$ kohärent ist, gibt es endlich viele Schnittflächen $s_1, \ldots, s_q \in \Gamma(K(\rho_1), \pi_l(S^*))$, welche die Garbe $\pi_l(S^*) \,|\, K(\rho_1)$ erzeugen. Bezeichnet α den Homomorphismus $(a_1, \ldots, a_q) \to \sum_{\nu=1}^{q} a_\nu s_\nu : O^q \to \pi_l(S^*)$, so liegt $(\pi_l(\xi))_{t_0}$ im Bild der Garbe ${}^*O^q = \bigoplus_1^q I(f(e), t_0)$. Es folgt nach Cartan [3] : Es gibt eine Schnittfläche $\sigma \in \Gamma(K(\rho_1), {}^*O^q)$ mit $\alpha(\sigma) = \pi_l(\xi)$. Daraus ergibt sich unmittelbar (*), weil nach Satz 5, § 2 die Beziehung $H^{l^*}(X(\rho), S^*) \approx \Gamma(K(\rho), \pi_{l^*}(S^*))$, $\rho \leq \rho_0$, $l^* = 0, 1, 2, \ldots$ gilt.

Der Beweis von Satz 2 ist nunmehr schnell erbracht. Wir definieren S^*, S_*, S^+, S_+ wie beim Beweis von Satz 1. Nach (*) bestimmen wir Kohomologieklassen

$\hat{\xi}_1, \ldots, \hat{\xi}_q \in H^1(X(\rho_1), S_*)$, so daß Satz 2 in bezug auf S_*, $\hat{\xi}_1, \ldots, \hat{\xi}_q$ gilt. Wie im Beweis von Satz 1 konstruieren wir dann Kohomologieklassen $\xi_1, \ldots, \xi_q$, derart, daß das b-Bild von ξ_ν in $H^1(X(\rho_1), S_+)$ mit dem b-Bild von $\hat{\xi}_\nu$ übereinstimmt. Ferner seien $\xi_{q+1}, \ldots, \xi_s \in H^1(X(\rho_1), S)$ Kohomologieklassen, für die das Lemma $(*)$ gilt (zur Darstellung von Klassen $\xi' \in H^1(X(\rho_1'), S)$ mit $\rho < \rho_1' < \rho_1$).

Man hat nun :

1) $\hat{\xi} = \text{Bild von } \xi \text{ in } H^1(X(\rho_1), S_*) = \sum_{\nu=1}^{q} a_\nu(t)\hat{\xi}_\nu$

mit $a_\nu(t) \in \Gamma(K(\rho_1'), I(f(e), t_0))$,

2) $(\xi - \sum_{\nu=1}^{q} a_\nu(t)\xi_\nu)/(t_1 - t_1^0)^{e_1 - d} \in H^1(X(\rho_1'), S)$

und mithin gleich $\sum_{\nu=q+1}^{s} a_\nu'(t)\xi_\nu$, wobei die $a_\nu'(t)$ in $K(\rho)$ holomorphe Funktionen sind. Wir setzen $a_\nu(t) = a_\nu'(t) . (t_1 - t_1^0)^{e_1 - d}$ und erhalten $\xi = \sum_{\nu=1}^{s} a_\nu(t)\xi_\nu$, q.e.d.

Es ist klar, daß der Satz 2 in bezug auf jede Basis $\xi_1, \ldots, \xi_s \in H^1(X(\rho_1), S)$, $\rho_1 \ll \rho_0$ richtig ist, für die das Lemma $(*)$ gilt.

4. Um die Kohärenz von $\pi_l(S)$ über $K(\rho')$, $\rho' \ll \rho_0$ zu zeigen, muß nur noch nachgewiesen werden, daß für eine spezielle im Sinne von Hilfssatz 1 konstruierte Basis $s_1, \ldots, s_q$ auch jeder Halm der Relationengarbe $R(s_1, \ldots, s_q) | K(\rho')$ von Schnittflächen über $K(\rho')$ erzeugt wird. Wir wählen $\rho' < \rho$ (ρ im Sinne von Hilfssatz 1). Es sei $t_0 \in K(\rho')$ ein beliebiger Punkt, $f_{\nu t_0}$, $\nu = 1, \ldots, q$, q Keime von holomorphen Funktionen in t_0, so daß $\sum_{\nu=1}^{q} s_\nu f_{\nu t_0} = 0$ gilt. Man kann dann einen kleinen Polyzylinder $\hat{K} \subset K(\rho')$ um t_0 und in $\hat{K}$ holomorphe Funktionen f_ν, $\nu = 1, \ldots, q$ finden, die in t_0 den Keim $f_{\nu t_0}$ erzeugen, so daß $\sum_\nu f_\nu s_\nu = 0$ gilt. Wir wählen q in $K(\rho)$ holomorphe Funktionen $f_1^{(e)}, \ldots, f_q^{(e)}$, so daß $f_\nu - f_\nu^{(e)}$ über $\hat{K}$ eine Schnittfläche in $I(e, t_0)$ ist. Dabei ist e ein m-tupel natürlicher Zahlen. Nach Konstruktion von $s_1, \ldots, s_q$ gibt es Kohomologieklassen $\xi_\nu \in H^1(X(\rho), S)$, $\nu = 1, \ldots, q$ mit $\pi_l(\xi_\nu) = s_\nu$. Die Klasse $q(e, t_0) \circ \sum f_\nu^{(e)} \xi_\nu$ ist sicher kohomolog null. Wir dürfen annehmen — wie das nach Konstruktion von $s_1, \ldots, s_q$ im Beweis von Hilfssatz 1 der Fall ist — daß in bezug auf die Kohomologieklassen $\xi_1, \ldots, \xi_q \in H^1(X(\rho), S)$ das Lemma $(*)$ gilt. Es gibt nach Satz 2 holomorphe Funktionen $a_\nu^{(e)}(t) \in \Gamma(K(\rho'), I(f(e), t_0))$ mit $\sum f_\nu^{(e)} \xi_\nu = \sum a_\nu^{(e)}(t)\xi_\nu$. Man hat also

$$((f_1^{(e)} - a_1^{(e)}, \ldots, (f_q^{(e)} - a_q^{(e)})) \in \Gamma_1 = \Gamma(K(\rho'), R(s_1, \ldots, s_q)).$$

Es gilt $(f_\nu^{(e)} - a_\nu^{(e)}) - f_\nu \in I(f(e), t_0)$. Mithin folgt aus dem in § 3 bewiesenen Satz 2, da $f(e)$ beliebig groß sein kann, daß der Halm $(R(s_1, \ldots, s_q))_{t_0}$ von den Schnittflächen aus Γ_1 erzeugt wird.

5. Es ist nun möglich geworden, eine allgemeine Aussage über die Kohärenz der analytischen Bildgarben zu machen. Offenbar kann man jeden Punkt $t_0 \in K$ durch eine biholomorphe Abbildung $K \to K$ auf den Nullpunkt $0 \in K$ transformieren. Jeder

Punkt von K ist also gleichberechtigt. Es folgt daher die Kohärenz von $\pi_l(S)$ über ganz K. Das bedeutet, daß die in den Paragraphen 5 und 6 durchgeführte Induktion vollständig ist. Alle Garben $\pi_l(S)$, $l=0, 1, 2, \ldots$ sind kohärent. Wir zeigen darüber hinaus :

Hauptsatz 1. *Es seien $\pi : X \to Y$ eine eigentliche holomorphe Abbildung eines komplexen Raumes X in einen komplexen Raum Y und S eine kohärente analytische Garbe über Y. Dann sind die Bildgarben $\pi_l(S)$, $l=0, 1, 2, \ldots$ kohärente analytische Garben über Y.*

Beweis. Der Satz ist in bezug auf Y von lokaler Natur. Wir dürfen daher annehmen, daß Y biholomorph in einen Polyzylinder K eingebettet ist. Man hat also eine eigentliche holomorphe Abbildung $\pi_* : X \to K$. Nun ist $\pi_{*\nu}(S) = {}'\pi_\nu(S)$, die triviale Fortsetzung der Bildgarbe $\pi_\nu(S)$. Ferner ist $\pi_\nu(S)$ genau dann kohärent, wenn $'\pi_\nu(S)$ es ist. Damit ist der Hauptsatz I bewiesen.

Wir geben noch eine andere wichtige Aussage an. Es sei $y \in Y$ ein beliebiger Punkt, m das maximale Ideal des lokalen Ringes H_y, m^ν das Unterideal von m, das von den Elementen $f_1 \cdot \ldots \cdot f_\nu$, $f_1, \ldots, f_\nu \in m$ aufgespannt wird, $\nu = 1, 2, 3, \ldots$. Ferner sei $\hat{m}^\nu$ der Keim entlang $\pi^{-1}(y)$ der Untergarbe von $H(X)$, der von den Schnittflächen $f \circ \pi$, $f \in m^\nu$ erzeugt wird. Man sieht sofort, daß es einen natürlichen Homomorphismus $\lambda : (\pi_l(S))_y \to \pi_l(S/S \cdot \hat{m}^\nu)_y$ gibt, der durch die Beschränkungsabbildung $S \to S/S \cdot \hat{m}^\nu$ definiert wird.

Hauptsatz II. *Es sei $\xi \in (\pi_l(S))_y$ ein Element, dessen λ-Bild in $(\pi_l(S/S \cdot \hat{m}^\nu)_y$ gleich null ist. Dann gilt : $\xi \in (\pi_l(S) \cdot m^{f(\nu)})_y$. Dabei ist $f(\nu)$ eine von ξ unabhängige Funktion mit* $\lim_{\nu \to \infty} f(\nu) = \infty$.

Beweis. Man darf $Y = K$, $y = 0 \in K$ setzen. Da man eine Schnittfläche $\hat{\xi} \in \Gamma(K, \pi_l(S))$ finden kann, so daß $\hat{\xi}_0 - \xi \in (\pi_l(S) \cdot m^\nu)_0$ gilt, folgt der II. Hauptsatz unmittelbar aus dem Lemma (*).

Wir zeigen noch :

Hauptsatz II a. *Es gilt* $\lim_{\nu \to \infty} (\pi_l(S/S \cdot \hat{m}^\nu))_y \approx \lim_{\nu \to \infty} (\pi_l(S)/m^\nu \cdot \pi_l(S))_y$.

Beweis. Wir dürfen uns wieder auf den Fall $Y = K$, $y = 0 \in K$ beschränken. Wir setzen $S_\nu = S/S^\nu$, $S^\nu = S \cdot \hat{m}^\nu$. Man erhält aus der exakten Sequenz $0 \to S^\nu \to S \to S_\nu \to 0$ die exakte Bildsequenz $\to \pi_l(S) \xrightarrow{a} \pi_l(S_\nu) \xrightarrow{r} \pi_{l+1}(S^\nu) \to \ldots$. Es gibt eine natürliche Projektion $q_\nu : \lim_{\nu \to \infty} \pi_l(S_\nu) \to \pi_l(S_\nu)$. Ist $\xi \in \lim_{\nu \to \infty} (\pi_l(S_\nu))_0$ ein beliebiges Element, so gilt sicher $r \circ q_\nu \circ \xi \in$ Bild von $(\pi_{l+1}(S^\mu))_0$, μ beliebig groß. Nach dem Hauptsatz II hat man daher : $r \circ q_\nu \circ \xi \in \pi_{l+1}(S^\nu) \cdot I(f_\nu(\mu))$ und mithin $r \circ q_\nu \circ \xi = 0$ (vgl. § 3, Satz 2). Also gibt es ein Element $\hat{\xi}_\nu \in (\pi^l(S))_0$ mit $a(\hat{\xi}_\nu) = q_\nu \xi$. Die Zuordnung $\xi \to \hat{\xi}_\nu \to \pi_l(S)/\pi_l(S) \cdot I(f(\nu))$ liefert den gesuchten Isomorphismus.

Der Hauptsatz II a wurde in der algebraischen Geometrie von A. Grothendieck hergeleitet.

§ 7. Anwendungen.

In diesem Paragraphen werden einige Resultate angegeben, die sich mit Hilfe der Hauptsätze der vorl. Arbeit herleiten lassen. Die Beweise der so gewonnenen Aussagen können in der vorl. Arbeit teilweise nur angedeutet werden. Sie sind jedoch i.a. nicht schwierig. Ihre vollständige Durchführung muß einer späteren Arbeit überlassen bleiben.

1. Es seien X, Y reduzierte komplexe Räume, $\pi : X \to Y$ eine eigentliche holomorphe Abbildung. R. Remmert hat gezeigt [10] :

Satz 1. $\pi(X) \subset Y$ *ist eine analytische Menge.*

Dieser Satz ergibt sich sofort aus unserem Hauptsatz I. Es werde folgende Betrachtung durchgeführt :

Es seien Z ein beliebiger (allgemeiner) komplexer Raum, S eine kohärente analytische Garbe über Z. Wir bezeichnen mit $|S|$ die Menge derjenigen Punkte $z \in Z$, in denen der Halm S_z nicht der Nullhalm ist. Wählt man für I die größte analytische Untergarbe von H(Z), so daß $I \cdot S = 0$ ist, so ist I als Annulatorgarbe (vgl. [6] p. 401) kohärent. Die Nullstellenmenge von I stimmt mit $|S|$ überein. Mithin ist $|S|$ eine analytische Menge.

Wir haben gezeigt :

(1) *Der Träger* $|S|$ *jeder kohärenten analytischen Garbe* S *ist eine analytische Menge*

Im Falle von Satz 1 gilt : $\pi(X) = |\pi_0(H(X))|$. Da $\pi_0(H(X))$ nach Hauptsatz I kohärent ist, haben wir Satz 1 bewiesen.

Natürlich ist der Remmertsche Beweis bedeutend einfacher. Unser Beweis zeigt jedoch, daß sich der Satz 1 dem Hauptsatz I unterordnet.

2. Es seien nun X, Y zwei allgemeine komplexe Räume, $\pi : X \to Y$ eine surjektive eigentliche, holomorphe Abbildung, S eine kohärente analytische Garbe über X. Ferner sei $y_0 \in Y$ ein beliebiger Punkt. Wir bezeichnen mit $m = m(y_0)$ die Untergarbe der Funktionskeime aus H(Y), deren Wert in y_0 gleich null ist. $\hat{m} = \hat{m}(y_0)$ sei diejenige analytische Untergarbe von H(X), die von den Funktionskeimen

$$(f \circ \pi)_x \quad \text{mit } f \in m_y,\ y = \pi(x)$$

erzeugt wird. Sowohl $\hat{m}$ als auch m sind kohärente analytische Garben.

Es sei X_y der komplexe Raum, der die Menge $X' = \pi^{-1}(y)$ als Träger und die Garbe $H(X)/\hat{m} \cdot H(X) | X'$ zur Strukturgarbe hat. Wir setzen $S(y) = S/\hat{m} \cdot S | X_y$ und erhalten eine kohärente analytische Garbe über X_y.

Ist $\sigma \in \pi_l(S)_y$ ein beliebiges Garbenelement, so wird σ durch einen Keim $\hat{\sigma}$ einer l-dimensionalen Kohomologieklasse mit Koeffizienten in S repräsentiert. Der Keim $\hat{\sigma}$ ist dabei entlang X_y gebildet. Durch die Beschränkungsabbildung $S \to S(y)$ erhält man sodann eine Kohomologieklasse $\hat{\sigma} | X_y \in H^l(X_y, S(y))$. Offenbar wird jedes Element aus $\pi_l(S)_y \cdot m$ in die Nullklasse abgebildet. Daraus folgt :

(2) *Es gibt zu jedem Punkt* $y \in Y$ *einen natürlichen Homomorphismus*

$$\lambda_y : \pi_1(S)_y / \pi_1(S)_y \cdot m(y) \to H^1(X_y, S(y)).$$

Es läßt sich zeigen :

Satz 2. *Es sei* Y *reduziert. Dann bildet die Menge* M *der Punkte* $y \in Y$, *in denen* λ_y *nicht bijektiv ist, eine niederdimensionale analytische Menge von* Y (¹).

Der Beweis sei nur angedeutet. Man zeigt zunächst, daß die Menge nirgends dicht ist. Man betrachtet sodann die Homomorphismen :

$$\pi_1\lambda_y : \pi_1(S)/m(y)\cdot\pi_1(S) \xrightarrow{\lambda_y} H^1(X_y, S(y)) \xrightarrow{\pi_1} \pi_1(S(y)).$$

Man kann die Garben $\pi_1(S)/m(y)\cdot\pi_1(S)$, $\pi_1(S(y))$ und die Homomorphismen $\pi_1 \circ \lambda_y$ als je eine kohärente analytische Garbe bzw. als einen Homomorphismus Γ über dem kartesischen Produkt $Y \times Y$ auffassen. Wir sehen Y als Diagonale von $Y \times Y$ an. Da π_1 die Gruppe $H^1(X_y, S(y))$ bijektiv abbildet, folgt $M = Y \cap (|\mathrm{Ker}\,\Gamma| \cup |\mathrm{Coker}\,\Gamma|)$ und damit der Satz 2.

3. Die Garben $\pi_i(S)$ werden im allgemeinen keine freien Garben über Y sein. Jedoch gilt die wohlbekannte Aussage :

(3) *Es seien* Z *ein reduzierter komplexer Raum,* S *eine kohärente analytische Garbe über* Z. *Dann bilden die Punkte* $z \in Z$, *in denen* S_z *kein freier Modul über* $H(Z)_z$ *ist, eine niederdimensionale analytische Menge* $F(S) \subset Z$.

Beweis. Es ist $F(S) = |\mathrm{Tor}_1^H(S, H/m(z))|$, wobei $H = H(Z)$ gesetzt wird und die Garben $m(z)$ als eine kohärente analytische Garbe über $Z \times Z$ und Z als Diagonale betrachtet werden. Also ist $F(S)$ analytisch. Man zeigt leicht, daß $F(S)$ nirgends dicht ist (trivial, vgl. [7], p. 306).

Ebenso folgt ziemlich leicht :

(4) *Es seien* Z *ein reduzierter komplexer Raum,* S *eine kohärenteana lytische Garbe über* Z. *Dann ist die Vereinigung* $\bigcup_{z, \sigma_z} \sigma_z$, *wobei* $\sigma_z \in S_z$ *die Torsionselemente des Moduls* S_z *durchläuft, eine kohärente analytische Garbe* $T(S)$ *über* Z. $|T(S)|$ *ist eine niederdimensionale analytische Menge in* Z.

Zum Beweise von (4) konstruiert man unter Verwendung einer lokalen exakten Sequenz $O^p \to O^q \to S \to 0$ zu jedem Punkt $z \in Z$ eine Umgebung $U(z)$ und eine in U holomorphe Funktion h, deren Funktionskeime nicht Nullteiler sind, so daß die Garbe $h \cdot S$ über U keine Torsionselemente enthält. h erzeugt einen Homomorphismus $\alpha : S \to S : \sigma \to \sigma \cdot h$. Es gilt $T(S)|U = \mathrm{Ker}\,\alpha$. Daraus folgt die Kohärenz. Daß $|T(Z)|$ niederdimensional ist, ergibt sich aus (3).

Es sei nun Z ein beliebiger komplexer Raum, Z' seine Reduktion. Wir nennen

(¹) Ist Y nicht reduziert, so kann $M = Y$ gelten. M ist jedoch stets eine analytische Menge.

dann ein Garbenelement $\sigma \in S_z$ ein Torsionselement, wenn es einen holomorphen Funktionskeim $f \in (H(Z))_z$ mit $f \cdot \sigma = 0$ gibt, derart, daß $f | Z'$ kein Nullteiler ist. Die Vereinigung der Torsionselemente σ sei wieder mit T(S) bezeichnet. Es folgt unter Verwendung von Satz 4, § 1 :

(4') *Die Aussage* (4) *gilt für* $T(S)$ *sogar, wenn* Z *ein beliebiger komplexer Raum ist.*

Die Aussage (4) wird zum Beweis von Satz 2 herangezogen (um zu zeigen, daß M nirgends dicht ist) ([1]).

4. Es sei fortan $\pi : X \to Y$ stets eine surjektive, eigentliche holomorphe Abbildung eines komplexen Raumes X in einen reduzierten komplexen Raum Y ([2]). S sei wieder eine kohärente analytische Garbe über X. Wir nennen S über einem Punkte $y \in Y$ platt, wenn $\mathrm{Tor}_1^{H(Y)}(S, C) = 0$ ist ([3]). S heißt platt über Y, wenn S über allen Punkten von Y platt ist. Man kann zeigen :

(5) *Die Menge* $P(S)$ *der Punkte* $y \in Y$, *über denen S nicht platt ist, bildet eine niederdimensionale analytische Teilmenge von* Y.

Auf einen Beweis sei hier verzichtet.

Wir setzen im folgenden voraus, daß S über Y platt ist.

Satz 3. *Die Funktion* $r_l(y) = \dim_0 H^l(X_y, S(y))$ *ist halbstetig nach oben, d.h. es gibt zu jedem Punkt* $y_0 \in Y$ *eine Umgebung* $U(y_0)$, *so daß* $\dim_0 H^l(X_y, S(y)) \leq \dim_0 H^l(X_{y_0}, S(y_0))$ *für* $y \in U$ *ist* $(l = 0, 1, 2, \ldots)$.

Der Beweis von Satz 3 macht wesentlich davon Gebrauch, daß man die Familie X der komplexen Räume X_y nach komplexen Räumen Y' liften kann, die durch holomorphe Abbildungen $\varphi : Y' \to Y$ in Y abgebildet sind. Zur Definition der Liftung bilden wir das kartesische Produkt $X \times Y'$, definieren in $X \times Y'$ die analytische Menge $X' = \{(x, y') : \pi(x) = \varphi(y')\}$ und versehen X' mit der Strukturgarbe $H(X \times Y')/H^* | X'$, wobei H^* diejenige analytische Untergarbe von $H(X \times Y')$ bezeichnet, die von den Funktionskeimen $f \circ \pi - f \circ \varphi$ mit $f \in H(Y)_{\pi(x)}$, $(x, y') \in X'$ beliebig, erzeugt wird. Die Produktprojektion $X \times Y' \to Y'$ bzw. $X \times Y' \to X$ definiert eine eigentliche holomorphe Abbildung $\pi' : X' \to Y'$ bzw. eine holomorphe Abbildung $\hat{\varphi} : X' \to X$. Es gilt : $\varphi \circ \pi' = \pi \circ \hat{\varphi}$. Wir bezeichnen mit S' die analytische Urbildgarbe von S bzgl. $\hat{\varphi}$. S' ist eine kohärente analytische Garbe über X'. Man zeigt leicht unter der Voraussetzung, daß auch Y' ein reduzierter komplexer Raum ist :

(6) *Die komplexen Räume* X_y *und* X'_y *mit* $y = \varphi(y')$ *sind analytisch äquivalent.*

(7) *Es sei* $y = \varphi(y')$ *und die Garbe S platt über* y. *Dann ist die Garbe* S' *platt über* y'.

([1]) (4) ist ein Spezialfall — oder besser — steht in naher Beziehung zu einem von W. Thimm ohne Beweis angegebenen Satze. Vgl. W. Thimm, Math. Annalen (1960).

([2]) Analoge Sätze gelten auch, wenn Y nicht reduziert ist. Jedoch ist eine solche Verallgemeinerung nur sinnvoll, wenn man an stelle der Garbe $\{m(y)\}$ der lokalen Ringe $m(y)$ allgemeinere Garben verwendet.

([3]) S_x und der komplexe Zahlkörper C können in natürlicher Weise als Modul über $(H(Y))_y$, $y = \pi(x)$ aufgefaßt werden. — Der Begriff platt wurde m.W. von A. Grothendieck eingeführt.

Der Beweis von Satz 3 folgt leicht aus (7) durch Induktion über dim Y. Wie vorne gezeigt, kann man einen niederdimensionalen reduzierten komplexen Unterraum $Y' \subset Y$ finden, so daß $\pi_l(S)$ über $Y - Y'$ eine freie Garbe ist und daß die Homomorphismen λ_y für $y \in Y - Y'$ bijektiv sind. Also ist Satz 3 über $Y - Y'$ richtig. Nach Induktionsvoraussetzung gilt er auch für Y'. Ferner ergibt sich unser Satz unter Verwendung der Hauptsätze leicht, wenn Y eine Riemannsche Fläche ist. Da man zu jedem Punkt $y_0 \in Y'$ und zu jeder der endlich vielen an y_0 grenzenden zusammenhängenden Komponenten von $Y - Y'$ ein Stück $K \subset Y$ einer Riemannschen Fläche finden kann, das y_0 enthält und sonst ganz in $Y - Y'$ verläuft, folgt, daß es eine Umgebung $U(y_0)$ gibt, so daß für $y \in (Y - Y') \cap U$ gilt : $\dim_c H^l(X_y, S(y)) \leq \dim_c H^l(X_{y_0}, S(y_0))$. Das ist dann sogar für $y \in V$ richtig, wenn $V \subset U$ eine hinreichend kleine Umgebung von y bezeichnet. Damit ist der Satz bewiesen.

5. Es werde nun vorausgesetzt, daß $\dim_c H^l(X_y, S(y))$ unabhängig von y ist. Es folgt zunächst :

Satz 4. Die Garben $A_y = \pi_{l+1}(S \cdot \hat{m}^\nu(y))$ sind torsionsfrei, $y \in Y$.

Beweisandeutung. Man zeigt zunächst, daß die natürlichen Abbildungen $S \otimes m^\nu(y) \to S$ injektiv sind. Daraus folgt sodann, daß auch die Abbildungen

$$S_y \otimes_c (m^\nu(y)/m^{\nu+1}(y)) \to S \cdot \hat{m}^\nu(y)/S \cdot \hat{m}^{\nu+1}(y)$$

injektiv sind. Ist ξ ein Keim eines Kozyklus mit Koeffizienten in $S \cdot \hat{m}^\nu(y)$ entlang X_y, so kann man $\xi = \Sigma a_\nu \xi_\nu$ setzen, wobei ξ_ν Koketten mit Koeffizienten in S und a_ν über y linear unabhängige Elemente aus $m^\nu(y)$ sind. $\xi_\nu | X_y$ sind dann Kozyklen. Dadurch wird ein formales Konstruktionsverfahren für Koketten η mit $\delta\eta = \xi$ gegeben. Man leitet damit leicht her :

(a) Satz 4 gilt für allgemeine reduzierte komplexe Räume Y, wenn er in bezug auf normale komplexe Räume Y bewiesen ist.

Man zeigt nun :

(b) Satz 4 folgt für normale komplexe Räume Y, wenn er für allgemeine komplexe Räume von kleinerer Dimension als Y richtig ist.

Für den Fall von Riemannschen Flächen Y läßt sich unser Satz unter der Voraussetzung $\dim_c H^l(X_y, S(y)) = \text{const.}$ sehr leicht nachweisen. Damit ist eine vollständige Induktion gegeben, die unseren Satz beweist.

6. Es folgt nun sofort, daß die Beschränkungsabbildung $H^l(V, S) \to H^l(X_y, S(y))$ mit $V = \pi^{-1}(U)$ surjektiv ist, wenn U eine sehr kleine Umgebung von y bezeichnet. Es seien $\xi_1, \ldots, \xi_q \in H^l(V, S)$ Kohomologieklassen, so daß $\xi_\nu | X_y$, $\nu = 1, \ldots, q$ eine Basis des komplexen Vektorraumes $H^l(X_y, S(y))$ bilden. Man zeigt leicht :

(a) Die Schnittflächen $\eta_\nu = \pi_l(\xi_\nu)$ erzeugen in einer Umgebung von y die Garbe $\pi_l(S)$.

Man braucht dazu nur die Voraussetzung von Lemma (*) für ein beliebiges m-tupel $\mathfrak{e}$ nachzuweisen.

Damit hat sich auch ergeben :

(b) Die Abbildung λ_y *ist bijektiv.*

Ferner sieht man sofort, daß $\dim_0 H^l(X_y, S(y))$ nicht von y unabhängig sein kann, wenn die Relationengarbe von $(\eta_1, \ldots, \eta_q)$ von null verschieden ist. Also gilt :

Satz 5. *Die Garbe* $\pi_l(S)$ *ist eine freie Garbe, die Homomorphismen*

$$\lambda_y : \pi_l(S)_y/(\pi_l(S) \cdot m(y))_y \to H^l(X_y, S(y))$$

sind bijektiv.

Beispiele zeigen, daß die Voraussetzungen für die Sätze 3-5 wesentlich sind. Ist z.B. S nicht platt über Y, so braucht die Funktion $\dim_0 H^l(X_y, S(y))$ nicht halbstetig nach oben zu sein.

7. Unter der Voraussetzung, daß S platt über Y und Y reduziert und zusammenhängend ist, kann noch eine weitere wichtige Folgerung gezogen werden. Wir setzen $\chi(y) = \sum_{l=0}^{\infty} (-1)^l \dim_0 H^l(X_y, S(y))$. Die Summe ist natürlich für jedes feste y endlich, d.h. $\chi(y)$ existiert immer. Es folgt :

Satz 6. $\chi(y)$ *hängt nicht von* y *ab.*

Auf den Beweis, der selbstvertändlich nur für den Fall erbracht werden muß, daß Y eine Riemannsche Fläche ist, sei hier verzichtet.

LITERATUR

[1] Ahlfors, L. V. : *Aufsatz im Congressband Funktionentheorietagung Princeton 1957.* Princeton University Press, 1960.

[2] Bourbaki, N. : *Espaces vectoriels topologiques.* Hermann, Paris.

[3] Cartan, H. : *Variétés analytiques complexes et cohomologie.* Coll. de Bruxelles, 41-55 (1953).

[4] Cartan, H. und J.-P. Serre : Un théorème de finitude concernant les variétés analytiques compactes. *C.R. Acad. Sci. Paris,* **237**, 128-130 (1953). Vgl. auch Séminaire E.N.S. H. Cartan 1953/54, Exposé 17.

[5] Fröhlicher, A. und A. Nijenhuis : A theorem on stability of complex structures. *Proc. Nat. Acad. Sci. USA,* **43**, 239-241 (1957).

[6] Grauert, H. und R. Remmert : Bilder und Urbilder analytischer Garben. *Ann. of Math.,* **68**, 393-443 (1958).

[7] Grauert, H. und R. Remmert : Komplexe Räume. *Math. Annalen,* **136**, 245-318 (1958).

[8] Grauert, H. : Analytische Faserungen über holomorph-vollständigen Räumen. *Math. Annalen,* **135**, 263-273 (1958).

[9] Kodaira, K. und D. C. Spencer : On Deformations of complex-analytic Structures. Teil I und II : *Ann. of Math.,* **67**, 328-466 (1958), Teil III erscheint in den *Ann. of Math.,* 1959/60.

[10] Remmert, R. : Holomorphe und meromorphe Abbildungen komplexer Räume. *Math. Annalen,* **133**, 338-370 (1957). Ferner : Projektionen analytischer Mengen. *Math. Annalen,* **130**, 410-441 (1956).

[11] Serre, J.-P. : Faisceaux algébriques cohérents. *Ann. of Math.,* **61**, 197-278 (1955).

Berichtigung zu der Arbeit: Ein Theorem der analytischen Garbentheorie und die Modulräume komplexer Strukturen

Publ. Math. Paris IHES **16**, 131–132 (1963)

1) In Satz 1, § 3 muß an Stelle von $\rho < \rho_1(d_2, \ldots, d_m, h) \leq \rho_0$ vorausgesetzt werden $\rho_m < \rho_m^{(1)}$, $\rho_{m-1} < \rho_{m-1}^{(1)}(\rho_m)$, $\rho_{m-2} < \rho_{m-2}^{(1)}(\rho_m, \rho_{m-1})$, $\ldots$, $\rho_1 < \rho_1^{(1)}(\rho_m, \ldots, \rho_2)$. Dabei sind $\rho_\nu^{(1)}$ positive Funktionen mit $\rho_1 = (\rho_1^{(1)}, \ldots, \rho_m^{(1)}) \leq \rho_0$, die noch von $(d_2, \ldots, d_m, h)$ abhängen, jedoch nicht von ρ_ν, wenn $d_\nu = 1$ ist. — In den folgenden Sätzen (z. B. Satz 2, 5, 6, 7, 8, 9 aus § 3, Hauptlemma u.s.w.) ist die Voraussetzung für ρ dementsprechend zu modifizieren. $\rho \ll \rho_0$ bedeutet fortan diese Dreiecksbedingung.

Ergänzung zum Beweis von Satz 1, § 3. Wir beweisen den Zusatz II gleichzeitig mit. Der erste Abschnitt auf p. 26 ist zu ersetzen durch :

« (f) $\quad \mathfrak{d}' = (1, d_2, \ldots, d_m)$

(g) $\quad M^{(\nu)} = M(\mathfrak{d}_*) \cap t_1^\nu H^q(\mathfrak{d}_*), \qquad M_\nu = M^{(\nu-1)})/M^{(\nu)}.$

Die Garbe $M^{(\nu)}$ ist der Kern des Homomorphismus

$$M(\mathfrak{d}_*) \to H^q(\mathfrak{d}_*) \to H^q(\mathfrak{d}_*)/t_1^\nu H^q(\mathfrak{d}_*)$$

und deshalb kohärent. Gleiches gilt für M_ν. Die Multiplikation mit $t_1 : M^{(\nu)} \to M^{(\nu+1)}$ definiert eine Injektion $M_\nu \to M_{\nu+1}$. Es gibt ein ρ_2 mit $0 < \rho_2 < \rho_0$, so daß $M_\nu = M_{d_1^+}$, $\nu \geq d_1^+$ über $K(\rho_2)$. Die Garben M_ν lassen sich ferner als Untergarben von $H^q(\mathfrak{d}')$ auffassen.

Wir wählen über $K(\rho_2)$ Homomorphismen $\alpha_\nu . (\mathcal{O})^{l_\nu} \to (\mathcal{O})^q$ mit

$$\alpha_\nu(\mathfrak{d}') \circ (H)^{l_\nu}(\mathfrak{d}') = M_\nu$$

und über $K(\rho_2)$ Homomorphismen $\beta_\nu : \mathcal{O}^{l_\nu} \to \mathcal{O}^p$, derart, daß $h(\mathfrak{d}_*) \circ \beta_\nu(\mathfrak{d}_*) \circ H^{l_\nu}(\mathfrak{d}_*) \subset M_{\nu-1}$ und die Abbildungen $\gamma_\nu : H^{l_\nu}(\mathfrak{d}_*) \to H^p(\mathfrak{d}_*) \to M^{(\nu-1)} \to M_\nu$ und $(H)^{l_\nu}(\mathfrak{d}_*) \to M^{(\nu)}$ übereinstimmen.

Es sei nun $\rho_1 < \rho_2$ so gewählt, daß für $K(\rho, d_*)$, $\rho < \rho_1$ der Satz 1 auch in Bezug auf α_ν mit seinem Zusatz II gilt; $f \in \Gamma(K(\rho, \mathfrak{d}), H^q(\mathfrak{d}))$ sei eine endliche Schnittfläche mit $\|f\|_\rho^{\mathfrak{d}} < M$ und $f | K(\mathfrak{e}) \in M(\mathfrak{e})$ für alle $\mathfrak{e} \leq \mathfrak{d}$. Es gelte zunächst $d_1 \leq d_1^+$. In diesem Falle kommen wir durch Induktion über $d_1 = d$ zum Ziele. Sei etwa bereits

$$f | K(\rho, d-1, d_2, \ldots, d_m) = 0.$$

Dann liegt nach dem Satz 1_{s_0-1} $f' = \mathrm{Im}[f|t_1^{d-1} \to \Gamma(\mathrm{K}(\rho, \mathfrak{d}'), \mathrm{H}^q(\mathfrak{d}'))]$ in $\mathrm{M}^{(d)}$, da aus dem induktiv mitbewiesenen Zusatz II in bezug auf $\mathrm{K}(\rho, d-1, d_2, \ldots, d_m)$ folgt : $f'|\mathrm{K}(\mathfrak{e}) \in \mathrm{M}_d(\mathfrak{e})$. Es gibt eine Schnittfläche $g \in \Gamma(\mathrm{K}(\rho, \mathfrak{d}'), (\mathrm{H})^{ld}(\mathfrak{d}'))$ mit

$$\gamma_d \circ g = \mathrm{Im}(f|t_1^{d-1} \to \Gamma(\mathrm{K}(\rho), \mathfrak{d}'), \mathrm{M}_d).$$

Also ist $f - h(\mathfrak{d}) \circ \beta_\nu(\mathfrak{d}) \circ g = 0$. Die Zuordnung $f \to g$ ist ferner linear beschränkt, da $f \to g$ und β_ν linear beschränkt ist.

Fortan sei also $d_1 > d_1^+$. Es folgt : ... »

Nun weiter bei (*) auf p. 26! g^* werde gleich $\beta_\nu(\mathfrak{d}_*) \circ g$ mit $\alpha_{d_1^+}(\mathfrak{d}') \circ g = f_1$ gesetzt. Die Fußnote auf p. 26 ist überflüssig.

Weitere durch die Änderung von Satz 1 bedingte Korrekturen :

a) P. 33 oben : Die Überdeckungen Z und Z' müssen gleichzeitig konstruiert werden.

b) Die Fußnote auf p. 49 und daher auch der Beweis des Korollars II sind nur für $d = 1$ richtig. Er muß durch eine Induktion über d unter Verwendung der Garben $\mathrm{S}^{\nu-1}/\mathrm{S}^\nu$ vervollständigt werden (wie beim Beweis von Satz 1). Analoges gilt für den Beweis von Hilfssatz 3.

2) In § 7, Satz 2 braucht die Menge, in der λ_y nicht bijektiv ist, nicht immer abgeschlossen zu sein.

Part V

q-Convexity and Cohomology

Commentary

1

Assume always that X is a reduced complex space (the assumption "reduced" is actually not necessary) and that $\mathcal{S}$ is an analytic sheaf on X. We call $\mathcal{S}$ a *flabby sheaf* if for any open subset $U \subset X$ every cross-section $s \in \mathcal{S}(U)$, i.e. a continuous cross-section in $\mathcal{S}$ over U, can be continued to a $s^\wedge \in \mathcal{S}(X)$ by putting $s^\wedge(x) = s(x)$ for $x \in U$ and $s^\wedge(x) = 0 \in \mathcal{S}_x$ for $x \in X - U$. We denote by $W(\mathcal{S})$ the sheaf of local not necessarily continuous cross-sections in $\mathcal{S}$. Hence, $\mathcal{S}$ is an analytic subsheaf of $W(\mathcal{S})$ and W is an exact functor of analytic sheaves on X to flabby analytic sheaves.

If $\mathcal{S}$ is an arbitrary analytic sheaf on X and 0 denotes the zero sheaf of $\mathcal{O}$-modules we have the *canonical* (exact) *resolution by flabby sheaves* $0 \to \mathcal{S} \to \mathcal{S}_0 \to \mathcal{S}_1 \to \dots$ on X with $\mathcal{S}_0 = W(\mathcal{S})$ and $\mathcal{S} \to \mathcal{S}_0$ being the identity. $\mathcal{S}_1$ is obtained as $W(\mathcal{Q})$ where $\mathcal{Q}$ is the quotient sheaf $\mathcal{S}_0/im(\mathcal{S})$ and $im(\mathcal{S})$ is the image sheaf of $\mathcal{S}$ in $\mathcal{S}_0$. The homomorphism $\mathcal{S}_0 \to \mathcal{S}_1$ is the composition of the quotient map $\mathcal{S}_0 \to \mathcal{Q}$ and the identity $\mathcal{Q} \to W(\mathcal{Q})$. All the other homomorphisms are defined in the analoguous way.

Now the cohomology groups (complex vector spaces) of X with coefficients in $\mathcal{S}$ can be defined. We understand for $\mu = 0, 1, 2, \dots$ simply by $H^\mu(X, \mathcal{S})$ the quotient of the kernel $\ker(\mathcal{S}_\mu(X))$ of the homomorphism $\mathcal{S}_\mu(X) \to \mathcal{S}_{\mu+1}(X)$ by the image of $\mathcal{S}_{\mu-1}(X)$. The image in $\mathcal{S}_0$ is the zero module. Hence $H^0(X, \mathcal{S})$ is nothing but the module of cross-sections $\mathcal{S}(X)$.

Locally we always have continuous cross-sections in $\mathcal{S}$. The first cohomology group can be considered as the obstruction space against the existence of sections of $\mathcal{S}(X)$.

2

A real function ψ on X is called (*strictly*) *q-convex* with $q = 1, 2, 3, \dots$ if in a neighborhood U of any point x_0 it is the restriction of a $\mathbb{C}^\infty$-differentiable q-convex function $\psi^\wedge$, where $\psi^\wedge$ is given in a domain $G \subset \mathbb{C}^N$ and U is biholomorphically embedded in G. The function $\psi^\wedge$ is q-convex in G if its Levi form $L(\psi)$ has everywhere at least $N - q + 1$ positive eigenvalues. So 1-convex functions are just the differentiable strictly plurisubharmonic functions. If $p > q$ then the q-convexity is stronger than the p-convexity.

The complex space X is called *q-convex* (resp. *q-concave*) if there is a compact subset $K \subset X$ and a differentiable function ψ in X, which has the following properties:

a) ψ is q-convex in $X - K$,

b) there is a number $b \in \mathbb{R} \cup \{\infty\}$ (resp. $b \in \mathbb{R} \cup \{-\infty\}$ such that for $x \to$ *ideal boundary* of X the values $\psi(x)$ converge to b,

c) $\psi(x) < b$ (resp. $\psi(x) > b$) in $X - K$.

We call X *q-complete* if X is q-convex and K can be chosen to be empty. (An analogue for q-concavity does not exist).

We put $c = \sup \psi(K) \leq b$ (resp. $c = \inf \psi(K) \geq b$) and take a real number d with $c < d < b$ (resp. $c > d > b$). We denote by X_d the subdomain $\{x \in X : \psi(x) < d\}$ resp. $\{x \in X : \psi(x) > d\}$. In [30] there was proved:

Theorem. *If X is q-convex then every cohomology class $\omega \in H^\mu(X_d, S)$, $\mu \geq q$ can be continued to $H^\mu(X, S)$. The continuation is unique in the case $\mu > d$.*

If X is q-concave we need the notion of *homological codimension* codh(S), which in general is smaller than the dimension of X. So we get a weaker

Theorem. *In the case of q-concavity if $0 < \mu <$ codh(S) every cohomology class in $H^\mu(X_d, S)$ has a unique continuation to $H^\mu(X, S)$.*

3

For $\mu > 0$ cohomology classes are given by cross-sections in the flabby resolution. These are not determined, by far. This fact makes it difficult to prove global continuation theorems already for the case of 1-concavity, at first they can be proved locally only. In [74] a special situation was considered. The complex spaces X and X_d are special Hartogs domains in $\mathbb{C}^n$ (over an ellipsoid H), X_d is 1-concave in boundary points over the interior of H, the sheaf S is locally free. In this case for $\mu = n - 2$ down to 0 we obtain an increasing sequence $D_{n-\mu}$ of such Hartogs domains over the same ellipsoid H such that all μ dimensional cohomology classes extend from X_d to $D_{n-\mu}$. In $D_{n-\mu}$ there is a cohomology class which is singular in every boundary point over H.

4

Let us return to the situation of [30]. In this case from the continuation theorems follow finiteness theorems for the dimension of the cohomology groups. We call a complex space 0-convex if it is compact. 0-completeness does not exist, of course. Assume again that S is a coherent sheaf on X.

Theorem. *If X is a q-convex complex space then all cohomology groups $H^{\mu}(X, \mathcal{S})$ with $\mu \geq q$ are finite dimensional. For $\mu >$ dim X they vanish. If X is q-complete, the cohomology already vanishes for $\mu \geq q$, already.*

Theorem. *If X is q-concave then all cohomology groups with $\mu < codh(\mathcal{S}) - q$ have finite dimension.*

So also the old theorem by Cartan and Serre was reproved:

Assume that X is a compact complex space. Then all cohomology groups with coefficients in a coherent analytic sheaf are finite dimensional (théorème de finitude).

In the case that dim $X = n$ and no irreducible component of X is compact, T. Ohsawa proved that it is n-complete and therefore the n-cohomology vanishes (Completeness on non compact analytic spaces. Pub. RIMS Kyoto 20, 683–692 (1984)). The vanishing of the n-cohomology without the proof of n-completeness was known earlier (Y.T. Siu: Analytic sheaf cohomology groups of dimensions n of n-dimensional complex spaces. Trans. Amer. Math. Soc. 143 (1969), 77–94).

There are some other applications of the main theorems. Assume that X is a reduced complex space and that $A \subset X$ is an analytic subset whose codimension is $\geq q+1$ everywhere. Then there exist arbitrary small neighborhoods $U(A) \subset X$ which have a q-concave boundary. Then it was proved that every cohomology class $\omega \in H^{\mu}(X - A, \mathcal{S})$ with $\mu < codh(\mathcal{S}) - q$ can be continued into X (see [89]). A type of such a theorem was proved by G. Scheja already (Riemannsche Hebbarkeitssätze für Kohomologieklassen. Math. Annalen 144, 345–360 (1961)). In the case of vector bundles and manifolds, for extension of coholomogy classes across q-concave boundary there is another later approach by L^2 estimates of $\bar{\partial}$ (J.J. Kohn and H. Rossi: On the extension of holomorphic functions from the boundary of a complex manifold. Ann. of Math. 80 (1965), 451–472).

5

We consider compact complex spaces X and complex-analytic vector bundles V of rank r on X which are weakly negative. We may generalize somewhat. We call V q-negative if V is q-convex. Then "weakly negative" means 1-convex. If $\mathcal{S}$ is a coherent sheaf on X we lift it to a coherent sheaf $\mathcal{S}^{\wedge}$ on V. The cohomology $H^{\mu}(X, \mathcal{S}^{\wedge})$ is finite for dimensions $\mu \geq q$. Denote by m the ideal sheaf of the 0-cross-section in V. Then $m^{\ell}/m^{\ell+1}$ is the sheaf of local cross sections in the $\ell - th$ symmetric power $Sym^{\ell}V^*$ of the dual V^* of V. Because of finiteness the cohomology of X with coefficients in $\mathcal{S}^{\wedge} \otimes \mathcal{O}(m^{\ell}/m^{\ell+1}) = \mathcal{S} \otimes \mathcal{O}(Sym^{\ell}V^*)$ has to vanish for large ℓ. This is a so-called "weak vanishing theorem".

There are the *strict* Kodaira and the Kodaira-Nakano vanishing theorems. We express the Kodaira theorem with respect to our context. Assume that V is a vector bundle on the compact complex space X. We pass over to the projective closure W of V. Then W is a complex-analytic fibre bundle on X with the r-dimensional complex projective space $\mathbb{P}_r$ for fibre. We denote by ∞ the set of infinite points of the fibres. If we blow up (monoidal transformation!) the zero cross section 0, we get line bundle L in $W^* = W - 0$, which is the normal bundle of ∞ in W. If W is 1-convex, then there are arbitrary small neighborhoods U around the zero cross section ∞ in L , which are r-convex. So $Y = W^* - U$ is r-concave.

Now let us assume that X is an n-dimensional compact complex manifold. Then every cohomology class $\omega \in H^\mu(Y, \mathcal{O})$ with $\mu < n$ can be continued to $W^* - \infty$. The strict vanishing theroems are equivalent with the fact that ω can be extended to W^*. This is not always the case. We have to permit poles of a bounded order on ∞. But if $r = 1$ we have the Kodaira vanishing theorem for line bundles. So the extension will be possible. Note that W^* is not r-complete.

6

An interesting example of q-convexity is given by the complex submanifolds of codimension q in the n-dimensional complex-projective space $\mathbb{P}_n$. In this case the normal bundle of Y is positive (in the stronger sense defined by Ph. Griffith). The q-convexity of $X = \mathbb{P}_n - Y$ follows already simply from the weak positivity. If Y is a set theoretic complete intersection the domain X moreover is q-complete. But in general X is not. There is a non vanishing cohomology in dimensions $\mu \geq q$. M. Schneider considered the concavity of the complement of submanifolds of compact Hermitian symmetric manifolds and obtained Lefschetz theorems for them. For example, he showed (by using the hyperconvexity of Grauert-Riemenschneider [52] that when X is the Grassmannian of $\mathbb{C}^n$ in $\mathbb{C}^m$ and Y is a complex submanifold of codimension k, the cohomology group $H^i(X, Y; \mathbb{C})$ vanishes for $i \leq 2k - m$ (Lefschetzsätze und Hyperkonvexität. Invent. Math. 31 (1975), 183–192). This generalizes the case of the complex projective space proved by W. Barth (Transplanting cohomology classes in complex-projective spaces. Amer. J. Math. 92 (1970), 951–967). Barth's theorem has also a homotopy version (W. Barth: Larsen's theorem on the homotopy group of projective manifolds of small embedding codimension. Proc. Symp. in Pure Math. 29 (1975), 307–313.

Hugo Rossi (Attaching analytic spaces to an analytic space along a pseudoconcave boundary. Conf. Complex Analysis Mineapolis 1965, Springer 1966, 242–256) applied the finiteness of cohomology for concave spaces to fill in holes in complex spaces and obtained the following theorem: *Assume that X is a 1-concave complex space such that codh $X \geq 3$ everywhere. Then there is a compact complex space $X^\wedge$ (with a maximal structure sheaf if it is not a normal complex space) which contains X as a subdomain such that every irreducible component of $X^\wedge$ intersects X.*

In the case dim $X \leq 2$ such a theorem is not valid. Further work on extending concave spaces to compact complex spaces was done by Andreotti, Siu, and Tomassini (A. Andreotti and Y. T. Siu: Projective embedding of pseudoconcave spaces. Ann. Sc. Norm. Super. Pisa 24 (1970), 231–278. A. Andreotti and

G. Tomassini: Some remarks on pseudoconcave manifolds. Essays in Topology and Related Topics, dedicated to G. de Rham. A. Haefliger and R. Narasimhan (eds.)).

Rossi's result was generalized to the case with parameters by H.-S. Ling (Extending families of pseudoconcave spaces. Math. Ann. 204 (1973), 13–48).

This method of using the finiteness of the cohomology for concave spaces was also used to obtain the extension of coherent analytic sheaves across concave boundaries (J. Frisch and G. Guenot: Prolongement de faisceaux analytiques cohérent. Invent. Math. 7 (1969), 321–343. Y.-T. Siu: Extending coherent analytic sheaves. Ann. of Math. 90 (1969), 108–143. Y.-T. Siu: A Hartogs type extension theorem for coherent analytic sheaves. Ann. of Math. 93 (1971), 166–188. G. Trautmann: Ein Kontinuitätssatz für die Forsetzung kohärenter analytischer Garben. Arch. Math. 18 (1967), 188–196.) If a Hartogs domain corresponds to q-concavity, to extend a coherent analytic sheaf $\mathcal{F}$ from the Hartogs domain to its associated polydisk, it suffices to assume that locally holomorphic sections of $\mathcal{F}$ can be extended across subvarieties of dimension q. For example, locally free analytic sheaves can be extended to a coherent sheaf across a q-concave boundary in $\mathbb{C}^n$ for $q < n-1$.

7

In [50] a strict vanishing theorem was proved for Moizeshon spaces. Here, by a Moishezon space we understand a n-dimensional normal compact complex space X , on which n analytically independent meromorphic functions exist. We can desinguralize X to a n-dimensional projective algebraic manifold $X\hat{}$. We get a proper modification $\pi : X^\wedge \to X$. The canonical sheaf $\mathcal{K}_{X^\wedge}$ is the sheaf of local holomorphic n-forms on $X^\wedge$. It is a locally free sheaf of rank 1. We denote by $\mathcal{K}_X$ the direct image $\pi^*(\mathcal{K}_{X^\wedge})$ on X. It is a coherent, torsionfree sheaf of rank 1, which in general is not locally free. But if $C \subset X$ denotes the (at least 2-codimensional analytic) set of singular points of X, then in $X^0 = X - C$ the sheaf $\mathcal{K}_X$ is the ordinary sheaf of germs of local holomorphic n-forms. If $x \in X$ is a point and $U(x)$ is a relatively compact neighborhood of x and ω is a cross-section in $\mathcal{K}_X$ in a neighborhood of the closure of U , then the integral $\int_{U-C} \omega$ always is finite. This property characterizes $\mathcal{K}_X$. Hence $\mathcal{K}_X$ is defined independently of the resolution.

Assume that $\mathcal{S}$ is a coherent torsion free analytic sheaf of rank r on X. From now on we denote by X^0 the domain where X is singularity free and $\mathcal{S}$ is locally free, i.e. $\mathcal{S}$ is the sheaf of local cross sections in a complex analytic vector bundle V. We call $\mathcal{S}$ *Nakano positive on* X if there exists a differentiable (positive definite) Hermitian form ω on (the generalized fibres of) $\mathcal{S}$, which has the following property: for any point $x_0 \in X^0$ there is a neighborhood $U(x_0)$ with holomorphic coordinates $z = (z_1, \ldots, z_n)$ such that

(1) x_0 is the 0-point,
(2) there are coordinates $w = (w_1, \ldots, w_r)$ on the fibres of $V|U$ coming from a holomorphic trivialization; over U we have the representation

$$\omega = \sum_{i,j} h_{ij}(z) w_i \bar{w}_j$$

(3) the matrix $(h_{ij}(x_0))$ is the unit matrix,
(4) the total derivative $dh_{ij}(x_0) = 0$
(5) the Hermitian form

$$\sum (\partial^2 h_{ij}(x_0)/\partial z_\mu \bar{\partial} z_\lambda) \gamma_{i\mu} \bar{\gamma}_{j\lambda}$$

is positive semi definite and in a dense set of X positive definite.

In the generic points of X this property is much stronger than the Griffiths positivity. By Siu-Demailly it is enough to require "positive definite" in one point of each connected component of X. We have the following

Theorem. *Assume that X is a Moishezon space and that $\mathcal{S}$ is a Nakano positive coherent sheaf on X. Then all cohomology groups $H^\mu(X, \mathcal{S} \cdot \mathcal{K}_X)$ vanish for $\mu \geq 1$.*

A consequence of the theory is: *Assume that X is a non-compact 1-convex connected complex manifold and that $\mathcal{S}$ is the structure sheaf or more general a Nakano semi-positive sheaf on X. Then all cohomology groups $H^\mu(X, \mathcal{S} \cdot K_X)$ with $\mu \geq 1$ vanish.*

In [50] also a connection between the cohomology of X and the cohomology of the maximal compact analytic subset of X was proved. There is also a Hodge theory.

Meanwhile by other authors other vanishing theorems were obtained for complex spaces. See for instance Th. Peternell (Der Kodairasche Verschwindungssatz auf streng pseudokonvexen Räumen. Math. Annalen 270 (1985), I, 87–96; II, 603–631), which is a general theory for the vanishing of cohomology of image sheaves; Th. Peternell (On strongly pseudoconvex Kähler manifolds. Inv. Math. 70, 157–168 (1982). See also Y. Kawamata (A generalization of Kodaira-Ramanujan's vanishing theorem. Math. Annalen 261, 43–46 (1982)); E. Viehweg (Vanishing theorems. Crelle's Journal 335, 1–8 (1982)); E. Esnault, E. Viehweg (De Rham complexes and vanishing theorems. Inv. Math. 86, 161–194 (1986)); T. Oshawa (Vanishing theorems on complete Kähler manifolds. Publ. RIMS 20, 21–38 (1984)); K. Takegoshi (Relative vanishing theorems in analytic spaces. Duke J. Math. 52, 273–279 (1985)); Kollar (Higher direct images of dualizing sheaves I. Ann. Math. 123, 11–42 (1986)). A Hodge theory for q-convex complex manifolds was proved by T. Oshawa (A reduction theorem for cohomology group of very strongly q-convex Kähler manifolds. Invent. math. 63, 335–354 (1981).

8

The theory of concave space was applied to the problem of compactification of noncompact complex manifolds with finite volume. It started out with in the joint paper with Andreotti [27] in the context of the quotients of the Siegel upper space with finite volume. Later Y.T. Siu and S.T. Yau applied it in the setting of noncompact complete Kähler manifolds of negative sectional curvature and finite volume (Compactification of negatively curved complete Kähler manifolds of finite volume. In: S.-T. Yau (ed.) Seminar on Differential Geometry. Ann. Math. Studies. Vol. 102 pp. 363–380. Princeton University Press, 1982) as a generalization of the compactification theorem of Baily and Borel for the rank one case (W.L. Baily and A. Borel: Compactification of arithmetic quotients of bounded symmetric domains. Ann. Math. 84 (1966), 442–528). A number of more general later results were obtained by Mok, Zhong, Nadel, Tsuji, and Yeung (N. Mok: Compactification of complete Kähler surfaces of finite volume satisfying certain conditions. Ann. Math. 128 (1989), 383–425. N. Mok and J. Zhong: Compactifying complete Kähler manifolds of finite topological type and bounded curvature. Ann. Math. 129 (1989), 417–470. A. Nadel: On complex manifolds which can be compactified by adding finitely many points. Invent. Math. 101 (1990), 173–189. A. Nadel and H. Tsuji: Compactification of complete Kähler manifolds of negative curvature. J. Diff. Geom. 28 (1988), 503–512. S. K. Yeung: Compactification of complete Kähler surfaces. Invent. Math. 99 (1990), 145–164. S. K. Yeung: Compactification of Kähler manifolds with negative Ricci curvature. Invent. Math. 106 (1991), 13–25.)

9

The theory of pseudoconcavity and pseudoconvexity was also applied to the realization of group representation on cohomology groups to explain why only cohomology groups of certain dimensions are nonzero (Ph. Griffiths and W. Schmid: Locally homogeneous complex manifolds. Acta Math. 123 (1969), 253–302).

Cycles spaces were used to relate cohomology groups of higher dimension of the original complex space to section modules on cycle space and relate q-convexity of the original space to 1-convexity of the cycle space (D. Barlet, Convexité de l'espace des cycles. Bull. Soc. Math. France 106 (1978), 373–397. A. Andreotti and F. Norguet: La convexité holomorphe dans l'espace analytique des cycles d'une variété algébrique. Scuola Norm. Sup. Pisa 21 (1967), 31–82. F. Norguet and Y.-T. Siu: Holomorphic convexity of spaces of cycles. Bull. Soc. Math. France 105 (1977), 191–223). The relation between q-convexity of the original space and 1-convexity of the cycle space was used by Barlet, Peternell, and Schneider to obtain the Hartshorne conjecture for the special case of $\mathbb{P}_2$-bundles over complex surfaces (D. Barlet: A propos d'une conjecture de R. Hartshorne. Crelles Journ. 374 (1987), 214–220. D. Barlet, Th. Peternell, M. Schneider: On two conjectures of Hartshorne's. Math. Ann. 286 (1990), 13–25).

Papers Reprinted in this Part

Expressions in italics concern the contents of the paper.

Abbreviations: *compl* = complex spaces, sheaf theory; *lev* = Levi problem, convexity, Stein spaces, projective algebraic spaces

[30] (avec A. Andreotti) Théorèmes de finitude pour la cohomologie des espaces complexes. Bull. Soc. Math. France **90**, 193–259 (1962). *lev*

[74] Kontinuitätssatz und Hüllen bei speziellen Hartogsschen Körpern. Abh. Math. Semin. Univ. Hamb. 52, 179–186 (1982). *lev*

[50] (mit O. Riemenschneider) Verschwindungssätze für analytische Kohomologiegruppen auf komplexen Räumen. Invent. Math. **11**, 263–292 (1970). *compl*

30.

(avec A. Andreotti*)

Théorèmes de finitude pour la cohomologie des espaces complexes

Bull. Soc. Math. France 90, 193–259 (1962)

Cet article est consacré à des résultats intermédiaires entre les deux théorèmes de H. CARTAN et J.-P. SERRE; l'un, le théorème de finitude pour la cohomologie à valeurs dans un faisceau cohérent d'un espace complexe compact [6], l'autre, le « théorème B » de la théorie des espaces holomorphiquement complets ([18], [24]). Toutes les techniques de démonstration employées ici sont inspirées de ces deux Mémoires et de [12]. Une partie des résultats sont annoncés dans [13].

On introduit les notions d'espaces fortement q-pseudoconvexes, d'espaces q-complets et d'espaces fortement q-pseudoconcaves. Ces notions englobent celles d'espace holomorphiquement convexe (= espace fortement 1-pseudoconvexe lorsque l'ensemble de dégénérescence est compact), d'espace holomorphiquement complet (= espace 1-complet), d'espace compact (convexité nulle).

Les énoncés des théorèmes nécessitent l'introduction de la notion de dimension homologique d'un faisceau cohérent, ce qui est fait au paragraphe 1.

Moyennant une étude locale de la situation développée aux paragraphes 2, 3, 4, on arrive aux théorèmes de finitude du paragraphe 5. Le point qui nous semble le plus délicat est le théorème d'approximation du n° 19 qui étend aux classes de cohomologie le théorème de Runge sur l'approximation des fonctions sur un espace de Stein.

Des applications de ces théorèmes sont développées au paragraphe 6. En particulier, on obtient un théorème d'annulation de la cohomologie à valeurs dans un faisceau localement libre, qui étend le théorème analogue de

(*) The second author was supported by directorate of Mathematical Sciences AFOSR, European office of aerospace research, Grant No. AF-EOAR-61-50.

J.-P. Serre pour les variétés algébriques [25] et celui de Kodaira pour les variétés kähleriennes [17].

Il faut remarquer que la notion de q-convexité a été introduite pour la première fois par W. Rothstein [21].

A P. Cartier, qui s'est chargé de la lecture du manuscrit, sont dues de nombreuses améliorations (en particulier, la remarque du n° 2 et le lemme du n° 19), pour lesquelles nous exprimons ici nos vifs remerciements.

1. — La dimension homologique.

1. Le théorème des syzygies de Hilbert.

a. Soit A un anneau local nœthérien d'intégrité avec élément unité. Soit $\mathfrak{m}$ l'idéal maximal de A.

Soit F un A-module de type fini. Choisissons un ensemble minimal de générateurs $s_1, \ldots, s_{p_0}$ de F et envisageons l'homomorphisme surjectif

$$\alpha_0 : \quad A^{p_0} \to F$$

défini par $(\lambda_1, \ldots, \lambda_{p_0}) \to \sum \lambda_i s_i$.

Soit $F_1 = \operatorname{Ker} \alpha_0$; c'est un A-module de type fini. Si p_1 est le nombre minimal de générateurs de F_1 on obtient un homomorphisme surjectif

$$\alpha_1 : \quad A^{p_1} \to F_1.$$

On opère sur $\operatorname{Ker} \alpha_1$ comme tout à l'heure, et ainsi de suite. Des homomorphismes obtenus on tire une suite exacte

$$(1) \qquad \ldots \to A^{p_h} \xrightarrow{\beta_h} A^{p_{h-1}} \to \ldots \to A^{p_1} \xrightarrow{\beta_1} A^{p_0} \xrightarrow{\beta_0} F \to 0,$$

où β_h est le composé de $\alpha_h : A^{p_h} \to F_h$ et de l'injection $F_h \to A^{p_{h-1}}$.

On appellera (1) une *résolution minimale* de F.

b. Le théorème de Hilbert est le suivant (*cf.* [5]) :

Théorème 1. — *Supposons que l'idéal* $\mathfrak{m}$ *ait une base* $m_1, \ldots, m_n$ *satisfaisant à la propriété suivante :*

$$A m_{h+1} \cap A(m_1, \ldots, m_h) = m_{h+1} A(m_1, \ldots, m_h) \quad \textit{pour} \quad 1 \leq h \leq n-1.$$

Alors, dans toute résolution minimale (1) *de* F, *on a* $A^{p_l} = 0$ si $l > n$.

Preuve.

α. On démontre d'abord le lemme suivant (Gröbner [15]) :

Lemme. — *Soit* $\ldots \to A^{p_h} \xrightarrow{\beta_h} A^{p_{h-1}} \xrightarrow{\beta_{h-1}} \ldots \to A^{p_0}$ *une suite exacte. Soit* $\mathfrak{a} = A(a_1, \ldots, a_l)$ *un idéal de A satisfaisant aux conditions*

$$A a_{h+1} \cap A(a_1, \ldots, a_h) = a_{h+1} A(a_1, \ldots, a_h) \qquad \textit{pour} \quad 1 \leqq h \leqq l-1.$$

On a

$$\mathfrak{a} A^{p_h} \cap \operatorname{Ker}\beta_h = \mathfrak{a} \operatorname{Ker}\beta_h \qquad \textit{pour} \quad h \geqq l.$$

Preuve du lemme. — Soit $u = \sum_1^l a_i u_i$, et supposons que $\beta_h(u) = 0$, donc

$$\sum_1^l a_i \beta_h(u_i) = 0.$$

Si $l = 1$, $a_1 \beta_h(u_1) = 0$ implique $\beta_h(u_1) = 0$, car A est d'intégrité et A^{p_h} est libre; le lemme est vrai dans ce cas.

Par récurrence sur l admettons le lemme pour les $\mathfrak{a}$ avec moins que l générateurs.

Posons $u'_i = \beta_h(u_i)$. De $a_l u'_l = -\sum_1^{l-1} a_j u'_j$, par les hypothèses sur $\mathfrak{a}$, on tire que $u'_l = \sum_1^{l-1} a_j u''_j$ et, comme $\beta_{h-1}(u'_l) = 0$ par l'induction, on peut supposer $\beta_{h-1}(u''_j) = 0$ pour $1 \leqq j \leqq l$. D'après l'exactitude de la suite des β on peut trouver des v_j tels que $u''_j = \beta_h(v_j)$.

On pose

$$w_j = u_j + a_l v_j \quad \text{pour } 1 \leqq j \leqq l-1 \qquad \text{et} \qquad w_l = u_l - \sum_1^{l-1} a_j v_j.$$

On aura $\sum_1^l a_i w_i = u$ et aussi $\beta_h(w_l) = 0$. Donc

$$u - a_l w_l = \sum_1^{l-1} a_j w_j \qquad \text{et} \qquad \beta_h(u - a_l w_l) = 0.$$

Par l'hypothèse de récurrence on peut choisir les w_j pour $1 \leqq j \leqq l-1$, tels que $\beta_h(w_j) = 0$.

β. On remarque à présent que, la résolution étant minimale, si l'on a $\beta_h \neq 0$ et $\beta_h(u) = 0$, nécessairement $u \in \mathfrak{m} A^{p_h}$, i. e. $\operatorname{Ker}\beta_h \subset \mathfrak{m} A^{p_h}$.

Supposons qu'on ait $A^{p_{n+1}} \neq 0$, donc $\beta_{n+1} \neq 0$. Il existe $v \in A^{p_{n+1}}$, tel que $u = \beta_{n+1}(v) \neq 0$. Comme $\beta_n(u) = 0$, on a

$$x \in \mathfrak{m} A^{p_n} \cap \operatorname{Ker}\beta_n = \mathfrak{m} \operatorname{Ker}\beta_n \subset \mathfrak{m}(\mathfrak{m} A^{p_h} \cap \operatorname{Ker}\beta_n) = \mathfrak{m}^2 \operatorname{Ker}\beta_n, \ \ldots.$$

Donc $u \in \mathfrak{m}^\nu A^{p_h}$, $\forall \nu$, et par conséquent $u = 0$, car A est nœthérien et $\mathfrak{m}$ est l'idéal maximal (lemme de Krull).

C. Q. F. D.

c. Soit à présent $\mathcal{F}$ un faisceau analytique cohérent sur un ouvert U de $\mathbf{C}^n$. Soit x un point de U. Comme $\mathcal{F}_x$ est un $\mathcal{O}_x$ module de type fini, $\mathcal{O}_x$ étant l'anneau local du point x, on a une résolution du type

$$0 \to \mathcal{O}_x^{p_d} \xrightarrow{\beta_d} \mathcal{O}_x^{p_{d-1}} \to \ldots \to \mathcal{O}_x^{p_0} \xrightarrow{\beta_0} \mathcal{F}_x \to 0.$$

En utilisant la cohérence de $\mathcal{F}$, on voit qu'il existe un voisinage V_x de x dans U dans lequel on peut étendre les homomorphismes β de sorte que la suite

$$0 \to \mathcal{O}^{p_d} \to \mathcal{O}^{p_{d-1}} \to \ldots \to \mathcal{O}^{p_0} \to \mathcal{F} \to 0$$

soit encore exacte. On aura encore $d \leq n$. Nous appellerons une telle résolution, une *résolution de Hilbert* de $\mathcal{F}$ au voisinage de x.

Pour tout $x \in U$ désignons par $d(x)$ la longueur d'une résolution de Hilbert de $\mathcal{F}$ au voisinage de x.

Il résulte que $d(x)$ est le plus petit entier tel qu'on ait dans un voisinage convenable de x une résolution de $\mathcal{F}$ de longueur d par des faisceaux libres.

En effet, s'il y avait une résolution de longueur $\delta < d(x)$ au voisinage de x, le noyau $\mathcal{G}$ de l'homomorphisme $\mathcal{O}^{p_{\delta-1}} \to \mathcal{O}^{p_{\delta-2}}$ dans la résolution de Hilbert aurait une fibre $\mathcal{G}$ qui serait $\mathcal{O}_x$-projective (Cartan-Eilenberg [5], prop. 2.1, p. 110). Par conséquent, $\mathrm{Tor}_1(\mathcal{G}_x, \mathcal{O}_x/\mathfrak{m}_x) = 0$. Donc $\mathcal{G}$ serait localement libre au voisinage de x et la résolution de Hilbert serait de longueur $\leq \delta$ (en effet, sur un anneau local, tout module projectif de type fini est libre).

En particulier, il résulte que $d(x)$ est une fonction semi-continue supérieurement sur U.

Proposition 1. — *Soit U un ouvert d'holomorphie, soit $W \Subset U$ un ouvert d'holomorphie topologiquement contractile et relativement compact. Soit $d = \sup_{x \in W} d(x)$; on a sur W une résolution globale du faisceau analytique cohérent $\mathcal{F}$ sur U*

$$0 \to \mathcal{O}^{p_d} \to \mathcal{O}^{p_{d-1}} \to \ldots \to \mathcal{O}^{p_0} \to \mathcal{F} \to 0.$$

Preuve. — Comme les sections globales de $\mathcal{F}$ engendrent $\mathcal{F}$ en chaque point de U, on peut trouver un nombre fini p_0 de sections de $\mathcal{F}$ sur U qui engendrent $\mathcal{F}$ en tout point de W. Ces sections définissent un homomorphisme $\mathcal{O}^{p_0} \to \mathcal{F}$ qui est surjectif sur W. On opère sur le noyau de cet homomorphisme comme sur $\mathcal{F}$ et ainsi de suite; on en déduit une résolution, peut-être infinie, de $\mathcal{F}$ sur W. Soit $\mathcal{G} = \mathrm{Ker}(\mathcal{O}^{p_{d-1}} \to \mathcal{O}^{p_{d-2}})$. Comme tout à l'heure on voit que $\mathcal{G}$ est localement libre en tout point de W. Comme W est contractile, il résulte d'un théorème de GRAUERT [11] que $\mathcal{G} \approx \mathcal{O}^{p_d}$ pour p_d convenable.

C. Q. F. D.

2. La dimension homologique.

a. Soient X un espace complexe et $\mathcal{F}$ un faiscesu analytique cohérent sur X. Pour tout point $x \in X$, il existe un plongement ψ d'un voisinage V_x de x dans X dans un voisinage U de l'origine de l'espace tangent de Zariski $\mathcal{C}_x = \mathbf{C}^{m(x)}$ au point x. Par ψ le faisceau $\mathcal{F}|_{V_x}$ se transporte dans un faisceau analytique cohérent $\mathcal{F}^*$ sur l'ensemble analytique $\psi(V_x) \subset U$. En étendant $\mathcal{F}^*$ par zéro sur U en dehors de $\psi(V_x)$ on obtient un faisceau $\hat{\mathcal{F}}^*$ analytique cohérent sur U. Soit

$$0 \to \mathcal{O}^{p_d} \to \mathcal{O}^{p_{d-1}} \to \ldots \to \mathcal{O}^{p_0} \to \hat{\mathcal{F}}^* \to 0$$

une résolution de $\hat{\mathcal{F}}^*$ au voisinage de l'origine, de longueur minimale.

On aura $d \leqq m(x)$. Par définition, on pose

$$\mathrm{dih}_x(\mathcal{F}) = m(x) - d.$$

Ce nombre ne dépend pas du plongement ψ comme il résulte de [1]; on l'appelle la *dimension homologique du faisceau $\mathcal{F}$ au point x*. Comme dimension homologique du faisceau $\mathcal{F}$ sur X, on prend par définition le nombre

$$\mathrm{dih}(\mathcal{F}) = \min_{x \in X} \mathrm{dih}_x(\mathcal{F}).$$

Remarque. — Pour la définition de la dimension homologique de $\mathcal{F}$ au point x on a utilisé un plongement local de l'espace X au voisinage de x dans l'espace tangent de Zariski à X au point x.

Or, n'importe quel plongement local ψ d'un voisinage de X dans un espace numérique quelconque donne lieu au même résultat.

Comme ψ s'étend à un plongement d'un voisinage de l'origine de l'espace tangent de Zariski (*cf.* [1]), il suffit de démontrer le lemme suivant :

LEMME. — *Soit $\mathcal{F}$ un faisceau cohérent défini sur un voisinage U d'un point ξ_0 de l'espace $\mathbf{C}^n$ sur lequel on ait une résolution de Hilbert*

$$0 \to \mathcal{O}_n^{p_d} \xrightarrow{\alpha_d} \mathcal{O}_n^{p_{d-1}} \xrightarrow{\alpha_{d-1}} \ldots \to \mathcal{O}_n^{p_0} \xrightarrow{\alpha_0} \mathcal{F} \to 0,$$

$\mathcal{O}_n$ désignant le faisceau des germes de fonctions holomorphes sur $\mathbf{C}^n$.

Identifions $\mathbf{C}^n$ au sous-espace de $\mathbf{C}^{n+1}$ défini par l'équation $z_1 = 0$, et soit $\mathcal{F}$ le faisceau sur $\mathbf{C} \times U$ égal à $\mathcal{F}$ sur U et nul en dehors de U. Il existe alors un voisinage $\hat{U}$ de $(0, \xi_0)$ dans $\mathbf{C}^{n+1}$ et une résolution minimale

$$0 \to \mathcal{O}_{n+1}^{p_d} \xrightarrow{\beta_{d+1}} \mathcal{O}_{n+1}^{p_d+p_{d-1}} \xrightarrow{\beta_d} \mathcal{O}_{n+1}^{p_{d-1}+p_{d-2}} \to \ldots \to \mathcal{O}_{n+1}^{p_1+p_0} \xrightarrow{\beta_1} \mathcal{O}_{n+1}^{p_0} \xrightarrow{\beta_0} \hat{\mathcal{F}} \to 0,$$

où $\mathcal{O}_{n+1}$ désigne le faisceau des germes de fonctions holomorphes sur $\mathbf{C}^{n+1}$.

Preuve. — L'homomorphisme α_k de $\mathcal{O}_n^{p_k}$ dans $\mathcal{O}_n^{p_{k-1}}$ est défini par une matrice de fonctions holomorphes $\alpha_{rs}(t_1, \ldots, t_n)$ (en notant par $t_1, \ldots, t_n$ les coordonnées sur U). On définit un homomorphisme $\tilde{\alpha}_k$ de $\mathcal{O}_{n+1}^{p_k}$ dans $\mathcal{O}_{n+1}^{p_{k-1}}$ au moyen de la matrice de fonctions holomorphes $\alpha_{rs}(z_2, \ldots, z_{n+1})$ sur $\mathbf{C} \times U$. Il est immédiat que la suite des homomorphismes $\tilde{\alpha}_k$, pour $k = 1, 2, \ldots, d$, est exacte.

On définit, par ailleurs, une suite exacte

$$0 \to \mathcal{O}_{n+1} \overset{u}{\to} \mathcal{O}_{n+1} \overset{v}{\to} \mathcal{O}_n \to 0$$

en prenant pour u la multiplication par la fonction holomorphe z_1, et pour v l'homomorphisme de restriction $f \to f|_U$ pour toute fonction f holomorphe sur un ouvert de $\mathbf{C} \times U$.

L'homomorphisme β_k de $\mathcal{O}^{p_k} \oplus \mathcal{O}^{p_{k-1}}$ dans $\mathcal{O}^{p_{k-1}} \oplus \mathcal{O}^{p_{k-1}}$ est défini par la formule

$$\beta_k(\sigma_1, \sigma_2) = (\tilde{\alpha}_k(\sigma_1) + (-1)^k z_1 \sigma_2, \tilde{\alpha}_{k-1}(\sigma_2)) \qquad (2 \leq k \leq d),$$
$$\beta_1(\sigma_1, \sigma_2) = \tilde{\alpha}_1(\sigma_1) - z_1 \sigma_2,$$
$$\beta_{d+1}(\sigma) = ((-1)^{d+1} z_1 \sigma, \tilde{\alpha}_d(\sigma))$$

(on convient que $p_{d+1} = p_{-1} = 0$). Enfin β_0 est composé de v et de α_0. On vérifie, en vertu de ce qu'on a dit tout à l'heure, que la suite des homomorphismes β_k est exacte. Cette suite est minimale car les matrices qui expriment les homomorphismes β_k, pour $k \neq 0$, sont composées de fonctions holomorphes nulles en $(0, \xi_0)$.

b. Dans le cas où $\mathcal{F} = \mathcal{O}$ est le faisceau des anneaux locaux on parle de la dimension homologique de l'espace X tout court. Donc, par définition,

$$\operatorname{dih}_x X = \operatorname{dih}_x(\mathcal{O}), \qquad \operatorname{dih} X = \operatorname{dih}(\mathcal{O}).$$

Si X est non singulier au point x, au voisinage de x, l'espace X est isomorphe à un voisinage de l'origine de l'espace tangent de Zariski, donc $\operatorname{dih}_x X = \dim_x X$. En particulier, si X est une variété purement dimensionelle, on a $\operatorname{dih} X = \dim_{\mathbf{C}} X$.

3. Propriétés de la dimension homologique d'un espace.

a. Soit (X, x) un sous-ensemble analytique pointé d'un ouvert U de $\mathbf{C}^m$. Soit $\mathcal{O}_x$ le faisceau des anneaux locaux sur X étendu trivialement en dehors de X. Soit $\mathcal{J}$ le faisceau d'idéaux défini par X dans U. Le faisceau $\mathcal{J}$ est un faisceau analytique cohérent d'idéaux sur U. Soit d la longueur d'une résolution de Hilbert du faisceau $\mathcal{J}$ au voisinage de x. De cette résolution et de la suite exacte $0 \to \mathcal{J} \to \mathcal{O} \to \mathcal{O}_X \to 0$, on déduit une résolution de Hilbert du faisceau $\mathcal{O}_X$ au voisinage de x de longueur $d + 1$. Donc

$$\operatorname{dih}_x(X) = \operatorname{dih}_x(\mathcal{J}) - 1.$$

Proposition 2. — $\dim_x X = 0 \Leftrightarrow \operatorname{dih}_x X = 0$.

Preuve. — Nous utiliserons le lemme suivant :

LEMME. — *Soit $\mathcal{J}$ un faisceau analytique cohérent d'idéaux sur l'ouvert $U \subset \mathbf{C}^m$. Soit $x \in U$ et soit f une fonction holomorphe au voisinage de x nulle en x et telle que*

$$\mathcal{J}_x \cap f\mathcal{O}_x = f\mathcal{J}_x.$$

Alors on a

$$\operatorname{dih}_x \mathcal{O}(\mathcal{J}, f) = \operatorname{dih}_x(\mathcal{J}) - 1.$$

En effet, soit

$$0 \to \mathcal{O}^{p_d} \xrightarrow{\alpha_d} \ldots \to \mathcal{O}^{p_0} \xrightarrow{\alpha_0} \mathcal{J} \to 0$$

une résolution de Hilbert au voisinage de x Soit $\mathfrak{A} = \mathcal{O}(\mathcal{J}, f)$. On obtient une résolution de Hilbert de $\mathfrak{A}$ dans la suite

$$0 \to \mathcal{O}^{p_d} \xrightarrow{\beta_{d+1}} \mathcal{O}^{p_d + p_{d-1}} \to \ldots \to \mathcal{O}^{p_1 + p_0} \xrightarrow{\beta_1} \mathcal{O}^{p_0 + 1} \xrightarrow{\beta_0} \mathfrak{A} \to 0,$$

où $\beta_k : \mathcal{O}^{p_k} \oplus \mathcal{O}^{p_{k-1}} \to \mathcal{O}^{p_{k-1}} \oplus \mathcal{O}^{p_{k-1}}$ est donné par

$$(\sigma_1, \sigma_2) \to (\alpha_k(\sigma_1) + (-1)^k f\sigma_2, \alpha_{k-1}(\sigma_2))$$

(on convient que $\mathcal{O}^{p_{-1}} = \mathcal{O}$, $\mathcal{O}^{p_{-2}} = 0$). La vérification se fait de proche en proche pour $k = 0, 1, \ldots$ (*cf.* [15]).

Venons à la démonstration de la proposition. L'implication

$$\dim_x X = 0 \Rightarrow \operatorname{dih}_x X = 0$$

est évidente.

Soit $\operatorname{dih}_x X = 0$ et supposons, si possible, $\dim_x X = d \geq 1$.

L'espace tangent de Zariski en x est de dimension $\geq d$. S'il était de dimension d, x serait non singulier, donc $\operatorname{dih}_x X = d \geq 1$, ce qui est impossible. Donc l'espace tangent de Zariski en x est de dimension $> d$.

On aura donc, selon la remarque faite au début de ce numéro, $\mathcal{J}_x \neq 0$ et $\operatorname{dih}_x(\mathcal{J}) = 1$. Comme $\mathcal{J}_x$ est intersection d'idéaux premiers de dimension ≥ 1, il existe une fonction f holomorphe, nulle en x, non contenue dans aucun de ces idéaux, donc telle que $\mathcal{J}_x \cap f\mathcal{O}_x = f\mathcal{J}_x$ (1). A cause du lemme, pour le faisceau $\mathfrak{A} = \mathcal{O}(\mathcal{J}, f)$, on aura $\operatorname{dih}_x(\mathfrak{A}) = 0$. Le faisceau cohérent $\mathcal{O}/\mathfrak{A}$ n'est pas nul et l'on aurait $\operatorname{dih}_x(\mathcal{O}/\mathfrak{A}) = -1$, ce qui est une contradiction.

b. Du lemme démontré tout à l'heure on déduit le corollaire suivant :

COROLLAIRE. — *Supposons qu'on puisse choisir un système de générateurs de l'idéal $\mathcal{J}_x = \mathcal{O}_x(f_1, \ldots, f_s)$ de sorte que*

---

(1) En effet, si $\mathfrak{b}_x$ est un idéal premier de $\mathcal{O}_x$ de dimension ≥ 1, il ne peut pas contenir toutes les fonctions linéaires sur $\mathbf{C}^m$ nulles en x. Donc les fonctions linéaires de $\mathbf{C}^m$ nulles en x et dans $\mathfrak{b}_x$ forment un espace linéaire de dimension $< m$. On peut donc choisir f linéaire.

$\mathcal{O}_x(f_1, \ldots, f_h) \cap \mathcal{O}_x f_{h+1} = f_{h+1} \mathcal{O}_x(f_1, \ldots, f_h)$ *pour* $0 \leq h \leq s-1$.
Alors, au voisinage de x, on a une résolution de Hilbert du type

$$0 \to \mathcal{O} \to \mathcal{O}^{\binom{s}{s-1}} \to \ldots \to \mathcal{O}^{\binom{s}{1}} \to \mathcal{J} \to 0.$$

Nous dirons que X est une *intersection complète* au point x si l'on peut choisir les générateurs de l'idéal $\mathcal{J}_x = \mathcal{O}_x(f_1, \ldots, f_s)$ de sorte que
$\mathcal{O}_x(f_1, \ldots, f_h) \cap \mathcal{O}_x f_{h+1} = f_{h+1} \mathcal{O}_x(f_1, \ldots, f_h)$ pour $0 \leq h \leq s-1$.

PROPOSITION 3. — *Si X est une intersection complète au point x, alors*

$$\mathrm{dih}_x X = \dim_x X.$$

Preuve. — Nous ferons d'abord la remarque suivante. Soient X un espace complexe irréductible, f une fonction holomorphe sur X non identiquement nulle, $Y = \{x \in X \mid f(x) = 0\}$. Alors si Y n'est pas vide, il est purement dimensionnel de codimension 1.

En effet, supposons d'abord X normal. Soit $g = f^{-1}$. L'ensemble Y des points singuliers de g est maigre. D'après un théorème de THULLEN [27], en un point $y \in Y$ qui est simple pour X, cet ensemble est purement dimensionnel de codimension 1 (ceci peut aussi être établi directement). Si $y \in Y$ est singulier pour X par le théorème d'Hartogs, il doit être un point d'accumulation de points de Y simples sur X. Donc partout $\mathrm{codim}_y(Y) = 1$.

Comme la projection de l'espace normalisé sur l'espace envisagé est propre à fibre discrète d'après un théorème de REMMERT [20], on déduit la conclusion.

Démontrons que $\dim_x X = m - s$ dans les hypothèses envisagées. Soit $\mathcal{J}_h = \mathcal{O}_x(f_1, \ldots, f_h)$ et soit V_h le germe d'ensemble analytique défini par $\mathcal{J}_h$ au point x. Si $h = 1$, de la remarque précédente découle que $\mathrm{codim}_x V_1 = 1$. Par induction, supposons que V_h soit purement dimensionnel de codimension h. Démontrons que V_{h+1} est aussi purement dimensionnel de codimension $h+1$. Pour ceci il suffit de démontrer que f_{h+1} n'est identiquement nulle sur aucune composante irréductible de V_h.

Soit $\mathcal{J}_h = \mathfrak{q}_1 \cap \ldots \cap \mathfrak{q}_l$ une décomposition primaire minimale de $\mathcal{J}_h$ et soient $\mathfrak{p}_1, \ldots, \mathfrak{p}_l$ les idéaux premiers associés. Comme

$$\mathcal{O}(f_{h+1}) \cap \mathcal{J}_h = f_{h+1} \mathcal{J}_h,$$

f_{h+1} ne peut être dans aucun des idéaux premiers $\mathfrak{p}_i$. Ceci termine la démonstration.

PROPOSITION 4. — *On a toujours* $\mathrm{dih}_x X \leq \dim_x X$.

Preuve. — Soit $\mathcal{O}_X$ le faisceau des anneaux locaux sur X étendu trivialement sur U en dehors de X. Envisageons une résolution de Hilbert de $\mathcal{O}_X$ sur un voisinage V, dans U, du point x et soit $d(x)$ sa longueur. Par définition, on a $\mathrm{dih}_x X = m - d(x)$.

Soit y un point de $X \cap V$ qui soit non singulier pour X et tel que $\dim_y X = \dim_x X$. Soit $d(y)$ la longueur d'une résolution de Hilbert de $\mathcal{O}_X$ au voisinage de y. A cause de ce qu'on a dit en b, on aura

$$m - d(y) = \dim_y X = \dim_x X.$$

En vertu de la minimalité de la fonction $d(x)$, on aura aussi $d(y) \leqq d(x)$. Donc

$$\mathrm{dih}_x X = m - d(x) \leqq m - d(y) = \dim_x X.$$

C. Q. F. D.

2. — Chemins différentiables dans un espace de Fréchet.

4. Préliminaires.

a. Soit F un espace de Fréchet, c'est-à-dire un espace vectoriel topologique sur $\mathbf{C}$, localement convexe, métrisable, complet. Soit I_m le cube unité fermé de $\mathbf{R}^m$:

$$I_m = \{ t = (t_1, \ldots, t_m) \in \mathbf{R}^m \mid |t_i| \leqq 1 \}.$$

Désignons par $\mathcal{E}^r(I_m, F)$ l'espace des applications continûment différentiables jusqu'à l'ordre r de I_m dans F; tout élément de $\mathcal{E}^r(I_m, F)$ est donc une fonction définie sur I_m, à valeurs dans F, admettant des dérivées partielles continues jusqu'à l'ordre r. L'espace $\mathcal{E}^0(I_m, F)$ est l'espace des applications continues de I_m dans F; l'espace $\mathcal{E}^\infty(I_m, F)$ celui des applications indéfiniment différentiables.

b. Munissons les espaces $\mathcal{E}^r(I_m, F)$ de la topologie de la convergence uniforme des fonctions et de leurs dérivées jusqu'à l'ordre r. Les espaces envisagés sont complets. En particulier, on obtient des espaces de Banach si $r < \infty$ et F est un espace de Banach, tandis que $\mathcal{E}^\infty(I_m, F)$ sera un espace de Fréchet.

c. Pour tout élément $f \in \mathcal{E}^0(I_m, F)$ on définit, par exemple au moyen des sommes de Riemann, l'intégrale $\int_{I_m} f(t)\, dt$, dt étant la mesure euclidienne sur I_m.

Soit $e' \in F'$ un élément du dual de F, c'est-à-dire une application linéaire continue de F dans $\mathbf{C}$. La fonction $h_{e'}(t) = \langle e', f(t) \rangle$ est une fonction continue de t sur I_m à valeurs dans $\mathbf{C}$. On a pour tout $e' \in F'$ l'identité

$$\int_{I_m} \langle e', f(t) \rangle\, dt = \left\langle e', \int_{I_m} f(t)\, dt \right\rangle$$

Celle-ci est de démonstration facile. D'ailleurs, elle pourrait être prise comme définition de $\int_{I_m} f(t)\,dt$, mais il faudrait prouver que cette intégrale appartient effectivement à F et non seulement au dual algébrique de F'.

5. **Séries de Fourier.**

a. Soit $f \in \mathcal{E}^0(I_m, F)$: nous poserons pour tout $n \in \mathbf{Z}^m$

$$a_n(f) = \int_{I_m} f(t)\, e^{-2\pi i n.t}\, dt,$$

où $n.t = \sum_1^m n_i t_i$. On notera $|n|$ l'expression $\left(\sum n_i^2\right)^{\frac{1}{2}}$.

Lemme 1. — *Si $f \in \mathcal{E}^0(I_m, F)$ et $a_n(f) = 0$ pour tout n, alors $f = 0$.*

Preuve. — Si $F = \mathbf{R}$ le résultat est classique. En général, pour tout $e' \in F'$, le dual de F, on aura

$$\int_{I_m} \langle e', f(t) \rangle e^{-2\pi i n.t}\, dt = \langle e', a_n(f) \rangle = 0,$$

donc par la remarque précédente $h_{e'}(t) = \langle e', f(t) \rangle = 0$ pour tout $e' \in F'$. Du théorème de Hahn-Banach, il résulte qu'on a $f(t) \equiv 0$.

Lemme 2. — *Si $f \in \mathcal{E}^0(I_m, F)$, on a $\lim_{n \to \infty} a_n(f) = 0$.*

Preuve. — Si f est constante, le lemme est banal. Il en découle qu'il est vrai aussi pour une fonction g en escalier, c'est-à-dire constante par morceaux sur les cubes d'un quadrillage fini de I_m. Comme f est continue, on peut l'approcher uniformément par une suite de fonctions g en escalier. Si U est un voisinage cerclé convexe de l'origine dans F tel que $f(t) - g(t) \in U$ pour tout $t \in I_m$, on aura aussi $a_n(f - g) \in \overline{U}$, pour tout n, comme on voit sur les sommes de Riemann. De là, on conclut facilement.

b. Soit $\Delta = \sum_{i=1}^m \frac{\partial^2}{\partial t_i^2}$ l'opérateur de Laplace. Par intégration par parties on obtient facilement le lemme suivant :

Lemme 3. — *Si $f \in \mathcal{E}^2(I_m, F)$ et si f est périodique (i. e. f est une fonction de classe C^2 sur le tore $\mathbf{R}^m/\mathbf{Z}^m$), on a*

$$a_n(\Delta f) = -4\pi^2 |n|^2 a_n(f).$$

En particulier, on déduit du lemme 2 que, si $f \in \mathcal{E}^{2k}(I_m, F)$ est périodique (i. e. de classe C^{2k} sur $\mathbf{R}^m/\mathbf{Z}^m$), on aura $\lim_{|n| \to \infty} |n|^{2k} a_n(f) \to 0$.

Proposition 5. — *Si $f \in \mathcal{E}^{2k}(I_m, F)$ est périodique et si $2k > m$, f est développable en série de Fourier uniformément convergente.*

Preuve. — On remarque d'abord que la série $\sum_n 1/|n|^{2k}$ est convergente, car $2k > m$. De là on déduit que la série $\sum a_n(f)\, e^{2\pi i n.t}$ est uniformément convergente. En effet, si U est un voisinage convexe cerclé de l'origine dans F et si N_0 est choisi de sorte que

(i) $|n|^{2k} a_n(f) \in U$ pour $|n| > N_0$;

(ii) $\sum_{\substack{n \\ |n|>N_0}} 1/|n|^{2k} < 1$,

on voit que toute somme finie de termes $a_n(f)\, e^{2\pi i n.t}$, avec $|n| > N_0$ est contenue dans U.

Si $g(t) = \sum a_n(f)\, e^{2\pi i n.t}$ est la somme de la série de Fourier de f, $g(t)$ est continue. Or $h(t) = f(t) - g(t)$ est continue et tous ses coefficients de Fourier sont nuls. Du lemme 1 on tire $f = g$.

On déduit aisément des remarques précédentes la proposition suivante :

Proposition 6. — *La condition nécessaire et suffisante pour qu'une fonction $f(t)$, développable en série de Fourier $\sum_n a_u\, e^{2\pi i n.t}$, soit indéfiniment différentiable est que, pour tout $k > 0$,*

$$\lim_{|n| \to \infty} |n|^{2k} a_n = 0.$$

6. Le foncteur $\mathcal{E}^\infty(X, F)$.

a. Désignons par T le tore $\mathbf{R}^m/\mathbf{Z}^m$ et par $\mathcal{E}^\infty(T, F)$ l'espace des applications indéfiniment différentiables de T dans l'espace de Fréchet F. On munit $\mathcal{E}^\infty(T, F)$ de la topologie de la convergence uniforme des fonctions et de toutes leurs dérivées; il en résulte que $\mathcal{E}^\infty(T, F)$ est un espace de Fréchet. Toute application linéaire continue $\alpha: F \to F'$ d'un espace de Fréchet F dans un autre F' induit une application linéaire continue

$$\alpha_* : \quad \mathcal{E}^\infty(T, F) \to \mathcal{E}^\infty(T, F');$$

il résulte que $\mathcal{E}^\infty(T, F)$ est un foncteur de la catégorie des espaces de Fréchet dans elle-même. On a le lemme suivant d'exactitude (*cf.* [16]) :

Lemme 1. — *Si $0 \to F' \xrightarrow{\alpha'} F \xrightarrow{\alpha} F'' \to 0$ est une suite exacte d'espaces de Fréchet et d'applications linéaires continues, alors la suite*

$$0 \to \mathcal{E}^\infty(T, F') \xrightarrow{\alpha'_*} \mathcal{E}^\infty(T, F) \xrightarrow{\alpha_*} \mathcal{E}^\infty(T, F'') \to 0$$

est aussi une suite exacte d'espaces de Fréchet et d'applications linéaires continues.

Preuve. — Comme F' est un sous-espace fermé de F en tant que noyau de α, il résulte que $\mathcal{E}^\infty(T, F')$ est un sous-espace fermé de $\mathcal{E}^\infty(T, F)$ qui s'identifie au noyau de α_*. Donc la suite

$$0 \to \mathcal{E}^\infty(T, F') \xrightarrow{\alpha'_*} \mathcal{E}^\infty(T, F) \xrightarrow{\alpha_*} \mathcal{E}^\infty(T, F'')$$

est une suite exacte. Il reste à démontrer que la dernière application est surjective.

Soit $f: T \to F''$ un élément de $\mathcal{E}^\infty(T, F'')$. Envisageons ses coefficients de Fourier $a_n(f)$ $(n \in \mathbf{Z}^m)$. Comme f est indéfiniment différentiable, on a $|n|^{2k} a_n \to 0$ pour $|n| \to \infty$ et k quelconque. Comme $\alpha: F \to F'$ est surjective, elle est ouverte (théorème de Banach), donc on peut choisir des suites fondamentales $\{V_\nu\}$, $\{W_\nu\}$ de voisinages de zéro dans F, F'' respectivement, $\nu = 1, 2, 3, \ldots$, telles que :

(i) $\alpha(V_\nu) \supset W_\nu$;
(ii) $V_\nu \supset V_{\nu+1} \supset \ldots$; $W_\nu \supset W_{\nu+1} \supset \ldots$;
(iii) $W_{\nu+1} + W_{\nu+1} \subset W_\nu$.

On peut supposer aussi que les V_ν sont disqués, i. e. que pour $\lambda \in \mathbf{C}$ et $|\lambda| \leqq 1$, on a

$$\lambda V_\nu \subset V_\nu.$$

Pour $k > 0$ donné et tout $N > 0$, désignons par $\nu(N, k)$ le plus grand entier tel que

$$|n|^{2k} a_n(f) \in W_{\nu(N,k)} \quad \text{si} \quad |n| \geqq N.$$

On a évidemment $\nu(N+1, k) \geqq \nu(N, k)$. De plus, $\lim\limits_{N \to +\infty} \nu(N, k) = +\infty$. Choisissons une suite d'entiers $0 < N_0 < N_1 < N_2 < \ldots$ tels que

$$\nu(N_0, 0) \geqq 1, \qquad \nu(N_1, 1) \geqq 2, \qquad \nu(N_2, 2) \geqq 3, \qquad \ldots.$$

Choisissons une suite b_n, $n \in \mathbf{Z}^m$, d'éléments de F de la manière suivante. Pour $|n| < N_0$ on demande que $\alpha(b_n) = a_n(f)$, ce qui est possible, car α est surjective.

Pour $N_0 \leqq |n| < N_1$, on demande que $\alpha(b_n) = a_n(f)$ et que $b_n \in V_1$. Ceci est possible car, pour $n \geqq N_0$, $a_n(f) \in W_1$.

Pour $N_1 \leqq |n| < N_2$, on demande que $\alpha(b_n) = a_n(f)$ et que $|n|^2 b_n \in V_2$. Ceci est possible, car, pour $|n| \geqq N_1$, nous avons $|n|^2 a_n(f) \in W_2$. Et ainsi de suite. On vérifie que, pour tout $k > 0$, on a $\lim\limits_{|n| \to +\infty} |n|^{2k} b_n = 0$. En effet, V_ν étant fixé, choisissons un $k_0 > \sup(k, \nu)$. Comme $|n|^{2k_0} b_n \in V_{k_0} \subset V_\nu$, pour $|n| > N_{k_0}$, il résulte que $|n|^{2k} b_n = \frac{|n|^{2k}}{|n|^{2k_0}} |n|^{2k_0} b_n$ est dans V_ν, car $\frac{|n|^{2k}}{|n|^{2k_0}} < 1$.

Il résulte que $g(t) = \sum_{n \in \mathbf{Z}^m} b_n e^{2\pi i n.t}$ est un élément de $\mathcal{E}^\infty(T, F)$ en vertu de la proposition 6. De plus, comme $f(t) = \sum_{n \in \mathbf{Z}^m} a_n(f) e^{2\pi i n.t}$, et que α est linéaire et continue, on déduit $\alpha(g(t)) = f(t)$. Ceci prouve notre assertion.

b. Nous utiliserons dans la suite aussi le lemme suivant :

LEMME 2. — *Soit $\alpha: F \to F'$ une application linéaire continue d'espaces de Fréchet. Si* $\operatorname{Im}\alpha$ *est dense dans F', alors l'application*

$$\alpha_* : \quad \mathcal{E}^\infty(T, F) \to \mathcal{E}^\infty(T, F')$$

a une image dense daus le deuxième espace.

Preuve. — Soit $f \in \mathcal{E}^\infty(T, F')$. Soit $f(t) = \sum a_n e^{2\pi i n.t}$ son développement en série de Fourier. On peut approcher f aussi bien qu'on veut par une somme partielle $s_N = \sum_{|n|<N} a_n e^{2\pi i n.t}$. Soit b_n^ν une suite d'éléments de F tels que $\lim_{\nu \to \infty} \alpha(b_n^\nu) = a_n$, $|n| < N$. Soit $g^\nu = \sum_{|n|<N} b_n^\nu e^{2\pi i n.t}$. On a $\lim_{\nu \to \infty} \alpha(g^\nu) = s_N$. Ceci prouve notre assertion.

c. Soit X une variété différentiable paracompacte, et soit F un espace de Fréchet. Désignons par $\mathcal{E}^\infty(X, F)$ l'espace des applications indéfiniment différentiables de X dans F. On peut répéter pour $\mathcal{E}^\infty(X, F)$ ce qu'on a dit dans le cas où X est un tore; la topologie sur $\mathcal{E}^\infty(X, F)$ étant à présent celle de la convergence uniforme des fonctions et de toutes leurs dérivées sur tout compact de X. On obtient, pour X fixé, un foncteur covariant de la catégorie des espaces de Fréchet et des applications linéaires continues, en elle-même.

THÉORÈME 1. — *Le foncteur $\mathcal{E}^\infty(X, F)$ est exact.*

Preuve. — Soit $0 \to F' \xrightarrow{\alpha'} F \xrightarrow{\alpha} F'' \to 0$ une suite exacte d'espaces de Fréchet et d'applications linéaires continues. Il faut démontrer l'exactitude de la suite d'applications linéaires continues

$$0 \to \mathcal{E}^\infty(X, F') \xrightarrow{\alpha'_*} \mathcal{E}^\infty(X, F) \xrightarrow{\alpha_*} \mathcal{E}^\infty(X, F'') \to 0.$$

Comme au lemme 1 seulement la surjectivité de α_* demande démonstration. Soit $\mathfrak{U}=\{U_i\}_{i\in I}$ un recouvrement localement fini avec des cartes $h_i: U_i \to \mathbf{R}^m$ telles que $h_i(U_i)$ soit un ouvert contenu dans le cube unité I_m de $\mathbf{R}^m$. Soit $\{\rho_i\}_{i\in I}$ une partition C^∞ de l'unité, subordonnée à $\mathfrak{U}$, avec $\operatorname{Supp}\rho_i = V_i \Subset U_i$. Soit finalement μ_i une fonction réelle différentiable telle que $\mu_i = 1$ sur V_i et $\operatorname{Supp}\mu_i \Subset U_i$. Étant donné $f\in\mathcal{E}^\infty(X, F'')$, posons $f_i=\rho_i f$, de sorte que $f=\sum f_i$. Il suffit de démontrer que, pour chaque f_i, on peut trouver $g_i\in\mathcal{E}^\infty(X, F)$ avec $\operatorname{Supp} g_i\subset U_i$ telle que $\alpha_* g_i = f_i$; en effet, pour $g=\sum_i g_i$ on aura $\alpha_* g = f$.

Or f_i définit de manière évidente une fonction sur le tore $T=\mathbf{R}^m/\mathbf{Z}^m$. A cause du lemme 1 on peut construire une fonction indéfiniment différentiable γ_i sur U_i à valeurs dans F telle que $\alpha_*\gamma_i = f_i$ sur U_i. Il suffit de poser $g_i=\mu_i\gamma_i$ pour avoir la conclusion.

d. Avec un argument analogue on démontre le

THÉORÈME 2. — *Soit $\alpha: F\to F'$ une application linéaire continue d'espaces de Fréchet. Si* $\operatorname{Im}\alpha$ *est dense dans F', alors l'application*

$$\alpha_* : \quad \mathcal{E}^\infty(X, F)\to\mathcal{E}^\infty(X, F')$$

a une image dense dans le deuxième espace.

Preuve. — On est ramené à démontrer le fait suivant :

Soient V, U deux ouverts de $\mathbf{R}^m$ tels que $V\subset\overline{V}\subset U\subset\overline{U}\subset\mathring{I}_m$. Soit $f\in\mathcal{E}^\infty(\mathring{I}_m, F')$ avec $\operatorname{Supp} f\subset\overline{V}$. Il existe une suite $\{g^\nu\}\subset\mathcal{E}^\infty(\mathring{I}_m, F)$ telle que $\operatorname{Supp}(g^\nu)\subset\overline{U}$, et que $\alpha_*(g^\nu)\to f$.

A cause du lemme 2 il existe une suite $\{\gamma^\nu\}\in\mathcal{E}^\infty(\mathring{I}_m, F)$ telle que $\alpha_*(\gamma^\nu)\to f$. Soit μ une fonction réelle C^∞, telle que $\mu=1$ sur un voisinage V et $\operatorname{Supp}\mu\subset\overline{U}$. Posons $g^\nu=\mu\gamma^\nu$; il faut démontrer que $\alpha_*(g^\nu)\to f$, c'est-à-dire que, sur $\overline{U}$, $\alpha_*(\mu\gamma^\nu)-f$ converge uniformément vers zéro avec toutes ses dérivées. Soit D^p, $p\in\mathbf{N}^m$ l'opérateur $\dfrac{\partial^{p_1+\ldots+p_m}}{\partial t_1^{p_1}\ldots\partial t_m^{p_m}}$; on aura

$$D^p\alpha_*(\mu\gamma^\nu)=D^p\mu\alpha_*(\gamma^\nu)=\sum_{|h|\leq p} a_h D^h\alpha_*(\gamma^\nu),$$

où les a_h sont des fonctions réelles continues à support dans $\overline{U}$.

Soit W un voisinage disqué de l'origine dans F'. Il existe un ν_0 tel que, pour tout $t\in\overline{V}$ et $\nu\geq\nu_0$, $D^p(\alpha_*\gamma^\nu-f)\in W$. Choisissons un voisinage W' disqué de l'origine dans F' tel que toute somme de $\binom{p+m}{m}$ points de W'

soit contenue dans W, et soit k une constante positive telle que $|a_h| \leq k$. On peut trouver un $\nu_1 \geq \nu_0$ tel que $D^h \alpha_*(\gamma^\nu) \in \frac{1}{k} W'$ pour tout $t \in \bar{U} - \bar{V}$, si $\nu \geq \nu_1$ et $|h| \leq p$. Il résulte alors que, pour tout $t \in \bar{U}$, si $\nu \geq \nu_1$, $D^h(\alpha_*(\mu\gamma^\nu) - f) \in W$. Ceci démontre notre assertion.

3. — Familles de domaines dans $\mathbf{C}^n$.

7. Familles différentiables.

a. Soit $\mathcal{V}$ un ouvert dans $\mathbf{C}^n \times \mathbf{R}^m$. Soit ω la projection de $\mathbf{C}^n \times \mathbf{R}^m$ sur $\mathbf{R}^m$; c'est une application ouverte, donc $M = \omega(\mathcal{V})$ est un ouvert de $\mathbf{R}^m$. Désignons par π la restriction de ω à $\mathcal{V}$. Nous dirons que $(\mathcal{V}, \pi, M)$ est une *famille différentiable de domaines dans* $\mathbf{C}^n$. Nous écrirons aussi $\mathcal{V} = \{V_t\}_{t \in M}$, où $V_t = \pi^{-1}(t)$ pour $t \in M$. Si $\mathcal{V}$ est de la forme $V \times M$, où V est ouvert dans $\mathbf{C}^n$ et M ouvert dans $\mathbf{R}^m$ nous dirons que la famille est une *famille banale*.

b. Pour tout ouvert $V \subset \mathbf{C}^n$, envisageons l'espace $\mathcal{E}(V)$ des fonctions indéfiniment différentiables muni de la topologie de la convergente compacte des fonctions et de toutes les dérivées. Si U est un ouvert dans $\mathbf{R}^m$ on peut considérer l'espace $\mathcal{E}(U, \mathcal{E}(V))$ des applications indéfiniment différentiables de U dans $\mathcal{E}(V)$ muni de la topologie de la convergence compacte des applications et de toutes leurs dérivées.

On reconnaît que l'espace $\mathcal{E}(U, \mathcal{E}(V))$ est canoniquement isomorphe à l'espace $\mathcal{E}(V \times U)$ des fonctions indéfiniment différentiables sur $V \times U$ muni de la topologie de la convergence compacte des fonctions et des dérivées.

Si au lieu de $\mathcal{E}(V)$ on envisage l'espace $\mathcal{H}(V)$ des fonctions holomorphes muni de la topologie de la convergence compacte, l'espace analogue $\mathcal{E}(U, \mathcal{H}(V))$ s'identifie à l'espace des fonctions indéfiniment différentiables sur $V \times U$ et holomorphes le long des fibres $V \times \{t\}$, $t \in U$.

c. Soit $\mathcal{O}$ le faisceau des germes de fonctions holomorphes sur $\mathbf{C}^n$. Soit $A^{0,r}$ le faisceau des germes de formes

$$\varphi = \sum_{\alpha_1 < \ldots < \alpha_r} \varphi_{\alpha_1 \ldots \alpha_r} \, d\bar{z}_{\alpha_1} \wedge \ldots \wedge d\bar{z}_{\alpha_r}.$$

indéfiniment différentiables et de type $(0, r)$ sur $\mathbf{C}^n$. Soit $\bar{\partial} = \bar{\partial}_r : A^{0,r} \to A^{0,r+1}$ l'opérateur défini par

$$\bar{\partial}_r \varphi = \sum_{\alpha_0 < \ldots < \alpha_r} \left\{ \sum_{h=0}^{r} (-1)^h \frac{\partial \varphi_{\alpha_0 \ldots \hat{\alpha}_h \ldots \alpha_r}}{\partial \bar{z}_{\alpha_h}} \right\} d\bar{z}_{\alpha_0} \wedge \ldots \wedge d\bar{z}_{\alpha_r}.$$

De manière analogue, soit $\mathfrak{A}$ le faisceau sur $\mathbf{C}^n \times \mathbf{R}^m$ des germes de fonctions indéfiniment différentiables et holomorphes le long des fibres. Soit $\mathfrak{A}^{0,r}$ le faisceau des germes des formes indéfiniment différentiables de type (o, r) en les différentielles des fibres. Soit $\bar{\partial}'_r$ l'opérateur $\bar{\partial}: \mathfrak{A}^{0,r} \to \mathfrak{A}^{0,r+1}$ défini comme tout à l'heure.

De ce qu'on a dit au point b et du théorème 1 du nº 6, on déduit la suite exacte de faisceaux et d'homomorphismes sur $\mathbf{C}^n \times \mathbf{R}^m$:

$$(\star) \qquad 0 \to \mathfrak{A} \to \mathfrak{A}^{0,0} \xrightarrow{\bar{\partial}'_0} \mathfrak{A}^{0,1} \xrightarrow{\bar{\partial}'_1} \ldots \xrightarrow{\bar{\partial}'_{n-1}} \mathfrak{A}^{0,n} \to 0.$$

En effet, elle découle de la suite exacte de faisceaux et homomorphismes sur $\mathbf{C}^n$

$$0 \to \mathcal{O} \to A^{0,0} \xrightarrow{\bar{\partial}_0} A^{0,1} \xrightarrow{\bar{\partial}_1} \ldots \xrightarrow{\bar{\partial}_{n-1}} A^{0,n} \to 0$$

et du fait qu'on peut pour tout ouvert $U' \times V'$ de $\mathcal{V}$ identifier $\Gamma(U' \times V', \mathfrak{A}^{0,r})$ et $\mathcal{E}^\infty(U', \Gamma(V', A^{0,r}))$, l'opérateur $\bar{\partial}'_r$ dans $\mathfrak{A}^{0,r}$ se transformant en $(\bar{\partial}_r)_*$.

On remarquera que les faisceaux $\mathfrak{A}^{0,r}$ sont des faisceaux fins et que $\bar{\partial}'$ commute à la multiplication par les fonctions constantes sur les fibres.

Proposition 7. — *Pour une famille banale $\mathcal{V} = V \times M$, si l'on a $H^r(V, \mathcal{O}) = 0$ pour un entier $r \geq 1$, on a $H^r(\mathcal{V}, \mathfrak{A}) = 0$.*

Preuve. — L'hypothèse faite sur V et le théorème de Dolbeault [2] montrent que la suite

$$\Gamma(V, A^{0,r-1}) \xrightarrow{\bar{\partial}_{r-1}} \Gamma(V, A^{0,r}) \xrightarrow{\bar{\partial}_r} \Gamma(V, A^{0,r+1})$$

est exacte. Il faut démontrer que la suite

$$\Gamma(\mathcal{V}, \mathfrak{A}^{0,r-1}) \xrightarrow{\bar{\partial}'_{r-1}} \Gamma(\mathcal{V}, \mathfrak{A}^{0,r}) \xrightarrow{\bar{\partial}'_r} \Gamma(\mathcal{V}, \mathfrak{A}^{0,r+1})$$

est exacte.

Or ceci est une conséquence du théorème 1 du nº 6.

d. Désignons par $Z^{0,r}(V)$ l'espace

$$\mathrm{Ker}(\Gamma(V, A^{0,r}) \xrightarrow{\bar{\partial}_r} \Gamma(V, A^{0,r+1}))$$

pour V ouvert dans $\mathbf{C}^n$. De même pour $\mathcal{V}$ ouvert dans $\mathbf{C}^n \times \mathbf{R}^m$ désignons par $\mathfrak{Z}^{0,r}(\mathcal{V})$ l'espace

$$\mathrm{Ker}(\Gamma(\mathcal{V}, \mathfrak{A}^{0,r}) \xrightarrow{\bar{\partial}'_r} \Gamma(\mathcal{V}, \mathfrak{A}^{0,r+1})).$$

Ces deux espaces $Z^{0,r}(V)$ et $\mathfrak{Z}^{0,r}(\mathcal{V})$ sont munis des topologies induites.

---

(2) Le théorème de Dolbeault dit que $H^r(V, \mathcal{O})$ est isomorphe à

$$\mathrm{Ker}\Big(\Gamma(V, A^{0,r}) \xrightarrow{\bar{\partial}_r} \Gamma(V, A^{0,r+1})\Big) \Big/ \mathrm{Im}\Big(\Gamma(V, A^{0,r-1}) \xrightarrow{\bar{\partial}_{r-1}} \Gamma(V, A^{0,r})\Big).$$

Proposition 8. — *Soient $V' \subset V$ deux ouverts dans $\mathbf{C}^n$. Si, par restriction, l'image de $Z^{0,r}(V)$ est dense dans $Z^{0,r}(V')$, alors pour tout ouvert $M \subset \mathbf{R}^m$ l'image par restriction de $\mathfrak{Z}^{0,r}(V \times M)$ est dense dans $\mathfrak{Z}^{0,r}(V' \times M)$.*

Preuve. — Soit $\varphi' \in \mathfrak{Z}^{0,r}(V' \times M)$. Comme φ' s'identifie à un élément de $\mathcal{E}^\infty(M, Z^{0,r}(V'))$, par le théorème 2 du n° 6, on peut trouver une suite de fonctions $\{\varphi_\nu\} \in \mathcal{E}^\infty(M, Z^{0,r}(V))$ telle que les images φ'_ν des φ_ν tendent vers φ'. Il résulte alors que les formes φ_ν sont $\bar{\partial}'$-fermées et ont des images φ'_ν qui tendent vers la forme φ'.

e. **Proposition 9.** — *Soit $\mathcal{V} = \{V_t\}_{t\in M}$ une famille de domaines dans $\mathbf{C}^n$. Supposons que $\mathcal{V}$ soit réunion d'une suite croissante $\mathcal{V}_h = \{V_t(h)\}_{t \in M}$ de sous-familles telles qu'on ait, pour un entier $r \geqq 1$, les propriétés :*

(i) $\bar{\mathcal{V}}_h \subset \mathcal{V}_{h+1}$, $\mathcal{V} = \bigcup_{h \geqq 0} \mathcal{V}_h$, *pour tout compact $K \subset M$, $(\mathbf{C}^n \times K) \cap \bar{\mathcal{V}}_h$ est compact;*

(ii) $H^r(V_t(h), \mathcal{O}) = 0$ *pour tout t et tout h;*

(iii) $\mathfrak{Z}^{0,r-1}(\mathcal{V}_{h+1})$ *a une image dense dans $\mathfrak{Z}^{0,r-1}(\mathcal{V}_h)$ par restriction.*
Alors on a $H^r(\mathcal{V}, \mathfrak{A}) = 0$.

Preuve.

α. Dans la suite (★) les faisceaux $\mathcal{A}^{0,r}$ étant fins on peut calculer la cohomologie $H^*(\mathcal{V}, \mathfrak{A})$ au moyen des sections des faisceaux $\mathcal{A}^{0,r}$ en vertu de l'isomorphisme de Dolbeault généralisé (*cf.* Godement [10]).

Soit $\varphi \in \mathfrak{Z}^{0,r}(\mathcal{V})$ une forme qui représente une classe de cohomologie de $H^r(\mathcal{V}, \mathfrak{A})$. Nous démontrerons d'abord que, sur chaque $\mathcal{V}_h$ on peut trouver une forme ψ_h, indéfiniment différentiable, et de type $(0, r-1)$ le long des fibres telle que

$$\varphi|_{\mathcal{V}_h} = \bar{\partial}'\psi_h.$$

Pour tout $t \in M$ et tout entier $h \geqq 0$ on peut choisir un voisinage U de t dans M tel que

$$\mathcal{V}_h \cap \pi^{-1}(V_t) \subset V_t(h+1) \times V.$$

Ceci est possible en vertu de la propriété (i).

Choisissons un recouvrement localement fini $\mathcal{U} = \{U_i\}_{i \in I}$ de M et dans chaque U_i un point t_i, tels que

$$\mathcal{V}_h \cap \pi^{-1}(U_i) \subset V_{t_i}(h+1) \times U_i.$$

Soit $\{\rho_i\}$ une partition indéfiniment différentiable de l'unité, subordonnée au recouvrement $\mathcal{U}$. Soit $\varphi_i = \rho_i\varphi$. On a $\bar{\partial}'\varphi_i = 0$ et $\sum \varphi_i = \varphi$. En vertu de l'hypothèse (ii) et de la proposition 7, on peut trouver une forme ψ_l sur $V_{t_l}(h+1)\times U_l$, indéfiniment différentiable, telle que $\varphi_l=\bar{\partial}'\psi_l$. En multipliant ψ_l par une fonction C^∞ constante le long des fibres, égale à 1 sur le support de φ_l, et dont le support est contenu dans l'image réciproque d'un compact de U_l, on voit qu'on peut supposer que le support de ψ_l est dans l'image réciproque d'un compact de U_l. Il suffit alors de prendre pour ψ_h la restriction à $\mathcal{V}_h$ de $\psi=\sum\psi_l$.

β. Soit $\gamma\in\mathfrak{Z}^{0,r-1}(\mathcal{V}_h)$, pour tout $\varepsilon>0$ et k entier positif, on peut trouver une forme $\eta\in\mathfrak{Z}^{0,r-1}(\mathcal{V}_{h+1})$ telle que (avec des notations évidentes)

$$p_k^{h-1}(\gamma-\eta)=\sum_{|\alpha|\leq k}\sup_{\overline{\mathcal{V}}_{h-1}}|D\alpha\gamma-D\alpha\eta|<\varepsilon.$$

En effet, soit $\mathfrak{U}=\{U_l\}_{l\in I}$ un recouvrement localement fini de M avec des ouverts relativement compacts et d'indice borné $\leq s$ (on peut supposer $s=2m+1$). Avec une partition de l'unité subordonnée à $\mathfrak{U}$ on peut écrire $\gamma=\sum\gamma_l$ avec les $\gamma_l\in\mathfrak{Z}^{0,r-1}(\mathcal{V}_h)$ et à support contenu dans l'image réciproque d'un compact de U_l. A cause de l'hypothèse (iii) on peut trouver $\eta_l\in\mathfrak{Z}^{0,r-1}(\mathcal{V}_{h+1})$ à support contenu dans l'image réciproque d'un compact de U_l et telle que $p_k^{h-1}(\gamma_l-\eta_l)<\varepsilon/s$. Il suffit alors de prendre $\eta=\sum\eta_l$ pour avoir la conclusion.

γ. Étant donnée $\varphi\in\mathfrak{Z}^{0,r}(\mathcal{V})$, en vertu de ($\alpha$), on peut sur tout $\mathcal{V}_h$ trouver une forme ψ_h indéfiniment différentiable et de type (0, $r-1$) telle que

$$\varphi\,|_{\mathcal{V}_h}=\bar{\partial}'\psi_h.$$

La forme ψ_h est déterminée modulo l'addition d'une forme

$$\eta_h\in\mathfrak{Z}^{0,r-1}(\mathcal{V}_h).$$

Étant donnée une série $\sum_1^\infty\varepsilon_s$ à termes positifs et convergente, en vertu de (β) on voit qu'on peut choisir les formes ψ_h de proche en proche de sorte que

$$p_{h-1}^h(\psi_h-\psi_{h-1})<\varepsilon_h \qquad \text{pour} \quad h=1, 2, \ldots.$$

Envisageons sur $\mathcal{V}_h$ la série

$$\psi_h+(\psi_{h+1}-\psi_h)+(\psi_{h+2}-\psi_{h+1})+\ldots.$$

A cause des inégalités établies, elle est convergente à une forme $\tilde{\psi}_h$ indéfiniment différentiable sur $\mathcal{V}_h$ telle que $\bar{\partial}'\tilde{\psi}_h=\varphi\,|_{\mathcal{V}_h}$. Comme $\tilde{\psi}_{h+1}|_{\mathcal{V}_h}=\tilde{\psi}_h$ la collection des formes $\{\tilde{\psi}_h\}$ définit une forme globale ψ sur $\mathcal{V}$ indéfiniment différentiable et de type $(0, r-1)$ telle que $\bar{\partial}'\psi = \varphi$. Ceci démontre la proposition.

8. Familles de domaines d'holomorphie. Paires de Runge.

a. Par une *famille de domaines d'holomorphie* dans $\mathbf{C}^n$, on entend une famille $(\mathcal{V}, \pi, M)$ de domaines dans $\mathbf{C}^n$ dont chaque fibre $V_t = \pi^{-1}(t)$ $(t \in M)$ est un domaine d'holomorphie.

Soit $\mathcal{V} = \{V_t\}_{t\in M}$ une famille de domaines dans $\mathbf{C}^n$. Désignons par $\mathcal{H}(\mathcal{V}) = \Gamma(\mathcal{V}, \mathfrak{A})$ l'espace des fonctions indéfiniment différentiables sur $\mathcal{V}$ et holomorphes le long des fibres, la topologie étant celle de la convergence compacte des fonctions et des dérivées.

Soit $\mathcal{V}' = \{V'_t\}_{t\in M}$ une sous-famille de $\mathcal{V}$, i. e. pour chaque $t \in M$, V'_t est un ouvert dans V_t. On dit que $(\mathcal{V}, \mathcal{V}')$ est une *paire de Runge* si l'image de $\mathcal{H}(\mathcal{V})$ dans $\mathcal{H}(\mathcal{V}')$ par l'homomorphisme de restriction est dense dans ce dernier espace.

Lorsque M est réduit à un point, on retrouve la définition de paire de Runge pour deux ouverts $V' \subset V$ dans $\mathbf{C}^n$.

Nous dirons qu'une famille $(\mathcal{V}, \pi, M) = \{V_t\}_{t\in M}$ est une *famille régulière* si, pour chaque $t \in M$, on peut trouver un voisinage U_t de t dans M et un ouvert $D_t \subset \mathbf{C}^n$ tels que

(i) $V_t \subset D_t$ et (D_t, V_t) est une paire de Runge;
(ii) $D_t \times U_t \supset \pi^{-1}(U_t)$.

b. Soit K un sous-ensemble compact de $\mathcal{V} = \{V_t\}_{t\in M}$. Nous désignerons par $(\hat{K})_{\mathcal{V}}$ l'enveloppe convexe de K par rapport à $\mathcal{V}$

$$(\hat{K})_{\mathcal{V}} = \left\{ x \in \mathcal{V} \;\middle|\; |f(x)| \leq \sup |f(K)| \quad \text{pour tout } f \in \mathcal{H}(\mathcal{V}) \right\}.$$

Si M est réduit à un point, on retrouve la notion d'enveloppe convexe d'un compact dans un ouvert de $\mathbf{C}^n$.

Si $\mathcal{V}$ est une famille *régulière*, on démontre facilement que

$$(\hat{K})_{\mathcal{V}} = \bigcup_{t\in M} (\widehat{K \cap V_t})_{V_t} \quad (^3).$$

---

(3) L'exemple suivant montre que la condition de régularité pour $\mathcal{V}$ est nécessaire. Soit

$$\mathcal{V} = \mathbf{C} \times \mathbf{R} - \{(0, 0)\} \quad \text{et} \quad K = \left\{ (z, t) \in \mathcal{V} \;\middle|\; |z| = 1, -1 \leq t \leq 1 \right\}.$$

On a

$$(\widehat{K \cap V_t})_{V_t} = \{ |z| \leq 1 \} \quad \text{pour } 0 < |t| \leq 1$$

et

$$(\widehat{K \cap V_0})_{V_0} = \{ |z| = 1 \}.$$

Donc $\bigcup_t (\widehat{K \cap V_t})_{V_t}$ n'est pas fermé.

Proposition 10. — *Soient $\mathcal{V}$, $\mathcal{V}'$ deux familles régulières de domaines d'holomorphie. Soit $\mathcal{V}'$ une sous-famille de $\mathcal{V}$. Pour que ($\mathcal{V}$, $\mathcal{V}'$) soit une paire de Runge, il faut et il suffit que pour tout compact $K \subset \mathcal{V}'$ l'ensemble $(\hat{K})_{\mathcal{V}} \cap \mathcal{V}'$ soit compact.*

La démonstration est calquée sur le cas classique et se démontre aisément compte tenu de la proposition 8 du n° 6.

La proposition précédente peut être aussi formulée en disant que, sous les mêmes hypothèses, la condition pour que ($\mathcal{V}$, $\mathcal{V}'$) soit une paire de Runge est que, pour chaque $t \in M$, (V_t, V'_t) soit une paire de Runge.

Soit $\mathcal{V} = \{V_t\}_{t\in M}$ une famille de domaines dans $\mathbf{C}^n$. Par polyèdre analytique dans $\mathcal{V}$ nous entendons un sous-ensemble Q fermé dans $\mathcal{V}$ tel que :

(i) pour chaque compact $K \subset M$, $Q \cap \pi^{-1}(K)$ est compact;

(ii) il existe un voisinage U de Q dans $\mathcal{V}$ et des fonctions $g_i \in \mathcal{H}(\mathcal{V})$ telles que

$$Q = \{ x \in U \mid |g_i(x)| \leq 1 \}$$

de sorte pour chaque $t \in M$ seulement un nombre fini d'inégalités $|g_i(x)| \leq 1$ soient essentielles.

Soit $\mathcal{V}$ une famille régulière de domaines d'holomorphie et soit Q un polyèdre analytique dans $\mathcal{V}$. Soit $\mathcal{W}$ l'intérieur de Q. On reconnaît à l'aide de la proposition précédente que ($\mathcal{V}$, $\mathcal{W}$) est une paire de Runge. En particulier, on déduit en raisonnant comme dans le cas classique, que toute famille régulière $\mathcal{V}$ de domaines d'holomorphie est réunion d'une suite croissante $\mathcal{W}_\nu$ de sous-familles de domaines d'holomorphie : $\mathcal{V} = \bigcup \mathcal{W}_\nu$, chaque paire ($\mathcal{V}$, $\mathcal{W}_\nu$) étant une paire de Runge, les $\mathcal{W}_\nu$ étant les intérieurs de polyèdres analytiques de $\mathcal{V}$.

Dans ces conditions, il résulte que l'image de l'homomorphisme de restriction $\mathfrak{Z}^{0,r}(\mathcal{W}_{\nu+1}) \to \mathfrak{Z}^{0,r}(\mathcal{W}_\nu)$ est dense dans le deuxième espace pour $r \geq 0$. Comme ($\mathcal{W}_{\nu+1}$, $\mathcal{W}_\nu$) est une paire de Runge, il suffit de démontrer le lemme suivant :

Lemme. — *Soient $\mathcal{V}$, $\mathcal{V}'$ deux familles régulières de domaines d'holomorphie. Soit $\mathcal{V}'$ une sous-famille de $\mathcal{V}$ et supposons que la paire ($\mathcal{V}$, $\mathcal{V}'$) soit de Runge. Alors, pour tout $r \geq 0$, l'image par restriction de $\mathfrak{Z}^{0,r}(\mathcal{V})$ dans $\mathfrak{Z}^{0,r}(\mathcal{V}')$ est dense dans le deuxième espace.*

Preuve. — Pour $r = 0$, le fait énoncé n'est autre que la propriété de la paire ($\mathcal{V}$, $\mathcal{V}'$) d'être de Runge.

Soit $r > 0$ et $\varphi \in \mathfrak{Z}^{0,r}(\mathcal{V}')$. Soit K un compact contenu dans $\mathcal{V}'$. On peut construire un polyèdre analytique $Q \in \mathcal{V}'$ et contenant K. Le raisonnement employé à la proposition 9.α montre que sur $\mathcal{W} = \mathring{Q}$ on peut trouver une forme ψ indéfiniment différentiable et de type $(0, r-1)$ le long des fibres telle que $\varphi|_{\mathcal{W}} = \bar{\partial}'\psi$. Soit ρ une fonction indéfiniment différentiable sur $\mathcal{V}$, égale à 1 sur un voisinage de K et dont le support est contenu dans $\mathcal{W}$. La forme $\rho\psi$ peut être considérée comme une forme sur $\mathcal{V}$ en convenant qu'elle soit nulle en dehors du support de ρ. Sur K on a $\varphi = \bar{\partial}'\rho\psi$ et ceci démontre notre assertion.

En particulier, pour toute famille régulière $\mathcal{V}$ de domaines d'holomorphie, on peut appliquer la proposition 9 en utilisant la suite de sous-familles $\{\mathcal{W}_\nu\}$. On obtient donc le

COROLLAIRE. — *Pour une famille régulière $\mathcal{V}$ de domaines d'holomorphie, on a $H^s(\mathcal{V}, \mathfrak{A}) = 0$ pour $s > 0$. $\mathfrak{A}$ désignant le faisceau des germes de fonctions indéfiniment différentiables et holomorphes le long des fibres.*

9. Familles analytiques de domaines d'holomorphie.

a. Envisageons le cas où l'espace $\mathbf{R}^m$ est l'espace réel sous-jacent d'un espace numérique complexe $\mathbf{C}^{q-1}[m = 2(q-1)]$. On a alors affaire à des familles analytiques complexes de domaines dans $\mathbf{C}^n$. Nous poserons $d = n + q - 1$.

THÉORÈME 3. — *Pour toute famille régulière analytique de domaines d'holomorphie $(\mathcal{V}, \pi, M)$, $M \subset \mathbf{C}^{q-1}$, on a $H^r(\mathcal{V}, \mathcal{O}) = 0$ pour $r \geq q$, $\mathcal{O}$ étant le faisceau des germes de fonctions holomorphes sur $\mathcal{V}$.*

Preuve. — Soit $\mathfrak{A}^{0,r}$ le faisceau des germes de formes différentielles sur $\mathcal{V}$ de type $(0, r)$ en les différentielles de la base M et dont les coefficients sont indéfiniment différentiables et holomorphes le long des fibres. Soit $\bar{\partial}_t$ l'opérateur de différentiation extérieure par rapport aux coordonnées complexes conjuguées sur la base. On a la suite exacte de faisceaux et d'homomorphismes

$$0 \to \mathcal{O} \to \mathfrak{A}^{0,0} \xrightarrow{\bar{\partial}_t} \mathfrak{A}^{0,1} \xrightarrow{\bar{\partial}_t} \dots \xrightarrow{\bar{\partial}_t} \mathfrak{A}^{0,q-1} \to 0.$$

L'exactitude de cette suite de faisceaux se démontre avec le même raisonnement qu'on emploie dans le lemme de Dolbeault-Grothendieck et en remarquant qu'une fonction continue holomorphe en les variables z et t séparément est holomorphe aussi en tant que fonction de l'ensemble des variables (z, t).

Or $\mathcal{V}$ étant régulière, par le corollaire à la fin du numéro précédent, on sait que $H^s(\mathcal{V}, \mathfrak{A}) = 0$ pour $s > 0$. Comme le faisceau $\mathfrak{A}^{0,r}$ est isomorphe à $\mathfrak{A}^{\binom{q}{r}}$ on a aussi $H^s(\mathcal{V}, \mathfrak{A}^{0,r}) = 0$ pour tout $s > 0$. On a donc une résolution de longueur $q - 1$ du faisceau $\mathcal{O}$ par des faisceaux de cohomologie nulle. On peut donc calculer les groupes $H^r(\mathcal{V}, \mathcal{O})$ par la cohomologie du complexe $\bigoplus_r \Gamma(\mathcal{V}, \mathfrak{A}^{0,r})$.

Par la dualité de SERRE [26] on obtient pour la cohomologie à supports compacts le

COROLLAIRE. — *Sous les mêmes hypothèses, on a*

$$H_k^s(\mathcal{V}, \mathcal{O}) = 0 \qquad pour \quad 0 \leqq s \leqq d - q.$$

b. Soit $\mathcal{V} = \{ V_t \}_{t \in M}$, $M \subset \mathbf{C}^{q-1}$ une famille analytique complexe régulière de domaines d'holomorphie. D'après le théorème précédent, on sait que $H^q(\mathcal{V}, \mathcal{O}) = 0$. Désignons par $Z^{0,q-1}(\mathcal{V})$ l'espace des formes indéfiniment différentiables sur $\mathcal{V}$, de type $(0, q-1)$ et $\bar\partial$-fermées, l'opérateur $\bar\partial$ étant l'opérateur de différentiation extérieure par rapport aux coordonnées complexes conjuguées sur $\mathcal{V}$. Munissons cet espace de la topologie de la convergence compacte des coefficients et de toutes leurs dérivées.

THÉORÈME 4. — *Soient $\mathcal{V}$, $\mathcal{V}'$ deux familles régulières de domaines d'holomorphie dans $\mathbf{C}^{d-q+1} \times \mathbf{C}^{q-1}$. Supposons que $\mathcal{V}'$ soit une sous-famille de $\mathcal{V}$ et que la paire $(\mathcal{V}, \mathcal{V}')$ soit une paire de Runge. Alors l'image de $Z^{0,l}(\mathcal{V})$ dans $Z^{0,l}(\mathcal{V}')$ par l'holomorphisme de restriction est dense dans ce dernier espace, dès que $l \geqq q-1$.*

Preuve. — Désignons par $\mathfrak{A}^{0,l}$ le faisceau des germes de formes différentielles sur $\mathcal{V}$ de type $(0, l)$ en les différentielles de base, à coefficients indéfiniment différentiables et holomorphes le long des fibres. Désignons par $A^{0,l}$ le faisceau des germes des formes différentielles de type $(0, l)$ sur $\mathcal{V}$ à coefficient indéfiniment différentiables. On a sur $\mathcal{V}$ les deux suites exactes de faisceaux et d'homomorphismes :

$$0 \to \mathcal{O} \to \mathfrak{A}^{0,0} \xrightarrow{\bar\partial_t} \mathfrak{A}^{0,1} \xrightarrow{\bar\partial_t} \ldots \xrightarrow{\bar\partial_t} \mathfrak{A}^{0,q-1} \to 0,$$

$$0 \to \mathcal{O} \to A^{0,0} \xrightarrow{\bar\partial} A^{0,1} \xrightarrow{\bar\partial} \ldots \xrightarrow{\bar\partial} A^{0,d} \to 0,$$

où $\bar\partial_t$ désigne la différentiation extérieure par rapport aux coordonnées complexes conjuguées de la base.

Ces deux résolutions sont composées de faisceaux acycliques, la première en vertu de la remarque faite en *a*, la deuxième par le fait que les faisceaux $A^{0,l}$ sont fins.

Il en résulte que toute forme différentielle de type $(0, l)$ qui est C^∞ sur $\mathcal{V}$ et $\bar\partial$-fermée est co-homologue à une forme du même type en les seules différentielles de base, $\bar\partial_t$-fermée, à coefficients C^∞ et holomorphes le long des fibres. Pour toute forme $\varphi \in Z^{0,l}(\mathcal{V})$ on peut écrire

$$\varphi = \psi + \bar\partial\gamma, \qquad \text{où} \quad \psi \in \Gamma(\mathcal{V}, \mathfrak{A}^{0,l}) \quad \text{et} \quad \gamma \in \Gamma(\mathcal{V}, A^{0,l-1});$$

on aura $\gamma = 0$ si $l = 0$ et $\psi = 0$ si $l \geqq q$. On a la même propriété pour $\mathcal{V}'$.

Soit à présent $\varphi' \in Z^{0,l}(\mathcal{V}')$. Écrivons $\varphi' = \psi' + \bar\partial\gamma'$, avec

$$\psi' \in \Gamma(\mathcal{V}', \mathfrak{A}^{0,l}), \qquad \gamma' \in \Gamma(\mathcal{V}', A^{0,l-1}).$$

Soit K un compact contenu dans $\mathcal{V}'$. Puisque $(\mathcal{V}, \mathcal{V}')$ est une paire de Runge on peut approcher la composante de ψ', donc aussi ψ', autant qu'on veut sur K par une forme $\psi \in \Gamma(\mathcal{V}, \mathfrak{A}^{0,l})$. Soit γ la forme déduite de γ' par multiplication avec une fonction C^∞ à support dans $\mathcal{V}'$ et qui vaut 1 sur K. Envisageons γ comme une forme sur $\mathcal{V}$ en la prenant égale à o en dehors de $\mathcal{V}'$. La forme $\psi + \bar{\partial}\gamma$ approche ψ' sur K autant qu'on veut. Comme toute forme de $\Gamma(\mathcal{V}, \mathfrak{A}^{0,l})$ est $\bar{\partial}$-fermée si $l \geqq q-1$, on a

$$\psi + \partial\gamma \in Z^{0,l}(\mathcal{V}).$$

Par dualité, on obtient pour la cohomologie à support compact le

Corollaire. — *Sous les mêmes hypothèses l'homomorphisme naturel*

$$H_k^{d-l}(\mathcal{V}', \mathcal{O}) \to H_k^{d-l}(\mathcal{V}, \mathcal{O})$$

est injectif lorsque $l \geqq q-1$.

Preuve. — On a la suite exacte d'espaces de Fréchet

$$(\star) \qquad 0 \to Z^{0,l}(\mathcal{V}) \xrightarrow{i} \Gamma(\mathcal{V}, A^{0,l}) \xrightarrow{\bar{\partial}^l} \Gamma(\mathcal{V}, A^{0,l+1}),$$

les applications i, $\bar{\partial}^l$ étant linéaires et continues. De plus, les hypothèses entraînent que $H^{l+1}(\mathcal{V}, \mathcal{O}) = 0$ et donc l'exactitude de la suite

$$(\star\star) \qquad \Gamma(\mathcal{V}, A^{0,l}) \xrightarrow{\bar{\partial}^l} \Gamma(\mathcal{V}, A^{0,l+1}) \xrightarrow{\bar{\partial}^{l+1}} \Gamma(\mathcal{V}, A^{0,l+2}).$$

De l'exactitude de $(\star\star)$, on déduit que l'image de $\bar{\partial}^l$ est égale au noyau de $\bar{\partial}^{l+1}$, donc fermée; le théorème de Banach prouve alors que $\bar{\partial}^l$ est un homomorphisme.

Par passage aux espaces duaux dans $(\star)$ et en désignant par $K^{r,s}$ l'espace des formes de type (r, s) sur $\mathcal{V}$ à coefficients distributions à support compact, on obtient la suite exacte (*cf.* Serre [26])

$$0 \leftarrow (Z^{0,l}(\mathcal{V}))' \xleftarrow{{}^t i} K^{d,d-l} \xleftarrow{{}^t\bar{\partial}^l} K^{d,d-l-1}.$$

De là, en identifiant $\mathcal{O}$ au faisceau des d-formes holomorphes sur $\mathcal{V}$, on a

$$H_k^{d-l}(\mathcal{V}, \mathcal{O}) \subset (Z^{0,l}(\mathcal{V}))'.$$

Le transposé λ de l'homomorphisme de restriction envoie $(Z^{0,l}(\mathcal{V}'))'$ *injectivement* dans $(Z^{0,l}(\mathcal{V}))'$, en vertu du théorème précédent. Par conséquent, la restriction de λ à $H_k^{d-l}(\mathcal{V}', \mathcal{O})$ est aussi injective.

10. Familles de domaines pseudoconvexes. — Soit D un ouvert dans $\mathbf{C}^n$ et soit φ une fonction définie sur D, indéfiniment différentiable à valeurs réelles, fortement q-pseudoconvexe (avec $q \geq 1$) (4). Soit $\xi_0 \in D$ et soit

$$Y = \{ z \in D \mid \varphi(z) < \varphi(\xi_0) \}.$$

Supposons les coordonnées $z_1, \ldots, z_n$ de $\mathbf{C}^n$ choisies de sorte que ξ_0 soit à l'origine et que sur l'espace $z_1 = \ldots = z_{q-1} = 0$ la fonction φ soit fortement plurisousharmonique au voisinage de l'origine. Posons

$$z_1 = t_1, \quad \ldots, \quad z_{q-1} = t_{q-1}; \qquad z_q = \xi_1, \quad \ldots, \quad z_n = \xi_{n-q+1}$$

et soit $\varphi = \varphi(\xi, t)$ la fonction envisagée.

Choisissons $\rho > 0$, $\varepsilon > 0$ de sorte que pour tout t, tel que $\| t \| < \varepsilon$ (5) la fonction $\psi_t(\xi) = \varphi(\xi, t)$ des variables ξ soit fortement plurisousharmonique dans le polycylindre $\| \xi \| \leq \rho$.

Soient U^*, U deux ouverts d'holomorphie contenant ξ_0, tels que $U \Subset U^*$ et contenu dans le polycylindre

$$Q = \{ (\xi, t) \in \mathbf{C}^n \mid \| \xi \| < \rho, \| t \| < \varepsilon \}$$

et supposons que (U^*, U) soit une paire de Runge. Par exemple, on peut choisir pour U^*, U deux boules concentriques ou deux polyèdres analytiques dans le polycylindre Q.

On peut considérer les deux ouverts $\mathfrak{V} = U$, $\mathfrak{W} = U \cap Y$ par rapport à la projection sur l'espace des t comme deux familles analytiques de domaines d'holomorphie dépendant de $q-1$ paramètres. L'assertion concernant $\mathfrak{V}$ découle du fait que, $\mathfrak{V}$ étant un domaine d'holomorphie, les sections de $\mathfrak{V}$ avec les espaces $z_1 = t_1^0, \ldots, z_{q-1} = t_{q-1}^0$, pour $\| t^0 \| < \varepsilon$ sont aussi des domaines d'holomorphie.

L'assertion concernant $\mathfrak{W}$ découle du théorème suivant dont la forme générale est due à Narasimhan [19] :

Si X est un espace de Stein et p une fonction différentiable plurisousharmonique sur X, alors, pour tout $\alpha \in \mathbf{R}$, l'ensemble $\{ p(x) < \alpha \}$ est de Runge dans X et un espace de Stein (6).

---

(4) Une fonction φ à valeurs réelles, C^∞, définies sur un ouvert $D \subset \mathbf{C}^n$ est dite *fortement q-pseudoconvexe* si la forme hermitienne

$$L(\varphi)_\xi = \sum \left(\frac{\partial^2 \varphi}{\partial z_\alpha \partial \bar{z}_\alpha} \right)_\xi u_\alpha \bar{u}_\beta$$

à $n - q + 1$ valeurs propres > 0, en tout point $\xi \in D$ (*cf.* [1]).

(5) On convient de noter $\| x \|$ le nombre $\sup_{1 \leq i \leq k} | x_i |$ pour tout point $x = (x_1, \ldots, x_k) \in \mathbf{C}^k$.

(6) Pour un domaine $X \subset \mathbf{C}^n$, ce théorème a été démontré par Behnke et Stein [2]. Pour une variété X, ce théorème est déjà dans Docquier et Grauert [7].

De plus, remarquons que, si (X, X') est une paire de Runge de domaines d'holomorphie [telle que (U^*, U)], et si V est un sous-espace analytique fermé de X, la paire $(V, X' \cap V)$ est aussi une paire de Runge. On déduit de là que $\mathcal{V}$, $\mathcal{W}$ sont des familles *régulières* de domaines d'holomorphie et que la paire $(\mathcal{V}, \mathcal{W})$ est une paire de Runge. Nous pouvons donc énoncer la proposition snivante :

PROPOSITION 11. — *Soit D ouvert dans $\mathbf{C}^n$ et φ une fonction C^∞ fortement q-pseudoconvexe sur D. Soit $\xi_0 \in D$ et soit*

$$Y = \{ z \in D \mid \varphi(z) < \varphi(\xi_0) \}.$$

Si U^* est un voisinage d'holomorphie de ξ_0 suffisamment petit dans D, pour tout voisinage d'holomorphie $U \Subset U^*$ de ξ_0 qui soit de Runge dans U^* on a

$$H^r(U \cap Y, \mathcal{O}) = 0 \text{ pour } r \geqq q \text{ et } H_k^s(U \cap Y, \mathcal{O}) = 0 \text{ pour } 0 \leqq s \leqq n-q;$$

$$Z^{0,l}(U, \mathcal{O}) \to Z^{0,l}(U \cap Y, \mathcal{O}) \text{ a une image dense pour } l \geqq q-1;$$

$$H_k^{n-l}(U \cap Y, \mathcal{O}) \to H_k^{n-l}(U, \mathcal{O}) \text{ est injectif pour } l \geqq q-1.$$

Remarque. — On peut éviter l'utilisation du théorème général de Narasimhan par un argument direct. Pour tout t, on écrit le développement de Taylor de $\psi_t(\xi)$ au voisinage de $\xi^{(1)}$

$$\psi_t(\xi) = \psi_t(\xi^{(1)}) + 2\,\mathrm{Re}\, f_t(\xi^{(1)}, \xi) + L(\psi_t)_{\xi^{(1)}} + [3],$$

où $f_t(\xi^{(1)}, \xi)$ est une fonction holomorphe de ξ (en réalité un polynome du second degré), où $L(\psi_t)_{\xi^{(1)}}$ est la forme de Lévi en les variables ξ au point $\xi^{(1)}$ et où $[3]$ désigne un infiniment petit du 3e ordre par rapport à $\|\xi - \xi^{(1)}\|$. Si ρ et ε sont petits, $L(\psi_t)_{\xi^{(1)}} + [3] > 0$ pour $\xi \neq \xi^{(1)}$ et la considération de la fonction $e^{f_t(\xi^{(1)}, \xi)}$ permet de démontrer que

$$\Delta_t = \{ \xi \mid \|\xi\| < \rho,\ \psi_t(\xi) < \psi_0(0) \}$$

est holomorphiquement convexe par rapport au polycylindre $\|\xi\| < \rho$.

11. Familles de domaines d'holomorphie troués.

a. Envisageons dans $\mathbf{C}^{n+p}$, pour $p > 0$, les domaines suivants :

$$\Delta_\alpha = \begin{cases} \frac{1}{2} < |z_\alpha| < 1 \\ |z_\beta| < 1 \quad \text{pour} \quad \beta \neq \alpha, \quad 1 \leqq \beta \leqq n+p \end{cases} \qquad (1 \leqq \alpha \leqq n).$$

Soit

$$\Delta_0 = \begin{cases} |z_\mu| < 1 & 1 \leqq \mu \leqq n, \\ |z_{n+\nu}| < \frac{1}{2} & 1 \leqq \nu \leqq p, \end{cases}$$

et posons

$$Y' = \bigcup_{\alpha=0}^{n} \Delta_\alpha.$$

LEMME 1 (J. FRENKEL [9]). *On a* $H^r(Y', \mathcal{O}) = 0$ *pour* $r \neq 0, n$.

Preuve. — La démonstration est copiée avec des changements infinitésimaux de la thèse de FRENKEL. Nous en donnons une esquisse pour la commodité du lecteur.

Soit f holomorphe sur $\Delta_1 \cap \Delta_{\alpha_1} \cap \ldots \cap \Delta_{\alpha_q}$, avec $\alpha_s \neq 1$ pour $1 \leq s \leq q$. Elle a un développement de Laurent par rapport à z_1

$$f(z) = \sum_{1}^{\infty} \frac{c_h(z_2, \ldots, z_{n+p})}{z_1^h} + \sum_{0}^{\infty} a_h(z_2, \ldots, z_{n+p})\, z_1^h.$$

Posons

$$e_1 f = \sum_{0}^{\infty} a_h(z_2, \ldots, z_{n+p})\, z_1^h,$$

c'est une fonction holomorphe sur $\Delta_{\alpha_1} \cap \ldots \cap \Delta_{\alpha_q}$. De même, on définit les opérateurs e_i pour $1 \leq i \leq n$. On vérifie que :

α. Le diagramme suivant est commutatif :

$$\begin{array}{ccc} \Gamma(\Delta_i \cap \Delta_{\alpha_1} \cap \ldots \cap \hat{\Delta}_{\alpha_r} \cap \ldots \cap \Delta_{\alpha_q}, \mathcal{O}) & \xrightarrow{e_i} & \Gamma(\Delta_{\alpha_1} \cap \ldots \cap \hat{\Delta}_{\alpha_r} \cap \ldots \cap \Delta_{\alpha_q}, \mathcal{O}), \\ \downarrow r & & \downarrow r \\ \Gamma(\Delta_i \cap \Delta_{\alpha_1} \cap \ldots \cap \Delta_{\alpha_q}, \mathcal{O}) & \xrightarrow{e_i} & \Gamma(\Delta_{\alpha_1} \cap \ldots \cap \Delta_{\alpha_q}, \mathcal{O}), \end{array}$$

r étant les homomorphismes de restriction.

β. l'homomorphisme composé

$$\Gamma(\Delta_{\alpha_1} \cap \ldots \cap \Delta_{\alpha_q}, \mathcal{O}) \xrightarrow{r} \Gamma(\Delta_i \cap \Delta_{\alpha_1} \cap \ldots \cap \Delta_{\alpha_q}, \mathcal{O}) \xrightarrow{e_i} \Gamma(\Delta_{\alpha_1} \cap \ldots \cap \Delta_{\alpha_q}, \mathcal{O})$$

est l'identité.

Soit f une q-cochaîne alternée sur le recouvrement $\{\Delta_\alpha\}$ de Y'. Posons

$$k_i f(\Delta_{\alpha_1} \cap \ldots \cap \Delta_{\alpha_q}) = e_i f(\Delta_i \cap \Delta_{\alpha_1} \cap \ldots \cap \Delta_{\alpha_q}).$$

Compte tenu de α et β on vérifie que si

$$\sigma = \Delta_{\alpha_0} \cap \ldots \cap \Delta_{\alpha_q} \qquad \text{et} \qquad i \notin \{\alpha_0, \ldots, \alpha_q\},$$

on a

$$f(\sigma) - (\delta k_i f)(\sigma) - (k_i \delta f)(\sigma) = 0.$$

Soit π_i l'application $f \to f - \delta k_i f - k_i \delta f$. Elle commute avec δ comme il est immédiat de vérifier.

Il en est de même de l'application $\pi = \pi_n \circ \pi_{n-1} \circ \ldots \circ \pi_1$. Or si f est un q-cocycle alterné et si $1 \leqq q \leqq n-1$, alors πf est un q-cocycle alterné cohomologue à f. Mais πf est toujours nul, sauf peut-être si $q = n-1$ sur $\sigma = \Delta_1 \cap \ldots \cap \Delta_n$. Dans ce cas, la condition $\delta \pi f = 0$ entraîne que πf est nul sur la partie $\Delta_0 \cap \Delta_1 \cap \ldots \cap \Delta_n$ de σ. Donc $\pi f = 0$ en tout cas. Comme $\{\Delta_\alpha\}$ est un recouvrement de Stein de Y' on a la conclusion cherchée.

b. α. Soit $\varphi : D \to \mathbf{R}$ une fonction indéfiniment différentiable définie sur un ouvert $D \subset \mathbf{C}^n (n \geqq 2)$ et fortement plurisousharmonique.

Soit $\xi_0 \in D$ et envisageons le développement de Taylor de φ au point ξ_0

$$\varphi(z) = \varphi(\xi_0) + 2\operatorname{Re} f(\xi_0, z) + L_{\xi_0}(\varphi) + [3]_{\xi_0}$$

où $[3]_{\xi_0}$ désigne un infiniment petit du 3ᵉ ordre par rapport à $\|z - \xi_0\|$ et où

$$f(\xi_0, z) = \sum_{\nu} (z_\nu - \xi_{0,\nu}) \left(\frac{\partial \varphi}{\partial z_\nu}\right)_{\xi_0} + \sum_{\mu, \nu} (z_\nu - \xi_{0,\nu})(z_\mu - \xi_{0,\mu}) \left(\frac{\partial^2 \varphi}{\partial z_\nu \partial z_\mu}\right)_{\xi_0},$$

$$L_{\xi_0}(\varphi) = \sum_{\mu, \nu} \left(\frac{\partial^2 \varphi}{\partial z_\nu \partial \bar{z}_\mu}\right)_{\xi_0} (z_\nu - \xi_{0,\nu})(\bar{z}_\mu - \bar{\xi}_{0,\mu}).$$

Par hypothèse, $L_{\xi_0}(\varphi)$ est définie positive. On peut donc choisir un voisinage U de ξ_0 dans D et une constante $a > 0$ tels que pour $z, z' \in U$, $z \neq z'$, on ait

$$(\star) \qquad \frac{L_{z'}(\varphi)}{\|z - z'\|^2} > a, \qquad \frac{|[3]_{z'}|}{\|z - z'\|^2} < \frac{1}{2} a.$$

Soit

$$Y' = \{ z \in D \mid \varphi(z) > \varphi(\xi_0) \}.$$

Si $f(\xi_0, z) \not\equiv 0$ sur l'hypersurface analytique $\{f = 0\} \cap U$, on a $\varphi(z) > \varphi(\xi_0)$ sauf au point ξ_0. Si $f(\xi_0, z) \equiv 0$ dans U tout entier, on a $\varphi(z) > \varphi(\xi_0)$ sauf au point ξ_0.

On peut donc choisir une fonction holomorphe $f \not\equiv 0$ dans U, avec $f(\xi_0) = 0$, et telle que sur $\{f = 0\}$ dans U on ait $\varphi(z) > \varphi(\xi_0)$ sauf au point ξ_0.

Posons $\xi_\nu = k_\nu (z_\nu - \xi_{0,\nu})$, les constantes $k_\nu > 0$ étant choisies de sorte que le polycylindre $\|\xi\| < 1$ soit un sous-ensemble relativement compact de U.

Choisissons $\varepsilon > 0$ de sorte que, pour tout $c \in \mathbf{C}$, avec $|c| < \varepsilon$, la frontière $\partial \{f = c, \|\xi\| < 1\}$ de l'ensemble $f = c$ dans $\|\xi\| < 1$ soit contenue dans Y'.

Si ε est suffisamment petit, on peut également démontrer que les ouverts définis par

$$|f| < \varepsilon, \qquad |\xi_i| < 1 \quad (i \neq \alpha), \qquad \frac{1}{2} < |\xi_\alpha| < 1 \quad (\alpha = 1, \ldots, n)$$

sont aussi contenus dans Y'.

Posons finalement

$$\zeta_0 = \frac{2f - \varepsilon}{2\varepsilon - f}.$$

Lorsque f varie dans le cercle $|f| < \varepsilon$, ζ_0 varie dans le cercle $|\zeta_0| < 1$, le point $f = \frac{\varepsilon}{2}$ étant envoyé dans le point $\zeta_0 = 0$.

Sur $\left\{ f = \frac{\varepsilon}{2} \right\} \cap U$, on a $\varphi(z) > \varphi(\zeta_0)$, à cause des conditions ($\bigstar$) et du choix de f. Donc il existe une constante $0 < b < 1$ telle que l'ouvert $|\zeta_0| < b$, $|\zeta_i| < 1$, $1 \leqq i \leqq n$, soit contenu dans Y'.

En conclusion, on a déterminé $n+1$ fonctions holomorphes $\zeta_0, \zeta_1, \ldots, \zeta_n$ dans U telles que :

(i) l'ouvert

$$|\zeta_0| < 1, \qquad |\zeta_i| < 1 \quad \text{pour } i \neq \alpha, \qquad \frac{1}{2} < |\zeta_\alpha| < 1$$

est contenu dans Y' pour tout $\alpha = 1, \ldots, n$;

(ii) l'ouvert

$$|\zeta_0| < b, \qquad |\zeta_i| < 1 \quad \text{pour } 1 \leqq i \leqq n$$

est contenu dans Y';

(iii) l'application $z \to \zeta$ est une application biholomorphe de l'ouvert $P = \{ |\zeta_i| < 1, 0 \leqq i \leqq n \}$ sur un sous-ensemble analytique du polycylindre $\| \zeta \| < 1$ de $\mathbf{C}^{n+1}$.

β. Choisissons $\eta > 0$ si petit que l'ouvert

$$P_\eta = \{ |\zeta_i| < 1 + \eta, 0 \leqq i \leqq n \}$$

soit contenu dans U. Soit Δ le compact de P_η défini par les inégalités

$$\varphi(z) \leqq \varphi(\zeta_0), \qquad |\zeta_i| \leqq 1.$$

D'après le théorème cité de Narasimhan [19] ou par un argument direct (*cf.* n° 10, Remarque), on voit que Δ coïncide avec sa propre enveloppe $\hat{\Delta}$ par rapport à P_η. On peut donc construire une suite décroissante de polyèdres

$$Q_\nu = \left\{ z \in P_\eta \;\middle|\; |f_{\nu,i}(z)| < \frac{1}{2}, 1 \leqq i \leqq r_\nu \right\}$$

tendant vers

$$\Delta : \quad Q_{\nu+1} \subset Q_\nu, \qquad \bigcap_\nu Q_\nu = \Delta.$$

Envisageons la suite d'ouverts $W_\nu = P - (P \cap Q_\nu)$. C'est une suite croissante d'ouverts telle que $\bigcup W_\nu = P \cap Y'$. Sans perte de généralité, on peut supposer que chaque fonction $f_{\nu,i}$ est en valeur absolue < 1 sur P.

Pour chaque ν, envisageons l'application τ_ν de P dans $\mathbf{C}^{n+r_\nu+1}$ définie par

$$w_0 = \xi_0, \quad \ldots, \quad w_n = \xi_n,$$
$$w_{n+1} = f_{\nu,1}, \quad \ldots, \quad w_{n+r_\nu} = f_{\nu,r_\nu}.$$

Elle envoie le polycylindre P biholomorphiquement sur un sous-ensemble analytique $\tau_\nu(P)$ du polycylindre $W = \{\|w\| < 1\}$.

Envisageons les domaines

$$\Delta_\alpha = \begin{cases} |w_i| < 1 & (i \neq \alpha), \\ \frac{1}{2} < |w_\alpha| < 1 & \text{pour } \alpha = 1, \ldots, n + r_\nu \end{cases}$$

et le domaine

$$\Delta_0 = \begin{cases} |w_0| < b \\ |w_i| < 1 & (i \neq 0). \end{cases}$$

Soit $Z_\nu \bigcup\limits_{\alpha=0}^{n+r_\nu} \Delta_\alpha$. Il en résulte que

$$\tau_\nu(W_\nu) \subset Z_\nu \cap \tau_\nu(P).$$

Soit $M_\nu = \tau_\nu^{-1}(Z_\nu \cap \tau_\nu(P))$. C'est une suite croissante d'ouverts telle que $\bigcup\limits_\nu M_\nu = P \cap Y'$.

Soit $N = n + r_\nu + 1$. Soit $\mathcal{I}$ le faisceau d'idéaux défini dans W par la sous-variété analytique $\tau_\nu(P)$. Comme le plongement τ_ν s'étend à un voisinage de $\overline{P}$, on aura sur W une résolution du type

(1) $$0 \to \mathcal{O}^{p_{N-n}} \to \ldots \to \mathcal{O}^{p_1} \to \mathcal{I} \to 0$$

en vertu des propositions 1 et 3. Du lemme 1, on tire que $H^s(Z_\nu, \mathcal{O}) = 0$ pour $s \neq 0$, $N - 1$. On aura donc

$$H^r(Z_\nu, \mathcal{I}) \simeq H^{r+N-n-1}(Z_\nu, \mathcal{O}^{p_{N-n}})$$

pour $r > 0$ pourvu que $r + N - n - 1 < N - 1$, i. e. pour $0 < r < n$.

En particulier, $H^1(Z_\nu, \mathcal{I}) = 0$, car on suppose $n > 1$. Dans le diagramme commutatif

$$\begin{array}{ccccccccc} 0 \to & H^0(W, \mathcal{I}) & \to & H^0(W, \mathcal{O}) & \to & H^0(P, \mathcal{O}) & \to 0 \\ \downarrow & \downarrow & & \downarrow & & \downarrow & \downarrow \\ 0 \to & H^0(Z_\nu, \mathcal{I}) & \to & H^0(Z_\nu, \mathcal{O}) & \to & H^0(M_\nu, \mathcal{O}) & \to 0 \end{array}$$

les horizontales sont des suites exactes. Les trois premiers et le dernier homomorphismes verticaux sont des bijections par le théorème d'Hartogs. Il en découle que $H^0(P, \mathcal{O}) \to H^0(M_\nu, \mathcal{O})$ est aussi une bijection.

Finalement, de la suite exacte de faisceaux

$$0 \to \mathcal{J} \to \mathcal{O} \to \mathcal{O}_{T_\nu(P)} \to 0$$

utilisée tout à l'heure, on déduit que $H^r(M_\nu, \mathcal{O}) \simeq H^{r+1}(Z_\nu, \mathcal{J})$ si

$$r+1 < N-1.$$

Donc $H^r(M_\nu, \mathcal{O}) = 0$ pour $0 < r < n-1$.

En conclusion, on a construit dans un voisinage P de ξ_0 une suite croissante d'ouverts $\{M_\nu\}$ tels que :

(i) $\bigcup_\nu M_\nu = P \cap Y'$;

(ii) $H^0(P, \mathcal{O}) \to H^0(M_\nu, \mathcal{O})$ est bijectif;

(iii) $H^r(M_\nu, \mathcal{O}) = 0$ pour $0 < r < n-1$.

De la proposition 9 on déduit le lemme suivant :

LEMME 2. — *Soit D un ouvert dans $\mathbf{C}^n$, $n \geq 2$, et φ une fonction C^∞ sur D fortement plurisousharmonique. Soit $\xi_0 \in D$ et soit*

$$Y' = \{z \in D \mid \varphi(z) > \varphi(\xi_0)\}.$$

Il existe un système fondamental de voisinages d'holomorphie P de ξ_0 dans D tels que

(i) $H_0(P, \mathcal{O}) \to H_0(P \cap Y', \mathcal{O})$ est bijectif (7);

(ii) $H^r(P \cap Y', \mathcal{O}) = 0$ pour $0 < r < n-1$.

c. Nous voulons démontrer à présent la

PROPOSITION 12. — *Soient D un ouvert dans $\mathbf{C}^n$ et φ une fonction C^∞ fortement q-pseudoconvexe sur D, $n-q \geq 1$. Pour tout point $\xi_0 \in D$, on peut trouver un système fondamental de voisinages d'holomorphie Q de ξ_0 tels que, en désignant par Y' l'ensemble $\{z \in D \mid \varphi(z) > \varphi(\xi_0)\}$, on ait :*

(i) $H^0(Q, \mathcal{O}) \to H^0(Q \cap Y', \mathcal{O})$ *est bijectif;*

(ii) $H^r(Q \cap Y', \mathcal{O}) = 0$ *pour* $0 < r < n-q$.

Preuve. — α. Il existe un espace linéaire L de dimension $n-q+1$ passant par ξ_0 tel que $\varphi|_L$ soit fortement plurisousharmonique sur L au voisinage de ξ_0. Soit U un voisinage de ξ_0 dans D tel que, sur les sections de U par les espaces linéaires de dimension $n-q+1$ parallèles à L, φ soit fortement plurisousharmonique.

---

(7) Ce fait n'est autre qu'un aspect particulier du « théorème de continuité », *cf.* BEHNKE-THULLEN [3], p. 49.

Supposons ξ_0 à l'origine, et que $z_1 = \ldots = z_{q-1} = 0$ soient les équations de L. Posons $t_1 = z_1, \ldots, t_{q-1} = z_{q-1}, \xi_1 = z_q, \ldots, \xi_{n-q+1} = z_n$. Supposons le polycylindre $\| t \| < 1, \| \xi \| < 1$ contenu dans U. Sur l'espace $L = \{ t = 0 \}$ effectuons la construction d'un petit polyèdre P au voisinage de l'origine satisfaisant aux conditions du lemme 2, par rapport à la fonction

$$\varphi(\xi) = \varphi(\xi, 0).$$

Soit

$$Y' = \{ z \in D \mid \varphi(z) > \varphi(\xi_0) \}$$

et soit Y'_t la section de Y' par l'espace $z_1 = t_1, \ldots, z_{q-1} = t_{q-1}$. On peut trouver un $\varepsilon > 0$, $\varepsilon < 1$, si petit que le polyèdre $P \times \{ t \}$ et l'ouvert Y'_t vérifient les conclusions du lemme 2 pour $\| t \| < \varepsilon$.

β. Soit $M = \{ \| t \| < \varepsilon \}$ et posons

$$Q = P \times M \quad \text{et} \quad \mathcal{V} = Q \cap Y'.$$

Envisageons $\mathcal{V} = \{ V_t \}_{t \in M}$ comme une famille de domaines dans $\mathbf{C}^{n-q+1}$, V_t étant l'ouvert $Q \cap Y'_t$.

Avec les mêmes notations qu'au théorème 3, en utilisant le lemme 2 et la proposition 9, on déduit avec un raisonnement analogue que $H^r(\mathcal{V}, \mathfrak{A}^{0,s}) = 0$ pour $s \geq 0$, et $0 < r < n - q$ (8). On peut donc représenter chaque classe de cohomologie de $H^r(\mathcal{V}, \mathcal{O})$, pour $0 < r < n - q$, par une forme ψ de type

(8) Précisément on raisonnera de la manière suivante. Pour tout $t \in M$ on peut écrire la fibre Y'_t comme réunion d'une suite croissante d'ouverts $M_\nu(t)$ tels que

(i) $H^r(M_\nu(t), \mathcal{O}) = 0$, $0 < r < n < q$;
(ii) $H^0(P \times \{ t \}, \mathcal{O}) \to H^0(M_\nu(t), \mathcal{O})$ est bijectif.

Soit K un compact dans $\mathcal{V}$. Pour tout $t \in M$ il existe un voisinage $U(t)$ de t dans M tel que

$$\pi^{-1}(U(t)) \cap K \subset U(t) \times M_{\nu_t}(t).$$

On peut donc choisir un recouvrement $\mathfrak{U} = \{ U_i(t_i) \}$ localement fini de M avec des ouverts relativement compacts dans M tel que pour chaque $U_i(t_i)$ on ait l'inclusion précédente.

Posons $\mathcal{W}(K) = \bigcup_i U(t_i) \times M_{\nu_{t_i}}(t_i)$. Si $0 < r < n - q$ pour toute forme $\varphi^{0,r} \in \mathfrak{Z}^{0,r}(\mathcal{V}^r)$ on peut alors trouver une forme $\varphi^{0,r-2}$ sur $\mathcal{W}(K)$ indéfiniment différentiable et de type $(0, r-1)$ en les différentielles le long des fibres telle que $\varphi^{0,r} |_{\mathcal{W}} = \partial'' \psi^{0,r-1}$.

Ceci étant, soit $\{ K_s \}$ une suite croissante de compacts de $\mathcal{V}$, tels que

$$K_s \subset \mathring{K}_{s+1} \mathcal{V} = \bigcup_s K_s.$$

Posons $\mathcal{W}_s = \mathcal{W}(K_s)$.

Il suit de là que $\mathfrak{Z}^{0,r}(\mathcal{V}) \to \mathfrak{Z}^{0,r}(\mathcal{W}_s)$ a une image dense pour $0 \leqq r < n - q$. Le cas $r = 0$ découle immédiatement de la condition (ii), car toute fonction indéfiniment diffé-

$(0, r)$ en les différentielles de base, à coefficients indéfiniment différentiables et holomorphes le long des fibres et $\bar{\partial}_t$ fermée.

Les coefficients de ψ s'étendent de manière naturelle à des fonctions sur $P \times M$ holomorphes sur chaque fibre $P \times \{t\}$. En regardant le développement de Taylor en chaque point et le prolongement analytique des coefficients de ψ, ou en utilisant l'intégrale de Weil (compte tenu du fait que la frontière distinguée de $P \times \{t\}$ est dans Y'_t et restreignant un peu et génériquement le polyèdre $P \times \{t\}$), on reconnaît que les fonctions étendues sont des fonctions indéfiniment différentiables. En plus, la forme étendue ψ reste $\bar{\partial}_t$ fermée.

Il résulte donc que l'homomorphisme de restriction

$$H^r(Q, \mathcal{O}) \to H^r(\mathcal{V}, \mathcal{O})$$

est surjectif pour $0 \leq r < n - q$. Pour $r = 0$, ce sera un isomorphisme et comme $H^r(Q, \mathcal{O}) = 0$ pour $r > 0$, on a aussi la deuxième partie de la conclusion.

Par dualité, pour les mêmes hypothèses, on obtient le

Corollaire. — *On a $H^s_k(Q \cap Y', \mathcal{O}) = 0$ pour $q + 1 < s < n$ et l'homomorphisme $H^n_k(Q \cap Y', \mathcal{O}) \to H^n_k(Q, \mathcal{O})$ est bijectif si $n > q + 1$.*

Preuve. — On a la suite exacte d'espaces de Fréchet :

$$\Gamma(Q \cap Y', A^{0,r-1}) \xrightarrow{\bar{\partial}} \Gamma(Q \cap Y', A^{0,r}) \xrightarrow{\bar{\partial}} \Gamma(Q \cap Y', A^{0,r+1}).$$

La deuxième application $\bar{\partial}$ sera un homomorphisme si $H^{r+1}(Q \cap Y', \mathcal{O}) = 0$, i. e. pour $r + 1 < n - q$. Par la dualité de Serre, on a donc la première assertion.

De plus, la suite

$$0 \to H^0(Q, \mathcal{O}) \xrightarrow{i} \Gamma(Q, A^{0,0}) \xrightarrow{\bar{\partial}} \Gamma(Q, A^{0,1})$$

est aussi exacte et $\bar{\partial}$ est un homomorphisme, car $H^1(Q, \mathcal{O}) = 0$. De même pour $Q \cap Y'$ au lieu de Q, en vertu de la proposition précédente, car $n > q + 1$. En dualisant, on a

$$H^n_k(Q, \mathcal{O}) \simeq (H^0(Q, \mathcal{O}))', \qquad H^n_k(Q \cap Y', \mathcal{O}) \simeq (H^0(Q \cap Y', \mathcal{O})).$$

De là notre affirmation.

---

rentiable et holomorphe le long des fibres de $\mathcal{V}$, se prolonge à une fonction, holomorphe le long des fibres sur $Q = P \times M$, et qui est aussi indéfiniment différentiable sur Q comme il résulte du prolongement analytique.

Le raisonnement de la proposition 9 permet alors de conclure que

$$H^r(\mathcal{V}, \mathfrak{A}) = 0 \qquad \text{pour } 0 < r < n - q$$

Exemple. — Soit D un ouvert d'holomorphie dans $\mathbf{C}^n$, $z^{(1)}, \ldots, z^{(k)}$ des points de D. Soient U_i, pour $i = 1, \ldots, k$, des boules disjointes de centre $z^{(i)}$ dans D. De la suite exacte pour le couple $\bigcup_{i=1}^{k} U_i \subset D$, on déduit que

$$H^r\Big(D - \bigcup_i U_i, \mathcal{O}\Big) = 0 \qquad \text{pour} \quad 0 < r < n - 1.$$

Par approximation, si $n > 2$, on obtient (propos. 9) $H^r\Big(D - \bigcup z^{(i)}, \mathcal{O}\Big) = 0$. Ce résultat pourrait aussi être déduit comme au lemme 2. Ceci étant, soit A un sous-ensemble analytique de dimension k dans le polycylindre $P = \{\, \| z \| < 1 \,\}$ de $\mathbf{C}^n$. Supposons que les espaces $z_1 = c_1, \ldots, z_k = c_k$, $\| c \| < 1$ coupent A en un nombre fini de points (pour tout point d'un ensemble analytique, il existe toujours un voisinage de telle sorte). On aura alors comme à la proposition précédente,

$$H^r(P - A, \mathcal{O}) = 0 \qquad \text{pour} \quad 0 < r < n - k - 1 = \operatorname{codim}(A) - 1.$$

En utilisant le théorème de Leray sur les recouvrements acycliques en dessous d'une certaine dimension ([9]), on retrouve d'intéressants théorèmes signalés par Scheja [23]. Pour traiter le cas d'un faisceau cohérent quelconque on se ramène au cas précédent en utilisant la dimension homologique du faisceau.

4. Cohomologie aux points frontière des domaines d'un espace analytique.

12. Domaines q-pseudoconvexes. — Soit V un sous-ensemble analytique d'un domaine $D \subset \mathbf{C}^N$ et soit $\xi \in V$. Soit φ une fonction indéfiniment différentiable sur V et fortement q-pseudoconvexe. Nous supposerons que φ est restriction à V d'une fonction $\hat{\varphi}$ indéfiniment différentiable et fortement q-pseudoconvexe dans D. Soit $\mathcal{F}$ un faisceau cohérent sur V et soit $\mathcal{F}$ son extension triviale à D. Sur un voisinage suffisamment petit U^* de ξ_0 (*cf.* propos. 1) considérons une résolution de Hilbert de $\hat{\mathcal{F}}$:

$$0 \to \mathcal{O}^{p_d} \to \ldots \to \mathcal{O}^{p_0} \to \hat{\mathcal{F}} \to 0.$$

Soit Y l'ouvert

$$Y = \{\, z \in D \mid \hat{\varphi}(z) > \varphi(\xi_0) \,\}.$$

Théorème 5. — *Si U^* est un voisinage d'holomorphie suffisamment petit de ξ_0 dans D, pour tout voisinage $U \Subset U^*$ d'holomorphie de ξ_0 dans D qui soit de Runge dans U^*, et tout faisceau cohérent $\mathcal{F}$ sur V, on a*

$$H^r((U \cap Y) \cap V, \mathcal{F}) = 0 \qquad \textit{pour} \quad r \geq q.$$

([9]) *Cf.*, par exemple le Séminaire E. E. Levi, Pisa, 1959.

Preuve. — Soit $Z^l = \mathrm{Im}(\mathcal{O}^{p_{l+1}} \to \mathcal{O}^{p_l})$. On a donc les suites exactes :

$$0 \to Z^0 \to \mathcal{O}^{p_0} \to \hat{\mathcal{F}} \to 0,$$
$$\ldots\ldots\ldots\ldots\ldots\ldots\ldots,$$
$$0 \to Z^l \to \mathcal{O}^{p_l} \to Z^{l-1} \to 0.$$
$$\ldots\ldots\ldots\ldots\ldots\ldots\ldots,$$
$$0 \to \mathcal{O}^{p_d} \to \mathcal{O}^{p_{d-1}} \to Z^{d-2} \to 0,$$

En vertu de la proposition **11**, on en déduit

$$H^r((U \cap Y) \cap V, \mathcal{F}) \simeq H^r(U \cap Y\, \hat{\mathcal{F}})$$
$$\simeq H^{r+h}(U \cap Y, Z^{h-1}) \qquad \text{pour} \quad r \geqq q.$$

Si $h \geqq d$, le dernier groupe est nul.

13. Théorème d'approximation.

a. Soit X un espace analytique complexe à topologie de type dénombrable. Soit $\mathcal{F}$ un faisceau analytique cohérent sur X. Par un *recouvrement* $\mathfrak{U} = \{U_\nu\}_{\nu \in \mathbf{Z}}$ *adapté à* $\mathcal{F}$ nous entendons un système d'ouverts U_ν d'holomorphie ([10]) relativement compacts dans X, et tels que :

(i) les U_ν forment une base d'ouverts de X (i. e. chaque ouvert de X est réunion de certains U_ν);

(ii) sur chaque U_ν on s'est donné un épimorphisme $\mathcal{O}^q \to \mathcal{F}$.

On sait (*cf.* [6]) que chaque espace $\Gamma(U_{\nu_0 \ldots \nu_l}, \mathcal{F})$ est muni de façon naturelle d'une structure d'espace de Fréchet. Donc l'espace

$$C^l(\mathfrak{U}, \mathcal{F}) = \prod \Gamma(U_{\nu_0 \ldots \nu_l}, \mathcal{F})$$

avec la topologie du produit est un espace de Fréchet. De même l'espace $\tilde{C}^l(\mathfrak{U}, \mathcal{F})$ des cochaînes alternées, en tant que sous-espace fermé du précédent, est aussi un espace de Fréchet.

Si U^* est un ouvert d'holomorphie contenu dans l'ouvert d'holomorphie $U_\nu \in \mathfrak{U}$, l'application de restriction $\Gamma(U_\nu, \mathcal{F}) \to \Gamma(U^*, \mathcal{F})$ est continue (et même complètement continue si $U^* \Subset U_\nu$). Il résulte que l'application cobord

$$\delta: \quad C^l(\mathfrak{U}, \mathcal{F}) \to C^{l+1}(\mathfrak{U}, \mathcal{F})$$

est continue et que si $\mathfrak{U}^* = \{U_\nu^*\}_{\nu \in \mathbf{Z}}$ est un raffinement de $\mathfrak{U}$, l'application de restriction $C^l(\mathfrak{U}, \mathcal{F}) \to C^l(\mathfrak{U}^*, \mathcal{F})$ est continue.

b. Soit X une variété et soit A^q le faisceau des germes de formes C^∞ de type $(0, q)$ sur X. Pour tout ouvert $U \subset X$ munissons l'espace $\Gamma(U, A^q)$ de

([10]) On entend par là que chaque U_ν est un espace de Stein.

la topologie de la convergence compacte des coefficients des formes et de toutes leurs dérivées. On obtient un espace de Fréchet. L'espace

$$C^{l,q}(\mathfrak{U}) = C^l(\mathfrak{U}, A^q) = \prod \Gamma(U_{\nu_0 \ldots \nu_l}, A^q)$$

avec la topologie produit est un espace de Fréchet. Les deux applications

$$\bar{\partial}: \quad C^{l,q}(\mathfrak{U}) \to C^{l,q+1}(\mathfrak{U}) \qquad \text{et} \qquad \delta: \quad C^{l,q}(\mathfrak{U}) \to C^{l+1,q}(\mathfrak{U})$$

sont des applications linéaires continues (ici $\bar{\partial}$ désigne la différentiation extérieure par rapport aux coordonnées complexes conjuguées dans X).

Soit $Z^q = \operatorname{Ker}\left(A^q \xrightarrow{\bar{\partial}} A^{q+1}\right)$. Pour tout ouvert U, l'espace $\Gamma(U, Z^q)$, est un sous-espace fermé de $\Gamma(U, A^q)$, donc un espace de Fréchet. Il en est de même de $C^l(\mathfrak{U}, Z^q)$, et aussi, comme δ est continu, de $Z^l(U, Z^q)$.

Soit X' un ouvert dans X, désignons par $\mathfrak{U}|_{X'}$ le recouvrement de X'

$$\mathfrak{U}|_{X'} = \{ U_\nu \in \mathfrak{U} \mid U_\nu \subset X' \}.$$

Proposition 13. — *Si l'image de $\Gamma(X, Z^l)$ dans $\Gamma(X', Z^l)$ est dense dans cet espace, alors pour tout recouvrement $\mathfrak{U}$ adapté à $\mathcal{O}$ l'image de $Z^l(\mathfrak{U}, \mathcal{O})$ dans $Z^l(\mathfrak{U}|_{X'}, \mathcal{O})$ est dense dans cet espace.*

Preuve.

α. Désignons par $\mathfrak{U}'$ le recouvrement $\mathfrak{U}|_{X'}$ de X'. Soit $\varphi^l \in \Gamma(X', Z^l)$. Posons $\varphi^l_{\nu_0} = \varphi^l|_{U_{\nu_0}}$. Comme U_{ν_0} est un ouvert d'holomorphie, on peut trouver

$$\varphi^{l-1} = \{ \varphi^{l-1}_{\nu_0} \} \in C^0(\mathfrak{U}', A^{l-1})$$

tel que

$$\varphi^l_{\nu_0} = \bar{\partial}\varphi^{l-1}_{\nu_0}.$$

On aura $\delta\varphi^{l-1} \in Z^1(\mathfrak{U}', Z^{l-1})$. Comme $U_{\nu_0\nu_1}$ est un ouvert d'holomorphie, on peut trouver

$$\varphi^{l-2} = \{ \varphi^{l-2}_{\nu_0\nu_1} \} \in C^1(\mathfrak{U}', A^{l-2})$$

tel que

$$(\delta\varphi^{l-1})_{\nu_0\nu_1} = \bar{\partial}\varphi_{\nu_0\nu_1}.$$

On aura $\delta\varphi^{l-2} \in Z^2(\mathfrak{U}', Z^{l-2})$. En raisonnant comme tout à l'heure et ainsi de suite on construit pour $0 \leqq i \leqq l$ des éléments

$$\varphi^{l-i} = \{ \varphi^{l-i}_{\nu_0 \ldots \nu_{i-1}} \} \in C^{i-1}(\mathfrak{U}', A^{l-i})$$

pour lesquels

$$\delta\varphi^{l-i} \in Z^i(\mathfrak{U}', Z^{l-i}), \qquad (\delta\varphi^{l-i})_{\nu_0 \ldots \nu_i} = \bar{\partial}\varphi^{l-i-1}_{\nu_0 \ldots \nu_i}.$$

Pour $i = l$ on aura

$$\varphi^0 = \{ \varphi^0_{\nu_0 \ldots \nu_{l-1}} \} \in C^{l-1}(\mathfrak{U}', A^0)$$

tel que

$$\delta\varphi^0 \in Z^l(\mathfrak{U}', \mathcal{O}).$$

Ce cocycle est dans la classe de cohomologie définie par φ^l en vertu de l'isomorphisme de Dolbeault. En effet, on n'a fait que rendre explicite cet isomorphisme.

β. Par l'hypothèse que l'image de $\Gamma(X, Z^l)$ est dense dans $\Gamma(X', Z^l)$ on peut trouver une suite $\psi^l(n) \in \Gamma(X, Z^l)$ telle que $\psi^l(n)|_{X'}$ tende vers φ^l.

Posons $\psi^l_{\nu_0}(n) = \psi^l(n)|_{U_{\nu_0}}$. On peut trouver

$$\psi^{l-1}(n) = \{\psi^{l-1}_{\nu_0}(n)\} \in C^0(\mathfrak{U}, A^{l-1})$$

tel que

$$\psi^l_{\nu_0}(n) = \bar{\partial}\psi^{l-1}_{\nu_0}(n).$$

Or, remarquons que l'application

$$\Gamma(U_{\nu_0}, A^{l-1}) \xrightarrow{\bar{\partial}} \Gamma(U_{\nu_0}, Z^l)$$

est surjective; elle est donc un homomorphisme d'espaces de Fréchet.

Supposons $U_{\nu_0} \subset X'$, comme $\psi^l_{\nu_0}(n)$ tend vers $\varphi^l_{\nu_0}$, on peut choisir $\{\psi^{l-1}_{\nu_0}(n)\}$ de sorte que cette suite tende vers $\varphi^{l-1}_{\nu_0}$.

On aura

$$\delta\psi^{l-1}(n) \in Z^1(\mathfrak{U}, Z^{l-1})$$

et, si U_{ν_0}, $U_{\nu_1} \subset X$ on aura

$$\lim_{n\to\infty}(\delta\psi^{l-1}(n))_{\nu_0\nu_1} = (\delta\varphi^{l-1})_{\nu_0\nu_1}.$$

On peut trouver

$$\psi^{l-2}(n) = \{\psi^{l-2}_{\nu_0\nu_1}(n)\} \in C^1(\mathfrak{U}, A^{l-2})$$

tel que

$$(\delta\psi^{l-1}(n))_{\nu_0\nu_1} = \bar{\partial}\psi^{l-2}_{\nu_0\nu_1}(n).$$

De plus, on peut demander que, si $\mathfrak{U}_{\nu_0}$, $\mathfrak{U}_{\nu_1} \subset X'$, on ait

$$\lim_{n\to\infty}\psi^{l-2}_{\nu_0\nu_1}(n) = \varphi^{l-2}_{\nu_0\nu_1}.$$

Ainsi de suite, on construit pour $0 \leqq i \leqq l$ des éléments

$$\psi^{l-i}(n) = \{\psi^{l-i}_{\nu_0\ldots\nu_{i-1}}(n)\} \in C^{i-1}(\mathfrak{U}, A^{l-i}),$$

pour lesquels

$$\delta\psi^{l-i}(n) \in Z^i(\mathfrak{U}, Z^{l-i}), \qquad (\delta\psi^{l-i}(n))_{\nu_0\ldots\nu_i} = \bar{\partial}\psi^{l-i-1}_{\nu_0\ldots\nu_i}(n)$$

et si $U_{\nu_0}, \ldots, U_{\nu_i} \subset X'$, on ait

$$\lim_{n\to\infty}\psi^{l-i}_{\nu_0\ldots\nu_{i-1}}(n) = \varphi^{l-i}_{\nu_0\ldots\nu_{i-1}}.$$

Pour $i = l$ on aura

$$\psi^0(n) = \{\psi^0_{\nu_0\ldots\nu_{l-1}}(n)\} \in C^{l-1}(\mathfrak{U}, A^0)$$

tel que

$$\delta\psi^0(n) \in Z^l(\mathfrak{U}, \mathcal{O})$$

et si $U_{\nu_0}, \ldots, U_{\nu_l} \subset X'$,

$$\lim_{n\to\infty}(\delta\psi^0(n)_{\nu_0\ldots\nu_l}) = (\delta\varphi^0)_{\nu_0\ldots\nu_l}.$$

γ. Soit $\xi' \in Z^l(\mathfrak{U}, \mathcal{O})$ et soit $\varphi^l \in \Gamma(X', Z^l)$ une forme dans la même classe de cohomologie.

Soit γ' le cocycle $\delta\varphi^0$ construit en α. On aura

$$\xi' = \gamma' + \delta\eta', \qquad \text{avec} \quad \eta' \in C^{l-1}(\mathfrak{U}', \mathcal{O}).$$

Soit $\eta \in C^{l-1}(\mathfrak{U}, \mathcal{O})$ telle que

$$\eta_{\nu_0\ldots\nu_{l-1}} = \eta'_{\nu_0\ldots\nu_{l-1}} \quad \text{si} \quad U_{\nu_0}, \ldots, U_{\nu_{l-1}} \subset X'.$$

Soit $\gamma(n)$ le cocycle $\delta\psi^0(n)$ construit en β. Posons

$$\xi(n) = \gamma(n) + \delta\eta.$$

Des considérations précédentes il résulte que

$$\lim_{n\to\infty} r^{\mathfrak{U}}_{\mathfrak{U}'}\gamma(n) = \gamma' \qquad \text{et} \qquad r^{\mathfrak{U}}_{\mathfrak{U}'}\eta = \eta'$$

donc que

$$\lim_{n\to\infty} r^{\mathfrak{U}}_{\mathfrak{U}'}\xi(n) = \xi'.$$

Ceci achève la démonstration.

Soit à présent D un ouvert dans C^n et φ une fonction indéfiniment différentiable fortement q-pseudoconvexe. Soit

$$\zeta_0 \in D \qquad \text{et} \qquad Y = \{z \in D \mid \varphi(z) < \varphi(\zeta_0)\}.$$

Soit U^* un voisinage d'holomorphie suffisamment petit de ζ_0 dans D et soit $U \Subset U^*$ un deuxième voisinage d'holomorphie qui soit de Runge dans U^*. D'après la proposition 11, on sait que $\Gamma(U, Z^l)$ a une image dense dans $\Gamma(U \cap Y, Z^l)$ pour tout $l \geqq q-1$. D'après la proposition 13, il résulte que pour tout recouvrement $\mathfrak{U}$ de D adapté à $\mathcal{O}$ l'image de $Z^l(\mathfrak{U}|_U, \mathcal{O})$ dans $Z^l(\mathfrak{U}|_{U\cap Y}, \mathcal{O})$ est dense pour $l \geqq q-1$.

Proposition 14. — *Pour tout faisceau cohérent $\mathcal{F}$ sur D et tout $l \geqq q-1$, $Z^l(\mathfrak{U}|_U, \mathcal{F})$ a une image dense dans $Z^l(\mathfrak{U}|_{U\cap Y}, \mathcal{F})$.*

Preuve. — Comme $\bar{U}$ est un compact d'un ouvert d'holomorphie U^*, on peut trouver un nombre fini de sections de $\mathcal{F}$ sur U^* qui engendrent $\mathcal{F}$ en chaque point de U. On peut donc trouver sur U une suite exacte

$$(\bigstar) \qquad 0 \to \mathcal{G} \to \mathcal{O}^q \to \mathcal{F} \to 0.$$

Envisageons le diagramme commutatif

$$\begin{array}{ccc} Z^l(\mathfrak{U}\,|_U, \mathcal{O}^q) & \xrightarrow{\alpha} & Z^l(\mathfrak{U}\,|_U, \mathcal{F}) \\ \downarrow r & & \downarrow r \\ Z^l(\mathfrak{U}\,|_{U\cap Y}, \mathcal{O}^q) & \xrightarrow{\beta} & Z^l(\mathfrak{U}\,|_{U\cap Y}, \mathcal{F}). \end{array}$$

En utilisant le théorème 5 qui prouve $H^r(\mathfrak{U}\,|_{U\cap Y}, \mathcal{G}) = 0$ pour $r \geq q$ et la suite de cohomologie associée à la suite exacte ($\bigstar$), on voit que

$$H^l(\mathfrak{U}|_{U\cap Y}, \mathcal{O}^q) \to H^l(_{U\cap Y}, \mathcal{F})$$

est surjectif pour $l \geq q-1$.

Soit $\xi' \in Z^l(\mathfrak{U}\,|_{U\cap Y}, \mathcal{F})$. De la dernière remarque il suit qu'on peut trouver

$$\eta' \in Z^l(\mathfrak{U}\,|_{U\cap Y}, \mathcal{O}^q) \qquad \text{et} \qquad \gamma' \in C^{l-1}(\mathfrak{U}\,|_{U\cap Y}, \mathcal{F})$$

tels que

$$\xi' = \beta(\eta') + \delta\gamma'.$$

On peut construire

$$\gamma \in C^{l-1}(\mathfrak{U}\,|_U, \mathcal{F}) \qquad \text{tel que} \quad r\gamma = \gamma'.$$

On peut aussi trouver une suite

$$\eta(n) \in Z^l(\mathfrak{U}\,|_U, \mathcal{O}^q) \qquad \text{telle que} \quad r\eta(n) \to \eta'$$

(*cf.* remarque précédant l'énoncé de la proposition 14). Posons

$$\xi(n) = \alpha(\eta(n)) + \delta\gamma.$$

Comme α, β et les homomorphismes de restriction sont des applications continues, on a $r\xi(n) \to \xi'$.

C. Q. F. D.

a. Soit V un sous-ensemble analytique de D et soit $\xi_0 \in V$. Soit $\mathfrak{V} = \mathfrak{U} \cap V = \{U_\nu \cap V\}$ le recouvrement découpé par $\mathfrak{U}$ sur V (11). Soit $\mathcal{F}$ un faisceau analytique cohérent sur V. Avec les mêmes notations que tout à l'heure, on a le

THÉORÈME 6. — *Pour $l \geq q-1$, l'espace $Z^l(\mathfrak{V}\,|_{U\cap Y}, \mathcal{F})$ à une image dense dans l'espace $Z^l(\mathfrak{V}\,|_{(U\cap Y)\cap Y}, \mathcal{F})$.*

(11) Remarquons que tout recouvrement de V avec des ouverts d'holomorphie a un raffinement qui est découpé par un recouvrement de U avec des ouverts d'holomorphie.

Preuve. — Soit $\hat{\mathcal{F}}$ l'extension triviale de $\mathcal{F}$ à D. On a un diagramme commutatif

$$\begin{array}{ccc} Z^l(\mathfrak{U}|_U, \hat{\mathcal{F}}) & \xrightarrow{\alpha} & Z^l(\mathfrak{V}|_{U\cap V}, \mathcal{F}) \\ \downarrow r & & \downarrow r \\ Z^l(\mathfrak{U}|_{U\cap Y}, \hat{\mathcal{F}}) & \xrightarrow{\beta} & Z^l(\mathfrak{V}|_{(U\cap Y)\cap V}, \mathcal{F}) \end{array}$$

où α et β sont des isomorphismes d'espaces de Fréchet.

14. Cohomologie à supports compacts.

a. Reprenons la situation envisagée au nº 13. Nous supposerons que la dimension N de l'espace ambiant est égale à la dimension de l'espace tangent de Zariski à V en ξ_0. Pour la résolution de Hilbert envisagée du faisceau $\hat{\mathcal{F}}$ on aura $N-d=\mathrm{dih}_{\xi_0}(\mathcal{F})$.

Théorème 7. — *Si U^* est un voisinage d'holomorphie suffisamment petit de ξ_0 dans D, pour tout voisinage $U \Subset U^*$ d'holomorphie de ξ_0 dans D qui soit de Runge dans U^*, on a*

$$H_k^r((U\cap Y)\cap V, \mathcal{F})=0 \qquad \textit{pour} \quad 0\leqq r\leqq \mathrm{dih}_{\xi_0}(\mathcal{F})-q.$$

Preuve. — Comme dans la démonstration du théorème 5, on aura

$$H_k^r((U\cap Y)\cap V, \mathcal{F})\simeq H_k^r(U\cap Y, \hat{\mathcal{F}})\simeq H_k^{r+h}(U\cap Y, Z^{h-1})$$

pourvu que $r+h\leqq N-q$ (propos. 11). Pour $h=d$ on obtient le résultat cherché.

b. Avec les mêmes notations, on a le

Théorème 8. — *L'homomorphisme*

$$H_k^{\mathrm{dih}_{\xi_0}(\mathcal{F})-q+1}((U\cap Y)\cap V, \mathcal{F})\to H_k^{\mathrm{dih}_{\xi_0}(\mathcal{F})-q+1}(U\cap V, \mathcal{F})$$

est injectif.

Preuve. — On doit démontrer que

$$H_k^\rho(U\cap Y, \hat{\mathcal{F}})\to H_k^\rho(U, \hat{\mathcal{F}}))$$

est injectif pour $\rho=\mathrm{dih}_{\xi_0}(\hat{\mathcal{F}})-q+1$. On est donc ramené à démontrer un théorème pour les faisceaux sur D.

Si $\hat{\mathcal{F}}\simeq \mathcal{O}^p$ i. e. $\mathrm{dih}_{\xi_0}(\mathcal{F})=N$ le théorème est vrai (propos. 11). Par récur rence descendante, admettons le théorème démontré pour tout faisceau $\mathcal{G}$ sur D avec $\mathrm{dih}_{\xi_0}(\mathcal{G})>\mathrm{dih}_{\xi_0}(\hat{\mathcal{F}})$. De la suite exacte

$$0\to Z^0\to \mathcal{O}^{p_0}\to \hat{\mathcal{F}}\to 0,$$

on déduit le diagramme commutatif à lignes exactes

$$\begin{array}{ccccc} H_k^{\rho}(U\cap Y, \mathcal{O}^{p_0}) & \to & H_k^{\rho}(U\cap Y, \hat{\mathcal{F}}) & \to & H_k^{\rho+1}(U\cap Y, Z^0) \\ \downarrow & & \downarrow\beta & & \downarrow\alpha \\ H_k^{\rho}(U, \mathcal{O}^{p_0}) & \to & H_k^{\rho}(U, \hat{\mathcal{F}}) & \to & H_k^{\rho+1}(U, Z^0). \end{array}$$

Comme

$$\rho = \mathrm{dih}_{\xi_0}(\hat{\mathcal{F}}) - q + 1 < N - q + 1$$

on aura (th. 7)

$$H_k^{\rho}(U\cap Y, \mathcal{O}^{p_0}) = 0.$$

De plus, U est d'holomorphie, donc $H_k^{\rho}(U, \mathcal{O}^{p_0}) = 0$. Comme

$$\mathrm{dih}_{\xi_0}(Z^0) = \mathrm{dih}_{\xi_0}(\hat{\mathcal{F}}) + 1,$$

l'homomorphisme α est injectif. De ceci et du diagramme précédent on déduit que β est aussi injectif.

15. **Domaines q-pseudoconcaves.** — Reprenons les notations du n° **12** en remplaçant l'ouvert Y par

$$Y' = \{ z\in D \mid \hat{\varphi}(z) > \hat{\varphi}(\xi_0) \}.$$

Supposons aussi que la dimension N de l'espace $\mathbf{C}^N$ soit égale à la dimension de l'espace tangent de Zariski à V au point ξ_0.

Théorème 9. — *Il existe un système fondamental de voisinages d'holomorphie Q de ξ_0 dans D tels que*

$$H^r((Q\cap Y')\cap V, \mathcal{F}) = 0 \qquad \text{pour} \quad 0 < r < \mathrm{dih}_{\xi_0}(\mathcal{F}) - q.$$

Preuve. — Comme aux théorèmes 5 et 7 en utilisant la proposition 12.

Théorème 10. — *Avec les mêmes notations, si* $\mathrm{dih}_{\xi_0}(\mathcal{F}) > q$, *il résulte que l'homomorphisme*

$$H^0(Q\cap V, \mathcal{F}) \to H^0((Q\cap Y')\cap V, \mathcal{F})$$

est bijectif.

Preuve. — Des suites exactes

$$\begin{array}{l} 0 \to Z^0 \to \mathcal{O}^{p_0} \to \hat{\mathcal{F}} \to 0, \\ 0 \to Z^1 \to \mathcal{O}^{p_1} \to Z^0 \to 0, \\ \dots\dots\dots\dots\dots\dots\dots\dots, \\ 0 \to \mathcal{O}^{p_d} \to \mathcal{O}^{p_{d-1}} \to Z^{d-2} \to 0 \end{array}$$

(*cf.* démonstration du théorème 5), on déduit que

$$H^1(Q\cap Y', Z^l) \cong H^{d-l}(Q\cap Y', \mathcal{O}^{p_d}) = 0$$

si $0 < d - i < N - q$ (propos. 12). Cela a lieu pour $i = 0, 1, \ldots, d-1$ puisque $d < N - q$, car $\mathrm{dih}_{\xi_0}(\mathcal{F}) = N - d > q$.

Donc on a les suites exactes

$$0 \to H^0(Q \cap Y', Z^0) \to H^0(Q \cap Y', \mathcal{O}^{p_0}) \to H^0((Q \cap Y') \cap V, \mathcal{F}) \to 0,$$
$$0 \to H^0(Q \cap Y', Z^i) \to H^0(Q \cap Y', \mathcal{O}^{p_{i-1}}) \to H^0(Q \cap Y', Z^{i-1}) \to 0,$$
$$0 \to H^0(Q \cap Y', \mathcal{O}^{p_d}) \to H^0(Q \cap Y', \mathcal{O}^{p_{d-1}}) \to H^0(Q \cap Y', Z^{d-2}) \to 0.$$

On en déduit l'exactitude de la suite

$$0 \to H^0(Q \cap Y', \mathcal{O}^{p_d}) \to H^0(Q \cap Y', \mathcal{O}^{p_{d-1}}) \to \ldots$$
$$\to H^0(Q \cap Y', \mathcal{O}^{p_0}) \to H^0((Q \cap Y') \cap V, \mathcal{F}) \to 0.$$

De même, on a une suite exacte analogue en remplaçant $Q \cap Y'$ par Q. Par restriction, cette deuxième suite s'applique dans la première. Tous les homomorphismes de restriction sont bijectifs, sauf peut-être pour

$$H^0(Q \cap V, \mathcal{F}) \to H^0((Q \cap Y') \cap V, \mathcal{F}).$$

Du « lemme des cinq » on déduit que cet homomorphisme est aussi bijectif.

5. Espaces q-pseudoconvexes et q-pseudoconcaves.

16. Espaces fortement q-pseudoconvexes (q-pseudoconcaves).

a. Soit X un espace analytique complexe, soit B un ouvert dans X. Désignons par $\partial B = \bar{B} - B$ la frontière de B.

Nous supposerons que pour tout point $\xi_0 \in \partial B$ on peut trouver un voisinage U de ξ_0 dans X et une fonction indéfiniment différentiable φ sur U à valeurs réelles tels que

$$B \cap U = \{x \in U \mid \varphi(x) < \varphi(\xi_0)\}.$$

Nous dirons que ∂B est

(i) *fortement q-pseudoconvexe au voisinage du point* ξ_0 si l'on peut choisir la fonction φ fortement q-pseudoconvexe ($q \geq 1$);

(ii) *fortement q-pseudoconcave au voisinage du point* ξ_0 si l'on peut choisir la fonction $-\varphi$ fortement q-pseudoconvexe ($q \geq 1$).

Nous dirons que ∂B *est fortement q pseudoconvexe* (*fortement q-pseudoconcave*) si ∂B est telle au voisinage de chacun de ses points.

b. Étant donné un ouvert $B \Subset X$ dont la frontière ∂B est fortement q-pseudoconvexe, est-il possible de trouver un voisinage U de ∂B et une fonction φ fortement q-pseudoconvexe sur U tels que

$$B \cap U = \{x \in U \mid \varphi(x) < 0\}?$$

Nous pouvons démontrer que la réponse est affirmative dans le cas des variétés (= espaces sans singularités) :

Proposition 15. — *Soient X une variété, B un ouvert de X relativement compact à frontière fortement q-pseudoconvexe. Il existe un voisinage U de ∂B et une fonction fortement q-pseudoconvexe φ sur U tels que*

$$B \cap U = \{ x \in U \mid \varphi(x) < 0 \}.$$

Preuve. — Nous ferons d'abord quelques remarques préliminaires :

α. Soient φ_1, φ_2 deux fonctions réelles de classe C^k ($k \geq 1$) définies dans un voisinage de l'origine $\{0\} \in \mathbf{R}^m$ et nulles en $\{0\}$. Si $(d\varphi_1)_0 \neq 0$ et si φ_2 s'annule sur $\{\varphi_1 = 0\}$, alors dans un voisinage de $\{0\}$ il existe une fonction réelle h de classe C^{k-1} telle que $\varphi_2 = \varphi_1 h$.

β. Avec les mêmes notations, supposons que $(d\varphi_1)_0 = (d\varphi_2)_0 = 0$. Soit

$$H_r(u) = \sum_{\alpha,\beta} \left(\frac{\partial^2 \varphi}{\partial x_\alpha \, \partial x_\beta} \right)_0 u_\alpha u_\beta \qquad (r = 1, 2).$$

Faisons les hypothèses suivantes :

(i) $H_r(u)$ n'est pas identiquement nulle;

(ii) $\varphi_1 > 0 \Rightarrow \varphi_2 \geq 0$, $\varphi_1 < 0 \Rightarrow \varphi_2 \leq 0$,

d'où résulte

$$\varphi_2 > 0 \Rightarrow \varphi_1 \geq 0, \qquad \varphi_2 < 0 \Rightarrow \varphi_1 \leq 0.$$

Alors l'une des possibilités suivantes est vérifiée :

$$H_1(u) \geq 0, \qquad H_2(u) \geq 0;$$
$$H_1(u) \leq 0, \qquad H_2(u) \leq 0;$$

il existe une constante $\lambda > 0$ telle que $H_1(u) = \lambda \mathrm{H}_2(u)$.

La démonstration de ces faits ne présente pas de difficultés.

γ. Venons à la démonstration de la proposition. Soit $\mathfrak{U} = \{U_i\}_{i \in I}$ un recouvrement ouvert fini de ∂B, tel que sur chaque U_i on ait une fonction φ_i fortement q-pseudoconvexe telle que

$$B \cap U_i = \{ x \in U_i \mid \varphi_i(x) < 0 \}.$$

Soit ρ_i une partition de l'unité subordonnée au recouvrement $\mathfrak{U}$. Envisageons la fonction $\varphi = \exp c \sum \rho_i \varphi_i - 1$, avec $c > 0$, sur $\bigcup_i \mathfrak{U}_i$. La forme de Levi $\mathrm{L}(\varphi)$ de φ est donnée par

$$L(\varphi) = c \exp c \sum \rho_i \varphi_i \left\{ L\left(\sum \rho_i \varphi_i \right) + c \left| \partial\left(\sum \rho_i \varphi_i \right) \right|^2 \right\}.$$

Il suffit de démontrer que φ est fortement q-pseudoconvexe en chaque point $\xi_0 \in \partial B$.

Soit $\rho_i(\xi_0) \neq 0$ pour $i = i_1, \ldots, i_r$. Supposons d'abord que l'une des fonctions φ_{i_α} ait une différentielle non nulle en ξ_0, par exemple $(d\varphi_{i_1})_{\xi_0} \neq 0$. Au voisinage de ξ_0 on peut écrire

$$\varphi_{i_\alpha} = \varphi_{i_0} h_{i_\alpha}, \qquad \text{avec} \quad h_{i_\alpha}(\xi_0) > 0$$

[si $h_{i_\alpha}(\xi_0) = 0$, on a $L(\varphi_{i_\alpha}) = 0$ en ξ_0 ce qui est impossible], $\alpha = 1, \ldots, r$. On peut choisir $c > 0$ tel que φ soit fortement q-pseudoconvexe au point ξ_0 ([12]). Si, au contraire, $(d\varphi_{i_\alpha})_{\xi_0} = 0$, $\alpha = 1, \ldots, r$, les formes $L(\varphi_{i_\alpha})_{\xi_0}$ sont ou bien semi-définies toutes du même signe ou bien toutes proportionnelles avec des constantes multiplicatives > 0. Dans ce cas, quel que soit le choix de c, φ est fortement q-pseudo-convexe.

Soit $c(\xi_0)$ la borne inférieure des $c \geq 1$ tels que φ soit fortement pseudoconvexe au point ξ_0. On voit que $c(\xi_0)$ est semi-continue supérieurement sur ∂B. Donc pour $c = 2 \sup_{\xi_0 \in \partial B} c(\xi_0)$ la fonction φ répond à notre problème.

On a un résultat analogue pour les frontières fortement q-pseudoconcaves.

Remarque. — Le même argument s'applique au cas d'un espace quelconque lorsque les fonctions φ_i sont fortement pseudoconvexes (*cf.* GRAUERT, [**14**]).

c. Nous poserons les définitions suivantes.

Un espace complexe X est dit *fortement q-pseudoconvexe* s'il existe un compact $K \subset X$ et une fonction φ continue sur X et fortement q-pseudoconvexe en dehors de K telle que les ensembles

$$B_c = \{ x \in X \mid \varphi(x) < c \}$$

pour $c \in \mathbf{R}$ soient relativement compacts.

On convient de dire qu'un espace compact est *o-pseudoconvexe*. Tout espace fortement q-pseudoconvexe est aussi fortement $(q+1)$-pseudoconvexe. Si $q > 0$ et $K = \emptyset$, on dit que X est *q-complet*.

([12]) En effet, comme $(d\varphi_{i_0})_{\xi_0} \neq 0$ on peut choisir les coordonnées locales au point ξ_0 de sorte que $(\partial\varphi_{i_0})_{\xi_0} = dz_n$ et que

$$L(\varphi)_{\xi_0} = A \sum_1^{n-1} C_{\alpha\bar\beta}\, dz_\alpha d\bar z_\beta + dz_n \sum_1^{n-1} b_\alpha\, d\bar z_\alpha + d\bar z_n \sum_1^{n-1} \bar b_\alpha\, dz_\alpha$$
$$+ (Bc + k)\, dz_n\, d\bar z_n \qquad \text{avec} \quad A > 0, \qquad B > 0,$$

et

$$\sum_1^{n-q} C_{\alpha\bar\beta}\, dz_\alpha\, d\bar z_\beta > 0.$$

On dit qu'un espace complexe X est *fortement q-pseudoconcave* s'il existe un compact $K \subset X$ et une fonction $\varphi > 0$ continue sur X et fortement q-pseudoconvexe en dehors de K telle que les ensembles

$$B_c = \{ x \in X \mid \varphi(x) > c \} \qquad c \in \mathbf{R}, \quad c > 0$$

soient relativement compacts.

Comme les fonctions fortement q-pseudoconvexes n'admettent pas de maximums relatifs, il n'y a pas lieu de considérer les espaces q-complet dans le cas concave.

17. Théorème de finitude pour les parties B_c.

a. Soit X un espace topologique; soient x_1, X_2 deux parties ouvertes de X telles que $X = X_1 \cup X_2$. On pose

$$X_{12} = X_1 \cap X_2.$$

Soit $\mathcal{F}$ un faisceau de groupes commutatifs sur X et soit

$$0 \to \mathcal{F} \to \mathcal{C}^0 \to \mathcal{C}^1 \to \ldots$$

une résolution flasque de $\mathcal{F}$ sur X. Par restriction à X_μ, $\mu = 1, 2, 12$, on obtient des résolutions flasques de $\mathcal{F}|_{X_\mu}$. Comme les faisceaux $\mathcal{C}^q$, $q \geqq 0$, sont flasques, on a des suites exactes

$$0 \to \Gamma(X, \mathcal{C}^q) \overset{\alpha}{\to} \Gamma(X_1, \mathcal{C}^q) \oplus \Gamma(X_2, \mathcal{C}^q) \overset{\beta}{\to} \Gamma(X_{12}, \mathcal{C}^q) \to 0,$$

où

$$\alpha(s) = s|_{X_1} \oplus s|_{X_2}, \qquad s \in \Gamma(X, \mathcal{C}^q)$$
$$\beta(s_1 \oplus s_2) = s_1|_{X_{12}} - s_2|_{X_{12}}, \qquad s_i \in \Gamma(X_i, \mathcal{C}^q) \quad (i = 1, 2).$$

Donc on a la suite exacte de complexes

$$0 \to \bigoplus_q \Gamma(X, \mathcal{C}^q) \to \bigoplus_q (\Gamma(X_1, \mathcal{C}^q) \oplus \Gamma(X_2, \mathcal{C}^q)) \to \bigoplus_q \Gamma(X_{12}, \mathcal{C}^q) \to 0$$

et de là, en passant à la cohomologie, on a la suite exacte

$$0 \to H^0(X, \mathcal{F}) \to H^0(X_1, \mathcal{F}) \oplus H^0(X_2, \mathcal{F}) \to H^0(X_{12}, \mathcal{F}) \to \ldots$$
$$\to H^q(X, \mathcal{F}) \to H^q(X_1, \mathcal{F}) \oplus H^q(X_2, \mathcal{F}) \to H^q(X_{12}, \mathcal{F})$$
$$\to H^{q+1}(X, \mathcal{F}) \to \ldots$$

(*suite exacte de Mayer-Vietoris*)

b. Soit X un espace analytique complexe et soit B un ouvert relativement compact dans X à frontière ∂B fortement q-pseudoconvexe. Nous supposerons qu'il existe un voisinage U de ∂B dans X et une fonction φ q-pseudoconvexe sur U telle que

$$B \cap U = \{ x \in U \mid \varphi(x) < 0 \}.$$

LEMME. — *On peut choisir un recouvrement fini* $\mathfrak{U} = \{U_i\}$, $1 \leq i \leq t$, *de* ∂B *dans* X, *aussi fin qu'on veut, et une suite croissante* $\{B_j\}$, $0 \leq j \leq t$, *d'ouverts relativement compacts dans* X *à frontière fortement* q*-pseudo-convexe tels que :*

(i) $B = B_0 \subset B_1 \subset \ldots \subset B_t$, $B_0 \Subset B_t$, $B_i - B_{i-1} \Subset U_i$ pour $1 \leq i \leq t$;

(ii) *pour tout faisceau cohérent* $\mathcal{F}$ *sur* X *on a*

$$H^r(U_i \cap B_j, \mathcal{F}) = 0 \qquad \text{pour } r \geq q \quad (1 \leq i \leq t,\ 0 \leq j \leq t).$$

Preuve. — On peut choisir un recouvrement $\mathfrak{U} = \{U_i\}_{1 \leq i \leq t}$ de ∂B, $U_i \Subset U$, aussi fin qu'on veut, de sorte que les conditions suivantes soient remplies :

α. pour chaque $i = 1, \ldots, t$, il existe un voisinage ouvert $U_i^* \subset U$ de $\overline{U}_i$ et un isomorphisme ψ_i de U_i^* sur un sous-ensemble analytique V_i d'une boule D_i d'un espace numérique $\mathbf{C}^{\nu_i}$, l'ensemble $\psi_i(U_i)$ étant la partie de $\psi_i(U_i^*)$ contenue dans une boule concentrique;

β. sur chaque D_i, il existe une fonction $\hat{\varphi}_i$ fortement q-pseudoconvexe telle que $\hat{\varphi}_i \circ \psi_i = \varphi|_{U_i^*}$;

γ. les ensembles $\psi_i(U_i^*)$, $\psi_i(U_i)$ satisfont par rapport à la fonction $\hat{\varphi}_i$ les conditions des théorèmes 5 et 6 ([13]).

Pour tout faisceau cohérent $\mathcal{F}$ sur X, on aura $H^r(U_i \cap B, \mathcal{F}) = 0$ pour $r \geq q$.

Soient ρ_i des fonctions de classe C^∞ sur U telles que

$$\rho_i \geq 0, \qquad \operatorname{Supp} \rho_i \Subset U_i, \qquad \sum \rho_i(\xi_0) > 0 \quad \text{pour tout } \xi_0 \in \partial B.$$

On peut supposer que sur chaque D_j il existe des fonctions $\hat{\rho}_{ij} \geq 0$, à support compact, telles que $\rho_i|_{U_j} = \hat{\rho}_{ij} \circ \psi_i$.

Posons $\varphi_i = \varepsilon_i \rho_i$, les constantes $\varepsilon_i > 0$ étant choisies de sorte que :

α'. les fonctions $h_r = \varphi - \sum_1^r \varphi_i$, pour $1 \leq r \leq t$, soient fortement q-pseudoconvexes;

([13]) Pour appliquer les théorèmes 5 et 6 on demande : 1° par un choix convenable des coordonnées, sur les sections de D_i avec les espaces d'équations $z_1 = \text{cost}, \ldots, z_{q-1} = \text{cost}$, la fonction $\hat{\varphi}$ ait une restriction fortement plurisousharmonique; 2° le faisceau $\hat{\mathcal{F}}$, extension triviale à D_i du faisceau $\mathcal{F}|_{\psi(U)_i}$, ait une résolution avec des faisceaux libres, de longueur finie. Quitte à remplacer les boules D_i par des boules concentriques $D_i \Subset D_i$ on satisfait à la condition 1°. La deuxième condition sera automatiquement remplie en vertu de la proposition 1.

β'. Les ensembles $\psi_l(U_l^*)$, $\psi_l(U_l)$ satisfassent aux conditions des théorèmes 5 et 6 par rapport aux fonctions

$$\hat{\varphi}_l - \sum_1^r \varepsilon_j \hat{\rho}_{jl} \qquad \text{pour} \quad 1 \leqq r \leqq t.$$

Ceci est possible si les ε_l sont suffisamment petites.

Soit $B_r = \{ x \in U \mid h_r(x) < 0 \}$. A cause de la condition α', ∂B_r est fortement q-pseudoconvexe. Par la condition β' on a

$$H^p(U_i \cap B_r, \mathcal{F}) = 0 \qquad \text{pour} \quad p \geqq q$$

et tout faisceau cohérent $\mathcal{F}$ sur X. En plus,

$$B_0 = B \subset B_1 \subset \ldots \subset B_r, \qquad B_l - B_{l-1} \Subset U_l \quad (1 \leqq i \leqq t) \qquad \text{et} \qquad B_0 \Subset B_t$$

Remarque. — Supposons que pour $0 < \varepsilon < \varepsilon_0$ les ensembles

$$B_\varepsilon = B \cup \{ x \in U \mid \varphi(x) < \varepsilon \}$$

soient contenus et relativement compacts dans $B \cup U$. De la construction précédente, il résulte qu'il existe un $\varepsilon_1 > 0$, $\varepsilon_1 < \varepsilon_0$ tel que pour tout $0 < \varepsilon < \varepsilon_1$ les ensembles

$$B_{\varepsilon r} = B \cup \{ x \in U \mid h_r(x) < \varepsilon \}$$

vérifient encore les conclusions du lemme

$$B_\varepsilon = B_{\varepsilon 0} \subset B_{\varepsilon 1} \subset \ldots \subset B_{\varepsilon t}, \qquad B_{\varepsilon 0} \Subset B_{\varepsilon t}, \quad B_{\varepsilon l} - B_{\varepsilon l-1} \Subset U_l,$$
$$H^r(U_l \cap B_{\varepsilon j}, \mathcal{F}) = 0.$$

Il est clair que $B_{\varepsilon t} \Supset B_t$.

c. Supposons que X soit un espace fortement q-pseudoconvexe par rapport à une fonction φ continue et fortement q-pseudoconvexe en dehors d'un compact K.

Les ensembles

$$B_c = \{ x \in X \mid \varphi(x) < c \}$$

sont relativement compacts et à frontière fortement q-pseudoconvexe si $c > c_0 = \sup_K \varphi$.

PROPOSITION 16. — *Soit $c > c_0$; il existe un $\varepsilon > 0$ tel que l'homomorphisme de restriction*

$$H^r(B_{c+\varepsilon}, \mathcal{F}) \to H^r(B_c, \mathcal{F})$$

soit surjectif pour $r \geqq q$ et tout faisceau cohérent $\mathcal{F}$ sur X.

Preuve. — Appliquons le lemme précédent à l'ouvert $B = B_c$ et soit

$$\xi \in H^r(B, \mathcal{F}), \qquad \text{avec} \quad r \geqq q.$$

Comme $\xi_{B \cap U_1} = 0$, la classe ξ et la classe nulle sur $B_1 \cap U_1$ ont même restriction à $B \cap U_1$. Écrivons $B_1 = B \cup (B_1 \cap U_1)$. De la suite de Mayer-Vietoris, on tire qu'il existe

$$\xi_1 \in H^r(B_1, \mathcal{F}) \qquad \text{telle que} \quad \xi_1|_B = \xi.$$

On opère sur B_1, U_2, B_2 comme sur B, U_1, B_1 et l'on trouve

$$\xi_2 \in H^r(B_2, \mathcal{F}) \qquad \text{telle que} \quad \xi_2|_{B_1} = \xi_1.$$

Ainsi de suite on construit une classe

$$\xi_t \in H^r(B_t, \mathcal{F}) \qquad \text{telle que} \quad \xi_t|_B = \xi.$$

Comme $B \Subset B_t$, il suffit de prendre ε assez petit pour que $B_{c+\varepsilon} \subset B_t$.

d. Soit X un espace fortement q-pseudoconcave par rapport à une fonction $\varphi > 0$ continue et fortement q-pseudoconvexe en dehors d'un compact K. Les ensembles

$$B_c = \{ x \in X \mid \varphi(x) > c \} \qquad (c > 0)$$

sont relativement compacts et à frontière fortement q-pseudoconcave si

$$c < \inf_K \varphi = c_0.$$

On a un lemme analogue au lemme précédent, où l'inégalité $r \geqq q$ est à présent remplacée par $0 < r < \operatorname{dih}(\mathcal{F}) - q$. En utilisant les théorèmes 9 et 10, on démontre de la même manière la proposition suivante :

PROPOSITION 17. — *Soit $0 < c < c_0$; il existe un $\varepsilon > 0$, avec $c - \varepsilon > 0$ tel que l'homomorphisme de restriction*

$$H^r(B_{c-\varepsilon}, \mathcal{F}) \to H^r(B_c, \mathcal{F})$$

soit surjectif si $r < \operatorname{dih}(\mathcal{F}) - q$, $\mathcal{F}$ étant un faisceau cohérent sur X.

e. Nous pouvons à présent démontrer le

THÉORÈME 11. — *Soit X un espace fortement*

a. q-pseudoconvexe;

b. q-pseudoconcave.

Soit $\mathcal{F}$ un faisceau analytique cohérent sur X. Alors

$$\dim H^r(B_c, \mathcal{F}) < +\infty,$$

dans le cas a, si $r \geqq q$ et $c > c_0$;
dans le cas b, si $r < \operatorname{dih}(\mathcal{F}) - q$ et $0 < c < c_0$.

Preuve. — Nous démontrerons que si B est un ouvert de X qui soit relativement compact dans un ouvert $A \subset X$, si $\mathcal{F}$ est un faisceau cohérent sur X et si $H^r(A, \mathcal{F}) \to H^r(B, \mathcal{F})$ est surjectif, alors $\dim H^r(B, \mathcal{F}) < +\infty$.

Soit $\mathfrak{U} = \{U_i\}_{i \in I}$ un recouvrement de A par des ouverts U_i d'holomorphie. Nous supposerons que $B \cap U_i \neq \emptyset$ pour un nombre fini seulement d'ouverts U_i avec $1 \leq i \leq k$. Dans chaque ouvert U_i pour $1 \leq i \leq k$, choisissons un ouvert $\hat{U}_i \Subset U_i$ de sorte que $B \subset \bigcup_1^k \hat{U}_i$.

Soit $\mathfrak{V} = \{V_j\}_{j \in J}$ un recouvrement de B par des ouverts d'holomorphie : $B = \bigcup_{j \in J} V_j$. Nous pouvons supposer que $\mathfrak{V}$ est un raffinement du recouvrement $\{\hat{U}_i \cap B\}_{1 \leq i \leq k}$.

Pour chaque V_j choisissons un ouvert $\hat{U}_{\tau(j)}$ tel que $V_j \subset \hat{U}_{\tau(j)}$. On définit donc une application $\tau : J \to \{1, \ldots, k\}$. Ce n'est pas une restriction de supposer les ensembles I et J dénombrables. Par définition, on a

$$C^r(\mathfrak{U}, \mathcal{F}) = \prod_{(i_0 \ldots i_r)} \Gamma(U_{i_0 \ldots i_r}, \mathcal{F}),$$

$$C^r(\mathfrak{V}, \mathcal{F}) = \prod_{(j_0 \ldots j_r)} \Gamma(V_{j_0 \ldots j_r}, \mathcal{F}).$$

On sait (*cf.* n° 13) que ces espaces sont munis, de manière intrinsèque, d'une structure d'espace de Fréchet. Soient $\tilde{C}^r(\mathfrak{U}, \mathcal{F})$, $\tilde{C}^r(\mathfrak{V}, \mathcal{F})$ les sous-espaces des cochaînes alternées. Ce sont aussi des espaces de Fréchet et les applications de cobord δ sont des applications continues sur ces espaces.

Envisageons l'application de restriction

$$\tau^* : \quad \tilde{C}^r(\mathfrak{U}, \mathcal{F}) \to \tilde{C}^r(\mathfrak{V}, \mathcal{F}).$$

Elle est définie pour $f \in \tilde{C}^r(\mathfrak{U}, \mathcal{F})$ par la formule

$$\tau^* f(j_0, \ldots, j_r) = f(\tau(j_0), \ldots, \tau(j_r))|_{V_{j_0 \ldots j_r}}.$$

Cette application est complètement continue ([14]) car d'une part on a

$$V_{j_0} \cap \ldots \cap V_{j_r} \subset \hat{U}_{\tau(j_0)} \cap \ldots \cap \hat{U}_{\tau(j_r)} \Subset U_{\tau(j_0)} \cap \ldots \cap U_{\tau(j_r)}$$

et, d'autre part, il n'y a qu'un nombre fini de facteurs du type

$$\Gamma(U_{\tau(j_0)} \cap \ldots \cap U_{\tau(j_r)}, \mathcal{F}) \qquad \text{dans} \quad \tilde{C}^r(\mathfrak{U}, \mathcal{F}).$$

([14]) C'est-à-dire qu'elle transforme un voisinage convenable de 0 en un ensemble relativement compact; on emploie aussi aujourdhui la locution « application linéaire compacte » dans ce sens.

Soit $\tilde{Z}^r(\mathfrak{U}, \mathcal{F})$, l'espace des r-cocycles dans $\tilde{C}^r(\mathfrak{U}, \mathcal{F})$; en tant que sous-espace fermé de $C^r(\mathfrak{U}, \mathcal{F})$, c'est un espace de Fréchet. On a le même résultat pour $\mathfrak{V}$ au lieu de $\mathfrak{U}$.

Soit

$$\mathcal{E} = \tilde{Z}^r(\mathfrak{U}, \mathcal{F}) \oplus \tilde{C}^{r-1}(\mathfrak{V}, \mathcal{F}).$$

Définissons une application $\alpha : \mathcal{E} \to \tilde{Z}^r(\mathfrak{V}, \mathcal{F})$ comme somme de deux applications $\alpha = t + d$, où :

t est égale à la restriction τ^* sur le premier facteur et égale à o sur le second facteur,

d est nulle sur le premier facteur et égale à

$$\delta : \quad \tilde{C}^{r-1}(\mathfrak{V}, \mathcal{F}) \to \tilde{Z}^r(\mathfrak{V}, \mathcal{F})$$

sur le second facteur.

L'hypothèse que $H^r(A, \mathcal{F}) \to H^r(B, \mathcal{F})$ soit surjectif entraîne que α est surjectif en vertu du théorème de Leray sur les recouvrements acycliques. D'autre part, t est complètement continue. En vertu d'un théorème de L. Schwartz [22], l'application $d = \alpha - t$ aura une image fermée et, de codimension finie dans $\tilde{Z}^r(\mathfrak{V}, \mathcal{F})$. Donc $\tilde{B}^r(\mathfrak{V}, \mathcal{F}) = d(\mathcal{E})$ est fermé et de codimension finie dans $\tilde{Z}^r(\mathfrak{V}, \mathcal{F})$ et, par conséquent,

$$\dim_{\mathbf{C}} H^r(B, \mathcal{F}) = \dim_{\mathbf{C}} H^r(\mathfrak{V}, \mathcal{F}) < +\infty.$$

On va retenir, pour l'utiliser ensuite, la remarque suivante :

Remarque. — Soit $\mathfrak{U}$ un recouvrement dénombrable de X avec des ouverts d'holomorphie et contenant une base d'ouverts de X. Pour tout faisceau cohérent $\mathcal{F}$ sur X et tout $c > c_0$ l'espace $B^r(\mathfrak{U}|_{B_c}, \mathcal{F})$ est fermé et de codimension finie dans $Z^r(\mathfrak{U}|_{B_c}, \mathcal{F})$ pour $r \geq q$.

Ceci résulte directement de la fin de la démonstration précédente et tient essentiellement au fait qu'une application linéaire continue d'un espace de Fréchet dans un autre dont l'image est de codimension finie est forcément un homomorphisme (donc l'image est fermée).

18. Quelques remarques encore avant de démontrer les théorèmes de finitude pour les espaces q-pseudoconvexes ou q-pseudoconcaves.

Lemme. — *Soit $\{B_n\}_{n\geq 0}$ une suite croissante d'ouverts d'un espace topologique X tels que $X = \bigcup_n B_n$. Soit $\mathcal{F}$ un faisceau de groupes commutatifs sur X et supposons que l'homorphisme de restriction*

$$H^r(B_{n+1}, \mathcal{F}) \to H^r(B_n, \mathcal{F})$$

soit surjectif, pour tout $n \geq 0$. *Alors l'homomorphisme de restriction*

$$H^r(X, \mathcal{F}) \to H^r(B_0, \mathcal{F})$$

est surjectif.

Preuve. — Soit

$$0 \to \mathcal{F} \to \mathcal{C}^0 \xrightarrow{\delta} \mathcal{C}^1 \xrightarrow{\delta} \ldots \xrightarrow{\delta} \mathcal{C}^r \xrightarrow{\delta} \ldots$$

une résolution flasque du faisceau $\mathcal{F}$.

Posons

$$Z(U, \mathcal{C}^r) = \operatorname{Ker}\{\Gamma(U, \mathcal{C}^r) \xrightarrow{\delta} \Gamma(U, \mathcal{C}^{r+1})\}$$

pour U ouvert dans X.

Le lemme est évident pour $r = 0$. Supposons $r \geq 1$ et soit $\xi_0 \in H^r(B_0, \mathcal{F})$. Représentons ξ_0 par un élément $\xi_0 \in Z(B_0, \mathcal{C}^r)$. Par hypothèse, on peut trouver un élément $\xi_1 \in Z(B_1 \mathcal{C}^r)$ tel que

$$\xi_1 |_{B_0} = \xi_0 + \delta\eta_0, \qquad \text{avec} \quad \eta_0 \in \Gamma(B_0, \mathcal{C}^{r-1}).$$

Comme $\mathcal{C}^{r-1}$ est flasque on peut trouver un

$$\hat{\eta}_0 \in \Gamma(B_1, \mathcal{C}^{r-1}) \qquad \text{tel que} \quad \hat{\eta}_0 |_{B_0} = \eta_0.$$

Posons

$$\gamma_0 = \xi_0 \quad \text{sur } B_0, \qquad \gamma_1 = \xi_1 - \delta\hat{\eta}_0.$$

On aura $\gamma_1 |_{B_0} = \gamma_0$. On peut trouver un élément $\xi_2 \in Z(B_2, \mathcal{C}^r)$ tel que

$$\xi_2 |_{B_1} = \gamma_1 + \delta\eta_1, \qquad \text{avec} \quad \eta_1 \in \Gamma(B_1, \mathcal{C}^{r-1}).$$

Étendons η_1 en $\hat{\eta}_1 \in \Gamma(B_2, \mathcal{C}^{r-1})$ et posons

$$\gamma_2 = \xi_2 - \delta\hat{\eta}_1.$$

On aura $\gamma_2 |_{B_1} = \gamma_1$, Ainsi de suite on définit des

$$\gamma_n \in Z(B_n, \mathcal{C}^r) \qquad \text{tels que} \quad \gamma_n |_{B_{n-1}} = \gamma_{n-1}.$$

L'ensemble des γ_n définit un élément

$$\gamma \in Z(X, \mathcal{C}^r) \qquad \text{tel que} \quad \gamma |_{B_0} = \gamma_0.$$

Ceci démontre le lemme.

Des propositions 16 et 17 et du lemme précédent on déduit la

Proposition 18. — *Avec les notations du numéro précédent, soit* X *un espace fortement :*

a. q-pseudoconvexe;
b. q-pseudoconcave.

Soit $\mathcal{F}$ un faisceau cohérent sur X; alors

$$H^r(X, \mathcal{F}) \to H^r(B_c, \mathcal{F})$$

est surjectif si :

a. $r \geq q$ *lorsque X est fortement q-pseudoconvexe* $(c > c_0)$;

b. $r < \operatorname{dih}(\mathcal{F}) - q$ *lorsque X est fortement q-pseudoconcave* $(0 < c < c_0)$.

Preuve. — On va exposer le raisonnement à faire dans le cas *a*. Le cas *b* ne demande que des changements formels. Envisageons l'ensemble Λ des nombres réels $\lambda \geq c$ tels que

$$H^r(B_\lambda, \mathcal{F}) \to H^r(B_c, \mathcal{F}), \qquad \text{avec} \quad r \geq q,$$

soit surjectif. Pour démontrer que

$$\Lambda = \{ t \in \mathbf{R} \mid c \leq \lambda < +\infty \} \qquad \text{et que} \qquad H^r(X, \mathcal{F}) \to H^r(B_c, \mathcal{F})$$

est surjectif il suffit de prouver que :

(i) si $\lambda \in \Lambda$ et $c \leq \lambda' < \lambda$, alors $\lambda' \in \Lambda$;

(ii) si $\lambda_n \nearrow \lambda$ et $\lambda_n \in \Lambda$ pour tout n, alors $\lambda \in \Lambda$;

(iii) si $\lambda \in \Lambda$, il existe un $\varepsilon > 0$ tel que $\lambda + \varepsilon \in \Lambda$.

Or la propriété (i) est banale. La propriété (ii) découle du lemme et la dernière propriété (iii) découle de la proposition 16.

19. Théorème d'approximation.

a. Soit X un espace fortement q-pseudoconvexe pour lequel nous adopterons les notations du numéro précédent. Soit $\mathcal{F}$ un faisceau cohérent sur X et soit $\mathfrak{U} = \{ U_\nu \}_{\nu \in \mathbf{Z}}$ un recouvrement adapté à $\mathcal{F}$ (*cf.* n° 13).

PROPOSITION 19. — *Soit $c > c_0$; il existe un $\varepsilon > 0$ tel que pour $l \geq q - 1$ l'image de $Z^l(\mathfrak{U}|_{B_{c+\varepsilon}}, \mathcal{F})$ dans $Z^l(\mathfrak{U}|_{B_c}, \mathcal{F})$ soit dense dans ce dernier espace.*

Preuve.

α. Soient A, B, V trois ouverts relativement compacts dans X, tels que $A = B \cup V$. Supposons que $(\overline{B - B \cap V}) \cap (\overline{V - B \cap V}) = \emptyset$; alors du recouvrement $\mathfrak{U}|_A$ on peut extraire un raffinement $\mathfrak{U}' = \{ U'_\nu \}$ tel que pour chaque $U'_{\nu_0 \ldots \nu_q} \neq \emptyset$ l'ensemble $U'_{\nu_0} \cup \ldots \cup U'_{\nu_q}$ est ou bien dans B ou bien dans V [15]. Si l'on considère les nerfs des recouvrements $\mathfrak{U}'$, $\mathfrak{U}'|_B$, $\mathfrak{U}'|_V$, $\mathfrak{U}'|_{B \cap V}$, on aura donc

$$\text{nerf de } \mathfrak{U}' = \text{nerf de } \mathfrak{U}'|_B \cup \text{nerf de } \mathfrak{U}'|_V,$$

$$\text{nerf de } \mathfrak{U}'|_B \cap \text{nerf de } \mathfrak{U}'|_V = \text{nerf de } \mathfrak{U}'|_{B \cap V}.$$

---

(15) On fixe, par exemple, une métrique sur X. Si d est la distance de $\overline{B - B \cap V}$ de $\overline{V - B \cap V}$ il suffira de prendre les ouverts $U_\nu \in \mathfrak{U}|_A$ dont le diamètre est $< d/2$.

De la suite de Mayer-Vietoris, on déduit la suite exacte

$$\ldots \to H^l(U'|_A, \mathcal{F}) \to H^l(U'|_B, \mathcal{F}) \oplus H^l(\mathfrak{U}'|_V, \mathcal{F}) \to H^l(\mathfrak{U}'|_{B\cap V}, \mathcal{F}) \xrightarrow{j^*}$$
$$\to H^{l+1}(\mathfrak{U}'|_A, \mathcal{F}) \to \ldots .$$

β. Avec les notations du lemme du n° 17, nous désignerons par B l'ouvert B_c, par A l'ouvert désigné par B_1 dans le lemme et par V l'ouvert qu'on avait désigné par $B_1 \cap U_1$. Les conditions précédentes sont satisfaites. Nous démontrerons d'abord que $Z^l(\mathfrak{U}'|_A, \mathcal{F})$ a une image dense dans $Z^l(\mathfrak{U}'|_B, \mathcal{F})$.

Définissons une application

$$j: \quad Z^l(\mathfrak{U}'|_{B\cap V}, \mathcal{F}) \to Z^{l+1}(\mathfrak{U}'|_A, \mathcal{F})$$

de la manière suivante. Soit $\gamma \in Z^l(\mathfrak{U}'|_{B\cap V}, \mathcal{F})$; désignons par $\alpha \in C^l(\mathfrak{U}'|_B, \mathcal{F})$ la cochaîne définie par

$$\alpha(\nu_0 \ldots \nu_l) = \begin{cases} \gamma(\nu_0 \ldots \nu_l) & \text{si } U'_{\nu_0}, \ldots, U'_{\nu_l} \in \mathfrak{U}'|_{B\cap V}, \\ 0 & \text{dans le cas contraire.} \end{cases}$$

On aura $\delta\alpha \in Z^{l+1}(\mathfrak{U}'|_B, \mathcal{F})$. Mais comme $\delta\gamma = 0$, on aura

$$(\delta\alpha)(\nu_0, \ldots, \nu_{l+1}) = 0 \qquad \text{si} \quad U'_{\nu_0}, \ldots, U'_{\nu_{l+1}} \in \mathfrak{U}'|_{B\cap V}.$$

On peut donc étendre $\delta\alpha$ en un cocycle $j(\gamma) \in Z^{l+1}(\mathfrak{U}|_A, \mathcal{F})$ en posant

$$(j(\gamma))(\nu_0 \ldots \nu_{l+1}) = \begin{cases} (\delta\alpha)(\nu_0 \ldots \nu_{l+1}) & \text{si } U'_{\nu_0}, \ldots, U'_{\nu_{l+1}} \in \mathfrak{U}'|_B, \\ 0 & \text{dans le cas contraire.} \end{cases}$$

On vérifie que l'application j induit l'homomorphisme j^* de la suite de Mayer-Vietoris,

$$j^*: \quad H^l(B\cap V, \mathcal{F}) \to H^{l+1}(B \cup V, \mathcal{F}) \quad \text{(au signe près)}.$$

Remarquons que j est une application linéaire continue d'espaces de Fréchet.

D'après la remarque faite après le théorème 11 on sait que :

γ. L'espace des cobords $B^{l+1}(\mathfrak{U}'|_A, \mathcal{F})$ est fermé et de codimension finie dans celui des cocycles $Z^{l+1}(\mathfrak{U}'|_A, \mathcal{F})$, donc un espace de Fréchet pour la topologie induite.

Nous poserons

$$S^l = \left\{ \gamma \in Z^l(U'|_{B\cap V}, \mathcal{F}) \;\middle|\; j(\gamma) \in B^{l+1}(\mathfrak{U}'|_A, \mathcal{F}) \right\}.$$

Comme j est continue, l'image réciproque S^l par j du fermé $B^{l+1}(\mathfrak{U}'|_A, \mathcal{F})$ est un sous-espace fermé de $Z^l(\mathfrak{U}'|_{B\cap V}, \mathcal{F})$, donc S^l est un espace de Fréchet.

Définissons l'application

$$\rho: \quad Z^l(\mathcal{U}'|_B, \mathcal{F}) \oplus Z^l(\mathcal{U}'|_V, \mathcal{F}) \to S^l$$

par

$$\rho(\gamma_1 \oplus \gamma_2) = \gamma_1|_{\mathcal{U}'|_{B\cap V}} - \gamma_2|_{\mathcal{U}'|_{B\cap V}}.$$

A cause de l'exactitude de la suite de Mayer-Vietoris, cette application est bien définie et surjective. De plus, c'est une application continue d'espaces de Fréchet. Donc, par le théorème de Banach, c'est un homomorphisme topologique.

δ. Soit $\xi \in Z^l(\mathcal{U}'|_B, \mathcal{F})$, soit $\rho(\xi)$ sa restriction à $\mathcal{U}'|_{B\cap V}$. En vertu du théorème 6 ([16]), si $l \geqq q-1$, on peut trouver une suite $\eta_n \in Z^l(\mathcal{U}'|_V, \mathcal{F})$, $n = 1, 2, \ldots$, dont la restriction $\rho(\eta_n)$ à $\mathcal{U}'|_{B\cap V}$ converge vers $\rho(\xi)$.

Donc $\rho(\xi) - \rho(\eta_n) \to 0$. Comme $\rho(\xi)$ et $\rho(\eta_n)$ sont dans S^l, en vertu du théorème de Banach on peut trouver

$$\gamma_1(n) \in Z^l(\mathcal{U}'|_B, \mathcal{F}) \qquad \text{et} \qquad \gamma_2(n) \in Z^l(U'|_V, \mathcal{F})$$

tels que

$$\gamma_1(n) \to 0, \qquad \gamma_2(n) \to 0,$$
$$\rho(\gamma_1(n) \oplus \gamma_2(n)) = \rho(\xi) - \rho(\eta_n).$$

Donc

$$\rho\{(\xi - \gamma_1(n)) \oplus (\eta_n - \gamma_2(n))\} = 0,$$

c'est-à-dire que la cochaîne

$$\xi_1(n) = \begin{cases} \xi - \gamma_1(n) & \text{sur } \mathcal{U}'|_B, \\ \eta_n - \gamma_2(n) & \text{sur } \mathcal{U}'|_V \end{cases}$$

est un cocycle sur $\mathcal{U}'|_A$; $\xi_1(n) \in Z^l(\mathcal{U}'|_A, \mathcal{F})$.

Il est clair que l'image de $\xi_1(n)$ dans $Z^l(\mathcal{U}'|_B, \mathcal{F})$ converge vers ξ. Ceci démontre bien que l'image de $Z^l(\mathcal{U}'|_A, \mathcal{F})$ dans $Z^l(\mathcal{U}'|_B, \mathcal{F})$ est dense dans cet espace.

ε. Envisageons à présent le diagramme commutatif

$$\begin{array}{ccc} Z^l(\mathcal{U}|_A, \mathcal{F}) & \xrightarrow{r} & Z^l(\mathcal{U}|_B, \mathcal{F}) \\ \downarrow s & & \downarrow \bar{s} \\ Z^l(\mathcal{U}'|_A, \mathcal{F}) & \xrightarrow{r'} & Z^l(\mathcal{U}'|_B, \mathcal{F}), \end{array}$$

les applications étant des applications continues d'espaces de Fréchet. Les applications s et $\bar{s}$ sont surjectives en vertu du théorème de Leray sur les

---

([16]) *Cf.* la démonstration du lemme du n° 17. On avait

$$\psi(U_i^*) = V_i \cap D_i, \qquad \psi(U_i) = V_i \cap D_i',$$

avec (D_i, D_i') d'holomorphie dans $\mathbf{C}^{\nu_i}$ et D_i' de Runge dans D_i (c'était des boules concentriques). On notera que $B \cap V = B \cap U_1$.

recouvrements acycliques et du fait que $\mathfrak{U}'$ est un recouvrement extrait de $\mathfrak{U}$. Ce sont donc des homomorphismes topologiques.

Soit $\xi \in Z^l(\mathfrak{U}|_B, \mathcal{F})$. D'après ce qui précède, on peut trouver une suite

$$\eta_n \in Z^l(\mathfrak{U}'|_A, \mathcal{F}) \qquad \text{telle que} \quad r'(\eta_n) \to \bar{s}(\xi).$$

On peut trouver des

$$\xi_1(n) \in Z^l(\mathfrak{U}|_A, \mathcal{F}) \qquad \text{tels que} \quad s(\xi_1(n)) = \eta_n.$$

Donc

$$\bar{s}(r(\xi_1(n)) - \xi) = r'(\eta_n) - \bar{s}(\xi) \to 0.$$

Il existe alors des éléments μ_n avec $\bar{s}(\mu_n) = 0$, dans

$$Z^l(\mathfrak{U}|_B, \mathcal{F}) \qquad \text{tels que} \quad r(\xi_1(n)) - \xi + \mu_n \to 0.$$

Si $l \geqq 1$, les μ_n sont des cobords

$$\mu_n = \delta\gamma_n, \qquad \gamma_n \in C^{l-1}(\mathfrak{U}|_B, \mathcal{F}).$$

On peut trouver des cochaînes $\hat{\gamma}_n \in C^{l-1}(\mathfrak{U}|_A, \mathcal{F})$ telles que leurs restrictions à $\mathfrak{U}|_B$ soient les γ_n.

Alors $r(\xi_1(n) + \delta\hat{\gamma}_n) \to \xi$. Donc on a démontré que l'image de $Z^l(\mathfrak{U}|_A, \mathcal{F})$ dans $Z^l(\mathfrak{U}|_B, \mathcal{F})$ est dense dans cet espace.

Le même résultat vaut aussi si $l = 0$, car alors les homomorphismes s étant biunivoques sont des isomorphismes.

ξ. Pour terminer la démonstration on doit appliquer un nombre fini de fois le résultat précédent compte tenu du lemme du n° 17 et de la note ([13]).

b. PROPOSITION 20. — *Soit X un espace complexe, soit $\{B_n\}_{n \geqq 0}$ une suite croissante d'ouverts tels que $X = \bigcup B_n$. Soit $\mathcal{F}$ un faisceau cohérent sur X et $\mathfrak{U}$ un recouvrement de X adapté à $\mathcal{F}$.*

Supposons que pour chaque n

$$Z^l(\mathfrak{U}|_{B_{n+1}}, \mathcal{F}) \to Z^l(\mathfrak{U}|_{B_n}, \mathcal{F})$$

ait une image dense dans le second espace.

Alors aussi

$$Z^l(\mathfrak{U}, \mathcal{F}) \to Z^l(\mathfrak{U}|_{B_0}, \mathcal{F})$$

a une image dense dans $Z^l(\mathfrak{U}|_{B_0}, \mathcal{F})$.

Cet énoncé découle du lemme suivant :

LEMME. — *Soit $\{F_n\}_{n \geqq 0}$ une suite d'espaces de Fréchet et $f_n : F_n \to F_{n-1}$ pour $n \geqq 1$ une suite d'applications linéaires continues entre eux à image dense.*

Soit

$$F = \varprojlim_{n \geqq 0} F_n = \{ \{ x_n \} \in \Pi F_n \mid f_n(x_n) = x_{n-1} \text{ pour } n \geqq 1 \},$$

et soit π_n *la projection naturelle de* F *dans* F_n.

Alors pour tout n *l'image de* π_n *est dense dans* F_n.

En effet, il suffira de prendre pour F_n l'espace $Z^l(\mathfrak{U}|_{B_n}, \mathcal{F})$ et pour f_n l'application de restriction dans $Z^l(\mathfrak{U}|_{B_{n-1}}, \mathcal{F})$ pour $n \geqq 1$. Alors F s'identifie à l'espace $Z^l(\mathfrak{U}, \mathcal{F})$ (même du point de vue topologique si l'on munit F de sa topologie de limite inverse).

Démonstration du lemme. — Comme toute suite $\{ x_n \}_{n \geqq n_0} \in \varprojlim_{n \geqq n_0} F_n$ se prolonge en une suite $\{ x_n \}_{n \geqq 0} \in F$ en posant

$$x_{n_0-1} = f_{n_0}(x_{n_0}), \qquad x_{n_0-2} = f_{n_0-1}(x_{n_0-1}), \qquad \ldots, \qquad x_0 = f_1(x_1),$$

il suffit de démontrer le lemme pour la projection π_0.

Soit d_n une distance invariante par translations sur F_n apte à définir la topologie de F_n. Soit $x \in F_0$ et $\varepsilon > 0$.

Choisissons des $x_n \in F_n$ de proche en proche pour $n \geqq 0$ de sorte à satisfaire les conditions suivantes :

$$x_0 = x,$$

$$x_1 \in F_1, \qquad d_0(f_1(x_1) - x_0) < \frac{\varepsilon}{2},$$

$$x_2 \in F_2, \qquad d\ (f_2(x_2) - x_1) < \frac{\varepsilon}{2},$$

$$d_0(f_1 f_2(x_2) - f_1(x_1)) < \frac{\varepsilon}{2^2},$$

$$x_3 \in F_3, \qquad d_2(f_3(x_3) - x_2) < \frac{\varepsilon}{2},$$

$$d_1(f_2 f_3(x_3) - f_2(x_2)) < \frac{\varepsilon}{2^2},$$

$$d_0(f_1 f_2 f_3(x_3) - f_1 f_2(x_2)) < \frac{\varepsilon}{2^3},$$

et ainsi de suite. Ceci est possible, car les applications f_n sont continues et à image dense.

Posons

$$y_n = x_n + (f_{n+1}(x_{n+1}) - x_n) + (f_{n+1} f_{n+2}(x_{n+2}) - f_{n+1}(x_{n+1})) + \ldots.$$

La série est convergente, car telle est la série des distances d_n de ses éléments, donc y_n est un élément bien défini de F_n. De plus, $f_n(y_n) = y_{n-1}$ pour tout $n \geq 1$ comme on vérifie aussitôt. Par conséquence, $\{y_n\} \in F$ et $d_0(y_0, x_0) < \varepsilon$ comme il résulte des inégalités précédentes.

Avec le même raisonnement utilisé à la proposition 18, on obtient le

THÉORÈME 12. — *Soit X un espace fortement q-pseudoconvexe. Soit $\mathcal{F}$ un faisceau cohérent sur X et soit $\mathfrak{U}$ un recouvrement de X adapté à $\mathcal{F}$. Avec les notations usuelles, pour tout $c > c_0$, l'image de $Z^l(\mathfrak{U}, \mathcal{F})$ dans $Z^l(\mathfrak{U}|_{B_c}, \mathcal{F})$ est dense dans cet espace si $l \geq q - 1$.*

c. Dans le cas d'un espace X fortement q-pseudoconcave le théorème analogue est une conséquence directe de la proposition 18. En effet, du fait que $H^r(X, \mathcal{F}) \to H^r(B_c, \mathcal{F})$ est surjectif pour $r < \mathrm{dih}(\mathcal{F}) - q \; (0 < c < c_0)$, on déduit le

THÉORÈME 13. — *Soit X un espace fortement q-pseudoconcave. Soit $\mathcal{F}$ un faisceau cohérent sur X et soit $\mathfrak{U}$ un recouvrement de X adapté à $\mathcal{F}$. Avec les notations usuelles, pour $0 < c < c_0$, l'application*

$$Z^l(\mathfrak{U}, \mathcal{F}) \to Z^l(\mathfrak{U}|_{B_c}, \mathcal{F})$$

est surjective pour $0 \leq l < \mathrm{dih}(\mathcal{F}) - q$.

Preuve. — Pour $l = 0$ l'espace des cocycles est égal à la cohomologie en dimension 0. Le théorème est donc démontré dans ce cas.

Soit $0 < l < \mathrm{dih}(\mathcal{F}) - q$, et soit $\xi \in Z^l(\mathfrak{U}|_{B_c}, \mathcal{F})$. Du fait que

$$H^l(\mathfrak{U}, \mathcal{F}) \to H^l(\mathfrak{U}|_{B_c}, \mathcal{F})$$

est surjectif, découle qu'il existe un cocycle $\xi_1 \in Z^l(\mathfrak{U}, \mathcal{F})$ tel que

$$\xi_1|_{\mathfrak{U}|_{B_c}} = \xi + \delta\eta, \qquad \text{avec} \quad \eta \in C^{l-1}(\mathfrak{U}|_{B_c}, \mathcal{F}).$$

Envisageons la cochaîne $\hat{\eta} \in C^{l-1}(\mathfrak{U}, \mathcal{F})$ définie de la manière suivante :

$$\hat{\eta}_{\nu_0 \ldots \nu_{l-1}} = \begin{cases} \eta_{\nu_0 \ldots \nu_{l-1}} & \text{si } U_{\nu_0}, \ldots, U_{\nu_{l-1}} \subset B_c, \\ 0 & \text{dans le cas contraire.} \end{cases}$$

Le cocycle

$$\hat{\xi} = \xi_1 - \delta\hat{\eta} \in Z^l(\mathfrak{U}, \mathcal{F})$$

satisfait alors à la condition $\hat{\xi}|_{\mathfrak{U}|_{B_c}} = \xi$. Ceci démontre l'assertion.

20. Théorème de finitude.

a. Soit X un espace fortement q-pseudoconvexe pour lequel nous adopterons les notations usuelles.

Proposition 21. — *Soit $\mathcal{F}$ un faisceau cohérent sur X. Pour tout $c > c_0$, il existe un $\varepsilon > 0$ tel que l'application*

$$H^r(B_{c+\varepsilon}, \mathcal{F}) \to H^r(B_c, \mathcal{F})$$

soit un isomorphisme pour $r \geqq q$.

Preuve. — Reprenons les notations de la proposition 19. Il suffit de démontrer que $H^r(\mathfrak{U}'|_A, \mathcal{F}) \to H^r(\mathfrak{U}'|_B, \mathcal{F})$ est injectif pour $r \geqq q$ (compte tenu de la proposition 18 et de la remarque au lemme du n° 17). Soit $\xi \in Z^r(\mathfrak{U}'|_A, \mathcal{F})$ et supposons que son image $r_B(\xi)$ dans $Z^r(\mathfrak{U}'|_B, \mathcal{F})$ soit un cobord. Comme $H^r(\mathfrak{U}'|_V, \mathcal{F}) = 0$ (th. 5), de la suite de Mayer-Vietoris, il résulte que la classe de ξ est dans l'image de j^*. Il existe donc un

$$\eta \in Z^{r-1}(\mathfrak{U}'|_{B \cap V}, \mathcal{F}) \quad \text{et} \quad \mu \in C^{r-1}(\mathfrak{U}'|_A, \mathcal{F})$$

tels que $\xi = j(\eta) + \delta\mu$. Approchons η par $\eta'_n \in Z^{r-1}(\mathfrak{U}'|_V, \mathcal{F})$, ceci est possible d'après le théorème 12, car $r - 1 \geqq q - 1$. Soit $r_{B \cap V}(\eta'_n)$ l'image de η'_n dans $Z^{r-1}(\mathfrak{U}'|_{B \cap V}, \mathcal{F})$. On aura

$$j(r_{B \cap V}(\eta'_n)) = \delta\gamma_n, \quad \text{avec} \quad \gamma_n \in C^{r-1}(\mathfrak{U}'|_A, \mathcal{F}).$$

Donc

$$\xi - \delta\mu - \delta\gamma_n = j(\eta - r_{B \cap V}(\eta'_n)).$$

Ceci nous montre que ξ peut être approché comme on veut par des cobords. On sait que l'espace des cobords $B^r(\mathfrak{U}'|_A, \mathcal{F})$ est fermé dans $Z^r(\mathfrak{U}'|_A, \mathcal{F})$. Comme ce dernier est complet, il résulte que $\xi \in B^r(\mathfrak{U}'|_A, \mathcal{F})$.

b. Soit X un espace fortement q-pseudoconcave pour lequel on adopte les notations usuelles. De la suite de Mayer-Vietoris, en vertu des résultats précédents, on obtient de manière analogue la

Proposition 22. — *Soit $\mathcal{F}$ un faisceau cohérent sur X. Pour tout $0 < c < c_0$ il existe un $\varepsilon > 0$, avec $c - \varepsilon > 0$, tel que l'application*

$$H^r(B_{c-\varepsilon}, \mathcal{F}) \to H^r(B_c, \mathcal{F})$$

soit un isomorphisme pour $r < \operatorname{dih}(\mathcal{F}) - q$.

c. Nous voulons démontrer le

Théorème 14. — *Avec les notations usuelles, soit X un espace fortement :*

a. q-pseudoconvexe;
b. q-pseudoconcave.

Soit $\mathcal{F}$ un faisceau cohérent sur X. Alors

$$\dim_{\mathbf{C}} H^r(X, \mathcal{F}) < +\infty;$$

a. si $r \geqq q$ et X est fortement q-pseudoconvexe;
b. si $r < \operatorname{dih}(\mathcal{F}) - q$ et X est fortement q-pseudoconcave.

Ce théorème est une conséquence du lemme suivant :

LEMME. — *Soit X un espace complexe; soit $\mathcal{F}$ un faisceau cohérent sur X et soit $\mathfrak{U}$ un recouvrement de X adapté à $\mathcal{F}$.*

Supposons qu'il existe dans X une suite croissante $\{B_n\}_{n\geq 0}$ d'ouverts tels que $X=\bigcup_0^\infty B_n$ satisfaisant aux conditions

(i) $H^r(B_{n+1}, \mathcal{F})\to H^r(B_n, \mathcal{F})$ *est un isomorphisme pour* $n\geq 0$;

(ii) $Z^{r-1}(\mathfrak{U}|_{B_{n+1}}, \mathcal{F})$ *a une image dense dans* $Z^{r-1}(\mathfrak{U}|_{B_n}, \mathcal{F})$, *pour* $n\geq 0$, *Alors l'homomorphisme*

$$H^r(X, \mathcal{F})\to H^r(B_0, \mathcal{F})$$

est bijectif.

Preuve. — On note par r_n l'homomorphisme de restriction de $C^*(\mathfrak{U}, \mathcal{F})$ dans $C^*(\mathfrak{U}|_{B_n}, \mathcal{F})$, et par r_n^m celui de $C^*(\mathfrak{U}|_{B_m}, \mathcal{F})$ dans $C^*(\mathfrak{U}|_{B_n}, \mathcal{F})$ pour $m\geq n$.

D'après le lemme du n° 18 on sait que les homomorphismes

$$r_n^*:\quad H^r(X, \mathcal{F})\to H^r(B_n, \mathcal{F})$$

sont surjectifs.

Par l'hypothèse (i) $\operatorname{Ker} r_0^*=\operatorname{Ker} r_n^*$ pour $n\geq 0$. On doit démontrer que $\operatorname{Ker} r_0^*=0$.

Soit $\alpha\in\operatorname{Ker} r_0^*$. Si $\xi\in Z^r(\mathfrak{U}, \mathcal{F})$ est un représentant de α on aura

$$r_n(\xi)=\delta\gamma_n,\qquad \gamma_n\in C^{r-1}(\mathfrak{U}|_{B_n}, \mathcal{F})$$

de sorte que

$$r_n^{n+1}(\gamma_{n+1})-\gamma_n\in Z^{r-1}(\mathfrak{U}|_{B_n}, \mathcal{F}).$$

Les γ_n pouvant être altérées par l'addition d'un cocycle de $Z^{r-1}(\mathfrak{U}|_{B_n}, \mathcal{F})$, on reconnaît, en vertu de la condition (ii) qu'on peut les choisir de proche en proche de sorte que pour tout $n\geq 0$, les séries

$$\eta_n=(r_n^{n+1}(\gamma_{n+1})-\gamma_n)+(r_n^{n+1}\, r_{n+1}^{n+2}(\gamma_{n+2})-r_n^{n+1}(\gamma_{n+1}))+\ldots$$

soient convergentes dans $Z^{r-1}(\mathfrak{U}|_{B_n}, \mathcal{F})$ (*cf.* lemme du n° 19). Posons $\beta_n=\gamma_n+\eta_n$; on a $r_n^{n+1}(\beta_{n+1})=\beta_n$, donc on définit un élément $\beta\in C^{r-1}(\mathfrak{U}, \mathcal{F})$ pour lequel $\delta\beta=\xi$. Ceci démontre que $\alpha=0$.

COROLLAIRE. — *Sous les hypothèses du théorème on a en particulier si X est q-complet*

$$H^r(X, f)=0\qquad \textit{pour}\quad r\geq q.$$

Car on peut prendre dans ce cas $B_0=\emptyset$

21. Cohomologie avec supports.

a. Soit X un espace topologique, soient X_1, X_2 deux parties ouvertes de X telles que $X = X_1 \cup X_2$. On pose $X_{12} = X_1 \cap X_2$.

Soit $\mathcal{F}$ un faisceau de groupes commutatifs sur X et soit $\mathcal{F}_\mu$ le sous-faisceau de $\mathcal{F}$ égal à $\mathcal{F}$ sur X_μ et nul sur $X - X_\mu$. On a la suite exacte de faisceaux

$$0 \to \mathcal{F}_{12} \xrightarrow{\alpha} \mathcal{F}_1 \oplus \mathcal{F}_2 \xrightarrow{\beta} \mathcal{F} \to 0,$$

où

$$\alpha(\sigma) = \sigma \oplus \sigma, \qquad \beta(\sigma_1 \oplus \sigma_2) = \sigma_1 - \sigma_2.$$

Soit Φ une famille paracompactifiante sur X ([17]). Par passage à la suite exacte de cohomologie, on a la suite exacte

$$\begin{aligned} 0 &\to H^0_{\Phi_{12}}(X_{12}, \mathcal{F}) \to H^0_{\Phi_1}(X_1, \mathcal{F}) \oplus H^0_{\Phi_2}(X_2, \mathcal{F}) \to H^0_{\Phi}(X, \mathcal{F}) \to \ldots \\ &\to H^q_{\Phi_{12}}(X_{12}, \mathcal{F}) \to H^q_{\Phi_1}(X_1, \mathcal{F}) \oplus H^q_{\Phi_2}(X_2, \mathcal{F}) \to H^q_{\Phi}(X, \mathcal{F}) \\ &\to H^{q+1}_{\Phi_{12}}(X_{12}, \mathcal{F}) \to \ldots, \end{aligned}$$

où Φ_μ désigne la famille des éléments de Φ contenu dans X_μ.

b. Soit X un espace complexe sur lequel il existe une fonction $\varphi > 0$ fortement q-pseudoconvexe telle que les ensembles

$$X_{\varepsilon, c} = \{ x \in X \mid \varepsilon < \varphi(x) < c \}$$

soient relativement compacts pour tout $\varepsilon > 0$ et tout $c > 0$. Soit

$$B_c = \{ x \in X \mid \varphi(x) < c \} \qquad (c > 0.$$

La frontière ∂B_c de B_c est compacte et fortement q-pseudoconvexe.

LEMME 1. — *On peut choisir un recouvrement fini* $\mathfrak{U} = \{ U_i \}_{1 \leq i \leq t}$ *de* ∂B_c *dans* X, *aussi fin qu'on veut, et une suite décroissante* $\{ B^j \}_{0 \leq j \leq t}$ *d'ouverts à frontière fortement q-pseudoconvexe dans* X *tels que*

(i) $B_c = B^0 \supset B^1 \supset \ldots \supset B^t$, $B^0 \supset \bar{B}^t$, $B^i - B^{i+1} \Subset U_i$ *pour* $0 \leq i \leq t-1$.

(ii) *pour tout faisceau cohérent* $\mathcal{F}$ *sur* X *on a*

$$H^r_k(U_i \cap B_j, \mathcal{F}) = 0 \quad \textit{pour } 0 \leq r \leq \operatorname{dih}(\mathcal{F}) - q \qquad (1 \leq i \leq t,\ 0 \leq j \leq t),$$

et

$$H^r_k(U_i \cap B_j, \mathcal{F}) \to H^r_k(U_i \cap B_{j-1}, \mathcal{F}) \quad \textit{est injectif pour } r = \operatorname{dih}(\mathcal{F}) - q + 1.$$

([17]) Pour la définition de famille paracompactifiante on peut se référer au livre de GODEMENT [10], p. 150. Il suffit de retenir pour la suite que telle est la famille de tous les fermés d'un espace paracompact.

La démonstration se fait avec le même raisonnement qu'au lemme du n° 17 en utilisant les théorèmes 7 et 8 au lieu du théorème 5. Une remarque analogue à celle faite à la fin du lemme cité s'applique aussi dans ce cas.

PROPOSITION 23. — *Pour tout* $c > 0$ *il existe un* $\varepsilon_0 > 0$, *avec* $c - \varepsilon_0 > 0$ *tel que pour tout faisceau cohérent* $\mathcal{F}$ *sur* X *et* $0 < \varepsilon < \varepsilon_0$, *l'application*

$$H^r_\Phi(B_{c-\varepsilon}, \mathcal{F}) \to H^r_\Phi(B_c, \mathcal{F})$$

soit un isomorphisme pour $0 \leq r \leq \mathrm{dih}(\mathcal{F}) - q$, Φ *étant la famille des fermés de* X *contenus respectivement dans* $B_{c-\varepsilon}$ et B_c.

Preuve. — Soit $A = B_c$, $B = B^1$, $V = A \cap U_1$. On peut écrire $A = B \cup V$ et $B \cap V = B \cap U_1$. Il suffit de démontrer que l'application

$$H^r_\Phi(B, \mathcal{F}) \to H^r_\Phi(A, \mathcal{F})$$

est un isomorphisme pour $r \leq \mathrm{dih}(\mathcal{F}) - q$ En effet, par itération du procédé, on démontrera que $H^r_\Phi(B_l, \mathcal{F}) \to H^r(B_c, \mathcal{F})$ est un isomorphisme et, en vertu de la remarque à la fin du lemme précédent, on aura le résultat cherché.

Or de la suite exacte établie en *a* on déduit une suite exacte

$$\begin{aligned}\ldots \to H^r_\Phi\ (B \cap V, \mathcal{F}) \to H^r_\Phi(B, \mathcal{F}) \oplus H^r_\Phi(V, \mathcal{F}) \to H^r_\Phi(A, \mathcal{F})\\ \to H^{r+1}_\Phi(B \cap V, \mathcal{F}) \to \ldots.\end{aligned}$$

Des hypothèses, on déduit que

$$\begin{aligned}H^r_\Phi(B \cap V, \mathcal{F}) &= H^r_k(B \cap V, \mathcal{F}) = 0 \quad \text{pour } r \leq \mathrm{dih}(\mathcal{F}) - q,\\ H^r_\Phi(V, \mathcal{F}) &= H^r_k(V, \mathcal{F}) \quad\;\;\; = 0 \quad \text{pour } r \leq \mathrm{dih}(\mathcal{F}) - q\end{aligned}$$

et que

$$H^{r+1}_\Phi(B \cap V, \mathcal{F}) \to H^{r+1}_\Phi(V, \mathcal{F}) \quad \text{est injectif si } r = \mathrm{dih}(\mathcal{F}) - q.$$

De là résulte bien que l'homomorphisme

$$H^r_\Phi(B, \mathcal{F}) \to H^r_\Phi(A, \mathcal{F})$$

est un isomorphisme pour $r \leq \mathrm{dih}(\mathcal{F}) - q$.

De la même façon on démontre la

PROPOSITION 24. — *Pour tout* $c > 0$ *il existe un* $\varepsilon_1 > 0$, *tel que pour tout faisceau cohérent* $\mathcal{F}$ *sur* X *et* $0 < \varepsilon < \varepsilon_1$ *l'application*

$$H^r_\Phi(B_c, \mathcal{F}) \to H^r_\Phi(B_{c+\varepsilon}, \mathcal{F})$$

soit un isomorphisme pour $0 \leq r \leq \mathrm{dih}(\mathcal{F}) - q$, Φ *étant la famille des fermés de* X *contenus respectivement dans* B_c et $B_{c+\varepsilon}$.

c. Soit $\varepsilon_0(c)$ la borne supérieure des ε_0 de la proposition 23 et soit $\varepsilon_1(c)$ la borne supérieure des ε_1 de la proposition 24. Posons

$$\varepsilon(c) = \inf\{\varepsilon_0(c), \varepsilon_1(c)\}.$$

Des propositions précédentes il résulte que $\varepsilon(c)$ est une fonction de c semi-continue inférieurement. On peut donc trouver une suite

$$c_0 > c_1 > c_2 > \ldots, \qquad c_\nu \to 0, \qquad c_\nu > 0,$$

telle que l'application

$$H^r_{\Phi_\nu}(B_{c_\nu}, \mathcal{F}) \to H^r_{\Phi_{\nu-1}}(B_{c_{\nu-1}}, \mathcal{F})$$

soit un isomorphisme pour $r \leqq \operatorname{dih}(\mathcal{F}) - q$, pour $\nu = 1, 2, \ldots, \Phi_\nu$ étant la famille des fermés de X contenus dans B_{c_ν}. On aura

$$\bigcap_\nu \overline{B}_{c_\nu} = \emptyset.$$

PROPOSITION 25. — *Soit X un espace complexe satisfaisant aux hypothèses énoncées en b, soit $\mathcal{F}$ un faisceau cohérent sur X. Pour tout $c > 0$, on a*

$$H^r_\Phi(B_c, \mathcal{F}) = 0 \qquad \textit{pour} \quad r \leqq \operatorname{dih}(\mathcal{F}) - q,$$

Φ étant la famille des fermés de X contenus dans B_c.

Preuve. — Dans la suite précédente $\{c_\nu\}$ on peut supposer $c = c_0$. Soit

$$0 \to \mathcal{F} \to \mathcal{C}^0 \xrightarrow{\delta} \mathcal{C}^1 \xrightarrow{\delta} \mathcal{C}^2 \to \ldots$$

une résolution flasque de $\mathcal{F}$.

Soit $\xi_0 \in Z^r_{\Phi_0}(B_{c_0}, \mathcal{F}) = \operatorname{Ker}(\Gamma_{\Phi_0}(B_{c_0}, \mathcal{C}^r) \xrightarrow{\delta} \Gamma_{\Phi_0}(B_{c_0}, \mathcal{C}^{r+1}))$.
Soit i_ν l'homomorphisme de restriction

$$Z^r_{\Phi_\nu}(B_{c_\nu}, \mathcal{F}) \to Z^r_{\Phi_{\nu-1}}(B_{c_{\nu-1}}, \mathcal{F}).$$

On peut trouver $\xi_1 \in Z^r_{\Phi_1}(B_{c_1}, \mathcal{F})$ tel que

$$i_1(\xi_1) = \xi_0 + \delta\gamma_0, \qquad \text{avec} \quad \gamma_0 \in \Gamma_{\Phi_0}(B_{c_0}, \mathcal{C}^{r-1}).$$

De même, on peut trouver $\xi_2 \in Z^r_{\Phi_2}(B_{c_2}, \mathcal{F})$ tel que

$$i_2(\xi_2) = \xi_1 + \delta\gamma_1, \qquad \text{avec} \quad \gamma_1 \in \Gamma_{\Phi_1}(B_{c_1}, \mathcal{C}^{r-1}).$$

Ainsi de suite, on aura

$$\xi_0 = \xi_1 - \delta\gamma_0 = \xi_2 - \delta\gamma_0 - \delta\gamma_1 = \ldots = \xi_\nu - \delta(\gamma_0 + \ldots + \gamma_\nu),$$

avec

$$\operatorname{Supp}\xi_\nu \subset B_{c_\nu}, \qquad \operatorname{Supp}\gamma_\nu \subset B_{c_\nu}.$$

La série $\sum_0^\infty \gamma_\nu$ est localement finie, car $\bigcap_\nu \overline{B}_{c_\nu} = \emptyset$. Donc elle représente un élément $\gamma \in \Gamma_{\Phi_0}(B_{c_0}, \mathcal{C}^{r-1})$. Le support de $\xi_0 - \delta\gamma$ est nul, car contenu dans $\bigcap_\nu \overline{B}_{c_\nu}$. Donc $\xi_0 = \delta\gamma$. Ceci démontre que $H^r_{\Phi_0}(B_{c_0}, \mathcal{F}) = 0$ pour $r \geqq 1$.

Pour $r = 0$, la proposition est évidente.

Théorème 15. — *Soit X un espace complexe sur lequel il existe une fonction $\varphi > 0$, fortement q-pseudoconvexe telle que les ensembles*

$$X_{\varepsilon,c} = \{x \in X \mid \varepsilon < \varphi(x) < c\}$$

soient relativement compacts pour $\varepsilon > 0$ et $c > 0$. Soit

$$B_c = \{x \in X \mid \varphi(x) < c\} \qquad \textit{pour} \quad c < 0.$$

Soit $\mathcal{F}$ un faisceau cohérent sur X, l'homomorphisme

$$H^r(X, \mathcal{F}) \to H^r(X - B_c, \mathcal{F})$$

est bijectif si $r < \operatorname{dih}(\mathcal{F}) - q$,
injectif si $r = \operatorname{dih}(\mathcal{F}) - q$.

Preuve. — On a la suite exacte de cohomologie relative au sous-espace B_c.

$$\ldots \to H^r_\Phi(B_c, \mathcal{F}) \to H^r(X, \mathcal{F}) \to H^r(X - B_c, \mathcal{F}) \to H^{r+1}_\Phi(B_c, \mathcal{F}) \to$$

où Φ désigne la famille des fermés dans X contenus dans B_c.

Le théorème est alors conséquence immédiate de la proposition 25. En particulier, les hypothèses précédentes sont vérifiées si X est un espace q-complet.

Remarque. — Le procédé de démonstration suivi est inspiré d'une idée due à Ehrenpreis [8].

6. Applications.

22. Filtration de la cohomologie sur un fibré.

a. Soient X un espace complexe et $E \xrightarrow{\pi} X$ un fibré vectoriel holomorphe sur X de fibre $\mathbf{C}^r$. Soit $\mathfrak{U} = \{U_i\}_{i \in I}$ un recouvrement de X par des ouverts d'holomorphie de sorte que sur chaque U_i le fibré E soit trivial. Si

$\Phi_i : U_i \times \mathbf{C}^r \to E$ sont les cartes ainsi obtenues, nous désignerons par $g_{ij} : U_{ij} \to GL(r, \mathbf{C})$ le cocycle défini par les relations

$$\Phi_j^{-1} \Phi_i(z, \xi_i) = (z, g_{ji} \circ \xi_i)$$

ξ_i désignant les coordonnées en fibre au-dessus de U_i.

Envisageons E comme espace complexe et sur E le recouvrement

$$\hat{\mathfrak{U}} = \{ \pi^{-1}(U_i) \}_{i \in I}.$$

Les ouverts de $\hat{\mathfrak{U}}$ sont des ouverts d'holomorphie.

Soit U un ouvert de X contenu dans U_i. Toute fonction holomorphe f sur $\pi^{-1}(U)$ peut être développée en série de puissances en les coordonnées en fibre ξ_i :

$$f = \sum c^i_{\nu_1 \ldots \nu_r}(z) \xi_{i1}^{\nu_1} \ldots \xi_{ir}^{\nu_r},$$

les $c^i_{\nu_1 \ldots \nu_r}(z)$ étant des fonctions holomorphes sur U. Il résulte que l'anneau $A(U) = \Gamma(\Pi^{-1}(U), \mathcal{O})$ est filtré par les puissances de l'idéal $A(U)(\xi_{i1}, \ldots, \xi_{ir})$. Autrement dit, f sera de degré filtrant $\geqq k$ si elle s'annule à l'ordre $\geqq k$ sur la section nulle du fibré $E|_U$.

Si $U \subset U_i \cap U_j$, on peut aussi développer f par rapport aux coordonnées en fibre ξ_j sur U_j :

$$f = \sum_{\mu_i \geqq 0} c^j_{\mu_1 \ldots \mu_r}(z) \xi_{j1}^{\mu_1} \ldots \xi_{jr}^{\mu_r}.$$

Comme $\xi_i = g_{ij}(z)\xi_j$ on voit d'abord que la filtration choisie sur $A(U)$ ne dépend pas du choix des coordonnées en fibre, ce qui était aussi évident *a priori* d'après la signification géométrique.

Désignons par X_i^k le vecteur de composantes $\xi_{i1}^{\nu_1} \ldots \xi_{ir}^{\nu_r}$, $\nu_1 + \ldots + \nu_r = k$. Si $P_k(g)$ désigne la puissance tensorielle symétrique $k^{\text{ième}}$ de l'endomorhisme $g \in GL(r, \mathbf{C})$ des relations précédentes on tire que $X_i^k = P_k(g_{ij}) X_j^k$. Désignons par $C_k^i(z)$ le vecteur de composantes $c^i_{\nu_1, \ldots, \nu_r}(z)$, $\nu_1 + \ldots + \nu_r = k$. De ce qui précède, il résulte que $C_k^i(z) = P_k({}^t g_{ij}^{-1}) C_k^j(z)$, c'est-à-dire $C_k^i(z)$ représente sur U une section du fibré $E^{*(k)}$ puissance tensorielle symétrique $k^{\text{ième}}$ du fibré E^* dual de E. De plus, notons $A_k(U)$ l'ensemble des éléments de $A(U)$ de degré filtrant $\geqq k$; alors $A_k(U)$ est somme directe de $A_{k+1}(U)$ et de l'espace des sections de $E^{*(k)}$ sur U.

b. Envisageons le groupe $C^i(\hat{\mathfrak{U}}, \mathcal{O})$ des i-cochaînes de $\hat{\mathfrak{U}}$ à valeurs dans $\mathcal{O}$. D'après ce qu'on vient de dire, ce groupe est filtré, et la filtration est compatible avec l'opération δ de cobord. Ceci nous donne une filtration sur la cohomologie $H^i(\hat{\mathfrak{U}}, \mathcal{O})$. Soit $GH^i(\hat{\mathfrak{U}}, \mathcal{O})$ le groupe gradué associé à cette filtration. De la remarque faite tout à l'heure, nous déduisons la proposition suivante :

PROPOSITION 26. — *Soit $E \xrightarrow{\pi} X$ un fibré vectoriel holomorphe sur X. Il existe une filtration naturelle sur les groupes de cohomologie $H^i(E, \mathcal{O})$. Le gradué associé est isomorphe à la somme directe des groupes de cohomologie en dimension i de X à valeurs dans les puissances tensorielles symétriques du fibré E^* dual de E*

$$GH^i(E, \mathcal{O}) \simeq \bigoplus_k H^i(X, E^{*(k)}).$$

23. Théorèmes d'annulation de la cohomologie.

a. Supposons que le fibré dual E^*, en tant qu'espace complexe, soit (*a*) fortement q-convexe, (*b*) fortement q-concave. Alors on sait que

(*a*) $\dim_{\mathbf{C}} H^i(E^*, \mathcal{O}) < \infty$ si $i \geq q$ dans le cas convexe;

(*b*) $\dim_{\mathbf{C}} H^i(E^*, \mathcal{O}) < \infty$ si $i < \operatorname{dih}(X) + r - q$ dans le cas concave.

Appliquons la proposition précédente au fibré E^* et remarquons que

$$\dim_{\mathbf{C}} GH^i(E^*, \mathcal{O}) \leq \dim_{\mathbf{C}} H^i(E^*, \mathcal{O}).$$

Nous en déduisons la

PROPOSITION 27. — *Si le fibré E^* est (a) fortement q-convexe, (b) fortement q-concave, alors il existe un entier k_0 tel que pour tout $k \geq k_0$ on ait*

(*a*) $H^i(X, E^{(k)}) = 0$ *pour* $i \geq q$ *dans le cas q-convexe;*

(*b*) $H^i(X, E^{(k)}) = 0$ *pour* $i < \operatorname{dih}(X) + r - q$ *dans le cas q-concave,*

$E^{(k)}$ désignant la puissance tensorielle symétrique $k^{\text{ième}}$ du fibré E.

b. Nous voulons terminer en donnant un critère pratique de calcul de la convexité d'un fibré E dans le cas où X est une variété complexe compacte de dimension n.

Pour cela, introduisons sur E une métrique hermitienne sur les fibres. Au-dessus de chaque ouvert $U_i \in \mathfrak{U}$, elle sera donnée par une forme hermitienne positive non dégénérée ${}^t\bar{\xi}_i h_i \xi_i$, la matrice h_i dépendant différentiablement du point $z \in U_i$. Pour $z \in U_i \cap U_j$ on aura $h_j = {}^t\bar{g}_{ij} h_i g_{ij}$.

Sur l'espace E envisageons la fonction $\varphi = {}^t\bar{\xi}_i h_i \xi_i$. Comme X est compacte les ouverts $B_c = \{x \in E \mid \varphi(x) < c\}$ pour $c > 0$ sont relativement compacts.

Pour le calcul de la signature de la forme de Lévi de φ, nous faisons les remarques suivantes. La métrique donnée définit une ∂-connection dans E donnée par les $(1, 0)$-formes $h_i^{-1} \partial h_i$. L'obstruction à ce que cette connection soit holomorphe est donnée par l'annulation de la forme de courbure

$\Theta_i = \bar{\partial}(h_i^{-1}\,\partial h_i)$. Par un calcul direct ([18]), on trouve qu'en un point $(z, \xi) \in E$ la forme de Lévi $L(\varphi)$ de φ a autant de valeurs propres < 0 que la forme ${}^t\bar{\xi}\, h\Theta\xi$ et r valeurs propres > 0 de plus que ladite forme.

Nous observons encore que ${}^t\bar{\eta}_i\, {}^t h_i^{-1}\, \eta_i$ est une métrique hermitienne sur le fibré dual E^*. Pour cette métrique la forme de courbure est $\Theta_i^* = \bar{\partial}({}^t h_i\, \partial\, {}^t h_i^{-1})$. En posant $\eta_i = {}^t h_i \bar{\xi}_i$ on a une application de E dans E^* et il résulte

$$ {}^t\bar{\eta}\, {}^t h^{-1}\, \Theta^* \eta = - {}^t\xi\, \overline{h\Theta}\, \bar{\xi}. $$

Cela dit, envisageons pour chaque $(z_i, \xi_i) \in E$ la forme hermitienne en dz, $d\bar{z}$, donnée localement par

$$ Q(\xi, dz, d\bar{z}) = {}^t\bar{\xi}_i\, h_i \Theta_i \xi_i. \tag{1} $$

Pour calculer la q-convexité de E utilisons la fonction $\varphi = {}^t\bar{\xi}\, h\xi$ et pour calculer la q-concavité, la fonction $e^{-c\varphi}$ avec $c > 0$ assez grand. De ce qu'on vient de dire il résulte le lemme suivant :

Lemme. — *Supposons que pour chaque $\xi \neq 0$ la forme Q ait $n - q + 1$ valeurs propres > 0 et $n - p + 1$ valeurs propres < 0. Alors le fibré E est fortement q-convexe (par rapport à la fonction φ) et fortement $(p + r - 1)$-concave (par rapport à la fonction $e^{-c\varphi}$). Par correspondance, le fibré dual E^* sera fortement p-convexe (par rapport à la fonction $\varphi^* = {}^t\bar{\eta}\, {}^t h^{-1} \eta$) et fortement $(q + r - 1)$-concave (par rapport à la fonction $e^{-c\varphi^*}$).*

On en conclut le résultat suivant.

Proposition 28. — *Soit E un fibré vectoriel holomorphe sur une variété complexe compacte X de dimension n. On munit E d'une forme hermitienne h positive non dégénérée, dont la forme de courbure soit Θ, et l'on définit sur E une forme différentielle Q de type $(1, 1)$ en les différentielles de la base X, dont l'expression locale est donnée par la formule (1). Supposons que Q ait t_1 valeurs propres > 0 et $n - t_2$ valeurs propres < 0 pour tout point de E. Il existe alors un entier k_0 tel que*

$$ H^i(X, E^{(k)}) = 0 \quad \textit{si} \quad i \notin \{t_1, t_1 + 1, \ldots, t_2\} \quad \textit{et} \quad k \geq k_0. $$

En particulier, si la forme Q est non dégénérée $t_2 = t_1 = t$ et l'on a

$$ H^i(X, E^{(k)}) = 0 \quad \text{si} \quad i \neq t \quad \text{et} \quad k \geq k_0. $$

On rapprochera ce résultat d'un théorème bien connu de Bott concernant les espaces homogènes complexes de groupes de Lie [4].

([18]) On se sert du fait qu'en un point $z_0 \in X$, par choix convenable des coordonnées dans les fibres au voisinage de z_0, on aura $(\partial h)_{z_0} = 0$.

BIBLIOGRAPHIE.

[1] Andreotti (A.). — *Théorèmes de dépendance algébrique sur les espaces complexes pseudoconcaves* (à paraître dans ce *Bulletin*).

[2] Behnke (H.) et Stein (K.). — Approximation analytischer Funktionen in vorgegebenen Bereichen des Raumes von *n* komplexen Veränderlichen, *Nachr. Gesellsch. Wiss. Göttingen, Math.-phys. Kl.*, 1939, p. 195-202.

[3] Behnke (H.) et Thullen (P.). — *Theorie der Funktionen meherer komplexer Veränderlichen.* — Berlin, Springer, 1934 (*Ergebnisse der Mathematik ...*, Band 3, Heft 3).

[4] Bott (R.). — Homogeneous vector bundles, *Annals of Math.*, Series 2, t. 66, 1957, p. 203-248.

[5] Cartan (H.) et Eilenberg (S.). — *Homological algebra.* — Princeton, Princeton University Press, 1956 (Princeton mathematical Series, 19).

[6] Cartan (H.) et Serre (J.-P.). — Un théorème de finitude concernant les variétés analytiques compactes, *C. R. Acad. Sc.*, t. 237, 1953, p. 128-130.

[7] Doquier (F.) et Grauert (H). — Levisches Problem und Rungenschenn Satz für Teilgebiete Steinscher Mannigfaltigkeiten, *Math. Annalen*, t. 140, 1960, p. 94-123.

[8] Ehrenpreis (L.). — Some applications of the theory of distributions to several complex variables, *Seminar on analytic functions*, t. 1. — Princeton, Institute for advanced Study, 1957.

[9] Frenkel (J.). — Cohomologie non abélienne et espaces fibrés, *Bull. Soc. math. Fr.*, t. 85, 1957, p. 135-230 (*Thèse Sc. math.*, Paris, 1956).

[10] Godement (R.). — *Topologie algébrique et théorie des faisceaux.* — Paris, Hermann, 1958 (*Act. scient. et ind.*, 1252; Publ. Inst. Math. Univ. Strasbourg, 13).

[11] Grauert (H.). — Holomorphe Funktionen mit Werten in komplexen Lieschen Gruppen, *Math. Annalen*, t. 133, 1957, p. 450-472.

[12] Grauert (H.). — On Levi's problem and the imbedding of real analytic manifolds, *Annals of Math.*, t. 68, 1958, p. 460-472.

[13] Grauert (H.). — Une notion de dimension cohomologique dans la théorie des espaces complexes, *Bull. Soc. math. Fr.*, t. 87, 1959, p. 341-350.

[14] Grauert (H.). — Ueber Modifikationen und exceptionnelle analytische Mengen, *Math. Annalen*, 1962 (à paraître).

[15] Gröbner (W.). — *Moderne algebraische Geometrie die idealtheorischen Grundlagen.* — Wien, Springer, 1949.

[16] Grothendieck (A.). — *Produits tensoriels topologiques et espaces nucléaires.* — Providence, American mathematical Society, 1955 (*Mem. Amer. math. Soc.*, 16).

[17] Kodaira (K.). — On a differential geometric method in the theory of analytic stacks, *Proc. Nat. Acad. Sc. U. S. A.*, t. 39, 1953, p. 1268-1273.

[18] Malgrange (B.). — *On the theory of functions of several complex variables.* — Bombay, Tata Institute of fundamental Research, 1958 (Tata Institute of fundamental Research, Lectures on Mathematics, 13).

[19] Narasimhan (R.). — The Levi problem for complex spaces, *Math. Annalen*, t. 142, 1961, p. 355-365.

[20] Remmert (R,) — Projektionen analytischer Mengen, *Math. Annalen*, t. 130, 1956, p. 410-441,

[21] Rothstein (W.). — Zur Theorie der Analytischen Mannigfaltigkeiten im Raume von *n* komplexen Veränderlichen, *Math Annalen*, t. 129, 1955, p. 96-138.

[22] Schwartz (Laurent). — Homomorphismes et applications complètement continues, *C. R. Acad. Sc.*, t. 236, 1953, p. 2472-2473.

[23] SCHEYA (J.). — Riemannsche Hebbarkeitssätze für Kohomologie Klassen, *Math. Annalen*, t. 144, 1961, p. 345-360.

[24] SÉMINAIRE CARTAN, t. 4. 1951-1952 : Fonctions analytiques de plusieurs variables complexes. — Paris. École Normale Supérieure (multigraphié); Cambridge, Math. Department at M. I. T., 1955.

[25] SERRE (J.-P.). — Faisceaux algébriques cohérents, *Annals of Math.*, Series 2, t. 61, 1955, p. 197-278.

[26] SERRE (J.-P.). — Un théorème de dualité, *Comment. Math. Helvet.*, t. 29, 1955, p. 9-26.

[27] THULLEN (Peter). — Ueber die wesentlichen Singularitäten analytischer Funktionen und Flächen im Raume von n komplexen Veränderlichen, *Math. Annalen*, t. 111, 1935, p. 137-157.

(Manuscrit reçu le 1er mars 1962).

74.

Kontinuitätssatz und Hüllen bei speziellen Hartogsschen Körpern*

Abh. Math. Semin. Univ. Hamb. 52, 179–186 (1982)

Heinrich Behnke hat sich in dem funktionentheoretischen Teil seiner Forschungen besonders mit der analytischen Fortsetzung holomorpher Funktionen mehrerer Variabler befaßt. Schon 1926 [BK] erschien eine Arbeit, in der folgendes Theorem bewiesen wurde:

Es sei $G \subset \mathbb{C}^n = \{\mathfrak{z} = (z_1, \ldots, z_n)\}$ ein Gebiet im n-dimensionalen komplexen Zahlenraum. Es seien $\varphi_1(\mathfrak{z})$, $\varphi_2(\mathfrak{z})$ reelle zweimal stetig differenzierbare Funktionen in G mit

$$d\varphi_\nu = \varphi_{\nu z_1} dz_1 + \cdots + \varphi_{\nu z_n} dz_n + \varphi_{\nu \bar{z}_1} d\bar{z}_1 + \cdots + \varphi_{\nu \bar{z}_n} d\bar{z}_n \neq 0$$

überall. Die 2-codimensionale Fläche $F = \{\mathfrak{z} \in G: \varphi_1(\mathfrak{z}) = \varphi_2(\mathfrak{z})\}$ sei nicht leer, und die Differentiale $d\varphi_1$, $d\varphi_2$ seien in jedem Punkt von F linear unabhängig. Ferner mögen sich die Flächen $S_1 = \{\varphi_1 = 0\}$, $S_2 = \{\varphi_2 = 0\}$ in F in $B = \{\mathfrak{z} \in G: \varphi_1(\mathfrak{z}) < 0, \varphi_2(\mathfrak{z}) < 0\}$ hineinknicken. Gibt es dann eine holomorphe Funktion in B, die in jedem Punkte von F singulär ist, so ist F eine analytische Menge.

Dieser Satz ist als der *Kantensatz* in die Literatur eingegangen. Er diente damals dazu, Befürchtungen zu zerstreuen, daß die Levische Vermutung über die Existenzgebiete holomorpher Funktionen falsch wäre (vgl. [BL]). Diese Levische Vermutung konnte Behnke dann 1927 sogar in einer weiteren Arbeit des Titels „Natürliche Grenzen" [BN] im Falle 2dimensionaler Kreiskörper bestätigen, wodurch er das Aufsehen der wissenschaftlichen Fachwelt sehr erregte.

In diesem Aufsatz soll gezeigt werden, daß es in Spezialfällen auch (maximale) Existenzgebiete von Kohomologieklassen gibt und daß diese sogar explizit berechnet werden können.

§ 1. Kohomologieklassen

1. Es sei f eine komplexe Funktion in einem Gebiet $G \subset \mathbb{C}^n$. Die Koordinaten $\mathfrak{z} = (z_1, \ldots, z_n)$ seien in Realteil und Imaginärteil zerlegt. Es sei also $z_\nu = x_\nu + iy_\nu$. Wir schreiben

$$f(\mathfrak{z}) = f(z_1, \ldots, z_n) = f(x_1, \ldots, x_n; y_1, \ldots, y_n).$$

*) Vortrag, gehalten am 1. Juli 1980 vor der Mathematischen Gesellschaft in Hamburg.

Die Funktion f sei nun beliebig oft differenzierbar. Es ist dann

$$f_{z_\nu} = \frac{1}{2}(f_{x_\nu} - i f_{y_\nu}), \qquad f_{\bar{z}_\nu} = \frac{1}{2}(f_{x_\nu} + i f_{y_\nu}),$$

$\partial f = f_{z_1} dz_1 + \cdots + f_{z_n} dz_n$, $\bar{\partial} f = f_{\bar{z}_1} d\bar{z}_1 + \cdots + f_{\bar{z}_n} d\bar{z}_n$ und f ist holomorph, genau wenn $\bar{\partial} f \equiv 0$ ist. Die Gleichungen $f_{\bar{z}_\nu} = 0$ sind nämlich nichts anderes als die Cauchy-Riemannschen Differentialgleichungen.

2. Die Kohomologieklassen (mit Koeffizienten in der Garbe der Keime lokaler holomorpher Funktionen) werden in den Dimensionen $l = 0, 1, \ldots, n$ so definiert, daß die holomorphen Funktionen gerade die 0dimensionalen Klassen sind.

Die (komplex-wertigen) Differentialformen vom Typ $(0, l)$ können stets in der eindeutig bestimmten Form

$$\varphi = \sum_{1 \leq \iota_1 < \cdots < \iota_l \leq n} a_{\iota_1 \ldots \iota_l}(\mathfrak{z})\, d\bar{z}_{\iota_1} \wedge \cdots \wedge d\bar{z}_{\iota_l}$$

geschrieben werden. In unserem Fall seien die Koeffizienten stets beliebig oft differenzierbare (komplexe) Funktionen auf G. Das Zeichen $\wedge$ bedeutet das Graßmannsche Produkt. Es ist linear und alternierend. Also gilt $d\bar{z}_\nu \wedge d\bar{z}_\mu = -d\bar{z}_\mu \wedge d\bar{z}_\nu$ und $d\bar{z}_\nu \wedge d\bar{z}_\nu = 0$. Die Menge dieser Formen wird mit $A^{0,l} = A^{0,l}(G)$ bezeichnet. Sie bildet einen komplexen Vektorraum. Man setzt $A^{0,l} = 0$ für $l > n$. Es wird definiert

$$\bar{\partial}\varphi = \sum_{1 \leq \iota_1 < \cdots < \iota_l \leq n} \bar{\partial} a_{\iota_1 \ldots \iota_l} \wedge d\bar{z}_{\iota_1} \wedge \cdots \wedge d\bar{z}_{\iota_l}.$$

Man kann $\bar{\partial}\varphi$ wieder in der eingangs erwähnten eindeutig bestimmten Grundform hinschreiben. Es gilt also $\bar{\partial}\varphi \in A^{0,l+1}$. Die Abbildung $\bar{\partial}: A^l \to A^{l+1}$ ist linear, und man errechnet leicht, daß $\bar{\partial}\bar{\partial}\varphi$ immer gleich 0 ist.

Um die Kohomologieklassen zu erhalten, schreiben wir ker $A^{0,l}$ für den Kern der Abbildung $\bar{\partial}: A^{0,l} \to A^{0,l+1}$ und im $A^{0,l}$ für das Bild von $\bar{\partial}: A^{0,l-1} \to A^{0,l}$. Es sei im $A^{0,0} = 0$. Da im $A^{0,l} \subset \ker A^{0,l}$ ist, kann man den Quotientenvektorraum $H^{0,l}(G) = \ker A^{0,l}/\operatorname{im} A^{0,l}$ bilden. Er heißt die l-te Kohomologiegruppe von G (mit Koeffizienten in $\mathcal{O}$), seine Elemente die l-dimensionalen Kohomologieklassen. Offensichtlich sind sie eine Verallgemeinerung der holomorphen Funktionen.

3. Unser Gebiet G heißt Holomorphiegebiet, wenn es eine in G holomorphe Funktion f gibt, die in jedem Randpunkt $\mathfrak{z}_0 \in \partial G$ (voll) singulär wird. Man vergleiche [GF]. Im Falle $n = 1$ ist jedes Gebiet Holomorphiegebiet, im Falle $n > 1$ jedoch nicht mehr. Dagegen sind es alle konvexen Gebiete wie Kugeln und Ellipsoide. Nach dem berühmten „théorème B", das H. Cartan und J. P. Serre 1953 bewiesen haben, gilt für Holomorphiegebiete $H^{0,l}(G) = 0$ für $l \geqq 1$. Die Kohomologieklassen sind dann natürlich nicht besonders interessant. Im allgemeinen gilt aber $\dim H^{0,l}(G) = \infty$.

§ 2. Die lokale Fortsetzung

1. Es sei φ reell und zweimal stetig differenzierbar in G. Überall gelte $d\varphi = \partial\varphi + \bar{\partial}\varphi \neq 0$. Die Fläche $S = \{\mathfrak{z} \in G: \varphi(\mathfrak{z}) = 0\}$ sei nicht leer. Sie ist dann überall glatt. Es sei $\mathfrak{z} \in S$ und $T_\mathfrak{z} = \left\{\mathfrak{x} = (\xi_1, \ldots, \xi_n): (\partial\varphi)(\mathfrak{x}) = \sum_{\nu=1}^{n} \varphi_{z_\nu}(\mathfrak{z})\, \xi_\nu = 0\right\}$ die komplexe Tangente an S in $\mathfrak{z}$ und $L_\varphi(\mathfrak{z}, \mathfrak{x}) = \sum_{\nu,\mu=1}^{n} \varphi_{z_\nu \bar{z}_\mu} \xi_\nu \bar{\xi}_\mu$ die Leviform von φ. Man nennt S q-konvex (von der Seite $\varphi > 0$), wenn in jedem Punkte $\mathfrak{z} \in S$ die Form $L_\varphi \mid T_\mathfrak{z}$ mindestens $n - q$ positive Eigenwerte hat. Offenbar hat man für $q = 1$ die stärkste Eigenschaft, $(q + 1)$-konvex ist schwächer als q-konvex, und jede Fläche S ist $(n - 1)$-konvex.

Unter einem $(n - q)$-dimensionalen analytischen Flächenstück versteht man eine Menge $A = \{\mathfrak{z} \in U: f_1(\mathfrak{z}) = \cdots = f_q(\mathfrak{z}) = 0\}$, wobei $U \subset \mathbb{C}^n$ eine offene Menge und die $f_1, \ldots, f_q$ in U holomorphe Funktion mit $\operatorname{rg}\left((f_{\nu z_\mu})_{\mu=1,\ldots,n}^{\nu=1,\ldots,q}\right) = q$ sind. Man zeigt leicht die folgende Aussage:

S ist genau dann q-konvex, wenn es durch jeden Punkt $\mathfrak{z} \in S$ ein analytisches, $(n - q)$-dimensionales Flächenstück $A \subset G \cap \{\varphi \geqq 0\}$ gibt, das S in $\mathfrak{z}$ von zweiter Ordnung berührt.

Es sei $\psi_s = \dfrac{1}{s}(e^{sx} - 1)$ für $s \in \mathbb{N}$. Ist S q-konvex, so gibt es zu jedem Punkt $\mathfrak{z}_0 \in S$ eine Umgebung $U(\mathfrak{z}_0) \subset G$ und eine Zahl s, so daß die Leviform von $\psi_s \circ \varphi$ in jedem Punkte von U mindestens $n - q + 1$ positive Eigenwerte hat. Natürlich sind φ und $\psi_s \circ \varphi$ völlig gleichberechtigt, und man darf deshalb voraussetzen, daß φ schon diese Eigenschaft hat.

2. Fortan seien die Koordinaten des $\mathbb{C}^n$ so gewählt, daß der n-dimensionale Einheitspolyzylinder $Z = \{\mathfrak{z}: |z_\nu| \leqq 1;\ \nu = 1, \ldots, n\}$ noch in G liegt. Es sei $Z' = \{\mathfrak{z}' = (z_1, \ldots, z_{q-1}): |z_\nu| \leqq 1\}$ und $Z'' = \{\mathfrak{z}'' = (z_q, \ldots, z_n): |z_\nu| \leqq 1\}$. Die Leviformen von $\varphi \mid \mathfrak{z}' \times Z''$ seien für $\mathfrak{z}' \in Z'$ stets positiv definit. Ist

$$Q_{\mathfrak{z}_1} = \varphi(\mathfrak{z}_1) + 2 \sum_{\nu=q}^{n} \varphi_{z_\nu}(\mathfrak{z}_1)\,(z_\nu - z_\nu^{(1)}) + \sum_{\nu,\mu=q}^{n} \varphi_{z_\nu z_\mu}(\mathfrak{z}_1)\,(z_\nu - z_\nu^{(1)})\,(z_\mu - z_\mu^{(1)}),$$

so berührt der Realteil $\operatorname{Re} Q_{\mathfrak{z}_1} + L_{\varphi|\mathfrak{z}_1' \times Z''}(\mathfrak{z}_1, \mathfrak{z})$ die Funktion φ in $\mathfrak{z}_1$ von zweiter Ordnung. Es sei $\varphi - \operatorname{Re} Q_{\mathfrak{z}_1}$ in $(\mathfrak{z}_1' \times Z'') - \mathfrak{z}_1$ für $\mathfrak{z}_1 \in Z$ stets positiv. Ferner sei $\varrho < 1$ eine positive Zahl und f eine holomorphe Funktion in (einer offenen Umgebung von) Z.

Definition. *Das Tripel (Z, ϱ, f) heißt eine Hartogsfigur zu $(\varphi, \mathfrak{z}_0)$, wenn*

1. $\mathfrak{z}_0 \in \{\mathfrak{z} \in Z: |f(\mathfrak{z})| < 1\}$
2. $\{z \in Z: |f(\mathfrak{z})| \leqq \varrho\} \subset B = \{\mathfrak{z} \in G: \varphi(\mathfrak{z}) > 0\}$
3. $(G \setminus B) \cap \{\mathfrak{z} \in Z: |f(\mathfrak{z})| \leqq 1\} \subset Z' \times \mathring{Z}''$,
   wobei $\mathring{Z}'' = \{\mathfrak{z}'': |z_\nu| < 1\}$.

Ist die Leviform von $\varphi \mid \mathfrak{z}' \times Z''$ für $\mathfrak{z}' \in Z'$ stets positiv definit, so läßt sich die Bedingung $\varphi - \operatorname{Re} Q_{\mathfrak{z}_1} > 0$ durch Verkleinerung von Z'' erreichen. Man kann dann $f(\mathfrak{z}) = \frac{1}{\delta}(Q_0 - \varepsilon)$ mit $0 < \varepsilon < \delta < \min \left|(Q_0 - \varepsilon)\left(\{\varphi \leqq 0\} \cap (Z' \times \partial Z'')\right)\right|$ setzen, wobei man Z' so stark verkleinern muß, daß das min positiv wird. Für hinreichend kleines $\varrho > 0$ ist dann (Z, ϱ, f) eine Hartogsfigur zu $(\varphi, \mathfrak{z}_0)$. Nach [GK], § 1, Hilfssatz 5 gilt (vgl. auch [GC] und [TFE]):

Satz 1. *Es sei (Z, ϱ, f) eine Hartogsfigur zu φ. Dann gilt für $r < n - q$*

a) $H^{0,r}(Z \cap \{|f| \leqq 1\} \cap B) = 0$, falls $r > 0$,
b) $H^{0,r}(Z \cap \{|f| \leqq 1\}) \approx H^{0,r}(Z \cap \{|f| \leqq 1\} \cap B)$
für den Beschränkungshomomorphismus, falls $r = 0$.

3. Es sei nun $\xi \in H^{0,l}(B)$ eine Kohomologieklasse. Im Falle $l = 0$ ist ξ eine holomorphe Funktion in B, und es ist wohlbekannt, was es heißt, daß ξ in (jedem Punkt von) S singulär ist. Im Falle $l > 0$ wird ξ durch eine Differentialform $\beta \in A^{0,l}(B)$ mit $\bar{\partial}\beta = 0$ repräsentiert. Die Klasse ξ heißt dann singulär in S, wenn es um keinen Punkt $\mathfrak{z} \in S$ eine Umgebung $U(\mathfrak{z}) \subset G$ und eine Form $\alpha \in A^{0,l-1}(U \cap B)$ mit $\bar{\partial}\alpha = \beta \mid U \cap B$ gibt. Andreotti und Norguet [AN] haben als erste ein Verfahren angegeben, mit dem man unter gewissen Voraussetzungen Kohomologieklassen konstruieren kann, die in S singulär werden.

Nach [GK], Beweis des Satzes 2 aus § 2 gilt:

Satz 2. *Es sei $f(\mathfrak{z}', z_q, \mathfrak{x})$ eine komplexe beliebig oft differenzierbare Funktion über $\bigcup_{\mathfrak{x} \in S} E(\mathfrak{x}) \times \mathfrak{x}$ mit $E(\mathfrak{x}) = \{\mathfrak{z} \in G: z_\nu = \bar{z}_\nu,\ \nu = q + 1, \ldots, n\}$ und folgenden Eigenschaften*

a) *f ist für festes $\mathfrak{x}$ in $(\mathfrak{z}', z_q)$ holomorph,*
b) *die Ableitungen von f nach den z_ν mit $\nu = 1, \ldots, q$ verschwinden nicht gemeinsam in $\mathfrak{x}$,*
c) *$\{(\mathfrak{z}', z_q) \in E(\mathfrak{x}): f(\mathfrak{z}', z_q, \mathfrak{x}) = 0\}$ berührt S in $\mathfrak{x}$ und liegt ganz in $G \setminus B$,*
d) *S ist q-konvex,*
e) *$E(\mathfrak{x})$ schneidet S stets überall transversal.*

Dann gibt es eine Form $\beta \in A^{0,n-q}(B)$ mit $\bar{\partial}\beta = 0$, die eine Kohomologieklasse $\xi \in H^{0,n-q}(B)$ repräsentiert, die auf S singulär ist.

§ 3. Hüllenbildung bei Hartogsschen Körpern

1. Die quadratische Form

$$Q = \operatorname{Re} \sum_{\nu,\mu=1}^{m} a_{\nu\mu} z_\nu z_\mu + \sum_{\nu,\mu=1}^{m} b_{\nu\mu} z_\nu \bar{z}_\mu$$

sei reell und positiv definit. Dann ist die Matrix $((b_{\nu\mu}))$ hermitesch und ebenfalls positiv definit. Es sei $t(\mathfrak{z}) = \sum_{\nu,\mu=1}^{m} c_{\nu\mu} z_\nu \bar{z}_\mu$ eine weitere positiv definite hermitesche

Form. Wir setzen:

$$D = \{\mathfrak{z} \in \mathbb{C}^m : Q(\mathfrak{z}) < 1\}$$

$$G = \{(w, \mathfrak{z}) : \mathfrak{z} \in D, \lg |w| < t(\mathfrak{z})\} \quad \text{und} \quad n = m + 1.$$

Das Gebiet D ist dann streng konvex und damit streng pseudokonvex, und G ist ein Hartogsscher Körper über D, der in jedem Randpunkt $(w, \mathfrak{z})$ mit $\mathfrak{z} \in D$ streng pseudokonkav ist. Wir führen eine umkehrbare lineare holomorphe Transformation des $\mathbb{C}^n$ durch, so daß danach $\big((b_{\nu\mu})\big)$ die Einheitsmatrix und $\big((c_{\nu\mu})\big)$ eine positive Diagonalmatrix ist. Es gilt nach der Transformation

$$t(\mathfrak{z}) = \sum_{\lambda=1}^{m} c_\lambda z_\lambda \bar{z}_\lambda \quad \text{mit} \quad 0 < c_1 \leqq c_2 \leqq \cdots \leqq c_m.$$

Wir setzen:

$$t_q(\mathfrak{z}) = t(\mathfrak{z}) - c_q \cdot \big(Q(\mathfrak{z}) - 1\big) \quad \text{für} \quad q = 1, \ldots, m.$$

Dann gilt

$$t(\mathfrak{z}) =: t_0(\mathfrak{z}) \leqq t_1(\mathfrak{z}) \leqq \cdots \leqq t_m(\mathfrak{z})$$

und für

$$G_q := \{(w, \mathfrak{z}) : \mathfrak{z} \in D, \lg |w| < t_q(\mathfrak{z})\}$$

auch

$$G_0 = G \subset G_1 \subset \cdots \subset G_m.$$

Der Rand von G_q ist schwach $(n - q)$-konvex und G_m ist ein Holomorphiegebiet. Ferner ist $\partial G_q \cap (D \times \mathbb{C})$ noch schwach q-konkav, d. h. schwach q-konvex von Innen, wenn $q = 1, \ldots, m$.

2. Wir wollen G_q durch eine Folge von Teilbereichen ausschöpfen, so daß wir dabei das Verhalten der Kohomologie übersehen können. Es ist

$$G_q = \Big\{(w, \mathfrak{z}) : \mathfrak{z} \in D, \lg |w| < -(c_q - c_1)\, z_1\bar{z}_1 - \cdots - (c_q - c_{q-1})\, z_{q-1}\bar{z}_{q-1}$$
$$+ c_q + (c_{q+1} - c_q)\, z_{q+1}\bar{z}_{q+1} + \cdots + (c_m - c_q)\, z_m\bar{z}_m$$
$$- c_q \operatorname{Re} \sum_{\nu,\mu=1}^{m} a_{\nu\mu} z_\nu z_\mu \Big\} \quad \text{für} \quad q = 1, \ldots, m.$$

Es sei $\mathfrak{z}' = (z_1, \ldots, z_{q-1})$ und $\mathfrak{z}'' = (z_q, \ldots, z_m)$.

Die Funktion $c_q \cdot \big(Q(\mathfrak{z}) - 1\big)$ ist elementar konvex. Durch eine reelle lineare Koordinatentransformation kann man sogar erreichen, daß $Q(\mathfrak{z}) = z_1\bar{z}_1 + \cdots + z_m\bar{z}_m$ und damit D die Einheitshyperkugel wird. Man sieht deshalb leicht folgendes:

Es gibt eine Folge von reellen Funktionen $r_\varkappa(\mathfrak{z})$ auf D mit folgenden Eigenschaften:

1. $r_0 = c_q \cdot \big(Q(\mathfrak{z}) - 1\big)$, $r_\varkappa \leqq r_{\varkappa+1} < 0$,

2. $\lim_{\varkappa\to\infty} r_\varkappa(\mathfrak{z}) = 0$ gleichmäßig konvergent,
3. $r_\varkappa(\mathfrak{z})$ ist beliebig oft differenzierbar und streng konvex: die Hessesche von $r_\varkappa$ ist für jedes $\mathfrak{z} \in D$ positiv definit,
4. die Menge $\overline{\{\mathfrak{z} \in D: r_{\varkappa+1}(\mathfrak{z}) - r_\varkappa(\mathfrak{z}) \neq 0\}}$ liegt stets im Innern von D.

Die Leviformen von $t_q(\mathfrak{z}) + r_\varkappa(\mathfrak{z}) - \lg|w|$ sind in bezug auf die Variablen $(w, \mathfrak{z}'')$ auf den komplexen Tangenten positiv definit. Es sei $w = |w| \cdot e^{i\vartheta}$. Man kann dann beliebig oft differenzierbare Funktionen $r_\varkappa^{(\nu)}(\mathfrak{z}, \vartheta)$ für $\nu = 0, \ldots, l_\varkappa$ finden, so daß folgendes gilt:

1. $r_\varkappa = r_\varkappa^{(0)}, r_\varkappa^{(\nu)} \leqq r_\varkappa^{(\nu+1)}, r_\varkappa^{(l_\varkappa)} = r_{\varkappa+1}$,
2. $r_\varkappa^{(\nu)}(\mathfrak{z}, \vartheta + 2\pi) = r_\varkappa^{(\nu)}(\mathfrak{z}, \vartheta)$,
3. zu $\varphi_{\varkappa\nu} = t_q(\mathfrak{z}) + r_\varkappa^{(\nu)}(\mathfrak{z}, \vartheta) - \lg|w|$ gibt es einen Punkt $(w_0, \mathfrak{z}_0) \in S_{\varkappa\nu} = \{(w, \mathfrak{z}): \mathfrak{z} \in D, \varphi_{\varkappa\nu}(w, \mathfrak{z}) = 0\}$ und eine Hartogsfigur (Z, ϱ, f) zu $(w_0, \mathfrak{z}_0)$, so daß $\{(w, \mathfrak{z}): \mathfrak{z} \in D, \varphi_{\varkappa\nu}(w, \mathfrak{z}) \leqq 0 < \varphi_{\varkappa,\nu+1}(w, \mathfrak{z})\} \subset Z \cap \{|f| \leqq 1\}$

(an sich muß man anstelle von $\varphi_{\varkappa\nu}$ eine Funktion $\psi_s(\varphi_{\varkappa\nu})$ mit großem s verwenden, damit die Leviformen in $(w, \mathfrak{z}'')$ positiv definit sind).

Jede Kohomologieklasse aus $H^{0,\mu}(Z \cap \{|f| \leqq 1\} \cap \{\varphi_{\varkappa\nu} > 0\})$ läßt sich also eindeutig bestimmt nach $H^{0,\mu}(Z \cap \{|f| \leqq 1\})$ fortsetzen, falls $\mu < n - q$. Wir setzen $A^{0,\mu} = 0$ falls $\mu < 0$. Dann gilt allgemein: Ist $\xi \in H^{0,\mu}\big((\mathbb{C} \times D) \cap \{\varphi_{\varkappa\nu} > 0\}\big)$ eine Kohomologieklasse und $\beta \in A^{0,\mu}(\{\varphi_{\varkappa\nu} > 0\})$ eine $\bar\partial$-geschlossene Form, die ξ repräsentiert, so gibt es eine $\bar\partial$-geschlossene Form $\tilde\beta \in A^{0,\mu}(Z \cap \{|f| \leqq 1\})$ und eine Form $\alpha \in A^{0,\mu-1}(Z \cap \{|f| \leqq 1\} \cap \{\varphi_{\varkappa\nu} > 0\})$ mit $\tilde\beta = \beta + \bar\partial\alpha$. Wir setzen α (von einer Umgebung von $Z \cap \{|f| \leqq 1\} \cap \{\varphi_{\varkappa\nu} > 0\}$) zu $\tilde\alpha \in A^{0,\mu-1}(\{\varphi_{\varkappa\nu} > 0\})$ fort. Dann repräsentiert

$$\hat\beta = \begin{cases} \beta + \bar\partial\tilde\alpha & \text{in} \quad \{\varphi_{\varkappa\nu} > 0\} \\ \tilde\beta & \text{in} \quad Z \cap \{|f| \leqq 1\} \end{cases}$$

eine Fortsetzung $\hat\xi$ von ξ nach $\{\varphi_{\varkappa\nu} > 0\} \cup (Z \cap \{|f| \leqq 1\})$. Auch diese Fortsetzung ist eindeutig bestimmt. Ist etwa $\hat\beta \mid \{\varphi_{\varkappa\nu} > 0\} = \bar\partial\alpha_1$ mit $\alpha_1 \in A^{0,\mu-1}(\{\varphi_{\varkappa\nu} > 0\})$, so gibt es wegen der Eindeutigkeit der Fortsetzung nach $Z \cap \{|f| \leqq 1\}$ ein $\alpha_2 \in A^{0,\mu-1}(Z \cap \{|f| \leqq 1\})$ mit $\bar\partial\alpha_2 = \hat\beta \mid Z \cap \{|f| \leqq 1\}$. In $Z \cap \{|f| \leqq 1\} \cap \{\varphi_{\varkappa\nu} > 0\}$ ist dann $\alpha_2 = \alpha_1 + \bar\partial\gamma$ mit $\gamma \in A^{0,\mu-2}$. Man kann wieder γ nach $\{\varphi_{\varkappa\nu} > 0\}$ zu $\tilde\gamma$ fortsetzen und definieren

$$\alpha = \begin{cases} \alpha_1 + \bar\partial\tilde\gamma & \text{in} \quad \{\varphi_{\varkappa\nu} > 0\} \\ \alpha_2 & \text{in} \quad Z \cap \{|f| \leqq 1\}. \end{cases}$$

Es ist dann $\bar\partial\alpha = \hat\beta$ in ganz $\{\varphi_{\varkappa\nu} > 0\} \cup (Z \cap \{|f| \leqq 1\})$.

Man darf annehmen, daß (Z, ϱ, f) auch noch eine Hartogsfigur zu $\varphi_{\varkappa,\nu+1}$ ist, daß also die Bedingung $\varphi_{\varkappa,\nu+1} - \operatorname{Re} Q_{\mathfrak{z}_1} > 0$ noch erfüllt ist. Die Fortsetzung von $\{\varphi_{\varkappa,\nu+1} > 0\}$ nach $\{\varphi_{\varkappa,\nu+1} > 0\} \cup (Z \cap \{|f| \leqq 1\})$ ist dann ebenfalls eindeutig bestimmt. Es folgt deshalb, daß es nur eine Fortsetzung von $\{\varphi_{\varkappa,\nu} > 0\}$ nach $\{\varphi_{\varkappa,\nu+1} > 0\}$ gibt.

3. Wir zeigen:

Satz 3. *Die Beschränkungsabbildung*

$$H^{0,l}(G_{m-l}) \to H^{0,l}(G)$$

ist bijektiv.

Beweis: Es sei $G^{(\varkappa)} = \{(w, \mathfrak{z}) : \mathfrak{z} \in D,\ \lg|w| < r_\varkappa(\mathfrak{z}) + t_q(\mathfrak{z})\}$. Es gilt dann $G^{(0)} = G$, $G^{(\varkappa)} \subset G^{(\varkappa+1)}$ und $\bigcup_{\varkappa=0}^{\infty} G^{(\varkappa)} = G_{m-l}$. Nach dem vorhin Bewiesenen ist klar, daß sich jede Kohomologieklasse aus $H^{0,l}(G^{(\varkappa)})$ eindeutig bestimmt nach $H^{0,l}(G^{(\varkappa+1)})$ fortsetzen läßt. Die Kohomologieklasse $\xi \in H^{0,l}(G)$ werde durch eine Form $\beta \in A^{0,l}(G)$ gegeben. Es gibt Formen $\beta_\varkappa \in A^{0,l}(G^{(\varkappa)})$ mit $\beta_0 = \beta$ und $\alpha_\varkappa \in A^{0,l-1}$ mit $\beta_{\varkappa+1} - \beta_\varkappa = \bar\partial\alpha_\varkappa$ in $G^{(\varkappa)}$. Wir wählen offene Mengen $\tilde G^{(\varkappa)} \subset\subset G^{(\varkappa)}$ mit $\tilde G^{(\varkappa)} \subset \tilde G^{(\varkappa+1)}$ und $\bigcup_\varkappa \tilde G^{(\varkappa)} = G_{m-l}$. Wir setzen dann $\alpha_\varkappa \mid \tilde G^{(\varkappa)}$ zu einer Form $\tilde\alpha_\varkappa \in A^{0,l-1}(\mathbb{C}^n)$ fort und definieren $\tilde\beta_{\varkappa+1} = \beta_{\varkappa+1} - \sum_{\nu=1}^{\varkappa} \bar\partial\tilde\alpha_\nu$. Es ist dann in $\tilde G^{(\varkappa)}$ stets $\tilde\beta_{\varkappa+1} - \tilde\beta_\varkappa = \beta_{\varkappa+1} - \beta_\varkappa - \bar\partial\tilde\alpha_\varkappa = 0$. Also ist $\tilde\beta = \lim_{\varkappa\to\infty} \tilde\beta_\varkappa$ in G_{m-l} wohldefiniert, und man hat in G sogar $\tilde\beta - \beta = \bar\partial \sum_{\varkappa=1}^{\infty} (\alpha_\varkappa - \tilde\alpha_\varkappa) = \bar\partial\alpha$. Die Kohomologieklasse $\tilde\xi$ von $\tilde\beta$ ist die Fortsetzung von ξ nach G_q.

Um die Eindeutigkeit zu zeigen, braucht man wieder nur zu beweisen, daß aus $\tilde\xi \mid G = 0$ folgt $\tilde\xi = 0$. Die Fortsetzung nach $G^{(\varkappa)}$ ist eindeutig bestimmt. Also gibt es $\alpha_\varkappa \in A^{0,l-1}(G^{(\varkappa)})$ mit $\bar\partial\alpha_\varkappa = \tilde\beta \mid G^{(\varkappa)}$. Es ist $\bar\partial(\alpha_{\varkappa+1} - \alpha_\varkappa) = 0$. Für kleineres l ist erst recht die Fortsetzung möglich. Also findet man $\hat\alpha_\varkappa \in A^{0,l-1}(G_{m-l})$ und $\gamma_\varkappa \in A^{0,l-2}(G_\varkappa)$ mit $\hat\alpha_\varkappa = \alpha_{\varkappa+1} - \alpha_\varkappa + \bar\partial\gamma_\varkappa$ über $G_\varkappa$ und $\bar\partial\hat\alpha_\varkappa = 0$. Wie vorhin kann man deshalb $\alpha_{\varkappa+1} \mid \tilde G^{(\varkappa)} = \alpha_\varkappa \mid \tilde G^{(\varkappa)}$ erreichen. Für $\alpha = \lim \alpha_\varkappa$ ist dann $\bar\partial\alpha = \tilde\beta$.

4. Es gibt eine Kohomologieklasse $\xi \in H^{0,l}(G_{m-l})$, die in $\partial G_{m-l} \cap (\mathbb{C} \times D)$ singulär ist, sofern $c_{m-l+1} > c_{m-l}$ ist. In diesem Falle ist nämlich G_{m-l} (streng) $(m - l + 1)$-konkav. Zum Nachweis brauchen wir nur (man beachte, daß $(w, \mathfrak{z}')$ anstelle von $(\mathfrak{z}', z_q)$ tritt) die Funktion $f\big(w, \mathfrak{z}', (\tilde w, \tilde{\mathfrak{z}})\big)$ aus Satz 2 zu konstruieren. Offenbar schneidet $E(\tilde w, \tilde{\mathfrak{z}})$ die Fläche $S = \partial G_{m-l} \cap (\mathbb{C} \times D) = \{(w, \mathfrak{z}) : \lg|w| = t_{m-l}(\mathfrak{z}),\ \mathfrak{z} \in D\}$ überall transversal. Wir setzen

$$g(\mathfrak{z}', \tilde{\mathfrak{z}}) = -\sum_{\nu=1}^{q-1} (c_q - c_\nu)\, \tilde z_\nu \bar{\tilde z}_\nu - 2\sum_{\nu=1}^{q-1} (c_q - c_\nu)\,(z_\nu - \tilde z_\nu)\, \bar{\tilde z}_\nu + c_q + \sum_{\nu=q+1}^{m} (c_\nu - c_q)$$

$$\cdot\, \tilde z_\nu \bar{\tilde z}_\nu - c_q \sum_{\nu,\mu=1}^{q-1} a_{\nu\mu} z_\nu z_\mu - 2c_q \sum_{\substack{\nu=1\ldots q-1\\ \mu=q\ldots m}} a_{\nu\mu} z_\nu \tilde z_\mu - 2q \sum_{\nu,\mu=q}^{n} a_{\nu\mu} \tilde z_\nu \tilde z_\mu + i\vartheta.$$

Die Funktion $f = w - e^g$ hat bei geeignetem $\vartheta(\tilde w, \tilde{\mathfrak{z}})$ alle gewünschten Eigenschaften.

Es sei noch angemerkt, daß alle Resultate richtig bleiben, wenn man $\mathcal{O}$ durch eine lokal freie analytische Garbe ersetzt.

Literatur

[AN] A. Andreotti et F. Norguet, Problème de Levi et convexité holomorphe pour les classes de cohomologie. Ann. Scuola norm. sup. Pisa **20**, 197—241 (1966).

[TFE] A. Andreotti et H. Grauert, Théorèmes de Finitude pour la Cohomologie des Espaces Complexes. Bull. Soc. math. France **90**, 193—254 (1962).

[BK] H. Behnke, Die Kanten singulärer Mannigfaltigkeiten. Abh. Math. Semin. Univ. Hamburg **4** (1926).

[BN] H. Behnke, Natürliche Grenzen. Abh. Math. Semin. Univ. Hamburg **5** (1927).

[BL] O. Blumenthal, Bemerkungen über die Singularitäten analytischer Funktionen mehrerer Veränderlicher. Weber-Festschrift 1912.

[GF] H. Grauert und K. Fritzsche, Einführung in die Funktionentheorie mehrerer Veränderlicher. Springer Hochschultext, Heidelberg 1974.

[GC] H. Grauert, Une Notion de Dimension cohomologique dans la Théorie des Espaces complexes. Bull. Soc. Math. France **87**, 341—350 (1959).

[GK] H. Grauert, Kantenkohomologie. Compositio Mathematica **44**, 79—101 (1981).

Eingegangen am 3. 2. 1981

50.

(mit O. Riemenschneider)

Verschwindungssätze für analytische Kohomologiegruppen auf komplexen Räumen

Invent. Math. 11, 263–292 (1970)

Einleitung

Es sei X eine kompakte Kählersche Mannigfaltigkeit, K das kanonische Geradenbündel von X und $F \to X$ ein positives komplex-analytisches Geradenbündel. Dann gilt, wie Kodaira [9] zeigte,

$$H^{\nu}(X, \underline{F} \otimes \underline{K}) = 0, \quad \nu \geqq 1,$$

wobei $\underline{F}$ bzw. $\underline{K}$ die Garbe der Keime von holomorphen Schnitten in F bzw. K bezeichnet. Man kann einen entsprechenden Satz auch für positive Vektorraumbündel beweisen (Nakano [12]).

In der vorliegenden Arbeit soll eine Übertragung dieses Resultates auf kompakte komplexe Räume vorgenommen werden. Dazu ist es zunächst notwendig, für beliebige komplexe Räume X eine kanonische Garbe $\underline{K} = \underline{K}(X)$ zu definieren. Wir gehen folgendermaßen vor: Nach Hironaka [7] gibt es zu jedem (reduzierten) komplexen Raum (mit zusätzlichen Eigenschaften) eine eigentliche Modifikation $(\hat{X}, \pi)$, bei der $\hat{X}$ eine Mannigfaltigkeit ist. Wir definieren dann die kanonische Garbe $\underline{K}$ als das (nullte) direkte Bild $\pi_{(0)}(\underline{\hat{K}})$ der kanonischen Garbe $\underline{\hat{K}}$ von $\hat{X}$. $\underline{K}$ ist eine torsionsfreie kohärente analytische Garbe auf X, die unabhängig von der Modifikation $(\hat{X}, \pi)$ definiert ist (§2.1). – Das Hauptresultat läßt sich dann entsprechend dem Verschwindungssatz von Nakano formulieren:

Es sei X ein Moišezon-Raum, d.h. ein irreduzibler kompakter komplexer Raum der Dimension n, der n unabhängige meromorphe Funktionen besitzt, es sei $V \to X$ ein positives Vektorraumbündel und $\underline{K}$ die kanonische Garbe von X. Dann gilt

$$H^{\nu}(X, \underline{V} \otimes \underline{K}) = 0, \quad \nu \geqq 1.$$

Wir beweisen sogar eine etwas allgemeinere Fassung (Satz 2.1): $\underline{V}$ kann durch eine quasi-positive torsionsfreie kohärente analytische Garbe S auf X ersetzt werden (solche Garben werden in § 1.2 definiert).

Beim Beweis benutzen wir die (etwas verallgemeinerten) alten Resultate für kompakte Kählersche Mannigfaltigkeiten (Satz 2.2), die Hironakasche Desingularisation und ein Algebraisierungs-Theorem von Artin [3]. Es ist wesentlich zu zeigen, daß für eine Desingularisation $\pi: \hat{X} \to X$ die direkten Bilder

$$\pi_{(\nu)}(\pi^*(\underline{V}) \otimes \hat{\underline{K}}), \qquad \nu = 1, 2, \ldots,$$

verschwinden (Satz 2.3).

Die Beziehungen zwischen der Kohomologie auf $\hat{X}$ und der auf X interessieren auch für den Fall, daß $\pi: \hat{X} \to X$ eine eigentliche Modifikation kompakter Kählerscher Mannigfaltigkeiten X und $\hat{X}$ ist. Wir untersuchen solche Abbildungen in §4.

In der Dualitätstheorie komplexer Räume (Serre-Dualität) wird anstelle von $\underline{K}$ eine andere kanonische Garbe $\underline{K}^*$ verwendet, die mit Hilfe des Hom-Funktors definiert wird (vgl. §3). $\underline{K}$ und $\underline{K}^*$ stimmen natürlich in regulären Punkten überein; i.a. ist aber bei normalen komplexen Räumen $\underline{K}$ echt in $\underline{K}^*$ enthalten. Wir zeigen an einem Beispiel, daß unser Verschwindungssatz mit $\underline{K}^*$ als kanonischer Garbe i.a. nicht gilt (§3.3).

Interessant wäre noch zu wissen, ob der Verschwindungssatz auch für gewisse nicht kompakte komplexe Räume richtig ist, etwa für streng pseudokonvexe Räume X. Sind nur isolierte Singularitäten im Inneren von X vorhanden, so folgt ein solcher Satz leicht aus dem entsprechenden Ergebnis für streng pseudokonvexe Mannigfaltigkeiten ([6], Satz 7; wir geben hier in einem Spezialfall einen neuen Beweis dieses Resultates, vgl. das Korollar zu Satz 2.4). Der Satz dürfte auch richtig sein, wenn der streng pseudokonvexe Raum X nicht-isolierte Singularitäten besitzt. Der Beweis wird jedoch viel schwieriger sein, da die Methoden von Artin für diesen Fall i.a. keine Algebraisation, sondern nur eine algebraische Approximation erlauben.

Zum Schluß wollen wir noch erwähnen, daß die Resultate dieser Arbeit in einer Note gleichen Titels angekündigt wurden (Several Complex Variables I. Maryland 1970. Lecture Notes in Mathematics 155. Berlin-Heidelberg-New York: Springer 1970).

§ 1. Vorbereitungen

1. Es sei zunächst X ein beliebiger komplexer Raum und S eine kohärente analytische Garbe über X. Der zu S gehörende *lineare Raum* $L = L(S)$ ist auf folgendem Wege erklärt: Es sei $x_0 \in X$ ein beliebiger Punkt und $U = U(x_0) \subset X$ eine offene Menge, über der eine exakte Sequenz

$$\mathcal{O}^p | U \xrightarrow{h} \mathcal{O}^q | U \to S | U \to 0$$

existiert. Es sei $h_*: \Gamma(U, \mathcal{O}^p) \to \Gamma(U, \mathcal{O}^q)$ die durch h induzierte Abbildung und L_U der durch

$$\left\{(z, w_1, \dots, w_q) \in U \times \mathbb{C}^q\colon \sum_{\nu=1}^{q} f_\nu(z)\, w_\nu = 0,\ (f_1, \dots, f_q) \in \operatorname{im} h_*\right\}$$

definierte (nicht notwendig reduzierte) Unterraum von $U \times \mathbb{C}^q$. Die Produktprojektion $U \times \mathbb{C}^q \to U$ definiert eine Abbildung $\pi_u\colon L_U \to U$. Ist $V = V(x_1)$ eine weitere Umgebung eines Punktes $x_1 \in X$ mit den obigen Eigenschaften, so hat man einen eindeutig bestimmten Isomorphismus $L_V|U \cap V \cong L_U|U \cap V$. Man erhält deshalb (bis auf Isomorphie) einen komplexen Raum L zusammen mit einer holomorphen Abbildung $\pi\colon L \to X$. Die Fasern $L_x = \pi^{-1}(x)$ sind (reduzierte) komplexe Vektorräume $\mathbb{C}^{r(x)}$, deren Dimension von x abhängt.

Ist X ein zusammenhängender reduzierter komplexer Raum, so ist die Menge N der Punkte $x \in X$, in denen S nicht frei ist, eine niederdimensionale analytische Menge in X. Außerhalb von N ist S lokal frei von einem festen Rang r. Wir nennen $r = r(S)$ den Rang von S. Für die oben definierten Dimensionen $r(x)$ gilt stets $r(x) \geqq r$. Die Zahl $r(x)$ ist genau dann gleich r, wenn S in x lokal frei ist.

2. Wir benutzen den linearen Raum $L(S)$, um die Semi- bzw. Quasi-Positivität einer kohärenten analytischen Garbe S zu erklären.

Es sei im folgenden X stets ein zusammenhängender (reduzierter) komplexer Raum, S eine kohärente analytische Garbe über X und $L = L(S)$ der zu S gehörende lineare Raum. Es sei ferner auf jeder Faser L_x eine positiv definite hermitesche Form h_x gegeben. Wir nennen $h = \{h_x\}$ eine hermitesche Form auf L, wenn es zu jedem $x_0 \in X$ eine Umgebung $U = U(x_0) \subset X$, eine Einbettung von $L|U$ in $U \times \mathbb{C}^q$ und eine positiv definite hermitesche Form

$$\hat{h} = \sum \hat{h}_{ij} w_i \overline{w}_j$$

auf $U \times \mathbb{C}^q$ mit in U beliebig oft differenzierbaren Funktionen $\hat{h}_{ij}$ gibt, so daß $h_x = \hat{h}|L_x$ für alle $x \in U$.

Wir bezeichnen weiter mit $R = R(X, S)$ die Menge der Punkte $x \in X$, in denen X regulär und S lokal frei ist. $X - R$ ist dann eine niederdimensionale analytische Menge in X. $L|R$ ist ein Vektorraumbündel über der Mannigfaltigkeit R.

Die Garbe S heißt *semi-positiv (semi-negativ)*, wenn es eine hermitesche Form h auf dem linearen Raum $L = L(S)$ gibt, so daß das Vektorraumbündel $L_R = L|R$ zusammen mit der hermiteschen Form $h_R = h|L_R$ semi-positiv (semi-negativ) im Nakanoschen Sinne ist, d.h. wenn es zu jedem Punkt $x_0 \in R$ eine Umgebung $U = U(x_0) \subset R$ mit in x_0 verschwindenden Koordinaten $z_1, \dots, z_n$ und einen Isomorphismus $\tau\colon L|U \to U \times \mathbb{C}^r$

gibt, so daß für die Matrix der h_{ij} in x_0 gilt:

1) $(h_{ij}(x_0))=(\delta_{ij})=$ Einheitsmatrix,

2) $(dh_{ij}(x_0))=0$,

3) die hermitesche Form $(*)$ $\sum \frac{\partial^2 h_{ij}(x_0)}{\partial z_\nu \partial \bar{z}_\mu} \xi_{i\nu}\bar{\xi}_{j\mu}$ ist negativ semi-definit (positiv semi-definit).

Ein Vektorraumbündel V über einer Mannigfaltigkeit X ist genau dann semi-positiv im Sinne von Nakano, wenn die Garbe $\underline{V}$ der Keime von holomorphen Schnitten in V semi-positiv ist.

Man beweist leicht:

Ist V ein Vektorraumbündel über einer Mannigfaltigkeit X, h eine hermitesche Form auf V und $\mathring{X}$ eine offene dichte Teilmenge von X, so daß $V|\mathring{X}$ bezüglich h semi-positiv ist, so ist ganz V bezüglich h semi-positiv.

Wir nennen eine kohärente analytische Garbe S über einem komplexen Raum X *quasi-positiv (quasi-negativ)*, wenn es eine hermitesche Form h auf $L=L(S)$ und eine offene dichte Teilmenge $\mathring{R}\subset R(X,S)$ gibt, so daß das Vektorraumbündel $L|\mathring{R}$ positiv (negativ) im Sinne von Nakano ist. Dies bedeutet, daß man zu jedem Punkt $x_0\in\mathring{R}$ eine Koordinatenumgebung $U\subset\mathring{R}$ und eine Trivialisierung $L|U\cong U\times\mathbb{C}^r$ finden kann, so daß 1) und 2) erfüllt sind und außerdem die hermitesche Form $(*)$ negativ definit (positiv definit) ist.

Jede quasi-positive Garbe ist semi-positiv.

3. Man kann beliebige Garben durch Modifikationen zu lokal freien Garben (modulo Torsion) machen. Dies besagt der folgende

Satz 1.1 (Rossi [13], Theorem 3.5). *Es sei X ein irreduzibler analytischer Raum und S eine kohärente analytische Garbe über X. Dann existiert ein irreduzibler komplexer Raum $\tilde{X}$ und eine eigentliche Modifikation $\pi: \tilde{X}\to X$ mit den folgenden Eigenschaften:*

i) *Ist $N\subset X$ die Menge der Punkte $x\in X$, in denen S nicht lokal frei ist, so ist $\pi|\tilde{X}-\pi^{-1}(N)$ biholomorph,*

ii) *Die analytische Urbildgarbe $S^*=\pi^*S$ von S ist bis auf Torsion lokal frei, d.h.: bezeichnet $T(S^*)$ die Garbe der Torsionselemente von S^*, so ist $S^*/T(S^*)$ lokal frei.*

Rossi behauptet überdies ([13], Remarks, S. 72), daß π^*S schon lokal frei ist für torsionsfreies S. Dies ist jedoch nicht richtig, wie das folgende Beispiel zeigt: Es sei $X=\mathbb{C}^2(x,y)$ und $S=\mathfrak{m}(0)$ die maximale Idealgarbe des Nullpunktes $0\in\mathbb{C}^2$. Man sieht dann sofort, daß die Konstruktion von Rossi übereinstimmt mit dem Hopfschen Sigmaprozeß im Nullpunkt des $\mathbb{C}^n$. Man kann also zu jedem Punkt $z\in\pi^{-1}(0)$

Koordinaten u, v der Mannigfaltigkeit $\tilde{X}$ mit $u(z)=v(z)=0$ finden, so daß $\hat{\pi}_z$: $\mathcal{O}_{X,0} \to \mathcal{O}_{\tilde{X},z}$ durch $\hat{\pi}_z(x)=u$, $\hat{\pi}_z(y)=u \cdot v$ gegeben wird. Aus der exakten Sequenz

$$\mathcal{O}_{X,0} \xrightarrow{h} \mathcal{O}_{X,0} \oplus \mathcal{O}_{X,0} \xrightarrow{\varepsilon} \mathfrak{m}=\mathfrak{m}_0(0) \to 0$$

mit $h(f)=(f y, -f x)$ und $\varepsilon(f_1, f_2)=f_1 x+f_2 y$ folgt dann eine exakte Sequenz

$$\mathcal{O}_{\tilde{X},z} \xrightarrow{\tilde{h}} \mathcal{O}_{\tilde{X},z} \oplus \mathcal{O}_{\tilde{X},z} \xrightarrow{\tilde{\varepsilon}} (\pi^* S)_z = \mathfrak{m} \otimes_{\mathcal{O}_{X,0}} \mathcal{O}_{\tilde{X},z} \to 0$$

mit $\tilde{h}(g)=(g u v, -g u)$ und $\tilde{\varepsilon}(g_1, g_2)=x \otimes g_1+y \otimes g_2$. Wir betrachten nun das Element

$$g^*=\tilde{\varepsilon}(v,-1)=x \otimes v-y \otimes 1 .$$

g^* ist von Null verschieden, denn sonst würde mit einem gewissen Element g eine Gleichung $(v,-1)=(g u v, -g u)$ gelten, was nicht sein kann. Man hat aber

$$\begin{aligned} u \cdot g^* & =x \otimes u v-y \otimes u=x \otimes \hat{\pi}_z(y)-y \otimes \hat{\pi}_z(x) \\ & =x y \otimes 1-x y \otimes 1=0, \end{aligned}$$

d.h. $\pi^* S$ hat in jedem Punkt von $\pi^{-1}(0)=\mathbb{P}^1$ Torsion!

Satz 1.1 von Rossi führt uns dazu, die torsionsfreie Urbildgarbe $S \circ \pi := S^*/T(S^*)$, $S^*=\pi^* S$, zu betrachten. Wir bemerken dann als erstes:

Satz 1.2. *Es sei π: $Y \to X$ eine holomorphe Abbildung komplexer Räume X, Y, und es seien S eine beliebige und F eine lokal freie kohärente analytische Garbe über X. Dann gilt*

$$(S \otimes F) \circ \pi=(S \circ \pi) \otimes \pi^* F .$$

Beweis. Es sei $S^*=\pi^* S$ und $F^*=\pi^* F$. Dann gilt per definitionem

$$(S \otimes F) \circ \pi=(S^* \otimes F^*)/T(S^* \otimes F^*).$$

Ist $y \in Y$ ein beliebiger Punkt, so läßt sich jedes Element $s^* \in S_y^* \otimes F_y^*$ eindeutig als Summe

$$s^*=\sum_{j=1}^{t} s_j^* \otimes f_j^*$$

schreiben, wobei $s_j^* \in S_y^*$ und $f_1^*, \ldots, f_t^*$ eine Basis des freien $\mathcal{O}_{Y,y}$-Moduls F_y^* ist. Daraus folgt unmittelbar

$$T(S^* \otimes F^*)_y=T(S_y^* \otimes F_y^*)=T(S_y^*) \otimes F_y^*=\left(T(S^*) \otimes F^*\right)_y,$$

und also

$$\begin{aligned} (S \otimes F) \circ \pi & =(S^* \otimes F^*)/T(S^*) \otimes F^* \\ & =(S^*/T(S^*)) \otimes F^*=(S \circ \pi) \otimes \pi^* F, \end{aligned}$$

w.z.b.w.

Die in §2 auftretenden Abbildungen $\pi\colon Y \to X$ haben stets die Eigenschaft

(E) *X und Y sind irreduzible komplexe Räume der Dimension n, π ist in mindestens einem Punkt $y_0 \in Y$ diskret.*

Für solche Abbildungen ist das torsionsfreie Urbild nur für torsionsfreie Garben sinnvoll. Es gilt nämlich

Satz 1.3. *Die holomorphe Abbildung $\pi\colon Y \to X$ besitze die Eigenschaft* (E). *Ist S eine kohärente analytische Garbe auf X, so gilt*

$$\big(S/T(S)\big) \circ \pi \cong S \circ \pi .$$

Beweis. Die exakte Sequenz $0 \to T(S) \to S \to S/T(S) \to 0$ impliziert eine exakte Sequenz

$$\pi^*(T) \xrightarrow{i^*} S^* \xrightarrow{\varphi^*} (S/T)^* \to 0,$$

wobei $T = T(S)$, $S^* = \pi^* S$ und $(S/T)^* = \pi^*(S/T)$ gesetzt ist. Nun besitzt T als Torsionsgarbe einen niederdimensionalen Träger. Da aufgrund der Eigenschaft (E) das Urbild einer niederdimensionalen analytischen Menge in X unter π wieder niederdimensional ist, ist auch

$$\operatorname{Tr}\big(i^*(\pi^*(T))\big) \subset \operatorname{Tr}\big(\pi^*(T)\big) = \pi^{-1}\big(\operatorname{Tr}(T)\big)$$

niederdimensional in Y, d.h. $i^*\big(\pi^*(T)\big) \subset T(S^*)$, und folglich gilt wegen $(S/T)^* \cong S^*/i^*\big(\pi^*(T)\big)$:

$$S \circ \pi = S^*/T(S^*) = (S/T)^*/\big(T(S^*)/\ker \varphi^*\big).$$

Da $\varphi^*\colon S^* \to (S/T)^*$ surjektiv ist und $\ker \varphi^*$ in $T(S^*)$ enthalten ist, folgt sofort

$$T\big((S/T)^*\big) = T(S^*)/\ker \varphi^*$$

und damit nach Definition die Behauptung, w.z.b.w.

Korollar. *Es seien $\rho\colon Z \to Y$ und $\pi\colon Y \to X$ zwei holomorphe Abbildungen, von denen ρ die Eigenschaft* (E) *besitzt. Dann gilt für eine beliebige kohärente analytische Garbe S auf X das Transitivitätsgesetz*

$$(S \circ \pi) \circ \rho = S \circ (\pi \circ \rho).$$

Beweis. Mit $S^* = \pi^* S$ folgt aus Satz 1.3 unmittelbar

$$\begin{aligned}(S \circ \pi) \circ \rho &= \big(S^*/T(S^*)\big) \circ \rho = S^* \circ \rho = \rho^* S^*/T(\rho^* S^*)\\ &= (\pi \circ \rho)^* S/T\big((\pi \circ \rho)^* S\big) = S \circ (\pi \circ \rho),\end{aligned}$$

w.z.b.w.

Wir haben schließlich noch zu untersuchen, wie sich semi- und quasi-positive Garben bei Bildung des torsionsfreien Urbildes verhalten. Wir beweisen

Satz 1.4. *Die Abbildung* $\pi\colon Y \to X$ *besitze die Eigenschaft* (E). *Ist dann* S *eine torsionsfreie semi- (bzw. quasi-) positive kohärente analytische Garbe auf* X, *so ist auch* $S \circ \pi$ *semi- (bzw. quasi-) positiv.*

Beweis. Es sei $L = L(S)$ der lineare Raum zu S und U eine offene Menge in X, für die eine Einbettung $L|U \hookrightarrow U \times \mathbb{C}^q$ und eine hermitesche Form $\hat{h} = \sum \hat{h}_{ij} w_i \bar{w}_j$ auf $U \times \mathbb{C}^q$ existiert mit $\hat{h}|L = h$, wobei h die semipositive hermitesche Form auf L bezeichnet. Da ein surjektiver Garbenhomomorphismus $\pi^* S \to S \circ \pi$ existiert, ist $L(S \circ \pi)$ ein abgeschlossener Unterraum von

$$L(\pi^* S) = L \times_X Y.$$

Ist nun $V = \pi^{-1}(U)$, so erhält man eine Einbettung

$$L(S \circ \pi)|V \hookrightarrow V \times \mathbb{C}^q,$$

und die Einschränkung $h \circ \pi$ der auf $V \times \mathbb{C}^q$ definierten hermiteschen Form

$$\hat{h} \circ \pi = \sum \hat{h}_{ij}(\pi(y))\, w_i \bar{w}_j$$

auf $L(S \circ \pi)|V$ liefert eine hermitesche Form auf $L(S \circ \pi)$.

Wir bezeichnen weiter mit M die Menge der Punkte $y \in Y$, in denen π kein lokaler Isomorphismus ist. M ist eine (abgeschlossene) analytische Menge in Y. Da π in einer Umgebung von y_0 endlich ist, muß M niederdimensional sein.

Ist $y \in Y - M$ und $x = \pi(y)$, so gilt also $L(S \circ \pi)_y = L_x$ und $(h \circ \pi)_y = h_x$. Infolgedessen ist $h \circ \pi$ semi-positiv auf dem Vektorraumbündel

$$L(S \circ \pi)|R(Y, S \circ \pi) \cap \pi^{-1}(R(X, S)) - M.$$

Da $\pi^{-1}(X - R(X, S)) \cup M$ eine niederdimensionale analytische Menge in Y ist, ist dann auch $h \circ \pi$ auf $L(S \circ \pi)|R(Y, S \circ \pi)$ semi-positiv und folglich $S \circ \pi$ eine semi-positive Garbe auf Y.

Wenn S sogar quasi-positiv ist, so gibt es eine offene dichte Teilmenge $\mathring{R} \subset R(X, S)$, so daß $L|\mathring{R}$ ein positives Vektorraumbündel über der Mannigfaltigkeit $\mathring{R}$ ist. Dann ist aber auch

$$L(S \circ \pi)|R(\hat{X}, \hat{S}) \cap \pi^{-1}(\mathring{R}) - M$$

ein positives Vektorraumbündel, und $R(\hat{X}, \hat{S}) \cap \pi^{-1}(\mathring{R}) - M$ liegt offen und dicht in $R(\hat{X}, \hat{S})$, w.z.b.w.

4. Ein irreduzibler kompakter komplexer Raum X der (komplexen) Dimension n heißt nach Artin ein *Moišezon-Raum*, wenn er n unabhängige meromorphe Funktionen besitzt. Es sei nun S eine torsionsfreie kohärente analytische Garbe über einem Moišezon-Raum X. Nach Satz 1.1 gibt es dann einen irreduziblen Raum $\tilde{X}$ und eine eigentliche Modifikation $\tilde{\pi}$: $\tilde{X} \to X$, so daß $S \circ \tilde{\pi}$ lokal frei ist. $\tilde{X}$ ist als eigentliche Modifikation eines Moišezon-Raumes wieder ein Moišezon-Raum. Nach Moišezon [11], §2 besitzt $\tilde{X}$ dann eine projektiv-algebraische Desingularisation $\hat{X}$, d.h. es existiert eine projektiv-algebraische Mannigfaltigkeit $\hat{X}$ und eine eigentliche Modifikation π: $\hat{X} \to \tilde{X}$. Mit dem Korollar zu Satz 1.3 und mit Satz 1.4 erhalten wir deshalb

Satz 1.5. *Es sei X ein Moišezon-Raum und S eine torsionsfreie kohärente analytische Garbe über X. Dann existiert eine projektiv-algebraische Mannigfaltigkeit $\hat{X}$ und eine eigentliche Modifikation π: $\hat{X} \to X$, so daß $\hat{S} = S \circ \pi$ lokal frei ist.*

Ist S zusätzlich quasi-positiv, so auch $\hat{S}$.

Eine wichtige Eigenschaft von Moišezon-Räumen wurde von Artin bewiesen (vgl. [3], §7):

Zu jedem Punkt x_0 eines Moišezon-Raumes X gibt es einen affin-algebraischen Raum $\mathring{Y}$ und eine offene holomorphe Abbildung $\mathring{\varphi}$: $\mathring{Y} \to X$, die lokal biholomorph ist, so daß $x_0 \in \mathring{\varphi}(\mathring{Y})$ und für jede meromorphe Funktion f auf X die Funktion $f \circ \mathring{\varphi}$ rational ist ($\mathring{\varphi}$: $\mathring{Y} \to X$ ist also ein morphisme étale).

Man kann $\mathring{Y}$ zu einem projektiv-algebraischen Raum Y vervollständigen und $\mathring{\varphi}$ zu einer regulären holomorphen Abbildung φ: $Y \to X$ fortsetzen. φ besitzt die Eigenschaft (E).

§ 2. Das Hauptresultat

1. Es sei X ein n-dimensionaler Moišezon-Raum und π: $\hat{X} \to X$ eine eigentliche Modifikation, bei der $\hat{X}$ eine projektiv-algebraische Mannigfaltigkeit ist. Ist dann $\hat{K} = K(\hat{X})$ das kanonische Geradenbündel von $\hat{X}$, so setzen wir

$$\underline{K} = \underline{K}(X) := \pi_{(0)}(\underline{K}(\hat{X}))$$

und erhalten damit eine torsionsfreie kohärente analytische Garbe über X.

$\underline{K} = \underline{K}(X)$ ist unabhängig von der Desingularisation $(\hat{X}, \pi)$ von X definiert.

Beweis. Es seien $(\hat{X}_i, \pi_i)$, $i = 1, 2$, zwei Desingularisationen von X mit projektiv-algebraischen Mannigfaltigkeiten $\hat{X}_1$ und $\hat{X}_2$. Dann ist die Reduktion $\hat{Y}$ des Faserproduktes $\hat{X}_1 \times_X \hat{X}_2$ ein projektiv-algebraischer komplexer Raum, der vermöge der natürlichen Abbildungen $p_i\colon \hat{Y} \to \hat{X}_i$ eine eigentliche Modifikation von $\hat{X}_1$ und $\hat{X}_2$ ist. Es sei schließlich $(\hat{Z}, \rho)$ eine Desingularisation von $\hat{Y}$ und $\varphi_i = p_i \circ \rho$; $i = 1, 2$:

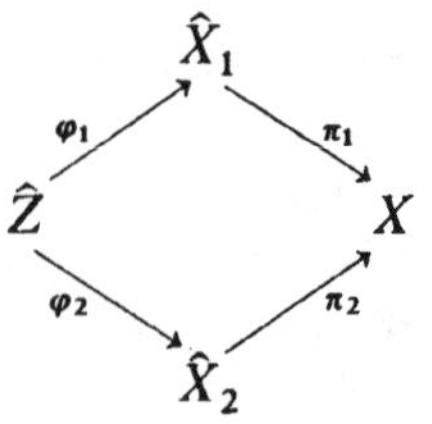

Wir brauchen jetzt nur noch zu zeigen, daß

$$\pi_{1(0)}(\underline{K}(\hat{X}_1)) = (\pi_1 \circ \varphi_1)_{(0)}(\underline{K}(\hat{Z}))$$

gilt. Wegen $(\pi_1 \circ \varphi_1)_{(0)}(\underline{K}(\hat{Z})) = \pi_{1(0)}(\varphi_{1(0)}(\underline{K}(\hat{Z})))$ genügt es dazu sogar, die Gleichheit

$$\underline{K}(\hat{X}_1) = \varphi_{1(0)}(\underline{K}(\hat{Z}))$$

zu verifizieren. Wir schreiben $\hat{X}$ für $\hat{X}_1$ und φ für φ_1 und bezeichnen mit $\hat{E} \subset \hat{Z}$ die Entartungsmenge der eigentlichen Modifikationsabbildung φ. $E = \varphi(\hat{E})$ ist dann mindestens 2-codimensional in $\hat{X}$. Infolgedessen läßt sich jede holomorphe n-Form auf einer Menge $U - E$ nach ganz U fortsetzen, wenn U eine offene Teilmenge von $\hat{X}$ ist. Insbesondere gilt dies für Formen $(\hat{\alpha} | \hat{U} - \hat{E}) \circ \varphi'^{-1}$, wobei $\hat{\alpha}$ eine n-Form auf der offenen Menge $\hat{U} = \varphi^{-1}(U) \subset \hat{Z}$ und φ' die Einschränkung von φ auf $\hat{Z} - \hat{E}$ ist. Dies bedeutet, daß jede holomorphe n-Form auf $\hat{U}$ von einer n-Form auf U herkommt, w.z.b.w.

Wir nennen $\underline{K} = \underline{K}(X)$ die *kanonische Garbe von* X. Ist X eine Mannigfaltigkeit, so stimmt $\underline{K}$ natürlich mit der Garbe der Keime von holomorphen Schnitten in dem kanonischen Geradenbündel von X überein.

2. Die Garbe $\underline{K}(X)$ läßt sich auch ohne Verwendung der Desingularisationstheorie definieren (X sei normal).

Es sei $N \subset X$ die (mindestens 2-codimensionale) analytische Menge der singulären Punkte von X. Wir betrachten dann zu jeder offenen Menge $U \subset X$ den Modul

$$\Gamma_*(U) = \{\varphi \in \Gamma(U - N, \underline{K}(X - N)) \colon \int_{U-N} \varphi \wedge \bar{\varphi} < \infty\}$$

und zeigen, daß *die durch die Praegarbe* $\{\Gamma_*(U)\}$ *definierte Garbe auf* X *mit der kanonischen Garbe* $\underline{K}(X)$ *übereinstimmt.*

Es sei $\varphi \in \Gamma(U, \underline{K}(X))$ und $V \subset\subset U$ beliebig. Wir nehmen dann eine Desingularisation $\pi\colon \hat{X} \to X$ vor und setzen $\hat{U} = \pi^{-1}(U)$, $\hat{V} = \pi^{-1}(V)$

und $\hat{N}=\pi^{-1}(N)$. Ist nun ψ das φ entsprechende Element aus $\Gamma(\hat{U}, \underline{K}(\hat{X}))\cong \Gamma(U, \underline{K}(X))$, so folgt sofort wegen $\hat{V}\subset\subset\hat{U}$:

$$\int_{V-N} \varphi\wedge\bar{\varphi}=\int_{\hat{V}-\hat{N}} \psi\wedge\bar{\psi}=\int_{\hat{V}}\psi\wedge\bar{\psi}<\infty .$$

Es ist also $\underline{K}(X)$ in der oben definierten Garbe enthalten. Um die Umkehrung zu zeigen, betrachten wir zunächst X (lokal) als verzweigte Überlagerung über einem Gebiet $G\subset\mathbb{C}^n(z_1, \ldots, z_n)$:

$$\tau\colon\; X\to G .$$

φ sei eine holomorphe n-Form auf der n-dimensionalen Mannigfaltigkeit $X-N$; dann gilt

$$(*)\qquad \varphi=a(x)\,(d\mathfrak{z}\circ\tau), \qquad d\mathfrak{z}=dz_1\wedge\cdots\wedge dz_n,$$

wobei $a(x)$ eine meromorphe Funktion auf X ist, die außerhalb N holomorph ist und auf N höchstens Polstellen besitzt.

Dies sieht man folgendermaßen ein: Über Punkten, die nicht zum singulären Ort $S(\Delta)$ des Verzweigungsortes $\Delta\subset G$ gehören, besitzt X nur Windungspunkte, d.h. X ist dort von der Form $\{w^b-z_1\}$. In diesen Punkten ist die Gleichung (*) sofort nachprüfbar. Da $S(\Delta)$ mindestens 2-codimensional in G liegt, erhält man (*) wegen des Riemannschen Hebbarkeitssatzes auf ganz X.

Es sei nun $\psi=\varphi\circ\pi$, wobei $\pi\colon \hat{X}\to X$ wiederum eine Desingularisation von X ist. Dann gilt $\psi=b(\hat{x})\,(d\mathfrak{z}\circ\tau\circ\pi)$ mit $b(\hat{x})=a(\pi(x))$. Nun ist $d\mathfrak{z}\circ\tau\circ\pi$ von der Form $h(\hat{x})\,d\hat{x}_1\wedge\cdots\wedge d\hat{x}_n$, wobei h holomorph auf $\hat{X}$ ist. Es ist also

$$\psi=b(\hat{x})\,h(\hat{x})\,d\hat{x}_1\wedge\cdots\wedge d\hat{x}_n$$

eine meromorphe Differentialform auf $\hat{X}$. Sie hat höchstens Polstellen auf $\hat{N}$. Ist nun $\int_{X-N}\varphi\wedge\bar{\varphi}<\infty$, so gilt auch $\int_{\hat{X}-\hat{N}}\psi\wedge\bar{\psi}<\infty$. Dann kann aber $b\cdot h$ keine Polstellen besitzen. Andernfalls gäbe es nämlich einen Punkt $\hat{x}_0\in\hat{X}$ und Koordinaten $\xi_1, \ldots, \xi_n$ in $\hat{x}_0$ von $\hat{X}$ mit

$$\hat{N}=\{\xi_1=0\}$$

und

$$b(\xi)\,h(\xi)=\frac{b_1(\xi)}{\xi_1^s}, \quad b_1(\hat{x}_0)\neq 0, \quad s\geqq 1 .$$

Es folgt dann für eine kleine Umgebung $\hat{U}$ von $\hat{x}_0$:

$$\left|\int_{\hat{U}-\hat{N}}\psi\wedge\bar{\psi}\right|=\left|\int_{\hat{U}-\hat{N}}\frac{b_1\cdot\bar{b}_1}{(\xi_1\cdot\bar{\xi}_1)^s}\,do\right|\geqq c\int_0^{r_0}\frac{dr}{r^{2s-1}}, \qquad c>0,$$

und also $\int\limits_{\hat{U}-\hat{N}} \psi \wedge \bar{\psi} = \infty$ im Widerspruch zur Voraussetzung. Somit ist bh holomorph in ganz $\hat{X}$, d.h. ψ läßt sich zu einem Schnitt $\hat{\psi}$ aus $\Gamma(\hat{X}, \underline{K}(\hat{X}))$ fortsetzen, und φ ist die Einschränkung von $\hat{\psi}$, aufgefaßt als Schnitt in $\Gamma(X, \underline{K}(X))$, auf $X-N$, w.z.b.w.

3. Es sei jetzt X ein n-dimensionaler Moišezon-Raum und S eine torsionsfreie kohärente analytische Garbe über X. Es sei π: $\hat{X} \to X$ eine eigentliche Modifikation von X, so daß $S \circ \pi$ lokal frei über $\hat{X}$ ist. Die kohärente analytische Garbe

$$S \cdot \underline{K}(X) := \pi_{(0)}((S \circ \pi) \otimes \underline{K}(\hat{X}))$$

ist torsionsfrei über X. Man zeigt wie in Abschnitt 1, daß sie unabhängig von der speziellen Wahl der Modifikation $(\hat{X}, \pi)$ definiert ist. Ist insbesondere S lokal frei, so gilt $S \cdot \underline{K}(X) = S \otimes \underline{K}(X)$.

Wir können nun unser Hauptergebnis formulieren:

Satz 2.1. *Es sei X ein n-dimensionaler irreduzibler kompakter komplexer Raum, der n unabhängige meromorphe Funktionen besitzt, und es sei S eine quasi-positive torsionsfreie kohärente analytische Garbe auf X. Dann gilt*

$$H^{\nu}(X, S \cdot \underline{K}(X)) = 0$$

für $\nu \geqq 1$.

Der Beweis zerfällt in zwei Teile, einen transzendenten und einen algebraischen. Wir zeigen zunächst:

Satz 2.2. *Es sei X eine kompakte Kählersche Mannigfaltigkeit und V ein quasi-positives Vektorraumbündel über X. Dann gilt:*

$$H^{\nu}(X, \underline{V} \otimes \underline{K}(X)) = 0, \qquad \nu = 1, 2, \ldots .$$

Der Beweis besteht aus einer Kopie der Nakanoschen Idee im Falle eines positiven Vektorraumbündels [12]. Wir begnügen uns deshalb mit einer kurzen Skizze:

Es bezeichne $A^{p,q}(V)$ den Vektorraum der Differentialformen vom Typ (p, q) über X mit Werten in dem Vektorraumbündel V. Man hat dann eine Anzahl von Operatoren, die in der üblichen Weise definiert sein sollen (V^* bezeichnet das zu V duale Vektorraumbündel):

$$\begin{aligned} d'': &\; A^{p,q}(V) \to A^{p,q+1}(V) \\ \bar{*}: &\; A^{p,q}(V) \to A^{n-p,n-q}(V^*) \\ \delta'' = -\bar{*} d'' \bar{*}: &\; A^{p,q}(V) \to A^{p,q-1}(V) \\ L: &\; A^{p,q}(V) \to A^{p+1,q+1}(V) \\ \Lambda = -\bar{*} L \bar{*}: &\; A^{p,q}(V) \to A^{p-1,q-1}(V) \\ \chi: &\; A^{p,q}(V) \to A^{p+1,q+1}(V). \end{aligned}$$

Ferner wird in $A^{p,q}(V)$ vermöge

$$(\varphi, \psi) := \int_X \varphi \wedge \bar{*}\psi$$

ein hermitesches Skalarprodukt erklärt. Ist

$$\mathscr{H}^{p,q}(V) = \{\varphi \in A^{p,q}(V) : d''\varphi = \delta''\varphi = 0\}$$

der Vektorraum der harmonischen Formen aus $A^{p,q}$, so gilt

$$\mathscr{H}^{p,q}(V) \cong H^{p,q}(V) := H^q(X, \underline{V} \otimes \Omega^p),$$

wenn Ω^p die Garbe der Keime von holomorphen p-Formen auf X bezeichnet. Wegen $\underline{K}(X) = \Omega^n$ haben wir also $\mathscr{H}^{n,q}(V)$, $q \geqq 1$, zu betrachten.

Nach Nakano hat man nun für beliebiges $\varphi \in \mathscr{H}^{p,q}(V)$ bei beliebigem Vektorraumbündel V die Ungleichung

$$(\chi \wedge \Lambda\varphi, \varphi) \geqq 0.$$

Andererseits ist die Definition der Quasi-Positivität von V gerade so gefaßt, daß für $\varphi \in A^{n,q}(V)$, $q \geqq 1$, die (n, n)-Form

$$\chi \wedge \Lambda\varphi \wedge \bar{*}\varphi \leqq 0$$

und in jedem Punkt x_0 aus der offenen dichten Teilmenge $\mathring{R} \subset R(X, \underline{V})$ echt kleiner als Null ist, wenn dort φ von Null verschieden ist. Infolgedessen muß jede Form $\varphi \in \mathscr{H}^{n,q}(V)$, $q \geqq 1$, auf $\mathring{R}$ und damit auf ganz X verschwinden, w.z.b.w.

Den zweiten Teil des Beweises von Satz 2.1 formulieren wir als

Satz 2.3. *Es sei X ein projektiv-algebraischer Raum und S eine quasi-positive torsionsfreie kohärente analytische Garbe über X. Ferner sei π: $\hat{X} \to X$ eine Desingularisation von X derart, daß $\hat{S} = S \circ \pi$ lokal frei ist. Dann gilt*

$$\pi_{(\nu)}(\hat{S} \otimes \underline{K}(\hat{X})) = 0, \qquad \nu \geqq 1.$$

Beweis. Wir setzen $\hat{\underline{K}} = \underline{K}(\hat{X})$ und beweisen durch vollständige Induktion nach ν, daß $\pi_{(\nu)}(\hat{S} \otimes \hat{\underline{K}}) = 0$ für alle $\nu \geqq 1$. Der Induktionsanfang $\nu = 1$ wird dabei mit erledigt.

Es sei also $\nu \geqq 1$ und für $1 \leqq \mu < \nu$ schon bewiesen, daß $\pi_{(\mu)}(\hat{S} \otimes \hat{\underline{K}}) = 0$. Wir wählen dann eine Steinsche Überdeckung $\mathfrak{U} = \{U_\rho\}$ von X und eine Steinsche Überdeckung $\mathfrak{V} = \{V_\sigma\}$ von $\hat{X}$ und setzen $\hat{\mathfrak{U}} = \{\hat{U}_\rho = \pi^{-1}(U_\rho)\}$. Wir bilden dann den zu den beiden Überdeckungen $\hat{\mathfrak{U}}$ und $\mathfrak{V}$ gehörenden Doppelkomplex $\{C^{r,s} = C^{r,s}(\hat{\mathfrak{U}}, \mathfrak{V}); \delta', \delta''\}$. Dabei sind Elemente aus $C^{r,s}$ nichts anderes als Kollektionen von Schnittflächen in $\hat{U}_{\rho_0 \ldots \rho_r} \cap V_{\sigma_0 \ldots \sigma_s} = \hat{U}_{\rho_0} \cap \cdots \cap \hat{U}_{\rho_r} \cap V_{\sigma_0} \cap \cdots \cap V_{\sigma_s}$, δ' ist der bezüglich der Überdeckung $\mathfrak{U}$ und δ'' der bezüglich $\mathfrak{B}$ gebildete Korandoperator. Wir malen uns das folgende Diagramm auf:

$$\begin{array}{ccccccccccc}
C^{0,0} & \xrightarrow{\delta'} & C^{1,0} & \xrightarrow{\delta'} & C^{2,0} & \to\cdots\to & C^{\nu,0} & \xrightarrow{\delta'} & C^{\nu+1,0} & \to\cdots \\
\downarrow{\scriptstyle\delta''} & & \downarrow{\scriptstyle\delta''} & & \downarrow{\scriptstyle\delta''} & & \downarrow{\scriptstyle\delta''} & & \downarrow{\scriptstyle\delta''} & \\
C^{0,1} & \xrightarrow{\delta'} & C^{1,1} & \xrightarrow{\delta'} & C^{2,1} & \to\cdots\to & C^{\nu,1} & \xrightarrow{\delta'} & C^{\nu+1,1} & \to\cdots \\
\downarrow & & \downarrow & & \downarrow & & \downarrow & & \downarrow & \\
\vdots & & \vdots & & \vdots & & \vdots & & \vdots & \\
\downarrow & & \downarrow & & \downarrow & & \downarrow & & \downarrow & \\
C^{0,\nu-1} & \xrightarrow{\delta'} & C^{1,\nu-1} & \xrightarrow{\delta'} & C^{2,\nu-1} & \to\cdots\to & C^{\nu,\nu-1} & \xrightarrow{\delta'} & C^{\nu+1,\nu-1} & \to\cdots \\
\downarrow{\scriptstyle\delta''} & & \downarrow{\scriptstyle\delta''} & & \downarrow{\scriptstyle\delta''} & & & & & \\
C^{0,\nu} & \xrightarrow{\delta'} & C^{1,\nu} & \xrightarrow{\delta'} & C^{2,\nu} & & & & &
\end{array}$$

Da bei beliebigem $V_{\sigma_0\ldots\sigma_s}$ das System $\hat{\mathfrak{U}}\cap V_{\sigma_0\ldots\sigma_s}$ eine Steinsche Überdeckung von $V_{\sigma_0\ldots\sigma_s}$ ist, sind alle waagerechten Sequenzen in dem obigen Diagramm exakt. Außerdem gilt für eine beliebige Steinsche Menge $U\subset X$ nach Induktionsvoraussetzung

$$H^{\mu}(\pi^{-1}(U), \hat{S}\otimes\underline{\hat{K}})=\Gamma(U, \pi_{(\mu)}(\hat{S}\otimes\underline{\hat{K}}))=0; \qquad \mu=1,\ldots,\nu-1.$$

Infolgedessen sind auch die senkrechten Sequenzen

$$C^{r,0}\xrightarrow{\delta''}C^{r,1}\xrightarrow{\delta''}\cdots\xrightarrow{\delta''}C^{r,\nu-1}$$

für alle r exakt. Durch Treppensteigen erhält man dann in bekannter Weise einen kanonischen Isomorphismus

$$H^{2,\nu-1}\cong H^{\nu+1,0}.$$

Wir werden nun zeigen, daß man ohne Einschränkung $H^{\nu+1,0}=0$ annehmen kann. Da nämlich X projektiv-algebraisch ist, existiert ein in unserem Sinne quasi-positives komplex-analytisches Geradenbündel $F\to X$. Ist $\underline{\hat{F}}=\pi^*\underline{F}$, so folgt aus Satz 1.2 die Beziehung

$$\hat{S}\otimes\underline{\hat{F}}^{l}=(S\otimes\underline{F}^{l})\circ\pi=:\widehat{S\otimes\underline{F}^{l}}$$

und damit für alle μ:

$$\begin{aligned}\pi_{(\mu)}(\widehat{S\otimes\underline{F}^{l}}\otimes\underline{\hat{K}})&=\pi_{(\mu)}(\hat{S}\otimes(\underline{\hat{K}}\otimes\underline{\hat{F}}^{l}))\\&=\pi_{(\mu)}(\hat{S}\otimes\underline{\hat{K}})\otimes\underline{F}^{l}.\end{aligned}$$

Es verschwindet also $\pi_{(\mu)}(\hat{S}\otimes\underline{\hat{K}})$ genau dann, wenn $\pi_{(\mu)}(\widehat{S\otimes\underline{F}^{l}}\otimes\underline{\hat{K}})$ verschwindet. $S\otimes\underline{F}^{l}$ ist eine quasi-positive kohärente analytische Garbe.

Nach [5] existiert nun ein l_0, so daß für alle $l\geqq l_0$ gilt:

$$H^{\nu+1}(X, \pi_{(0)}(\hat{S}\otimes\underline{\hat{K}})\otimes\underline{F}^{l})=0.$$

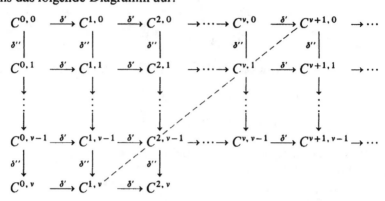

Also ist auch $H^{\nu+1}(X, \pi_{(0)}(\widehat{S\otimes \underline{F}^l}\otimes \underline{\hat{K}}))=0$ und wir können ohne Einschränkung

$$H^{\nu+1,0}=H^{\nu+1}(\hat{\mathfrak{U}}, \hat{S}\otimes \underline{\hat{K}})=H^{\nu+1}(X, \pi_{(0)}(\hat{S}\otimes \underline{\hat{K}}))=0$$

voraussetzen.

Angenommen, es wäre $\pi_{(\nu)}(\hat{S}\otimes \underline{\hat{K}})\neq 0$. Da wir wieder mit einer genügend hohen Potenz von $\underline{F}$ tensorieren dürfen, können wir ohne Einschränkung die Existenz eines globalen Schnittes $\sigma\in\Gamma(X, \pi_{(\nu)}(\hat{S}\otimes \underline{\hat{K}}))$, $\sigma\neq 0$, voraussetzen.

Mit Hilfe von σ konstruieren wir nun eine nicht-verschwindende Kohomologieklasse aus $H^\nu(\hat{X}, \hat{S}\otimes \underline{\hat{K}})$:

Wegen $\sigma|U_\rho\in\Gamma(U_\rho, \pi_{(\nu)}(\hat{S}\otimes \underline{\hat{K}}))=H^\nu(\hat{U}_\rho, \hat{S}\otimes \underline{\hat{K}})$ gibt es Zyklen $\xi_\rho\in Z^\nu(\hat{U}_\rho\cap\mathfrak{B}, \hat{S}\otimes \underline{\hat{K}})$ mit $\pi_{(\nu)}\xi_\rho=\sigma|U_\rho$. Man bilde nun $\zeta=\delta'\{\xi_\rho\}\in C^{1,\nu}$. Wegen $\pi_{(\nu)}\zeta=0$ gibt es ein $\eta\in C^{1,\nu-1}$ mit $\zeta=\delta''\eta$. Nun ist $\delta'\delta'\eta=0$ und $\delta''\delta'\eta=\delta'\zeta=0$ und also $\delta'\eta\in Z^{2,\nu-1}$. Wegen $H^{2,\nu-1}=H^{\nu+1,0}=0$ ist jedoch $Z^{2,\nu-1}=B^{2,\nu-1}$; es gilt somit $\delta'\eta\in B^{2,\nu-1}$.

Im Falle $\nu>1$ gibt es also ein $\gamma\in C^{1,\nu-2}$ mit $\delta''\delta'\gamma=\delta'\eta$. Da die $(\nu-1)$-te waagerechte Sequenz bei $C^{1,\nu-1}$ exakt ist, gibt es schließlich ein $\alpha\in C^{0,\nu-1}$, so daß $\eta-\delta''\gamma=\delta'\alpha$. Wir setzen $\xi_\rho^*=\xi_\rho-\delta''\alpha_\rho$, $\alpha_\rho=\alpha|\hat{U}_\rho$. Wegen $\delta'\{\xi_\rho^*\}=\zeta-\delta''\eta=0$ ist $\xi^*=\{\xi_\rho^*\}\in C^\nu(\mathfrak{B}, \hat{S}\otimes \underline{\hat{K}})$, und aus $\delta''\xi_\rho^*=\delta''\xi_\rho$ folgt $\pi_{(\nu)}\xi^*=\sigma\neq 0$, d.h.

$$H^\nu(\hat{X}, \hat{S}\otimes \underline{\hat{K}})\neq 0.$$

Nun ist $\hat{S}$ jedoch nach Satz 1.4 und Voraussetzung die Garbe der Keime holomorpher Schnitte in dem quasi-positiven Vektorraumbündel $V=L(\hat{S})$. Wir haben somit einen Widerspruch zu Satz 2.2!

In etwas modifizierter Form kann man in gleicher Weise den Fall $\nu=1$ behandeln, w.z.b.w.

Nun zum Beweis von Satz 2.1! Nach dem in § 1.4 Gesagten gibt es zu X eine projektiv-algebraische Desingularisation $(\hat{X}, \pi)$, so daß $S\circ\pi$ eine quasi-positive lokal freie Garbe ist; außerdem gibt es zu jedem Punkt $x_0\in X$ einen projektiv-algebraischen Raum Y, eine holomorphe Abbildung $\varphi: Y\to X$ und eine algebraische Menge $E\subset Y$, so daß $\varphi|Y-E$ lokal biholomorph und $x_0\in\varphi(Y-E)$ ist. Das gefaserte Produkt $\tilde{Y}=Y\times_X\hat{X}$ ist dann ein projektiv-algebraischer Raum, der nach Hironaka eine projektiv-algebraische Desingularisation $\hat{Y}$ besitzt[1]. Wir haben dann das folgende kommutative Diagramm:

$$\begin{array}{ccc} \hat{Y} & \xrightarrow{\psi} & \hat{X} \\ {\scriptstyle\sigma}\downarrow & & \downarrow{\scriptstyle\pi} \\ Y & \xrightarrow{\varphi} & X. \end{array}$$

[1] Wir nehmen immer nur diejenige irreduzible Komponente, die *auf* X abgebildet wird.

Mit π ist auch σ eine eigentliche Modifikation, und $\hat{S}=(S\circ\pi)\circ\psi=(S\circ\varphi)\circ\sigma$ ist eine quasi-positive lokal freie Garbe. Wegen Satz 2.3 ist dann $\sigma_{(\nu)}(\hat{S}\otimes\underline{K}(\hat{Y}))=0$ für $\nu\geqq 1$. Außerhalb $\hat{E}=\sigma^{-1}(E)$ ist ψ lokal biholomorph, und es gilt $x_0\in\pi(\psi(\hat{Y}-\hat{E}))$. Daraus folgt das Verschwinden von $\pi_{(\nu)}((S\circ\pi)\otimes\hat{\underline{K}})$, $\hat{\underline{K}}=\underline{K}(\hat{X})$, in der Nähe von x_0 für alle $\nu\geqq 1$. Da dies für beliebiges $x_0\in X$ gilt, erhalten wir

$$\pi_{(\nu)}((S\circ\pi)\otimes\hat{\underline{K}})=0, \qquad \nu\geqq 1,$$

woraus

$$\begin{aligned} H^\nu(X, S\cdot\underline{K}) &= H^\nu(X, \pi_{(0)}((S\circ\pi)\otimes\hat{\underline{K}})) \\ &= H^\nu(\hat{X}, (S\circ\pi)\otimes\hat{\underline{K}})=0, \qquad \nu\geqq 1, \end{aligned}$$

wegen Satz 2.2 folgt, w.z.b.w.

Da ein Moišezon-Raum X eine projektiv-algebraische Desingularisation $\hat{X}$ besitzt, *trägt jeder Moišezon-Raum eine quasi-positive torsionsfreie kohärente analytische Garbe vom Rang* 1. Die Umkehrung dieser Aussage ist offen:

Ist jeder (normale) kompakte komplexe Raum, der eine quasi-positive torsionsfreie kohärente analytische Garbe trägt, ein Moišezon-Raum?

4. In diesem Abschnitt leiten wir in einem Sonderfall den Verschwindenssatz aus [6] für streng pseudokonvexe Mannigfaltigkeiten erneut her. Es sei X eine streng pseudokonvexe komplexe Mannigfaltigkeit und $E\subset X$ die maximale kompakte analytische Teilmenge. X ist dann eigentliche Modifikation eines normalen Steinschen Raumes Y, der nur endlich viele singuläre Punkte enthält. Es sei $\pi: X\to Y$ die Modifikationsabbildung. Wir zeigen zunächst

Satz 2.4. *Es gilt* $\pi_{(\nu)}(\underline{K}(X))=0$ *für* $\nu\geqq 1$.

Beweis. Wir können uns auf den Fall beschränken, daß E zusammenhängend ist. Y enthält dann höchstens einen singulären Punkt $y_0=\pi(E)$. Es gibt somit nach Artin ([2], Theorem 3.8) eine Umgebung $U=U(y_0)\subset Y$, die offene Teilmenge eines normalen projektiv-algebraischen Raumes $\hat{Y}$ ist. Wir dürfen ohne Einschränkung $U=Y$ annehmen. Sei ferner $\hat{\pi}: \hat{X}\to\hat{Y}$ eine Desingularisation von $\hat{Y}$, so daß X offene Teilmenge von $\hat{X}$ und π die Einschränkung von $\hat{\pi}$ auf X ist. Ist dann F ein positives Geradenbündel über $\hat{Y}$, so folgt nach Satz 2.3

$$\hat{\pi}_{(\nu)}(\underline{K}(\hat{X}))\otimes\underline{F}=\hat{\pi}_{(\nu)}(\hat{\underline{F}}\otimes\underline{K}(\hat{X}))=0$$

und also $\pi_{(\nu)}(\underline{K}(X))=0$, $\nu\geqq 1$, w.z.b.w.

Da Y Steinsch ist, folgt aus Satz 2.4 sofort

$$H^\nu(X, \underline{K}(X))=H^\nu(Y, \pi_{(0)}(\underline{K}(X)))=0, \qquad \nu\geqq 1.$$

Wir erhalten also das

Korollar. *Ist X eine streng pseudokonvexe komplexe Mannigfaltigkeit, so gilt*

$$H^\nu(X, \underline{K}(X))=0, \quad \nu \geqq 1.$$

Diese Aussage bleibt auch richtig, wenn man $\underline{K}=\underline{K}(X)$ durch $\underline{V}\otimes\underline{K}$ ersetzt, wobei V ein semi-positives Vektorraumbündel auf X bezeichnet. Da man jedoch bei dem obigen Beweis zeigen müßte, daß V Beschränkung eines semi-positiven Vektorraumbündels von $\hat{X}$ ist, wird der Beweis wesentlich schwieriger.

§ 3. Die kanonische Garbe von Grothendieck

1. Wir betrachten in diesem Paragraphen die von Grothendieck eingeführte kanonische Garbe $\underline{K}^*=\underline{K}^*(X)$, die in der Dualitätstheorie (Serre-Dualität) von großer Wichtigkeit ist.

Es sei X ein n-dimensionaler komplexer Raum. U sei eine offene Menge in X, die biholomorph in ein Gebiet G des $\mathbb{C}^m$ eingebettet sei, es sei $d=m-n$ die Codimension von U in G, $\mathcal{O}$ die Strukturgarbe von U und $\underline{K}$ die kanonische Garbe von G. Dann verschwinden die Garben

$$\mathrm{Ext}^i_{\mathcal{O}(G)}(\mathcal{O}, K); \quad i=0, \ldots, d-1.$$

Wir setzen

$$\underline{K}^*(U)=\mathrm{Ext}^d_{\mathcal{O}(G)}(\mathcal{O}, \underline{K})|U.$$

$\underline{K}^*(U)$ ist eine kohärente analytische Garbe auf U, deren Träger ganz U ist und die in den regulären Punkten von U mit der gewöhnlichen kanonischen Garbe übereinstimmt. Man kann zeigen, daß $\underline{K}^*(U)$ von der Einbettung $U \hookrightarrow G$ unabhängig definiert ist. Infolgedessen kann man die Garben $\underline{K}^*(U)$ zu einer globalen Garbe $\underline{K}^*$ auf X zusammenkleben.

2. Wir wollen nun zeigen, daß für einen normalen komplexen Raum X mit Singularitätenmenge A die kanonische Garbe $\underline{K}^*(X)$ gleich dem nullten direkten Bild der gewöhnlichen kanonischen Garbe $\underline{K}(X-A)$ unter der Einbettungsabbildung $X-A \hookrightarrow X$ ist. Insbesondere ist dann die von uns definierte Garbe $\underline{K}(X)$ eine Untergarbe von $\underline{K}^*(X)$.

Diese Behauptung ist eine unmittelbare Folgerung aus dem nächsten Satz, in dem X nicht normal zu sein braucht:

Satz 3.1 (2. Riemannscher Hebbarkeitssatz). *Es sei $A \subset X$ eine mindestens 2-codimensionale analytische Menge in X. Dann ist die Beschränkungsabbildung*

$$\Gamma(X, \underline{K}^*) \to \Gamma(X-A, \underline{K}^*)$$

bijektiv.

Beweis. Wir zeigen zunächst, daß jede Schnittfläche $f \in \Gamma(X-A, \underline{K}^*)$ lokal über A hinaus fortgesetzt werden kann.

Es sei U eine offene Teilmenge von X, die biholomorph in ein Holomorphiegebiet $G \subset \mathbb{C}^m$ eingebettet sei. Die Symbole d, $\mathcal{O}$ und $\underline{K}$ mögen dann dieselbe Bedeutung wie in Abschnitt 1 haben. Es gibt eine freie Auflösung

$$0 \to \mathscr{F}_m \to \cdots \to \mathscr{F}_1 \to \mathscr{F}_0 \to \mathcal{O} \to 0$$

von $\mathcal{O}$ über G. Wegen $\operatorname{Ext}^i_{\mathcal{O}(\mathbb{C}^m)}(\mathcal{O}, \underline{K}) = 0, i = 1, \ldots, d-1$, erhält man hieraus exakte Sequenzen

$$0 \to \operatorname{Hom}(\mathscr{F}_0, \underline{K}) \to \cdots \to \operatorname{Hom}(\mathscr{F}_{d-1}, \underline{K}) \to \operatorname{Im} \to 0$$

$$0 \to \operatorname{Im} \to \operatorname{Ker} \to \operatorname{Ext}^d(\mathcal{O}, \underline{K}) = \underline{K}^*(U) \to 0,$$

wobei Im das Bild des Homomorphismus $\operatorname{Hom}(\mathscr{F}_{d-1}, \underline{K}) \to \operatorname{Hom}(\mathscr{F}_d, \underline{K})$ und Ker den Kern von $\operatorname{Hom}(\mathscr{F}_d, \underline{K}) \to \operatorname{Hom}(\mathscr{F}_{d+1}, \underline{K})$ bezeichnet. Die homologische Dimension $\operatorname{hd}(\operatorname{Im})$ ist also $\leqq d-1$, und folglich gilt für alle $x \in U \cap A$:

$$(\operatorname{codim}_x A - 2) - \operatorname{hd}_x(\operatorname{Im}) \geqq 1.$$

Dann ist nach Scheja ([14], Korollar zu Satz II) die Einschränkungsabbildung

$$H^1(G, \operatorname{Im}) \to H^1(G - A, \operatorname{Im})$$

bijektiv und also wegen $H^1(G, \operatorname{Im}) = 0$ auch $H^1(G - A, \operatorname{Im}) = 0$. Aus der zweiten Sequenz folgt dann mit Hilfe der exakten Kohomologiesequenz die Surjektivität der Abbildung

$$\Gamma(G - A, \operatorname{Ker}) \to \Gamma(U - A, \underline{K}^*).$$

Die Schnittfläche $f \in \Gamma(U - A, \underline{K}^*)$ kommt also von einer Schnittfläche $g \in \Gamma(G - A, \operatorname{Ker})$ her. Nun ist aber Ker eine Untergarbe der freien Garbe $\operatorname{Hom}(\mathscr{F}_d, \underline{K})$ und also g zu einer Schnittfläche $\hat{g} \in \Gamma(G, \operatorname{Ker})$ fortsetzbar. Das Bild $\hat{f}$ von $\hat{g}$ in $\Gamma(U, \underline{K}^*)$ setzt dann f nach U fort.

Die Existenz einer globalen Fortsetzung und die Injektivität der Restriktionsabbildung folgt aus

Satz 3.2. *Es sei A eine mindestens 1-codimensionale analytische Menge in X und $f \in \Gamma(X, \underline{K}^*)$ eine Schnittfläche mit* $\operatorname{Tr} f \subset A$. *Dann ist $f = 0$.*

Beweis. Wir stellen dieselbe Situation wie im Beweis zu Satz 3.1 her. f ist dann Bild einer Schnittfläche $g \in \Gamma(G, \operatorname{Ker})$, für die

$$g | G - A \in \Gamma(G - A, \operatorname{Im})$$

gilt. Ist Ker_1 der Kern der Abbildung $\operatorname{Hom}(\mathscr{F}_{d-2}, \underline{K}) \to \operatorname{Hom}(\mathscr{F}_{d-1}, \underline{K})$, so hat man exakte Sequenzen

$$0 \to \operatorname{Hom}(\mathscr{F}_0, \underline{K}) \to \cdots \to \operatorname{Hom}(\mathscr{F}_{d-2}, \underline{K}) \to \operatorname{Ker}_1 \to 0,$$

$$0 \to \operatorname{Ker}_1 \to \operatorname{Hom}(\mathscr{F}_{d-1}, \underline{K}) \to \operatorname{Im} \to 0$$

und folglich für alle $x \in U \cap A$:

$$(\operatorname{codim}_x A - 2) - \operatorname{hd}_x(\operatorname{Ker}_1) \geqq 1.$$

Wie im Beweis von Satz 1 findet man dann eine Schnittfläche $h \in \Gamma(G-A, \operatorname{Hom}(\mathscr{F}_{d-1}, \underline{K}))$, die auf $g|G-A$ abgebildet wird. h kann zu einem Schnitt $\hat{h} \in \Gamma(G, \operatorname{Hom}(\mathscr{F}_{d-1}, \underline{K}))$ fortgesetzt werden. Das Bild $\hat{g}$ von $\hat{h}$ in der freien Garbe $\operatorname{Hom}(\mathscr{F}_d, \underline{K})$ stimmt außerhalb von A mit g überein und ist deshalb mit g identisch. Das bedeutet aber $g \in \Gamma(G, \operatorname{Im})$ und also $f=0$, w.z.b.w.

3. Wir konstruieren nun das Beispiel eines normalen kompakten komplexen Raumes X, für den unser Verschwindungssatz nicht gilt, wenn man statt $\underline{K}(X)$ die kanonische Garbe $\underline{K}^*(X)$ verwendet.

Es sei $R \subset \mathbb{P}^2$ eine singularitätenfreie Kurve vom Grad d. Die analytische Menge R ist dann eine Riemannsche Fläche vom Geschlecht

$$g = \tfrac{1}{2}(d-1)(d-2).$$

Das Hopfsche Geradenbündel über dem $\mathbb{P}^2$ besitzt eine nirgends verschwindende meromorphe Schnittfläche, die außerhalb einer 1-dimensionalen Ebene E holomorph ist und in jedem Punkt von E eine Polstelle erster Ordnung besitzt. Da R genau d Punkte mit E gemeinsam hat, ist die Chernsche Zahl der Einschränkung F des Hopfschen Bündels auf R gleich $-d$.

Wir schließen jede Faser des Geradenbündels $F \to R$ zu der Riemannschen Zahlenkugel $\mathbb{P}^1$ ab und erhalten auf diese Weise ein projektives Faserbündel $\bar{F} \to R$. Da F negativ ist, können wir die Nullschnittfläche R in $\bar{F}$ zu einem Punkt zusammenblasen. Der auf diese Weise entstehende normale Raum Y ist projektiv-algebraisch und hat genau eine Singularität; Y läßt sich in natürlicher Weise als Unterraum des $\mathbb{P}^3$ realisieren. (Durch Zusammenblasen der Nullschnittfläche $\mathfrak{O}$ in dem projektiven Hopfschen Bündel über dem $\mathbb{P}^2$ entsteht der $\mathbb{P}^3$. Wegen $R \subset \mathfrak{O}$ ist dann $Y \subset \mathbb{P}^3$.) Es sei weiter $H_Y = H$ das zu der Hyperfläche der unendlich fernen Punkte von Y gehörende Geradenbündel. Da H_Y quasi-positiv ist, ist auch das Urbild $\bar{H}$ von H bezüglich der eigentlichen Modifikation $\bar{F} \to Y$ quasi-positiv.

Wir beweisen nun als erstes:

Ist $d \geqq 6$, so existieren auf $\bar{F}$ 2-dimensionale meromorphe Differentialformen mit Werten in dem quasi-positiven Geradenbündel $\bar{H}$, die außerhalb R holomorph sind und in jedem Punkt von R eine Polstelle zweiter Ordnung besitzen.

Beweis. Wir bezeichnen mit G das Geradenbündel auf $\bar{F}$, das zu dem Divisor $R \subset \bar{F}$ gehört. Unsere Behauptung lautet dann

$$\Gamma(\bar{F}, \underline{G}^2 \otimes \underline{\bar{H}} \otimes \underline{K}(\bar{F})) \neq 0$$

für $d \geqq 6$. Betrachten wir dazu zunächst das Geradenbündel $F \otimes K(R)$. Da $K(R)$ genau g linear unabhängige holomorphe Schnittflächen besitzt, folgt

$$\dim \Gamma(R, \underline{F} \otimes \underline{K}(R)) \geqq g + c(F) = g - d = \tfrac{1}{2} d(d-5) + 1.$$

Ist nun $V \to \bar{F}$ ein beliebiges Geradenbündel, so hat man stets eine exakte Sequenz

$$(*) \qquad 0 \to \underline{G}^{-1} \otimes \underline{V} \to \underline{V} \to \underline{V} | R \to 0,$$

wobei unter $\underline{V}|R$ genauer die triviale Fortsetzung nach $\bar{F}$ der analytischen Einschränkung von $\underline{V}$ auf R zu verstehen ist. Die letzte Bemerkung benutzen wir dazu, die Fortsetzbarkeit hinreichend vieler holomorpher Schnitte in $F \otimes K(R)$ nach $G^2 \otimes \bar{H} \otimes K(\bar{F})$ zu verifizieren.

Es sei zunächst $V = G \otimes \bar{H} \otimes K(\bar{F})$. Da die Gleichheit $G \otimes K(\bar{F})|R = K(R)$ besteht und $\bar{H}$ in einer Umgebung von R trivial ist, so folgt aus $(*)$ die exakte Sequenz

$$0 \to \underline{\bar{H}} \otimes \underline{K}(\bar{F}) \to \underline{G} \otimes \underline{\bar{H}} \otimes \underline{K}(\bar{F}) \to \underline{K}(R) \to 0.$$

Nach Satz 2.1 gilt nun $H^\nu(\bar{F}, \underline{\bar{H}} \otimes \underline{K}(\bar{F})) = 0$ für $\nu \geqq 1$ und somit

$$H^\nu(\bar{F}, \underline{G} \otimes \underline{\bar{H}} \otimes \underline{K}(\bar{F})) = H^\nu(R, \underline{K}(R)), \qquad \nu \geqq 1.$$

Setzt man in $(*)$ $V = G^2 \otimes \bar{H} \otimes K(\bar{F})$ ein, so liefert die Kohomologiesequenz und die Beziehung $G|R = F$ die exakte Sequenz

$$\Gamma(\bar{F}, \underline{G}^2 \otimes \underline{\bar{H}} \otimes \underline{K}(\bar{F})) \to \Gamma(R, \underline{F} \otimes \underline{K}(R)) \to H^1(R, \underline{K}(R)),$$

woraus wegen $\dim H^1(R, \underline{K}(R)) = 1$ die Behauptung

$$\dim \Gamma(\bar{F}, \underline{G}^2 \otimes \underline{\bar{H}} \otimes \underline{K}(\bar{F})) \geqq \dim \Gamma(R, \underline{F} \otimes \underline{K}(R)) - 1 \geqq \tfrac{1}{2} d(d-5) \geqq 1$$

für $d \geqq 6$ folgt, w.z.b.w.

Wir betrachten jetzt ein Geradenbündel über dem $\mathbb{P}^1$ mit der Chernschen Zahl $-c \leqq -1$ (also ohne Einschränkung $= S^c$, wenn S das Hopfsche Bündel über dem $\mathbb{P}^1$ ist). Da Y ein Kegel (mit der isolierten Singularität als Zentrum) ist, operiert die multiplikative Gruppe $\mathbb{C}^* = \mathbb{C} - 0$ auf Y. Wir können also zu diesem Geradenbündel das assoziierte Bündel konstruieren, das Y zur Faser hat. Man erhält dadurch einen 3-dimensionalen normalen kompakten komplexen Raum X, dessen Singularitätenmenge isomorph zu $\mathbb{P}^1$ ist.

Es sei nun $\mathring{Y}$ der affin algebraische Raum $Y - Y_\infty$, wobei Y_∞ die Menge der unendlich fernen Punkte von $Y \subset \mathbb{P}^3$ bezeichnet; es gilt also $\mathring{Y} \subset \mathbb{C}^3$. Die Gruppe $\mathbb{C}^*$ operiert auch auf $\mathbb{C}^3$. Wir können dann das zu S^c assoziierte Bündel V mit Fasern $\mathbb{C}^3$ konstruieren und erhalten sofort $X \subset V = S^c \oplus S^c \oplus S^c$. Nun ist S^c ein negatives Geradenbündel, so daß V ein negatives Vektorraumbündel ist. Nach [5], Satz 5, wird dann aus V

durch Niederblasen der Nullschnittfläche $\mathbb{P}^1 \subset V$ ein affin algebraischer Raum. Hieraus folgt nun unmittelbar:

Die Nullschnittfläche $\mathbb{P}^1 \subset X$ läßt sich zu einem Punkt zusammenblasen. Dabei entsteht aus X ein projektiv-algebraischer Raum X'. Insbesondere ist X dann selbst projektiv-algebraisch.

Es sei $\tilde{H}'$ das Geradenbündel, das zu dem Divisor der unendlich fernen Punkte von X' gehört. Ist $X' \subset \mathbb{P}^n$, so ist $\tilde{H}'$ als Einschränkung des zu $\mathbb{P}^n_\infty$ gehörenden Geradenbündels quasi-positiv. Das Urbild $\tilde{H}$ von $\tilde{H}'$ bezüglich der eigentlichen Modifikation $X \to X'$ ist dann ebenfalls quasi-positiv. $\tilde{H}$ ist nichts anderes als das Geradenbündel, das zu dem Divisor der unendlich fernen Punkte der Fasern des Bündels $X \to \mathbb{P}^1$ gehört, d.h. es gilt $\tilde{H} | Y = H_Y$.

Wir können nun beweisen, daß X (zusammen mit $\tilde{H}$) ein Beispiel der gesuchten Art ist:

Es gilt $H^1(X, \underline{\tilde{H}} \otimes \underline{K}^*(X)) \neq 0$.

Beweis. Wegen Satz 3.1 und § 2.2 können wir Schnitte

$$\xi \in \Gamma(Y, \underline{H} \otimes \underline{K}^*(Y))$$

als meromorphe Schnittflächen in dem Bündel $K(\bar{F}) \otimes \bar{H}$ auffassen. Es sei p die maximale Polstellenordnung aller Schnitte ξ auf der Nullschnittfläche $R \subset \bar{F}$. Aufgrund des eingangs Bewiesenen gilt $p \geqq 2$ für $d \geqq 6$. Es sei $\Gamma_* \subset \Gamma(Y, \underline{H} \otimes \underline{K}^*(Y))$ der Untervektorraum der Schnittflächen, die auf R eine Polstellenordnung $< p$ besitzen. Da die Gruppe $\mathbb{C}^*$ auf Γ operiert und Γ_* in Γ_* abbildet, operiert sie auch auf dem Quotienten Γ/Γ_*. Ist $\xi_1, \ldots, \xi_l$, $l \geqq 1$, eine Basis von Γ/Γ_*, so gilt, falls φ die Abbildung $\mathbb{C}^* \to \mathrm{Aut}(\Gamma/\Gamma_*)$ bezeichnet, für $\lambda = 1, \ldots, l$:

$$(\ast) \qquad \varphi(a)\, \xi_\lambda = a^{p-1}\, \xi_\lambda, \qquad a \in \mathbb{C}^*.$$

Es sei nun $\pi\colon X \to \mathbb{P}^1$ und $\Pi = \pi_{(0)}(\underline{\tilde{H}} \otimes \underline{K}^*(X))$; ferner sei Π_* die kohärente analytische Garbe auf $\mathbb{P}^1$, die durch das Garbendatum

$$\Pi_*(U) = \{\xi \in \Gamma(\pi^{-1}(U), \underline{\tilde{H}} \otimes \underline{K}^*(X))\colon \xi | \pi^{-1}(z) \in \Gamma_* \text{ für alle } z \in U\};$$

$U \subset \mathbb{P}^1$, definiert ist. Jedes Element aus $(\Pi/\Pi_*)_z$, $z \in \mathbb{P}^1$, wird nach Trivialisierung $X | U \cong U \times Y$ repräsentiert durch eine holomorphe Abbildung $\xi\colon U \to \Gamma/\Gamma_*$ ($U = U(z) \subset \mathbb{P}^1$ muß hinreichend klein sein). Sind f_{ij} die Übergangsfunktionen von S^c und g_{ij} die Übergangsfunktionen des kanonischen Bündels $K(\mathbb{P}^1)$, so sieht man mittels ($\ast$) unmittelbar, daß sich ξ vermöge der Funktionen $g_{ij} \cdot f_{ij}^{p-1}$ transformiert. Es gilt folglich

$$\Pi/\Pi_* = \underline{V},$$

wobei das Vektorraumbündel V die l-fache Whitney-Summe des Geradenbündels $K(\mathbb{P}^1) \otimes S^{c(p-1)}$ ist.

Der Grad von V ist dann gleich

$$l(c(K(R))-c(p-1))=-l(2+c(p-1))<0,$$

so daß $\Gamma(\mathbb{P}^1, \underline{V})=0$. Der Satz von Riemann-Roch liefert dann

$$\dim H^1(\mathbb{P}^1, \underline{V})=l(2+c(p-1))-l=l(1+c(p-1))>0.$$

Da wegen $H^2(\mathbb{P}^1, \Pi_*)=0$ die Abbildung

$$H^1(\mathbb{P}^1, \Pi)\to H^1(\mathbb{P}^1, \Pi/\Pi_*)$$

surjektiv ist, ist auch $H^1(\mathbb{P}^1, \pi_{(0)}(\underline{H}\otimes \underline{K}^*(X)))=H^1(\mathbb{P}^1, \Pi)\neq 0$. Daraus folgt unmittelbar $H^1(X, \underline{H}\otimes \underline{K}^*(X))\neq 0$, w.z.b.w.

§ 4. Modifikationen von Mannigfaltigkeit zu Mannigfaltigkeit

1. Es sei $\pi\colon \hat{X}\to X$ eine eigentliche holomorphe Abbildung reduzierter komplexer Räume mit abzählbarer Topologie; $\hat{E}\subset \hat{X}$ und $E\subset X$ seien abgeschlossene analytische Teilmengen mit $\pi(\hat{E})\subset E$, so daß π eine biholomorphe Abbildung $\hat{X}-\hat{E}\to X-E$ induziert. Wir wollen im folgenden eine exakte Sequenz herleiten, welche die Homologiegruppen (mit Koeffizienten in einem Körper) von $\hat{X}, X, \hat{E}$ und E miteinander verknüpft. – Ähnliche Überlegungen findet man für die Kohomologie von Mannigfaltigkeiten $\hat{X}$ und X schon bei Aeppli [1].

Da man nach [4] und [10] beliebig feine Triangulierungen von X finden kann, so daß E Unterkomplex dieser Triangulierungen ist, so ist E starker Deformationsretrakt beliebig kleiner (abgeschlossener) Umgebungen $U=U(E)\subset X$. Für solche U ist die kanonische Abbildung

$$H_l(E)\to H_l(U)$$

ein Isomorphismus für alle $l\geqq 0$. Das folgende kommutative Diagramm mit exakten Zeilen

$$\begin{array}{ccccccccccc}
\cdots\to & H_l(E) & \to & H_l(X) & \to & H_l(X,E) & \to & H_{l-1}(E) & \to & H_{l-1}(X) & \to\cdots\\
 & \downarrow\cong & & \downarrow\cong & & \downarrow & & \downarrow\cong & & \downarrow\cong & \\
\cdots\to & H_l(U) & \to & H_l(X) & \to & H_l(X,U) & \to & H_{l-1}(U) & \to & H_{l-1}(X) & \to\cdots
\end{array}$$

liefert dann die Isomorphie

$$H_l(X,E)\xrightarrow{\sim} H_l(X,U).$$

Sind $U_1\subset U_2$ zwei Umgebungen von E mit der obigen Eigenschaft, so ist dann auch die Abbildung

$$H_l(X,U_1)\to H_l(X,U_2)$$

bijektiv für alle l. – Entsprechendes gilt auch für $\hat{X}$ und $\hat{E}$.

Aufgrund der Eigenschaften von π kann man nun abgeschlossene Umgebungen $U_2 \subset U_1$ von E und $\hat{U}_1 \subset \hat{U}_2$ von $\hat{E}$ finden, für die die obigen Isomorphien gelten und die Relation

$$U_2 - E \subset \hat{U}_1 - \hat{E} \subset U_1 - E \subset \hat{U}_2 - \hat{E}$$

besteht. In dem kommutativen Diagramm

$$\begin{array}{ccccccc}
H_l(X-E, U_2-E) & \longrightarrow & H_l(\hat{X}-\hat{E}, \hat{U}_1-\hat{E}) & \xrightarrow{\omega} & H_l(X-E, U_1-E) & \longrightarrow & H_l(\hat{X}-\hat{E}, \hat{U}_2-\hat{E}) \\
\downarrow & & | & & \downarrow & & | \\
H_l(X, U_2) & & \xrightarrow{\quad\sim\quad} & & H_l(X, U_1) & & | \\
 & & \downarrow & & & & \downarrow \\
 & & H_l(\hat{X}, \hat{U}_1) & & \xrightarrow{\quad\sim\quad} & & H_l(\hat{X}, \hat{U}_2)
\end{array}$$

sind die senkrechten Abbildungen wegen des Ausschneidungsaxioms bijektiv. Also ist ω ein Isomorphismus, und aus dem Diagramm

$$\begin{array}{ccccc}
H_l(\hat{X}-\hat{E}, \hat{U}_1-\hat{E}) & \xrightarrow{\sim} & H_l(\hat{X}, \hat{U}_1) & \xleftarrow{\sim} & H_l(\hat{X}, \hat{E}) \\
{\scriptstyle\omega}\downarrow & & \downarrow & & \downarrow \\
H_l(X-E, U_1-E) & \xrightarrow{\sim} & H_l(X, U_1) & \xleftarrow{\sim} & H_l(X, E)
\end{array}$$

erhalten wir für alle $l \geqq 0$ einen Isomorphismus

$$H_l(\hat{X}, \hat{E}) \xrightarrow{\sim} H_l(X, E).$$

2. Wir betrachten nun das folgende kommutative Diagramm mit exakten Zeilen:

$$(*)\qquad \begin{array}{ccccccccccccc}
\cdots \longrightarrow & H_{l+1}(\hat{X}, \hat{E}) & \xrightarrow{\hat{\partial}} & H_l(\hat{E}) & \xrightarrow{\hat{i}} & H_l(\hat{X}) & \xrightarrow{\hat{j}} & H_l(\hat{X}, \hat{E}) & \xrightarrow{\hat{\partial}} & H_{l-1}(\hat{E}) & \longrightarrow \cdots \\
 & \downarrow{\scriptstyle\cong} & & \downarrow{\scriptstyle\rho_l} & & \downarrow{\scriptstyle\pi_l} & & \downarrow{\scriptstyle\cong} & & \downarrow{\scriptstyle\rho_{l-1}} & \\
\cdots \longrightarrow & H_{l+1}(X, E) & \xrightarrow{\partial} & H_l(E) & \xrightarrow{i} & H_l(X) & \xrightarrow{j} & H_l(X, E) & \xrightarrow{\partial} & H_{l-1}(E) & \longrightarrow \cdots,
\end{array}$$

und definieren als erstes

$$H_l^*(\hat{E}) := \ker\big(\rho_l\colon\ H_l(\hat{E}) \to H_l(E)\big).$$

Da es sich bei $(*)$ um ein Diagramm von Vektorräumen handelt, können wir einen Untervektorraum $H_l^*(E)$ von $H_l(E)$ finden, so daß

$$H_l(E) = H_l^*(E) \oplus \operatorname{im} \rho_l.$$

i bildet $H_l^*(E)$ injektiv in $H_l(X)$ ab. Ist nämlich $\xi^* \in H_l^*(E)$ ein Element mit $i(\xi^*) = 0$, so gibt es ein $\hat{\eta} \in H_{l+1}(\hat{X}, \hat{E})$ mit $\rho_l \circ \hat{\partial}(\hat{\eta}) = \partial(\hat{\eta}) = \xi^*$, woraus $\xi^* \in H_l^*(E) \cap \operatorname{im} \rho_l = 0$ folgt. – Wir fassen deshalb $H_l^*(E)$ auch als Untervektorraum von $H_l(X)$ auf.

Für die Abbildung $\hat{\partial}\circ j\colon H_l(X)\to H_{l-1}(\hat{E})$ gilt $\rho_{l-1}\circ\hat{\partial}\circ j=\partial\circ j=0$, d.h. $\operatorname{im}(\hat{\partial}\circ j)\subset H^*_{l-1}(\hat{E})$; außerdem ist $\hat{\partial}\circ j\big(i(H_l(E))\big)=0$. Infolgedessen gibt $\hat{\partial}\circ j$ Anlaß zu einer Abbildung

$$\partial^*\colon\ H_l(X)/H_l^*(E)\to H^*_{l-1}(\hat{E}).$$

Wir beweisen nun

Satz 4.1. *Unter den Voraussetzungen von Abschnitt* 1 *existiert eine exakte Sequenz*

$$\cdots\longrightarrow H_l^*(\hat{E})\xrightarrow{\hat{i}} H_l(\hat{X})\xrightarrow{\bar{\pi}_l} H_l(X)/H_l^*(E)\xrightarrow{\partial^*} H^*_{l-1}(\hat{E})\longrightarrow\cdots$$

$$\cdots H_0^*(\hat{E})\xrightarrow{\hat{i}} H_0(\hat{X})\xrightarrow{\bar{\pi}_0} H_0(X)/H_0^*(E)\longrightarrow 0.$$

Beweis. An Hand des Diagramms (*) ist leicht einzusehen, daß es sich bei der obigen Sequenz um einen Komplex handelt, d.h. daß an allen Stellen $\operatorname{im}\subset\ker$ gilt. Wir haben noch die umgekehrten Inklusionen zu beweisen.

a) Sei $\hat{\xi}\in H_l^*(\hat{E})$ mit $\hat{i}(\hat{\xi})=0$. Dann existiert ein $\zeta\in H_{l+1}(X,E)$ mit $\hat{\xi}=\hat{\partial}(\zeta)$, woraus $\partial(\zeta)=\rho_l(\hat{\xi})=0$ folgt. Also gibt es ein $\eta\in H_l(X)$ mit $j(\eta)=\zeta$, so daß die Restklasse $\bar{\eta}\in H_l(X)/H_l^*(E)$ unter ∂^* auf $\hat{\xi}$ abgebildet wird.

b) Sei $\hat{\xi}\in H_l(\hat{X})$ mit $\bar{\pi}_l(\hat{\xi})=0$; dann gibt es ein $\zeta\in H_l^*(E)$ mit $\pi_l(\hat{\xi})=i(\zeta)$. Es ist somit $\hat{j}(\hat{\xi})=j\circ i(\zeta)=0$, woraus die Existenz eines Elementes $\hat{\eta}_1\in H_l(\hat{E})$ mit $\hat{i}(\hat{\eta}_1)=\hat{\xi}$ folgt. Weiter impliziert $i\circ\rho_l(\hat{\eta}_1)=\pi_l(\hat{\xi})=i(\zeta)$ die Existenz eines Elementes $\hat{\eta}_2\in H_{l+1}(\hat{X},\hat{E})$ mit $\rho_l(\hat{\eta}_1)-\zeta=\partial(\hat{\eta}_2)=\rho_l\circ\hat{\partial}(\hat{\eta}_2)$, d.h. $\rho_l(\hat{\eta}_1-\hat{\partial}(\hat{\eta}_2))\in H_l^*(E)\cap\operatorname{im}\rho_l=0$. Mithin ist $\hat{\eta}:=\hat{\eta}_1-\hat{\partial}(\hat{\eta}_2)\in H_l^*(\hat{E})$, und es gilt $\hat{i}(\hat{\eta})=\hat{i}(\hat{\eta}_1)=\hat{\xi}$.

c) Sei $\xi\in H_l(X)$ so beschaffen, daß für die Restklasse $\bar{\xi}\in H_l(X)/H_l^*(E)$ das ∂^*-Bild gleich Null ist. Wegen $\hat{\partial}\circ j(\xi)=\partial^*(\bar{\xi})=0$ gibt es dann ein $\hat{\eta}_1\in H_l(\hat{X})$ mit $j(\xi)=\hat{j}(\hat{\eta}_1)$. Die Gleichung $j\circ\pi_l(\hat{\eta}_1)=j(\xi)$ liefert ein Element $\zeta\in H_l(E)$ mit $\pi_l(\hat{\eta}_1)-\xi=i(\zeta)$. Wegen $H_l(E)=H_l^*(E)\oplus\operatorname{im}\rho_l$ gibt es weiter Elemente $\zeta_1\in H_l^*(E)$ und $\hat{\eta}_2\in H_l(\hat{E})$ mit $\zeta=\zeta_1\oplus\rho_l(\hat{\eta}_2)$. Für $\hat{\eta}:=\hat{\eta}_1-\hat{i}(\hat{\eta}_2)\in H_l(\hat{X})$ gilt dann $\pi_l(\hat{\eta})-\xi=i(\zeta-\rho_l(\hat{\eta}_2))=i(\zeta_1)\in i\big(H_l^*(E)\big)$ und also $\bar{\pi}_l(\hat{\eta})=\bar{\xi}$, w.z.b.w.

3. Aus der exakten Sequenz in Satz 4.1 ziehen wir nun einige Folgerungen.

a) Es sei X eine Mannigfaltigkeit, π sei surjektiv und $\hat{X}$ besitze eine Desingularisation $\hat{Y}$ (z.B. sei $\hat{X}$ ein Moišezon-Raum). Dann hat die Abbildung $\hat{Y}\to X$ den Abbildungsgrad 1, so daß nach Hopf [8] die kanonischen Abbildungen

$$H_l(\hat{Y})\to H_l(X),\qquad l\geqq 0,$$

surjektiv sind. Dies impliziert die Surjektivität der Abbildungen

$$\pi_l\colon\ H_l(\hat{X}) \to H_l(X),$$

was wiederum unmittelbar die Surjektivität der Abbildungen

$$\rho_l\colon\ H_l(\hat{E}) \to H_l(E)$$

nach sich zieht (man vgl. (*) in Abschnitt 2). Folglich ist $H_l^*(E)=0$, und die Sequenz aus Satz 4.1 liefert, da $\bar{\partial}$ injektiv, exakte Sequenzen

$$0 \to H_l^*(\hat{E}) \to H_l(\hat{X}) \to H_l(X) \to 0, \qquad l \geqq 0.$$

Da auch die Sequenzen

$$0 \to H_l^*(\hat{E}) \to H_l(\hat{E}) \to H_l(E) \to 0$$

exakt sind, so erhalten wir für alle l die *Dimensionsformel von Aeppli* ([1], Lemma 5):

$$\dim H_l(\hat{X}) - \dim H_l(\hat{E}) = \dim H_l(X) - \dim H_l(E).$$

b) Es sei $\pi\colon \hat{X} \to X$ wie in Abschnitt 1; zusätzlich sei π surjektiv, und es existiere eine singularitätenfreie Menge M in einer Umgebung $U=U(E)$, so daß $E \subset M$. Ist dann $\hat{M}=\pi^{-1}(M)$, so schließt man entsprechend a), daß die Abbildungen

$$\pi_l\colon\ H_l(\hat{M}) \to H_l(M), \qquad l \geqq 0,$$

und damit auch die Abbildungen

$$\rho_l\colon\ H_l(\hat{E}) \to H_l(E), \qquad l \geqq 0,$$

surjektiv sind. Es folgt somit $H_l^*(E)=0$, und wir erhalten in diesem Fall eine exakte Sequenz

$$\cdots \to H_l^*(\hat{E}) \to H_l(\hat{X}) \to H_l(X) \to H_{l-1}^*(\hat{E}) \to \cdots$$
$$\cdots \to H_0^*(\hat{E}) \to H_0(\hat{X}) \to H_0(X) \to 0.$$

Diese Sequenz gilt insbesondere für den Fall, das E selbst eine Mannigfaltigkeit ist (wobei auch der Fall der Dimension 0 eingeschlossen ist, d.h. E nur aus isolierten Punkten besteht).

4. Es sei jetzt $\pi\colon \hat{X} \to X$ eine eigentliche Modifikationsabbildung, X und $\hat{X}$ seien kompakte Kählersche Mannigfaltigkeiten. Wir führen folgende Bezeichnungen ein: $A^l = A^l(X)$ bzw. $\hat{A}^l = A^l(\hat{X})$ seien die Vektorräume der l-dimensionalen C^∞-Differentialformen auf X bzw. $\hat{X}$. $Z^l = Z^l(X)$ bzw. $\hat{Z}_*^l = Z_*^l(\hat{X})$ seien die geschlossenen l-Formen auf X bzw. die geschlossenen l-Formen auf $\hat{X}$, deren Perioden auf $H_l^*(\hat{E}) = \ker(H_l(\hat{E}) \to H_l(E))$ verschwinden. Wir setzen $B^l = B^l(X) = dA^{l-1}(X)$ und

$\hat{B}^l = B^l(\hat{X}) = dA^{l-1}(\hat{X}) \subset Z_*^l(\hat{X})$. Die Abbildung π induziert Homomorphismen $Z^l(X) \to Z_*^l(\hat{X})$ und $B^l(X) \to B^l(\hat{X})$ und einen Isomorphismus

$$H^l(X) \xrightarrow{\sim} H_*^l(\hat{X}),$$

wobei $H^l(X) = Z^l/B^l$ und $H_*^l(\hat{X}) = \hat{Z}_*^l/\hat{B}^l$.

Es sei nun $A^{p,q} = A^{p,q}(X)$ der Vektorraum der (p,q)-Formen auf X, $d'\colon A^{p,q} \to A^{p+1,q}$ und $d''\colon A^{p,q} \to A^{p,q+1}$ seien die üblichen Operatoren, und es sei

$$Z^{p,q} = \{\varphi \in A^{p,q}\colon d''\varphi = 0\}, \qquad B^{p,q} = d'' A^{p,q-1}.$$

Dann gilt

$$H^{p,q} = H^q(X, \Omega^p) \cong Z^{p,q}/B^{p,q}.$$

In jeder Klasse aus $H^{p,q}$ gibt es genau eine harmonische Form. Diese ist d-geschlossen. Setzen wir $D^{p,q} := Z^{p,q} \cap Z^l$, $l = p+q$, so gilt also

$$H^{p,q} = D^{p,q}/D^{p,q} \cap B^{p,q}.$$

Es sei nun $\varphi \in A^{p,q} \cap Z^l$. Wegen der Kählerstruktur von X gilt die Hodge-Zerlegung

$$A^l = dA^{l-1} \oplus \delta A^{l+1} \oplus \mathscr{H}^l$$

und folglich für φ eine Darstellung

$$\varphi = d\psi_0 + h,$$

wobei $\psi_0 \in A^{l-1}$ und $h \in \mathscr{H}^{p,q}$. ψ_0 ist von der Form $\psi_1 + \psi_2$ mit $\psi_1 \in A^{p-1,q}$, $\psi_2 \in A^{p,q-1}$ und $d''\psi_1 = 0$, $d'\psi_1 = 0$, und es gilt

$$\varphi = d'\psi_1 + d''\psi_2 + h.$$

Aufgrund der Zerlegung

$$A^{p-1,q} = d'' A^{p-1,q-1} \oplus \delta'' A^{p-1,q+1} \oplus \mathscr{H}^{p-1,q}$$

und $d''\psi_1 = 0$ läßt sich ψ_1 schreiben in der Form $d''\gamma + h_0$ mit $\gamma \in A^{p-1,q-1}$ und harmonischem h_0. Es folgt wegen $d'h_0 = 0$

$$\varphi = d''(\psi_2 - d'\gamma) + h.$$

Nun ist $d'(\psi_2 - d'\gamma) = 0$ und h harmonisch. Infolgedessen gilt mit $\psi = \psi_2 - d'\gamma$

$$\varphi = d\psi + h, \; d'\psi = 0, \qquad \psi \in A^{p,q-1}.$$

Ist φ zusätzlich in $B^{p,q}$, so folgt $\varphi = d''\psi$. Man erhält somit

$$\begin{aligned} D^{p,q} \cap B^{p,q} &= d'' \ker(d'\colon A^{p,q-1} \to A^{p+1,q-1}) \\ &= D^{p,q} \cap B^l, \qquad l = p+q. \end{aligned}$$

Dies impliziert $H^{p,q}=D^{p,q}/D^{p,q}\cap B^l$. Es gilt also unabhängig von der Kählermetrik $H^{p,q}\subset H^l$. Entsprechendes gilt auch für $\hat{H}^{p,q}=H^{p,q}(\hat{X})$ und $\hat{H}^l=H^l(\hat{X})$. Nun bildet π den Vektorraum $H^{p,q}$ in $\hat{H}^{p,q}$ ab. Setzen wir jetzt

$$H_*^{p,q}(\hat{X})=H^{p,q}(\hat{X})\cap H_*^{p+q}(\hat{X}),$$

so folgt aus der (von der Kählermetrik unabhängigen) Isomorphie

$$H^l(\hat{X})\cong \sum_{p+q=l} H^{p,q}(\hat{X})$$

und dem eingangs Gesagten der

Satz 4.2. *Die Abbildung $\pi\colon \hat{X}\to X$ induziert einen Isomorphismus*

$$H^l(X)\to H_*^l(\hat{X}),$$

der $H^{p,q}(X)$ isomorph auf $H_*^{p,q}(\hat{X})$ abbildet. Es gilt

$$H_*^l(\hat{X},\mathbb{C})\cong \bigoplus_{p+q=l} H_*^{p,q}(\hat{X}),$$

$$H_*^{l,0}(\hat{X})=H^{l,0}(\hat{X}),\qquad H_*^{0,l}(\hat{X})=H^{0,l}(\hat{X}).$$

5. Es sei X eine streng pseudokonvexe komplexe Mannigfaltigkeit. Es sei $E\subset X$ die maximale kompakte analytische Teilmenge. X ist dann eigentliche Modifikation eines normalen Steinschen Raumes Y. Wir bezeichnen mit $\pi\colon X\to Y$ die Modifikationsabbildung. Die Menge $D=\pi(E)$ besteht nur aus endlich vielen Punkten.

Definition. *X heißt eine Sur-Steinmannigfaltigkeit, wenn Y eine Mannigfaltigkeit ist.*

Eine Sur-Steinmannigfaltigkeit liegt also über einer Steinschen Mannigfaltigkeit. Es sei $\xi\in H^q(X,\Omega^p)$ eine Kohomologieklasse mit $q\geqq 1$. Wir zeigen

Satz 4.3. *Ist X eine Kählersche Sur-Steinmannigfaltigkeit, so wird ξ repräsentiert durch eine Form $\varphi\in Z^{p,q}(X)$ mit $d\varphi=0$. Die Perioden von φ auf $H_{p+q}(E)$ sind eindeutig bestimmt. (Der Grundkörper von $H_{p+q}(E)$ sei jetzt $\mathbb{R}$.)*

Beweis. a) Da Y ein Steinscher Raum ist, gilt $H^q(X,\Omega^p)=\Gamma(Y,\pi_{(q)}(\Omega^p))$. Der Träger von $\pi_{(q)}(\Omega^p)$ ist in $D=\{y_1,\dots,y_s\}$ enthalten. Wir wählen in bezug auf lokale Koordinatensysteme um y_ν Hyperkugeln Y_ν mit y_ν als Zentrum, so daß $Y_\nu\cap Y_\mu=\emptyset$ für $\nu\neq\mu$. Es sei $X_\nu=\pi^{-1}(Y_\nu)$. Die offenen Mengen $X_\nu\subset X$ sind dann streng pseudokonvex, die Y_ν selbst sind Steinsche Mannigfaltigkeiten. Gibt es nun d-geschlossene Formen $\varphi_\nu\in Z^{p,q}(X_\nu)$, die $\xi|X_\nu$ repräsentieren, so kann man den Kozyklus

$\psi=\{\psi_{0\nu}=\varphi_\nu\circ\pi^{-1}|Y_\nu\cap Y_0\}$ mit $Y_0=Y-D$ betrachten. Dieser ist eindimensional und hat Koeffizienten in der Garbe $\Omega_*^{p,q}$ der d-geschlossenen Formen vom Typ (p,q). Da Y eine Steinsche Mannigfaltigkeit ist, hat man einen Isomorphismus $H^l(Y,\Omega_*^{p,q})\xrightarrow{\sim} H^{l+p+q}(Y,\mathbb{C})$. Dieser kommutiert mit der Urbildbildung nach X. Deshalb ist das Bild von ψ in $H^{l+p+q}(X,\mathbb{C})$ gleich null. Nach Hopf ist jedoch die Abbildung $H^l(Y,\mathbb{C})\to H^l(X,\mathbb{C})$ injektiv für alle l. Also ist das Bild von ψ in $H^{l+p+q}(Y,\mathbb{C})$ gleich null. Das bedeutet $\psi=\delta\{\gamma_\nu\}$ mit $\gamma_\nu\in\Gamma(Y_\nu,\Omega_*^{p,q})$ und $\varphi=\varphi_\nu-\gamma_\nu\circ\pi$ ist eine d-geschlossene Form vom Typ (p,q) auf X, derart, daß $\varphi|X_\nu$ (in bezug auf d und d'') die Kohomologieklasse $\xi|X_\nu$ für $\nu=1,\ldots,s$ repräsentiert. Da dann $\pi_{(q)}(\varphi)=\pi_{(q)}(\xi)$ gilt, folgt, daß φ auf ganz X die Klasse ξ repräsentiert. Wir dürfen also fortan o.E.d.A. voraussetzen, daß $Y\subset\mathbb{C}^n$ eine Hyperkugel um den Nullpunkt und $D=\{0\}$ ist.

b) Wir schließen den $\mathbb{C}^n$ zum $\mathbb{P}^n$ ab und betrachten die Überdeckung $\mathfrak{Y}=\{Y_0,Y_1\}$ mit $Y_0=\mathbb{P}^n-\{0\}$, $Y_1=Y$ des $\mathbb{P}^n$. Wir verheften X und Y_0 vermöge π und erhalten eine geschlossene komplexe Mannigfaltigkeit $\hat{X}$, die durch eine holomorphe Abbildung $\hat{\pi}$: $\hat{X}\to\mathbb{P}^n$ auf den $\mathbb{P}^n$ abgebildet ist. Man hat $X\subset\hat{X}$, $\hat{\pi}|X=\pi$ und $\hat{\pi}$: $\hat{X}-E\xrightarrow{\sim} Y_0$. Es sei $X_\nu=\hat{\pi}^{-1}(Y_\nu)$. Das System $\{X_0,X_1\}=\mathfrak{X}$ ist dann eine offene Überdeckung von $\hat{X}$.

Es sei $\varphi\in Z^{p,q}(X_1)$. Wir setzen $\alpha_{01}=(\varphi|X_0\cap X_1)\circ\pi^{-1}$ und bezeichnen mit $\Omega_+^{p,q}$ die Garbe der Keime von d''-geschlossenen Formen von Typ (p,q). Es ist dann $\{\alpha_{01}\}\in Z^1(\mathfrak{Y},\Omega_+^{p,q})$. Ferner hat man einen Isomorphismus $H^l(\mathbb{P}^n,\Omega_+^{p,q})\xrightarrow{\sim} H^{l+q}(\mathbb{P}^n,\Omega^p)$ wie auf jeder komplexen Mannigfaltigkeit. Da $H^{l+q}(\mathbb{P}^n,\Omega^p)\neq 0$ nur für $l+q=p$, ist $\{\alpha_{01}\}$ höchstens für $p=q+1$ nicht kohomolog 0. Andererseits gilt für $q\neq n-1$ stets $\alpha_{01}=d''\beta$ mit $\beta\in A^{p,q-1}(Y_0\cap Y_1)$, weil $Y_0\cap Y_1$ eine Kugelschale ist. Da $\beta=\beta_1-\beta_0$ mit $\beta_\nu\in A^{p,q-1}(Y_\nu)$, ist $\{\alpha_{01}\}$ kohomolog 0. Im Falle $p=n$, $q=n-1$ folgt aus dem *Verschwindungssatz* $\varphi=d''\beta$, der Kozyklus $\{\alpha_{01}\}$ ist dann ebenfalls kohomolog null. Wir können also immer schreiben $\alpha_{01}=\alpha_1-\alpha_0$ mit $\alpha_\nu\in\Gamma(Y_\nu,\Omega_+^{p,q})$ und $\hat{\varphi}=\varphi+\alpha_0\circ\hat{\pi}=\alpha_1$ ist dann eine Fortsetzung der Kohomologieklasse von φ nach $\hat{X}$. Es gilt also $\hat{\varphi}|X\backsim\varphi$ in bezug auf d''.

c) Nach dem später bewiesenen Satz 4.6 (Zusatz) kann man jede geschlossene Form $\omega\in A^{p,q}(X)$ von einer Umgebung $X'(E)\subset\subset X$ aus nach $\hat{X}$ fortsetzen. Es sei ω die Form vom Typ $(1,1)$, die zu der Kählermetrik von X gehört. Durch Fortsetzung von ω und folgender Addition eines hinreichend großen positiven Vielfachen des Urbildes einer Kählermetrik auf $\mathbb{P}^n$ erhält man eine positiv definite Kählermetrik auf $\hat{X}$. Unsere Mannigfaltigkeit $\hat{X}$ ist also eine Kählersche Mannigfaltigkeit. Die Form $\hat{\varphi}$ ist zu einer harmonischen d-geschlossenen Form ψ vom Typ (p,q) kohomolog und die d''-Kohomologieklasse von φ wird durch $\psi|X$ repräsentiert.

Ist φ bereits d-geschlossen, so kann man nach Satz 4.6 (modulo Kohomologie) direkt φ zu einer d-geschlossenen Form $\hat{\varphi}$ vom Typ (p,q)

fortsetzen. φ und $\psi|X$ sind dann d''- und d-kohomolog, sie haben also auf $H_{p+q}(E)$ die gleichen Perioden. Damit ist auch die Eindeutigkeitsaussage bewiesen.

Nach der Theorie der Kählerschen Mannigfaltigkeiten gibt es zu vorgegebenen Perioden auf $H_l(\hat{X}) = H_l(E) \oplus H_l(\mathbb{P}^n)$ genau eine harmonische d- und d''-geschlossene Form $\hat{\varphi} = \sum_{p+q=l} \hat{\varphi}^{p,q}$ auf $\hat{X}$. $\varphi^{(l,0)}$, $\varphi^{(0,l)}$ sind holomorph bzw. antiholomorph und deshalb Urbild von ebensolchen Formen auf dem $\mathbb{P}^n$. Ihre Perioden verschwinden deshalb auf $H_l(E)$. Es folgt:

1) *Jede Periode auf* $H_l(E)$ *wird durch eine Form*

$$\varphi = \sum_{p+q=l;\, p,q \geqq 1} \varphi^{p,q} \in A^l(X)$$

realisiert, die d- und d''-geschlossen ist.

2) *Ist* φ *eine solche Form mit verschwindenden Perioden, so gilt* $\varphi^{p,q} = d'' \psi^{p,q-1}$, $\psi^{p,q-1} \in A^{p,q-1}(X)$.

Die Fortsetzung $\hat{\varphi}$ von φ nach $\hat{X}$ ist nämlich in diesem Fall kohomolog einem Urbild einer d- und d''-geschlossenen Form des $\mathbb{P}^n$.

3) *Ist* $\varphi^{0,q} \in Z^{0,q}(X)$, *so gilt* $\varphi^{0,q} = d'' \psi^{0,q-1}$, $\psi^{0,q-1} \in A^{0,q-1}(X)$.

Nach Abschnitt a) aus dem Beweis des vorigen Satzes gelten diese Aussagen auch, wenn D aus mehreren Punkten besteht.

Man hat also:

Satz 4.4. *Die Kohomologiegruppe* $H^l(E, \mathbb{C})$, $l \geqq 1$ *ist kanonisch isomorph zu*

$$\bigoplus_{\substack{p+q=l\\ p,q\geqq 1}} H^{p,q}(X).$$

Es gilt $H^{p,q}(X) \cong H^{q,p}(X)$, $H^{0,q}(X) = 0.$[2] *Eine Kohomologieklasse* $\xi \in H^{p,q}(X)$, $q \geqq 1$, *verschwindet genau dann, wenn ihre Perioden auf* $H_l(E)$ *null sind.*

Es bleibt zu erwähnen, daß bei streng pseudokonvexen Mannigfaltigkeiten, die nicht „sursteinsch" sind, das Verschwinden von Kohomologieklassen $\xi \in H^{p,q}(X)$ im allgemeinen nicht zu topologischen Bedingungen äquivalent ist.

6. Wir haben noch den Satz 4.6 aufzuführen. Wir zeigen zunächst:

Satz 4.5. *Es sei X eine kompakte Kählersche Mannigfaltigkeit. Dann ist die Abbildung* $H^1(X, \Omega_*^{p,q}) \to H^1(X, \Pi_*^{p+q})$ *injektiv.*

Dabei bezeichnet Π_*^{p+q} die Garbe der Keime von d-geschlossenen Formen der Dimension $p+q$.

---

[2] Die Verschwindungseigenschaft war bereits Hironaka bekannt.

Beweis. Es sei $\mathfrak{U}=\{U_\iota\colon \iota=1,\dots,\iota_*\}$ eine offene Überdeckung von X und $\varphi=\{\varphi_{\iota_0\iota_1}\}\in Z^1(\mathfrak{U},\Omega_*^{p,q})$ ein Kozyklus. Gilt $\varphi_{\iota_0\iota_1}=\psi_{\iota_0}-\psi_{\iota_1}$ mit $\psi_\iota\in\Gamma(U_\iota,\Pi_*^{p,q})$, so läßt sich schreiben $\psi_\iota=\sum_{\nu+\mu=p+q}\psi_\iota^{\nu,\mu}$.

Es gilt $\psi_\iota^{\nu,\mu}=\psi^{\nu,\mu}|U_\iota$, $\psi^{\nu,\mu}\in A^{\nu,\mu}(X)$, falls $(\nu,\mu)\neq(p,q)$. Aus der Theorie der Kählerschen Mannigfaltigkeiten folgt:

$$\sum_{(\nu,\mu)\neq(p,q)}\psi^{\nu,\mu}=d\alpha+\sum_{(\nu,\mu)\neq(p,q)}h^{\nu,\mu}+\psi^{p,q},$$

wobei die $h^{\nu,\mu}$ harmonisch sind. $\psi_\iota^*=\psi_\iota-d\alpha-\sum h^{\nu,\mu}=\psi_\iota^{p,q}-\psi^{p,q}$ ist also d-geschlossen und vom Typ (p,q). Es gilt $\varphi=\delta\{\psi_\iota^*\}$. Also repräsentiert φ auch in $H^1(X,\Omega_*^{p,q})$ die Nullklasse. Hieraus folgt unmittelbar der Satz 4.5.

Wir übernehmen jetzt wieder die Bezeichnungsweise des Abschnitts 5 und zeigen

Satz 4.6. *Es sei $\varphi\in A^{p,q}(X)$ eine d-geschlossene Form. Dann gibt es eine d-geschlossene Form $\hat\varphi\in A^{p,q}(\hat X)$ mit $\hat\varphi|X\backsim\varphi$ (in der d- und d''-Kohomologie).*

Beweis. Wir betrachten die injektive Abbildung

$$H^1(\hat X,\Pi_*^l(\hat X))\hookrightarrow H^{l+1}(\hat X,\mathbb{C})$$

und ebenso

$$H^1(\mathbb{P}^n,\Pi_*^l(\hat X))\hookrightarrow H^{l+1}(\mathbb{P}^n,\mathbb{C}).$$

Beide Abbildungen kommutieren mit der Urbildbildung. Der Homomorphismus $H^{l+1}(\mathbb{P}^n,\mathbb{C})\to H^{l+1}(\hat X,\mathbb{C})$ ist nach Hopf injektiv. Es sei

$$\hat\xi=\{\varphi|X_0\cap X_1\}\in Z^1(\mathfrak{X},\Pi_*^l(X))$$

und

$$\xi=\{(\varphi|X_0\cap X_1)\circ\pi^{-1}\}\in Z^1(\mathfrak{Y},\Pi_*^l(\mathbb{P}^n)).$$

Der Kozyklus $\hat\xi$ ist kohomolog null, das Bild in $H^{l+1}(\hat X,\mathbb{C})$ verschwindet. Also ist auch das Bild von ξ in $H^{l+1}(\mathbb{P}^n,\mathbb{C})$ gleich null. Es folgt, daß ξ kohomolog null ist: $\xi=\xi_1-\xi_2$ mit $\xi_\nu\in\Gamma(Y_\nu,\Pi_*^l(\mathbb{P}^n))$. Nach dem vorstehenden Satz 4.5 kann man sogar $\xi_\nu\in\Gamma(Y_\nu,\Omega_*^{p,q}(\mathbb{P}^n))$ wählen. Es gilt, da Y_1 eine Hyperkugel ist, $\xi_1\backsim 0$ und mithin $\xi_1\circ\pi\backsim 0$. Im Falle $p+q=0$ können wir $\xi_1=0$ wählen. Es ist dann $\hat\varphi=\varphi-\xi_1\circ\pi=-\xi_2\circ\pi$.

Zusatz. *Sind $p\geqq 1$, $q\geqq 1$, so läßt sich sogar $\varphi=\hat\varphi$ in der Nähe von E erreichen.*

Beweis. In Y_1 gilt $\xi_1=d'd''\eta$ mit $\eta\in A^{p-1,q-1}(Y_1)$. Ist t eine Testfunktion in Y_1 mit $\mathrm{t}|U(0)\equiv 1$, $U(0)\subset\subset Y_1$, so schreiben wir $\xi_1^*=d'd''(1-\mathrm{t})\eta$ und $\xi_2^*=\xi_1^*-\xi=\xi_2$ in $\mathbb{C}^n-\{0\}$ bzw. $\mathbb{P}^n-U$. Die ξ_ν^* erfüllen den gleichen Zweck wie die ξ_ν. Verwendet man ξ_ν^* anstelle der ξ_ν, so folgt $\hat\varphi\equiv\varphi$ in einer Umgebung von E.

Literatur

1. Aeppli, A.: Modifikation von reellen und komplexen Mannigfaltigkeiten. Comm. Math. Helv. **31**, 219–301 (1956/57).
2. Artin, M.: Algebraic approximation of structures over complete local rings. Publ. Math. IHES no. **36**, 23–58 (1969).
3. – Algebraization of formal moduli: II. Existence of modifications. Ann. Math. **91**, 88–135 (1970).
4. Giesecke, B.: Simpliziale Zerlegung abzählbarer analytischer Räume. Math. Z. **83**, 177–213 (1964).
5. Grauert, H.: Über Modifikationen und exzeptionelle analytische Mengen. Math. Ann. **146**, 331–368 (1962).
6. – Riemenschneider, O.: Kählersche Mannigfaltigkeiten mit hyper-q-konvexem Rand. Erscheint demnächst in: Problems in Analysis. Papers in Honor of S. Bochner.
7. Hironaka, H.: Resolution of singularities of an algebraic variety over a field of characteristic zero: I, II. Ann. Math. **79**, 109–326 (1964).
8. Hopf, H.: Zur Algebra der Abbildungen von Mannigfaltigkeiten. J. Reine Angew. Math. **163**, 71–88 (1930).
9. Kodaira, K.: On a differential geometric method in the theory of analytic stacks. Proc. Nat. Acad. Sci. **39**, 1268–1273 (1953).
10. Lojasiewicz, S.: Triangulation of semi-analytic sets. Ann. Scuola Norm. Sup. Pisa (3) **18**, 449–474 (1964).
11. Moišezon, B. G.: Resolution theorems for compact complex spaces with a sufficiently large field of meromorphic functions. Math. USSR-Izvestija **1**, 1331–1356 (1967). – Das russische Original erschien in: Izv. Akad. Nauk. SSSR Ser. Mat. **31**, 1385–1414 (1967).
12. Nakano, S.: On complex analytic vector bundles. J. Math. Soc. Japan **7**, 1–12 (1955).
13. Rossi, H.: Picard variety of an isolated singular point. Rice Univ. Studies **54**, 63–73 (1968).
14. Scheja, G.: Riemannsche Hebbarkeitssätze für Cohomologieklassen. Math. Ann. **144**, 345–360 (1961).

(Eingegangen am 10. September 1970)

Part VI

Deformation of Complex Objects

Commentary

1

At first, (holomorphic) deformations of compact Riemann surfaces X were considered. Already Riemann claims that X has $3g-3$ (complex) deformation parameters if the genus of X is $g > 1$. (In the case $g = 0$ the surface X is the P_1, it is rigid. In the case $g = 1$ the surface X is an abelian curve, it has 1 parameter). Riemann called the number of deformation parameters the number of moduli. He certainly did not have an exact definition.

In higher dimensions for algebraic manifolds first attemps were made by Max Noether. He did not yet get a complete theory. This did not change until 1958, when Kodaira and D.C. Spencer published their 3 papers on the moduli of compact complex manifolds in the Annals of Mathematics (Ann. of Math. 67, 328–401, 403–466 (1958) and 71, 43–76 (1960)). Kodaira and Spencer used the methods of elliptic systems of partial differential equations.

Assume that X is an n-dimensional connected compact complex manifold and that Θ is the sheaf of local holomorphic vector-fields on X. Assume that S is a (germ of a) complex space which is equipped with a base point $0 \in S$ and that $F : \underline{X} \to S$ is a homolorphic proper flat family such that the fibre in 0 is X. Then F is called a (local) holomorphic deformation of X. There is a natural linear map ϱ of the tangent space T_0 of $0 \in S$ into the cohomology group $H^1(X, \Theta)$ which has finite complex dimension d. A holomorphic deformation F is called *semi-universal* if it has the following properties:

1) The map ϱ is injective;
2) The map ϱ is surjective;
3) Every other holomorphic deformation on X can be obtained by a holomorphic lifting out of F;
   Deviating from the literature we moreover require:
4) The properties 2) and 3) remain true when we replace the base point 0 in the deformation F by a point near to 0.

Of course, if the semi-universal deformation of X exists, it is uniquely determined up to a isomorphy (which suggests itself).

Already 1958 Kodaira, Spencer and (L.) Nirenberg proved using the elliptic theory the existence if the second cohomology group $H^2(X, \Theta) = 0$ (see: On the existence of deformation of complex analytic structures. Ann. Math. 68, 450–459). In their case S is a d-dimensional domain in $\mathbb{C}^d$. Later on Kuranishi generalized this result by similar methods (On locally complete families of complex analytic structures. Ann. of Math. 75, 536–577 (1962)). In his case the second cohomology may be general, but the map ϱ is only injective. By this he avoids the nilpotent elements in the structure sheaf of S, that means that S is a reduced complex space. The lifting is done practically set theoretic only.

2

In [56] the deformation of arbitrary compact complex spaces X is done. Because of the nilpotent structure and other singularities no partial differential equations are employed, any longer. Formal power series are used and also Banach analytic spaces as they were proposed by A. Douady (Le problème des modules pour les sous espaces analytiques. Ann. Inst. Fourier 16, 1–95 (1966)). The parameter space S may have a nilpotent structure now, but ϱ is surjective.

At about the same time there was an independent proof by A. Douady which used somewhat more techniques (Le problème des modules locaux pour les espaces $\mathbb{C}$-analytiques compacts. Ann. Sc. E. N. S. (1974)). Douady made use of some interesting results which were obtained by Mme. G. Pourcin. Another proof was given by Forster and Knorr which used exclusively power series methods (Konstruktion verseller Familien komplexer Räume. Lect. Notes Math. 705, Springer 1979). Before that there were papers written by Forster and Knorr (Ein neuer Beweis des Satzes von Kodaira-Spencer-Nierenberg. Math. Z. 139, 257–291 (1974)) and by M. Commichau (Deformation kompakter komplexer Mannigfaltigkeiten. Math. Annalen 213, 43–96 (1975)). Finally we got a proof by V. P. Palamodov which worked with completely different methods (Deformations of complex spaces. Russ. Math. Surveys 31, 124–129 (1976); and The tangent complex of an analytic space. AMS Translations 12, 119–171 (1984)). The proof which was unintelligible at some points, contained moreover some incorrect statements. It was worked out in detail by Bingener and Kosarew (Lokale Modulräume in der analytischen Geometrie. Monograph, 2 vol. Vieweg Verlag 1987). The book contains a relative version of Palamodov's approach, i.e. it gives a semi-universal deformation of holomorphic maps $X \to Y$, where Y is a germ of a complex space. This was the original motivation of the theory of Bingener and Kosarew. It seems to be that during the past years Palamodov's method was the only way to do this.

3

Also of interest was the deformation of complex analytic vector bundles over a fixed complex space. There were general results. See for instance O. Forster and K. Knorr (Über die Deformation von Vektorraumbündeln auf kompakten komplexen Räumen. Math. Annalen 209, 291–346 (1974)) or Y.T. Siu and G. Trautmann (Deformations of coherent analytic sheaves with compact supports. Mem. Am. Math. Soc. 238 (1981)). Some global results could be obtained also in this situation of sheaves. If you look for instance on stable vector bundles on the n-dimensional complex projective space there is the so called coarse moduli space in the sense of Mumford (which even may go back to Grothendieck). In certain cases it could be computed completely. See also: G. Trautmann (Moduli for vector bundles on $P_n(\mathbb{C})$. Math. Annalen 237, 167–186 (1978)).

Interesting is also the case of complex analytic L-principle fibre bundles. The method consists essentially in a reduction to the case $L = GL(n, \mathbb{C})$ (see Donin: Construction of a versal family of deformations for holomorphic bundles of a compact complex space. Math. USSR Sb. 23 (1974)).

In [37] families of compact complex manifolds are considered. It is assumed that they all are isomorphic. It follows then that the family is a complex-analytic bundle, i.e. it is locally a cartesian product of an open subset of the base and the typical fibre. There is a generalization in the context of groupoids of deformation (see J. Bingener: Offenheit der Versalität in der analytischen Geometrie. Math. Z. 173, 241–281 (1980)).

4

There are complex spaces X whose set of singular points is just one point $0 \in X$. They are called complex spaces with an isolated singularity. We consider germs $(X, 0)$ of such complex spaces around 0. Then the notion of holomorphic deformation of such germs is well defined. Analogously to the case of global complex spaces we get also the notion of semi universal deformation which again is a germ of a deformation over a parameter space S in the neighborhood of a basepoint $o \in S$. A semi universal deformation is again defined up to isomorphy. The question is, does it always exist and how does it look like?

The first attempt in this direction was made by Grauert-Kerner [35]. It was proved that there are rigid singularities. They cannot be deformed at all. Of course the trivial statement was known before that there are singularities which can be deformed to smooth points.

Important is the sheaf Ω of holomorphic 1-forms on X and the sheaves of derivatives of the tangent sheaf $T = Hom\ (\Omega, \mathcal{O})$. We assume that X is reduced and put $T_1 = Ext^1(\Omega, \mathcal{O})$ and $T_2 = Ext^2(\Omega, \mathcal{O})$. In smooth points of X the stalks of T_1 and T_2 are 0. Therefore the vector space of cross sections in T_1 and T_2 have finite dimension. We denote by d the dimension in the case T_1.

If $T_1 = 0$ we get the rigidity of the singularity. In the case $T_2 = 0$ G.N. Turina (Locally semiuniversal flat deformations of isolated singularities of complex spaces. Mathematics of the USSR-Isvestija, Vol. 3, Number 5, 967–999 (1969)) constructed a semi universal deformation. Its parameter space S is a smooth d-dimensional domain. In [53] a semi universal deformation was obtained in the general case. No further assumption was required. Its parameter space S was a complex subspace of a smooth d-dimensional domain. The proof consisted in the construction of a semi universal deformation over a germ of a formal complex space which was done by M. Schlessinger (Functors of Artin rings. Trans. AMS 130, 208–222 (1968)). It was proved that convergence could be obtained. There is another proof by Genivième Pourcin which works with completely different methods (see: Séminaire Douady-Verdier and Astérisque 16, VIII, IX (1974).

Another proof using the Banach analytic spaces was independently obtained by I.F. Donin (Complete families of deformations of germs of complex spaces. Math. USSR Sb. 18, 397–406 (1972). However, it seems to be hard to understand it. A clearer version was given by H. Stieber (in his diplom thesis, Regensburg).

5

M. Artin proved that an isolated singularity always is algebraic (Algebraic approximations of structures over complete local rings. Publ. Math. IHES 36, 23–58 (1969)). More precisely this means: If $0 \in X$ is an isolated singularity then there is a complex space Y equipped with an affine algebraic structure and with an base point $o \in Y$ such that there are bianalytically equivalent neighborhoods $U(0) \subset X$ and $V(o) \subset Y$. This means that the methods of algebraic geometry can be employed to obtain versal deformations of isolated singularities. The big advantage of this way is that the parameter space is not simply a germ but an affine algebraic variety. So the result is somewhat global. The proof was done by Renée Elkik (Algebraisation de module formel d'une singularité isolée, Asterique 16, 133–144 (1974). See also: Ann. Sci. École norm. sup. IV Sér. 6 (1973)).

There are complex spaces which are equipped with a finer structure, a so called pseudogroup structure. The notion of pseudogroup goes back to E. Cartan (Les groupes de transformation continus infinis simples. Ann. E.N.S. 93–161 (1909)). Results were obtained for the deformation of compact spaces. K. Kodaira, D.C. Spencer and Kuranishi employed the methods of the elliptic theory. Semi universal deformations were constructed by the students of D.C. Spencer: Ngô van Quê (Non abelian Spencer cohomology and deformation theory. J. Diff. Geo. 3 (1969)) and S. Moolgarkov (On the existence of an universal germ of deformations for elliptic pseudogroup structures on compact manifolds. Trans. AMS 212 (1975)).

Another approach was suggested in [60]. H. Stieber wrote a monograph (Existenz semi-universeller Deformationen in der komplexen Analysis. Vieweg 1988). This gives an axiomatization of Douady's approach to deformation theory. This also should lead to very general statements on semi-universal deformations of pseudogroup structures. Unfortunately Stieber did not publish his ideas.

Papers Reprinted in this Part

Expressions in italics concern the contents of the paper.

Abbreviations: *deform* = deformation of complex structures, formal principle, vector bundles

[56] Der Satz von Kuranishi für kompakte komplexe Räume. Invent. Math. **25**, 107–142 (1974). *deform*

[37] (mit W. Fischer) Lokal-triviale Familien kompakter komplexer Mannigfaltigkeiten. Nachr. Akad. Wiss. Göttingen, II. Math.-Phys. Kl. **6**, 89–94 (1965). *deform*

[53] Über die Deformation isolierter Singularitäten analytischer Mengen. Invent. Math. **15**, 171–198 (1972). *deform*

56.

Der Satz von Kuranishi für kompakte komplexe Räume

Invent. Math. **25**, 107–142 (1974)

Einleitung

1. Es sei $B \subset G \subset \mathbb{C}^d$ ein komplexer Raum, $0 \in B$ ein fester Punkt (Aufpunkt), $\hat{X}$ ein komplexer Raum, $\pi: \hat{X} \to B$ eine eigentliche surjektive reguläre holomorphe Abbildung. Die Fasern $\hat{X}_t = \pi^{-1}(t)$, $t \in B$ sind dann kompakte komplexe Mannigfaltigkeiten. Wir bezeichnen X_0 mit X und nennen $(\hat{X}, \pi, B, 0)$ eine holomorphe Deformation von X. Ist nämlich B zusammenhängend, so sind zwar alle $\hat{X}_t$ die gleichen differenzierbaren Mannigfaltigkeiten, die komplexe Struktur auf $\hat{X}_t$ hängt jedoch im allgemeinen von t ab.

Es sei B' ein weiterer komplexer Raum mit einem Aufpunkt $0'$, es sei $\varphi: B' \to B$ eine holomorphe Abbildung, die $0'$ auf 0 wirft. Durch „Liften" mittels φ erhält man eine holomorphe Deformation $\pi': \hat{X}' \to B'$ von X über B'. Gilt für ein $t' \in B'$ eine Gleichung $\varphi(t') = t \in B$, so folgt $\hat{X}'_{t'} = \hat{X}_t$.

Man nennt nun eine holomorphe Deformation $(\hat{X}, \pi, B, 0)$ vollständig in 0, wenn jede weitere holomorphe Deformation von X mittels Liftens in der Nähe von $0' \in B'$ aus ihr gewonnen werden kann. Die Deformation heißt versell in 0, wenn immer dabei das totale Differential $(d\varphi)(0')$ eindeutig festgelegt ist. Verselle Deformationen von X sind bis auf Isomorphie eindeutig bestimmt.

1961 zeigte Kuranishi [3] folgenden

Satz. *Es sei X eine kompakte komplexe Mannigfaltigkeit. Dann gibt es eine verselle holomorphe Deformation $(\hat{X}, \pi, B, 0)$ von X, die in jedem Punkt $t \in B$ noch vollständig ist.*

In der vorliegenden Arbeit wird dieses Resultat auf den Fall verallgemeinert, wo X ein kompakter komplexer Raum ist. Es wird außerdem gezeigt, daß jeder kompakte komplexe Raum X_1, der nur wenig von X verschieden ist, in der versellen Deformation $(\hat{X}, \pi, B, 0)$ als Faser auftritt. Bei der Deformation von komplexen Räumen macht das Wort „regulär" keinen Sinn mehr. Es ist durch „platt" zu ersetzen.

2. Die Methode von Kuranishi verwendet fast-komplexe Strukturen und harmonische Analyse. Wegen der Singularitäten, die komplexe Räume haben können, konnte dieser Weg in der vorliegenden Arbeit nicht beschritten werden. Vielmehr wird die Deformation durch Verheften von Teilstücken (und lokaler Deformation der Teilstücke) bewerkstelligt. Ich habe über diese Möglichkeit (für Mannigfaltigkeiten) zum ersten Mal 1958 in Princeton in einem gemeinsamen Seminar mit Andreotti, Kodaira, Spencer, Weil vorgetragen, jedoch nie einen Beweis veröffentlicht, da sich die harmonische Analyse als leichter erwies.

Die Deformation kompakter komplexer Räume habe ich im Sommer 1972 aufgegriffen und Anfang April 1973 in Pisa zum ersten Male ein Seminar darüber veranstaltet. Der Beweis ist seitdem noch wesentlich vereinfacht worden. Im Herbst 1973 erfuhr ich, daß sich auch die Herren Douady und Hubbard mit dem Problem befassen. Sie haben Ende des Jahres darüber ebenfalls ein Seminar veranstaltet und sogar eine Note in den Comptes Rendus (Paris) veröffentlicht. Ihre Beweisidee ist von meiner wesentlich verschieden. Ein völlig anderer Weg zu dem Hauptergebnis wird ferner z. Z. von den Herren Forster und Knorr (Regensburg) gegangen. Man vgl. auch [4].

3. Soweit die hier verwendeten Methoden schon für komplexe Mannigfaltigkeiten Bedeutung haben, sind sie von [1] Commichau entwickelt worden. Wir legen diese Arbeit zugrunde. Ferner verwenden wir die Begriffe aus Douady [2]. Wichtig sind vor allem die holomorphen Operatoren, die nichts anderes als holomorphe Operationen auf „komplexen Räumen über banachanalytische Räume" sind. *In der vorliegenden Arbeit wird alles durch solche holomorphen Operatoren konstruiert, auch wenn gelegentlich nur von Existenz geredet wird. Die banachanalytischen Räume haben „nilpotente Elemente". Der Einfachheit halber werden sie in den Beweisen gelegentlich nicht erwähnt. Man erkennt jedoch immer leicht, daß die Beweise die „nilpotenten Elemente" miteinschließen.*

Im § 1 werden lokale garbentheoretische Resultate gewonnen. Soweit sie den Begriff „privilegiert" ausnutzen sind sie zum Teil schon von Douady [2] hergeleitet worden. Im § 2 werden komplexe Räume in kleine Teile zerhackt (Aufbereitung). Im § 3 wird ein holomorpher Operator Γ definiert, der Deformationen möglichst nahe an infinitesimale Deformationen bringt. Der § 4 enthält die Glättungsoperation Λ. Der § 5 bringt dann den Beweis des Hauptresultates. Man erhält die verselle Deformation $\pi\colon \hat{X} \to B$ als Fixpunktmenge eines holomorphen Operators, der im wesentlichen gleich $\Lambda \circ \Gamma$ ist.

Ich habe Herrn W. Bartenwerfer für wertvolle Hinweise zu danken.

§ 1. Komplexe Unterräume in Gebieten des C^N. Astrale Umgebungen

1. Es sei $G \subset C^N$ ein Gebiet, mit $\mathcal{O}$ werde seine Strukturgarbe bezeichnet. Alle holomorphen Funktionen, die wir fortan betrachten, seien beschränkt. Es sei $\mathfrak{f} = \begin{pmatrix} f_1 \\ \vdots \\ f_m \end{pmatrix}$ ein m-tupel solcher holomorpher Funktionen in G und $\mathcal{I}$ die von $\mathfrak{f}$ erzeugte kohärente Idealgarbe. Wir versehen die Menge $X = \{\mathfrak{f} = 0\}$ mit $\mathcal{H} = \mathcal{O}/\mathcal{I} \,|\, X$ als Strukturgarbe und erhalten einen komplexen Unterraum von G.

Es sei Θ die Garbe der Keime holomorpher Vektorfelder in G. Durch Anwendung eines der Elemente von $\Theta_{\mathfrak{z}}$ auf $\mathcal{I}_{\mathfrak{z}}$ und nachfolgender Beschränkung auf X erhält man stets ein Element aus $\mathcal{H}om_{\mathfrak{z}}(\mathcal{I}, \mathcal{H})$. Die Gesamtheit der so gewonnenen Elemente werde mit $\mathcal{D}_{\mathfrak{z}}$ bezeichnet. $\mathcal{D}_{\mathfrak{z}} \subset \mathcal{H}om_{\mathfrak{z}}(\mathcal{I}, \mathcal{H})$ ist ein $\mathcal{H}_{\mathfrak{z}}$-Untermodul. Wir führen dieses Verfahren für jedes $\mathfrak{z} \in X$ durch und erhalten über X eine kohärente analytische Untergarbe $\mathcal{D}$ von $\mathcal{H}om(\mathcal{I}, \mathcal{H})$. Wir setzen $\mathcal{T} = \mathcal{T}(X) = \mathcal{H}om(\mathcal{I}, \mathcal{H})/\mathcal{D}$ und nennen $\mathcal{T}$ die Garbe der infinitesimalen Deformationen von X.

Diese Garbe ist unabhängig von der Einbettung von X in einem Gebiet definiert, also eine (lokale) Invariante des komplexen Raumes X. Die Garbe ist deshalb auch auf komplexen Räumen, die sich nicht einbetten lassen, definiert. Wir stellen hier nur die folgende Betrachtung an: Es sei G_1 ein anderes Gebiet im C^N und $H\colon G_1 \xrightarrow{\sim} G$ eine biholomorphe Abbildung. Es sei $\mathcal{I}_1$ eine kohärente Idealgarbe über G_1 und $X_1 = \{\mathcal{I}_1 = 0\}$ der komplexe Unterraum von G_1, der $\mathcal{H}_1 = \mathcal{O}_1/\mathcal{I}_1 \,|\, X_1$ zur Strukturgarbe hat. Das Urbild von $\mathcal{I}$ bzgl. H sei $\mathcal{I}_1$, d.h. H ist auch eine biholomorphe Abbildung von X_1 auf X. Es werde durch H der Punkt $\mathfrak{z}_1 \in G_1$ auf $\mathfrak{z} \in G$ abgebildet. Man erhält dann Isomorphismen $\mathcal{I}_{\mathfrak{z}} \xrightarrow{\sim} \mathcal{I}_{1\mathfrak{z}_1}$, $\mathcal{H}_{\mathfrak{z}} \xrightarrow{\sim} \mathcal{H}_{1\mathfrak{z}_1}$, $\mathcal{H}om_{\mathfrak{z}}(\mathcal{I}, \mathcal{H}) \mapsto \mathcal{H}om_{\mathfrak{z}_1}(\mathcal{I}_1, \mathcal{H}_1)$, $\mathcal{D}_{\mathfrak{z}} \to \mathcal{D}_{1\mathfrak{z}_1}$ und schließlich $\mathcal{T}_{\mathfrak{z}} \to \mathcal{T}_{1\mathfrak{z}_1}$. Dabei sind die entsprechenden Objekte auf G_1 wie auf G jedoch mit Anhängung einer 1 bezeichnet. Man hat so eine Garbenisomorphie $H_*\colon \mathcal{T} \to \mathcal{T}_1$ gewonnen. H_* ist lokal definiert und hängt in $\mathfrak{z}$ nur von dem Verhalten von H in der Nähe von $\mathfrak{z}$ ab. Ferner nur von dem Isomorphismus $H\colon X_1 \to X$. Es sei etwa $\tilde{H} = H + A \cdot \mathfrak{f}_1$, wobei A eine holomorphe Matrixfunktion in G_1' ist und $\tilde{H}$ Teilgebiete $G_1' \subset G_1$ und $G' \subset G$ biholomorph aufeinander abbildet. Ist dann $g \in \mathcal{I}_{\mathfrak{z}}$, so geht g vermöge $\tilde{H}$ über in $g \circ \tilde{H} = g \circ H + \sum_{i,j} (g_{z_i} \circ H)\, a_{ij} f_j^{(1)} +$ eine Linearkombination von $f_i^{(1)} \cdot f_j^{(1)}$. Durch jeden Homomorphismus $\varphi\colon \mathcal{I}_{1\mathfrak{z}} \to \mathcal{H}_{1\mathfrak{z}}$ wird die letztere auf 0 abgebildet. Ist $\varphi(f_j^{(1)}) = b_j$, so entsteht das Bild von $\sum_{i,j} (g_{z_i} \circ H)\, a_{ij} f_j^{(1)}$ aus $g \circ H$ durch Derivation nach einem Vektorfeld $\begin{pmatrix} c_1 \\ \vdots \\ c_N \end{pmatrix}$ mit $\sum_j h_{ij} c_j =$

$\sum a_{ij} b_j$, wobei (h_{ij}) die Funktionalmatrix von H bezeichnet. Die Differenz der beiden Homomorphismen von $\mathscr{H}om_{\mathfrak{z}}(\mathscr{I}, \mathscr{H})$ in $\mathscr{H}om_{\mathfrak{z}_1}(\mathscr{I}_1, \mathscr{H}_1)$ liegt deshalb in $\mathscr{D}_{1\mathfrak{z}_1}$, d.h. die beiden Isomorphismen $\mathscr{T}_{\mathfrak{z}} \to \mathscr{T}_{1\mathfrak{z}_1}$ stimmen überein.

Wie man sieht, ist die Zuordnung $(X, H) \to (\mathscr{T}, H_*^{-1})$ ein kovarianter Funktor[1]. Werden X und X_1 durch $H|X$ mit einander identifiziert, so ist H_*^{-1} die zugehörige Identifizierung von $\mathscr{T}$ und $\mathscr{T}_1$.

Die Garbe $\mathscr{T}$ ist natürlich in allen gewöhnlichen Punkten von X gleich null. Sie ist überall kohärent. Die Elemente aus $\mathrm{Hom}(\mathscr{I}, \mathscr{H}) = \Gamma(G, \mathscr{H}om(\mathscr{I}, \mathscr{H}))$ definieren Schnitte in ihr durch Restklassenbildung. Ist $\varphi \in \mathrm{Hom}(\mathscr{I}, \mathscr{H})$, so setzen wir $\mathfrak{f}' = \varphi(\mathfrak{f})$, also $f_i' = \varphi(f_i)$. Durch $\mathfrak{f}' \in \Gamma(X, m \cdot \mathscr{H})$ ist φ eindeutig festgelegt. Natürlich gehört nicht zu jedem $\mathfrak{f}'$ auch ein φ. Das ist jedoch genau dann der Fall, wenn für jedes in einer offenen Menge $U \subset G$ holomorphe m-tupel $\mathfrak{g} = (g_1, \ldots, g_m)$ mit $\mathfrak{g} \circ \mathfrak{f} = 0$ auch $\mathfrak{g} \circ \mathfrak{f}' = 0$ gilt. Das m-tupel $\mathfrak{f}'$ kann beliebig gewählt werden, wenn jede Relation $\mathfrak{g}$ von $\mathfrak{f}$ auf X verschwindet (d.h. wenn $\mathfrak{f}$ einen vollständigen Durchschnitt definiert).

Es sei G fortan immer ein Holomorphiegebiet.

Es sei $\mathfrak{f}_1$ ein anderes Erzeugendensystem von $\mathscr{I}$. Es gibt also eine (hier nicht notwendig beschränkte) holomorphe Matrixfunktion A in G mit $\mathfrak{f}_1 = A \circ \mathfrak{f}$. Es gilt dann $\mathfrak{f}_1' = \varphi(\mathfrak{f}_1) = A \circ \varphi(\mathfrak{f}) = A \circ \mathfrak{f}'$ Durch $\mathfrak{f}'$ kann man ein Element aus $\Gamma(X, \mathscr{T})$ geben. Das m-tupel $\mathfrak{f}'$ hängt von $\mathfrak{f}$ ab. Ändert man $\mathfrak{f}$, so muß man $\mathfrak{f}'$ auf gleiche Weise ändern.

2. Wir führen in diesem Abschnitt einige wichtige Notationen ein, ferner Normen für holomorphe Funktionen und Schnitte in kohärenten Garben. Ist g eine in G holomorphe Funktion, so setzen wir $\|g\| = \sup |g(G)|$. Ist $\mathfrak{g} = (g_1, \ldots, g_l)$ ein l-tupel, so sei $\|\mathfrak{g}\| = \max \|g_i\|$. Natürlich dürfen die l-tupel auch Spalten oder gar Matrizen sein. Es sei $r > 0$ eine reelle Zahl. Wir schreiben $\mathfrak{g} < r$ falls $\|\mathfrak{g}\| < r$ und heißen ein $\mathfrak{g}$ (aus einer festen Menge) quasi kleiner r (im Zeichen $\mathfrak{g} \lesssim r$), wenn für eine fest gegebene, auf jeden Fall von r unabhängige Konstante $K \geqq 1$ gilt: $\mathfrak{g} \leqq K \cdot r$. Es sei $\underline{g}$ eine holomorphe Funktion auf X. Wir schreiben $\underline{g} < r$, wenn es eine holomorphe Fortsetzung g von $\underline{g}$ nach G mit $g < r$ gibt. Entsprechend ist $\|\underline{g}\| = \inf \|g\|$ definiert. Analog wird $\lesssim$ definiert, entsprechende Definitionen werden für m-tupel getroffen. Die Definition ist beinahe unabhängig von der Einbettung von X. Es sei $X \subset G_1$ eine weitere Einbettung in einem Holomorphiegebiet G_1. Es sei $G_1' \subset\subset G_1$ ein Teilbereich und $X' = X \cap G_1'$. Die holomorphen m-tupel auf X und X' bilden nun Banachräume. Dann gilt:

---

[1] Zu biholomorphen Abbildungen $H|X$.

Satz 1. *Für alle in X holomorphen $\mathfrak{g}$ ist $\|\mathfrak{g}|X'\|' \lesssim \|\mathfrak{g}\|$, wenn $\|\ \|$ die Norm in bezug auf G und $\|\ \|'$ die Norm in bezug auf G_1' bezeichnet. Die Abbildung $\mathfrak{g} \to \mathfrak{g}|X'$ ist kompakt.*

Beweis. Es sei etwa $\|\mathfrak{g}\| = 1$ und $\hat{\mathfrak{g}}$ eine holomorphe Fortsetzung von $\mathfrak{g}$ nach G mit $\|\hat{\mathfrak{g}}\| = 1$. Wir wählen eine Steinsche Überdeckung $\mathfrak{U} = \{U_\iota : \iota \in I\}$ von G_1, so daß sich die Identität $X \to X$ zu einer holomorphen Abbildung: $F_\iota: U_\iota \to G$ forsetzen läßt. Die $\hat{\mathfrak{g}}_\iota = \hat{\mathfrak{g}} \circ F_\iota$ sind dann holomorphe Fortsetzungen von $\mathfrak{g}|X \cap U_\iota$ nach U_ι. Es ist $\delta(\hat{\mathfrak{g}}_\iota) \in Z^1(\mathfrak{U}, \mathscr{I}_1)$ und $\|\delta(\hat{\mathfrak{g}}_\iota)\| = \max \|-\hat{\mathfrak{g}}_{\iota_1} + \hat{\mathfrak{g}}_{\iota_2}\| \leqq 2$. Nach den Sätzen der Garbentheorie gibt es eine Konstante $K \geqq 1$ und ein $(\mathfrak{h}_\iota) \in C^0(\mathfrak{U}, \mathscr{I}_1)$ mit $\delta(\mathfrak{h}_\iota) = \delta(\hat{\mathfrak{g}}_\iota)$ und

$$\max \|\mathfrak{h}_\iota | U_\iota \cap G_1''\| \leqq K,$$

wobei G_1'' ein Teilbereich mit $G_1' \subset\subset G_1'' \subset\subset G_1$ ist. Wir setzen dann in G_1'' das m-tupel $\hat{\mathfrak{g}}'' = \hat{\mathfrak{g}}_\iota - \mathfrak{h}_\iota$. Es gilt $\|\hat{\mathfrak{g}}\| \leqq K+1$, also $\|\hat{\mathfrak{g}}''\| \lesssim 1$ und $\hat{\mathfrak{g}}''|X' = \mathfrak{g}|X'$. Die weitere Beschränkung auf G_1' erhält dann die Ungleichungen und liefert die Kompaktheit der Abbildung.

Entsprechend lassen sich unsere Notationen für Schnittflächen in kohärenten analytischen Garben einführen. Es sei etwa $\mathscr{S}$ eine solche Garbe über X und $\varphi = m\mathscr{H} \to \mathscr{S}$ ein Epimorphismus. Ist dann $s \in \Gamma(X, \mathscr{S})$ eine Schnittfläche, so gibt es ein $\mathfrak{g} \in \Gamma(X, q\mathscr{H})$ mit $\varphi(\mathfrak{g}) = s$. Wir wollen natürlich immer annehmen, daß es ein beschränktes $\mathfrak{g}$ gibt. Wir setzen dann $\|s\| = \inf \|\mathfrak{g}\|$. Analog zum Vorhergehenden definieren wir die Zeichen $<$ und $\lesssim$. Die Norm ist weitgehend unabhängig von φ, und Satz 1 gilt entsprechend. $\Gamma(X, \mathscr{S})$ ist mit unserer Norm ein Banachraum.

Es sei noch eine bequeme Schreibweise eingeführt. Es seien s_1, $s_2 \in \Gamma(X, \mathscr{S})$. Wir setzen $s_1 = s_2 \bmod r$, falls $s_1 - s_2 \lesssim r$. Die Schritte in den letzten Paragraphen der Arbeit werden an die Benutzung p-adischer Topologie erinnern.

3. Wir notieren in diesem Abschnitt einige Abschätzungen über das Einsetzen von holomorphen Abbildungen ineinander.

Satz 2. *Es seien $G'' \subset\subset G' \subset\subset G$ Teilbereiche. Dann gibt es ein $\varepsilon_0 > 0$, so daß für $\varepsilon \leqq \varepsilon_0$ folgendes gilt: Ist $F = id + \xi$ eine holomorphe Abbildung $G \to \mathbb{C}^N$ mit $\xi < \varepsilon$, so wird durch F der Bereich G' biholomorph und regulär in den $\mathbb{C}^N$ abgebildet, $F(G')$ umfaßt den Bereich G'' und für die Umkehrabbildung $F^{-1} = id - \eta$ in G'' gilt:*

$$\xi = \eta \bmod \varepsilon^2.$$

Satz 3. *Es sei $H = G \xrightarrow{\sim} G_1$ eine biholomorphe Abbildung von Gebieten im C^N. Es sei $G' \subset\subset G$ ein Teilbereich. Dann gibt es ein $\varepsilon_0 > 0$, so daß für $\varepsilon \leqq \varepsilon_0$ folgendes gilt: Sind $F = id + \xi$ in G' und $F_1 = id + \xi_1$ in G_1 holomorphe Abbildungen, so gilt in G': $F_1 \circ H \circ F = H + \xi(H) + \xi_1 \circ H \bmod \varepsilon^2$. $(\xi, \xi_1 < \varepsilon.)$*

Es gilt ferner:

Satz 4. *Es sei* $H: G \xrightarrow{\sim} G$ *eine biholomorphe Abbildung und* $G' \subset\subset G$ *ein Teilbereich. Dann gibt es ein* $\varepsilon_0 > 0$, *so daß für* $\varepsilon \leqq \varepsilon_0$ *folgendes gilt: Ist* $F = id + \xi$ *eine holomorphe Abbildung in* G *mit* $\xi < \varepsilon$, *so gilt in* G' *die Beziehung* $H^{-1} \circ F \circ H = id + \eta$ *mit* $\eta \lesssim \varepsilon$.

Satz 5. *Es sei* $G \subset C^N$ *ein Gebiet, es seien* $F_1 = id + \xi_1$ *und* $F_2 = id + \xi_2$ *holomorphe Abbildungen von* G *in den* C^N *und* $G' \subset\subset G$ *wieder ein Teilbereich. Dann gibt es eine Zahl* $\varepsilon_0 > 0$, *so daß für* $\xi_1 < \varepsilon_1 \leqq \varepsilon_0$, $\xi_2 < \varepsilon_2 \leqq \varepsilon_0$ *gilt:*

$$F_1 \circ F_2 = id + \eta \quad \text{mit} \quad \eta = \xi_1 + \xi_2 \mod (\varepsilon_1 \cdot \varepsilon_2).$$

Beweise der Sätze finden sich in Commichau [1].

4. Es sei $G \subset C^N$ ein Holomorphiegebiet, $F_1 = q_1 \mathcal{O}$ und $F_2 = q_2 \mathcal{O}$, es sei $h: F_2 \to F_1$ ein analytischer Garbenhomomorphismus. Es bezeichne wieder $\mathfrak{B}_i = \Gamma(G, F_i)$ den Banachraum der *beschränkten* Schnittflächen in F_i. Man nennt h *privilegiert*, wenn folgendes gilt:

1) Es ist $\Gamma(G, h(F_2)) = h_* \Gamma(G, F_2)$.

2) Es ist $\ker \Gamma(G, F_2)$ direkter Summand von $\Gamma(G, F_2)$.

3) Es ist $h_* \Gamma(G, F_2)$ direkter Summand von $\Gamma(G, F_1)$.

Im folgenden schreiben wir meistens h anstelle von h_*. Im Falle der Privilegiertheit gibt es einen $\mathbb{C}$-linearen Operator $\mathfrak{h}: \Gamma(G, F_1) \to \Gamma(G, F_2)$, so daß im $\mathfrak{h}$ abgeschlossen und $h\mathfrak{h} | \Gamma(G, h(F_2))$ die Identität ist. Es seien natürlich $\mathfrak{B}_1 = \Gamma(G, h(F_2)) \oplus \ker \mathfrak{h}$ und $\mathfrak{B}_2 = \mathfrak{h}\Gamma(G, F_1) \oplus \ker \Gamma(G, F_2)$ als direkte Summen.

Im allgemeinen ist h nicht privilegiert. Wenn h beliebig ist, so kann man jedoch um jeden Punkt $\mathfrak{z}_0 \in G$ beliebig kleine Umgebungen $U(\mathfrak{z}_0) \subset G$ finden, so daß $h|U$ privilegiert ist. Man kann für U sogar um $\mathfrak{z}_0$ Quader wählen.

Ist h nicht privilegiert, so gilt noch der folgende:

Satz 6. *Es sei* $G' \subset\subset G$ *ein Teilbereich. Dann gibt es einen linearen Operator* $\mathfrak{h}: \Gamma(G, F_1) \to \Gamma(G', F_2)$, *so daß* $h\mathfrak{h} | \Gamma(G, h(F_2))$ *die Beschränkung auf* G' *ist.*

Beweis. Wir wählen einen Punkt $\mathfrak{z}_0 \in G'$ und ein Holomorphiegebiet G_1 mit $G' \subset\subset G_1 \subset\subset G$. Es sei $\varphi_\nu^i \in \bar{\Gamma}(G, h(F_2))$ ein vollständiges Orthonormalsystem, so daß die Potenzreihenentwicklung von φ_ν^i in $\mathfrak{z}_0$ mit $(0, \ldots, 0, a_i(\mathfrak{z} - \mathfrak{z}_0)^\nu, \ldots)$ (in lexikographischer Ordnung) beginnt. Hierbei bezeichnet $\bar{\Gamma}(G, h(F_2))$ die Vervollständigung von $\Gamma(G, h(F_2))$ zu einem Hilbertraum, ν ist ein Multiindex $(\nu_1, \ldots, \nu_N)$ und i läuft von 1 bis q_1. Es gilt $\|\varphi_\nu^i | G_1\| \lesssim r^{|\nu|}$ mit $r < 1$. Es gibt dann $\psi_\nu^i \in \Gamma(G', F_1)$ mit $\|\psi_\nu^i\| \lesssim r^{|\nu|}$ und $h\psi_\nu^i = \varphi_\nu^i | G'$. Ist $\mathfrak{f} \in \Gamma(G, F_2)$, so sei $\sum_{\nu, i} a_\nu^i \varphi_\nu^i$ die Orthonormalreihe von $\mathfrak{f}$

und $\mathfrak{h}(\mathfrak{f})=\sum_{\nu,i} a_\nu^i \psi_\nu^i$. Die Abbildung $\mathfrak{h}$ ist stetig linear. Ist $\mathfrak{f}\in\Gamma(G, h(F_1))$, so konvergiert die Orthonormalreihe gegen $\mathfrak{f}$. Mithin ist $h_*\mathfrak{h}(\mathfrak{f})=\mathfrak{f}|G'$, q.e.d.

In ähnlicher Weise kann man durch einen linearen Operator den Korand zu Cechschen Korändern erhalten. Es folgt dann mit Hilfe von Orthonormalsystemen analog zum Beweis von Satz 6:

Satz 6*. *Es sei* $\mathfrak{U}=\{U_\iota\}$ *eine endliche Steinsche Überdeckung von* G *und* $\mathfrak{U}'=\{U'_\iota\}$ *eine offene Überdeckung von* $\bar{G}'$ *mit* $U'_\iota\subset\subset U_\iota$. *Dann gibt es einen linearen Operator* $\mathfrak{h}$: $Z^\nu(\mathfrak{U}, \mathcal{O})\to C^{\nu-1}(\mathfrak{U}'\cap G', \mathcal{O})$ *so daß* $\delta\mathfrak{h}(\xi)=\xi|G'\cap\mathfrak{U}'$ *für* $\xi\in Z^\nu(\mathfrak{U}, \mathcal{O})$.

Dieser Satz läßt sich auch für kompakte komplexe Räume aussprechen: Es seien X ein kompakter komplexer Raum und $\mathfrak{U}=\{U_\iota\}$, $\mathfrak{U}'=\{U'_\iota\}$ endliche Steinsche Überdeckungen von X mit $U'_\iota\subset\subset U_\iota$. Es sei ferner $\mathscr{S}$ eine kohärente analytische Garbe auf X.

Satz 6.** *Es gibt eine lineare Abbildung* $\mathfrak{h}$: $Z^\nu(\mathfrak{U}, \mathscr{S})\to C^{\nu-1}(\mathfrak{U}', \mathscr{S})$ *mit* $\delta\mathfrak{h}(\xi)=\xi|\mathfrak{U}'$ *für Koränder.*

Der Beweis geschieht durch eine Wahl von offenen Steinschen U''_ι, U'''_ι mit $U'_\iota\subset\subset U''_\iota\subset\subset U'''_\iota\subset\subset U_\iota$, einer Einbettung von $U'''_{\iota_0\ldots\iota_\nu}$ in einem Holomorphiegebiet $G_{\underline{\iota}}\subset\mathbb{C}^n$ und einer exakten Sequenz

$$q_2\,\mathcal{O}\longrightarrow q_1\,\mathcal{O}\xrightarrow{h_1^{\underline{\iota}}} q_0\,\mathcal{O}\xrightarrow{h_0^{\underline{\iota}}}\mathscr{S}\,|\,U'''_{\underline{\iota}}\longrightarrow 0,$$

so daß jedes $s|U'''_{\underline{\iota}}$ mit $s\in\Gamma(U_{\underline{\iota}}, \mathscr{S})$ Bild aus (den beschränkten) $\Gamma(G_{\underline{\iota}}, q_0\,\mathcal{O})$ ist (mit $\underline{\iota}=(\iota_0, \ldots, \iota_\nu)$). Es sei $G'_{\underline{\iota}}\subset\subset G_{\underline{\iota}}$ mit $G'_{\underline{\iota}}\cap U'''_{\underline{\iota}}=U''_{\underline{\iota}}$. Zu s wählen wir ein $\mathfrak{f}\in\Gamma(G_{\underline{\iota}}, q_0\,\mathcal{O})$ mit $h_0^{\underline{\iota}}(\mathfrak{f})=s|U'''_{\underline{\iota}}$ und setzen $\mathfrak{h}_*(s)=\mathfrak{f}-h_1^{\underline{\iota}}\,\mathfrak{h}_1(\mathfrak{f})$ gemäß Satz 10 (der Satz 6** geht nicht in den Beweis von Satz 10 ein), wobei $\mathfrak{h}_1$ in bezug auf $(G'_{\underline{\iota}}, G''_{\underline{\iota}})$ mit $G'_{\underline{\iota}}\subset\subset G''_{\underline{\iota}}\subset\subset G_{\underline{\iota}}$ gebildet ist. $\mathfrak{h}_*(s)$ ist unabhängig von der Auswahl von $\mathfrak{f}$ bestimmt und $\mathfrak{h}_*$ ist ein stetig-linearer Operator.

Der Beweis von Satz 6** folgt sodann durch Anwendung der Orthogonalreihenmethode auf $\mathfrak{h}_*(\xi)$ für $\xi\in Z^\nu(\mathfrak{U}, \mathscr{S})$.

Es sei r eine reelle Zahl und δ eine positive Zahl. Wir setzen $G_1=\{\mathfrak{z}\in G\colon x_1<r+\delta\}$, $G_2=\{\mathfrak{z}\in G\colon x_1>r-\delta\}$ und $G_1\cap G_2=G_{12}$ und $G'_{12}=G_{12}\cap G'$, $G'_i=G_i\cap G'$. Hierbei ist $\mathfrak{z}=(z_1, \ldots, z_n)$ und $z_\nu=x_{2\nu-1}+ix_{2\nu}$.

Es sei nun $\mathfrak{A}_\varepsilon=\mathfrak{A}=\{A=E+A'\colon A'<\varepsilon\}$, wobei A' die Menge der holomorphen (m, m)-Matrixfunktionen auf G_{12} mit $A'<\varepsilon$ durchläuft. $\mathfrak{A}$ ist offene Teilmenge eines Banachraumes. Entsprechende Räume können zu G'_1 und G'_2 definiert werden. Sie seien mit $\mathfrak{A}_{1\varepsilon}$ bzw. $\mathfrak{A}_{2\varepsilon}$ bezeichnet. Schwieriger als Satz 6* zu beweisen ist.

Satz 6'. *Es sei* $\varepsilon_0>0$ *hinreichend klein. Dann gibt es einen holomorphen Operator* $\mathfrak{h}$: $\mathfrak{A}_{\varepsilon_0}\to\mathfrak{A}_{1\varepsilon_0^*}\times\mathfrak{A}_{2\varepsilon_0^*}$ *mit* $\varepsilon_0^*\lesssim\varepsilon_0$, *so daß* $\mathfrak{h}$ *jedem* $A\in\mathfrak{A}_{\varepsilon_0}$ *mit*

$A' < \varepsilon \leqq \varepsilon_0$ ein $(A_1, A_2) \in \mathfrak{A}_{1\varepsilon_0^*} \times \mathfrak{A}_{2\varepsilon_0^*}$ mit $A_i' \lesssim \varepsilon$ und $A_1 \circ A_2^{-1} = A | G_{12}'$ zuordnet.

Zum Beweise kann man G durch ein analytisches Polyeder ersetzen, dieses in einen Quader Q einbetten, und dann zeigen (mit orthonormalen Systemen), wie man durch einen linearen Operator holomorphe Funktionen von der Untermannigfaltigkeit (nach Verkleinerung) in den Quader fortsetzen kann. Man braucht deshalb das Problem nur für Quader zu lösen. Hier kann man es auf klassische Weise durch Iteration machen. Genaueres findet sich bei Commichau [1].

5. Es sei wieder $F_i = q_i \mathcal{O}_i$ mit $i = 0, 1, 2$. Es sei

$$F_2 \xrightarrow{h_2} F_1 \xrightarrow{h_1} F_0$$

eine exakte Sequenz von analytischen Garbenhomomorphismen über G. Es sei

$$F_2 \xrightarrow{\tilde{h}_2} F_1 \xrightarrow{\tilde{h}_1} F_0$$

eine weitere analytische Sequenz. Es gelte $\tilde{h}_1 - h_1 < \varepsilon$, $\tilde{h}_2 - h_2 < \varepsilon$. Dabei ist ε eine positive Zahl. Die Homomorphismen sind als Matrizen aufzufassen. Sie bilden eine offene Teilmenge eines Banachraumes, die wir mit H bezeichnen wollen. Es sei $\mathfrak{H} \subset \Gamma(G, F_1) \times H$ die Menge der Elemente $(\mathfrak{f}, \tilde{h}_1, \tilde{h}_2)$ mit $\tilde{h}_1 \circ \tilde{h}_2 = 0$ und $\tilde{h}_1(\mathfrak{f}) = 0$. Man kann $\mathfrak{H}$ als einen banachanalytischen Unterraum (mit nilpotenten Elementen!) auffassen. Wir zeigen:

Satz 7. *Es sei $G' \subset\subset G$ ein Teilbereich und dazu ε hinreichend klein gewählt. Dann gibt es einen holomorphen Operator $\tilde{\mathfrak{h}}_2(\tilde{h}_1, \tilde{h}_2)$, der $\Gamma(G, F_1) \to \Gamma(G', F_2)$ linear abbildet, so daß $\tilde{h}_2 \tilde{\mathfrak{h}}_2 | \mathfrak{H}$ die Beschränkung $\mathfrak{f} | G'$ ist.*

Beweis. 1) Wir setzen zunächst voraus, daß G zu h_1, h_2 privilegiert ist. Wir definieren zu h_1, h_2 „Umkehrungen" $\mathfrak{h}_1 : \Gamma(G, F_0) \to \Gamma(G, F_1)$ und $\mathfrak{h}_2 : \Gamma(G, F_1) \to \Gamma(G, F_2)$. Die beiden Umkehrungen seien stetig und $\mathbb{C}$-linear. Es gelte $\mathfrak{h}_1 h_1 + h_2 \mathfrak{h}_2 = \mathrm{id}$ und $\mathfrak{h}_2 \circ \mathfrak{h}_1 = 0$. Es sei $\mathfrak{f} \in \Gamma(G, F_2)$. Wir definieren eine Folge $\mathfrak{f}_i$, $i = 0, 1, 2, \ldots$ mit $\mathfrak{f}_0 = \mathfrak{f}$ und $\mathfrak{f}_{i+1} = \mathfrak{f}_i - \tilde{h}_2 \mathfrak{h}_2(\mathfrak{f}_i - \mathfrak{h}_1 h_1 \mathfrak{f}_i)$. Es folgt $\mathfrak{f}_{i+1} \mathfrak{h}_1 h_1 \mathfrak{f}_{i+1} \lesssim \varepsilon \, \|f_i - \mathfrak{h}_1 h_1 \mathfrak{f}_i\|$ und $\mathfrak{f}_{i+1} - \mathfrak{f}_i \lesssim \|\mathfrak{f}_i - \mathfrak{h}_1 h_1 \mathfrak{f}_i\| \leqq (K\varepsilon)^i \, \|\mathfrak{f}\|$. Deshalb konvergiert die Folge $\mathfrak{f}_i$ bei genügend kleinem ε gegen eine Grenzfunktion $\hat{\mathfrak{f}}$. Es ist $\hat{\mathfrak{f}} - \mathfrak{f} = \tilde{h}_2 \mathfrak{h}_2(\mathfrak{g})$ mit

$$\mathfrak{g} = -\sum_{i=0}^{\infty} (\mathfrak{f}_i - \mathfrak{h}_1 h_1 \mathfrak{f}_i) \lesssim \|\mathfrak{f}\| .$$

Für $\hat{\mathfrak{f}}$ gilt: $\hat{\mathfrak{f}} = \mathfrak{h}_1 h_1 \hat{\mathfrak{f}}$, also

$$\hat{\mathfrak{f}} = \mathfrak{h}_1 \tilde{h}_1 \mathfrak{f} - \mathfrak{h}_1 (\tilde{h}_1 - h_1) \hat{\mathfrak{f}} + \mathfrak{h}_1 \tilde{h}_1 \tilde{h}_2 \mathfrak{h}_2 \mathfrak{g},$$

mithin $\hat{\mathfrak{f}} = D(\mathfrak{h}_1 \tilde{h}_1 (\mathfrak{f} + \tilde{h}_2 \mathfrak{h}_2 \mathfrak{g}))$, wobei D ein holomorpher Operator in der Nähe der Identität ist. Wir setzen $\tilde{\mathfrak{h}}_2(\mathfrak{f}) = -\mathfrak{h}_2 \mathfrak{g}$ und erhalten die Aussage des Satzes ohne von G nach G' übergehen zu müssen.

2) Es sei G weiterhin privilegiert zu h_1, h_2. Es sei ferner $F_3 = q_3 \mathcal{O}$ und h_3: $F_3 \to F_2$ ein privilegierter Homomorphismus über G, so daß $F_3 \to F_2 \to F_1$ exakt ist. Wir zeigen, daß es einen Homomorphismus $\tilde{h}_3 = \tilde{h}_3(\tilde{h}_2, \tilde{h}_1)$: $F_3 \to F_2$ mit $\tilde{h}_3 - h_3 \lesssim \varepsilon$ und $\tilde{h}_2 \circ \tilde{h}_3 | \mathfrak{A} = 0$ für

$$\mathfrak{A} = \{(\tilde{h}_1, \tilde{h}_2) : \tilde{h}_1 \circ \tilde{h}_2 = 0\}$$

gibt. Dazu bezeichnen wir mit $e_\mu \in \Gamma(G, F_3)$ die Einheitsschnittflächen und setzen $s_\mu = h_3(e_\mu) \in \Gamma(G, F_2)$. Man hat dann $\tilde{h}_2(s_\mu) \lesssim \varepsilon$. Durch den vorhin konstruierten holomorphen Operator lassen sich also $\hat{s}_\mu \in \Gamma(G, F_2)$ definieren mit $\hat{s}_\mu - s_\mu \lesssim \varepsilon$ und $\tilde{h}_2(\hat{s}_\mu) | \mathfrak{A} = 0$. Es sei nun $\tilde{h}_3$: $F_3 \to F_2$ derjenige Garbenhomomorphismus, der e_μ auf $\hat{s}_\mu$ abbildet. Man hat $\tilde{h}_3 - h_3 \lesssim \varepsilon$ und $\tilde{h}_2 \circ \tilde{h}_3 | \mathfrak{A} = 0$.

Es sei nun G ein beliebiges Holomorphiegebiet und unsere exakte Sequenz bereits zu einer exakten Sequenz

$$F_3 \xrightarrow{h_3} F_2 \xrightarrow{h_2} F_1 \xrightarrow{h_1} F_0$$

ausgedehnt (nach einer Verkleinerung von G läßt sich das stets erreichen). Wir zeigen, daß man durch einen holomorphen Operator auch eine Sequenz

$$F_3 \xrightarrow{\tilde{h}_3} F_2 \xrightarrow{\tilde{h}_2} F_1$$

über G' erhalten kann mit $\tilde{h}_3 - h_3 \lesssim \varepsilon$ und $\tilde{h}_2 \circ \tilde{h}_3 | \mathfrak{A} = 0$. Um jeden Punkt gibt es privilegierte Umgebungen. Über diesen ist eine Ausdehnung möglich. Deshalb genügt es, das folgende zu beweisen:

Es sei r eine reelle und δ eine positive Zahl, es sei $G_1 = G \cap \{\mathfrak{z} : x_1 < r + \delta\}$, $G_2 = G \cap \{\mathfrak{z} : x_1 > r - \delta\}$. Es seien über G_i Ausdehnungen

$$F_3 \xrightarrow{h_3^i} F_2 \xrightarrow{\tilde{h}_2} F_1$$

gegeben. Dann gibt es eine Ausdehnung über G' mit $\tilde{h}_3 - h_3^i \lesssim \varepsilon$.

In der Tat! Wir setzen $s_\mu^i = h_3^i(e_\mu)$. Dann ist über G_{12} die Differenz $s_\mu^1 - s_\mu^2 \lesssim \varepsilon$. Man kann nun vollständige Induktionen über die homologische Dimension der Garbe $h_1(F_1)$ führen. Die Garbe $h_2(F_2)$ hat eine kleinere homologische Dimension als $h_1(F_1)$. Wir dürfen deshalb annehmen, daß für $F_3 \xrightarrow{h_3} F_2 \xrightarrow{h_1} F_1$ der Satz schon bewiesen ist. Es sei $G' \subset\subset G'' \subset\subset G$. Dann erhält man durch Satz 7 über $G_{12}'' = G_{12} \cap G''$ ein $\hat{s}_\mu^2 \in \Gamma(G_{12}'', F_3)$ mit $e_\mu - \hat{s}_\mu^2 \lesssim \varepsilon$ und $h_3^1(\hat{s}_\mu^2) = s_\mu^2$ auf $\mathfrak{A}$. Es gibt über G_{12}'' einen Isomorphismus α: $F_3 \to F_3$ mit $\alpha - \mathrm{id} \lesssim \varepsilon$, der e_μ auf $\hat{s}_\mu^2$ abbildet. Nach dem Heftungslemma über Matrizen können wir durch einen holomorphen Operator über $G_i' = G_i \cap G'$ Isomorphismen α_i: $F_3 \to F_3$ mit $\alpha_i - \mathrm{id} \lesssim \varepsilon$ und $\alpha_1 \circ \alpha_2^{-1} = \alpha$ finden. Wir setzen dann $\tilde{h}_3 = h_3^1 \circ \alpha_1 = h_3^2 \circ \alpha_2$ und haben alles gezeigt.

3) Wir dürfen jetzt annehmen, daß die Sequenz

$$F_3 \xrightarrow{\tilde{h}_3} F_2 \xrightarrow{\tilde{h}_2} F_1$$

bereits über G definiert ist. In einer Umgebung eines jeden Punktes läßt sich der Operator $\tilde{\mathfrak{h}}_2$ definieren. Um den Beweis von Satz 7 zu vollenden, brauchen wir deshalb nur folgende Überlegungen durchzuführen:

Es seien G_1 und G_2 wie im letzten Abschnitt. Es sei nur

$$G' \subset\subset G'' \subset\subset G''' \subset\subset G'''' \subset\subset G$$

gegeben. Es sei $\tilde{\mathfrak{h}}_{(i)}$ der Operator $\mathfrak{h}_1$ zu G_i und $\hat{\mathfrak{h}}$: $\Gamma(G''''_{12}, F_2) \to \Gamma(G'''_{12}, F_3)$ der entsprechende Operator, der über G''''_{12} existiert, da die homologische Dimension kleiner ist.

Wir setzen $\hat{\mathfrak{f}} = \hat{\mathfrak{h}}(\tilde{\mathfrak{h}}_{(2)}(\mathfrak{f}) - \tilde{\mathfrak{h}}_{(1)}(\mathfrak{f}))$ über G''''_{12} und schreiben $\hat{\mathfrak{f}} = \hat{\mathfrak{f}}_2 - \hat{\mathfrak{f}}_1$ über G''_{12} (mittels eines holomorphen Operators). Es sei $\mathfrak{f}_i = \tilde{\mathfrak{h}}_{(i)}(\mathfrak{f}) - \tilde{h}_3(\hat{\mathfrak{f}}_i)$. Wir schreiben $\mathfrak{f}_2 - \mathfrak{f}_1 = \mathfrak{f}'_2 - \mathfrak{f}'_1$ über G'_{12} mittels eines holomorphen Operators und dann $\tilde{\mathfrak{h}}_2(\mathfrak{f}) = \mathfrak{f}_i - \mathfrak{f}'_i$. Es folgt $\tilde{h}_2(\tilde{\mathfrak{h}}_{(2)}(\mathfrak{f}) - \tilde{\mathfrak{h}}_{(1)}(\mathfrak{f})) | \mathfrak{H} = 0$ und mithin $\tilde{h}_3(\hat{\mathfrak{f}}) = \tilde{\mathfrak{h}}_{(2)}(\mathfrak{f}) - \tilde{\mathfrak{h}}_{(1)}(\mathfrak{f})$ auf $\mathfrak{H}$. Daraus folgt $\mathfrak{f}_2 - \mathfrak{f}_1 | \mathfrak{H} = 0$ und $\mathfrak{f}'_i | \mathfrak{H} = 0$ mithin $\tilde{h}_2 \tilde{\mathfrak{h}}_2(\mathfrak{f}) = \tilde{h}_2 \tilde{\mathfrak{h}}_{(i)}(\mathfrak{f}) = \mathfrak{f}$ über $\mathfrak{H}$, q.e.d.

Zum Beweis von Satz 7 haben wir mitgezeigt:

Satz 8. *Es sei* $0 \to F_N \xrightarrow{h_N} \cdots \xrightarrow{h_1} F_0$ *eine exakte Sequenz über G. Ferner sei die Sequenz* $F_2 \xrightarrow{\tilde{h}_2} F_1 \xrightarrow{\tilde{h}_1} F_0$ *über G definiert. Es gelte* $\tilde{h}_i - h_i < \varepsilon$. *Ist dann* $\varepsilon > 0$ *hinreichend klein, so läßt sich eine Sequenz*

$$0 \longrightarrow F_N \xrightarrow{\tilde{h}_N} \cdots \xrightarrow{\tilde{h}_1} F_0$$

über G' durch einen holomorphen Operator bestimmen mit $\tilde{h}_i - h_i \lesssim \varepsilon$ *und* $\tilde{h}_{i+1} \circ \tilde{h}_i | \mathfrak{A}$[2] $= 0$.

Als Folgerung von Satz 7 zeigen wir:

Satz 9. *Es seien* $\mathfrak{U}'$, $\mathfrak{U}$ *endliche Steinsche Überdeckungen von Holomorphiegebieten um* $\bar{G}'$ *mit* $U'_\iota \subset\subset U_\iota$. *Dann gibt es einen holomorphen Operator* $\mathfrak{h}_\nu = \mathfrak{h}(\tilde{h}_1, \tilde{h}_2)$ *der* $Z^\nu(\mathfrak{U}, F_1)$ *linear in* $C^{\nu-1}(\mathfrak{U}', F_1)$ *abbildet* $(\nu \geqq 1)$, *so daß für* $\xi \in Z^\nu(\mathfrak{U}, F_1)$ *die Gleichung* $\delta \mathfrak{h}_\nu(\xi) = \xi | \mathfrak{U}'$ *und über* $\mathfrak{H}$ *außerdem* $\tilde{h}_1 \mathfrak{h}_\nu = 0$ *gilt.*

Beweis. Wir führen wieder vollständige Induktionen über die homologische Dimension. Es sei $U'_\iota \subset\subset U''_\iota \subset\subset U'''_\iota \subset\subset U''''_\iota \subset\subset U_\iota$ und $\tilde{\mathfrak{h}} = \tilde{\mathfrak{h}}_2$ der in Satz 7 beschriebene Operator $\Gamma(U_{\iota_0 \ldots \iota_\nu}, F_1) \to \Gamma(U''''_{\iota_0 \ldots \iota_\nu}, F_2)$. Wir können durch einen holomorphen Operator ein $\eta \in C^\nu(\mathfrak{U}''', F_2)$ mit $\delta\eta = \delta\tilde{\mathfrak{h}}(\xi) | \mathfrak{U}'''$ und $\tilde{h}_2(\eta) = 0$ über $\mathfrak{H}$ bestimmen (Anwendung der Induktionsvoraussetzung). Wir bestimmen dann durch unseren Operator ein

[2] Definition von $\mathfrak{A}$ im Beweis von Satz 7, Abschnitt 2).

$\gamma \in C^{\nu-1}(\mathfrak{U}'', F_2)$ mit $\delta\gamma = \tilde{\mathfrak{h}}(\xi) - \eta$ und gewinnen durch einen holomorphen Operator ein $\gamma_1 \in C^{\nu-1}(\mathfrak{U}', F_1)$ mit $\delta\gamma_1 = \xi - \delta\tilde{h}_2(\gamma)$. Es sei dann $\mathfrak{h}_\nu(\xi) = \gamma_1 + \tilde{h}_2(\gamma)$. Man hat immer $\delta\mathfrak{h}_\nu(\xi) = \xi$ und über $\mathfrak{H}$ folgt sogar $\delta\tilde{h}_2\gamma - \xi = 0$ und $\gamma_1 = 0$ und mithin $\tilde{h}_1\,\mathfrak{h}_\nu(\xi) = 0$, q.e.d.

6. Wir zeigen einen Satz, der in enger Beziehung zu Satz 7 steht.

Satz 10. *Es sei $\varepsilon > 0$ hinreichend klein. Dann gibt es für $\tilde{h}_1 - h_1 < \varepsilon$ und $\tilde{h}_2 - h_2 < \varepsilon$ einen holomorphen Operator $\tilde{\mathfrak{h}}_1: \Gamma(G, F_0) \to \Gamma(G', F_1)$, so daß auf $\Gamma(G, F_1) \times \mathfrak{A}$ gilt: $\tilde{h}_1(\hat{\mathfrak{f}})|G' = \tilde{h}_1\,\tilde{\mathfrak{h}}_1\,\tilde{h}_1(\hat{\mathfrak{f}})$.*

Beweis. 1) Wir nehmen zunächst an, daß G privilegiert ist. Es sei wieder $\mathfrak{h}_1: \Gamma(G, F_0) \to \Gamma(G, F_1)$ ein linearer Operator mit

$$h_1\,\mathfrak{h}_1(\mathfrak{f}) = \mathfrak{f} \qquad \text{für } \mathfrak{f} \in \Gamma(G, h_1(F_1))$$

und $\mathfrak{h}_2: \Gamma(G, F_1) \to \Gamma(G, F_2)$ ein linearer Operator, so daß

$$\mathfrak{h}_1 \circ h_1 + h_2 \circ \mathfrak{h}_2 = \mathrm{id} \quad \text{und} \quad \mathfrak{h}_2 \circ \mathfrak{h}_1 = 0.$$

Wir bilden $\tilde{\mathfrak{h}}_2$ gemäß Satz 7. Wir setzen $\Delta(\mathfrak{f}) = \mathfrak{f} - \tilde{h}_1\,\mathfrak{h}_1(\mathfrak{f})$. Es folgt für die Folge $\mathfrak{f}_\nu$ mit $\mathfrak{f}_{\nu+1} = \Delta(\mathfrak{f}_\nu)$, $\mathfrak{f}_0 = \mathfrak{f}$ die Beziehung:

$$\begin{aligned}\mathfrak{h}_1(\mathfrak{f}_{\nu+1}) &= \mathfrak{h}_1(\mathfrak{f}_\nu) - \mathfrak{h}_1\,\tilde{h}_1\,\mathfrak{h}_1(\mathfrak{f}_\nu)\\ &= \mathfrak{h}_1(\mathfrak{f}_\nu) - \mathfrak{h}_1\,h_1\,\mathfrak{h}_1(\mathfrak{f}_\nu) \quad \mathrm{mod}\,\varepsilon\,\|\mathfrak{h}_1(\mathfrak{f}_\nu)\|\\ &= 0 \quad \mathrm{mod}\,\varepsilon\,\|\mathfrak{h}_1(\mathfrak{f}_\nu)\|.\end{aligned}$$

Also gilt:

$$\|\mathfrak{h}_1(\mathfrak{f}_{\nu+1})\| \lesssim K^{\nu+1}\,\varepsilon^{\nu+1}\,\|\mathfrak{h}_1(\mathfrak{f})\|.$$

Es ist: $\mathfrak{f}_{\nu+1} - \mathfrak{f}_\nu = -\tilde{h}_1\,\mathfrak{h}_1(\mathfrak{f}_\nu) \lesssim K^\nu\,\varepsilon^\nu\,\|\mathfrak{f}\|$, also konvergiert bei hinreichend kleinem $\varepsilon > 0$ die Folge $\mathfrak{f}_\nu$ gegen ein $\mathfrak{f}^0 = \tilde{\alpha}(\mathfrak{f}) \in \Gamma(G, F_0)$ mit $\mathfrak{h}_1(\mathfrak{f}^0) = 0$. Es folgt $\mathfrak{f}^0 - \mathfrak{f}_\nu \lesssim K^\nu\,\varepsilon^\nu\,\|\mathfrak{f}\|$. Man hat $\mathfrak{f}_{\nu+1} - \mathfrak{f}_\nu = -\tilde{h}_1\,\mathfrak{h}_1(\mathfrak{f}_\nu - \mathfrak{f}^0)$ und mithin $\mathfrak{f}^0 - \mathfrak{f} = -\tilde{h}_1\,\mathfrak{h}\left(\sum_{\nu=0}^{\infty}(\mathfrak{f}_\nu - \mathfrak{f}^0)\right)$. Wir setzen $\tilde{\mathfrak{h}}_1(\mathfrak{f}) = \mathfrak{h}_1\left(\sum_{\nu=0}^{\infty}(\mathfrak{f}_\nu - \mathfrak{f}^0)\right)$. Es ist dann $\mathfrak{f} = \tilde{\alpha}(\mathfrak{f}) + \tilde{h}_1\,\tilde{\mathfrak{h}}_1(\mathfrak{f})$.

Es sei nun $\mathfrak{f}^0 = \tilde{h}_1(\hat{\mathfrak{f}})$ und $\mathfrak{h}_1(\mathfrak{f}^0) = 0$. Wir ersetzen $\hat{\mathfrak{f}}$ durch $\hat{\mathfrak{f}} - \tilde{h}_2\,\tilde{\mathfrak{h}}_2(\hat{\mathfrak{f}})$ und $\mathfrak{f}^0$ durch $\tilde{h}_1(\hat{\mathfrak{f}} - \tilde{h}_2\,\tilde{\mathfrak{h}}_2(\hat{\mathfrak{f}}))$. Die Differenz des neuen und alten $\mathfrak{f}^0$ auf $\mathfrak{A}$ ist gleich null.

Es ist $\hat{\mathfrak{f}} - \mathfrak{h}_1\,\tilde{h}_1(\hat{\mathfrak{f}}) - \tilde{h}_2\,\tilde{\mathfrak{h}}_2(\hat{\mathfrak{f}}) = \hat{\mathfrak{f}} - \mathfrak{h}_1\,h_1\,\hat{\mathfrak{f}} - h_2\,\mathfrak{h}_2\,\hat{\mathfrak{f}} + D_1(\hat{\mathfrak{f}}) = D_1(\hat{\mathfrak{f}})$, wobei D_1 wieder ein holomorpher in $\hat{\mathfrak{f}}$ linearer Operator ist mit $\|D_1\| \lesssim \varepsilon$. Ferner hat man $\tilde{h}_2\,\tilde{\mathfrak{h}}_2\,\hat{\mathfrak{f}} = 0$ auf $\mathfrak{A}$. Somit gilt auf $\mathfrak{A}$ die Gleichung $\hat{\mathfrak{f}} = D_1(\hat{\mathfrak{f}})$, mithin folgt, daß für $\mathfrak{A}$ stets das neue $\hat{\mathfrak{f}}$ verschwindet. Deswegen muß das (alte) $\mathfrak{f}^0$ für $(\tilde{h}_1, \tilde{h}_2) \in \mathfrak{A}$ gleich 0 sein und man hat die Aussage des Satzes ohne G verkleinern zu müssen.

2) Es seien nun h_1, h_2 beliebig, nicht mehr notwendig privilegiert zu G. Wir wählen ein Holomorphiegebiet G'' mit $G' \subset\subset G'' \subset\subset G$. Wir über-

decken $\bar{G}''$ mit endlich vielen privilegierten Steinschen Umgebungen $U_\iota \subset\subset G$ und wählen zu den U_ι Operatoren $\tilde{\mathfrak{h}}_{1\iota}$ im Sinne des Satzes. Ebenso sei $\tilde{\alpha}_\iota$ definiert. Ist $\mathfrak{f} \in \Gamma(G, F_0)$, so sei $\mathfrak{f}_\iota^0 = \tilde{\alpha}_\iota(\mathfrak{f})$. Man hat dann $\delta(\mathfrak{f}_\iota^0) = -\tilde{h}_1(\delta \tilde{\mathfrak{h}}_{1\iota}(\mathfrak{f}))$. Es sei nun $\mathfrak{U}' = \{U_\iota'\}$ mit $U_\iota' \subset\subset U_\iota$ eine endliche Steinsche Überdeckung von $\bar{G}'$. Nach Satz 9 konstruieren wir

$$(\hat{\mathfrak{f}}_\iota) \in C^0(\mathfrak{U}', F_1) \quad \text{mit} \quad \delta(\hat{\mathfrak{f}}_\iota) = \delta \tilde{\mathfrak{h}}_{1\iota}(\mathfrak{f}) \,|\, \mathfrak{U}' \cap G'.$$

Wir setzen $\tilde{\mathfrak{h}}_1(\mathfrak{f}) = \tilde{\mathfrak{h}}_{1\iota}(\mathfrak{f}) - \hat{\mathfrak{f}}_\iota$.

Im Falle $\mathfrak{f} = \tilde{h}_1 \hat{\mathfrak{f}}$ folgt $\mathfrak{f}_\iota^0 = 0$ auf $\mathfrak{A}$ und mithin dort $\tilde{h}_1(\hat{\mathfrak{f}}_\iota) = 0$. Man hat dann $\tilde{h}_1 \tilde{\mathfrak{h}}_1(\mathfrak{f}) = \tilde{h}_1 \tilde{\mathfrak{h}}_\iota(\mathfrak{f}) = \mathfrak{f}$ auf $\mathfrak{A}$. Damit ist Satz 10 bewiesen.

Satz 11. *Es gibt einen holomorphen Operator* $\mathfrak{h}_\nu^*(\tilde{h}_1, \tilde{h}_2)$ *der*

$$Z^\nu(\mathfrak{U}, F_0) \to C^{\nu-1}(\mathfrak{U}' \cap G', F_1)$$

linear abbildet und folgende Eigenschaft hat: Es sei

$$\mathfrak{B} = \tilde{h}_1^{-1}(Z^\nu(\mathfrak{U}, F_0)) \cap (C^\nu(\mathfrak{U}, F_1) \times \mathfrak{A}).$$

Dann gilt auf $\mathfrak{B}$:

$$\delta \tilde{h}_1 \mathfrak{h}_\nu^* \tilde{h}_1 = \tilde{h}_1 \,|\, \mathfrak{U}' \cap G'.$$

Beweis. Es sei $G' \subset\subset G'' \subset\subset G''' \subset\subset G$, wobei G'', G''' Holomorphiebereiche sind. Es sei $\mathfrak{U}''$ eine Steinsche Überdeckung von $\bar{G}''$ und $\mathfrak{U}'''$ eine solche von $\bar{G}'''$ mit $U_\iota' \subset\subset U_\iota'' \subset\subset U_\iota''' \subset\subset U_\iota$. Es sei $\xi \in Z^\nu(\mathfrak{U}, F_0)$. Wir betrachten $\tilde{\mathfrak{h}}_1(\xi) \in C^\nu(\mathfrak{U}''' \cap G''', F_1)$, wobei $\tilde{\mathfrak{h}}_1$ eine Kollektion von Operationen gemäß Satz 10 zu den $U_{\iota_0 \ldots \iota_\nu}$ ist. Wir schreiben $\delta \tilde{\mathfrak{h}}_1(\xi) = \delta \gamma$ mit $\gamma \in C^\nu(\mathfrak{U}'' \cap G'', F_1)$ gemäß Satz 9. Ebenfalls nach diesem Satz setzen wir $\tilde{\mathfrak{h}}_1(\xi) - \gamma = \delta \eta$ mit $\eta \in C^{\nu-1}(\mathfrak{U}' \cap G', F_1)$. Wir schreiben $\mathfrak{h}_\nu^*(\xi) = \eta$.

Ist $\xi \in \tilde{h}_1\, C^\nu(\mathfrak{U}, F_1)$ und ist $(\tilde{h}_1, \tilde{h}_2) \in \mathfrak{A}$, so folgt $\tilde{h}_1(\gamma) = 0$ und $\delta \tilde{h}_1 \eta = \xi \,|\, \mathfrak{U}' \cap G'$. Das gleiche gilt für ganz $\tilde{h}_1 \mathfrak{B}$. Damit ist Satz 11 bewiesen.

Wir schreiben fortan $\tilde{\alpha}(\mathfrak{f}) = \mathfrak{f} - \tilde{h}_1 \tilde{\mathfrak{h}}_1(\mathfrak{f})$. Im Falle $\tilde{h}_1 = h_1$, $\tilde{h}_2 = h_2$ schreiben wir für $\tilde{\alpha}$ auch α, anstelle von $\tilde{\mathfrak{h}}_1$ auch $\mathfrak{h}_1$. Es gilt $\tilde{\mathfrak{h}}_1 - \mathfrak{h}_1 \lesssim \varepsilon$, $\tilde{\alpha} - \alpha \lesssim \varepsilon$. Es sei $F_0 = \mathcal{O}$. Ist $\mathfrak{f} = (f_1, \ldots, f_N)$ ein N-tupel von holomorphen Funktionen in G, so schreiben wir $\alpha(\mathfrak{f})$ für $(\alpha(f_1), \ldots, \alpha(f_N))$.

7. Es sei $\mathfrak{h} = \begin{pmatrix} f_1 \\ \vdots \\ f_m \end{pmatrix}$ ein m-tupel beschränkter holomorpher Funktionen in $G \subset C^N$. Wir bezeichnen mit $X = \{\mathfrak{f} = 0\}$ den komplexen Unterraum von G, der als Menge gleich $\{\mathfrak{f} = 0\}$ ist und die Strukturgarbe $\mathscr{H} = \mathcal{O}/\mathscr{I} \,|\, X$ mit $\mathscr{I} = \mathcal{O}\mathfrak{f}$ trägt. Es sei $\mathfrak{G} = \begin{pmatrix} \mathfrak{g}_1 \\ \vdots \\ \mathfrak{g}_l \end{pmatrix}$ mit $\mathfrak{g}_i = (g_{i1}, \ldots, g_{im})$ eine beschränkte holomorphe Matrixfunktion auf G, so daß die $\mathfrak{g}_1, \ldots, \mathfrak{g}_l$ die Relationengarbe $\mathfrak{R}(\mathfrak{f})$ in jedem Punkt von G erzeugen. Es gilt also insbesondere $\mathfrak{G}\circ\mathfrak{f}=0$.

Es sei $B\subset G$ eine kompakte Teilmenge, die beliebig kleine holomorphkonvexe Umgebungen besitzt. Wir führen folgende Redeweise ein: Eine holomorphe Funktion g (oder auch ein m-tupel von solchen Funk-Funktionen) ist auf B gegeben, wenn es in einer durch den Aufbau des Ganzen bestimmten festen holomorphkonvexen Umgebung $U(B)\subset\subset G$ definiert ist. Abschätzungen für g gelten in B, wenn sie in U gelten.

Es seien $\varepsilon>0$ und $\sigma\geqq 0$ kleine reelle Zahlen. Schranken für ihre Größe werden sich aus dem Folgenden ergeben. Es sei $\mathfrak{f}'$ ein m-tupel holomorpher Funktionen auf B und $\mathfrak{G}'$ dort eine holomorphe (l, m)-Matrixfunktion. Es gelte $\mathfrak{f}'<\varepsilon$, $\mathfrak{G}'<\varepsilon$ und $\tilde{\mathfrak{G}}\circ\tilde{\mathfrak{f}}<\sigma$ mit $\tilde{\mathfrak{G}}=\mathfrak{G}+\mathfrak{G}'$ und $\tilde{\mathfrak{f}}=\mathfrak{f}+\mathfrak{f}'$.

Definition 1. Das Paar $\tilde{X}=(\tilde{\mathfrak{f}},\tilde{\mathfrak{G}})$ heißt ein Astralraum aus der (ε,σ)-astralen Umgebung von $X=(\mathfrak{f},\mathfrak{G})$.

Offenbar sind die (ε,σ)-astralen Umgebungen von X offene Teilmengen eines Banachraumes. Die Menge $\{\tilde{\mathfrak{f}}=0\}$ kann selbst bei beliebig kleinem $\varepsilon>0$ leer sein. Das ist jedoch nicht der Fall, wenn $\sigma=0$ ist.

Ist B ein komplexer Raum, $0\in B$ ein fester Punkt und $\tilde{\mathfrak{f}}(\mathfrak{z},\mathfrak{t})$ mit $\tilde{\mathfrak{f}}(\mathfrak{z},0)=\mathfrak{f}(\mathfrak{z})$ holomorph in $G\times B$, so bedeutet die (lokale) Existenz eines $\tilde{\mathfrak{G}}(\mathfrak{z},\mathfrak{t})$ mit $\tilde{\mathfrak{G}}\circ\tilde{\mathfrak{f}}=0$, gerade daß die Familie $\hat{X}=\{\tilde{\mathfrak{f}}=0\}\to B$ platt über B ist.

Ist $(\tilde{\mathfrak{f}},\tilde{\mathfrak{G}})$ ein astraler Raum, so bezeichnen wir die durch $\tilde{\mathfrak{f}}$ vermittelte Abbildung $m\mathcal{O}\to\mathcal{O}$ mit $\tilde{h}_1$ und den durch $\tilde{\mathfrak{G}}$ definierten Homomorphismus $l\mathcal{O}\to m\mathcal{O}$ mit $\tilde{h}_2$.

Es sei g eine holomorphe Funktion auf B und r eine nicht negative Zahl. Wir schreiben $g|\tilde{X}\leqq r$ falls es eine holomorphe $(1, m)$-Matrixfunktion A auf B mit $A\lesssim 1$ und $g-A\circ\tilde{\mathfrak{f}}\leqq r$ gibt. Natürlich ist dabei (entsprechend unserer Redeweise) vorgeschrieben, daß A auf einer kleineren (aber fest definierten) Umgebung von B existiert. Ist $g<1$ und $g|X=0$ im üblichen Sinne, so folgt $g\leqq 0$. Die Konstante bei $A\lesssim 1$ ergibt sich aus den Sätzen der Garbentheorie.

8. Es seien $B_\iota\subset B$, $\iota=1,\ldots,\iota_*$ kompakte holomorphkonvexe Teilmengen mit $\bigcup B_\iota=B$. Wir setzen $\mathfrak{B}=\{B_\iota\colon \iota=1,\ldots,\iota_*\}$.

Aus Satz 10 folgt unmittelbar (Verkleinerung der Umgebung von B):

Satz 12. *Es gibt einen holomorphen Operator* $\tilde{\mathfrak{h}}_1(\tilde{h}_1,\tilde{h}_2)=\tilde{\mathfrak{h}}_1(\tilde{\mathfrak{f}},\tilde{\mathfrak{G}})$, *der jedem* $g\in\Gamma(B,\mathcal{O})$ *ein m-tupel* $\mathfrak{g}=(g_1,\ldots,g_m)\in\Gamma(B, m\mathcal{O})$ *linear zuordnet, so daß* $\tilde{h}_1\circ\tilde{\mathfrak{h}}_1\circ\tilde{h}_1=\tilde{h}_1$ *über* C^*, *wobei* $C^*\subset C^0(\mathfrak{B}, m\mathcal{O})\times H$ *den banachanalytischen Unterraum derjenigen* $(\xi,\tilde{h}_1,\tilde{h}_2)$ *mit* $\delta\tilde{h}_1\xi=0$ *und* $\tilde{h}_2\circ\tilde{h}_1=0$ *ist.*

Beweis. Wir haben nur $\tilde{h}_1\tilde{\mathfrak{h}}_1\tilde{h}_1=\tilde{h}_1$ auf C^* zu zeigen. Dazu braucht nur $\tilde{h}_1 C^*=\tilde{h}_1(\Gamma(\mathfrak{B}, m\mathcal{O})\times H)$ nachgewiesen zu werden. Ist etwa $(\xi,\tilde{h}_1,\tilde{h}_2)\in C^*$, so ist $\tilde{h}_1\delta\xi=0$. Wir konstruieren nach Satz 9 ein η mit $\delta\xi=\delta\eta$.

Es ist dann $\xi-\eta\in\Gamma(B,m\mathcal{O})$. Wir setzen $\mathfrak{h}(\xi)=\xi-\eta$ und erhalten eine lineare Abbildung $\mathfrak{h}$: $C^*\to\Gamma(B,m\mathcal{O})$, die noch holomorph von $\tilde{h}_1,\tilde{h}_2$ abhängt.

Im Falle $\tilde{h}_2\circ\tilde{h}_1=0$ folgt $\tilde{h}_1(\eta)=0$, also $\tilde{h}_1\,\mathfrak{h}(\xi)=\tilde{h}_1(\xi)$. Damit ist alles gezeigt.

Corollar. *Es sei $g\in\Gamma(B,\mathcal{O})$ mit $g|\tilde{X}\cap B_t<\sigma$. Dann gilt $g|\tilde{X}\lesssim\sigma$.*

Durch Potenzreihenentwicklung folgt:

Satz 13. *Es sei $\varepsilon>0$ hinreichend klein gewählt, g holomorph auf B und $F=\mathrm{id}+\xi$ mit $\xi<\varepsilon$ eine holomorphe Abbildung $B\to C^N$ und A eine holomorphe (N,m)-Matrixfunktion auf B mit $A\circ\mathfrak{f}<\varepsilon$. Dann gibt es auf B eine holomorphe $(1,m)$-Matrixfunktion $\mathfrak{g}$, so daß $\mathfrak{g}\lesssim\|A\|$ und $g(F+A\circ\mathfrak{f})=g\circ F+\mathfrak{g}\circ\mathfrak{f}$ ist.*

Beweis. Wir entwickeln $g(\mathfrak{z}+\mathfrak{w})$ in eine Potenzreihe $g(\mathfrak{z}+\mathfrak{w})=g(\mathfrak{z})+\sum_{|\nu|=1}^{\infty}a_\nu(\mathfrak{z})\,\mathfrak{w}^\nu$, wobei die $a_\nu(\mathfrak{z})$ holomorphe Funktionen auf B sind. Es ist dann bei hinreichend kleinem $\varepsilon>0$:

$$\begin{aligned} g(F+A\circ\mathfrak{f})&=g\circ F+\sum_{|\nu|=1}^{\infty}(a_\nu\circ F)(A\circ\mathfrak{f})^\nu\\ &=g\circ F+\mathfrak{g}\circ\mathfrak{f}. \end{aligned}$$

Man erhält $\mathfrak{g}$ durch einen holomorphen Operator aus g, F, A.

Als Folgerung hat man:

Satz 14. *Es sei $\varepsilon>0$ hinreichend klein, es seien $F_i=\mathrm{id}+\xi_i$ holomorph $B\to C^N$ mit $\xi_i<\varepsilon$ für $i=1,2$. Ferner sei $g\colon B\to C^N$ eine holomorphe Abbildung. Dann gilt $\tilde{\alpha}(g\circ F_1)=\tilde{\alpha}(g\circ F_2)$ über dem banachanalytischen Raum $\mathfrak{B}=\{(F_1,F_2,g,\tilde{h}_1,\tilde{h}_2)\colon\tilde{\alpha}(F_1)=\tilde{\alpha}(F_2),\tilde{h}_1\circ\tilde{h}_2=0\}$. Dabei ist $\tilde{\alpha}$ in der Definition von $\mathfrak{B}$ in bezug auf eine größere Umgebung von B als in der Gleichung $\tilde{\alpha}(g\circ F_1)=\tilde{\alpha}(g\circ F_2)$ zu definieren.*

Ferner hat man:

Satz 14'. *Es sei $\varepsilon>0$ hinreichend klein und $F=\mathrm{id}+\xi$ mit $\xi<\varepsilon$ eine holomorphe Abbildung $B\to C^N$. Es seien g_1,g_2 holomorphe Abbildungen $B\to C^N$. Dann gilt:*

$$\tilde{\alpha}(\tilde{h}_1\circ F,\tilde{h}_2\circ F,g_1\circ F)=\tilde{\alpha}(\tilde{h}_1\circ F,\tilde{h}_2\circ F,g_2\circ F)$$

in dem banachanalytischen Raum:

$$\{(F,g_1,g_2,\tilde{h}_1,\tilde{h}_2)\colon\tilde{\alpha}(\tilde{h}_1,\tilde{h}_2,g_1)=\tilde{\alpha}(\tilde{h}_1,\tilde{h}_2,g_2),\tilde{h}_1\circ\tilde{h}_2=0\}.$$

Beweis. Gilt $\tilde{\alpha}(g_1)=\tilde{\alpha}(g_2)$, so ist $g_1-g_2=\tilde{h}_1(\mathfrak{g})$, falls $\tilde{h}_1\circ\tilde{h}_2=0$. Daraus folgt $g_1\circ F-g_2\circ F=(\tilde{h}_1\circ F)(\mathfrak{g}\circ F)$ und mithin die behauptete Gleichung.

Gilt $\tilde{\alpha}(g_1)=\tilde{\alpha}(g_2)$, $\tilde{h}_1\circ\tilde{h}_2=0$ nicht exakt, so gilt die behauptete Gleichung bis auf eine Linearkombination von $\tilde{h}_1\circ\tilde{h}_2$, $\tilde{\alpha}(g_1)-\tilde{\alpha}(g_2)$. Damit ist alles bewiesen.

Es sei wieder $H_\varepsilon=H=\{(\tilde{\mathfrak{f}}=\mathfrak{f}+\mathfrak{f}', \tilde{\mathfrak{G}}=\mathfrak{G}+\mathfrak{G}'): \mathfrak{f}'<\varepsilon, \mathfrak{G}'<\varepsilon \text{ auf } B\}=\{\tilde{X}\}$ offene Menge eines Banachraumes. Es sei $F(\mathfrak{z}, \tilde{\mathfrak{f}}, \tilde{\mathfrak{G}})$ eine holomorphe Abbildung von $B\times H_{\varepsilon_0}\to B\times H_{\varepsilon_0+\varepsilon}$ mit $F=\mathrm{id}+\xi$ und $\xi<\varepsilon$. Es sei $\hat{\mathfrak{A}}\subset B\times H_{\varepsilon_0+\varepsilon}$ der banachanalytische Unterraum der $(\mathfrak{z}, \tilde{\mathfrak{f}}, \tilde{\mathfrak{G}})$ mit $\tilde{\mathfrak{f}}(\mathfrak{z})=0$ und $\tilde{\mathfrak{G}}\circ\tilde{\mathfrak{f}}=0$.

Definition 2. F bildet $\hat{\mathfrak{A}}$ in sich ab, falls $[\tilde{\mathfrak{f}}]\circ F$ und $[\tilde{\mathfrak{G}}\circ\tilde{\mathfrak{f}}]\circ F$ Linearkombinationen von $[\tilde{\mathfrak{f}}]$ und $[\tilde{\mathfrak{G}}\circ\tilde{\mathfrak{f}}]$ sind. Hierbei sind $[\tilde{\mathfrak{f}}]$ und $[\tilde{\mathfrak{G}}\circ\tilde{\mathfrak{f}}]$ holomorphe Abbildungen auf $B\times H$:

$$[\tilde{\mathfrak{f}}](\mathfrak{z}, \tilde{\mathfrak{f}}, \tilde{\mathfrak{G}})=\tilde{\mathfrak{f}}(\mathfrak{z}), \qquad [\tilde{\mathfrak{G}}\circ\tilde{\mathfrak{f}}](\mathfrak{z}, \tilde{\mathfrak{f}}, \tilde{\mathfrak{G}})=\tilde{\mathfrak{G}}\circ\tilde{\mathfrak{f}}.$$

Es gilt der bekannte:

Satz 15. *Ist $\varepsilon>0$ hinreichend klein, so existiert die Umkehrung von F auf $B\times H_{\varepsilon_0-\bar{\varepsilon}}$ mit $\bar{\varepsilon}\lesssim\varepsilon$. Sie bildet wieder $\hat{\mathfrak{A}}$ in sich ab.*

Der Beweis findet sich in der Literatur, etwa in [2].

Satz 16. *Es sei wie in Satz 12 das System $\mathfrak{B}=\{B_i\colon i=1,\dots,i_*\}$ eine endliche kompakte Überdeckung von B. Dann gibt es einen holomorphen Operator $\tilde{\mathfrak{h}}(\tilde{h}_1, \tilde{h}_2)$, der $C^0(\mathfrak{B}, \mathcal{O})\to\Gamma(B, \mathcal{O})$ linear abbildet, so daß folgendes gilt:*

Ist C^* *die banachanalytische Untermenge der $(\xi, \tilde{h}_1, \tilde{h}_2)$ von $C^0(\mathfrak{B}, \mathcal{O})\times\mathfrak{A}$ mit $\xi|\tilde{X}\in Z^0(\mathfrak{B}\cap\tilde{X}, \mathcal{O})$, so stimmen auf C^* die Beschränkung auf $\tilde{X}$ und die Abbildung, die man durch $\tilde{\mathfrak{h}}$ mit nachfolgender Beschränkung auf $\tilde{X}$ erhält, überein.*

Beweis. Es sei $\xi=(\xi_i)\in C^0(\mathfrak{B}, \mathcal{O})$. Wir konstruieren nach Satz 10 ein $\gamma=(\gamma_{i_1 i_2})\in C^1(\mathfrak{B}, m\mathcal{O})$ mit $\gamma_{i_1 i_2}=\tilde{\mathfrak{h}}_1(-\xi_{i_1}+\xi_{i_2})$ über $B_{i_1 i_2}$. Nach Satz 9 konstruieren wir dann ein $\gamma'\in C^1(\mathfrak{B}, m\mathcal{O})$ mit $\delta\gamma'=\delta\gamma$. Wir finden nach Satz 6* ein $\omega\in C^0(\mathfrak{B}, m\mathcal{O})$ mit $\delta\omega=\gamma-\gamma'$ und setzen $\eta_i=\xi_i-\tilde{h}_1(\omega_i)$. Nach Satz 6* gibt es sodann ein $(\eta_i')\in C^0(\mathfrak{B}, \mathcal{O})$ mit $\delta(\eta_i')=\delta(\eta_i)$. Wir setzen $\eta=\eta_i-\eta_i'=\tilde{\mathfrak{h}}(\xi_i)\in\Gamma(B, \mathcal{O})$.

Ist $\tilde{h}_2\circ\tilde{h}_1=0$ und $\delta\xi|\tilde{X}=0$, so folgt $\tilde{h}_1\gamma=\delta\xi$ und $\tilde{h}_1\gamma'=0$. Es ist $\delta(\eta_i)=\delta\xi-\tilde{h}_1\gamma=0$, also sind auch die $\eta_i'=0$. Wegen $\tilde{h}_1(\omega_i)|\tilde{X}=0$ folgt dann:

$$\eta|\tilde{X}=\eta_i|\tilde{X}=\xi_i|\tilde{X}.$$

Das gleiche gilt auf ganz C^* (unter Berücksichtigung der nilpotenten Elemente).

9. Es sei in diesem Abschnitt G in bezug auf h_1, h_2 privilegiert. Es sei $\mathfrak{h}=\mathfrak{h}_1\colon\Gamma(G, \mathcal{O})\to\Gamma(G, m\mathcal{O})$ der Operator aus dem Beweis zu Satz 10.

Es sei $\mathfrak{h}\, h_1\, \mathfrak{h} = \mathfrak{h}$. Es sei wieder $\mathfrak{f}'$ ein weiteres m-tupel holomorpher Funktionen in G mit $\mathfrak{f}' < \varepsilon$. Wir definieren:

Definition 3. $\tilde{\mathfrak{f}} = \mathfrak{f} + \mathfrak{f}'$ heißt normal, falls für $B = E - B'$ mit $B' = \begin{pmatrix} \mathfrak{h}(f_1') \\ \vdots \\ \mathfrak{h}(f_m') \end{pmatrix}$ gilt $B \circ \tilde{\mathfrak{f}} = \tilde{\mathfrak{f}}$ (oder damit gleichbedeutend: $\mathfrak{h}(\mathfrak{f}') = 0$).

Wir zeigen:

Satz 17. *Es gibt zu* $\tilde{\mathfrak{f}}$ *eine* (m, m)*-Matrix* $C' \lesssim \varepsilon$, *so daß* $\tilde{\mathfrak{f}}^0 = C \circ \tilde{\mathfrak{f}}$ *mit* $C = E + C'$ *normal ist.* C' *wird dabei durch einen holomorphen Operator aus* $\tilde{\mathfrak{f}}$ *konstruiert. Ist* $\tilde{\mathfrak{f}}_1 = C_1 \circ \tilde{\mathfrak{f}}$ *mit* $C_1 = E + C_1'$, $C_1' < \varepsilon$, *so folgt* $\tilde{\mathfrak{f}}_1^0 = \tilde{\mathfrak{f}}^0$.

Beweis. Wir bilden in G eine Folge holomorpher m-tupel $\tilde{\mathfrak{f}}_\nu$ mit $\tilde{\mathfrak{f}}_0 = \tilde{\mathfrak{f}}$ und $\tilde{\mathfrak{f}}_{\nu+1} = B_\nu \circ \tilde{\mathfrak{f}}_\nu$, $B_\nu = E - B_\nu'$ und $B_\nu' = \mathfrak{h}(\mathfrak{f}_\nu')$. Es gilt $B_0' \lesssim \varepsilon$, $B_{\nu+1}' = \mathfrak{h}(\mathfrak{f}_{\nu+1}') = \mathfrak{h}(\mathfrak{f}_\nu' - B_\nu' \circ \mathfrak{f} - B_\nu' \mathfrak{f}_\nu') = -\mathfrak{h}(B_\nu' \mathfrak{f}_\nu') + B_\nu' - \mathfrak{h}\, h_1(B_\nu') = -\mathfrak{h}(B_\nu' \mathfrak{f}_\nu')$. Es ist $\tilde{\mathfrak{f}}_{\nu+1} - \tilde{\mathfrak{f}}_\nu = -B_\nu' \tilde{\mathfrak{f}}_\nu$, $\alpha(\tilde{\mathfrak{f}}_{\nu+1} - \tilde{\mathfrak{f}}_\nu) = -\alpha(B_\nu' \circ \mathfrak{f}_\nu')$ und $\tilde{\mathfrak{f}}_{\nu+1} - \tilde{\mathfrak{f}}_\nu = -(B_\nu' - B_{\nu-1}') \circ \mathfrak{f} + (\mathfrak{f}_\nu' - \mathfrak{f}_{\nu-1}') - B_\nu' \mathfrak{f}_\nu' + B_{\nu-1}' \mathfrak{f}_{\nu-1}' = -\alpha(B_{\nu-1}' \circ \mathfrak{f}_{\nu-1}') - B_\nu' \mathfrak{f}_\nu' + B_{\nu-1}' \mathfrak{f}_{\nu-1}'$, da $\alpha + h_1\, \mathfrak{h}$ die Identität ist. Wir zeigen, daß es Konstanten $K_0, K \geqq 1$ gibt mit $\tilde{\mathfrak{f}}_{\nu+1} - \tilde{\mathfrak{f}}_\nu \leqq K_0 K^\nu \varepsilon^{\nu+1}$ und $B_\nu' \leqq K^{\nu+1} \varepsilon^{\nu+1}$. Eine solche Ungleichung gilt für $\nu = 0$. Es seien beide Ungleichungen für $\nu - 1$ bereits bewiesen. Es gilt dann $\mathfrak{f}_{\nu-1}' \leqq \varepsilon(K_0 + 1) \dfrac{1 - K^{\nu-1} \varepsilon^{\nu-1}}{1 - K\varepsilon} \leqq 2\varepsilon K_0$, falls ε hinreichend klein. Mithin ist $B_\nu' \lesssim K^\nu \varepsilon^\nu K_0\, 2\varepsilon \leqq K^{\nu+1} \varepsilon^{\nu+1}$. Es folgt $\mathfrak{f}_\nu' \leqq 2\varepsilon K_0$ und $\tilde{\mathfrak{f}}_{\nu+1} - \tilde{\mathfrak{f}}_\nu \leqq K^{\nu+1} \varepsilon^{\nu+1}$. Die Folge $\tilde{\mathfrak{f}}_\nu$ konvergiert deshalb gegen ein $\tilde{\mathfrak{f}}^0$, falls ε klein. Es ist $B \circ \tilde{\mathfrak{f}}^0 = \tilde{\mathfrak{f}}^0$, d.h. $\tilde{\mathfrak{f}}^0$ ist normal. Es sei $C = \cdots B_\nu \circ B_{\nu-1} \circ \cdots \circ B_0$. Wegen der Abschätzungen konvergiert das unendliche Produkt und es gilt $\tilde{\mathfrak{f}}^0 = C \circ \tilde{\mathfrak{f}}$. Wir setzen fortan $\tilde{\mathfrak{f}}^0 = \beta(\tilde{\mathfrak{f}})$. Es gilt $C' \lesssim \varepsilon$.

Aus $\tilde{\mathfrak{f}}_1 = C_1 \circ \tilde{\mathfrak{f}}$ folgt $\tilde{\mathfrak{f}}_1^0 = C_2 \circ \tilde{\mathfrak{f}}^0$ mit $C_2 = E + C_2'$, $\|C_2'\| = \omega \lesssim \varepsilon$. Es sei C_2' minimal gewählt. Es gilt $\tilde{h}_1\, \mathfrak{h}(\mathfrak{f}_1^{0\prime} - \mathfrak{f}^{0\prime}) = 0$ und $\tilde{h}_1\, \mathfrak{h}(\mathfrak{f}_1^{0\prime} - \mathfrak{f}^{0\prime}) = \tilde{h}_1\, \mathfrak{h}(C_2' \circ \tilde{\mathfrak{f}}^0) = C_2' \circ \tilde{\mathfrak{f}}^0 + \mathfrak{g}$ mit $\mathfrak{g} \lesssim \varepsilon\, \omega$. Also folgt $0 \geqq K_1\, \omega - K_2\, \varepsilon\, \omega$ und mithin $\omega = 0$ und $C_2 = E$ und $\tilde{\mathfrak{f}}_1^0 = \tilde{\mathfrak{f}}^0$, falls ε klein.

10. Es sei in diesem Abschnitt $G \subset \mathbb{C}^N$ ein beliebiges Gebiet. Wir zeigen:

Satz 18. *Es seien* $\mathfrak{f}$ *und* $\mathfrak{f}_*$ *m-tupel holomorpher Funktionen in G, die die gleiche Idealgarbe erzeugen. Dann gibt es um jeden Punkt* $\mathfrak{z}_0 \in G$ *eine Umgebung* $U = U(\mathfrak{z}_0)$ *und eine holomorphe Funktion A von invertierbaren* (m, m)*-Matrizen in U mit* $\mathfrak{f}|U = A \circ \mathfrak{f}_*$.

Beweis. Die Komponenten von $\mathfrak{f}$ und $\tilde{\mathfrak{f}}$ seien o.E.d.A. so numeriert, daß $f_1, \ldots, f_s$ und $f_{*1}, \ldots, f_{*s}$ den Halm von $\mathcal{O} \cdot \mathfrak{f} = \mathcal{O} \cdot \mathfrak{f}_*$ in $\mathfrak{z}_0$ erzeugen, wenn s die minimale Anzahl der Erzeugenden ist. Es ist dann

$$\begin{pmatrix} f_1 \\ \vdots \\ f_s \end{pmatrix} = A_{\mathfrak{z}_0}' \circ \begin{pmatrix} f_{*1} \\ \vdots \\ f_{*s} \end{pmatrix} \qquad \text{mit } A_{\mathfrak{z}_0}' \in m^2\, \mathcal{O}_{\mathfrak{z}_0}.$$

Die Determinante von $A'_{\mathfrak{z}_0}$ ist in $\mathfrak{z}_0$ von 0 verschieden. Wir setzen dann

$$A_{\mathfrak{z}_0}=\begin{pmatrix} A'_{\mathfrak{z}_0} & 0 \\ D_{\mathfrak{z}_0} & E \end{pmatrix}$$

und bestimmen $D_{\mathfrak{z}_0}$ so, daß gilt:

$$\begin{pmatrix} f_{s+1} \\ \vdots \\ f_m \end{pmatrix} - \begin{pmatrix} f_{*\,s+1} \\ \vdots \\ f_{*\,m} \end{pmatrix} = D_{\mathfrak{z}_0} \circ \begin{pmatrix} f_{*\,1} \\ \vdots \\ f_{*\,s} \end{pmatrix}.$$

Die Komponenten von $A_{\mathfrak{z}_0}$ sind konvergente Potenzreihen. Deshalb konvergiert $A_{\mathfrak{z}_0}$ in einer Umgebung $U(\mathfrak{z}_0)\subset G$ gegen eine holomorphe Funktion von invertierbaren Matrizen A.

§ 2. Die Aufbereitung von kompakten komplexen Räumen

1. Es sei X ein kompakter komplexer Raum, $\mathfrak{U}=\{U_\iota\colon \iota=1,\ldots,\iota_*\}$ eine endliche Steinsche Überdeckung von X. Es seien $Q_\iota\subset\mathbb{C}^N$ offene achsenparallele Quader und $\mathfrak{f}_\iota$ m-tupel beschränkter holomorpher Funktionen in Q_ι. Die Zahlen N und m hängen von $\iota=1,\ldots,\iota_*$ nicht ab. Es sei sodann $X_\iota\subset Q_\iota$ der komplexe Unterraum $\{\mathfrak{f}_\iota=0\}$ und $\Phi_\iota\colon U_\iota\to Q_\iota$ eine biholomorphe Abbildung von U_ι auf X_ι. Es seien ferner in den Q_ι beschränkte holomorphe Matrixfunktionen

$$\mathfrak{G}_\iota=\begin{pmatrix} \mathfrak{g}_1^\iota \\ \vdots \\ \mathfrak{g}_l^\iota \end{pmatrix}$$

gegeben, so daß die $\mathfrak{g}_\nu^\iota$ jeden Halm von $\mathfrak{R}(\mathfrak{f}_\iota)$ erzeugen. Die Zahl l hänge wieder nicht von ι ab. Die $\mathfrak{G}_\iota$ vermitteln Homomorphismen $l\,\mathcal{O}\xrightarrow{h_2} m\,\mathcal{O}$ und die $\mathfrak{f}_\iota$ Homomorphismen $m\,\mathcal{O}\xrightarrow{h_1}\mathcal{O}$. Die Quader Q_ι seien privilegiert in bezug auf diese Homomorphismen. Das gleiche gelte für alle konzentrischen Teilquader $P_\iota\subset\subset Q_\iota$, die hinreichend groß sind.

Ist $U_{\iota_1}\cap U_{\iota_2}=U_{\iota_1\iota_2}\neq\emptyset$, so seien ferner Steinsche Umgebungen $T_{\iota_1\iota_2}\subset Q_{\iota_2}$ von $\Phi_{\iota_2}(U_{\iota_1\iota_2})$ und biholomorphe Abbildungen $H_{\iota_1\iota_2}\colon T_{\iota_1\iota_2}\to T_{\iota_2\iota_1}$ gegeben, so daß

1) $T_{\iota_1\iota_2}\cap X_{\iota_2}=\Phi_{\iota_2}(U_{\iota_1\iota_2})=X_{\iota_1\iota_2}$.

2) $H_{\iota_1\iota_2}|X_{\iota_2}\cap T_{\iota_1\iota_2}=\Phi_{\iota_1}\circ\Phi_{\iota_2}^{-1}$.

3) $H_{\iota_1\iota_2}=H_{\iota_2\iota_1}^{-1}$.

4) Die Verheftung $H_{\iota_1\iota_2}$ macht aus Q_{ι_1}, Q_{ι_2} einen Hausdorffraum.

5) Es sind invertierbare (m,m)-Matrixfunktionen $A_{\iota_1\iota_2}$ über $T_{\iota_1\iota_2}$ mit $\mathfrak{f}_{\iota_1}\circ H_{\iota_1\iota_2}=A_{\iota_1\iota_2}\circ f_{\iota_2}$ gegeben.

Definition 1. Das System $(U_\iota,\Phi_\iota,Q_\iota,T_{\iota_1\iota_2},\mathfrak{f}_\iota,\mathfrak{G}_\iota,H_{\iota_1\iota_2},A_{\iota_1\iota_2})$ heißt eine Aufbereitung von X.

Wir können eine gegebene Aufbereitung verkleinern. Es seien etwa $P_\iota \subset\subset Q_\iota$ konzentrische Quader, so daß die $V_\iota = \Phi_\iota^{-1}(P_\iota)$ noch X überdecken. Es sei $S_{\iota_1\iota_2} = H_{\iota_2\iota_1}(P_{\iota_1} \cap H_{\iota_1\iota_2}(P_{\iota_2} \cap T_{\iota_1\iota_2})) \subset P_{\iota_2}$ und $Y_\iota = P_\iota \cap X_\iota$. Man hat für $Y_{\iota_1\iota_2} = \Phi_{\iota_2}(V_{\iota_1\iota_2})$ die Beziehung $Y_{\iota_1\iota_2} = Y_{\iota_2} \cap S_{\iota_1\iota_2}$ und $H_{\iota_1\iota_2}$ bildet $S_{\iota_1\iota_2}$ biholomorph auf $S_{\iota_2\iota_1}$ ab. Die Bedingung 4) ist ebenfalls erfüllt. Also ist auch $(V_\iota, \Phi_\iota, P_\iota, S_{\iota_1\iota_2}, \mathfrak{f}_\iota, \mathfrak{G}_\iota, H_{\iota_1\iota_2}, A_{\iota_1\iota_2})$ eine Aufbereitung von X.

2. Wir haben die Existenz von Aufbereitungen zu zeigen. Es sei N das Supremum der Einbettungsdimension $\mathrm{eib}_x(X)$ für $x \in X$. Da $\mathrm{eib}_x(X)$ halbstetig nach oben ist, folgt, daß N eine endliche nichtnegative ganze Zahl ist. Es gibt nun eine Steinsche Überdeckung $\hat{\mathfrak{U}} = \{\hat{U}_i : i = 1 \ldots, i_*\}$ von X und biholomorphe Einbettungen $\Phi_i : \hat{U}_i \xrightarrow{\sim} G_i$ von $\hat{U}_i$ in Holomorphiegebieten G_i des $\mathbb{C}^N$. Es seien $G_i^- \subset\subset G_i$ Holomorphiegebiete, so daß die $\hat{U}_i^- = \Phi_i^{-1}(G_i^-)$ noch X überdecken. Man kann dann feste Zahlen m und l und über G_i^- beschränkte holomorphe m-tupel $\mathfrak{f}_i$ und beschränkte holomorphe (l, m)-Matrixfunktionen $\mathfrak{G}_i$ finden, so daß die $\mathfrak{f}_i$ die Idealgarbe des komplexen Raumes $X_i = \Phi_i(\hat{U}_i^-)$ und die Zeilen $\mathfrak{g}_\nu^{(i)}$ die Relationengarbe $\mathfrak{R}(\mathfrak{f}_i)$ erzeugen.

Es sei $X_{i_1 i_2} = \Phi_{i_2}(\hat{U}_{i_1 i_2}^-) \subset X_{i_2}$ und $\mathfrak{z}_1 \in X_{i_2 i_1}$, $\mathfrak{z}_2 \in X_{i_1 i_2}$ Punkte mit $\Phi_{i_1} \circ \Phi_{i_2}^{-1}(\mathfrak{z}_2) = \mathfrak{z}_1$. Wir setzen $n = \mathrm{eib}_{\mathfrak{z}_1}(X_{i_1}) = \mathrm{eib}_{\mathfrak{z}_2}(X_{i_2}) \leqq N$. Man kann nun Umgebungen $V_\nu(\mathfrak{z}_\nu) \subset G_i^-$, n-dimensionale komplexe Untermannigfaltigkeiten $M_\nu \subset V_\nu$ mit $X_{i_\nu} \cap V_\nu \subset M_\nu$ und eine holomorphe Fortsetzung $F_{12}: M_2 \xrightarrow{\sim} M_1$ von $\Phi_{i_1} \circ \Phi_{i_2}^{-1}$ finden. Ist V_ν so gewählt, daß es eine Isomorphie von $M_\nu \times H$ auf V_ν mit $M_\nu \times 0 \xrightarrow{\sim} M_\nu$ gibt, wobei H die $(N-n)$-dimensionale Einheitshyperkugel bezeichnet, so läßt sich F_{12} zu einem Isomorphismus $\hat{F}_{12}: V_2 \xrightarrow{\sim} V_1$ fortsetzen.

Es sei $G_i^= \subset\subset G_i^-$, so daß die $\hat{U}_i^= = \Phi_i^{-1}(G_i^=)$ noch X überdecken. Wir überdecken $\overline{X}_i^= \underset{\mathrm{Def}}{=} X_i \cap \overline{G}_i^=$ mit endlich vielen Quadern $Q_{i\nu} \subset G_i^-$, so daß folgendes gilt:

1) Ist $\overline{Q}_{i_2\nu_2} \cap \overline{X}_{i_1 i_2}^= \neq \emptyset$ mit $\overline{X}_{i_1 i_2}^= \underset{\mathrm{Def}}{=} X_{i_1 i_2} \cap (\Phi_{i_2} \circ \Phi_{i_1}^{-1})(\overline{X}_{i_1}^=) \cap G_{i_2}^=$, so gibt es eine biholomorphe Abbildung $F_{i_1 i_2 \nu_2}$ von $Q_{i_2\nu_2}$ auf einen offenen Teil von $G_{i_1}^-$, die $\Phi_{i_1} \circ \Phi_{i_2}^{-1}$ fortsetzt, und für die weiter folgendes gilt: Es gibt eine invertierbare holomorphe (m, m)-Matrixfunktion $A_{i_1 i_2 \nu_2}$ auf $Q_{i_2\nu_2}$ mit $\mathfrak{f}_{i_1} \circ F_{i_1 i_2 \nu_2} = A_{i_1 i_2 \nu_2} \circ \mathfrak{f}_{i_2}$.

2) Es gelten für $Q_{i_2\nu_2}$ und nicht zu starke Quaderschrumpfungen die Eigenschaften über Privilegiertheit.

Diese letztere Eigenschaft kann man nach bekannten Sätzen erreichen. Die Quader brauchen natürlich nicht achsenparallel im $\mathbb{C}^N$ zu liegen.

Es sei $U_{i_2\nu_2} = \Phi_{i_2}^{-1}(Q_{i_2\nu_2})$. Ist $U_{i_1\nu_1, i_2\nu_2} \neq \emptyset$, so setzen wir $T_{i_1\nu_1, i_2\nu_2} = F_{i_1 i_2 \nu_2}^{-1}(Q_{i_1\nu_1})$ und $H_{i_1\nu_1, i_2\nu_2} = F_{i_1 i_2 \nu_2} | T_{i_1\nu_1, i_2\nu_2}$ falls $i_1 \neq i_2$. Im anderen Falle sei $H_{i\nu_1, i\nu_2} = \mathrm{id}$ und $T_{i\nu_1, i\nu_2} = Q_{i\nu_1} \cap Q_{i\nu_2}$.

Wir bezeichnen nun $(i\,\nu)$ mit ι und ersetzen diese ι bijektiv durch die natürlichen Zahlen $\iota = 1, \ldots \iota_*$. Es sei $\Phi_\iota = \Phi_i$, wenn $\iota = (i, \nu)$. Ebenso wird definiert $\mathfrak{f}_\iota = \mathfrak{f}_i$, $\mathfrak{G}_\iota = \mathfrak{G}_i$, $X_\iota = X_i \cap Q_{i\nu}$. Es ist dann Φ_ι eine biholomorphe Abbildung von U_ι auf X_ι. Die Abbildung $H_{\iota_1\iota_2}$ definieren wir als $H_{i_1\nu_1, i_2\nu_2}$, wenn $\iota_1 \leqq \iota_2$. Ebenso setzen wir dann $T_{\iota_1\iota_2} = T_{i_1\nu_1, i_2\nu_2}$, $A_{\iota_1\iota_2} = A_{i_1 i_2 \nu_2}$. Danach setzen wir $H_{\iota_2\iota_1} = H^{-1}_{\iota_1\iota_2}$ und $T_{\iota_2\iota_1} = H_{\iota_1\iota_2}(T_{\iota_1\iota_2})$, $A_{\iota_2\iota_1} = A^{-1}_{\iota_1\iota_2} \circ H_{\iota_2\iota_1}$. Es sind dann alle Bedingungen erfüllt und $(U_\iota, \Phi_\iota, Q_\iota, T_{\iota_1\iota_2}, \mathfrak{f}_\iota, \mathfrak{G}_\iota, H_{\iota_1\iota_2}, A_{\iota_1\iota_2})$ ist eine Aufbereitung von X.

3. Es seien $P_\iota \subset\subset Q_\iota$ konzentrische Quader, so daß die $V_\iota = \Phi_\iota^{-1}(P_\iota)$ noch X überdecken. Wir treffen (analog zu früher) folgende Abrede: Etwas ist über $\bar{P}_\iota$ definiert, oder gilt über $\bar{P}_\iota$, wenn es auf einem ein für alle mal festgewählten konzentrischen Quader P_ι^+ mit $P_\iota \subset\subset P_\iota^+ \subset\subset Q_\iota$ definiert ist oder dort gilt. Es sei $\varepsilon > 0$, $\sigma \geqq 0$. Wir definieren:

Definition 2. Eine Pseudodeformation von X zu ε, σ, (oder auch eine ε-Pseudoformation) ist ein System $(\tilde{\mathfrak{f}}_\iota, \tilde{\mathfrak{G}}_\iota, \tilde{H}_{\iota_1\iota_2})$ mit folgenden Eigenschaften:

1) $\tilde{\mathfrak{h}}_\iota = \mathfrak{f}_\iota + \mathfrak{f}'_\iota$ sind m-tupel holomorpher Funktionen über $\bar{P}_\iota$ mit $\mathfrak{f}'_\iota < \varepsilon$.

2) Die $\tilde{\mathfrak{G}}_\iota = \mathfrak{G}_\iota + \mathfrak{G}'_\iota$ sind holomorphe Felder von (l, m)-Matrizen mit $\mathfrak{G}'_\iota < \varepsilon$ über $\bar{P}_\iota$.

3) Es ist $\tilde{\mathfrak{G}}_\iota \circ \tilde{\mathfrak{f}}_\nu \leqq \sigma$ über $\bar{P}_\iota$.

4) Die $\tilde{H}_{\iota_1\iota_2}$ sind auf (einer für $\varepsilon, \sigma \leqq \varepsilon_0$ festgewählten Umgebung von) $\bar{S}_{\iota_1\iota_2}$ definiert und bilden $\bar{S}_{\iota_1\iota_2}$ biholomorph in $\bar{P}_{\iota_1}$ ab. Es gilt $H'_{\iota_1\iota_2} < \varepsilon$ mit $\tilde{H}_{\iota_1\iota_2} = H_{\iota_1\iota_2} \circ (\mathrm{id} + H'_{\iota_1\iota_2})$.

5) Es ist $\tilde{\mathfrak{f}}_{\iota_1} \circ \tilde{H}_{\iota_1\iota_2} | \tilde{Y}_{\iota_2} \cap \bar{S}_{\iota_1\iota_2} \leqq \sigma$ mit $\tilde{Y}_{\iota_2} = \bar{P}_{\iota_2} \cap \{\tilde{\mathfrak{f}}_{\iota_2} = 0\}$.

6) Es ist $\tilde{H}_{\iota_1\iota_2} \circ \tilde{H}_{\iota_2\iota_3} - \tilde{H}_{\iota_1\iota_3} \leqq \sigma$ in einem $D_{\iota_1\iota_2\iota_3}$ *um* $\bar{Y}_{\iota_1\iota_2\iota_3}$ auf $\{\tilde{\mathfrak{f}}_{\iota_3} = 0\}$ mit $Y_{\iota_1\iota_2\iota_3} = \Phi_{\iota_3}(V_{\iota_1\iota_2\iota_3})$.[3]

Die Verheftung macht aus P_{ι_1}, P_{ι_2} einen Hausdorffraum, falls $\varepsilon > 0$ hinreichend klein. Eine Pseudodeformation heißt eine Deformation von X, falls $\sigma = 0$ gewählt werden kann. Die Deformationen bilden einen banachanalytischen Unterraum in der banachanalytischen Mannigfaltigkeit der ε-Pseudodeformationen. Man kann nämlich die Bedingungen in 5), 6) durch unsere α-Operatoren aus § 1 geben.

Im Falle einer Deformation hat bei $\varepsilon \leqq \varepsilon_0$ die Menge $\tilde{Y}_\iota$ die gleiche Dimension wie $X_\iota \cap \bar{P}_\iota = \bar{Y}_\iota$. (Hier wieder jeweils feste Umgebungen: also $U(\bar{Y}_\iota) \subset X_\iota$.) Durch die Verheftung $\tilde{H}_{\iota_1\iota_2} | \tilde{Y}_{\iota_2} \cap \bar{S}_{\iota_1\iota_2}$ entsteht ein kompakter komplexer Raum Y. Es gilt

$$\tilde{\Phi}_{\iota_2}(\tilde{V}_{\iota_1\iota_2}) = \tilde{Y}_{\iota_2} \cap \bar{S}_{\iota_1\iota_2} \quad \text{und} \quad \tilde{\Phi}_{\iota_3}(\tilde{V}_{\iota_1\iota_2\iota_3}) \subset D_{\iota_1\iota_2\iota_3}.$$

[3] Die Abschließungen $\bar{S}_{\iota_1\iota_2}$, $\bar{Y}_{\iota_1\iota_2\iota_3}$ usf. werden als Durchschnitt aller entsprechenden Objekte definiert, die zu den Quaderumgebungen P'_ι mit $\bar{P}_\iota \subset P'_\iota \subset\subset Q_\iota$ gehören.

4. Es sei $\mathcal{O}$ die Strukturgarbe der komplexen t-Ebene $\mathbb{C}$, $0\in\mathbb{C}$ der Nullpunkt und $D=(0, \mathcal{O}/t^2\cdot\mathcal{O}|0)$ ein nulldimensionaler komplexer Raum mit nilpotenten Elementen. Es seien $\mathfrak{f}'_\iota$ m-tupel beschränkter holomorpher Funktionen auf $\bar{Y}_\iota$ und $\xi_{\iota_1\iota_2}$ beschränkte holomorphe Vektorfelder auf $\bar{Y}_{\iota_1\iota_2}=\bar{Y}_{\iota_2}\cap\bar{S}_{\iota_1\iota_2}$. Die Vektoren von $\xi_{\iota_1\iota_2}$ seien kontravariante Tangentialvektoren an Q_{ι_2}.

Definition 3. Das System $(\mathfrak{f}'_\nu, \xi_{\iota_1\iota_2})$ heißt ein verheftetes System (von lokalen infinitesimalen Deformationen) falls folgendes gilt:

1) $\mathfrak{G}_\iota\circ\mathfrak{f}'_\iota=0$,

2) $\xi_{\iota_2\iota_1}=-H_{\iota_1\iota_2}(\xi_{\iota_1\iota_2})$ (Projektion von Vektoren),

3) $\xi_{\iota_1\iota_2}(\mathfrak{f}_{\iota_1}\circ H_{\iota_1\iota_2})+\mathfrak{f}'_{\iota_1}\circ H_{\iota_1\iota_2}=A_{\iota_1\iota_2}\circ\mathfrak{f}'_{\iota_2}$.

Unter Benutzung der Eigenschaft 1) zeigt man: die Eigenschaft 3) gilt für alle auf $\bar{S}_{\iota_1\iota_2}$ holomorphen $A^*_{\iota_1\iota_2}$ mit $\mathfrak{f}_{\iota_1}\circ H_{\iota_1\iota_2}=A^*_{\iota_1\iota_2}\circ\mathfrak{f}_{\iota_2}$, wenn sie für $A_{\iota_1\iota_2}$ gilt.

Es seien $\hat{\mathfrak{f}}_\iota$ (beschränkte) holomorphe Fortsetzungen von $\mathfrak{f}'_\iota$ nach $\bar{P}_\iota$, ferner $\hat{\xi}_{\iota_1\iota_2}$ (beschränkte) holomorphe Fortsetzungen von $\xi_{\iota_1\iota_2}$ nach $\bar{S}_{\iota_1\iota_2}$. Es sei $\tilde{\mathfrak{f}}_\iota=\mathfrak{f}_\iota+t\hat{\mathfrak{f}}_\iota$ und $\hat{F}_{\iota_1\iota_2}=\mathrm{id}+t\hat{\xi}_{\iota_1\iota_2}$. Wie man sieht, sind $\tilde{\bar{Y}}_\iota=\{\tilde{\mathfrak{f}}_\iota=0\}\subset\bar{P}_\iota\times D$ komplexe Unterräume, die platt über D liegen. (Wir schreiben fortan $\tilde{Y}_\iota$ auch statt $\tilde{\bar{Y}}_\iota$.) Ihre Definition hängt nur von $\mathfrak{f}'_\iota$ ab, ebenso ihre Einbettung in $\bar{P}_\iota\times D$. Ebenso hängt $F_{\iota_1\iota_2}=\hat{F}_{\iota_1\iota_2}|\tilde{Y}_{\iota_2}$ nur vom $\xi_{\iota_1\iota_2}$ ab. Es gilt über $\bar{S}_{\iota_1\iota_2}\times D$ die Gleichung $\tilde{\mathfrak{f}}_{\iota_1}\circ\hat{H}_{\iota_1\iota_2}|\tilde{Y}_{\iota_2}=0$, wenn $\hat{H}_{\iota_1\iota_2}=H_{\iota_1\iota_2}\circ\hat{F}_{\iota_1\iota_2}$ ist. Denn es ist:

$$\begin{aligned}\tilde{\mathfrak{f}}_{\iota_1}\circ\hat{H}_{\iota_1\iota_2}&=\tilde{\mathfrak{f}}_{\iota_1}\circ H_{\iota_1\iota_2}+t\hat{\xi}_{\iota_1\iota_2}(\tilde{\mathfrak{f}}_{\iota_1}\circ H_{\iota_1\iota_2})\\&=\mathfrak{f}_{\iota_1}\circ H_{\iota_1\iota_2}+t\hat{\mathfrak{f}}_{\iota_1}\circ H_{\iota_1\iota_2}+t\hat{\xi}_{\iota_1\iota_2}(\mathfrak{f}_{\iota_1}\circ H_{\iota_1\iota_2})\\&=A_{\iota_1\iota_2}\circ\mathfrak{f}_{\iota_2}+tA_{\iota_1\iota_2}\circ\hat{\mathfrak{f}}_{\iota_2}+t\cdot A'_{\iota_1\iota_2}\circ\mathfrak{f}_{\iota_2}=(A_{\iota_1\iota_2}+tA'_{\iota_1\iota_2})\circ\tilde{\mathfrak{f}}_{\iota_2},\end{aligned}$$

wenn $A'_{\iota_1\iota_2}$ holomorph auf $\bar{S}_{\iota_1\iota_2}$ geeignet gewählt ist. Es gilt ferner $\hat{H}_{\iota_1\iota_2}=\hat{H}^{-1}_{\iota_2\iota_1}$. Also wird durch $\hat{H}_{\iota_1\iota_2}$ der Raum $\tilde{Y}_{\iota_1}$ mit $\tilde{Y}_{\iota_2}$ verheftet. Die Verheftung ist fasertreu über D.

Wie man sieht, bilden die verhefteten Systeme bzgl. gewöhnlicher Addition einen Vektorraum.

Es sei $\tilde{H}_{\iota_1\iota_2}=H_{\iota_1\iota_2}\circ F_{\iota_1\iota_2}=\hat{H}_{\iota_1\iota_2}|\tilde{Y}_{\iota_1\iota_2}$. Die Zusammensetzung $\tilde{H}_{\iota_3\iota_1}\circ\tilde{H}_{\iota_1\iota_2}\circ\tilde{H}_{\iota_2\iota_3}=\tilde{H}_{\iota_1\iota_2\iota_3}$ bildet $\tilde{Y}_{\iota_1\iota_2\iota_3}\subset\tilde{Y}_{\iota_3}$ biholomorph auf sich ab. Ihre Beschränkung auf $\bar{Y}_{\iota_1\iota_2\iota_3}=\bar{V}_{\iota_1\iota_2\iota_3}$ ist die Identität. Hieraus folgt, daß $\tilde{H}_{\iota_1\iota_2\iota_3}=\mathrm{id}-t\gamma_{\iota_1\iota_2\iota_3}$ ist, wobei $\gamma_{\iota_1\iota_2\iota_3}$ ein holomorphes Feld von Tangentialvektoren an $\bar{Y}_{\iota_1\iota_2\iota_3}$ bezeichnet.

Wir identifizieren fortan oft die $\bar{Y}_\iota$ mit $\bar{V}_\iota\subset X$. Durch biholomorphe Einbettung von Umgebungen der einzelnen Punkte von $\bar{Y}_{\iota_1\iota_2\iota_3}$ bzw. $\bar{Y}_{\iota_1\iota_2\iota_3\iota_4}$ in Gebieten $G\subset\mathbb{C}^n$ und der entsprechenden Einbettungen der entsprechenden Umgebungen in $\tilde{Y}_{\iota_1}, \ldots, \tilde{Y}_{\iota_4}$ läßt sich ferner leicht einsehen:

1) Gilt $F_{\iota_1\iota_2} = \mathrm{id} + t\xi_{\iota_1\iota_2}$, wobei $\xi_{\iota_1\iota_2}$ Tangentialfelder an $\bar{V}_{\iota_1\iota_2}$ sind, so gilt $(\gamma_{\iota_1\iota_2\iota_3}) = \gamma = \delta\xi = \delta(\xi_{\iota_1\iota_2})$.

2) Es ist $\delta\gamma = 0$.

γ ist also ein Kozyklus aus $H^2(\mathfrak{V}, \Theta)$. Wir bezeichnen γ mit $h_1(\mathfrak{f}'_\iota, \xi_{\iota_1\iota_2})$. Natürlich ist h_1 eine lineare Abbildung.

Definition 4. Es sei $(\mathfrak{f}'_\iota, \xi_{\iota_1\iota_2})$ ein verheftetes System. Ist $h_1(\mathfrak{f}'_\iota, \xi_{\iota_1\iota_2}) = 0$, so heißt $(\mathfrak{f}'_\iota, \xi_{\iota_1\iota_2})$ verträglich und dann eine infinitesimale Deformation von Y.

5. Wir konstruieren einige einfache Typen:

1) Es seien η_ι holomorphe Vektorfelder über $\bar{Y}_\iota$. Wir setzen $\mathfrak{f}'_\iota = \eta_\iota(\mathfrak{f}_\iota)$ und setzen über $\bar{Y}_{\iota_1\iota_2}$ das Feld $\xi_{\iota_1\iota_2} = -H_{\iota_2\iota_1}(\eta_{\iota_1}) + \eta_{\iota_2}$. Es ist $\xi_{\iota_1\iota_2}$ ein Tangentialfeld, wenn die η_ι Tangentialfelder sind. Identifizieren wir die $\bar{V}_\iota$ mit dem $\bar{Y}_\iota$, so gilt in diesem Falle $(\eta_\iota) \in C^0(\mathfrak{V}, \Theta)$ und $\xi = \delta\eta$. Man hat:

1) $\mathfrak{G}_\iota \circ \mathfrak{f}'_\iota = \mathfrak{G}_\iota \circ (\eta_\iota(\mathfrak{f}_\iota)) = -\eta_\iota(\mathfrak{G}_\iota) \circ \mathfrak{f}_\iota = 0$ auf $\bar{Y}_\iota$.

2) $\xi_{\iota_2\iota_1} = -H_{\iota_1\iota_2}(\eta_{\iota_2}) + \eta_{\iota_1} = -H_{\iota_1\iota_2}(\eta_{\iota_2} - H_{\iota_2\iota_1}(\eta_{\iota_1})) = -H_{\iota_1\iota_2}(\xi_{\iota_1\iota_2})$.

3) $\xi_{\iota_1\iota_2}(\mathfrak{f}_{\iota_1} \circ H_{\iota_1\iota_2}) + \mathfrak{f}'_{\iota_1} \circ H_{\iota_1\iota_2} = -(\eta_{\iota_1}(\mathfrak{f}_{\iota_1})) \circ H_{\iota_1\iota_2} + \eta_{\iota_2}(\mathfrak{f}_{\iota_1} \circ H_{\iota_1\iota_2}) +$
$(\eta_{\iota_1}(\mathfrak{f}_{\iota_1})) \circ H_{\iota_1\iota_2} = \eta_{\iota_2}(A_{\iota_1\iota_2} \circ \mathfrak{f}_{\iota_2}) = A_{\iota_1\iota_2} \circ \mathfrak{f}'_{\iota_2}$.

Also sind alle Bedingungen erfüllt und $(\mathfrak{f}'_\iota, \xi_{\iota_1\iota_2})$ ist ein verheftetes System. Um die Verträglichkeit zu verifizieren, kann man wie in Abschnitt 4 Umgebungen der einzelnen Punkte von $\bar{Y}_{\iota_1\iota_2\iota_3} = \bar{V}_{\iota_1\iota_2\iota_3}$ in Gebieten $G \subset C^n$ einbetten. Es folgt dann sofort $\gamma = 0$. Also ist $(\mathfrak{f}'_\iota, \xi_{\iota_1\iota_2})$ sogar eine infinitesimale Deformation von X. Wir schreiben $(\mathfrak{f}'_\iota, \xi_{\iota_1\iota_2}) = \delta\eta$.

Sind alle η_ι Tangentialfelder, so sind die $\mathfrak{f}'_\iota = 0$ und ξ ist der gewöhnliche Korand von η.

2) Es sei $\mathfrak{f}'_\iota = 0$ und $\xi_{\iota_1\iota_2}$ seien beschränkte holomorphe Tangentialfelder auf $\bar{Y}_{\iota_1\iota_2} = \bar{V}_{\iota_1\iota_2}$ mit $\xi_{\iota_2\iota_1} = -H_{\iota_1\iota_2}(\xi_{\iota_1\iota_2})$. Dann ist $(\mathfrak{f}'_\iota, \xi_{\iota_1\iota_2})$ ein verheftetes System. Offenbar ist $(\mathfrak{f}'_\iota, \xi_{\iota_1\iota_2})$ genau dann eine infinitesimale Deformation, wenn ξ ein Kozyklus aus $Z^1(\mathfrak{V}, \Theta)$ ist.

6. Es sei $\mathcal{O}_\iota$ die Strukturgarbe von Q_ι und $\mathcal{I}_\iota = \mathcal{O}_\iota \circ \mathfrak{f}_\iota$ die Idealgarbe von X_ι. Der Quotient $\mathcal{H}_\iota = \mathcal{O}_\iota / \mathcal{I}_\iota | X_\iota$ ist dann die Strukturgarbe von X_ι. Es sei nun $(\mathfrak{f}'_\iota, \xi_{\iota_1\iota_2})$ ein verheftetes System. Da $\mathfrak{G}_\iota \circ \mathfrak{f}'_\iota = 0$ definieren die $\mathfrak{f}'_\iota$ durch die Zuordnung $\mathfrak{f}_\iota \to \mathfrak{f}'_\iota$ Elemente $s_\iota \in \mathrm{Hom}(\mathcal{I}_\iota | \bar{P}_\iota, \mathcal{H}_\iota)$. Durch Quotientenbildung erhält man $\underline{s}_\iota = h_0(\mathfrak{f}'_\iota) \in \Gamma(V_\iota, \mathcal{T})$. Wegen der Eigenschaft 3) aus Definition 3 gilt $\delta(\underline{s}_\iota) = 0$. Also ist $\underline{s} = \underline{s}_\iota \in \Gamma(X, \mathcal{T})$. Wir bezeichnen $\underline{s}$ mit $h_0(\mathfrak{f}'_\iota, \xi_{\iota_1\iota_2})$. Die Abbildung h_0 ist linear, ferner ist sie surjektiv:

Ist etwa ein $\underline{s} \in \Gamma(X, \mathcal{T})$ gegeben, so können wir holomorphe m-tupel $\mathfrak{f}'_\iota$ auf $\bar{Y}_\iota$ so bestimmen, daß $\mathfrak{G}_\iota \circ \mathfrak{f}'_\iota = 0$ und durch die Zuordnung $\mathfrak{f}_\iota \to \mathfrak{f}'_\iota$ die Schnittfläche $\underline{s} | \bar{Y}_\iota$ definiert wird. In $T_{\iota_1\iota_2}$ gilt die Gleichung $\mathfrak{f}_{\iota_1} \circ H_{\iota_1\iota_2} =$

$A_{\iota_1\iota_2}\circ \mathfrak{f}_{\iota_2}$, ferner kommt die Zuordnung $\mathfrak{f}_{\iota_1}\circ H_{\iota_1\iota_2}\to A_{\iota_1\iota_2}\circ \mathfrak{f}'_{\iota_2}-\mathfrak{f}'_{\iota_1}\circ H_{\iota_1\iota_2}$ von einer Derivation her. Es gibt also holomorphe Vektorfelder $\xi_{\iota_1\iota_2}$ auf $\bar{Y}_{\iota_1\iota_2}$ mit $\xi_{\iota_1\iota_2}(\mathfrak{f}_{\iota_1}\circ H_{\iota_1\iota_2})=A_{\iota_1\iota_2}\circ \mathfrak{f}'_{\iota_2}-\mathfrak{f}'_{\iota_1}\circ H_{\iota_1\iota_2}$. Man kann auch $\xi_{\iota_2\iota_1}=-H_{\iota_1\iota_2}(\xi_{\iota_1\iota_2})$ erreichen. Also ist $(\mathfrak{f}'_\iota, \xi_{\iota_1\iota_2})$ ein verheftetes System mit $h_0(\mathfrak{f}'_\iota, \xi_{\iota_1\iota_2})=\underline{s}$.

Die $\mathfrak{f}'_\iota$ sind bis auf $\eta_\iota(\mathfrak{f}_\iota)$ festgelegt, wobei die η_ι holomorphe Vektorfelder über $\bar{Y}_\iota$ sind. Es ist $h_0(\delta\eta)=0$, aber auch $h_1(\delta\eta)=0$. Bei fester Wahl von $(\mathfrak{f}'_\iota)$ sind die $\xi_{\iota_1\iota_2}$ bis auf holomorphe Tangentialfelder $\xi^*_{\iota_1\iota_2}$ definiert. Es ist $h_1(0, \xi^*_{\iota_1\iota_2})=\delta\xi^*$. Also ist die Kohomologieklasse von $h_1(\mathfrak{f}'_\iota, \xi_{\iota_1\iota_2})$ durch $\underline{s}$ bestimmt. Wir bezeichnen sie mit $\underline{h}_1(\underline{s})\in H^2(X,\Theta)$. Die Abbildung $\underline{h}_1\colon \Gamma(X,\mathscr{T})\to H^2(X,\Theta)$ ist linear. Es sei Γ_0 ihr Kern. Eine Schnittfläche $\underline{s}\in\Gamma(X,\mathscr{T})$ ist genau dann in Γ_0, wenn es eine infinitesimale Deformation $(\mathfrak{f}'_\iota, \xi_{\iota_1\iota_2})$ von X gibt, mit $h_0(\mathfrak{f}'_\iota, \xi_{\iota_1\iota_2})=\underline{s}$.

7. Es sei $\underline{s}_1,\dots,\underline{s}_q\in\Gamma_0$ eine Basis. Wir dürfen annehmen, daß die gegebene Aufbereitung von X von einer etwas größeren umfaßt wird. Wir können deshalb beschränkte infinitesimale Deformationen $(\mathfrak{f}'_{\iota\nu}, \xi_{\iota_1\iota_2\nu})$ für $\nu=1,\dots,q$ bezüglich der Überdeckung $\mathfrak{U}$ mit $h_0(\mathfrak{f}'_{\iota\nu}, \xi_{\iota_1\iota_2\nu})=\underline{s}_\nu$ wählen. Es seien $\xi_\nu=(\xi_{\iota_1\iota_2\nu})$ für $\nu=q+1,\dots,l$ beschränkte Kozyklen aus $Z^1(\mathfrak{U},\Theta)$, deren Kohomologieklassen $\underline{\xi}_\nu$ eine Basis von $H^1(X,\Theta)$ sind. Wir setzen $\mathfrak{f}'_{\iota\nu}=0$ für $\nu=q+1,\dots,l$. Es sei V der Vektorraum der infinitesimalen Deformationen, der von $(\mathfrak{f}'_{\iota\nu}, \xi_{\iota_1\iota_2\nu})$ mit $\nu=1,\dots,l$ aufgespannt wird.

Es sei nun $(\mathfrak{f}'_\iota, \xi'_{\iota_1\iota_2})$ irgendeine infinitesimale Deformation bzgl. $\bar{\mathfrak{B}}$. Wir können dann eindeutig schreiben:

$$h_0(\mathfrak{f}'_\iota, \xi'_{\iota_1\iota_2})=\sum_{\nu=1}^{q} a_\nu\,\underline{s}_\nu.$$

Es gibt sodann holomorphe Vektorfelder $\bar{\eta}_\iota$ auf $\bar{Y}_\iota$ und eindeutig bestimmte Zahlen a_ν für $\nu=q+1,\dots,l$, so daß

$$(\mathfrak{f}'_\iota, \xi'_{\iota_1\iota_2})=\sum_{\nu=1}^{l} a_\nu(\mathfrak{f}'_{\iota\nu}, \xi_{\iota_1\iota_2\nu})+\delta\eta.$$

Um Abschätzungen zu erhalten, muß man von den festen konzentrischen Quaderumgebungen von $\bar{P}_\iota$ zu kleineren übergehen. Man hat dann

$$|a_\nu|\lesssim \|(\mathfrak{f}'_\iota, \xi'_{\iota_1\iota_2})\|_{\text{groß}},$$

$$|\eta|_{\text{klein}}\lesssim \|(\mathfrak{f}'_\iota, \xi'_{\iota_1\iota_2})\|_{\text{groß}}.$$

Die Abschätzungen folgen unmittelbar aus dem Theorem von Banach [0]. Die Kette η ist im allgemeinen nicht eindeutig bestimmt. Die Zuordnung $(\mathfrak{f}'_\iota, \xi'_{\iota_1\iota_2})\to\eta$, a_ν kann jedoch durch einen linearen Operator hergestellt werden. Man vgl. § 1.

§ 3. Der Γ-Operator

1. Es sei $(\tilde{\mathfrak{f}}_\iota, \tilde{\mathfrak{G}}_\iota, \tilde{H}_{\iota_1\iota_2})$ eine Pseudodeformation von X zu $\varepsilon, \sigma, \mathfrak{V}$. Es sei auf jeden Fall $\varepsilon, \sigma < 1$. Wir setzen:

$$\mathfrak{f}_\iota^* = \mathfrak{f}_\iota' | \overline{Y}_\iota, \quad \mathfrak{G}_\iota^* = \mathfrak{G}_\iota' | \overline{Y}_\iota, \quad \xi_{\iota_1\iota_2}^* = H_{\iota_1\iota_2}' | \overline{Y}_{\iota_1\iota_2}.$$

Man hat die Abschätzungen:

$$\mathfrak{f}_\iota^* < \varepsilon, \quad \mathfrak{G}_\iota \circ \mathfrak{f}_\iota^* = -\mathfrak{G}_\iota^* \circ \mathfrak{f}_\iota^* + \tilde{\mathfrak{G}}_\iota \circ \tilde{\mathfrak{f}}_\iota \lesssim \varepsilon^2 + \sigma, \quad \xi_{\iota_1\iota_2}^* < \varepsilon.$$

Es folgt über $\overline{S}_{\iota_1\iota_2}$ die Abschätzung $\tilde{\mathfrak{f}}_{\iota_1} \circ \tilde{H}_{\iota_1\iota_2} - A_{\iota_1\iota_2} \circ \tilde{\mathfrak{f}}_{\iota_2} \lesssim \varepsilon$. Nach Voraussetzung gibt es über $\overline{S}_{\iota_1\iota_2}$ eine holomorphe Matrixfunktion $A_{\iota_1\iota_2}'$ mit $A_{\iota_1\iota_2}' \lesssim 1$ und

$$\tilde{\mathfrak{f}}_{\iota_1} \circ \tilde{H}_{\iota_1\iota_2} - A_{\iota_1\iota_2} \circ \tilde{\mathfrak{f}}_{\iota_2} - A_{\iota_1\iota_2}' \circ \tilde{\mathfrak{f}}_{\iota_2} \lesssim \sigma.$$

Nach Satz 1.10 gibt es dann auch ein $A_{\iota_1\iota_2}''$ über $\overline{S}_{\iota_1\iota_2}$ mit $A_{\iota_1\iota_2}'' \lesssim \varepsilon$ und

$$\tilde{\mathfrak{f}}_{\iota_1} \circ \tilde{H}_{\iota_1\iota_2} - A_{\iota_1\iota_2} \circ \tilde{\mathfrak{f}}_{\iota_2} - A_{\iota_1\iota_2}'' \circ \tilde{\mathfrak{f}}_{\iota_2} \lesssim \sigma.$$

Hieraus folgt für $\overline{Y}_{\iota_1\iota_2}$ die Ungleichung (vgl. Satz 1.3)

$$\xi_{\iota_1\iota_2}^*(\mathfrak{f}_{\iota_1}) + \mathfrak{f}_{\iota_1}^* \circ H_{\iota_1\iota_2} - A_{\iota_1\iota_2} \circ \mathfrak{f}_{\iota_2}^* \lesssim \varepsilon^2 + \sigma.$$

Natürlich müssen zur Gewinnung dieser Ungleichungen ε, σ sehr klein sein, und die Quaderumgebung von $\overline{P}_\iota$ muß mehrfach verkleinert werden.

Aus $\tilde{H}_{\iota_1\iota_2} \circ \tilde{H}_{\iota_2\iota_3} - \tilde{H}_{\iota_1\iota_3} \leqq \sigma$ mit $\tilde{\mathfrak{f}}_{\iota_3} = 0$ folgt auf $\overline{Y}_{\iota_1\iota_2\iota_3} \subset \overline{Y}_{\iota_3}$ die Ungleichung:

$$\xi_{\iota_1\iota_2}^*(H_{\iota_1\iota_2}) \circ H_{\iota_2\iota_3} + \xi_{\iota_2\iota_3}^*(H_{\iota_1\iota_2} \circ H_{\iota_2\iota_3}) - \xi_{\iota_1\iota_3}^*(H_{\iota_1\iota_3}) \lesssim \varepsilon^2 + \sigma.$$

2. Wir zeigen:

Satz 1. *Durch einen linearen Operator läßt sich über $\mathfrak{V}$ die folgende Zerlegung herstellen:*

$$(\mathfrak{f}_\iota^*, \xi_{\iota_1\iota_2}^*) + (g_\iota^*, \eta_{\iota_1\iota_2}^*) = (\mathfrak{f}_\iota^0, \xi_{\iota_1\iota_2}^0) + \delta(\eta_\iota)$$

mit

$$g_\iota^* \lesssim \varepsilon^2 + \sigma, \quad \eta_{\iota_1\iota_2}^* \lesssim \varepsilon^2 + \sigma, \quad (\mathfrak{f}_\iota^0, \xi_{\iota_1\iota_2}^0) \in V$$

und $\mathfrak{f}_\iota^0 \lesssim \varepsilon + \sigma$, $\xi_{\iota_1\iota_2}^0 \lesssim \varepsilon + \sigma$, $\eta_\iota \lesssim \varepsilon + \sigma$. *Dabei sind die Quaderumgebungen von $\overline{P}_\iota$ zu verkleinern.*

Beweis. 1) Durch einen linearen Operator erhält man auf $\overline{Y}_\iota$ m-tupel holomorpher Funktionen $\mathfrak{f}_\iota^\cup$ mit $\mathfrak{G}_\iota \circ \mathfrak{f}_\iota^\cup = 0$ und $\mathfrak{f}_\iota^* - \mathfrak{f}_\iota^\cup \lesssim \varepsilon^2 + \sigma$ (nach dem Satz 1.6 und 1.10). Es sei $\underline{s}_\iota^\cup = h_0(\mathfrak{f}_\iota^\cup) \in \Gamma(\overline{V}_\iota, \mathscr{T})$. Im allgemeinen ist $\delta(\underline{s}_\iota^\cup) \neq 0$. Es gilt jedoch für $\delta(\underline{s}_\iota^\cup) = (s_{\iota_1\iota_2})$ die Ungleichung $s_{\iota_1\iota_2} \lesssim \varepsilon^2 + \sigma$. Nach dem Satz 1.6** kann deshalb eine Schnittfläche $\underline{s}'' \in \Gamma(X, \mathscr{T})$ finden mit $\underline{s}_\iota^\cup - \underline{s}'' \lesssim \varepsilon^2 + \sigma$. Das bedeutet folgendes: Wir können holomorphe m-tupel $\mathfrak{f}_\iota''$ über $\overline{Y}_\iota$ mit $\mathfrak{G}_\iota \circ \mathfrak{f}_\iota'' = 0$ und $h_0(\mathfrak{f}_\iota'') = \underline{s}''$ und $\mathfrak{f}_\iota^* - \mathfrak{f}_\iota'' \lesssim \varepsilon^2 + \sigma$ finden und diese nach Satz 1.10 eindeutig bestimmen, so daß wieder ein linearer Operator entsteht. Es ist ferner:

$$\xi^*_{\iota_1\iota_2}(\mathfrak{f}_{\iota_1})+\mathfrak{f}''_{\iota_1}\circ H_{\iota_1\iota_2}-A_{\iota_1\iota_2}\circ\mathfrak{f}''_{\iota_2}\lesssim\varepsilon^2+\sigma.$$

Es gibt mittels Satz 1.10 auf $\bar{Y}_{\iota_1\iota_2}$ holomorphe Vektorfelder $\xi''_{\iota_1\iota_2}$ mit $\xi^*_{\iota_1\iota_2}-\xi''_{\iota_1\iota_2}\lesssim\varepsilon^2+\sigma$, so daß $\xi''_{\iota_1\iota_2}(\mathfrak{f}_{\iota_1})+\mathfrak{f}''_{\iota_1}\circ H_{\iota_1\iota_2}=A_{\iota_1\iota_2}\circ\mathfrak{f}''_{\iota_2}$. Man hat dabei zu benutzen, daß $\underline{s}''$ von ι unabhängig ist. Wir haben also ein verheftetes System $(\mathfrak{f}''_\iota, \xi''_{\iota_1\iota_2})$ gewonnen.

Man hat auf $\bar{Y}_{\iota_1\iota_2\iota_3}\subset Y_{\iota_3}$ die Ungleichung:

$$\xi''_{\iota_1\iota_2}(H_{\iota_1\iota_2})\circ H_{\iota_2\iota_3}+\xi''_{\iota_2\iota_3}(H_{\iota_1\iota_2}\circ H_{\iota_2\iota_3})-\xi''_{\iota_1\iota_3}(H_{\iota_1\iota_3})\lesssim\varepsilon^2+\sigma.$$

Wir setzen $\hat{H}_{\iota_1\iota_2}=H_{\iota_1\iota_2}\circ(\mathrm{id}+t\xi''_{\iota_1\iota_2})=H_{\iota_1\iota_2}+t\xi''_{\iota_1\iota_2}(H_{\iota_1\iota_2})$. Es ist dann $\hat{H}_{\iota_1\iota_2}\circ\hat{H}_{\iota_2\iota_3}-\hat{H}_{\iota_1\iota_3}=t\cdot a$ mit $a\lesssim\varepsilon^2+\sigma$ auf $\hat{\bar{Y}}_{\iota_1\iota_2\iota_3}$, wobei $\hat{\bar{Y}}_{\iota_1\iota_2\iota_3}$ den Teilbereich zu $\bar{Y}_{\iota_1\iota_2\iota_3}$ von $\{\mathfrak{f}_{\iota_3}+t\mathfrak{f}''_{\iota_3}=0\}$ bezeichnet. Es sei

$$\hat{H}_{\iota_1\iota_2\iota_3}=\hat{H}_{\iota_3\iota_2}\circ\hat{H}_{\iota_2\iota_1}\circ\hat{H}_{\iota_1\iota_3}=\mathrm{id}-t\gamma''_{\iota_1\iota_2\iota_3}.$$

Aus der letzten Aussage folgt: $\gamma''_{\iota_1\iota_2\iota_3}\lesssim\varepsilon^2+\sigma$. Es ist $\underline{h}_1(\underline{s}'')=(\gamma'')\lesssim\varepsilon^2+\sigma$. Es gibt daher mittels eines linearen Operators ein $\underline{s}\in\Gamma_0$ mit $\underline{s}''-\underline{s}\lesssim\varepsilon^2+\sigma$, und wir können bereits annehmen, daß $\underline{s}=\underline{s}''$ ist. Es ist dann $\gamma=\delta(\gamma''_{\iota_1\iota_2})$, wobei $\gamma''_{\iota_1\iota_2}$ holomorphe Tangentialfelder an $\bar{Y}_{\iota_1\iota_2}$ mit $\gamma''_{\iota_1\iota_2}\lesssim\varepsilon^2+\sigma$ sind. Wir setzen $\xi'''_{\iota_1\iota_2}=\xi''_{\iota_1\iota_2}-\gamma''_{\iota_1\iota_2}$ und erhalten eine infinitesimale Deformation $(\mathfrak{f}''_\iota, \xi'''_{\iota_1\iota_2})$. Es sei $(g^*_\iota, \eta^*_{\iota_1\iota_2})=-(\mathfrak{f}^*_\iota, \xi^*_{\iota_1\iota_2})+(\mathfrak{f}''_\iota, \xi'''_{\iota_1\iota_2})$. Man hat $g^*_\iota\lesssim\varepsilon^2+\sigma$, $\eta^*_{\iota_1\iota_2}\lesssim\varepsilon^2+\sigma$. Wir können dann schreiben

$$(\mathfrak{f}^*_{\iota_1}, \xi^*_{\iota_1\iota_2})+(g^*_\iota, \eta^*_{\iota_1\iota_2})=(\mathfrak{f}^0_\iota, \xi^0_{\iota_1\iota_2})+\delta(\eta_\iota).$$

Die Abschätzungen folgen aus § 2.7.

3. Es seien $(\tilde{\mathfrak{f}}^\cup_\iota, \mathfrak{G}^\cup_\iota, \tilde{H}^\cup_{\iota_1\iota_2})$ und $(\tilde{\mathfrak{f}}_\iota, \mathfrak{G}_\iota, \tilde{H}_{\iota_1\iota_2})$ Pseudodeformationen von X zu $\varepsilon>0$ und $\mathfrak{V}$. Es sei $\omega\geqq 0$.

Definition 1. $(\tilde{\mathfrak{f}}^\cup_\iota, \mathfrak{G}^\cup_\iota, \tilde{H}^\cup_{\iota_1\iota_2})$ und $(\tilde{\mathfrak{f}}_\iota, \mathfrak{G}_\iota, \tilde{H}_{\iota_1\iota_2})$ heißen ω-äquivalent, wenn es biholomorphe Abbildungen $F_\iota=\mathrm{id}+\zeta_\iota$: $\bar{P}_\iota\to Q_\iota$ mit $\zeta_\iota\leqq\omega$ und holomorphe Matrixfunktionen $B_\iota=E+B'_\iota$ mit $B'_\iota\leqq\omega$ gibt, so daß folgendes gilt:

1) $\tilde{\mathfrak{f}}_\iota\circ F_\iota=B_\iota\circ\tilde{\mathfrak{f}}^\cup_\iota \bmod \sigma$ über $\bar{P}_\iota$.

2) $\tilde{H}^\cup_{\iota_1\iota_2}=F^{-1}_{\iota_1}\circ\tilde{H}_{\iota_1\iota_2}\circ F_{\iota_2} \bmod \sigma$ auf $\tilde{Y}^\cup_{\iota_1\iota_2}$.

3) Es ist in Satz 1:

$$\delta(\zeta_\iota)+0=0+\delta(\eta_\iota) \quad \text{mit} \quad \zeta_\iota=\eta_\iota.$$

Ist die letzte Bedingung nicht erfüllt, so sprechen wir von schwach-ω-äquivalent. Die F_ι heißen die Äquivalenzabbildungen und die (F_ι, B_ι) die Äquivalenzdaten. Natürlich handelt es sich hier nicht um eine exakte Äquivalenzrelation.

Es sei $\mathfrak{W}=\{W_\iota\}$ eine Steinsche Überdeckung von X mit $W_\iota \subset\subset V_\iota$ und $W_\iota=\Phi_\iota^{-1}(L_\iota)$, wobei $L_\iota \subset\subset P_\iota$ konzentrische Teilquader sind. Es sei $R_{\iota_1\iota_2} \subset\subset S_{\iota_1\iota_2}$ gemäß § 2.1 zu den L_ι gebildet. $H_{\iota_1\iota_2}$ bildet also $R_{\iota_1\iota_2}$ biholomorph auf $R_{\iota_2\iota_1}$ ab. Wir setzen $Z_\iota=L_\iota \cap X_\iota$.

Wir definieren jetzt eine holomorphe Operation Γ: $(\tilde{\mathfrak{f}}_\iota, \tilde{\mathfrak{G}}_\iota, \tilde{H}_{\iota_1\iota_2}) \to (\hat{\mathfrak{f}}_\iota, \hat{\mathfrak{G}}_\iota, \hat{H}_{\iota_1\iota_2})$ auf der banachanalytischen Mannigfaltigkeit der ε-Pseudodeformation zu $\bar{\mathfrak{W}}$, die unter Verkleinerung der Umgebungen von $\bar{L}_\iota$ versucht, die Pseudodeformation näher an die in Abschnitt 2 zugeordnete infinitesimale Deformation zu bringen.

Es seien (η_ι) nach Abschnitt 2 zu $(\tilde{\mathfrak{f}}_\iota, \tilde{\mathfrak{G}}_\iota, \tilde{H}_{\iota_1\iota_2})$ definiert (wobei wir anstelle von $\mathfrak{V}$ die Überdeckung $\mathfrak{W}$ verwenden). Wir setzen $F_\iota=\mathrm{id}+\xi_\iota$ mit $\xi_\iota=-\alpha_\iota(\eta_\iota)$ über $\bar{L}_\iota$. Dabei ist α_ι wie am Ende von Abschnitt 16 definiert. Man kann $\alpha_\iota(\eta_\iota)$ bilden, da α_ι nur von den Werten auf $\bar{Z}_\iota$ abhängt. Es gilt $\xi_\iota \lesssim \varepsilon$. Wir setzen $\hat{\mathfrak{f}}_\iota=\beta_\iota(\tilde{\mathfrak{f}}_\iota \circ F_\iota)=C_\iota \circ (\tilde{\mathfrak{f}}_\iota \circ F_\iota)$ mit $C_\iota=E+C'_\iota$ und $C'_\iota \lesssim \varepsilon$ und $\hat{\mathfrak{G}}_\iota=(\tilde{\mathfrak{G}}_\iota \circ F_\iota)\circ C_\iota^{-1}$ und schränken danach auf kleine Umgebungen von $\bar{L}_\iota$ ein (vgl. Satz 3). Als Verheftungsabbildung definieren wir $\hat{H}_{\iota_1\iota_2}=F_{\iota_1}^{-1}\circ \tilde{H}_{\iota_1\iota_2}\circ F_{\iota_2}$. Offenbar sind $(\hat{\mathfrak{f}}_\iota, \hat{\mathfrak{G}}_\iota, \hat{H}_{\iota_1\iota_2})$ und $(\tilde{\mathfrak{f}}_\iota, \tilde{\mathfrak{G}}_\iota, \tilde{H}_{\iota_1\iota_2})$ $K\varepsilon$-äquivalent mit einer Konstanten $K \geqq 1$.

4. Wir zeigen:

Satz 2. *Es seien* $(\tilde{\mathfrak{f}}_\iota^\cup, \tilde{\mathfrak{G}}_\iota^\cup, \tilde{H}_{\iota_1\iota_2}^\cup)$ *und* $(\tilde{\mathfrak{f}}_\iota, \tilde{\mathfrak{G}}_\iota, \tilde{H}_{\iota_1\iota_2})$ *ω-äquivalente Deformationen mit $\omega \leqq \varepsilon$. Die Äquivalenzdaten seien* $(F_\iota=\mathrm{id}+\xi_\iota, B_\iota=E+B'_\iota)$. *Dann gilt für die nach Satz 1 definierten Ketten:* $\eta_\iota^\cup=\eta_\iota+\xi_\iota \mod(\varepsilon\cdot\omega)$.

Beweis. Wir haben die Konstruktion in Abschnitt 2 durchzuführen. Es gilt auf $\bar{Z}_{\iota_2}^\cup \cap \bar{R}_{\iota_1\iota_2}$ die Gleichung

$$\tilde{H}_{\iota_1\iota_2}^\cup=F_{\iota_1}^{-1}\circ \tilde{H}_{\iota_1\iota_2}\circ F_{\iota_2}.$$

Daraus folgt dort (Satz 1.3):

$$\tilde{H}_{\iota_1\iota_2}^\cup=\tilde{H}_{\iota_1\iota_2}+\xi_{\iota_2}(H_{\iota_1\iota_2})-\xi_{\iota_1}\circ H_{\iota_1\iota_2} \quad \mod(\varepsilon\cdot\omega).$$

Dieses ist gleich:

$$H_{\iota_1\iota_2}\circ(\mathrm{id}+\tilde{\xi}_{\iota_1\iota_2}+\xi_{\iota_2}-H_{\iota_2\iota_1}(\xi_{\iota_1})) \quad \mod(\varepsilon\cdot\omega),$$

wenn $\tilde{H}_{\iota_1\iota_2}=H_{\iota_1\iota_2}\circ(\mathrm{id}+\tilde{\xi}_{\iota_1\iota_2})$ gesetzt ist.

Es ist $\tilde{\mathfrak{f}}_\iota \circ F_\iota=B_\iota \circ \tilde{\mathfrak{f}}_\iota^\cup$ über $\bar{L}_\iota$. Es gilt deshalb

$$\xi_\iota(\mathfrak{f}_\iota)+\mathfrak{f}_\iota^*=\mathfrak{f}_\iota^{\cup *} \quad \mod(\varepsilon\cdot\omega)$$

auf $\bar{Z}_\iota$. Daraus folgt:

$$(\mathfrak{f}_\iota^{\cup *}, \xi_{\iota_1\iota_2}^{\cup *})=(\mathfrak{f}_\iota^*, \xi_{\iota_1\iota_2}^*)+\delta(\xi_\iota) \quad \mod(\varepsilon\cdot\omega).$$

Das bedeutet aber wegen der Eigenschaft 3 von Definition 1 die Gleichung

$$\eta_\iota^\cup=\eta_\iota+\xi_\iota \quad \mod(\varepsilon\cdot\omega), \quad \text{q.e.d.}$$

Es sei M ein komplexer Raum, $0 \in M$ ein festgewählter Aufpunkt (basepoint). Anstelle einzelner Deformationen von X kann man auch holomorphe Familien von Deformationen über M betrachten. Die $\tilde{\mathfrak{f}}_\iota$, $\tilde{\mathfrak{G}}_\iota$ sind dann holomorph über $\bar{L}_\iota \times M$, die $\tilde{H}_{\iota_1\iota_2}$ holomorph über $\bar{R}_{\iota_1\iota_2} \times M$ und es gelten außer den Eigenschaften von § 2.3 die Gleichungen

$$\tilde{\mathfrak{f}}_\iota(0) = \mathfrak{f}_\iota, \quad \tilde{\mathfrak{G}}_\iota(0) = \mathfrak{G}_\iota, \quad \tilde{H}_{\iota_1\iota_2}(0) = H_{\iota_1\iota_2}.$$

Wir nennen solche Familien holomorphe Deformationen von X über M.

Zusatz. *Der Satz 2 gilt auch für holomorphe Deformationen von X über M.*

Der Beweis bleibt unverändert, wenn man die in § 1 beschriebene Norm für holomorphe Funktionen auf M verwendet.

5. Wir zeigen:

Satz 3. *Sind $(\tilde{\mathfrak{f}}_\iota^\cup, \tilde{\mathfrak{G}}_\iota^\cup, \tilde{H}_{\iota_1\iota_2}^\cup)$ und $(\tilde{\mathfrak{f}}_\iota, \tilde{\mathfrak{G}}_\iota, \tilde{H}_{\iota_1\iota_2})$ ω-äquivalente Deformationen, so erhält man durch Γ schwach-$K\varepsilon\omega$-äquivalente Deformationen $(\hat{\mathfrak{f}}_\iota^\cup, \hat{\mathfrak{G}}_\iota^\cup, \hat{H}_{\iota_1\iota_2}^\cup)$ und $(\hat{\mathfrak{f}}_\iota, \hat{\mathfrak{G}}_\iota, \hat{H}_{\iota_1\iota_2})$, wobei $K \geqq 1$ eine feste Konstante ist.*

Beweis. Es seien $(\tilde{F}_\iota = \mathrm{id} + \tilde{\xi}_\iota, \tilde{B}_\iota = E + B'_\iota)$ die Äquivalenzdaten und $(\eta_\iota^\cup)$, (η_ι) nach Satz 1 zu $(\tilde{\mathfrak{f}}_\iota^\cup, \tilde{\mathfrak{G}}_\iota^\cup, \tilde{H}_{\iota_1\iota_2}^\cup)$ und $(\tilde{\mathfrak{f}}_\iota, \tilde{\mathfrak{G}}_\iota, \tilde{H}_{\iota_1\iota_2})$ gebildet. Wir dürfen $\tilde{\alpha}_\iota^\cup(\tilde{\xi}_\iota) = \tilde{\xi}_\iota = \alpha_\iota(\tilde{\xi}_\iota) \bmod \varepsilon\omega$ voraussetzen. Es sei $F_\iota^\cup = \mathrm{id} + \xi_\iota^\cup$ mit $\xi_\iota^\cup = -\alpha_\iota(\eta_\iota^\cup)$, $F_\iota = \mathrm{id} + \xi_\iota$ mit $\xi_\iota = -\alpha_\iota(\eta_\iota)$. Man hat gemäß Satz 2 die Gleichung

$$\eta_\iota^\cup = \eta_\iota + \tilde{\xi}_\iota \quad \bmod(\varepsilon\omega).$$

Mithin gilt

$$F_\iota^\cup = \tilde{F}_\iota^{-1} \circ F_\iota \quad \bmod(\varepsilon\omega) \text{ auf } \bar{L}_\iota.$$

Es ist dann

$$G_\iota \underset{\mathrm{Def}}{=} F_\iota^{-1} \circ \tilde{F}_\iota \circ F_\iota^\cup = \mathrm{id} \quad \bmod(\varepsilon\omega).$$

Man hat

$$(\tilde{\mathfrak{f}}_\iota \circ F_\iota) \circ G_\iota = (\tilde{B}_\iota \circ F_\iota^\cup) \circ (\tilde{\mathfrak{f}}_\iota^\cup \circ F_\iota^\cup)$$

und $\tilde{\mathfrak{f}}_\iota \circ F_\iota - \tilde{\mathfrak{f}}_\iota \circ F_\iota \circ G_\iota \lesssim \varepsilon\omega$ und

$$\beta_\iota(\tilde{\mathfrak{f}}_\iota \circ F_\iota) - \beta_\iota(\tilde{\mathfrak{f}}_\iota \circ F_\iota \circ G_\iota) \lesssim \varepsilon\omega$$

und

$$\hat{\mathfrak{f}}_\iota \circ G_\iota = C_\iota \circ \beta_\iota[(\tilde{\mathfrak{f}}_\iota \circ F_\iota) \circ G_\iota]$$

mit $C_\iota = E + C'_\iota$ und $C'_\iota \lesssim \varepsilon \cdot \omega$. Also folgt $\hat{\mathfrak{f}}_\iota \circ G_\iota = C_\iota \circ \hat{\mathfrak{f}}_\iota^\cup$. Damit ist die schwache $K\varepsilon \cdot \omega$-Äquivalenz bewiesen.

Natürlich werden wieder die Umgebungen von $\bar{L}_\iota$ bei dem Prozeß verkleinert. Die Äquivalenzabbildungen sind in bezug auf große Umgebungen zu nehmen, die β_ι in bezug auf kleine zu definieren. Die C_ι sind über noch kleineren Umgebungen zu definieren.

Zusatz. *Satz 3 gilt auch für unsere Deformationen über M.*

§ 4. Die Glättung von Deformationen

1. Es sei $P \subset \mathbb{C}^N$ ein abgeschlossener Quader, es sei $n \leqq 2 \cdot N$, $\mathfrak{z} = (z_1, \dots, z_N)$, $z_\nu = x_{2\nu-1} + i\, x_{2\nu}$. Es seien für $\nu = 1, \dots, n$ je eine Zerlegung $x_0^{(\nu)}, \dots, x_t^{(\nu)}$ mit $x_0^{(\nu)} < \dots < x_t^{(\nu)}$ und $P = \{\mathfrak{z}: x_0^{(\nu)} \leqq x_\nu \leqq x_t^{(\nu)}\}$ gegeben. Wir setzen $P_\nu = P_{\underline{\nu}} = P_{\nu_1 \dots \nu_n} = \{\mathfrak{z}: x_{\nu_\lambda - 1}^{(\lambda)} \leqq x_\lambda \leqq x_{\nu_\lambda}^{(\lambda)}$ für $\lambda = 1, \dots n\}$. Das System (P_ν) ist eine Überdeckung von P mit abgeschlossenen achsenparallelen Teilquadern. Wir bezeichnen mit $P_{\underline{\nu}_1 \dots \underline{\nu}_p}$ den Durchschnitt $P_{\underline{\nu}_1} \cap \dots \cap P_{\underline{\nu}_p}$.

Es sei $\mathfrak{f} = \begin{pmatrix} f_1 \\ \vdots \\ f_m \end{pmatrix}$ ein m-tupel beschränkter holomorpher Funktionen über P

und $\mathfrak{G} = \begin{pmatrix} \mathfrak{g}_1 \\ \vdots \\ \mathfrak{g}_l \end{pmatrix}$ dort ein beschränktes Erzeugendensystem von $\mathfrak{R}(\mathfrak{f})$. Es sei

ferner folgendes gegeben[4]:

1) Über den P_ν holomorphe m-tupel $\mathfrak{f}'_\nu$ und holomorphe (l, m)-Matrixfunktionen $\mathfrak{G}'_\nu$ mit $\mathfrak{f}'_\nu < \varepsilon$, $\mathfrak{G}'_\nu < \varepsilon$ und $\tilde{\mathfrak{G}}_\nu \circ \tilde{\mathfrak{f}}_\nu \leqq \sigma$, wobei $\tilde{\mathfrak{f}}_\nu = \mathfrak{f}_\nu + \mathfrak{f}'_\nu$, $\tilde{\mathfrak{G}}_\nu = \mathfrak{G}_\nu + \mathfrak{G}'_\nu$. Wir setzen $\tilde{Y}_\nu = \{\tilde{\mathfrak{f}}_\nu = 0\} \subset P_\nu$.

2) Über den Durchschnitten $P_{\nu_1 \nu_2}$ seien biholomorphe Abbildungen $F_{\nu_1 \nu_2} = id + \xi_{\nu_1 \nu_2}$ mit $\|\xi_{\nu_1 \nu_2}\| < \varepsilon$ gegeben, so daß $\tilde{\mathfrak{f}}_{\nu_1} \circ F_{\nu_1 \nu_2} | \tilde{Y}_{\nu_2} \leqq \sigma$.

3) Über $P_{\nu_1 \nu_2 \nu_3}$ gelte $F_{\nu_1 \nu_2} \circ F_{\nu_2 \nu_3} - F_{\nu_1 \nu_3} | \tilde{Y}_{\nu_3} \leqq \sigma$.

Wir zeigen:

Satz 1. *Man kann durch einen holomorphen Operator über P holomorphe m-tupel $\mathfrak{f}'$ und Matrixfunktionen $\mathfrak{G}'$ mit $\mathfrak{f}' \lesssim \varepsilon$, $\mathfrak{G}' \lesssim \varepsilon$ und $\tilde{\mathfrak{G}} \circ \tilde{\mathfrak{f}} \lesssim \sigma$, und über den P_ν biholomorphe Abbildungen $F_\nu = \mathrm{id} + \xi_\nu$ mit $\xi_\nu \lesssim \varepsilon$ und $F_{\nu_1} - F_{\nu_1 \nu_2} \circ F_{\nu_2} | \hat{Y} \lesssim \sigma$ und $\tilde{\mathfrak{f}}_\nu \circ F_\nu | \hat{Y} \lesssim \sigma$ konstruieren. Dabei ist $\hat{Y} = \{\tilde{\mathfrak{f}} = 0\}$ gesetzt.*

Beweis. Wir nennen n den Rang von (P_ν) und beweisen den Satz durch vollständige Induktion über n. Für $n = 0$ ist er trivialerweise richtig. Sei er also für den Fall $n-1$ bereits bewiesen. Es sei $\nu' = (\nu_1, \dots, \nu_{n-1})$. Der Index ν_n laufe von $1, \dots, t$. Wir konstruieren (nach Commichau [1]) zunächst über $P_{\nu' \nu_n}$ biholomorphe Abbildungen $G_{\nu' \nu_n} = \mathrm{id} + \xi_{\nu' \nu_n}$ mit $\xi_{\nu' \nu_n} \lesssim \varepsilon$, so daß $F_{\nu' \nu_n, \nu' \tilde{\nu}_n} \circ G_{\nu' \tilde{\nu}_n} = G_{\nu' \nu_n}$ in $P_{\nu' \nu_n, \nu' \tilde{\nu}_n}$ falls $|\nu_n - \tilde{\nu}_n| = 1$. Wir ersetzen sodann $\tilde{\mathfrak{f}}_{\nu' \nu_n}$ durch $\tilde{\mathfrak{f}}_{\nu' \nu_n} \circ G_{\nu' \nu_n}$ und $\tilde{\mathfrak{G}}_{\nu' \nu_n}$ durch $\tilde{\mathfrak{G}}_{\nu' \nu_n} \circ G_{\nu' \nu_n}$ und bezeichnen die neuen Objekte wieder auf alte Weise. Man hat $\tilde{\mathfrak{f}}_{\nu' \nu_n} | \tilde{Y}_{\nu' \tilde{\nu}_n} \lesssim \sigma$ über $P^* = P_{\nu' \nu_n, \nu' \tilde{\nu}_n}$. Das heißt: es gibt über $P^* = P^*_{\nu_n \tilde{\nu}_n}$ ein $A = A_{\nu' \nu_n, \nu' \tilde{\nu}_n} = E + A' = E + A'_{\nu' \nu_n, \nu' \tilde{\nu}_n}$ mit $A' \lesssim \varepsilon$ und $\tilde{\mathfrak{f}}_{\nu' \nu_n} = A \circ \tilde{\mathfrak{f}}_{\nu' \tilde{\nu}_n} \bmod \sigma$. Dazu schreibt man zunächst $\mathfrak{f}'_{\nu' \nu_n} - \mathfrak{f}'_{\nu' \tilde{\nu}_n} = A' \circ \tilde{\mathfrak{f}}_{\nu' \nu_n} \bmod \sigma$ mit $A' \lesssim 1$ und kann dann nach Satz 1.10 sogar $A' \lesssim \varepsilon$ wählen. Man kann dann über den $P_{\nu' \nu_n}$ holomorphe Matrixfunktionen $A_{\nu' \nu_n}$ mit $A'_{\nu' \nu_n} \lesssim \varepsilon$ und $A_{\nu' \nu_n} \circ A'_{\nu' \nu_n, \nu' \tilde{\nu}_n} \circ$

---

[4] Die σ dienen in diesem § nur der Heuristik.

$A_{\nu'\tilde{\nu}_n}^{-1}=E$ finden. Wir ersetzen $\tilde{\mathfrak{f}}_{\nu'\nu_n}$ durch $A_{\nu'\nu_n}\circ\tilde{\mathfrak{f}}_{\nu'\nu_n}$, bezeichnen wieder wie vorher und haben $\tilde{\mathfrak{f}}_{\nu'\tilde{\nu}_n}-\tilde{\mathfrak{f}}_{\nu'\nu_n}\lesssim\sigma$ auf $P^*_{\nu_n\tilde{\nu}_n}$. Durch Lösung eines Cousin-I-Problems (Satz 1.6*) kann man schließlich ein $\tilde{\mathfrak{f}}_{\nu'}$ über $P_{\nu'}$ konstruieren mit $\tilde{\mathfrak{f}}_{\nu'\nu_n}-\tilde{\mathfrak{f}}_{\nu'}\lesssim\sigma$. Die $\tilde{\mathfrak{G}}_{\nu'\nu_n}$ werden entsprechend abgewandelt, so daß $\tilde{\mathfrak{G}}_{\nu'\nu_n}\circ\tilde{\mathfrak{f}}_{\nu'\nu_n}\lesssim\sigma$ gilt. Man hat dann auch $\tilde{\mathfrak{G}}_{\nu'\nu_n}\circ\tilde{\mathfrak{f}}_{\nu'}\lesssim\sigma$. Man kann dann durch einen Verheftungsprozess (Satz 1.9) leicht holomorphe (l,m)-Matrixfunktionen $\tilde{\mathfrak{G}}_{\nu'}$ über $P_{\nu'}$ bestimmen mit $\mathfrak{G}'_{\nu'}\lesssim\varepsilon$ und $\tilde{\mathfrak{G}}_{\nu'}\circ\tilde{\mathfrak{f}}_{\nu'}\lesssim\sigma$.

Es bleibt nur noch die Verheftung über $P_{\nu',\tilde{\nu}'}$ herzustellen. Wir betrachten $G_{\nu',\tilde{\nu}'\nu_n}\underset{\mathrm{Def}}{=}G_{\nu'\nu_n}^{-1}\circ F_{\nu'\nu_n,\tilde{\nu}'\nu_n}\circ G_{\tilde{\nu}'\nu_n}$ über $P_{\nu'\nu_n,\tilde{\nu}'\nu_n}$. Es gilt über $P_{\nu'\nu_n,\tilde{\nu}'\nu_n,\tilde{\nu}'\tilde{\nu}_n}=P_{\nu'\nu_n,\tilde{\nu}'\tilde{\nu}_n}=P_{\nu'\nu_n,\nu'\tilde{\nu}_n,\tilde{\nu}'\tilde{\nu}_n}$ mod σ die Gleichung

$$F_{\nu'\nu_n,\tilde{\nu}'\nu_n}\circ F_{\tilde{\nu}'\nu_n,\tilde{\nu}'\tilde{\nu}_n}|\tilde{Y}_{\tilde{\nu}'\tilde{\nu}_n}=F_{\nu'\nu_n,\tilde{\nu}'\tilde{\nu}_n}|\tilde{Y}_{\tilde{\nu}'\tilde{\nu}_n}=F_{\nu'\nu_n,\nu'\tilde{\nu}_n}\circ F_{\nu'\tilde{\nu}_n,\tilde{\nu}'\tilde{\nu}_n}|\tilde{Y}_{\tilde{\nu}'\tilde{\nu}_n},$$

wobei es sich noch um die alten $\tilde{Y}_{\tilde{\nu}'\tilde{\nu}_n}$ handelt. Es gilt $F_{\nu'\nu_n,\nu'\tilde{\nu}_n}=G_{\nu'\nu_n}\circ G_{\nu'\tilde{\nu}_n}^{-1}$ und $F_{\tilde{\nu}'\nu_n,\tilde{\nu}'\tilde{\nu}_n}=G_{\tilde{\nu}'\nu_n}\circ G_{\tilde{\nu}'\tilde{\nu}_n}^{-1}$. Hieraus folgt nach Satz 1.14 und Satz 1.14':

$$G_{\nu'\nu_n}^{-1}\circ F_{\nu'\nu_n,\tilde{\nu}'\nu_n}\circ G_{\tilde{\nu}'\nu_n}|\tilde{Y}_{\tilde{\nu}'\tilde{\nu}_n}=G_{\nu'\tilde{\nu}_n}^{-1}\circ F_{\nu'\tilde{\nu}_n,\tilde{\nu}'\tilde{\nu}_n}\circ G_{\tilde{\nu}'\tilde{\nu}_n}|\tilde{Y}_{\tilde{\nu}'\tilde{\nu}_n}\ \mathrm{mod}\ \sigma,$$

wobei es sich jetzt um die neuen $\tilde{Y}_{\tilde{\nu}'\tilde{\nu}_n}=\{\tilde{\mathfrak{f}}_{\tilde{\nu}'\tilde{\nu}_n}=0\}$ handelt. Wir können an Stelle von $\tilde{Y}_{\tilde{\nu}'\tilde{\nu}_n}$ auch $\tilde{Y}_{\tilde{\nu}'}=\{\tilde{\mathfrak{f}}_{\tilde{\nu}'}=0\}$ verwenden. Es folgt also

$$G'_{\nu',\tilde{\nu}'\nu_n}|\tilde{Y}_{\tilde{\nu}'}=G'_{\nu',\tilde{\nu}'\tilde{\nu}_n}|\tilde{Y}_{\tilde{\nu}'}\ \mathrm{mod}\ \sigma\qquad\text{mit } G\ldots=\mathrm{id}+G'\ldots.$$

Es gibt daher holomorphe Matrixfunktionen $B_{\nu_n\tilde{\nu}_n}$ über $P_{\nu'\nu_n,\tilde{\nu}'\tilde{\nu}_n}$ mit $B_{\nu_n\tilde{\nu}_n}\lesssim\varepsilon$ und $-G'_{\nu',\tilde{\nu}'\nu_n}+G'_{\nu',\tilde{\nu}'\tilde{\nu}_n}=B_{\nu_n\tilde{\nu}_n}\circ\tilde{\mathfrak{f}}_{\tilde{\nu}'}$ mod σ. Wir setzen $B_{\nu_n\tilde{\nu}_n}=-B_{\nu_n}+B_{\tilde{\nu}_n}$, wobei B_{ν_n} über $P_{\nu',\tilde{\nu}'\nu_n}$ und $B_{\tilde{\nu}_n}$ über $P_{\nu',\tilde{\nu}'\tilde{\nu}_n}$ holomorph ist und dann $G''_{\nu',\tilde{\nu}'\nu_n}=G'_{\nu',\tilde{\nu}'\nu_n}-B_{\nu_n}\circ\tilde{\mathfrak{f}}_{\tilde{\nu}'}$. Der Korand $\delta(G''_{\nu',\tilde{\nu}'\nu_n})$ ist nun quasi kleiner σ. Es gibt daher ein $F_{\nu',\tilde{\nu}'}$ über $P_{\nu',\tilde{\nu}'}$ mit $F'_{\nu',\tilde{\nu}'}-G''_{\nu',\tilde{\nu}'\nu_n}\lesssim\sigma$ für $F_{\nu'\tilde{\nu}'}=\mathrm{id}+F'_{\nu'\tilde{\nu}'}$.

Es gilt $\tilde{\mathfrak{f}}_{\nu'}\circ G_{\nu',\tilde{\nu}'\nu_n}|\tilde{Y}_{\tilde{\nu}'}\lesssim\sigma$. Hieraus folgt $\tilde{\mathfrak{f}}_{\tilde{\nu}'}\circ F_{\nu',\tilde{\nu}'}|\tilde{Y}_{\tilde{\nu}'}\lesssim\sigma$.

Wir betrachten über $P_{\nu'_1,\nu'_2,\nu'_3}$ die Differenz $F_{\nu'_1,\nu'_2}\circ F_{\nu'_2,\nu'_3}-F_{\nu'_1,\nu'_3}$. Es sei $\tilde{\tilde{G}}_{\nu',\tilde{\nu}'\nu_n}=\mathrm{id}+G''_{\nu',\tilde{\nu}'\nu_n}$. Die Differenz stimmt über $P_{\nu'_1,\nu'_2,\nu'_3}$ mod σ überein mit $\tilde{\tilde{G}}_{\nu'_1,\nu'_2\nu_n}\circ\tilde{\tilde{G}}_{\nu'_2,\nu'_3\nu_n}-\tilde{\tilde{G}}_{\nu'_1,\nu'_3\nu_n}$. Dieses ist auf $\{\tilde{\mathfrak{f}}_{\nu'_3}=0\}$ quasi kleiner σ. Damit sind die Eigenschaften 1)–3) von Satz 1 erfüllt.

Man kann nun die Induktionsvoraussetzung anwenden und auf P die Funktionen $\mathfrak{f}'$, $\mathfrak{G}'$ konstruieren, ferner die holomorphen Abbildungen $F_{\nu'}$. Wir setzen dann $F_\nu=G_\nu\circ F_{\nu'}$. Es ist dann $F_{\nu_1}-F_{\nu_1\nu_2}\circ F_{\nu_2}\lesssim\sigma$ auf $\{\tilde{\mathfrak{f}}=0\}$ und auch die übrigen Aussagen von Satz 1 sind erfüllt.

Zusatz. *Der Satz 1 gilt auch für holomorphe Familien über M mit* $\sigma=0$.

2. Es seien $\mathfrak{W}<<\mathfrak{V}<<\mathfrak{U}$ Überdeckungen von X. Es sei $W_\iota=\Phi_\iota^{-1}(L_\iota)$ mit $L_\iota\subset\subset P_\iota$ konzentrische Quader. Es sei $(\tilde{\mathfrak{f}}_\iota=\mathfrak{f}_\iota+\mathfrak{f}'_\iota,\ \tilde{\mathfrak{G}}_\iota=\mathfrak{G}_\iota+\mathfrak{G}'_\iota,\ \tilde{H}_{\iota_1\iota_2}=H_{\iota_1\iota_2}\circ(\mathrm{id}+\xi'_{\iota_1\iota_2}))$ eine Pseudodeformation von X bzgl. $\mathfrak{W}$. Wir konstruieren durch einen holomorphen Operator eine Pseudo-deformation $(\mathfrak{f}_\iota, \mathfrak{G}_\iota, \hat{H}_{\iota_1\iota_2})$ von X, bzgl. $\mathfrak{V}$, deren Einschränkung auf $\mathfrak{W}$ zu $(\tilde{\mathfrak{f}}_\iota, \mathfrak{G}_\iota, \tilde{H}_{\iota_1\iota_2})$ pseudoäquivalent ist (Glättung).

Wir zerlegen $\bar{P}_\iota$ in Teilquader $P'_\nu = P'_{\nu_1 \ldots \nu_{2N}}$, so daß es im Falle $P'_\nu \cap \bar{Y}_\iota \neq \emptyset$ ein $\mu = \mu(\nu)$ mit $H_{\mu\iota}(P'_\nu) \subset L'_\mu \subset\subset L_\mu$ gibt, wobei die $\Phi_\iota^{-1}(L'_\iota)$ noch X überdecken. Es sei ι zunächst fest gewählt. Man hat $\mathfrak{f}_\iota = A_{\mu\iota}^{-1} \circ (\mathfrak{f}_\mu \circ H_{\mu\iota})$ über $T_{\mu\iota}$. Wir definieren über P_ν das m-tupel $\tilde{\mathfrak{f}}_\nu = A_{\mu\iota}^{-1} \circ (\tilde{\mathfrak{f}}_\mu \circ H_{\mu\iota}) = \mathfrak{f} + \mathfrak{f}'_\nu$ mit $\mathfrak{f}'_\nu \lesssim \varepsilon$. Es gibt über $T_{\mu\iota}$ eine holomorphe Matrixfunktion C, so daß $\mathfrak{G}_\iota \circ A_{\mu\iota}^{-1} = C \circ (\mathfrak{G}_\mu \circ H_{\mu\iota})$. Es ist also

$$\mathfrak{G}_\iota = C \circ (\mathfrak{G}_\mu \circ H_{\mu\iota}) \circ A_{\mu\iota}.$$

Wir setzen $\tilde{\mathfrak{G}}_\nu = C \circ (\tilde{\mathfrak{G}}_\mu \circ H_{\mu\iota}) \circ A_{\mu\iota}$. Es folgt dann $\tilde{\mathfrak{G}}_\nu \circ \tilde{\mathfrak{f}}_\nu \lesssim \sigma$. Man hat ferner $\mathfrak{G}'_\nu \lesssim \varepsilon$. Es sei $\tilde{Y}_\nu = \{\tilde{\mathfrak{f}}_\nu = 0\}$.

Über P_{ν_1, ν_2} mit $P_{\nu_1, \nu_2} \cap \bar{Y}_\iota \neq \emptyset$ betrachten wir die Abbildung

$$H_{\iota\mu_1} \circ \tilde{H}_{\mu_1\mu_2} \circ H_{\mu_2\iota}.$$

Ist die Zerlegung (P_ν) von $\bar{P}_\iota$ hinreichend fein gewählt, so ist diese Ineinandersetzung möglich (auf einer großen Umgebung von P_{ν_1, ν_2}). Ihre Beschränkung auf $\tilde{Y}_{\nu_2}$ ist quasi kleiner ε von der Identität entfernt. Indem wir eine Linearkombination von $\tilde{\mathfrak{f}}_{\nu_2}$ abziehen (mit Koeffizienten $\lesssim 1$) erhalten wir eine biholomorphe Abbildung $F^{(\iota)}_{\nu_1\nu_2} = F_{\nu_1\nu_2} = \mathrm{id} + \xi_{\nu_1\nu_2}$ auf P_{ν_1, ν_2} mit $\xi_{\nu_1\nu_2} \lesssim \varepsilon$. Es gilt $\tilde{\mathfrak{f}}_{\nu_1} \circ (H_{\iota\mu_1} \circ \tilde{H}_{\mu_1\mu_2} \circ H_{\mu_2\iota}) | \tilde{Y}_{\nu_2} \lesssim \sigma$ und mithin auch $\tilde{\mathfrak{f}}_{\nu_1} \circ F_{\nu_1\nu_2} | \tilde{Y}_{\nu_2} \lesssim \sigma$.

Über P_{ν_1, ν_2, ν_3} gilt, wenn $P_{\nu_1, \nu_2, \nu_3} \cap \bar{Y}_\iota \neq \emptyset$:

$$(H_{\iota\mu_1} \circ \tilde{H}_{\mu_1\mu_2} \circ H_{\mu_2\iota}) \circ (H_{\iota\mu_2} \circ \tilde{H}_{\mu_2\mu_3} \circ H_{\mu_3\iota}) - (H_{\iota\mu_1} \circ \tilde{H}_{\mu_1\mu_3} \circ H_{\mu_3\iota}) | \tilde{Y}_{\nu_3} \lesssim \sigma.$$

Hieraus folgt

$$F_{\nu_1\nu_2} \circ F_{\nu_2\nu_3} - F_{\nu_1\nu_3} | \tilde{Y}_{\nu_3} \lesssim \sigma.$$

Im Falle $P_\nu \cap \bar{Y}_\nu = \emptyset$ setzen wir $\tilde{\mathfrak{f}}_\nu = \mathfrak{f}_\iota$, $\tilde{\mathfrak{G}}_\nu = \mathfrak{G}_\iota$, wenn $P_{\nu_1\nu_2} \cap \bar{Y}_\iota = \emptyset$, so sei $F_{\nu_1\nu_2} = \mathrm{id}$. Das $\varepsilon > 0$ und die Umgebungen von allen P_ν seien dann so klein, daß die $\tilde{Y}_\nu$ nicht in die festen Umgebungen von diesen P_ν, $P_{\nu_1\nu_2}$ hineinfallen. Damit sind die Voraussetzungen von Satz 1 erfüllt. Man kann über $\bar{P}_\iota$ holomorphe m-tupel $\hat{\mathfrak{f}}'_\iota$ und (l, m)-Matrixfunktionen $\hat{\mathfrak{G}}'_\iota$ mit $\hat{\mathfrak{f}}'_\iota \lesssim \varepsilon$ und $\hat{\mathfrak{G}}'_\iota \lesssim \varepsilon$ und $\hat{\mathfrak{G}}_\iota \circ \hat{\mathfrak{f}}_\iota \lesssim \sigma$ bestimmen, so daß noch folgendes gilt: es gibt über den P'_ν biholomorphe Abbildungen $F^{(\iota)}_\nu = \mathrm{id} + \xi^\iota_\nu$ mit $\xi^\iota_\nu \lesssim \varepsilon$ und $F^{(\iota)}_{\nu_1} - F^{(\iota)}_{\nu_1\nu_2} \circ F^{(\iota)}_{\nu_2} | \hat{Y}_\iota \lesssim \sigma$ und $\tilde{\mathfrak{f}}'_\nu \circ F^{(\iota)}_\nu | \hat{Y}_\iota \lesssim \sigma$.

Es seien ι_1, ι_2 fest gewählt. Die Mengen

$$K_{\nu_1\nu_2} = \bar{S}_{\iota_1\iota_2} \cap P'^{\iota_2}_{\nu_2} \cap H_{\iota_2\iota_1}(P'^{\iota_1}_{\nu_1}) \cap \bar{Y}_{\iota_2}$$

überdecken $\bar{S}_{\iota_1\iota_2} \cap \bar{Y}_{\iota_2}$. (Man hat wieder Umgebungen zu nehmen!) Wir betrachten über $K_{\nu_1\nu_2}$ die Abbildung

$$\tilde{H}_{\nu_1\nu_2} = F^{(\iota_1)-1}_{\nu_1} \circ H_{\iota_1\mu_1} \circ \tilde{H}_{\mu_1\mu_2} \circ H_{\mu_2\iota_2} \circ F^{(\iota_2)}_{\nu_2}.$$

Dabei ist μ_1 zu (ι_1, ν_1) und μ_2 zu (ι_2, ν_2) gebildet. Über $K_{\nu_1\nu_2} \cap K_{\bar\nu_1\bar\nu_2}$ gelten für die Beschränkungen auf $\hat{Y}_{\iota_2}$ mod σ die Gleichungen:

$$\begin{aligned}
\tilde{H}^{-1}_{\nu_1\nu_2} \circ \tilde{H}_{\bar\nu_1\bar\nu_2} &= F^{(\iota_2)-1}_{\nu_2} \circ H_{\iota_2\mu_2} \circ \tilde{H}_{\mu_2\mu_1} \circ H_{\mu_1\iota_1} \circ F^{(\iota_1)}_{\nu_1} \circ F^{(\iota_1)-1}_{\bar\nu_1} \circ H_{\iota_1\bar\mu_1} \circ \tilde{H}_{\bar\mu_1\bar\mu_2} \\
&\quad \circ H_{\bar\mu_2\iota_2} \circ F^{(\iota_2)}_{\bar\nu_2} \\
&= F^{(\iota_2)-1}_{\nu_2} \circ H_{\iota_2\mu_2} \circ \tilde{H}_{\mu_2\mu_1} \circ H_{\mu_1\iota_1} \circ F^{(\iota_1)}_{\nu_1\bar\nu_1} \circ H_{\iota_1\bar\mu_1} \circ \tilde{H}_{\bar\mu_1\bar\mu_2} \circ H_{\bar\mu_2\iota_2} \circ F^{(\iota_2)}_{\bar\nu_2} \\
&= F^{(\iota_2)-1}_{\nu_2} \circ H_{\iota_2\mu_2} \circ (\tilde{H}_{\mu_2\mu_1} \circ H_{\mu_1\iota_1} \circ H_{\iota_1\mu_1} \circ \tilde{H}_{\mu_1\bar\mu_1} \circ H_{\bar\mu_1\iota_1} \circ H_{\iota_1\bar\mu_1} \\
&\quad \circ \tilde{H}_{\bar\mu_1\bar\mu_2}) \circ H_{\bar\mu_2\iota_2} \circ F^{(\iota_2)}_{\bar\nu_2} \\
&= F^{(\iota_2)-1}_{\nu_2} \, H_{\iota_2\mu_2} \circ \tilde{H}_{\mu_2\bar\mu_2} \circ H_{\bar\mu_2\iota_2} \circ F^{(\iota_2)}_{\bar\nu_2} \\
&= F^{(\iota_2)-1}_{\nu_2} \circ F^{(\iota_2)}_{\nu_2\bar\nu_2} \circ F^{(\iota_2)}_{\bar\nu_2} = \mathrm{id}.
\end{aligned}$$

Zu den $K_{\nu_1\nu_2}$ gehören feste Steinsche Umgebungen $U_{\nu_1\nu_2} \subset Q_{\iota_2}$. Diese überdecken $\bar{S}_{\iota_1\iota_2} \cap \bar{Y}_{\iota_2}$. Man kann diese Überdeckung zu einer Steinschen Überdeckung von $\bar{S}_{\iota_1\iota_2}$ ergänzen und in den neuen Elementen $\tilde{H}_{\nu_1\nu_2} = H_{\iota_1\iota_2}$ setzen.

Es gilt also $\delta(\tilde{H}_{\nu_1\nu_2}) | \hat{Y}_{\iota_2} \lesssim \sigma$. Man kann deshalb nach Satz 1.11,6* ein $\hat{H}_{\iota_1\iota_2}$ über $\bar{S}_{\iota_1\iota_2}$ mit $H'_{\iota_1\iota_2} \lesssim 1$ und $\tilde{H}_{\nu_1\nu_2} - \hat{H}_{\iota_1\iota_2} | \hat{Y}_{\iota_2} \lesssim \sigma$ konstruieren. Es ist $\tilde{H}_{\nu_1\nu_2} | \hat{Y}_{\iota_2} = H_{\iota_1\iota_2}$ mod ε. Daher gilt $\hat{H}_{\iota_1\iota_2} | \hat{Y}_{\iota_2} = H_{\iota_1\iota_2}$ mod $(\varepsilon + \sigma)$. Man kann deshalb (Satz 1.12) eine Linearkombination von $\mathfrak{f}_{\iota_2}$ mit Koeffizienten $\lesssim 1$ von $\hat{H}_{\iota_1\iota_2}$ abziehen, so daß danach $\hat{H}_{\iota_1\iota_2} - H_{\iota_1\iota_2} \lesssim \varepsilon + \sigma$ und noch immer $\tilde{H}_{\nu_1\nu_2} - \hat{H}_{\iota_1\iota_2} | \hat{Y}_{\iota_2} \lesssim \sigma$. Man hat dann $\hat{H}_{\iota_1\iota_2} = H_{\iota_1\iota_2} \circ (\mathrm{id} + \xi'_{\iota_1\iota_2})$ mit $\xi'_{\iota_1\iota_2} \lesssim \varepsilon + \sigma$. Wir haben $\mathfrak{f}_{\iota_1} \circ \tilde{H}_{\nu_1\nu_2} | \hat{Y}_{\iota_2} \lesssim \sigma$. Das ergibt $\mathfrak{f}_{\iota_1} \circ \hat{H}_{\iota_1\iota_2} | \hat{Y}_{\iota_2} \lesssim \sigma$.

Ferner gilt die Pseudoverträglichkeit. Man hat auf $\hat{Y}_{\iota_3}$ die Beziehung mod σ:

$$\begin{aligned}
\tilde{H}^{(\iota_1\iota_2)}_{\nu_1\nu_2} \circ \tilde{H}^{(\iota_2\iota_3)}_{\nu_2\nu_3} - H^{(\iota_1\iota_2)}_{\nu_1\nu_3} &= F^{(\iota_1)-1}_{\nu_1} \circ H_{\iota_1\mu_1} \circ \tilde{H}_{\mu_1\mu_2} \circ H_{\mu_2\iota_2} \circ F^{(\iota_2)}_{\nu_2} \circ F^{(\iota_2)-1}_{\nu_2} \circ H_{\iota_2\mu_2} \\
&\quad \circ \tilde{H}_{\mu_2\mu_3} \circ H_{\mu_3\iota_3} \circ F^{(\iota_3)}_{\nu_3} - F^{(\iota_1)-1}_{\nu_1} \circ H_{\iota_1\mu_1} \circ \tilde{H}_{\mu_1\mu_3} \\
&\quad \circ H_{\mu_3\iota_3} \circ F^{(\iota_3)}_{\nu_3} = 0.
\end{aligned}$$

Also gilt auch $\hat{H}_{\iota_1\iota_2} \circ \hat{H}_{\iota_2\iota_3} - \hat{H}_{\iota_1\iota_3} | \hat{Y}_{\iota_3} \lesssim \sigma$. Damit ist über $\bar{\mathfrak{B}}$ eine Pseudodeformation von X gewonnen. Wir bezeichnen sie mit $\Lambda(\mathfrak{f}_\iota, \mathfrak{G}_\iota, \hat{H}_{\iota_1\iota_2})$. Wir zeigen noch, daß ihre Einschränkung auf $\mathfrak{W}$ zu der gegebenen schwach äquivalent ist:

Die Quaderzerlegung $(P^{(\iota)}_\nu)$ sei auch eine Zerlegung von $\bar{L}_\iota$. Ist $P^{(\iota)}_\nu \subset \bar{L}_\iota$, so betrachten wir über $P^{(\iota)}_\nu$ die Abbildung $\tilde{H}_{\iota\mu} \circ H_{\mu\iota} \circ F^{(\iota)}_\nu$ „von $\hat{Y}_\iota \cap P^{(\iota)}_\nu$ auf $\tilde{Y}_\iota \cap P^{(\iota)}_\nu$" (von Umgebungen!). Über $P^{(\iota)}_{\nu_2} \cap P^{(\iota)}_{\nu_2} \cap \hat{Y}_\iota$ gilt:

$$\begin{aligned}
(\tilde{H}_{\iota\mu_1} \circ H_{\mu_1\iota} \circ F^{(\iota)}_{\nu_1})^{-1} \circ (\tilde{H}_{\iota\mu_2} \circ H_{\mu_2\iota} \circ F^{(\iota)}_{\nu_2}) &= F^{(\iota)-1}_{\nu_1} \circ H_{\iota\mu_1} \circ \tilde{H}_{\mu_1\mu_2} \, H_{\mu_2\iota} \circ F^{(\iota)}_{\nu_2} \\
&= \text{Identität}.
\end{aligned}$$

Wir können nach Satz 11 in $\bar{L}_\iota$ eine biholomorphe Abbildung F_ι mit $F_\iota - \mathrm{id} \lesssim \varepsilon$ und $F_\iota - \tilde{H}_{\iota\mu} \circ H_{\mu\iota} \circ F^{(\iota)}_\nu | \hat{Y}_\iota = 0$ finden. Es folgt $\mathfrak{f}_\iota \circ F_\iota | \hat{Y}_\iota = 0$.

Wir müssen noch die Verheftungsabbildungen betrachten. Auf $\hat{Y}_{\iota_2} \cap \bar{R}_{\iota_1 \iota_2}$ stimmt $F_{\iota_1}^{-1} \circ \tilde{H}_{\iota_1 \iota_2} \circ F_{\iota_2}$ überein mit

$$\begin{aligned} &F_{\nu_1}^{(\iota_1)-1} \circ H_{\iota_1 \mu_1} \circ \tilde{H}_{\mu_1 \iota_1} \circ \tilde{H}_{\iota_1 \iota_2} \circ \tilde{H}_{\iota_2 \mu_2} \circ H_{\mu_2 \iota_2} \circ F_{\nu_2}^{(\iota_2)} \\ &= F_{\nu_1}^{(\iota_1)-1} \circ H_{\iota_1 \mu_1} \circ \tilde{H}_{\mu_1 \mu_2} \circ H_{\mu_2 \iota_2} \circ F_{\nu_2}^{(\iota_2)} \\ &= \hat{H}_{\nu_1 \nu_2}^{(\iota_1 \iota_2)} = \hat{H}_{\iota_1 \iota_2}. \end{aligned}$$

Damit ist die Äquivalenz gezeigt. Alle Gleichungen gelten natürlich nur mod σ.

Zusatz. *Es gilt alles auch für unsere Familien über M.*

3. Es sei noch folgende Betrachtung angestellt.

Satz 2. *Es seien* $(\tilde{\mathfrak{f}}_\iota, \mathfrak{G}_\iota, \tilde{H}_{\iota_1 \iota_2})$ *und* $(\tilde{\tilde{\mathfrak{f}}}_\iota, \tilde{\tilde{\mathfrak{G}}}_\iota, \tilde{\tilde{H}}_{\iota_1 \iota_2})$ *zwei schwach* ω*-äquivalente Deformationen von X bzgl.* $\mathfrak{W}$. *Dann sind die Glättungen* $(\hat{\mathfrak{f}}_\iota, \hat{\mathfrak{G}}_\iota, \hat{H}_{\iota_1 \iota_2})$ *und* $(\hat{\hat{\mathfrak{f}}}_\iota, \hat{\hat{\mathfrak{G}}}_\iota, \hat{\hat{H}}_{\iota_1 \iota_2})$ *schwach* $\hat{\omega}$*-äquivalent bzgl.* $\bar{\mathfrak{B}}$ *mit* $\hat{\omega} \lesssim \omega$.

Beweis. Es seien (F_ι, B_ι) mit $F_\iota = \mathrm{id} + \xi_\iota$, $B_\iota = E + B'_\iota$ und $\xi_\iota \leqq \omega$, $B'_\iota \leqq \omega$ die Äquivalenzdaten. Es gilt also

$$\tilde{\mathfrak{f}}_\iota \circ F_\iota = B_\iota \circ \tilde{\tilde{\mathfrak{f}}}_\iota, \quad \tilde{\mathfrak{f}}_\iota - \tilde{\tilde{\mathfrak{f}}}_\iota \lesssim \omega, \quad \tilde{\tilde{H}}_{\iota_1 \iota_2} = F_{\iota_1}^{-1} \circ \tilde{H}_{\iota_1 \iota_2} \circ F_{\iota_2}$$

über $\bar{L}_\iota$ bzw. $\bar{R}_{\iota_1 \iota_2} \cap \tilde{\tilde{Z}}_{\iota_1 \iota_2}$. Es seien $P_\nu^{(\iota)}$ wie in Abschnitt 2 und $\hat{F}_\nu^{(\iota)}$, $\tilde{F}_{\nu\bar{\nu}}^{(\iota)}$ wie dort $F_\nu^{(\iota)}$, $F_{\nu_1 \nu_2}^{(\iota)}$ zu $(\tilde{\mathfrak{f}}_\iota, \mathfrak{G}_\iota, \tilde{H}_{\iota_1 \iota_2})$ und $\hat{\hat{F}}_\nu^{(\iota)}$, $\tilde{\tilde{F}}_{\nu\bar{\nu}}^{(\iota)}$ die entsprechenden Objekte zu $(\tilde{\tilde{\mathfrak{f}}}_\iota, \tilde{\tilde{\mathfrak{G}}}_\iota, \tilde{\tilde{H}}_{\iota_1 \iota_2})$. Wir dürfen annehmen, daß $\tilde{\alpha}_{\iota_2}(\tilde{H}_{\iota_1 \iota_2}) = \tilde{H}_{\iota_1 \iota_2}$, $\tilde{\tilde{\alpha}}_{\iota_2}(\tilde{\tilde{H}}_{\iota_1 \iota_2}) = \tilde{\tilde{H}}_{\iota_1 \iota_2}$ gemäß Satz 1.10 gilt. Es ist dann auch $\tilde{\tilde{H}}_{\iota_1 \iota_2} - \tilde{H}_{\iota_1 \iota_2} \lesssim \omega$ über $\bar{R}_{\iota_1 \iota_2}$. Wir setzen dann in $P_\nu^{(\iota)}$ als Äquivalenzabbildung:

$$G_\nu^{(\iota)} = \hat{F}_\nu^{(\iota)-1} \circ H_{\iota\mu} \circ F_\mu \circ H_{\mu\iota} \circ \hat{\hat{F}}_\nu^{(\iota)}.$$

Über $P_{\nu\bar{\nu}}^{(\iota)} \cap \hat{\hat{Y}}_\iota$ gilt:

$$\begin{aligned} G_\nu^{(\iota)-1} \circ G_{\bar{\nu}}^{(\iota)} &= \hat{\hat{F}}_\nu^{(\iota)-1} \circ H_{\iota\mu} \circ F_\mu^{-1} \circ H_{\mu\iota} \circ \hat{F}_\nu^{(\iota)} \\ &\quad \circ \hat{F}_{\bar{\nu}}^{(\iota)-1} \circ H_{\iota\bar{\mu}} \circ F_{\bar{\mu}} \circ H_{\bar{\mu}\iota} \circ \hat{\hat{F}}_{\bar{\nu}}^{(\iota)} \\ &= \hat{\hat{F}}_\nu^{(\iota)} \circ H_{\iota\mu} \circ F_\mu^{-1} \circ H_{\mu\iota} \circ H_{\iota\mu} \circ \tilde{H}_{\mu\bar{\mu}} \circ H_{\bar{\mu}\iota} \circ H_{\iota\bar{\mu}} \\ &\quad \circ F_{\bar{\mu}} \circ H_{\bar{\mu}\iota} \circ \hat{\hat{F}}_{\bar{\nu}}^{(\iota)} \\ &= \hat{\hat{F}}_\nu^{(\iota)-1} \circ H_{\iota\mu} \circ \tilde{\tilde{H}}_{\mu\bar{\mu}} \circ H_{\bar{\mu}\iota} \circ \hat{\hat{F}}_{\bar{\nu}}^{(\iota)} \\ &= \hat{\hat{F}}_\nu^{(\iota)-1} \circ \tilde{\tilde{F}}_{\nu\bar{\nu}}^{(\iota)} \circ \hat{\hat{F}}_{\bar{\nu}}^{(\iota)} = \mathrm{id}. \end{aligned}$$

Also stimmen $G_\nu^{(\iota)}$ und $G_{\bar{\nu}}^{(\iota)}$ auf $\hat{\hat{Y}}_\iota$ überein. Man hat ferner $G_\nu^{(\iota)} - \mathrm{id} \lesssim \omega$. Es gibt sodann ein G_ι in $\bar{P}_\iota$ mit $G_\iota - \mathrm{id} \lesssim \omega$ und $G_\iota - G_\nu^{(\iota)} | \hat{\hat{Y}}_\iota = 0$. Wir verwenden die G_ι als Äquivalenzabbildungen über $\bar{P}_\iota$. Es ist

$$\hat{\mathfrak{f}}_\iota \circ G_\iota = (E + C'_\iota) \circ \hat{\hat{\mathfrak{f}}}_\iota \quad \text{mit} \quad C'_\iota \lesssim \omega.$$

Wir untersuchen $G_{\iota_1}^{-1} \circ \hat{H}_{\iota_1 \iota_2} \circ G_{\iota_2}$ auf $\hat{Y}_{\iota_2} \cap \bar{S}_{\iota_1 \iota_2}$. Diese Abbildung stimmt dort mit folgender überein:

$$\begin{aligned}
&\hat{\hat{F}}_{\nu_1}^{(\iota_1)-1} \circ H_{\iota_1 \mu_1} \circ F_{\mu_1}^{-1} \circ H_{\mu_1 \iota_1} \circ \hat{F}_{\nu_1}^{(\iota_1)} \circ \hat{F}_{\nu_1}^{(\iota_1)-1} \circ H_{\iota_1 \mu_1} \\
&\quad \circ \tilde{H}_{\mu_1 \mu_2} \circ H_{\mu_2 \iota_2} \circ \hat{F}_{\nu_2}^{(\iota_2)} \circ \hat{F}_{\nu_2}^{(\iota_2)-1} \circ H_{\iota_2 \mu_2} \circ F_{\mu_2} \circ H_{\mu_2 \iota_2} \circ \hat{\hat{F}}_{\nu_2}^{(\iota_2)} \\
&= \hat{\hat{F}}^{(\iota_1)-1} \circ H_{\iota_1 \mu_1} \circ F_{\mu_1}^{-1} \circ \tilde{H}_{\mu_1 \mu_2} \circ F_{\mu_2} \circ H_{\mu_2 \iota_2} \circ \hat{\hat{F}}_{\nu_2}^{(\iota_2)}.
\end{aligned}$$

Das ist auf $\hat{\hat{Y}}_{\iota_2}$ gleich: $\tilde{\tilde{H}}_{\iota_1 \iota_2}$ und damit gleich $\hat{\hat{H}}_{\iota_1 \iota_2}$. Damit ist gezeigt, daß die (G_ι) eine schwache $(K \cdot \omega)$-Äquivalenz bilden.

Zusatz. *Es gilt natürlich alles wieder für unsere Familien über M.*

4. Wir zeigen ferner:

Satz 3. *Es seien $(\hat{\mathfrak{f}}_\iota, \mathfrak{G}_\iota, \hat{H}_{\iota_1 \iota_2})$ und $(\tilde{\mathfrak{f}}_\iota, \mathfrak{G}_\iota, \tilde{H}_{\iota_1 \iota_2})$ zwei ε-Pseudodeformationen bzgl. $\mathfrak{B}$, die bzgl. $\mathfrak{W}$ schwach äquivalent sind. Dann sind sie bzgl. $\mathfrak{B}$ schwach-$\hat{\varepsilon}$-äquivalent mit $\hat{\varepsilon} \lesssim \varepsilon$.*

Beweis. Es seien (F_ι, B_ι) die Äquivalenzdaten für die ε-Äquivalenz von $(\hat{\mathfrak{f}}_\iota, \mathfrak{G}_\iota, \hat{H}_{\iota_1 \iota_2})$ und $(\tilde{\mathfrak{f}}_\iota, \mathfrak{G}_\iota, \tilde{H}_{\iota_1 \iota_2})$ bzgl. der Überdeckung $\mathfrak{W}$. Es gilt also $\tilde{\mathfrak{f}}_\iota \circ F_\iota = B_\iota \circ \hat{\mathfrak{f}}_\iota \bmod \sigma$ über L_ι und $\hat{H}_{\iota_1 \iota_2} = F_{\iota_1}^{-1} \circ \tilde{H}_{\iota_1 \iota_2} \circ F_{\iota_2} \bmod \sigma$ über $\hat{Z}_{\iota_1 \iota_2} \cap \hat{Y}_{\iota_2}$.

Wir setzen in den $P_\nu^{(\iota)}$ als Äquivalenzabbildung

$$G_\nu^{(\iota)} = \tilde{H}_{\iota \mu} \circ F_\mu \circ \hat{H}_{\mu \iota}.$$

Dabei sei die Zahl $\varepsilon > 0$ so klein, daß $\hat{H}_{\mu \iota}$ das $P_\nu^{(\iota)}$ noch in L_μ abbildet und ähnliches für weitere Zusammensetzungen gilt. Über $P_{\nu, \bar{\nu}}^{(\iota)} \cap \hat{Y}_\iota$ gilt:

$$\begin{aligned}
G_\nu^{(\iota)-1} \circ G_{\bar{\nu}}^{(\iota)} &= \hat{H}_{\iota \mu} \circ F_\mu^{-1} \circ \tilde{H}_{\mu \iota} \circ \tilde{H}_{\iota \bar{\mu}} \circ F_{\bar{\mu}} \circ \hat{H}_{\bar{\mu} \iota} \\
&= \hat{H}_{\iota \mu} \circ F_\mu^{-1} \circ \tilde{H}_{\mu \bar{\mu}} \circ F_\mu \circ \hat{H}_{\bar{\mu} \iota} \bmod \sigma \\
&= \hat{H}_{\iota \mu} \circ \hat{H}_{\mu \bar{\mu}} \circ \hat{H}_{\bar{\mu} \iota} \bmod \sigma = \mathrm{id} \bmod \sigma.
\end{aligned}$$

Man kann daher ein G_ι in $\bar{P}_\iota$ bestimmen mit $G_\iota - G_\nu^{(\iota)} \lesssim \sigma$ auf $P_\nu^{(\iota)} \cap \hat{Y}_\iota$ und $G_\iota - \mathrm{id} \lesssim \varepsilon$.

Es gilt auf $P_\nu^{(\iota)}$:

$$\begin{aligned}
\tilde{\mathfrak{f}}_\iota \circ G_\nu^{(\iota)} &= \tilde{\mathfrak{f}}_\iota \circ \tilde{H}_{\iota \mu} \circ F_\mu \circ \hat{H}_{\mu \iota} \\
&= \tilde{A}_{\iota \mu} \circ B_\mu \circ \hat{A}_{\mu \iota} \circ \hat{\mathfrak{f}}_\iota \quad \bmod \sigma.
\end{aligned}$$

Genauso gilt:

$$\tilde{\mathfrak{f}}_\iota \circ G_\iota = C_\nu^{(\iota)} \circ \hat{\mathfrak{f}}_\iota \quad \bmod \sigma \text{ mit } C_\nu^{(\iota)} - E \lesssim \varepsilon.$$

Man kann dann über $\bar{P}_\iota$ ein C_ι mit $C_\iota - E \lesssim \varepsilon$ bestimmen, so daß

$$\tilde{\mathfrak{f}}_\iota \circ G_\iota = C_\iota \circ \hat{\mathfrak{f}}_\iota \quad \bmod \sigma.$$

Es ist auf $\hat{Y}_{\iota_1\iota_2}$:

$$\begin{aligned} G_{\iota_1}^{-1}\circ\tilde{H}_{\iota_1\iota_2}\circ G_{\iota_2} &= G_{\nu}^{(\iota_1)-1}\circ\tilde{H}_{\iota_1\iota_2}\circ G_{\bar{\nu}}^{(\iota_2)} \mod\sigma \\ &= \hat{H}_{\iota_1\mu}\circ F_{\mu}^{-1}\circ\tilde{H}_{\mu\iota_1}\circ\tilde{H}_{\iota_1\iota_2}\circ\tilde{H}_{\iota_2\bar{\mu}}\circ F_{\bar{\mu}}\circ\hat{H}_{\bar{\mu}\iota_2} \mod\sigma \\ &= \hat{H}_{\iota_1\mu}\circ\hat{H}_{\mu\bar{\mu}}\circ\hat{H}_{\bar{\mu}\iota_2} \mod\sigma \\ &= \hat{H}_{\iota_1\iota_2} \mod\sigma. \end{aligned}$$

Also ist (G_ι, C_ι) ein $\tilde{\varepsilon}$-Äquivalenzdatum mit $\tilde{\varepsilon}\leqq K\varepsilon$.

Zusatz. *Es gilt natürlich auch wieder alles für unsere Familien über M.*

§ 5. Der Beweis des Hauptresultats

1. Es sei X wieder ein fester kompakter komplexer Raum, es seien $\hat{X}$ und B weitere komplexe Räume und $\pi\colon \hat{X}\to B$ eine eigentliche, platte, holomorphe Abbildung. Wir versehen die analytischen Mengen $\pi^{-1}(\mathrm{t})$ mit $\mathrm{t}\in B$ mit der kanonischen komplexen Struktur und erhalten einen kompakten komplexen Raum $\hat{X}_{\mathrm{t}}$. Der Raum $\hat{X}_{\mathrm{t}}$ heißt die Faser von $(\hat{X}, \pi, B)$ über t. Die Familie $(\hat{X}, \pi, B)$ nennen wir eine holomorphe Deformation von $\hat{X}_{\mathrm{t}}$.

Es sei B' ein weiterer komplexer Raum, $\mathrm{t}\in B'$ ein Punkt und $\varphi\colon B'\to B$ eine holomorphe Abbildung mit $\varphi(\mathrm{t}')=\mathrm{t}$. Durch Liften vermöge φ erhalten wir aus $(\hat{X}, \pi, B)$ eine holomorphe Deformation $(\hat{X}', \pi', B')$ von $\hat{X}_{\mathrm{t}}$ über B'. Es gibt ein kanonisch bestimmtes kommutatives Diagramm:

$$\begin{array}{ccc} \hat{X} & \xrightarrow{\hat{\varphi}} & X' \\ \downarrow{\scriptstyle\pi} & & \downarrow{\scriptstyle\pi'} \\ B & \xleftarrow{\varphi} & B'. \end{array}$$

Jede Faser über B' wird durch $\hat{\varphi}$ isomorph auf die entsprechende Faser über B abgebildet.

Es sei $(\hat{X}', \pi', B')$ eine holomorphe Deformation, $\mathrm{t}'\in B'$ und $\rho\colon \hat{X}'_{\mathrm{t}'}\xrightarrow{\sim}\hat{X}_{\mathrm{t}}$ ein Isomorphismus.

Definition 1. Die holomorphe Deformation $(\hat{X}, \pi, B)$ heißt vollständig in t, wenn es immer in einer solchen Situation eine Umgebung $V(\mathrm{t}')\subset B'$ und eine holomorphe Abbildung $\varphi\colon V\to B$ mit $\varphi(\mathrm{t}')=\mathrm{t}$ und einen Isomorphismus α von $(\pi'^{-1}(V), \pi', V)$ auf die Liftung von $(\hat{X}, \pi, B)$ vermöge φ gibt, so daß $\rho=\hat{\varphi}\circ\alpha$.

Wir nennen $(\hat{X}, \pi, B)$ versell in t, wenn in t′ das Differential $d\varphi$ durch den Keim von $(\hat{X}', \pi', B')$ in t′ eindeutig festgelegt wird.

Eine Deformation $(\hat{X}, \pi, B)$ ist also vollständig in t, wenn jeder andere holomorphe Deformationskeim von $\hat{X}_t$ aus $(\hat{X}, \pi, B)$ durch Liftung erhalten werden kann.

Es sei fortan $0 \in B$ ein fester Punkt und $\hat{X}_0 = X$. Das Tripel $(\hat{X}, \pi, B)$ sei also eine holomorphe Deformation von X. Man kann leicht einsehen, daß es i. allg. keine holomorphe Deformation $(\hat{X}, \pi, B)$ von X gibt, bei der φ durch $(\hat{X}', \pi', B')$ eindeutig festgelegt ist. Verselle Deformationen von X sind in der Nähe von 0 bis auf Isomorphie eindeutig bestimmt.

Hauptsatz. *Es gibt eine holomorphe Deformation $(\hat{X}, \pi, B)$ von X, die in 0 versell und in jedem anderen $t \in B$ vollständig ist.*

2. Wir wollen zunächst einmal die verselle Deformation konstruieren und dann im nächsten Abschnitt zeigen, daß sie versell ist. Es sei $\tilde{\mathfrak{d}} = (\tilde{\mathfrak{f}}_\iota, \tilde{\mathfrak{G}}_\iota, \tilde{H}_{\iota_1\iota_2})$ eine Pseudodeformation von X bzgl. $\bar{\mathfrak{B}}$. Wir beschränken auf $\bar{\mathfrak{W}}$, wenden den Operator Γ an[5] und glätten zu einer Pseudodeformation $(\hat{\mathfrak{f}}_\iota, \hat{\mathfrak{G}}_\iota, \hat{H}_{\iota_1\iota_2}) = \hat{\mathfrak{d}}$ bzgl. $\bar{\mathfrak{B}}$. Die beiden Pseudodeformationen $(\tilde{\mathfrak{f}}_\iota, \tilde{\mathfrak{G}}_\iota, \tilde{H}_{\iota_1\iota_2})$ und $(\hat{\mathfrak{f}}_\iota, \hat{\mathfrak{G}}_\iota, \hat{H}_{\iota_1\iota_2})$ sind schwach-äquivalent in bezug auf $\bar{\mathfrak{B}}$. Es seien $G_\iota = \mathrm{id} + \eta_\iota$ über $\bar{P}_\iota$ die schwachen Äquivalenzabbildungen von $\tilde{\mathfrak{d}}$ nach $\hat{\mathfrak{d}}$ mit $\eta_\iota = \tilde{\alpha}_\iota(\eta_\iota)$. Durch einen holomorphen Operator lassen sich aus den η_ι eindeutig festgelegte holomorphe ξ_ι über (beliebig großen Umgebungen von) $\bar{P}_\iota$ bestimmen, so daß $\mathrm{id} + \tilde{\alpha}_\iota(F_\iota \circ G_\iota - \mathrm{id})$ mit $F_\iota = \mathrm{id} + \xi_\iota$ und $\alpha_\iota(\xi_\iota) = \xi_\iota$ und $\delta(\xi_\iota) = 0$ starke Äquivalenzabbildungen sind. Wir setzen $\tau(\tilde{\mathfrak{f}}_\iota, \tilde{\mathfrak{G}}_\iota, \tilde{H}_{\iota_1\iota_2}) = (\hat{\mathfrak{f}}_\iota \circ F_\iota^{-1}, \hat{\mathfrak{G}}_\iota \circ F_\iota^{-1}, F_{\iota_1} \circ \hat{H}_{\iota_1\iota_2} \circ F_{\iota_2}^{-1})$. τ ist dann ein holomorpher Operator, der jede Pseudodeformation auf eine äquivalente abbildet (ohne die Umgebungen von $\bar{P}_\iota$ zu verkleinern!). Da man auf sehr große Umgebungen von $\bar{P}_\iota$ glätten kann, darf man τ sogar als vollstetig annehmen. Die F_ι sind von der gleichen Größenordnung wie die G_ι.

Es sei $\mathfrak{A}$ die Menge der Pseudodeformationen von X bzgl. $\bar{\mathfrak{B}}$. $\mathfrak{A}$ ist offene Teilmenge eines Banachraumes, die die Aufbereitung von X zum Nullpunkt hat. Die Menge $\mathfrak{B} \subset \mathfrak{A}$ der Deformationen von X ist eine banachanalytische Teilmenge von $\mathfrak{A}$. Es sei $B \subset \mathfrak{B}$ die Menge der Fixpunkte von τ. Dann gilt $X = 0 \in B$. Wegen der Vollstetigkeit von τ ist B nach dem Lemma von Douady [2] endlich dimensional. Der Tangentialraum von B in 0 wird durch das isomorphe Λ-Bild der infinitesimalen Deformationen aus V gegeben. Ist $d = \dim V$, so läßt sich B lokal um 0 in eine Umgebung des Nullpunktes des $\mathbb{C}^d$ biholomorph einbetten.

Über $\mathfrak{A}$ liegt die Familie $\tilde{\mathfrak{A}}$ der den Punkten entsprechenden Pseudodeformationen. Wir beschränken $\tilde{\mathfrak{A}}$ auf B und erhalten eine platte Familie $\pi\colon \tilde{X} \to B$. Es gilt $\tilde{X}_0 = X$. Wir haben also eine holomorphe Deformation von X vor uns.

[5] und stellen für die so gewonnene $(\tilde{\tilde{\mathfrak{f}}}_\iota, \tilde{\tilde{\mathfrak{G}}}_\iota, \tilde{\tilde{H}}_{\iota_1\iota_2})$ die Bedingung $\tilde{\tilde{\alpha}}_{\iota_2}(\tilde{\tilde{H}}_{\iota_1\iota_2}) = \tilde{\tilde{H}}_{\iota_1\iota_2}$ her, damit Satz 4.2 anwendbar wird.

3. Das Differential der Liftungsabbildung φ in $0' \in B'$ ist durch die infinitesimale Deformation von $\pi'\colon \tilde{X}' \to B'$ in $0'$ bestimmt. Daher ist es, wenn φ existiert, eindeutig festgelegt. Wir haben also nur zu zeigen, daß φ existiert.

Wir wenden den Operator τ auf alle Fasern von $\tilde{X}' \to B'$ gleichzeitig an und iterieren beliebig oft. Wir erhalten eine Folge $\tau^n(\tilde{X}') = (\tilde{X}_n \to B')$ für $n = 0, 1, 2, \ldots$ mit $\tau^0(\tilde{X}') = (\tilde{X}' \to B')$. Wir zeigen die Konvergenz der Folge. Es seien etwa $\tilde{X}_n$ und $\tilde{X}_{n-1}$ ω-äquivalent mit $\omega \leqq \varepsilon_0$. Es folgt dann für $\Gamma(\tilde{X}_n)$ und $\Gamma(\tilde{X}_{n-1})$ die schwache $K \cdot \varepsilon \cdot \omega$-Äquivalenz mit einer Konstante $K \geqq 1$. Wir wenden jetzt die Glättung Λ an und erhalten schwach-$K \cdot K_1\, \varepsilon \cdot \omega$-äquivalente Deformationen Y_{n+1}, Y_n. Es folgt, daß $\tilde{X}_{n+1}$ und $\tilde{X}_n$ $K \cdot K_1 \cdot K_2\, \varepsilon \cdot \omega$-äquivalent sind. In der Tat! $(G_\iota^{(n+1)})$ bezeichne die schwache Äquivalenzabbildung von Y_n nach Y_{n+1}. Es sei $(F_\iota^{(n)})$ die in Abschnitt 2 konstruierte Zusatzabbildung, so daß $\hat{G}_\iota = \tilde{\alpha}_\iota(F_\iota^{(n)} \circ H_\iota^{(n)})$ die Äquivalenzabbildung von $\tilde{X}_{n-1}$ nach $\tilde{X}_n$ ist, wenn $(H_\iota^{(n)})$ die Äquivalenzabbildung von $\tilde{X}_{n-1}$ nach Y_n bezeichnet. Die Abbildung

$$(F_\iota^{(n+1)} \circ G_\iota^{(n+1)} \circ F_\iota^{(n)-1})$$

stimmt auf $\tilde{X}_n$ mit $\tilde{\alpha}_\iota(F_\iota^{(n+1)} \circ H_\iota^{(n+1)})$ überein. Es ist $F_\iota^{(n)} - \mathrm{id} \lesssim \varepsilon$ und $F_\iota^{(n+1)} \circ G_\iota^{(n+1)} \circ F_\iota^{(n)-1} = F_\iota^{(n+1)} \circ F_\iota^{(n)-1} \mod (\varepsilon \cdot \omega)$.

Da die Bedingung 3 aus § 3, Definition 1 für

$$\tilde{\alpha}_\iota(F_\iota^{(n+1)} \circ G_\iota^{(n+1)} \circ F_\iota^{(n)-1}) = \tilde{\alpha}_\iota(F_\iota^{(n+1)} \circ H_\iota^{(n+1)})$$

erfüllt ist, folgt für $F_\iota^{(n+1)} \circ F_\iota^{(n)-1} = \mathrm{id} + \xi_\iota$ die Ungleichung $\xi_\iota \lesssim \varepsilon\omega$ und mithin $F_\iota^{(n+1)} = F_\iota^{(n)} \mod (\varepsilon\omega)$. Das bedeutet aber

$$F_\iota^{(n+1)} \circ G_\iota^{(n+1)} \circ F_\iota^{(n)-1} \lesssim \varepsilon\omega.$$

Die gleiche Ungleichung gilt für $\tilde{\alpha}_\iota(F_\iota^{(n+1)} \circ H_\iota^{(n+1)})$. Das war zu zeigen.

Es sei ε so klein gewählt, daß $K \cdot K_1 K_2 \cdot \varepsilon = q \ll 1$. Die Folge $\hat{G}_\iota = \cdots \circ \hat{G}_\iota^{(2)} \circ \hat{G}_\iota^{(1)}$ konvergiert dann auf $\bar{P}_\iota$, da $\hat{G}_\iota^{(n)} - \mathrm{id} \lesssim q^n$ gilt. Daher konvergieren auch die $\tilde{X}_n$ gegen ein X_∞ über B'. Die Familien $X' \to B'$ und $\tilde{X}_\infty \to B'$ sind vermöge $(\hat{G}_\iota)$ zueinander schwach-äquivalent. Die Fasern von $\tilde{X}_\infty \to B'$ sind Fixpunkte gegenüber τ. Sie müssen deshalb in $\tilde{X} \to B$ vorkommen.

Wir betten B (lokal um 0) biholomorph in ein Gebiet des $\mathbb{C}^d$ ein. Die identische Abbildung $B \to \mathfrak{B}$ setzen wir irgendwie zu einer holomorphen Abbildung $G \xrightarrow{a} \mathfrak{A}$ fort, indem wir irgendwie die Funktionen $\tilde{\mathfrak{f}}_\iota$, $\tilde{\mathfrak{G}}_\iota$, $\tilde{H}_{\iota_1\iota_2}$ von $\bar{P}_\iota \times B$ nach $\bar{P}_\iota \times G$ bzw. $\bar{S}_{\iota_1\iota_2}$ über B nach einem $\bar{S}_{\iota_1\iota_2}$ über G fortsetzen. Da d minimal gewählt wurde, ist dann die Abbildung in 0 automatisch regulär. Pseudodeformationen sind durch das System $(\tilde{\mathfrak{f}}_\iota, \tilde{\mathfrak{G}}_\iota, \tilde{H}_{\iota_1\iota_2})$ bestimmt. Man kann nun endlich viele Punkte in den $\bar{P}_\iota$ und gewisse Komponenten der Werte von $\tilde{\mathfrak{f}}_\iota$, $\tilde{\mathfrak{G}}_\iota$ in diesen Punkten, ferner endlich viele Punkte $\mathfrak{z}$ in den $\bar{P}_{\iota_2}$, so daß $\mathfrak{z} \times G$ ganz in $\bar{S}_{\iota_1 \iota_2}$ liegt, und gewisse Komponenten der Werte von $\tilde{H}_{\iota_1 \iota_2}$ in diesen Punkten, so wählen, daß durch Hintereinanderschalten mit $\mathfrak{a}$ gerade eine biholomorphe Abbildung Φ einer Umgebung $U(0) \subset G$ in G entsteht. Die entsprechende Abbildung bei der Familie $\tilde{X}_\infty \to B'$ sei mit Φ' bezeichnet. Wir setzen $\varphi = \Phi^{-1} \circ \Phi'$ in einer Umgebung von $0'$. Die holomorphe Abbildung φ wirft dann eine solche Umgebung V in B. Durch Liftung mittels φ entsteht dann $\tilde{X}_\infty | V \to V$.

Man kann dieses Verfahren auch anwenden, um die Vollständigkeit von $\tilde{X} \to B$ in den Nachbarpunkten von 0 und sogar um noch etwas mehr zu zeigen. Es sei X' irgendeine Pseudodeformation von X, die nahe bei X liegt. Wir setzen $X_\infty = \tau^\infty(X')$. Es folgt dann $X_\infty = \tilde{X}_t$ für ein $t \in B$, das nahe bei 0 liegt.

Zusatz. Damit das Verfahren durchgeführt werden kann und die Abschätzungen gelten, müssen natürlich alle $\tau^n(\tilde{X}') = \tilde{X}_n$ ε-Deformationen sein. Man zeigt, daß dieses gilt, wenn $\tilde{X}' \to B'$ eine ε'-Deformation ist mit $\varepsilon' << \varepsilon$. Es sei $\tilde{X}_n = (\tilde{\mathfrak{f}}_\iota^{(n)}, \tilde{\mathfrak{G}}_\iota^{(n)}, \tilde{H}_{\iota_1 \iota_2}^{(n)})$. Wir dürfen $\tilde{\mathfrak{f}}_\iota^{(n)} = \beta_\iota(\tilde{\mathfrak{f}}_\iota^{(n)})$, $\tilde{H}_{\iota_1 \iota_2}^{(n)} = H_{\iota_1 \iota_2} \circ (\mathrm{id} + H'^{(n)}_{\iota_1 \iota_2})$ mit $\tilde{\alpha}_{\iota_2}(H'^{(n)}_{\iota_1 \iota_2}) = H'^{(n)}_{\iota_1 \iota_2}$ für $\iota_1 < \iota_2$ annehmen und können voraussetzen, daß die $\mathfrak{G}_\iota^{(n)}$ auf ähnliche Weise festgelegt sind. Sind dann $\tilde{X}_n, \tilde{X}_{n-1}$ ω-äquivalente ε-Deformationen, so unterscheiden sich $\tilde{X}_n, \tilde{X}_{n-1}$ höchstens um const $\cdot\, \omega$.

Es seien etwa $\tilde{X}_1$ und $\tilde{X}_0$ ω_0-äquivalent mit $\omega_0 \leqq \mathrm{const} \cdot \varepsilon'$. Aus der ω-Äquivalenz von $\tilde{X}_n, \tilde{X}_{n-1}$ folgt für ε-Deformationen stets die $q\,\omega$-Äquivalenz von $\tilde{X}_{n+1}$ und $\tilde{X}_n$ mit $q < 1$ (bei hinreichend kleinem ε). Also unterscheiden sich $\tilde{X}_n$ und $\tilde{X}_0$ um weniger als const $\cdot \dfrac{\omega_0}{1-q}$ und $\tilde{X}_n$ ist für kleines ε' immer eine ε-Deformation.

Literatur

0. Bourbaki, N.: Espaces vectorieles topologiques
1. Commichau, M.: Deformation kompakter komplexer Mannigfaltigkeiten. Erscheint demnächst
2. Douady, A.: Le Probléme des modules pour les sous espaces analytiques. Ann. Inst. Fourier **16**, 1–95 (1966)
3. Kuranishi: On the locally complete Families of Complex Analytic Structures. Ann. of Math. **75**, 536–577 (1962)
4. Palamodow: Versalnie Deformatchi Kompaktnichi Komplesich Prostranstw. Akademia Nauk SSSR 7, 91–92 (1973)

(Eingegangen am 15. Januar 1974)

37.

(mit W. Fischer)

Lokal-triviale Familien kompakter komplexer Mannigfaltigkeiten

Nachr. Akad. Wiss. Göttingen, II. Math.-Phys. Kl. **6**, 89–94 (1965)
Vorgelegt von Herrn H. Grauert in der Sitzung vom 18.12.1964

Einleitung. Es seien X und M zusammenhängende komplexe Mannigfaltigkeiten, $\pi: X \to M$ sei eine surjektive eigentliche reguläre holomorphe Abbildung. Man nennt dann das Tripel (X, π, M) eine holomorphe Familie komplexer Mannigfaltigkeiten. $X_t := \pi^{-1}(t)$ ist für jedes $t \in M$ eine singularitätenfrei eingebettete kompakte komplexe Untermannigfaltigkeit von X, die wir als zusammenhängend voraussetzen wollen.

Die erste systematische und grundlegende Untersuchung solcher holomorphen Familien wurde von Kodaira und Spencer in [3] durchgeführt.

Mit Hilfe einer beliebig oft differenzierbaren Riemannschen Metrik auf X läßt sich zeigen, daß alle Fasern X_t, $t \in M$, die gleiche differenzierbare Struktur tragen, ja sogar, daß die Familie (X, π, M), aufgefaßt als differenzierbare Familie differenzierbarer Mannigfaltigkeiten, lokal-trivial ist. Das bedeutet: Zu jedem $t_0 \in M$ gibt es eine Umgebung $U(t_0)$ und eine eineindeutige, in beiden Richtungen C^∞-differenzierbare Abbildung $\varphi: \pi^{-1}(U(t_0)) \to U(t_0) \times X_{t_0}$, so daß das Diagramm

$$\begin{array}{ccc} \pi^{-1}(U(t_0)) & \xrightarrow{\varphi} & U(t_0)\times X_{t_0} \\ & {\scriptstyle\pi}\searrow \quad \swarrow{\scriptstyle p} & \\ & U(t_0) & \end{array}$$

kommutativ ist (dabei bezeichnet p die Projektion des kartesischen Produktes auf den ersten Faktor).

Analog wird definiert: Die holomorphe Familie (X, π, M) heißt lokal-trivial (im komplex-analytischen Sinn), wenn es zu jedem $t_0 \in M$ eine Umgebung $U(t_0)$ und eine biholomorphe Abbildung $h: \pi^{-1}(U(t_0)) \to U(t_0) \times X_{t_0}$ gibt, die das oben angegebene Diagramm kommutativ macht. Eine holomorphe Familie komplexer Mannigfaltigkeiten ist im allgemeinen nicht lokal-trivial im komplex-analytischen Sinn (Beispiele in [2] und [3]). Ist die Familie (X, π, M) lokal-trivial, so sind natürlich alle Fasern X_t, $t \in M$, biholomorph äquivalent. In dieser Arbeit soll gezeigt werden, daß auch die Umkehrung richtig ist, wie auch K. Stein vermutete:

Satz: *Sind alle Fasern X_t, $t \in M$, der holomorphen Familie (X, π, M) komplex-analytisch isomorph, so ist die Familie (X, π, M) lokal-trivial.*

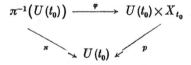

Dieser Satz wurde bereits in [2] (p. 71, Fußnote) ausgesprochen.

1. Kodaira und Spencer gaben in [3] ein notwendiges und hinreichendes Kriterium für die lokale Trivialität einer holomorphen Familie an: Es sei Θ die Garbe der Keime holomorpher Tangentialvektorfelder auf X, Θ_t bzw. $\mathfrak{T}$ die analoge Garbe auf X_t bzw. M, $\Phi \subset \Theta$ die Garbe der Keime solcher Vektorfelder auf X, die tangential an die Fasern X_t sind, T_t der Tangentialraum in t an M. Kodaira und Spencer definieren einen Homomorphismus $\varrho: \mathfrak{T} \to \pi_1(\Phi)$, wo $\pi_1(\Phi)$ die erste analytische Bildgarbe von Φ unter $\pi: X \to M$ ist, und zeigen: Eine holomorphe Familie ist genau dann lokal-trivial, wenn $\varrho = 0$ gilt. Sie definieren weiter „punktale" Homomorphismen $\varrho_t: T_t \to H^1(X_t, \Theta_t)$ und zeigen: Ist die Familie (X, π, M) regulär, d.h. ist $\dim H^1(X_t, \Theta_t)$ unabhängig von $t \in M$, so ist $\varrho = 0$ genau dann, wenn $\varrho_t = 0$ für alle $t \in M$ ist.

Nun ist nach der Konstruktion von ϱ_t das Verschwinden von ϱ_t gleichbedeutend mit der Existenz von Elementen von $H^0(X_t, \Theta \mid X_t)$, deren Projektionen ganz T_t aufspannen. Zum Beweis unseres Satzes konstruieren wir solche Vektorfelder auf den Fasern X_t über einer in M dichten Menge. Daraus folgt dann leicht die Behauptung.

2. Zum Beweis nehmen wir vorerst an, daß M eindimensional sei. Da es sich um ein lokales Problem handelt, können wir M als Einheitskreis in der komplexen Zahlenebene annehmen. Die Isomorphie der Fasern X_t bedeutet, daß für jedes $t \in M$ eine biholomorphe Abbildung $\psi_t: X_0 \to X_t$ existiert. Wir zeigen zunächst:

(a) *Sei M' die Menge der Punkte $t \in M$ mit folgender Eigenschaft: Es gibt eine Folge $\{t_\mu\}$ in M ($\mu = 1, 2, 3, \ldots$), die gegen t konvergiert, und biholomorphe Abbildungen $\alpha_\mu: X_t \to X_{t_\mu}$, die kompakt gegen die identische Abbildung von X_t auf sich konvergieren. Dann ist M' dicht in M.*

Beweis: Sei U ein offener Teil von M, $\mathscr{C}(X_0, X \mid U)$ der Raum der stetigen Abbildungen von X_0 in $X \mid U$, versehen mit der Topologie der kompakten Konvergenz. X_0 ist kompakt und (als parakompakte Mannigfaltigkeit) metrisierbar, $X \mid U$ hat nach dem in der Einleitung Bemerkten für hinreichend kleines U die topologische Struktur von $X_0 \times U$, ist also metrisierbar. Die Topologie von $X_0 \times U$ hat ebenfalls eine abzählbare Basis. Nach [1] (§ 2, exercice 7) hat dann auch das System der offenen Teilmengen von $\mathscr{C}(X_0, X \mid U)$ eine abzählbare Basis. $\{\psi_t : t \in U\}$ ist eine überabzählbare Teilmenge von $\mathscr{C}(X_0, X \mid U)$, enthält also mindestens einen Häufungspunkt von sich, d.h. es gibt ein $t_0 \in U$ und eine Folge $\{t_\mu : \mu = 1, 2, 3, \ldots\}$, so daß ψ_{t_μ} kompakt gegen ψ_{t_0} konvergiert (natürlich konvergieren dann die t_μ gegen t_0). Wir setzen $\alpha_\mu := \psi_{t_\mu} \circ \psi_{t_0}^{-1}: X_{t_0} \to X_{t_\mu}$. Damit ist $t_0 \in M'$ gezeigt, es folgt, daß M' dicht in M ist.

3. Es sei T_t^* das analytische Urbild von T_t in bezug auf die Projektion $\pi \mid X_t: X_t \to \{t\}$. Dann ist die Sequenz

$$0 \to \Theta_t \to \Theta | X_t \to T_t^* \to 0$$

von Garben über X_t exakt[1], die zugehörige exakte Cohomologiesequenz lautet

$$0 \to H^0(X_t, \Theta_t) \to H^0(X_t, \Theta|X_t) \to H^0(X_t, T_t^*) \to H^1(X_t, \Theta_t) \to \cdots.$$

Da X_t kompakt ist, kann $H^0(X_t, T_t^*)$ mit T_t identifiziert werden, und wir erhalten einen Homomorphismus $\varrho_t: T_t \to H^1(X_t, \Theta_t)$. (In [3] wird ϱ_t mit Hilfe einer etwas anderen Sequenz definiert, die beiden Definitionen sind gleichbedeutend.) Wir zeigen nun:

(b) *Ist $t \in M'$, so ist $\varrho_t = 0$.*

Nach der Definition von ϱ_t durch die exakte Cohomologiesequenz ist $\varrho_t = 0$ gleichbedeutend mit der Existenz eines Vektorfeldes $\zeta \in H^0(X_t, \Theta|X_t)$, welches nicht in $H^0(X_t, \Theta_t)$ liegt. Ein solches werden wir konstruieren, sofern $t \in M'$ liegt. Zur Vereinfachung setzen wir $t = 0$ und bezeichnen wie in 2. mit $\alpha_\mu: X_0 \to X_{t_\mu}$ eine Folge von biholomorphen Abbildungen, welche gegen die identische Abbildung id_0 von X_0 gleichmäßig konvergiert.

Um zu erreichen, daß das konstruierte Vektorfeld nicht überall tangential an X_0 ist, müssen wir die Abbildungen α_μ modifizieren. Jedem nicht identisch verschwindenden Vektorfeld $\eta \in H^0(X_0, \Theta_0)$ entspricht bekanntlich durch Integration eine komplex einparametrige (nicht notwendig abgeschlossene) Untergruppe von Aut (X_0), der komplexen Lie-Gruppe aller biholomorphen Abbildungen von X_0 auf sich. $x \in X_0$ ist genau dann Fixpunkt dieser Untergruppe, wenn $\eta(x) = 0$. Mit $G(x)$ sei die zusammenhängende Untergruppe von Aut (X_0) bezeichnet, deren Elemente x festlassen; $\mathfrak{g}(x)$ sei der entsprechende Unterraum von $H^0(X_0, \Theta_0)$, also $\mathfrak{g}(x) = \{\eta \in H^0(X_0, \Theta_0) : \eta(x) = 0\}$. Es gibt offenbar endlich viele Punkte $x_1, \ldots, x_k \in X_0$, so daß $\bigcap_{1 \le \varkappa \le k} \mathfrak{g}(x_\varkappa) = \{0\}$. Wir setzen $\mathfrak{g}(x_\varkappa) =: \mathfrak{g}_\varkappa$; $\mathfrak{g}_0 := H^0(X_0, \Theta_0)$. Sei nun $\eta_{l_{\varkappa-1}+1}, \ldots, \eta_{l_\varkappa}$ eine Basis eines Komplementärraums zu $\mathfrak{g}_0 \cap \mathfrak{g}_1 \cap \cdots \cap \mathfrak{g}_\varkappa$ in $\mathfrak{g}_0 \cap \mathfrak{g}_1 \cap \cdots \cap \mathfrak{g}_{\varkappa-1}$ ($\varkappa = 1, \ldots, k$; $l_0 := 0$). Die von $\eta_{l_{\varkappa-1}+1}, \ldots, \eta_{l_\varkappa}$ in $x_\varkappa$ induzierten Tangentialvektoren sind dann linear unabhängig (es ist also $l_\varkappa - l_{\varkappa-1} \leqq \dim(X_0) =: n$), wir können lokale Koordinaten $(z_\varkappa^1, \ldots, z_\varkappa^n, t)$ in einer Umgebung $U_\varkappa$ von $x_\varkappa$ in X so wählen, daß $\det\left(\eta^\nu_{l_{\varkappa-1}+\lambda}(x_\varkappa)\right) \neq 0$, wobei $\eta = \sum_{\nu=1}^{n} \eta_\nu \frac{\partial}{\partial z_\varkappa^\nu}$ gesetzt ist und ν, λ von 1 bis $l_\varkappa - l_{\varkappa-1}$ laufen.

Wir definieren nun durch Induktion über $\varkappa$ Elemente $\beta_\varkappa^\mu \in \bigcap_{1 \le \iota \le \varkappa-1} G(x_\iota)$ für $\varkappa = 0, 1, \ldots, k$ und $\mu \geq \mu_k$, μ_k hinreichend groß, auf folgende Weise: Es sei $\beta_0^\mu = \mathrm{id}_0$ ($\mu \geq 1 =: \mu_0$). Sind $\beta_0^\mu, \ldots, \beta_{\varkappa-1}^\mu$ schon definiert ($\varkappa \geq 1, \mu \geq \mu_{\varkappa-1}$) und konvergiert $\alpha_\mu \circ \beta_0^\mu \circ \cdots \circ \beta_{\varkappa-1}^\mu$ kompakt gegen id_0, so sei $F_\varkappa^\mu$ das $(\alpha_\mu \circ \beta_0^\mu \circ \cdots \circ \beta_{\varkappa-1}^\mu)$-Urbild der Fläche $\left\{(z_\varkappa, t) : z_\varkappa^1 = \cdots = z_\varkappa^{l_\varkappa - l_{\varkappa-1}} = 0, t = t_\mu\right\}$. Die Punkte von $F_\varkappa^\mu$ lassen sich in einer Umgebung von $x_\varkappa$ darstellen in der Form

$$\left\{f_{\varkappa 1}^\mu(z_\varkappa^{l_\varkappa - l_{\varkappa-1}+1}, \ldots, z_\varkappa^n), \ldots, f_{\varkappa n}^\mu(z_\varkappa^{l_\varkappa - l_{\varkappa-1}+1}, \ldots, z_\varkappa^n), 0\right\},$$

[1] Dabei bezeichnet $\Theta|X_t$ die analytische Beschränkung von Θ auf X_t.

wobei die holomorphen Funktionen $f^{\mu}_{\varkappa\nu}$ für $\mu \to \infty$ kompakt gegen 0 konvergieren, falls $1 \leq \nu \leq l_{\varkappa} - l_{\varkappa-1}$, gegen $z^{\nu}_{\varkappa}$, falls $l_{\varkappa} - l_{\varkappa-1} + 1 \leq \nu \leq n$. Sei $H_{\varkappa}$ die Menge der Punkte in $U_{\varkappa} \cap X_0$, in die $x_{\varkappa}$ durch diejenige Untergruppe von Aut (X_0) überführt werden kann, die dem von $\eta_{l_{\varkappa-1}+1}, \ldots, \eta_{l_{\varkappa}}$ aufgespannten Unterraum von $H^0(X_0, \Theta_0)$ entspricht. Macht man $U_{\varkappa}$ hinreichend klein, so kann man wegen des Nichtverschwindens von $\det(\eta^{\nu}_{l_{\varkappa-1}+\lambda})$ in $U_{\varkappa} \cap X_0$ die Menge $H_{\varkappa}$ darstellen als

$$H_{\varkappa} = \{(z_{\varkappa}, t)\colon z_{\varkappa}^{l_{\varkappa}-l_{\varkappa-1}+1} = h_{\varkappa}^{l_{\varkappa}-l_{\varkappa-1}+1}(z^1_{\varkappa}, \ldots, z_{\varkappa}^{l_{\varkappa}-l_{\varkappa-1}}), \ldots,$$
$$z^n_{\varkappa} = h^n_{\varkappa}(z^1_{\varkappa}, \ldots, z_{\varkappa}^{l_{\varkappa}-l_{\varkappa-1}}), \quad t = 0\},$$

wo die $h^{\nu}_{\varkappa}$ holomorphe Funktionen mit $h^{\nu}_{\varkappa}(0, \ldots, 0) = 0$ sind. Es folgt nun leicht die Existenz eines $\mu_{\varkappa} \geq \mu_{\varkappa-1}$, so daß $F^{\mu}_{\varkappa} \cap H_{\varkappa}$ nicht leer ist für $\mu \geq \mu_{\varkappa}$, d.h. es gibt $\beta^{\mu}_{\varkappa} \in G(x_1) \cap \cdots \cap G(x_{\varkappa-1})$ so, daß $\beta^{\mu}_{\varkappa}(x_{\varkappa})$ in $F^{\mu}_{\varkappa}$ liegt, also die ersten $l_{\varkappa} - l_{\varkappa-1}$ $z_{\varkappa}$-Koordinaten von $\alpha_{\mu} \circ \beta^{\mu}_0 \circ \cdots \circ \beta^{\mu}_{\varkappa-1} \circ \beta^{\mu}_{\varkappa}(x_{\varkappa})$ verschwinden. Wir können sogar noch annehmen, daß die $\beta^{\mu}_{\varkappa}$ kompakt gegen id_0 konvergieren.

Wir setzen schließlich $\gamma_{\mu} := \alpha_{\mu} \circ \beta^{\mu}_0 \circ \cdots \circ \beta^{\mu}_k$ $(\mu \geq \mu_k)$. Nach Konstruktion ist $\gamma_{\mu}(x_{\varkappa}) = \alpha_{\mu} \circ \beta^{\mu}_0 \circ \cdots \circ \beta^{\mu}_{\varkappa}(x_{\varkappa})$ für $\varkappa = 1, 2, \ldots, k$; also gilt auch

(c) $z^{\varkappa}_1(\gamma_{\mu}(x_{\varkappa})) = \cdots = z_{\varkappa}^{l_{\varkappa}-l_{\varkappa-1}}(\gamma_{\mu}(x_{\varkappa})) = 0$ *für* $\varkappa = 1, 2, \ldots, k$;

(d) γ_{μ} *konvergiert kompakt gegen* id_0.

4. Sei jetzt $\mathfrak{U} = (U_i)_{i \in I}$ eine endliche Überdeckung einer Umgebung von X_0 in X durch Koordinatenumgebungen mit Koordinaten der Gestalt $(z^1_i, \ldots, z^n_i, t)$, welche die oben benutzten $U_{\varkappa}$ mit den Koordinaten $(z_{\varkappa}, t)$ enthält. Weiter sei $\mathfrak{V} = (V_i)_{i \in I}$ eine Schrumpfung von $\mathfrak{U} \cap X_0$. Für hinreichend große $\mu \geq \mu_k$ gilt wegen (d) $\gamma_{\mu}(\overline{V}_i) \subset U_i$, $i \in I$. Für $x \in V_i$ setzen wir dann

$$\xi^{\mu}_i := (z^1_i(\gamma_{\mu}(x)) - z^1_i(x), \ldots, z^n_i(\gamma_{\mu}(x)) - z^n_i(x), t_{\mu}) \in \Gamma(V_i, (n+1)\mathcal{O}),$$

wobei $\mathcal{O}$ die Strukturgarbe von X_0 bezeichnet. Weiter sei

$$\xi^{\mu} := \{\xi^{\mu}_i\} \in C^0(\mathfrak{V}, (n+1)\mathcal{O}).$$

Auf $C^0(\mathfrak{V}, (n+1)\mathcal{O})$ führen wir eine (auch des Wertes ∞ fähige) Norm ein durch

$$\|\zeta\| := \sup_{i \in I} \sup_{1 \leq \nu \leq n+1} \sup |\zeta^{(\nu)}_i(V_i)|,$$

wobei $\zeta = \{\zeta_i\} = \{(\zeta^{(1)}_i, \ldots, \zeta^{(n+1)}_i)\} \in C^0(\mathfrak{V}, (n+1)\mathcal{O})$ gesetzt ist.

Es ist stets $0 \neq \|\xi^{\mu}\| < \infty$, wir setzen $\zeta^{\mu} := \|\xi^{\mu}\|^{-1} \cdot \xi^{\mu}$ und haben $\|\zeta^{\mu}\| = 1$. Die Folge $\{\zeta^{\mu}\}$ enthält nach dem Satz von Montel eine konvergente Teilfolge, diese sei wieder mit $\{\zeta^{\mu}\}$ bezeichnet, ihr Limes mit ζ. Es ist $\|\zeta\| = 1$ (s. unten). Vermöge der Koordinaten (z_i, t) in U_i läßt sich $H^0(X_0, \Theta | X_0)$ in natürlicher Weise in $C^0(\mathfrak{V}, (n+1)\mathcal{O})$ einbetten. Wir behaupten nun, daß ζ ein Vektorfeld der gesuchten Art ist, also $\zeta \in H^0(X_0, \Theta | X_0) - H^0(X_0, \Theta_0)$.

Wir zeigen $\zeta \in H^0(X_0, \Theta|X_0)$: Es ist für $x \in V_{i_1} \cap V_{i_2}$ stets $\zeta_{i_1}^{(n+1)}(x) = \zeta_{i_2}^{(n+1)}(x)$, da das schon für die letzte Komponente von ζ^μ gilt. Weiter ist für $1 \le \nu \le n$ $\zeta_{i_1}^{\nu(\mu)}(x) = \left(z_{i_1}^\nu(\gamma_\mu(x)) - z_{i_1}^\nu(x)\right) \cdot \|\xi^\mu\|^{-1} =$

$$= \sum_{\lambda=1}^{n} \frac{\partial z_{i_1}^\nu}{\partial z_{i_2}^\lambda}\bigg|_x \cdot \left(z_{i_2}^\lambda(\gamma_\mu(x)) - z_{i_2}^\lambda(x)\right) \cdot \|\xi^\mu\|^{-1} + \frac{\partial z_{i_1}^\nu}{\partial t}\bigg|_x \cdot t_\mu \cdot \|\xi^\mu\|^{-1} + \dots,$$

wo solche Glieder, die Produkte von mindestens zwei Faktoren $z_{i_2}^\lambda(\gamma_\mu(x)) - z_{i_2}^\lambda(x)$ oder t_μ enthalten, weggelassen sind. Im Limes wird daraus wegen (d) die Gleichung

$$\zeta_{i_1}^{(\nu)}(x) = \sum_{\lambda=1}^{n} \frac{\partial z_{i_1}^\nu}{\partial z_{i_2}^\lambda}\bigg|_x \cdot \zeta_{i_2}^{(\lambda)}(x) + \frac{\partial z_{i_1}^\nu}{\partial t}\bigg|_x \cdot \zeta_{i_2}^{(n+1)}(x),$$

also $\zeta \in H^0(X_0, \Theta|X_0)$.

$\|\zeta\| = 1$ ergibt sich so: Für große μ ist ζ_i^μ noch auf $\bar{V}_i$ definiert und holomorph. Zu der konvergenten Folge ζ^μ können wir wegen der Endlichkeit von $\mathfrak{V}$ eine Teilfolge ζ^{μ_m}, einen Index ν_0 ($\le \nu_0 \le n+1$), Indizes $j_1, j_2 \in I$ und Punkte $p_m \in \partial V_{j_1} \cap V_{j_2}$ finden, welche gegen ein $p_0 \in \partial V_{j_1} \cap V_{j_2}$ konvergieren, so daß die Folge $|\zeta_{j_1}^{\mu_m(\nu_0)}(p_m)| = \|\zeta^{\mu_m}\| = 1$, und so, daß die Folge $\zeta_{j_1}^{\mu_m(\nu_0)}(p_m)$ konvergiert. Drückt man nun wie oben $\zeta_{j_1}^{\mu_m(\nu_0)}(p_m)$ durch die $\zeta_{j_2}^{\mu_m(\lambda)}(p_m)$ aus und führt dann den Grenzübergang $m \to \infty$ aus, so kommt $\zeta_{j_2}(p_0) \neq 0$ und $\sup|\zeta_{j_1}^{(\nu_0)}(V_{j_1})| = 1$, woraus wegen $\|\zeta\| \le 1$ folgt $\|\zeta\| = 1$.

Wir zeigen $\zeta \notin H^0(X_0, \Theta_0)$: Wegen (c) ist $\zeta_\varkappa^{\mu(1)}(x_\varkappa) = \dots = \zeta_\varkappa^{\mu_1(l_\varkappa - l_{\varkappa-1})}(x_\varkappa) = 0$ für $\varkappa = 1, 2, \dots, k$ und hinreichend großes μ. Weiter ist $\eta_{l_\varkappa+1}(x_\varkappa) = \dots = \eta_{l_k}(x_\varkappa) = 0$ und $\det\left(\eta_{l_{\varkappa-1}+\lambda}^\nu(x_\varkappa)\right) \neq 0$ $(1 \le \lambda, \nu \le l_\varkappa - l_{\varkappa-1})$.

Wäre nun $\zeta \in H^0(X_0, \Theta_0)$, etwa $\zeta = \sum_{\sigma=1}^{l_k} c_\sigma \eta_\sigma$, so folgte hieraus für $\varkappa = 1$

$$\zeta_1^{(1)}(x_1) = 0 = c_1 \eta_1^1(x_1) + \dots + c_{l_1} \eta_{l_1}^1(x_1)$$

$$\dots \qquad \dots \qquad \dots \qquad \dots$$

$$\zeta_1^{(l_1)}(x_1) = 0 = c_1 \eta_1^{l_1}(x_1) + \dots + c_{l_1} \eta_{l_1}^{l_k}(x_1),$$

wegen $\det\left(\eta_\lambda^\nu(x_1)\right) \neq 0$ $(1 \le \nu, \lambda \le l_1)$ ergäbe sich $c_1 = \dots = c_{l_1} = 0$, also $\zeta \in \mathfrak{g}(x_1)$. Für $\varkappa = 2$ ergäbe sich analog $\zeta \in \mathfrak{g}(x_1) \cap \mathfrak{g}(x_2)$, schließlich bekämen wir $\zeta \in \bigcap_{1 \le \varkappa \le k} \mathfrak{g}_\varkappa = \{0\}$, was im Widerspruch zu $\|\zeta\| = 1$ steht.

5. Die Aussagen (a) und (b) zeigen, daß die Menge der $t \in M$ mit $\varrho_t = 0$ dicht in M liegt. Nun ist $\dim H^1(X_t, \Theta_t)$ unabhängig von t, da alle X_t komplex-analytisch isomorph sind. Die Familie (X, π, M) ist also regulär im Sinne von [3], nach [3] läßt sich $\bigcup_{t \in M} H^1(X_t, \Theta_t)$ als Vektorraumbündel H über M auffassen, und die Garbe $\mathfrak{H}$ der Keime holomorpher Schnitte in H ist kanonisch isomorph zur ersten analytischen Bildgarbe $\pi_1(\Phi)$. Der Kodaira-Spencer-Homomor-

phismus ϱ bildet die Garbe $\mathfrak{T}$ der Keime holomorpher Tangentialvektorfelder auf M in $\mathfrak{H}$ ab. Das Diagramm

$$\begin{array}{ccc} \mathfrak{T}_t & \xrightarrow{\varrho} & \mathfrak{H}_t \\ \downarrow{\scriptstyle r_t} & & \downarrow{\scriptstyle r_t} \\ T_t & \xrightarrow{\varrho_t} & H^1(X_t, \Theta_t), \end{array}$$

wo r_t jeweils einem Keim seinen Wert im Punkte t zuordnet, ist kommutativ. Nach unseren Überlegungen nimmt nun das ϱ-Bild eines beliebigen holomorphen Schnittes in $\mathfrak{T}$ auf einer dichten Menge den Wert 0 an, muß also identisch verschwinden. Damit ist $\varrho = 0$ gezeigt, und nach Theorem 5.1 von [3] folgt die lokale Trivialität der Familie (X, π, M).

6. Ist $\dim(M) > 1$, so zeigt das obige, daß die Familie (X, π, M) jedenfalls in jeder (komplex eindimensionalen) Richtung lokaltrivial ist. Dann gilt aber schlechthin $\varrho = 0$ und daraus folgt unmittelbar die lokale Trivialität über ganz M.

Literatur

[1] N. Bourbaki: Topologie générale, Ch. X: Espaces fonctionnels. Paris 1948.

[2] H. Grauert: On the number of moduli of complex structures, in: Contributions to function theory, Bombay 1960, p. 63—78.

[3] K. Kodaira, D. C. Spencer: On deformations of complex analytic structures I, II. Ann. Math. 67 (1958), 328—466.

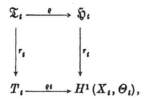

53.

Über die Deformation isolierter Singularitäten analytischer Mengen

Invent. Math. **15**, 171–198 (1972)

Einleitung

Es seien X eine $(n+m)$-dimensionale komplexe Mannigfaltigkeit, $B \subset \mathbb{C}^m$ ein Gebiet, das den Nullpunkt $\mathfrak{O}$ enthält und $\pi: X \to B$ eine eigentliche holomorphe Abbildung, die außerdem auch noch regulär ist: der Rang der Funktionalmatrix von π sei überall auf X gleich m. Die Fasern $X_t = \pi^{-1}(t)$, $t \in B$ sind dann stets n-dimensionale kompakte komplexe Mannigfaltigkeiten. Kodaira und Spencer [3] haben deshalb $\pi: X \to B$ eine reguläre Familie kompakter komplexer Mannigfaltigkeiten genannt und sie auch eine holomorphe Deformation der Faser $X_\mathfrak{O}$ geheißen.

Es sei $B_1 \subset \mathbb{C}^{m_1}$ ein weiteres Gebiet mit $\mathfrak{O} \in B_1$, es sei $\varphi: B_1 \to B$ eine holomorphe Abbildung mit $\varphi(\mathfrak{O}) = \mathfrak{O}$. Man kann dann die Familie $\pi: X \to B$ durch φ zu einer regulären Familie kompakter komplexer Mannigfaltigkeiten $\pi_1: Y \to B_1$ liften. Es gilt $Y_\mathfrak{O} = X_\mathfrak{O}$. Man gewinnt also durch φ eine neue holomorphe Deformation von $X_\mathfrak{O}$.

φ definiert einen Homomorphismus des Tangentialraumes $T_{1\mathfrak{O}}$ von B_1 in $\mathfrak{O}$ in $T_\mathfrak{O}$, den Tangentialraum von B in $\mathfrak{O}$. Dieser Homomorphismus sei mit φ_* bezeichnet. Man nennt dann $\pi: X \to B$ eine verselle Deformation von $X_\mathfrak{O}$, wenn sich jede andere holomorphe Deformation $\pi_1: Y \to \hat{B}_1$ von $X_\mathfrak{O}$ über einer Umgebung $B_1(\mathfrak{O}) \subset \hat{B}_1$ durch Liften mittels einer holomorphen Abbildung $\varphi: B_1 \to B$ erhalten läßt, so daß dabei φ_* durch $\pi_1: Y \to \hat{B}_1$ eindeutig festgelegt ist. Existiert eine verselle Deformation, so ist sie (in der Nähe von $\mathfrak{O}$) bis auf Isomorphie eindeutig bestimmt.

Kodaira, Nirenberg und Spencer zeigten schon 1958, daß X stets dann eine verselle Deformation besitzt, wenn die 2. Kohomologiegruppe von $X_\mathfrak{O}$ mit Koeffizienten in der Tangentialgarbe von $X_\mathfrak{O}$ verschwindet. Bei der Lösung des allgemeinen Falles stellte sich jedoch schon bald heraus, daß es nicht genügt, reguläre Familien über Gebieten B zu betrachten. Man muß anstelle von Gebieten allgemeiner analytische Mengen M verwenden. Kuranishi konnte dann in [4] für jede kompakte komplexe Mannigfaltigkeit $X_{\mathfrak{D}}$ die Existenz einer versellen Familie $\pi: X \rightarrow M$ nachweisen (Versalität in bezug auf reguläre Deformationen über reduzierten analytischen Mengen B_1).

In der vorliegenden Arbeit wird die kompakte komplexe Mannigfaltigkeit $X_{\mathfrak{D}}$ durch den Keim einer reduzierten analytischen Menge mit einer isolierten Singularität ersetzt. Dieser Keim ist fortan wieder mit $X_{\mathfrak{D}}$ bezeichnet. Es werden wieder holomorphe Deformationen definiert, der Begriff der Versalität wird festgelegt, und es wird nach der Existenz von versellen Deformationen von $X_{\mathfrak{D}}$ gefragt. Entsprechend dem Satz von Kodaira, Nirenberg, Spencer zeigte Tiourina [6] unter einer einschränkenden Voraussetzung, daß eine verselle Deformation von $X_{\mathfrak{D}}$ über einem Gebiet G existiert.

An sich interessiert bei allem nur der Keim der Deformation im Nullpunkt. Man spricht deshalb auch von holomorphen Deformationen über analytischen Stellenringen. Tiourinas Deformation ist eine holomorphe Deformation über einem regulären analytischen Stellenring. Die Versalität dieser Familie wurde nur in bezug auf Deformationen über regulären analytischen Stellenringen bewiesen.

Schlessinger [5] hat Deformationen von $X_{\mathfrak{D}}$ über formalen analytischen Stellenringen betrachtet. Er hat in dieser Kategorie die Existenz von versellen Deformationen ohne die einschränkende Voraussetzung von Tiourina bewiesen.

In der vorliegenden Arbeit soll die Existenz von versellen Deformationen beliebiger Keime $X_{\mathfrak{D}}$ gezeigt werden. Die Basis der Deformation ist dabei ein analytischer Stellenring, der auch nilpotente Elemente enthalten kann. Die Versalität wird für Deformationen von $X_{\mathfrak{D}}$ über beliebigen analytischen Stellenringen bewiesen.

Der Beweis stützt sich auf die Ideen von Tiourina und wesentlich auf das Resultat von Schlessinger. Es werden ferner Konstruktionen durchgeführt, deren Konvergenz nachgewiesen werden muß. Dabei wird eine spezielle Banachalgebra definiert. Um die Keime von holomorphen Funktionen auf einer analytischen Menge behandeln zu können, wird ferner eine sehr allgemeine Weierstraßformel hergeleitet. Es zeigt sich, daß die holomorphen Funktionskeine in bijektiver Beziehung zu N-tupeln von konvergenten Potenzreihen stehen. Die Zahl der Variablen in den Komponenten des N-tupels ist jedoch für die einzelnen Komponenten unterschiedlich.

Von Interesse dürfte auch die in § 2 angegebene Weierstraßinvariante $\mathfrak{s}=(s_1, \ldots, s_m)$ für Ideale $\mathscr{I}$ im Ring der konvergenten Potenzreihen sein. $\mathfrak{s}$ ist invariant gegenüber beliebigen holomorphen Koordinatentransformationen. Man kann aus $\mathfrak{s}$ die homologische Dimension von $\mathscr{I}$ berechnen. Ist $\mathscr{I}$ ein Hauptideal, so ist $\mathfrak{s}$ im wesentlichen nichts anderes als die Multiplizität von $\mathscr{I}$.

§ 1. Formale und analytische Familien von isolierten Singularitäten

1. Es sei $\mathcal{O}$ bzw. $\mathcal{H}$ die $\mathbb{C}$-Algebra der konvergenten Potenzreihen in $\mathfrak{O}\in\mathbb{C}^n$ bzw. $\mathfrak{O}\in\mathbb{C}^m$. Es sei $\mathcal{I}_{\mathfrak{O}}\subset\cdot\,\mathcal{O}$ ein reduziertes Ideal, der Mengenkeim $X_{\mathfrak{O}}=\{\mathcal{I}_{\mathfrak{O}}=0\}$ habe $\mathfrak{O}$ als isolierte Singularität. Der analytische Stellenring $\underline{\mathcal{O}}_{\mathfrak{O}}=\mathcal{O}/\mathcal{I}_{\mathfrak{O}}$ heißt die Algebra der Funktionskeime auf $X_{\mathfrak{O}}$ oder auch die lokale Algebra von $X_{\mathfrak{O}}$. Es bezeichne $\mathcal{I}$ ein Ideal in dem topologischen Tensorprodukt[1] $\mathcal{O}\hat{\otimes}_{\mathbb{C}}\mathcal{H}$ und $\mathcal{J}$ ein beliebiges Ideal, das echt in $\mathcal{H}$ enthalten ist. Durch die Zuordnung $h\to 1\hat{\otimes} h$ wird ein Algebrahomomorphismus $\pi\colon \mathcal{H}\to\mathcal{O}\hat{\otimes}\mathcal{H}$ definiert. Wir fordern einige Eigenschaften. Zunächst gelte:

(a) *π bilde $\mathcal{J}$ in $\mathcal{I}$ ab.*

Setzen wir $\underline{\mathcal{O}}=(\mathcal{O}\hat{\otimes}\mathcal{H})/\mathcal{I}$ und $\underline{\mathcal{H}}=\mathcal{H}/\mathcal{J}$, so erzeugt π deshalb einen Homomorphismus $\underline{\pi}\colon \underline{\mathcal{H}}\to\underline{\mathcal{O}}$ von analytischen Stellenalgebren. Wir fordern:

(b) *$\underline{\pi}$ sei platt.*

$\underline{\mathcal{O}}$ und $\underline{\mathcal{H}}$ sind die Algebren der Funktionskeime auf den Keimen komplexer Räume $\{\mathcal{I}=0\}$ bzw. $\{\mathcal{J}=0\}$. – Die Restklassenbildung $\mathcal{H}\to\mathbb{C}$ definiert den Homomorphismus $\tau\colon \mathcal{O}\hat{\otimes}\mathcal{H}\to\mathcal{O}\hat{\otimes}\mathbb{C}=\mathcal{O}$. Es sei $\mathfrak{m}\subset\mathcal{H}$ das maximale Ideal. Man hat einen natürlichen Isomorphismus $\mathcal{O}\hat{\otimes}\mathcal{H}/(\mathcal{O}\hat{\otimes}\mathcal{H})\circ\pi(\mathfrak{m})\xrightarrow{\sim}\mathcal{O}$. Die Zusammensetzung des Quotientenhomomorphismus $\mathcal{O}\hat{\otimes}\mathcal{H}\to\mathcal{O}\hat{\otimes}\mathcal{H}/(\mathcal{O}\hat{\otimes}\mathcal{H})\circ\pi(\mathfrak{m})$ mit diesem Isomorphismus ist gleich τ. Wir nennen deshalb τ die Beschränkung auf den Nullpunkt $\mathfrak{O}\in\mathbb{C}^m$ und verlangen

(c) *Die Beschränkung $\tau(\mathcal{I})$ ist gleich $\mathcal{I}_{\mathfrak{O}}$.*

Das maximale Ideal von $\underline{\mathcal{H}}$ werde mit $\underline{\mathfrak{m}}$ bezeichnet. Der Quotient $\underline{\mathcal{O}}/\underline{\mathcal{O}}\cdot\pi(\underline{\mathfrak{m}})$ heißt dann die Beschränkung von $\underline{\mathcal{O}}$ auf den Nullpunkt des Mengenkeimes $\{\mathcal{J}=0\}$. Es gilt $\underline{\mathcal{O}}/\underline{\mathcal{O}}\cdot\pi(\underline{\mathfrak{m}})=\underline{\mathcal{O}}_{\mathfrak{O}}$.

Alles ist durch $(\mathcal{I},\mathcal{J})$ festgelegt. Wir nennen deshalb statt $(\underline{\mathcal{O}},\underline{\mathcal{H}})$ auch oft das Paar $(\mathcal{I},\mathcal{J})$ die Deformation von $X_{\mathfrak{O}}$:

Definition 1. Das Paar $(\mathcal{I},\mathcal{J})$ heißt eine holomorphe Deformation von $X_{\mathfrak{O}}$, wenn für $\mathcal{I},\mathcal{J}$ die Eigenschaften (a)–(c) gelten.

Ist $\hat{\mathcal{H}}$ die $\mathbb{C}$-Algebra der formalen Potenzreihen in $\mathfrak{O}\in\mathbb{C}^m$, so läßt sich für $\hat{\mathcal{H}}$ alles genau so durchführen wie für $\mathcal{H}$. Ein Paar $(\hat{\mathcal{I}},\hat{\mathcal{J}})$ von Idealen $\hat{\mathcal{I}}\subset\cdot\,\mathcal{O}\hat{\otimes}\hat{\mathcal{H}}$, $\hat{\mathcal{J}}\subset\cdot\,\hat{\mathcal{H}}$ mit den Eigenschaften (a)–(c) heißt dann eine *formale Deformation* von $X_{\mathfrak{O}}$.

2. Es sei $(\mathcal{I},\mathcal{J})$ eine holomorphe Deformation von $X_{\mathfrak{O}}$. Wir bezeichnen mit $\mathcal{H}_1$ die Algebra der konvergenten Potenzreihen in $\mathfrak{O}\in\mathbb{C}^{m_1}$,

[1] Die Theorie der topologischen Tensorprodukte analytischer Stellenalgebren ist in [1] ausführlich dargestellt worden.

$\mathscr{J}_1 \subset\cdot \mathscr{H}_1$ sei ein Ideal und $\varphi: \mathscr{H} \to \mathscr{H}_1$ mit $\mathscr{J} \to \mathscr{J}_1$ ein Homomorphismus von Stellenalgebren. Die Tensorierung mit $\mathscr{O}$ ergibt einen Homomorphismus $\psi: \mathscr{O} \hat{\otimes} \mathscr{H} \to \mathscr{O} \hat{\otimes} \mathscr{H}_1$. Es sei $\pi_1: \mathscr{H}_1 \to \mathscr{O} \otimes \mathscr{H}_1$ der durch $h \to 1 \hat{\otimes} h$ vermittelte Homomorphismus. Die Menge $\mathscr{I}_1 = \psi(\mathscr{I}) + \pi_1(\mathscr{J}_1)$ ist ein Ideal in $\mathscr{O} \hat{\otimes} \mathscr{H}_1$. Man zeigt leicht, daß für $(\mathscr{I}_1, \mathscr{J}_1)$ die Bedingungen (a)–(c) erfüllt sind. $(\mathscr{I}_1, \mathscr{J}_1)$ ist also eine holomorphe Deformation von $X_{\mathfrak{D}}$. Wir schreiben $(\mathscr{I}_1, \mathscr{J}_1) = \varphi^*(\mathscr{I}, \mathscr{J})$ und nennen $\varphi^*(\mathscr{I}, \mathscr{J})$ die durch φ nach $\mathscr{H}_1/\mathscr{J}_1$ geliftete Deformation.

Definition 2. Zwei holomorphe Deformationen $(\mathscr{I}_1, \mathscr{J})$, $(\mathscr{I}_2, \mathscr{J})$ mit $\mathscr{I}_1, \mathscr{I}_2 \subset\cdot \mathscr{O} \hat{\otimes} \mathscr{H}$, $\mathscr{J} \subset\cdot \mathscr{H}$ heißen isomorph, wenn es einen Isomorphismus $\psi: \mathscr{O} \hat{\otimes} \mathscr{H} \xrightarrow{\sim} \mathscr{O} \hat{\otimes} \mathscr{H}$ über $\mathscr{H}$ mit $\psi(\mathscr{I}_1) = \mathscr{I}_2$ gibt. Zwei Deformationen $(\mathscr{I}_1, \mathscr{J}_1)$, $(\mathscr{I}_2, \mathscr{J}_2)$ mit $\mathscr{I}_1, \mathscr{I}_2 \subset\cdot \mathscr{O} \hat{\otimes} \mathscr{H}$, $\mathscr{J}_1, \mathscr{J}_2 \subset\cdot \mathscr{H}$ heißen äquivalent, wenn es einen Isomorphismus $\varphi: \mathscr{H} \xrightarrow{\sim} \mathscr{H}$ und über φ einen Isomorphismus $\psi: \mathscr{O} \hat{\otimes} \mathscr{H} \to \mathscr{O} \hat{\otimes} \mathscr{H}$ mit $\varphi(\mathscr{J}_1) = \mathscr{J}_2$ und $\psi(\mathscr{I}_1) = \mathscr{I}_2$ gibt.

Isomorphe Deformationen sind natürlich immer auch äquivalent.

Ist $\varphi: \mathscr{H} \to \mathscr{H}_1$ ein Homomorphismus von Stellenalgebren mit $\mathscr{J} \to \mathscr{J}_1$, so sei $\varphi': \mathfrak{m}/(\mathfrak{m}^2 + \mathscr{J}) \to \mathfrak{m}_1/(\mathfrak{m}_1^2 + \mathscr{J}_1)$ das Differential. φ' ist eine lineare Abbildung von endlichdimensionalen komplexen Vektorräumen.

Definition 3. Eine holomorphe Deformation $(\mathscr{I}, \mathscr{J})$ von $X_{\mathfrak{D}}$ heißt versell, falls $\mathscr{J} \subset \mathfrak{m}^2$ gilt und jede andere holomorphe Deformation $(\mathscr{I}_1, \mathscr{J}_1)$ von $X_{\mathfrak{D}}$ bis auf Isomorphie durch Liftung mittels eines Homomorphismus $\varphi: \mathscr{H} \to \mathscr{H}_1$ mit $\mathscr{J} \to \mathscr{J}_1$ aus $(\mathscr{I}, \mathscr{J})$ erhalten werden kann und dabei das Differential φ' durch $(\mathscr{I}_1, \mathscr{J}_1)$ eindeutig festgelegt ist.

Es folgt unmittelbar:

Existiert eine verselle Deformation von $X_{\mathfrak{D}}$, so ist sie bis auf Äquivalenz eindeutig bestimmt.

Im formalen Fall kann man die gleichen Definitionen treffen. Nach Schlessinger [5] gilt:

Satz 1. *$X_{\mathfrak{D}}$ hat eine formale verselle Deformation.*

3. Es sei $e = 1, 2, 3, \ldots$ und $\mathscr{H}_e = \mathscr{H}/\mathfrak{m}^e$, ferner $\mathscr{H}_\infty = \mathscr{H}$. Wir führen in $\mathscr{H}_e$ für $e = 1, 2, 3, \ldots, \infty$ eine Seminorm ein. Es bezeichne $\mathfrak{t} = (t_1, \ldots, t_m)$ die Punkte des $\mathbb{C}^m$, $\nu = (\nu_1, \ldots, \nu_m)$ die Multiindizes mit $\nu_i \in \mathbb{N}_0$, es sei ferner $\mathfrak{t}^\nu = t_1^{\nu_1} \cdot \cdots \cdot t_m^{\nu_m}$, $|\nu| = \nu_1 + \cdots + \nu_m$, $\rho = (\rho_1, \ldots, \rho_m)$ ein m-tupel von positiven Zahlen. Ist dann $f = \sum_{|\nu|=0}^{e-1} a_\nu \mathfrak{t}^\nu \in \mathscr{H}_e$, so sei

$$\|f\| = \|f\|_\rho = \sup_\nu 2\delta(|\nu|+1)^{m+2} |a_\nu| \rho^\nu \quad \text{mit} \quad \delta = 2^{m+2} \sum_{r=0}^{\infty} (r+1)^{-2}.$$

Die Menge $\mathfrak{B} = \mathfrak{B}^e(\rho) = \{f \in \mathscr{H}_e : \|f\| < \infty\}$ ist dann ein Banachraum über $\mathbb{C}$.

Wir untersuchen das Verhalten dieser Norm bei der Multiplikation. Es seien

$$f=\sum_{|\nu|=0}^{e-1} a_\nu t^\nu, \qquad g=\sum_{|\mu|=0}^{e-1} b_\mu t^\mu \in \mathscr{H}_e.$$

Man hat

$$f\cdot g=\sum_{|\lambda|=0}^{e-1} t^\lambda \Big(\sum_{\nu+\mu=\lambda} a_\nu b_\mu\Big)$$

und

$$\alpha_\lambda=\Big|\sum_{\nu+\mu=\lambda} a_\nu\cdot b_\mu\Big| \leqq \sum_{\nu+\mu=\lambda} |a_\nu|\cdot|b_\mu| = \sum_{r=0}^{|\lambda|} \sum_{\substack{|\nu|=r\\ \nu+\mu=\lambda}} |a_\nu|\cdot|b_\mu|.$$

Die Anzahl der m-tupel ν mit $|\nu|=r$ ist grob abgeschätzt höchstens $(r+1)^m$. Bezeichnen wir $\|f\|$ mit c_1 und $\|g\|$ mit c_2, so folgt:

$$\begin{aligned}\alpha_\lambda &\leqq \sum_{r=0}^{|\lambda|} \sum_{|\nu|=r} \frac{c_1 c_2}{(|\nu|+1)^{m+2}(|\lambda|-|\nu|+1)^{m+2}\, 4\delta^2 \rho^\lambda}\\ &\leqq \frac{c_1 c_2}{2\delta^2 \rho^\lambda} \sum_{r=0}^{|\lambda|/2} \frac{(r+1)^m}{(r+1)^{m+2}(|\lambda|-r+1)^{m+2}}\\ &\leqq \frac{c_1 c_2\, 2^{m+1}}{\delta^2 \rho^\lambda (|\lambda|+2)^{m+2}} \sum_{r=0}^{\infty} (r+1)^{-2},\end{aligned}$$

also $\alpha_\lambda\cdot\rho^\lambda\cdot 2\delta(|\lambda|+1)^{m+2}\leqq c_1 c_2$. Damit ist gezeigt: $\|f\cdot g\|\leqq\|f\|\cdot\|g\|$.

Satz 2. *$\mathfrak{B}^e(\rho)$ ist eine Banachsche Algebra.*

4. Es seien e, p natürliche Zahlen und $\mathscr{I}_e\subset p\,\mathscr{H}_e$, $\mathscr{I}_{e+i}\subset p\,\mathscr{H}_{e+i}$ Untermoduln. $\mathscr{I}_{e+i}$ heißt eine Erweiterung von $\mathscr{I}_e$, wenn die Beschränkung von $\mathscr{I}_{e+i}$ auf $p\,\mathscr{H}_e$ gleich $\mathscr{I}_e$ ist. Dabei ist die Beschränkung das Bild unter dem Restklassenhomomorphismus $p\,\mathscr{H}_{e+i}\to p\,\mathscr{H}_e$. Wir definieren.

Definition 4. $\mathscr{I}_{e+i}$ mit $i\geqq 1$ heißt eine minimale Erweiterung von $\mathscr{I}_e$, wenn

1) $\mathscr{I}_{e+i}$ eine Erweiterung von $\mathscr{I}_e$ ist und

2) jede Erweiterung $\tilde{\mathscr{I}}_{e+i}$ von $\mathscr{I}_e$, die in $\mathscr{I}_{e+i}$ enthalten ist, mit $\mathscr{I}_{e+i}$ übereinstimmt.

Es sei $h_1,\ldots,h_k\in\mathscr{I}_e$ ein Erzeugendensystem. Wir nennen $h_1,\ldots,h_k$ minimal, wenn $h_1,\ldots,h_k$ nicht mehr durch Fortlassen eines h_i verkleinert werden kann. Es folgt:

Satz 3. *$\mathscr{I}_{e+1}$ ist Erweiterung von $\mathscr{I}_e$ genau dann, wenn es Erzeugende $\hat{h}_1,\ldots,\hat{h}_l\in\mathscr{I}_{e+1}$ mit $l\geqq k$ und $\hat{h}_i|p\,\mathscr{H}_e=h_i$ für $i=1,\ldots,k$ und $h_i|p\,\mathscr{H}_e=0$ für $i=k+1,\ldots,l$ gibt. Ist $\mathscr{I}_{e+1}$ minimale Erweiterung von $\mathscr{I}_e$, so läßt sich $l=k$ wählen. Jede Fortsetzung von $h_1,\ldots,h_k$ zu $\tilde{h}_1,\ldots,\tilde{h}_k\in\mathscr{I}_{e+1}$ ist dann Erzeugendensystem von $\mathscr{I}_{e+1}$. Ist umgekehrt $h_1,\ldots,h_k$ minimales Erzeugen-*

densystem von $\mathcal{J}_e$ *und* $\hat{h}_1, \ldots, \hat{h}_k \in \mathcal{J}_{e+1}$ *Erzeugendensystem mit* $\hat{h}_i | p\,\mathcal{H}_e = h_i$, *so ist* $\mathcal{J}_{e+1}$ *minimale Erweiterung von* $\mathcal{J}_e$.

Beweis. Existieren Erzeugende $\hat{h}_1, \ldots, \hat{h}_l \in \mathcal{J}_{e+1}$ mit den angegebenen Eigenschaften, so ist $\mathcal{J}_{e+1}$ natürlich Erweiterung von $\mathcal{J}_e$. Es sei umgekehrt $\mathcal{J}_{e+1}$ Erweiterung von $\mathcal{J}_e$. Es seien dann $\hat{h}_1, \ldots, \hat{h}_k$ irgendwelche Fortsetzungen von Erzeugenden $h_1, \ldots, h_k$ nach $\mathcal{J}_{e+1}$. Sind dann noch $\hat{h}_{k+1}, \ldots, \hat{h}_l$ mit $\hat{h}_i | p\,\mathcal{H}_e = 0$ Erzeugende des Untermoduls

$$\mathcal{J}'_{e+1} = \{h \in \mathcal{J}_{e+1} : h | p\,\mathcal{H}_e = 0\} \subset \mathcal{J}_{e+1},$$

so erzeugen $\hat{h}_1, \ldots, \hat{h}_l$ den Modul $\mathcal{J}_{e+1}$ und haben die geforderten Eigenschaften. Im Falle einer minimalen Erweiterung müssen natürlich $h_{k+1}, \ldots, h_l$ gleich null sein.

Wir beweisen nun die letzte Behauptung von Satz 3. Dazu bezeichnen wir mit $\mathfrak{m}_e \in \mathcal{H}_e$ das maximale Ideal und für $g \in \mathcal{H}_e$ mit $g(0)$ das Bild von g unter dem Restklassenhomomorphismus $\mathcal{H}_e \to \mathcal{H}_e / \mathfrak{m}_e = \mathbb{C}$. Es ist also $g(0) \in \mathbb{C}$ und g ist genau dann eine Einheit, wenn $g(0) \neq 0$ ist. Ist $h_1, \ldots, h_l \in \mathcal{J}_e$ ein minimales Erzeugendensystem, so folgt deshalb aus $\sum_{i=1}^{k} a_i h_i = 0$ mit $a_i \in \mathcal{H}_e$ stets $a_i(0) = 0$ für $i = 1, \ldots, k$. Wäre $\mathcal{J}_{e+1}$ nun nicht minimale Erweiterung von $\mathcal{J}_e$, so gäbe es Fortsetzungen $\tilde{h}_1, \ldots, \tilde{h}_k$ von $h_1, \ldots, h_k$ nach $\mathcal{J}_{e+1}$, so daß $\tilde{h}_1, \ldots, \tilde{h}_k$ nicht ganz $\mathcal{J}_{e+1}$ erzeugen. Man hat dann Gleichungen $\tilde{h}_i = \sum_{j=1}^{k} a_{ij} \hat{h}_j$ mit $a_{ij} \in \mathcal{H}_{e+1}$. Für die Beschränkung $\underline{a}_{ij}$ auf $\mathcal{H}_e$ gilt sodann, wenn δ_{ij} das Kroneckersymbol bezeichnet:

$$\sum (\underline{a}_{ij} - \delta_{ij})\, h_j = 0.$$

Also ist $a_{ij}(0) = \delta_{ij}$ und mithin das Gleichungssystem $\tilde{h}_i = \sum a_{ij} \hat{h}_j$ nach $\hat{h}_j$ auflösbar. Dieses kann jedoch nicht sein, da sonst die $\tilde{h}_i$ ganz $\mathcal{J}_{e+1}$ erzeugen würden.

Damit ist Satz 3 bewiesen.

Corollar. *Es seien* $\mathcal{J}_{e+1}$ *und* $\tilde{\mathcal{J}}_{e+1}$ *zwei minimale Erweiterungen von* $\mathcal{J}_e$. *Dann gilt* $\mathcal{J}_{e+1} \cap p\,\mathfrak{m}^e = \tilde{\mathcal{J}}_{e+1} \cap p\,\mathfrak{m}^e$.

Beweis. Es sei $h_1, \ldots, h_k$ ein minimales Erzeugendensystem von $\mathcal{J}_e$, es seien $\hat{h}_1, \ldots, \hat{h}_k$ bzw. $\tilde{h}_1, \ldots, \tilde{h}_k$ Fortsetzungen zu Reihen aus $\mathcal{J}_{e+1}$ bzw. $\tilde{\mathcal{J}}_{e+1}$. Wir erhalten dadurch minimale Erzeugendensysteme. Ist $g \in \mathcal{J}_{e+1} \cap p\,\mathfrak{m}^e$, so gilt $g = \sum_{i=1}^{k} a_i \hat{h}_i$. Da die Beschränkung auf $\mathcal{H}_e$ null ergibt, folgt $a_i(0) = 0$. Mithin ist $g = \sum_{i=1}^{k} a_i h_i = \sum_{i=1}^{k} a_i \tilde{h}_i$ und gehört damit auch zu $\tilde{\mathcal{J}}_{e+1}$. Man hat $p\,\mathfrak{m}^e \cap \mathcal{J}_{e+1} \subset \tilde{\mathcal{J}}_{e+1} \cap p\,\mathfrak{m}^e$. Umgekehrt ist natürlich auch $\tilde{\mathcal{J}}_{e+1} \cap p\,\mathfrak{m}^e \subset \mathcal{J}_{e+1} \cap p\,\mathfrak{m}^e$, q.e.d.

Aus dem Corollar erhält man sofort die Gleichheit der Dimensionen: $\dim_{\mathbb{C}} \mathscr{H}_{e+1}/\mathscr{I}_{e+1} = \dim_{\mathbb{C}} \mathscr{H}_{e+1}/\tilde{\mathscr{I}}_{e+1}$.

5. Es sei $\mathscr{I}_e \subset p\,\mathscr{H}_e$ für $e = e_0, e_0+1, \dots$ eine Folge von Untermoduln. Dann heißt $(\mathscr{I}_e)$ eine *Kette von Erweiterungen*, wenn stets $\mathscr{I}_{e+1}$ Erweiterung von $\mathscr{I}_e$ ist. $(\mathscr{I}_e)$ heißt eine *Kette minimaler Erweiterungen*, wenn stets $\mathscr{I}_{e+1}$ minimale Erweiterung von $\mathscr{I}_e$ ist. Es gilt:

Satz 4. *Es sei* $(\mathscr{I}_e\colon e \geqq e_0)$ *eine Kette von Erweiterungen, dann gibt es ein* $e_1 \geqq e_0$, *so daß* $(\mathscr{I}_e\colon e \geqq e_1)$ *eine Kette von minimalen Erweiterungen ist.*

Beweis. Wäre der Satz falsch, so gäbe es beliebig große e, so daß die Erweiterung von $\mathscr{I}_e$ nach $\mathscr{I}_{e+1}$ nicht minimal ist. Die (streng monotone) Folge dieser e sei e_i, $i = 1, 2, 3, \dots$. Wir wählen Moduln $\mathscr{I}'_{e_i+1} \subset\cdot\, \mathscr{I}_{e_i+1}$, so daß stets $\mathscr{I}'_{e_i+1}$ Erweiterung von $\mathscr{I}_{e_i}$ ist. Wir setzen

$$\mathscr{I}_e^{(i)} = \{h \in \mathscr{I}_e\colon h|p\,\mathscr{H}_{e_j+1} \in \mathscr{I}'_{e_j+1} \text{ für } j \geqq i,\ e_j + 1 \leqq e\}.$$

Offenbar ist für $i = 1, 2, 3, \dots$ stets $(\mathscr{I}_e^{(i)})$ eine Kette von Erweiterungen. Wir bezeichnen mit $\hat{\mathscr{I}}^{(i)}$ den projektiven Limes $\lim\limits_{\infty \leftarrow e} \mathscr{I}_e^{(i)} \subset p\,\hat{\mathscr{H}}$. Die Folge $\hat{\mathscr{I}}^{(i)}$ ist streng monoton wachsend. Da aber $\hat{\mathscr{H}}$ als Ring der formalen Potenzreihen noethersch ist, ist dieses ein Widerspruch zum Idealkettensatz.

§ 2. Die Weierstraßsche Formel für ein Ideal

1. Wir betrachten zahlentheoretische Funktionen s_p für $p = 1, \dots, m$. Es sei stets $0 < s_p \leqq \infty$. Die Funktion s_1 sei eine Konstante, $s_2 = s_2(v_1)$ sei für die ganzen Zahlen v_1 mit $0 \leqq v_1 < s_1$ definiert, ist $s_1 = \infty$, so sei auch s_2 für alle v_1 gleich ∞. Die Funktion $s_3 = s_3(v_1, v_2)$ sei für alle (v_1, v_2) mit $0 \leqq v_1 < s_1$, $0 \leqq v_2 < s_2(v_1)$ definiert, ist $s_2(v_1)$ gleich unendlich, so sei auch $s_3(v_1, v_2)$ für alle v_2 gleich ∞. Allgemein sei $s_p(v_1, \dots, v_{p-1})$ für $0 \leqq v_1 < s_1, \dots, 0 \leqq v_{p-1} < s_{p-1}(v_1, \dots, v_{p-2})$ definiert und $s_p(v_1, \dots, v_{p-1})$ sei für alle v_{p-1} gleich ∞, wenn $s_{p-1}(v_1, \dots, v_{p-2}) = \infty$ gilt. Es sei ferner stets $s_p(v_1, \dots, v_{p-1}) < e - v_1 - \dots - v_{p-1}$ oder gleich ∞. Wir nennen unter diesen Voraussetzungen $\mathfrak{s} = (s_1, \dots, s_m)$ ein *reduzierendes System zu e*. Ein reduzierendes System zu $e = \infty$ heißt einfach ein *reduzierendes System.*

Unter einer (in bezug auf $\mathfrak{s} = (s_1, \dots, s_m)$) *reduzierten Potenzreihe verstehen wir dann eine Reihe*

$$h = \sum_{\substack{0 \leqq v_1 < s_1 \\ 0 \leqq v_2 < s_2(v_1) \\ 0 \leqq v_m < s_m(v_1, \dots, v_{m-1}) \\ |v| < e}} a_v t^v \in \mathscr{H}_e$$

Es sei $\mathfrak{s}$ ein reduzierendes System zu e. Wir lassen bei unseren Betrachtungen auch den leeren Multiindex zu. Ein Multiindex $v = (v_1, \dots, v_i)$ mit

$0 \leqq i \leqq m$ heißt *maximal* in bezug auf $\mathfrak{s}$, wenn folgendes gilt

1) $0 \leqq \nu_j < s_j(\nu_1, \ldots, \nu_{j-1})$ für $j = 1, \ldots, i$,
2) $s_i(\nu_1, \ldots, \nu_{i-1}) < \infty$,
3) $s_{i+1}(\nu_1, \ldots, \nu_i) = \infty$, falls $i < m$.

Man sieht sofort, daß die Menge der maximalen Multiindizes endlich ist. Für jede reduzierte Potenzreihe h definieren wir zu jedem maximalen Multiindex $\nu' = (\nu_1, \ldots, \nu_i)$ die Teilreihe

$$h(\nu') = \sum_{\substack{\nu_{i+1} = 0 \ldots \infty \\ \nu_m = 0 \ldots \infty \\ \nu_{i+1} + \cdots + \nu_m < e - |\nu'|}} a_{\nu' \nu_{i+1}, \ldots, \nu_m} t_{i+1}^{\nu_{i+1}} \cdot \ldots \cdot t_m^{\nu_m}.$$

Man hat dann

$$h = \sum_{\nu' = \text{maximal}} t_1^{\nu_1} \cdot \ldots \cdot t_i^{\nu_i} h(\nu').$$

Bezeichnet N die Anzahl der maximalen Multiindizes zu $\mathfrak{s}$, so stehen also die reduzierten Potenzreihen in bijektiver Beziehung zu N-tupeln, deren Komponenten die Reihen $h(\nu')$ sind. Im Falle $e = \infty$ hat man also ein N-tupel von Potenzreihen, die jedoch unterschiedlich viele Variablen aufweisen können.

Wir nennen einen Multiindex $(\nu_1, \ldots, \nu_i)$ mit $0 \leqq i < m$ *endlich*, falls $0 \leqq \nu_j < s_j$ für $j = 1, \ldots, i$ und $s_{i+1}(\nu_1, \ldots, \nu_i) < \infty$ gilt. Der leere Multiindex ist also genau dann endlich, wenn $s_1 < \infty$.

Es sei $\tilde{\mathfrak{s}} = (\tilde{s}_1, \ldots, \tilde{s}_m)$ ein weiteres reduzierendes System. Dann heißt $\tilde{\mathfrak{s}}$ „höchstens stärker reduzierend" als $\mathfrak{s}$ (in Zeichen $\mathfrak{s} \leqq \tilde{\mathfrak{s}}$), wenn für alle in bezug $\mathfrak{s}$ endlichen $(\nu_1, \ldots, \nu_i)$ stets $s_{i+1}(\nu_1, \ldots, \nu_i) = \tilde{s}_{i+1}(\nu_1, \ldots, \nu_i)$ ist (man zeigt, daß $\tilde{s}_{i+1}(\nu_1, \ldots, \nu_i)$ definiert ist). Dagegen kann es zu $\tilde{\mathfrak{s}}$ mehr endliche Multiindizes geben als zu $\mathfrak{s}$. Durch die Relation $\leqq$ wird in der *Menge der reduzierenden Systeme eine Halbordnung* eingeführt. Wir zeigen:

Satz 1. *Es sei $\mathfrak{s}_1 \leqq \mathfrak{s}_2 \leqq \mathfrak{s}_3 \leqq \cdots$ eine unendliche Folge von reduzierenden Systemen. Dann gibt es ein $p_0 \in \mathbb{N}$, so daß $\mathfrak{s}_p = \mathfrak{s}_{p_0}$ für $p \geqq p_0$.*

Beweis. Gilt $\mathfrak{s}_p < \mathfrak{s}_q$, so gibt es einen maximalen Multiindex $(\nu_1, \ldots, \nu_i)$ zu $\mathfrak{s}_p$, der in bezug auf $\mathfrak{s}_q$ endlich ist. Wir konstruieren eine Teilfolge $\mathfrak{s}_{p_1}, \mathfrak{s}_{p_2}, \mathfrak{s}_{p_3}, \ldots$ von $(\mathfrak{s}_p)$ mit $p_1 < p_2 < p_3 < \cdots$. Es sei $p_1 = 1$. Ist p_j schon definiert, so werde p_{j+1} so groß gewählt, daß jeder maximale Multiindex $(\nu_1, \ldots, \nu_i)$ zu $\mathfrak{s}_{p_j}$, der in bezug auf ein $\mathfrak{s}_p$ mit $p > p_j$ endlich ist, bereits zu $\mathfrak{s}_{p_{j+1}}$ endlich ist. Die Dimension i der maximalen Multiindizes $(\nu_1, \ldots, \nu_i)$ zu $\mathfrak{s}_{p_j}$, die durch Übergang zu einem größeren p endlich werden, ist mindestens gleich $j-1$, wie man durch Induktion nachweisen kann. Es gilt deshalb $\mathfrak{s}_{p_j} = \mathfrak{s}_{p_{m+1}}$ für $j \geqq m+1$. Setzen wir $p_0 = p_{m+1}$, so haben wir auch $\mathfrak{s}_p = \mathfrak{s}_{p_0}$ für $p \geqq p_0$, q.e.d.

2. Wir ordnen die Menge der m-dimensionalen Multiindizes in *lexikographischer Weise:*

Es sei $\nu=(\nu_1,\ldots,\nu_m)$ *und* $\mu=(\mu_1,\ldots,\mu_m)$. *Es gilt dann* $\nu<\mu$ *genau dann, wenn* $|\nu|<|\mu|$ *oder* $|\nu|=|\mu|$ *und es ein* $k\leqq m$ *gibt, so daß* $\nu_{k+1}=\mu_{k+1},\ldots,\nu_m=\mu_m$ *und* $\nu_k<\mu_k$.

Offenbar ist die so definierte Anordnung eine lineare Ordnung.

Ist $\alpha=\sum a_\mu t^\mu\in\mathscr{H}_e$ eine Potenzreihe, so schreiben wir $\alpha>\nu$, falls $\mu>\nu$ ist, wenn $a_\mu\neq0$. Wir setzen $\hat{o}(\alpha)=\min\{\mu\colon a_\mu\neq0\}$. Es gilt $\hat{o}(\alpha_1+\alpha_2)\geqq\min(\hat{o}(\alpha_1),\hat{o}(\alpha_2))$ und $\hat{o}(\alpha_1\cdot\alpha_2)=\hat{o}(\alpha_1)+\hat{o}(\alpha_2)$. Wir zeigen:

Satz 2. *Es sei* ν *ein Multiindex und* $\alpha=\sum a_\mu t^\mu\in\mathscr{H}_e$ *mit* $\alpha>\nu$. *Wird dann* $\delta>0$ *beliebig vorgegeben, so braucht man nur* ρ_1 *hinreichend klein,* ρ_2 *nach Vorgabe von* ρ_1 *und* ρ_3 *nach Vorgabe von* ρ_1,ρ_2 *usw. und schließlich* ρ_m *nach Vorgabe von* $\rho_1,\ldots,\rho_{m-1}$ *und dann* $\gamma>0$ *nach Vorgabe von* ρ *hinreichend klein zu wählen, damit* $\|\alpha\|_{\gamma\rho}\leqq\delta(\gamma\rho)^\nu$ *gilt.*

Beweis. Wir schreiben $\alpha=\sum\limits_{|\mu|=|\nu|}^{0}a_\mu t^\mu+\sum^1 a_\mu t^\mu$, wobei $\sum^1$ die Glieder von α mit $|\mu|>|\nu|$ enthält. Die Reihe $\sum^0$ ist endlich. Es sei $a_\mu t^\mu$ ein Glied dieser Reihe. Wir wählen k so, daß $\mu_{k+1}=\nu_{k+1},\ldots,\mu_m=\nu_m$ und $\mu_k>\nu_k$. Sind dann $\rho_1,\ldots,\rho_{k-1}$ vorgegeben, so kann man ρ_k so klein wählen, daß $\|a_\mu t^\mu\|_\rho\leqq\delta\cdot\rho^\nu$. Die $\rho_{k+1},\ldots,\rho_m$ dürfen dabei ganz beliebig sein. Wir wählen nun ρ zunächst zu den Gliedern mit $k=1$, dann zu den Gliedern mit $k=2$. Dabei lassen wir ρ_1 unverändert. Wir fahren so fort. Schließlich ist erreicht, daß $\|\sum^0\|_\rho\leqq\delta\,\rho^\nu$ gilt. Multipliziert man ρ mit einem Faktor $\tilde{\gamma}>0$, so ändert sich an dieser Ungleichung nichts.

Die Reihe $\sum^1$ ist konvergent. Deshalb ist es auch die Reihe

$$\sum\nolimits^1 |a_\mu|\,(|\mu|+1)^{m+2}\,t^\mu.$$

Für kleines $\tilde{\rho}=\tilde{\gamma}\cdot\rho$ ist deshalb $\|\sum^1\|_{\tilde{\rho}}$ endlich. Multipliziert man $\tilde{\rho}$ mit einer kleinen positiven Zahl $\hat{\gamma}\leqq1$, so folgt:

$$\|\textstyle\sum^1\|_{\hat{\gamma}\tilde{\rho}}\leqq\hat{\gamma}^{|\nu|+1}\,\|\sum^1\|_{\tilde{\rho}},\qquad(\hat{\gamma}\,\tilde{\rho})^\nu=\hat{\gamma}^{|\nu|}\,\tilde{\rho}^\nu.$$

Also kann man $\|\sum^1\|_{\hat{\gamma}\tilde{\gamma}\rho}\leqq\delta(\hat{\gamma}\,\tilde{\gamma}\,\rho)^\nu$ erreichen. Wir setzen $\gamma=\tilde{\gamma}\cdot\hat{\gamma}$ und erhalten die verlangte Ungleichung. Aus der Konstruktion ist ersichtlich, daß nur $\rho_1\leqq\rho_1^*,\rho_2\leqq\rho_2^*(\rho_1),\ldots,\rho_m\leqq\rho_m^*(\rho_1,\ldots,\rho_{m-1})$ und $\gamma\leqq\gamma^*(\rho)$ sein muß, damit die Ungleichung gilt.

3. Es sei wieder $\mathfrak{s}$ ein reduzierendes System zu e. Ist $\nu'=(\nu_1,\ldots,\nu_i)$ ein endlicher Multiindex, so schreiben wir ν^* für $(\nu_1,\ldots,\nu_i,s_{i+1}(\nu'))$. Wir betrachten ν^* auch als m-dimensionalen Multiindex, indem wir für die restlichen Komponenten 0 wählen. Es ist also $t^{\nu^*}=t_1^{\nu_1}\ldots t_i^{\nu_i}\,t_{i+1}^{s_{i+1}(\nu')}$. Für endliche ν' hat man $|\nu^*|<e$. Es werde definiert:

Definition 1. Eine Menge Λ von Potenzreihen aus $\mathscr{H}_e$ heißt ein System von Weierstraßpolynomen zu $\mathfrak{s}$, wenn es in Λ zu jedem endlichen $\nu'=(\nu_1, \ldots, \nu_i)$ genau ein Element

$$\omega_{\nu'} = \mathfrak{t}^{\nu^*} + \mathrm{red}_{\nu'}$$

gibt, wobei $\mathrm{red}_{\nu'}$ eine reduzierte Potenzreihe ist und $\mathrm{red}_{\nu'} > \nu^*$ gilt.

Zu $\mathfrak{s}$ gehört natürlich immer das triviale System von Weierstraßpolynomen $\Lambda = \{\omega_{\nu'} = \mathfrak{t}^{\nu^*} \colon \nu' = \text{endlich}\}$.

Wir setzen $\rho^{-\nu^*} = \rho_1^{-\nu_1} \ldots \rho_i^{-\nu_i} \rho_{i+1}^{-s_{i+1}(\nu_1, \ldots, \nu_i)}$ und zeigen:

Satz 3. *Für jedes $h \in \mathscr{H}_e$ mit $\|h\| < \infty$ gilt eine eindeutig bestimmte Darstellung*

$$h = \sum_{\nu' = \text{endlich}} Q_{\nu'} \omega_{\nu'} + R,$$

wobei R eine zu $\mathfrak{s}$ reduzierte Potenzreihe und $Q_{\nu'} \in \mathscr{H}_{e-|\nu^*|}$ eine Potenzreihe ist, in der nur die Veränderlichen $t_{i+1}, \ldots, t_m$ vorkommen. Es gilt

$$\hat{o}(R) \geqq \hat{o}(h), \qquad \hat{o}(Q_{\nu'}) + \nu^* \geqq \hat{o}(h)$$

und es gelten die Abschätzungen:

$$\|Q_{\nu'}\| \leqq \|h\| \, \rho^{-\nu^*}, \qquad \|R\| \leqq \|h\|.$$

Beweis. Es sei $\tau = \tau(\mathfrak{s}) = \max\{i \colon \exists (\nu_1, \ldots, \nu_i) \text{ endlich zu } \mathfrak{s}\}$. Wir führen nun vollständige Induktion über τ. Im Falle $\tau = 0$ ist nur s_1 endlich, und Λ besteht nur aus $t_1^{s_1}$. Satz 3 ist dann trivial. Ist nun $\tau(\mathfrak{s}) > 0$, so definieren wir ein reduzierendes System $\mathfrak{s}^* = (s_1^*, \ldots, s_m^*) < \mathfrak{s}$ zu e auf folgende Weise. Wir setzen:

$$s_i^*(\nu_1, \ldots, \nu_{i-1}) = s_i(\nu_1, \ldots, \nu_{i-1}) \quad \text{für } i \leqq \tau$$

$$s_i^*(\nu_1, \ldots, \nu_{i-1}) = \infty \quad \text{für } i > \tau.$$

Es gilt dann $\tau(\mathfrak{s}^*) = \tau - 1$. Nach Induktionsvoraussetzung ist unser Satz bereits für alle Fälle $\tau(\mathfrak{s}) - 1$ bewiesen. Er gilt insbesondere für $\mathfrak{s}^*$. Man hat also die eindeutig bestimmte Zerlegung

$$h = \sum_{\nu' = \text{endlich } \mathfrak{s}^*} Q_{\nu'} \omega_{\nu'} + R^*,$$

wobei R^* in bezug auf $\mathfrak{s}^*$ reduziert ist. Wir schreiben

$$R^* = \sum_{\nu' = \text{maximal } \mathfrak{s}^*} a_{\nu'}(t_{i+1}, \ldots, t_m) \, \mathfrak{t}^{\nu'} \quad \text{mit} \quad \nu' = (\nu_1, \ldots, \nu_i).$$

Man erhält Λ aus $\Lambda^* = \{\omega_{\nu'} \colon \nu' \text{ endlich } \mathfrak{s}^*\}$, indem man $A = \{\omega_{\nu'} \colon \nu' = (\nu_1, \ldots, \nu_\tau) \text{ maximal } \mathfrak{s}^*, \text{ endlich } \mathfrak{s}\}$ hinzufügt. Für $\omega_{\nu'} \in A$ gilt die eindeutige Zerlegung:

$$a_{\nu'} = Q_{\nu'}(t_{\tau+1}, \ldots, t_m) \frac{\omega_{\nu'}}{\mathfrak{t}^{\nu'}} + b_{\nu'}(t_{\tau+1}, \ldots, t_m),$$

wobei $Q_{\nu'} \in \mathscr{H}_{e-|\nu^*|}$ und $b_{\nu'} \in \mathscr{H}_{e-|\nu'|}$ in $t_{\tau+1}$ ein Polynom vom Grad $< s_{\tau+1}(\nu_1, \ldots, \nu_\tau)$ ist. Führen wir dieses für jedes $\omega_{\nu'} \in A$ durch, so erhalten wir die eindeutig bestimmte Darstellung:

$$R^* = \sum_{\omega_{\nu'} \in A} Q_{\nu'} \, \omega_{\nu'} + R .$$

Dabei ist $R \in \mathscr{H}_e$ reduziert in bezug auf $\mathfrak{s}$ und $Q_{\nu'} \in \mathscr{H}_{e-|\nu^*|}$ eine Potenzreihe in $t_{\tau+1}, \ldots, t_m$. Bei beliebiger Wahl von $Q_{\nu'}$ und R ist $R^* = \sum_{\omega_{\nu'} \in A} Q_{\nu'} \, \omega_{\nu'} + R$ reduziert in bezug auf $\mathfrak{s}^*$. Damit ist auch die Eindeutigkeit der Zerlegung gezeigt.

Durch die gleiche Induktion ergibt sich, daß die $Q_{\nu'} \cdot \omega_{\nu'}$, R paarweise zueinander disjunkte Unterreihen von h sind. Deshalb folgen die Ungleichungen $\hat{\mathfrak{o}}(R) \geqq \hat{\mathfrak{o}}(h)$, $\hat{\mathfrak{o}}(Q_{\nu'}) + \nu^* \geqq \hat{\mathfrak{o}}(h)$. Man hat auch $\|R\| \leqq \|h\|$, $\|Q_{\nu'} \cdot \omega_{\nu'}\| \leqq \|h\|$. Aus der letzten Ungleichung folgt schließlich: $\|Q_{\nu'}\| \leqq \rho^{-\nu^*} \cdot \|h\|$. Damit ist alles bewiesen.

Wir werden jetzt das triviale System von Weierstraßpolynomen zu $\mathfrak{s}$ etwas abändern. Es seien $\alpha_{\nu'} \in \mathscr{H}_e$ (nicht notwendig reduzierte) Potenzreihen mit $\hat{\mathfrak{o}}(\alpha_{\nu'}) > \nu^*$ zu den endlichen Multiindizes ν'. Es sei $\sigma = |\mathfrak{s}|$ die Anzahl der endlichen Multiindizes, und es gelte $\|\alpha_{\nu'}\| \leqq \varepsilon \sigma^{-1} \rho^{\nu^*}$ mit $0 < \varepsilon < 1$. (Das läßt sich jedoch durch Wahl von ρ stets erreichen.) Wir setzen $\omega_{\nu'} = \mathfrak{t}^{\nu^*} + \alpha_{\nu'}$ und zeigen:

Satz 4. *Es gibt zu jedem $h \in \mathscr{H}_e$ mit $\|h\| < \infty$ eine eindeutig bestimmte Darstellung*

$$h = \sum_{\nu' \text{endlich}} Q_{\nu'} \, \omega_{\nu'} + R ,$$

wobei $R \in \mathscr{H}_e$ eine reduzierte Potenzreihe zu $\mathfrak{s}$ und $Q_{\nu'} \in \mathscr{H}_{e-|\nu^*|}$ eine Potenzreihe in den Veränderlichen $t_{i+1}, \ldots, t_m$ ist. Es gilt:

$$\hat{\mathfrak{o}}(R) \geqq \hat{\mathfrak{o}}(h), \qquad \hat{\mathfrak{o}}(Q_{\nu'}) + \nu^* \geqq \hat{\mathfrak{o}}(h)$$

und es gelten die Abschätzungen:

$$\|R\| \leqq \|h\| \frac{1}{1-\varepsilon},$$

$$\|Q_{\nu'}\| \leqq \|h\| \frac{\rho^{-\nu^*}}{1-\varepsilon}.$$

Beweis. Wir verfahren wie beim Beweis der klassischen Weierstraßschen Formel [1]. Es sei $\tilde{\omega}_{\nu'} = \mathfrak{t}^{\nu^*}$. Wir konstruieren Folgen $h_i \in \mathscr{H}_e$, $Q_{\nu'}^{(i)} \in \mathscr{H}_{e-|\nu^*|}$, $R_i \in \mathscr{H}_e$. Zunächst sei $h_0 = h$. Ist h_i schon konstruiert, so zerlegen wir

$$h_i = \sum_{\nu' = \text{endlich}} Q_{\nu'}^{(i+1)} \, \tilde{\omega}_{\nu'} + R_{i+1}$$

und definieren:

$$h_{i+1}=h_i-\sum_{\nu'} Q_{\nu'}^{(i+1)}\,\omega_{\nu'}-R_{i+1}=-\sum_{\nu'}\alpha_{\nu'}\,Q_{\nu'}^{(i+1)}.$$

Man erhält die Abschätzungen:

$$\|Q_{\nu'}^{(i+1)}\|\leqq\|h_i\|\,\rho^{-\nu^*},\qquad \|R_{i+1}\|\leqq\|h_i\|,$$
$$\|h_{i+1}\|\leqq\varepsilon\,\|h_i\|\leqq\varepsilon^{i+1}\,\|h\|.$$

Mithin konvergieren die Reihen über i und man hat:

$$h=\sum_{i=0}^{\infty}(h_i-h_{i+1})=\sum_{\nu'}\left(\sum_{i=0}^{\infty}Q_{\nu'}^{(i+1)}\right)\omega_{\nu'}+\sum_{i=0}^{\infty}R_{i+1}$$
$$=\sum_{\nu'}Q_{\nu'}\,\omega_{\nu'}+R.$$

Es folgen die behaupteten Abschätzungen und Ungleichungen. Um die Eindeutigkeit der Zerlegung einzusehen, muß gezeigt werden, daß aus $\sum_{\nu'} Q_{\nu'}\,\omega_{\nu'}+R=0$ folgt $Q_{\nu'}=R=0$, wenn $\|Q_{\nu'}\|$, $\|R\|<\infty$ und $Q_{\nu'}\in\mathscr{H}_{e-|\nu^*|}$ stets eine Potenzreihe in $t_{i+1},\ldots,t_m$ und $R\in\mathscr{H}_e$ eine reduzierte Potenzreihe ist. Es sei $K=\left\|\sum_{\nu'} Q_{\nu'}\,\tilde{\omega}_{\nu'}+R\right\|$. Nach Satz 4 gilt die Abschätzung $\|Q_{\nu'}\|\leqq K\,\rho^{-\nu^*}$. Andererseits ist: $R+\sum_{\nu'} Q_{\nu'}\,\tilde{\omega}_{\nu'}=-\sum Q_{\nu'}\,\alpha_{\nu'}$. Dadurch ergibt sich: $K\leqq\varepsilon\,K$ und damit $K=0$. Es ist also $\sum Q_{\nu'}\cdot\tilde{\omega}_{\nu'}+R=0$. Aus Satz 3 folgt: $Q_{\nu'}=R=0$, q.e.d.

R heißt auch die Reduktion von h.

Anmerkung. Es gilt folgende Aussage: *Die Koeffizienten von h und den $\omega_{\nu'}$ seien rationale Funktionen in $\mathfrak{v}=(v_1,\ldots,v_k)\in\mathbb{C}^k$. Für $\mathfrak{v}=0$ seien diese Funktionen holomorph. Dann sind die Koeffizienten von $Q_{\nu'}$ und R rationale Funktionen in $\mathfrak{v}$.*

Beweis. Die Bedingungen des Satzes 4 sind für $\mathfrak{v}$ aus einer Umgebung $V(\mathfrak{O})\subset\mathbb{C}^k$ erfüllt (in bezug auf ein geeignetes ρ). Die Koeffizienten von $Q_{\nu'}$ und R sind deshalb Funktionen über V. Aus den Multiplikationsregeln der Potenzreihen folgt, daß sie linearen Gleichungen mit rationalen Koeffizienten genügen. Das Gleichungssystem hat nach Satz 4 genau eine Lösung[2], es ist eindeutig auflösbar nach der Determinantentheorie. Deshalb sind die Koeffizienten von $Q_{\nu'}$ und R rational.

4. Wir führen in diesem Abschnitt die Division mit Rest nach einem Ideal durch. Es sei $G=Gl(m,\mathbb{C})$ die Gruppe der homogen-linearen Transformationen des $\mathbb{C}^m$.

---

[2] Man kann sich dabei auf den Fall $e<\infty$ beschränken. In diesem Fall stimmen formale und konvergente Lösungen überein.

Satz 5. *Es sei* $\mathcal{J} \subset \mathcal{H}_e$ *ein Ideal. Dann gibt es ein reduzierendes System* $\mathfrak{s}$ *zu e, eine Zariski-offene Teilmenge* $Z \subset G$ *mit* $Z \neq \emptyset$ *und nach einer Transformation mit einem Element aus Z ein eindeutig bestimmtes System von Weierstraßpolynomen* $\Lambda = \{\omega_{\nu'} = \mathfrak{t}^{\nu^*} + \alpha_{\nu'}: \nu'$ *endlich zu* $\mathfrak{s}\}$, *so daß*

1) $\omega_{\nu'} \in \mathcal{J}$ *für alle endlichen Multiindizes* ν' *ist,*

2) *jede reduzierte Potenzreihe, die zu* $\mathcal{J}$ *gehört, gleich Null ist.*

Anmerkung. Ist $a_\mu \mathfrak{t}^\mu \neq 0$ ein Glied von $\alpha_{\nu'}$, so gilt $|\mu| > |\nu^*|$ oder $|\mu| = |\nu^*|$ und $\mu > \nu^*$. Man kann deshalb Satz 2 anwenden. Ist $0 < \varepsilon < 1$, so gibt es stets ein ρ, so daß für alle endlichen ν' die Ungleichung $\|\alpha_{\nu'}\| \leqq \varepsilon \sigma^{-1} \rho^{\nu^*}$ gilt. Ist $h \in \mathcal{H}_e$, so kann man das ρ sogar so wählen, daß $\|h\| < \infty$. Nach Satz 4 gilt deshalb immer die dort angegebene Darstellung, die auch unabhängig von ρ eindeutig bestimmt ist: zu jedem $h \in \mathcal{H}_e$ gibt es eindeutig bestimmte Potenzreihen $Q_{\nu'} \in \mathcal{H}_{e-|\nu^*|}$ in den Veränderlichen $t_{i+1}, \ldots, t_n$ und eine reduzierte Potenzreihe $R \in \mathcal{H}_e$, derart, daß $h = \sum Q_{\nu'} \omega_{\nu'} + R$ gilt. h gehört genau dann zum Ideal $\mathcal{J}$, wenn $R = 0$ ist. Die Elemente des Stellenringes $\mathcal{H}_e / \mathcal{J}$ stehen also zu den reduzierten Potenzreihen in bijektiver Beziehung.

Beweis von Satz 5. Wir zeigen durch vollständige Induktion die folgenden Aussagen:

A_r: Es gibt ein reduzierendes System $\mathfrak{s}_r = (s_1^{(r)}, \ldots, s_m^{(r)})$ zu e, eine nicht leere Zariski-offene Teilmenge $Z_r \subset G$ und nach einer Transformation mit einem Element aus Z_r ein System von Weierstraßpolynomen $\Lambda_r = \{\omega_j^r = \omega_{\nu_j'} = \mathfrak{t}^{\nu_j^*} + \alpha_j^r : j = 1, \ldots, r\}$ zu $\mathfrak{s}_r$ mit folgenden Eigenschaften:

1) Es ist $\nu_{j+1}^* > \nu_j^*$.

2) Ist $h \in \mathcal{J}$ und zu $\mathfrak{s}_r$ reduziert, so gilt $h > \nu_r^*$.

3) Die Koeffizienten von ω_j^r sind reguläre Funktionen von den Punkten aus Z_r.

4) Es gilt $\omega_j^r \in \mathcal{J}$.

Wir werden A_r für $r = 0, 1, 2, \ldots, r_0$ beweisen. Die Zahl r_0 wird später bestimmt werden. Wir setzen $\mathfrak{s}_0 = (\infty, \ldots, \infty)$, $Z_0 = G$, $\Lambda_0 = \emptyset$. Die Aussage A_0 ist dann richtig. Die Konstruktion wird nun so geführt, daß stets $\mathfrak{s}_r < \mathfrak{s}_{r+1}$, $Z_r \supset Z_{r+1}$.

Es sei A_r bereits bewiesen. Ist jedes reduzierte $h \in \mathcal{J}$ gleich 0 nach einer beliebigen Koordinatentransformation aus Z_r, so setzen wir $r = r_0$. Der Beweis von Satz 5 ist dann vollendet. Wir bezeichnen mit red_r die Reduktion bzgl. $\mathfrak{s}_r$. Es sei also $\mathrm{red}_r \mathcal{J} \neq 0$. Wir wählen dann einen minimalen Index μ, so daß nach einer Koordinatentransformation aus Z_r ein $h \in \mathrm{red}_r \mathcal{J}$ mit einem Glied $a_\mu \mathfrak{t}^\mu \neq 0$ existiert. Durch Division erreichen wir $a_\mu = 1$. Wir schreiben $h = \mathfrak{t}^\mu + \alpha$. Es gilt $\nu_r^* < \mu < \alpha$.

Die Reihe h ist $\mathfrak{s}_r$-Reduktion eines Elementes aus $\mathscr{J}$, das wir bei den Koordinatentransformationen fest lassen. Die Koeffizienten von α sind deshalb rationale Funktionen auf Z_r, und es gibt eine nicht-leere Zariski-offene Teilmenge $Z_{r+1} \subset Z_r$ von G, auf der sie reguläre Funktionen sind.

Wir setzen $\mu = (\mu_1, \ldots, \mu_i, 0, \ldots, 0)$ mit $\mu_i > 0$ und definieren:

$$s_i^{(r+1)}(\mu_1, \ldots, \mu_{i-1}) = \mu_i, \qquad s_j^{(r+1)}(\nu_1, \ldots, \nu_{j-1}) = s_j^{(r)}(\nu_1, \ldots, \nu_{j-1})$$

für alle zu $\mathfrak{s}_r$ endlichen $(\nu_1, \ldots, \nu_{j-1})$ und in allen anderen Fällen

$$s_j^{(r+1)}(\nu_1, \ldots, \nu_{j-1}) = \infty .$$

Wir zeigen, daß $\mathfrak{s}_{r+1}$ wohldefiniert ist. Da h reduziert ist, gilt sicher $\mu_i < s_i^{(r)}(\mu_1, \ldots, \mu_{i-1})$. Das stünde im Widerspruch zu der Eigenschaft 2 von A_r, wenn $s_i^{(r)}(\mu_1, \ldots, \mu_{i-1})$ endlich wäre. Also gilt $s_i^{(r)}(\mu_1, \ldots, \mu_{i-1}) = \infty$.

Es ist auch $s_{i-1}^{(r)}(\mu_1, \ldots, \mu_{i-2})$ endlich. Wäre das nicht der Fall, so könnten wir folgendes unternehmen. Wir wählen ein kleines $\delta > 0$ und ρ so, daß $\|\alpha_{\nu'}\|_\rho \leqq \delta \cdot \rho^{\nu_*}$ und $\|\alpha\|_\rho \leqq \delta \cdot \rho^\mu$, und führen dann die Koordinatentransformation $t_i = \rho_i \cdot \tilde{t}_i$, $i = 1, \ldots, m$ durch. Wir setzen $\tilde{\rho} = (1, \ldots, 1)$ und haben $\|\tilde{\alpha}_{\nu'}\|_{\tilde{\rho}} \leqq \delta$, $\|\tilde{\alpha}\| \leqq \delta$ mit $\tilde{\alpha}_{\nu'} = \alpha_{\nu'}/\rho^{\nu^*}$, $\tilde{\alpha} = \alpha/\rho^\mu$. Wir haben $\tilde{\omega}_{\nu'} = \mathfrak{t}^{\nu^*} + \tilde{\alpha}_{\nu'}$ und $\tilde{h} = \mathfrak{t}^\mu + \tilde{\alpha}$. Nach einer kleinen Drehung des Koordinatensystems in den Veränderlichen $\tilde{t}_{i-1}, \tilde{t}_i$, geht $\tilde{\mathfrak{t}}^\mu$ in die Gestalt

$$\gamma = \tilde{\mathfrak{t}}^{(\mu_1, \ldots, \mu_{i-2})}(a\, \tilde{t}_{i-1}^{\mu_{i-1}+\mu_i} + \beta)$$

über, wobei β ein homogenes Polynom in $\tilde{t}_{i-1}$ und $\tilde{t}_i$ vom Grad $\mu_{i-1} + \mu_i$ ist, in dessen Gliedern $\tilde{t}_i$ von höherer Potenz als 0 auftritt. Die Zahl a ist von Null verschieden. Der ganze Ausdruck ist in bezug auf $\mathfrak{s}_r$ reduziert, weil $s_{i-1}^{(r)}(\mu_1, \ldots, \mu_{i-2}) = \infty$. Die Reihe $\tilde{\alpha}$ ist nach der Drehung im allgemeinen nicht mehr reduziert. Ist δ sehr klein, so ist $\tilde{\alpha}$ nach der Drehung auch noch sehr klein. Das gleiche gilt für die Reduktion $\hat{\alpha}$ von $\tilde{\alpha}$ in bezug auf $\mathfrak{s}_r$. In der Summe $\gamma + \hat{\alpha}$ wird deshalb das Glied

$$a \cdot \tilde{t}_{i-1}^{\mu_{i-1}+\mu_i} \cdot \tilde{\mathfrak{t}}^{(\mu_1, \ldots, \mu_{i-2})}$$

nicht herausgehoben. Es ist aber $(\mu_1, \ldots, \mu_{i-2}, \mu_{i-1} + \mu_i) < \mu$, was im Widerspruch zur Minimalität von μ steht.

Es ist also $(\mu_1, \ldots, \mu_{i-1})$ maximal zu $\mathfrak{s}_r$, *das System*

$$\mathfrak{s}_{r+1} = (s_1^{(r+1)}, \ldots, s_m^{(r+1)})$$

ist wohldefiniert, es ist ein reduzierendes System, und es gilt $\mathfrak{s}_r < \mathfrak{s}_{r+1}$.

Wir können ein ρ wählen, so daß gleichzeitig gilt

$$\|\alpha_j^r\| \leqq \varepsilon\, \sigma^{-1} \rho^{\nu_j^*}, \qquad \|\alpha\| \leqq \varepsilon\, \sigma^{-1} \rho^\mu .$$

Man kann dann die Division mit Rest durchführen. Wir wenden sie auf die α_j^r und auf α an und setzen

$$\omega_j^{(r+1)} = \mathfrak{t}^{\nu_j^*} + \operatorname{red}\alpha_j^r \quad \text{für} \quad j=1,\ldots,r \quad \text{und} \quad \omega_{r+1}^{(r+1)} = \mathfrak{t}^{\mu} + \operatorname{red}\alpha .$$

Man hat wieder $\alpha_j^{r+1} = \operatorname{red}\alpha_j^r \geqq \nu_j^*$ und $\alpha_{r+1}^{(r+1)} = \operatorname{red}\alpha > \mu$. Die Koeffizienten von den $\alpha_j^{(r+1)}$ sind reguläre Funktionen auf Z_{r+1} und es gilt $\omega_j^{(r+1)} \in \mathscr{J}$. Ist nun ein $g \in \mathscr{J}$ reduziert in bezug auf $\mathfrak{s}_{r+1}$, so kann ein Glied $b_\mu \mathfrak{t}^\mu$ in g nicht auftreten. Ferner ist g in bezug auf $\mathfrak{s}_r$ reduziert, μ war minimal gewählt. Also gilt $\mu < g$. Damit ist die Gültigkeit von A_{r+1} gezeigt.

Da die Folge $\mathfrak{s}_r$ echt aufsteigend ist, muß das Verfahren einmal abbrechen. Es tritt der Fall ein, wo $\operatorname{red}_r \mathscr{J} = 0$. Wir setzen dann $r = r_0$ und haben Satz 5 bewiesen. Die ν^* sind durch $\mathfrak{s}$ bestimmt. Es ist klar, daß auch die reduzierten $\alpha_{\nu'}$ eindeutig festgelegt sind.

Anmerkung. Das reduzierende System $\mathfrak{s}$ ist nach Konstruktion dem Ideal $\mathscr{J}$ eindeutig zugeordnet. Man sieht leicht ein, daß es sogar eine biholomorphe Invariante von $\mathscr{J}$ ist. Wir nennen $\mathfrak{s}$ *die Weierstraßinvariante* von $\mathscr{J}$ oder auch einfach die Vielfachheit von $\mathscr{J}$.

5. Aus der in Satz 5 behaupteten Eindeutigkeit ergibt sich sofort:

Satz 6. *Es seien $\mathscr{J}_e \subset \mathscr{H}_e$, $\mathscr{J}_{e+1} \subset \mathscr{H}_{e+1}$ Ideale, $\mathscr{J}_{e+1}$ sei Erweiterung von $\mathscr{J}_e$. Ferner seien $\mathfrak{s}_e$, $\mathfrak{s}_{e+1}$ die zugehörigen reduzierenden Systeme, Z_e und Z_{e+1} die zugehörigen Zariski-offenen Teilmengen von G und $\Lambda_e = \{\omega_1^e, \ldots, \omega_k^e\}$, $\Lambda_{e+1} = \{\omega_1^{e+1}, \ldots, \omega_l^{e+1}\}$ die zugehörigen Systeme von Weierstraßpolynomen (nach einer Koordinatentransformation aus $Z_e \cap Z_{e+1}$). Es gilt dann $\mathfrak{s}_e \leqq \mathfrak{s}_{e+1}$, $k \leqq l$, $\omega_i^{e+1} | \mathscr{H}_e = \omega_i^e$ für $i = 1, \ldots, k$ und $\omega_i^{e+1} | \mathscr{H}_e = 0$ für $i = k+1, \ldots, l$.*

Der Beweis ist trivial. Er folgt unmittelbar aus der Konstruktion im Beweis zu Satz 5 und braucht hier nicht durchgeführt zu werden. Man beachte, daß durchaus $\mathfrak{s}_e < \mathfrak{s}_{e+1}$ gelten kann, da für $\mathfrak{s}_e$ gefordert wurde:

$$s_p(\nu_1, \ldots, \nu_{p-1}) < e - \nu_1 - \cdots - \nu_{p-1} \quad \text{oder gleich } \infty .$$

Wir nennen Λ_e auch ein *System von Weierstraßpolynomen zu $\mathscr{J}_e$*. Es gilt:

Satz 7. *Es sei $\mathscr{J}_e \subset \mathscr{H}_e$ ein Ideal und $\mathfrak{s}$ das reduzierende System zu $\mathscr{J}_e$. Es gebe eine Erweiterung $\mathscr{J}_{e+1}$ von $\mathscr{J}_e$, zu der das gleiche reduzierende System $\mathfrak{s}$ gehört. Es sei dann $\omega_1^e, \ldots, \omega_k^e$ ein System von Weierstraßpolynomen zu $\mathscr{J}_e$ und $\tilde{\omega}_1^{e+1}, \ldots, \tilde{\omega}_k^{e+1}$ irgendeine Erweiterung zu einem System von Weierstraßpolynomen zu $\mathfrak{s}$ in bezug auf $\mathscr{H}_{e+1}$, so daß*

$$\tilde{\mathscr{J}}_{e+1} = \mathscr{H}_{e+1}(\tilde{\omega}_1^{e+1}, \ldots, \tilde{\omega}_k^{e+1})$$

minimale Erweiterung von $\mathscr{J}_e$ ist. Dann ist $(\tilde{\omega}_1^{e+1}, \ldots, \tilde{\omega}_k^{e+1})$ ein System von Weierstraßpolynomen zu $\tilde{\mathscr{J}}_{e+1}$.

Beweis. Wir müssen zeigen, daß $\tilde{\mathscr{J}}_{e+1}$ das gleiche reduzierende System $\mathfrak{s}$ hat. Es sei $\hat{\mathscr{J}}_{e+1}$ eine minimale Erweiterung von $\mathscr{J}_e$, die in $\mathscr{J}_{e+1}$ enthalten ist. Es gilt, wie früher gezeigt, $\dim_{\mathbb{C}} \mathscr{H}_{e+1}/\hat{\mathscr{J}}_{e+1} = \dim_{\mathbb{C}} \mathscr{H}_{e+1}/\tilde{\mathscr{J}}_{e+1}$. Das bedeutet $\dim_{\mathbb{C}} \mathscr{H}_{e+1}/\mathscr{J}_{e+1} \leqq \dim_{\mathbb{C}} \mathscr{H}_{e+1}/\tilde{\mathscr{J}}_{e+1}$. Die Dimensionen sind durch $\mathfrak{s}$ bestimmt. Müßte das $\mathfrak{s}$ bei $\tilde{\mathscr{J}}_{e+1}$ noch vergrößert werden, so wäre die letzte Dimension kleiner als die erste, und das wäre ein Widerspruch.

Wir zeigen noch:

Satz 8. *Es sei $e_0 < e$, es seien $\mathscr{J}_{e_0} \subset \mathscr{H}_{e_0}$, $\mathscr{J}_e \subset \mathscr{H}_e$ Ideale. Es sei $\mathscr{J}_e$ minimale Erweiterung von $\mathscr{J}_{e_0}$. Ferner gehöre zu $\mathscr{J}_{e_0}$, $\mathscr{J}_e$ das gleiche reduzierende System $\mathfrak{s}$. Es seien $\Lambda_{e_0} = \{\omega_i^{e_0}: i = 1, \dots, k\}$, $\Lambda_e = \{\omega_i^e\}$ die zugehörigen Systeme von Weierstraßpolynomen. Wir wählen eine Folge $1 \leqq p_1 < \dots < p_r \leqq k$, so daß $\omega_{p_1}^{e_0}, \dots, \omega_{p_r}^{e_0}$ minimales Erzeugendensystem von $\mathscr{J}_{e_0}$ ist und setzen:*

$$\omega_i^e = \mathfrak{t}^{\nu^*} + \sum a_{i\mu} \mathfrak{t}^{\mu},$$

wobei $\sum$ reduziert ist. Es gibt dann komplexe Zahlen γ_i^j und $a_{i\mu}^0$, so daß für $|\mu| = e-1$ gilt:

$$a_{i\mu} = \sum_{j=1}^{r} \gamma_i^j a_{p_j \mu} + a_{i\mu}^0.$$

Dabei sind die γ_i^j von $\mu, e, a_{p_j\mu}$ und $\mathscr{J}_e$ unabhängig, $a_{i\mu}^0$ hängt nicht von $a_{p_j\mu}$ ab.

Beweis. Es gelten Gleichungen:

$$\omega_i^{e_0} = \sum_{j=1}^{r} c_{ij} \omega_{p_j}^{e_0} \quad \text{mit} \quad c_{ij} \in \mathscr{H}_{e_0 - \mathfrak{o}_j}, \; c_{p_j j} = 1, \; c_{p_i j} = 0 \text{ für } i \neq j,$$

wobei $\mathfrak{o}_j = \mathfrak{o}(\omega_{p_j}^{e_0})$ die Ordnung der Nullstelle ist. Wir setzen:

$$h_i = \sum_{j=1}^{r} c_{ij} \omega_{p_j}^e = \mathfrak{t}^{\nu^*} + \beta_i,$$

wobei $\omega_i^{e_0} = \mathfrak{t}^{\nu^*} + \alpha_i^{e_0}$, wobei die c_{ij} als Potenzreihen aus $\mathscr{H}$ aufgefaßt sind.

Wegen der Eindeutigkeit folgt:

$$\operatorname{red} \beta_i = \sum a_{i\mu} \mathfrak{t}^{\mu} = \alpha_i.$$

Es sei $\tilde{\mathscr{J}}_e$ eine weitere minimale Erweiterung von $\mathscr{J}_{e_0}$, zu der das reduzierende System $\mathfrak{s}$ gehöre. Es sei $\tilde{\mathscr{J}}_e | \mathscr{H}_{e-1} = \mathscr{J}_e | \mathscr{H}_{e-1}$. Wir führen zu $\tilde{\mathscr{J}}_e$ das gleiche wie zu $\mathscr{J}_e$ durch, setzen $\tilde{\omega}_i^e = \mathfrak{t}^* + \sum \tilde{a}_{i\mu} \mathfrak{t}^{\mu}$ und betrachten

$$\tilde{h}_i - h_i = \sum_{j=1}^{r} c_{ij} (\tilde{\omega}_{p_j}^e - \omega_{p_j}^e) = \tilde{\beta}_i - \beta_i = \sum_{j=1}^{r} c_{ij}(0) \sum_{|\mu| = e-1} (\tilde{a}_{p_j\mu} - a_{p_j\mu}) \mathfrak{t}^{\mu}.$$

Die Differenz ist also bereits reduziert. Es gilt die gleiche Gleichung für die Differenz red $\tilde{\beta}_i -$ red β_i. Wir setzen

$$\gamma_i^j = c_{ij}(0) \quad \text{und} \quad a_{i\mu}^0 = a_{i\mu} - \sum_{j=1}^{r} \gamma_i^j a_{p_j\mu}$$

und haben damit den Satz 8 bewiesen.

Es folgen noch Abschätzungen für die Reihen $\sum a_{i\mu} \mathfrak{t}^\mu$. Wir fassen $\sum_{j=1}^{r} c_{ij} \omega_{p_j}^{e_0} = \mathfrak{t}^{\nu^*} + \alpha_i^0$ als Potenzreihe aus $\mathscr{H}$ auf.

Es gilt dann:

$$\beta_i = \alpha_i^0 + \sum_{j=1}^{r} c_{ij}(\omega_{p_j}^e - \omega_{p_j}^{e_0}) \,|\, \mathscr{H}_e.$$

Es gibt deshalb eine von e (und $\rho \leqq \rho_0$) unabhängige Konstante $K_* \geqq 1$, so daß

$$\|\beta_i\| \leqq \|\alpha_i^0\| + K_* \max \|\omega_{p_j}^e - \omega_{p_j}^{e_0}\|.$$

Es sei nun $0 < \varepsilon < 1$ *und* $\|\alpha_i^0\| \leqq \frac{\varepsilon}{4} \sigma^{-1} \rho^{\nu^*}$ $\big($*mit* $\nu^* = \nu^*(i)\big)$, *es gelte*

$$\|\omega_{p_j}^e - \omega_{p_j}^{e_0}\| \leqq \frac{\varepsilon}{4K_*} \sigma^{-1} \gamma^{e_0 - 1}$$

mit $\gamma = \min(1, \rho_1, \ldots, \rho_m)$. *Es folgt dann* $\rho^{\nu^*} \geqq \gamma^{e_0 - 1}$ *wegen* $|\nu^*| \leqq e_0 - 1$, $\|\beta_i\| \leqq \frac{\varepsilon}{2} \sigma^{-1} \rho^{\nu^*}$ *und nach Reduktion*

$$\|\alpha_i\| \leqq \frac{1}{2} \frac{\varepsilon}{1 - \varepsilon/2} \sigma^{-1} \rho^{\nu^*} \leqq \varepsilon \sigma^{-1} \rho^{\nu^*}.$$

Man kann dann also Satz 4 anwenden.

Aus Satz 7 folgt noch:

Existiert eine Erweiterung $\mathscr{I}_e$ *mit den in Satz* 8 *geforderten Eigenschaften, dann gibt es auch eine Erweiterung mit* $a_{p_j\mu} = 0$ *für* $|\mu| = e - 1$.

Ersetzt man die $a_{p_j\mu}$ durch 0, so wird dadurch die Norm $\|\alpha_{p_j}\|$ höchstens kleiner. Unsere Abschätzung gilt also auch für diesen Fall. Insbesondere ist:

$$\|\sum a_{i\mu}^0 \mathfrak{t}^\mu\| \leqq \varepsilon \sigma^{-1} \rho^{\nu^*}.$$

6. Es sei $P = \{\mathfrak{z} = (z_1, \ldots, z_n) \colon |z_i| < 1,\ i = 1, \ldots, n\}$ der offene Einheitspolyzylinder im $\mathbb{C}^n$ und I der Ring der holomorphen Funktionen auf P. Jedes Element $\mathfrak{f} \in q(I \hat{\otimes} \mathscr{H}_e)$ läßt sich dann in der Form $\mathfrak{f} = \sum_{|\nu|=0}^{e-1} a_\nu \mathfrak{t}^\nu$ mit $a_\nu \in q\, I$ geben. Wir setzen $\|a_\nu\| = \max_i \sup_{\mathfrak{z} \in P} |a_i^\nu(\mathfrak{z})|$, wobei

$$a_\nu(\mathfrak{z}) = \big(a_1^{(\nu)}(\mathfrak{z}), \ldots, a_q^{(\nu)}(\mathfrak{z})\big)$$

und definieren analog zu Abschnitt 3 aus § 1

$$\|\mathfrak{f}\| = \|\mathfrak{f}\|_\rho = \sup_\nu 2\delta(|\nu|+1)^{m+2}\|a_\nu\|\,\rho^\nu.$$

Die Menge

$$\hat{\mathfrak{B}} = \hat{\mathfrak{B}}^e(\rho) = \{\mathfrak{f} \in (q\,I)\hat{\otimes}\mathscr{H}_e\colon \|\mathfrak{f}\|_\rho < \infty\}$$

ist dann ein Banachraum und sogar ein Banachmodul über $\mathfrak{B}^e$.

Es sei $\mathfrak{f} \in \hat{\mathfrak{B}}^e$, $\mathfrak{s}$ ein reduzierendes System zu e, für $\{\omega_{\nu'} = \mathfrak{t}^{\nu^*} + \alpha_{\nu'}\}$ seien die Voraussetzungen von Satz 4 erfüllt. Dann überträgt sich der Beweis von Satz 4 unmittelbar und man erhält eine eindeutig bestimmte Darstellung:

$$\mathfrak{f} = \sum Q_{\nu'}\,\omega_{\nu'} + R,$$

wobei $Q_{\nu'} \in \hat{\mathfrak{B}}^{e-|\nu^*|}$ Potenzreihen in $\mathfrak{z}$ und $t_{i+1}, \ldots, t_m$ sind und $R \in \hat{\mathfrak{B}}^e$ in $\mathfrak{t}$ reduziert ist. Es gelten wieder die in Satz 4 angegebenen Abschätzungen, ferner ist $\hat{\mathfrak{o}}(Q_\nu) + \nu^* \geqq \hat{\mathfrak{o}}(\mathfrak{f})$, $\hat{\mathfrak{o}}(R) \geqq \hat{\mathfrak{o}}(\mathfrak{f})$.

Für spätere Zwecke sei hier ein im wesentlichen auf Cartan zurückgehendes Theorem angegeben. Wir nennen eine Abbildung $\alpha\colon \mathbb{C}^s \oplus p\,\mathcal{O} \to q\,\mathcal{O}$ einen Homomorphismus, wenn folgendes gilt:

1) α ist eine lineare Abbildung vom komplexen Vektorräumen.

2) $\alpha\,|\,\mathfrak{O} \oplus p\,\mathcal{O}$ ist ein Homomorphismus von $\mathcal{O}$-Moduln $p\,\mathcal{O} \to q\,\mathcal{O}$.

Die analoge Definition wird getroffen für den Fall, wo $\mathcal{O}$ durch I ersetzt ist. Man kann einen Homomorphismus $\hat{\alpha}\colon \mathbb{C}^s \oplus p\,\mathcal{O} \to q\,\mathcal{O}$ auf höchstens eine Weise zu einem Homomorphismus $\hat{\alpha}\colon \mathbb{C}^s \oplus p\,I \to q\,I$ fortsetzen (es ist eine natürliche Beschränkungsabbildung

$$\mathrm{Hom}(\mathbb{C}^s \oplus p\,I, q\,I) \to \mathrm{Hom}(\mathbb{C}^s \oplus p\,\mathcal{O}, q\,\mathcal{O})$$

definiert). Es gilt:

Satz 9 (Cartan). *Es sei $\alpha\colon \mathbb{C}^s \oplus p\,\mathcal{O} \to q\,\mathcal{O}$ ein Homomorphismus. Dann gilt nach einer homogen-linearen Koordinatentransformation (Drehung und Streckung) folgendes:*

1) *α läßt sich zu einem Homomorphismus $\hat{\alpha}\colon \mathbb{C}^s \oplus p\,I \to q\,I$ erweitern.*

2) *Ist $\mathfrak{f} \in q\,I$ und der Keim $\mathfrak{f}_{\mathfrak{O}} \in \alpha(\mathbb{C}^s \oplus p\,\mathcal{O})$, so gibt es ein $\mathfrak{g} \in \mathbb{C}^s \oplus p\,I$ mit $\hat{\alpha}(\mathfrak{g}) = \mathfrak{f}$ und $\|\mathfrak{g}\| \leqq K\,\|\mathfrak{f}\|$, wobei $K \geqq 1$ eine von $\mathfrak{f}$ unabhängige Konstante ist.*

Hierbei ist $\|\mathfrak{g}\|$ wie folgt definiert. Es sei $\mathfrak{g} = (c_1, \ldots, c_s, g_1, \ldots, g_p)$ mit $c_1, \ldots, c_s \in \mathbb{C}$ und $g_1, \ldots, g_p \in I$. Dann ist

$$\|\mathfrak{g}\| = \max(|c_1|, \ldots, |c_s|, \|g_1\|, \ldots, \|g_s\|).$$

Der Beweis des Satzes 9 findet sich explizit in Tiourina [6]. Er ist deshalb hier nicht aufgeschrieben.

§ 3. Konstruktion einer formal versellen analytischen Deformation

1. Es sei nun $\mathscr{I}_{\mathfrak{O}} \subset \mathcal{O}$ wieder ein reduziertes Ideal wie in § 1.1. Der Mengenkeim $X_{\mathfrak{O}} = \{\mathscr{I}_{\mathfrak{O}} = 0\}$ habe also wieder in $\mathfrak{O} \in \mathbb{C}^n$ eine isolierte Singularität. Wir bezeichnen den Strukturring $\mathcal{O}/\mathscr{I}_{\mathfrak{O}}$ von $X_{\mathfrak{O}}$ wieder mit $\underline{\mathcal{O}}_{\mathfrak{O}}$ und betrachten die Homomorphismen $\mathrm{Hom}_{\mathcal{O}}(\mathscr{I}_{\mathfrak{O}}, \underline{\mathcal{O}}_{\mathfrak{O}})$. Ist $\xi: \mathcal{O} \to \mathcal{O}$ eine Derivation, so definiert die Einschränkung von ξ auf $\mathscr{I}_{\mathfrak{O}}$ ein Element aus $\mathrm{Hom}_{\mathcal{O}}(\mathscr{I}_{\mathfrak{O}}, \underline{\mathcal{O}}_{\mathfrak{O}})$. Dieses sei mit $\underline{\xi}$ bezeichnet. Bekanntlich ist $H^1 = \mathrm{Hom}_{\mathcal{O}}(\mathscr{I}_{\mathfrak{O}}, \underline{\mathcal{O}}_{\mathfrak{O}})/D$ mit $D = \{\underline{\xi}\}$ ein endlich dimensionaler komplexer Vektorraum. Seine Dimension sei m. Es sei $\mathscr{H}$ der Ring der konvergenten Potenzreihen in $\mathfrak{O} \in \mathbb{C}^m$.

Wir bezeichnen mit $f_1, \ldots, f_d \in \mathscr{I}_{\mathfrak{O}}$ ein Erzeugendensystem und schreiben $(f_1, \ldots, f_d) = \mathfrak{f}$. Nach Schlessinger gibt es zu jedem $e \geqq 1$ ein Ideal $\mathscr{J}_e \subset \mathscr{H}_e$, so daß eine Familie $F^{(e)}(\mathfrak{z}, \mathfrak{t}) = \sum_{|\nu|=0}^{e-1} F_\nu(\mathfrak{z})\, \mathfrak{t}^\nu$, $F_\nu \in d\,\mathcal{O}$ mit folgenden Eigenschaften existiert[3]:

1) $F_0(\mathfrak{z}) = \mathfrak{f}(\mathfrak{z})$, $\pi(\mathscr{J}_e) \subset \mathscr{I}_e = \mathcal{O} \hat{\otimes} \mathscr{H}_e \cdot (F^{(e)})$.

2) Ist $\mathfrak{g} = (g_1, \ldots, g_d) \in d \cdot \mathcal{O}$ mit $\mathfrak{g} \cdot \mathfrak{f} = 0$, so gibt es stets ein

$$G = \sum_{|\nu|=0}^{e-1} G_\nu(\mathfrak{z})\, \mathfrak{t}^\nu \quad \text{mit } G_\nu \in d\mathcal{O},$$

$G_0 = \mathfrak{g}$ und $G \cdot F \equiv 0 \mod (\mathfrak{m}^e, \mathscr{J}_e)$.

3) Die Familie $F^{(e)}(\mathfrak{z}, \mathfrak{t})$ ist versell.

4) $F^{e+1} | \mathscr{H}_e = F^e$, $\mathscr{J}_{e+1} | \mathscr{H}_e = \mathscr{J}_e$.

Es gilt ferner $\mathscr{J}_2 = 0$. Aus der Versalität folgt, daß $\mathscr{J}_e$ bis auf einen Isomorphismus von $\mathscr{H}_e$ eindeutig bestimmt ist. $\mathscr{J}_{e+1}$ ist stets eine Erweiterung von $\mathscr{J}_e$. Wie früher gezeigt, ist dieser Übergang für $e \geqq e_0 \geqq 2$ minimal. Wir zeigen zunächst:

Satz 1. *Es sei $e \geqq e_0$ und $\tilde{\mathscr{J}}_{e+1}$ eine minimale Erweiterung von $\mathscr{J}_e$ und $\tilde{F}^{(e+1)}(\mathfrak{z}, \mathfrak{t})$ eine Familie, so daß die Eigenschaften 1)–2) in bezug auf $\tilde{\mathscr{J}}_{e+1}$ gelten und $\tilde{F}^{(e+1)} | \mathscr{H}_2 = F^{(2)}$ ist. Dann sind die Familien $((F^{(e+1)}), \mathscr{J}_{e+1})$ und $((\tilde{F}^{(e+1)}), \tilde{\mathscr{J}}_{e+1})$ zueinander äquivalent.*

Beweis. Da die Familie $((F^{e+1}, \mathscr{J}_{e+1}))$ versell ist, gibt es einen Homomorphismus $\varphi: \mathscr{H}_{e+1} \to \mathscr{H}_{e+1}$, so daß die Liftung von $((F^{e+1}), \mathscr{J}_{e+1})$ mittels φ zu $((\tilde{F}^{e+1}), \tilde{\mathscr{J}}_{e+1})$ isomorph ist. Das Differential φ' ist dabei eindeutig festgelegt. Die Beschränkungen von $((F^{e+1}), \mathscr{J}_{e+1})$ und $((\tilde{F}^{e+1}), \tilde{\mathscr{J}}_{e+1})$ auf $\mathscr{H}_2$ stimmen überein. Es muß deshalb φ' die Identität sein. Nach dem Jacobischen Umkehrsatz ist φ' also ein Isomorphismus.

---

[3] Die Eigenschaften 1)–2) sind äquivalent mit den Axiomen einer (platten) holomorphen Deformation. Man vgl. etwa Tiourina [6]. Anstelle von $\mathcal{O} \hat{\otimes} \mathscr{H}_e \cdot (F^{(e)})$ schreiben wir auch $(F^{(e)})$ oder noch einfacher $F^{(e)}$.

Man kann deshalb (nach der Transformation φ) $\mathscr{J}_{e+1}$ als Unterideal von $\tilde{\mathscr{J}}_{e+1}$ ansehen. Die Beschränkungen $\mathscr{J}_e$ bzw. $\tilde{\mathscr{J}}_e$ von $\mathscr{J}_{e+1}$ bzw. $\tilde{\mathscr{J}}_{e+1}$ auf $\mathscr{H}_e$ sind zueinander isomorph (unter einem Isomorphismus $\mathscr{H}_e \to \mathscr{H}_e$). Es ist deshalb $\dim_{\mathbb{C}} \mathscr{J}_e = \dim_{\mathbb{C}} \tilde{\mathscr{J}}_e$. Mithin folgt aus $\mathscr{J}_e \subset \tilde{\mathscr{J}}_e$ die Gleichheit $\mathscr{J}_e = \tilde{\mathscr{J}}_e$. Nun gilt $\mathscr{J}_{e+1} \subset \tilde{\mathscr{J}}_{e+1}$. Andererseits sind $\mathscr{J}_{e+1}$ und $\tilde{\mathscr{J}}_{e+1}$ minimale Erweiterungen von $\mathscr{J}_e$. Also muß auch $\mathscr{J}_{e+1} = \tilde{\mathscr{J}}_{e+1}$ gelten.

2. Es soll die Division mit Rest nach $\mathscr{J}_e$ durchgeführt werden. Die Folge $(\mathscr{J}_e, F^{(e)})$ mit den Eigenschaften 1)–4) wird dabei so konstruiert, daß die zu $\mathscr{J}_e$ gehörenden reduzierenden Systeme möglichst lange größer werden. Es gibt jedoch ein e_0, so daß zu allen $\mathscr{J}_e$ mit $e \geqq e_0$ das gleiche reduzierende System $\mathfrak{s}$ gehört. Das ist dann auch völlig unabhängig davon, wie die Erweiterungen $\mathscr{J}_e$ von $\mathscr{J}_{e_0}$ definiert werden. Es müssen nur die geforderten Eigenschaften 1)–4) erhalten bleiben. Bei Änderung der $\mathscr{J}_e$ für $e \geqq e_0$ ändert sich also an $\mathfrak{s}$ nichts!

Es sei $\Omega^e = \{\omega_1^e, \ldots, \omega_l^e\}$ das zugehörige System von Weierstraßpolynomen. Man hat $\omega_\lambda^{e+1} | \mathscr{H}_e = \omega_\lambda^e$.

Wir wählen ferner im Sinne von Satz 8 aus § 2 Zahlen $p_1, \ldots, p_r$ mit $1 \leqq p_1 < p_2 < \cdots < p_r \leqq l$, so daß die $\omega_{p_1}^e, \ldots, \omega_{p_r}^e$ für $e \geqq e_0$ minimales Erzeugendensystem von $\mathscr{J}_e$ sind. Für die reduzierten Glieder $a_{i\nu}\mathfrak{t}^\nu$ von ω_i^{e+1} mit $|\nu| = e$ gelten dann feste Gleichungen

$$a_{i\nu} = \sum_{j=1}^{r} \gamma_i^j a_{p_j\nu} + a_{i\nu}^0,$$

wobei die γ_i^j von $e, \nu, a_{p_j\nu}$ unabhängig sind. Die $a_{i\nu}^0$ sind von den $a_{p_j\nu}$ unabhängig. Wir schreiben fortan $a_{p_j\nu} = b_{j\nu}$.

Es sei $H = H^{e+1} \in d(\mathcal{O} \otimes \mathscr{H}_{e+1})$ für $e \geqq e_0$. Es sei $\Omega^e = \{\omega_1^e, \ldots, \omega_l^e\}$ das System von Weierstraßpolynomen zu $\mathscr{J}_e$ in bezug auf $\mathscr{H}_e$, das System $\{\omega_1^0, \ldots, \omega_l^0\}$ entstehe aus Ω^e, wenn die $b_{j\nu}$ null gesetzt werden. Wir reduzieren H zunächst mittels $\{\omega_1^0, \ldots, \omega_l^0\}$ und erhalten die Darstellung

$$H = \sum_{i=1}^{l} Q_i \omega_i^0 + R_0.$$

Es sei jetzt $b_{j\nu}$ beliebig. Wir erhalten dann aus Ω^e ein System

$$\{\omega_1^{e+1}, \ldots, \omega_l^{e+1}\} = \Omega^{e+1}.$$

Es gilt

$$\omega_i^{e+1} - \omega_i^0 = \sum_{\substack{|\nu|=e \\ \text{reduziert}}} \sum_{j=1}^{r} \gamma_i^j b_{j\nu} \mathfrak{t}^\nu.$$

Mithin folgt:

$$H = \sum_{i=1}^{l} Q_i \omega_i^{e+1} + \Bigg(R_0 - \sum_{\substack{|\nu|=e \\ \text{reduziert}}} \sum_{i=0}^{l} Q_i(0) \sum_{j=1}^{r} \gamma_i^j b_{j\nu} \mathfrak{t}^\nu\Bigg),$$

also für die Glieder bei $\mathfrak{t}^\nu$ im Restterm:

$$R_\nu = R_\nu^0 - \sum_{\substack{i=1\dots l\\ j=1\dots r}} Q_i(0)\,\gamma_i^j\, b_{j\nu} \qquad \text{für } |\nu|=e,\ \nu=\text{reduziert}.$$

Alle Q_i, R_0, R_ν^0, R_ν sind jetzt natürlich d-tupel von Potenzreihen in $(\mathfrak{z},\mathfrak{t})$ oder in $\mathfrak{z}$. Da die Beschränkung dieser Darstellung auf $\mathscr{H}_{e_0}$, die eindeutig bestimmte Darstellung von $H|\mathscr{H}_{e_0}$ liefert, sind die $Q_i(0)$ unabhängig von e festgelegte Elemente aus $d\cdot\mathcal{O}$. Die γ_i^j sind feste komplexe Zahlen. Wir können also schreiben

$$R_\nu = R_\nu^0 - \sum_{j=1,\dots,r} c_j\, b_{j\nu} \qquad \text{mit } c_j \in d\mathcal{O}.$$

3. Es sei $F^e \in d(\mathcal{O}\hat{\otimes}\mathscr{H}_e)$, $e \geqq e_0$ ein d-tupel von Potenzreihen mit den Eigenschaften 1) – 3) aus Abschnitt 1. Nach Schlessinger können wir die $b_{j\nu}$ so wählen, daß eine Fortsetzung F^{e+1} von F^e nach $\mathscr{H}_{e+1}$ existiert, so daß wieder die Eigenschaften 1) – 3) gelten. Für $\mathfrak{g}=(g_1,\dots,g_d)$ mit $\mathfrak{g}\cdot\mathfrak{f}=0$ gibt es also stets ein $G^{e+1}\in d(\mathcal{O}\otimes\mathscr{H}_{e+1})$ mit

$$G^{e+1}\cdot F^{e+1} \equiv 0 \bmod (\mathscr{J}_{e+1}).$$

Wir fassen die folgenden Reihen auch als Elemente aus $\mathcal{O}\hat{\otimes}\mathscr{H}_{e+1}$ auf. Wir setzen $G^{e+1}=G^e+\gamma$ mit $G^e=G^{e+1}|\mathscr{H}_e$, $F^{e+1}=F^e+\Phi$. G^{e+1}, F^{e+1} dürfen wir als reduziert annehmen. Es gilt $G^{e+1}\cdot F^{e+1}=G^e\cdot F^e+\gamma\cdot\mathfrak{f}+\mathfrak{g}\cdot\Phi$. Für ein Element $H\in d(\mathcal{O}\hat{\otimes}\mathscr{H}_{e+1})$ bezeichne H_ν stets den Koeffizienten bei $\mathfrak{t}^\nu$, red^{e+1} sei die Reduktion bezüglich $\{\omega_1^{e+1},\dots,\omega_l^{e+1}\}$, red^0 die Reduktion bezüglich $\{\omega_1^0,\dots,\omega_l^0\}$. Wir erhalten:

$$\begin{aligned} 0 &= \mathrm{red}_\nu^{e+1}(G^{e+1}\cdot F^{e+1}) = \mathrm{red}_\nu^{e+1}(G^e\cdot F^e)+\gamma_\nu\cdot\mathfrak{f}+\mathfrak{g}\cdot\Phi_\nu \\ &= \mathrm{red}_\nu^0(G^e\cdot F^e)+\gamma_\nu\cdot\mathfrak{f}+\mathfrak{g}\cdot\Phi_\nu-\sum_{j=1}^r c_j\, b_{j\nu}, \end{aligned}$$

wobei die c_j nur von $G^e\cdot F^e|\mathscr{H}_{e_0}$ abhängen.

Wir betrachten die bei uns auftretenden Elemente aus $d\mathcal{O}$ als d-tupel von holomorphen Funktionen in einer Umgebung $U=U(\mathfrak{O})\subset\mathbb{C}^n$. $X_{\mathfrak{O}}$ ist also auch eine analytische Menge in U. Wir wählen eine Kugel $W(\mathfrak{O})\subset\subset U$. In $U-\overline{W}$ ist dann $X_{\mathfrak{O}}$ singularitätenfrei. Für den Keim X_1 der Menge $X_{\mathfrak{O}}$ in einem beliebigem Punkt $\mathfrak{z}_1\in X_{\mathfrak{O}}\cap(U-\overline{W})$ gilt folgendes, wenn F_1^e den Keim von F^e in $\mathfrak{z}_1$ bezeichnet:

Bei beliebiger Wahl der $b_{j\nu}$ läßt sich F_1^e nach $\mathscr{H}_{e+1}$ zu einem F_1^{e+1} so fortsetzen, daß die Eigenschaften 1) – 2) gelten. Nach Satz 7 aus § 2 ist auch $\omega_1^{e+1},\dots,\omega_l^{e+1}$ bei beliebigen $b_{j\nu}$ stets ein System von Weierstraß-polynomen zu $\mathfrak{s}$ und zu $\mathscr{J}_{e+1}=(\omega_1^{e+1},\dots,\omega_l^{e+1})$. Ferner kann man G_1^e stets zu G_1^{e+1} fortsetzen, so daß $G_1^{e+1}\cdot F_1^{e+1}\equiv 0 \bmod (\mathscr{J}_{e+1})$ gilt. Deshalb folgt:

$$\mathrm{red}_\nu^0(G_1^e \cdot F_1^e) - \sum_{j=1}^{r} c_{j1}\, b_{j\nu}\, |X_1 = -\mathfrak{g} \cdot \Phi_{\nu 1}|\, X_1 .$$

Der Ausdruck auf der linken Seite hängt deshalb nur von $\mathfrak{g}|X_1$ und nicht von der Wahl von G^e ab. Da dieses für jedes $\mathfrak{z}_1 \in X_{\mathfrak{D}} \cap (U - \overline{W})$ gilt, und $X_{\mathfrak{D}}$ reduziert ist, folgt:

$$\mathrm{red}_\nu^0(G^e \cdot F^e) - \sum_{j=1}^{r} c_j\, b_{j\nu}|X_{\mathfrak{D}} \in \underline{\mathcal{O}}_{\mathfrak{D}}$$

hängt nur von $\mathfrak{g}|X_{\mathfrak{D}}$ ab.

Es sei $N = \{\mathfrak{g} \in d\mathcal{O} \colon \mathfrak{g} \cdot \mathfrak{f} = 0\}$ und $\underline{N}$ das Bild von N in $d\underline{\mathcal{O}}_{\mathfrak{D}}$ unter der Beschränkungsabbildung $\mathcal{O} \to \underline{\mathcal{O}}_{\mathfrak{D}}$. Die Zuordnungen:

$$\mathfrak{g}|X_{\mathfrak{D}} \to \mathrm{red}_\nu^0(G^e \cdot F^e)|X_{\mathfrak{D}}$$

$$\mathfrak{g}|X_{\mathfrak{D}} \to c_j|X_{\mathfrak{D}}$$

sind also Homomorphismen

$$\underline{N} \to \underline{\mathcal{O}}_{\mathfrak{D}},$$

die wir mit $\mathfrak{r}_\nu$ bzw. $\mathfrak{c}_j$ bezeichnen wollen. Sind die $b_{j\nu}$ geeignet gewählt, so existiert nach Schlessinger F^{e+1}, G^{e+1}, und das heißt, daß die

$$\mathfrak{r}_\nu - \sum_{j=1}^{r} \mathfrak{c}_j\, b_{j\nu}$$

Beschränkung von Homomorphismen $d\underline{\mathcal{O}}_{\mathfrak{D}} \to \underline{\mathcal{O}}_{\mathfrak{D}}$ sind. Es gibt dann $\Phi_\nu \in \mathcal{O}$ mit

$$\left(\mathfrak{r}_\nu - \sum_{j=1}^{r} \mathfrak{c}_j\, b_{j\nu}\right)(\mathfrak{g}|X_{\mathfrak{D}}) = -\mathfrak{g} \cdot \Phi_\nu|X_{\mathfrak{D}}.$$

Bei gegebenem G^e kann man dann γ_ν bestimmen, so daß

$$\mathrm{red}_\nu^0(G^e \cdot F^e) - \sum_{j=1}^{r} c_j\, b_{j\nu} + \mathfrak{g} \cdot \Phi_\nu = -\gamma_\nu\, \mathfrak{f}.$$

Die Familie F^e ist dadurch zu F^{e+1} fortgesetzt, und es gelten die Eigenschaften 1)–4) aus Abschnitt 1, wie auch immer wir unsere Wahl getroffen haben.

4. Wir haben noch die Konvergenz der Folgen G^e, F^e, ω_i^e zu zeigen. Deshalb müssen die $b_{j\nu}$, γ_ν, Φ_ν entsprechend gewählt werden. Wir geben $\varepsilon > 0$ beliebig vor und schreiben $\omega_i^{eo} = \mathfrak{t}^{\nu^*} + \alpha_i^{eo}$. Wir wählen $\rho = (\rho_1, \ldots, \rho_m)$ so, daß $\|\alpha_i^{eo}\| \leqq \varepsilon\, \sigma^{-1} \rho^{\nu^*}$ gilt. Wir werden die Konstruktion der α_i^e so durchführen, daß diese Abschätzung erhalten bleibt.

Es sei $\mathfrak{g}_1, \ldots, \mathfrak{g}_q$ ein Erzeugendensystem von N. Für ein festes $e \geqq e_0$ sei zu $\mathfrak{g}_p$ bereits ein G_p^e definiert, so daß die geforderten Eigenschaften gelten. Wir setzen dabei stets G_p^e, F^e als reduziert voraus. Wir haben dann zu jedem j ein $c_{pj} \in \mathcal{O}$. Es sind die Gleichungen

$$\operatorname{red}_\nu^0 (G_p^e \cdot F^e) = \sum_{j=1}^{r} c_{pj}(\mathfrak{z}) \cdot b_{j\nu} - \mathfrak{g}_p \Phi_\nu - \gamma_{p\nu} \cdot \mathfrak{f} \quad \text{mit } p = 1, \ldots, q \text{ und } |\nu| = e$$

nach $b_{j\nu}$, Φ_ν, $\gamma_{p\nu}$ zu lösen. Da die Existenz gesichert ist, gibt es nach dem Satz 9 aus § 2 nach einer geeigneten linearen Transformation des $\mathbb{C}^n$ eine Konstante $K \geqq 1$, so daß (für $|\nu| = e$):

$$|b_{j\nu}|, \; \|\Phi_\nu\|, \; \|\gamma_{p\nu}\| \leqq K \max_p \|\operatorname{red}_\nu^0 (G_p^e \cdot F^e)\|.$$

Wir setzen $F^e = \mathfrak{f} + F' + F''$, $G_p^e = \mathfrak{g}_p + G_p' + G_p''$, $\omega_i^e = \omega_i' + \omega_i''$ mit $F' = F^{eo} - \mathfrak{f}$, $G_p' = G_p^{eo} - \mathfrak{g}_p$, $\omega_i' = \omega_i^{eo}$ und $\gamma = \min(1, \rho_1, \ldots, \rho_m) > 0$. Für jedes ν^* gilt dann $\rho^{\nu^*} \geqq \gamma^{eo-1}$. Es sei $c \geqq d(2 + \gamma^{eo-1}) + r + 1$ und K_0 so gewählt, daß $\dfrac{K_0 K}{1-\varepsilon} c \leqq 1$ und $K_0 \leqq \dfrac{\varepsilon}{4K_*} \sigma^{-1}$ (man vgl. § 2.5). Das Produkt $(\mathfrak{g}_p + G_p') \cdot (\mathfrak{f} + F')$ ist kongruent 0 mod$(\mathfrak{m}^{eo}, \mathcal{J}_{eo})$. Man kann deshalb zerlegen $(\mathfrak{g}_p + G_p')$ $(\mathfrak{f} + F') = \sum Q_j^{(p)} \omega_{pj}^{eo}$ mit $Q_j^{(p)} \in \mathcal{O} \otimes \mathcal{H}_{eo}$. Es sei $Q_j^{(p)\prime} = Q_j^{(p)}(\mathfrak{z}, \mathfrak{t}) - Q_j^{(p)}(\mathfrak{z}, 0)$. Wir gehen durch Multiplikation mit einer kleinen positiven Zahl zu einem kleineren ρ über. Man kann erreichen, daß gilt:

$$\|F'\| \leqq K_0, \qquad \|G_p'\| \leqq K_0,$$

$$\|(\mathfrak{g}_p + G_p')(\mathfrak{f} + F') - \sum Q_j^{(p)} \omega_{pj}'\| \leqq K_0^2 \gamma^{eo-1}, \qquad \|Q_j^{(p)\prime}\| \leqq K_0.$$

Dabei wird wieder alles als Element aus $\mathcal{O} \hat{\otimes} \mathcal{H}$ aufgefaßt. Wir werden nun die Konstruktion so führen, daß immer $\|F''\|$, $\|G_p''\|$, $\|\omega_{pj}''\| \leqq K_0 \gamma^{eo-1}$ gilt. Es folgt:

$$\operatorname{red}_\nu^0 (G_p^e \cdot F^e) = \operatorname{red}_\nu^0 [(\mathfrak{g}_p + G_p') \cdot (\mathfrak{f} + F') + G_p'' \cdot F' + G_p' F'' + G_p'' F''] =$$

$$\operatorname{red}_\nu^0 [(\mathfrak{g}_p + G_p') \cdot (\mathfrak{f} + F') - \sum Q_j^{(p)} \omega_{pj}' - \sum Q_j^{(p)\prime} \omega_{pj}'' + G_p'' F' + G_p' F'' + G_p'' F'']$$

und mithin:

$$\|\operatorname{red}_\nu^0 \cdot \mathfrak{t}^\nu\| \leqq \frac{K_0^2}{1-\varepsilon} (1 + r + d + d + \gamma^{eo-1} d) \gamma^{eo-1} \leqq \frac{c K_0^2}{1-\varepsilon} \gamma^{eo-1}.$$

Daraus folgt

$$\|b_{j\nu} \mathfrak{t}^\nu\|, \; \|\Phi_\nu \mathfrak{t}^\nu\|, \; \|\gamma_{p\nu} \mathfrak{t}^\nu\| \leqq \frac{K K_0}{1-\varepsilon} c K_0 \gamma^{eo-1} \leqq K_0 \gamma^{eo-1}.$$

Es sei ρ am Anfang schon so gewählt, daß gilt $\|\alpha_i^0\| \leqq K_0 \cdot \rho^{\nu^*}$ (mit α_i^0 wie Ende § 2.5. Es brauchen K_* und K_0 bei Verkleinerung von ρ nicht geändert zu werden!). Die α_i^{e+1} werden aus den α_{pj}^{e+1} konstruiert. Es folgt: $\|\alpha_i^{e+1}\| \leqq \varepsilon \sigma^{-1} \rho^{\nu^*}$.

Führen wir die Konstruktion über alle e fort, so erhalten wir formale Potenzreihen $\omega_i = \mathfrak{t}^{\nu^*} + \alpha_i$, G_p, F mit $\|\alpha_i\| \leqq \varepsilon \sigma^{-1} \rho^{\nu^*}$ und

$$\|G_p - \mathfrak{g}_p\| \leqq K_0, \qquad \|F - \mathfrak{f}\| \leqq K_0.$$

ω_i, G_p, F sind deshalb konvergente Potenzreihen, und die Reduktion $\mathrm{red}(G_p \cdot F)$ ist stets gleich Null. Ist $\mathscr{J}$ das Ideal $\mathscr{H} \cdot (\omega_1, \ldots, \omega_l)$, so ist $(\omega_1, \ldots, \omega_l)$ ein System von Weierstraßpolynomen zu $\mathscr{J}$. Es ist daher $G_p \cdot F \equiv 0 \bmod (\mathscr{J})$, d.h. F ist eine platte Deformation von $X_{\mathfrak{D}}$ über $\{\mathscr{J} = 0\}$. Diese Deformation ist im formalen Sinne zu der Schlessinger-Deformation äquivalent, d.h. *F ist im formalen Sinne versell.*

§ 4. Der Nachweis, daß die soeben konstruierte Familie im analytischen Sinne versell ist

1. Es bezeichne immer $(F, \mathscr{J})$ die in § 3 konstruierte formal-verselle Deformation von $X_{\mathfrak{D}}$. Das Ideal $\mathscr{J} \subset \mathscr{H}$ sei durch Drehung in allgemeine Lage gebracht. Es gibt dann zu $\mathscr{J}$ eindeutig ein reduzierendes System $\mathfrak{s}$ und dazu ein System von Weierstraßpolynomen. Wir setzen F als reduziert voraus.

Es sei $\mathscr{K}$ der Ring der konvergenten Potenzreihen im 0-Punkt des $\mathbb{C}^q$ und $\mathfrak{K} \subset \mathscr{K}$ sei ein Ideal. Es sei $(G, \mathfrak{K})$ eine andere platte Deformation von $X_{\mathfrak{D}} \subset \mathbb{C}^n$, derart, daß gilt: $G = G(\mathfrak{z}, \mathfrak{u})$, $G(\mathfrak{z}, 0) = \mathfrak{f}(\mathfrak{z})$, $G \in d(\mathcal{O} \hat{\otimes} \mathscr{K})$. Das Ideal $\mathfrak{K}$ sei ebenfalls durch eine Drehung in allgemeine Lage gebracht. Das System G sei reduziert.

Unser Ziel ist es, folgende Objekte zu konstruieren:

1) d-dimensionale quadratische Matrizen:

$$\sum_{|\mu|=1}^{\infty} A_\mu(\mathfrak{z})\, \mathfrak{u}^\mu \in d^2(\mathcal{O} \hat{\otimes} \mathscr{K}).$$

2) n-tupel von Funktionskeimen

$$\sum_{|\mu|=1}^{\infty} c_\mu(\mathfrak{z})\, \mathfrak{u}^\mu \in n(\mathcal{O} \hat{\otimes} \mathscr{K}).$$

3) m-tupel von Potenzreihen

$$\sum_{|\mu|=1}^{\infty} k_\mu\, \mathfrak{u}^\mu \in m\mathscr{K} \qquad \text{mit } k_\mu \in \mathbb{C}.$$

Alle Objekte seien reduziert in bezug auf $\mathfrak{K}$ und es gelte

$$\left(E - \sum_{|\mu|=1}^{\infty} A_\mu \mathfrak{u}^\mu\right) \circ G\left(\mathfrak{z} - \sum_{|\mu|=1}^{\infty} c_\mu \mathfrak{u}^\mu, \mathfrak{u}\right) \equiv F\left(\mathfrak{z}, \sum_{|\mu|=1}^{\infty} k_\mu \mathfrak{u}^\mu\right) \bmod \mathfrak{K},$$

$$h\left(\sum_{|\mu|=1}^{\infty} k_\mu \mathfrak{u}^\mu\right) \in \mathfrak{K} \qquad \text{für } h \in \mathscr{J}.$$

Gelingt die Konstruktion, so haben wir gezeigt, daß die Familie $(G, \mathfrak{K})$ durch Liften aus $(F, \mathscr{J})$ entsteht, d.h., daß $(F, \mathscr{J})$ versell ist im analytischen Sinne.

Es sei $\mathfrak{n} \subset \mathscr{K}$ das maximale Ideal. Nach Schlessinger gibt es für jedes $e \geqq e_0$ reduzierte Potenzreihen (falls $\mathfrak{K}_e = \mathfrak{K} \mid \mathscr{K}_e$):

$$\sum_{|\mu|=1}^{e-1} A_\mu \mathfrak{u}^\mu, \quad \sum_{|\mu|=1}^{e-1} c_\mu \mathfrak{u}^\mu, \quad \sum_{|\mu|=1}^{e-1} k_\mu \mathfrak{u}^\mu,$$

so daß

$$\left(E - \sum_{|\mu|=1}^{e-1} A_\mu \mathfrak{u}^\mu\right) \circ G\left(\mathfrak{z} - \sum_{|\mu|=1}^{e-1} c_\mu \mathfrak{u}^\mu, \mathfrak{u}\right) \equiv F\left(\mathfrak{z}, \sum_{|\mu|=1}^{e-1} k_\mu \mathfrak{u}^\mu\right)$$

$\bmod(\mathfrak{n}^e + \mathfrak{K}_e)$ und $h^e\left(\sum_{|\mu|=1}^{e-1} k_\mu \mathfrak{u}^\mu\right) \in \mathfrak{K}_e + \mathfrak{n}^e$ für $h^e \in \mathscr{J}_e = \mathscr{J} \mid \mathscr{H}_e$. Sind die Objekte für die Ordnung e bereits konstruiert, so kann man durch Hinzufügen von Gliedern der Ordnung e Objekte für die Ordnung $e+1$ mit den verlangten Eigenschaften erhalten („smoothness" im Sinne von Schlessinger).

2. Es seien unsere 3 Potenzreihen bis zur Ordnung e konstruiert. Wir wollen zur Ordnung $e+1$ übergehen. Wir setzen:

$$F(\mathfrak{z}, \mathfrak{t}) = \mathfrak{f} + \sum_{|\nu|=1}^{\infty} \varphi_\nu(\mathfrak{z})\, \mathfrak{t}^\nu,$$

es sei $\varphi_i(\mathfrak{z}) = \varphi_{(0,\ldots,1,\ldots,0)}$, wobei die 1 an der i-ten Stelle steht. Ferner sei red die Reduktion in bezug auf $\mathfrak{K}$, und es gelte

$$\operatorname{red}\left[\left(E - \sum_{|\mu|=1}^{e-1} A_\mu \mathfrak{u}^\mu\right) \circ G\left(\mathfrak{z} - \sum_{|\mu|=1}^{e-1} c_\mu \mathfrak{u}^\mu, \mathfrak{u}\right)\right] = \mathfrak{f} + \sum_{|\nu|=1}^{\infty} \gamma_\nu^e \mathfrak{u}^\nu,$$

$$\operatorname{red} F\left(\mathfrak{z}, \sum_{|\mu|=1}^{e-1} k_\mu \mathfrak{u}^\mu\right) = \mathfrak{f} + \sum_{|\nu|=1}^{\infty} \varphi_\nu^e \mathfrak{u}^\nu.$$

Wir entwickeln $G(\mathfrak{z} - \mathfrak{w}, \mathfrak{u})$ in eine Potenzreihe nach $\mathfrak{w}$ und erhalten

$$G(\mathfrak{z} - \mathfrak{w}, \mathfrak{u}) = \sum_{|\kappa|=0}^{\infty} G_\kappa(\mathfrak{z}, \mathfrak{u})\, \mathfrak{w}^\kappa \quad \text{mit} \quad G_0(\mathfrak{z}, \mathfrak{u}) = G(\mathfrak{z}, \mathfrak{u})$$

und

$$G_{0,\ldots,1,\ldots,0}(\mathfrak{z}, \mathfrak{u}) =_{\mathrm{Def}} \gamma_i(\mathfrak{z}, \mathfrak{u}), \qquad \gamma_i(\mathfrak{z}, 0) = -\frac{\partial \mathfrak{f}}{\partial z_i},$$

wobei die 1 wieder an der i-ten Stelle steht. Wir fügen jetzt die nach Schlessinger existierenden Glieder der Ordnung e hinzu und erhalten:

$$\operatorname{red}\left[\left(E - \sum_{|\mu|=1}^{e} A_\mu \mathfrak{u}^\mu\right) \circ G\left(\mathfrak{z} - \sum_{|\mu|=1}^{e} c_\mu \mathfrak{u}^\mu, \mathfrak{u}\right)\right]$$
$$= \operatorname{red} F\left(\mathfrak{z}, \sum_{|\mu|=1}^{e} k_\mu \mathfrak{u}^\mu\right) \bmod(\mathfrak{n}^{e+1})$$

und mithin (wir bezeichnen mit $c_{i\mu}$ bzw. $k_{i\mu}$ die i-te Komponente von c_μ bzw. k_μ):

$$\mathfrak{f}+\sum_{|\nu|=1}^{\infty}\gamma_\nu^e \mathfrak{u}^\nu-\Big(\sum_{|\mu|=e}A_\mu \mathfrak{u}^\mu\Big)\circ\mathfrak{f}-\sum_{i=1}^{n}\Big(\frac{\partial\mathfrak{f}}{\partial z_i}\cdot\sum_{|\mu|=e}c_{i\mu}\mathfrak{u}^\mu\Big)$$
$$=\mathfrak{f}+\sum_{|\nu|=1}^{\infty}\varphi_\nu^e\mathfrak{u}^\nu+\sum_{i=1}^{m}\varphi_i\sum_{|\mu|=e}k_{i\mu}\mathfrak{u}^\mu \mod(\mathfrak{n}^e).$$

Also gilt für jedes ν mit $|\nu|=e$ die Beziehung

$$\gamma_\nu^e-\varphi_\nu^e=A_\nu\circ\mathfrak{f}+\sum_{i=1}^{n}\frac{\partial\mathfrak{f}}{\partial z_i}c_{i\nu}+\sum_{i=1}^{m}\varphi_i k_{i\nu}. \qquad (*)$$

Es sei $h_1,\dots,h_l\in\mathscr{J}$ ein Erzeugendensystem. Die Konstruktion im Falle der Ordnung e ist so durchgeführt, daß

$$\sum_{|\nu|=e}^{\infty}h_{j\nu}^e\mathfrak{u}^\nu=\operatorname{red}h_j\Big(\sum_{|\mu|=1}^{e-1}k_\mu\mathfrak{u}^\mu\Big)\equiv 0 \mod(\mathfrak{n}^e)$$

gilt. Fügen wir die Glieder der Ordnung e hinzu, so erhalten wir:

$$\operatorname{red}h_j\Big(\sum_{|\mu|=1}^{e}k_\mu\mathfrak{u}^\mu\Big)\equiv\sum_{|\nu|=e}^{\infty}h_{j\nu}^e\mathfrak{u}^\nu+\sum_{i=1}^{m}\frac{\partial h_j(0)}{\partial t_i}\sum_{|\mu|=e}k_{i\mu}\mathfrak{u}^\mu\equiv 0 \mod(\mathfrak{n}^{e+1}).$$

Es ist $\mathscr{J}_2=0$. Es gilt daher $\dfrac{\partial h_j(0)}{\partial t_i}=0$. Man hat also

$$\operatorname{red}h_j\Big(\sum_{|\mu|=1}^{e}k_\mu\mathfrak{u}^\mu\Big)\equiv\sum_{|\nu|=e}^{\infty}h_{j\nu}^e\mathfrak{u}^\nu\equiv 0 \mod(\mathfrak{n}^{e+1}),$$

also automatisch $h_{j\nu}^e=0$ für $|\nu|=e$. Es braucht also nur die Gleichung (*) erfüllt zu werden.

3. Wir schätzen γ_ν^e und φ_ν^e ab. Wir dürfen voraussetzen, daß n die Einbettungsdimension von $X_{\mathfrak{D}}$ ist. Es gilt dann

$$\frac{\partial\mathfrak{f}(0)}{\partial z_i}=0 \qquad \text{für } i=1,\dots,n.$$

Wir können deshalb das $\mathfrak{z}$-Koordinatensystem so normieren, daß

$$\|\mathfrak{f}\|,\ \left\|\frac{\partial\mathfrak{f}}{\partial z_i}\right\|,\ \|G_\kappa(\mathfrak{z},0)\|\leqq 1$$

gilt. Wir dürfen ferner $\|\varphi_i(\mathfrak{z})\|<1$ voraussetzen, was sich durch geeignete Wahl des t-Koordinatensystems bewerkstelligen läßt. Wir wählen dann ρ so klein, daß $\|G_\kappa(\mathfrak{z},\mathfrak{u})\|\leqq 1$ und $\|\gamma_i'(\mathfrak{z},\mathfrak{u})\|<\delta$, wenn $\gamma_i=\gamma_i(\mathfrak{z},0)+\gamma_i'(\mathfrak{z},\mathfrak{u})$

und $\delta>0$ eine vorgegebene Zahl ist. Schreiben wir $G=G(\mathfrak{z},0)+G'(\mathfrak{z},\mathfrak{u})$, so sei auch $\|G'(\mathfrak{z},\mathfrak{u})\|\leqq\delta$. Es sei $0<K\leqq\frac{1}{2}$ eine Konstante. Wir werden die Konstruktion so durchführen, daß stets

$$\left\|\sum_{|\mu|=1}^{e-1} A_\mu \mathfrak{u}^\mu\right\|\leqq K, \quad \left\|\sum_{|\mu|=1}^{e-1} c_\mu \mathfrak{u}^\mu\right\|\leqq K, \quad \left\|\sum_{|\mu|=1}^{e-1} k_\mu \mathfrak{u}^\mu\right\|\leqq K$$

gilt.

Es ist:

$$\left(E-\sum_{|\mu|=1}^{e-1} A_\mu \mathfrak{u}^\mu\right)\circ G\left(\mathfrak{z}-\sum_{|\mu|=1}^{e-1} c_\mu \mathfrak{u}^\mu,\mathfrak{u}\right)$$
$$=\mathfrak{f}(\mathfrak{z})+G'(\mathfrak{z},\mathfrak{u})+\sum_i \gamma_i(\mathfrak{z},0)\sum_{|\mu|=1}^{e-1} c_{i\mu}\mathfrak{u}^\mu+\sum_{i=1}^{n}\gamma_i'\sum_{|\mu|=1}^{e-1} c_{i\mu}\mathfrak{u}^\mu$$
$$+\sum_{|\kappa|=2}^{\infty} G_\kappa(\mathfrak{z},\mathfrak{u})\left(\sum_{|\mu|=1}^{e-1} c_{i\mu}\mathfrak{u}^\mu\right)^{\kappa}-\left(\sum_{|\mu|=1}^{e-1} A_\mu\mathfrak{u}^\mu\right)\circ(\mathfrak{f}+G'+\cdots).$$

Der Term

$$\mathfrak{f}+\sum\gamma_i(\mathfrak{z},0)\sum_{|\mu|=1}^{e-1} c_{i\mu}\mathfrak{u}^\mu-\mathfrak{f}\sum_{|\mu|=1}^{e-1} A_\mu\mathfrak{u}^\mu$$

ist reduziert, er liefert ferner zu den Gliedern der Ordnung e keinen Beitrag. Wir dürfen ihn deshalb einfach fortlassen. Man hat die Abschätzung

$$(1-\varepsilon)\left\|\sum_{|\nu|=e}\gamma_\nu^e\mathfrak{u}^\nu\right\|\leqq\delta+n\delta K+K^2\frac{1}{1-K}+K\left(\delta+nK+n\delta K+\frac{K^2}{1-K}\right)$$
$$\leqq\delta+(n+1)K\delta+K^2(2+n+n+1)\leqq K\Theta(1-\varepsilon),$$

wenn δ und K hinreichend klein vorgegeben sind. Dabei ist Θ eine beliebig vorgegebene Zahl mit $0<\Theta<\frac{1}{2}$.

Entsprechend erhält man:

$$\left\|\sum_{|\nu|=e}^{\infty}\varphi_\nu^e\mathfrak{u}^\nu\right\|\leqq\Theta\cdot K.$$

Also ist stets

$$\|(\gamma_\nu^e-\varphi_\nu^e)\cdot\mathfrak{u}^\nu\|\leqq 2\Theta K$$

für $|\nu|=e$. Nach Satz 9 aus § 2 gibt es eine Konstante $M\geqq 1$, so daß für jedes ν eine Lösung $(A_\nu, c_{i\nu}, k_{i\nu})$ von (*) existiert mit

$$\|A_\nu\|,\ \|c_{i\nu}\|,\ \|k_{i\nu}\|\leqq M\cdot\|\gamma_\nu^e-\varphi_\nu^e\|.$$

Also folgt:

$$\|A_\nu\mathfrak{u}^\nu\|,\ \|c_{i\nu}\mathfrak{u}^\nu\|,\ \|k_{i\nu}\mathfrak{u}^\nu\|\leqq 2M\Theta K\leqq K$$

für kleines Θ. Damit ist die Konstruktion wie geplant durchführbar. Wir erhalten unendliche Reihen

$$\sum_{|\mu|=1}^{\infty} A_\mu \mathfrak{u}^\mu, \quad \sum_{|\mu|=1}^{\infty} c_\mu \mathfrak{u}^\mu, \quad \sum_{|\mu|=1}^{\infty} k_\mu \mathfrak{u}^\mu$$

mit endlicher Norm. Diese sind daher konvergent und erfüllen die in Abschnitt 1 geforderten Eigenschaften. Es ist gezeigt:

Theorem. *Es sei $X_\mathfrak{D}$ der Keim eines reduzierten komplexen Raumes. $X_\mathfrak{D}$ habe höchstens eine isolierte Singularität. Dann gibt es eine (bis auf Äquivalenz) eindeutig bestimmte verselle analytische Deformation von $X_\mathfrak{D}$.*

Zusatz zur Korrektur. Ich danke Herrn Schlessinger für einen wichtigen Hinweis. Er wies mich ferner darauf hin, daß die Bedingung „isolierte Singularität" zu der Forderung „$\dim_\mathbb{C} H^1 < \infty$" abgeschwächt werden kann.

Literatur

1. Grauert, H., Remmert, R., Riemenschneider, O.: Analytische Stellenalgebren. Berlin-Heidelberg-New York: Springer 1971.
2. Kodaira, K., Nirenberg, L., Spencer, D.C.: On the existence of deformations of complex analytic structures. Ann. of Math. **68**, 450–459 (1958).
3. Kodaira, K., Spencer, D.C.: On deformations of complex analytic structures. Ann. of Math. **67**, 328–466 (1958).
4. Kuranishi, M.: On the locally complete families of complex analytic structures. Ann. of Math. **75**, 536–577 (1962).
5. Schlessinger, M.: Functors of Artin rings. Trans. AMS **130**, 208–222 (1968).
6. Tiourina, G.N.: Locally semiuniversal flat deformations of isolated singularities of complex spaces. Mathematics of the USSR-Izvestija, Vol. 3, Number **5**, 967–999 (1969).

(Eingegangen 29. Oktober 1971)

Part VII

Decomposition of Complex Spaces

Commentary

1

Sometimes it is necessary to consider functions f as functions of the values of another function g. Let us first consider the real case. Let us take for f a function in $\mathbb{R}^n$, which depends only on the Euclidean distance from the point 0. We define then $g(x_1,\ldots,x_n) = x_1^2 + \ldots + x_n^2$ and f is function of the values of g.

We pass over to the holomorphic extensions into $\mathbb{C}^n$ and use the same letters for them. Then f is invariant under the group of orthogonal transformations of $\mathbb{C}^n$ and is again a function of the values of $g(z_1,\ldots,z_n) = z_1^2 + \ldots + z_n^2$. Any two such functions f_1 and f_2 are analytically dependent. The rank of their Jacobian is less than 2 everywhere.

In the year 1953 K. Stein suggested to his student Karl Koch to develop a general theory (see K. Stein: Analytische Projektion komplexer Mannigfaltigkeiten. Centre Belg. Rech. Math. Colloque Bruxelles 1953, 97–107). He considered a domain $G \subset \mathbb{C}^n$ together with a non constant holomorphic function g. He showed that the ring R_g of holomorphic functions f on G which are analytically dependent on g can be viewed as the ring of holomorphic functions on a Riemann surface. Some years later K. Stein built an even more general theory (Analytische Zerlegungen komplexer Räume. Math. Annalen 132, 63–93 (1956)). Other authors followed (see for instance the papers of B. Kaup, K. W. Wiegmann, K. Wolffhardt, H. Holmann). A final version of the theory was established in [75].

2

Let us always denote by X a reduced (Hausdorff) complex space with countable topoloy. The Cartesian product $X \times X$ is again a reduced complex space. We take an analytic subset $R \subset X \times X$ with the following two properties:

1) R contains the diagonal $D = \{(x,x):\ x \in X\} \subset X \times X$;
2) R is invariant under reflection $(x_1,x_2) \to (x_2,x_1)$.

For every point $a \in X$ we get a fiber which is an analytic subset $X_a \subset X$. We just define $X_a = \{x \in X : (x,a) \in R\}$. We have $a \in X_a$. Thus X is covered by fibers.

We consider R as the graph of our fibration. For any two points in X we write $x_1 \simeq x_2$ if and only if the pair (x_1,x_2) belongs to R. We call R an analytic decomposition if and only if the relation $\simeq$ satisfies the transitive law. Then $\simeq$ is an ordinary equivalence relation in X and the fibration is a decomposition which decomposes X into analytic sets. We get a quotient space $Q = X/R$ with the quotient topology and a surjective continuous map $q : X \to Q$. On X we have a sheaf (of local $\mathbb{C}$-algebras) of local holomorphic functions: If $V \subset Q$ is open, then we denote by $U \subset X$ the open subset $q^{-1}(V)$. A complex function g on V is called holomorphic if the inverse image $f = g \circ q$ is holomorphic on U. Naturally g is continuous on V then. The map q lifts holomorphic functions to holomorphic functions. Therefore, we may call it a holomorphic map.

An analytic equivalence relation R_1 is called *finer than an analytic equivalence relation R_2 i.e.* $R_1 < R_2$ if the fibers to R_1 are contained in those to R_2. The two relations are called *equivalent* if for all points $x \in X$ the connected component of the fiber to R_1 is a connected component of the fiber to R_2. If $F : X \to Y$ is a holomorphic map of complex spaces then the fibers of F give an analytic equivalence relation on X.

3

In general, the quotient space Q will not be a complex space. A complex space possesses locally very many holomorphic functions. Therefore, it is necessary that in some neighborhood $U = q^{-1}(V)$ of every fiber there are sufficiently many holomorphic functions which are constant on the fibers. We call such an analytic decomposition to be spreadable.

Definition. An analytic decomposition R in X is said to be *spreadable* if for every fiber there is a neighborhood U together with a holomorphic map $F : U \to \mathbb{C}^m$ such that over U the decomposition R is finer than and equivalent to the decomposition by the fibers of F.

It follows easily that the fibers of F are a certain union of fibers to R. For any holomorphic map $X \to Y$ of X into a complex space Y, the fibration is a spreadable analytic equivalence relation. "Spreadable" is much weaker than the existence of local holomorphic functions on Q which seperate the points.

A complex space is locally compact. There are examples of spreadable analytic equivalence relations such that Q is not locally compact. Necessary is a further assumption:

Definition. An analytic equivalence relation is called *semi-proper* if every point $y \in Q$ has an open neighborhood V such that there is a compact set $K \subset X$ with $q(K) \supset V$.

Examples show that for Q being a complex space it is also necessary to require that X is a normal (or at least semi-normal) complex space.

Theorem. *Assume that X is a normal complex space and that R is a semi proper spreadable, analytic equivalence relation in X. Then Q is a normal complex space.*

4

A holomorphic map $F : X \to Y$ is called *analytically dependent on a holomorphic map* $H : X \to Z$ if F is constant on the connected components of the fibers of H. This concept generalizes immediately: we can replace H by an arbitrary analytic decomposition $R \subset X \times X$. A map $F : X \to Y$ is *analytically dependent on* R if it is constant on the connected components of the fibers of the decomposition to R. It is possible to construct to R the so called *simple analytic decomposition* $\hat{R}$. This is the finest analytic decomposition which is equivalent to R. So we have $R > \hat{R}$. It can happen, that the fibers to $\hat{R}$ are not all connected, but they are always union of certain connected components of a fiber to R. It follows: F is analytically dependent on R if and only if F is constant on the fibers to $\hat{R}$. The construction of $\hat{R}$ can be done in a geometric way (like already K. Koch did).

If R is spreadable then also is $\hat{R}$. The same is true for semi proper. If X is normal, R is spreadable and semi proper then the quotient space $Q = X/\hat{R}$ is a normal complex space. The holomorphic maps F which are analytically dependent on R are just the general holomorphic maps $\hat{F} : Q \to Y$. Therefore K. Stein called Q a *holomorphic base to R*. We get $F = \hat{F} \circ q$. This factorization is known as the *Stein factorization*.

5

Rather seldom, the conditions *semi proper* and *spreadable* are satisfied. More important are the so called *meromorphic decompositions* in a pure n-dimensional normal complex space X. See: K. Stein (Maximale holomorphe und meromorphe Abbildungen. I and II. Am. J. Math. 85, 298–315 (1963) and 86, 823–868 (1964)). At the base of the notion are the *normal (analytic) decompositions*. These are analytic decompositions R in X with the following two properties:

1) all fibres are of constant pure dimension d;
2) the projection p_2 of R on the second component X of $X \times X$ is open.

Normal analytic equivalence relations are always spreadable and semi proper. Therefore, the quotient space is a $(n-d)$-dimensional normal complex space.

Definition. A *meromorphic decomposition* in X is an anaylytic set $R \subset X \times X$ with the two, always required properties (see **2**) such that the following two conditions are satisfied:

1) there is a nowhere dense analytic set $P \subset X$ (a polar set) such that the intersection of R with $X \times P$ is nowhere dense in R;
2) if $R^0 = R \mid (X - P)$ denotes the intersection of R with $(X - P) \times (X - P)$, then R^0 is a normal equivalence relation in $X - P$.

Via R we have d-dimensional fibers in $X - P$ through the points $a \in X - P$. For generic points a these extend to pure d-dimensional fibers in X. If we take all the limits of these, we get a set ϕ of pure d-dimensional analytic sets in X

which cover X completely. However, different fibers belonging to ϕ may cross in points of P. We call therefore ϕ a meromorphic fibration in X with points of indeterminancy.

A typical example leads to the definition of complex projective spaces. Take for X the complex number space $\mathbb{C}^{n+1}$ and for $R \subset X \times X$ the set of vectors (x, y) which are linearly dependent. Then a generic fiber to R is just a line through the point $0 \in \mathbb{C}^{n+1}$ and the fibre through 0 is the whole space X. The graph R consists of one irreducible component. We see that R is a meromorphic decomposition an that ϕ is the set of all lines through 0. We have as quotient space the n-dimensional complex projective space $\mathbb{P}_n$.

6

To obtain the quotient space in general, we have to take out of X the points where several elements of ϕ cross and have to replace their set by the set of these elements. This means applying a modification on X. In order to obtain a complex space again, a certain compactness property has to be added:

Definition. The meromorphic decomposition R of X is called *regular* if for every compact subset $K \subset\subset X$ there is an open neighborhood $B(K) \subset\subset X$ such that the map $\phi \to \phi \cap B$ is bunch injective with respect to K: there is no holomophic bunch $S(t) \in \phi$ of fibres with $S(t) \cap K \neq 0$ always such that $S(t) \cap B$ consists of one fiber only.

This condition is not very restrictive: most of the meromorphic decompositions will be regular as it is always the case when X is compact.

If f is regular, then the modification is a proper modification. The result is a normal complex space $\hat{X}$ which is mapped by a proper finite holomorphic mapping q onto X which is biholomorphic outside a nowhere dense analytic set. It is possible to lift the fibration ϕ to $\hat{X}$. We obtain a normal decomposition $\hat{\phi}$ in $\hat{X}$ and we get the quotient space Q. Every meromorphic map $F : X \to Y$, which is constant on the fibres belonging to ϕ, comes from a unique meromorphic map $Q \to Y$. Therefore, K. Stein called Q a m-base. The proof of this theorem was given in [77]. Some details were generalized by B. Siebert, considered structurally and worked out completely (Fibre cycles of holomorphic maps. I. Local flattening. Math. Annalen 296, 269–283 (1993). II. Fibre cycle space and canonical flattening. To appear Math. Annalen 1994).

7

There are several applications of these results. K. Stein defined the notion of meromorphic base (m-base) for meromorphic maps $F : X \to Y$. Such a meromorphic map always defines a meromorphic decomposition $R \subset X \times X$. A meromorphic map $H : X \to Z$ is called meromorphically dependent on F if it is constant on the connected components of the fibers to F. An m-base in the sense of Stein is a normal complex space Q together with a meromorphic map q of X onto Q such that every H which is mermorphically dependent on F comes from a meromorphic map $\hat{H} : Q \to Z$: We have $H = \hat{H} \circ q$ which is called the Stein factorization of H again. As we saw, in the case of a regular meromorphic decomposition an m-base always exists.

We can consider m-bases for arbitrary meromorphic decompositions R of X. It can happen that an m-base for the class of meromorphic maps H which are meromorphically dependent on R exists even if R is not regular. In [79] it was proved that this is the case if the fibres to R have codimension at most 2. On the other hand there is an example of a 4-dimensional complex manifold X with a meromorphic decomposition ϕ into 1-dimensional fibers which does not have an m-base.

Every compact normal complex space X has a Moishezon reduction Q which is a biregular invariant, see [77]. If the degree of transcendency of the field of complex meromorphic functions on X is less than $n = \dim X$ the meromorphic functions define a non trivial meromorphic decomposition R of X. We pass over to the simple meromorphic decomposition $\hat{R}$ and the quotient space Q whose dimension is the the degree of transcendency of X. So Q has the maximal number of mermorphically independent meromorphic functions: it is a Moishezon space and has a etale algebraic structure: it is an algebraic space in the sense of Artin (M. Artin: Algebraization of formal moduli II. Existence of modifications. Ann. Math. II. Ser. 91, 88–135 (1970)).

Another important example is that of geometric quotient spaces by (complex) algebraic groups L. Assume for simplicity that X is a connected normal projective algebraic space and that L operates algebraically on X. Then the orbits give (after enlargement, in general) a meromorphic decomposition of X and we have the quotient space Q. Since L can be the complex Lorentz group this result has some interest in physics also. Considered for the theory of *geometric* quotients by algebraic groups an ad hoc definition was given by D. Mumford already (Geometric invariant theory. Erg. Math. 34 (1965)). For a more detailed representation of the whole section see [89].

There are some important cases where it is not necessary to restrict to normal complex spaces X. As mentioned before R. Remmert proved for general holomorphically convex spaces X that a Stein space Q as quotient space exists (the so called Remmert reduction). Another important theorem in this direction was obtained by R. Kiehl (Äquivalenzrelationen in analytischen Räumen. Math. Z. 105, 1–20 (1968)). He assumes that X is a general complex space (may be with a nilpotent structure) and that R is a flat analytic equivalence relation in X, i.e. that R is a complex subspace of the (not set theoretic) cartesian product $X \times X$ and that the projection $p : R \to X$ is flat. In this case an (in general non reduced) quotient Q was obtained. This result had many applications in algebraic geometry. Of course, the condition of flattness is very restrictive. But it is satisfied, if p is open, X is normal and the fibres of R are reduced (the fibers with the canonical complex structure). See A. Grothendieck (EGA IV, vol. 3).

Via complexification also in the case of real analytic spaces meromorphic decompositions and quotient spaces can be defined, see [90].

Papers Reprinted in this Part

Expressions in italics concern the contents of the paper.

Abbreviations: *decomp* = analytic and meromorphic decompositions

[75] Set theoretic complex equivalence relations. Math. Annalen **265**, 137–148 (1983). *decomp*

[77] On meromorphic equivalence relations. In: *Contributions to several complex variables (dedicated to W. Stoll)*, Proc. Conf. Complex Analysis, Notre Dame/Indiana 1984, Aspects Math. E9, 115–147 (1986). *decomp*

[79] Meromorphe Äquivalenzrelationen: Anwendungen, Beispiele, Ergänzungen. Math. Annalen **278**, 175–184 (1987). *decomp*

75.

Set Theoretic Complex Equivalence Relations

Math. Annalen **265**, 137–148 (1983)

Introduction

Let us always denote by X a reduced complex space with countable topology. The cartesian product $X \times X$ is a reduced complex space again. We take an analytic subset $R \subset X \times X$ and write $x_1 \sim x_2$ for any two points $x_1, x_2 \in X$ iff $(x_1, x_2) \in R$. We call R a *set theoretic complex equivalence relation* in X if $\sim$ satisfies the axioms of an equivalence relation. Of course, in that case the diagonal $D \subset X \times X$ is contained in R and R is invariant under reflexion $(x_1, x_2) \rightarrow (x_2, x_1)$.

The main result of this paper is that under near necessary and sufficient conditions the quotient space Q is a complex space again. This result contains many of the theorems proved in elder papers (see for instance [13, 14, 2, 1, 6, 7, 10, 16]). However, it is still restrictive, since X has to be normal and R to be reduced, and we cannot expect that the ideal theoretic fibers over Q are the ideal theoretic fibers to R. In subsequent papers I shall try to prove a similar theorem also in the cases where R and later even X have a structure sheaf with nilpotent elements. The theory of analytic equivalence relations was started in [8]. The predecessor of this paper is [15] and [3]. However, in [3b] something seems to be wrong, especially the proof of Theorem 3.

The essence of this paper consists in not assuming that the quotient space is locally – $\mathcal{O}/R$ – separable like it was done in [15] and [3]. Our result is essential if one has to pass over to finer equivalence relations, like to the simple equivalence relation (Sect. 1.6).

Some of our results were known before. We here give new proofs for them. Since a weakly normal complex space in the sense of [15] always is a quotient of a normal complex space, our theory contains also the analytic equivalence relations on those.

1. Complex Equivalence Relations

1

Assume that $R \subset X \times X$ is a (set theoretic) complex equivalence relation in X. We denote the projection $X \times X \rightarrow X$ onto the first, respectively, second component by p_1, respectively, p_2. If $x \in X$ is a point we denote by X_x the (reduced) analytic set p_1

$(p_2^{-1}(x)\cap R)$ which we call the fiber through x. If $\tilde{x}\in X_x$ then $X_{\tilde{x}}=X_x$. We equip the quotient space $Q=X/R$ with the quotient topology and have the continuous quotient map $\mathrm{q}:X\to Q$.

Moreover there is a natural structure sheaf on Q. If $V\subset Q$ is open then the inverse image $U=\mathrm{q}^{-1}(V)\subset X$ is open again. We call a holomorphic function $g\in\mathcal{O}_X(U)$ fiber constant if it is constant on the fibers, i.e. $g(x_1)-g(x_2)|R\cap(U\times U)\equiv 0$. The set $\mathcal{O}_{X,R}(U)$ of fiber constant holomorphic functions on U is a (commutative, associative) ring with 1-element: it contains the complex numbers as a subring.

Clearly, the system $\{(V,\mathcal{O}_{X,R}(U)\}$ is a presheaf of $\mathbb{C}$-algebras with 1-element. It defines a sheaf $\mathcal{O}_Q=\mathrm{q}_{*R}(\mathcal{O}_X)$ of local $\mathbb{C}$-algebras on Q. This also means, that the constant sheaf of complex numbers is a subsheaf of rings of $\mathcal{O}_Q$. We equip Q with $\mathcal{O}_Q$ and obtain a ringed space which we also shall denote by Q. Naturally, q can be considered as a morphism $\mathrm{q}:X\to Q$ of X onto Q. The inverse images of holomorphic functions over open $V\subset Q$ are the fiber constant holomorphic functions over U. These are obtained by lifting a continuous function on V to U. Hence, $\mathcal{O}_Q$ is a subsheaf of the sheaf of germs of local continuous functions in Q.

2

We prove in generalization of an old theorem of Remmert:

Proposition 1. *The degeneration sets $E_n:=\{x\in X:\dim_x X_x\geq n\}$ are all analytic subsets of X (for $n=0,1,2,\ldots$).*

Proof. By Remmert [11] the sets $\hat{E}_n:=\{(x_1,x_2)\in R:\dim_{(x_1,x_2)}(p_2^{-1}\circ p_2(x_1,x_2)\cap R)\geq n\}$ are analytic subsets of R. Since $p_1|X\times x_2$ always is biholomorphic we get $E_n=p_1(\hat{E}_n\cap D)$. This is an analytic set since $p_1|D$ is biholomorphic.

3

If Y is another complex space and $F:X\to Y$ is a holomorphic map, the fibered product $X\times_F X$ is a complex subspace of $X\times X$. We take its reduction, the so called set theoretic fibered product $R=R_F$, i.e. consider $X\times_F X$ as an analytic subset of $X\times X$. We have $R=\bigcup_{y\in Y}F^{-1}(y)\times F^{-1}(y)$, the fibers of R are the fibers of F and R is a complex equivalence relation.

4

If R_1, R_2 are complex equivalence relations on X the relation R_1 is called finer than R_2 (in terms $R_1\leq R_2$) if $R_1\subset R_2$. In this case all fibers X_{x,R_1} are analytic subsets of X_{x,R_2}.

Assume now that R_ι, $\iota\in I$ is a family of complex equivalence relations on X. The intersection $R=\bigcap_{\iota\in R}R_\iota$ is an analytic subset of all R_ι and $X\times X$. It is a complex equivalence relation in X again. We have $R\leq R_\iota$ for all ι. This possibility enables us to construct finest complex equivalence relations with certain properties.

5

Assume now that Z is a complex space and that $H:Z\to X$ is a holomorphic map. The cartesian product $H\times H:Z\times Z\to X\times X$ is a holomorphic map again. If R is a complex equivalence relation in X the inverse image $(H \times H)^{-1}(R)$ is a complex equivalence relation in Z. We call it the lifting of R to Z. If Z is an open subset or an analytic subset of X and H is the injection we call $(H \times H)^{-1}(R)=(Z \times Z) \cap R$ the restriction of R to Z and denote it by $R|Z$. The fibers are the intersections with Z.

6

We shall construct here the *simple complex equivalence relation* $\hat{R}$ to a complex equivalence relation R on X following [7]. Let us take an irreducible component X_ι of X and the restriction $R_* = R|X_\iota$. We put $n = \dim X_\iota$, d_ι for the minimal point dimension of fibers in X_ι and R_ι for an irreducible component of R_* containing the (irreducible) diagonal $D_\iota \subset X_\iota \times X_\iota$. The set R_ι is mapped by p_1 and by p_2 *onto* X_ι. There are points $(a,b) \in R_\iota$ with the following properties:

1) X_ι is smooth in a and b and both points are not contained in any other irreducible component of X.

2) R_ι is smooth in (a,b) and (a,b) is in no other irreducible component of R_*.

3) The Jacobi ranks of $p_1: R_\iota \to X_\iota$ and $p_2: R_\iota \to X_\iota$ are maximal in (a,b).

Then the maps $p_1|R_\iota$ and $p_2|R_\iota$ are open in a neighborhood of (a,b) (see Sect. 2.3). Moreover, if $m = \dim_{(a,b)}(p_1^{-1}(a) \cap R_\iota)$ there is a smooth analytic set A through b of dimension $n-m$ in a neighborhood of b and a neighborhood $U(a)$ such that $p_2^{-1}(A) \cap R_\iota \cap p_1^{-1}(U)$ is mapped by p_1 biholomorphically onto U. Hence, the fibration in U is parametrizised by A, it is smooth. So also $R_* \cap (U \times U)$ is smooth and the diagonal D_ι is contained in one irreducible component of R_* only, namely R_ι.

We put $R_1 = \bigcup R_\iota$. Then $R_1 \subset X \times X$ is an analytic set containing D.

7

We repeat the process to the reduced complex space $X_1 = \bigcup\limits_\iota \{x \in X_\iota : \dim_x X_{\iota x} > d_\iota\}$ and go so on. We obtain a locally finite sequence $R_1, R_2, R_3, \ldots$ of analytic sets in $X \times X$ and hence an analytic set $\tilde{R} = \bigcup\limits_{\nu=1}^{\infty} R_\nu \subset R$. This, in general, is not a complex equivalence relation. But there is the unique finest complex equivalence relation containing $\tilde{R}$. This is the desired $\hat{R}$.

We have $\hat{R} \leqq R$. If $Z \subset X$ is an open subset of X or an analytic set in X then in general $\widehat{R|Z} \neq \hat{R}|Z$, but always $\widehat{R|Z} \leqq \hat{R}|Z$. The two fibers $X_{x,\hat{R}} \subset X_{x,R}$ have always in X the same dimension. Hence, locally, $X_{x,\hat{R}} = X_{x,R}$ and globally each $X_{x,\hat{R}}$ is union of connected components of $X_{x,R}$.

If $F: X \to Y$ is a holomorphic map, the quotient space $Q = X/\hat{R}_F$ is called a complex base of F (see Stein [14]).

2. Holomorphic Equivalence Relations

1

The question is: when is Q a complex space? If the structure sheaf $\mathcal{O}_Q = q_{*R}(\mathcal{O}_X)$ makes Q to a complex space there have to be very many fiber constant holomorphic functions, locally along the fibers in X. We define therefore:

Definition 1. A complex equivalence relation R on X is a holomorphic equivalence relation if for every point $y \in Q$ there is an open neighborhood $V(y)$ and a holomorphic map $H: U = \mathfrak{q}^{-1}(V) \to \mathbb{C}^m$ such that $\hat{R}_H \leqq R|U \leqq R_H$.

If $F: X \to Y$ is a holomorphic map of X into a complex space Y, then Y can be locally embedded in open subsets of a $\mathbb{C}^m$ and therefore, clearly, R_F is holomorphic. So R being holomorphic is a necessary condition for that Q is a complex space.

There is a simple example of a non holomorphic complex equivalence relation. Take for X the 2-dimensional complex projective space $\mathbb{P}_2$, dennote by $L \subset \mathbb{P}_2$ a complex line and put $R = D \cup (L \times L) \subset \mathbb{P}_2 \times \mathbb{P}_2$. Clearly, R is an analytic set and more over a complex equivalence relation. If $x \in \mathbb{P}_2 \setminus L$ then $X_x = \{x\}$, if $x \in L$ then $X_x = L$. The line L has a pseudoconcave neighborhood. Hence, every holomorphic function in a connected open neighborhood of L is constant. The quotient space Q is connected, real-4-dimensional. If $y_0 = \mathfrak{q}(L)$ then $\mathcal{O}_{Q, y_0} = \mathbb{C}$ and Q therefore is not a complex space in y_0.

2

Even if R is holomorphic, Q is not a complex space, in general. We obtain an example in the following way. We put $X = \mathbb{C}^2$ and define a holomorphic map $H: X \to Y = \mathbb{C}^2$ by

$$w_1 = z_1, \qquad w_2 = z_1 \cdot z_2.$$

Then $Q = (\mathbb{C}^2 \setminus \{w_1 = 0\}) \cup \{\mathfrak{O}\}$. The open neighborhoods of $\mathfrak{O} \in Q$ are the images of the open neighborhoods of $\{z_1 = 0\} \subset X$. So Q is not locally compact in $\mathfrak{O}$ and hence not a complex space. We need:

Definition 2. R is semiproper if every point $y \in Q$ has an open neighborhood $V(y)$ such that there is a compact $K \subset \bar{U}$ with $V \subset \mathfrak{q}(K)$.

We prove:

Proposition 3. *If R is semiproper then Q is a Hausdorff space.*

Proof. Take $y_1 \neq y_2$ in Q and neighborhoods $V_i(y_i)$, compact sets $K_i \subset \bar{U}_i$ with $V_i \subset \mathfrak{q}(K_i)$ for $i = 1, 2$. Since the K_i are compact and the $\mathfrak{q}^{-1}(y_i)$ are analytic the sets $\mathfrak{q}^{-1}(y_i) \cap (K_1 \cup K_2)$ are disjoint and compact. Hence, there are disjoint open neighborhoods W_1, W_2. We put $\tilde{V}_i = V_i \setminus \mathfrak{q}(K_1 \cup K_2 \setminus W_i)$ and obtain new open neighborhoods of y_i: Trivially $y_i \in \tilde{V}_i$. The sets $K_1 \cup K_2 \setminus W_i = M_i$ are compact. It follows that the sets $\hat{M}_i := \bigcup_{x \in M_i} X_x$ are closed. If, namely, $\hat{x}_0$ is an accumulation point of $\hat{M}_i$ there is a sequence $\hat{x}_i \in \hat{M}_i$ converging towards $\hat{x}_0$ and there are points x_i out of the same fiber and in M_i. After having passed over to a subsequence, the x_i converge towards a point $x_0 \in M_i$. We have $(\hat{x}_i, x_i) \in R$, $(\hat{x}_i, x_i) \to (\hat{x}_0, x_0)$ and hence $(\hat{x}_0, x_0) \in R$, i.e. $\hat{x}_0 \in X_{x_0} \subset \hat{M}_i$. – Since $\mathfrak{q}^{-1}(\tilde{V}_i) = \mathfrak{q}^{-1}(V_i) \setminus \hat{M}_i$ the set $\tilde{V}_i$ is open.

If $y \in \tilde{V}_1 \cap \tilde{V}_2 \subset V_1 \cap V_2$ there is a point $x \in K_1 \cup K_2$ with $\mathfrak{q}(x) = y$. Then $x \notin K_1 \cup K_2 \setminus W_i$. So $x \in (K_1 \cup K_2) \cap W_i$ which is impossible. So $\tilde{V}_1$, $\tilde{V}_2$ are disjoint neighborhoods of y_1 and y_2.

Since $\bar{V}_i \subset q(K_i)$ which is compact, it follows that Q now is locally compact: In our example the equivalence relation R_H was not semiproper.

3

Assume now that N is a pure n-dimensional complex space, that S is a complex space and that $H: N \to S$ is a holomorphic map whose fibers all are pure d-dimensional. We put $m = n - d$ and prove:

Proposition 4. *If $x_0 \in N$, $y_0 = H(x_0) \in S$ there are arbitrary small open neighborhoods $U(x_0)$, $V(y_0)$ and a pure m-dimensional analytic set $A \subset U$ such that:*
1) *$H(A) \subset V$, $H: A \to V$ is finite,*
2) *each fiber of $H: U \to S$ meets A.*

Proof. Since the proposition is of local nature, we may assume that N is irreducible in x_0. There are arbitrary small open neighborhoods $U(x_0)$ and pure m-dimensional analytic sets $A \subset U$ such that $H^{-1}H(x_0) \cap A = \{x_0\}$. If $V(y_0)$ is sufficiently small the map $H: A \to V$ gets finite if we replace U and A by $U \cap H^{-1}(V)$, $A \cap H^{-1}(V)$. The set theoretic fibered product $\hat{A} = A \times_H N$ is $(m+d)$-dimensional in the point over x_0. The projection $\varrho: \hat{A} \to N$ is discrete. Since N is irreducible in x_0 the image $\varrho(\hat{A})$ is a neighborhood of x_0 (use [5]). By making V and then A and then U smaller we get desired result.

The set $B = H(A) = H(U) \subset V$ is a pure m-dimensional analytic subset of V. For each $x_0 \in X$ we have such a neighborhood $U(x_0)$. Since the topology of our complex spaces always is assumed to be countable, countably many of these U cover N. So $H(N)$ is a countable union of local analytic sets of dimension m.

Assume now that S is locally irreducible and of pure dimension m. Then always $A \to V$ is open and B is a connected component of V. If $W(x_0) \subset U$ is an open neighborhood of x_0 then $y_0 \in H(W \cap A) \subset H(W)$ is an inner point. So $H: N \to S$ is open.

Assume next that there is a closed subset $K \subset N$ with $H(K) = H(N)$ such that $H: K \to S$ is proper. Then $H^{-1}(y_0) \cap K$ is compact and finitely many of our $U(x_0)$ cover this set. So it follows: There is an arbitrary small open neighborhood U of $H^{-1}(y_0) \cap K$, an open neighborhood $V(y_0)$ and a pure m-dimensional analytic set $A \subset U$ such that:
1) $H: A \to V$ is finite,
2) each fiber of $H: U \to S$ meets A.

From this we get:

Corollary 5. *The set $H(N) \subset S$ is a pure m-dimensional analytic set in S.*

4

There are important cases where the hypotheses "holomorphic" and "semiproper" are superfluous. The best result in this direction was obtained by Kaup [6] using results of Holmann. We prove:

Theorem 6. *If X is a normal complex space, $R = \hat{R}$ a complex equivalence relation on X and all fibers of R are pure dimensional and have the same dimension, then R is semiproper and holomorphic. Moreover Q is a normal complex space.*

Proof. If $X = \bigcup X_\iota$ is the decomposition into irreducible = connected components, also $R' = \bigcup_\iota (X_\iota \times X_\iota) \cap R$ is a complex equivalence relation on X with $R' \supset \tilde{R}$ from Sect. 1.7. Since $R = \hat{R}$ we have $R = R'$. So there is no connection between the decomposition in the X_ι. Therefore, we may assume that X is irreducible.

Let n be the dimension of X and $d \leqq n$ the dimension of the fibers. The analytic set R has dimension $n+d$. If we omit irreducible components of lower dimension, we obtain a pure $(n+d)$-dimensional set $\underline{R} \subset X \times X$. The projections $p_i : \underline{R} \to X$ are open, the projections of $\overline{R \setminus \underline{R}}$ without inner points. If (a,b), $(b,c) \in \underline{R}$ there are sequences (a_ν, b_ν), $(b_\nu, c_\nu) \in \underline{R}$ converging towards (a,b), (b,c) such that the $(a_\nu, c_\nu) \notin \overline{R \setminus \underline{R}}$. So (a_ν, c_ν) and hence $(a,c) \in \underline{R}$ i.e. the transitive law is valid. Hence $\underline{R}$ is a complex equivalence relation in X again.

But the irreducible $\tilde{R}$ also has dimension $n+d$ and we have $\tilde{R} \subset \underline{R}$ and then $\hat{R} \subset \underline{R} \subset R$. Since $\hat{R} = R$ we get $R = \underline{R}$, i.e. R itself is pure $(n+d)$-dimensional and it is open.

By [6, Satz 2] we get that $Q = X/R$ is a complex space. So R is a holomorphic equivalence relation. Because of Sect. 4.2 it is semiproper. Since the 1. Riemann continuation theorem is valid on X it has to be valid on Q, too. So Q is normal. Clearly, $\mathfrak{q} : X \to Q$ is an open map. Also this implies that R is semiproper.

3. The Main Theorem

1

Let us consider two complex spaces N, S and a holomorphic map $H : N \to S$. We prove the Remmert–Kuhlmann result [9]:

Proposition 1. *If there is a closed set $K \subset N$ such that $H(N) = H(K)$ and $H : K \to S$ is proper, then $H(N)$ is an analytic set in S.*

Proof. Since the statement is local with respect to S we may replace S by arbitrary small neighborhoods of the points $y \in S$ and moreover we may replace N by arbitrary small neighborhoods of K. So we may assume that N is finite dimensional. Let us decompose $N = \bigcup_{\lambda=1}^{l} N_\lambda$ into components N_λ of pure dimension n_λ and denote by d_λ the minimal point dimension of fibers in N_λ. We put $m = \max(n_\lambda - d_\lambda)$. By Remmert [11] the sets $N_s = \bigcup_\lambda \{x \in N_\lambda : \dim_x H^{-1}(H(x)) \geqq n_\lambda - s\} \subset N$ are analytic for $s = 0, \ldots, m$. All the sets $A_s = H(K \cap N_s)$ are closed and we have $H(N) = A_m$. If $y \in A_s \setminus A_{s-1}$ there is a neighborhood $V(y) \subset S \setminus A_{s-1}$ and a s-dimensional analytic set $A \subset U = H^{-1}(V)$ near to K such that $H|A$ is discrete and $A_s \cap V \subset H(A)$. After having made V smaller the map $H : A \to V$ is finite and hence $H(A) \subset V$ an analytic set of dimension s. By the same argument $\mathring{A} = A_m \setminus A_{m-1} = H(N) \setminus A_{m-1}$ is analytic in $S \setminus A_{m-1}$ of pure dimension m. By the singularity theorem of Remmert and Stein [12] follows that $\overline{\mathring{A}}$ is analytic in $S \setminus A_{m-2}$, then that it is analytic in $S \setminus A_{m-3}$ and so on. Hence $\overline{\mathring{A}}$ is analytic in S.

We have $\overline{\mathring{A}} \subset A_m = H(N)$. If the equality is not yet reached we put $N' = \overline{N \setminus H^{-1}(\overline{\mathring{A}})}$ and $K' = K \cap N'$. Then $H : K' \to S$ is proper and $H(K') = H(N')$. But for

N' the number $m=\max(n_\lambda-d_\lambda)$ is smaller. So we can do an induction on m and assume by induction hypothesis that $H(N')\subset S$ is analytic. Then $H(N)=H(N')\cup \check{A}$ is an analytic set in S and everything is proved.

2

Let us consider a *normal* complex space X and a holomorphic semiproper equivalence relation R in X. The main result of this paper is:

Theorem 2. *$Q=X/R$ is a complex space.*

We have to prove that the structure sheaf is a complex structure on Q. This property is of local nature. Therefore, in proving the theorem we may assume:

1) There is a closed set $K\subset X$ such that the map $\mathfrak{q}:K\to Q$ is surjective and proper.

2) There is a holomorphic map $F:X\to\mathbb{C}^m$ with $\hat{R}_F\leqq R\leqq R_F$.

The map F factors into continuous maps:

$$F:X\xrightarrow{\mathfrak{q}}Q\xrightarrow{\underline{F}}\mathbb{C}^m.$$

Since the fibers of R consist of connected components of the fibers of R_F and only finitely many of those enter in K the map $\underline{F}$ is discrete.

As said before we have to consider Q only in small neighborhoods of the points $y_0\in Q$. We can take F so that $\underline{F}(y_0)=\mathfrak{O}\in\mathbb{C}^m$. Since Q is a Hausdorff space and locally compact, there is a neighborhood $V(\mathfrak{O})\subset\mathbb{C}^m$ such that $\underline{F}:W=\underline{F}^{-1}(V)\to V$ is finite. So without loss of generality we may suppose:

3) There is an open neighborhood $V(\mathfrak{O})\subset\mathbb{C}^m$ with $\underline{F}(Q)\subset V$ such that $\underline{F}:Q\to V$ is finite.

By Proposition 1 the image $F(X)\subset V$ is an analytic set $M\subset V$. There is a linear projection p parallel to a plane through $\mathfrak{O}\in\mathbb{C}^m$ such that $p|M$ is discrete and $p(M)$ contains $p(\mathfrak{O})$ as inner point. So we even may suppose:

3′) There is a connected open neighborhood $V(\mathfrak{O})\subset\mathbb{C}^m$ with $\underline{F}(Q)=V$ such that $\underline{F}:Q\to V$ is finite.

3

To get the proof of Theorem 2 some preparations are necessary. We denote the irreducible (=connected) components of X by X_ν, their dimension by n_ν and the minimal point dimension of fibers with respect to $\mathfrak{q}$ and F in X_ν by d_ν. Then $E_\nu\subset X_\nu$ is the degeneration set $\{x\in X_\nu:\dim_x X_x>d_\nu\}$ and $E=\bigcup E_\nu$ the degeneration set in X. We always have $n_\nu-d_\nu=m_\nu\leqq m$. On the other hand there have to be some X_ν with $m_\nu=m$.

We denote by X' the union of these X_ν and by X'' the rest of X, by $T\subset X'$ the *set of points which are equivalent to points of X''*. We prove:

Proposition 3. *$X'\setminus T$ is dense in X'.*

Proof. T is contained in $F^{-1}F(X'')$. The set $F(X'')\subset V$ is a countable union of local analytic sets of dimension less than m. We have to consider T in $X^*=X'\setminus E$ only, since E is nowhere dense in X'. If $x\in X^*$ and $z=F(x)\in V$ there is an open neighborhood $W(z)\subset V$ and a pure m-dimensional analytic set A through x such that $F: A \to W$ is finite. A can be taken in an arbitrary small neighborhood of x. The inverse image of a nowhere dense analytic set in W is nowhere dense in A. So $F^{-1}F(X'')$ cannot cover A and the proposition is proved.

4

We take an arbitrary decomposition $X = X' \cup X''$ of X into unions of irreducible components of X and assume that $X' \setminus T$ is dense in X'. We prove:

Proposition 4. $\mathfrak{q}$ *maps* $K' = K \cap X'$ *onto* $\mathfrak{q}(X') \subset Q$.

Proof. If $x \in X'$ there is a sequence of points $x_\nu \in X' \setminus T$ converging towards x. There are equivalent points $y_\nu \in K'$. The intersection of K' with the inverse image of some compact neighborhood of $z = F(x) \in V$ is compact. Hence, a subsequence $(y_{1\nu})$ of (y_ν) converges to a point $y \in K'$. Since R is closed we have $\mathfrak{q}(x) = \mathfrak{q}(y)$, which proves the proposition.

5

We now shall assume that all $m_\nu = m$ and shall construct a "normal quotient space" of X.

Like in the proof of Proposition 1 the set $F(K \cap E) \subset V$ is the finite union of subsets which are contained in local analytic sets of dimension $\leqq m-2$.

If $z \in V' = V \setminus F(K \cap E)$ there is a an open neighborhood $W(z) \subset V'$ and a pure m-dimensional analytic set $A \subset U = F^{-1}(W)$ which is mapped finitely onto W by F such that each fiber $X_x \subset U$ meets A. To get this we have to apply Sect. 2.3 to $H = p_2 | R$ and to take for the analytic set A there an union of maximal components of a set $(A \times X) \cap R$.

The fiber constant holomorphic functions f on A can be lifted to holomorphic functions $\hat{f}$ on the (set theoretic) fibered product $A \times_{\mathfrak{q}} U$ by projection. The projection $A \times_{\mathfrak{q}} U := (A \times U) \cap R \to U$ is surjective and finite. Since U is normal and f is fiber constant $\hat{f}$ comes from a fiber constant function $\underline{f}$ on U, which is holomorphic by the Riemann continuation theorem.

Applying the same to any open $W' \subset W$ we finally get: $F_{*R}(\mathcal{O}_U) = F_{*R}(\mathcal{O}_A)$. $F_*(\mathcal{O}_A)$, $\mathring{F}_*(\mathcal{O}_{A \times_F A})$ and $\mathring{F}_*(\mathcal{J})$ are coherent sheaves on W, if $\mathcal{J}$ denotes the (coherent) ideal sheaf of $(A \times_F A) \cap R$ on $A \times_F A$. The map $f \to f(x_1) - f(x_2)$ gives an analytic sheaf homomorphism $F_*(\mathcal{O}_A) \to \mathring{F}_*(\mathcal{O}_{A \times_F A})$ (here $\mathring{F}$ always is the map $A \times_F A \to W$). The inverse image of $\mathring{F}_*(\mathcal{J})$ is $F_{*R}(\mathcal{O}_A)$. Hence $F_{*R}(\mathcal{O}_A)$ is coherent. Since A is pure m-dimensional it does not contain torsion elements (see [5]). $F_{*R}(\mathcal{O}_A)$ and hence $F_{*R}(\mathcal{O}_X) | V'$ is a coherent sheaf of $\mathbb{C}$-algebras.

There is a unique complex space Y' of pure dimension m, a unique finite holomorphic map $\pi': Y' \to V'$ and a unique surjective holomorphic map $F': X' = F^{-1}(V') \to Y'$ such that:

$$F: X' \xrightarrow{F'} Y' \xrightarrow{\pi'} V'$$

is a factorization of F which gives an isomorphism of sheaves of rings:

$$\pi'_*(\mathcal{O}_{Y'}) \approx F_{*R}(\mathcal{O}_{X'}), \quad F'_{*R}(\mathcal{O}_{X'}) = \mathcal{O}_{Y'}.$$

Over V' the coverings Q and Y' are the same and to the points belong the same fibers (see Sect. 8). We take the normalization $\tau: \hat{Y} \to Y'$ of Y'. Since the set theoretic rank of F' is m everywhere, F' factors:

$$F': X' \xrightarrow{\hat{F}} \hat{Y} \xrightarrow{\tau} Y'.$$

If we put $\hat{\pi} = \pi' \circ \tau$ then $(\hat{Y}, \hat{\pi})$ is a (normal) analytic covering of V'. Its branching locus is an analytic set in V' which is of pure dimension $m-1$. By the singularity theorem of Remmert and Stein [12] it extends to an analytic set in V. The analytically branched covering $(\hat{Y}, \hat{\pi})$ then also extends to an analytically branched covering (Y, π) over V. By a theorem of Grauert and Remmert [4] every analytically branched covering Y is a normal complex space, i.e. (Y, π) is an analytic covering of V.

Since X is normal $\hat{F}$ extends to a surjective holomorphic map $\check{F}: X \to Y$ and

$$F: X \xrightarrow{\check{F}} Y \xrightarrow{\pi} V$$

is a holomorphic factorization of F.

We call $\check{F}: X \to Y$ the *normal quotient* of X. The fibers of R, R_F, $R_{\check{F}}$ are locally the same. Clearly, the analytic set $\hat{R}$ of Sect. 1.7 is contained in $R_{\check{F}}$. So we have $\hat{R} \leqq R_{\check{F}} \leqq R$. In general, $\hat{R}$ is not semiproper again, but $R_{\check{F}}$ is. Since the inverse image of the smooth points of Y' in X is dense in X we prove that every fiber of $\check{F}$ meets K (see the proof of Proposition 4).

6

We consider now the general case where the $m_\nu \leqq m$ are arbitrary. We define $X_{(1)}$ as the union of all X_ν with $m_\nu = m$. From the rest we throw away those X_ν whose set T of points which are equivalent to points of $X_{(1)}$ contains inner points. We denote the union of the remaining X_ν with maximal m_ν by $X_{(2)}$. Then again we take the rest, throw away and define $X_{(3)}$ and go so on. We obtain a finite sequence $X_{(1)}, \ldots, X_{(l)}$ of unions of irreducible components of X with $l \leqq m+1$.

We denote the union of the irreducible components thrown away just after the construction of $X_{(\nu)}$ by $\tilde{X}_{(\nu)}$. So we get

$$X = X_{(1)} \cup \ldots \cup X_{(l)} \cup \tilde{X}_{(1)} \cup \ldots \cup \tilde{X}_{(l)}.$$

Since all points of $\tilde{X}_{(1)}$ which are equivalent to points of $X_{(1)}$, by Proposition 4 are also equivalent to points of $K_1 = K \cap X_{(1)}$, the set T_1 of these points has to be closed in $\tilde{X}_{(1)}$. We denote by $R_{(1)}$ the union of those irreducible components of $R \cap (X_{(1)} \times \tilde{X}_{(1)})$ whose projection to $\tilde{X}_{(1)}$ contains inner points and by $\tilde{R}_{(1)}$ the union of the rest. The union $\tilde{K}_1$ of the projections of

$$(E \times E) \cap R \cap (K_1 \times \tilde{X}_{(1)}) \quad \text{and} \quad \tilde{R}_{(1)} \cap (K_1 \times \tilde{X}_{(1)})$$

in $\tilde{X}_{(1)}$ is closed and of lower dimension. Hence $\tilde{K}_1$ is nowhere dense in $\tilde{X}_{(1)}$ and does not decompose the irreducible components X_ν. Since the projection of

$$(R_{(1)} \backslash (E \times E)) \cap (X_{(1)} \times (\tilde{X}_{(1)} \backslash \tilde{K}_1))$$

is open in $\tilde{X}_{(1)} \backslash \tilde{K}_1$ and this projection is equal to $T_1 \cap (\tilde{X}_{(1)} \backslash \tilde{K}_1)$, so $T_1 \cap (\tilde{X}_{(1)} \backslash \tilde{K}_1)$ is open *and* closed in $\tilde{X}_{(1)} \setminus \tilde{K}_1$. Since every connected component contains points of $T_1 \cap (\tilde{X}_{(1)} \setminus \tilde{K}_1)$, so $\tilde{X}_{(1)} \setminus \tilde{K}_1 \subset T_1$ and $T_1 = \tilde{X}_{(1)}$ follows: All the points of $\tilde{X}_{(1)}$ are equivalent to points of $X_{(1)}$, i.e. $\tilde{X}_{(1)}$ is completely superfluous.

Now the set of points $x \in X^*_{(2)} = \bigcup_{\nu=2}^{l} (X_{(\nu)} \cup \tilde{X}_{(\nu)})$ which are equivalent to points of $X_{(1)}$, does not contain inner points. As we saw is this also the set of points $x \in X^*_{(2)}$ which are not equivalent to points of the remaining components. Hence, by Proposition 4 every point of $X^*_{(2)}$ is equivalent to points of $K^*_2 = K \cap X^*_{(2)}$. So $R^*_2 = R \cap (X^*_{(2)} \times X^*_{(2)})$ is a holomorphic, semiproper equivalence relation in $X^*_{(2)}$ which gives a semiproper holomorphic equivalence relation in $X_{(2)}$.

7

After having made V and X smaller, using Sect. 5 we obtain normal complex spaces $Y_1, \ldots, Y_l$ and holomorphic factorizations

$$F : X_{(\nu)} \xrightarrow{\check{F}_\nu} Y_\nu \xrightarrow{\pi_\nu} V,$$

where π_ν is finite. Since every fiber of $\check{F}_\nu$ meets the closed set $K_\nu := K \cap X_{(\nu)}$ and $\check{F}_\nu : K_\nu \to Y_\nu$ is proper, also $\check{F}_\nu \times \check{F}_\mu : K_\nu \times K_\mu \to Y_\nu \times Y_\mu$ is proper. Since $R_{\check{F}_\nu} \leqq R | X_{(\nu)}$ the set $R_{\nu\mu} = R \cap (X_{(\nu)} \times X_{(\mu)})$ is saturated with respect to $\check{F}_\nu \times \check{F}_\mu$. It follows that $(K_\nu \times K_\mu) \cap R_{\nu\mu}$ is a closed set in $R_{\nu\mu}$ in the sense of Proposition 1. Hence, $\underline{R}_{\nu\mu} = (\check{F}_\nu \times \check{F}_\mu)(R_{\nu\mu})$ is an analytic set in $Y_\nu \times Y_\mu$ with $R_{\nu\mu} = (\check{F}_\nu \times \check{F}_\mu)^{-1}(\underline{R}_{\nu\mu})$. So $R_{\nu\mu}$ is the lifting of $\underline{R}_{\nu\mu}$.

8

We put $X^* = \bigcup_{\nu=1}^{l} X_{(\nu)}$, $Y = \bigcup_{\nu=1}^{l} Y_\nu$, $\check{F} = \check{F}_1 \oplus \ldots \oplus \check{F}_l : X^* \to Y$, $\pi = \pi_1 \oplus \ldots \oplus \pi_l : Y \to V$, $\underline{R} = \bigcup \underline{R}_{\nu\mu}$. Then π is holomorphic and finite and we have the factorization:

$$F : X^* \xrightarrow{\check{F}} Y \xrightarrow{\pi} V.$$

We denote by $\mathscr{I}$ the coherent ideal sheaf of $\underline{R}$ in $Y \times_\pi Y$ and by $\mathscr{H}$ the inverse image of $\mathring{\pi}_*(\mathscr{I})$ under the sheaf homomorphism $\pi_*(\mathcal{O}_Y) \to \mathring{\pi}_*(\mathcal{O}_{Y \times_\pi Y})$ (see Sect. 5). $\mathscr{H}$ is a coherent sheaf of rings and there is a unique complex space $\underline{Y}$ and a unique holomorphic factorization

$$\pi : Y \xrightarrow{\check{\pi}} \underline{Y} \xrightarrow{\underline{\pi}} V$$

which gives an isomorphism: $\pi_{*g}(\mathcal{O}_Y) = \mathscr{H} \approx \underline{\pi}_*(\mathcal{O}_{\underline{Y}})$, $\check{\pi}_{*g}(\mathcal{O}_Y) = \mathcal{O}_{\underline{Y}}$. We put $F^* = \check{\pi} \circ \check{F}$.

The points of $\underline{Y}$ correspond by $\check{\pi}^{-1}$ to the $\underline{R}$-fibers in Y and then by $(F^*)^{-1}$ to the R-fibers in X^*. So there is a bijective map $\varrho : \underline{Y} \to Q$ which commutes with F^* and q. If $U \subset X^*$ is a R-saturated open set then $F^*(U) = \underline{Y} \setminus F^*(K^* \setminus U)$ with $K^* = K \cap X^*$. Since $K^* \setminus U$ and $F^*(K^* \setminus U)$ are closed, $F^*(U) \subset \underline{Y}$ is open. The open sets in Q are the q(U). So the inverse image of an open set in Q is open in $\underline{Y}$ and ϱ is continuous. If $W \subset \underline{Y}$ is open, then $\varrho(\underline{Y} \setminus W)$ is closed in Q since ϱ is proper, hence $\varrho(W) = Q \setminus \varrho(\underline{Y} \setminus W)$ is open and ϱ is an open map (we have to use always that $\underline{Y}$ and Q lie finitely over V). So $\varrho : \underline{Y} \to Q$ is a topological map.

9

We put $\tilde{X}^* = \bigcup_{\nu=1}^{l} \tilde{X}_{(\nu)}$. We put $\tilde{F}^* = \varrho^{-1} \circ q$. Then we have the factorization

$$F : \tilde{X}^* \xrightarrow{\tilde{F}^*} \underline{Y} \xrightarrow{\tilde{\pi}} V.$$

Since $\tilde{X}^*$ is normal, it follows that $\tilde{F}^*$ is holomorphic. We put $F^0 = F^* \oplus \tilde{F}^* : X \to \underline{Y}$.

If $W \subset \underline{Y}$ is open and f is a holomorphic function on W then $f \circ F^0$ is a holomorphic fiber constant function on $U = (F^0)^{-1}(W)$. If on the other hand g is a fiber constant holomorphic function on U, then $g|U^*$ with $U^* = U \cap X^*$ comes from local holomorphic functions on Y'_ν (see Sect. 5), hence from fiber constant holomorphic functions on Y_ν (application of the 2. Riemann continuation theorem!), more precisely from a fiber constant holomorphic function in $\check{\pi}^{-1}(W) \subset Y$ and hence from a holomorphic function in W. – If two fiber constant holomorphic functions g_1, g_2 coincide in U^*, they are idential. So we got

$$F^0_{*R}(\mathcal{O}_X) = \mathcal{O}_{\underline{Y}}$$

and $\underline{Y}$ and Q are isomorphic as ringed spaces. That means that Q is a complex space and the Theorem 2 is proved.

By construction Q always is weakly normal in the sense of [15].

4. Some Further Results

We keep the terminology of the last section.

1

We assume that all $m_\nu = m$ are maximal and that the projection of all irreducible components $R_\iota \subset R$, $R_\iota \subset X_\nu \times X_\mu$ in X_ν and in X_μ contains inner points. If R is semiproper and holomorphic $Q = X/R$ is a complex space. We prove:

Proposition 1. *Q is normal.*

Proof. Assume that Q is not normal. Then by construction of Sect. 3.8 the set of non normal points is obtained from $\underline{R}$ and hence Q is locally irreducible in no non normal point. The set A of non normal points of Q is analytic and nowhere dense. This is also true for the inverse image $\hat{A}$ of A in X. Since in A something was glued together there have to be irreducible components R_ι of R which are contained in $\hat{A} \times \hat{A}$. The projection of such a $R_\iota \subset X_\nu \times X_\mu$ is in $\hat{A} \cap X_\nu$, $\hat{A} \cap X_\mu$ and has no inner point in contradiction to the assumption. By this the proof is done.

2

We can see rather easily that "semiproper" is necessary for Q being a complex space. Assume that R is not semiproper in a point $y_0 \in Q$. Then there are no open neighborhoods $V(y_0)$, $U = q^{-1}(V)$ and compact sets $K \subset \bar{U}$ with $V \subset q(K)$.

We consider $X_0 = q^{-1}(y_0) \subset X$ and take an increasing sequence K_ν of compact subsets of X with the following properties:

1) $\mathring{K}_\nu$ is an open neighborhood of G_ν, which denotes the open kernel of $X_0 \cap K_\nu$.

2) The open sets $G_\nu \subset \subset X_0$ exhaust X_0.

By assumption y_0 is not an inner point of any $\mathfrak{q}(K_\nu)$. So there is a sequence of points $y_\nu \in Q \setminus \mathfrak{q}(K_\nu)$ converging towards y_0. No point of X_0 is an accumulation point of $M = \bigcup_{\nu=1}^{\infty} \mathfrak{q}^{-1}(y_\nu)$. Hence M is closed and $\mathfrak{q}^{-1}(y_0 \cup (Q \setminus \{y_\nu\})) = X \setminus M$ is open. Since Q has the quotient topology also $y_0 \cup (Q \setminus \{y_\nu\})$ has to be open, which is not case!

References

1. Andreotti, A., Stoll, W.: Meromorphic functions on complex spaces. Seminaire F. Norguet. In: Lecture Notes in Mathematics, Vol. 409. Berlin, Heidelberg, New York: Springer 1974
2. Cartan, H.: Quotient of complex analytic spaces. Int. Coll. Funct. Theory, Tata Inst. Bombay 1960, 1-15
3. a) Furishima, M.: On semi-proper equivalence relations on complex spaces. Mem. Fac. Sci., Kyushu Univ. A **34**, 127–130 (1980)
   b) Remarks on semi-proper equivalence relations on complex spaces. Mem. Fac. Sci. Kyushu Univ. A **34**, 351–355 (1980)
4. Grauert, H., Remmert, R.: Komplexe Räume. Math. Ann. **136**, 245–318 (1958)
5. Grauert, H., Remmert, R.: Coherent analytic sheaves. In: Grundlehren der mathematischen Wissenschaften. Berlin, Heidelberg, New York: Springer 1984
6. Kaup, B.: Über offene analytische Äquivalenzrelationen. Math. Ann. **183**, 6–16 (1969)
7. Kaup, B.: Zur Konstruktion komplexer Basen. Manuscripta Math. **15**, 385–408 (1975)
8. a) Remmert, R.: Sur les espaces analytiques holomorphiquement séparables et holomorphiquement convexes. C. R. Acad. Sci. Paris **243**, 118–121 (1956); Habilitationsschrift, Münster 1957; Reduction of complex spaces. Princeton Seminars on Analytic Functions, Vol. 1, Sem. I, 1960
   b) Lieb, I.: Über komplexe Räume und komplexe Spektren. Invent. Math. **1**, 45–58 (1966)
   c) Kaup, B.: Äquivalenzrelationen auf allgemeinen komplexen Räumen. Dissertationsschrift, Fribourg (Juni) 1967; auch: Schriftenreihe des Math. Inst. d. Universität Münster, Heft 39
   d) Kiehl, R.: Äquivalenzrelationen in analytischen Räumen. Math. Z. **105**, 1–20 (1968)
9. Kuhlmann, N.: Über holomorphe Abbildungen komplexer Räume. Arch. Math. **15**, 81–90 (1964)
10. Kuhlmann, N.: Komplexe Basen zu quasieigentlichen holomorphen Abbildungen. Commun. Math. Helv. **48**, 340–353 (1973)
11. Remmert, R.: Holomorphe und meromorphe Abbildungen komplexer Räume. Math. Ann. **133**, 328–370 (1957)
12. Remmert, R., Stein, K.: Über die wesentlichen Singularitäten analytischer Mengen. Math. Ann. **126**, 263–306 (1953)
13. Stein, K.: Analytische Zerlegungen komplexer Räume. Math. Ann. **132**, 63–93 (1956)
14. Stein, K.: Maximale holomorphe und meromorphe Abbildungen. I, II. Am. J. **85**, 298–315 (1963); **86**, 823–868 (1964)
15. Wiegmann, K.W.: Some remarks on a quotient theorem by Andreotti and Stoll. Rev. Rouvm. Math. Pures Appl. **23**, 965–971 (1978)
16. Wolffhardt, K.: Existenzsätze für maximale holomorphe und meromorphe Abbildungen. Math. Z. **85**, 328–344 (1964)

Received April 7, 1983

77.

On Meromorphic Equivalence Relations

In: *Contributions to several complex variables*, Proc. Conf. Complex Analysis, Notre Dame/Indiana 1984, Aspects Math. E9, pp. 115–147 (1986)

Introduction.

1. We denote by X a weakly normal (see § 2.3.) complex space with countable topology and by $R \subset X \times X$ an analytic set with the following two properties:

1) R contains the diagonal $D \subset X \times X$,

2) R is mapped by the reflexion $(x_1, x_2) \to (x_2, x_1)$: $X \times X \overset{\sim}{\to} X \times X$ onto itself.

Such an analytic set defines a fibration in X. The fibre X_x through $x \in X$ is defined as $p_1(R \cap (X \times x))$ where p_1 denotes the projection $X \times X \to X$ onto the first component (as p_2 will denote the projection onto the second). Here, X_x always is considered as a set, not as a complex subspace with a nilpotent structure.

Definition: R *is a normal complex equivalence relation if:*

1) R *is an equivalence relation in* X,

2) *the codimension of the fibres is constant everywhere, equal to* $c \geq 0$.

3) *the projections* $p_i : R \to X$ *are open.*

We shall prove in § 5 that under this assumption the quotient space X/R is a weakly normal complex space of pure dimension c .

2. But the main purpose of this paper is to prove something for meromorphic equivalence relations in normal complex spaces:

Definition: R *is a meromorphic equivalence relation in* X *of codimension* c *if:*

1) *there is a nowhere dense analytic set* $P \subset X$ *(polar set), such that* $R \cap (X \times P)$ *is nowhere dense in* R,

2) $R|X \setminus P = R \cap ((X \setminus P) \times (X \setminus P))$ *is a normal complex equivalence relation of codimension* c *in* $X \setminus P$.

We denote by $\pi : \tilde{R} \to R$ the normalization of R. We have the holomorphic map $\varphi : \tilde{R} \overset{\pi}{\to} R \overset{p_2}{\to} X$. The analytic set R has pure codimension c. The normal complex space X decomposes into connected components X_i of dimension n_i. For $x \in X_i$ the generic fibre $\varphi^{-1}(x)$ has codimension c+n. We look at the degeneration set $E := \{(x_1,x_2) \in \tilde{R} : \operatorname{codim}_{(x_1,x_2)} \varphi^{-1}(x_2) < c + n_i,\ x_i \in X_i\}$, which is a nowhere dense analytic set of $\tilde{R}$ (see [Re]). We put $\tilde{R}' = \tilde{R} \setminus E - \varphi^{-1}(P)$ and $\varphi' = \varphi|\tilde{R}'$. The set $\tilde{E} = \varphi^{-1}\ \varphi(E)$ is not analytic in $\tilde{R}$, in general. But it is a countable union of local nowhere dense analytic subsets like $\varphi(E)$ in X is.

If $(x_1,x_2) \in \tilde{R}$ is a point there are many holomorphic maps $\psi : D \to \tilde{R}$ of the unit disc $D \subset \mathbb{C}$ around $0 \in \mathbb{C}$ with:

1) $\psi(0) = (x_1,x_2)$,

2) $\psi^{-1}(\tilde{E})$ is countable,

3) $\psi(D \setminus \{0\}) \subset \tilde{R}'$.

We consider the (set theoretic) fibred product $\tilde{R} \times_X D \subset \tilde{R} \times D$ and take the union Z of all irreducible components which do not lie over a single point of D, completely. All fibres $Z_t := Z \cap (\tilde{R} \times \{t\})$ have dimension $n_j - c$ in all points over $X_j \times X_i$. If t is generic we have $Z_t = \varphi^{-1}(\psi(t))$. So we call the Z_t *fibres in* $\tilde{R}$. The set of the fibres in $\tilde{R}$ is a *fibration in* $\tilde{R}$. We denote it by $\mathfrak{M}_\varphi$. Some of the fibres of $\mathfrak{M}_\varphi$ may cross. All $S \in \mathfrak{M}_\varphi$ are contained in a $\varphi^{-1}(x)$.

3. The set of images $(p_1 \circ \pi)(S)$, $S \in \mathfrak{M}_\varphi$ gives a *fibration* $\mathfrak{M}$ of X in pure c-codimensional analytic sets. This is considered to be the fibration given by the meromorphic equivalence relation R. We shall construct a quotient space of X by R. The points of this will be the fibres $S \in \mathfrak{M}$. In general, probably, it is only a weakly normal complex space.

But, probably, the quotient space will not exist without further assumption. We require a condition which can be verified before constructing the quotient space.

Definition: R *is called regular if for every compact subset* $K \subset X$ *a relatively compact open subset* $B \subset\subset \tilde{R}$ *exists, such that for all* $x \in K$ *all irreducible components* S' *of fibres* $S \in \mathfrak{M}_\varphi$ *enter in* B, *if* S' *is completely contained in* $\varphi^{-1}(x) \cap E$.

It follows directly that any S to a regular meromorphic equivalence relation R has finitely many irreducible components in E, only.

In order to obtain the quotient space X/R we have to construct a proper modification $\tilde{\pi} : \tilde{X} \to X$ of X, such that thereafter $\mathfrak{M}$ becomes a normal complex equivalence relation in $\tilde{X}$. By this we prove in this paper:

Main Theorem: *If* R *is a regular meromorphic equivalence relation of codimension* c *in* X *there is a unique proper modification* $\tilde{\pi} : \tilde{X} \to X$ *together with an open holomorphic map* $q : \tilde{X} \to Q$ *of* $\tilde{X}$ *onto a c-dimensional weakly normal complex space* Q *such that:*

1) $\tilde{\pi}$ *maps the fibres* $\tilde{S}$ *in* $\tilde{X}$ *topologically holomorphically onto* $S = \tilde{\pi}(\tilde{S}) \in \mathfrak{M}$.

2) *The map* $\tilde{S} \to S$ *is a bijection* $Q \to \mathfrak{M}$.

We put $Q = X/R$ and call Q the *(generalized) quotient space of* X *by* R.

In § 1 we prove a crucial lemma, in § 2 we prove an important proposition and in § 3 the Main theorem, in § 4 we prove the existence of complex quotient spaces of normal complex spaces by an analytically closed Lie group action. Finally, § 5 brings the proof of the result on normal complex equivalence relations stated in the first paragraph of the introduction.

The main result is a solution of a problem on the existence of m-bases stated by K.Stein in [St]. Group quotients were considered in the proper case already in [Li] and [Fu] and the Crucial Lemma of § 1, however for the proper case only, is contained in Horonakas Flattening Theorem (see [Hi]).

We use the notations of [STCER]. So $\hat{R}$ always stands for the simple complex equivalence relation to a complex equivalence relation R and R_F, R_φ etc. denotes the complex equivalence relation to holomorphic maps F, φ, etc.

§ 1. The Crucial Lemma

1. We prove that $\tilde{R}_\varphi$ leads to a proper (in general only weakly normal) modification of $\tilde{R}$ and the second factor X of $X \times X$. Since this proposition is local with respect to the second factor we may assume that this has pure dimension n and is an analytic subset of a domain $U \subset \mathbb{C}^m$. So we have the holomorphic map $F : \tilde{R} \overset{\varphi}{\to} X \to \mathbb{C}^m$. The codimension of the generic fibre is $n + c$ and the degeneration set of F is E.

We just may consider the following general situation: Y is a normal complex space, $F : Y \to \mathbb{C}^m$ is a holomorphic map of Y onto a pure n-dimensional normal analytic subset $A \subset U \subset \mathbb{C}^m$, the degeneration set $E := \{y \in Y : \operatorname{codim}_y F^{-1} F(y) < n\}$ is nowhere dense in Y. - We denote by $\mathbb{M}_F$ the fibration of Y into pure n-codimensional analytic subsets given by R_F (like $\tilde{R}_\varphi$ gives $\mathbb{M}_\varphi$). We prove:

Lemma (n): *If* $K \subset Y$ *is compact there is a finite family of commutative diagrams:*

$$\begin{array}{ccc} Y_\lambda & \xrightarrow{\;\pi_\lambda\;} & Y \\ {\scriptstyle q_\lambda}\big\downarrow & & \big\downarrow{\scriptstyle F} \\ Q_\lambda & \xrightarrow{\;\underline{F}_\lambda\;} & \mathbb{C}^m \end{array}$$

for $\lambda = 1,\dots,l$ *with the following properties:*

1) Y_λ, Q_λ *are normal complex spaces;* π_λ, q_λ, $\underline{F}_\lambda$ *holomorphic maps. The dimension of* Q_λ *is* n, *the generic fibre of* $\underline{F}_\lambda$ *is 0-dimensional.*

2) *All fibres* $Y_{\lambda t} := q_\lambda^{-1}(t) \subset Y_\lambda$ *with* $t \in Q_\lambda$ *have pure codimension* n. *They are mapped by* π_λ *finite open onto an open subset of a fibre* $S \in \mathfrak{M}_F$, *the subset containing* $S \cap K$.

3) *For* $S \in \mathfrak{M}_F$ *the intersection* $S \cap K$ *is in the image of a* $Y_{\lambda t}$.

4) *There are relatively compact open subsets* $Q'_\lambda \subset\subset Q_\lambda$ *such that after restriction to* Q'_λ *the property* 3) *still holds true.*

5) *If* $Q'_\lambda \subset\subset Q_\lambda$ *the map* $\pi_\lambda : q_\lambda^{-1}(\bar{Q}'_\lambda) \cap \pi_\lambda^{-1}(K) \to K$ *is proper.*

We shall deduce a proposition from Lemma (n) in § 2:

<u>Proposition (n)</u>: *Assume that* X, Y, Z *are normal complex spaces, that* X *is of pure dimension* n *and* $\varphi : Y \to X$ *is a surjective holomorphic map whose generic fibre has codimension* n, *such that* $\mathfrak{M}_\varphi$ *is regular, and that* $p : Y \to Z$ *is a finite holomorphic map. Moreover, we assume a holomorphic map* $\psi : Z \to X$ *with* $\varphi = \psi \circ p$. *Then there are unique proper modifications* $\hat{\pi} : \tilde{Y} \to Y$, $\tilde{\pi} : \tilde{X} \to X$, *which are biholomorphic outside* $\hat{\pi}^{-1}(E)$, $\tilde{\pi}^{-1}\varphi(E)$, *together with a holomorphic mapt* $\tilde{\varphi} : \tilde{Y} \to \tilde{X}$ *such that*

1) *the diagram*

$$\begin{array}{ccc} \tilde{Y} & \xrightarrow{\hat{\pi}} & Y \\ {\scriptstyle \tilde{\varphi}}\downarrow & & \downarrow{\scriptstyle \varphi} \\ \tilde{X} & \xrightarrow{\tilde{\pi}} & X \end{array}$$

is commutative,

2) *the fibres of* $\tilde{\varphi}$ *are of pure codimension* n,

3) *each fibre* $\tilde{S} = \hat{\varphi}^{-1}(x) \in \mathfrak{M}_{\tilde{\varphi}}$ *is mapped by* $\hat{\pi}$ *topologically onto a fibre* $S \in \mathfrak{M}_{\varphi}$ *such that* $p \circ \hat{\pi}$ *is a bijection* $\mathfrak{M}_{\tilde{\varphi}} \to p\,\mathfrak{M}_{\varphi}$*, where* $p\,\mathfrak{M}_{\varphi}$ *is the set* $\{p(S)\colon S \in \mathfrak{M}_{\varphi}\}$ *(attention: the fibres are equipped with multiplicity of their irreducible components: see § 2.1).*

<u>2.</u> We prove the Lemmas (n) by an induction on n. In the case $n = 1$ the degeneration set E is empty. We simply put $Y_\lambda \to Q_\lambda$ equal $Y \to A$ with $A = F(Y) \subset U \subset \mathbb{C}^m$. $\mathfrak{M}_F$ coincides with the set of fibres of F. So nothing has to be proved.

We assume $n > 1$ and that Lemma (n-1) holds true. We take a linear projection $\mathbb{C}^m \to \mathbb{C}^n$ such that $A \to \mathbb{C}^m \to \mathbb{C}^n$ is discrete and compose this with a linear projection $\mathbb{C}^n \to \mathbb{C}^{n-1}$. The fibres in A of the composition $p : \mathbb{C}^m \to \mathbb{C}^{n-1}$ are of pure dimension 1. Hence, the image $V = p(A) \subset \mathbb{C}^{n-1}$ is open. We put $F^* = p \circ F$. The degeneration set E^* of F^* is contained in E and hence nowhere dense in Y. This means we are with F^* in the case of Lemma (n-1). We obtain a finite family of commutative diagrams:

$$\begin{array}{ccc} Y^*_\lambda & \xrightarrow{\ \pi^*_\lambda\ } & Y \\ {\scriptstyle q^*_\lambda}\downarrow & & \downarrow{\scriptstyle F^*} \\ Q^*_\lambda & \xrightarrow{\ F^*_\lambda\ } & \mathbb{C}^{n-1} \end{array}$$

with $\lambda = 1,\dots,l^*$ and the properties 1) - 5). We may cut Q^*_λ into smaller pieces. Hence, we may assume that all Q^*_λ are analytic subsets of domains $U \subset \mathbb{C}^m$. We put $F^*_\lambda : Y^*_\lambda \overset{q^*_\lambda}{\to} Q^*_\lambda \overset{id}{\to} U$ and $F^+_\lambda = (f_\lambda, F^*_\lambda)$, where f_λ is the m-tupel of holomorphic functions defining the holomorphic map $F \circ \pi^*_\lambda$. The degeneration set E^*_λ of F^+_λ is the union of those irreducible components of the fibres of F^*_λ where f_λ is constant. It is contained in the inverse image of E and nowhere dense in Y^*_λ.

3. Now, we take an arbitrary point $t \in Q^*_\lambda$ and denote by $Y^*_{\lambda t \varkappa}$ the irreducible components of the fibre $Y^*_{\lambda t} = q^{*-1}_\lambda(t)$ and by $\mathring{Y}^*_{\lambda t \varkappa}$ the difference of $Y^*_{\lambda t \varkappa}$ and the other irreducible components. $\mathring{Y}^*_{\lambda t \varkappa}$ is an open subset of $Y^*_{\lambda t \varkappa}$. We take fixed points $y_\varkappa \in \mathring{Y}^*_{\lambda t \varkappa}$. We restrict ourselves to those irreducible components of $Y_{\lambda t}$, whose π^*_λ-images enter in K. This is a finite number.

We always represent a neighbourhood $W_\varkappa = W_\varkappa(y_\varkappa) \subset\subset Y^*_\lambda$ as an analytic covering of $\underline{W} \times V$ with a connected open $\underline{W} = \underline{W}_\varkappa \subset \mathbb{C}^{d+1}$, $d = d_\varkappa = \dim_{y_\varkappa} Y^*_\lambda - n+1$, and a fixed open $V(t) \subset\subset Q^*_\lambda$, such that $y_\varkappa$ is the only point over its image. We take a positive integer b such that the number of sheets $b_\varkappa$ of $W_\varkappa$ divides b, always. If we consider $W_\varkappa$ with multiplicity $b/b_\varkappa$, the coverings $W_\varkappa$ have b sheets always. If $z \in \underline{W}$, we denote by W_z the normalization of $W|z{\times}V$ (we have to observe multiplicity!) and obtain a b-sheeted normal analytic covering of V.

We denote by $W^!$, $W^!_z$ the symmetric power of W, W_z, which is a normal analytic covering of $\underline{W} \times V$ resp. V with $b!$ sheets. There are b canonical projections $W^! \to W$, $W^!_z \to W_z$.

We put $(z_\varkappa, t)$ for the image of $y_\varkappa$ in $\underline{W}_\varkappa \times V$, take a component f of f_λ and lift $f|q^{*-1}_\lambda(V)$ and $f|W_{z_\varkappa}$ to $Y^*_\lambda \times_V W_{z_\varkappa}$ and take the difference g. The normal complex space $Y^*_\lambda \times_V W_{z_\varkappa}$ is a b-sheeted analytic covering of $q^{*-1}_\lambda(V)$. If $y_\varkappa \in E^*_\lambda$ the function g vanishes on the fibre of $W_\varkappa \times_V W_{z_\varkappa}$ over t, identically. We lift g to functions $g_1,\ldots,g_b$ on $W^!_\varkappa \times_V W_{z_\varkappa}$ using the canonical projections $W^!_\varkappa \to W_\varkappa$. For $z \in \underline{W}_\varkappa$ each $W^!_z \times W_{z_\varkappa}$ is a normal analytic covering of V with $b \cdot (b!)$ sheets. We denote by $\mathcal{T}(z)$ the coherent ideal sheaf on $W^!_z \times_V W_{z_\varkappa}$ spanned by the inverse images of $g_1,\ldots,g_b$ under $W^!_z \times_V W_{z_\varkappa} \to W^! \times_V W_{z_\varkappa}$, which we have to take for all components f of $\mathfrak{f}_\lambda$. The $b \cdot (b!)$-symmetric functions of the direct image of $\mathcal{T}(z)$ on V span a coherent ideal sheaf $I(\varkappa,z)$ on V. After having replaced V by a relatively compact open neighbourhood of t we take several points $z_1,\ldots,z_r \in \underline{W}_\varkappa$ such that $I_\varkappa :=$ $I(\varkappa,z_1) + \ldots + I(\varkappa,z_r)$ is maximal on V.

If $y_\varkappa \notin E^*_\lambda$ we get $I_\varkappa = 1$ (if V is small enough) and nothing will happen later on. Therefore, we omit these irreducible components in our consideration.

4. We do the monoidal transformations of V by the ideal sheaves $I_1,\ldots,I_k$ defined to $y_\varkappa$ running through the irreducible components of $Y^*_{\lambda t}$ completely contained in E^*_λ. We obtain a proper modification $\tilde{V}$ of V. We lift everything to $\tilde{V}$ (to normal spaces!). Now, locally $I_\varkappa$ is spanned by one local cross-section! We denote by $\mathfrak{g}_{\varkappa\nu}$ the b-th elementary symmetric function of g on Y^*_λ (= lifting of the old Y^*_λ to V), where g is the holomorphic function on $Y^*_\lambda \times_V W_{z_\varkappa}$ defined by the ν-th component f of $\mathfrak{f}_\lambda$. Since the ideals $I_\varkappa$ are locally principal in each point of $\tilde{V}$, the quotient $f_{\varkappa\nu} := \mathfrak{g}^{b!}_{\varkappa\nu}/I_\varkappa$ can be locally along the fibres of $Y^*_\lambda \to \tilde{V}$ considered as a meromorphic function. If t stands for any

point out of $\tilde{V}$, which is mapped onto the old t, these functions are holomorphic in a neighbourhood of $\overset{\circ}{Y}{}^*_{\lambda t\varkappa}$, which is defined as the inverse image of the old object. But now $\overset{\circ}{Y}{}^*_{\lambda t\varkappa}$ will not be irreducible any longer in general. It can be seen rather easily that not all the $f_{\varkappa\nu}$ vanish identically on $\overset{\circ}{Y}{}^*_{\lambda t\varkappa}$.

5. Over a neighbourhood G of any point of $\tilde{V}$ we pass over to the graph of $(f_{\varkappa\nu} : \forall\, \varkappa,\nu)$ and obtain over G a proper modification $\tilde{Y}^*_\lambda$ of $Y^*_\lambda|G$. We put $\tilde{W}_\varkappa$ for the inverse image of $W_\varkappa$ in $\tilde{Y}^*_\lambda$. The generic fibre of $\tilde{Y}^*_\lambda \to G$ has codimension $n-1$, everywhere. However, there may be a degeneration set (over $q^*_\lambda(E^*_\lambda)$). By Proposition $(n-1)$ with $Z = \tilde{W}_\varkappa$ there are proper modifications $\tilde{W}^*_\varkappa \to \tilde{W}_\varkappa$, $\tilde{G}_\varkappa \to G$ and a holomorphic map $\tilde{\varphi} : \tilde{W}^*_\varkappa \to \tilde{G}_\varkappa$ such that the diagram

$$\begin{array}{ccc} \tilde{W}^*_\varkappa & \longrightarrow & \tilde{W}_\varkappa \\ \downarrow & & \downarrow \\ \tilde{G}_\varkappa & \longrightarrow & G \end{array}$$

commutes. All the fibres of $\tilde{W}^*_\varkappa \to \tilde{G}_\varkappa$ are of pure codimension $n-1$.

We apply this to all $\varkappa$ and obtain a proper modification $\hat{G}$ of G. We lift everything to $\hat{G}$, starting from $\tilde{Y}^*_\lambda$. The result is a map $\hat{q} : Y^*_\lambda \to \hat{G}$. The fibres of $\hat{q}$ have codimension $n-1$ everywhere now, and the meromorphic functions $f_{\varkappa\nu}$ are holomorphic maps $Y^*_\lambda \to \mathbb{P}_1$. Not all of these are constant on $Y^*_{\lambda t\varkappa}$ (here t any point over the old t).

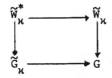

6. We wish to arrive at the case where not all $f_{\varkappa\nu}$ are constant on *each irreducible component* of $Y^*_{\lambda t\varkappa}$ So we have to decompose $Y^*_{\lambda t\varkappa}$ into irreducible components and to take a new enumeration of the irreducible components of $Y^*_{\lambda t}$ and do all of the construction again. But now the maximal number of sheets of the $W_\varkappa$ (without multiplicity) has decreased. So by an induction on this number we come to the desired case.

The generic fibre of the map $(f_{\varkappa\nu},\hat{q})$ has codimension n, now. The codimension is also n in each point of $Y^*_{\lambda t}$ over K. The degeneration set is closed. By making $\hat{V}(t)$ and Y^*_λ smaller we obtain that the codimension is n everywhere and, moreover, that for $Y^*_\lambda \to \hat{V}$ the properties 2) and 5) are satisfied (for the case of Lemma (n-1)).

7. The fibration $\mathfrak{M}_F$ of Y can be lifted to a fibration $\mathfrak{M}_\lambda$ of Y^*_λ, since all maps are constant on the fibres of $\mathfrak{M}_F$. However, we had to pass over to normalization several times. This may lead to analytic coverings. The holomorphic map $\pi_\lambda : Y_\lambda = Y^*_\lambda \to Y$ induces an analytic covering map of an open subset of each $\tilde{S} \in \mathfrak{M}_\lambda$ onto an open subset of a fibre $S \in \mathfrak{M}_F$ containing $S \cap K$.

$\mathfrak{M}_\lambda$ is finer than the fibration defined by $R_{(f_{\varkappa\nu},\hat{q})}$ and coarser than the simple equivalence relation to this fibration. Over a dense set of Y_λ the fibres of $\mathfrak{M}_\lambda$ coincide with those of $R_{F\circ\pi_\lambda}$ (by construction). Thus, over the inverse image of $Y\smallsetminus E$ the fibres of $R_{F\circ\pi_\lambda}$ and $\mathfrak{M}_\lambda$ are the same. By taking the closure of $R_{F\circ\pi_\lambda}|Y_\lambda\smallsetminus\pi_\lambda^{-1}(E)$ in $Y_\lambda\times Y_\lambda$ we obtain a complex equivalence relation R_λ in Y_λ whose fibre set is $\mathfrak{M}_\lambda$. The projections $R_\lambda \rightrightarrows Y_\lambda$ are open (since $A \subset U \subset \mathbb{C}^m$ was assumed to be locally irreducible). Hence, R_λ is a normal complex equivalence relation in Y_λ. We denote the normal quotient space of Y_λ by Q_λ. It has pure dimension n . Since Y_λ is normal, by § 5. We have the quotient map $q_\lambda : Y_\lambda \to Q_\lambda$. We obtain $\underline{\underline{F}}_\lambda$ since $F \circ \pi_\lambda$ is constant on the fibres of q_λ, which are those of π_λ.

<u>8.</u> We may replace the Q_λ^* we started with by a relatively compact open subset. Thus, we can cover Q_λ^* and the fibration over Q_λ^* and K by the images of a finite number of $Y_\lambda^* \to \hat{V}$. We even may shrink the $\hat{V}$. So we arrive at a finite family

$$\begin{array}{ccc} Y_\lambda & \xrightarrow{\pi_\lambda} & Y \\ \downarrow & & \downarrow \\ Q_\lambda & \longrightarrow & \mathbb{C}^m . \end{array}$$

The conditions 2), 3), 5) are trivial from construction. Since we may even shrink the $\hat{V}$, also 4) is satisfied. Thus, the Lemma (n) has been proved.

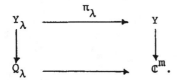

§ 2. Proof of the Proposition (n)

1. We prove the Proposition (n) from § 1.1. The map $\varphi : Y \to X$ is surjective and holomorphic, the normal complex space X is pure n-dimensional and the generic fibre of φ has codimension n. The fibration $\mathfrak{M}_\varphi$ is regular. We take a relatively compact open subset $G \subset\subset X$ and to the compact subset $\bar{G}$ a relatively compact open subset $B \subset Y$, $B = p^{-1}(\underline{B})$, $\underline{B} \subset\subset Z$, such that for $x \in \bar{G}$ all irreducible components S' of fibres $S \in \mathfrak{M}_\varphi$ enter in B, if S' is completely contained in $\varphi^{-1}(x) \cap E$. We apply Lemma (n) to $K = \bar{B}$. Since X can be locally embedded in an open subset $U \subset \mathbb{C}^m$ we obtain a finite family of commutative diagrams:

$$\begin{array}{ccc} Y_\lambda & \xrightarrow{\pi_\lambda} & Y \\ {\scriptstyle q_\lambda}\downarrow & & \downarrow{\scriptstyle \varphi} \\ Q_\lambda & \xrightarrow{\underline{F}_\lambda} & X \end{array}$$

for $\lambda = 1,\dots,l$ with the properties 1) - 5). Any fibre $p(S)$, $S \in \mathfrak{M}_\varphi$ may be the image of fibres $Y_{\lambda_1 t_1}$, $Y_{\lambda_2 t_2}$ with $\lambda_1 \neq \lambda_2$ or $t_1 \neq t_2$, i.e. such that $p \circ \pi_{\lambda_1}(Y_{\lambda_1 t_1} \cap K) = p \circ \pi_{\lambda_2}(Y_{\lambda_2 t_2} \cap K)$. In such a case we call points $y_1 \in Y_{\lambda_1 t_1}$, $y_2 \in Y_{\lambda_2 t_2}$ equivalent if they are over the same point of Y. We also consider the points t_1, t_2 to be equivalent. By this we obtain an equivalence relation $\tilde{R}$ in $\hat{Y} := \dot{\bigcup}_{\lambda=1,\dots,l} Y_\lambda$ and an equivalence relation R in $\hat{Q} = \dot{\bigcup} Q_\lambda$. We denote by $\hat{Y}^*$ the part of $\hat{Y}$ lying over $B^* = B \cap \varphi^{-1}(G)$, by $\hat{Q}^*$

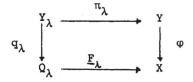

the part of $\hat{Q}$ over G and prove:

Proposition: $\tilde{R}^* = \tilde{R}|\hat{Y}^*$, $R^* = R|\hat{Q}^*$ *are complex, holomorphic and semiproper.*

Proof: If $S \in \mathfrak{M}_\varphi$ is a fibre over G, we take points $z_1, \ldots, z_r \in p(S) \cap \underline{B}^*$, $\underline{B}^* := \underline{B} \cap \varphi^{-1}(G)$ on the p-image of the various images sets of those irreducible components of S which are completely contained in E. We take pure n-dimensional local complex subspaces $A_i \subset Z$, $i=1,\ldots,r$ with the following properties:

1) $A_i \subset U_i \subset\subset Z$ are n-dimensional complete intersections (relatively to U),

2) $\bar{A}_i \cap p(S) = \{z_i\}$.

A neighbourhood $\underline{V}(S) \subset \mathfrak{M}_\varphi$ is defined as the set of all $S_1 \in \mathfrak{M}_\varphi$ over G such that $S_1 \cap B^*$ can be connected with $S \cap B^*$ by a chain of holomorphic 1-parameter families $S_\varkappa(t) \cap B^*$, $|t| < 1$ over G with $p\, S_\varkappa(t) \cap \partial A_i \neq \emptyset$ and $\varkappa = 1,\ldots,k$.

We denote by $\hat{V}$ the inverse image of V in $\hat{Q} := \bigcup_{\lambda=1}^{1} Q_\lambda$. Clearly, $\hat{V}$ is open and its inverse image $\hat{U} \subset \hat{Y}$ is open again. By projection we obtain subsets $U \subset \hat{Y}^*/\tilde{R}^*$, $V \subset \hat{Q}^*/R^*$ which are open in the quotient topology.

There is a multiplicity for the irreducible components of the fibres $S \in \mathfrak{M}_\varphi$ coming from the generic fibres of a neighbourhood of S. If S is generic this multiplicity always is one. Otherwise it can be a higher integer. It might happen that a settheoretic S has various multiplicities coming from different neighbourhoods. Then these have to be considered as different fibres. Thus, a fibre is the set S equipped with multiplicity of the irreducible components. - The multiplicity carries over to $p(S)$. We take this multiplicity! Then each $p\,S_1$, $S_1 \in \underline{V}$ has the same intersection number with A_i.

We use the multiplicity to define the multiplicity for the intersection points $S_1 \cap A_i$, $S_1 \in \underline{V}$. If g is a holomorphic function on A_i, we take the elementary symmetric polynomials of the values of g in $S_1 \cap A_i$. These all lead to holomorphic functions on $\hat{V}$. We may assume that an embedding of A_i in a complex number space is given by finitely many holomorphic functions. We take these for g.

We define $\hat{V}$ so small that it is over an open subset of X, which is isomorphic to an analytic subset of a domain in the complex number space. We also take the holomorphic functions on $\hat{V}$ coming from the finite number of coordinate functions on this open subset.

Altogether, we obtain a finite set H of holomorphic functions on $\hat{V}$. The differences $f(t) - f(\tau)$ for $f \in H$, $(t,\tau) \in \hat{V} \times \hat{V}$ define a coherent ideal sheaf I on $\hat{V} \times \hat{V}$. We wish to have the I maximal.

We proceed as follows: Firstly, we take an infinite set of z_i on $p(S) \cap \underline{B}^* \cap p\,E$, which is somewhere dense on each p-image of any irreducible component of S, which is completely contained in E. We take the $A_i \subset Z$ such that $\underline{V}$ is still a neighbourhood of S. This is possible! We just have to use the parametrization of fibres given by Lemma (n) and that the inverse image of the "point" S is closed in $\hat{Q}$ and that we can make $\hat{Q}$ smaller. The set H is infinite now. But the ideal sheaf I is still coherent. The functions of H separate the different fibres of $\underline{V}$: We have to use that for $t \to t_o$ each irreducible component of $q_\lambda^{-1}(t)$ converges against some irreducible components of $q_\lambda(t_o)$: this is a well-known statement.

After having made $\hat{Q}$ and $\underline{V}$ smaller we find finitely many points among our infinite set $\{z_i\}$ such that the ideal I is spanned by the functions to these z_i already. Now H has become finite and the functions H separate the fibres out of $\underline{V}$.

We have $R^*|\hat{V} = R_H$ and $\tilde{R}^*|\hat{U} = R_{(H,\pi_\lambda)}$. So R^*, $\tilde{R}^*$ are holomorphic equivalence relations. - We may replace Q_λ by a relatively compact open subset $Q_\lambda' \subset\subset Q_\lambda$. Since $\bar{Q}_\lambda'$ is compact and the maps $\pi_\lambda : q_\lambda^{-1}(\bar{Q}_\lambda') \cap \pi_\lambda^{-1}(B^*) \to B^*$ are proper, it follows immediately that R^* and $\tilde{R}^*$ are semiproper. So the Proposition is proved.

2. Hence $\tilde{Y}^* = \hat{Y}^*/\tilde{R}^*$, $\tilde{X}^* = \hat{Q}^*/R^*$ are complex spaces. We have holomorphic maps $\tilde{\varphi}^* : \tilde{Y}^* \to \tilde{X}^*$, $\hat{\pi}^* : \hat{Y}^* \to B^*$, $\tilde{\pi}^* : \tilde{X}^* \to G$ such that the diagram

$$\begin{array}{ccc} \tilde{Y}^* & \xrightarrow{\hat{\pi}^*} & B^* \\ {\scriptstyle \tilde{\varphi}^*} \downarrow & & \downarrow {\scriptstyle \varphi} \\ \tilde{X}^* & \xrightarrow{\tilde{\pi}^*} & G \end{array}$$

is commutative. All fibres of $\tilde{\varphi}^*$ are of pure codimension n. They are mapped by $\hat{\pi}^*$ finite open onto an $S \cap B^*$, $S \in \mathfrak{M}_\varphi$. By $\tilde{R}^*$ this map is bijective. Hence, it is topological. The composition $p \circ \hat{\pi}^*$ gives a bijection $\mathbb{M}_{\tilde{\varphi}^*} \to p(\mathbb{M}_{\varphi} \cap B^*)$. The maps $\hat{\pi}^*$, $\tilde{\pi}^*$ are proper. Since the inverse image of a generic point consists of one point only, they are proper modifications.

<u>3.</u> $\tilde{X}^*$ is defined as a set independently of the choice of B. Since every irreducible component S' of a fibre $S \in \mathbb{M}_{\varphi}$ over G with $S' \subset E$ enters in B^* the set $\tilde{X}^*$ is just the set of pS, $S \in \mathbb{M}_{\varphi}$ over G . But already the topology of $\tilde{X}^*$ might depend on the choice of B. By making B larger it might become finer. We would obtain a proper modification $\tilde{X}^{**} \to G$ instead of $\tilde{X}^* \to G$, but also a bijective holomorphic map $\delta : \tilde{X}^{**} \to \tilde{X}^*$ such that

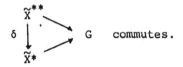

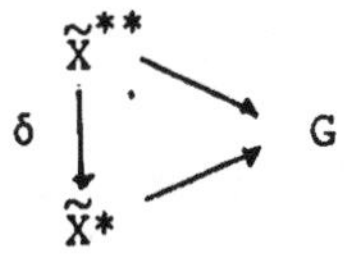

commutes.

In general, $\tilde{X}^*$, $\tilde{X}^{**}$ will not be normal complex spaces. But they are *quasi normal*: any local continuous complex function which is holomorphic outside a nowhere dense analytic set, is holomorphic.

When we pass over to the normalization of $\tilde{X}^{**}$, $\tilde{X}^*$ the map δ is still bijective and holomorphic: This follows from the modification properties. By a well-known theorem (see [CAS]) it is biholomorphic then. This implies that already the old δ is biholomorphic. Thus, the proper modification $\tilde{X}^* \to G$ depends only on G .

The same holds true for $\tilde{Y}^* \to B^*$. If B^{**} is larger we have a commutative diagram

$$\begin{array}{ccc} \tilde{Y}^* & \longrightarrow & B^* \\ \hat{\delta}\big\downarrow & & \big\downarrow \mathrm{id} \\ \tilde{Y}^{**} & \longrightarrow & B^{**} \end{array}$$

where $\hat{\delta}$ is a biholomorphic map of $\tilde{Y}^*$ onto an open subset of $\tilde{Y}^{**}$.

4. Now we exhaust X by a sequence of relatively compact open subsets $G_\nu \subset\subset G_{\nu+1} \subset\subset X$ and Y by a similar sequence $B_\nu \subset\subset B_{\nu+1} \subset\subset Y$. We construct the commutative diagrams

$$\begin{array}{ccc} \tilde{Y}^*_\nu & \longrightarrow & B^*_\nu \\ \big\downarrow & & \big\downarrow \\ \tilde{X}^*_\nu & \longrightarrow & G^*_\nu \end{array}$$

and get isomorphisms $\delta_\nu : \tilde{X}^*_\nu \tilde{\to} \tilde{X}^*_{\nu+1}|G_\nu$, $\hat{\delta}_\nu : \tilde{Y}^*_\nu \tilde{\to} \tilde{Y}^*_{\nu+1}|B^*_\nu$. We glue together and obtain proper modifications $\hat{\pi} : \tilde{Y} \longrightarrow Y$, $\tilde{\pi} : \tilde{X} \longrightarrow X$ such that the diagram

$$\begin{array}{ccc} \tilde{Y} & \longrightarrow & Y \\ \big\downarrow & & \big\downarrow \\ \tilde{X} & \longrightarrow & X \end{array}$$

is commutative. The properties 2) and 3) of Proposition (n) are satisfied. Its proof is completed!

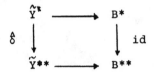

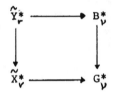

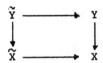

§ 3. The Proof of the Main Theorem

1. Assume now that X is a normal complex space and that R is a regular meromorphic equivalence relation in X of codimension c. We denote by $P \subset X$ a polar set. We take the normalization $\pi : \tilde{R} \to R$ and put $\dot{\varphi} = p_2 \circ \pi : \tilde{R} \to X$. The set E is the degeneration set of φ. The space X decomposes into connected components X_i of dimension n_i. The codimension of the generic fibre of φ over X_i is $c + n_i$.

We apply Proposition $(c + n_i)$ with $Y \to Z$ equal $\pi : \tilde{R} \to X \times X$ and ψ equal $p_2 : X \times X \to X$. We obtain a commutative diagram

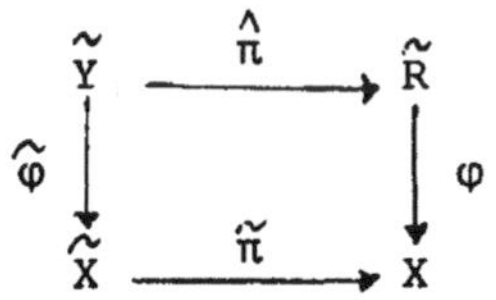

where $\hat{X}$ is a proper modification of X. We take the inverse image of R in $\hat{X} \times \hat{X}$ under the map $\tilde{\pi} \times \tilde{\pi}$ and omit all irreducible components which are completely in $\hat{P} \times \hat{X}$ or in $\hat{X} \times \hat{P}$ with $\hat{P} = \tilde{\pi}^{-1}(P^*), P^* = P \cup \varphi(E)$. We note: If a point of a fibre $S \in \mathfrak{M}_\varphi$ is contained in E then a full irreducible component through this point is contained in E. Since R is regular it follows that the *projection* $\varphi : E \to X$ *is semiproper*. So $\varphi(E) \subset X$ and $\hat{P} \subset \hat{X}$ are nowhere dense analytic sets.

Thus, we obtain an analytic set $R^o \subset \hat{X} \times \hat{X}$, which contains the diagonal and is invariant under reflexion. The blowing-up took place in $\varphi(E)$ only. So we have $\check{X} \setminus \check{P} = X \setminus P^*$. Hence, the restriction $R^o | \hat{X} \setminus \hat{P}$ is a normal complex equivalence relation. R^0 is simply the closure of $R \cap (X \setminus P^*) \times (X \setminus P^*))$ in $\tilde{X} \times \tilde{X}$.

By a generic fibre $S \in \mathfrak{M} := p_1 \mathfrak{M}_\varphi$ we understand a fibre X_x, $x \in X \setminus P^*$ such that $X_x \setminus P^*$ is dense in X_x. Clearly, each generic fibre has pure codimension c in X. To every point $x \in \tilde{X}$ the fibre $S = p_1 \pi \hat{\pi} \tilde{\varphi}^{-1}(x)$ in X is attached. We call a map into $\tilde{X}$ *constant to fibres* if the composition with $x \to S$ is constant. For a generic $S \in \mathfrak{M}$ the map $\tilde{\pi}^{-1}$ is constant to fibres in $S \setminus P^*$. Since $\tilde{X} = \mathfrak{M}_\varphi$, it has a unique continuation to S which is also constant to fibres. We denote this by $\tilde{\pi}^{-1} : S \to \tilde{X}$.

The fibres of the projection $P^* \times X \to X$ have codimension $\leq n_i$ in P^*. We denote by $A^\cdot$ the set of points, where this codimension is $< n_i$ (degeneration set). The image $\underline{A} \subset X$ is nowhere dense. All fibres X_x, $x \in X \setminus P^* \setminus \underline{A}$ are generic, all other fibres $S \in \mathfrak{M}$ through an $x \in X \setminus P^*$ are approximated by such fibres. Thus, we also have a $\tilde{\pi}^{-1} : S \to \tilde{X}$ which is constant to fibres. Now, every $S \in \mathfrak{M}$ can be approximated by S_1 through an $x \in X \setminus P^*$. So we have a fibre constant $\tilde{\pi}^{-1} : S \to \tilde{X}$ always: We put $\underline{R} = (p_1 \pi \hat{\pi}, \tilde{\varphi})(\hat{Y}) \subset X \times \tilde{X}$. Then $\underline{R}_x \subset X$ is the fibre over x and $\underline{R}_{\tilde{\pi}^{-1}(x)}$ is constant on each $S \in \mathfrak{M}$.

Hence $\tilde{\pi}^{-1} : S \twoheadrightarrow \hat{S} \subset \tilde{X}$ is a topological map. Its inverse $\tilde{\pi}|\hat{S} : \hat{S} \to S$ is a finite open map. We obtain a fibration $\tilde{\mathfrak{M}}$ in $\tilde{X}$ into pure c-codimensional analytic sets $\tilde{S}$. By the construction of $\tilde{X}$ two different $\tilde{S} \in \tilde{\mathfrak{M}}$ never intersect. Each point of $\tilde{X}$ is contained in an $\tilde{S}$. So $\tilde{\mathfrak{M}}$ is an equivalence relation in $\tilde{X}$.

We wish to prove that $\tilde{\mathfrak{M}}$ is given by R°. Then we also know that R° is a complex equivalence relation in $\hat{X}$. If $x \in \tilde{X}$ we denote by $\tilde{S}_x \in \tilde{\mathfrak{M}}$ the fibre through x. For $x \to x_o$ the fibre $\tilde{S}_x$ always converges against S_{x_o}. We have $R^{\circ}|\tilde{X} \setminus \tilde{P} = \tilde{\mathfrak{M}}|\tilde{X} \setminus \tilde{P}$. We put $\mathfrak{M}' = p_1\pi^{\circ}\mathfrak{M}_{\varphi^{\circ}}$, where $\mathfrak{M}_{\varphi^{\circ}}$ is the fibration in the normalization $\pi^{\circ}: \tilde{R}^{\circ} \to R^{\circ}$ given by the projection onto $\tilde{X}$. If $x_o \in \tilde{X}$ there is a sequence of generic points $x_{\nu} \in \tilde{X} \setminus \tilde{P}$ converging against x_o. Then we have for the fibres $S'_{x_{\nu}} \in \mathfrak{M}'$ the equation $S'_{x_{\nu}} = S_{x_{\nu}}$ and so the $S'_{x_{\nu}}$ always converge against S_{x_o}. Moreover, $R^{\circ} \cap (\tilde{P} \times \tilde{X}) \cup (\tilde{X} \times \tilde{P})$ is nowhere dense in R°. This all implies that the degeneration set of $p_2: R^{\circ} \to \tilde{X}$ has to be empty and we get $S_{x_o} = S'_{x_o}$ for all $x_o \in \tilde{X}$. That means $\tilde{\mathfrak{M}} = \mathfrak{M}' = R^{\circ}$.

Since the fibres are of pure codimension c and S'_x converges for $x \to x_o$ always against S'_{x_o}, $p_2 : R^{\circ} \to \tilde{X}$ has to be open. So R° is normal and $Q = \tilde{X}/R^{\circ}$ a weakly normal complex space. We have to use § 5.6. In our case Q is a usual quotient and the fibres over Q are the fibres of $\tilde{\mathfrak{M}}$. Each fibre in $\tilde{X}$ is topologically mapped onto a fibre in X. The map is a bijection of fibres. That completes the proof of the Main Theorem.

§ 4. Quotients by Lie Groups. Meromorphic Reduction

1. We assume that X is an n-dimensional normal complex space and that L is a complex Lie group acting holomorphically on X . We assume that there is no smaller union of connected components of X , on which L acts. We denote the dimension of the generic orbit by d and put c = n-d. We define R_L as the graph of orbits:

$$R_L = \{(x_1,x_2) \in X \times X : x_1 \in L\, x_2\} .$$

In general, the closure $R = \bar{R}_L$ is not an analytic set. But it contains the diagonal and is invariant under reflexion $X \times X \xrightarrow{\sim} X \times X$.

Definition: L *acts analytically closed on* X *if* R *is an analytic set of dimension* n+d *and* R *is regular in the sense of paragraph 3 of the introduction.*

In the case that an algebraic group acts algebraically on an algebraic space X , the set R is always analytic of dimension n + d . If, moreover, X is complete L acts analytically closed on X.

We prove:

Theorem: *If* L *acts analytically closed on* X , *the graph closure* R *is a meromorphic equivalence relation on* X *and hence* X/L := X/R *is a weakly normal complex space of pure dimension* c.

We call X/L the quotient of X by the complex Lie group L .

2. Since R is the closure of R_L each fibre $R_x = R \cap (X \times x)$

is closed against the action of L on X. The set of points $x \in X$, where the vector space of infinitesimal transformations has dimension less than d, is a nowhere dense analytic subset $P \subset X$. In $X \setminus P$ all orbits have pure dimension d. so no fibre of $p_2 : R \to X$ has dimension less than d and the generic case is that the fibre dimension is d. We denote by E the degeneration set of $p_2 : R \to X$. The map $p_2 : R \setminus E \to X$ is open.

We define the fibration $\mathfrak{M}_\varphi$ in the normalization $\tilde{R}$ of R, obtain by projection the fibration $\mathfrak{M}_{p_2}$ in R and by p_1 the fibration $\mathfrak{M}$ in X. All fibres $S \in \mathfrak{M}$ are pure d-dimensional and invariant against group action. Hence, they are singularity-free in $X \setminus P$. But in $X \setminus P$ they may consist of an at most countable number of connected components. The group L acts on such a component always transitively. - We call the fibres $S \in \mathfrak{M}$ generalized orbits of L.

3. Proof of the Theorem: Since R is regular the projection $p_2 : E \to X$ is semiproper (see § 3.1). So $\underline{E} = p_2(E) \subset X$ is a nowhere dense analytic set. We put $\check{X} = X \setminus P \setminus \underline{E}$.

We take a point $x_0 \in \check{X}$ and a connected component R_1 of $R_{x_0} \cap \check{X}$. There are connected open neighbourhoods $V(x_0) \subset \check{X}$ and $U(y_0) \subset\subset \check{X}$ to $y_0 \in R_1$, such that $R_x \cap (U \times V)$, $x \in V$ is a regular family of connected d-dimensional submanifolds A_t for t in an analytic covering B of V. Since $R = \bar{R}_L$ the set $B_1 \subset B$ of points $t \in B$ with $A_t \subset R_L$ is dense. Because of the continuity of the action of L it is open.

We denote by V_1 the open image of B_1 in V. The set $R_1 \cap (U \times x_o)$ is in the accumulation set of the orbits Lx, $x \in V_1$. Since L acts on R_1 transitively and acts on $\overset{c}{X} \times V$ this holds also true for the whole set R_1.

We take finitely many connected components $R_1, \ldots, R_l$ of $R_{x_o} \cap \mathring{X}$ and take a fixed V and put $V^* = V_1 \cap \ldots \cap V_l$. This set is dense and open in V. The set $R_1 \cup \ldots \cup R_l$ is in the accumulation set of the orbits Lx, $x \in V^*$. This implies $R_{x_o} \cap \overset{c}{X} = R_{x_1} \cap \mathring{X}$ if $x_1 \in R_{x_o} \cap \mathring{X}$. So the transitive law for the relation $R|\mathring{X}$ is valid, i.e., $R \mid \overset{c}{X}$ is a complex equivalence relation. Moreover $R|\overset{c}{X}$ is normal and $R \cap (\overset{c}{X} \times \overset{c}{X})$ is dense in R. That completes the proof of the Theorem.

<u>4.</u> We assume that X is a compact connected n-dimensional normal complex space. We denote by $M = M(X)$ the field of meromorphic functions on X. We wish to construct a reduction $\underline{X}$ of X, which is a Moishezon space and a biregular invariant of X, such that M is the field of meromorphic functions on $\underline{X}$

We denote by c the degree of transcendency of M and take meromorphic functions $f_1, \ldots, f_c$ which are algebraically (and analytically) independent, and a nowhere dense analytic set $P \subset X$ which contains the polar sets of $f_1, \ldots, f_c$. The c-tupel $f = (f_1, \ldots, f_c)$ gives a meromorphic map $f : X \to \mathbb{P}^c = \mathbb{P} \times \ldots$ $\ldots \times \mathbb{P}$, c-times. The graph $G \subset X \times \mathbb{P}^c$ is an n-dimensional analytic subset. The holomorphic projection $G \to \mathbb{P}^c$ defines a complex equivalence relation $\tilde{R} \subset G \times G$ which projects by $G \to X$ to a meromorphic equivalence relation $R \subset X \times X$. Since $G|X \setminus P \to X \setminus P$ is biholomorphic the restriction $R|X \setminus P$ is a complex equivalence relation.

From now on we assume that P is so large that it contains also the image of the degeneration set $G \to X$. For $R|X\setminus P$ there is the well defined simple equivalence relation $\widehat{R|X\setminus P}$ which is the finest complex equivalence relation, whose fibres are locally the same as those of $R|X\setminus P$. We denote by $\hat{R}$ the closure of $\widehat{R|X\setminus P}$ in R. Then $\hat{R}$ is a meromorphic equivalence relation in X with polar set P. The map $R \cap ((X\setminus P) \times (X\setminus P)) \to (X\setminus P)$ has fibres of pure codimension $c+n$ and is open. It is immediate that $\hat{R}$ is independent of the choice of P and moreover it does not depend on the choice of $f_1,\dots,f_c$, it is an invariant of X.

The meromorphic equivalence relation R is trivially regular and defines the unique proper modification $\tilde{X}$ of X and the quotient space Q which is a weakly normal space of dimension c. We have the commutative diagram

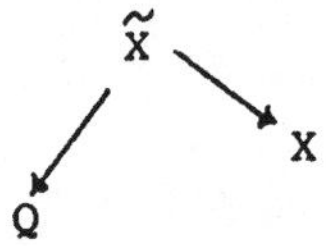

Every meromorphic function $f \in M$ lifts to a meromorphic function $\tilde{f}$ on $\tilde{X}$ which is constant on the fibres $\tilde{X} \to Q$ and hence comes from a meromorphic function $\underline{f}$ on Q. The degree of transcendency of Q (and of its normalization) is c. Hence, Q is a Moishezon space.

<u>Theorem</u>: *For every compact connected complex space* X *there is a unique Moishezon space* Q *, connected with* X *by a commutative diagram*

$$Q \xleftarrow{\;q\;} \tilde{X} \xrightarrow{\;\pi\;} X$$

, where π *is a proper modification and* q *a surjective fibre map with pure* $(n-d)$*-dimensional fibres, such that for the fields of meromorphic functions* $M(Q) = M(\tilde{X}) = M(X)$.

We call Q the meromorphic reduction of X .

§ 5. Appendix

1. Assume that Q is a normal complex space and that R is a semiproper complete equivalence relation in Q with the following properties:

1) If $R_1 \subset R$ is an irreducible component of R, which is different from the diagonal $D \subset Q \times Q$, then $p_2(R_1) \subset Q$ is nowhere dense.

2) R is discrete, i.e., $p_2 : R \to Q$ is a discrete map.

Since R is semiproper, for each point $t_o \in Q$ there is an open neighbourhood $U(t_o) \subset\subset Q$, which is mapped by the quotient map $Q \to Q/R$ onto an open neighbourhood $V(\underline{t}_o)$ of the image point of t_o. Since $p_2 : R \to Q$ is discrete, there are only finitely many points in U which are equivalent with t, for any point $t \in U$. If $t_1 \in Q \setminus \bar{U}$ is a point equivalent to t, then the quotient image of an open neighbourhood $W(t_1)$ is in V. But because of property 1) there would be points in W not equivalent to points of U. This is a contradiction. It follows:

$$R \cap p_2^{-1}(U) = R \cap (\bar{U} \times U)$$

Thus, the projection $p_2 : R \cap p_2^{-1}(U) \to U$ is proper. If B is the union of irreducible components of R different from the diagonal, the set $\underline{B} = p_2(B)$ is a nowhere dense analytic subset of Q.

The complex equivalence relation R sews Q together on the set $\underline{B}$: always finitely many points are identified. However, probably, the quotient Q/R will no longer be a complex space in general. There will be not enough local holomorphic functions. We define:

Definition: *A sutured complex space is a normal complex space together with a semiproper complex equivalence relation with the properties 1) and 2).*

2. We prove the following:

Theorem: *If X is a weakly normal complex space and R a normal complex equivalence relation in X then R is semi-proper and holomorphic. So X/R is a weakly normal complex space. If X is normal then also X/R is normal.*

Proof: We denote the codimension of the fibres to R with c. We take the normalization $\tau : \tilde{X} \to X$ of X and lift R to $\tilde{X}$. We obtain a complex equivalence relation $\tilde{R}$ in $\tilde{X}$ with pure c-codimensional fibres. We pass over to the simple equivalence relation $\hat{R}$ belonging to $\tilde{R}$. Then $Y = \tilde{X}/\hat{R}$ is a normal complex space of pure dimension c. The equivalence relation $\tilde{R}$ is obtained from a discrete complex equivalence relation $\underline{R}$ on Y by lifting.

We have $\tilde{X}/\tilde{R} = Y/\underline{R}$. But in general $\underline{R}$ will not be open. We shall define the open part R^* of $\underline{R}$. We denote by R^* just the union of those irreducible components of $\underline{R}$, which have dimension c. Then the projection $p_2 : R^* \to Y$ is open. The rest of $\underline{R}$ is mapped onto a nowhere dense subset of Y. The set R^* contains the diagonal, it is invariant under reflexion. We have to prove that it is an equivalence relation. For every $y_o \in Y$ we have

$$p_1\, R^*_{y_o} = \lim_{\substack{y \to y_o \\ y = \text{generic}}} p_1\, R^*_y$$

since $p_2 : R^* \to Y$ is open. If y is generic, we have $R^*_y = \underline{R}_y$ and since $\underline{R}$ is an equivalence relation, for each $y_1 \in p_1\, R^*_y$ also $p_1\, R^*_y = p_1\, R^*_{y_1}$. So we get also for $y_1 \in p_1 R^*_{y_o}$ the equation $p_1\, R^*_{y_o} = p_1\, R^*_{y_1}$. That means the transitive law and that R^* is an equivalence relation.

3. We prove that R^* is holomorphic and semiproper. We denote by $y_o \in Y$ a point and by $W(y_o)$ an open neighbourhood. If $y_1 \in Y$ is a point equivalent with $y \in W$, we have $(y_1, y) \in R^*$. There are open neighbourhoods $U(y_1)$, $V(y) \subset W$ *such that* $R^* \cap (U \times V)$ is an analytic covering of V. There is an open neighbourhood $U'(y_1) \subset U$ such that $R^* \cap (U' \times V)$ is an analytic covering of U'. So the points of U' are equivalent with points of W: The set $\hat{W}$ of points in Y equivalent with points of W is open. By definition of the quotient topology $q(W) \subset Y/R^*$ is open.

We may assume $W \subset\subset Y$. Then $\bar{W}$ is compact and $q(W) \subset q(\bar{W})$. Thus, R^* is semiproper. - To prove that R^* is holomorphic, we consider the case $V = V(y_o) = U = U'$. We take a holomorphic function f in V, lift it to $R \cap (U \times V)$ and pass over to the b-th elementary symmetric function $\underline{f}$ on U. This $\underline{f}$ is constant on the fibres in U.

If V is isomorphic to an analytic set in a domain of holomorphy we can separate any two equivalence classes in U by an $\underline{f}$. There are finitely many $\underline{f}_1, \dots, \underline{f}_l$ such that the fibres of $\underline{F} = (\underline{f}_1, \dots, \underline{f}_l)$ have dimension 0. Now, $F = (\underline{F} \circ q^{-1}) \circ q$ is holomorphic on the open set $\hat{U} := q^{-1}\, q(U)$ and we have

$D = \hat{R}_F \subset R^* \subset R_F$. That means that R^* is holomorphic. So $Q = Y/R^*$ is a complex space.

We prove that Q is normal. If g is a bounded holomorphic function in $q(U) \setminus A$, where $A \subset q(U)$ is a nowhere dense analytic set, $g \circ q$ is holomorphic in $\hat{U} \setminus q^{-1}(A)$. The set $q^{-1}(A)$ is a nowhere dense analytic set in $\hat{U}$ because q is open. Since $\hat{U}$ is normal, the bounded holomorphic function $g \circ q$ has a unique analytic extension $\hat{g}$ to $\hat{U}$, which is fibre constant: there is a unique complex function $\underline{g}$ on U with $\underline{g} \circ q = \hat{g}$. We have $\underline{g}|q(U) \setminus A = g$. By definition of the complex structure on $q(U)$ this $\underline{g}$ is holomorphic. So the first Riemann Extension Theorem is valid: Q is a normal complex space.

4. If $X = \tilde{X}$ the projection $p_2 : \underline{R} \to Y$ is open, since $R \to X$, $X \to Y$ are open, then. So we have $R^* = \underline{R}$ and $Q = X/R$, i.e. Q is the usual quotient space of X . In the general case we have a holomorphic map $\tilde{X} \to Q$. The normalization map $\tau : \tilde{X} \to X$ gives a commutative diagram:

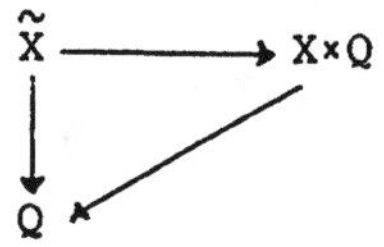

The map $\tilde{X} \to X \times Q$ is finite. Hence, the image X^* of $\hat{X}$ in $X \times Q$ is an analytic subset and a reduced complex space. We have a projection $X^* \to Q$ and a holomorphic map $X^* \to X$. This is finite since we have the factorization $\tilde{X} \to X^* \to X$.

5. We can also prove that R is semiproper. We take a point $x_o \in X$, an open neighbourhood $V(x_o) \subset X$, a point $(x_1, x_o) \in R_{x_o}$ and an analytic covering $A \subset p_2^{-1}(V) \cap R$ with

$A \subset\subset R$, $(x_1,x_o) \in A$. Then $p_1(p_2^{-1}(V) \cap R)$ is an open neighbourhood of S with $S = p_1(R_{x_o})$. It is saturated by fibres. So it is the inverse image of an open neighbourhood W of the point $q(S) \in X/R$. The image $K:=p_1(\bar{A}) \subset X$ is compact and we have $q(K) \supset W$. This proves the statement.

We get immediately , that $\underline{R}$ is semiproper. $\underline{R}$ is obtained by lifting a semiproper equivalence relation R' from Q to Y . We have $\underline{R} = R^* \cup A$, where A is the union of irreducible components of dimension less than c . The image B of A in $Q \times Q$ under $Y \times Y \to Q \times Q$ is an analytic set of dimension less than c , since locally $Y \to Q$ is an analytic covering. The dimension of B is less than $c = \dim Q$. We have $R' = D \cup B$, R' is discrete and $\underline{B}:=p_2(B) \subset Q$ nowhere dense. That proves that (Q,R') is a sutured complex space.

The generic fibre of $\tilde{X} \to Q$ is mapped by $\tilde{X} \to X$ onto a fibre of X . Since $p_2 : R \to X$ is open, this holds true for all fibres of $\tilde{X} \to Q$, hence it is true for the fibres $X^* \to Q$, but these are analytic subsets of X . So the map $\pi^*:X^*\to X$ restricted to fibres is biholomorphic. Outside $\underline{B}$ the map π^* is bijective.

Since π^* is finite it is topological there. If f is a local holomorphic function there, $f \circ \pi^{*-1}$ is a local continuous function which is holomorphic outside a nowhere dense analytic set. Because X is weakly normal, it is holomorphic. So $\pi^* : X^*|Q\setminus\underline{B} \xrightarrow{\sim} \pi^*(X^*|Q\setminus\underline{B}))$ is a biholomorphic map. The rest is a nowhere dense analytic set. That means that π^* is a proper modification.

We call $\pi^* : X^* \to Q$ the *normalization* of R in X .

6. In the case of the Main Theorem each fibre in X (there denoted by $\tilde{X}$) has a well defined multiplicity on its irreducible components. We can use like in § 2.1 complete intersections $\bar{A}_i$ to construct local holomorphic functions in Q/R' which separate the fibres of X . This proves that R' is holomorphic and that Q/R' is a weakly normal complex space. So, in our case we can divide by R' and the sutured complex spaces are not necessary: The quotient X/R is a weakly normal complex space. But this is also like this in general. It can be seen that a multiplicity can be locally resp. X/R defined in all of the cases of our Theorem. So X/R always is a weakly normal complex space. This proves our Theorem.

Bibliography

[Fu] Fujiki,A.: On Automorphism Groups of Compact Kähler Manifolds. Invent.Math.44, 225-258 (1978).

[STCER] Grauert,H.: Set Theoretic Complex Equivalence Relations. Math.Annalen 265, 137-148 (1983)

[CAS] Grauert,H. and R.Remmert: Coherent Analytic Sheaves. Springer Heidelberg 1984.

[Hi] Hironaka,H.: Flattening Theorem in Complex-Analytic Geometry Amer.J.Math.97, 503-547 (1975).

[Li] Lieberman: Compactness of the Chow Scheme: Fonctions de Plusieurs Variables Complexes III (Séminaire Norguet). Lecture Notes in Mathematics 670 (1978).

[Re] Remmert,R.: Holomorphe und meromorphe Abbildungen komplexer Räume. Math.Ann.133, 328-370 (1957).

[St] Stein,K.: Maximale holomorphe und meromorphe Abbildungen I,II. Ann.J.85, 298-315 (1963); 86, 823-869 (1964).

79.

Meromorphe Äquivalenzrelationen: Anwendungen, Beispiele, Ergänzungen

Math. Annalen **278**, 175–183 (1987)

Einleitung

In der Arbeit [a], die bereits Anfang 1985 als preprint in den Mathematica Gottingensis erschienen ist, wurde eine allgemeine Theorie der meromorphen Zerlegungen entwickelt. Den wesentlichsten Beweisschritt stellen die Lemmata (n) dar, die eine rein mengentheoretische lokale Plattifizierung von holomorphen Abbildungen $F: Y \to A$ beinhalten. Hierbei ist Y ein normaler komplexer Raum und A ein rein n-dimensionaler reduzierter komplexer Raum. Ich wußte damals noch nicht, daß diese Aussagen schon in théorème 4 aus [b] enthalten sind. In [b] dürfen Y und A auch eine nilpotente Struktur tragen. Weil aber immer die „strikt Transformierte" genommen wird, geht das idealtheoretische Resultat von [b] nicht so wesentlich über die mengentheoretische Aussage aus [a] hinaus. Auf jeden Fall scheint der Beweis der Lemmata (n) in [a] doch recht einfach zu sein und ist wesentlich schneller gewonnen als das théorème 4 in [b]. Man möge mir deshalb diese Wiederholung verzeihen!

In [a] ist der komplexe Raum X eigentlich immer normal. Die analytische Menge $R \subset X \times X$ ist eine *meromorphe Äquivalenzrelation* in X von der Codimension c. Das bedeutet:

1) R enthält die Diagonale von $X \times X$ und ist invariant unter der Spiegelung $X \times X \rightleftarrows X \times X$.

2) Es gibt eine nirgends dichte analytische Menge $P \subset X$, so daß $R \cap (X \times P)$ nirgends dicht in R ist und $R \mid X \setminus P := R \cap ((X \setminus P) \times (X \setminus P))$ eine „normale" komplexe Äquivalenzrelation der Codimension c in $Y = X \setminus P$ ist.

Dabei heißt eine komplexe Äquivalenzrelation R in einem normalen komplexen Raum Y „normal" von der Codimension c, wenn

1) die Codimension der Fasern $Y_y := R \cap (Y \times y) \subset Y$ für alle $y \in Y$ überall gleich c ist,

2) die Beschränkungen der Produktprojektion $p_i: R \to Y$ für $i = 1$ und (oder) 2 offen ist.

Der Quotientenraum von Y nach einer normalen komplexen Äquivalenzrelation ist immer ein rein c-dimensionaler (schwach) normaler komplexer Raum.

Die allgemeine Faser $X_x = (X \times x) \cap R$ zu einer meromorphen Äquivalenzrelation R von der Codimension c hat also überall die Codimension c. Es wird sodann eine Faserung $\mathfrak{M} = \mathfrak{M}_R$ in X gewonnen, bei der alle Fasern rein c-codimensionale analytische Mengen sind. Diese erhält man als die „richtigen" Komplettierungen der Menge der allgemeinen Fasern. Das Hauptresultat in [a] ist dann das folgende:

Theorem. *Es gibt eine eindeutig bestimmte eigentliche Modifikation $\pi : \tilde{X} \to X$, einen eindeutig bestimmten rein c-dimensionalen (schwach) normalen komplexen Quotienten-Raum Q, eine eindeutig bestimmte offene surjektive holomorphe Abbildung $q : \tilde{X} \twoheadrightarrow Q$, so daß folgendes gilt:*

1) *π bildet jede Faser $\tilde{S} = q^{-1}(y)$, $y \in Q$ topologisch holomorph auf eine Faser $S \in \mathfrak{M}$ ab,*

2) *die Zuordnung $\tilde{S} \to S$ ist eine Bijektion $Q \to \mathfrak{M}$.*

Allerdings geht in das Theorem noch eine ganz natürliche wesentliche Voraussetzung ein: Die meromorphe Äquivalenzrelation R muß „regulär" sein. Das bedeutet im wesentlichen, daß die irreduziblen Komponenten der Fasern $S \in \mathfrak{M}$ genau so tief wie S in X eindringen. Jedoch braucht dieses nicht für alle irreduziblen Komponenten von S zu gelten, sondern nur für solche, die in einer zu R gehörenden Entartungsmenge enthalten sind. Manchmal ist diese Entartungsmenge leer und dann ist „regulär" keine Einschränkung. Das gilt z. B. wenn $c=1$ ist. Genau wird „regulär" wie folgt definiert:

Die Projektion $p_2 : R \to X$ ergibt eine komplexe Äquivalenzrelation in R. Aus ihr gewinnt man wie in X das $\mathfrak{M}$ aus R eine Faserung $\mathfrak{M}_{p_2}$ von R in analytische Teilmengen. Die p_1-Bilder der Fasern aus $\mathfrak{M}_{p_2}$ sind gerade die Elemente von $\mathfrak{M}$. Mit E wird dann die Entartungsmenge von p_2 bezeichnet. Sie ist nach Remmert eine nirgends dichte analytische Menge in R. Die meromorphe Äquivalenzrelation R heißt nun regulär, wenn es zu jeder kompakten Teilmenge $K \subset X$ eine relativ kompakte offene Teilmenge $B \Subset R$ gibt, so daß alle irreduziblen Komponenten S' der Fasern $S \in \mathfrak{M}_{p_2}$, die in E und über K liegen, in B eindringen.

In dieser Arbeit soll gezeigt werden, daß es *3-dimensionale komplexe Mannigfaltigkeiten X mit einer nicht regulären meromorphen Äquivalenzrelation $\mathfrak{M}$ von der Codimension 2 gibt, so daß der Quotientenraum Q kein komplexer Raum ist.*

Eine *meromorphe Abbildung* $f : X \to Y$ von X in einen (hier normalen) komplexen Raum Y ist eine analytische Menge $A \subset X \times Y$, so daß die Projektion $A \to X$ eine eigentliche Modifikation von X ist. Das Bild $f(X)$ ist dann das Projektionsbild von A in Y. Meromorphe Abbildungen kann man auf offene Teilmengen $U \subset X$ einschränken. Ist $f(U)$ niemals in einer 2-codimensionalen analytischen Teilmenge von Y enthalten und $g : Y \to Z$ eine weitere meromorphe Abbildung, so kann man f und g zu einer meromorphen Abbildung $g \circ f : X \to Z$ komponieren.

Stein hat in [c, p. 850] den Begriff der *m-Basis* definiert. Er betrachtet eine nicht leere Klasse $\mathfrak{f}$ von analytisch abhängigen meromorphen Abbildungen $f : X \to Y$, wobei Y ein variabler komplexer Raum ist. Eine m-Basis zu $\mathfrak{f}$ ist eine meromorphe

Abbildung $q: X \twoheadrightarrow Q$, $q \in \mathfrak{f}$ von X auf einen komplexen Raum Q, so daß zu jedem $f \in \mathfrak{f}$, $f: X \to Y$ eine meromorphe Abbildung $\underline{f}: Q \to Y$ mit $f = \underline{f} \circ q$ existiert.

Der komplexe Raum Q ist bis auf bimeromorphe Äquivalenz eindeutig bestimmt. Sind nämlich $q_\nu: X \twoheadrightarrow Q_\nu$ für $\nu = 1, 2$ m-Basen von $\mathfrak{f}$, so gibt es meromorphe Abbildungen $g_1: Q_1 \to Q_2$, $g_2: Q_2 \to Q_1$, so daß das folgende Diagramm kommutiert:

$$\begin{array}{ccc} & \overset{q_1}{\nearrow} & Q_1 \\ X & & g_1 \downarrow \uparrow g_2 \\ & \underset{q_2}{\searrow} & Q_2 \end{array}$$

Es gibt dann eine offene Umgebung U in jeder Zusammenhangskomponente von X, in der X glatt, q_1 und q_2 holomorph, ihre Funktionalmatrix den höchsten Rang hat. Die Bilder $V_\nu = q_\nu(U) \subset Q_\nu$ sind dann offen und die Graphen von g_1, g_2 in $V_1 \times V_2$ sind gleich. Es folgt aus dem Identitätssatz, daß die Graphen von g_1, g_2 in ganz $Q_1 \times Q_2$ übereinstimmen, d. h. $g_2 = g_1^{-1}$, g_1 ist eine bimeromorphe Abbildung.

Wir wollen fortan annehmen, daß X zusammenhängend und $\mathfrak{f}$ abgeschlossen ist: Jede meromorphe Abbildung, die auf den (allgemeinen) Fasern von $\mathfrak{f}$ konstant ist, gehöre auch zu $\mathfrak{f}$.

$\mathfrak{f}$ definiert eine meromorphe Äquivalenzrelation $R = R_\mathfrak{f}$ in X. Ihre Codimension sei $c = 1, \ldots, n$. Ist sie regulär, so ist $Q = X/R$ eine m-Basis zu $\mathfrak{f}$. Die Abbildung $X \to Q$ ist die Composition $X \to \tilde{X} \to Q$. Im Falle $c = 1$ existiert die m-Basis also immer.

Wir werden zeigen:

1) *Es gibt eine 4-dimensionale (zusammenhängende) komplexe Mannigfaltigkeit X, eine 3-codimensionale nicht-reguläre meromorphe Äquivalenzrelation R in X, so daß für die Menge $\mathfrak{f}$ der auf den Fasern konstanten meromorphen Abbildungen $f: X \to Y$ eine 2-dimensionale m-Basis Q existiert. Das bedeutet, daß die Fasern zu $\mathfrak{f}$ nur die Codimension 2 haben, es gilt also $R \neq R_\mathfrak{f}$.*

2) *Es gibt eine 4-dimensionale (zusammenhängende) komplexe Mannigfaltigkeit X, eine 3-dimensionale komplexe Mannigfaltigkeit Y, eine holomorphe Abbildung $f: X \twoheadrightarrow Y$, so daß zu dem von f erzeugten abgeschlossenen System $\mathfrak{f}$ keine m-Basis existiert.*

3) Weil man die meromorphen Abbildungen aus $\mathfrak{f}$ eventuell simultan analytisch fortsetzen kann, darf man X durch Herausnahme gewisser analytischer Mengen vereinfachen. Es folgt deshalb:

Es sei R eine meromorphe Äquivalenzrelation in X von der Codimension 2 und $\mathfrak{f}$ die Menge der meromorphen Abbildungen $X \to Y$, die auf den Fasern von $\mathfrak{M}$ konstant sind. Dann gibt es zu $\mathfrak{f}$ eine m-Basis der Dimension 2.

Ich habe Herrn Stein für wertvolle Diskussionen zu danken. Er sagte mir, daß er sogar einen direkten Beweis für die letzte Aussage 3) hat.

1. Es gibt nicht zu jeder meromorphen Äquivalenzrelation einen komplexen Quotientenraum

Wir setzen $X_0 = \mathbb{C}^3 = \{(z_1, \ldots, z_3)\}$ und bezeichnen mit $\pi_0: (z_1, \ldots, z_3) \to (z_2, z_3)$ die holomorphe Projektion $X_0 \to \mathbb{C}^2$. Wir erhalten dadurch in X_0 eine glatte holomorphe Faserung $\mathfrak{M}_0$ in eindimensionale Geraden. Wir definieren durch den in $O_0 = O \in X_0$ angewandten Hopfschen σ-Prozeß die komplexe Mannigfaltigkeit

X_1 und durch Liftung von π_0 eine holomorphe Projektion $\pi_1: X_1 \to \mathbb{C}^2$, die den für O_0 eingesetzten 2-dimensionalen komplex projektiven Raum $\mathbb{P}_2^{(1)}$ auf $Q_0 = O \in \mathbb{C}^2$ wirft. Die eindimensionale Faserung in $X_1 \setminus \mathbb{P}_2^{(1)}$ gehört zu π_1. Sie setzt sich deshalb zu einer eindimensionalen meromorphen Faserung $\mathfrak{M}_1$ von X_1 fort. Dabei wird $\mathbb{P}_2^{(1)}$ in ein Büschel von Geraden gefasert, die alle durch einen bestimmten Punkt $P^{(1)} \in \mathbb{P}_2^{(1)}$ gehen. Dieser Punkt $P^{(1)}$ ist einfach der Durchschnitt $A \cap \mathbb{P}_2^{(1)}$ mit

$$A = \text{abg. Hülle } [(X_1 \setminus \mathbb{P}_2^{(1)}) \cap \{z_2 \circ \pi_1 = z_3 \circ \pi_1 = 0\}].$$

Außerhalb von $P^{(1)}$ ist $\mathfrak{M}_1$ glatt holomorph.

Unser Theorem (aus der Einleitung) ergibt: $\tilde{X}_1$ entsteht durch σ-Modifikation von X_1 entlang A und der Quotientenraum $Q_1 = X_1/\mathfrak{M}_1$ durch σ-Modifikation in $Q_0 \in \mathbb{C}^2$, während der Quotientenraum $Q_0 = X_0/\mathfrak{M}_0$ einfach der $\mathbb{C}^2$ ist.

Wir wiederholen nun die Konstruktion in

$$O_1 = \text{abg. Hülle } [(X_1 \setminus \mathbb{P}_1^{(1)}) \cap \{z_1 \circ \pi_1 = z_2 \circ \pi_1 = 0\}] \cap \mathbb{P}_2^{(1)}$$

und erhalten eine σ-Modifikation X_2 von X_1, eine holomorphe Abbildung $\pi_2: X_2 \to \mathbb{C}^2$ und eine eindimensionale meromorphe Faserung $\mathfrak{M}_2$ von X_2. Der Punkt O_1 liegt in $\mathbb{P}_2^{(1)} \setminus \{P^{(1)}\} \subset X_1$ und durch $\tilde{X}_1 \to Q_1$ über einem Punkt $Q_1 \in \mathbb{P}_1^{(1)} \subset Q_1$, wobei $\mathbb{P}_1^{(1)}$ durch den σ-Prozeß in $Q_0 \in \mathbb{C}^2 =: Q_0$ eingesetzt worden ist. Der Quotient Q_2 von X_2 entsteht aus Q_1 durch einen σ-Prozeß in Q_1.

Wir wenden nun unser Verfahren auf den für O_1 eingesetzten $\mathbb{P}_2^{(2)}$ an, erhalten den Punkt $O_2 \in \mathbb{P}_2^{(2)}$, der nicht in der strikt Transformierten von $\mathbb{P}_2^{(1)}$ liegt, außerhalb des neuen Büschelpunktes $P^{(2)} \in \mathbb{P}_2^{(2)}$. Die Situation in der Nähe von $\mathbb{P}_2^{(2)} \setminus \{P^{(2)}\}$ ist nämlich die gleiche wie in der Nähe von $\mathbb{P}_2^{(1)} \setminus \{P^{(1)}\}$. Ähnlich liegt $Q_2 \in \mathbb{P}_1^{(2)}$ außerhalb der strikt Transformierten von $\mathbb{P}_1^{(1)}$.

Durch weitere Wiederholung bekommen wir eine Folge von 3-dimensionalen σ-Modifikationen X_ν in $O_{\nu-1} \in \mathbb{P}_2^{(\nu-1)} \subset X_{\nu-1}$ und als Quotientenmannigfaltigkeiten eine Folge von 2-dimensionalen σ-Modifikationen in $Q_{\nu-1} \in \mathbb{P}_1^{(\nu-1)} \subset Q_{\nu-1}$. Es entstehen holomorphe Abbildungen $\pi_\nu: X_\nu \to \mathbb{C}^2$, die eine eindimensionale meromorphe Faserung von $\mathfrak{M}_\nu$ von X_ν ergeben. $\mathfrak{M}_\nu$ ist außerhalb von $P^{(\mu)}$, $\mu \leq \nu$ glatt. Die Büschelpunkte $P^{(\nu)}$ liegen immer in der strikt Transformierten von $\mathbb{P}_2^{(\nu-1)}$, der Punkt O_ν liegt stets außerhalb dieser Menge. Letzteres gilt auch für Q_ν.

Wir setzen $X = \bigcup_{\nu=0}^{\infty} (X_\nu \setminus \{O_\nu\})$. Dieses X ist eine 3-dimensionale komplexe Mannigfaltigkeit, die durch eine holomorphe Abbildung $\pi: X \to \mathbb{C}^2$ abgebildet ist. X ist stets eine (nicht eigentliche) holomorphe Modifikation von X_ν. Die Modifikationsabbildungen kommutieren mit π_ν, π. Wir haben durch π eine 1-dimensionale meromorphe Faserung $\mathfrak{M}$ von X. Über $O \in \mathbb{C}^2$ liegt eine wohlbestimmte 1-dimensionale Faser $F \in \mathfrak{M}$. Ihr Bild in X_ν ist innerhalb von $\mathbb{P}_2^{(\nu)}$ die Gerade, die $P^{(\nu)}$ mit O_ν verbindet.

Wir nehmen nun an, daß der Quotientenraum $Q = X/\mathfrak{M}$ ein komplexer Raum ist. F entspricht dann einem Punkt $y \in Q$.

Wir gewinnen durch Normalisierung, Desingularisation eine 2-dimensionale komplexe Mannigfaltigkeit $\hat{Q}$ über Q. Es sei $\hat{y} \in \hat{Q}$ ein Punkt über y. Man hat eine natürliche holomorphe Abbildung $Q \twoheadrightarrow \mathbb{C}^2$. Zusammen mit $\hat{Q} \twoheadrightarrow Q$ ergibt diese eine holomorphe Abbildung $\tau: \hat{Q} \twoheadrightarrow \mathbb{C}^2$. Diese faktorisiert über die Sequenz von

σ-Modifikationen $\ldots \to Q_\nu \to Q_{\nu-1} \to \ldots Q_0 = \mathbb{C}^2$. Dabei wird $\mathfrak{p}$ stets in $\underline{Q}_\nu$ abgebildet. In $\underline{Q}_\nu$ wird mit $Q_\nu \to Q_{\nu-1}$ zusammengeblasen: die Funktionaldeterminante ist dort gleich 0. Da die Funktionaldeterminante von zusammengesetzten Abbildungen durch Multiplikation entsteht, muß die Funktionaldeterminante von τ in $\mathfrak{p}$ von unendlicher Ordnung verschwinden. Nun ist Q wit X zusammenhängend. Die Funktionaldeterminante von τ wäre in $\hat{Q}$ identisch null. Das ist ein Widerspruch zur Surjektivität. $X/\mathfrak{M}$ ist damit als nicht-komplexer Raum erkannt.

Natürlich war die meromorphe Zerlegung $\mathfrak{M}$ nicht regulär, wie man an der Faser F sieht.

2. Nichtexistenz von Steinschen *m*-Basen

1. Wir konstruieren zunächst eine 4-dimensionale komplexe Mannigfaltigkeit Y mit einer 1-dimensionalen meromorphen Faserung $\mathfrak{N}$, so daß folgendes gilt:

Ist $\mathfrak{f}$ die (nicht leere) Menge von meromorphen Abbildungen $f: Y \to Z$, die auf den Fasern von $\mathfrak{N}$ konstant sind, wobei Z einen variablen komplexen Raum bezeichnet, so gibt es einen 2-dimensionalen komplexen Raum als m-Basis zu $\mathfrak{f}$.

Die Dimension der m-Basis ist also in diesem Fall kleiner als die Codimension von $\mathfrak{N}$.

Es werde zunächst die gleiche Konstruktion wie in Abschn. 1 durchgeführt. Es sei $U_1 \subset X_1$ die offene Teilmenge $X_1 \setminus B_1$, wobei B_1 die strikt Transformierte der Menge $\{z_3 = 0\}$ in X_0 ist. Wir bezeichnen die nach X_1 gelifteten Koordinaten z_1, z_2, z_3 des X_0 wieder mit z_1, z_2, z_3 (und auch bei X_ν entsprechend). In U_1 gewinnen wir natürliche Koordinaten durch $w_1 = \dfrac{z_1}{z_3}$, $w_2 = \dfrac{z_2}{z_3}$, $w_3 = z_3$. In bezug auf diese Koordinaten ist U_1 wieder $X_0 = \mathbb{C}^3$ und O_1 ist der Nullpunkt; die Faserung von U_1 stimmt mit der von X_0 überein. Die Identität $\iota: w_1 = z_1, \ldots, w_3 = z_3$ ist also ein Isomorphismus $X_0 \xrightarrow{\sim} U_1$ der vorgegebenen Strukturen. Die holomorphe Funktion z_3 auf X_0, X_1 geht dabei in sich über. Die holomorphe Abbildung ι^m bildet entsprechend X_0 auf ein $U_m \subset X_m$ biholomorph ab. Identifizieren wir X_0 mit U_1, so ist $X_0 = U_1$ offener Teil einer komplexen Mannigfaltigkeit $X_{0,1} = X_1$, die durch Anheften eines $\mathbb{C}_\sigma^2$ an X_0 entsteht. Dabei ist $\mathbb{C}_\sigma^2$ die σ-Modifikation des $\mathbb{C}^2$ im Nullpunkt. Natürlich ist $X_{0,1}$ isomorph zu X_0 auch hinsichtlich der Faserung usw. Die Beschränkung der Faserung von $X_{0,1}$ auf X_0 ist die Faserung von X_0.

Die Abbildung ι^m erzeugt auch einen Isomorphismus von X_n auf einen Teilbereich $U_{n,m} \subset X_{n+m}$, der durch n-faches Aufblasen von U_m entsteht. Identifizieren wir $X_n = U_{n,m}$, so ist $X_{n,m} := X_{n+m}$ eine komplexe Mannigfaltigkeit, die durch m-faches Anheften von $\mathbb{C}_\sigma^2$ an X_n entsteht. Wir haben $O_n \in X_n \subset X_{n,m}$ und stets $X_{n,m} \subset X_{n,m+1}$ als offene Teilmenge. Der Punkt $O_n \in X_{n,m}$ ist dabei unter der Identifizierung $X_{n,m} = X_{n+m}$ gleich $O_{n+m} \in X_{n+m}$.

Wir setzen $\hat{X}_n = \bigcup_{m=1}^{\infty} X_{n,m}$ und $\hat{X} = \bigcup_{m=1}^{\infty} \bigcup_{n=0}^{\infty} (X_{n,m} \setminus \{O_n\})$. Wir haben die holomorphe Funktion z_3 auf $\hat{X}_n$ und $\hat{X}$, ferner eine 1-dimensionale meromorphe Faserung $\hat{\mathfrak{M}}_n$ bzw. $\hat{\mathfrak{M}}$. Die Funktion z_3 ist auf den Fasern von $\hat{\mathfrak{M}}_n$ bzw. $\hat{\mathfrak{M}}$ konstant.

Die Mannigfaltigkeiten $\hat{X}_n$, $\hat{X}$ enthalten wieder die kanonischen Fasern $\hat{F}_n$, $\hat{F}$. Die Faser $\hat{F}$ wird unter den Modifikationen $\hat{X} \to \hat{X}_n$ stets auf $\hat{F}_n$ abgebildet und $\hat{F}_n$

ist innerhalb von $\mathbb{P}_2^{(n)} \subset X_n \subset X_{n+m} \subset \hat{X}_n$ die Gerade, die O_n mit $P^{(n)}$ verbindet. Die Faserung $\hat{\mathfrak{M}}_n$ ist auch nicht regulär.

Wir führen die analoge Betrachtung für die Quotientenräume Q_n von X_n durch. Wir erhalten $Q_{n,m}$ mit $Q_{n,m} \subset Q_{n,m+1}$ als offene Teilmenge. Die 2-dimensionale komplexe Mannigfaltigkeit $Q_{n,m+1}$ entsteht aus $Q_{n,m}$ durch Anheften einer komplexen Gerade $\mathbb{C}$. Schließlich definiert man wieder $\hat{Q}_n = \bigcup_{m=1}^{\infty} Q_{n,m}$, $\hat{Q} = \bigcup_{m=1}^{\infty} \bigcup_{n=0}^{\infty} (Q_{n,m} - Q_n)$. Man hat meromorphe Abbildungen $\hat{X}_n \to \hat{Q}_n$, die $\hat{\mathfrak{M}}_n$ ergeben. Der Quotientenraum existiert also in diesen Fällen, obgleich $\hat{\mathfrak{M}}_n$ nicht regulär ist und das Bild von $\hat{F}_n$ ist $\underline{O}_n \in Q_n \subset Q_{n,m} \subset \hat{Q}_n$.

Im Falle $\hat{X}$ existiert die Abbildung $(\hat{X} \setminus \hat{F}) \to \hat{Q}$ und $\hat{Q}$ ist der Quotientenraum zu $\hat{\mathfrak{M}} | \hat{X} \setminus \hat{F}$. Die Faser $\hat{F}$ selbst hat kein Bild in $\hat{Q}$.

Es gibt einen natürlichen Isomorphismus $X_{n,m} \xrightarrow{\sim} X_{n+1,m-1}$ und dadurch einen Isomorphismus $i: \hat{X} \xrightarrow{\sim} \hat{X}$. Auf diese Weise operiert die additive Gruppe der ganzen Zahlen $\mathbb{Z}$ auf $\hat{X}$ als biholomorphe Abbildungen. Das Bild von $\mathbb{Z}$ in $\mathrm{Aut}(\hat{X})$ sei mit Aut_* bezeichnet.

Es sei $K \subset \mathbb{C}$ ein Kreisring. Wir betrachten den Isomorphismus der Fundamentalgruppe $\tau: \pi_1(K) = \mathbb{Z} \xrightarrow{\sim} \mathrm{Aut}_*$, bilden kartesische Produkte $U \times \hat{X}$ für $U \subset K$ und heften mit τ zusammen. Es entsteht dadurch eine komplexe Mannigfaltigkeit Y, die über K, liegt, aber auch die holomorphe Funktion z_3 trägt. Sie ist deshalb sogar holomorph auf $K \times \mathbb{C}$ abgebildet. Die dadurch entstehende Faserung sei mit $\mathfrak{N}$ bezeichnet. Sie ist 2-codimensional.

Andererseits ergibt die Faserung $\hat{\mathfrak{M}}$ eine meromorphe Faserung $\mathfrak{N}$ von Y von der Codimension 3. Es sei nun $f: Y \to Z$ eine meromorphe Abbildung, die auf den Fasern von $\mathfrak{N}$ konstant ist. Die Einschränkung f_{t_0} auf eine generische Faser $Y_{t_0} = t_0 \times \hat{X} = \hat{X}$ ist dann ebenfalls eine meromorphe Abbildung $\hat{X} \to Z$, die auf den Fasern von $\hat{\mathfrak{M}}$ konstant ist. Sie kommt deshalb her von einer meromorphen Abbildung $\hat{X}_n \to Y$ und dann von einer meromorphen Abbildung $f_{nt_0}: \hat{Q}_n \to Z$. Die Mannigfaltigkeit $\hat{Q}_n$ entsteht durch eine Kette von σ-Modifikationen in den Punkten $\underline{O}_0, \ldots, \underline{O}_{n-1}$ aus $\hat{Q}_0, \ldots, \hat{Q}_{n-1}$. Da dabei bekannterweise (wir sind in der Dimension 2) meromorphe Abbildungen zu holomorphen werden, gibt es ein n, so daß die Abbildung f_{nt_0} in $\underline{O}_n$ holomorph ist. Dieses gilt dann auch für alle t aus einer Umgebung $U(t_0) \subset K$ und damit überhaupt für generische t. Wegen der Verheftung mit τ folgt dann, daß f_{nt} in allen $\underline{O}_n \in \underline{i}^n(\hat{Q}_0)$ holomorph ist. Dabei bezeichnet $\underline{i}$ die durch $i: \hat{X} \xrightarrow{\sim} \hat{X}$ induzierte holomorphe Abbildung auf $\hat{Q}_0$. Für $n \geqq 0$ ist $\underline{i}^n(\hat{Q}_0) = \hat{Q}_n$. Wie man sofort sieht, darf man jedoch auch $n < 0$ zulassen.

Es seien $G_1, G_2 \subset \hat{Q}_0$ zwei Geradenstücke durch $\underline{O}_0 \in \hat{Q}_0$, so daß $z_3 | G_\nu$ jeweils eine holomorphe Koordinate ist. Für $n \geqq 0$ berühren sich die Bilder $\underline{G}_1, \underline{G}_2$ unter der Modifikation $\hat{Q}_0 \to \hat{Q}_{-n}$ in $\underline{O}_{-n}$ von n-ter Ordnung. Die Beschränkungen $f_{-nt} | \underline{G}_1, \underline{G}_2$ stimmen dann (in den Koordinaten z_3) von $(n+1)$-ter Ordnung überein. Da $f_{0t} | G_1, G_2$ die Liftungen sind, gilt das auch für diese Beschränkungen. Es folgt $f_{0t} | G_1 = f_{0t} | G_2$, d.h. die f_{0t} hängen nur von z_3 ab. Gleiches gilt dann für f in Y, d.h. f ist auf den Fasern von $\mathfrak{N}$ konstant und die m-Basis von $\mathfrak{f}$ ist $K \times \mathbb{C}$, wie man leicht sieht.

Man kann wahrscheinlich sogar eindimensionale meromorphe Faserungen $\mathfrak{N}$ konstruieren, so daß $\mathfrak{f}$ nur aus konstanten Abbildungen besteht.

2. Man kann leichter zeigen, daß es eine 4-dimensionale komplexe Mannigfaltigkeit Y mit einer 1-dimensionalen meromorphen Faserung $\mathfrak{N}$ gibt, die von einer holomorphen Abbildung $a: Y \to \mathbb{C}^3$ herrührt, aber keine m-Basis besitzt. Wir konstruieren wieder X wie in Abschn. 1. Es sei dann $z_n \in \mathbb{C}$; $n = 1, 2, 3, \ldots$ eine Folge von paarweise verschiedenen Punkten, die in $\mathbb{C}$ keinen Häufungspunkt hat. Wir nehmen aus $z_n \times X$ die Vereinigung $z_n \times \bigcup_{m \neq n} \mathbb{P}_2^{(m)}$ heraus und erhalten aus $\mathbb{C} \times X$ eine 4-dimensionale komplexe Mannigfaltigkeit Y. Wir definieren ferner S_m, indem wir aus $\mathbb{C} \times Q_m$ für $n \leqq m$ die Mengen $z_n \times \bigcup_{i \neq n} \mathbb{P}_1^{(i)}$ herausnehmen. Man hat wohlbestimmte holomorphe Abbildungen $b_m: Y \twoheadrightarrow S_m$.

Es sei nun $q: Y \twoheadrightarrow B$ eine m-Basis zu $\mathfrak{N}$. Es gibt dann meromorphe Abbildungen $\underline{b}_m: B \to S_m$ mit $\underline{b}_m \cdot q = b_m$. Man darf B durch den Graph von $\underline{b}_0$ ersetzen, der eine eigentliche Modifikation von B ist. Die Abbildung $\underline{b}_0: B \to S_0$ ist dann holomorph und wie b_0 surjektiv. Die Polstellen von $\underline{b}_m$ liegen dann über $\mathbb{C} \times \bigcup_{i=1}^{m} \mathbb{P}_1^{(i)} \subset \mathbb{C} \times Q_m$ und nicht über $z_n \times \bigcup_{i=1}^{m} \mathbb{P}_1^{(i)}$ für $n \leqq m$.

Zu jeder konvergenten Folge $d_\nu \in S_m$, gibt es eine konvergente Folge $y_{1\nu} \in Y$, die auf eine Teilfolge $d_{1\nu}$ abgebildet wird. Die holomorphe Abbildung des Graphen von $\underline{b}_m$ in S_m ist deshalb eigentlich, das Bilder Polstellenmenge von $\underline{b}_m$ in S_m also eine analytische Menge, die in $\mathbb{C} \times \bigcup_{i=1}^{m} \mathbb{P}_1^{(i)}$ enthalten ist, jedoch nicht durch die Mengen $z_n \times \bigcup_{i=1}^{m} P_1^{(i)}$, $n \leqq m$ geht. Die Polstellen liegen deshalb über einer diskreten Menge von Produkten $z \times \bigcup_{i=1}^{m} \mathbb{P}_1^{(i)}$. Für allgemeines $z \in \mathbb{C}$ sind also alle $\underline{b}_{mz} = \underline{b}_m | \underline{b}_0^{-1}(z \times Q_0)$ holomorph. Wir dürfen ferner annehmen (durch Desingularisation), daß $B_z := \underline{b}_0^{-1}(z \times Q_0)$ eine zusammenhängende komplexe Mannigfaltigkeit ist, die durch $\underline{b}_{mz}$ auf $z \times Q_m = Q_m$ abgebildet wird.

Es sei $t \in B_z$ ein Punkt, der der kanonischen Faser $z \times F \subset z \times X = X$ von X entspricht. Dieser Punkt wird dann durch jedes $\underline{b}_{mz}$ auf $\underline{Q}_m \in Q_m$ abgebildet. Da $\underline{b}_{0z}: B_z \to Q_0$ über $Q_m \to \ldots \to Q_0$ faktorisiert, muß die Funktionaldeterminante von $\underline{b}_{0z}$ identisch 0 sein, $\underline{b}_{0z}$ kann dann nicht surjektiv sein, und das ist ein Widerspruch!

Also existiert die m-Basis B nicht!

3. Existenz der m-Basen im Falle der Codimension 2

Es sei X ein n-dimensionaler zusammenhängender normaler komplexer Raum und $\mathfrak{M}$ eine rein $(n-2)$-dimensionale meromorphe Faserung in X.

Es sei $\mathfrak{f}$ die Menge der meromorphen Abbildungen von X, die auf den Fasern von $\mathfrak{M}$ konstant sind. Wir zeigen, daß es zu $\mathfrak{f}$ eine 2-dimensionale m-Basis gibt.

Zum Beweise schöpfen wir X durch eine aufsteigende Folge relativ kompakter offener Teilbereiche $X_\nu \subset X$ mit $X_\nu \Subset X_{\nu+1}$ aus. Es sei $\mathfrak{M} \cap X_\nu$ die Menge der Durchschnitte $F \cap X_\nu$ mit $F \in \mathfrak{M}$. Die „Restriktionsabbildungen" $\mathfrak{M} \cap X_{\nu+1} \to \mathfrak{M} \cap X_\nu$ sind dann „surjektiv", aber im allgemeinen nicht „injektiv".

Es gibt höchstens endlich viele Fasern $F \in \mathfrak{M} \cap X_1$, deren Urbild in $\mathfrak{M} \cap X_2$ ein ganzes Büschel von (unendlich vielen) Fasern ist. Wir lassen aus X alle irreduziblen

Komponenten $\hat{F}$ von Fasern aus $\mathfrak{M}$ über solchen F fort, wenn $\hat{F}$ nicht in X_1 eindringt. Mit Lemma (n) aus [a] folgt, daß die Vereinigungsmenge V dieser $\hat{F}$ in X abgeschlossen ist. Der Rest von X ist dann ein zusammenhängender normaler komplexer Raum $X^{(1)}$.

Eine Faser ist niemals echte Teilmenge einer anderen Faser. Es seien F_1, F_2 zwei irreduzible Komponenten einer Faser $F \in \mathfrak{M}$. Dann heißt F_2 Nachfolger von F_1, wenn F_2 in einem Büschel von Fasern über F_1 liegt. Jede Faser über F_2 enthält dann auch F_1 und alle Nichtnachfolger von F_2, d.h. auch F_1 ist Nichtnachfolger von F_2. Stimmen 2 Fasern in einer irreduziblen Komponente F_1 überein, dann auch in allen Nichtnachfolgern von F_1. Eine Faser wird deshalb auch niemals durch endlich viele andere Fasern überdeckt. Die Fasern aus $\mathfrak{M}$ können in generischen Punkten einer irreduziblen Komponente F_1 diese auch niemals durchkreuzen. Deshalb liegt eine Faser aus $\mathfrak{M}$, die in X_1 nicht eindringt, auch nicht in der Vereinigung von endlich vielen Büscheln V. Jede Faser aus $\mathfrak{M}$ dringt also in $X^{(1)}$ ein.

Wir wenden nun das gleiche Verfahren auf $X_2 \cap X^{(1)}$ in bezug auf $\mathfrak{M} \cap X^{(1)}$ an und erhalten als Rest den offenen Teilbereich $X^{(2)} \subset X^{(1)}$, im nächsten Schritt dann $X^{(3)} \subset X^{(2)}$ usw. Wir setzen $Y = \bigcap_{\nu=1}^{\infty} X^{(\nu)}$. Dieses Y ist ein offener zusammenhängender Teilbereich von X. Jede Faser aus $\mathfrak{M}$ dringt in Y ein.

Es sei $R \subset Y \times Y$ die Äquivalenzrelation zu $\mathfrak{M} \cap Y$ und $E \subset R$ die Entartungsmenge.

Das Hauptresultat der Einleitung gilt mit demselben Beweis auch, wenn R nur „schwach regulär" ist: Zu jeder kompakten Teilmenge $K \subset Y$ gibt es eine offene Teilmenge $B \Subset Y$ mit $K \subset B$, so daß die Abbildung: $\mathfrak{M} \cap Y \to \mathfrak{M} \cap B$ für alle $S \in \mathfrak{M} \cap Y$, die in K eindringen, büschel-injektiv ist: es gibt zu keinem Teilbereich Y' mit $B \subset Y' \Subset X$ ein ganzes Büschel von unendlich vielen Fasern $S \in \mathfrak{M} \cap Y'$ mit $S \cap K \neq \emptyset$, das auf eine Faser aus B abgebildet wird. Ist R regulär, so dringen alle irreduziblen Komponenten von Fasern $S \in \mathfrak{M} \cap Y$ mit $S \cap K \neq 0$ in ein B ein, die zur Entartungsmenge von R gehören. Nur Komponenten in der Entartungsmenge können einem Büschel angehören. Ist R regulär, so ist R also auch schwach regulär. Sicherlich hätte man gleich zu Anfang an Stelle von „regulär" den einfacheren Begriff „schwach regulär" nehmen sollen. In Zukunft soll daher „schwach regulär" einfach „regulär" heißen.

In unserem Falle ist $\mathfrak{M} \cap Y$ (schwach) regulär nach Konstruktion. Es gilt also für R das Theorem. Es sei Q der zugehörige Quotientenraum und $q: Y \to Q$ die zugehörige meromorphe Abbildung. Die Abbildung q ist dann auf den Fasern aus $\mathfrak{M} \cap Y$ konstant. Ist $\mathfrak{f}_Y$ die Menge dieser meromorphen Abbildungen, so ist $q: Y \to Q$ eine m-Basis für $\mathfrak{f}_Y$.

Auch das Lemma (n) in [a] folgt: Jede meromorphe Abbildung $h \in \mathfrak{f}_Y$ läßt sich eindeutig zu einer meromorphen Abbildung $\hat{h} \in \mathfrak{f}$ nach X fortsetzen. q wird also zu einer meromorphen Abbildung $\hat{q}: X \to Q$. Wegen $\mathfrak{f} = \mathfrak{f}_Y$ ist $\hat{q}: X \to Q$ eine m-Bais für $\mathfrak{f}$. Der komplexe Raum Q hat die Dimension 2.

Natürlich wurde dieser Beweis in recht gekürzter Form dargestellt. Der Leser wird zum Verständnis ein eingehendes Studium von [a] nötig haben.

Zusatz zur Korrektur. In Abschn. 2.2 sind aus Y zusätzlich noch die Fasern $z_n \times F$ (vgl. Abschn. 1), aus S_m noch die Punkte $z_m \times \underline{O}_m$ herauszunehmen. Danach sind die b_m meromorphe (und nicht holomorphe) Abbildungen $Y \twoheadrightarrow S_m$.

Ich habe Herrn K. Stein für den Hinweis zu danken.

Literatur

[a] Grauert, H.: On meromorphic equivalence relations. Asp. Mathem. **E9**, 115–147. Braunschweig, Wiesbaden: Vieweg 1986
[b] Hironoka, H., Lejeune-Jalabert, M., Teissier, B.: Platificateur local en geometrie analytique et aplatissement local. Astérisque **8**, 441–463 (1973)
[c] Stein, K.: Maximale holomorphe und meromorphe Abbildungen. II. Am. J. Math. **86**, 823–867 (1964)

Eingegangen am 21. August 1986

Part VIII

Special Results

Commentary

1

Assume that X is a 2-dimensional compact complex manifold and that there are 2 independent meromorphic functions on X, i.e. that the degree of transcendency of X is maximal. As Chow and Kodaira proved (On analytic surfaces with two independent meromorphic functions. Proc. Nat. Acad. Sci. USA 38, 319–325 (1952)) then X is projective algebraic. This is no longer true if X is a 2-dimensional normal complex space (see [28]) or if the dimension of X exceeds 2 (M. Nagata: Existence theorems for non-projective complete algebraic varieties, III. J. Math. 2, 490–498 (1958)).

The result changes if we assume that X is a compact and homogeneous n-dimensional complex manifold. If X is algebraic and its degree of transcendency is n then already Chow proved 1957 that X is projective algebraic (On the projective embedding of homogeneous varieties. Algebraic Geometry and Topology, 122–128, Princeton 1957). The paper [31] generalizes this result to arbitrary compact complex manifolds X. Moreover, it was proved that X is projective algebraic if there are finitely many complex hypersurfaces in X, which intersect in finitely many points. If X is a general homogeneous compact complex manifold then X is a holomorphic fibre bundle over a homogeneous projective algebraic manifold Y. The projection $X \to Y$ gives an isomorphism of the fields of meromorphic functions and the typical fiber is holomorphically parallizable. The degree of transcendency of X is the largest codimension of hyperplane intersections in X.

2

In [32] an (at least) 3-dimensional complex manifold X is constructed which has a smooth pseudoconvex boundary B. The union of X and B is compact and there is a smooth (real) 2-codimensional submanifold $A \subset B$ such that X in $B - A$ is strictly pseudoconvex. This X is not a Stein manifold and its cohomology with coefficients in a coherent analytic sheaf is infinite, in general. If we try to define a good hull of holomorphy of X then this is not possible in the category of complex spaces. We are led to a notion of not necessarily locally compact complex spaces.

In [32] also an example of a branched domain G over $\mathbb{P}_2$ is constructed which is a domain of meromorphy but not a domain of holomorphy.

3

In [39] general hyperbolic complex manifolds X were introduced for the first time. For their definition a negatively curved complete differrential metric was used. In the same year the concept was carried over to complex spaces by H. Reckziegel and in 1967 published as his thesis (Hyperbolische Räume und normale Familien. Dissertation Göttingen, Staats- und Universitäts Bibliothek). Later an impressive theory was created, especially in the USA. S. Kobayashi defined his famous metric (Invariant distances on complex manifolds and holomorphic mappings. J. Math. Soc. Japan 19, 460–480 (1967)). H.L. Royden (Remarks on the Kobayashi metric. Several complex variables II, Maryland 1970. Springer lecture notes 185, 125–137) proved that the Kobayashi metric is a differential metric.

In [78] the hyperbolicity of $X = \mathbb{P}_2 - A$ was proved if A is a special complex curve. The proof was in connection with the paper by J.A. Carlson and M. Green from the year 1976. In [84] the same statement was tried if A is a generic curve of degree 5, at least. The result would be a generalization of an old theorem which was proved by Emil Borel (Sur les zeros des fonctions entiers. Acta Math. 20 (1897)). My paper tried to get the proof ideas in the case where A is a generic union of 3 quadrics. Essential was the construction of a complete hyperbolic metric in X. Here families of simply connected one-dimensional domains had to be used (see [82]).

4

In [84] I thought that it would be necessary to consider also Hermitiam metrics in one dimensional domains which have constant negative (Gaussian) curvature but also finitely many zeros. However, it turned out that they are useless, since families of such metrics do not lead to a metric with negative curvature.

Assume that $D \subset X = \mathbb{P}_2 - A$ is a generic holomorphic image of the unit disc of $\mathbb{C}^2$ then every point $x \in D$ has a unique contact quadric S which intersects D in x five times at least. The complete hyperbolic metric of $S - A$ with curvature -1 gives a length of the tangent vectors in $x \in D$ and by the family $\{S\}$ we get a Hermitian metric on D. It has negative curvature. Unfortunately the contact quadric in some points $x \in D$ is a double line. In these points the Hermitian metric will have poles. To avoid this zeros for the hyperbolic metric on S were required.

If the maximal degree of the irreducible components of A is $d > 2$ then we have to take contact curves of degree d at least in order to get a complete metric on D whose curvature is bounded away from 0. So nothing can be done by quadrics, anyway. It seems to be that poles do not occur, if S has degree 4 at least. If this is true, the idea in [84] could prove:

Assume that A is generic and has degree 5 at least. Then $X = \mathbb{P}_2 - A$ has a complete hyperbolic (jet-) metric whose curvature is bounded away form zero.

Examples of special X are known, which are not hyperbolic.

Meanwhile many results were obtained by different methods. The case that A consits of three different quadrics is solved. See G. Dethloff, G. Schumacher, P.M. Wong (Hyperbolicity of complements of plane algebraic curves. To appear in Amer. J. Math. (1994)). Other results in connection with Göttingen were obtained by M.G. Zaidenberg (Criteria for hyperbolic embedding of complements of hypersurfaces. Comm. Moscow Math. Soc. 1985. On the hyperbolic embeddings of complements of divisors and the limiting behaviour of the Kobayashi-Royden metric. Math. USSR Sb. 55, 55–70 (1986). The complement of a generic hypersurface of degree $2n$ in $\mathbb{C}P_n$ is not hyperbolic. Sib. Math. J. 28, 3 (1988)).

There is a connection to the Mordell conjecture of number theory. S. Lang obtained very many beautiful ideas. See for instance: Hyperbolic and diophantine analysis. Bull. Am. Math. Soc. 14, No. 2 (1986), 159–205.

5

In March 1969 I gave a talk at the conference on several complex variables at Rice University in Houston where an integral formula for the $\overline{\partial}$-equation on bounded Euclidean domains with strongly pseudoconvex boundary was obtained. Later on the result was published in a joint paper with I. Lieb (see [51]). This formula was related to the work of E. Ramirez (Ein Divisionsproblem und Randintegraldarstellungen in der komplexen Analysis. Math. Ann. 184 (1970), 172–187). At the same time a similar formula was obtained by G. Henkin (Integral representations of functions holomorphic in strictly pseudoconvex domains and some applications. Math. Sb. 78 (1969), 611–632. Integral representations of functions in strictly pseudoconvex domains and applications to the $\overline{\partial}$ problem. Math. Sb. 82 (1970), 300–308. Engl. Transl. Math. USSR Sb. 11 (1970), 273–281).

Such solution of the $\overline{\partial}$ equation obtained by such integral forumlas can be used to handle the problem of continious and Hölder extension of a biholomorphism between smooth strongly pseudoconvex domains to the boundary. See N. Vormoor (Topologische Fortsetzung biholomorpher Funktionen auf dem Rande bei beschränkten streng pseudokonvexen Gebieten im $\mathbb{C}^n$ mit C^∞-Rand. Math. Annalen 204 (1973), 239–261) and G.M. Henkin (Math. USSR Sb. 82). There were later a number of generalizations of this integral formula to more general convex and concave domains with better estimates for the solution of $\overline{\partial}$ derived from the integral formula. The references for such generalization are:

L.A. Aizenberg and A.P. Yuzhakov (Integral representations and residues in multidimensional complex analysis. Transl. Math. Monographs 58. Amer. Math. Soc. Providence, R.I. 1983); F. Beatrous and R.M. Range (On holomorphic approximation in weakly pseudoconvex domains. Pacific J. Math. 89 (1980), 249–255); J. Bruna and J. del Castillo (Hölder and L^p-estimates for the $\overline{\partial}$ equation in some convex domains with real analytic boundary. Math. Ann. 269 (1984), 527–539); J.E. Fornaess (Supnorm estimates for $\overline{\partial}$ in $\mathbb{C}^2$. Ann. of Math. 123 (1986)); G.M. Henkin and A.V. Romanov (Exact Hölder estimates for the solution of the $\overline{\partial}$ equations. Izv. Akad. Nauk. SSSR 35 (1971), 1171–1183. Engl. Transl.: Math.

USSR Izvestija 5 (1971), 1180–1192); M. Hortmann (Über die Lösbarkeit der $\overline{\partial}$ Gleichung mit Hilfe von L^p, C^k und D'-stetigen Integraloperatoren. Math. Ann. 223 (1976), 139–156; I. Lieb (Ein Approximationssatz auf streng pseudokonvexen Gebieten. Math. Ann. 184 (1969), 56–60); I. Lieb (Die Cauchy-Riemannschen Differentialgleichungen auf streng pseudokonvexen Gebieten. Math. Ann. 190 (1970), 6–44); I. Lieb and R.M. Range (Lösungsoperatoren für den Cauchy-Riemann Komplex mit C^k-Abschätzungen. Math. Ann. 253 (1980), 145–164); I. Lieb and R.M. Range (On integral representations and a priori Lipschitz estimates for the canonical solution of the $\overline{\partial}$ equation. Math. Ann. 265 (1983), 221–251); I. Lieb and R.M. Range (Integral representations and estimates in the theory of the $\overline{\partial}$ Neumann problem. Ann. of Math. 123 (1986), 265–301); N. Ovrelid (Integral representation formulas and L^p estimates for the $\overline{\partial}$ equation. Math. Scand. 29 (1971), 137–160); R.M. Range (On Hölder estimates for $\overline{\partial}u = f$ on weakly pseudoconvex domains. Proc. Int. Conf. Cortona 1976–1977. Scuola Norm. Sup. Pisa 1978, 247–267); R.M. Range (An elementary integral solution operator for the Cauchy-Riemann equations on pseudoconvex domain in $\mathbb{C}^n$. Trans. Amer. Math. Soc. 274 (1982), 809–816); R.M. Range and Y.T. Siu (Uniform estimates for the $\overline{\partial}$ equation on the domains with picewise smooth strictly pseudoconvex boundaries. Math. Ann. 206 (1973), 325–354); Y.T. Siu (The $\overline{\partial}$ problem with uniform bounds on derivatives. Math. Ann. 207 (1974), 163–176).

However, estimates for the $\overline{\partial}$ derived from the integral formula are not good enough to obtain the smooth extension of a biholomorphism between strongly pseudoconvex domains up to the boundary. The most elegant approach to such an extension problem was done with the boundary behaviour of the Bermann kernel obtained from the Kohn solution of the $\overline{\partial}$ equation and with the technique of canonical domains of Bergmann (S.R. Bell and E. Ligocka: A simplification and extension of Fefferman's theorem on biholomorphic mappings. Invent. math. 57 (1980), 283–289). There were also results getting explicit integral formulas for the Kohn solution (R. Harvey and J. Polking: Fundamental solutions in complex analysis. I. The Cauchy-Riemann operator. Duke Math. J. 46 (1979), 253–300).

Papers Reprinted in this Part

Expressions in italics concern the contents of the paper.

Abbreviations: *compl* = complex spaces, sheaf theory; *lev* = Levi problem, convexity, Stein spaces, projective algebraic spaces; *hyp* = hyperbolic complex spaces

[31] (mit R. Remmert) Über kompakte homogene komplexe Mannigfaltigkeiten. Arch. Math. XIII **6**, 498–507 (1962). *lev*

[32] Bemerkenswerte pseudokonvexe Mannigfaltigkeiten. Math. Zeitschr. **81**, 377–391 (1963). *compl*

[39] (mit H. Reckziegel) Hermitesche Metriken und normale Familien holomorpher Abbildungen. Math. Zeitschr. **89**, 108–125 (1965). *hyp*

[51] (mit I. Lieb) Das Ramirezsche Integral und die Lösung der Gleichung $d''f = \alpha$ im Bereich der beschränkten Formen. Talk by H. Grauert at meeting at Rice University March 1969, Rice University Studies, **56**, Nr. 2, 29–50 (1970). *lev*

31.

(mit R. Remmert*)

Über kompakte homogene komplexe Mannigfaltigkeiten

Arch. Math. XIII 6, 498–507 (1962)

1. Mit V wird stets eine zusammenhängende kompakte komplexe Mannigfaltigkeit bezeichnet. Der Transzendenzgrad $t(V)$ des Körpers $k(V)$ der in V meromorphen Funktionen heißt die *algebraische Dimension* von V, bekanntlich ist $t(V)$ niemals größer als die *komplexe Dimension* dim V von V (vgl. [12], [14]). Beispiele zeigen, daß zu jedem Paar n, t von natürlichen Zahlen mit $0 \leqq t \leqq n$, $n > 1$, komplexe Mannigfaltigkeiten V existieren, so daß $t(V) = t$ und dim $V = n$.

Von besonderem Interesse sind Mannigfaltigkeiten V, deren algebraische und komplexe Dimension übereinstimmen. Projektiv-algebraische sowie kompakte algebraische Mannigfaltigkeiten haben diese Eigenschaft[1]). Ein Satz von K. KODAIRA und W. L. CHOW besagt, daß im Falle der komplexen Dimension 2 eine kompakte komplexe Mannigfaltigkeit V bereits dann projektiv-algebraisch ist, wenn $t(V) =$ dim V (vgl. [6], [10]). Für Mannigfaltigkeiten V höherer Dimension ist dies aber nicht mehr der Fall; so hat M. NAGATA Beispiele von kompakten, algebraischen, komplex 3-dimensionalen Mannigfaltigkeiten V (die also sicher 3 algebraisch unabhängige meromorphe Funktionen haben) konstruiert, die nicht projektiv-algebraisch sind (vgl. [11]). Einfache Beispiele von kompakten komplexen Mannigfaltigkeiten V mit dim $V = t(V) \geqq 3$, die nicht algebraisch sind, wurden von H. HIRONAKA angegeben (unveröffentlicht)[2]).

2. Wenngleich i. a. aus der Gleichung $t(V) =$ dim V nicht folgt, daß V projektiv-algebraisch ist, so gibt es doch wichtige Klassen von kompakten komplexen Mannigfaltigkeiten V, für die dies der Fall ist. So besagt etwa ein klassischer Satz aus der Theorie der mehrfach-periodischen Funktionen, daß ein komplexer Torus[3]) genau dann projektiv-algebraisch ist, wenn seine algebraische Dimension mit seiner kom-

*) Während der Vorbereitung dieser Arbeit wurden beide Autoren unterstützt durch Directorate of Mathematical Sciences, AFOSR, European Office of Aerospace Research, US Air Force, Grant No. AF-EOAR-61-50.

[1]) Ein kompakter algebraischer (komplexer) Raum ist eine im Sinne von A. WEIL vollständige algebraische Varietät über dem Grundkörper C (die mit der induzierten komplexen Struktur versehen ist).

[2]) Wir stützen uns auf eine briefliche Mitteilung von Herrn H. HIRONAKA vom 2. Februar 1962.

[3]) Ein n-dimensionaler komplexer Torus ist eine komplexe Quotientenmannigfaltigkeit des C_n nach einem reell $2n$-dimensionalen Gitter.

plexen Dimension übereinstimmt. Der keineswegs einfache Beweis benutzt die Theorie der Jacobischen Θ-Funktionen.

Im Jahre 1957 hat W. L. Chow gezeigt, daß für die Klasse der kompakten, homogenen, algebraischen Mannigfaltigkeiten V die Gleichung $t(V) = \dim V$ ebenfalls die projektive Einbettbarkeit von V impliziert (vgl. [5]). Dabei heißt eine algebraische Mannigfaltigkeit V homogen, wenn es eine algebraische Gruppe von biregulären (birationalen) Transformationen von V auf sich gibt, die algebraisch und transitiv auf V wirkt.

Das Ziel dieser Note ist, eine Verallgemeinerung der beiden genannten Aussagen herzuleiten. Wir nennen eine komplexe Mannigfaltigkeit V *homogen*, wenn die Gruppe aller biholomorphen Abbildungen von V auf sich transitiv auf V wirkt. Dann soll bewiesen werden:

Satz 1. *Jede zusammenhängende, kompakte, homogene, komplexe Mannigfaltigkeit, deren algebraische und komplexe Dimension übereinstimmen, ist projektiv-algebraisch.*

Hieraus folgt nicht nur das Chowsche Ergebnis, sondern sogar, *daß eine zusammenhängende homogene kompakte komplexe Mannigfaltigkeit, die zugleich algebraisch ist, stets projektiv-algebraisch ist.*

Die Aussage von Satz 1 ist enthalten im

Satz 2. *Eine zusammenhängende, kompakte, homogene, komplexe Mannigfaltigkeit V ist projektiv-algebraisch, wenn es endlich viele Hyperflächen*[4]) *in V gibt, deren Durchschnitt isolierte Punkte enthält.*

Als Anwendung dieses Satzes zeigen wir dann

Satz 3. *Jede zusammenhängende, kompakte, homogene, komplexe Mannigfaltigkeit V ist in natürlicher Weise ein holomorphes Faserbündel über einer homogenen, projektiv-algebraischen Mannigfaltigkeit W mit einer zusammenhängenden, komplex-parallelisierbaren Faser*[5]). *Die holomorphe Projektion $\varrho: V \to W$ induziert einen Körperisomorphismus $\varrho^*: k(W) \to k(V)$, insbesondere gilt also:* $\dim W = t(V)$.

Wir nennen die projektiv-algebraische Mannigfaltigkeit W zusammen mit der Faserbündelabbildung $\varrho: V \to W$ die *meromorphe Reduktion zu V*. Sie ist bis auf biholomorphe Äquivalenz durch die folgende Universalitätseigenschaft eindeutig bestimmt:

Es gibt zu jeder holomorphen Abbildung τ von V in irgendeinen algebraischen Raum X eine eindeutig bestimmte holomorphe Abbildung $\sigma: W \to X$, so daß gilt: $\tau = \sigma \circ \varrho$.

Es ist klar, daß auf einer homogenen n-dimensionalen komplexen Mannigfaltigkeit V höchstens dann k unabhängige meromorphe Funktionen vorhanden sind, wenn es $(n-k)$-dimensionale analytische Mengen in V gibt, die Durchschnitt von Hyperflächen sind. Satz 3 nebst Beweis ergeben umgekehrt:

---

[4]) Jede rein 1-codimensionale analytische Menge in V heißt eine *Hyperfläche* in V.

[5]) Eine zusammenhängende komplexe Mannigfaltigkeit X heißt *komplex-parallelisierbar*, wenn ihr Tangentialbündel komplex-analytisch trivial ist. X ist stets dann komplex-parallelisierbar, wenn es eine mit X gleichdimensionale komplexe Liesche Gruppe gibt, die holomorph und transitiv auf X wirkt. Nach H. C. Wang [15] gilt die Umkehrung, wenn X kompakt ist.

Gibt es auf der homogenen, kompakten komplexen Mannigfaltigkeit V Hyperflächen, so ist die algebraische Dimension $t(V)$ positiv. Es gilt $t(V) = \dim V - k$, wobei k die kleinste natürliche Zahl ist, die als Dimension eines Durchschnittes von Hyperflächen vorkommt.

Weiter zeigt Satz 3 noch, *daß jede homogene kompakte komplexe Mannigfaltigkeit, auf der es meromorphe Funktionen mit Unbestimmtheitsstellen gibt, mindestens die algebraische Dimension 2 hat.*

3. Zum Beweise von Satz 2 benutzen wir entscheidend das folgende

Algebraizitätskriterium. *Ein kompakter komplexer Raum X ist projektiv-algebraisch, wenn es ein komplex-analytisches Geradenbündel N über X gibt mit folgender Eigenschaft: zu jeder irreduziblen, mindestens 1-dimensionalen, analytischen Menge B in X gibt es nicht identisch verschwindende, holomorphe Schnittflächen in $N|B$ über B mit Nullstellen.*

Dieses Kriterium ist ein Spezialfall eines in [7] bewiesenen Lemmas (vgl. S. 347). Weiter werden wir im Abschnitt 4 heranziehen:

Satz von Montel. *Jede gleichmäßig beschränkte Folge von holomorphen Funktionen über einem komplexen Raum X enthält eine Teilfolge, die über X kompakt gegen eine über X holomorphe Funktion konvergiert.*

Zum Beweise vgl. [8], Satz 28′, S. 290, und [1], proposition 4 nebst remark, pp. 326 bis 328.

4. In diesem Abschnitt wird ein Lemma über stetige Scharen von komplex-analytischen Geradenbündeln hergeleitet, das zum Beweis von Satz 2 benötigt wird. Es sei Y ein kompakter irreduzibler komplexer Raum. Mit I werde das abgeschlossene Einheitsintervall $\langle 0, 1\rangle$ auf der reellen t-Geraden bezeichnet. Wir führen die folgende Redeweise ein:

Ein komplexes Geradenbündel F über dem topologischen Raum $Y \times I$ heißt eine stetige Schar von komplex-analytischen Geradenbündeln über Y, wenn die folgenden beiden Bedingungen erfüllt sind:

1. *$F(t) := F|(Y \times t)$ ist für jedes $t \in I$ mit der Struktur eines komplex-analytischen Geradenbündels über $Y \times t \cong Y$ versehen.*
2. *Jeder Punkt $(y, t) \in Y \times I$ besitzt eine Produktumgebung $V(y) \times I(t)$ in $Y \times I$, so daß $F|V(y) \times I(t)$ durch eine topologische Abbildung φ fasertreu auf $V(y) \times I(t) \times C$ abgebildet werden kann, derart, daß die Abbildung $\varphi|(F|(V(y) \times t'))$ für jedes $t' \in I(t)$ ein komplex-analytisches Koordinatensystem des komplex-analytischen Geradenbündels $F(t')$ bestimmt.*

Wir zeigen:

Lemma. *Für jede stetige Schar F von komplex-analytischen Geradenbündeln über Y gilt:*

a) *Besitzt jedes Bündel $F(t)$, $t \in I$, $t \neq 0$, eine holomorphe, nicht identisch verschwindende Schnittfläche, so hat auch $F(0)$ eine solche Schnittfläche.*

b) *Besitzt jedes Bündel* $F(t)$, $t \in I$, *eine holomorphe nicht identisch verschwindende Schnittfläche, so ist entweder jedes oder kein Bündel* $F(t)$, $t \in I$, *analytisch trivial.*

Beweis. ad a). Die Behauptung ergibt sich unmittelbar aus der folgenden

Hilfsaussage. *Zu jeder Nullfolge* $t_\nu \in I$, $\nu = 1, 2, \ldots$, $t_\nu \neq 0$, *gibt es eine Teilfolge* t_{ϱ_k} *und holomorphe Schnittflächen*

$$s : Y \times 0 \to F(0), \quad s_{\varrho_k} : Y \times t_{\varrho_k} \to F(t_{\varrho_k}),$$

so daß s *nicht identisch verschwindet und die Folge* s_{ϱ_k} *stetig gegen* s *konvergiert*[6]).

Wir wählen in F eine kompakte Umgebung U der Nullschnittfläche. Nach Voraussetzung gibt es zu jedem ν eine holomorphe Schnittfläche $\tilde{s}_\nu : Y \times t_\nu \to F(t_\nu)$, die nicht identisch verschwindet. Da Y kompakt ist, können wir durch Multiplikation von $\tilde{s}_\nu$ mit einer geeignet gewählten komplexen Zahl $c_\nu \neq 0$ eine holomorphe Schnittfläche $s_\nu : Y \times t_\nu \to F(t_\nu)$ finden, für die gilt:

$$s_\nu(Y \times t_\nu) \subset U, \quad s_\nu(Y \times t_\nu) \cap \partial U \neq \emptyset, \qquad \nu = 1, 2, \ldots,$$

dabei bezeichnet ∂U den Rand von U in F.

Zu jedem Punkt $(y, 0) \in Y \times 0$ gibt es nach Voraussetzung eine offene Umgebung $V_y \times I_y$ von $(y, 0)$ in $Y \times I$, so daß $F \mid V_y \times I_y$ durch eine topologische Abbildung φ_y fasertreu auf $V_y \times I_y \times C$ abgebildet werden kann, derart, daß $\varphi_y \mid (F \mid (V_y \times t))$ für alle $t \in I_y$ jeweils biholomorph ist. Für genügend großes ν gilt $t_\nu \in I_y$. Dann ist $h_\nu := \varphi_y \circ (s_\nu \mid (V_y \times t_\nu))$ eine holomorphe Funktion in $V_y \times t_\nu \cong V_y$. Da U kompakt in F liegt und $s_\nu(Y \times t_\nu)$ in U enthalten ist, so ist die Folge h_ν gleichmäßig beschränkt über V_y. Nach dem Satz von Montel existiert also eine Teilfolge h_{ν_j} der h_ν, die über V_y kompakt gegen eine über $V_y \cong V_y \times 0$ holomorphe Funktion h konvergiert. Durch $\varphi_y^{-1} \circ h$ wird alsdann eine holomorphe Schnittfläche $\tilde{s}$ in $F(0)$ über $V_y \times 0$ definiert. Nach Konstruktion konvergiert die Folge $s_{\nu_j} : V_y \times t_{\nu_j} \to F$ über $V_y \times I_y$ stetig gegen $\tilde{s} : V_y \times 0 \to F$.

Wir wählen nun eine endliche Überdeckung $V^{(\mu)} \times I^{(\mu)}$, $\mu = 1, \ldots, m$, von $Y \times 0$ durch offene Mengen $V_y \times I_y$ der vorstehenden Art. Die Teilfolge s_{μ_i} der s_ν sei bereits so ausgewählt, daß über $(\bigcup_{\varkappa=1}^{k} V^{(\varkappa)}) \times 0$ eine holomorphe Schnittfläche s_k in $F(0)$ existiert, gegen welche die Folge $s_{\mu_i} \mid (\bigcup_{\varkappa=1}^{k} V^{(\varkappa)}) \times t_{\mu_i}$ stetig konvergiert, $1 \leqq k < m$. Durch erneuten Übergang zu einer Teilfolge $s_{\tilde{\mu}_i}$ der Folge s_{μ_i} findet man eine holomorphe Schnittfläche $\tilde{s}_{k+1}$ in $F(0)$ über $V^{(k+1)} \times 0$, so daß die Folge $s_{\tilde{\mu}_i} \mid V^{(k+1)} \times t_{\tilde{\mu}_i}$ stetig gegen $\tilde{s}_{k+1}$ konvergiert. Da ersichtlich s_k und $\tilde{s}_{k+1}$ über

$$((\bigcup_{\varkappa=1}^{k} V^{(\varkappa)}) \cap V^{(k+1)}) \times 0$$

übereinstimmen, so konvergiert die Folge

$$s_{\tilde{\mu}_i} \mid (\bigcup_{\varkappa=1}^{k+1} V^{(\varkappa)}) \times t_{\tilde{\mu}_i}$$

[6]) Die Schnittflächen s_{ϱ_k} konvergieren per definitionem stetig gegen die Schnittfläche s, wenn für jede Folge $y_{\varrho_k} \in Y$, die gegen einen Punkt $y^* \in Y$ konvergiert, gilt: $\lim s_{\varrho_k}(y_{\varrho_k}, t_{\varrho_k}) = s(y^*, 0)$.

stetig gegen eine holomorphe Schnittfläche s_{k+1} in $F(0)$ über $(\bigcup_{\varkappa=1}^{k+1} V^{(\varkappa)}) \times 0$. Nach m Schritten gelangt man so zu einer Teilfolge s_{ϱ_k} der Folge s_ν und einer holomorphen Schnittfläche $s: Y \times 0 \to F(0)$, gegen welche die Folge s_{ϱ_k} stetig konvergiert.

s verschwindet nicht identisch. Zu jedem Index ϱ_k gibt es nämlich nach Wahl der Schnittflächen s_ν einen Punkt $y_{\varrho_k} \in Y$, so daß gilt: $s_{\varrho_k}(y_{\varrho_k}, t_{\varrho_k}) \in \partial U$. Ist dann y^* ein Häufungspunkt der Folge y_{ϱ_k} in Y, so gilt wegen der stetigen Konvergenz notwendig $s(y^*, 0) \in \partial U$. Das bedeutet insbesondere $s(y^*, 0) \neq 0$, d. h. s ist nicht die Nullschnittfläche.

ad b). Wir bezeichnen mit I' die Menge aller Punkte $t \in I$, für welche das Bündel $F(t)$ analytisch trivial ist. Ist I' nicht leer, so haben wir zu zeigen: $I' = I$. Zunächst ist I' eine offene Teilmenge von I: ist nämlich $t_\nu \notin I'$ eine Folge mit $t^* \in I$ als Limes, so wählen wir gemäß der in a) bewiesenen Hilfsaussage (die offensichtlich auch für t^* anstelle von 0 gilt) eine Teilfolge t_{ϱ_k} und holomorphe Schnittflächen

$$s: Y \times t^* \to F(t^*), \quad s_{\varrho_k}: Y \times t_{\varrho_k} \to F(t_{\varrho_k}),$$

so daß s nicht identisch verschwindet und die Folge s_{ϱ_k} stetig gegen s konvergiert. Jede Schnittfläche s_{ϱ_k} hat, da wegen $t_{\varrho_k} \notin I'$ das Geradenbündel $F(t_{\varrho_k})$ nicht analytisch trivial ist, wenigstens eine Nullstelle $(y_{\varrho_k}, t_{\varrho_k})$[7]. Ist dann y^* ein Häufungspunkt der Folge y_{ϱ_k} in Y, so gilt notwendig $s(y^*, t^*) = 0$. Daher ist auch das Bündel $F(t^*)$ nicht analytisch trivial, d. h. es gilt $t^* \notin I'$.

Zeigen wir noch, daß I' auch abgeschlossen in I ist, so folgt $I' = I$. Sei also jetzt $t_\nu \in I'$ eine Folge mit $t^* \in I$ als Limes. Wie oben seien t_{ϱ_k}, s und s_{ϱ_k} gewählt. Wäre $F(t^*)$ nicht analytisch trivial, so hätte die nicht identisch verschwindende Schnittfläche s eine Nullstelle $(y_0, t^*) \in Y \times I$. Wählen wir eine Produktumgebung $V(y_0) \times I(t^*)$ so klein, daß die Schar F über $V(y_0) \times I(t^*)$ trivial ist, so können wir für hinreichend großes ϱ_k die Schnittflächen s_{ϱ_k} über $V(y_0) \times t_{\varrho_k} \cong V(y_0)$ als holomorphe Funktionen auffassen, die über $V(y_0)$ kompakt gegen die holomorphe Funktion s konvergieren. Aus dem unten bewiesenen Hilfssatz folgt daher, daß auch fast alle Schnittflächen s_ϱ Nullstellen haben. Dies widerspricht aber der Annahme, daß alle Bündel $F(t_{\varrho_k})$ analytisch trivial sind. Damit ist auch die Aussage b) bewiesen.

Wir haben benutzt

Hilfssatz. *Es sei X ein irreduzibler komplexer Raum und h_ν eine Folge holomorpher Funktionen über X, die kompakt gegen eine über X holomorphe Funktion h konvergiert. h möge Nullstellen haben, ohne identisch zu verschwinden. Dann haben auch fast alle Funktionen h_ν Nullstellen.*

Beweis. Wir dürfen annehmen, daß X normal ist, da man sonst einfach zur Normalisierung von X übergehen kann. Die Nullstellenmenge von h ist rein 1-codimensional. Da die Menge der nichtuniformisierbaren Punkte von X mindestens 2-codimen-

[7]) Ein komplex-analytisches Geradenbündel über einem irreduziblen kompakten komplexen Raum ist genau dann analytisch trivial, wenn es holomorphe Schnittflächen ohne Nullstellen gibt. Gibt es dagegen nicht identisch verschwindende holomorphe Schnittflächen mit Nullstellen, so ist das Bündel nicht analytisch trivial.

sional ist, so gibt es auch einen uniformisierbaren Punkt $x_0 \in X$, wo h verschwindet. Wir legen durch x_0 ein 1-dimensionales analytisches Ebenenstück E, das nicht ganz in der Nullstellenmenge von h enthalten ist. Die Folge $h_\nu | E$ konvergiert in E kompakt gegen $h | E$. Aus einem bekannten Satz über holomorphe Funktionen von einer Veränderlichen folgt, daß fast alle $h_\nu | E$ in E Nullstellen haben. Damit ist der Hilfssatz bewiesen.

5. In diesem Abschnitt wird Satz 2 bewiesen. Es sei also V eine zusammenhängende, kompakte, homogene, komplexe Mannigfaltigkeit. Die Gruppe aller Holomorphismen von V ist nach [2] eine komplexe Transformationsgruppe von V. Mit G bezeichnen wir die Komponente der Identität dieser Gruppe. Dann wirkt auch G transitiv auf V.

Seien $D_1, \ldots, D_r$ irreduzible Hyperflächen in V und $n_1, \ldots, n_r$ positive ganze Zahlen. Durch

$$D := \sum_{\varrho=1}^{r} n_\varrho \cdot D_\varrho$$

ist ein holomorpher *Divisor* auf V definiert. Wir bezeichnen das zu D gehörende komplex-analytische Geradenbündel über V mit $\{D\}$. Es gibt eine kanonische holomorphe Schnittfläche h in $\{D\}$, die genau auf der Hyperfläche $M := D_1 \cup \ldots \cup D_r$ verschwindet (vgl. hierzu [9], S. 111, 112). Wir behaupten nun:

Zu jeder irreduziblen analytischen Menge B in V existieren holomorphe Schnittflächen in $\{D\} | B$ über B, die nicht identisch verschwinden.

Falls ein $\hat{g} \in G$ existiert, so daß $\hat{g}(B) \cap M$ nicht leer und echt in $g(B)$ enthalten ist, so gibt es sogar nicht identisch verschwindende holomorphe Schnittflächen in $\{D\} | B$ über B mit Nullstellen.

Es werde zunächst die erste Behauptung bewiesen. Da V homogen ist, gibt es sicher ein $\tilde{g} \in G$, so daß $\tilde{g}(B) \not\subset M$. Es sei dann $w : I \to G$ ein Weg in G mit $w(0) = \text{id}$, $w(1) = \tilde{g}$, derart, daß $w(t)(B) \not\subset M$ für alle $t \in I$, $t \neq 0$. Solche Wege existieren, denn die Menge aller $g \in G$ mit $g(B) \subset M$ ist analytisch in G. Durch

$$(b, t) \to w(t)(b)$$

ist eine stetige Abbildung $\varphi : B \times I \to V$ definiert. Versieht man die analytische Menge $B \subset V$ mit der induzierten komplexen Struktur, so ist $\varphi | B \times t$ für jedes $t \in I$ holomorph. Das komplex-analytische Geradenbündel $\{D\}$ liftet sich daher unter φ zu einer stetigen Schar F von komplex-analytischen Geradenbündeln über dem irreduziblen komplexen Raum B. Dabei ist für jedes $t \in I$ das Bündel $F(t) = F | B \times t$ über $B \times t \simeq B$ analytisch zum Bündel $\{D\} | w(t)(B)$ äquivalent; insbesondere sind also die Bündel $\{D\} | B$ und $F(0)$ isomorph. Die kanonische Schnittfläche $h \in \Gamma(V, \{D\})$ liftet sich zu einer stetigen Schnittfläche s in F über $B \times I$, deren Beschränkung s_t auf $B \times t$ für jedes $t \in I$ holomorph ist. Da h genau auf M verschwindet, so ist $\varphi^{-1}(M)$ die genaue Nullstellenmenge von s. Da $\varphi(B \times t) = w(t)(B) \not\subset M$ für alle $t \neq 0$ aus I, so verschwindet keine Schnittfläche s_t, $t \neq 0$, identisch. Nach der Aussage a) des Lemmas besitzt also $F(0)$ und mithin auch $\{D\} | B$ eine nicht identisch verschwindende holomorphe Schnittfläche.

Zum Beweise der zweiten Behauptung wiederholen wir die vorstehende Konstruktion mit $\tilde{g} = \hat{g}$. Da $\hat{g}(B) \cap M$ nicht leer ist, hat also die nicht identisch verschwindende holomorphe Schnittfläche $s_1 : B \times 1 \to F_1$ wenigstens eine Nullstelle. Nach der Aussage b) des Lemmas, deren Voraussetzung auf Grund des bereits Bewiesenen erfüllt ist, besitzt dann auch $F(0)$ und mithin $\{D\} | B$ eine nicht identisch verschwindende holomorphe Schnittfläche mit Nullstellen, w.z.b.w.

Der Beweis von Satz 2 ist nach diesen Vorbereitungen einfach. Nach Voraussetzung gibt es endlich viele irreduzible, paarweise verschiedene Hyperflächen $A_1, \ldots, A_k$ in V, so daß $A_1 \cap \ldots \cap A_k$ einen isolierten Punkt v^* enthält. Wir setzen

$$A := \sum_{\varkappa=1}^{k} A_\varkappa, \quad M := \bigcup_{\varkappa=1}^{k} A_\varkappa$$

und behaupten, daß für das vom Divisor A induzierte komplex-analytische Geradenbündel $\{A\}$ die Bedingung des Algebraizitätskriteriums aus Abschnitt 3 erfüllt ist. Sei also B irgendeine irreduzible, mindestens 1-dimensionale analytische Menge in V. Auf Grund des Vorangehenden genügt es, einen Holomorphismus $\hat{g} \in G$ anzugeben, so daß $\hat{g}(B) \cap M$ nicht leer und echt in $\hat{g}(B)$ enthalten ist. Wir wählen zunächst ein $g^* \in G$ so, daß $v^* \in g^*(B)$. Es gibt dann einen Index j, so daß $g^*(B) \not\subset A_j$, denn andernfalls hätte man $g^*(B) \subset A_1 \cap \ldots \cap A_k$, und $v^* \in g^*(B)$ wäre, da $g^*(B)$ irreduzibel und mindestens 1-dimensional ist, kein isolierter Punkt von $A_1 \cap \ldots \cap A_k$. Alsdann existiert sogar eine Umgebung W der Identität in G, so daß $g(g^*(B)) \not\subset A_j$ für alle $g \in W$. Es gibt in beliebiger Nähe von v^* Punkte $v' \in A_j$, die keiner Menge $A_\varkappa$, $\varkappa \neq j$, angehören. Wählt man einen solchen Punkt v' genügend nahe bei v^*, so existiert ein $g' \in W$ mit $g'(v^*) = v'$. Setzt man nun $\hat{g} := g' \circ g^*$, so ist $\hat{g}(B) \cap M$ nicht leer und echt in $\hat{g}(B)$ enthalten. Damit ist Satz 2 bewiesen.

6. Es soll nun Satz 3 nebst Folgerungen bewiesen werden. Ist $v \in V$ ein beliebiger Punkt, so bezeichnen wir mit $A(v)$ den *Durchschnitt aller Hyperflächen von V durch v*. Ersichtlich ist $A(v)$ bereits der Durchschnitt von *endlich vielen* Hyperflächen durch v. Wir behaupten:

Die Mengen $A(v)$, $v \in V$, bilden eine Zerlegung von V. Es gilt

$$A(g(v)) = g(A(v)) \quad \textit{für alle} \quad (g, v) \in G \times V.$$

Beweis. Sicher gilt stets $A(g(v)) \subset g(A(v))$, denn ist etwa $A(v)$ der Durchschnitt der Hyperflächen $H_\varkappa$, so werden die Hyperflächen $g(H_\varkappa)$ bei der Durchschnittsbildung von $A(g(v))$ benutzt, so daß man hat:

$$A(g(v)) \subset \bigcap g(H_\varkappa) = g(\bigcap H_\varkappa) = g(A(v)).$$

Andererseits ist $A(g^{-1}(g(v))) \subset g^{-1}(A(g(v))$ mit $g(A(v)) \subset A(g(v))$ gleichbedeutend, so daß insgesamt folgt: $A(g(v)) = g(A(v))$.

Die Mengen $A(v)$, $v \in V$, die jedenfalls eine Überdeckung von V bilden, sind genau dann eine Zerlegung von V, wenn für je 2 Punkte v_1, $v_2 \in V$ mit $v_2 \in A(v_1)$ gilt: $A(v_2) = A(v_1)$. Um diese Bedingung zu verifizieren, bemerken wir zunächst, daß notwendig gilt $A(v_2) \subset A(v_1)$, denn die $A(v_1)$ beschreibenden Hyperflächen kommen auch unter den $A(v_2)$ definierenden Hyperflächen vor. Da V homogen ist, gibt es ein $g \in G$ mit $g(v_1) = v_2$. Auf Grund des bereits Bewiesenen folgt dann:

$$g(A(v_1)) = A(g(v_1)) = A(v_2) \subset A(v_1).$$

Da $A(v_1)$ eine kompakte analytische Menge ist und g biholomorph abbildet, so muß gelten $g(A(v_1)) = A(v_1)$. Das bedeutet insbesondere $A(v_2) = A(v_1)$. Damit ist die Behauptung bewiesen.

Wir wählen nun einen festen Punkt $v_0 \in V$ und bezeichnen mit H die Isotropiegruppe von v_0 in G. Wir identifizieren V mit der komplexen Mannigfaltigkeit G/H der H-Rechtsnebenklassen von G. Sei weiter $J := \{g \in G : g(A(v_0)) = A(v_0)\}$ die Isotropiegruppe von $A(v_0)$ in G. Dies ist eine abgeschlossene komplexe Liesche Untergruppe von G, die auf Grund des oben bewiesenen transitiv auf $A(v_0)$ wirkt und H umfaßt. Wir definieren jetzt W als die komplexe Mannigfaltigkeit G/J der J-Rechtsnebenklassen von G und bezeichnen mit $\varrho : V \to W$ die natürliche Projektion $G/H \to \to G/J$. Dann ist W jedenfalls eine kompakte homogene komplexe Mannigfaltigkeit, und ϱ ist eine holomorphe Faserbündelabbildung, deren Fasern gerade die Mengen $A(v)$ sind.

Wir werden nun zeigen, *daß W zusammen mit $\varrho : V \to W$ eine meromorphe Reduktion zu V ist.*

W ist projektiv-algebraisch. — Jede Hyperfläche in V ist nach Konstruktion ϱ-saturiert; daher sind die ϱ-Bilder von Hyperflächen wieder Hyperflächen. Ist also $A(v_0)$ der Durchschnitt der Hyperflächen $H_1, \dots, H_b$, so gilt

$$w_0 := \varrho(A(v_0)) = \varrho\Big(\bigcap_{\beta=1}^{b} H_\beta\Big) = \bigcap_{\beta=1}^{b} \varrho(H_\beta);$$

dabei ist die letzte Gleichheit eine Folge der ϱ-Saturiertheit der H_β. Es gibt in W somit endlich viele Hyperflächen, deren Durchschnitt ein isolierter Punkt ist. Nach Satz 2 ist W daher projektiv-algebraisch.

ϱ ist zusammenhängend. — Die typische Faser von ϱ ist J/H. Die kleinste offene Untergruppe J' von J, die H enthält, besteht genau aus denjenigen zusammenhängenden Komponenten von J, die H treffen. Daher ist J'/H zusammenhängend. ϱ ist das Produkt der holomorphen Abbildungen

$$\varrho_1 : V = G/H \to G/J' \quad \text{und} \quad \varrho_2 : G/J' \to G/J = W$$

(Steinsche Faktorisierung!). Die kompakte homogene komplexe Mannigfaltigkeit G/J' ist bezüglich ϱ_2 eine unverzweigte Überlagerung von W und also auch projektiv-algebraisch[8]). Gäbe es zwei verschiedene Punkte p, q in G/J' über $w_0 = \varrho(A(v_0))$, so legen wir durch p eine Hyperfläche H, die q nicht trifft. Dann ist $\varrho_1^{-1}(H)$ eine Hyperfläche in V durch v_0, die nicht die Menge $\varrho_1^{-1}(q)$ enthält. Da aber $\varrho_1^{-1}(q) \subset A(v_0)$, so ist dies unmöglich. Die Abbildung ϱ_2 ist folglich biholomorph. Dies impliziert $J = J'$, d. h. die typische Faser J/H von ϱ ist zusammenhängend.

---

[8]) Dies folgt ohne Benutzung allgemeiner Sätze direkt aus Satz 2; denn liftet man endlich viele Hyperflächen in W, deren Durchschnitt isolierte Punkte enthält, nach G/J', so bekommt man in G/J' Hyperflächen, deren Durchschnitt ebenfalls isolierte Punkte besitzt.

$\varrho^*: k(W) \to k(V)$ ist surjektiv. — Sei m irgendeine meromorphe Funktion auf V und S ihre Unbestimmtheitsmenge. S ist leer oder 2-codimensional. Als Durchschnitt zweier Hyperflächen (der Nullstellen- und Polstellenmenge von m) ist S bezüglich ϱ saturiert. Daher ist auch $\varrho(S)$ leer oder 2-codimensional. m induziert eine holomorphe Abbildung $m': V - S \to P_1$, die auf allen ϱ-Fasern $\varrho^{-1}(w)$, $w \in W - \varrho(S)$, konstant ist. Mithin gibt es eine holomorphe Abbildung $n': W - \varrho(S) \to P_1$, so daß $n' \circ (\varrho | V - S) = m'$. Nach einem bekannten Satz über hebbare Singularitäten meromorpher Funktionen ist n' zu einer in ganz W meromorphen Funktion n fortsetzbar. Ersichtlich gilt $\varrho^*(n) = n \circ \varrho = m$.

Jede holomorphe Abbildung τ von V in einen algebraischen Raum X ist faktorisierbar in $\sigma \circ \varrho$, wo $\sigma: W \to X$ eine von τ induzierte holomorphe Abbildung ist. Durch diese Universalitätseigenschaft sind W und ϱ bis auf biholomorphe Äquivalenz eindeutig bestimmt. — Sei $\tau: V \to X$ gegeben. Wir behaupten, daß τ auf jeder ϱ-Faser konstant ist. Wäre das nicht der Fall, so gäbe es in einer ϱ-Faser zwei Punkte v_1, v_2 und eine in X meromorphe Funktion m, die in $\tau(v_1)$ und $\tau(v_2)$ holomorph ist, mit $m(\tau(v_1)) \neq m(\tau(v_2))$. Daher würde $m \circ \tau \in k(V)$ nicht zu $\varrho^*(k(W))$ gehören, was dem bereits Bewiesenen widerspricht. Es muß also τ auf allen ϱ-Fasern konstant sein. Durch $\sigma(w) := \tau(\varrho^{-1}(w))$ wird alsdann die gesuchte holomorphe Abbildung σ definiert. Die Einzigkeitsaussage über W und ϱ folgt jetzt unmittelbar.

Die typische Faser des Bündels $\varrho: V \to W$ ist komplex-parallelisierbar. Nach [4], Satz 7, ist V als holomorphes Faserbündel über einer projektiv-rationalen Mannigfaltigkeit Q mit einer komplex-parallelisierbaren Faser darstellbar. Die zugehörige Faserabbildung $\varphi: V \to Q$ ist nach dem vorangehenden faktorisierbar in $\varphi = \psi \circ \varrho$, wo $\psi: W \to Q$ ebenfalls eine Bündelabbildung ist. Es gilt daher, wenn N die Isotropiegruppe der φ-Faser durch v_0 bezeichnet:

$$V = G/H, \quad W = G/J, \quad Q = G/N, \quad H \subset J \subset N.$$

Da N/H nach Voraussetzung komplex-parallelisierbar ist, muß auch $J/H = A(v_0)$ es sein.

Die restlichen im Zusammenhang mit Satz 3 gemachten Aussagen folgen jetzt trivial, so daß alles bewiesen ist.

Die typische Faser des Reduktionsbündels $\varrho: V \to W$ kann sehr wohl projektiv-algebraisch sein. Dies ist z. B. für jede homogene Fläche mit einer nicht konstanten meromorphen Funktion der Fall, hier ist die Faser stets eine elliptische Kurve. Allgemeiner gibt es *n-dimensionale komplex-parallelisierbare kompakte Mannigfaltigkeiten V_n, die nicht Tori sind, deren Reduktionsbündel aber algebraische Tori als Faser und Basis haben, $n \geqq 3$* (vgl. [13]).

Es sei abschließend noch bemerkt, daß die Fasern eines Reduktionsbündels keineswegs Tori oder Bündel aus Tori zu sein brauchen. Beispiele hierfür lassen sich wie folgt konstruieren. Nach [3], p. 582, besitzt jede zusammenhängende halb einfache komplexe Liesche Gruppe S diskrete Untergruppen D, so daß $M := S/D$ kompakt ist. Jede solche Mannigfaltigkeit M ist komplex-parallelisierbar. Nach einem Satz von J. TITS (Die Arbeit erscheint in den Commentarii Math. Helvet.) gibt es daher keine holomorphe Faserbündelabbildung von M auf eine homogene rationale Mannigfaltigkeit positiver Dimension. Auf Grund von Satz I aus [4] ist die meromorphe Reduktion von M mithin ein komplexer Torus. Dieser ist aber notwendig einpunktig, da die halbeinfache Gruppe S nicht homomorph auf eine abelsche Gruppe $\neq 1$ abbildbar ist. Es sind folglich alle meromorphen Funktionen auf M konstant, indessen ist M kein Bündel aus Tori.

Literaturverzeichnis

[1] A. Andreotti and W. Stoll, Extension of holomorphic maps. Ann. of Math., II. Ser. **72**, 312–349 (1960).
[2] S. Bochner and D. Montgomery, Groups on analytic manifolds. Ann. of Math., II. Ser. **48**, 659–669 (1947).
[3] A. Borel and Harish-Chandra, Arithmetic subgroups of algebraic groups. Bull. Amer. Math. Soc. **67**, 579–583 (1961).
[4] A. Borel und R. Remmert, Über kompakte homogene Kählersche Mannigfaltigkeiten. Math. Ann. **145**, 429–439 (1962).
[5] W. L. Chow, On the projective embedding of homogeneous varieties. Algebraic Geometry and Topology (A Symposium in Honor of S. Lefschetz), 122–128, Princeton 1957.
[6] W. L. Chow and K. Kodaira, On analytic surfaces with two independent meromorphic functions. Proc. Nat. Acad. Sci. USA **38**, 319–325 (1952).
[7] H. Grauert, Über Modifikationen und exzeptionelle analytische Mengen. Math. Ann. **146**, 331–368 (1962).
[8] H. Grauert und R. Remmert, Komplexe Räume. Math. Ann. **136**, 245–318 (1958).
[9] F. Hirzebruch, Neue topologische Methoden in der algebraischen Geometrie. Erg. Math. Grenzgeb. Berlin-Göttingen-Heidelberg 1956.
[10] K. Kodaira, On compact complex analytic surfaces, I. Ann. of Math., II. Ser. **71**, 111–152 (1960).
[11] M. Nagata, Existence theorems for non-projective complete algebraic varieties. Ill. J. Math. **2**, 490–498 (1958).
[12] R. Remmert, Meromorphe Funktionen in kompakten komplexen Räumen. Math. Ann. **132**, 277–288 (1956).
[13] R. Remmert, Über fast-homogene und homogene kompakte komplexe Mannigfaltigkeiten. In Vorbereitung.
[14] C. L. Siegel, Meromorphe Funktionen auf kompakten analytischen Mannigfaltigkeiten. Nachr. Akad. Wiss. Göttingen, math.-phys. Kl., math.-phys.-chem. Abt. 71–77 (1955).
[15] H. C. Wang, Complex parallisable manifolds. Proc. Amer. Math. Soc. **5**, 771–776 (1954).

Eingegangen am 16. 3. 1962

32.

Bemerkenswerte pseudokonvexe Mannigfaltigkeiten*

Math. Zeitschr. **81**, 377–391 (1963)

Einleitung

In [6] wurde u.a. gezeigt: *Es seien X eine komplexe Mannigfaltigkeit, $G \subset X$ ein relativ-kompaktes Teilgebiet mit glattem Rande. Ist dann der Rand ∂G streng pseudokonvex, so ist G holomorph-konvex.* Es wurde bereits in [6] angegeben, daß die Aussage falsch wird, wenn man schwächer nur voraussetzt, daß ∂G pseudokonvex ist. In der Tat läßt sich dafür ein einfaches Beispiel konstruieren, bei dem X ein 2-dimensionaler kompakter komplexer Torus T ist und auf $G \neq T$ nur konstante holomorphe Funktionen existieren. Man vgl. [8]. Da man T projektiv algebraisch wählen kann, läßt sich T und mithin erst recht G als verzweigtes Gebiet über dem 2-dimensionalen komplex projektiven Raum P_2 ausbreiten. Man erhält also ein nichtkompaktes, pseudokonvexes Gebiet über dem P_2, das nicht holomorph-konvex und nicht Holomorphiegebiet ist. Die Levische Aussage gilt also sicher nicht für verzweigte unendliche Gebiete!

In dieser kurzen Arbeit soll zunächst ein verzweigtes, unendliches, pseudokonvexes Meromorphiegebiet angegeben werden, das nicht Holomorphiegebiet ist (mindestens 2-dimensional); sodann soll ein Gebiet $G \subset\subset X$ konstruiert werden, dessen Rand pseudokonvex und bis auf eine 2-codimensionale Teilmenge auch streng pseudokonvex ist (mindestens 3-dimensional). G wird jedoch nicht holomorph-konvex sein, und die maximalen Ideale, die zu den komplexen Charakteren auf der Algebra $I(G)$, der in G holomorphen Funktionen, gehören, sind keineswegs immer endlich erzeugt. Es folgt deshalb, daß $I(G)$ nicht isomorph ist zu der Algebra von holomorphen Funktionen auf einem Steinschen Raum. Man kann sogar aus G eine 1-codimensionale analytische Menge A entfernen, so daß $I(G-A) \simeq I(G)$ und $G-A$ über dem 3-dimensionalen komplexen Zahlenraum C_3 ausgebreitet werden kann.

Ist B ein unverzweigtes Gebiet über dem C_n, so läßt sich auf bekannte Weise von B die Holomorphiehülle $\hat{B}$ konstruieren. $\hat{B}$ ist wieder unverzweigt und nach einem Satz von Oka [9] eine Steinsche Mannigfaltigkeit. Jede auf B holomorphe Funktion ist „nach" $\hat{B}$ fortsetzbar. Es gilt deshalb $I(B) = I(\hat{B})$. Da $\hat{B}$ nach einem Satz von Igusa durch $I(\hat{B})$ bestimmt ist, bedeutet die Konstruktion der Holomorphiehülle im wesentlichen das Auffinden einer Steinschen Mannigfaltigkeit mit isomorpher Funktionenalgebra. Dieses ist also im Falle von $G-A$ nicht möglich.

---

* Unterstützt durch AFOSR, European Office of Aerospace Research AF-EOAR-61-50.

Im letzten Paragraphen dieser Arbeit führen uns diese Untersuchungen zu einem erweiterten Begriff des komplexen Raumes (zum komplexen Schema). Es bleibt zu hoffen, daß sich in der Kategorie der komplexen Schemata Holomorphiehüllen stets konstruieren lassen.

§ 1. Topologisch triviale Geradenbündel über kompakten Riemannschen Flächen

0. Es müssen zunächst einige Bezeichnungen eingeführt werden. Ist X ein (reduzierter) komplexer Raum, F ein komplex analytisches Geradenbündel über X, so bezeichne stets $\pi: F \to X$ die Bündelprojektion und $\mathfrak{O} \subset F$ die Nullschnittfläche. Wir schreiben F^k, $k=1, 2, 3, \ldots$ für das k-fache Tensorprodukt von F mit sich selbst, F^* für das zu F duale Bündel und setzen $F^{-k}=(F^*)^k$, $F^0=$ triviales Bündel über X. Die Zuordnung $(z_1, z_2) \to z_1 \otimes z_2$, $z_1 \in F_x^{k_1}$, $z_2 \in F_x^{k_2}$ definiert eine fasertreue, kanonische, holomorphe Abbildung $F^{k_1} \oplus_X F^{k_2} \to F^{k_1+k_2}$. Ist $z_1 \in F_x^{-1}$, so muß man z_1 als lineares Funktional in F_x auffassen. Es gilt $z_1 \otimes z_2 = (x, z_1(z_2)) \in F^0 = X \times C$, wenn $z_2 \in F_x$ ein beliebiger Punkt ist. Es sei F auch die Garbe der Keime von lokalen holomorphen Schnittflächen in F. Es ist $F^0 = \mathcal{O}$, die Strukturgarbe von X. Ist A ein Divisor, so sei mit $[A]$ das zugeordnete komplex analytische Geradenbündel bezeichnet.

Eine „Norm in F" ist gegeben, wenn auf jeder Faser $F_x = \pi^{-1}(x)$ von F eine Norm $\| \ \|_x$ erklärt ist und weiter noch $\| \ \|_x$ stetig von $x \in X$ abhängt. Falls X parakompakt ist, läßt sich stets eine solche Norm in F einführen. Durch die Setzung $\|z_1 \otimes \ldots \otimes z_k\| = \Pi \|z_\nu\|$ erhält man zu jeder Norm in F eine in F^k. Das ist auch für negative k möglich. Ist nämlich $z_1 \in F^{-1}$, so definieren wir $\|z_1\| = |z_1(z_2)| / \|z_2\|$, $z_2 \in F$. Im Falle $F^0 = X \times C$ schreiben wir schließlich noch $\|x, z\| = |z|$ und haben damit erreicht, daß jede Abbildung $F^{k_1} \oplus F^{k_2} \to F^{k_1+k_2}$ sich multiplikativ in den Normen verhält.

Es sei nun Y ein weiterer komplexer Raum und $\psi: Y \to X$ eine holomorphe Abbildung. Wir bezeichnen dann durch $F \circ \psi$ das vermöge ψ nach Y geliftete Bündel F. $F \circ \psi$ ist wieder ein komplex-analytisches Geradenbündel. Es besitzt über $y \in Y$ gerade die Faser F_x, $x = \psi(y)$. Es gibt deshalb eine holomorphe Abbildung $\hat{\psi}: F \circ \psi \to F$, die jeden 1-dimensionalen Vektorraum $(F \circ \psi)_y$ isomorph auf F_x, $x = \psi(y)$ abbildet. Besitzt F eine Norm $\| \ \|$, so wird in $F \circ \psi$ eine Norm $\| \ \|^\psi$ induziert. Die Abbildung $\hat{\psi}$ ist isometrisch bezüglich dieser beiden Normen. — Normen in verschiedenen Geradenbündeln seien fortan mit gleichen Symbolen bezeichnet, wenn das nicht zu Mißverständnissen führt.

Es sei G ein weiteres komplex-analytisches Geradenbündel über X. Wir setzen $\hat{G} = G \circ \pi$. Ist $z_\nu \in F_x^{-1}$ ein Punkt, so bezeichne l_ν die zugeordnete lineare Funktion in F_x. Durch einen Isomorphismus $F_x \simeq C$ läßt sich übrigens in F_x eine komplexe Koordinate t_x definieren. t_x ist bis auf einen komplexen Faktor $a_x \neq 0$ eindeutig bestimmt. $\hat{G}|F_x$ ist analytisch trivial. Jede Schnittfläche läßt sich deshalb als holomorphe Funktion deuten. Durch die Setzung

$P = w \otimes z_1 \otimes \cdots \otimes z_k \to (\Pi\, l_\nu) \cdot \hat{\pi}^{-1}(w)$, $w \in G_x$, $z_\nu \in F_x^{-1}$ wird jedem Punkt $P \in (G \otimes F^{-k})_x$ eine Schnittfläche $\mathfrak{s}[P] \in \Gamma(F_x, \hat{G}|F_x)$ zugeordnet, die sich als holomorphe Funktion aufgefaßt schreiben läßt: $\mathfrak{s}[P] = c \cdot t_x^k$. Man sieht sofort, daß $\{P\} \to \{c \cdot t_x^k\}$ ein (surjektiver) Isomorphismus ist. Es gilt

$$\|P\| = \sup_{z \in F_x, \|z\| < 1} \|\mathfrak{s}[P](z)\|^n.$$

Wir betrachten noch Schnittflächen $s \in \Gamma(U, \hat{G})$, wobei $U = U(\mathfrak{O})$ eine Umgebung der Nullschnittfläche $\mathfrak{O} \subset F$ bezeichnet. Entwickelt man s auf jedem $U \cap F_x$ in eine Potenzreihe nach t_x, so folgt:

Es gibt eindeutig bestimmte Schnittflächen $s_\nu \in \Gamma(X, G \otimes F^{-\nu})$, $\nu = 0, 1, 2, \ldots$ mit $s = \sum_{\nu=0}^{\infty} \mathfrak{s}[s_\nu]$ in einer Umgebung von $\mathfrak{O}$. Wir schreiben anstelle von $\Sigma\, \mathfrak{s}[s_\nu]$ fortan $\Sigma\, s_\nu \cdot t^\nu$ und nennen diese Summe die Potenzreihe von s auf den Fasern von F. Ist $U = T_r = \{z \in F,\ \|z\| < r\}$, so konvergiert $\Sigma\, s_\nu \cdot t^\nu$ sogar in U. — Die Entwicklung in eine Laurent-Reihe ist möglich, wenn $s \in \Gamma(U - \mathfrak{O}, \hat{G})$.

1. Es bezeichne R eine kompakte Kählersche Mannigfaltigkeit mit erster Bettischer Zahl $2p$, F ein komplex analytisches Geradenbündel über R. F sei topologisch trivial.

Satz 1. *Es gebe in einer Umgebung $U(\mathfrak{O}) \subset F$ eine nicht konstante holomorphe Funktion f. Dann ist für eine natürliche Zahl k die Potenz F^k auch analytisch trivial.*

Beweis. Wir dürfen annehmen, daß f auf $\mathfrak{O}$ verschwindet. Es sei k die Ordnung, mit der f die Menge $\mathfrak{O}$ als Nullstellenfläche annimmt und $\hat{F}$ dasjenige komplex-analytische Geradenbündel über F, das zu dem Divisor $-k\mathfrak{O}$ gehört. Man hat $\hat{F}|\mathfrak{O} \simeq F^{-k} = F_1$. Die Funktion f läßt sich als eine über U holomorphe Schnittfläche s in $\hat{F}$ auffassen, die über $\mathfrak{O}$ nicht identisch verschwindet. Die Nullstellenmenge von $s|\mathfrak{O}$ ist ein Zyklus, der die Chernsche Klasse $c(F_1)$ definiert. Da F_1 topologisch trivial ist, folgt $c(F_1) = 0$. Andererseits ist in einer Kählerschen Mannigfaltigkeit eine analytische Menge niemals homolog null. $s|\mathfrak{O}$ hat also überhaupt keine Nullstellen und F_1 und mithin F^k sind analytisch trivial, q.e.d.

2. Es sei nun $\mathfrak{U} = \{U_\iota\colon \iota = 1, \ldots, \iota_*\}$ eine offene Überdeckung, die so fein ist, daß F bezüglich $\mathfrak{U}$ durch holomorphe Übergangsfunktionen $\{f_{\iota_1\iota_2}\}$ gegeben werden kann. Die Umgebungen U_ι und die Durchschnitte $U_{\iota_1\iota_2} = U_{\iota_1} \cap U_{\iota_2}$, $U_{\iota_1\iota_2\iota_3} = U_{\iota_1} \cap U_{\iota_2} \cap U_{\iota_3}$ seien einfach zusammenhängend. Es ist $\xi = \delta\left\{\frac{1}{2\pi i} \lg f_{\iota_1\iota_2}\right\} \in Z^2(\mathfrak{U}, Z)$ und repräsentiert die Chernsche Klasse von F. Da diese verschwindet, folgt $\xi = \delta\eta$ mit $\eta \in C^1(\mathfrak{U}, Z)$, d.h. wir können $\lg f_{\iota_1\iota_2}$ so wählen, daß $\xi = 0$ gilt.

Sei fortan dieses der Fall! Nach einem Satz von Kodaira gibt es über U_ι holomorphe Funktionen g_ι, so daß $\frac{1}{2\pi i} \lg f_{\iota_1\iota_2} + g_{\iota_1} - g_{\iota_2}$ über $U_{\iota_1\iota_2}$ konstant und reell ist. Bei geeigneter Wahl von $f_{\iota_1\iota_2}$ gilt dieses daher schon für $\frac{1}{2\pi i} \lg f_{\iota_1\iota_2}$. Mithin folgt $|f_{\iota_1\iota_2}| = 1$.

Es sei π die Projektion $F \to R$ und ψ_ι der fasertreue Isomorphismus $\pi^{-1}(U_\iota) \rightrightarrows U_\iota \times C$, durch den jedem Punkt $P \in \pi^{-1}(U_\iota)$ Koordinaten $(x, z_\iota) = \psi_\iota(P)$ zugeordnet werden. Im Falle $|f_{\iota_1 \iota_2}| \equiv 1$, ist also $T_r = \bigcup_\iota \{\psi_\iota^{-1}(x, z_\iota) : |z_\iota| < r\}$ eine Umgebung um $\mathfrak{O} \subset F$, die relativ kompakt in F enthalten ist und für deren Rand gilt: $\psi_\iota(\partial T_r) = \{(x, z_\iota) : |z_\iota| = r\}$. ∂T_r ist also überall eine glatte reell analytische Hyperfläche, die in jedem Punkt pseudokonvex, in keinem aber streng pseudokonvex ist. — Wir haben also gezeigt:

Satz 2. *Es gibt um $\mathfrak{O} \subset F$ eine relativ kompakte Umgebung $T = T_{r_0}$, deren Rand glatt, reell-analytisch, pseudokonvex, jedoch nirgendwo streng pseudokonvex ist.*

Gilt $|f_{\iota_1 \iota_2}| \equiv 1$, so setzen wir für jeden Punkt

$$\psi_\iota^{-1}(x, z_\iota) \in \pi^{-1}(U_\iota) : \|\psi_\iota^{-1}(x, z_\iota)\| = |z_\iota| .$$

Diese Zahl ist unabhängig von ι bestimmt. Wir erhalten auf jeder Faser von F eine Norm, die stetig (und sogar reell-analytisch) von der Faser abhängt. Beim Übergang zu einem anderen System $\{\psi_\iota, f_{\iota_1 \iota_2}\}$ mit $|f_{\iota_1 \iota_2}| \equiv 1$ erhält man eventuell eine andere Norm in F. Diese unterscheidet sich von der ersten jedoch nur durch eine multiplikative Konstante. Wir nennen eine auf diese Weise definierte Norm eine „flache Norm in F".

Es sei nun p, das Geschlecht, größer als null und F so gewählt, daß keine Tensorpotenz von F analytisch trivial ist. $T = T(\mathfrak{O})$ habe die in Satz 2 angegebenen Eigenschaften. Es gibt dann, obgleich T pseudokonvex ist, nur konstante holomorphe Funktionen in T. Die Mannigfaltigkeit T ist also sicher nicht holomorph-konvex und kein Holomorphiegebiet.

3. Wir wollen untersuchen, ob T ein Meromorphiegebiet ist. Zu dem Zwecke werde definiert:

Definition 1. Es seien X ein (reduzierter) komplexer Raum, G ein komplex analytisches Geradenbündel über X. Dann heißt X G-konvex, wenn es zu jeder kompakten Teilmenge $K \subset X$ eine kompakte Teilmenge $\hat{K} \supset K$ gibt, so daß für jeden Punkt $x \in X - \hat{K}$ folgendes gilt:

Ist $U = U(\mathfrak{O})$ eine Umgebung der Nullschnittfläche von G und $P \in G$ ein Punkt über x, so existiert eine holomorphe Schnittfläche s in G mit $s(x) = P$ und $s(y) \in U$ für $y \in K$.

Man sieht sofort:

Ist G analytisch trivial, so ist X holomorph-konvex genau dann, wenn X G-konvex ist.

Durch Addition einer Folge von Schnittflächen zeigt man:

Satz 3. *Es seien $X' \subset\subset X$ komplexe Räume, G ein komplex-analytisches Geradenbündel über X. Ist dann X' G-konvex, so gibt es eine über X' holomorphe Schnittfläche in G, die in jedem Randpunkt von X' unbeschränkt und damit singulär wird.*

Beweis. X' ist relativ kompakt und hat daher abzählbare Topologie. Wir wählen X' ausschöpfende Folgen K_ν, $\hat{K}_\nu$, $\nu = 1, 2, 3, \ldots$ von kompakten Teilmengen, so daß gilt:

1. $\hat{K}_\nu \subset \mathring{K}_{\nu+1}$, $\nu = 1, 2, 3, \ldots$
2. $\bigcup \mathring{K}_\nu = X'$.
3. Jedes Paar K_ν, $\hat{K}_\nu$ hat die in Definition 1 angegebene Eigenschaft.

Es läßt sich nun eine Folge von Punkten $x_\nu \in \partial K_{\nu+1}$ konstruieren, die sich gegen jeden Randpunkt von X' häuft. Wir führen in $G' = G|\overline{X}'$ eine Norm $\| \;\|$ ein und wählen Schnittflächen $s_\nu \in \Gamma(X', G)$ mit $\|s_\nu(x_\nu)\| = \nu$ und $\sup \|s_\nu(K_\nu)\| < 2^{-\nu}$. Die Reihe $s(x) = \Sigma\, s_\nu(x)$ ist dann über ganz X' konvergent und $s(x) \in \Gamma(X', G)$ ist eine Schnittfläche mit $\|s(x_\nu)\| \geqq \nu - 1$. $s(x)$ ist deshalb in jedem Randpunkt von X' singulär.

Wir kehren zu den Bezeichnungen aus Abschnitt 2 zurück. R sei jedoch fortan projektiv algebraisch. $A \subset R$ sei eine überall 1-codimensionale analytische Menge. Das zu dem Divisor (A) gehörige komplex-analytische Geradenbündel G sei positiv (im Sinne von KODAIRA). Wir setzen $\hat{G} = G^k \circ \pi$ über dem Bündelraum F und beweisen:

Satz 4. *Ist k hinreichend groß gewählt, so ist T $\hat{G}$-konvex*[1]).

Beweis. Wir zeigen zunächst:

(1) *Es gibt ein k_0, so daß für jedes $k \geqq k_0$, für jeden Punkt $x_0 \in R$ und für jedes topologisch triviale, komplex-analytische Geradenbündel H über R eine Schnittfläche $s \in \Gamma(R, G^k \otimes H)$ existiert mit $s(x_0) = a \neq 0$.*

In der Tat! Die Geradenbündel H bilden Punkte der Picardschen Mannigfaltigkeit von R. Es gibt also einen komplexen Torus $\mathfrak{T}$ und ein komplex-analytisches Geradenbündel $\mathscr{H}$ über $R \times \mathfrak{T}$, so daß $H(\mathfrak{t}) = \mathscr{H}|R \times \mathfrak{t}$, $\mathfrak{t} \in \mathfrak{T}$, die Schar aller topologisch trivialen, komplex-analytischen Geradenbündel über R ist. Wir liften G zu einem Geradenbündel $\tilde{G}$ nach $R \times \mathfrak{T}$. Da $\mathfrak{T}$ projektiv algebraisch ist, gibt es ein positives Geradenbündel D über $\mathfrak{T}$, das wir vermöge der Produktprojektion $R \times \mathfrak{T} \to \mathfrak{T}$ nach $R \times \mathfrak{T}$ liften. Wir erhalten ein komplex analytisches Geradenbündel $\tilde{D}$ über $R \times \mathfrak{T}$. $\tilde{G} \otimes \tilde{D}$ ist dann positiv über $R \times \mathfrak{T}$. Ist k hinreichend groß, so gibt es zu jedem Punkt $(x, \mathfrak{t}) \in R \times \mathfrak{T}$ eine Schnittfläche $\tilde{s} \in \Gamma(R \times \mathfrak{T}, \mathscr{H} \otimes (\tilde{G} \otimes \tilde{D})^k)$ mit $\tilde{s}(x, \mathfrak{t}) \neq 0$[2]). Es ist aber $\mathscr{H} \otimes (\tilde{G} \otimes \tilde{D})^k | R \times \mathfrak{t} \simeq H(\mathfrak{t}) \otimes G^k$. Damit ist (1) bewiesen.

Wir stellen jedes Geradenbündel $H(\mathfrak{t})$ bezüglich einer festen Steinschen Überdeckung $\mathfrak{U} = \{U_\iota\}$ von R durch konstante Übergangsfunktionen $\{h_{\iota_1 \iota_2}(\mathfrak{t})\}$ mit $|h_{\iota_1 \iota_2}(\mathfrak{t})| = 1$ dar. Die $h_{\iota_1 \iota_2}(\mathfrak{t})$ können dabei in einer ganzen Umgebung eines jeden Punktes $\mathfrak{t}_0 \in \mathfrak{T}$ als stetig von $\mathfrak{t}$ abhängend definiert werden. Das folgt, weil $C^0(\mathfrak{U}, \mathcal{O}) \oplus Z^1(\mathfrak{U}, R) \xrightarrow{(\delta, i)} Z^1(\mathfrak{U}, \mathcal{O})$ eine stetige, surjektive und nach

[1]) Der Fall $r_0 = \infty$, d.h. $T = F$ ist hierbei zugelassen. Das gilt auch für viele Sätze in §2 (z.B. Satz 1).

[2]) Sätze dieser Art wurden u.a. von K. KODAIRA bewiesen. Man vgl. auch [7].

dem Satz von BANACH [3] offene Abbildung ist. Die konstanten Übergangsfunktionen können also als stetig von den gegebenen Übergangsfunktionen abhängend konstruiert werden.

Man kann nun in jedem $H(\mathfrak{t})$ eine flache Norm definieren, derart, daß diese stetig von $\mathfrak{t}$ abhängt. Wir erhalten eine Norm in $\mathscr{H}$. Wählt man weiter eine Norm in $(\tilde{G}\otimes\tilde{D})^k$, so wird durch Bildung des Tensorproduktes von Normen auch $\mathscr{H}\otimes(\tilde{G}\otimes\tilde{D})^k$ und mithin erst recht jedes Bündel $H(\mathfrak{t})\otimes G^k$ normiert. Da es nur endlich viele linear unabhängige holomorphe Schnittflächen in $\mathscr{H}\otimes(\tilde{G}\otimes\tilde{D})^k$ gibt, folgt $(k\geqq k_0)$:

(2) *Es gibt eine Konstante $\mathfrak{K}>0$, die nur von G, k und der Norm in G abhängt, so daß zu jedem Punkt $x_0\in R$ eine Schnittfläche $s\in\Gamma(R, H(\mathfrak{t})\otimes G^k)$ existiert, mit $s(x_0)\neq 0$, $\sup\|s(R)\|\leqq\mathfrak{K}\cdot\|s(x_0)\|$.*

Um Satz 4 zu beweisen, wählen wir k so groß, daß (2) gilt. Jede Schnittfläche s in $F^{-l}\otimes G^k$ läßt sich als eine Schnittfläche $\tilde{s}=\mathfrak{s}[s]$ aus $\Gamma(F,\hat{G})$ deuten, die auf $\mathfrak{O}\subset F$ von der Ordnung l verschwindet und deren Beschränkungen auf die Fasern von F homogene Polynome vom Grade l sind. Es gilt $r_0^l\cdot\sup\|s(R)\|=\sup\|\tilde{s}(T)\|$, wobei die zweite Norm durch Liftung der Norm in G^k nach $\hat{G}$ gebildet ist.

Ist nun $K\subset T$ eine kompakte Teilmenge, so wählen wir $q<r_0$ so, daß $K\subset T_q$ und setzen $\hat{K}=\overline{T}_q$. Ist dann $y\in F_x\cap T-\hat{K}$, so gibt es zu jedem l eine Schnittfläche $s\in\Gamma(R, F^{-l}\otimes G^k)$ mit $\|s(x)\|=1$, $\sup\|s(R)\|\leqq\mathfrak{K}$. Wir bilden $\tilde{s}=\mathfrak{s}[s]\in\Gamma(F,\hat{G})$. Wird l sehr groß, so wird $\sup\|\tilde{s}(K)\|$ im Verhältnis zu $\|\tilde{s}(y)\|$ beliebig klein. Damit ist Satz 4 bewiesen.

Aus Satz 3 folgt:

Satz 5. *T ist ein Meromorphiegebiet.*

Beweis. Es sei $\hat{A}$ der Divisor $k\cdot\pi^{-1}(A)$. Dann ist $\hat{G}$ das Geradenbündel, das zu $\hat{A}$ gehört. Jede holomorphe Schnittfläche in $\hat{G}$ läßt sich als eine meromorphe Funktion auffassen, die höchstens über der Menge $\hat{A}$ Polstellen hat. Nach Satz 3 gibt es eine Schnittfläche $s\in\Gamma(T,\hat{G})$, die in der Nähe eines jeden Punktes von ∂T unbeschränkt wird. Da ∂T überall reell 1-codimensional, die Polstellenmenge einer meromorphen Funktion aber 2-codimensional ist, folgt, daß s auch als meromorphe Funktion nicht über den Rand von ∂T fortgesetzt werden kann, q.e.d.

Wir schließen nun jede Faser von F durch Hinzunahme des unendlich fernen Punktes ab und erhalten ein Bündel $\overline{F}$, das den eindimensionalen komplexprojektiven Raum P_1 als typische Faser hat. Da P_1 einfach zusammenhängend ist, ergibt ein Satz von A. BOREL, daß $\overline{F}$ eine projektiv algebraische Mannigfaltigkeit ist. $\overline{F}$ und damit erst recht T läßt sich also als verzweigtes Gebiet einem komplexprojektiven Raum P_n überlagern.

Es gibt also ein *verzweigtes und endliches pseudokonvexes Gebiet, das nicht Holomorphiegebiet, jedoch Meromorphiegebiet ist.*

Es ist dem Verfasser unbekannt, ob jedes pseudokonvexe (verzweigte) Gebiet über dem P_n ein Meromorphiegebiet ist. Doch darf man eine ähnliche Aussage vermuten.

§ 2. Fast überall streng pseudokonvexe Gebiete

1. Es sei R eine kompakte, projektiv-algebraische Mannigfaltigkeit vom Geschlecht $\geqq 1$. G sei ein negatives komplex-analytisches Geradenbündel über R. Die Nullschnittfläche $\tilde{\mathfrak{O}} \subset G$ ist zu R isomorph und exzeptionell. Wir schließen jede Faser von G durch Hinzunahme des unendlich fernen Punktes ab und erhalten eine kompakte projektiv algebraische Mannigfaltigkeit X. Es sei $X_\infty = X - G$.

Wir blasen $\tilde{\mathfrak{O}}$ zu einem Punkt nieder und erhalten einen normalen komplexen Raum X'. X' ist wieder kompakt und projektiv algebraisch. Man vgl. [7]. Es sei F_1' ein negatives komplex-analytisches Geradenbündel über X'. Es gibt eine Umgebung $T_1' \subset\subset F_1'$ um die Nullschnittfläche, deren Rand streng pseudokonvex ist. Wir liften F_1' nach X vermöge der Modifikationsprojektion $X \to X'$ und erhalten ein komplex-analytisches Geradenbündel F_1 über X, dessen Nullschnittfläche $\mathfrak{O}_1 \simeq X$ eine Umgebung $T_1 = \{P \in F_1 \colon \|P\| < 1\} \subset\subset F_1$ mit glattem 2-mal stetig differenzierbaren Rand besitzt, der in $F_1 - \pi_1^{-1}(\tilde{\mathfrak{O}})$ streng pseudokonvex und in ganz F_1 pseudokonvex ist. π_1 bezeichnet dabei die Bündelprojektion $F_1 \to X$. Die Norm in F_1 entstehe durch Liftung einer 2-mal stetig differenzierbaren Norm in F_1'.

Es sei nun F_2' über $\tilde{\mathfrak{O}} \simeq R$ ein topologisch triviales komplex-analytisches Geradenbündel, bei dem keine Tensorpotenz analytisch trivial ist. Es gibt eine Umgebung $T_2' = \{P \in F_2', \|P\| < 1\} \subset\subset F_2'$ der Nullschnittfläche $\mathfrak{O}_2' \subset F_2'$, deren Rand in jedem Punkte pseudokonvex ist. Wir erhalten durch Liftung vermöge der Faserprojektion $\tilde{\pi} \colon X \to \tilde{\mathfrak{O}} \simeq R$ ein komplex-analytisches Geradenbündel F_2 über X, dessen Nullschnittfläche $\mathfrak{O}_2$ eine Umgebung $T_2 = \{P \in F_2 \colon \|P\| = \|P\|^{\tilde{\pi}} < 1\} \subset\subset F_2$ mit glattem reell-analytischen, pseudokonvexen Rand besitzt. Die Nullschnittfläche $\mathfrak{O}$ von $F = F_1 \otimes F_2$ hat dann eine Umgebung $T = \{P \in F \colon \|P\| < 1\} \subset\subset F$ mit glattem 2-mal stetig differenzierbaren pseudokonvexen Rand. Man erhält die zugehörige Norm durch das Tensorprodukt. Man hat $F | \tilde{\mathfrak{O}} \simeq F_2'$ und $(F^*)^k | \tilde{\mathfrak{O}} \simeq ((F_2')^*)^k$. Jede Schnittfläche $s \in \Gamma(X, (F^*)^k)$ verschwindet also auf $\tilde{\mathfrak{O}}$. Auf $M \cap T$ mit $M = \pi^{-1}(\tilde{\mathfrak{O}})$, $\pi \colon F \to X$ gibt es nur konstante holomorphe Funktionen, T ist also sicher nicht holomorph-konvex.

2. Nach [7], § 3 ist $(F^*)^l \otimes H$ positiv, wenn H das zu dem Divisor $-\tilde{\mathfrak{O}} \subset X$ gehörige Geradenbündel bezeichnet und l hinreichend groß gewählt ist. Ist k eine geeignete natürliche Zahl, so gibt es zu jedem Punkt $x \in X$ eine in x nicht verschwindende Schnittfläche aus $\Gamma = \Gamma(X, (F^*)^{l \cdot k} \otimes H^k)$ und darüber hinaus definieren die Schnittflächen aus Γ eine biholomorphe Einbettung von X in einen komplex projektiven Raum.

Wir haben die Einbettungsabbildung $i \colon (F^*)^{l \cdot k} \otimes H^k \to (F^*)^{l \cdot k}$. Diese definiert eine Injektion $\Gamma(X, (F^*)^{l \cdot k} \otimes H^k) \to \Gamma(X, (F^*)^{l \cdot k})$. Da i über $X - \tilde{\mathfrak{O}}$

surjektiv ist, definieren die Schnittflächen aus $\Gamma(X, (F^*)^{l\cdot k})$ eine biholomorphe Einbettung von $X - \tilde{\mathfrak{D}}$ in einen komplex-projektiven Raum. Schließlich kann man jede Schnittfläche $s \in \Gamma(X, (F^*)^{l\cdot k})$ als holomorphe Funktion $\mathfrak{s}[s]$ in F deuten. Diese Funktionen zusammen ergeben eine holomorphe Abbildung von F in einen komplexen Zahlenraum C^N. Die Menge $A = \mathfrak{D} \cup M$ wird auf den Nullpunkt $0 \in C^N$ abgebildet, $F - A$ geht dagegen biholomorph in $C^N - 0$. $F - A$ kann also als verzweigtes Gebiet einem komplexen Zahlenraum überlagert werden. Ferner sind die Punkte in $F - A$ durch holomorphe Funktionen trennbar.

3. Es sei $U = U(\tilde{\mathfrak{D}}) \subset X$ eine Umgebung und $s \in \Gamma(U - \tilde{\mathfrak{D}}, F^l)$ eine Schnittfläche. Wir zeigen:

Hilfssatz 1. *Die Schnittfläche s läßt sich zu einer Schnittfläche aus $\Gamma(U, F^l)$ fortsetzen.*

Beweis. Wir dürfen annehmen, daß U so klein gewählt ist, daß gilt: $F^l | U \simeq F_2^l | U$. Bezüglich einer geeigneten Überdeckung von U läßt sich $F^l | U$ daher durch konstante Übergangsfunktionen f_{ik} mit $|f_{ik}| \equiv 1$ geben. Es ist deshalb in $F^l | U$ eine flache Norm definiert. Nach [7] gibt es eine reell-analytische Schar $S(t) = \{P \in G \colon \|P\| < t\} \subset\subset U$, $0 < t \leqq 1$ von Umgebungen von $\tilde{\mathfrak{D}}$ mit glattem, streng pseudokonvexem Rand. Es sei $\sup \|s(\partial S(1))\| = a$. Angenommen $s(x)$ wäre in der Nähe von $\tilde{\mathfrak{D}}$ nicht beschränkt! Lassen wir dann t von 1 nach 0 streben, so gibt es eine erste Zahl q, so daß $\sup \|s(\partial S(q))\| = a + 1$. Das Supremum wird angenommen. Für ein $x_0 \in \partial S(q)$ gilt: $\|s(x_0)\| = a + 1$. Da $\partial S(q)$ in x_0 streng pseudokonvex ist, kann man eine Umgebung $V = V(x_0) \subset\subset U$, eine in V 1-codimensionale analytische Menge B finden, so daß $\overline{B} \cap \overline{S(q)} = x_0$. Man hat $\sup \|s(\partial B)\| < a + 1$. Nach dem Maximumprinzip ist auch $\|s(x_0)\| < a + 1$. Widerspruch! Also ist $s(x)$ in der Nähe von $\tilde{\mathfrak{D}}$ beschränkt. Man kann nun $s(x)$ nach dem Riemannschen Satz über hebbare Singularitäten in jeden Punkt von $\tilde{\mathfrak{D}}$ analytisch fortsetzen.

Satz 1. *Jede in $T - (M \cup \mathfrak{D})$ holomorphe Funktion f läßt sich analytisch nach T fortsetzen.*

Beweis. Wir entwickeln f in eine Laurent-Reihe $f = \sum_{\nu=-\infty}^{+\infty} a_\nu t^\nu$ mit $a_\nu \in \Gamma(X - \tilde{\mathfrak{D}}, (F^*)^\nu)$. Diese Schnittflächen lassen sich nun nach dem Hilfssatz zu Schnittflächen $\hat{a}_\nu \in \Gamma(X, (F^*)^\nu)$ fortsetzen. Alle $\hat{a}_\nu$, $\nu \neq 0$ verschwinden auf $\tilde{\mathfrak{D}}$. Die Reihe $\hat{f} = \sum_{\nu=-\infty}^{+\infty} \hat{a}_\nu t^\nu$ ist deshalb in ganz $T - \mathfrak{D}$ konvergent und $\hat{f}$ ist eine Fortsetzung von f.

Die Koeffizienten $\hat{a}_{-\nu}$, $\nu = 1, 2, 3, \ldots$ sind holomorphe Schnittflächen in F^ν. Ist $a_{-\nu} \not\equiv 0$, so gibt es zu jedem ν eine positive Zahl r_ν, so daß $B_\nu = \{r_\nu \cdot \hat{a}_{-\nu}(x)\} \subset \overline{T}$, $B_\nu \cap \partial T \neq 0$. Wegen $a_{-\nu}(\tilde{\mathfrak{D}}) = 0$ muß es einen Punkt $x_0 \in X - \tilde{\mathfrak{D}}$ geben mit $P = r_\nu \cdot a_{-\nu}(x_0) \in \partial T$. Der Rand ∂T ist aber in $r_\nu \cdot \hat{a}_{-\nu}(x_0)$ streng pseudokonvex. Es kann also eine analytische Menge B_ν nicht geben. Widerspruch! Alle Koeffizienten $a_{-\nu}$ sind identisch null, und $\hat{f}$ ist in ganz T holomorph.

Satz 1 besagt insbesondere, daß die komplexen Algebren $I(T)$ und $I(T-(\mathfrak{O}\cup M))$ der holomorphen Funktionen über T bzw. der holomorphen Funktionen über $T-(\mathfrak{O}\cup M)$ zueinander isomorph sind.

4. Es sei $N=N(\tilde{\mathfrak{O}})$ das kovariante Normalenbündel von $\tilde{\mathfrak{O}}\subset X$. Da N ein positives komplex analytisches Geradenbündel über $\tilde{\mathfrak{O}}$ ist, folgt aus Aussage 1 (im Beweis von Satz 4, §1): Es gibt eine kleinste natürliche Zahl k, derart, daß es für unendlich viele ν in $\Gamma(\tilde{\mathfrak{O}}, N^k\otimes((F_2')^*)^\nu)$ nicht identisch verschwindende Schnittflächen s'_ν gibt. Wir liften s'_ν vermöge $\tilde{\pi}: X\to\tilde{\mathfrak{O}}$ zu einer Schnittfläche $s_\nu\in\Gamma(X, (N\circ\tilde{\pi})^k\otimes(F_2^*)^\nu)$. $N\circ\tilde{\pi}$ ist aber isomorph zu dem komplexanalytischen Geradenbündel, das zu dem Divisor $(-\tilde{\mathfrak{O}}+X_\infty)$ gehört. Es gilt also $(N\circ\tilde{\pi})^k\otimes(F_2^*)^\nu\simeq[k\cdot(-\tilde{\mathfrak{O}}+X_\infty)]\otimes(F_2^*)^\nu$. Jede Schnittfläche s_ν läßt sich deshalb als meromorphe Schnittfläche in $(F_2^*)^\nu$ deuten, die genau X_∞ zur Polstellenfläche der Ordnung k und $\tilde{\mathfrak{O}}$ zur Nullstellenfläche ebenfalls der Ordnung k hat und nicht in allen Punkten aus $\tilde{\mathfrak{O}}$ von höherer Ordnung als k verschwindet.

Wir wählen eine natürliche Zahl ν_0 so groß, daß es für $\nu\geqq\nu_0$ eine Schnittfläche $b'_\nu\in\Gamma(X', ((F_1')^*)^\nu)$ gibt mit $b'_\nu(I m\tilde{\mathfrak{O}})\neq 0$, die auf X_∞ wenigstens k-fach verschwindet. Bekanntlich gibt es zu positiven Geradenbündeln immer eine solche Zahl. Wir liften b'_ν nach X und erhalten Schnittflächen aus $\Gamma(X, (F_1^*)^\nu\otimes[-kX_\infty])$ mit $b_\nu(x)\neq 0$, $x\in\tilde{\mathfrak{O}}$. Sind $r_\nu>0$ hinreichend kleine Zahlen, so konvergiert $\sum_{\nu\geqq\nu_0} r_\nu(b_\nu\otimes s_\nu)\cdot t^\nu$ in $T\subset F$ und definiert dort eine holomorphe Funktion, die auf $M\cap T$ genau von der Ordnung k verschwindet. Wir können auf diese Weise einen unendlich-dimensionalen Vektorraum von solchen Funktionen konstruieren.

Es sei nun $x_0\in(M\cap T)\cup\mathfrak{O}$ irgendein Punkt. Gilt $f(x_0)=0$, $f\in\Gamma(T, \mathcal{O})$, so muß f ganz $(M\cap T)\cup\mathfrak{O}$, also auch $M\cap T$ zur Nullstellenfläche haben. Wir bezeichnen mit $\mathfrak{m}$ die Idealgarbe von M. Es gilt $\mathfrak{m}^\nu/\mathfrak{m}^{\nu+1}\simeq(N\circ\pi)^\nu$. Es sei I das Ideal aller in T holomorpher Funktionen f mit $f(x_0)=0$. Angenommen I wäre endlich erzeugt, etwa von den Funktionen $f_1,\ldots,f_l\in I$. Da $\Gamma(M\cap T, (N\circ\pi)^\nu)$, $\nu<k$ und mithin $\Gamma(T, \mathcal{O}/\mathfrak{m}^k)$ endlich-dimensional wegen der Minimalitätseigenschaften von k sind, folgt nun, daß auch das Bild von I in $\Gamma(T, \mathcal{O}/\mathfrak{m}^{k+1})$ und das Bild von I in $\Gamma(T, \mathfrak{m}^k/\mathfrak{m}^{k+1})$ endliche Dimensionen haben. Widerspruch! Also ist I nicht endlich erzeugbar. I ist der Kern des Charakters $f\to f(x_0)$. Wir nennen ein Ideal, das Kern eines Charakters ist, ein Charakterideal.

Satz 2. *Es gibt in der Algebra $I(T)$ (und ebenso natürlich in $I(T\cap(F-A))$) ein nicht endlich erzeugtes Charakterideal.*

5. Wir werden in diesem Abschnitt zeigen, daß die Algebra $I(T)$ wesentlich verschieden von einer Algebra aller holomorpher Funktionen auf einer Steinschen Mannigfaltigkeit ist.

Definition 1. Eine Steinsche Algebra ist eine komplexe Algebra, die isomorph zu einer Algebra $I(Y)$ ist, wobei Y einen endlich-dimensionalen[3]) *Steinschen Raum bezeichnet.*

Es folgt sofort:

Satz 3. *Bei jeder Steinschen Algebra sind die Charakterideale endlich erzeugt.*

Beweis. Es sei etwa Y ein Steinscher Raum, $I \subset I(Y)$ ein Charakterideal. I ist zunächst ein maximales Ideal. Es sei M die simultane Nullstellenmenge der Funktionen aus I. Enthält M mehr als einen Punkt, so ist das Ideal $I(x_0)$, $x_0 \in M$, das aus allen in x_0 verschwindenden Funktionen besteht, größer. I wäre dann nicht maximal. Dasselbe gilt, wenn $M = x_0$ und $I \neq I(x_0)$. Im Falle $M = x_0$, $I = I(x_0)$, ist zunächst der Halm I_{x_0} über $\mathcal{O}_{x_0}$ endlich erzeugt. Nach dem Théorème A[4]) gibt es sodann in Y holomorphe Funktionen $s_1, \ldots, s_k \in I$, deren Bilder in $\mathcal{O}_{x_0}$ das Ideal I_{x_0} erzeugen. Wir können weiter endlich viele holomorphe Funktionen $g_1, \ldots, g_l \in I$ finden mit $\{g_1 = g_2 = \cdots = g_l = 0\} = x_0$. $f_1, \ldots, f_k$, $g_1, \ldots, g_l$ erzeugen dann jeden Halm I_x. Ist $f \in I$ eine Funktion, so kann man f darstellen als Linearkombination $f = \Sigma a_\nu f_\nu + \Sigma b_\mu g_\mu$ mit $a_\nu, b_\nu \in \Gamma(Y, \mathcal{O})$. (Man vgl. [4].) Also wird I von $f_1, \ldots, f_k$, $g_1, \ldots, g_l$ erzeugt.

Es bleibt noch, den Fall $M = \emptyset$ zu behandeln. Nach einem Satz von E. BISHOP [2] gibt es endlich viele in Y holomorphe Funktionen $f_1, \ldots, f_n$, die eine eineindeutige Abbildung $F: Y \to C^n$ vermitteln. Es sei c der Charakter, der zu dem Ideal I gehört. Wir setzen $x_\nu^0 = c(f_\nu)$ und $\mathfrak{c}_0 = (x_1^0, \ldots, x_n^0) \in C^n$. Gilt $\mathfrak{c}_0 \notin F(Y)$, so haben $f_\nu - x_\nu^0 \in I$ keine gemeinsamen Nullstellen, die Funktion 1 läßt sich dann als Linearkombination von $(f_\nu - x_\nu^0)$ darstellen und es gilt $I = \mathcal{O}$, I ist nicht maximal. Widerspruch zur Voraussetzung! Also folgt $\mathfrak{c}_0 = F(y_0)$, $y_0 \in Y$. Gibt es nun eine Funktion $f \in I$, die in y_0 nicht verschwindet, so würde sich 1 wieder als Linearkombination von f, $f_\nu - x_\nu^0$ darstellen lassen. Widerspruch! Also gilt $y_0 \in M$. Der Fall $M = \emptyset$ kann nicht auftreten.

In einer Steinschen Algebra gilt umgekehrt:

Jedes maximale, endlich erzeugte Ideal ist ein Charakterideal.

Beweis. Es sei Y ein Steinscher Raum, $I \subset I(Y)$ ein endlich erzeugtes maximales Ideal. Sind $f_1, \ldots, f_n \in I$ Erzeugende, so müssen sie eine gemeinsame Nullstelle $y_0 \in Y$ haben. Anderenfalls wäre wieder die 1 darstellbar. Es ist $I = I(y_0)$ und deshalb Kern des Charakters $f \to f(y_0)$.

Da es in $I(T)$ und $I(T - \mathfrak{D} - M)$ nicht endlich erzeugte Charakterideale gibt, *sind $I(T)$ und $I(T - \mathfrak{D} - M)$ keine Steinschen Algebren.*

6. Wir interessieren uns noch für die holomorph-konvexe Hülle von T in F. Es werde zunächst eine vorbereitende Betrachtung durchgeführt. Es sei Y ein kompakter komplexer Raum und G ein negatives Geradenbündel über Y, $U = \{P \in G, \|P\| < 1\}$ eine streng pseudokonvexe Umgebung der Null-

[3]) „endlich dimensional" wird gefordert, um den Satz von BISHOP im Beweis von Satz 3 anwenden zu können.

[4]) Unter Théorème A (und B) werden die beiden so bezeichneten Sätze aus [4] verstanden.

schnittfläche. Da die Fasern von F eindimensionale komplexe Vektorräume sind, lassen sich die Punkte von F mit den komplexen Zahlen c multiplizieren. Die so erhaltene biholomorphe, fasertreue Abbildung $F \to F$ sei ebenfalls mit c bezeichnet. Es gilt $t_1 \cdot U \subset\subset t_2 \cdot U$, wenn $t_1 < t_2$ positive reelle Zahlen sind. Da alle $t \cdot U$, $t > 0$ streng pseudokonvex sind, läßt sich jedes $t \cdot U$ über lauter streng pseudokonvexe offene Teilmengen auf ganz G stetig ausdehnen. Es folgt nach [*1*], [*2*]:

(1) *Jede in $t \cdot U$ holomorphe Funktion läßt sich im Innern von $t \cdot U$ durch in G holomorphe Funktionen beliebig stark approximieren.*

(1) ergibt sofort:

(2) *Es gilt: $\hat{U}_{t \cdot U} = \hat{U}_G \cap t \cdot U$, $t > 1$, wenn $\hat{U}_{t \cdot U}$ bzw. $\hat{U}_G$ die holomorph-konvexe Hülle von U in $t \cdot U$ bzw. G bezeichnet.*

Da jedes $\hat{U}_{t \cdot U}$ wegen der Holomorphiekonvexität von $t \cdot U$ kompakt ist, kann $\hat{U}_{t \cdot U}$ nicht von t abhängen. Wir haben also gezeigt:

Hilfssatz 2. *Es gilt $\hat{U}_G = \overline{U}$.*

Wir wählen jetzt für Y unsere komplexe Mannigfaltigkeit X und setzen $G = F^l \otimes H^*$, wobei H nach Abschnitt 2 zu definieren ist. Es gibt ein l_0, so daß für $l \geqq l_0$ das Bündel G negativ ist. H^* ist über $X - \tilde{\mathfrak{D}}$ analytisch-trivial. Man darf also $H^* | X - \tilde{\mathfrak{D}} = (X - \tilde{\mathfrak{D}}) \times C$ setzen. Es gibt zu jedem Paar von Umgebungen $U \supset\supset V(\tilde{\mathfrak{D}})$ eine Umgebung $T'_{UV} = \{\|P\| < 1\}$ der Nullschnittfläche von H^* mit $\partial T'_{UV} \cap (H^* | V) =$ streng pseudokonvex, $\partial T'_{UV} \cap (H^* | X - \overline{U}) = \{(x, z) \in (X - \overline{U}) \times C \colon |z| = 1\}$, $\partial T'_{UV} | X - \tilde{\mathfrak{D}} \subset \{(x, z) \colon |z| \geqq 1\}$. Durch Tensorierung erhält man Umgebungen T_{lUV} der Nullschnittfläche von $F^l \otimes H^*$. Ist l zu U und V hinreichend groß gewählt, so ist ∂T_{lUV} in allen Punkten streng pseudokonvex.

Wir bezeichnen nun mit $s \in \Gamma(X, H^*)$ eine kanonische Schnittfläche in $H^* = [\tilde{\mathfrak{D}}]$. s verschwindet auf $\tilde{\mathfrak{D}}$ von erster Ordnung und hat sonst keine Nullstellen. Bei geeigneter Wahl der Trivialisierung von $H^* | X - \tilde{\mathfrak{D}}$ gilt für $x \in X - \tilde{\mathfrak{D}}$ die Gleichung $s(x) = (x, z(x))$ mit $z(x) = 1$. Sei dieses fortan der Fall.

Durch $P \to P \otimes \cdots \otimes P \otimes s(\pi(P))$ wird eine fasertreue holomorphe Abbildung $\psi \colon F \to F^l \otimes H^*$ definiert. ψ bildet T in T_{lUV} und $(F | X - \overline{U}) - \overline{T}$ auf $(F^l \otimes H^* | X - \overline{U}) - \overline{T}_{lUV}$ ab. Da die holomorph-konvexe Hülle von T_{lUV} gleich $\overline{T}_{lUV}$ ist, muß der Durchschnitt der holomorph-konvexen Hülle von T mit $F | X - \overline{U}$ in $\overline{T}$ enthalten sein. Nun kann man aber U beliebig klein machen. Es folgt also $\hat{T}_F \cap (F - M) = \overline{T} \cap (F - M)$. — Andererseits ist jede in F holomorphe Funktion auf M konstant. Also: $\hat{T}_F = \overline{T} \cup M$.

Satz 4. *$T \cup M$ ist holomorph-konvex, wenn man die Punkte von $M \cup \mathfrak{D}$ zu einem Punkt identifiziert und die im § 3 beschriebene Topologie einführt.*

Beweis. Wir haben zu zeigen, daß die holomorph-konvexe Hülle jeder kompakten Teilmenge kompakt ist. Zu dem Zwecke genügt es, zu beweisen:

Ist $K \subset T$ eine Teilmenge, bei der jeder Durchschnitt $K \cap (F|X - U)$ kompakt ist, wobei U alle offenen Umgebungen von $\tilde{\mathfrak{O}}$ durchläuft, so ist auch jeder Durchschnitt $\hat{K}_F \cap (F|X - U)$ kompakt und in T enthalten. Dieses folgt aber sofort. Wir wählen eine Umgebung $T^* = T^*(\mathfrak{O})$, die die gleichen Eigenschaften wie T hat, derart, daß gilt: $K \subset T^* \subset T$, $T^* \cap (F|X - U) \subset\subset T \cap (F|X - U)$. Man hat dann $\hat{K}_F \subset \hat{T}_F^* = \overline{T}^* \cup M$.

Abschließend sei noch mit $\mathfrak{m}$ die Idealgarbe von $M \cup 0$ bezeichnet. S sei irgendeine kohärente analytische Garbe, die in einer Umgebung von $\overline{T}$ definiert sei. Mit einiger Mühe dürfte zu zeigen sein:

Es gibt eine natürliche Zahl l_0, so daß für $l \geqq l_0$ und $S \cdot \mathfrak{m}^l | T$ die Theoreme A und B aus [4] gelten.

Das würde bedeuten, daß der aus $T \cup M$ durch Identifizierung gewonnene Raum ähnliche Eigenschaften wie die Steinschen Räume hat.

§ 3. Noch ein allgemeinerer komplexer Raum

1. Wie gezeigt wurde, ist nicht jede analytische Algebra zu der Algebra von holomorphen Funktionen auf einem Steinschen Raum isomorph. Bei einer Steinschen Algebra $\mathfrak{A}$ ist der zugehörige Steinsche Raum ein „minimales Modell von $\mathfrak{A}$" und muß als die Holomorphiehülle eines jeden komplexen Raumes angesehen werden, dessen Funktionenalgebra zu $\mathfrak{A}$ isomorph ist.

Von einer Holomorphiehülle sollte man „gute" Eigenschaften erwarten, sie sollte u.a. holomorph-konvex sein, es sollten Theoreme A und B gelten. Wie wir in §2 gesehen haben, erhält man jedoch im allgemeinen einen Raum, der sehr pathologisch ist, wenn man Punkte fortläßt, die zu nicht endlich erzeugten Charakteridealen gehören. Wir müssen deshalb wieder einmal den Begriff des komplexen Raumes verallgemeinern. Wir beschränken uns dabei — wie in dieser ganzen Arbeit — auf den reduzierten Fall, alle lokalen Ringe, Funktionenringe usw. enthalten also keine nilpotenten Elemente.

Es sei X ein normaler reduzierter komplexer Raum mit abzählbarer Topologie, $I^* \subset I(X)$ eine komplexe Algebra von holomorphen Funktionen mit $1 \in I^*$. Wir nennen zwei Punkte $x_1, x_2 \in X$ äquivalent $(x_1 \sim x_2)$, wenn für jede Funktion $f \in I^*$ gilt: $f(x_1) = f(x_2)$ und erhalten dadurch eine Zerlegung von X in analytische Teilmengen A. Es sei $Y = \{A\}$ und $\pi: X \to Y$ die Quotientenprojektion. Wir definieren nun in Y eine Topologie, indem wir den Begriff der offenen Menge in Y einführen. Eine Teilmenge $U \subset Y$ heiße offen, wenn $\pi^{-1}(U) \subset X$ eine offene Menge ist. Auf diese Weise wird Y zu einem Hausdorffschen Raum.

Eine Strukturgarbe wird für Y auf folgende Weise konstruiert. Jede Funktion $f \in I^*$ kann nach Konstruktion der Topologie von Y als stetige Funktion über Y angesehen werden. Ist $U \subset Y$ eine offene Teilmenge, so ordnen wir U die komplexe Algebra Γ_U aller in U komplexwertiger, stetiger Funktionen f zu, die über U Grenzwert einer gleichmäßig konvergierenden Reihe $\Sigma a_{\nu_1 \ldots \nu_k} f_1^{\nu_1} \ldots f_k^{\nu_k}$ mit $f_1, \ldots, f_k \in I^*$ sind. Es gilt $\Gamma_U \subset \Gamma(U, \mathfrak{C})$, wenn $\mathfrak{C}$ die Garbe der Keime der stetigen, komplexwertigen Funktionen bezeichnet.

Die Schnittflächenkeime aus $\{\Gamma_U\}$ bilden eine Untergarbe $\mathcal{O}=\mathcal{O}(Y)\subset\mathfrak{C}$. Wie man sofort sieht, ist $\mathcal{O}$ eine Garbe von lokalen komplexen Algebren.

Wir bezeichnen fortan den komplex beringten Raum $(Y, \mathcal{O})$ mit $S(X, I^*)$ und nennen ihn das *Spektrum* von (X, I^*).

2. Es bezeichne $A(x)\in Y$ die analytische Menge durch x. Aus einem Satz von REMMERT folgt (sogar wenn X beliebig reduziert ist):

Satz 1. *Die Menge $M=\{x\in X\colon \dim_x A(x)\geqq r\}$ ist für jede natürliche Zahl r eine analytische Menge.*

Beweis. Wir dürfen X als irreduzibel annehmen und können dann den Satz, weil X endlich dimensional ist, durch Induktion über $\dim X$ beweisen. Die Induktionsbasis ist trivial. Wir führen nur noch den Induktionsschluß durch. Der Satz sei also für den Fall kleinerer Dimensionen als $\dim X$ bereits bewiesen. Wir wählen einen Punkt $x_0\in X$ mit $\dim_{x_0} A(x_0)=\min\limits_{x\in X}\dim_x A(x)=a$. Es gibt endlich viele Funktionen $f_1, \ldots, f_k\in I^*$, so daß für eine Umgebung $U=U(x_0)\subset X$ gilt: $U\cap A(x_0)=\{x\in U\colon f_1(x)=\cdots=f_k(x)=0\}$. Ist $r>a$ — und wir brauchen nur diesen Fall zu behandeln — so ist M in der Menge X' der Punkte $\tilde{x}\in X$ mit $\dim_{\tilde{x}}\{f_\nu(x)=f_\nu(\tilde{x}),\ \nu=1, \ldots, k\}>a$ enthalten. X' ist nach einem Satz von REMMERT eine analytische Menge und mithin ein reduzierter komplexer Raum. Also ist $M\subset X'$ nach Induktionsvoraussetzung analytisch.

Es läßt sich ferner zeigen unter der einschränkenden *Voraussetzung, daß jede Menge $A(x)$ zusammenhängend ist:*

Satz 2. *Ist $\dim_x A(x)$ in einer Umgebung von $x_0\in X$ konstant, so ist eine Umgebung von $\pi(x_0)\in Y$ ein lokal irreduzibler reduzierter komplexer Raum.*

Beweis. Es sei $\dim_{x_0} A(x_0)=k$, $\dim_{x_0} X=n$. Wir wählen eine Umgebung $U=U(x_0)$ und eine rein $(n-k)$-dimensionale analytische Menge $R\subset U$ mit $R\cap A(x_0)=x_0$. R sei in allgemeiner Lage zu X: Keine irreduzible Komponente von R liege ganz in der Menge der nicht uniformisierbaren Punkte von X. Sodann seien $f_1, \ldots, f_{n-k}\in I^*$ Funktionen und $U^*(x_0)=U^*\subset\subset U$ eine Umgebung, so daß $R\cap\overline{U}^*\cap\{f_1=\cdots=f_{n-k}=0\}=\{x_0\}$. Es sei $\varepsilon>0$ so klein, daß $Z=\{x\in R\cap\overline{U}^*\colon |f_\nu(x)|<\varepsilon,\ \nu=1, \ldots, n-k\}\subset U^*$. Wir setzen $W=\{x\in X\colon |f_\nu(x)|<\varepsilon\}$.

Die Funktionen $f_1, \ldots, f_{n-k}$ vermitteln eine eigentliche holomorphe Abbildung Φ von Z auf den Polyzylinder $\mathfrak{P}=\{(z_1, \ldots, z_{n-k})\colon |z_\nu|<\varepsilon, \nu=1,\ldots,n-k\}$. Die Bildgarbe $\Phi_0(\mathcal{O}(Z))$ ist nach dem Projektionssatz kohärent und ebenso die Untergarbe $S\subset\Phi_0(\mathcal{O}(Z))$, die von den Schnittflächen $\Phi_0(f|Z)$, $f\in I^*$, erzeugt wird. Da wir $\varepsilon>0$ auch kleiner wählen dürfen, können wir ohne Einschränkung der Allgemeinheit voraussetzen, daß $\Gamma(\mathfrak{P}, S)$ ein endlicher $\Gamma(\mathfrak{P}, \mathcal{O}(\mathfrak{P}))$-Modul ist (Anwendung des Théorème A und B!). Die Erzeugenden lassen sich durch eine Kombination von endlich vielen Schnittflächen $\Phi_0(f|Z)$ mit $f\in I^*$ darstellen. Es gibt also endlich viele Funktionen $f_{k+1}, \ldots, f_l\in I^*$, mit $f_\nu(x_0)=0$, so daß $\Phi_0(f_\nu|Z)$, $\nu=k+1, \ldots, l$ den Modul $\Gamma(\mathfrak{P}, S)$ erzeugen. Wir können die f_ν so wählen, daß $\sup|f_\nu(Z)|<\varepsilon$ gilt. $f_1, \ldots, f_l$ vermitteln dann eine holomorphe Abbildung $\psi\colon V\to\mathfrak{Q}=\{(z_1, \ldots, z_l)\colon |z_\nu|<\varepsilon\}$. Dabei bezeichnet V diejenige Zusammenhangskomponente der Menge $\{x\in X\colon |f_\nu(x)|<\varepsilon,$

$\nu=1,\ldots,l\}\subset W$, die $A(x_0)$ enthält. Wir setzen $Z^*=Z\cap V$, $M=\psi(Z^*)$. $\psi|Z^*$ ist eine eigentliche holomorphe Abbildung. Jede Funktion $f|Z^*$ mit $f\in I^*$ ist über Z^* in eine Potenzreihe $\Sigma\, a_{\nu_1\ldots\nu_l} f_1^{\nu_1}\ldots f_l^{\nu_l}$ entwickelbar, die wenigstens im ε-Polyzylinder konvergiert; denn $(f|Z^*)\circ\psi^{-1}$ ist eine holomorphe Funktion über M. Man hat $A(x_1)=\{\psi(x)=\psi(x_1)\}$, $x_1\in V$, denn es folgt:

(1) *Ist* $f|Z^*\equiv 0$, $f=\tilde f\circ\pi$, $\tilde f\in\Gamma_{\pi(V)}$, *so gilt bereits* $f|V\equiv 0$.

Es gilt $f(A(x))\equiv 0$ für $x\in Z^*$; es gibt in bezug auf Z^* und X reguläre Punkte $x\in Z^*$, in denen der Rang der Funktionalmatrix von ψ maximal, d.h. gleich $n-k$ ist. Diese Punkte sind sicher innere Punkte von $\bigcup_{x\in Z^*} A(x)$. Weil V zusammenhängend ist, folgt nach dem Identitätssatz $f|V=0$, q.e.d.

Es folgt weiter:

(2) $A(x)\cap Z^*\neq 0$, $x\in V$.

In der Tat! Wäre nämlich $A(x)\cap Z^*=0$, so gäbe es endlich viele Funktionen $g_1,\ldots,g_s\in I^*$ mit $A(x)\subset\{g_1=,\ldots,=g_s=0\}$, aber $Z^*\cap\{g_1=\cdots=g_s\}=0$. Es ließen sich dann über M holomorphe Funktionen $h_1,\ldots,h_s$ finden, so daß $\Sigma\, h_\nu\cdot[(g_\nu|Z^*)\circ\psi^{-1}]\equiv 1$ und mithin $\Sigma(h_\nu\circ\psi)\cdot(g_\nu|V)\equiv 1$. Widerspruch!

$\pi\circ\psi^{-1}$ ist nun eine topologische Abbildung von M auf $\pi(V)\subset Y$, die $\mathcal{O}(M)$ isomorph auf die Strukturgarbe von $\pi(V)$ abbildet. (Man muß benutzen, daß $\psi|Z^*$ offen ist.) Es gilt also $(M,\mathcal{O}(M))\simeq\pi(V)$. Ferner ist $\pi(V)$ eine offene Teilmenge von Y, Y also in einer Umgebung von $\pi(x_0)$ ein reduzierter komplexer Raum. Da es beliebig kleine zusammenhängende Umgebungen von $A(x)$ gibt, sind alle lokalen Algebren von Y Integritätsringe; $\pi(V)$ ist also lokal irreduzibel.

3. *Definition 1. Ein komplexes Schema ist ein komplex beringter Hausdorffscher Raum, der lokal stets isomorph zu einem komplexen Spektrum* $S(X,I^*)$ *ist.*

Natürlich ist jeder komplexe Raum und jedes Spektrum $S(X,I^*)$ ein komplexes Schema. Wir haben damit die gesuchte Verallgemeinerung des Begriffes des komplexen Raumes erhalten. Bereits lokal kann ein komplexes Schema sehr pathologisch sein. Es ist im allgemeinen nicht lokal kompakt, dementsprechend sind die lokalen Ringe nicht immer noethersch. — Wie im Falle komplexer Räume kann man irreduzible Komponenten definieren. Es können aber jetzt (abzählbar) unendlich viele Komponenten durch einen Punkt laufen, auch kann ein innerer Punkt Randpunkt einer irreduziblen Komponente sein.

Der Begriff der holomorphen Funktion ist auf komplexen Schemata definiert. Holomorphe Funktionen sind spezielle komplexwertige Funktionen. Ist Y ein komplexes Schema und $K\subset Y$ eine Teilmenge, so verstehen wir unter $\hat K$ die Menge $\{y\in Y: |f(y)|\leq\sup|f(K)|$ für alle in Y holomorphen Funktionen $f\}$. $\hat K$ heißt die holomorph-konvexe Hülle von K.

Definition 2. Y ist holomorph-konvex, wenn die holomorph-konvexe Hülle jeder kompakten Menge kompakt ist.

In ähnlicher Weise kann man holomorph-ausbreitbar definieren:

Definition 3. Y heißt holomorph-ausbreitbar (K-vollständig), wenn für jeden Punkt $y_0 \in Y$ *die größte zusammenhängende (nicht notwendig wegzusammenhängende) Teilmenge* $M \subset \{f(y) = f(y_0)$ *für alle in Y holomorphen* $f\}$ *mit* $y_0 \in M$ *nur aus dem Punkt* y_0 *besteht.*

Im Falle der komplexen Räume ist die Definition zu der üblichen äquivalent. Jedes Spektrum (X, I^*) ist holomorph ausbreitbar. Ein komplexes Schema, das holomorph-ausbreitbar und holomorph-konvex ist, heißt natürlich ein *Steinsches Schema*. Es ist dem Verfasser unbekannt, ob für alle oder wenigstens für eine große Teilklasse der Steinschen Schemata ähnliche Aussagen wie die Theoreme A und B [4] gelten.

Literatur

[1] Andreotti, A., et H. Grauert: Théorèmes de finitude pour la cohomologie des espaces complexes. Bull. Soc. Math. France 1962.

[2] Bishop, E.: Mappings of partially analytic spaces. Amer. J. Math. **83**, 209—242 (1961).

[3] Bourbaki, N.: Espaces vectoriels topologiques. Paris: Hermann.

[4] Cartan, H.: Variétès analytiques complexes et cohomologie. Colloque sur les fonct. pls. var. Bruxels 1953.

[5] Docquier, F., u. H. Grauert: Levisches Problem und Rungescher Satz für Teilgebiete Steinscher Mannigfaltigkeiten. Math. Annalen **140**, 94—123 (1960).

[6] Grauert, H.: On Levi's problem and the imbedding of real-analytic manifolds. Ann. Math. **68**, 460—472 (1958).

[7] — Über Modifikationen und exzeptionelle analytische Mengen. Math. Annalen **146**, 331—368 (1962).

[8] Narasimhan, R.: The Levi problem in the Theory of Functions of several complex variables. ICM Stockholm 1962.

[9] Oka, K.: Sur les fonctions analytiques de plusieurs variables IX. Domaines finis sans point critique intérieur. Jap. J. Math. **23**, 97—155 (1954).

Göttingen, Mathematisches Institut der Universität

(Eingegangen am 12. Dezember 1962)

39.

(mit H. Reckziegel)

Hermitesche Metriken und normale Familien holomorpher Abbildungen

Math. Zeitschr. **89**, 108–125 (1965)

Einleitung

Der von MONTEL eingeführte Begriff der normalen Familie holomorpher Funktionen hat sich in der Funktionentheorie einer und mehrerer Veränderlichen als sehr fruchtbar erwiesen. So folgen z. B. interessante Aussagen über schlichte Funktionen aus der Tatsache, daß die Menge der (normierten) schlichten Funktionen eine normale Familie bildet. Um den großen Satz von PICARD zu beweisen, braucht man im wesentlichen nur für die Menge der holomorphen Funktionen, die die Werte 0 und 1 auslassen, die Normalität nachzuweisen. Dies kann unter Zuhilfenahme der universellen Überlagerungsfläche $\mathscr{U}$ von $C'':=C-\{0,1\}$ oder der hyperbolischen Metrik in C'', die man durch Projektion der hyperbolischen Metrik von $\mathscr{U}$ erhält, geschehen. (Man vergleiche etwa die Arbeit von HUBER [8], in der ähnliche Methoden verwendet werden.) Hierbei benutzt man also die Uniformisierungstheorie, wodurch der Beweis umständlich wird. Wie in dieser Arbeit gezeigt wird, ist es auch gar nicht nötig, in C'' eine Hermitesche Metrik zu konstruieren, die wie die hyperbolische Metrik konstante negative Gaußsche Krümmung besitzt und vollständig ist. Es genügt vielmehr, C'' mit einer vollständigen Metrik zu versehen, deren Gaußsche Krümmung überall kleiner oder gleich einer negativen Konstanten ist. Das kann, wie in §5 ausgeführt wird, mit Hilfe holomorpher Funktionen geschehen.

Nach der Zusammenstellung der notwendigen Begriffe in §1 bringt §2 einen Satz von AHLFORS [6] (Hilfssatz 1). Im wesentlichen sagt dieser Satz aus, daß *der Koeffizient der hyperbolischen Metrik*

$$ds^2=\frac{1}{(1-t\bar{t})^2}\,dt\,d\bar{t}$$

überall größer oder gleich dem Koeffizienten einer jeden Hermiteschen Metrik im Einheitskreis ist, deren Gaußsche Krümmung überall kleiner oder gleich -4 ist. Dieses Ergebnis ist zum Beweis des Satzes 1 (aus §4) und damit für alle weiteren Resultate von entscheidender Bedeutung. Der Satz 1 macht eine Aussage über die Menge $\mathscr{F}$ aller holomorphen Abbildungen von einer komplexen Mannigfaltigkeit X mit abzählbarer Topologie in eine komplexe Mannigfaltigkeit Y: *Kann man Y mit einer vollständigen Differentialmetrik (das ist eine verallgemeinerte Hermitesche Metrik) versehen, deren Gaußsche Krümmung auf jeder* *eindimensionalen analytischen Fläche in Y kleiner oder gleich einer negativen Konstante $-K_0$ ist, so bildet $\mathscr{F}$ eine normale Familie.* Wie wir schon andeuteten, führt dieses Ergebnis zu einem neuen Beweis des Satzes von MONTEL, also der Aussage: *Jede Familie holomorpher Funktionen, die zwei verschiedene Werte a und b auslassen, ist eine normale Familie* (§5). Im §7 wird der Satz 1 schließlich zum Studium regulärer Familien $\mathfrak{Y}$ kompakter Riemannscher Flächen vom Geschlecht $p \geqq 2$ über dem Einheitskreis E verwendet. Es zeigt sich, daß *die Familie der holomorphen Schnitte in $\mathfrak{Y}$ normal ist.* Weiterhin erhält man als ein Analogon zu dem großen Satz von PICARD die Aussage: *Jeder holomorphe Schnitt in $\mathfrak{Y}$ über $E-\{0\}$ läßt sich zu einem holomorphen Schnitt über E fortsetzen.*

Für die Aussage 1 wurde uns ein besonders einfacher Beweis von Herrn H. KNESER mitgeteilt. Wir haben in der vorliegenden Arbeit unseren Beweis durch den Kneserschen ersetzt.

§ 1. Grundbegriffe

Mit X und Y seien stets zusammenhängende komplexe Mannigfaltigkeiten bezeichnet.

Definition 1. Unter einer Differentialmetrik auf Y verstehen wir eine reellwertige, stetige Funktion F auf dem Tangentialraum T von Y, die auf jeder Faser T_y von T folgende Bedingungen erfüllt:

(1) $\qquad F(v)>0 \qquad$ *für alle $v \in T_y$ mit $v \neq o$,*

(2) $\qquad F(\lambda \cdot v)=|\lambda| \cdot F(v) \qquad$ *für alle $v \in T_y$ und alle $\lambda \in C$.*

Gibt es Punkte $y \in Y$, in denen die Funktion F anstatt (1) *nur die Bedingung*

(3) $\qquad F(v) \geqq 0 \quad$ *für alle $v \in T_y$*

erfüllt, so nennen wir F eine Pseudodifferentialmetrik. Die Punkte $y \in Y$, in denen (1) *Gültigkeit besitzt, heißen reguläre Punkte von F.*

Ist $\dim Y=n$, so kann F in einer Koordinatenumgebung $V \subset Y$ in der Form $F(z_1, \ldots, z_n; dz_1, \ldots, dz_n)$ dargestellt werden; dabei bedeuten $z_1, \ldots, z_n$ die Koordinaten der Punkte $y \in V$ und $dz_1, \ldots, dz_n$ die Koordinaten der Faser $T_y \cong C^n$.

Bekanntlich induziert jeder stetig differenzierbare Weg $w: I \to Y$ in natürlicher Weise einen Weg $\hat{w}$ im Tangentialraum T von Y. Ist in lokalen Koordinaten $w=(w_1, \ldots, w_n)$, so setzt man $\hat{w} := (w_1, \ldots, w_n, w'_1, \ldots, w'_n)$. Als die *Länge von w* bezüglich der Pseudodifferentialmetrik F definiert man

$$L_F(w) := \int_0^1 F \circ \hat{w}(s)\, ds .$$

Ist F eine Differentialmetrik auf Y, so erhalten wir auf Y eine Metrik, wenn wir das Infimum der Längen aller stetig differenzierbaren Wege von einem Punkt y zu einem zweiten Punkt y' aus Y als deren Abstand $d(y, y')$ bezeichnen. Offenbar gilt $d(y, y') \geqq 0$, $d(y, y)=0$ und die Dreiecksungleichung. Aus (2) folgt $L_F(w)=L_F(-w)$ für jeden stetig differenzierbaren Weg w, woraus sich $d(y, y')=d(y', y)$ ergibt. Weiterhin zieht $d(y, y')=0$ die Gleichheit von y und y' nach sich; denn *d erzeugt*, wie wir zeigen werden, *die (Hausdorffsche) Topologie von Y.*

Es sei y_0 ein beliebiger Punkt aus Y, V eine Koordinatenumgebung von y_0 und B_r eine Kugel mit dem Mittelpunkt y_0 und dem Radius r im Sinne der euklidischen Maßbestimmung von V mit $B_r \Subset V$. Dann existieren Zahlen $k>0$ und $K>0$, so daß für jeden Punkt $(z_1, \ldots, z_n) \in \bar{B}_r$ und jeden Tangentialvektor $(dz_1, \ldots, dz_n)$ der Länge 1 gilt $k \leqq F(z_1, \ldots, z_n; dz_1, \ldots, dz_n) \leqq K$. Mit (2) erhalten wir daher für jeden stetig differenzierbaren Weg w aus $\bar{B}_r$ die Abschätzung $k \cdot |w'| \leqq F(w_1, \ldots, w_n; w'_1, \ldots, w'_n) \leqq K \cdot |w'|$, wenn $(w_1, \ldots, w_n)$ die Darstellung von w in lokalen Koordinaten und $w' := (w'_1, \ldots, w'_n)$ ist. Bezeichnen wir mit $l(w)$ die euklidische Länge von w, so folgt daraus $k \cdot l(w) \leqq L_F(w) \leqq K \cdot l(w)$. Damit ergibt sich $d(y, y_0) \leqq K \cdot |y-y_0|$ für alle $y \in B_r$ und $d(y, y_0) \geqq k \cdot |y-y_0|$ für alle y mit $d(y, y_0) < k \cdot r$. Das beweist, daß d die Topologie von Y induziert.

Ist $\varphi: X \to Y$ eine holomorphe Abbildung, $\hat{\varphi}$ die von φ induzierte holomorphe Abbildung des Tangentialraumes von X in den Tangentialraum von Y und F eine Differentialmetrik auf Y, so erhält man mit $F \circ \hat{\varphi}$ eine Pseudodifferentialmetrik auf X. Diese soll durch $F \circ \varphi$ bezeichnet werden. Für jeden stetig differenzierbaren Weg w aus X hat man die Gleichung $L_{F \circ \varphi}(w) = L_F(\varphi\, w)$. Ist X der Einheitskreis $E := \{t \in C: |t| < 1\}$, so können folgende drei Fälle eintreten:

(4) a) φ ist regulär; dann stellt $F \circ \varphi$ eine Differentialmetrik dar. b) φ ist nicht regulär, aber auch nicht konstant; dann stellt $F \circ \varphi$ eine Pseudodifferentialmetrik dar, die nur in isolierten Punkten nicht regulär ist. c) φ ist konstant; dann hat man $F \circ \varphi \equiv 0$.

Beispiele. I. Da sich die *Hermiteschen Metriken* auf Y in lokalen Koordinaten in der Form

$$F(z_1, \ldots, z_n; dz_1, \ldots, dz_n) = \sqrt{\sum_{i,k=1}^{n} a_{ik}(z)\, dz_i\, d\bar{z}_k}$$

mit einer stetigen, positiv definiten Hermiteschen Matrix $(a_{ik}(z))$ schreiben lassen, stellen sie Differentialmetriken auf Y dar.

II. Für die *Carathéodorysche Metrik* existiert eine differentialgeometrische Darstellung; lokal hat sie die Gestalt

$$F(z_1, \ldots, z_n; dz_1, \ldots, dz_n) = \alpha(z; u) \cdot \sqrt{\sum_{i=1}^{n} dz_i\, d\bar{z}_i}$$

(u=Einheitsvektor im C^n in Richtung von $(dz_1, \ldots, dz_n)$); dabei ist $\alpha(z; u)$ eine stetige Funktion [9]. Da die „Indikatrix" $\{z' \in C^n: z' = z + v, |v| \leqq 1/\alpha(z; u),$

u=Einheitsvektor in Richtung von $v\}$ für jedes z ein Kreisgebiet ist [5], erfüllt F neben der Bedingung (1) auch (2). Daher kann die Carathéodorysche Metrik als Differentialmetrik aufgefaßt werden.

III. Ist F eine Differential- oder Pseudodifferentialmetrik auf einem Gebiet $G \subset C$ und setzen wir $F^2(t,1) =: g(t,\bar{t})$, so folgt

$$F^2(t, dt) = F^2(t,1) \cdot dt \cdot d\bar{t} = g(t,\bar{t})\, dt \cdot d\bar{t}.$$

Das zeigt, daß F eine Hermitesche Metrik bzw. eine Hermitesche Pseudometrik darstellt. Insbesondere sind daher die in (4) angegebenen Differential- bzw. Pseudodifferentialmetriken von dieser Art.

§ 2. Hermitesche Metriken und Pseudometriken im Einheitskreis

In diesem Paragraphen betrachten wir Hermitesche Metriken bzw. Pseudometriken

$$ds = F(t, dt) = \sqrt{g(t,\bar{t})\, dt \cdot d\bar{t}},$$

die im Einheitskreis E erklärt sind. Wir setzen stets voraus, daß der Koeffizient g mindestens zweimal stetig differenzierbar ist. In diesem Fall können wir in jedem regulären Punkt t von F die *Gaußsche Krümmung* von F, die mit $K(F, t)$ oder $K(g, t)$ bezeichnet werden soll, berechnen [2]. Es ist bekanntlich

$$(5) \qquad K(F,t) = -\frac{1}{2g}\,\Delta \log g = -\frac{2}{g} \cdot \frac{\partial^2}{\partial t\, \partial \bar{t}} \log g = -\frac{2}{g^3} \cdot (g\, g_{t\bar{t}} - g_t\, g_{\bar{t}}).$$

In der folgenden Aussage sind einige Beziehungen für die Gaußsche Krümmung zusammengestellt, von denen wir mehrfach Gebrauch machen werden.

Aussage 1. Für zwei Pseudodifferentialmetriken $ds^2 = f\, dt\, d\bar{t}$ und $ds^2 = g\, dt\, d\bar{t}$, die im Punkt t regulär sind, gelten die Regeln

$$\text{(a)} \qquad \lambda \cdot K(\lambda \cdot g, t) = K(g, t) \qquad \textit{für alle reellen } \lambda > 0;$$

$$\text{(b)} \qquad f(t) \cdot g(t) \cdot K(f \cdot g, t) = f(t) \cdot K(f, t) + g(t) \cdot K(g, t);$$

$$\text{(c)} \qquad (f(t) + g(t))^2 \cdot K(f+g, t) \leqq f^2(t) \cdot K(f, t) + g^2(t) \cdot K(g, t).$$

Ist $K(f, t) \leqq -K_1 < 0$ und $K(g, t) \leqq -K_2 < 0$, so hat man

$$K(f+g, t) \leqq -\frac{K_1 K_2}{K_1 + K_2}.$$

Beweis. (a) und (b) folgen unmittelbar aus (5) und der erste Teil von (c) aus der Beziehung

$$f \cdot g \cdot (f+g) \cdot (f^2 \cdot K(f,t) + g^2 \cdot K(g,t) - (f+g)^2 \cdot K(f+g, t)) = 2 \cdot |f \cdot g_t - g \cdot f_t|^2 \geqq 0.$$

Um den zweiten Teil von (c) zu beweisen, hat man jetzt nur noch die Abschätzung

$$\frac{f^2 \cdot K(f,t)+g^2 \cdot K(g,t)}{(f+g)^2} \leqq -\frac{K_1 \cdot K_2}{K_1+K_2}$$

zu verifizieren.

Unter den Pseudodifferentialmetriken auf dem Einheitskreis nimmt die hyperbolische Metrik $ds^2=dt\,d\bar{t}/(1-t\bar{t})^2$, deren Gaußsche Krümmung in jedem Punkt des Einheitskreises -4 ist, eine ausgezeichnete Stellung ein. Es gilt nämlich der

Hilfssatz 1. *Besitzt die Pseudodifferentialmetrik $ds^2=g(t,\bar{t})\,dt\,d\bar{t}$, die in dem Einheitskreis E erklärt ist, in jedem regulären Punkt eine Gaußsche Krümmung $\leqq -K_0<0$ und liegen die Nullstellen des Koeffizienten g in E isoliert, so gilt in ganz E*

$$g(t,\bar{t}) \leqq \frac{4}{K_0} \cdot \frac{1}{(1-t\bar{t})^2}.$$

Dieser Hilfssatz ist ein Spezialfall eines Satzes von AHLFORS [*6*].

§ 3. Negativ gekrümmte Mannigfaltigkeiten

Mit Hilfe des Begriffes der Gaußschen Krümmung von Differentialmetriken im Einheitskreis E können wir in sinnvoller Weise den Begriff der negativ gekrümmten komplexen Mannigfaltigkeit einführen. Es sei Y mit einer Differentialmetrik F versehen. Im weiteren setzen wir stets voraus, daß die Funktion F auf dem Tangentialraum von Y (der in diesem Fall als reelle, differenzierbare Mannigfaltigkeit betrachtet wird), mindestens zweimal stetig differenzierbar ist.

Definition 2. Die komplexe Mannigfaltigkeit Y nennen wir (bezüglich der Differentialmetrik F) negativ gekrümmt, wenn für jede reguläre, holomorphe Abbildung φ: $E \to Y$ die Differentialmetrik $F \circ \varphi$ in jedem Punkt von E eine Gaußsche Krümmung <0 besitzt.

Ist die Gaußsche Krümmung jeder dieser Differentialmetriken in jedem Punkt von E sogar $\leqq -K_0<0$, so soll Y negativ gekrümmt von der Ordnung K_0 oder auch stark negativ gekrümmt heißen.

Beispiele. I. Der *Einheitskreis E*, versehen mit der hyperbolischen Metrik, ist negativ gekrümmt von der Ordnung 4.

II. Der *punktierte Einheitskreis* $E-\{0\}$ und das Gebiet $G:=\{t\colon |t|>1\}$, versehen mit der Differentialmetrik

$$ds^2=\frac{1}{t\bar{t}} \cdot \frac{1}{\log^2 t\bar{t}}\,dt\,d\bar{t},$$

sind ebenfalls negativ gekrümmt von der Ordnung 4.

III. Es sei G ein Gebiet in $\boldsymbol{C}$, und $f=(f_1, f_2, \ldots)$ sei eine endliche oder unendliche Folge in G holomorpher Funktionen. Für jedes $t \in G$ existiere mindestens ein n, so daß $f_n(t) \neq 0$ ist. Weiterhin setzen wir voraus, daß

$$(f, f)(t) = \sum_{n=1}^{\infty} f_n \cdot \bar{f}_n(t)$$

sowie die ersten beiden Ableitungen dieser Reihe im Inneren von G gleichmäßig konvergieren. In der Schreibweise der Hermiteschen Skalarprodukte für Folgen erhält man als Gaußsche Krümmung der Differentialmetrik $ds^2 = g\, dt\, d\bar{t}$ mit $g(t, \bar{t}) = (f, f)(t)$:

$$K(g, t) = -\frac{2}{(f, f)^3(t)} \left((f, f) \cdot (f_t, f_t)(t) - (f_t, f) \cdot (f, f_t)(t)\right)$$

$$= -\frac{2}{(f, f)^4(t)} \cdot \|f_t \cdot (f, f) - f \cdot (f_t, f)\|^2(t).$$

Mithin ist $K(g, t) \leqq 0$ in jedem $t \in G$. Sind die Folgen $f(t)$ und $f_t(t)$ in dem Punkt t_0 linear unabhängig, gilt sogar $K(g, t_0) < 0$.

IV. Die *komplexe Ebene* $\boldsymbol{C}$ kann *nicht* mit einer stark negativ gekrümmten Differentialmetrik versehen werden. Denn wäre dies möglich, so könnte man nach dem Verfahren des § 5 auf $\boldsymbol{C}$ auch eine vollständige (s. § 4, Def. 5), negativ gekrümmte Differentialmetrik konstruieren. Dann wäre auf Grund des Satzes 1 (aus § 4) die Menge der holomorphen Funktionen auf dem Einheitskreis eine normale Familie, was nicht richtig ist.

Da die folgenden Betrachtungen allgemein für holomorphe Abbildungen gelten sollen, müssen wir versuchen, uns von der Einschränkung der Definition 2 auf die *regulären*, holomorphen Abbildungen $E \to Y$ frei zu machen. Das geschieht durch die

Aussage 2. Ist Y bezüglich der Differentialmetrik F negativ gekrümmt von der Ordnung K_0, so besitzt für jede holomorphe Abbildung φ: $E \to Y$ die Pseudodifferentialmetrik $F \circ \varphi$ in ihren regulären Punkten eine Gaußsche Krümmung $\leqq -K_0$.

Beweis. Nach (4) haben wir die drei Fälle a), b) und c) zu behandeln. Für a) und c) gilt die Behauptung trivialerweise. Im Fall b) schließen wir folgendermaßen: Ist φ in dem Punkt $t_0 \in E$ regulär, so wählen wir eine Kreisscheibe $B_\varepsilon(t_0) := \{t : |t - t_0| < \varepsilon\} \subset E$, in der φ regulär bleibt. Mit $\psi(t) := \varepsilon t + t_0$, $t \in E$, erhalten wir dann eine holomorphe und reguläre Abbildung $\varphi^* = \varphi \circ \psi$: $E \to Y$. Die Differentialmetrik $F \circ \varphi^*$ besitzt nach Voraussetzung in ganz E eine Gaußsche Krümmung $\leqq -K_0$. Da für alle $t \in E$ gilt $K(F \circ \varphi^*, t) = K(F \circ \varphi, \psi(t))$, ist auch $K(F \circ \varphi, t_0) \leqq -K_0$.

Aus dieser Aussage und dem Hilfssatz 1 erhalten wir die für das Folgende wesentliche Abschätzung.

Aussage 3. Eine zusammenhängende komplexe Mannigfaltigkeit Y sei mit einer Differentialmetrik F versehen, bezüglich der Y stark negativ gekrümmt ist.

Dann gibt es eine Konstante $c>0$, so daß für jede holomorphe Abbildung φ: $E\to Y$ und für je zwei Punkte t' und $t''\in E$ gilt

$$d(\varphi(t'), \varphi(t''))\leqq c\cdot D(t', t'').$$

Dabei bedeuten d die von F in Y und D die von der hyperbolischen Metrik in E induzierten Metriken.

Beweis. Y sei von der Ordnung K_0, $K_0>0$, negativ gekrümmt. Für konstante Abbildungen φ gilt die Abschätzung trivialerweise. Ist φ aber nicht konstant, so ist $F\circ\varphi$ eine Pseudodifferentialmetrik in E, die höchstens in isolierten Punkten nicht regulär ist und die in allen regulären Punkten eine Gaußsche Krümmung $\leqq -K_0$ besitzt (s. (4) und Aussage 2). Daher gilt nach dem Hilfssatz 1 in ganz E

$$g(t,\bar{t})\leqq\frac{4}{K_0}\,\frac{1}{(1-t\bar{t})^2}, \tag{6}$$

wenn mit g der Koeffizient von $F\circ\varphi$ bezeichnet wird. Es bedeute $W_{\varphi(t'),\varphi(t'')}$ die Menge der stetig differenzierbaren Wege in Y von $\varphi(t')$ nach $\varphi(t'')$ und $W_{t',t''}$ die Menge der stetig differenzierbaren Wege in E von t' nach t''. Mit (6) ergibt sich dann

$$d(\varphi(t'), \varphi(t''))=\inf\{L_F(w)\colon w\in W_{\varphi(t'),\varphi(t'')}\}\leqq\inf\{L_{F\circ\varphi}(w)\colon w\in W_{t',t''}\}$$
$$\leqq\sqrt{\frac{4}{K_0}}\cdot D(t',t'')=c\cdot D(t',t'')\qquad\text{mit } c=\sqrt{\frac{4}{K_0}}.$$

§ 4. Ein Satz über normale Familien holomorpher Abbildungen

Definition 3. Es seien X und Y komplexe Mannigfaltigkeiten. a) Eine Folge $\{\varphi_n\}$ beliebiger Abbildungen $X\to Y$ heißt kompakt konvergent gegen eine Abbildung φ: $X\to Y$, wenn zu jeder Umgebung W der Diagonale von $Y\times Y$ und zu jedem kompakten $K\subset X$ ein n_0 existiert, so daß $(\varphi_n(x), \varphi(x))\in W$ ist für alle $x\in K$ und alle $n\geqq n_0$. b) Die Folge $\{\varphi_n\}$ heißt kompakt konvergent gegen den Rand von Y, wenn zu jedem kompakten $K\subset X$ und jedem kompakten $B\subset Y$ ein n_0 existiert, so daß $\varphi_n(K)\cap B=0$ ist für alle $n\geqq n_0$. c) Eine Familie $\mathscr{F}$ holomorpher Abbildungen $X\to Y$ heißt normal, wenn jede Folge von Abbildungen aus $\mathscr{F}$ eine Teilfolge enthält, die entweder kompakt gegen eine holomorphe Abbildung $X\to Y$ oder aber kompakt gegen den Rand von Y konvergiert.

Bemerkung. Ist die Abbildung φ: $X\to Y$ Limes einer kompakt konvergenten Folge $\{\varphi_n\}$ holomorpher Abbildungen $X\to Y$, so ist auch φ holomorph.

Beweis. Da Y lokal kompakt ist, können wir Y mit einer uniformen Struktur $\mathfrak{U}$ versehen, die mit der Topologie von Y verträglich ist. Es sei $x_0\in X$ ein beliebiger Punkt. Zu ihm können wir ein symmetrisches $W\in\mathfrak{U}$ wählen, so daß die Umgebung $\overset{4}{W}(\varphi(x_0))$ von $\varphi(x_0)$ relativ kompakt in einer Koordinatenumgebung V von $\varphi(x_0)$ liegt[1]). Ist U' eine kompakte Umgebung

[1]) Zur Definition von $\overset{4}{W}$ und $V(y)=V\langle\{y\}\rangle$ siehe [3] §3 Nr. 2 und 3, [4] §1.

von x_0, so gilt $(\varphi_n(x), \varphi(x)) \in W$ für alle $x \in U'$ und alle $n \geqq n_0$ (n_0 eine geeignete natürliche Zahl). Weiterhin existiert eine Umgebung $U \subset U'$ von x_0 mit $(\varphi_{n_0}(x), \varphi_{n_0}(x_0)) \in W$ für alle $x \in U$. Daraus folgt $(\varphi_n(x), \varphi(x_0)) \in \overset{4}{W}$ für alle $n \geqq n_0$ und $x \in U$, also $\varphi_n(U) \Subset V$ für alle $n \geqq n_0$. Nach klassischen Sätzen ist daher φ in x_0 holomorph.

Bekanntlich sind beim Studium normaler Familien holomorpher Abbildungen die Begriffe der gleichgradigen Stetigkeit und gleichartigen Beschränktheit von größter Bedeutung.

Definition 4. Es sei X ein lokal kompakter Raum, Y ein lokal kompakter, metrischer Raum und d die Metrik auf Y.

a) *Eine Familie $\mathscr{F}$ von Abbildungen $X \to Y$ heißt gleichgradig stetig, wenn es zu jedem $x \in X$ und jedem $\varepsilon > 0$ eine Umgebung U von x gibt derart, daß für alle $\varphi \in \mathscr{F}$ und alle $x' \in U$ gilt $d(\varphi(x'), \varphi(x)) < \varepsilon$.*

b) *Die Familie $\mathscr{F}$ nennen wir im Inneren von X gleichartig beschränkt, wenn zu jedem kompakten $K \subset X$ ein kompaktes $B \subset Y$ existiert, so daß $\varphi(K)$ für jedes $\varphi \in \mathscr{F}$ in B liegt.*

Die Definition 4b) ist enger als die übliche, bei der nur gefordert wird, daß zu jedem kompakten $K \subset X$ eine Kugel H (im Sinne der Metrik d) in Y existiert, in der die Mengen $\varphi(K)$ enthalten sind. Die beiden Definitionen stimmen überein, wenn Y bezüglich der Metrik d vollständig ist. Dabei gebrauchen wir den Begriff der Vollständigkeit in folgendem Sinn:

Definition 5. Ein lokal kompakter, metrischer Raum Y heißt vollständig bezüglich seiner Metrik d, wenn für jedes $y_0 \in Y$ und jedes $M > 0$ die Menge $\{y \in Y\colon d(y, y_0) < M\}$ in Y relativ kompakt ist. Wird d von einer Differentialmetrik F induziert, so sagen wir auch, Y sei bezüglich F vollständig.

Bemerkung. Ist Y bezüglich seiner Metrik vollständig, so konvergiert in Y jede Cauchy-Folge.

Die Mannigfaltigkeiten der Beispiele I und II aus § 3 stellen auch Beispiele für vollständige metrische Räume dar. Denn es ist

$$\int_{r'}^{1} \frac{dr}{1-r^2} = \infty \qquad \text{für } 0 \leqq r' < 1$$

und

$$\int_{r'}^{r''} \frac{dr}{|r \cdot \log r|} = \infty$$

für a) $r'=0$, $0<r''<1$; b) $0<r'<1$, $r''=1$; c) $r'=1$, $1<r''<\infty$; d) $1<r'<\infty$, $r''=\infty$.

Die Bedeutung der Aussage 3 liegt darin, daß wir mit ihrer Hilfe folgenden Hilfssatz beweisen können.

Hilfssatz 2. *Ist die komplexe Mannigfaltigkeit Y bezüglich einer Differentialmetrik F stark negativ gekrümmt, so ist die Familie $\mathscr{F}$ der holomorphen*

Abbildungen von einer beliebigen komplexen Mannigfaltigkeit X in Y gleichgradig stetig, wenn Y mit der durch F induzierten Metrik d versehen wird.

Beweis. Sei zunächst X die Einheitskugel des $\mathbf{C}^n$ und x' ein beliebiger Punkt aus X. Für jedes $x'' \in V(x') := \{x: |x - x'| < 1 - |x'|\}$, $x'' \neq x'$, definieren wir eine holomorphe Abbildung $\Phi_{x'x''}: E \to X$ durch

$$\Phi_{x'x''}(t) := x' + t \cdot \frac{1 - |x'|}{|x'' - x'|} \cdot (x'' - x') \quad \text{für } t \in E.$$

Da

$$\Phi_{x'x''}(0) = x' \quad \text{und} \quad \Phi_{x'x''}\left(\frac{|x'' - x'|}{1 - |x'|}\right) = x''$$

ist, erhält man mit der Aussage 3 für jedes $\varphi \in \mathscr{F}$ die Abschätzung

$$d(\varphi(x'), \varphi(x'')) = d\left(\varphi \circ \Phi_{x'x''}(0), \varphi \circ \Phi_{x'x''}\left(\frac{|x'' - x'|}{1 - |x'|}\right)\right) \leqq c \cdot D\left(0, \frac{|x'' - x'|}{1 - |x'|}\right),$$

wobei c eine Konstante > 0 ist. Daher gibt es zu jedem $\varepsilon > 0$ eine Umgebung $U(x') \subset V(x')$ von x' mit $d(\varphi(x'), \varphi(x'')) < \varepsilon$ für alle $\varphi \in \mathscr{F}$ und alle $x'' \in U(x')$. Für die Einheitskugel ist also $\mathscr{F}$ gleichgradig stetig. Daraus folgt nun aber diese Aussage für jede komplexe Mannigfaltigkeit X, da diese lokal biholomorph-äquivalent dem $\mathbf{C}^n$ ist.

Nach diesen Vorbereitungen kommen wir zu dem ersten wichtigen Ergebnis:

Satz 1. *Es seien X und Y zusammenhängende komplexe Mannigfaltigkeiten, X besitze abzählbare Topologie und Y sei mit einer zweimal stetig differenzierbaren Differentialmetrik versehen, bezüglich der Y stark negativ gekrümmt ist. Dann ist jede Familie holomorpher Abbildungen $X \to Y$, die im Inneren von X gleichartig beschränkt ist, normal. Ist Y bezüglich F außerdem vollständig, so bildet sogar die Menge $\mathscr{F}$ aller holomorphen Abbildungen $X \to Y$ eine normale Familie.*

Der Beweis wird in zwei Teilen geführt.

1. Teil. Wir zeigen: Ist eine Folge $\{\varphi_n\}$ der Familie $\mathscr{F}$ im Inneren von X gleichartig beschränkt, so enthält sie eine Teilfolge, die kompakt gegen eine holomorphe Abbildung $\varphi: X \to Y$ konvergiert.

In X wählen wir eine abzählbare Menge A, die in X dicht liegt, und ordnen sie in einer Folge $\{x'_k\}$ an. Nach Voraussetzung existiert zu jedem k ein kompaktes $B_k \subset Y$ mit $\varphi_n(x'_k) \in B_k$ für alle n. Daher gibt es eine Folge von Teilfolgen $\{\varphi_{1n}\}, \{\varphi_{2n}\}, \ldots$ von $\{\varphi_n\}$ mit der Eigenschaft, daß $\{\varphi_{mn}\}$ in x'_m konvergiert und $\{\varphi_{m+1\,n}\}$ Teilfolge von $\{\varphi_{mn}\}$ ist. Die Diagonalfolge $\{\varphi_{nn}\}$ ist dann in jedem Punkt von A konvergent.

Es seien nun ein kompaktes $K \subset X$ und eine Umgebung W der Diagonale von $Y \times Y$ vorgegeben. Die Mengen $\varphi_{nn}(K)$ sind in einer kompakten Menge

$B \subset Y$ enthalten. Für ein passendes $\varepsilon > 0$ gilt: Jedes Punktepaar $(y, y') \in B \times B$ mit $d(y, y') < 6\varepsilon$ liegt in W; dabei sei d die von F auf Y induzierte Metrik. Nun können wir, da $\mathscr{F}$ nach dem Hilfssatz 2 gleichgradig stetig ist, zu jedem $x \in K$ eine solche Umgebung $U(x)$ wählen, daß $d(\varphi_{nn}(x), \varphi_{nn}(x')) < \varepsilon$ für alle $x' \in U(x)$ und alle n ist. Bereits endlich viele der Umgebungen $U(x)$ – sie seien mit $U_1, \ldots, U_r$ bezeichnet – überdecken K. Aus jeder Menge $U_j \cap A$ $(j = 1, \ldots, r)$ wählen wir einen Punkt x_j. Da $\{\varphi_{nn}\}$ auf ganz A konvergiert, gibt es ein n_0, so daß $d(\varphi_{nn}(x_j), \varphi_{mm}(x_j)) < \varepsilon$ für alle $n, m \geqq n_0$ und $j = 1, \ldots, r$ gilt. Jedes $x \in K$ liegt in einem U_j. Daher erhalten wir für $n, m \geqq n_0$ und alle $x \in K$:

$$d(\varphi_{nn}(x), \varphi_{mm}(x)) \leqq d(\varphi_{nn}(x), \varphi_{nn}(x_j)) + d(\varphi_{nn}(x_j), \varphi_{mm}(x_j)) + \\ + d(\varphi_{mm}(x_j), \varphi_{mm}(x)) < 5\varepsilon .$$

Wegen $\varphi_{nn}(K) \subset B$ folgt hieraus die Konvergenz von $\{\varphi_{nn} | K\}$ gegen eine Abbildung $\varphi\colon K \to B$; und es gilt für diese $d(\varphi_{nn}(x), \varphi(x)) < 6\varepsilon$, also $(\varphi_{nn}(x), \varphi(x)) \in W$ für alle $x \in K$ und $n \geqq n_0$. Damit ist bewiesen, daß $\{\varphi_{nn}\}$ gegen eine Abbildung φ kompakt konvergiert. Nach der Bemerkung im Anschluß an Definition 3 ist φ holomorph. Das beweist die Gültigkeit des ersten Teiles von Satz 1.

2. Teil. Der Beweis wird dadurch zu Ende geführt, daß wir unter der Voraussetzung der Vollständigkeit von Y bezüglich F zeigen: Ist keine Teilfolge einer Folge $\{\varphi_n\}$ von $\mathscr{F}$ im Inneren von X gleichartig beschränkt, so konvergiert $\{\varphi_n\}$ kompakt gegen den Rand von Y.

Angenommen, diese Behauptung sei falsch. Dann existieren kompakte Mengen $K' \subset X$ und $B' \subset Y$ und eine Teilfolge $\{\varphi_n'\}$ von $\{\varphi_n\}$, so daß $\varphi_n'(K') \cap B' \neq 0$ ist für alle n. K' enthält also eine Punktfolge $\{x_n\}$ mit $\varphi_n'(x_n) \in B'$.

Es sei nun K eine beliebige kompakte Menge aus X. Da X zusammenhängend ist, können wir ein zusammenhängendes, kompaktes $K'' \subset X$ mit $K \cup K' \subset K''$ finden. Wegen der gleichgradigen Stetigkeit von $\mathscr{F}$ läßt sich K'' durch endlich viele offene Mengen $U_1, \ldots, U_r$ überdecken, für die gilt: $x', x'' \in U_i$ impliziert $d(\varphi(x'), \varphi(x'')) < 1$ für alle $\varphi \in \mathscr{F}$ $(i = 1, \ldots, r)$. Dabei können wir annehmen, daß $U_1 \cap K'' \neq 0$ ist. Induktiv definieren wir nun eine Folge $\{C_k\}$ offener Mengen: $C_1 := U_1$; $C_k := \bigcup \{U_i\colon U_i \cap C_{k-1} \neq 0\}$ für $k > 1$. Wegen des Zusammenhanges von K'' liegt K'' in C_r. Daher erhalten wir $d(\varphi(x'), \varphi(x'')) < 2r =: M_1$ für alle $\varphi \in \mathscr{F}$ und alle $x', x'' \in K \cup K'$. Weiterhin können wir zu einem beliebigen Punkt $y_0 \in Y$ ein $M_2 > 0$ wählen, so daß $d(y, y_0) < M_2$ ist für alle $y \in B'$. Damit ergibt sich $d(\varphi_n'(x), y_0) \leqq d(\varphi_n'(x), \varphi_n'(x_n)) + d(\varphi_n'(x_n), y_0) < M_1 + M_2$ für jedes $x \in K$ und jedes n. Wegen der Vollständigkeit von Y liegen daher alle $\varphi_n'(K)$ in einem kompakten $B \subset Y$. Daraus erhalten wir einen Widerspruch zu der Voraussetzung, daß keine Teilfolge von $\{\varphi_n\}$ im Inneren von X gleichartig beschränkt ist.

Die nächsten Paragraphen der Arbeit bringen einige Anwendungen des Satzes 1.

§ 5. Ein Beweis des Satzes von Montel

Den bekannten Satz:

„*Jede Familie holomorpher Funktionen auf einem Gebiet der komplexen Ebene, die zwei verschiedene Werte a und b auslassen, ist eine normale Familie*", können wir nun aufgrund des Satzes 1 dadurch beweisen, daß wir auf $C'' := C - \{a, b\}$ eine Differentialmetrik konstruieren, bezüglich der C'' stark negativ gekrümmt und vollständig ist. Mit Hilfe einer geeigneten linearen Abbildung der komplexen Ebene auf sich wird das Problem zunächst auf den Fall $a=1$ und $b=-1$ reduziert.

In $C-\{0\}$ definieren wir die Differentialmetrik $ds^2 = \tilde{h} \cdot dt \cdot d\bar{t}$ mit $\tilde{h}(t, \bar{t}) := (t\bar{t})^{2\alpha-1} + (t\bar{t})^{\alpha-1}$, $0<\alpha<\frac{1}{5}$. Ihre Gaußsche Krümmung ist $K(\tilde{h}, t) = -2\alpha^2 \cdot (1+(t\bar{t})^{\alpha})^{-3}$ für alle $t \in C-\{0\}$. Setzen wir $h_1(t, \bar{t}) := \tilde{h}(t-1, \bar{t}-1)$, $h_2(t, \bar{t}) := \tilde{h}(t+1, \bar{t}+1)$ und $h := h_1 \cdot h_2$, so erhalten wir mit $ds^2 = h\, dt\, d\bar{t}$ auf C'' eine Differentialmetrik, bezüglich der C'' stark negativ gekrümmt ist. Das folgt aus $K(h_1, t) = K(\tilde{h}, t-1)$, $K(h_2, t) = K(\tilde{h}, t+1)$ und der Aussage 1(*b*). Es sei etwa $K(h, t) \leqq -K' < 0$ in C''. Um nun C'' auch noch vollständig zu machen, vergrößern wir die Funktion h in Umgebungen von 1, -1 und ∞. Dazu bedienen wir uns einer beliebig oft stetig differenzierbaren, reellwertigen Funktion χ auf C mit $\chi(t, \bar{t}) = 1$ für $0 \leqq |t| \leqq \frac{1}{3}$, $0 \leqq \chi(t, \bar{t}) \leqq 1$ für $\frac{1}{3} < |t| < \frac{1}{2}$ und $\chi(t, \bar{t}) = 0$ für $|t| \geqq \frac{1}{2}$. Damit bilden wir

$$\tilde{f}(t, \bar{t}) := \begin{cases} \chi(t, \bar{t}) \cdot \dfrac{1}{t\bar{t}} \cdot \dfrac{1}{\log^2(t\bar{t})} & \text{für } 0<|t| \leqq \frac{1}{2} \\ 0 & \text{für } |t| > \frac{1}{2} \end{cases}$$

(s. § 3, Beispiel II). Wird nun

$$f(t, \bar{t}) := \tilde{f}(t-1, \bar{t}-1) + \tilde{f}(t+1, \bar{t}+1) + \frac{1}{(t\bar{t})^2} \cdot \tilde{f}\left(\frac{1}{t}, \frac{1}{\bar{t}}\right)$$

und $g := h + \lambda f$, $0<\lambda<1$, gesetzt, so erhalten wir mit $ds^2 = g\, dt\, d\bar{t}$ eine Differentialmetrik auf C'', bezüglich der C'' vollständig ist. Auf dem Bereich

$$G := \{0<|t-1|<\tfrac{1}{3}\} \cup \{0<|t+1|<\tfrac{1}{3}\} \cup \{|t|>3\}$$

ist $K(f, t) = -4$ und daher wegen der Aussage 1(a) und 1(c)

$$K(g, t) \leqq -\frac{4K'}{4+\lambda K'} < -\frac{4K'}{4+K'} < 0.$$

Auf der kompakten Menge $C''-G$ erhält man die Abschätzung

$$(7) \quad \begin{cases} K(g, t) = K\big(\lambda(h+f) + (1-\lambda)h, t\big) \\ \qquad \leqq \dfrac{\lambda(h+f)^2(t, \bar{t}) \cdot K(h+f, t) - (1-\lambda)\, h^2(t, \bar{t}) \cdot K'}{(h+\lambda f)^2(t, \bar{t})}. \end{cases}$$

Demnach ist für ein genügend kleines λ und für ein geeignetes $K''>0$ auf $C''-G$ die Abschätzung $K(g, t) \leqq -K''$ erfüllt. Also stellt $ds^2 = g\, dt\, d\bar{t}$ eine Differentialmetrik mit den gewünschten Eigenschaften dar.

§ 6. Differentialmetriken auf Riemannschen Flächen

Als Vorbereitung zum nächsten Paragraphen beweisen wir den

Hilfssatz 3. *Jede kompakte Riemannsche Fläche $\mathfrak{R}$ vom Geschlecht $p \geqq 2$ kann mit einer Differentialmetrik F versehen werden, bezüglich der $\mathfrak{R}$ stark negativ gekrümmt ist.*

Beweis. Bekanntlich existieren auf $\mathfrak{R}$ mindestens zwei linear unabhängige Pfaffsche Formen ω_1 und ω_2 [1]. Die Funktion

$$\tilde{F} := \sqrt{\omega_1 \bar{\omega}_1 + \omega_2 \bar{\omega}_2}$$

auf dem Tangentialraum von $\mathfrak{R}$ stellt dann eine Pseudodifferentialmetrik auf $\mathfrak{R}$ dar, die höchstens in endlich vielen Punkten $p_1, \ldots, p_k$ von $\mathfrak{R}$ nicht regulär ist[2]). In lokalen Koordinaten hat sie die Gestalt $ds^2 = (f_1 \bar{f}_1 + f_2 \bar{f}_2)\, dt\, d\bar{t}$ mit holomorphen Funktionen f_1 und f_2. Daher können wir in $\mathfrak{R} - \{p_1, \ldots, p_k\}$ auf $\tilde{F}$ die Betrachtung aus § 3, Beispiel III anwenden. Danach hat $\tilde{F}$ in allen Punkten, in denen die Vektoren $f := (f_1, f_2)$ und $f' := (f_1', f_2')$ linear unabhängig sind, eine Gaußsche Krümmung <0. Man beachte, daß die Linearunabhängigkeit dieser beiden Vektoren von der speziellen Wahl des Koordinatensystems unabhängig, also eine Eigenschaft von ω_1 und ω_2 ist. Würden f und f' in unendlich vielen Punkten linear abhängen, so müßten sich diese Punkte mindestens gegen einen Punkt $p_0 \in \mathfrak{R}$ häufen. In einer Koordinatenumgebung U von p_0 stellen diese Punkte Nullstellen der auf U holomorphen Funktion $f_2 f_1' - f_1 f_2'$ dar. Daher ist $f_2 f_1' - f_1 f_2' \equiv 0$ auf U. Andererseits folgt aber aus der Linearunabhängigkeit von ω_1 und ω_2, daß $f_2 \not\equiv 0$ und $f_1/f_2 \not\equiv \text{const}$, d.h. $0 \not\equiv (f_1/f_2)' = (f_2 f_1' - f_1 f_2')/f_2^2$ ist. Das zeigt also: In $\mathfrak{R} - \{p_1, \ldots, p_k\}$ existieren höchstens endlich viele Punkte $p_{k+1}, \ldots, p_l$, in denen $K(\tilde{F}, t) < 0$ nicht gilt.

Indem wir die Funktion $\tilde{F}$ in Umgebungen der Punkte $p_1, \ldots, p_l$ geeignet abändern, gelangen wir zu der gewünschten Differentialmetrik F. Es seien V_i Koordinatenumgebungen von p_i, $1 \leqq i \leqq l$, mit $V_j \cap V_i = 0$ für $j \neq i$; in V_i habe p_i jeweils die Koordinate $t = 0$. Zu einem festen i wählen wir ein $r > 0$, so daß $B := \{t\colon |t| < r\} \Subset V_i$ gilt. Weiterhin definieren wir $B' := \{t\colon |t| < r/2\}$. Unter Benutzung einer beliebig oft stetig differenzierbaren, reellwertigen Funktion χ auf V_i mit $0 \leqq \chi(t, \bar{t}) \leqq 1$, $\chi | B' \equiv 1$ und $\chi | (V_i - B) \equiv 0$ bilden wir auf V_i die Funktion $\tilde{g}(t, \bar{t}) := \chi(t, \bar{t}) \cdot (1 + t\bar{t})$. Wird $g(t, \bar{t}) := h(t, \bar{t}) + \lambda\, \tilde{g}(t, \bar{t})$ mit $h := f_1 \bar{f}_1 + f_2 \bar{f}_2$ und $0 < \lambda < 1$ gesetzt, so erhält man auf V_i eine Differentialmetrik $ds^2 = g\, dt\, d\bar{t}$, die auf $V_i - B$ mit $\tilde{F}$ übereinstimmt. Weiterhin können wir ein $K' > 0$ finden, so daß für alle Punkte t der kompakten Menge $\bar{B} - B'$ gilt $K(h, t) \leqq -K'$. Wählt man λ hinreichend klein, so wird daher $K(g, t) < 0$ für alle $t \in \bar{B} - B'$; zum Beweis benutze man wieder die Abschätzung (7).

[2]) Man weiß, daß in keinem Punkt von $\mathfrak{R}$ alle Pfaffschen Formen gleichzeitig verschwinden, [1] S. 574. Daher ist bei geeigneter Wahl von ω_1 und ω_2 bereits $\tilde{F}$ eine Differentialmetrik auf $\mathfrak{R}$. Da sich der Beweis bei Anwendung dieser Aussage nicht vereinfacht, wollen wir sie auch nicht benutzen.

Schließlich besteht auch auf B' die Abschätzung $K(g, t) < 0$ – wie aus der Betrachtung des § 3, Beispiel III folgt –, da

$$g(t, \bar{t}) = f_1(t)\overline{f_1(t)} + f_2(t)\overline{f_2(t)} + \sqrt{\lambda}\,\overline{\sqrt{\lambda}} + (\sqrt{\lambda}\,t)(\overline{\sqrt{\lambda}\,t})$$

für alle $t \in B'$ ist und die Vektoren $(f_1, f_2, \sqrt{\lambda}, \sqrt{\lambda} \cdot t)$, $(f_1', f_2', 0, \sqrt{\lambda})$ in keinem Punkt von B' linear abhängen.

Indem wir die Funktion $\tilde{F}$ für jeden der Punkte $p_1, \ldots, p_l$ in dieser Weise modifizieren, gelangen wir zu einer Differentialmetrik F auf $\mathfrak{R}$, deren Gaußsche Krümmung überall negativ ist. Da $\mathfrak{R}$ kompakt vorausgesetzt wurde, ist daher $\mathfrak{R}$ bezüglich F sogar stark negativ gekrümmt.

§ 7. Schnitte in regulären Familien kompakter Riemannscher Flächen

Definition 6. Sind X und Y zusammenhängende komplexe Mannigfaltigkeiten und π: $Y \to X$ eine surjektive, eigentliche, holomorphe und reguläre[3]*) Abbildung, so wird (Y, π, X) eine reguläre Familie komplexer Strukturen genannt* [7].

Aus der Regularität der Abbildung π folgt, daß die Fasern Y_x singularitätenfrei eingebettete Untermannigfaltigkeiten von Y sind. Daher sind die natürlichen Einbettungen i_x: $Y_x \to Y$ holomorph. Weiterhin ist (Y, π, X) in allen $y \in Y$ *lokal trivial*, d.h.

(8) zu jedem Punkt $y \in Y$ existiert eine Umgebung $U = U(y)$ und eine biholomorphe Abbildung ψ: $U \to (Y_{\pi y} \cap U) \times (\pi\, U)$ mit $p \circ \psi | (Y_{\pi y} \cap U) = id$ und $q \circ \psi = \pi | U$; dabei bedeuten p und q die Projektionen von $(Y_{\pi y} \cap U) \times (\pi\, U)$ auf $Y_{\pi y} \cap U$ bzw. auf $\pi\, U$.

Für jede *reguläre Familie (Y, π, X) kompakter Riemannscher Flächen vom Geschlecht $p \geqq 2$ über einer Riemannschen Fläche X gelten nun die Sätze:*

Satz 2. *Jede Familie holomorpher Schnitte in (Y, π, X) über einem Gebiet $G \subset X$ ist normal.*

Satz 3. *Die holomorphen Schnitte in der regulären Familie (Y, π, X) besitzen keine isolierten Singularitäten.*

Da X abzählbare Topologie besitzt, stellt die Normalität auf X eine lokale Aussage dar. Weiterhin ist die Menge der holomorphen Schnitte in (Y, π, X) über einem Gebiet $G \subset X$ im Inneren von G gleichartig beschränkt. Daher können wir aufgrund des Satzes 1 den Satz 2 dadurch verifizieren, daß wir für (Y, π, X) folgenden Hilfssatz beweisen.

Hilfssatz 4. *Zu jedem Punkt $x_0 \in X$ gibt es eine Umgebung $V \subset X$ und eine Differentialmetrik F auf $Y|V$, bezüglich der $Y|V$ stark negativ gekrümmt ist.*

Beweis. Es sei x_0 ein beliebiger, fest gewählter Punkt aus X. Da (Y, π, X) lokal trivial ist, gibt es zu jedem $y \in Y_{x_0}$ eine Umgebung $U(y)$, die eine Produkt-

[3]) Die Abbildung π: $Y \to X$ heißt regulär, wenn in jedem Punkt von Y der Rang der Funktionalmatrix von π gleich der Dimension von X ist.

darstellung im Sinne von (𝔟) besitzt. Bereits endlich viele dieser Umgebungen, die mit $U_1, \dots, U_k$ benannt seien, überdecken Y_{x_0}. Die dazu gehörigen biholomorphen Abbildungen bzw. Projektionen mögen mit ψ_i bzw. p_i $(i=1, \dots, k)$ bezeichnet sein. Zu dem Punkt x_0 wählen wir eine Umgebung V', so daß $Y|V'$ in $U_1 \cup \dots \cup U_k$ liegt. Dabei können wir voraussetzen, daß V' in einer Koordinatenumgebung von x_0 enthalten und kreisförmig ist. Zur Konstruktion der verlangten Differentialmetrik gehen wir von einer Differentialmetrik F_0 auf der Faser Y_{x_0} aus, bezüglich der Y_{x_0} stark negativ gekrümmt ist. Das ist nach dem Hilfssatz 3 möglich. Die Pseudodifferentialmetriken $F_0 \circ (p_i \circ \psi_i)$ auf U_i $(i=1, \dots, k)$ „verkleben" wir mit Hilfe einer der Überdeckung $U_1, \dots, U_k$ angepaßten, beliebig oft stetig differenzierbaren Partition der Eins $f_1, \dots, f_k$. Dadurch erhalten wir auf $Y|V'$ die Pseudodifferentialmetrik

$$F_1 := \sqrt{\sum_{i=1}^{k} f_i \cdot (F_0 \circ (p_i \circ \psi_i))^2}.$$

Hieraus entsteht eine Differentialmetrik F auf $Y|V'$, wenn wir mit irgendeiner Differentialmetrik F_2 auf V', bezüglich der V' stark negativ gekrümmt ist, setzen

$$F := \sqrt{F_1^2 + \lambda (F_2 \circ \pi)^2}, \qquad \lambda > 0.$$

Wegen der lokalen Trivialität von (Y, π, X) können wir die lokalen Koordinaten z, t von Y in der Weise wählen, daß z als lokale Koordinate der Fasern Y_x und t als lokale Koordinate der Basis X betrachtet werden können. Im Verlauf dieses Beweises sollen nur noch solche Koordinatenumgebungen benutzt werden. Ist nun $F_2^2(t, dt) = h\, dt\, d\bar{t}$, so hat F^2 in lokalen Koordinaten die Gestalt $ds^2 = g\, dz\, d\bar{z} + a\, dz\, d\bar{t} + \bar{a}\, dt\, d\bar{z} + (f + \lambda h)\, dt\, d\bar{t}$; dabei sind g, a und f mindestens zweimal stetig differenzierbare Funktionen von $z, \bar{z}, t$ und $\bar{t}$.

Für eine hinreichend kleine Umgebung V von x_0 mit $V \Subset V'$ ist $Y|V$ bei jeder Wahl von λ bezüglich F in der Richtung der Fasern negativ gekrümmt von einer Ordnung $K' > 0$; das soll heißen: Für $x \in V$ ist die Faser Y_x bezüglich der von F auf Y_x induzierten Differentialmetrik $F_x := F \circ i_x$ (es bedeutet i_x die natürliche Einbettung $Y_x \to Y$) negativ gekrümmt von der Ordnung K'. Das folgt aus $F_{x_0} = F_0$. In lokalen Koordinaten drückt sich das in der Abschätzung $-2(g\, g_{z\bar{z}} - g_z\, g_{\bar{z}})/g^3 \leqq -K'$ aus, die auf $Y|V$ gilt. Wählt man λ hinreichend groß, so wird, wie wir zeigen, sogar $Y|V$ bezüglich F stark negativ gekrümmt.

Da $Y|V$ relativ kompakt ist, können wir $Y|V$ mit endlich vielen Koordinatenumgebungen $W_1, \dots, W_r$ überdecken. Es sei $\Phi: E \to Y|V$ eine beliebige holomorphe, reguläre Abbildung und $\tau_0 \in E$ ein beliebiger Punkt. Nun gibt es eine ganze Kreisscheibe $B_\varepsilon(\tau_0) := \{\tau: |\tau - \tau_0| < \varepsilon\} \subset E$, die durch Φ in ein W_i abgebildet wird. Setzen wir $\psi(\tau) := \varepsilon\tau + \tau_0$, so erhalten wir mit $\Phi \circ \Psi$ eine holomorphe, reguläre Abbildung $E \to W_i$; für sie gilt $K(F \circ \Phi \circ \Psi, 0) = K(F \circ \Phi, \tau_0)$. Das zeigt, daß $Y|V$ bezüglich F stark negativ gekrümmt ist, wenn jedes $W_i \cap Y|V$ bezüglich F stark negativ gekrümmt ist. Es genügt also, für jedes W_i $(i=1, \ldots, r)$ die Existenz eines $\lambda_i > 0$ nachzuweisen, für das gilt: Ist $\lambda \geqq \lambda_i$, so ist $W_i \cap Y|V$ bezüglich F stark negativ gekrümmt.

In $W_i \cap Y|V$ sind die Funktionen g, a, f, h und deren ersten beiden Ableitungen beschränkt; weiterhin existieren eine Zahl $\varepsilon' > 0$ und zu jedem $\lambda > 0$ ein $k(\lambda) > 0$, so daß $g\,h(g\,g_{z\bar{z}} - g_z\,g_{\bar{z}}) \geqq \varepsilon'$, $g\,h(h\,h_{t\bar{t}} - h_t\,h_{\bar{t}}) \geqq \varepsilon'$ und $F(z, t, dz, dt) \leqq k(\lambda)$ für alle $(z, t) \in W_i \cap Y|V$ und alle Einheitsvektoren (dz, dt) ist. Es sei nun $\Phi = (\varphi, \psi)$: $E \to W_i \cap Y|V$ eine beliebige holomorphe, reguläre Abbildung. Bezeichnen wir die Punkte in E mit τ, so ergibt sich

$$\begin{aligned} ds^2 &= (F \circ \Phi)^2 = F^2(\varphi, \psi, \varphi', \psi')\, d\tau\, d\bar{\tau} \\ &= [(g \circ \Phi)\, \varphi'\, \overline{\varphi'} + (a \circ \Phi)\, \varphi'\, \overline{\psi'} + (\bar{a} \circ \Phi)\, \psi'\, \overline{\varphi'} + (f + \lambda h) \circ \Phi\, \psi'\, \overline{\psi'}]\, d\tau\, d\bar{\tau}. \end{aligned}$$

Zur Abkürzung setzen wir

$$\begin{aligned} &\alpha := F^2(\varphi, \psi, \varphi', \psi'); && d := g(f + \lambda h) - a\,\bar{a}; \\ &b := (g \circ \Phi) \cdot \varphi' + (\bar{a} \circ \Phi) \cdot \psi'; && c := (a \circ \Phi) \cdot \varphi' + (f + \lambda h) \circ \Phi \cdot \psi'; \\ &B := (g \circ \Phi)_\tau \cdot \varphi' + (\bar{a} \circ \Phi)_\tau \cdot \psi'; && C := (a \circ \Phi)_\tau \cdot \varphi' + \big((f + \lambda h) \circ \Phi\big)_\tau \cdot \psi'; \\ &D(\alpha) := B \cdot \overline{\varphi'} + C \cdot \overline{\psi'}; && D^2(\alpha) := B_{\bar{\tau}}\, \overline{\varphi'} + C_{\bar{\tau}}\, \overline{\psi'}. \end{aligned}$$

Mit diesen Bezeichnungen gilt:

$$\alpha \leqq (\varphi'\, \overline{\varphi'} + \psi'\, \overline{\psi'}) \cdot k(\lambda)^2 \quad (\text{s. Def. 1 (2)});$$

$$K(F \circ \Phi, \tau) = -2(\alpha \cdot \alpha_{\tau\bar{\tau}} - \alpha_\tau \cdot \alpha_{\bar{\tau}})(\tau)/\alpha^3(\tau);$$

$$d > 0;$$

$$\alpha = b \cdot \overline{\varphi'} + c \cdot \overline{\psi'} = \bar{b} \cdot \varphi' + \bar{c} \cdot \psi';$$

$$\alpha_\tau = D(\alpha) + \bar{b} \cdot \varphi'' + \bar{c} \cdot \psi''; \qquad \alpha_{\bar{\tau}} = \overline{\alpha_\tau};$$

$$\begin{aligned} \alpha_{\tau\bar{\tau}} = D^2(\alpha) &+ B \cdot \overline{\varphi''} + C \cdot \overline{\psi''} + \bar{B} \cdot \varphi'' + \bar{C} \cdot \psi'' + (g \circ \Phi) \cdot \varphi''\, \overline{\varphi''} + \\ &+ (a \circ \Phi) \cdot \varphi''\, \overline{\psi''} + (\bar{a} \circ \Phi) \cdot \psi''\, \overline{\varphi''} + (f + \lambda h) \circ \Phi\, \psi''\, \overline{\psi''}. \end{aligned}$$

Daher erhalten wir

$$\begin{aligned} &\alpha \cdot \alpha_{\tau\bar{\tau}} - \alpha_\tau \cdot \alpha_{\bar{\tau}} \\ &\quad = (\alpha \cdot D^2(\alpha) - D(\alpha) \cdot \overline{D(\alpha)}) + (b\,C - c\,B)\overline{(\varphi'\, \psi'' - \psi'\, \varphi'')} + \\ &\quad\quad + \overline{(b\,C - c\,B)}(\varphi'\, \psi'' - \psi'\, \varphi'') + d \circ \Phi \cdot (\varphi'\, \psi'' - \psi'\, \varphi'')\overline{(\varphi'\, \psi'' - \psi'\, \varphi'')} \\ &\quad = \big[d \circ \Phi \cdot \alpha \cdot D^2(\alpha) - d \circ \Phi \cdot D(\alpha) \cdot \overline{D(\alpha)} - (b\,C - c\,B)\,\overline{(b\,C - c\,B)} + \\ &\quad\quad + |(b\,C - c\,B) + d \circ \Phi \cdot (\varphi' \cdot \psi'' - \psi' \cdot \varphi'')|^2\big]/d \circ \Phi \\ &\quad \geqq \big[d \circ \Phi \cdot \alpha \cdot D^2(\alpha) - d \circ \Phi \cdot D(\alpha) \cdot \overline{D(\alpha)} - (b\,C - c\,B)\overline{(b\,C - c\,B)}\big]/d \circ \Phi \\ &\quad =: A \circ \tilde{\Phi}/d \circ \Phi; \end{aligned}$$

dabei bedeutet $\tilde{\Phi}:=(\varphi, \psi, \varphi', \psi')$, und $A=A(z,t,v,w)$ ist eine reellwertige Funktion auf $(W_i \cap Y|V)\times C^2$ von folgender Gestalt

$$A=(\lambda g h(g g_{z\bar z}-g_z g_{\bar z})-P)\cdot(v\bar v)^3-\sum_{\substack{i,k=0\\ i+k<6}}^{3}(P_{ik}+\lambda Q_{ik}+\lambda^2 R_{ik})\cdot v^i\bar v^k w^{3-i}\bar w^{3-k}+$$
$$+\lambda^3\cdot g h(h h_{t\bar t}-h_t h_{\bar t})\cdot(w\bar w)^3$$

mit Funktionen P, P_{ik}, Q_{ik} und R_{ik} auf $W_i \cap Y|V$, die sich additiv und multiplikativ aus g, a, f, h und deren ersten beiden Ableitungen zusammensetzen, λ aber nicht enthalten. Dem Betrage nach sind diese Funktionen deshalb kleiner als eine Konstante $M>0$. Daher erhalten wir die Abschätzung

$$A(z,t,v,w)\geqq(\lambda\cdot\varepsilon'-M)|v|^6-6(1+\lambda+\lambda^2)M\cdot\sum_{i=0}^{5}|v|^i\cdot|w|^{6-i}+\lambda^3\cdot\varepsilon'\cdot|w|^6,$$

die zeigt, daß für alle λ, welche größer oder gleich einem geeigneten $\lambda_i>0$ sind, auf ganz $W_i\cap Y|V$ gilt $A(z,t,1,0)\geqq 2$ und $A(z,t,0,1)\geqq 2$. Zu jedem $\lambda\geqq\lambda_i$ existiert nun ein $\rho(\lambda)$ mit $0<\rho(\lambda)\leqq 1$, so daß $A(z,t,1,w)\geqq 1$ und $A(z,t,w,1)\geqq 1$ für alle w mit $|w|\leqq\rho(\lambda)$ ist. Daraus folgt $A(z,t,w,1)\geqq\rho^6(\lambda)$ und $A(z,t,1,w)\geqq\rho^6(\lambda)$ für alle w. Für $|w|\leqq\rho(\lambda)$ ist das trivial; für $|w|\geqq\rho(\lambda)$ erhält man wegen der Gleichung $A(z,t,\mu v,\mu w)=|\mu|^6\cdot A(z,t,v,w)$, die für alle $\mu\in C$ gilt: $A(z,t,w,1)=|w|^6\cdot A(z,t,1,1/w)\geqq|w|^6\cdot 1\geqq\rho^6(\lambda)$; entsprechend ergibt sich $A(z,t,1,w)\geqq\rho^6(\lambda)$. Daher hat man

$$\sqrt[3]{A(z,t,v,w)}\geqq|v|^2\cdot\rho^2(\lambda)\quad\text{und}\quad\sqrt[3]{A(z,t,v,w)}\geqq|w|^2\cdot\rho^2(\lambda),$$

also

$$A(z,t,v,w)\geqq\tfrac{1}{8}\cdot(v\bar v+w\bar w)^3\cdot\rho^6(\lambda).$$

Mit dieser Abschätzung folgt nun

$$\begin{aligned}K(F\circ\Phi,\tau)&\leqq-2A\circ\tilde\Phi(\tau)/\alpha^3(\tau)\cdot d\circ\Phi(\tau)\\&\leqq-(\varphi'\overline{\varphi'}+\psi'\overline{\psi'})^3\cdot\rho^6(\lambda)/4(\varphi'\overline{\varphi'}+\psi'\overline{\psi'})^3\cdot k^6(\lambda)\cdot\delta(\lambda)\\&=-\rho^6(\lambda)/4k^6(\lambda)\cdot\delta(\lambda)=:-K_i(\lambda)<0.\end{aligned}$$

Dabei bedeutet $\delta(\lambda)$ das Supremum von d auf $W_i\cap Y|V$.

Damit ist der Hilfssatz 4 bewiesen.

Beweis zu Satz 3. Es sei V eine Umgebung eines Punktes $x_0\in X$ und s ein holomorpher Schnitt in (Y,π,X) über $V-\{x_0\}$. Ohne Beschränkung der Allgemeinheit können wir V so voraussetzen, daß $Y|V$ mit einer Differentialmetrik F versehen werden kann, bezüglich der $Y|V$ stark negativ gekrümmt ist (s. Hilfssatz 4). Zu x_0 wählen wir eine Koordinatenumgebung mit folgenden Eigenschaften: x_0 hat die Koordinate $t=0$; die Kreisscheibe $E^*:=\{t:|t|<2\}$ liegt relativ kompakt im Durchschnitt der Koordinatenumgebung mit V. Zur Abkürzung setzen wir $k_a:=\{t:|t|=a\}$ für alle a mit $0<a\leqq 1$, $K_a:=s(k_a)$ und $\Phi(K_a):=$ Durchmesser von K_a bezüglich der von F auf $Y|V$ induzierten Metrik d.

Nach klassischen Sätzen ist die Fortsetzbarkeit von s sichergestellt, wenn folgende Bedingung erfüllt ist:

(9) Mit $a\to 0$ konvergieren die Kurven K_a gegen einen Punkt y_0 der Faser Y_{x_0}; das soll bedeuten: Zu jeder Umgebung W von y_0 gibt es ein $\delta>0$, so daß $K_a\subset W$ für $0<a<\delta$ ist.

Wir beweisen zunächst die Aussagen:

(10) Jede Folge $\{K_{a_n}\}$ mit $a_n\to 0$ enthält eine Teilfolge, die gegen einen Punkt $y_0\in Y_{x_0}$ konvergiert.

$$\lim_{a\to 0}\Phi(K_a)=0\,. \tag{11}$$

Zu $\{a_n\}$ bestimmen wir eine Folge $\{\alpha_n\}$ natürlicher Zahlen, die gegen ∞ konvergiert, und zwar so schwach, daß $a_n\cdot t^{\alpha_n}\in E^*$ ist für alle $t\in E^*$ und alle n. Dann wird durch $\varphi_n(t):=s(a_n\cdot t^{\alpha_n})$ eine Folge $\{\varphi_n\}$ holomorpher Abbildungen $E^*-\{0\}\to Y|V$ definiert. Da π eigentlich vorausgesetzt wurde, ist $\{\varphi_n\}$ auf $E^*-\{0\}$ gleichartig beschränkt. Nach dem Satz 1 konvergiert daher eine Teilfolge $\{\varphi_{n_\nu}\}$ von $\{\varphi_n\}$ kompakt gegen eine holomorphe Abbildung $\varphi\colon E^*-\{0\}\to Y|V$. Angenommen, $\varphi|k_1$ sei nicht konstant. Dann existiert ein $t_0\in k_1$ mit $\varphi(t_0)\neq\varphi(1)$; also ist $d(\varphi(t_0),\varphi(1))=:\delta>0$. Wegen der kompakten Konvergenz von $\{\varphi_{n_\nu}\}$ gibt es ein ν_0, so daß $d(\varphi_{n_\nu}(t),\varphi(t))<\delta/3$ ist für alle $\nu\geqq\nu_0$ und alle $t\in k_1$, und wegen der Stetigkeit von φ in t_0 ein $\rho>0$, so daß $d(\varphi(t),\varphi(t_0))<\delta/3$ ist für $|t-t_0|<\rho$. Wir wählen nun ein $\nu\geqq\nu_0$ mit $2\pi<\rho\cdot\alpha_{n_\nu}$. In der Kreisscheibe $\{t\colon |t-t_0|<\rho\}$ liegt dann mindestens eine α_{n_ν}-te Einheitswurzel t_1. Es ist $\varphi_{n_\nu}(t_1)=\varphi_{n_\nu}(1)$. Damit erhalten wir

$$d(\varphi(t_0),\varphi(1))\leqq d(\varphi(t_0),\varphi(t_1))+d(\varphi(t_1),\varphi_{n_\nu}(t_1))+d(\varphi_{n_\nu}(1),\varphi(1))<\delta.$$

Der Widerspruch zeigt, daß $\varphi|k_1\equiv\varphi(1)$ ist. Dann ist aber auch $\varphi\equiv\varphi(1)$. Nach Definition der φ_n ist der Punkt $y_0:=\varphi(1)$ aus Y_{x_0}. Aus der kompakten Konvergenz von $\{\varphi_{n_\nu}\}$ gegen y_0 folgt nun unmittelbar (10).

Die Aussage (11) beweisen wir indirekt. Wäre (11) falsch, existierte eine Folge $\{K_{a_n}\}$ mit $a_n\to 0$, so daß $\Phi(K_{a_n})$ für alle n größer als eine positive Konstante ist. Dann könnte aber im Widerspruch zu (10) keine Teilfolge von $\{K_{a_n}\}$ gegen einen Punkt aus Y_{x_0} konvergieren.

Nun zum Beweis der Bedingung (9)! Aufgrund von (10) existiert eine Folge $\{K_{a_n}\}$ mit $a_n\to 0$, die gegen einen Punkt $y_0\in Y_{x_0}$ konvergiert. Zu y_0 wählen wir eine Koordinatenumgebung $U\subset Y|V$, deren lokale Koordinaten z und t als Koordinaten der Faser Y_{x_0} bzw. der Basis X betrachtet werden können (s. (8)). Der Punkt y_0 besitze die Koordinaten $z=0$ und $t=0$. Wir nehmen nun an, die Bedingung (9) sei nicht erfüllt. Dann gibt es eine Folge $\{K_{b_n}\}$ mit $b_n\to 0$ und einen Dizylinder $P:=\{(z,t)\colon |z|<\varepsilon,\ |t|<\varepsilon\}\Subset U$, der keines der K_{b_n} ganz enthält. Aus dem Verhalten der Folgen $\{K_{a_n}\}$ und $\{K_{b_n}\}$ und aus der Aussage (11) schließt man auf die Existenz dreier Zahlen a', b und c mit den Eigenschaften: 1) $b<a'<c<\min(\varepsilon,b_1)$; 2) $K_{a'}\subset P'':=\{(z,t)\colon |z|<\varepsilon/3,\ |t|<\varepsilon\}$; 3) b ist die größte Zahl $<a'$ und c die kleinste Zahl $>a'$, so daß K_b und

K_c nicht mehr ganz in $P' := \{(z, t): |z| < 2\varepsilon/3, |t| < \varepsilon\}$ liegen; 4) die Durchmesser von K_b und von K_c in der euklidischen Metrik von U sind kleiner $\varepsilon/3$. Wegen den Eigenschaften 2) bis 4) liegt K_b in einer Kugel $H_1 \subset P - P''$ und K_c in einer Kugel $H_2 \subset P - P''$. Offenbar wird noch ein ganzer Kreisring $R :=$ $\{t: b-r < |t| < c+r\}$ mit $r > 0$ von s in U abgebildet. Demzufolge beschreibt die holomorphe Funktion $f := z \circ s$ die Beschränkung von s auf R. Es sei z_0 ein beliebiger Punkt aus $f(k_{a'})$. Wegen der Eigenschaft 2) ist $z_0 \in \{z: |z| < \varepsilon/3\}$. Daher ist auf den Kreisen k_b und k_c $f(t) \neq z_0$. Da aber f in dem Kreisring $\{t: b < |t| < c\}$ (nämlich auf $k_{a'}$) den Wert z_0 mindestens einmal annimmt, haben wir

$$\frac{1}{2\pi i}\left(\int_{k_c} \frac{f'(t)}{f(t)-z_0}\,dt - \int_{k_b} \frac{f'(t)}{f(t)-z_0}\,dt\right) > 0. \tag{12}$$

Andererseits liegen $f(k_c)$ und $f(k_b)$ in einfach zusammenhängenden Gebieten, die den Punkt z_0 nicht enthalten. Deswegen kann man den Integrand in (12) als

$$\frac{d}{dt}\log(f(t)-z_0)$$

schreiben; daraus folgt, daß die beiden Integrale in (12) verschwinden. Der hier auftretende Widerspruch beweist die Gültigkeit von (9).

Literatur

[1] Behnke, H., u. F. Sommer: Theorie der analytischen Funktionen einer komplexen Veränderlichen. 2. Aufl. Berlin-Göttingen-Heidelberg: Springer 1962.

[2] Blaschke, W.: Vorlesungen über Differentialgeometrie I. 4. Aufl. Berlin-Göttingen-Heidelberg: Springer 1945.

[3] Bourbaki, N.: Théorie des ensembles II. 2. ed. Paris: Hermann 1960.

[4] — Topologie générale II. 3. ed. Paris: Hermann 1961.

[5] Carathéodory, C.: Über die Geometrie der analytischen Abbildungen, die durch analytische Funktionen von zwei Veränderlichen vermittelt werden. Abhandl. math. Sem. Hamburg **6**, 96—145 (1928).

[6] Golusin, G. M.: Geometrische Funktionentheorie. Berlin: Deutscher Verlag der Wissenschaften 1957.

[7] Grauert, H.: On the number of moduli of complex structures, Contributions to Function Theory. Tata Inst. of Fundamental Research, Bombay 1960.

[8] Huber, H.: Über analytische Abbildungen Riemannscher Flächen in sich. Comment. Math. Helv. **27**, 1—72 (1953).

[9] Reiffen, H. J.: Die differentialgeometrischen Eigenschaften der invarianten Distanzfunktion von Carathéodory. Schriftenreihe d. Math. Inst. d. Univ. Münster, Heft 26 (1963).

Göttingen, Mathematisches Institut der Universität

(Eingegangen am 15. November 1964)

51.

(mit I. Lieb)

Das Ramirezsche Integral und die Lösung der Gleichung $\bar{\partial} f = \alpha$ im Bereich der beschränkten Formen

Rice University Studies Houston **56** (2), 29–50 (1970);
Talk by H. Grauert at a meeting at Rice University March 1969

Einleitung

Das Cauchysche Integral der Funktionentheorie einer Veränderlichen zeichnet sich durch folgende Eigenschaften aus:

1) *Ist f eine in $\bar{G}$ stetige und in G holomorphe Funktion, so gilt*

$$f(y) = \int_{\partial G} \Omega_y(x) f(x) \text{ für } y \in G.$$

2) *Ist h(x) eine stetige Funktion auf ∂G, so ist*

$$f(y) = \int_{\partial G} \Omega_y(x) h(x)$$

eine in G holomorphe Funktion.

3) *Es ist* $\int_G |\Omega_y(x)| \, d\lambda(x) \leqq L$
mit L als einer von y unabhängigen Konstanten. Der Kern hat nur im Punkt x = y eine Singularität.

Hierbei bezeichnet $G \subset C$ ein beschränktes Gebiet mit glattem Rande, und es ist

$$\Omega_y(x) = \frac{1}{2\pi i} \frac{dx}{x - y}$$

und

$$\int_G |\Omega_y(x)| \, d\lambda(x) = \frac{1}{2\pi} \int_G \frac{1}{|x - y|} d\lambda(x)$$

gesetzt.

Die ersten entsprechenden Integralformeln, die in der Funktionentheorie mehrerer Veränderlicher bekannt wurden, waren die Formel von Bergman-

* Author who presented paper

Weil und die Formel von Martinelli. Die Eigenschaft 1) ist für beide Formeln erfüllt, jedoch muß man bei Bergman und Weil nur über die ausgezeichneten Randflächen integrieren. Das ist bei der Anwendung der Stokesschen Formel hinderlich. Die Integralformel gilt auch nur für Gebiete, die ausgezeichnete Randflächen besitzen. Die Eigenschaft 2) gilt im Falle "Bergman-Weil," jedoch gilt sie nicht bei Martinelli. Dagegen ist bei Martinelli die Eigenschaft 3) richtig, im Falle der Bergman-Weilschen Formel ist sie wieder falsch.

Inzwischen waren in den Arbeiten von Leray und Norguet die Cauchy-Fantappié-Integralformeln entwickelt worden. Es gelang dann E. Ramirez de Arellano, unter Verwendung der Theorie kohärenter analytischer Garben zu zeigen, daß es zu jedem beschränkten streng pseudokonvexen Gebiet $G \subset C^n$ mit glattem Rand Cauchy-Fantappié-Formeln gibt, die die Eigenschaften 1) und 2) besitzen und bei denen der Kern $\Omega_y(x)$ eine Singularität wie bei Martinelli hat. In der vorliegenden Arbeit wird nun gezeigt, daß für den Kern auch die unter 3) formulierte Abschätzung gilt, wenn der Ramirezsche Kern geeignet definiert wird. Diese Abschätzung ist gerade für die Untersuchung der Gleichung $\bar{\partial} f = \alpha$, in der α eine $\bar{\partial}$-geschlossene (0, 1)-Form und f eine Funktion bedeuten, von ausschlaggebender Bedeutung. Man kann nämlich jetzt zeigen: *Ist α beschränkt, so kann man auch f als beschränkt wählen, und es gilt eine Abschätzung für* $|f|$. (Vielleicht kann man sogar Abschätzungen von f in der $C_{r-1+\varepsilon}$-Norm erhalten, wenn α in $C_{r+\varepsilon}$ ist.) Jedenfalls ergibt sich schon aus unserem Resultat eine interessante Aussage für die Čechsche Cohomologie: *Ist $\hat{\mathfrak{U}}$ eine offene Überdeckung von $\bar{G}$, bezeichnet $\mathfrak{U}$ die offene Überdeckung $\hat{\mathfrak{U}} \cap G$ und ist $\mathfrak{c}$ ein beschränkter Cozyklus aus $Z^1(\mathfrak{U}, \mathcal{O})$, so gilt $\mathfrak{c} = \delta\mathfrak{c}'$ mit $\mathfrak{c} \in C^0(\mathfrak{U}, \mathcal{O})$ und $|\mathfrak{c}'| \leqq K|\mathfrak{c}|$. Dabei ist K eine von $\mathfrak{c}$ unabhängige Konstante.*

§1. *Die Ramirezsche Integralformel*

Wir berichten zunächst über einige Resultate einer Arbeit von E. Ramirez [5].

Es sei $G \subset\subset C^n$ ein streng pseudokonvexes Gebiet mit beliebig oft differenzierbarem glattem Rand ∂G. Es gibt dann eine in einer Umgebung U^{**} von ∂G erklärte streng plurisubharmonische C^∞-Funktion ϕ mit $d\phi \neq 0$ in U^{**} und

$$G \cap U^{**} = \{x \in U^{**} : \phi(x) < 0\}.$$

In [5] hat E. Ramirez gezeigt:

Satz 1. *Es gibt Umgebungen U von ∂G und V von $\bar{G}$ und eine für alle $(x,y) \in U \times V$ erklärte C^∞-Funktion g mit folgenden Eigenschaften:*

a) *g ist holomorph in y.*

b) *Für $(x,y) \in \partial G \times \bar{G}$ und $x \neq y$ ist $\operatorname{Re} g(x,y) > 0$.*

c) *$g(x,x) = 0$.*

Wegen Eigenschaft c läßt sich (siehe [5]) g in der Form

$$g(x,y) = \sum_{i=1}^{n} (x_i - y_i)\, g_i(x,y)$$

darstellen, wobei die g_i beliebig oft differenzierbar und holomorph in y sind. Wählt man eine Umgebung U_1 von ∂G mit $U_1 \subset\subset U$, setzt man $U^* = U \cup G$ und $N = \{(x,y) \in \bar{U}_1 \times G \colon \operatorname{Re} g(x,y) \leqq 0\}$, so läßt sich eine Funktion ψ auf $U^* \times G$ mit folgenden Eigenschaften finden:

a) ψ is unendlich oft differenzierbar.

b) $0 \leqq \psi \leqq 1$.

c) Es gibt Umgebungen W_1 von $\partial G \times G$ und W_2 von $N \cup ((U^* - U_1) \times G)$ mit $\psi \,|\, W_1 \equiv 1$ und $\psi \,|\, W_2 \equiv 0$.

Man setzt dann

$$g_i' = \psi g_i + (1 - \psi)(\bar{x}_i - \bar{y}_i), \tag{1}$$

$$g'(x,y) = \psi g(x,y) + (1-\psi) \cdot \| x - y \|^2, \tag{2}$$

wobei $\| \cdot \|$ die euklidische Norm bezeichnet, und bildet die Differentialform

$$\Omega_y(x) = \frac{(n-1)!}{(2\pi i)^n} \; \frac{\sum_{\nu=1}^{n} (-1)^{\nu+1} g_\nu' \bigwedge_{\substack{\mu=1\cdots n \\ \mu\neq\nu}} \bar{\partial}_x g_\mu' \wedge \bigwedge_{\lambda=1,\dots,n} dx_\lambda}{g'(x,y)^n}. \tag{3}$$

Dann gilt die Ramirezsche Integralformel:

Satz 2 [5]. *$\Omega_y(x)$ ist für $x \neq y$ unendlich oft differenzierbar und hat die folgenden Eigenschaften:*

a) *$d_x \Omega_y(x) = 0$ für $x \neq y$.*

b) *$\bar{\partial}_y \Omega_y(x) = 0$ in einer Umgebung von $\partial G \times G$.*

c) *Für jede auf $\bar{G}$ holomorphe Funktion f und jeden Punkt $y \in G$ ist*

$$f(y) = \int_{\partial G} f(x)\Omega_y(x).$$

Der Kern $\Omega_y(x)$ ist durch die Eigenschaften a, b und c nicht eindeutig festgelegt. Diese Tatsache werden wir in den folgenden Paragraphen ausnutzen, um durch geeignete Wahl von g und ψ einen Kern zu finden, für den sich zusätzlich L^1-Abschätzungen aufstellen lassen.

§2. *Abschätzung von $g(x, y)$*

1. Der Beweis von Satz 1 liefert noch

Hilfssatz 1. *Für $y \in U(\partial G)$ läßt sich die Darstellung*

$$g(x,y) = 2 \sum_i (x_i - y_i)\phi_i(x) - \sum_{i,j} (x_i - y_i)(x_j - y_j)\phi_{ij}(x) + c \sum_{i,j} (x_i - y_i)(x_j - y_j)\phi_i(x)\phi_j(x) + O(\| x - y \|^3) \tag{4}$$

erreichen.

Dabei ist c eine reelle Konstante, und es wurde

$$\phi_i(x) = \frac{\partial \phi}{\partial x_i}, \quad \text{usw.}$$

gesetzt. Nach [5, pp. 22, 23] gilt nämlich

$$g(x,y) = \sum_i \chi^i(x) g^i(x,y);$$

die $\chi^i(x)$ sind eine C^∞-Teilung der 1.

$$g^i(x,y) = P_x(y)/(1 + P_x(y)(h^i(x,y) - c^i)),$$
$$P_x(y) = 2 \sum_i (x_i - y_i)\phi_i(x) - \sum_{i,j} (x_i - y_i)(x_j - y_j)\phi_{ij}(x).$$

Die Funktionen $h^i(x,y)$ sind holomorph in y, unendlich oft differenzierbar in x und können so gewählt werden, daß ihre Taylorentwicklung mit Gliedern 2-ter Ordnung in $(x - y)$ beginnt. Unabhängig von i kann man $c^i = c$ setzen, da die c^i beliebig verkleinert werden dürfen. Einsetzen in die Gleichung für $g(x, y)$ liefert die Behauptung.

Für das folgende ist es notwendig, ϕ noch geeignet zu wählen.

Hilfssatz 2. *Es gibt eine streng plurisubharmonische Funktion ϕ in einer Umgebung U' von ∂G mit $d\phi \neq 0$ und $G \cap U = \{x \in U: \phi(x) < 0\}$, für die gilt: Ist L eine in x_0 senkrechte Gerade auf ∂G, so schneidet L in einer Umgebung von x_0 alle Niveauflächen $\{x: \phi(x) = c\}$ senkrecht.*

Beweis. Für $x \in C^n$ sei $\delta(x)$ die minimale Entfernung zwischen x und ∂G. Wir setzen

$$\tau(x) = \begin{cases} -\delta(x) & \text{für } x \in G, \\ \delta(x) & \text{für } x \notin G. \end{cases}$$

In einer Umgebung von ∂G ist τ unendlich oft differenzierbar und auf ∂G bedingt streng plurisubharmonisch. Für hinreichend großes $A > 0$ ist dann

$$\phi(x) = \tau(x)e^{A\tau(x)}$$

streng plurisubharmonisch in einer Umgebung von ∂G [2, pp. 262–264] und hat dieselben Niveauflächen wie τ. ϕ leistet offenbar das Verlangte.

Wir werden von jetzt an stets mit dem obigen ϕ als (globaler) Randfunktion arbeiten. Die Mengen $\{x: |\phi(x)| < \delta\}$ bilden für $\delta \to 0$ offenbar eine Umgebungsbasis von ∂G. Wir wählen $U = \{x \in U': |\phi(x)| < \delta_0\} \subset\subset U'$.

2. Es sei (mit den Bezeichnungen von Satz 1) $y \in \overline{U \cap G}$. Wir wählen das Koordinatensystem so, daß y die Koordinaten

$$y = (x_1' = -\rho_0, x_1'' = 0, \cdots, x_n'' = 0), \qquad \rho_0 \geqq 0,$$

bekommt, daß $0 \in \partial G$ ist und die Ebene $x_1' = 0$ tangential in 0 an ∂G verläuft. r sei die euklidische Distanz in der Tangentialebene vom Ursprung, $R = \|x - y\|$ die im $\mathbf{C}^n$ von y. Schließlich werde für $0 \leqq \rho \leqq \rho_0$

$$F_\rho = \{x \in \bar{U}: \phi(x) = \phi(\rho - \rho_0, 0, \cdots, 0)\}$$

gesetzt.

3. Für $\phi(y)$ findet man in x die Entwicklung

$$\begin{aligned}(5)\quad \phi(y) = \phi(x) &- \sum_i (x_i - y_i)\phi_i(x) - \sum_i (\bar{x}_i - \bar{y}_i)\phi_{\bar{\imath}}(x)\\ &+ \tfrac{1}{2} \sum_{i,j} (x_i - y_i)(x_j - y_j)\phi_{ij}(x) + \tfrac{1}{2} \sum_{i,j} (\bar{x}_i - \bar{y}_i)(\bar{x}_j - \bar{y}_j)\phi_{\bar{\imath}\bar{\jmath}}(x)\\ &+ \sum_{i,j} (x_i - y_i)(\bar{x}_j - \bar{y}_j)\phi_{i\bar{\jmath}}(x) + O(\|x - y\|^3).\end{aligned}$$

Einsetzen von (4) in (5) liefert

$$\begin{aligned}\phi(y) = \phi(x) &- \operatorname{Re}\,(g(x,y) - c \sum_{i,j} (x_i - y_i)(x_j - y_j)\phi_i(x)\phi_j(x))\\ &+ \sum_{i,j} (x_i - y_i)(\bar{x}_j - \bar{y}_j)\phi_{i\bar{\jmath}}(x) + O(\|x - y\|^3)\end{aligned}$$

und damit

$$\begin{aligned}(6)\quad \operatorname{Re} g(x,y) = \phi(x) - \phi(y) &+ \operatorname{Re}\,(c \sum_{i,j} (x_i - y_i)(x_j - y_j)\phi_i(x)\phi_j(x))\\ &+ \sum_{i,j} (x_i - y_i)(\bar{x}_j - \bar{y}_j)\phi_{i\bar{\jmath}}(x) + O(\|x - y\|^3).\end{aligned}$$

Nun ist

$$\phi_i(x) = \phi_i(y) + O(\| x-y \|),$$

$$\phi_i(y) = 0 \quad \text{für } i \neq 1 \text{ nach Konstruktionen von } \phi.$$

Damit wird aus (6):

$$\text{(7)} \qquad \operatorname{Re} g(x,y) = \phi(x) - \phi(y) + \operatorname{Re}(c\phi_1(y)^2(x_1-y_1)^2) + \sum_{i,j} (x_i-y_i)(\bar{x}_j-\bar{y}_j)\phi_{ij}(x) + O(\| x-y \|^3).$$

4. Es gibt Konstanten $A_1, A_2, \cdots > 0$, so daß gilt:

$$\text{(8)} \qquad A_1 \leqq \left| \frac{\partial \phi}{\partial n} \right| \leqq A_2$$

auf $\bar{U}$ (dabei ist $\partial\phi/\partial n$ die Ableitung von ϕ in Richtung der Normalen auf der Niveaufläche von ϕ);

$$\text{(9)} \qquad \sum_{i,j} \phi_{ij}(x) t_i \bar{t}_j \geqq A_3 \| t \|^2$$

für $x \in \bar{U}$ und $t \in \mathbf{C}^n$. Das Restglied in (7) läßt sich abschätzen durch

$$\text{(10)} \qquad |O(\| x-y \|^3)| \leqq A_4 \| x-y \|^3 .$$

Durch $\rho(x) = \sigma = \phi(\sigma - \rho_0, 0, \cdots, 0)$, falls $x \in F_\sigma$, ist eine differenzierbare Funktion σ erklärt, für die aus der Taylorformel die Darstellung

$$\rho(x) = x_1' - y_1' + O(\| x-y \|^2)$$

folgt. Das Restglied in dieser Formel genügt einer Ungleichung

$$\text{(11)} \qquad |O(\| x-y \|^2)| \leqq A_5 \| x-y \|^2 .$$

5. Jetzt läßt sich $\operatorname{Re} g$ nach unten abschätzen. Es sei $x \in F_\rho$, $\rho \geqq 0$. Dann ist $\phi(x) = \phi(\rho-\rho_0, 0, \cdots, 0)$ und nach (8)

$$\text{(12)} \qquad \phi(x) - \phi(y) \geqq A_1 \rho .$$

Für den vierten Term in (7) erhält man nach (9):

$$\text{(13)} \qquad \sum_{i,j} \phi_{ij}(x)(x_i-y_i)(\bar{x}_j - \bar{y}_j) \geqq A_3 R^2 .$$

Weiter ist

$$|x_1-y_1|^2 = |x_1'-y_1'|^2 + |x_1''|^2,$$

$$|x_1' - y_1'|^2 \leqq 2\rho^2 + 2A_5^2 R^4 \quad \text{(nach (11))}.$$

Damit gilt für den dritten Term in (7):

$$(14)\quad |c|\,|\mathrm{Re}(\phi_1^2(y))(x_1-y_1)^2| \leqq |c|\,|\phi_1(y)|^2(|x_1''|^2+2\rho^2+2A_5^2R^4).$$

$$\leqq \tfrac{1}{4}|c|A_2^2|x_1''|^2+\tfrac{1}{2}|c|A_2^2\rho^2+\tfrac{1}{2}|c|A_2^2A_5^2R^4.$$

Einsetzen von (10), (12), (13) und (14) in (7):

$$|\mathrm{Re}\,g(x,y)| \geqq A_1\rho + A_3R^2 - \tfrac{1}{4}|c|A_2^2|x_1''|^2 - \tfrac{1}{2}|c|A_2^2\rho^2$$

$$- \tfrac{1}{2}A_2^2A_5^2|c|R^4 - A_4R^3.$$

Alle auftretenden Konstanten sind von x und y unabhängig. Für $\rho \leqq \rho_1$ und $R \leqq R_1$ wird somit mit positiven Konstanten B_1 and B_2

$$(15)\qquad |\mathrm{Re}\,g(x,y)| \geqq B_1R^2 - B_2|x_1''|^2.$$

R_1 ist natürlich von ρ_1 unabhängig.

6. Wir behandeln nun den Imaginärteil von g. Nach (4) ist

$$i\,\mathrm{Im}\,g(x,y) = \tfrac{1}{2}(g(x,y)-\bar{g}(x,y))$$

$$= \sum_i (x_i-y_i)\phi_i(x) - \sum_i (\bar{x}_i-\bar{y}_i)\phi_i(x) + O(\|x-y\|^2).$$

Die Taylorentwicklung von ϕ_i liefert

$$i\,\mathrm{Im}\,g(x,y) = \sum_i (x_i-y_i)\phi_i(y) - \sum_i (\bar{x}_i-\bar{y}_i)\phi_i(y) + O(\|x-y\|^2),$$

und weiter nach Konstruktion von ϕ

$$(16)\qquad \mathrm{Im}\,g(x,y) = \frac{\partial\phi}{\partial x_1'}(y)\,x_1'' + O(\|x-y\|^2).$$

Wir wählen eine positive Konstante A_6, so daß für das Restglied in (16)

$$|O(\|x-y\|^2)| \leqq A_6\|x-y\|^2$$

gilt und erhalten unter Berücksichtigung von (8)

$$(17)\qquad |\mathrm{Im}\,g(x,y)| \geqq A_1|x_1''| - A_6R^2.$$

7. (15) und (17) zusammen ergeben für g:

$$(18)\qquad \begin{aligned} |g(x,y)| &\geqq \max(|\mathrm{Re}\,g(x,y)|,\ |\mathrm{Im}\,g(x,y)|)\\ &\geqq \max(B_1R^2 - B_2|x_1''|^2, A_1|x_1''| - A_6R^2)\\ &\geqq \max(B_1R^2, A_1|x_1''| - A_6R^2) - B_2|x_1''|^2. \end{aligned}$$

Nun gilt für α, β, $\gamma > 0$:

$$\max(\alpha, \beta - \gamma) \geqq \frac{1}{2 + \frac{\gamma}{\alpha}}(\alpha + \beta). \tag{19}$$

Beweis. Ist $\alpha \geqq \beta - \gamma$, so setzen wir

$$\alpha = \frac{\alpha}{2\alpha + \gamma}(2\alpha + \gamma) = \frac{1}{2 + \frac{\gamma}{\alpha}}(\alpha + \alpha + \gamma) \geqq \frac{1}{2 + \frac{\gamma}{\alpha}}(\alpha + \beta);$$

es sei nun $\beta - \gamma \geqq \alpha$. Dann gilt

$$\begin{aligned}
(\alpha + \gamma)^2 &\leqq \beta(\alpha + \gamma)\\
\alpha^2 &\leqq \alpha\beta - 2\alpha\gamma - \gamma^2 + \beta\gamma\\
\alpha^2 + \alpha\beta &\leqq 2\alpha\beta - 2\alpha\gamma - \gamma^2 + \beta\gamma\\
\alpha(\alpha + \beta) &\leqq (\beta - \gamma)(2\alpha + \gamma)\\
\frac{\alpha}{2\alpha + \gamma}(\alpha + \beta) &\leqq \beta - \gamma\\
\frac{1}{2 + \frac{\gamma}{\alpha}}(\alpha + \beta) &\leqq \beta - \gamma.
\end{aligned}$$

In beiden Fällen gilt also die Ungleichung.

Aus (19) folgt die auch für $R = 0$ oder $|x_1''| = 0$ gültige Beziehung:

$$\max(B_1R^2, A_1|x_1''| - A_6R^2) \geqq \frac{1}{2 + \frac{A_6}{B_1}}(A_1|x_1''| + B_1R^2),$$

also liefert (18) mit geeigneten neuen Konstanten C_1, C_2:

$$|g(x,y)| \geqq C_1|x_1''| + C_2R^2 - B_2|x_1''|^2.$$

Indem man R_1 und damit $|x_1''|$ klein genug wählt, erhält man hieraus mit einer neuen Konstanten C_3:

$$|g(x,y)| \geqq C_3|x_1''| + C_2R^2.$$

Wir formulieren diese Ergebnisse als

Hilfssatz 3. *Es sei δ_0 hinreichend klein und $U = \{x : |\phi(x)| < \delta_0\}$. Dann existieren Konstanten R_1, C_2, C_3, so daß für $y \in \overline{U \cap G}$, $\|x - y\| = R < R_1$ und $\phi(x) > \phi(y)$ die Ungleichung*

$$|g(x,y)| \geqq C_2 R^2 + C_3 |x_1''| \tag{20}$$

besteht. (Dabei sind die Koordinaten wie in Abschnitt 2 zu wählen.)

§3. *Abschätzung von $\psi(x,y)$ und $d_x\psi(x,y)$*

1. Wir behalten die bisherigen Bezeichnungen bei. Die Funktion g ist also auf $U' \times G$ definiert, und es gilt $U = \{x: |\phi(x)| < \delta_0\} \subset\subset U'$. Wie in §1 sei

$$U^* = U' \cup G,$$

$$N = \{(x,y) \in \bar{U} \times G: \ \operatorname{Re} g(x,y) \leqq 0\}.$$

Aus E. Ramirez' Konstruktion von g ergibt sich

Hilfssatz 4. *Falls* $\operatorname{Re} g(x,y) \leqq 0$ *ist, so ist* $\phi(x) \leqq \phi(y)$.

Da die Niveauflächen von ϕ mit denen von τ übereinstimmen, gilt dieselbe Aussage auch für die Distanzfunktion τ aus §2; ferner gibt es Zahlen $\varepsilon_1 < 0$ und $\varepsilon_2 > 0$, so daß $U = \{x \in U': \varepsilon_1 < \tau(x) < \varepsilon_2\}$ ist.

2. Wir wählen eine monotone und auf $[0,1]$ streng monotone C^∞-Funktion f auf $\mathbf{R}$ mit $0 \leqq f \leqq 1$, $f(t) \equiv 0$ für $t \leqq 0$, $f(t) \equiv 1$ für $t \geqq 1$. Weiter sei σ eine C^∞-Funktion auf U^*, für die gilt:

$$\sigma(x) = \tau(x) \quad \text{für} \quad \tau(x) \geqq \varepsilon_1,$$

$$\sigma(x) = \tfrac{5}{4}\varepsilon_1 \quad \text{für} \quad \tau(x) \leqq \tfrac{5}{4}\varepsilon_1,$$

$$\tfrac{5}{4}\varepsilon_1 \leqq \sigma(x) = h(\tau(x)) \leqq \varepsilon_1 \quad \text{für } \tfrac{5}{4}\varepsilon_1 \leqq \tau(x) \leqq \varepsilon_1,$$

wobei $h(t)$ eine monotone Funktion ist. Für $(x,y) \in U^* \times G$ setzen wir nun

$$\psi(x,y) = f\left(2 - 3\,\frac{\sigma(x)}{\sigma(y)}\right).$$

Offenbar ist ψ unendlich oft differenzierbar und $\equiv 1$ in einer Umgebung von $\partial G \times G$ in $U^* \times G$. Ist $(x,y) \in N$, so ist nach Hilfssatz 4 stets $\tau(x) \leqq \tau(y)$ und daher auch $\sigma(x) \leqq \sigma(y)$, d.h.

$$\psi(x,y) = f\left(2 - 3\,\frac{\sigma(x)}{\sigma(y)}\right) \leqq f(-1) = 0.$$

Für $\tau(x) \leqq \varepsilon_1$ und damit auch $\sigma(x) \leqq \varepsilon_1$ ist

$$2 - 3\,\frac{\sigma(x)}{\sigma(y)} \leqq 2 - 3\,\frac{\varepsilon_1}{\tfrac{5}{4}\varepsilon_1} = -\frac{2}{5},$$

also auch $\psi(x,y)=0$. Auf $N\cup[(U^*-U)\times G]$ und—wie man sieht—auch noch in einer offenen Umgebung dieser Menge ist $\psi\equiv 0$. Wir haben damit

Hilfssatz 5. *Für $\tau(x)$ und $\tau(y)\geqq\varepsilon_1$ läßt sich die Zusammenziehung ψ in der Form*

$$\psi(x,y)=f\left(2-3\frac{\tau(x)}{\tau(y)}\right) \tag{21}$$

wählen.[1]

3. Bezeichnet ξ eine der Veränderlichen x_ν, $\bar{x}_\nu$, so ist

$$\frac{\partial\psi}{\partial\xi}=f'(t)\,\frac{\partial t}{\partial\xi}=-3\,\frac{f'(t)}{\tau(y)}\,\frac{\partial\tau}{\partial\xi}. \tag{22}$$

Somit existiert eine (von y unabhängige) Konstante D_1 mit

$$\left|\frac{\partial\psi}{\partial\xi}\right|\leqq f(t)\left|\frac{\partial t}{\partial\xi}\right|\leqq D_1\,\frac{f'(t)}{|\tau(y)|}. \tag{23}$$

Wegen $\psi(y,y)=0$ folgt hieraus mit einer neuen Konstanten D_2:

$$|\psi(x,y)|\leqq D_2\,\frac{f'(t)}{|\tau(y)|}R. \tag{24}$$

Schließlich kann R_1 so klein angenommen werden, daß, wenn man zu y das Koordinatensystem wie in §2 wählt,

$$\frac{\partial\tau}{\partial x_i}\geqq D_3>0 \tag{25}$$

auf $V_{R_1}(y)=\{x:\|x-y\|<R_1\}$ ist.

§4. *Abschätzung des Ramirezschen Kernes*

1. Es sei $\Omega_y(x)$ der gemäß §1 mit den Funktionen $g(x,y)$ und $\psi(x,y)$ aus §2 und §3 gebildete Ramirezsche Kern. Er besteht also aus Summanden der Form

$$\frac{a(x,y)}{g'(x,y)^n}dx_1\wedge\cdots\wedge dx_n\wedge d\bar{x}_1\wedge\cdots\wedge d\bar{x}_{\nu-1}\wedge d\bar{x}_{\nu+1}\wedge\cdots\wedge d\bar{x}_n,$$

wobei

$$g'=\psi g+(1-\psi)\|x-y\|^2$$

ist und die Funktionen $a(x,y)$ auf $U^* \times G$ unendlich oft differenzierbar sind. Da $\Omega_y(x)$ für festes y in einer Umgebung von y mit dem Bochner-Martinelli-Kern übereinstimmt und für $x \neq y$ regulär ist, existiert

$$(26) \qquad I(y) = \int_G \left| \frac{a(x,y)}{g'(x,y)^n} \right| d\lambda(x), \qquad y \in G$$

($\lambda(x)$ ist das Lebesgue-Maß) und ist auf jedem relativ-kompakten Teil von G eine beschränkte Funktion von y. Wir brauchen $I(y)$ also nur für $y \in U \cap G = \{y \in G : \tau(y) > \varepsilon_1\}$ zu untersuchen.

2. Für $y \in U \cap G$ sei $V_y = \{x \in \bar{G} : \|x - y\| < R_1\}$, wobei R_1 die Konstante aus Hilfssatz 3 ist. Ferner sei

$$M = \{(x,y) \in \bar{G} \times G : \|x - y\| \geqq R_1\}.$$

Hilfssatz 6. *Es gibt eine Konstante $L > 0$, so daß für $(x,y) \in M$ stets $|g'(x,y)| \geqq L$ ist.*

Beweis. Wäre das nicht der Fall, so könnte man eine Folge $(x_\nu, y_\nu) \in M$ mit $\lim(x_\nu, y_\nu) = (x_0, y_0) \in \bar{G} \times \bar{G}$ und $\lim g'(x_\nu, y_\nu) = 0$ finden. Nach Voraussetzung ist $\|x_0 - y_0\| \geqq R_1 > 0$. Falls y_0 zu G gehört, ist $g'(x_0, y_0) = 0$. Wäre $x_0 \neq y_0$ so hätte man $\psi(x_0, y_0) = 1$ und $g(x_0, y_0) = 0$, d.h. $(x_0, y_0) \in N$ und daher $\psi(x_0, y_0) = 0$: Widerspruch! Für $y_0 \in \partial G$ ist $\lim \psi(x_\nu, y_\nu) = 1$, also $g(x_0, y_0) = 0$, im Widerspruch zu $\operatorname{Re} g(x_0, y_0) > 0$.

Für $y \in U \cap G$ zerlegen wir das Integral (26):

$$I(y) = I_1(y) + I_2(y) = \int_{G - V_y} \left| \frac{a(x,y)}{g'(x,y)^n} \right| d\lambda(x) + \int_{V_y} \left| \frac{a(x,y)}{g'(x,y)^n} \right| d\lambda(x)$$

und behandeln zunächst das erste Integral $I_1(y)$.

Nach Hilfssatz 6 ist

$$I_1(y) \leqq \frac{1}{L^n} \int_G |a(x,y)| \, d\lambda(x).$$

Für alle Zähler der Summanden, in denen $\bar{\partial}_x \psi$ nicht auftritt, ist $|a(x,y)|$ eine beschränkte Funktion von x und y und $I_1(y)$ somit beschränkt in y. Es sei nun $y \in U$ fest gewählt und das Koordinatensystem von §2 zugrundegelegt. Nach (23) und der Formel $\bar{\partial}_x \psi \wedge \bar{\partial}_x \psi = 0$ ist mit einer passenden von y unabhängigen Konstanten L_1:

$$(27) \qquad |a(x,y)| \leqq L_1 f'(t) \frac{\partial t}{\partial n},$$

falls in $a(x,y)$ eine Ableitung von ψ als Faktor auftaucht. Wir zerlegen $I_1(y)$ nochmals:

$$I_1(y) \leqq \frac{1}{L^n} \int_{G-U} |a(x,y)|\, d\lambda(x) + \frac{1}{L^n} \int_{G\cap U} |a(x,y)|\, d\lambda(x).$$

Auf $G - U$ ist $a(x,y)$ unabhängig von y beschränkt, somit auch das erste Integral in dieser Formel. Für das zweite Integral gilt nach (27)

$$\frac{1}{L^n} \int_{G\cap U} |a(x,y)|\, d\lambda(x) \leqq \frac{L_1}{L^n} \int_{\partial G} d\sigma(x);$$

daher ist $I_1(y)$ auch in diesem Fall beschränkt, und es bleibt $I_2(y)$ abzuschätzen.

3. Die Funktionen $b(x,y)$, deren $L^1(V_y)$-Norm wir zu berechnen haben, sind (siehe (1), (2), (3)) die Koeffizienten der Differentialformen

$$dx_1 \wedge \cdots \wedge dx_n \wedge d\bar{x}_1 \cdots \wedge d\bar{x}_{\nu-1} \wedge d\bar{x}_{\nu+1} \wedge \cdots \wedge d\bar{x}_n$$

(für $\nu = 1, \cdots, n$) in den folgenden 10 Ausdrücken:

(28) $B(x,y) =$
$$\frac{g_1\psi \wedge \bar{\partial}_x\psi \wedge (g_\mu - (\bar{x}_\mu - \bar{y}_\mu)) \wedge \bigwedge_{\kappa\neq 1,\mu} (\psi\bar{\partial}_x g_\kappa + (1-\psi)d\bar{x}_\kappa) \wedge \bigwedge_\lambda dx_\lambda}{g'(x,x)^n},$$

(29) $B(x,y) =$
$$\frac{(1-\psi)(\bar{x}_1 - \bar{y}_1) \wedge \bar{\partial}_x\psi \wedge (g_\mu - (\bar{x}_\mu - \bar{y}_\mu)) \wedge \bigwedge_{\kappa\neq 1,\mu} (\psi\bar{\partial}_x g_\kappa + (1-\psi)d\bar{x}_\kappa) \wedge \bigwedge_\lambda dx_\lambda}{g'(x,y)^n},$$

(30) $B(x,y) =$
$$\frac{g_\nu\psi \wedge \bar{\partial}_x\psi \wedge (g_1 - (\bar{x}_1 - \bar{y}_1)) \wedge \bigwedge_{\kappa\neq 1,\nu} (\psi\bar{\partial}_x g_\kappa + (1-\psi)d\bar{x}_\kappa) \wedge \bigwedge_\lambda dx_\lambda}{g'(x,y)^n},$$

(31) $B(x,y) =$
$$\frac{(1-\psi)(\bar{x}_\nu - \bar{y}_\nu) \wedge \bar{\partial}_x\psi \wedge (g_1 - (\bar{x}_1 - \bar{y}_1)) \wedge \bigwedge_{\kappa\neq 1,\nu} (\psi\bar{\partial}_x g_\kappa + (1-\psi)d\bar{x}_\kappa) \wedge \bigwedge_\lambda dx_\lambda}{g'(x,y)^n},$$

(32) $B(x,y) =$
$$\frac{g_\nu\psi \wedge \bar{\partial}_x\psi \wedge (g_\mu - (\bar{x}_\mu - \bar{y}_\mu)) \wedge \bigwedge_{\kappa\neq \nu,\mu} (\psi\bar{\partial}_x g_\kappa + (1-\psi)d\bar{x}_\kappa) \wedge \bigwedge_\lambda dx_\lambda}{g'(x,y)^n},$$

(33) $B(x,y) =$
$$\frac{(1-\psi)(\bar{x}_\nu - \bar{y}_\nu) \wedge \bar{\partial}_x\psi - (g_\mu - (\bar{x}_\mu - \bar{y}_\mu)) \wedge \bigwedge_{\kappa= \nu,\mu} (\psi\bar{\partial}_x g_\kappa + (1-\psi)d\bar{x}_\kappa) \wedge \bigwedge_\lambda dx_\lambda}{g'(x,y)^n},$$

(34) $B(x,y) =$

$$\frac{g_1\psi\wedge\bigwedge_{\mu>1}(\psi\bar{\partial}_x g_\mu+(1-\psi)d\bar{x}_\mu)\wedge\bigwedge_\lambda dx_\lambda}{g'(x,y)^n},$$

(35) $B(x,y) =$

$$\frac{(1-\psi)((\bar{x}_1-\bar{y}_1)\wedge\bigwedge_{\mu>1}(\psi\bar{\partial}_x g_\mu+(1-\psi)d\bar{x}_\mu)\wedge\bigwedge_\lambda dx_\lambda}{g'(x,y)^n},$$

(36) $B(x,y) =$

$$\frac{g_\nu\psi\wedge\bigwedge_{\mu\neq\nu}(\psi\bar{\partial}_x g_\mu+(1-\psi)d\bar{x}_\mu)\wedge\bigwedge_\lambda dx_\lambda}{g'(x,y)^n},$$

(37) $B(x,y) =$

$$\frac{(1-\psi)(\bar{x}_\nu-\bar{y}_\nu)\wedge\bigwedge_{\mu\neq\nu}(\psi\bar{\partial}_x g_\mu+(1-\psi)d\bar{x}_\mu)\wedge\bigwedge_\lambda dx_\lambda}{g'(x,y)^n}.$$

Dabei ist $\nu \neq 1$ und außerdem soll $\mu \neq 1$ in den Formeln (28) und (29) sein sowie $\mu \neq 1$, $\mu \neq \nu$ in (32) und (33). Wir setzen $\tau(y) > \varepsilon_1$ und $y \in G$ voraus und wählen das Koordinatensystem wie in §2, Abschnitt 2.[4]

4. Wir schätzen nun die auftretenden Integrale ab.

Zu (28). Es ist nach (23)

$$\left|\frac{\partial\psi}{\partial\xi}\right| \leqq D_1\frac{f'(t)}{\rho_0}.$$

Ferner gilt für $\mu > 1$

$$g_\mu(y,y) = \phi_\mu(y) = 0$$

(wegen Hilfssatz 1) und daher für eine geeignete Konstante $D_4 > 0$:

$$|g_\mu(x,y)| \leqq D_4 R. \tag{38}$$

$g'(x,y)^n$ kann mittels (20) abgeschätzt werden. Es ist

$$\begin{aligned}|g'| &\geqq \tfrac{1}{2}(|\operatorname{Re} g'| + |\operatorname{Im} g'|)\\ &= \tfrac{1}{2}(|\psi\operatorname{Re} g + (1-\psi)\|x-y\|^2| + \psi|\operatorname{Im} g|).\end{aligned}$$

Für $\operatorname{Re} g \geqq 0$ folgt weiter:

$$\begin{aligned}|g'| &= \tfrac{1}{2}(\psi(|\operatorname{Re} g| + |\operatorname{Im} g|) + (1-\psi)\|x-y\|^2)\\ &\geqq \tfrac{1}{2}(\psi|g| + (1-\psi)\|x-y\|^2).\end{aligned}$$

Daher wird

$$
\begin{aligned}
|g'(x,y)|^n &= |\psi g + (1-\psi)\|x-y\|^2|^n \\
&\geqq \frac{1}{2^n}|\psi(C_2R^2 + C_3|x_1''|) + (1-\psi)R^2|^n \\
&\geqq C_4|\psi R^2 + \psi|x_1''| + (1-\psi)R^2|^n \text{ (mit } C_4 > 0) \\
&= C_4|\psi|x_1''| + R^2|^n \\
&\geqq C_4(R^{2n} + R^{2n-2}\psi|x_1''|). \qquad (39)
\end{aligned}
$$

Die Ungleichung (31) ist nur im Bereich $\rho \geqq 0$ gültig, aber auch nur dort ist $\bar{\partial}_x\psi \neq 0$. Wir setzen $V_y' = V_y \cap \{x : \bar{\partial}\psi \neq 0\}$ und erhalten für die in (28) auftauchenden Funktionen $b(x, y)$:

$$
\begin{aligned}
\int_{V_y} |b(x,y)|\, d\lambda(x) &= \int_{V'_y} |b(x,y)|\, d\lambda(x) \\
&\leqq E_1 \int_{V'_y} \frac{f'(t)}{\rho_0} \frac{R}{R^{2n} + R^{2n-2}\psi|x_1''|} d\lambda(x) \\
&= E_1 \int_{V'_y} \frac{f'(t)}{\rho_0} \frac{1}{R^{2n-1} + R^{2n-3}\psi|x_1''|} d\lambda(x)
\end{aligned}
$$

mit einer Konstanten E_1.

Der Fall $n = 1$ kann im folgenden unberücksichtigt bleiben. Bezeichnet r wieder die euklidische Norm im Raum $\mathbf{R}^{2n-1}$ der Veränderlichen $x_1'', x_2', \cdots, x_n''$, so ist also

$$
\int_{V_y} |b(x,y)|\, d\lambda(x) \leqq E_1 \int_{V'_y} \frac{f'(t)}{\rho_0} \frac{1}{r^{2n-1} + r^{2n-3}\psi|x_1''|} d\lambda(x). \qquad (40)
$$

Wir nehmen in diesem Integral die Substitution $\Phi: s = \psi(x, y)$ für x_1' vor und erhalten nach (22) und (25) für die Funktionaldeterminante

$$
|J_\Phi| \leqq D_5 \frac{\rho_0}{f'(t)}, \text{ mit einer Konstanten } D_5.
$$

Damit wird (E_2 ist eine neue Konstante)

$$
\int_{V_y} |b(x,y)|\, d\lambda(x) \leqq E_2 \int_{V''_y} \frac{d\lambda(x)}{r^{2n-1} + r^{2n-3}s|x_1''|}; \qquad (41)
$$

dabei ist $V_y'' \subset \{(x_1'', x_2', \cdots, x_n''): r \leqq R_1\} \times \{s : 0 \leqq s \leqq 1\}$. Am Schluß des Paragraphen zeigen wir die Beziehung

$$\int_0^1 ds \int_{r \leq R_1} \frac{dx_1'' dx_2' \cdots dx_n''}{r^{2n-1} + r^{2n-3} s |x_1''|} = E_3 < \infty . \tag{42}$$

Nach (41) und (42) ist $\int_{V_y} |b(x,y)| d\lambda(x)$ also in y beschränkt.

Zu (29). Die in den Summanden auftretenden Zähler lassen sich durch

$$D_6 \frac{f'(t)}{\rho_0} R^2 \tag{43}$$

abschätzen; damit kann man wie in (28) vorgehen, wobei sich die Rechnungen wegen der höheren Potenz von R in (43) noch etwas vereinfachen.

Zu (30). Wegen (38) ist dasselbe Verfahen wie in (28) anwendbar.

Zu (31). Es ist

$$|\bar{x}_\nu - \bar{y}_\nu| \leqq R, \tag{44}$$

und deshalb bleiben auch in diesem Fall die Überlegungen zu (28) gültig.

Zu (32) und (33). Nach (38) und (44) kann man wie in (29) vorgehen.

5. Zu (34). Wir brauchen nur über $V_y \cap \{x : \psi(x,y) \neq 0\}$ zu integrieren und können dort für $g'(x,y)$ die Abschätzung (39) verwenden. Für den Zähler gilt (24):

$$|\psi(x,y)| \leqq D_2 \frac{f'(t)}{\rho_0} R .$$

Wir zerlegen

$$\int_{V_y} |b(x,y)| d\lambda(x) = \int_{V'_y} |b(x,y)| d\lambda(x) + \int_{V''_y} |b(x,y)| d\lambda(x), \tag{45}$$

wobei $V_y' = \{x \in V_y : \bar{\partial}_x \psi \neq 0\}$ und $V_y'' = \{x \in V_y : \psi = 1\}$ ist. (Die Funktion f war zwischen 0 und 1 ja als streng monoton vorausgesetzt worden.) Behandeln wir zunächst das erste Integral!

$$\int_{V'_y} |b(x,y)| d\lambda(x) \leqq E_4 \int_{V'_y} \frac{f'(t)}{\rho_0} \frac{R}{R^{2n} + R^{2n-2} \psi |x_1''|} d\lambda(x) .$$

Jetzt kann man wie im Fall (28) vorgehen, um die Beschränktheit in y einzusehen. Für das zweite Integral in (45) gilt nach (39):

$$\int_{V''_y} |b(x,y)| d\lambda(x) \leqq E_5 \int_{V''_y} \frac{d\lambda(x)}{R^{2n} + R^{2n-2} |x_1''|}$$

$$\leqq E_5 \int_{B_{R_1}} \frac{d\lambda(x)}{R^{2n} + R^{2n-2} |x_1''|}, \tag{46}$$

wobei B_{R_1} die Kugel vom Radius R_1 um 0 im $\boldsymbol{R}^{2n}$ und R die euklidische

Norm bezeichnet. Die Existenz von (46) zeigen wir später und haben damit auch den Fall (34) erledigt.

Zu (35). Auf ganz V_y gilt (für $\psi \neq 0$ nach (20), für $\psi = 0$ trivialerweise)

$$|g'(x,y)|^n \geqq C_5 R^{2n}$$

und somit wegen $|\bar{x}_1 - \bar{y}_1| \leqq R$:

$$\int_{V_y} |b(x,y)| \, d\lambda(x) \leqq E_6 \int \frac{d\lambda(x)}{R^{2n-1}} \leqq E_7 < \infty .$$

Zu (36). Wegen (38) kann man wie in (35) vorgehen.

Zu (37). Wegen $|\bar{x}_\nu - \bar{y}_\nu| \leqq R$ ist das Verfahren (35) wieder anwendbar.

6. Es bleiben die Integrale (42) und (46) zu untersuchen.

Zu (42). Man führt Polarkoordinaten im $\mathbf{R}^{2n-1}$ ein und setzt $x_1'' = r \sin\alpha$. Führt man die Integrationen über die im Integranden nicht auftauchenden Winkel aus, so bleibt schließlich die Existenz von

$$I = \int_0^1 ds \int_0^{R_1} dr \int_0^{\pi/2} d\alpha \, \frac{\cos\alpha}{r + s \cdot \sin\alpha}$$

nachzuweisen. Es ist

$$\begin{aligned} I &= \int_0^1 ds \int_0^{\pi/2} d\alpha \cos\alpha \log\left(1 + \frac{R_1}{s \cdot \sin\alpha}\right) \\ &= \int_0^1 ds \int_0^1 du \log\left(1 + \frac{R_1}{s \cdot u}\right) \\ &= \int_0^1 ds \left[\log\left(1 + \frac{R_1}{s}\right) + \frac{R_1}{s} \log\left(1 + \frac{s}{R_1}\right)\right]. \end{aligned}$$

Die Existenz dieses Integrals ergibt sich aus [*1*, p. 112, Formel 7b] und [*1*, p. 113, Formel 12b] sowie aus der folgenden Abschätzung für das Integral (46).

Zu (46). Einführung von Polarkoordinaten liefert das Integral

$$\int_0^{\pi/2} d\alpha \int_0^{R_1} \frac{\cos\alpha}{R + \sin\alpha} dR = \int_0^{R_1} \log\left(1 + \frac{1}{R}\right) dR;$$

setzt man $du = 1/R$, so bleibt

$$\int_{1/R_1}^{\infty} \frac{\log(1+u)}{u^2} du$$

zu berechnen; dieses Integral existiert offensichtlich.

7. Wir haben damit

Satz 3. *Zu jedem streng pseudokonvexen Gebiet G mit C^∞-Rand ∂G existiert eine Doppelform (vom Typ $(n, n-1)$ in x, vom Typ $(0,0)$ in y) $\Omega_y(x)$ (mit $x \in G$, $y \in G$) mit folgenden Eigenschaften:*

a) *Ω ist für $x \neq y$ unendlich oft differenzierbar, mit $d_x \Omega_y(x) = 0$.*

b) *$\bar{\partial}_y \Omega_y(x) = 0$ im einer Umgebung W von $\partial G \times G$ (in $\bar{G} \times G$).*

c) *Es gibt eine Konstante $K < \infty$, so daß für jeden Koeffizienten $b(x, y)$ der in $\Omega_y(x)$ auftretenden Monome*

$$\int_G |b(x, y)| \, d\lambda(x) \leqq K$$

ist.

d) *Ist f holomorph auf $\bar{G}$, so gilt für $y \in G$:*

$$f(y) = \int_{\partial G} f(x) \Omega_y(x).$$

§5. *Die Gleichung $\bar{\partial} f = \alpha$*

1. Es sei G wie früher ein streng pseudokonvexes Gebiet mit C^∞-Rand und $\Omega_y(x)$ ein Kern mit den Eigenschaften von Satz 2. Ferner sei G' ein relativ-kompaktes Teilgebiet von G mit glattem Rand $\partial G'$ und f eine C^∞-Funktion auf $\overline{G'}$. Für $y \in G'$ bezeichne $B_r(y)$ eine Kugel vom Radius r um y mit $B_r(y) \subset\subset G'$. Dann gilt

$$\begin{aligned}\int_{G'} \bar{\partial}_x f(x) \wedge \Omega_y(x) &= \int_{G'} d_x(f \Omega_y(x)) \\ &= \int_{B_r(y)} d_x(f\Omega_y(x)) + \int_{G' - B(y)} d_x(f\Omega_y(x)) \\ = \int_{B_r(y)} d_x(f\Omega_y(x)) &+ \int_{\partial G'} f\Omega_y(x) - \int_{\partial B_r(y)} f\Omega_y(x).\end{aligned}$$

Für $r \to 0$ strebt das erste Integral gegen 0, das letzte gegen $f(y)$, und wir haben

$$f(y) = -\int_{G'} \bar{\partial}_x f(x) \wedge \Omega_y(x) + \int_{\partial G'} f(x) \Omega_y(x) \tag{47}$$

für $y \in G'$ und f beliebig oft differenzierbar auf $\overline{G'}$.

2. Wir setzen für eine C^∞-Form vom Typ $(0, 1)$

$$\alpha = \sum \alpha_\nu(x) d\bar{x}_\nu,$$

$$|\alpha| = \max_\nu \sup_{x \in G} |\alpha_\nu(x)|,$$

und für Funktionen f

$$|f| = \sup_{x \in G} |f(x)|.$$

Dann gilt

Satz 4. *Zu jedem streng pseudokonvexen Gebiet G mit C^∞-Rand existiert eine Konstante $K < \infty$ mit folgender Eigenschaft: Ist α eine $\bar{\partial}$-geschlossene C^∞-Form vom Typ $(0,1)$, so gibt es eine C^∞-Function f mit $\bar{\partial} f = \alpha$ und $|f| \leqq K|\alpha|$.*

Beweis. Wir dürfen $|\alpha| < \infty$ annehmen. Da G pseudokonvex ist, existiert jedenfalls eine C^∞-Funktion g mit $\bar{\partial} g = \alpha$. Es sei nun $G_1 \subset\subset G_2 \subset\subset ..$ eine Folge relativ-kompakter Teilgebiete von G mit glattem Rand, so daß $G = \bigcup G_\nu$ ist. Zu $y_0 \in G$ wählen wir eine relativ-kompakte Umgebung $V \subset\subset G$ und ein ν_0, so daß der Kern $\Omega_y(x)$ aus Satz 3 holomorph in $y \in V$ für $x \notin G_{\nu_0}$ ist und $V \subset\subset G_{\nu_0}$ gilt. Dann ist nach (47) für $\nu \geqq \nu_0$:

$$g(y) = \int_{\partial G_\nu} g(x)\Omega_y(x) - \int_{G_\nu} \bar{\partial} g(x) \wedge \Omega_y(x). \tag{48}$$

Wir setzen

$$f_\nu(y) = -\int_{G_\nu} \alpha(x) \wedge \Omega_y(x)$$

und

$$f(y) = -\int_G \alpha(x) \wedge \Omega_y(x).$$

Nach (48) ist in V:

$$g(y) = \int_{\partial G_\nu} g(x)\Omega_y(x) + f_\nu(y);$$

mit g und $\int_{\partial G_\nu} g(x)\Omega_y(x)$ ist dann auch f_ν eine C^∞-Funktion. Ferner ist

$$f(y) - f_\nu(y) = -\int_{G - G_\nu} \alpha(x) \wedge \Omega_y(x),$$

und diese Folge konvergiert auf V gleichmäßig gegen 0:

$$\lim f_\nu(y) = f(y).$$

Ist η irgendeine Variable des R^{2n}, so ist

$$\frac{\partial}{\partial\eta}(f_\nu(y) - f_\mu(y)) = -\frac{\partial}{\partial\eta}\int_{G_\nu - G_\mu} \alpha(x) \wedge \Omega_y(x).$$

$$= -\int_{G_\nu - G_\mu} \alpha(x) \wedge \frac{\partial}{\partial\eta}\Omega_y(x).$$

Der Integrand ist auf $G - G_{\nu_0}$ gleichmäßig in $y(\in V)$ beschränkt, demnach konvergiert die Folge $\partial f_\nu/\partial\eta$ lokal gleichmäßig. Gleiches gilt für die höheren Ableitungen. Somit ist f eine C^∞-Funktion,[2] und man hat

$$\bar\partial f = \lim \bar\partial f_\nu = \bar\partial g = \alpha,$$

da das erste Integral in (48) holomorph von y abhängt. Die Abschätzung $|f| \leqq K|\alpha|$ mit von α unabhängigem K ergibt sich trivial aus Satz 3.

3. Als Folgerung erhält man eine entsprechende Abschätzung in der Čechschen Kohomologie. Es sei $\hat{\mathfrak{U}} = \{\hat{U}_1, \cdots, \hat{U}_r\}$ eine endliche offene Überdeckung von $\bar{G}$, $\mathfrak{U} = \hat{\mathfrak{U}} \cap G = \{U_\rho = \hat{U}_\rho \cap G\}$ und $\mathfrak{c} \in Z^1(\mathfrak{U}, \mathcal{O})$ ein 1-Cozyklus. Wir definieren

$$|\mathfrak{c}| = \max_{i,j} |\mathfrak{c}_{ij}|,$$

$$|\mathfrak{c}_{ij}| = \sup_{x \in U_i \cap U_j} |\mathfrak{c}_{ij}(x)|;$$

analog sei $|\mathfrak{c}|$ für 0-Coketten erklärt. Dann gilt

Satz 5. *Es gibt eine Konstante $K < \infty$, so daß zu jedem $\mathfrak{c} \in Z^1(\mathfrak{U}, \mathcal{O})$ eine 0-Cokette $\mathfrak{c}' \in C^0(\mathfrak{U}, \mathcal{O})$ existiert mit*

$$\delta\mathfrak{c}' = \mathfrak{c}$$

und

$$|\mathfrak{c}'| \leqq K|\mathfrak{c}|.$$

Beweis. Zu $\hat{\mathfrak{U}}$ wählen wir eine C^∞-Teilung $\{\phi_\rho\}$ der 1 mit $0 \leqq \phi_\rho \leqq 1$, $\Sigma\, \phi_\rho = 1$ auf $\bar{G}$ und $\mathrm{Tr}\,\phi_\rho \subset \hat{U}_\rho$. Durch

$$\mathfrak{d}_\rho = \sum_i \phi_i \mathfrak{c}_{\rho i} \text{ und } \mathfrak{d} = \{\mathfrak{d}_\rho\}$$

ist eine differenzierbare 0-Cokette mit $\delta\mathfrak{d} = \mathfrak{c}$ und $|\mathfrak{d}| \leqq |\mathfrak{c}|$ definiert. Wegen

$$\delta\bar\partial\mathfrak{d} = \bar\partial\delta\mathfrak{d} = \bar\partial\mathfrak{c} = 0$$

ist

$$\alpha = \bar\partial\mathfrak{d}$$

eine C^∞-Form vom Typ $(0,1)$ auf G, die offensichtlich $\bar{\partial}$-geschlossen ist. Außerdem ist

$$|\alpha| \leqq K'|\mathfrak{c}|$$

mit einer nur von $\{\phi_\rho\}$ abhängigen Konstanten K'. Nach Satz 4 existiert eine C^∞-Funktion f mit

$$\bar{\partial} f = \alpha \text{ und } |f| \leqq K''|\alpha|,$$

wobei K'' nur von G abhängt. Setzt man

$$\mathfrak{c}'_\rho = \mathfrak{d}_\rho - f,$$

so ist

$$\bar{\partial}\mathfrak{c}'_\rho = \bar{\partial}\mathfrak{d}_\rho - \bar{\partial} f = 0,$$

also $\mathfrak{c}' = \{\mathfrak{c}_\rho\} \in C^0(\mathfrak{U}, \mathcal{O})$, und

$$\delta\mathfrak{c}' = \delta\mathfrak{d} = \mathfrak{c};$$

schließlich gilt

$$|\mathfrak{c}'| \leqq |\mathfrak{d}| + |f| \leqq |\mathfrak{c}| + K'K''|\mathfrak{c}| \leqq K|\mathfrak{c}|.$$

Damit ist dieser Satz bewiesen.

Satz 4 kann auch angewandt werden, um das folgende lokale Resultat zu erhalten:

Satz 6. *Es sei α eine stetige $\bar{\partial}$-geschlossene* $(0,1)$*-Form auf der offenen Menge W im C^n. Dann existiert zu jedem $x_0 \in W$ eine Umgebung U von x_0 in W und eine stetige Funktion f auf U mit $\bar{\partial} f = \alpha$.*

(Alle Ableitungen sind im Sinne der Distributionstheorie zu verstehen.[3])

Beweis von Satz 6. Es sei $U' \subset\subset W$ eine Umgebung von x_0. Bekanntlich existiert eine Folge von C^∞-Formen α^ν vom Typ $(0,1)$ auf U' mit

$$\alpha = \sum_\nu \alpha^\nu$$

und

$$\bar{\partial}\alpha_\nu = 0,$$

wobei die Reihe gleichmäßig konvergiert (Regularisierung, siehe etwa [*6*, pp. 156–157]). Wir wählen eine Kugel U um x_0 mit $\bar{U} \subset U'$ und wenden Satz 4 an: Es gibt C^∞-Funktionen f_ν auf U mit

$$\bar{\partial} f_\nu = \alpha^\nu$$

und

$$|f_\nu| \leqq K|\alpha^\nu|,$$

wobei K nicht von ν abhängt und die Suprema $|f_\nu|$ bzw. $|\alpha^\nu|$ über U zu bilden sind. Demnach ist

$$f = \sum_\nu f_\nu$$

eine stetige Funktion auf U, und die Gleichung $\bar{\partial} f = \alpha$ folgt nach dem Lebesgueschen Konvergenzsatz aus der Definition von $\bar{\partial} f$.

4. Als letztes untersuchen wir die Abhängigkeit der Konstanten K vom Gebiet G. Die Randfunktionen ϕ sei wie in §2 gewählt, und für hinreichend kleines $|\varepsilon|$ bezeichne G_ε das durch $\phi(x) < \varepsilon$ definierte streng pseudokonvexe Gebiet. Die zugehörigen Kerne seien $\Omega_y^\varepsilon(x)$, gebildet aus den Funktionen $g_\varepsilon(x, y)$ bzw. $\psi_\varepsilon(x, y)$. Nach Hilfssatz 4 ist aber klar, daß man

$$g_\varepsilon(x, y) = g(x, y)$$

erreichen kann (für genügend kleines ε). Bezeichnet τ_ε die entsprechend τ zu G_ε gebildete Distanzfunktion, so darf man

$$\psi_\varepsilon(x, y) = f\left(2 - 3\,\frac{\tau_\varepsilon(x)}{\tau_\varepsilon(y)}\right)$$

für $\tau_\varepsilon(x)$, $\tau_\varepsilon(y) > \delta$ annehmen; dabei ist $\delta < 0$ und unabhängig von ε wählbar (vgl. Hilfssatz 5). Aus dieser Darstellung folgt, daß alle in den §§2–4 verwandten Konstanten unabhängig von ε wählbar sind, und damit auch die Konstante K aus Satz 4 oder 5.

Auch wenn ϕ nicht so speziell gewählt wird, läßt sich durch eine etwas kompliziertere Überlegung die Unabhängigkeit der Konstanten K von den durch $\phi < \varepsilon$ definierten Gebieten zeigen.

ANMERKUNGEN

1. Es ist auf einem etwas komplizierteren Wege auch möglich, ψ so zu wählen, daß das Ramirezsche Integral für $y \in \partial G$ nur in $x = y$ eine Singularität bekommt (und nicht in ganz ∂G wie hier).
2. Falls α n-mal stetig differenzierbar ist, so ist auch f n-mal stetig differenzierbar.
3. Mit α ist natürlich auch f von der Klasse C^r, und die Gleichung $\bar{\partial} f = \alpha$ gilt im gewöhnlichen Sinn.
4. Wir nutzen aus, daß sich das Funktionensystem $(g_1, \ldots, g_n)$ unter holomorphen linearen Transformationen wie eine $(1, 0)$-Form verhält.

LITERATUR

[1] Gröbner, W. und N. Hofreiter, Integraltafeln (Erster Teil), Wien usw. (1957).

[2] GUNNING, R. C. UND H. ROSSI, Analytic Functions of Several Complex Variables, Prentice-Hall, Englewood Cliffs, N. J. (1965).

[3] LERAY, J., Le calcul différentiel et intégral sur une variété analytique complexe ((Problème de Cauchy, III), Bull. Soc. Math. France **87** (1959), 81–180.

[4] NORGUET, F., Problèmes sur les formes differentielles et les courants, Ann. Inst. Fourier **11** (1961), 1–82.

[5] RAMÍREZ DE ARELLANO, E., Ein Divisionsproblem in der komplexen Analysis mit einer Anwendung auf Randintegraldarstellungen, Math. Ann. **184** (1970), 172–187.

[6] YOSIDA, K., Functional Analysis, Berlin usw. (1965).

UNIVERSITY OF GÖTTINGEN

Part IX

Commentary on the Non-Archimedean Function Theory

Commentary

In the year 1905 K. Hensel began to investigate the completions of the field of rational numbers with respect to the different p-adic valuations. So he obtained the p-adic number fields. They were a set of fields with a non-Archimedean valuation. Hensel tried a theory of holomorphic functions over these fields. He was motivated by the local power series expansions of complex holomorphic functions. But different from the complex plane the p-adic fields were totally disconnected. This meant that the definition of global analytic functions became delicate.

The first succesful solution was given in the early fifties by M. Krasner who combined Runge's theorem on approximation by rational functions and a sort of Weierstass method of analytic continuation. In 1961 finally J. Tate started his important approach to p-adic analysis. He defined analytic spaces over p-adic fields with a "rigid" topological structure. In this he followed an idea of A. Grothendieck.

The ideas of Tate were taken up in [40]. Now the underlying field was a general field with a non-Archimedean valuation. The methods of several complex variable were applied (see [41] and [46]). The local models of the new spaces were called affinoid spaces. It was proved by Tate that their cohomology is acyclic (see [43]). In [43] a reduction to algebraic geometry was used. A much better, more analytic method was invented finally by L. Gerritzen (see [49]).

After that the theory was continued by other authors (see the book: Non-Archimedean Analysis by S. Bosch, U. Güntzer and R. Remmert, Springer Heidelberg 1984).

Part X

Commentary on Discrete Geometry

Commentary

Quantum theory in its theoretical form was introduced by a group of physicts in the twenties, among them Schrödinger and Heisenberg. In the beginning Schrödinger thought a particle to be a wave packet and Heisenberg it to be a corpuscle which has for a given time a well defined position and a well defined momentum, which however cannot be determined simultaneously by experiment in their precise values. Very soon scientists saw that this ideas were untenable. If for instance the electron were just a wave packet, by time it would spread over the whole space and not stay in bounded regions. There are many other reasons against these concepts. On the other hand there are the wave properties. These imply that an electron cannot have exact coordinates and an exact momentum at a time. Finally, both people converted to the so called København model, the duality: How the particle appears depends on the experiment. It may appear as corpuscle or as wave. The whole reality can only be expressed using different logical systems. However, there is a connection which is given by probability. The magnitude of the square of the wave amplitude determines the probability for the sizes obtained by the corpuscule experiments.

1

By experiments, especially those done during the last 20 years (quantum philosophy) it is completely clear that it is impossible to unite the various theories to one unique logical system using the usual (continuous) differential mathematical methods. Relativity theory is not geometrically "anschaulich" (there is no geometrical intuition). But its mathematics is wonderful and completely clear. This is different for quantum physics. So Einstein called that kind of physics "hirnverbrannt".

May be that the problem can be solved by discrete geometry: *There are more things in mathematics (Horatio) than are dreamt of in our physical philosophy.* But to make it clear: I do not really know if discrete geometry is actually helpful. In mathematics (foundations of geometry) a geometry consists always of several disjoint sets, especially of the set of points and the set of lines. There are relations of incidence between these two sets: it is defined if a point is on a line or not.

In the case of discrete geometry we have two disjoint finite sets: a set which is called the set of points and a set which is the set of line segments. To any point there may be assigned a + sign or a − sign, we call that point then a *initial point* or an *end point*. If $\mathcal{L}$ is a line segment there are always two different points which lie on $\mathcal{L}$: an initial point and an end point. So every line segment is oriented: it has a direction which is thought to run from the initial point to the end point. On the other hand the two points determine the line segment. This is the first axiom of discrete geometry.

A second axiom states: if $\mathcal{L}_1$ and $\mathcal{L}_2$ are two line segments such that the end point on $\mathcal{L}_1$ is the initial point of $\mathcal{L}_2$ then it is well defined if $(\mathcal{L}_1, \mathcal{L}_2)$ is straight or not. If $(\mathcal{L}_1, \mathcal{L}_2)$ is straight the end point of $\mathcal{L}_1$ cancels the initial point of $\mathcal{L}_2$ and $(\mathcal{L}1_1, \mathcal{L}_2)$ determines a unique line segment $\mathcal{L}$ which is considered as the union of $\mathcal{L}_1$ and $\mathcal{L}_2$.

The third axiom means that there are elementary line segments. They are not a union of other line segments and every line segment is a unique union of elementary ones. We attach to the elementary line segments a positive (very small) number ε and call it the *elementary length.* So by summing up every line segment has a length. There are also *segment curves:* they are an (ordered) n-tupel of n different line segments such that the initial point of any line segment in the n-tuple is the end point of the preceeding line segment. They have also a well defined length. We require that all two points P and Q can be connected by (many) segment curves. The distance of P and Q is the minimal length of segment curves connecting P and Q. If P is a point and $r > 0$ is big against ε we use r-balls $U_r(P)$ around P. These consist of the set of points Q whose distance to P is less than r. These r-balls give a certain kind of topology in the set of points.

2

The discrete geometry has to be connected with the Minkowski pseudo-Euclidean geometry in $\mathbb{R}^4$. For didactical reasons (only!) we assume that our discrete geometry goes in a projective system of discrete geometries $\mathcal{G}_\varepsilon$ with elementary length $\varepsilon \leq \varepsilon_0$. Actually, there is only one $\mathcal{G}_\varepsilon$. The (projective) relation $\mathcal{G}_\delta \subset \mathcal{G}_\varepsilon$ means that ε is an integral multiple of δ and that every point and every line segment of $\mathcal{G}_\varepsilon$ occurs on $\mathcal{G}_\delta$ such that its structure is a substructure of that of $\mathcal{G}_\delta$.

We denote by $\mathcal{G}$ the projective limit of $\{\mathcal{G}_\varepsilon\}$. We assume that the balls $U_{r,\varepsilon}$ have for limit a subset U_r of the set X of points of $\mathcal{G}$. So we have the notion of r-neighborhoods in X and X becomes a topological space. We pass over to the completion of X. Then every line segment in $\mathcal{G}$ is in X. The new topological space is denoted by X again. Since every line segment belonging to $\mathcal{G}_\varepsilon$ is a union of (very small) elementary line segments every continuous map $\alpha : X \to \mathbb{R}^4$ defines to every line segment belonging to $\mathcal{G}$ a continuous path in $\mathbb{R}^4$ for image. – We also assume that the number of line segments which run from a ball $U_{r,\varepsilon}(P)$ to a ball $U_{r,\varepsilon}(Q)$ converges when using suitable measure factors which makes the numbers nearly independent of $\mathcal{G}_\varepsilon$, to a (distributional) measure on the space of line segments which go from $U_r(P)$ to $U_r(Q)$. Here it is required that the points P and Q are independent of ε for small ε.

Our forth axiom also states:

1) that our discrete geometry is already very near to $\mathcal{G}$;

2) that there is a topological map $\tau : X \to \mathbb{R}^4$ such that the image path of each line segment belonging to $\mathcal{G}$ is on a light ray in $\mathbb{R}^4$ and that the image of our distribution is that of pseudo-Euclidean geometry (for defintion see [69]). Hence, it is invariant against translation in $\mathbb{R}^3$.

Actually, the measure is defined in $\mathbb{R}^8$, but it is different from 0 only on the union of the light cones. Hence it is distributional. From a theorem of Borchers and Hegerfeld (Über ein Problem der Relativitätstheorie: Wann sind Punktabbildungen des $\mathbb{R}^n$ linear? Nachr. Akad. Wiss. Göttingen 10, 205–229 (1972)) follows that the structure of $\mathbb{R}^4$ is determined up to a Lorentz transformation (or a translation): Every topological map of $\mathbb{R}^4$ onto itself which leaves invariant the pseudo-Euclidean measure maps light rays onto light rays. – For our $\mathcal{G}_\varepsilon$, which is only actually there, the measure always is a finite number. It is an integral over an integrand dN with

$$dN = \gamma \cdot (1/\varrho) \cdot dt \wedge dx_1 \wedge \ldots \wedge dx_3 \wedge dx_1^\sim \wedge \ldots \wedge dx_3^\sim .$$

Here the dx_μ denote the coordinates of $\mathbb{R}^3$ and the $dx_\mu^\sim$ the coordinates of the second copy of this 3-dimensional number space and ϱ the Euclidean distance of the points P and Q. The constant γ is universal, but may depend on the time t. It has to do with the strength of weak interaction. One needs a good theory of this force in discrete geometry to compute γ.

Line segments to $\mathcal{G}_\varepsilon$ may intersect in the end points of the elementary line segments. A fifth axiom states that this intersection and analogous properties are stochastical (= satisfy the laws of elementary probability passing over to the limit $\varepsilon \to 0$). Moreover, there is a positive time direction in discrete geometry: In the discrete geometry every disturbance moves in that direction in a statistical manner.

3

Hence $\mathbb{R}^4$ is the limit of the spaces belonging to the discrete geometries $\mathcal{G}_\varepsilon$ but not only with respect to the pseudo-Euclidean metric structure. The limit line segments give many more possibilities (see [62]). Everything is Lorentz invariant. But now it follows that even the Dirac equation is contained in the structure.

We call every oriented line segment an arrow and use the construction methods of [62]. Using 16 arrows of same length (= number of elementary line segments) we can construct vortices in $\mathbb{R}^4$ of dimensions 0 to 4. A 4-dimensional vortex is a 4-dimensional vortex in the usual geometric sense, a 1-dimensional vortex is a stream and a 0-dimensional one a source. We see that these vortices are the dual of a (real) differential forms. Therefore, we call a $(4-d)$ dimensional vortex also d-dimensional current. There are 16 basic sorts of these currents.

Every current has a mass which is the reciprocal value of the length of its 16 line segments. It is also possible to apply a Lorentz transformation to a current. Then we obtain a current in move. The mass will not be changed by this operation.

Since the physical space time is oriented we have the well defined $*$-operator which maps k-dimensional currents onto $(4-k)$-dimensional currents, we have $** = -1$. If α is a k-dimensional current then $*\alpha$ may serve as imaginary part of α. So the currents give a 8-dimensional complex object which leads to a 8-dimensional complex vector space.

In every point $P \in \mathbb{R}^4$ the group $O^+(3)$ operates on the currents of mass m. This is a 8-dimensional complex representation. However, it is not irreducible. It splits into the direct sum of two 4-dimensional complex representations. One summand should correspond to the electric matter as can be seen by a simple geometric argument, the other one should correspond to the total inelectric matter. The group $SU(2)$ is the universal cover of $O^+(3)$. If we take a certain kind of square root of our representations we get one representation of $SU(2)$. This should be the ordinary one used in physics.

4

We may consider (first elementary) fields of currents of a fixed mass m. If the field α is not constant by stochastics it generates an other field which is given by $1/m \cdot D\alpha$, where D is the Dirac operator. We call this the generation by propagation.

The field of a elementary particle of mass m should be a superposition of fields which are latices formed by currents of the same kind and the mass m. They go into 16-tupels of fields of currents of dimension from 0 to 4. Each of these fields underlies a stochastic equilibrium in the set of vortices of various mass. So even the vortices of mass m will be very dense in it.

The whole system is invariant against the $*$-operator and a spin operator σ. It satisfies the Dirac equation. There is a simple geometric reason for the following fact (at least if $m \neq 0$): In every (elementary) time moment the field will be dampened proportionally to the product of α and $\sigma(\alpha)$ and be regenerated in another point proportionally to α and $*\alpha$. In the point where this occurs the currents of α and $*\alpha$ have to be practically equal (However their density is different). This place is given like by a Vernier scale. It may run through the particle with velocity beyond that of light. By the principle dampening-generating the particle cannot spread over the whole space. And it has the property of a corpuscle and a wave at the same time. The fact that the currents go is latices gives the so called locality in quatum physics: We may consider the tensor-product of n particles as a wave of $n \cdot 4$ variables.

The field of currents (in discrete geometry) of a particle is considered to be really existent (in the philosophical sense or as people do in chemistry). The solution of the Schrödinger equation which is a wave with values in a complex vector space will give the propagation of the particle, but only on average.

More complicated particles are built of elementary ones. If we have two (or more) fields the currents they may connect in certain regions so that we obtain a field of connected currents. This corresponds to a real tensor product. But in physics we need the complex tensor product. It can be seen that for that it is necessary that space time carries a (maximal) field of 0-dimensional currents and that it is a oriented manifold, therefore. The existence of this field is a symmetry braking and should stem from the time of the big bang. So because of the complex tensor product the parity is not possible.

Of course there are no real results up to now. See also [61], where far leading ideas were dreamt.

Bibliography

Expressions in italics concern the contents of the paper, the subdivision of the 2 volumes into Parts relates to the mathematical methods used; * always means "included in these Selected Papers".

Abbreviations: *mono* = monograph; *compl** = complex spaces, sheaf theory; *lev** = Levi problem, convexity, Stein spaces, projective algebraic spaces; *hyp* = hyperbolic complex spaces; *nonarch* = non-Archimedean function theory; *deform** = deformation of complex structures, formal principle, vector bundles; *quant* = discrete mathematical structures for quantum physics; *decomp** = analytic and meromorphic decompositions; *epistem* = epistemological history especially of mathematics, general essays

1. Métrique kaehlerienne et domaines d'holomorphie. C.R. Acad. Sci., Paris **238**, 2048–2050 (1954). *lev* Zbl. 56,78
2. Charakterisierung der Holomorphiekonvexität durch die Kählersche Metrik. Proc. ICM Amsterdam 1954, **II**, 113–114, Groningen and Amsterdam (1954). *lev*
3.* (mit R. Remmert) Zur Theorie der Modifikationen. I: Stetige und eigentliche Modifikationen komplexer Räume. Math. Annalen **129**, 274–296 (1955). *compl* Zbl. 64,81 — I, 83–105
4.* Charakterisierung der holomorph vollständigen komplexen Räume. Math. Annalen **129**, 233–259 (1955). *lev* Zbl. 64,326 — I, 165–191
5.* Charakterisierung der Holomorphiegebiete durch die vollständige Kählersche Metrik. Math. Annalen **131**, 38–75 (1956). *lev* Zbl. 73,302 — I, 328–365
6. (avec R. Remmert) Fonctions plurisubharmoniques daus des espaces analytiques. Généralisation d'un théorème d'Oka. C.R. Acad. Sci., Paris **241**, 1371–1373 (1955). *lev* Zbl. 66,61
7.* (mit R. Remmert) Plurisubharmonische Funktionen in komplexen Räumen. Math. Zeitschr. **65**, 175–194 (1956). *comp* Zbl. 70,304 — I, 132–151
8. Généralisation d'un théorème de Runge et application à la théorie des espaces fibrés analytiques. C.R. Acad. Sci., Paris **242**, 603–605 (1956). *lev* Zbl. 70,183

9.* (mit R. Remmert) Konvexität in der komplexen Analysis. Comment. Math. Helvetici **31**, 152–183 (1956). *lev* Zbl. 73, 303 I, 235–266

10. (mit R. Remmert) Singularitäten komplexer Mannigfaltigkeiten und Riemannsche Gebiete. Math. Zeitschr. **67**, 103–128 (1957). *compl* Zbl. 77, 289

11.* Approximationssätze für holomorphe Funktionen mit Werten in komplexen Räumen. Math. Annalen **133**, 139–159 (1957). *lev* Zbl. 80, 292 I, 375–395

12.* Holomorphe Funktionen mit Werten in komplexen Lieschen Gruppen. Math. Annalen **133**, 450–472 (1957). *lev* Zbl. 80, 292 I, 396–418

13. (avec R. Remmert) Faisceaux analytiques cohérents sur le produit d'un espace analytique et d'un espace projectif. C.R. Acad. Sci., Paris **245**, 819–822 (1957). *lev* Zbl. 83, 306

14.* (avec R. Remmert) Espaces analytiquement complets. C.R. Acad. Sci., Paris **245**, 882–885 (1957). *lev* Zbl. 83, 307 I, 267–270

15. (avec R. Remmert) Sur les revêtements analytiques des variétés analytiques. C.R. Acad. Sci., Paris **245**, 918–921 (1957). *compl* Zbl. 83, 307

16.* Analytische Faserungen über holomorph-vollständigen Räumen. Math. Annalen **135**, 263–273 (1958). *lev* Zbl. 81, 74. Engl. transl.: Sem. analytic Functions **1**, 80–102 (1958), Zbl. 94, 281 I, 419–429

17.* (mit R. Remmert) Komplexe Räume. Math. Annalen **136**, 245–318 (1958). *compl* Zbl. 87, 290 I, 9–82

18.* (mit R. Remmert) Bilder und Urbilder analytischer Garben. Annals of Math., II. Ser. **68**, 393–443 (1958). *lev* Zbl. 89, 60 II, 461–511

19.* On Levi's problem and the imbedding of real-analytic manifolds. Annals of Math., II. Ser. **68**, 460–472 (1958). *lev* Zbl. 108, 78 I, 192–204

20. Une notion de dimension cohomologique dans la théorie des espaces complexes. Colloques intern. Centre nat. Rech. sci. **89**, 341–350 (1960), Zbl. 109, 308 et Bull. Soc. Math. France **87**, 341–350 (1959). *compl* Zbl. 192, 184

21. (with H. Behnke) Analysis in non-compact complex spaces. Princeton Math. Series **24**, 11–44 (1960). *compl* Zbl. 100, 290

22. Die Riemannschen Flächen der Funktionentheorie mehrerer Veränderlichen. Proc. ICM 1958 Edinburgh, invited 1/2-hour talk, 362–375 (1960). *comp* Zbl. 122, 318

23.* (mit Docquier) Levisches Problem und Rungescher Satz für Teilgebiete Steinscher Mannigfaltigkeiten. Math. Annalen **140**, 94–123 (1960). *lev* Zbl. 95, 280 I, 205–234

24.* Ein Theorem der analytischen Garbentheorie und die Modulräume komplexer Strukturen. Publ. Math. IHES **5**, 233–292 (1960). *compl* Zbl. 100, 80 Berichtigung: Publ. Math. IHES **16**, 131–132 (1963) Zbl. 113, 291. Russ. Übers.: Kompleks. Prostranstva 205–299 (1965) Zbl. 158, 329 II, 512–573

25. On the number of moduli of complex structures. Contrib. Funktion Theory, internat. Colloqu. Tata Inst. Fund. Research, Bombay 63–78 (1960). *compl* Zbl. 103, 51

26. On point modifications. Contrib. Funktion Theory, internat. Colloqu. Tata Inst. Fund. Research, Bombay 139–141 (1960). *compl* Zbl. 103, 52

27.* (mit A. Andreotti) Algebraische Körper von automorphen Funktionen. Nachr. Akad. Wiss. Göttingen, II. Math.-Phys. Kl. **3**, 39–48 (1961). *compl* Zbl. 96, 280. Russ. Übers.: Kompleks. Prostranstva 300–312 (1965) Zbl. 154, 336 II, 451–460

28.* Über Modifikationen und exzeptionelle analytische Mengen. Math. Annalen **146**, 331–368 (1962). *deform* I, 271–308

29. (mit H. Behnke) Die unendlich fernen Punkte. Grundzüg. Math., zweite Auflage: Göttingen **III**, 270–298 (1968). *compl*

30.* (avec A. Andreotti) Théorèmes de finitude pour la cohomologie des espaces complexes. Bull. Soc. Math. France **90**, 193–259 (1962). *lev* Zbl. 106, 55 II, 585–651

31.* (mit R. Remmert) Über kompakte homogene komplexe Mannigfaltigkeiten, Arch. Math. **XIII, 6**, 498–507 (1962). *lev* Zbl. 118, 374 II, 835–844

32.* Bemerkenswerte pseudokonvexe Mannigfaltigkeiten. Math. Zeitschr. **81**, 377–391 (1963). *compl* Zbl. 151, 97 II, 845–859

33. (mit H. Kerner) Approximation von holomorphen Schnittflächen in Faserbündeln mit homogener Faser. Arch. Math. **XIV, 4/5**, 328–333 (1963). *lev* Zbl. 113, 291

34. Die Bedeutung des Levischen Problems für die analytische und algebraische Geometrie. Proc. ICM 1962 Stockholm, invited 1-hour talk, 86–101 (1963). *lev* Zbl. 116, 62

35. (mit H. Kerner) Deformationen von Singularitäten komplexer Räume. Math. Annalen **153**, 236–260 (1964). *deform* Zbl. 118, 304

36. Mordells Vermutung über rationale Punkte auf algebraischen Kurven und Funktionenkörper. Kurznachr. Akad. Wiss. Göttingen **1**, Nr. 2, 3 S. (1965). *lev* Zbl. 161, 184

37.* (mit W. Fischer) Lokal-triviale Familien kompakter komplexer Mannigfaltigkeiten. Nachr. Akad. Wiss. Göttingen, II. Math.-Phys. Kl. **6**, 89–94 (1965). *deform* Zbl. 135, 126 II, 733–738

38.* Mordells Vermutung über rationale Punkte auf Algebraischen Kurven und Funktionenkörper. Publ. Math. IHES **25**, 363–381 (1965). *lev* Zbl. 137, 405 I, 309–327

39.* (mit H. Reckziegel) Hermitesche Metriken und normale Familien holomorpher Abbildungen. Math. Zeitschr. **89**, 108–125 (1965). *hyp* Zbl. 135, 125 II, 860–877

40. (mit R. Remmert) Nichtarchimedische Funktionentheorie. Weierstrassfestband Akad. Wiss. Düsseldorf, Wiss. Abh. Arbeitsgemeinschaft Nordrhein-Westfalen **33**, 393–476, Westdeut. Verl. Köln (1966). *nonarch* Zbl. 146, 315

41. (mit R. Remmert) Über die Methode der diskret bewerteten Ringe in der nicht-archimedischen Analysis. Invent. Math. **2**, 87–133 (1966). *nonarch* Zbl. 148, 324

42. (mit I. Lieb) Differential- und Integralrechnung. I: Funktionen einer reellen Veränderlichen. Vier Auflagen: Heidelberger Taschenbücher Bd. 26, X, 200 S., Berlin-Heidelberg-New York: Springer-Verlag (1967) Zbl. 152, 243. 4., verbess. Aufl. 1976. Zbl. 308.26001. *mono*

43. (mit R. Remmert) Über nicht-archimedische Analysis. Proc. ICM 1966 Moskau, invited 1/2-hour talk, 49–51, Moskau (1966). *nonarch*

44. (mit W. Fischer) Differential- und Integralrechnung. II: Differentialrechnung in mehreren Veränderlichen, Differentialgleichungen. Drei Auflagen: Heidelberger Taschenbücher Bd. 36, XII, 216 S., Berlin-Heidelberg-New York: Springer-Verlag (1968). Zbl. 157, 106. 3., verbess. Aufl. 1978, Zbl. 364.26002. *mono*

45. (mit I. Lieb) Differential- und Integralrechnung. III: Integrationstheorie. Kurven- und Flächenintegrale. Zwei Auflagen: Heidelberger Taschenbücher Bd. 43, X, 177 S., Berlin-Heidelberg-New York: Springer-Verlag (1968). Zbl. 167, 325 (2nd, completely revised and enlarged ed.: see 64.). Joint Russian translation of parts I, II, III (42., 44., 45.) MIR, Moskau 1971. *mono*

46. Affinoide Überdeckungen eindimensionaler affinoider Räume. Publ. Math. IHES **34**, 5–35 (1968). *nonarch* Zbl. 197, 173

47. The coherence of direct images. Enseignement mathématique, II. Sér. 14, 99–119 (1968). *compl* Zbl. 164, 95

48. (mit O. Riemenschneider) Verschwindungssätze für analytische Kohomologiegruppen auf komplexen Räumen. Sev. Compl. Var. I. Maryland 1970. Proc. of the ICM 1970 College Park. Lecture Notes Math. **155**, 97–109, Berlin-Heidelberg-New York: Springer-Verlag (1970). *compl* Zbl. 202, 78

49. (mit L. Gerritzen) Die Azyklizität der affinoiden Überdekkungen. Global Analysis, Papers in Honor of K. Kodaira, 159–184, University of Tokyo – Princeton University Press (1970). *nonarch* Zbl. 197, 173

50.* (mit O. Riemenschneider) Verschwindungssätze für analytische Kohomologiegruppen auf komplexen Räumen. Invent. Math. **11**, 263–292 (1970). *compl* Zbl. 202, 76 II, 660–689

51.* (mit I. Lieb) Das Ramirezsche Integral und die Lösung der Gleichung $\bar{\partial} f = \alpha$ im Bereich der beschränkten Formen. Talk by H. Grauert at a meeting at Rice University March 1969, Rice University Studies **56**, Nr. 2, 29–50 (1970). *lev* Zbl. 217, 392 II, 878–899

52. (mit O. Riemenschneider) Kählersche Mannigfaltigkeiten mit hyper-q-konvexem Rand. Probl. Analysis, Sympos. in Honor of Salomon Bochner, Princeton Univ. 1969, 61–79, Princeton Univ. Press (1970). *compl* Zbl. 211, 103

53.* Über die Deformation isolierter Singularitäten analytischer Mengen. Invent. Math. **15**, 171-198 (1972). *deform* Zbl. 257.32011 II, 739–766

54. (mit R. Remmert) Analytische Stellenalgebren. Unter Mitarbeit von O. Riemenschneider. Grundlehren der mathematischen Wissenschaften Bd. 176, IX, 240 S., Berlin-Heidelberg-New York: Springer-Verlag (1971). Zbl. 231.32001 Russian translation 1988. *mono*

55. Deformation kompakter komplexer Räume. Classif. algebr. varieties compact complex manifolds, Mannheimer Arbeitstagung. Lecture Notes Math. **412**, 70–74, Berlin-Heidelberg-New York: Springer-Verlag (1974). *deform* Zbl. 299.32014

56.* Der Satz von Kuranishi für kompakte komplexe Räume. Invent. Math. **25**, 107–142 (1974). *deform* Zbl. 286.32015 II, 697–732

57. (mit K. Fritzsche) Einführung in der Funktionentheorie mehrerer Veränderlicher. Hochschultext, VI, 213 S., Berlin-Heidelberg-New York: Springer-Verlag (1974). Zbl. 285.32001. English translation: Graduate Texts in Mathematics **38**, New York-Heidelberg-Berlin: Springer-Verlag (1976). *mono* Zbl. 381.32001

58. (mit Mülich) Vektorbündel vom Rang 2 über dem n-dimensionalen komplex-projektiven Raum. Manuscr. Math. **16**, 75–100 (1975). *deform* Zbl. 318.32027. Ergänzung: Manuscr. Math. **18**, 213–214 (1976) Zbl. 318.32028

59. (mit R. Remmert) Zur Spaltung lokal-freier Garben über Riemannschen Flächen. Math. Zeitschr. **144**, 35–43 (1975). *deform* Zbl. 312.32017

60. Über die Deformation von Pseudogruppenstrukturen. Soc. Math. France, Astérisque 32–33, 141–150 (1976). *deform* Zbl. 332.32015

61. Statistical geometry and spacetime. Commun. Math. Phys. **49**, 155–160 (1976). *quant* Zbl. 331.50005

62. Statistische Geometrie. Ein Versuch zur geometrischen Deutung physikalischer Felder. Nachr. Akad. Wiss. Göttingen, II. Math.-Phys. Kl. **2**, 13–32 (1976). *quant* Zbl. 328.53020

63. (mit M. Schneider) Komplexe Unterräume und holomorphe Vektorbündel vom Rang 2. Math. Ann. **230**, 75–90 (1977). *deform* Zbl. 412.32014

64. (mit I. Lieb) Differential- und Integralrechnung. III: Integrationstheorie. Kurven- und Flächenintegrale, Vektoranalysis. 2nd, completely revised and enlarged edition. Heidelberger Taschenbücher Bd. 43, XIV, 210 S., Berlin-Heidelberg-New York: Springer-Verlag (1977). *mono* Zbl. 354.26003 (1st ed. see 45.)

65. (mit R. Remmert) Theorie der Steinschen Räume. Grundlehren der mathematischen Wissenschaften Bd. 227, XX, 249 S., Berlin-Heidelberg-New York: Springer-Verlag (1977) Zbl. 379.32001. Engl. Transl. (by A. Huckleberry): Grundlehren der mathematischen Wissenschaften Bd. 236, Berlin-Heidelberg-New York: Springer-Verlag (1979) Zbl. 433.32007. Russian Transl. (by D.N. Akhiezer), Nauka, Moskau (1989). *mono*

66. Deformation komplexer Strukturen. In: *Komplexe Analysis und ihre Anwendung auf partielle Differentialgleichungen.* Kongress- und Tagungsberichte der Univers. Halle, 24–27 (1977). *deform*

67. Complex Morse singularities. In: *Journées complexes Nancy* 80, Institut E. Cartan, Univ. Nancy **I**, 3, 87–92 (1981). *compl* Zbl. 485.32008

68. (with R. Remmert) In Memoriam Heinrich Behnke. Math. Annalen **225**, 1–4 (1981). *epistem* Zbl. 449.01007

69. (mit S. Leykum) Die pseudoeuklidische Geometrie als statistisches Gleichgewicht. Math. Annalen **255**, 273–285 (1981). *quant* Zbl. 438.51022 (Zbl. 451.5198)

70.* (mit M. Commichau) Das formale Prinzip für kompakte komplexe Untermannigfaltigkeiten mit 1-positivem Normalenbündel. In: *Recent developments in several complex variables*, Proc. Conf., Princeton Univ. 1979, Ann. Math. Studies **100**, 101–126 (1981). *deform* Zbl. 485.32005 I, 106–131

71. Kantenkohomologie. Compos. Math. **44**, 79–101 (1981). *compl* Zbl. 512.32011

72. Gedanken zur Angewandten und Reinen Mathematik und zur komplexen Analysis. In: *DFG, Forschung in der Bundesrepublik Deutschland*, 471–479, Verlag Chemie Weinheim (1983). *epistem*

73. Woraus die Welt gemacht ist? unitas (Würzburg) **123**, 83–85 (1983). *epistem*

74.* Kontinuitätssatz und Hüllen bei speziellen Hartogsschen Körpern. Abh. Math. Semin. Univ. Hamb. **52**, 179–186 (1982). *lev* Zbl. 493.32015 (Zbl. 506.32001) II, 652–659

75.* Set theoretic complex equivalence relations. Math. Annalen **265**, 137–148 (1983). *decomp* Zbl. 504.32007 (Zbl. 514.32005) II, 775–786

76. (with R. Remmert) Coherent Analytic Sheaves. Grundlehren der mathematischen Wissenschaften Bd. 265, XVIII, 249 S., Berlin-Heidelberg-New York: Springer-Verlag (1984). *mono* Zbl. 537.32001

77.* On meromorphic equivalence relations. In: *Contributions to several complex variables (dedicated to W. Stoll)*, Proc. Conf. Complex Analysis, Notre Dame/Indiana 1984, Aspects Math. **E9**, 115–147 (1986). *decomp* Zbl. 592.32008 II, 787–819

78. (with Ulrike Peternell) Hyperbolicity of the complement of plane curves. Manuscr. Math. **50**, 429–441 (1985). *hyp* Zbl. 581.32031

79.* Meromorphe Äquivalenzrelationen: Anwendungen, Beispiele, Ergänzungen. Math. Annalen **278**, 175–183 (1987). *decomp* Zbl. 651.32008 II, 820–828

80. Was erforschen die Mathematiker? Abh. Math.-Nat. Klasse, Akad. Wiss. Lit. 1986, **Nr. 3**, 1–17 (1986). *epistem* Zbl. 608.00021

81. (with G. Harder and R. Remmert) Curriculum vitae mathematicae. Math. Annalen **278** (dedicated to F. Hirzebruch), V-VIII (1987). *epistem*

82. (with G. Dethloff) On the infinitesimal deformation of simply connected domains in one complex variable. In: Intern. Sympos. in Memory of Hua Loo Keng (Peking 1988). Vol. II Analysis (Eds. Gong Sheng et al.), 57–88, Berlin-Heidelberg-New York: Springer-Verlag (1991). *hyp*

83. The methods of the theory of functions of several complex variables. In: *Miscellanea mathematica*, dedicated to H. Götze (Eds.: P. Hilton, F. Hirzebruch, R. Remmert), 129–143, Berlin-Heidelberg-New York: Springer-Verlag (1991). *compl* Zbl. 737.32001

84. Jetmetriken und hyperbolische Geometrie. Math. Zeitschr. **200**, 149–168 (1989). *hyp* Zbl. 664.32020

85. (with G. Dethloff) Deformation of compact Riemann surfaces Y of genus p with distinguished points $P_1, \ldots, P_n \in Y$. Complex geometry and analysis, Proc. Int. Symp. in Honor of E. Vesentini, Pisa/Italy 1988. Lecture Notes Math. **1422**, 37–44, Berlin-Heidelberg-New York: Springer-Verlag (1990). *hyp* Zbl. 702.32020

86. Der Urgrund mathematischen Denkens. Atti Accad. Medit. Scie. Catania 1–9, Anno VI, I, 1; 63–71 (1991). *epistem*

87. Die Unendlichkeit in der Mathematik. Math. Semesterber. **37**, 153–156 (1990). *epistem*

88. C.F. Gauß oder der Geist der alten Mathematik in Göttingen. Erlanger Universitätsreden (aus Anlaß der Verleihung des von-Staudt-Preises), 3. Folge, **38**, 39–51 (1992). *epistem*

89. (with R. Remmert and Th. Peternell) Several Complex Variables VII. Encylopaedia of Mathematical Sciences Vol. 74, VIII, 369 pp., Berlin-Heidelberg-New York: Springer-Verlag (1994). *mono*

90. Analytische und meromorphe Zerlegungen und der reelle Fall. Jahr. Ber. DMV **95**, No. 4, 181–189 (1993). *decomp* Zbl. 787.32014

91. Bernhard Riemann and his ideas in philosophy of nature. Volume dedicated to B. Riemann, edited by Th.M. Rassias and H.M. Srivastava, to appear 1995. *epistem*

92. Wie Gauß die alte Göttinger Mathematik schuf. Proceedings Gauß-Symposium, München 1993, to appear. A slightly modified version also in: Naturwissenschaftliche Rundschau 6/1994, 211–219 (1994). *epistem*

Selected lecture notes (currently by: Mathematisches Institut, Bunsenstr. 3/5, 37073 Göttingen):

1. Einführung in die Theorie der elliptischen Differentialoperatoren. Summer term, 1970, Notes by W. Alt.
2. Funktionentheorie I. Summer term 1979. Notes by R. Wardelmann, Ulrike Grauert.
3. Analytische Geometrie und lineare Algebra I. Winter term 1987/88. Notes by H.C. Grunau.
4. Analytische Geometrie und lineare Algebra II. Summer term 1988. Notes by F. Jonas.
5. Differential- und Integralrechnung I. Winter term 1991/92. Notes by F. Rambo.
6. Differential- und Integralrechnung II. Summer term 1992. Notes by F. Rambo.

Acknowledgements

We would like to thank the original publishers of Hans Grauert's papers for granting permission to reprint them here.

The numbers following each source correspond to the numbering of the article in the bibliography.

Reprinted from *Abh. Math. Semin. Univ. Hamburg*. Vandenhoeck & Ruprecht, Göttingen. © Mathematisches Seminar der Universität Hamburg: II. 74

Reprinted from *Annals of Math., II Ser.* © Princeton University and the Institute for Advanced Study. Princeton University Press, Princeton, NJ: I. 19, II. 18

Reprinted from *Ann. Math. Studies*. © Princeton University Press and University of Tokyo Press, Princeton, NJ: I. 70

Reprinted from *Arch. Math.* © Birkhäuser Verlag, Basel: II. 31

Reprinted from *Bull. Soc. Math. France*. © Société Mathématique de France, Paris: II. 30

Reprinted from *C. R. Acad. Sci., Paris, Sér. I. Mathématique* © Gauthier-Villars, Paris: I. 14

Reprinted from *Comment. Math. Helvetici*. © Birkhäuser Verlag, Basel: I. 9

Reprinted from *Contributions to several complex variables (dedicated to W. Stoll), Proc. Conf. Complex Analysis, Notre Dame/Indiana 1984, Aspects of Mathematics E9*. © Vieweg Verlag, Braunschweig: II. 77

Reprinted from *Nachr. Akad. Wiss. Göttingen, II. Math.-Phys. Klasse*. Vandenhoeck & Ruprecht, Göttingen. © Akademie der Wissenschaften Göttingen: II. 27, II. 37

Reprinted from *Publ. Math. IHES*. Presses Universitaires de France, Paris; Springer-Verlag, New York. © Institut des Hautes Etudes Scientifiques, Bures-sur-Yvette: I. 38, II. 24

Reprinted from *Rice University Studies*. © William Marsh Rice University, Houston, TX: II. 51

Printed in the United States
By Bookmasters